Developments in
Surface Contamination and Cleaning
Vol.11
Applications of Cleaning Techniques

# 表面去污技术及应用

（美）雷吉维·科里（Rajiv Kohli）
（美）卡什米里·拉尔·米塔尔（K.L.Mittal） 主编

李战国 李 健 王 毅 等译

·北京·

**内容简介**

《表面去污技术及应用》详细阐述了声波、可剥离涂层、二氧化碳雪、固态二氧化碳（干冰）、液态二氧化碳、超临界二氧化碳、激光、等离子体、紫外-臭氧、静电、高速冲击空气射流、微磨、微生物、离子液体、干蒸汽等一系列表面去污技术原理、工艺参数及其影响因素、应用案例、成本效益和优缺点等，是对近年来表面去污技术最新进展的全面且系统的总结。这些去污技术不仅在传统工业清洗领域有广泛的应用，在半导体晶片和集成电路、精密仪器设备、核工业放射性表面污染、食品加工、医疗等特殊领域也有着良好的应用前景。

《表面去污技术及应用》对从事表面去污材料与技术研究的科技人员和相关工程技术人员有很好的参考价值。

Developments in Surface Contamination and Cleaning Vol. 11：Applications of Cleaning Techniques
Rajiv Kohli and K. L. Mittal
ISBN：9780128155776


《表面去污技术及应用》（李战国，李健，王毅 等译）
ISBN：9787122419088（译著 ISBN）


**注意**

本书涉及领域的知识和实践标准在不断变化。新的研究和经验拓展我们的理解，因此须对研究方法、专业实践或医疗方法作出调整。从业者和研究人员必须始终依靠自身经验和知识来评估和使用本书中提到的所有信息、方法、化合物或本书中描述的实验。在使用这些信息或方法时，他们应注意自身和他人的安全，包括注意他们负有专业责任的当事人的安全。在法律允许的最大范围内，爱思唯尔、译文的原文作者、原文编辑及原文内容提供者均不对因产品责任、疏忽或其他人身或财产伤害及/或损失承担责任，亦不对由于使用或操作文中提到的方法、产品、说明或思想而导致的人身或财产伤害及/或损失承担责任。

北京市版权局著作权合同登记号：01-2022-4116

**图书在版编目（CIP）数据**

表面去污技术及应用/(美）雷吉维·科里（Rajiv Kohli)，(美）卡什米里·拉尔·米塔尔（K. L. Mittal）主编；李战国等译. —北京：化学工业出版社，2022. 9
书名原文：Applications of Cleaning Techniques
ISBN 978-7-122-41908-8

Ⅰ. ①表…　Ⅱ. ①雷…②卡…③李…　Ⅲ. ①金属表面清理　Ⅳ. ①TG176

中国版本图书馆 CIP 数据核字（2022）第 135302 号

---

责任编辑：高　震　丁建华　杜进祥　孙凤英　　装帧设计：关　飞
责任校对：李　爽

---

出版发行：化学工业出版社（北京市东城区青年湖南街 13 号　邮政编码 100011）
印　　装：北京建宏印刷有限公司
787mm×1092mm　1/16　印张 37　彩插 4　字数 917 千字　　2022 年 9 月北京第 1 版第 1 次印刷

---

购书咨询：010-64518888　　售后服务：010-64518899
网　　址：http://www. cip. com. cn
凡购买本书，如有缺损质量问题，本社销售中心负责调换。

---

定　　价：**298. 00 元**　

# 《表面去污技术及应用》翻译与校审人员

翻　　译　李战国　李　健　王　毅　韩梦薇

赵　华　赵红杰　马慧杰

校　　审　刁海玲　李　军　李战国

# 译者序

随着现代工业技术的不断发展，除了传统工业清洗外，半导体晶片和集成电路、精密仪器设备、核工业等特殊领域对表面去污技术的需求也日益增强，去污介质和去污对象涉及各种不同材质表面的化学有害物质、颗粒物、放射性核素及微生物污染等。表面去污技术一般分为物理方法和化学方法，传统的物理方法包括高压清洗法、机械研磨法等，传统的化学方法通常是指用表面活化型、络合型、氧化还原型和酸碱型等水基去污剂，通过化学反应将污染物降解、络合或溶解而从表面去除。近年来发展起来较为先进的物理和化学方法主要有超声、干冰、离子液体、可剥离涂层、等离子体、激光和微生物法等。

Rajiv Kohli 教授是美国国家航空航天局（NASA）约翰逊航天中心航空航天公司在污染颗粒行为、表面去污和污染物控制领域的首席专家，Kash Mittal 博士在表面去污和黏附科学与技术领域具有丰富的经验。由其二人牵头编写的“表面污染与清洗进展”系列丛书已出版了 12 卷，本书为第 11 卷：《表面去污技术及应用》。本书详细阐述了声波、可剥离涂层、二氧化碳雪、固态二氧化碳（干冰）、液态二氧化碳、超临界二氧化碳、激光、等离子体、紫外-臭氧、静电、高速冲击空气射流、微磨、微生物、离子液体、干蒸汽等表面去污技术原理、工艺参数及其影响因素、应用案例、成本效益和优缺点等。相关章节的撰写者都是表面去污技术领域国际知名科学家，对近年来相关技术最新进展进行了全面而系统的总结，这些去污技术不仅在传统工业清洗领域有广泛的应用，在半导体晶片和集成电路、精密仪器设备、核工业放射性表面污染、食品加工、医疗等特殊领域也有着良好的应用前景。

鉴于本书所述表面去污技术的全面性、实用性，对我国相关行业表面去污技术研究及工程应用具有重要的指导作用和参考价值，军事科学院防化研究院李战国副研究员牵头组织对本书进行翻译，其中第 1 章～第 3 章由李健翻译，第 4 章～第 6 章由赵华翻译，第 7 章、第 19 章和第 20 章由马慧杰翻译，第 8 章由赵红杰翻译，第 9 章～第 11 章由李战国翻译，第 12 章～第 14 章由韩梦薇翻译，第 15 章～第 18 章由王毅翻译，全体译者对译稿进行了互校，全书由李战国、李健和王毅进行统稿。国民核生化灾害防护国家重点实验室主任习海玲研究员、军事科学院防化研究院核防护研究所李军高级工程师对全书进行了审核，并提出了宝贵意见，在此表示感谢。本书由国民核生化灾害防护国家重点实验室资助出版。

希望本书的翻译出版能够为相关专业的研究人员、工程技术人员带来有益的启发，尤其是对我国核工业、核设施表面放射污染清除技术的进步有所裨益。

限于译者经验和水平，书中不足之处在所难免，敬请读者批评指正。

译者

2022 年 3 月

# 前言

2008年开始出版“表面污染与清洗进展”丛书，该丛书专注于表面污染和清洗方面重要的和技术相关的专题，重点是去除多种类型的表面污染物：小颗粒、薄膜、分子类、离子类和微生物类等。从2008年起，许多传统的和新兴的去污技术在整个丛书中都进行了阐述。

本丛书的成功以及工业界和技术界对强化去污技术的持续需求表明，专门出版去污技术的应用卷是非常有必要的。本卷共20章，内容涉及以下去污技术：声波、可剥离涂层、二氧化碳雪和固态二氧化碳球粒、液态和超临界二氧化碳、激光、等离子体、紫外-臭氧、静电、气相、空气射流、微磨、擦拭、微生物、离子液体、干蒸汽、超声气液以及水冰和抛丸等。这些章节重点阐述当前不同去污技术的创新性应用，突出其通用性和创新性特点。个别章节是对丛书之前内容的扩充和更新，使用二氧化碳球粒或干冰的去污技术之前没有介绍过，构成了新的一章。由于之前版本中的几位作者缺席，第14章有关擦拭法重新出版。

本书涵盖了不同去污技术及其应用，对学术界、工业领域、政府研究实验室、科研院所、研发机构以及工业领域的制造和质量控制人员都具有重要价值。书中内容与一大批行业密切相关，包括微电子、光学、航空航天、汽车、涂料和黏合剂、信息存储、微机电系统和纳米机电系统，以及食品、生物医学、医药等。

这里对所有作者的贡献表示感谢，真诚地感谢出版商马里亚娜（Mariana Kühl Leme）、克里斯蒂娜·吉福德（Christina Gifford）和马修·迪恩斯（Matthew Deans），他们都极力支持本书的出版。梅丽莎·雷德（Melissa Read）和爱思唯尔的编辑人员在本书出版过程中发挥了重要作用。谢拉·伯纳丁·乔西（Sheela Bernardine Josy）为书中图片的使用版权许可做出了巨大努力。感谢约翰逊航天中心科技信息（STI）图书馆工作人员在帮助查找晦涩难懂的参考文献方面所做的努力。

Rajiv Kohli

*Houston, TX, United States*

Kash L. Mittal

*Hopewell Junction, NY, United States*

# 主编简介

Rajiv Kohli 博士是约翰逊航天中心航空航天公司在污染物颗粒行为、表面去污和污染物控制领域的首席专家。在美国 NASA 约翰逊航天中心（得克萨斯州），他为地面、载人航天飞船及无人驾驶飞船的硬件设备提供有关污染物控制方面的技术支持。他的研究方向包括颗粒物行为、精密去污、溶液和表面化学、先进材料和化学热力学等。Kohli 博士参与开发了用于核工业的溶剂型去污技术，还研发了一种新型微磨系统，在很多行业的精密去污和微处理中得到广泛应用。他是“表面污染与清洗进展”丛书的主编，丛书的前 10 卷已分别于 2008 年、2011 年、2012 年、2013 年（第 5、6 卷）、2015 年（第 7、8 卷）、2017 年（第 9、10 卷）出版。第 1 卷的第二版于 2016 年出版。之前，Kohli 博士还是《宇宙空间的商业化利用：框架条件的国际对比》（*Commercial Utilization of Space*：*An International Comparison of Framework Conditions*）一书的共同作者。他已发表 270 多篇学术论文、文章和报告，内容涉及精密去污、先进材料、化学热力学、材料的环境降解以及新兴技术的技术经济评估等。因在美国 NASA 航天飞机重返飞行计划中的突出贡献，Kohli 博士获得该机构最高奖项之一的公共服务勋章。

Kashmiri Lal Mittal（又称 Kash Mittal）博士 1972—1994 年在 IBM 工作。目前他在表面污染与去污及黏附科学与技术领域从事教学和咨询工作。他是 2013 年创刊的《黏合和胶黏剂综述》（*Reviews of Adhesion and Adhesives*）期刊的创始编辑。他还与他人合作创办《黏附科学与技术》期刊，并担任主编直到 2012 年 4 月。Mittal 博士组织编辑出版了 130 多部著作，大部分涉及表面污染与去污。1995 年在他 50 岁生日时，世界胶黏剂学会在其组织阿姆斯特丹第一届国际黏附科学与技术会议上表彰了他的贡献和成就。为了表彰他在胶体与界面化学领域的大量工作和突出贡献，以他的名字设立了“Kash Mittal 奖”。他获得了很多奖项，其中 2003 年在波兰卢布林被 Maria Curie-Sklodowska 大学授予荣誉博士称号。2014 年，为纪念他而出版了 2 部著作：《黏附科学与技术最新进展》（*Recent Advances in Adhesion Science and Technology*）和《表面活性剂科学与技术：回顾与展望》（*Surfactants Science and Technology*：*Retrospects and Prospects*）。

# 撰稿人

**Nikhil V. Dole**, Union City, CA, USA

**Kuniaki Gotoh**, Department of Applied Chemistry, Okayama University, Okayama, Japan

**Zhenxing Han**, Micron Technology Inc., Boise, ID, USA

**Sandeep Kalelkar**, Texwipe, an ITW Company, Kernersville, NC, USA

**Alhaji M. Kamara**, Department of Mechanical and Maintenance Engineering, Fourah Bay College, University of Sierra Leone, Freetown, Sierra Leone

**Manish Keswani**, Materials Science and Engineering, University of Arizona, Tucson, AZ, USA

**Rajiv Kohli**, The Aerospace Corporation, NASA Johnson Space Center, Houston, TX, USA

**Brad Lyon**, Texwipe, an ITW Company, Kernersville, NC, USA

**Sundar Marimuthu**, The Manufacturing Technology Centre, Pilot Way, Ansty Park, Coventry, UK

**Jay Postlewaite**, Texwipe, an ITW Company, Kernersville, NC, USA

**Hüsein Kürşad Sezer**, Industrial Design Engineering, Technology Faculty, Gazi University, Ankara, Turkey

**Robert Sherman**, Applied Surface Technologies, New Providence, NJ, USA

**Endu Sekhar Srinadhu**, Department of Physics and Astronomy, Clemson University, Clemson, SC, USA

**Dinesh P. R. Thanu**, Materials Science and Engineering, University of Arizona, Tucson, AZ, USA

**Mingrui Zhao**, Applied Materials, Santa Clara, CA, USA

# 目录

## 第1章　声波技术的基本原理和应用 / 001


1.1　引言 / 002
1.2　声波清洗的基本原理 / 002
1.2.1　超声处理的基础知识及其在颗粒清除中的作用 / 003
1.2.2　声波清洗的历史、类别和优点 / 004
1.2.3　声波清洗的原理 / 006
1.3　声波技术的应用趋势 / 007
1.3.1　声波清洗在微电子工业中的重要性 / 008
1.3.2　在牙科中的应用 / 012
1.3.3　在海洋生物学中的应用 / 013
1.3.4　超声波在食品工业中的应用 / 016
1.3.5　过滤过程中的膜清洗 / 019
1.3.6　创新的应用 / 020
1.4　利用声波清除污染物和颗粒物 / 022
1.4.1　污染物类型 / 022
1.4.2　颗粒物去除的常规技术 / 022
1.4.3　声学去除微粒和纳米颗粒 / 025
1.5　小结 / 027
参考文献 / 027


## 第2章　可剥离涂层在清除表面污染物中的应用 / 034


2.1　引言 / 035
2.2　涂层简介 / 035
2.2.1　涂层性能 / 036
2.3　可剥离涂层的应用 / 036
2.3.1　光学表面 / 036
2.3.2　其他应用 / 042
2.4　关于可剥离涂层的问题 / 056
2.5　小结 / 057
致谢 / 057
免责声明 / 058
参考文献 / 058


## 第3章　二氧化碳雪清洗应用 / 068


3.1　引言 / 069
3.2　$CO_2$雪清洗-背景 / 069
3.2.1　热力学 / 069
3.2.2　清洗机理 / 069
3.3　设备和过程控制 / 070
3.3.1　喷嘴和设备 / 070
3.3.2　过程控制 / 070
3.4　应用 / 071

3.4.1 表面科学 / 072
3.4.2 望远镜镜面的清洗 / 074
3.4.3 半导体应用 / 075
3.4.4 薄膜 / 077
3.4.5 其他应用 / 077
3.5 小结 / 078
参考文献 / 078

## 第 4 章 固态二氧化碳（干冰）球粒喷射在去除表面污染物中的应用 / 083

4.1 引言 / 084
4.2 表面污染和表面清洁度等级 / 085
4.3 $CO_2$ 球粒清洗影响因素 / 086
4.3.1 相行为 / 086
4.3.2 干冰的性质 / 087
4.3.3 $CO_2$ 球粒清洗机理 / 087
4.3.4 工艺说明 / 088
4.4 清洗系统 / 090
4.4.1 球粒生产 / 090
4.4.2 输送系统 / 092
4.4.3 喷嘴 / 093
4.4.4 辅助设备 / 094
4.5 应用实例 / 094
4.5.1 半导体工艺组件的清洗 / 097
4.5.2 化学气相沉积反应釜清洗 / 097
4.5.3 金属清洗和表面处理 / 097
4.5.4 工业织物清洗 / 098
4.5.5 食品与饮料加工设备 / 098
4.5.6 害虫除灭 / 098
4.5.7 医疗器械清洗 / 099
4.5.8 药物低温球磨 / 099
4.5.9 核去污 / 100
4.5.10 设施维护 / 101
4.5.11 文物保护应用 / 101
4.5.12 油田工具清洗 / 102
4.5.13 清洗通风管和排水管 / 102
4.6 其他 / 102
4.6.1 成本 / 102
4.6.2 优点和缺点 / 104
4.7 小结 / 105
致谢 / 106
免责声明 / 106
参考文献 / 106

## 第 5 章 液态 $CO_2$ 在去除表面污染物中的应用 / 121

5.1 引言 / 122
5.2 表面污染和清洁度 / 122
5.3 液态 $CO_2$ 的特征 / 123
5.3.1 $CO_2$ 为稠密相流体 / 123
5.3.2 液态 $CO_2$ / 123
5.3.3 液态 $CO_2$ 清洗原理 / 128
5.3.4 清洗系统 / 129
5.3.5 应用实例 / 131
5.4 其他 / 134
5.4.1 成本 / 134
5.4.2 液态 $CO_2$ 清洗的优点和缺点 / 134
5.5 小结 / 135
致谢 / 136
免责声明 / 136
参考文献 / 136

## 第 6 章　超临界 $CO_2$ 在去除表面污染物中的应用 / 149


6.1　引言 / 150
6.2　表面污染和表面清洁度 / 150
6.3　应用领域 / 151
6.3.1　超临界 $CO_2$ / 151
6.3.2　应用实例 / 158
6.4　其他 / 163
6.4.1　成本 / 163
6.4.2　$SCCO_2$ 清洗的优点和缺点 / 164
6.5　小结 / 165
致谢 / 165
免责声明 / 165
参考文献 / 166


## 第 7 章　激光清洗工艺在高价值制造业中的应用 / 179


7.1　激光清洗工艺和需求 / 180
7.1.1　干法激光清洗 / 180
7.1.2　湿法/蒸汽激光清洗 / 181
7.1.3　角激光清洗 / 181
7.1.4　激光冲击清洗 / 181
7.1.5　激光辅助光动力清洗 / 182
7.1.6　用于激光清洗的普通激光系统 / 182
7.1.7　工业组件中发现的典型污染物 / 183
7.2　激光清洗在各个行业中的应用 / 183
7.2.1　航空航天领域的激光清洗 / 184
7.2.2　汽车行业的激光清洗 / 187
7.2.3　核工业中的激光清洗 / 190
7.2.4　工具和模具中的激光清洗 / 192
7.2.5　碳纤维增强聚合物的激光清洗 / 195
7.3　小结 / 201
参考文献 / 201


## 第 8 章　等离子体去污的基本原理和应用 / 206


8.1　引言 / 207
8.2　等离子体的基本原理和性质 / 208
8.2.1　等离子体基础 / 208
8.2.2　等离子体-表面相互作用 / 209
8.2.3　去污等离子体源 / 209
8.2.4　等离子体去污的优势 / 216
8.3　等离子体技术在生物材料医学应用中的实践 / 217
8.3.1　去污和杀菌 / 218
8.3.2　改善附着力和表面活化 / 220
8.3.3　增强润湿性和生物相容性 / 221
8.4　半导体制造中的等离子体清洗 / 222
8.4.1　等离子体诱导的光刻胶剥离和去污 / 224
8.4.2　硅基板的等离子体去污 / 225
8.4.3　半导体生产线后端的等离子体去污 / 226
8.5　多种表面精密清洗的重要性 / 227
8.5.1　光伏太阳能电池清洗 / 227
8.5.2　多用途光学组件清洗 / 232
8.5.3　电子显微镜的等离子体清洗 / 235
8.5.4　考古文物的恢复和保存 / 237
8.5.5　等离子体强化清洗的其他应用 / 237
8.6　小结 / 239
参考文献 / 240

## 第 9 章　紫外-臭氧表面去污技术应用 / 250


9.1　引言 / 251
9.2　表面污染与清洁度等级 / 251
9.3　紫外-臭氧去污原理 / 252
9.3.1　与去污相关的工艺参数 / 255
9.4　应用案例 / 259
9.4.1　金属表面去污 / 260
9.4.2　参考质量清洗 / 260
9.4.3　玻璃和光学材料 / 261
9.4.4　太阳风样品收集器 / 261
9.4.5　半导体和电子元器件 / 262
9.4.6　探针 / 262
9.4.7　聚合物表面 / 263
9.4.8　培养箱的去污 / 263
9.4.9　微量元素分析样品的制备 / 263
9.4.10　纺织品和织物 / 264
9.4.11　放射性污染清除 / 264
9.5　其他 / 264
9.5.1　成本 / 264
9.5.2　UV-$O_3$ 去污的优点和缺点 / 265
9.6　小结 / 266
致谢 / 266
免责声明 / 266
参考文献 / 267


## 第 10 章　小颗粒物的静电去除和操作及表面去污应用 / 277


10.1　引言 / 278
10.2　面污染与清洁度等级 / 278
10.3　静电去污相关因素 / 279
10.3.1　黏附力 / 279
10.3.2　电场中颗粒物的清除 / 280
10.3.3　颗粒物传输 / 281
10.3.4　介电泳力 / 282
10.3.5　颗粒物的摩擦带电 / 282
10.4　应用实例 / 283
10.4.1　微电子制造产品表面的去污 / 283
10.4.2　太阳能电池板和光伏组件各种表面灰尘的清除 / 284
10.4.3　网状物和薄片的去污 / 285
10.4.4　聚变装置中粉尘颗粒的清除 / 285
10.4.5　气固分离中颗粒物收集器的去污 / 285
10.4.6　静电喷雾表面消毒 / 286
10.4.7　电荷耦合器件的表面去污 / 286
10.4.8　壁虎仿生黏附材料 / 286
10.4.9　泵送绝缘流体 / 286
10.4.10　小颗粒物的微操作 / 287
10.4.11　汽车挡风玻璃和摄像头的去污 / 287
10.4.12　家禽设施的减排 / 287
10.5　小结 / 288
致谢 / 288
免责声明 / 288
参考文献 / 288


## 第 11 章　气相去污在清除表面污染物中的应用 / 301


11.1　引言 / 302
11.2　表面污染与清洁度等级 / 302
11.3　气相去污应用 / 303
11.3.1　基本原理 / 303

11.3.2 工艺参数 / 304
11.3.3 去污系统 / 306
11.3.4 应用案例 / 307
11.4 气相去污的几个问题 / 319
11.4.1 成本效益 / 319
11.4.2 气相去污的优点和缺点 / 320
11.5 小结 / 321
致谢 / 321
免责声明 / 321
参考文献 / 321

## 第12章 高速冲击空气射流去污技术的应用 / 343

12.1 引言 / 344
12.2 空气射流去污的基本原理 / 344
12.2.1 仪器和参数 / 344
12.2.2 去污率的定义 / 347
12.2.3 操作条件对去污率 $\eta$ 的影响 / 348
12.2.4 环境状况 / 353
12.2.5 吹扫速度的影响 / 355
12.3 利用空气射流的新去污方法 / 356
12.3.1 振动空气射流法 / 356
12.3.2 脉冲空气射流法 / 358
12.3.3 其他去污方法 / 358
12.4 技术应用尚待解决的问题 / 361
12.5 小结 / 363
参考文献 / 363

## 第13章 微磨技术在精密去污与加工中的应用 / 365

13.1 引言 / 366
13.2 表面污染和表面清洁度等级 / 366
13.3 应用领域 / 367
13.3.1 基本注意事项 / 367
13.3.2 微磨技术 / 369
13.3.3 去污处理系统 / 373
13.3.4 应用实例 / 374
13.4 其他 / 380
13.4.1 成本 / 381
13.4.2 优点和缺点 / 381
13.5 小结 / 382
致谢 / 382
免责声明 / 382
参考文献 / 382

## 第14章 洁净室擦拭布在清除表面污染中的应用 / 393

14.1 清除污染物的擦除原理 / 394
14.1.1 为什么要擦除? / 394
14.1.2 什么是洁净室中的污染? / 394
14.1.3 为什么擦拭有效? / 395
14.1.4 如何擦拭? / 395
14.1.5 擦拭方法 / 396
14.2 擦拭布类型 / 397
14.2.1 专业术语 / 397
14.2.2 针织合成擦拭布 / 399
14.2.3 超细纤维擦拭布 / 400
14.2.4 机织擦拭布 / 400
14.2.5 无纺布擦拭布 / 401
14.2.6 泡沫擦拭布 / 402
14.2.7 洁净室擦拭布选择 / 403
14.3 擦拭布测试 / 403
14.4 擦拭布质量评估方法 / 404
14.4.1 颗粒物和纤维 / 405
14.4.2 离子 / 410

14.4.3 可萃取物质 / 410
14.4.4 使用箱须图评估擦拭布的一致性作为品质的衡量标准 / 411
14.4.5 擦拭布测试方法的优缺点 / 415
14.5 自动化的重要性 / 415
14.5.1 擦拭布边缘处理 / 415
14.5.2 擦拭布的自动化生产 / 416
14.6 应用领域 / 417
14.6.1 半导体 / 417
14.6.2 磁盘驱动器 / 418
14.6.3 制药 / 418
14.6.4 生物制剂 / 418
14.6.5 医疗器械 / 418
14.7 擦拭布技术现状 / 419
14.8 洁净室擦拭布的未来发展 / 419
参考文献 / 420

## 第 15 章 微生物技术在清除表面污染中的应用 / 422

15.1 引言 / 423
15.2 表面污染和清洁度等级 / 423
15.3 应用 / 424
15.3.1 微生物制剂 / 424
15.3.2 微生物去污原理 / 424
15.3.3 零部件去污机 / 425
15.3.4 去污液和微生物混合物 / 425
15.3.5 污染物类型 / 426
15.3.6 基体类型 / 426
15.3.7 应用案例 / 427
15.4 其他 / 433
15.4.1 成本 / 433
15.4.2 微生物去污的优点和缺点 / 434
15.5 小结 / 435
致谢 / 435
免责声明 / 435
参考文献 / 436

## 第 16 章 离子液体在清除表面污染物中的应用 / 442

16.1 引言 / 443
16.2 表面污染和清洁度等级 / 443
16.3 应用 / 444
16.3.1 缩略语和术语 / 445
16.3.2 一般特征 / 446
16.3.3 热力学性质 / 448
16.3.4 挥发性 / 449
16.3.5 溶解度 / 449
16.3.6 黏度 / 450
16.3.7 低共熔溶剂 / 452
16.3.8 应用案例 / 453
16.4 其他 / 464
16.4.1 毒性问题 / 464
16.4.2 成本 / 465
16.4.3 离子液体的优点和缺点 / 467
16.5 小结 / 467
致谢 / 468
免责声明 / 468
参考文献 / 468

## 第 17 章 干蒸汽去污技术在清除表面污染物中的应用 / 491

17.1 引言 / 492
17.2 表面污染和清洁度等级 / 492

17.3 精密蒸汽去污技术背景 / 493
17.3.1 蒸汽去污原理 / 493
17.3.2 蒸汽去污系统和设备 / 494
17.3.3 操作注意事项 / 497
17.4 应用案例 / 497
17.4.1 不锈钢基质去污 / 497
17.4.2 飞机弹射座椅去污 / 498
17.4.3 镀金艺术品去污 / 498
17.4.4 机械零件去污 / 498
17.4.5 网纹辊去污 / 498
17.4.6 光纤去污 / 498
17.4.7 电子元件去污 / 499
17.4.8 微生物污染表面去污 / 499
17.4.9 除草 / 499
17.4.10 放射性去污 / 500
17.4.11 食品去污 / 500
17.4.12 其他应用 / 500
17.5 其他考虑因素 / 501
17.5.1 成本效益 / 501
17.5.2 蒸汽去污的优点和缺点 / 501
17.6 小结 / 502
致谢 / 502
免责声明 / 502
参考文献 / 502

第 18 章 超声气液去污系统在清除表面污染物中的应用 / 508

18.1 引言 / 509
18.2 表面污染和清洁度等级 / 509
18.3 超声气液去污技术背景 / 510
18.3.1 超声气液去污原理 / 511
18.3.2 方法和设备说明 / 511
18.3.3 应用案例 / 515
18.4 超声气液去污的优点和缺点 / 521
18.4.1 精密去污 / 521
18.4.2 医疗应用 / 521
18.5 小结 / 522
致谢 / 522
免责声明 / 522
参考文献 / 522

第 19 章 水冰喷射在清除表面污染物中的应用 / 527

19.1 引言 / 528
19.2 表面污染和表面清洁度等级 / 528
19.3 水冰去污的重要因素 / 532
19.3.1 冰的相行为 / 532
19.3.2 力学性能 / 532
19.3.3 喷冰机理 / 534
19.3.4 工艺说明 / 535
19.3.5 去污系统 / 536
19.4 应用实例 / 538
19.4.1 汽车零件 / 539
19.4.2 零件去毛刺 / 539
19.4.3 半导体晶圆去污 / 539
19.4.4 电子和光子学应用 / 540
19.4.5 核工业 / 540
19.4.6 设施退役 / 541
19.4.7 历史建筑修复 / 542
19.4.8 回收再利用 / 542
19.4.9 管道去污 / 542
19.4.10 油田设备去污 / 542
19.5 其他考虑 / 543
19.5.1 成本 / 543
19.5.2 优点和缺点 / 544
19.6 小结 / 545
致谢 / 545
免责声明 / 545
参考文献 / 545

## 第 20 章　抛丸在管道内表面非水去污中的应用 / 553


20.1　引言 / 554

20.2　管道内表面污染 / 555

20.2.1　污染类型 / 555

20.2.2　污染的影响 / 556

20.3　背景 / 557

20.3.1　流体清洁度等级 / 557

20.3.2　非水抛丸去污方法 / 561

20.3.3　操作注意事项 / 564

20.4　应用实例 / 565

20.5　优点和缺点 / 566

20.5.1　优点 / 567

20.5.2　缺点 / 567

20.6　小结 / 567

致谢 / 568

免责声明 / 568

参考文献 / 568

# 第1章

# 声波技术的基本原理和应用

Dinesh P. R. Thanu[*] Mingrui Zhao[†] Zhenxing Han[‡] Manish Keswani[*]

[*] 亚利桑那大学材料科学与工程系 美国亚利桑那州图森市

[†]应用材料公司 美国加利福尼亚州圣克拉拉

[‡]美光科技公司 美国爱达荷州博伊西市

# 1.1 引言

去除物理表面的污染物，如金属、有机物和微粒，需要有效的去污方法[1-9]。在这方面，声波技术已在许多行业中广泛使用几十年。早在20世纪50年代，超声波就开始用于工业清洗。从那时起，这项技术就一直以稳定有效的方式取得重大的进展，现已被全世界公认为是一种成熟的去污方法。声波技术的发展可称为进化式的而不是革命式的发展。作为声波技术基础的概念验证、科学研究和工程设计工作逐步开展于20世纪50年代初；然而，声波技术从实验室研究变为大规模制造技术是在21世纪10年代取得的[10-15]。许多研究人员在他们发表的论文中指出，超声波和兆声波频率范围内的声波辐照能以声流和声空化方式去除表面污染物。使用受控声波技术去除表面污染物的一个值得注意的优势是，与其他去污技术相比，它能大大减少处理时间。此外，声波技术还提供了一个安全、经济且环保的去污工艺，因为，它无需使用任何有毒溶剂。去污行业通常遇到的主要挑战之一是如何去除对人体有害，且不利于环境保护的有毒废物[16-19]，声波技术在这方面提供了巨大的帮助。自问世以来，声波技术便一直是包括微电子学、医学、海洋生物学、乳制品加工、纺织品、洗煤、废水净化、防腐、涡轮发动机过滤器清洗、纳米技术、植物净化、太阳能电池板去污以及众多领域的表面去污的一种可靠技术。兆声波清洗和超声波清洗这两种关键的声学技术因其多功能性、低成本、有效性、易用性和绿色工艺认证而在最先进的商业应用中被广泛接受为可行的去污方式[10,13,15,20,21]。

多年来，利用声能改变化学反应途径和工业产量一直被认可和广泛研究。20世纪70年代初，声学在工业清洗领域的应用引人注目，到了21世纪，声学技术再次成为人们关注的焦点；但是，并非所有形式的声能都能有效引起一种给定介质中的物理和化学变化。当一个声波传播时，它将经历一个压缩-稀化的循环，这种循环仅在一定的频率范围内通过声流、冲击波、微喷射、剪切力和空化作用产生破坏性效应[12,14,15]。声能是一种复杂的现象，具有重要的调谐参数，如频率、波长、强度、速度和振幅。尽管频率在各种出版物中一直作为一个关键参数被广泛讨论，但影响声波清洗效率的因素有许多。本章将全面回顾声波技术在各个工业领域中去除表面污染物的最新应用。此外，还将介绍一些新的技术领域，并重点关注声波原理、去污机理、优点、局限性和替代方法等关键基础问题。

# 1.2 声波清洗的基本原理

声波清洗的基本原理基于使用频率超过人类听觉的高能声波清除不同结构表面的颗粒沉积物。声音通常用频率描述，并用赫兹（Hz）单位或每秒循环数进行量化。人的听力范围为20Hz～20kHz。声强的基本单位是贝尔，以亚历山大·格雷厄姆·贝尔（Alexander Graham Bell）的名字命名。分贝（dB）是贝尔的1/10，并且是声压的对数标度。在声音的测量中，重点放在声压的振幅上，以帕斯卡（Pa）或dB为单位，每增加10dB，声压就增加

10 倍。声音是通过空气或液体等介质中的微粒的运动传播的。

### 1.2.1　超声处理的基础知识及其在颗粒清除中的作用

超声处理是利用声波搅动介质中颗粒的过程。声波处理器可以在放置样品的水浴中产生声波，也可以以探头形式直接连接到待超声处理的样品上，用于清洗的能量通过一系列压缩和膨胀循环传递，这些循环在空气中产生运动，以流化聚集在各个表面上的灰尘颗粒，如图 1.1 所示。

这种声学扰动可以表示为一个波，以 $X$ 轴表示时间，以 $Y$ 轴表示介质中一个给定颗粒相对于其静止位置的位移，如图 1.2 所示。一旦这个微粒被移动，它就容易被重力或气流移除。一些声波清洗器通过利用声能振动颗粒来将其清除。在给定的频率下，需要一定的声强 (dB) 才能清除微粒污染物。在较低频率（低于 125Hz）下，使颗粒共振所需的声强较小，但在低于 125Hz 的基频时产生较大的波长。例如，一个以 100Hz 基本频率产生 150dB 声强的声波清洗器可能比在 200Hz 基频下产生相同声强的声波清洗器清洗的面积大得多。大体上说，频率越低提供有效清洗面积越大[10,15]。

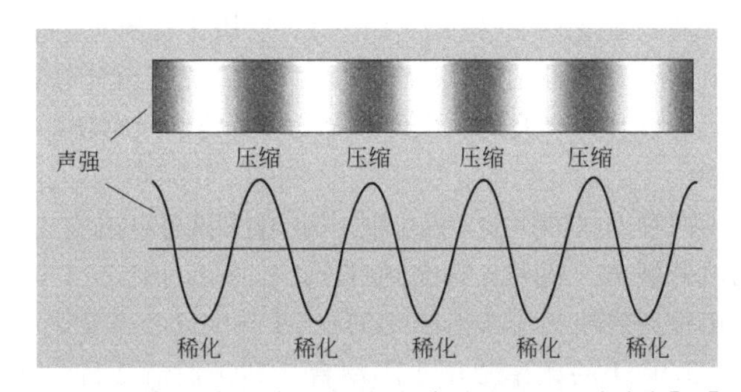


图 1.1　包括压缩和稀化循环的超声处理过程（改编自[11]）

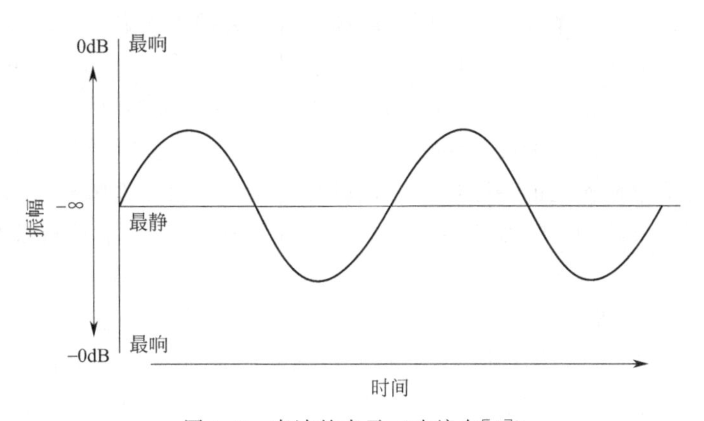


图 1.2　声波的表示（改编自[4]）

污染物一般是在新表面形成过程中产生，或是作为异物从附近气氛中沉积下来的。附着在高机械压力下表面上的污染物通常不易清除。另一方面，颗粒是由于各种物理力而黏附在表面的不溶解的单一污染物或固体污染物的聚集体，而且较小的颗粒通常最难去除。要从表面成功去除这些颗粒污染物，需要深入了解颗粒与表面间的各种相互作用力。研究人员已经将颗粒的黏附力和颗粒的去除表征为颗粒大小的函数，这将在第 1.4 节中介绍。众所周知，即使是单个微米量级的颗粒污染物也能对表面造成缺陷，导致一段时间内的产量损失和降级。声场能大大增强这种污染物在复杂表面的去除，这将在下面的章节中详细阐述。声波清洗已有几十年的历史，目前正被用于微电子、医疗设备和各种其他行业，详细信息将在第 1.3 节介绍。本节将着重介绍设计一个达到技术发展所要求的高清洁度的有效去污方法所需要的参数。

### 1.2.2　声波清洗的历史、类别和优点

清洗是人们日常生活重要的组成部分。肥皂的发明是为了清洗身体，去除影响人体健康甚至可能致命的污染物。随着不断发展，人类的生活需求发生变化，许多新产业得到发展，这些产业的技术进步带来了新的工艺和材料。因此，有必要同步开发新的更有效的清洗方法。微电子器件的发展和医学的进步就是这种趋势的典型例子。卫生是一个传统上与医学相关的概念，也与人类的个人和专业护理实践有关。在医学和日常生活中，卫生被用作减少污染和疾病传播的预防措施。在食品和化妆品生产中，良好的卫生被认为是质量保证的关键。清洗过程因为去除了感染性微生物、污垢和土壤颗粒，通常是实现良好卫生的方法。医疗卫生措施包括在外科手术中对使用的器械进行消毒。这些做法大多始于 19 世纪，在 20 世纪中期得到了较好的发展。声波清洗在 19 世纪 70 年代初期用于瓷器美学和牙科[22-24]。用于声波清洗的设备具有类似空袭警报器的样式，第一种声波清洗机由铸铁制成。1990 年后，该技术成为商业上可持续的技术，声波清洗机用 316SS（不锈钢）等新材料制造并开始被用于制造业以确保最佳性能。

在工业中主要使用两种形式的声波清洗：兆声波清洗和超声波清洗。两种清洗方法之间的差异在于产生的声波的频率。超声波清洗使用较低的频率（低于 200kHz）并产生随机空化，而兆声波清洗使用较高的频率（高于 800kHz）并产生可控空化。工业清洗最常用的频率为 20～50kHz。50kHz 以上的频率常用于小型台式超声波清洗机，如珠宝店和牙科诊所的清洗机。超声波清洗虽然很有效，但是需要仔细考虑许多性能特点。超声能量引起损伤的倾向，是影响设备设计、频率和功率密度等声场参数的关键因素之一。许多行业例如半导体晶圆生产、硬盘驱动器制造和集成电路组装，要求微米到亚微米粒度范围内的精密清洁度，污染物可能是灰尘、油、油脂、抛光剂和脱模剂等，需要清洗的材料包括金属、玻璃和陶瓷。超声波搅动可与多种清洗剂配合使用。典型的应用主要有去除切割和机械加工过程中的切屑和切削油，在电镀操作之前去除抛光剂，以及去除汽车和飞机用翻新部件中的油脂和污泥。由于限制使用有毒溶剂（例如三氯乙烷、二甲基亚砜、*N*-甲基吡咯烷酮和丙二醇）以及湿法有害的化学物质（例如氢氟酸、硫酸-过氧化物混合物、硫酸-臭氧混合物、碱性和酸性过氧化物溶液），超声波清洗的使用越来越多。使用化学溶剂的主要问题之一是会产生复杂且难以处理的废液[25]。如果处理不当，这些废液将会对环境造成危害。表 1.1 比较了半导体行业中四种常用清洗溶剂的闪点、蒸气压、半数致死量（$LD_{50}$）和风险等级，表 1.2 列出了霍奇（Hodge）和斯特纳（Sterner）的 $LD_{50}$ 毒性等级[26,27]。尽管这些溶剂的蒸气压值较低（约为 0.1～2mmHg，1mmHg＝133.322Pa），但它们可能对人体健康造成重大风险。闪点值表明，在 343～373K（70～100℃）的温度范围内使用溶剂是不安全的，这些溶剂的致死剂量和 $LD_{50}$ 值表明其为有毒物质。半导体行业中一些常用的化学清洗剂在欧盟被划入有生殖毒性类别。由于这些限制，许多制造商和表面处理商在一些应用中使用浸泡清洗技术，而不是溶剂型蒸气脱脂。

**表 1.1　后道工序（BEOL）清洗中常用溶剂对环境和健康的影响[25-27]**

| 溶剂 | 闪点[a]/℃ | 20℃下的蒸气压/Pa | 大鼠口服 $LD_{50}$/(mg/kg) | 风险等级(欧盟分类)[b] |
|---|---|---|---|---|
| *N*-甲基吡咯烷酮 | 91 | 约 38 | 3914 | 有毒，R36/38，R61 |
| *N*，*N*-二甲基乙酰胺 | 70 | 约 200 | 4300 | 有毒，R61，R20/21 |
| 二甲基亚砜 | 95 | 约 56 | 14500 | 未列出 |
| 丙二醇 | 107 | 约 17 | 20000 | 未列出 |

[a]闪点使用克利夫兰开口杯(COC)测定。

[b]R20/21：吸入和与皮肤接触有害；R36/38：对眼睛和皮肤有刺激性；R61：可能对胎儿造成伤害。

**表 1.2　采用霍奇（Hodge）和斯特纳（Sterner）量表示的大鼠口服 $LD_{50}$ 等级[25]**

| 毒性等级 | 常用术语 | 大鼠单剂量给药/(mg/kg) | 人的可能致死剂量 |
|---|---|---|---|
| 1 | 极毒 | 小于 1 | 微量(1 滴或约 62μL) |
| 2 | 剧毒 | 1～50 | 4mL |
| 3 | 中等毒 | 50～500 | 30mL |
| 4 | 低毒 | 500～5000 | 600mL |
| 5 | 无毒 | 5000～15000 | 1L |
| 6 | 无毒 | 大于 15000 | 1L |

如图 1.3 和图 1.4 所示，超声波在清洗形状复杂的零件时比其他去污方法更有效。由于下列优点，许多行业已经采用声波清洗技术，摒弃传统的去污方法。

声波清洗的好处如下[28-30]：

① 大大降低了每个部件的去污成本。

② 将部件清洗到一定的标准所需的时间更少。

③ 超声波清洗在清除灰尘等污染物方面效率更高。

④ 超声波清洗的部件比其他方法更可靠，使用寿命更长。改善表面光洁度，并减少了损耗和破坏性摩擦。

⑤ 因为耗材减少或有害清洗造成报废的零件变少，从而降低了材料成本。

⑥ 综合所有优势，可以提高工业产量。

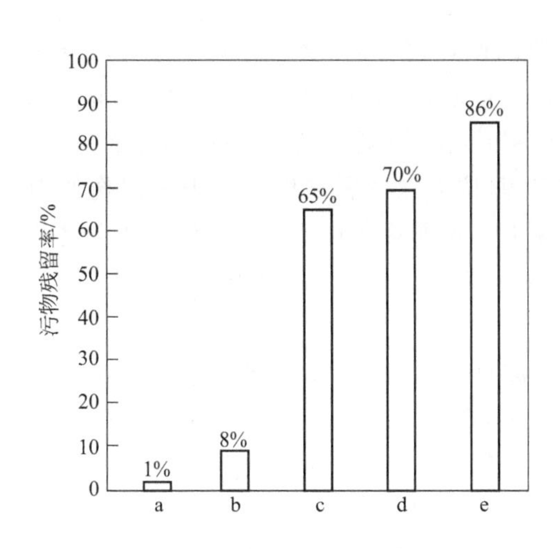


图 1.3　超声波清洗与其他已知常规方法的效率对比图（改编自[15]）

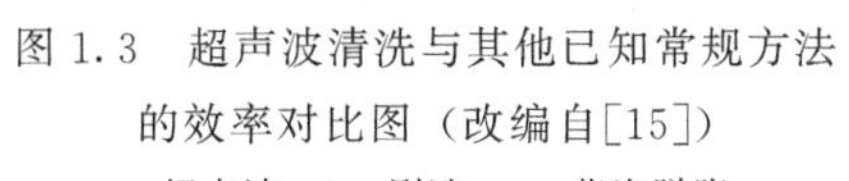
a—超声波；b—刷洗；c—蒸汽脱脂；d—在流体中强制运动；e—射流

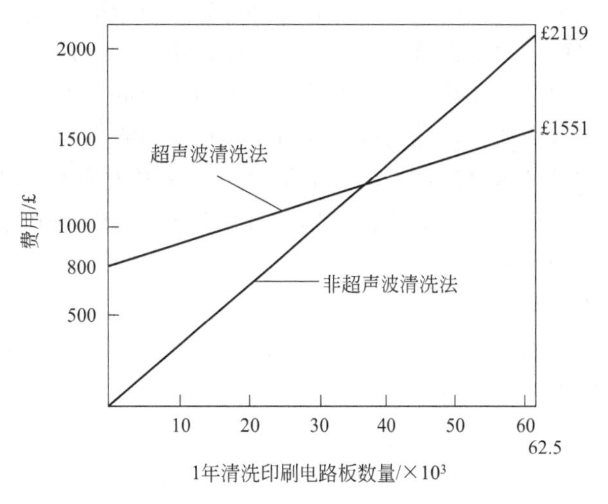


图 1.4　非超声波清洗印刷电路板（PCB）与超声波清洗印刷电路板的费用对比（改编自[15]）

### 1.2.3　声波清洗的原理

声波清洗技术涉及的两个关键原理是超声空化和声流效应。空化是液体中的气体或蒸气的气泡在压力变化下形成和破裂的现象。当液体压力降到一定值以下（即空化阈值）就会发生空化。该阈值相当于引起空化所需的最小压力振幅。当在液体中产生的一个气泡变大然后破裂时，就会发生超声空化现象。如图 1.5 所示，当溶质/或溶剂蒸气扩散到气泡中时，气泡开始变大，达到最大尺寸时，气泡开始破裂。空化可以是稳态的，也可以是瞬态的。稳态空化仅涉及气泡半径尺寸的小振荡，而瞬态空化的特征是大气泡尺寸变化（仅在几个声波周期内），随后的气泡破裂通常是剧烈的[31,32]。当这些气泡向内破裂时，会产生微小的液体射流冲击待清洗的零件表面。如图 1.6 所示[15]，这些高速射流将化学清洁剂输送到表面上的有机和无机化学污染物中，从而实现表面去污。液体中空穴的形成类似于固体中的拉伸破坏，当超过液体的“抗拉强度”时，就会形成空穴。这些“强度”的实际值远低于理论值。例如，在水中，理论上抗拉强度为 $1\times10^8$ Pa，而实际上约为 $1\times10^5$ Pa。与固体一样，这是材料缺陷的结果；在液体中，这些缺陷是在固体污染物或其他浸没的固体表面出现气囊。这些气囊充当空化的核，当达到足够高的振幅时，核变得不稳定，并迅速成长为一个充满蒸气的气泡，该气泡为瞬态空化（稳态空化主要是充满气体）。空化阈值是引起空化现象的最小压力振幅，对水而言这个阈值一直被人作为各种液体性质的函数进行研究[31]。研究发现，空化阈值随（能使核稳定的）液体表面张力的增大而增大，（在大多数情况下）随流体静压强的增大而增大，随温度的升高而减小（在沸点附近降至零），随固体污染物总量的增加而减小。在硅片的声波清洗中，空化的两个重要方面是减小对颗粒去除的影响以及对表面损伤的影响。因此，了解在什么频率和声强下，清洗液中将发生空化现象是有用的。空化的产生是若干微秒的事。据估计，在 20kHz 的频率下，压力为 35～70kPa，瞬时局部温度约为 5273K，微流的速度为 400km/h 左右。

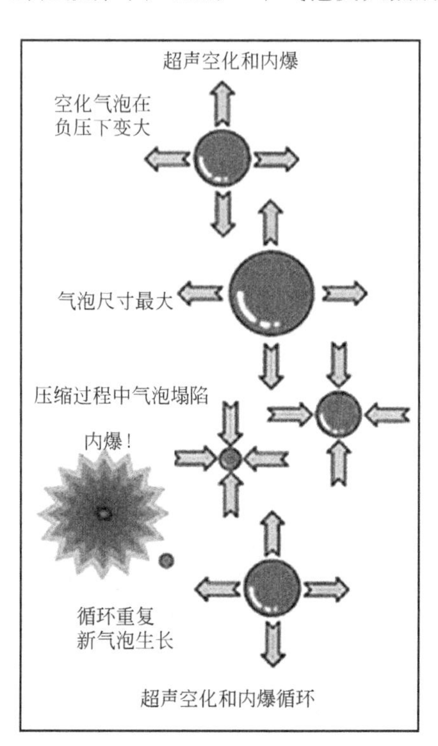


图 1.5　超声空化原理示意图

另一方面，声流依赖于流体的整体运动。尽管声波具有正弦特性，但它们引起的微粒速度并不是严格意义上的正弦曲线。瑞利（Rayleigh）和其他研究人员注意到在有声音的情况下，尘埃微粒在管状空气中的运动[33]。他们发现，其循环模式不随时间变化。当控制流动的纳维-斯托克斯（Navier Stokes）方程被解时，除了振荡分量外，确实还存在一个与时间无关的速度分量。这是因为在每个声波周期中，由于黏性介质中的波衰减引起流体微粒位置的一些微小漂移[34,35]。这些微小漂移的总和是声流，其模式是复杂的，并且取决于几何形状。声流可按发生在声学边界层的内部和外部加以分类。在声边界层之外，声流用一个较大（大于其声波波长）的尺度加以表征。在边界层［施利希廷（Schlichting）流］内部，流涡

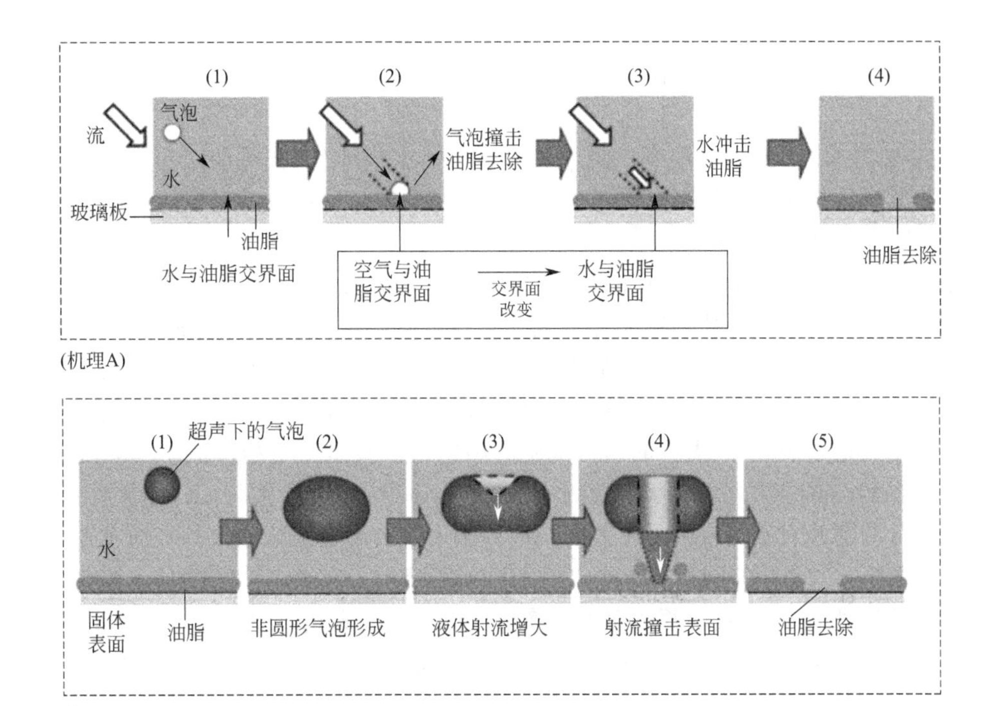


图 1.6　超声处理过程中气泡清洗现象的机理 A 和机理 B（改编自[32]）

（机理 A）由于气泡流动使交界面由空气与油脂交界面快速变化为水与油脂交界面而实现清洗；

（机理 B）由于超声作用下的气泡形成的水射流而实现清洗

的尺度远小于其声波波长。纽伯格（Nyborg）详尽地综述了声流方程[36]，边界层内部和外部的声流都明显地为去污过程提供声化学增强，流动产生的强流和小边界层厚度明显地有助于传输。声学边界层厚度随着频率增高而变小，从 40kHz 时的约 2.82μm 减小至 1000kHz 时的约 1μm[37,38]。

## 1.3　声波技术的应用趋势

低频率（低于 100kHz）空化现象在半导体行业晶圆去污中的应用非常普遍。施瓦茨曼（Shwartzman）和他的同事[38,39]在超声波清洗的工作中得出开创性结论，在 850～900kHz 时，脉冲之间没有足够的时间形成空化气泡。实验中传感器的强度为 5～10W/cm$^2$。研究证实，空化阈值压力随着频率的增高而显著增高[40]。埃舍（Esche）在该领域进行了最全面的实验工作[41]，他研究了一定频率范围内的空化现象，并测定了充气水和脱气水的空化阈值压力振幅。在 40kHz（典型的超声波清洗频率）下，根据埃舍（Esche）曲线得出的阈值约为 0.1MPa。在 850kHz（典型的“超气”清洗频率）下，他的数据表明阈值超过 10MPa。相反地，其他研究[42]表明该频率下的阈值约为 1MPa。差异的原因是该阈值对实验条件极为敏感。此外，没有确定是否存在空化的标准。关于去污应用，可以选择不同的频率：

- 20～40kHz 的频率通常用于清洗发动机机体和重金属部件等严重污染地方，以及清除重度油污。

- 40～70kHz 的频率用于机械部件、光学元件和其他部件的一般去污，可以有效地去除小颗粒。
- 100～200kHz 用于光学器件，磁盘驱动器组件和其他敏感部件的温和去污。
- 对于半导体晶圆、超薄陶瓷、光学器件和高度抛光金属镜或反射镜的精确和超精细去污，使用大于 200kHz 的频率。

就空化能被检测到的最小尺度而言，不同的研究人员采用不同的标准并且有不同的极限值。实际上，声频对空化阈值的影响并不大，它只影响空腔能够生长到的最大半径[42]。因此，在某些情况下，气泡可能存在，但小得难以检测。表面的空化侵蚀是一种物理现象。虽然低含气量会增加空化阈值压力，但也会增加空化损伤，因为在没有缓冲气体的情况下，形成的空穴会剧烈地破裂[43]。损害的确切机制的确定，一直是一个相当值得研究的领域。极高的速度和温度与空穴的内爆有关。然而，诺德（Naudé）和埃利斯（Ellis）[44] 使用高速摄影技术进行的实验表明，侵蚀是由表面气泡内爆引起的高速射流造成的，而不是由气泡破裂引起的极端压力和温度造成的。此外，他们的计算表明，随着气泡的增长，震荡会比随时间单调增长的射流产生更高的喷射速度。布斯奈纳（Busnaina）和喀什（Kashkoush）[45] 观察到 40kHz 超声波清洗对硅圆的空化损伤，还观察到宽度小于 1.0μm 以下的金属线的吊装。研究人员通过使用频率扫描并保持水中高气体含量（以减轻空化内爆的影响）来消除这种损害。

## 1.3.1　声波清洗在微电子工业中的重要性

微电子工业面临的主要问题之一是晶圆在制造过程中表面受到颗粒物的污染。在大型集成电路中，超过 50%的产量损失是由这些污染物造成的。晶圆表面上的小颗粒难以去除，因为它们通过静电力牢固地结合在基板上。因此，需要找到一种有效的方法来去除晶圆上的颗粒且不对晶圆表面造成损害。声波清洗，特别是兆声波清洗的一个常见用途是去除晶圆和掩模表面的颗粒污染物[46-50]。在过去的十年中，已经发展了浸没清洗、刷洗、离心纺酸浴和喷射清洗等多种去污技术。兆声波由于其高效、绿色和较少的清洗时间具有明显的优势。

波多利亚（Podolian）等[46]研究了在晶体硅晶圆制备中使用蒸馏水进行超声波清洗，实验装置如图 1.7 所示。据报道，在晶圆超声处理过程中，有机物相关的光学吸收峰的消失（如图 1.8 所示）证实了有机颗粒污染物被有效去除。研究人员讨论了声波处理对硅晶圆光电行为附带影响，表明其对硅圆性能的影响是最小的。

另一个关键应用是通过清除颗粒污染物来改善抗蚀性。在本节中，将综述几个与光掩模构造图案加工相关的声波清洗应用案例。就减少工艺时间和有效去除微粒而论，声波在改善抗蚀性增进性化学清洗剂的清洗有效性方面具有重要作用。由于颗粒可能会阻碍蚀刻步骤，用化学反应增强和去除线间薄膜残留的方法防止碎屑的生成至关重要，如图 1.9 和图 1.10 所示[51,52]，声波清洗在这方面的效果非常好。尽管这些图像清晰地表明了声波清洗去除颗粒污染物的效果，但使用声波的主要挑战是暴露在不同化学物质中时的特征损伤。在小长宽比抗蚀特性上，一个工艺窗口，可允许使用更高声功率进行有效去污。然而，在较高的长宽比特性上，使用高频声波存在局限性，因此，通常首选低气化或完全脱气的介质。

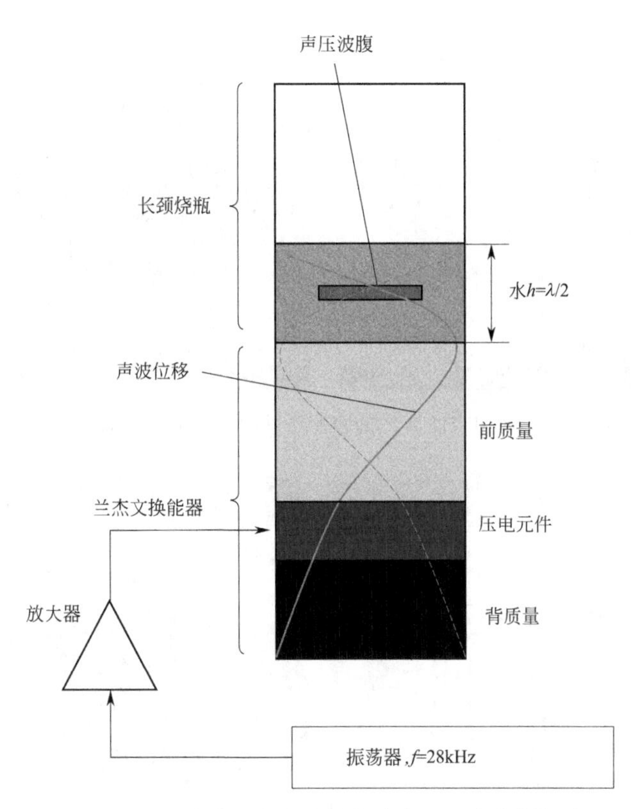


图 1.7　用于硅片超声处理的实验装置（改编自[46]）

共振频率由水厚 $h$ 定义，$\lambda$ 是水中声音在共振频率下的波长

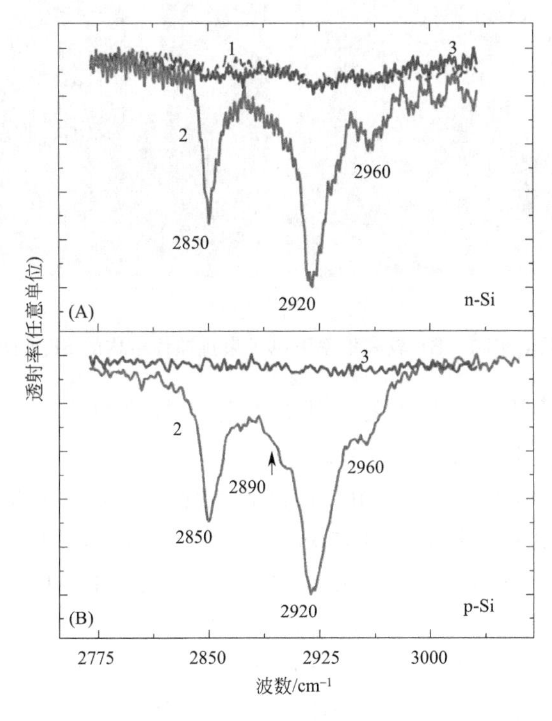


图 1.8　n-Si 晶片（A）和 p-Si 晶片（B）的傅立叶变换红外光谱（改编自[46]）

1—常规清洗；2—盖上薄薄的一层凡士林；3—超声波清洗

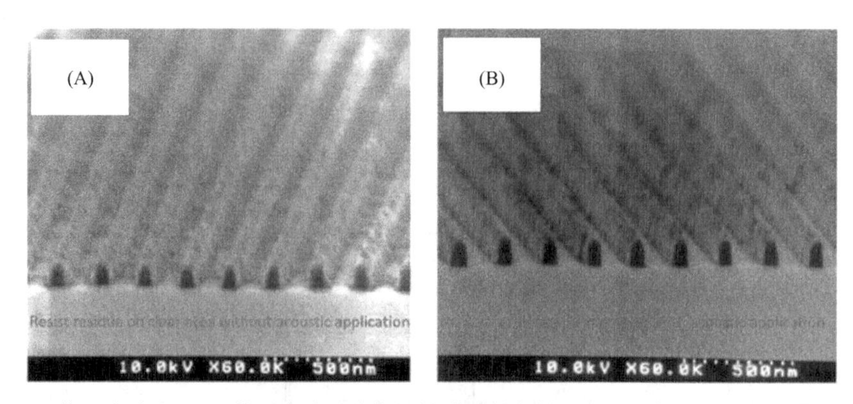


图 1.9　(A) 不使用声波和 (B) 使用声波后的抗蚀性增进的扫描电子显微镜 (SEM) 图像 (改编自[51])

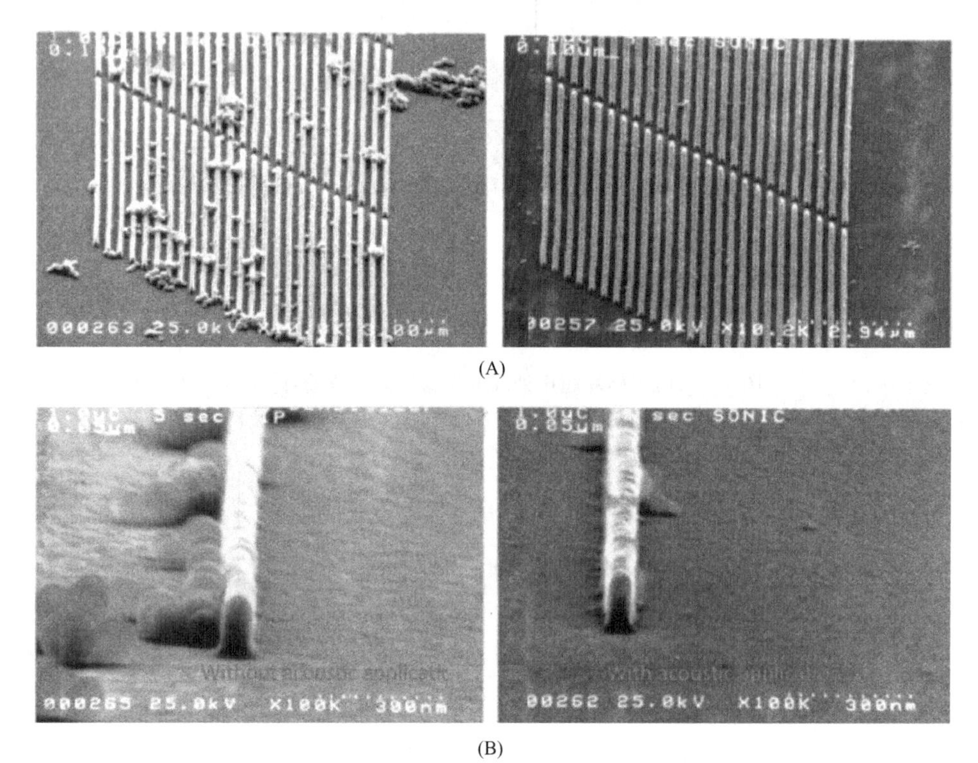


图 1.10　(A) 较低倍率和 (B) 较高倍率下电子束抗蚀性结构的 SEM 图像 (改编自[52])

声波清洗在微电子制造工艺中的应用是半导体行业的热点问题之一。当极紫外光(EUV)光刻机中的电动卡盘(e-chuck)卸下时，需进行 EUV 光罩背面标线的去污。随着微电子工业正在努力将 N7 或 N5 技术节点的高容量制造(HVM)推向现实，EUV 光刻似乎是最好的选择。它直接在晶圆上压印 10nm 以下的图案以取代四重图案，这有助于降低制造成本和缩短生产周期。然而，要想实现 HVM 到可接受水平，EUV 光罩寿命是关键，需要经过数万次曝光后仍具有可靠的印刷性能和稳定的剂量水平。具体地说，在 EUV 光罩或光掩模上，正面和背面缺陷都有可能是致命的缺陷。使用不同的化学清洗剂进行声波清洗，对减少这些缺陷起着重要作用[53,54]。有不同类型的正面缺陷，包括有机污染物、颗粒、空白沉积过程中的吸收缺陷和多层缺陷。

由于行业商业秘密，在本章中不详细讨论 EUV 光罩正面缺陷去污的清洁参数和化学清洗剂的成分；但将讨论去除缺陷的现状和最新改进。在此过程中，重要的是延长光刻机内部的EUV光罩的曝光时间，且不会由于背面缺陷与电动卡盘之间的相互作用而导致图案变形。为了满足EUV光刻机内部电动卡盘的加速速度，EUV光罩背面曾涂上铬。图1.11原子力显微镜（AFM）图像显示了当EUV光罩从电动卡盘上卸下时的背面缺陷[55]。

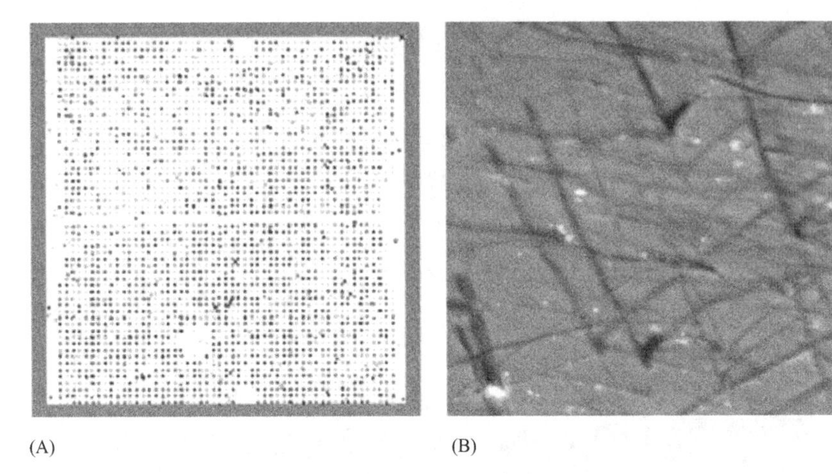


图1.11　EUV光罩背面检查得到的图像（改编自[55]）

（A）使用光学检查工具和（B）使用原子力显微镜进行3.0μm×3.0μm面积的高度扫描（见文后彩插）

缺陷都是掩模上的划痕，最大深度为9nm

由于背面没有任何功能，可以轻松施加更高功率的声波来实现最佳清洗性能，使清洗更加容易。然而，清洗后的薄膜平整度和薄膜电阻是关键。目标13.5nm的直接压印特征尺寸为该行业仅提供了1nm的叠置重合边缘。清洗后背面薄膜的任何残留颗粒或变形都可能使模具失效，光刻过程中在每个模具上的硬缺陷都会影响成品率。薄膜电阻也很重要，因为它是保持高速扫描而不引起任何位移误差的关键，由于清洗中的化学反应引起薄膜损失和薄膜性质变化，薄膜的背面清洗窗口非常小。根据图利（Turley）等的研究，经过等离子体预处理后，在使用稀的化学清洗剂的情况下，超声波范围内的声波显示出有效的背面去污性能[55]。如图1.12所示，为在EUV光刻过程中保持高性能，需要对EUV光罩进行多达20次甚至数百次的清洗。

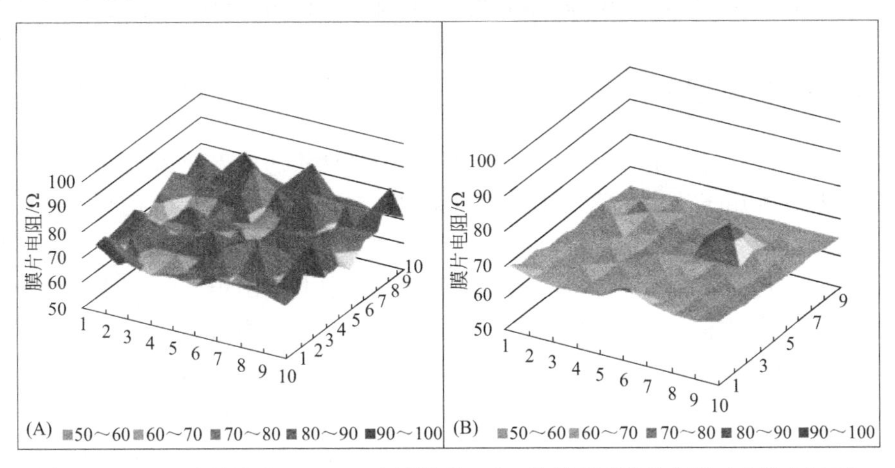


图1.12　（A）未清洗和（B）20次清洗后EUV掩模背面薄片电阻（改编自[55]）

在2017年的湾区铬用户研讨会（BACUS）上，应用材料公司（AMAT）和ASML报告了一个指定的模块，用于EUV光罩背面的单侧去污，在这种情况下，使用声学技术实现了颗粒物的高去除率，并满足EUV光刻机的行业规格。该模块被设计为仅清洗背面，而不影响正面图案。图1.13给出了该模块的设计流程。

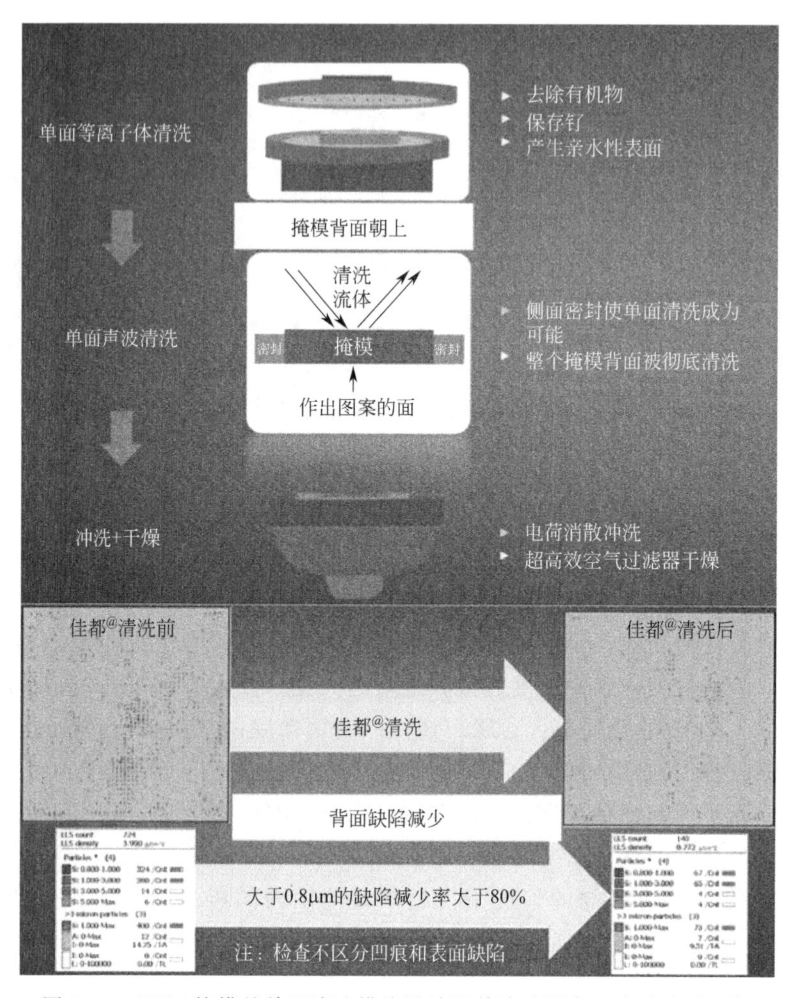


图1.13　EUV掩模的单面清洗模块设计及其清洗顺序（改编自[56]）

## 1.3.2　在牙科中的应用

在牙髓或根管治疗过程中，控制感染对于防止传染性疾病的出现和消除交叉感染至关重要。根管治疗是一种用于消除受感染牙髓，并保护清洁的牙齿免受微生物侵袭的治疗方法。牙髓锉和铰刀是牙医在进行根管治疗时使用的外科器械。图1.14为放置在设备支架中的牙髓锉样本图。从结构复杂的小型牙科器械中清除有机碎屑非常困难。诸多研究人员的研究报告表明，在高压灭菌之前，手动擦洗和超声波清洗不足以清除受污染根管锉中的有机碎屑[57-60]。然而，林苏万特（Linsuwanont）等研究发现，用手擦洗和超声波（在1%次氯酸钠中浸泡）相结合可以完全清除碎屑[61]。有趣的是，在佩拉卡基（Perakaki）等的研究[62]中发现超声波清洗对牙髓锉非常有效，尽管残留物去除率不是100%，但比其他实际应用的清洗消毒器要好[62]。

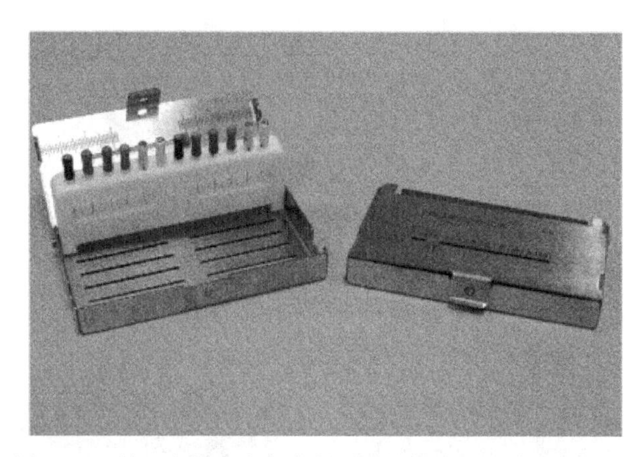

图1.14 放置在设备支架中的牙髓锉样本图（改编自[62]）

另一方面，也有使用声波技术清洗椭圆形根管的研究。自20世纪80年代初以来，电动牙科器械已成为根管治疗技术的重要组成部分。该器械由以超声波（20～40kHz）或其他声波（1.5～3kHz）频率操作的摆动锉组成[63-65]。卢姆利（Lumley）等[63]研究了通过超声检查椭圆形根管中碎屑或涂抹层的减少情况。通过扫描电子显微镜（SEM）记录标本图像。超声波技术也用于义齿基托树脂的实验研究[66]。许多研究人员使用了含有模拟髓管间隙的透明树脂块，研究仪器对根管轮廓的影响，这些树脂块被用作牙髓手术过程可视化的研究工具。超声空化现象对甲基丙烯酸甲酯树脂义齿基托的尺寸稳定性未造成永久性影响。超声处理被认为是减少牙齿和牙块中放射性的最有效方法之一[67]。

控制牙科交叉感染的指南已经发布并实施了很长一段时间。主要问题在于病毒携带者的治疗，尤其是携带人类免疫缺陷病毒（HIV）和乙肝病毒的患者。由于可能在医治之前无法识别是否为携带者，这使问题更加复杂。因此，一贯的做法是把每个病人都当作携带者对待。米勒（Miller）撰写的一篇评论清楚地表明，超声波清洗是牙科重复使用设备消毒前的首选方法[68]。基于图1.15中所示的SEM成像，格温内特（Gwinnett）和卡普托（Caputo）证明了声波装置在去除义齿材料中的微生物方面是最有效的[69]。超声波的清洗作用与产生的气泡有关，气泡起着声放大器的作用，并受到径向脉动而引起微观高速液体流。这一过程反过来导致对附着在表面上的颗粒施加剪应力。另一种可能的机理是不对称气泡破裂的清洗作用，即以速度为100m/s的微观射流撞击。其他如蒸气空化、冲击波形成和超声波清洗的作用也可能有助于表面清洗，但其作用并未得到很好的描述。考虑到清洗器械的整个表面（包括铰链，凹槽和锯齿）对控制交叉感染的重要性，研究人员决定应用染料/纸法来监视暴露在超声波清洗液中的一个平的表面上的空化活动[70-72]。

## 1.3.3 在海洋生物学中的应用

船需要定期清洗以使其保持良好状态，机动船和帆船通常使用高压水进行清洗。众所周知，清洗过程昂贵又耗时，不可避免地需要将船从水中拖到干船坞。由于船舶频繁暴露在污染环境中，浮渣层变厚，粘接强度增加。在此阶段，只有彻底清洗才能保持船的良好状态，就像对表面进行硬蚀刻一样。在这种情况下，超声波清洗是一个不错的选择，因为它甚至可以去除很薄的污垢层，而不需要把船拖出水面。

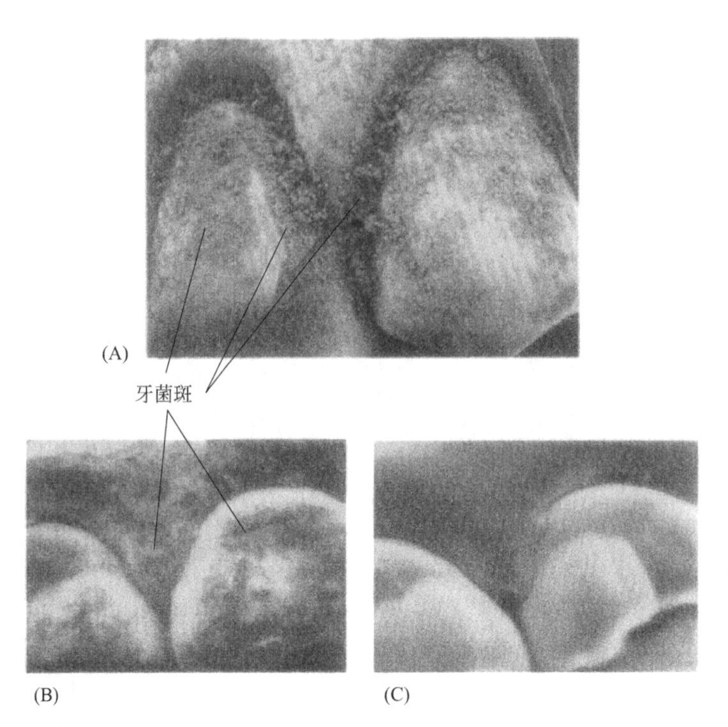


图 1.15　丙烯酸树脂义齿样本牙齿和基托的 SEM 图像（改编自[69]）

（A）有牙菌斑堆积；（B）用 Polident 清洗后有持久的菌斑沉积；（C）超声波清洗后无残留物

声波的一种应用是开发用于浸在水里的船舶的自动清洗站，使用超高频率的超声波传感器可以清除船表面上的所有生物污垢。如图 1.16 所示，马祖（Mazue）及其同事描述过一种新的设计，其特色是将一个多传感器装置用于船体清洗[73]。这个装置被设计成利用在三角放置的三个超声波喇叭的声学活动，喇叭由钛合金制成以防止可能在海水环境中造成腐蚀。此外，在喇叭的侧面安装了一个吸入装置收集废物，并将其导向水处理厂。

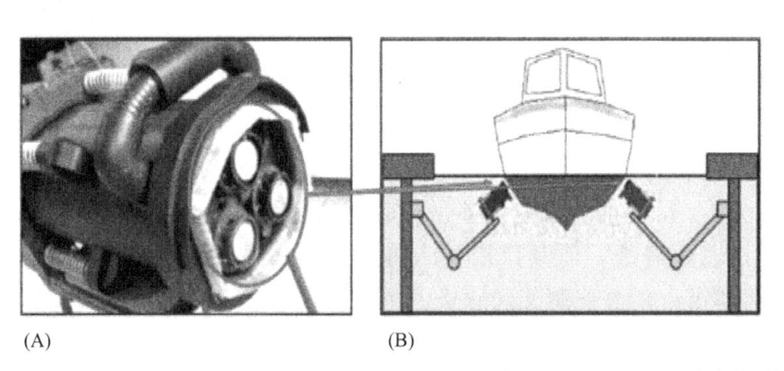


图 1.16　（A）清洗工具照片和（B）有两个清洗装置的清洗站（改编自[73]）

综上所述，超声波清洗在表面处理行业中很常见，因为这是一个在不损坏产品情况下清除污垢的方法。原则上，超声波在液体介质中会引起空化现象，并且产生一些气泡在表面附近不对称地坍塌[74,75]。气泡坍塌时形成了高速液体射流，产生机械去污的效果。因此，与传统的船只清洗技术相比，这是一种快速、简单、经济的维护方式。此外，借助声学手段，人们能够收集废物并将其导向特定的水处理厂，从而减轻对游艇活动环境的负面影响。实际上，废物不仅是由生物有机体构成的，也包括海水及其周围区域中存在的其他污染物。此外，这种包含超声波处理的清洗站可以设计成以自动化模式运行，这对于船只和船主来说更容易使用。

作为某些船只上的替代品，防污漆是可从市场购得的高毒性水下船体涂料。它们被用作船体的外层，以减缓附着在船体上水下生物的生长和促进其脱落，以及作为减轻金属船体腐蚀的屏障，这两方面都会影响船舶的性能和可靠性。现在用的防污漆是由铜基化合物或其他杀菌剂制成的，具有独特的性能，可以阻止藻类和其他各种海洋生物的生长。消融涂料广泛应用于娱乐船只的船体上，通常每隔 1～3 年重新涂抹一次。这种软漆会缓慢地溶解在水中，从而将铜基或锌基的杀菌剂释放到水中。这种作用的速度随着水的运动而增加。另一方面，硬漆有以下几种类型：

① 带有多孔结构的硬漆将杀菌剂保存在孔洞中，然后缓慢释放。

② 另一种油漆含有聚四氟乙烯和硅酮涂料，它们十分光滑以致微生物无法黏附。

③ 在美国可从市场购得的 SealCoat 系统包含从涂料表面突出的小纤维，这些细小的纤维在水中移动，从而防止任何黏附。

然而，一些国际海洋组织一直关注如何消除这些危险油漆涂料释放后对海洋生物造成的严重危害。超声波处理可以清除该油漆的表层，包括污染的重金属，并确保其释放到海洋环境之前得到处理。如图 1.17 所示，以两个不同工作功率（50%和 80%）捕捉两个声发光现象，表现出不同的发光强度。在较低的声频（约 20kHz）下，任何汽化的水溶液中都有强烈的声波发光信号，而这正是实现高效表面清洗的必要条件。文献［73］研究了清洗功率、时间和到表面的距离等其他参数对清洗效率的影响。

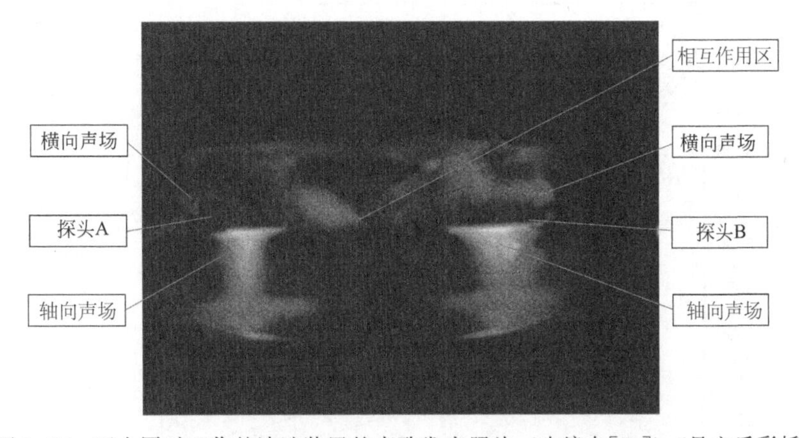


图 1.17　两个同时工作的清洗装置的声致发光照片（改编自[73]）（见文后彩插）

在过去的 10 年中，许多国际海军部队陆续配备了现代化设施，以提高海上防御能力和作战训练水平。他们的战舰大多使用涡轮发动机，这是一种内燃机，也用于飞机、火车、发电厂等。这些应用对性能精度要求很高，因此涡轮发动机通常配备非常复杂、精细的机械部件。要获得最佳的发动机性能，需要高质量的润滑油、液压油和燃料油，这些油必须通过小型金属过滤系统进行过滤，以确保去除操作过程中产生的所有杂质[76,77]。这些油的质量是影响涡轮发动机可持续性和生产率的常见因素。一段时间后，劣质油中产生的颗粒，以及各种污垢和微生物会导致滤油器堵塞[78,79]。为保证发动机装置的可靠性和效率，必须定期更换或清洗污油滤清器。用于清洗机油过滤器的一般方法包括：①溶剂清洗结合手工清洗；②溶剂清洗结合超声技术。溶剂含有影响水生生物的有毒物质，人工清洗需要大量的剧毒化学品（如甲基卤化物），这些化学品不仅会腐蚀过滤器，还会危害海洋生物[78,80]。在这一点上，超声波清洗比传统手工清洗更适合，因为它只需要少量腐蚀性小的溶剂。超声波清洗方法的主要优点包括效率更高，减少过滤器清洗时间，简化安装和维护，操作安全简单，降低人力成本。它唯一的缺点是比手动方法功耗略高。

声波产生的微小气泡几乎穿透过滤器的每个角落和缝隙，可以完成有效的清洗，这是传统清洗方法无法做到的。这一过程以足够的能量作用于污垢表面（可溶性污染物和不溶性颗粒），使它们逐渐与过滤器分离并溶解到溶剂溶液中，完成过滤器的清洗。相反，用刷子和空气喷雾等人工清洗方法不能实现如此彻底的清洗。因此，近年来，超声波在海洋清洗中的应用作为一项创新技术和进一步研究开发的重点，广泛受到世界各国科学家的关注。阮（Nguyen）等[81]在他们的论文中演示了超声波的使用，提供了一种绿色技术，可以在25kHz的频率下和300W与600W的功率下有效地清洗涡轮发动机机油过滤器。他们还考察了温度、超声波清洗次数和通过滤油器、溶剂去污和超声波装置的压力损失等因素对清洗效果的影响。此外，还比较了其他传统方法（如手洗）。如图1.18所示，尽管在实验中滤油器具有不同程度的初始污染，但是在手工清洗后，通过滤清器的压力损失减少了非常有限的量，保持在2940～2976Pa。这些滤清器在人工清洗后，继续用超声波清洗，压力损失则显著降低（降低超过300Pa）。使用这种超声方法清洗滤油器的最佳时间约为60min。一般而言，这些结果使得超声波应用在清洗滤油器和机械部件方面具有广阔的商业前景。总之，超声辅助的滤油器清洗是有效、快速、简单，并且节省费用。

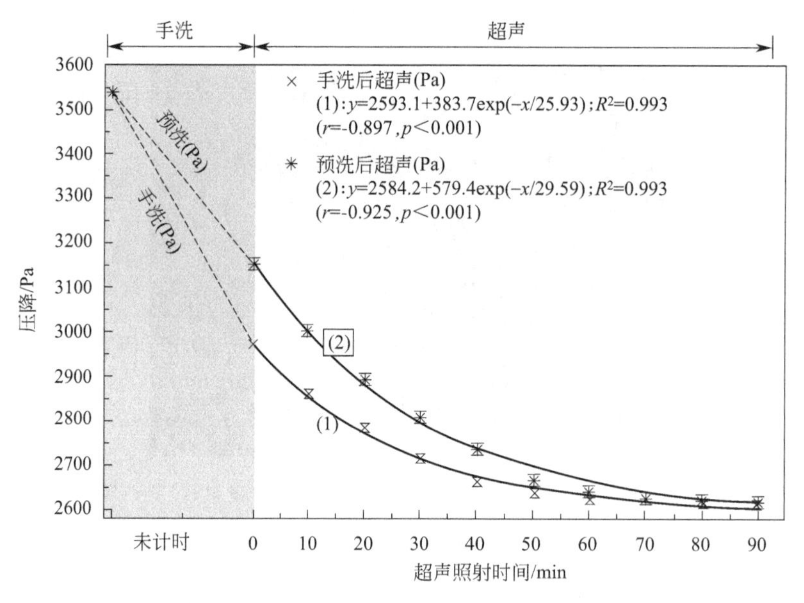


图1.18　不同清洗方式下压力损失随时间变化的比较（改编自[81]）

手动清洗是在更清洁的水箱中使用溶剂手工完成的，而初步清洗是一种快速的表面清洗，主要用于清除表面上的大量污垢

## 1.3.4　超声波在食品工业中的应用

众所周知，许多食源性疾病是由于食品污染和违反食品安全而发生的。由于人们的意识

增强，作为良好饮食习惯的一部分，水果和蔬菜的消费量也在增加。通常认为，水果和蔬菜的清洗步骤是满足卫生要求，但同时保持营养特征的关键步骤。传统的清洗过程涉及使用化合物对新鲜水果和蔬菜进行消毒，其中一些化学品，包括无机氯化合物，会吸引病原体并产生对人类健康有害的副产物。圣若泽（São José）等[82]在他们的综述论文中研究了超声在食品工业中的应用，以及在新鲜水果和蔬菜的去污方面取得的进展，还解释了空化在清除表面污垢和食物残渣以及灭活微生物中的作用。表 1.3 为该综述对使用声波技术减少水果和蔬菜表面微生物研究的详细总结，有关这些研究的参考资料，请参阅原表。

**表 1.3　超声波在减少水果和蔬菜表面微生物中的应用[82]**

| 微生物 | 条件 | 食物 | 时间/温度 | 减少量 |
| --- | --- | --- | --- | --- |
| 沙门氏菌鼠伤寒 | US+50mg/L NaOCl | 生菜 | 10min/未知 | 1.2 lg CFU |
| 大肠杆菌 O157:H7 沙门氏菌 | US 40kHz+ $Ca(OH)_2$ 1% | 苜蓿种子 | 2min/23℃ | 1.02 |
| | | | 2min/55℃ | 1.61 |
| | | | 2min/23℃ | 2.28 |
| | | | 2min/55℃ | 3.27 |
| 沙门氏菌 O157:H7 | US 170kHz+ 20mg/L $ClO_2$ | 苹果 | 10min/未知 | 4 lg CFU |
| | | | | 3.54 lg CFU |
| 中温好氧菌 | US 20kHz | 生菜 | 2min/4℃ | 0.90 lg CFU |
| | US+100mg/L $Ca(ClO)_2$ | | 2min/50℃ | 0.98 lg CFU |
| | | | 2min/4℃ | 1.02 lg CFU |
| | | | 2min/50℃ | 1.35 lg CFU |
| 大肠杆菌 O157:H7 | US 40kHz | 西兰花种子 | 30min/23℃ | 1.04 lg CFU |
| | | | 5min 55℃ | 1.44 lg CFU |
| 大肠杆菌 O157:H7 | US 200W/L+ 不同的消毒剂 | 菠菜 | 2min/未知 | (0.7～1.1)lg CFU |
| 中温需氧的霉菌和酵母 | US 40kHz | 草莓 | 10min/20℃ | 1.49 lg CFU |
| | | | | 1.73 lg CFU |
| 大肠杆菌 O157:H7 | US 40kHz+ 乳酸(2%) | 有机生菜 | 5min/20℃ | 2.75 lg CFU |
| 沙门氏菌鼠伤寒 | | | | 2.71 lg CFU |
| 单核细胞增生李斯特菌 | | | | 2.50 lg CFU |
| 有氧嗜温细菌 | US 40kHz+ $ClO_2$ | 日本李子 | 10min/20℃ | 3.0 lg CFU |
| 中温好氧菌 | US 35kHz | 茎小麦松露 | 10min/4℃ | 1 lg CFU |
| 扩展青霉 | US 40kHz+水杨酸 (0.05mmol/L) | 桃果实 | 10min/20℃ | 减少桃果实中的蓝色霉菌 |
| 鼠伤寒沙门氏菌 ATCC 14028 | US 40kHz+ 40mg/L 过氧乙酸 | 樱桃西红柿 | 10min/24℃ | 4 lg CFU |
| 蜡状芽孢杆菌孢子 | US 40kHz+ 0.1%吐温 20 | 生菜 | 5min/20℃ | 2.49 lg CFU |
| | | 萝卜 | | 2.22 lg CFU |
| 大肠杆菌 | US 37kHz | 生菜 | 30min/未知 | 2.30 lg CFU |
| 金黄色葡萄球菌 | | | 30min/未知 | 1.71 lg CFU |
| 肠炎链球菌 | | | 30min/未知 | 5.72 lg CFU |
| 路易氏剂(美国军用代号)无毒 | | | 30min/未知 | 1.88 lg CFU |
| 大肠杆菌 | US 37kHz | 草莓 | 30～45min/未知 | 3.04 lg CFU |
| 金黄色葡萄球菌 | | | 30～45min/未知 | 2.41 lg CFU |
| 肠炎沙门氏菌 | | | 30～45min/未知 | 5.52 lg CFU |
| 无害李斯特菌 | | | 10min/未知 | 6.12 lg CFU |
| 大肠杆菌 O157:H7 | US 40kHz+电解水+立即水洗 | 白菜 | 3min/23℃±2℃ | 2.60 lg CFU |
| | | 生菜 | | 2.50 lg CFU |
| | | 芝麻叶 | | 2.33 lg CFU |
| | | 菠菜 | | 2.41 lg CFU |

续表

| 微生物 | 条件 | 食物 | 时间/温度 | 减少量 |
|---|---|---|---|---|
| 单核细胞增生李斯特菌 | US 40kHz＋电解水＋立即水洗 | 白菜 | 3min/23℃±2℃ | 2.80 lg CFU |
| | | 生菜 | | 2.60 lg CFU |
| | | 芝麻叶 | | 2.40 lg CFU |
| | | 菠菜 | | 2.49 lg CFU |

注：1. CFU为菌落形成单位，$g^{-1}$。

2. US指超声处理（ultrasound treatment）。

赵（Zhao）等[83]专门研究了超声清洗在食用菌除垢中的作用，他们选择的样本是在中国收获的稀有品种干巴菌。由于它在红色泥土下生长，清洗是一个挑战。他们的实验清楚地表明，使用超声波（40kHz）可以实现较高的清洗效率和较低的清洗时间。表1.4从灰分的百分率比较了有无超声波的清洗效率。

**表1.4 使用和不使用超声波的清洗效率对比[83]**

| 项目 | 清洗前 | 不用超声波清洗 | 超声波清洗 |
|---|---|---|---|
| 灰分/% | 3.6 | 1.82 | 0.81 |
| 标准 | 0.38 | 0.20 | 0.07 |

注：基于3次清洗，$m_{样品}$=30.0g，样品：水=1：100，去污剂：0.67%，$T$=21.5～25.0℃，清洗时间：20min。标准是标准偏差。

在另一项新的研究中，介绍描述了超声波清洗在鱼类繁殖研究中的优势[84]。在海洋生物学领域中，通常对海洋生物种群的生殖生物学进行研究，从而追踪生命史参数并了解种群动态，进而评估被开发物种的种群。生殖研究中的挑战之一是在进行分析之前，检查卵母细胞的大小和数量，以将卵母细胞从结缔组织中分离出来。目前已经开发出各种技术来分离卵母细胞。但是，这些技术可能需要烦琐的样品制备[85]，非常困难且昂贵。如何经济有效且安全地将卵母细胞彼此分离且与周围的卵巢组织分离，是硬骨鱼生殖研究中一个常见的挑战。当卵巢组织被化学保存时，这一挑战难度就会加剧。在巴恩斯（Barnes）等的研究中[84]，以澳大利亚东海岸海域发现的一种扁头类物种——蓝斑扁头蟹（Platycephalus Caeruleopunctatus）的模型样本为例，研究了超声波清洗装置成功地将卵母细胞与卵巢组织分离的功效。

声波清洗也在乳制品行业中得到应用。在乳制品行业中，超滤用于浓缩乳清。乳清是奶酪制作过程中的一种蛋白质副产品，以造成污染且难以处理而闻名[86]。在这个过程中，膜吸附了颗粒，因此在一段时间内开始结垢。污垢反过来会影响过滤器的分离效率，因此必须定期对膜进行清洗和消毒，以延长其使用寿命并降低成本。虽然，目前该行业有很多化学的和物理的方法可用于膜清洗，但是都有很大的局限性。化学清洗过程需要大量昂贵的化学试剂，例如表面活性剂和烧碱，这些化学品虽能用来清洗膜表面，但它们也会破坏膜材料。另一方面，一些物理清洗方法（如反冲洗）非常耗时，并在大批量生产中中断连续的过滤过程。穆图库马兰（Muthukumaran）等进行的实验[87]表明，超声波辐照不会影响膜的固有渗透性，也不会随着时间的推移损坏膜。他们的结果有力地表明，10min的超声波清洗对去除乳制品工业中积累的蛋白质基污染物非常有效，清洗后还增加了渗透通量。此外，超声波与表面活性剂（十二烷基硫酸钠）的结合具有协同效应，从而显著改善通量的恢复率。如图1.19所示，水通量恢复率（超声处理后水通量与清洁膜水通量之比）为48%，水通量改善率（超声处理后和污染后的水通量差与污染后水通量比）为82%。他们的研究还表明，通过提高到达膜的超声功率水平能进一步提高清洗效率。在这种情况下，水通量恢复率为

38%，水通量改善率为 87%。该研究表明，声学辅助过滤工艺是乳品工业膜污染处理的一种可行技术。

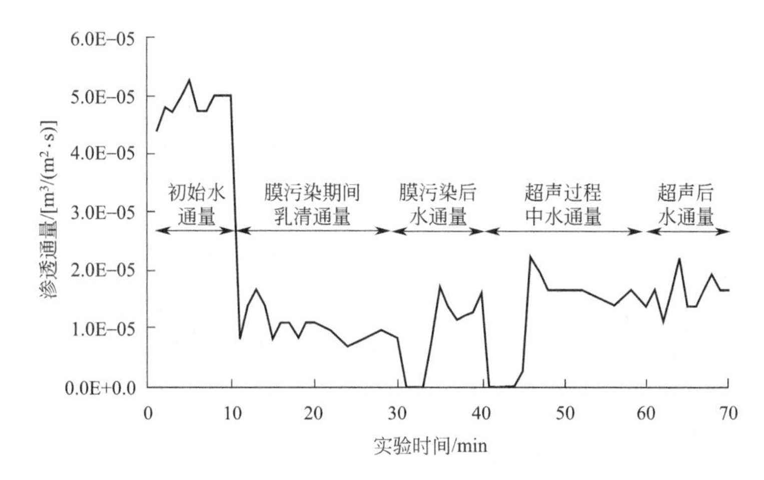


图 1.19　结垢 20min 后，超声波（50kHz）与表面活性剂十二烷基硫酸钠（2mmol/L）联合使用 20min 的效果（改编自[87]）

零通量的出现是由于渗透流达到平衡的延迟造成的

## 1.3.5　过滤过程中的膜清洗

超滤是工业废物、废水处理、油乳剂、医疗废物、生物大分子和胶体涂料悬浮液中的产品回收和污染控制常用的分离技术[88,89]。超滤工艺在工业上存在的主要问题是膜污染，这限制了超滤技术的发展。污垢会影响膜的性能，并且由于人力成本的增加和膜寿命的缩短而导致运行成本的增加。膜清洗是显著影响膜性能的关键，可分为物理清洗和化学清洗[90]。膜的可持续使用可以通过反冲洗的物理清洗，并辅以定期的化学清洗，或两者组合。物理清洗能去除膜表面松散附着的通常被称为可逆性污垢的物质，而化学清洗则去除更顽固的通常被称为不可逆污垢的物质。生化或生物清洗是另一项正被积极研究的技术，包括使用含有生物活性剂（如酶）的混合物来去除膜表面的污染物[91]。过去的十年中，在膜污染行为表征方面已经取得重大进展，并有一些全面的综述文章。

超声波已被用于各种膜过滤过程中的膜清洗，并发现其效果非常好[92-96]。超声波清洗可以在现场或场外进行，与其他去污方法相比它有多个优点，不需要使用化学试剂，并且不会中断过滤过程，从而节省了停机时间。它还易与其他清洗方法相结合，如水冲洗、反洗和化学清洗。波波维奇（Popović）等[97]使用超声场对陶瓷管式膜进行化学清洗。研究发现，超声场与化学试剂结合使用可显著提高清洗效率。博利（Boley）等[98]和黄（Ng）等[99]证明了在清洗过程中，超声波强化反冲洗可以提高陶瓷膜的重复利用性。超声波频率、功率密度和持续时间等关键参数影响清洗效率。通过仔细优化，可以在大规模应用中显著降低超声波清洗功耗。

据报道，超声波清洗的局限性包括去除凝胶层和堵塞在孔隙的污垢效率低，这表明超声波清洗需要与其他清洗技术相结合才能长期使用。据一些研究人员报道，超声波照射也可能导致膜损伤，这将影响膜的寿命[100]。如图 1.20 所示[101]，还有一些相反的报告指出，即使在高功率强度和低频（20W/cm$^2$、20kHz）下长期超声作用，膜表面也没有显示出任何明显的损伤。一般情况下，相对较低的超声波频率被用来增强清洗效率。人们普遍认为，随着频率的增高，气泡的尺寸会减小，超声衰减会增加，从而降低膜的清洗效率。超声场方向和超声源与膜的距离也会影响清洗过程。陈（Chen）等[102]的研究结果表明，当超声源探针与膜表面的距离从 3.5cm 分别减小到 2.6cm 和 1.7cm 时，膜的相对渗透通量从 60%提高到 75%和 97%。许多早期的清洗研究都集中在污垢上，但没有一个是非常全面的。然而，由于近二十年来人们对污垢的认识有了很大提高，基于超声波的膜清洗的研究也越来越多。文献数据库表明，关于超声波的膜清洗研究论文的数量激增。这与声学技术在废水处理和生物技术等行业中的大规模同步应用相对应。

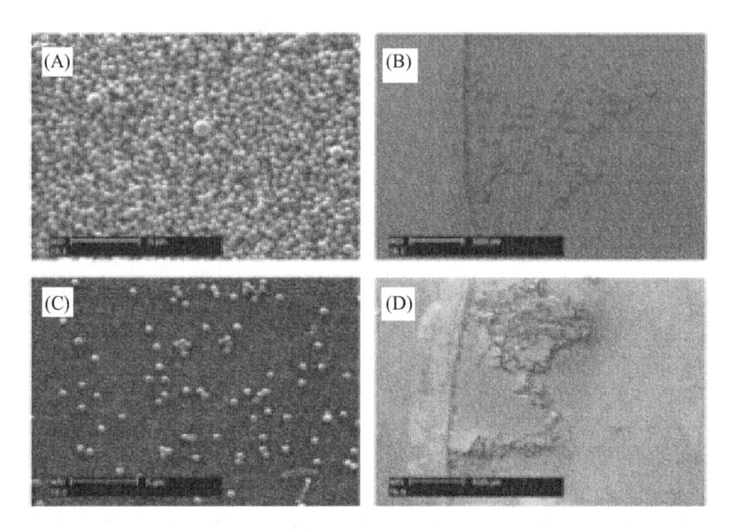


图 1.20 超声波对膜表面微粒去除的影响（改编自[101]）

（A）和（B）是当超声处理（620kHz，功率强度为 0.21W/cm$^2$ 持续 5s）且污染表面背向传感器时，在同一膜的不同放大倍数下的扫描电镜图像；（C）和（D）是在相同条件下以污染表面面向传感器处理时，同一膜在不同放大倍数下的扫描电镜图像

## 1.3.6 创新的应用

超声检查是一种基于超声波的成像诊断技术，用于身体内部结构的可视化，包括肌腱、肌肉、关节、血管和内脏，以确定可能的病理或伤口。超声检查是用手持探头或传感器进行的，它被放置在患者身上并来回移动使软组织成像。由于声波不会以既定频率通过空气介质传播，水基凝胶作为介质来耦合传感器和患者之间的超声信号。20 世纪 50 年代初，超声波被引入产科领域，此后又被引入所有医学领域。近些年，它主要应用于腹部/骨盆、心脏病学、眼科和骨科诊断等领域[103]。从医学的角度来看，超声技术具有无创、良好的可视化以及相对容易维护等特性。使用超声进行诊断可以通过投射和反射两种技术，透射技术是基于区分超声吸收度不同的组织，但由于其可靠性较差，该技术现已被放弃。反射技术或回声记录了从具有不同声阻的两个组织边界反射的脉冲。该技术的原理类似于声呐（声音导航和测距）的原理。声波通常由封装在探头中的压电传感器产生，超声机发出短而强的电脉冲使传感器达到所需的频率，该频率在 2～18MHz 范围，声波通过聚焦透镜从传感器聚焦，并在所需的深度撞击人体。使用超声波束获取的子宫内胎儿的二维（2D）图像如图 1.21 所示，还可以通过获取一系列相邻的 2D 图像来生成三维（3D）图像。这项技术还可以快速成像，甚至可以用来制作心脏跳动的实时 3D 图像。

固体刚性材料的去污是高强度超声波的新应用之一。超声波清洗纺织品的机理不同于非均匀固体表面的去污。在固体纤维的情况下，腐蚀和断裂的影响很小。罗德里格斯-科拉尔（Rodríguez-Corral）和加列戈-华雷斯（Gallego-Juárez）[104] 分析了超声波清洗纺织品的机理，并将其与清洗金属材料进行了比较。在他们的实验中，以 22kHz 的频率产生空化，并比较了在不同声强和水条件下纺织品和金属条样品的清洗和腐蚀情况。研究结果表明，纺织品结构内外气泡产生的声波衰减是非常重要的。同时观察到金属箔的腐蚀一方面随着水中气体含量而减少，另一方面对纺织品的清洗效果增强[104]。

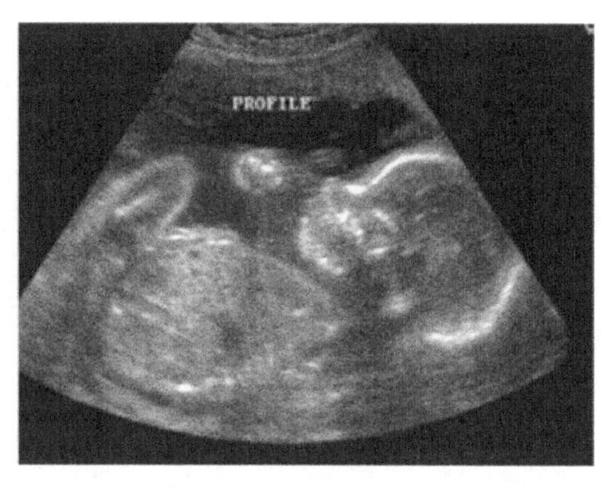


图 1.21 子宫中胎儿的超声图像（改编自[103]）

超声波在牙科应用中的清洗效率在 1.3.2 节中已有详细介绍。然而，超声波清洗的一个鲜为人知但创新的应用是金属陶瓷冠易碎瓷面边缘的清洗。研究人员已经研究了声学对瓷唇缘修复的影响，并成功地进行了尝试[105]。尽管已证实超声波清洗是有效的，但也注意到，超声波刮刀（超声波牙科设备，其尖端在 20～45kHz 的超声波范围内振动，最佳频率在 18～32kHz 范围）处理样品后进行空气抛光，比单独用超声波刮刀处理的样品具有更好的表面清洁度。

滑块是硬盘驱动器的关键部件，在写入功能期间负责将数字信息转换为模拟信息，在读取功能期间负责将模拟信息转换为数字信息。为了使硬盘驱动器长期运行，需要正确清洗滑块。维特里穆鲁根（Vetrimurugan）研究了在不损坏硬盘主体的情况下通过超声波清洗这些部件的效果[106]。在某些条件下，超声波清洗系统有可能损坏正在清洗的部件。因此，这位作者研究了对磁头污染物的清除以及对磁头的损伤效应。频率、功率、清洗时间和清洗溶剂的优化是影响清洗的关键因素，而频率、功率和溶剂类型则是导致部件损坏的关键因素。

超声波清洗的另一个有趣的工业应用是在水和碱性溶液中去除煤中的硫分和灰分。煤炭是一种丰富的可持续能源，对于其商业应用，需要进行清洗以去除多余的硫分和灰分。尽管几种物理的和化学的方法正在被用于这种清洗目的，但研究人员还是在不断努力寻找一种低成本、有效的洗煤工艺。在赛基亚（Saikia）等的一项实验室研究中[107]，低频（20kHz）超声波洗煤已被证明是一种很有前途的脱硫除灰技术。超声波清洗法以较低的浓度和最短的处理时间实现了约 87.52%的除灰效果。结果表明，就大规模生产而言，声波清洗有可能取代其他复杂的传统洗煤方法。

屋顶上安装太阳能电池板系统现在很常见，并且正在被作为主要手段用于发电站、家庭和诸多行业。随着时间的推移，它们可能会受到污染物和灰尘的污染，这可能会影响太阳能的输出和寿命。因此，有必要经常清洗太阳能电池板。超声波在这方面就发挥了重要作用，例如，如果面板被花粉、鸟粪或灰尘弄脏，与其他传统清洗方法不同，超声波清洗可以很容易地渗透到最小的缝隙和难以触及的表面。瓦西尔耶夫（Vasiljev）等的一篇论文[108]分析了使用一个超声波清洗太阳能电池板系统达到这种目的的可能性。他们以受污染的平板为例，讨论了各种因素对系统去污效率的影响。图 1.22 显示了超声波清洗对太阳能电池板的影响。

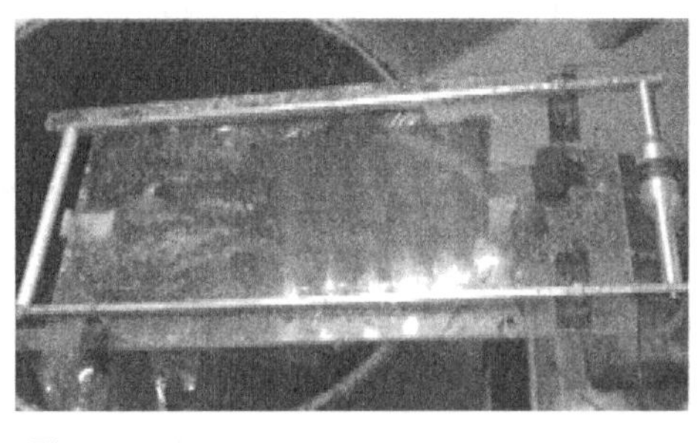

(A) (B)

图 1.22 (A) 被污染太阳能电池板；(B) 用水超声波清洗后拍摄的图像（改编自[108]）

# 1.4 利用声波清除污染物和颗粒物

## 1.4.1 污染物类型

多年来，在微电子、光学和生物医学等领域，表面污染一直是影响技术和行业发展的一个关键问题[109,110]。因此，人们对了解污染原因、改进相关检测和表征方法、提高污染物去除和表面清洁性能的要求不断提高。一般来说，表面污染是指各种不被需要或对产品有不利影响的材料、物质甚至能量。污染物的来源是多方面的，它们可以来自加工步骤中使用的工具、环境存储物、各种气体、化学品或材料。例如，在半导体制造中，颗粒污染是造成产率损失的主要原因。在洁净室等受控环境中，颗粒物的来源可能来自人员活动和不同的处理步骤。污染物可能影响掩模的光刻、植入或刻蚀，进而导致电路短路，降低氧化物的完整性[111]。根据国际半导体技术准则（ITRS），技术节点的临界颗粒尺寸为第一个金属级半节距的一半。因此，可接受的微粒数水平应该等于或大于这个临界粒径的累积微粒数。

一般来说，表面污染有两大类：薄膜状污染和颗粒状污染[112]。具体地说，前一类是由有机的（碳氢化合物）或无机的（酸气体、碱）物质或离子源（$Na^+$、$K^+$等金属离子以及$Cl^-$、$F^-$和$PO_4^{3-}$等阴离子）造成的薄膜或分子污染，而后一类是各种颗粒，如粉尘、玻璃、塑料和从纳米级到几百微米的薄膜碎片以及细菌、真菌和藻类等微生物污染。污染的其他分类取决于特定的行业应用。例如，在集成电路（IC）行业中，常见的污染物形式包括颗粒、有机残留物和金属杂质[113]。颗粒污染物通常以磨粒、二氧化硅、金属氢氧化物沉淀和薄膜的细小碎片形式存在。有机残留物通常来自用电镀、电化学沉积（ECD）或化学机械平面化（CMP）步骤中浆液溶液中的添加剂，并会影响表面润湿性或导致沉积层的分层问题。存在于表面的金属杂质来源于湿化学品中的金属线或金属离子，会导致电特性差（碱金属离子），硅基板、氧化膜（铜）中毒或硅（贵金属离子）的刻蚀。但是，需要强调的是，污染物的定义很大程度上取决于工作环境，给定的材料在一种情况下可能是污染物，但在另一种情况下可能是可取的或不被视为污染物。

## 1.4.2 颗粒物去除的常规技术

在本节中，将讨论在IC制造中作为表面沉积的污染物颗粒及其随后如何被去除。令人特别关注的颗粒污染物的尺寸通常在1nm～100μm范围，因为大于100μm的颗粒相对容易地被过滤器去除，而1nm或更小的颗粒因为太小而不会导致与污染相关的失效。在液相中，颗粒与表面的黏附通常受范德华力和双层相互作用力（静电相互作用力）支配[114]。

一个球形微粒与一个平面之间的范德华力可用式(1.1)计算：

$$F_{VdW}=\frac{A_{132}R}{6Z^2} \tag{1.1}$$

式中，$A_{132}$为物质1（微粒）和物质2（平面）在介质3（液体）存在时的哈默克(Hamaker)常数；$R$为球形微粒半径；$Z$为微粒和基底之间的分离距离（通常取为0.4nm）。

就在第三种介质存在情况下的两种不同材料之间的接触而言，哈默克（Hamaker）常数可用式(1.2)计算：

$$A_{132}=A_{33}+A_{21}-A_{32}-A_{31} \tag{1.2}$$

对于真空中的两种不同材料，哈默克常数可以用每种材料的海迈克（Hayaker）常数估算，如式(1.3)所示：

$$A_{12}=\sqrt{A_{11}A_{12}} \tag{1.3}$$

表1.5列举了真空中多种材料的哈默克常数[115,116]。

**表1.5　不同材料的Hamaker常数列表[115,116]**

| 用料 | Hamaker真空常数(×$10^{20}$)/J | 用料 | Hamaker真空常数(×$10^{20}$)/J |
|---|---|---|---|
| 正已烷 | 3.91 | 银 | 39.8 |
| 聚四氟乙烯 | 3.8 | $Si_3N_4$ | 16.7 |
| 庚烷 | 4.03 | $SiO_2$ | 5.5～6.3 |
| 水 | 4.4 | $TiO_2$ | 15.3 |
| 聚苯乙烯 | 7.8～9.8 | NaCl | 6.5 |
| 金 | 45.3 | | |

当基底浸泡在电解质介质中时，由于表面基团的离解或电离，或者通过吸附特定离子($OH^-$)，可以在固-液界面产生双电层。第一层由由于化学作用而吸附到基底上的离子组成，表面带正电荷或负电荷。这一层与固体表面紧密结合，被称为基层；相比之下，第二层由自由离子（由热能和静电相互作用之间的平衡产生）组成，而不是牢固地固定在基底上，该区域称为扩散层。双层的特征参数如下：表面电荷（$\sigma_0$）、表面电势（$\psi_0$）和流体运动静止的剪切平面上的zeta电势（$\zeta$）。

通过假设德拜-休克尔（Debye-Hückel）近似值（表面电势小于25mV），电势作为距平面和球面距离函数的变化可以分别用式(1.4)和式(1.5)来描述：

$$\psi=\psi_0\exp(-\kappa x) \tag{1.4}$$

$$\psi=\psi_0\left(\frac{r}{a}\right)\exp[-\kappa(a-r)] \tag{1.5}$$

式中，$\psi$为在距离$x$或$a$处的电势；$\psi_0$为表面电势；$r$为球形微粒的半径；$\kappa$为式(1.6)给出的反德拜长度。

$$\frac{l}{\kappa}=\left(\frac{\varepsilon_r\varepsilon_0 kT}{2n_0Z_ie^2}\right) \tag{1.6}$$

式中，$\varepsilon_r$为介质的相对介电常数（介电常数）；$\varepsilon_0$为真空的介电常数；$k$为玻尔兹曼常数；$T$ 为热力学温度；$n_0$ 为单位体积的离子数；$Z_i$ 为离子的化合价；$e$ 为电荷；$l/\kappa$ 为双电层的厚度。

表面电势和双层厚度都是决定带电表面之间相互作用的静电能的重要参数。一个带电球形微粒与一个平的表面之间的相互作用能可由式(1.7) 计算[117]。

$$F_E=\frac{\varepsilon_r r}{2}(\psi_1^2+\psi_2^2)\frac{\kappa\exp(-\kappa D)}{1-\exp(-2\kappa D)}\left[\frac{2\psi_1\psi_2}{\psi_1^2+\psi_2^2}-\exp(-\kappa D)\right] \tag{1.7}$$

式中，$F_E$ 为静电相互作用力；$r$ 为球形微粒的半径；$\psi_1$ 和 $\psi_2$ 为微粒和平的表面的表面电势；$D$ 为平的表面和球面之间的最短距离。

液体介质中若干微粒与一个平的表面相互作用的总能量由德贾金（Derjaguin）、朗道（Landau）、维维（Vervey）和奥弗比克（Overbeek）（DLVO）理论描述，该理论把由于双层形成而产生的范德华吸引和静电排斥效应结合起来[111]。图 1.23 描绘了总势能，该总势能是以吸力势能和排斥势能之和作为距离的函数来计算的。在间距较小时，范德华引力占主导地位，而在间距较大时，静电斥力占主导地位。

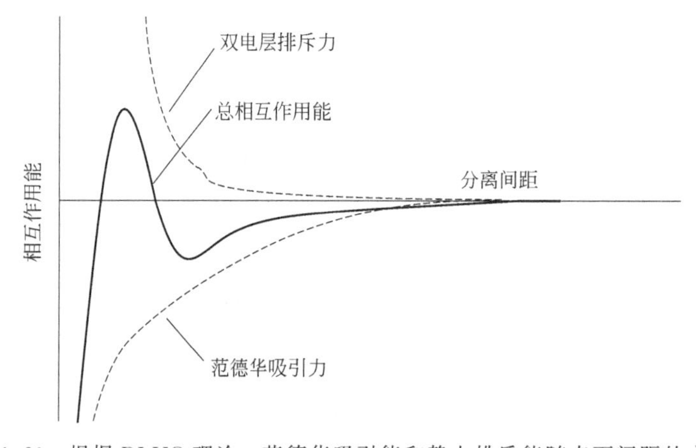


图 1.23 根据 DLVO 理论，范德华吸引能和静电排斥能随表面间距的变化

从原理上讲，颗粒去除技术可分为化学辅助去除和物理辅助去除两类。传统的晶圆清洗方法（湿法批量清洗）是基于使用过氧化氢和水的混合物的化学过程，SC-1 溶液是这种混合物之一，它是用氢氧化铵（29%）、过氧化氢（30%）和去离子（DI）水按一定比例混合成的。在这种工艺中，通过使用 SC-1 溶液刻蚀 Si 表面来去除附着在基底上的颗粒污染物，因为它将 Si 氧化成 $SiO_2$，同时刻蚀 $SiO_2$。湿法批量清洗工艺是一种简单的浸泡技术。在规定的条件下，将一批晶圆浸入在不同清洗液的浴槽中。晶圆按照硫酸-过氧化物混合物、SC-1 和 SC-2 清洗液的顺序进行处理，在每个步骤后用去离子水漂洗。这种清洗方法使得化学溶液均匀接触晶圆两侧，并能与兆声搅拌兼容[118]。此外，使用该技术还可以实现良好的温度控制。但是，在这个过程中通常需要大量的化学品和水。同时，从晶圆和晶圆盒中去除的污染物和杂质往往在每次后续清洗时在清洗槽中积累，因此，需要循环和过滤清洗槽中的污染物。此外，使用腐蚀性化学品可能导致硅表面粗糙化和氧化物膜过度损失，特别是浅节。

刷洗是集成电路制造中单晶圆清洗常用的物理技术，尤其是用于 CMP 后清洗。它基于尼龙或聚丙烯刷与晶圆表面的直接接触。通过旋转刷子旋转的扭矩清除颗粒，并通过清洗液的流动进一步冲走，这个过程中使用的化学品通常是水、有机溶剂、氢氧化铵等。刷洗在去除亚微米大小颗粒方面的能力有限。这种方法还有其他广为人知的挑战，如晶圆之间的交叉污染、刷子制作材料的选择、表面划痕和工艺控制。

另一种方法称为离心喷雾清洗。在这样的系统中，若干晶圆盒被装装入工艺室。室中有一个固定的喷雾柱。当晶圆旋转着从喷雾柱旁经过时，诸如 SC-1、SC-2 和去离子水的清洗剂喷雾依次喷洒到晶圆上。在这一步之后，将晶圆在加热的氮气中旋转干燥。颗粒的去除是靠化学作用和离心力完成的。使用这种自动化系统也能节省化学品和水的费用。

### 1.4.3　声学去除微粒和纳米颗粒

随着微电子器件尺寸的不断减小，越来越需要开发一种既能有效去除微纳米颗粒又不会对半导体材料表面造成损伤的清洗工艺。近年来，清洗过程造成的材料（即 Si、$SiO_2$）损失已成为生产线前端（FEOL）工艺中的一个关键问题，它限制了清洗过程中腐蚀性化学品的使用和基板的消耗。因此，开发了物理作用和更稀释的化学清洗剂（轻微的表面刻蚀）相结合的方式用以去除颗粒。兆声波清洗是一种非接触式的清洗方式，通常用于对半导体材料表面施加这种物理作用。

声波清洗使用一定频率和强度的声波来促进或增强表面颗粒的去除。声波是一种压力波，它引起的压力波动随液体介质中的位置和时间呈正弦波动。随着液体中声波的照射，已知会发生两种现象，声流和声空化。这两种现象都被认为有助于去除颗粒。

在兆声波清洗过程中，有三种类型的声流。第一种是瑞利（Rayleigh）流，通常发生在声边界层之外；第二种是艾卡特（Eckart）流，它发生在自由的非均匀声场中，并减小扩散边界层的厚度；最后一种是施利希廷（Schlichting）流，也称为边界层流，它是由于与声流中的障碍物相互作用而产生的，并通过滚动效应去除边界层内的颗粒[119]。高频声波清洗的一个重要部分是由于声流的作用而减小动力边界层的厚度。在声波浴中，与声流相关的边界层的厚度为：

$$\delta=\left(\frac{2\nu}{\omega}\right)^{\frac{1}{2}} \tag{1.8}$$

式中，$\delta$ 为边界层厚度；$\nu$ 为流体的运动黏度；$\omega$ 为声频。例如，在 1MHz 时，声波边界层厚度约为 0.5$\mu$m，相比之下，当水中的自由流速度为 10m/s 时，一个平的表面上的边界层厚度超过 1600$\mu$m[120]。

声波清洗的另一个重要方面是空化行为。通常情况下，空化气泡由声波照射下的低压波循环产生。当气泡达到临界尺寸时，它们可能会在许多个周期中连续振荡，称为稳态空化；或者气泡可能会增大，并最终在接下来的几个周期中破裂，称为瞬态空化。对于稳态空化，气泡以共振尺寸振荡，并在其附近产生局部剪切力和液体流动，这称为微流效应，而瞬态空化是气泡的生长和最终破裂，这导致极高的温度（5000K）和压力（50MPa）。极端的温度和压力条件通常有冲击波、微射流和自由基（OH·）等次生现象相伴[121]。表征瞬态空化行为的一个重要方法是测量自由基的产生速率。例如，对苯二甲酸可以用来捕获生成的 OH·自由基并生成 2-羟基对苯二甲酸[122]。在 310nm 紫外光的合适激发场下，2-羟基对苯二甲酸在 425nm 处发光。荧光强度与 OH·自由基的产生速率相关，通过测量含有已知量的 2-羟基对苯二甲酸的水溶液的荧光而制得标准曲线。虽然冲击波或微射流有助于去除颗粒，但它们也可能导致表面损伤[123]。寻找新的方法来获得更高的颗粒去除效率，同时避免空化行为对表面的损伤，是当前研究的一个热点问题。

为了实现高效的声波清洗，需要考虑操作条件（如频率和功率）和溶液变量（如温度、清洗溶液的化学成分、溶解气体、表面活性剂等）等参数。布斯纳纳（Busnaina）等[124]研究了颗粒大小、运行功率、辐照时间以及使用 SC-1 溶液与去离子水等一些关键参数对清洗效率的影响。他们发现，在最佳的清洗时间和功率密度下，0.4μm 或更大的颗粒可以获得较高的颗粒去除率（PRE）（大于 95%）。相比之下，SC-1 的使用有利于提高颗粒 PRE，特别是小于 0.3μm 的颗粒物。此外，科恩（Cohen）等[125] 研究了气体含量、SC-1 浓度和温度的影响。结果如表 1.6 所示，试验 1 和试验 2 之间的比较表明，去污液中溶解的气体较少会导致 PRE 下降，这得到了试验 3 和试验 4 数据的支持。此外，试验 5 和试验 6 表明，在低温下使用更稀的 SC-1 溶液时，去污效率仍然可以保持在可接受的水平。

**表 1.6　温度、SC-1 浓度和气体含量对颗粒去除率影响的试验结果[125]**

| 试验 | $T$/℃ | SC-1 $H_2O/H_2O_2/NH_4OH$(体积) | 气体饱和度/% | 颗粒去除率/% |
| --- | --- | --- | --- | --- |
| 1 | 45 | 40∶2∶1 | 50 | 70～94 |
| 2 | 45 | 40∶2∶1 | 100 | 99+ |
| 3 | 65 | 40∶2∶1 | 50 | 85～98 |
| 4 | 65 | 40∶2∶1 | 100 | 99+ |
| 5 | 22 | 80∶3∶2 | 100 | 98 |
| 6 | 23 | 240∶3∶1 | 100 | 98 |

此外，在另一项研究中，已表明去污液温度对兆声波清洗过程中的表面损伤（缺陷数量）没有大影响[126]。如图 1.24 所示，虽然通过将温度从 35℃提高到 55℃，缺陷数量急剧减少，但进一步将温度提高到 65℃则未显示出明显的变化。

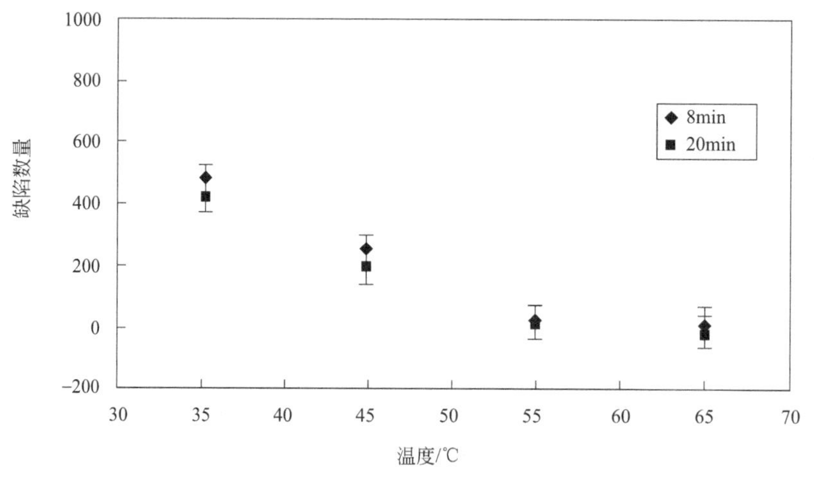


图 1.24　SC-1 溶液温度对不同清洗时间（8min 和 20min）缺陷数量的影响（改编自[126]）

张（Zhang）等[127]研究了兆声波清洗较传统旋转清洗的优势。试验中将直径为 0.1～0.5μm 的聚苯乙烯乳胶微粒沉积在硅片上。兆声波清洗在频率 760kHz 下进行，输入功率为 640W，而旋转清洗机的最大转速为 7500r/min。兆声波清洗和旋转清洗的清洗数据示于图 1.25。结果表明，兆声波清洗能够完全去除直径为 0.1～0.5μm 的聚苯乙烯胶乳颗粒，而旋洗清洗的颗粒去除率在所有试验中均低于 80%。值得一提的是，对于较小（0.1μm）的颗粒，差异更为显著。

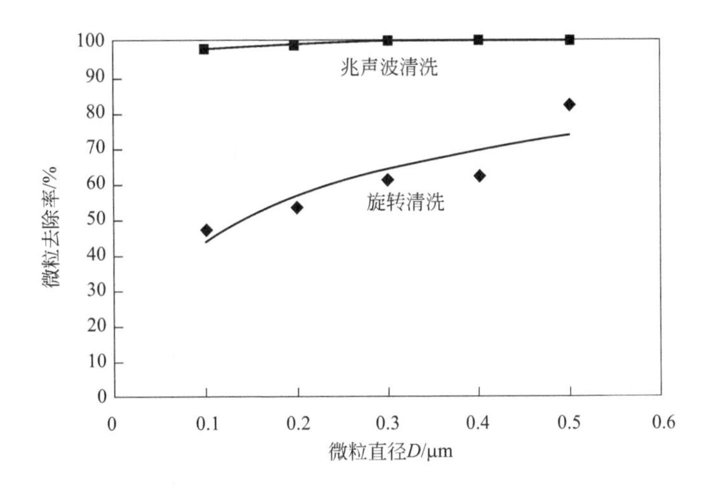


图 1.25　使用旋转清洗和兆声波清洗时的聚苯乙烯胶乳微粒的去除率（改编自[127]）

# 1.5 小结

从上面的讨论中可以明显看出，声波清洗在从废水净化、乳制品加工到最先进的电子工业和医疗领域等各种行业应用中发挥着重要作用。早期的大量文献研究表明，清洗越来越成为人们日常活动中不可或缺的一部分。电子、医药、生物技术工业化和新兴领域都需要开发新的、更有效的清洗工艺。随着时间的推移，人和环境的需求变化推动了技术的进步，产生了新的工艺和材料。由于这些进步和应用要求，声波清洗工艺和机制在过去十年中发生了很大变化，但其基本原理保持不变。其中一个典型的例子是电子器件的不断小型化，这给纳米级的清洗工艺带来了独特的挑战和要求。

不同污染物去除、清洗过程的兼容性和清洗实施的成本，在各种行业应用中都在值得注意的挑战之列。然而，有许多定制的清洗方法可以满足这些应用的需求。在本章中，我们重点介绍了声波清洗技术的基本原理、机制、优势以及在各种技术领域的应用。文中引用那些参考文献旨在足够全面地显示，使用声波处理方法可以在不影响质量和成本的情况下加以满足的清洗需求的广度。具体地说，在电子和 IC 制造、医疗和生物医学领域中的应用，以及一些新的应用已被详细描述，以提供一幅声波清洗更全面的应用图。

## 参考文献

[1] D. W. Cooper,"Particulate Contamination and Microelectronics Manufacturing:An Introduction",Aerosol

Sci. Technol. 5,287(1986).

[2] M. A. Mendicino,P. K. Vasudev,P. Maillot,C. Hoener,J. Baylis,J. Bennett,T. Boden,S. Jackett,K. Huffman and M. Godwin,"Silicon-on-Insulator Material Qualification for Low-Power Complementary Metal-Oxide Semiconductor Application",Thin Solid Films 270,578(1995).

[3] M. B. Ranade,"Adhesion and Removal of Fine Particles on Surfaces",Aerosol Sci. Technol. 7,161 (1987).

[4] V. B. Menon,"Particle Adhesion to Surfaces:Theory of Cleaning",in:*Particle Control for Semiconductor Manufacturing*,R. P. Donovan(Ed.),pp. 359-382,Marcel Dekker,New York,NY(1990).

[5] R. Nagarajan,"Survey of Cleaning and Cleanliness Measurement in Disk Drive Manufacture",Precision Cleaning Magazine,pp. 13-22(February 1997).

[6] L. Nebenzahl,R. Nagarajan,J. Wong,L. Volpe and G. Whitney,"Chemical Integration and Contamination Control in Hard Disk Drive Manufacturing",J. Inst. Environ. Sci. Technol. 41,31(1998).

[7] G. S. Selwyn,C. A. Weiss,F. Sequeda and C. Huang,"In-Situ Analysis of Particle Contamination in Magnetron Sputtering Processes",Thin Solid Films 317,85(1998).

[8] S. Huth,O. Breitenstein,A. Huber,D. Dantz and U. Lambert,"Localization and Detailed Investigation of Gate Oxide Integrity Defects in Silicon MOS Structures",Microelectronic Eng. 59,109(2001).

[9] E.-S. Yoon and B. Bhushan,"Effect of Particulate Concentration,Materials and Size on the Friction and Wear of a Negative-Pressure Picoslider Flying on a Laser-Textured Disk",Wear 247,180(2001).

[10] R. Nagarajan,S. Awad and K. R. Gopi,"Megasonic Cleaning",in:*Developments in Surface Contamination and Cleaning:Methods for Removal of Particle Contaminants*,Volume 3,R. Kohli and K. L. Mittal(Eds.),pp. 31-62,Elsevier,Oxford,UK(2011).

[11] C. Leonelli and T. J. Mason,"Microwave and Ultrasonic Processing:Now a Realistic Option for Industry",Chem. Eng. Processing. Process Intensification 49,885(2010).

[12] D. R. Morris and R. W. Elliott,"Effect of Ultrasonic Cleaning upon Stability of Resin Denture Bases",J. Prosthet. Dentistry 27,16(1972).

[13] F. J. Fuchs,"Ultrasonic Cleaning and Washing of Surfaces",in:*Power Ultrasonics:Applications of High-Intensity Ultrasound*,J. A. Gallego-Juárez and K. F. Graff(Eds.),pp. 577-609,Woodhead Publishing,Cambridge,UK(2015).

[14] C. McDonnell and B. K. Tiwari,"Ultrasound:A Clean,Green Extraction Technology for Bioactives and Contaminants",in:*Comprehensive Analytical Chemistry*,E. Ibanez and A. Cifuentes(Eds.),pp. 111-129,Elsevier,Oxford,UK(2017).

[15] S. B. Awad and R. Nagarajan,"Ultrasonic Cleaning",in:*Developments in Surface Contamination and Cleaning:Particle Deposition,Control and Removal*,Volume 2,R. Kohli and K. L. Mittal(Eds.),pp. 225-280,Elsevier,Oxford,UK(2010).

[16] D. P. R. Thanu,S. Raghavan and M. Keswani,"Use of Urea-Choline Chloride Eutectic Solvent for Back End of Line Cleaning Applications",Electrochem. Solid State Lett. 14,358(2011).

[17] D. P. R. Thanu,N. Venkataraman,S. Raghavan and O. Mahdavi,"Dilute HF Solutions for Copper Cleaning during BEOL Processes:Effect of Aeration on Selectivity and Copper Corrosion",ECS Trans. 25,109(2009).

[18] D. P. R. Thanu,S. Raghavan and M. Keswani,"Effect of Water Addition to Choline Chloride-Urea Deep Eutectic Solvent on the Removal of Post Etch Residues Formed on Copper",IEEE Trans. Semiconductor Manuf. 25,516(2012).

[19] D. P. R. Thanu,S. Raghavan and M. Keswani,"Post Plasma Etch Residue Removal in Dilute HF Solutions",J. Electrochem. Soc. 158,814(2011).

[20] J. T. Snow,M. Sato and T. Tanaka,"Dual-Fluid Spray Cleaning Technique for Particle Removal",in:*Developments in Surface Contamination and Cleaning:Methods of Cleaning and Cleanliness Verification*,Volume 6,R. Kohli and K. L. Mittal(Eds.),pp. 107-138,Elsevier,Oxford,UK(2013).

[21] V. B. Menon,L. D. Michaels,R. P. Donovan and D. S. Ensor,"Ultrasonic and Hydrodynamic Techniques for Particle Removal from Silicon Wafers",in:*Particles on Surfaces 2*,K. L. Mittal(Ed.),pp. 297-306,Plenum Press,New York,NY(1989).

[22] R. N. Weller, J. M. Brady and W. E. Bernier, "Efficacy of Ultrasonic Cleaning", J. Endodontics 6, 740 (1980).
[23] A. C. Wallstrom and O. A. Iseri, "Ultrasonic Cleaning of Diamond Knives", J. Ultrastructure Res. 41, 561(1972).
[24] T. J. Bulat, "Macrosonics in Industry", Ultrasonic Cleaning 12, 59(1974).
[25] D. P. R. Thanu, "Use of Dilute Hydrofluoric Acid and Deep Eutectic Solvent Systems for Back End of Line Cleaning in Integrated Circuit Fabrication", Ph. D. Dissertation, University of Arizona, Tucson, AZ (2011).
[26] D. R. Lide, *CRC Handbook of Chemistry and Physics*, 84th Edition, CRC Press, Boca Raton, FL (2003).
[27] Working database in CLASSLAB, published by European Commission Joint Research Center, Ispra, Italy(2007).
[28] A. H. Crawford, "Large Scale Ultrasonic Cleaning", Ultrasonics 6, 211(1968).
[29] J. B. Durkee II, *Management of Industrial Cleaning Technology and Processes*, Elsevier, Oxford, UK (2006).
[30] S. B. Awad, "Ultrasonic Cavitation and Precision Cleaning", Crest Ultrasonics, Trenton, NJ(2009). http://www.crest-ultrasonics.com/process_methodology.htm.
[31] A. Atchley and L. Crum, "Acoustic Cavitation and Bubble Dynamics", in: *Ultrasound: Its Chemical, Physical, and Biological Effects*, K. S. Suslick (Ed.), pp. 1-64, VCH Publishers, New York, NY (1988).
[32] T. Tuziuti, "Influence of Sonication Conditions on the Efficiency of Ultrasonic Cleaning with Flowing Micrometer-Sized Air Bubbles", Ultrason. Sonochem. 29, 604(2016).
[33] L. Rayleigh, *Theory of Sound*, Dover, New York, NY(1945).
[34] I. Kashkoush and A. Busnaina, "Submicron Particle Removal from Surfaces using Acoustic Streaming", Proceedings IES 38th Annual Meeting, pp. 861-867, Institute of Environmental Sciences, Arlington Heights, IL(1991).
[35] A. Busnaina, G. Gale and I. Kashkoush, "Ultrasonic and Megasonic Theory and Experimentation", Precision Cleaning Magazine, p. 13-19(June 1994).
[36] W. L. Nyborg, "Acoustic Streaming due to Attenuated Plane Waves", J. Acoust. Soc. Am. 25, 68(1953).
[37] J. Blitz, *Ultrasonics: Methods and Applications*, Newnes-Butterworth, London, UK(1971).
[38] S. Shwartzman, A. Mayer and W. Kern, "Megasonic Particle Removal from Solid-State Wafers", RCA Review 46, 81(1985).
[39] A. Mayer and S. Shwartzman, "Megasonic Cleaning: A New Cleaning and Drying System for Use in Semiconductor Processing", J. Electronic Mater. 8, 855(1979).
[40] E. Meyer, "Some New Measurements on Sonically Induced Cavitation", J. Acoust. Soc. Am. 29, 4 (1957).
[41] R. Esche, "Untersuchung der Schwingungskavitation in Flüßigkeiten", Acustica 2, 208(1952).
[42] M. Strasberg, "Onset of Ultrasonic Cavitation in Tap Water", J. Acoust. Soc. Am. 31, 163(1959).
[43] H. G. Flynn, "Physics of Acoustic Cavitation in Liquids", in: *Physical Acoustics*, W. P. Mason(Ed.), Volume 1, Academic Press, New York, NY(1966).
[44] C. F. Naudé and A. T. Ellis, "On the Mechanism of Cavitation Damage by Nonhemispherical Cavities Collapsing in Contact with a Solid Boundary", J. Basic Eng. 83, 648(1961).
[45] A. A. Busnaina and I. I. Kashkoush, "The Effect of Time, Temperature and Particle Size on Submicron Particle Removal using Ultrasonic Cleaning", Chem. Eng. Commun. 125, 47(1993).
[46] A. Podolian, A. Nadtochiy, V. Kuryliuk, O. Korotchenkov, J. Schmid, M. Drapalik and V. Schlosser, "The Potential of Sonicated Water in the Cleaning Processes of Silicon Wafers", Solar Energy Mater. Solar Cells 95, 765(2011).
[47] A. A. Busnaina and T. M. Elsawy, "Post-CMP Cleaning using Acoustic Streaming", J. Electronic Mater. 27, 1095(1998).
[48] J. M. Kim and Y. K. Kim, "The Enhancement of Homogeneity in the Textured Structure of Silicon

Crystal by using Ultrasonic Wave in the Caustic Etching Process",Solar Energy Mater. Solar Cells 81, 239(2004).

[49] D. M. Berg,T. Grimsley,P. Hammondand C. T. Sorenson,"New Sonic Technology Cleaning for Particle Removal from Semiconductor Surfaces",in:*Particles on Surfaces*, Volume 2,K. L. Mittal(Ed.),pp. 307-315,Plenum Press,New York,NY(1989).

[50] M. Keswani,R. Balachandran and P. Deymier,"Megasonic Cleaning for Particle Removal",in:*Particle Adhesion and Removal*, K. L. Mittal and R. Jaiswal(Eds.),pp. 243-280,Wiley-Scrivener Publishing, Beverly,MA(2015).

[51] Y. Chen,H. Yang and Z. Cui,"Effects of Developing Conditions on the Contrast and Sensitivity of Hydrogen Silsesquioxane",Microelectronic Eng. 83,1119(2006).

[52] K. L. Lee,J. Bucchignano,J. Gelorme and R. Viswanathan,"Ultrasonic and Dip Resist Development Processes for 50 nm Device Fabrication",J. Vac. Sci. Technol. B 15,2621(1997).

[53] Z. Han,M. Keswani and S. Raghavan,"Megasonic Cleaning of Blanket and Patterned Samples in Carbonated Ammonia Solutions for Enhanced Particle Removal and Reduced Feature Damage", IEEE Trans. Semiconductor Manuf. 26,400(2013).

[54] Z. Han,B. Ferstl,G. Oetter,U. Dietze,M. Samayoa and D. Dattilo,"Towards Expanding Megasonic Cleaning Capability",Proceedings 32nd European Mask and Lithography Conference,SPIE 10032,p. 1003207,SPIE,Bellingham,WA(2016).

[55] C. Turley,J. Rankin,L. Kindt,M. Lawliss,L. Bolton,K. Collins,L. Cheong,R. Bonam,R. Poro,T. Isogawa,E. Narita and M. Kagawa,"Exploring EUV Mask Backside Defectivity and Control Methods", in:*Photomask Japan 2015:Photomask and Next-Generation Lithography Mask Technology XXII*,N. Yoshioka(Ed.),SPIE 9658,p. 965811,SPIE,Bellingham,WA(2015).

[56] B. Fender,D. Leonhard,H. Breuer,J. Stoof,M.-P. Van,R. J. M. Pellens,R. Dekkers and J.-P. Kuijten, "EUV Infrastructure:EUV Photomask Backside Cleaning". in:*Proceedings International Conference on Photomask Technology + Extreme Ultraviolet Lithography 2017*,P. A. Gargini,P. P. Naulleau,K. G. Ronse and T. Itani(Eds.),SPIE 10450,SPIE,Bellingham,WA(2017). https://doi.org/10.1117/12.2280387.

[57] S. Letters,A. J. Smith,S. McHugh and J. Bagg,"A Study of Visual and Blood Contamination on Reprocessed Endodontic Files from General Dental Practice",Brit. Dental J. 199,522(2005).

[58] R. O. Segall,C. E. del Rio,J. M. Brady and W. A. Ayer,"Evaluation of De bridement Techniques for Endodontic Instruments",Oral Surg. Oral Med. Oral Pathol. 44,786(1977).

[59] C. A. F. Murgel,R. E. Walton,B. Rittman and J. D. Pécora,"A Comparison of Techniques for Cleaning Endodontic Files after Usage:A Quantitative Scanning Electron Microscopic Study",J. Endodontics 16, 214(1990).

[60] S. A. Aasim,A. C. Mellor and A. J. E. Qualtrough,"The Effect of Pre-soaking and Time in the Ultrasonic Cleaner on the Cleanliness of Sterilized Endodontic Files",Intl. Endodontic J. 39,143(2006).

[61] P. Linsuwanont,P. Parashos and H. H. Messer,"Cleaning of Rotary Nickel-Titanium Endodontic Instruments",Intl. Endodontic J. 37,19(2004).

[62] K. Perakaki,A. C. Mellor and A. J. E. Qualtrough,"Comparison of an Ultrasonic Cleaner and a Washer Disinfector in the Cleaning of Endodontic Files",J. Hosp. Infect. 67,355(2007).

[63] P. J. Lumley,A. D. Walmsley and W. R. E. Laird,"Ultrasonic Instruments in Dentistry 2,Endosonics", Dental Update 15,(362)(1988).

[64] H. Martin and W. T. Cunningham,"Endosonics:The Ultrasonic Synergistic System of Endodontics", Dental Traumatology 1,201(1985).

[65] C. F. Nehammer and C. J. R. Stock,"Preparation and Filling of the Root Canal",Brit. Dental J. 158,285 (1985).

[66] D. R. Morris,L. Commander and R. W. Elliott,"Effect of Ultrasonic Cleaning upon Stability of Resin Denture Bases",J. Prosthet. Dentistry 27,16(1972).

[67] R. N. Weller,J. M. Brady and W. E. Bernier,"Efficacy of Ultrasonic Cleaning",J. Endodontics 6,740 (1980).

[68] C. H. Miller,"Sterilization,Disciplined Microbial Control",Dental Clinics North Am. 35,339(1991).
[69] A. J. Gwinnett and L. Caputo,"The Effectiveness of Ultrasonic Denture Cleaning:A Scanning Electron Microscopy Study",J. Prosthet. Dentistry 50,20(1983).
[70] M. Minnaert,"On Musical Air-Bubbles and the Sounds of Running Water",Phil Mag. 16,235(1933).
[71] S. A. Elder,"Cavitation Microstreaming",J. Acoust. Soc. Am. 31,54(1959).
[72] D. J. Watmough,"Role of Ultrasonic Cleaning in Control of Cross-Infection in Dentistry",Ultrasonics 32,315(1994).
[73] G. Mazue, R. Viennet, J. Y. Hihn, L. Carpentier, P. Devidal and I. Albaina, "Large-Scale Ultrasonic Cleaning System:Design of a Multi-Transducer Device for Boat Cleaning(20 kHz)", Ultrason. Sonochem. 18,895(2011).
[74] R. G. Compton,J. C. Eklund,S. D. Page,G. H. W. Sanders and J. Booth,"Voltammetry in the Presence of Ultrasound. Sonovoltammetry and Surface Effects",J. Phys. Chem. 98,12410(1994).
[75] D. Krefting,R. Mettin and W. Lauterborn,"High-Speed Observation of Acoustic Cavitation Erosion in Multibubble Systems",Ultrason. Sonochem. 11,119(2004).
[76] J. S. Bartos and R. J. S. Onge,"Cleaning and Preservation Unit for Turbine Engine",U. S. Patent 4,059,123(1977).
[77] N. Eliaz,G. Shemesh and R. Latanision,"Hot Corrosionin Gas Turbine Components",Eng. Fail. Anal. 9,31(2002).
[78] D. Baumann and N. Prinz,"Filter for Cleaning Lubricating Oil",U. S. Patent 4,906,365(1990).
[79] W. Siegert, "Microbial Contamination in Diesel Fuel-Are New Problems Arising from Biodiesel Blends?" in:*Proceedings 11th International Conference on the Stability and Handling of Liquid Fuels*,R. E. Morris(Ed.), pp. 18-22, International Association for Stability, Handling and Use of Liquid Fuels,Atlanta,GA(2009).
[80] T. J. Mason,"Ultrasonic Cleaning:An Historical Perspective",Ultrason. Sonochem. 29,519(2015).
[81] D. D. Nguyen,H. H. Ngo,Y. S. Yoon,S. W. Chang and H. H. Bui,"A New Approach Involving a Multi Transducer Ultrasonic System for Cleaning Turbine Engines' Oil Filters Under Practical Conditions", Ultrasonics 71,256(2016).
[82] J. F. B. de São José,N. J. de Andrade,A. M. Ramos,M. C. D. Vanetti,P. C. Stringheta and J. B. P. Chaves,"Decontamination by Ultrasound Application in Fresh Fruits and Vegetables",Food Control 45,36(2014).
[83] Y. Zhao,B. Hou,Z. Tang,X. Li and Y. Yang,"Applications of Ultrasonics to Enhance the Efficiency of Cleaning *Thelephora ganbajun*",Ultrason. Sonochem. 16,209(2009).
[84] L. M. Barnes,D. E. van der Meulen,B. A. Orchard and C. A. Gray,"Novel Use of an Ultrasonic Cleaning Device for Fish Reproductive Studies",J. Sea Res. 76,222(2013).
[85] K. D. Friedland,D. Ama-Abasi,M. Manning,L. Clarke,G. Kligys and R. C. Chambers,"Automated Egg Counting and Sizing from Scanned Images:Rapid Sample Processing and Large Data Volumes for Fecundity Estimates",J. Sea Res. 54,307(2005).
[86] M. Bartlett,M. R. Bird and J. A. Howell,"An Experimental Study for the Development of a Qualitative Membrane Cleaning Model",J. Memb. Sci. 105,147(1995).
[87] S. Muthukumaran,K. Yang,A. Seuren,S. Kentish,M. Ashokkumar,G. W. Stevens and F. Grieser,"The Use of Ultrasonic Cleaning for Ultrafiltration Membranes in the Dairy Industry",Sep. Purif. Technol. 39,99(2004).
[88] H. K. Lonsdale,"The Growth of Membrane Technology",J. Memb. Sci. 10,81(1982).
[89] A.-S. Jönsson and G. Tragardh,"Ultrafiltration Applications",Desalination 77,135(1990).
[90] P. Le-Clech,V. Chen and T. A. G. Fane,"Fouling in Membrane Bioreactors used in Wastewater Treatment",J. Memb. Sci. 284,17(2006).
[91] H. B. Petrus, H. Li, V. Chen and N. Norazman, "Enzymatic Cleaning of Ultrafiltration Membranes Fouled by Protein Mixture Solutions",J. Memb. Sci. 325,783(2008).
[92] J. Li,D. K. Hallbauer and R. D. Sanderson,"Direct Monitoring of Membrane Fouling and Cleaning during Ultrafiltration using a Non-Invasive Ultrasonic Technique",J. Memb. Sci. 215,33(2003).

[93] X. Shi, G. Tal, N. P. Hankins and V. Gitis, "Fouling and Cleaning of Ultrafiltration Membranes: A Review", J. Water Process Eng. 1, 121(2014).
[94] C. Loderer, D. Pawelka, W. Vatier, P. Hasal and W. Fuchs, "Dynamic Filtration - Ultrasonic Cleaning in a Continuous Operated Filtration Process under Submerged Conditions", Sep. Purif. Technol. 119, 72 (2013).
[95] Z. Wang, J. Ma, C. Y. Tang, K. Kimura, Q. Wang and X. Han, "Membrane Cleaning in Membrane Bioreactors: A Review", J. Memb. Sci. 468, 276(2014).
[96] M. Cai, S. Zhao and H. Liang, "Mechanisms for the Enhancement of Ultrafiltration and Membrane Cleaning by Different Ultrasonic Frequencies", Desalination 263, 133(2010).
[97] S. Popović, M. Djuric, S. Milanovic, M. N. Tekic and N. Lukic, "Application of an Ultrasound Field in Chemical Cleaning of Ceramic Tubular Membrane Fouled with Whey Proteins", J. Food Eng. 101, 296 (2010).
[98] A. Boley, K. Narasimhan, M. Kieninger and W. R. Müller, "Ceramic Membrane Ultrafiltration of Natural Surface Water with Ultrasound Enhanced Backwashing, Water Sci", Technol. 61, 1121(2010).
[99] K.-K. Ng, C.-J. Wu, H.-L. Yang, C. Panchangam, Y.-C. Lin, P.-K. A. Hong, C.-H. Wu and C.-F. Lin, "Effect of Ultrasound on Membrane Filtration and Cleaning Operations", Sepn. Sci. Technol. 48, 215 (2012).
[100] X. Wen, P. Sui and X. Huang, "Exerting Ultrasound to Control the Membrane Fouling in Filtration of Anaerobic Activated Sludge — Mechanism and Membrane Damage, Water Sci", Technol. 57, 773 (2008).
[101] M. O. Lamminen, H. W. Walker and L. K. Weavers, "Mechanisms and Factors Influencing the Ultrasonic Cleaning of Particle-Fouled Ceramic Membranes", J. Memb. Sci. 237, 213(2004).
[102] D. Chen, L. K. Weavers and H. W. Walker, "Ultrasonic Control of Ceramic Membrane Fouling by Particles: Effect of Ultrasonic Factors", Ultrason. Sonochem. 13, 379(2006).
[103] A. Carovac, F. Smajlovic and D. Junuzovic, "Application of Ultrasound in Medicine", Acta Informatica Medica. 19, 168(2011).
[104] G. Rodríguez-Corral and J. A. Gallego-Juárez, "Cavitation Effects in Ultrasonic Cleaning of Textiles", Conference Proceedings Ultrasonics International 93, 703-706, Elsevier, Oxford, UK(1993).
[105] S. G. Vermilyea, M. K. Prasanna and J. R. Agar, "Effect of Ultrasonic Cleaning and Air Polishing on Porcelain Labial Margin Restorations", J. Prosthetic Dentistry 71, 447(1994).
[106] R. Vetrimurugan, "Optimization of Hard Disk Drive Heads Cleaning by using Ultrasonics and Prevention of its Damage", APCBEE Procedia 3, 222(2012).
[107] B. K. Saikia, A. M. Dutta, L. Saikia, S. Ahmed and B. P. Baruah, "Ultrasonic Assisted Cleaning of High Sulphur Indian Coals in Water and Mixed Alkali", Fuel Processing Technol. 123, 107(2013).
[108] P. Vasiljev, S. Borodinas, R. Bareikis and A. Struckas, "Ultrasonic System for Solar Panel Cleaning", Sensors Actuators A 200, 74(2013).
[109] R. Kohli, "Sources of Surface Contaminants and Their Impact", in: *Developments in Surface Contamination and Cleaning: Cleanliness Validation and Verification*, Volume 7, R. Kohli and K. L. Mittal (Eds.), pp. 1-49, Elsevier, Oxford, UK(2015).
[110] W. Kern, "Overview and Evolution of Silicon Wafer Cleaning Technology", in: *Handbook of Silicon Wafer Cleaning Technology*, 2nd Edition, K. A. Reinhardt and W. Kern(Eds.), pp. 3-92, William Andrew Publishing, Norwich, NY(2008).
[111] Y. Nishi and R. Doering, *Handbook of Semiconductor Manufacturing Technology*, 2nd Edition, CRC Press, Boca Raton, FL(2008).
[112] B. Kanegsberg and E. Kanegsberg, "The Role of Standards in Cleaning and Contamination Control", in: *Developments in Surface Contamination and Cleaning: Types of Contamination and Contamination Resources*, Volume 10, R. Kohli and K. L. Mittal(Eds.), pp. 125-150, Elsevier, Oxford, UK(2017).
[113] L. Zhang, S. Raghavan and M. Weling, "Minimization of Chemical-Mechanical Planarization(CMP) Defects and Post CMP Cleaning", J. Vac. Sci. Technol. B 17, 2248(1999).
[114] F. Tardif, "Post-CMP Clean", in: *Chemical Mechanical Polishing in Silicon Polishing. Semiconduc-*

*tors and Semimetals*, Volume 63, S. H. Li and R. O. Miller(Eds.), pp. 183-214, Academic Press, London, UK(2000).

[115] C. J. van Oss, M. K. Chaudhury and R. J. Good, "Interfacial Lifshitz-van der Waals and Polar Interactions in Macroscopic Systems", Chem. Rev. 88, 927(1988).

[116] B. Derjaguin, Y. Rabinovich and N. Churaev, "Direct Measurement of Molecular Forces", Nature 272, 313(1978).

[117] J. Visser, "Particle Adhesion and Removal: A Review", Particulate Sci. Technol. 13, 169(1995).

[118] W. Kern, "The Evolution of Silicon Wafer Cleaning Technology", J. Electrochem. Soc. 137, 1887 (1990).

[119] N. Moumen and A. A. Busnaina, "Removal of Submicrometre Alumina Particles from Silicon Oxide Substrates", Surf. Eng. 17, 422(2001).

[120] M. Keswani and Z. Han, "Post-CMP Cleaning", in: *Developments in Surface Contamination and Cleaning: Cleaning Techniques*, Volume 8, R. Kohli and K. L. Mittal(Eds.), pp. 145-183, Elsevier, Oxford, UK(2015).

[121] Z. Han, M. Keswani, E. Liebscher, M. Beck and S. Raghavan, "Analysis of Sonoluminescence Signal from Megasonic Irradiated Gas-Containing Aqueous Solutions Using Replaceable Single-Band Filters", ECS J. Solid State Sci. Technol. 3, N3101(2014).

[122] R. Balachandran, M. Zhao, P. Yam, C. Zanelli and M. Keswani, "Characterization of Stable and Transient Cavitation in Megasonically Irradiated Aqueous Solutions", Microelectronic Eng. 133, 45(2015).

[123] G. W. Gale and A. A. Busnaina, "Removal of Particulate Contaminants Using Ultrasonics and Megasonics: A Review", Particulate Sci. Technol. 13, 197(1995).

[124] A. A. Busnaina, I. I. Kashkoush and G. W. Gale, "An Experimental Study of Megasonic Cleaning of Silicon Wafers", J. Electrochem. Soc. 142, 2812(1995).

[125] S. Cohen, E. I. Cooper, K. Penner, D. L. Rath and K. K. Srivastava, "Control of Gas Content in Process Liquids for Improved Megasonic Cleaning of Semiconductor Wafers and Microelectronics Substrates", U. S. Patent 5,800,626(1998).

[126] A. A. Busnaina, "Fundamental Cleaning Mechanisms in Post-CMP Cleaning of Thermal Oxide Wafers", Proceedings 21st Annual Semiconductor Pure Water and Chemical Conference, pp. 157-170 (2002).

[127] F. Zhang, A. A. Busnaina, M. A. Fury and S.-Q. Wang, "The Removal of Deformed Submicron Particles from Silicon Wafers by Spin Rinse and Megasonics", J. Electronic Mater. 29, 199(2000).

# 第 2 章

# 可剥离涂层在清除表面污染物中的应用

Rajiv Kohli

美国国家航空航天局约翰逊航天中心 航空航天公司 美国得克萨斯州休斯敦市

## 2.1 引言

可剥离涂层已50多年的历史，主要用于保护表面免受外部污染。对于这些应用，涂层必须是不可渗透的，并且耐水和其他外部污染物。最近，一些也是可剥离涂层已应用于去除玻璃、光学器件、金属、陶瓷和聚合物等表面的微小污染物。对于此类去污应用，涂层必须以机械或化学方式捕获表面污染物，并且必须干燥后易于从表面移除。

这些涂层用于去除高质量表面（如玻璃、光学器件以及金属、陶瓷和聚合物表面）的污染物，并保护去污后的零件免受表面损坏。一个成功的应用是清除精密光学表面（如涂层镜片和镜子）上的灰尘和碎屑。只需将涂层倒在待去污的表面上就可以使用，干燥后（室温下在空气中放置5min至4h）通过剥离去除涂层，可以完全去除表面上的污染物颗粒（20～30$\mu$m）。这是一种低成本、有效和保护高质量表面的方法，但是，必须确保涂层本身不会在表面留下任何残留物，而且不管表面的粗糙度如何，该可剥离涂层可以有效地去除所有固体表面的污染物。

正如本章所讨论的，可剥离涂层指的是涂后可通过剥离或其他机械手段等物理去除的涂层，通过化学剥离的涂层将不予讨论。此外，本章的重点将放在涂层在去除表面颗粒和薄膜状污染物方面的最新应用，而不是用于表面的临时或永久性保护。这是一个重要的区别，因为尽管其中有些涂层能同时起到两种作用，但为满足每一种功能的不同要求，涂层的配方往往不同。一般来说，大多数可剥离涂层的配方都是为了去除这两种类型的污染物。很少有一种涂层是单独用来去除薄膜或颗粒而不是两者同时去除。这里不讨论专门为生物和化学毒剂开发的涂层及其相关应用。有关可剥离涂层和应用的背景信息最近已被发布[1,2]，本章更新并扩展了以前发布的信息。

## 2.2 涂层简介

通常，可剥离涂层含有质量分数约为41%～71%的非挥发性组分和约为29%～59%的挥发性组分。非挥发性组分由加入溶剂或水载体中的树脂、润湿剂和消泡剂组成。该混合物通过添加剂分散，形成稳定的聚合物乳液或分散体，可容易地以喷涂、刷涂或滚压等方式加以涂布。涂布后溶剂和水蒸发，留下透明的涂层。组合物中掺入的脱模剂和增塑剂可使涂层在随后剥离时保持其内聚力。在120℃下干燥30min，许多涂层涂布在金属试板上会形成一层膜，该膜甚至在一年多以后仍可以机械剥离[3]。

商业上的可剥离涂层主要有两种类型，溶剂型涂层和水性涂层。由于对环境的关注，水性涂层的应用越来越广泛，此外，还为特殊应用开发了其他涂层。

附录A列出了市面上的各种可剥离涂层。

### 2.2.1 涂层性能

下面所列为可剥离涂层的理想性能。

- 可在低温下固化。
- 快速干燥或固化。
- 黏度低，适用于空气喷涂。
- 在不高于100℃的温度下具有良好的耐水性和耐酸性。
- 必须对包括金属、陶瓷、混凝土和其他材料在内的大多数表面具有出色的附着力，并必须能够从表面剥落。
- 应该有锁定表面污染物的能力。
- 从涂布表面上清除后，涂层没有残留物。
- 具有出色的内聚力，拉动后能够拉伸并大片剥离。
- 无任何凹陷。
- 能保持柔韧性，不会随着时间延长而变脆。
- 易用喷涂、刷涂或滚涂方式加以涂布。
- 不易燃。
- 满足美国EPA（环境保护署）和OSHA（职业安全与健康管理局）对低溶剂排放和工作场所的安全要求。

## 2.3 可剥离涂层的应用

以下各节借助选自不同行业和应用中的一些实例，讨论可剥离涂层在精密和其他清洗（去污）应用中的使用。

### 2.3.1 光学表面

现代光学仪器具有非常复杂的高质量防反射涂层光学表面，有时需要去污，即使过滤器永久放置，也有许多污染源在镜头表面形成污染物。这些污染物来自过滤器螺纹中的润滑剂、大气，甚至来自镜头组件本身。随着时间的推移，它们形成一个表面层，从而消除抗反射涂层并软化透镜的焦点和图像的对比度，降低透镜涂层的效率。干式清洗系统需要擦拭镜片表面，如果表面上有任何细小的硬污染颗粒，则有刮伤的风险。湿式清洗系统会留下残留污迹。该污迹充当表面层，会软化图像的焦点和对比度。

#### 2.3.1.1 火棉胶

火棉胶（胶棉）是最常用的溶剂型可剥离涂层之一，已被证明在光学组件的精密清洗中非常有效。火棉胶发现于1846年，是一种硝酸纤维素、乙醇和乙醚的溶液[4-6]。火棉胶目前由多家公司生产，应用于照相胶片、纤维、漆料、雕刻和平版印刷，以及医学等领域的去污[7-9]，其结构和性能已被广泛研究[1]。含有过量乙醚的火棉胶在蒸发时会形成一层非常坚硬的薄膜。含有大量酒精的火棉胶留下的薄膜很软，很容易撕裂。但在炎热的气候中，过量酒精的存在能有效防止乙醚快速蒸发。

2.3.1.1.1　火棉胶的类型

从最初的发现开始，火棉胶就有多种不同的等级和成分[10-13]。

常规或普通的火棉胶是纤维素在乙醚和酒精的混合物中形成的溶液。对于清洗应用，只能使用 USP（美国药典）火棉胶。这种等级的火棉胶是硝酸纤维素（质量分数为 3%～7%）在乙醚（质量分数 65%～75%）和乙醇（质量分数 20%～30%）溶液中的混合物[9]。在摄影用途中，普通火棉胶加碘或溴碘会形成敏感、阴性或阳性的胶体。柔性火棉胶是樟脑增塑剂（质量分数约为 2%）、蓖麻油和火棉胶的混合物，或者是蓖麻油、加拿大香脂和火棉胶的混合物。它与火棉胶的用途相同，但其薄膜具有在某些条件下不收缩的优点。添加少量的蓖麻油（质量分数为 3%）可以使所得的薄膜更有弹性并更坚韧。用于医疗的柔性火棉胶不适合去污应用，因为这会在表面留下残留物。

2.3.1.1.2　用火棉胶清洁光学元件

1953 年首次报道了用火棉胶清洗光学反射镜的技术。该反射镜样品表面有铝涂层[14]，将火棉胶倒在镜面上，待干燥后剥离。如图 2.1 所示，尽管用火棉胶进行清洗可以提高测量的反射率，但只有在多次清洗后才能达到最大反射率。即使是在封闭的抽屉中保护新鲜铝表面，通过在 8 周内用火棉胶清洗 6 次，反射率从 14%增加到 33%。

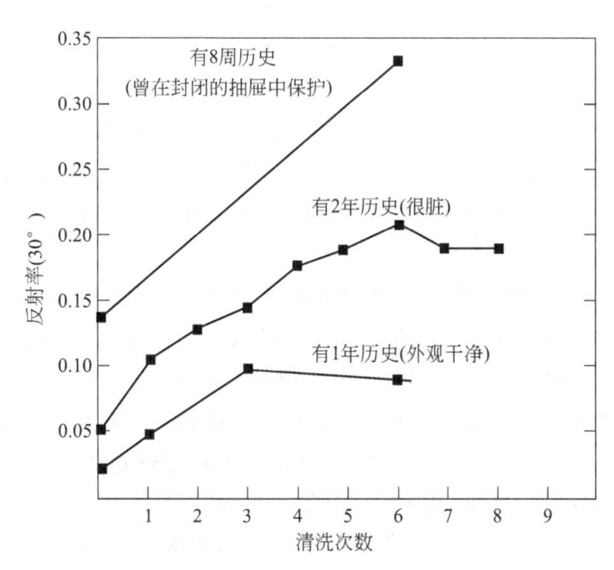


图 2.1　火棉胶清洗对两个抛光铝样品在 1140～1190Å（1Å=0.1nm）波段反射率的影响[14]
上面的曲线反映的是曾放在抽屉里打开包装的有 2 年历史的样品。
下面的曲线反映的是曾用棉花包裹的有 1 年历史的样品

1961 年，用火棉胶首次成功清洗了铝镜，且不用将其从安装架上取下[15]。然而，1964 年，麦克丹尼尔（McDaniel）研究了从仪器中取出的反射镜以及清洗仪器中的反射镜两种清洗方式之后，火棉胶被广泛用于清洗反射镜和其他高质量的光学表面[16]。在 0.16～200μm 波长范围内清洗双光束分光光度计中的反射镜，不会导致反射镜失配。另一方面，暴露在大气中 6 个月的镜子，一面用蒸馏水和甲醇溶液清洗，另一面用火棉胶清洗。结果表明，用火棉胶清洗的一面反射率基本恢复到原来的水平，而另一半表面粗糙，散射严重。此外，新按压的指纹也可以轻易去除。与用甲醇蒸馏水清洗的表面相比，用这种方法清洗的表面的残留污染物约减少到其 1/10 以下。

人们就清洗其表面曾被油污染的一些有 $MgF_2$ 镀层的铝镜的可行性开展过若干试验[17]。污染表面用乙醚、丙酮或氟利昂漂洗，再用火棉胶清洗的效果最好。例如，一面因为油污导致在 1216Å 时反射率下降到 9.5%的镜子，在用氟利昂漂洗后反射率恢复到 80.7%，再用火棉胶清洗，反射率进一步增加到 81.8%。即使对这些镜子中的几面镜子，每面进行 10 次以上的清洗后，也没有观察到 $MgF_2$ 涂层的损坏。相比之下，用氟利昂和火棉胶进行清洗未能去除有 $MgF_2$ 镀层、LiF 镀层或铂镀层的镜上的质子辐照污染膜[18]。远紫外波长区（100～400nm）的反射率没有变化。

据报道，在不从安装架子上取下镜子的情况下，使用麦克丹尼尔工艺对正面铝反射镜进行清洗的结果是很好的[19]。用火棉胶清洗后，暴露在空气中的受污染蒸发铼薄膜反射率损失从 29%增加到 33%[20]。同样的，在空气中储存时，铑、铱和铂薄膜的任何反射率损失都可以通过用火棉胶清洗来恢复[21,22]。

1970 年研究者发表了一份简明的报告[23]，对麦克丹尼尔提出的步骤进行了改进[16]。从本质上讲，改进在于引入嵌入多层火棉胶层中的多层薄纱棉布。这使得火棉胶可以渗入整个镜面，并在整个镜面上形成一层坚固的薄纱棉布和火棉胶密封层。薄纱棉布还有助于从镜子上剥离干燥的火棉胶。

有研究者建议用火棉胶清洗来维持被用作光反射标准的各种半透明材料表面的一致的反射量[24]。这些材料包括石英、红外玻璃、AgCl、ZnS、AsS、Si 和 Ge。

最近，用火棉胶非常成功地清除了高质量多层镀膜光学器件甚至是未镀膜的透明“超抛光”熔融石英基板表面的颗粒污染物[25]。清洗后的基板的散射损失几乎稳定。在清洗基板前的最低散射损失水平。之前一项涉及在清洗过程前后测量基板的调查表明对最低散射损失没有影响。因此，清洗过程可在不损伤表面的情况下去除颗粒。清洗后可能残留的火棉胶表面层不会影响测得的散射损失。

用火棉胶清洗大型主镜的实验显示出非常不错的结果，但出于安全原因一直有人持反对意见[26]。南卡罗来纳州格林维尔的查尔斯 E. 丹尼尔天文台的 0.58m 高的 Alvan Clark 物镜是有史以来火棉胶清洗过的最大镜头之一[27]。该镜头是卡尔蔡司（Carl Zeiss）公司于 1882 年（即 1935 年发明现代减反射涂层技术 50 多年前）制造的。其他成功案例还有华盛顿州埃伦斯堡附近的华盛顿大学马纳斯塔什山脊天文台 0.76m 望远镜的清洗，该望远镜每年需要清洗一次，结果比任何其他方法都要好[27]。在加州洛杉矶大学洛杉矶分校清洗 0.6m 望远镜后，也得到了类似的结果[28]。所有的砂砾和灰尘都被捕获在涂层里，涂层剥离后，镜子没有灰尘和油污，表面没有新的划痕或损坏。

#### 2.3.1.1.3 清洗激光器窗口

定制激光器通常需要没有薄膜和颗粒的布鲁斯特窗口。运行中的激光窗口可以发现少量的颗粒。位于加州伯克利的加州大学伯克利分校尝试了其他清洗技术，但发现火棉胶窗口制备方法最适合其应用[29]。窗口制备方案的最后一步是在布鲁斯特窗口的光学表面上涂上火棉胶，然后剥离得到的薄膜。用棉签在光学表面均匀地涂上一层火棉胶，让涂层干燥 30～60s，然后将其剥离。细小的污染物颗粒黏结在火棉胶层中，并随同去除。一个安装在鹅颈管上的棒状放射性 Po-210α 源，被用来中和去除火棉胶涂层时产生的静电荷。

#### 2.3.1.1.4 火棉胶清洗指南

在使用火棉胶进行清洗时，应遵循以下准则。文物望远镜学会（Antique Telescope Society）网站上概述了一般清洗步骤[27]。

① 应仅使用USP火棉胶，不应使用柔性火棉胶。

② 火棉胶应该通过简单的倾倒、喷洒或用骆驼毛刷加以涂布。

③ 如果镜子或镜头在其组件内，可能需要用屏蔽带、纸板或其他材料做一道屏障，以防止火棉胶渗入玻璃和组件之间。如果用刷子薄薄涂布一层，则不需要屏障。任何渗入屏蔽带下的火棉胶将形成一层又硬又厚的胶层，必须通过丙酮溶解来清除。

④ 在火棉胶湿润的时候，加一层薄纱棉布或手术纱布，这样干燥后更容易将其剥离。对于小型光学器件，纱布可能不可取。薄纱棉布上应再涂布一层火棉胶。

⑤ 涂抹后，应将火棉胶干燥后再去除。通常，可以将其去除的明显迹象是轻微的收缩以及前缘的卷曲或抬高。在这个阶段，如果可能的话，可以简单、慢慢而小心地剥离。如果残留碎片，可以用胶带小心地将其黏除。

⑥ 火棉胶非常易燃，燃烧时散发出高浓度的乙醚，足以引起头晕和刺激眼睛。所有工作应在通风良好的区域内进行，该区域内任何地方都应没有火源。同时，在用火棉胶清洗时可能需要手套。

在中小型镜面上，用火棉胶能有效地去除表面污染物。另一个优点是光学器件可以在固定器中清洗，而无需将其卸下。一个缺点是火棉胶易于碎裂并且可能在表面上留下小的残留碎片。这些碎片可以用胶带除去。但是，火棉胶对现代防反射涂层的黏附力通常比没有镀膜的玻璃的黏附力大，这可能导致涂层被粘掉[30]。就像镜子和镀膜镜片之前发生的情况一样，人们曾注意到用火棉胶清洗时镜片涂层或镜面涂层受损的可能性，虽然火棉胶扯下的是那涂层的一部分[31]。这种清洗技术不推荐用于光学器件的一般清洗。亚利桑那州图森市的国家光学天文台报道过类似的经历，火棉胶涂层似乎在铝镜涂层下面截留了水，这可能导致涂层从基板剥落[32]。

#### 2.3.1.2 光学器件的非胶棉清洗

在高功率激光系统中，用于去除光学表面颗粒的可剥离涂层早期应用是在1978年[33]。3M公司测试了一种涂层去除均匀分布在平坦光学表面和抛光金属表面5$\mu$m氧化铝颗粒的效率。这些颗粒物的去除率为95%～98%，达到的最低颗粒物浓度为500粒/$cm^2$。

1987年初，对两种商用非火棉胶可剥离涂层去除光学表面灰尘和碎屑的效果进行了测试[34]。测试的目的是确定涂层本身是否会在表面留下污染物，确定涂层的应用和去污性能。光学部件包括表面镜和各种薄膜涂层的防反射层（减反射［AR］、氧化锡或氧化铟），以及用于比较的空白玻璃板。将涂层慢慢倒在表面获得较厚的涂层。涂层的高黏度和表面张力使其更容易在局部扩散，也能防止涂层溢到边缘，将涂层在室温下干燥24h，然后通过拉一条附着在干燥涂层上的胶带便能轻松地将涂层整体去除。两种涂层都能去除表面的灰尘颗粒，但其中一种材料在样品上留下了可见的薄膜。薄膜涂覆的样品和空白板上的干涉测量结果没有显示出除去可剥离材料后残留薄膜的任何迹象。涂层材料还可用于通过旋转部件或通过屏障在凹面或凸面部件上形成均匀的层，以防止材料流过边缘。

纽约州中央伊斯利普市的环球光学有限公司提供了几种涂层[35]。可剥离黑色涂层是一种完全可剥离的材料，不会留下任何残留物或薄膜，并且剥离时会去除外来异物。它非常适合清洗镜子。可剥离的蓝色涂层很容易用玻璃纸胶带或用热水冲洗去除，适用于塑料、玻璃镜片和镜子的去污。用该产品能去除镜子表面的灰尘和松散颗粒，但不能去除表面因液体或水分引起的斑点或污渍。红色条纹涂层是一种透明、可刷涂或可喷涂的涂层，溶于甲苯或甲乙酮，可防止污垢和灰尘损坏明亮的金属和光学表面。这些涂层在市场上以液体形式或气溶胶喷雾罐形式出售，会在 15～20min 内干燥，使用后很容易剥离。一罐涂层将覆盖约 $0.19m^2$ 的表面积（约 $5.4m^2/L$）。

环球光学有限公司的可剥离蓝色涂层已成功用于清洗多个小镜子[36]。涂层装在喷雾罐中，并通过喷涂涂覆在镜子的表面上。涂层很快干燥，在镜子上留下一层柔软柔韧的蓝色薄膜。它容易以单张形式剥落，很干净地去除镜子表面的灰尘和污垢，且没有明显的残留物（图 2.2）。

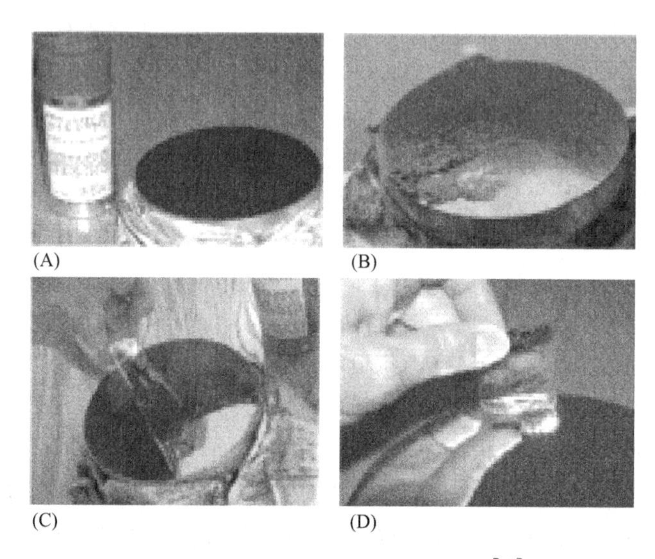


图 2.2　用可剥离蓝色涂层清洗光学镜的步骤顺序[36]（见文后彩插）

（A）包裹支架，以免被涂。涂层的使用是通过在表面喷施一层厚涂层；（B）涂层开始变干；（C）干燥的涂层通过剥离去除，镜面很干净；（D）用新胶带去除斜面周围的所有剩余涂层

### 2.3.1.3　聚合物涂层

亚利桑那州图森市的亚利桑那大学使用了一种聚合物可剥离涂层来保护和清洗真空垫上的污染物，真空垫用来提升抛光后的 6.5m 和 8.4m 的镜子，并将其安装在大型双筒望远镜上[37]。将垫子放在抛光玻璃上，并多次施加真空。氯丁橡胶衬垫材料留下明显可见的污染，但易于清洗。玻璃镀银后，衬垫被放在涂有可剥离涂层的银镜玻璃表面上。当可剥离涂层被去除时，观察到镜面涂层未受任何损坏。

溶于溶剂的塑料基（聚氨酯）气溶胶喷雾已用于清洗西班牙拉帕尔马皇家格林尼治天文台望远镜的 1m 主镜[26]。当喷涂到有灰尘或油污的镜子上时，溶剂会将涂层表面的污垢掀起，并将其悬浮在塑料膜中。薄膜被剥离，便实现去污。如果涂层未受到化学腐蚀，就可以恢复原来的性能[26]。

威斯康星州普拉特维尔市的光子清洗技术公司（Photonic Cleaning Technologies）开发的商标为“第一接触”（First Contact™）涂层是一种分子聚合物清洗系统[38,39]。这个系统是为在制造过程中清洗和保护硅晶片而开发的。用来使聚合物溶解的溶剂是丙酮、乙醇和乙酸乙酯。当聚合物固化时，它会收缩并将零件表面上的污染物吸收到聚合物分子中，包括颗粒、指纹、油脂、机油和大气污染物。固化的薄膜被剥离后，聚合物会去除所有吸附的污染物，留下洁净的表面（图2.3）。该聚合物具有亲水性，用一点水就可以软化。在许多工业应用中，聚合物会长时间使用，有时会持续好几个月。First Contact涂层固化膜坚固耐用且略带柔韧性，因此，可以很好地保护其免受指印、大气污染和任何其他轻微危害，2周后和2min后一样，可以轻松地去除薄膜。

清洗前　　清洗后

图2.3　用First Contact涂层清洗前后的受保护的铝镜

（威斯康星州普拉特维尔市的光子清洗技术公司提供）

这种类型的涂层很难看到，因为它形成了一层薄而均匀的层。“D”测试很好地说明了这一效果。通过清洗镜片一半上的“D”形部分，很容易看出涂层从表面去除污染物的量。

First Contact涂层的高成本可能阻碍其更广泛用于清洗镜片。然而，一个标准包装这点涂层便可以清洗12个以上标准镜头的正反两面。这与常规清洁方法的成本相比具有优势。此外，这种涂层防磨损，可留下完全洁净的表面，这是清洗镜子和镜片的最佳方法。有些塑料材料可溶于其中一种或多种溶剂。但是，塑料眼镜镜片和大多数塑料相机镜头通常不会受到溶剂的影响。镜片支架通常不是塑料的，不太可能被聚合物损坏。

First Contact涂层几乎可以用于所有光学表面的清洗。世界各地的许多光学用户都在使用这种涂层定期清洗天文和激光光学设备，在世界各地的几个主要观测站都没有出现问题。许多激光实验室也使用这种聚合物来清洗和保护多层镀膜和镀银光学器件。这些应用对损伤异常敏感，但目前尚无损坏报告。许多主要的相机和镜头制造商已经测试并批准这种涂层用于其镜头[38,39]。

激光陀螺镜大概是人类制造的最完美的表面。在230mm的基板上达到0.762μm的平行度，并均匀地获得1/10波或更好的平整度。角公差大于3弧分的零件通过NIST可向客户提供追溯证书，光学角度精确到5弧分以内。First Contact涂层是这些反射镜的首选清洗方法。许多有涂层表面的制造商现在都使用这种涂层作为清洗系统，以制备要加涂层的表面。事实证明，这等于或优于通常用于实现此应用所需清洁度的基于自动超声氯氟烃（CFC）的系统。

一些大的镜也已用First Contact涂层成功清洗[38,39]。用手动泵或压力喷雾器喷涂这种涂层材料，能以全无接触的方式完全覆盖任何尺寸的光学表面（图2.4）。不需要抹布或刷子，因此消除了刮擦表面的风险。

使用First Contact™涂层清洗的大型无保护镜子主要包括夏威夷W. M. Keck天文台（直径1.8m的六角镜）、智利拉西拉La Silla Paranal天文台（直径0.875～3.6m的镜子）和中国台湾的鹿林天文台（直径76cm的蜂窝镜）的镜子。其他应用包括几个军事光学仓库，负责清洗直径20cm到3.6m的望远镜镜面。

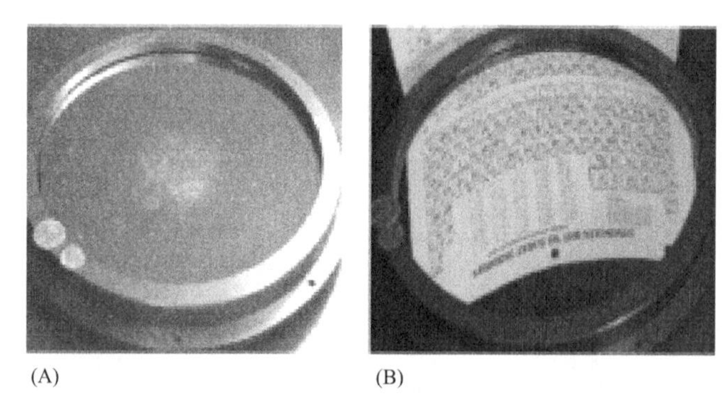

图 2.4 使用 First Contact 涂层清洗之前（A）和清洗之后（B）的大型 1m 无保护金第一表面镜
（由威斯康星州普拉特维尔市的光子清洗技术公司提供）

## 2.3.2 其他应用

可剥离涂层越来越多地用于非光学清洁应用中。以下各节将讨论几个应用。

### 2.3.2.1 清洗相位掩模

传统的清洗相位掩模的方法非常耗时，并且需要使用危险化学品。First Contact 涂层简化了对相位掩模的清洗。如果污染物仅是微粒，则在 22.5$cm^2$ 的区域中，涂层材料的涂布量可能不到 1mL；但如果表面有油或指纹，则 13$cm^2$ 的表面积可能需要 1mL。当从受污染的相位掩模中清除油污时，在处理过的光学部件上盖盖子将有助于减慢干燥过程，并使之干燥一整夜。如果油污很重，则在涂布涂层之前用有机溶剂冲洗。该涂层在熔融过的二氧化硅、各种玻璃和晶体上都是安全的。

### 2.3.2.2 清洗硅片

就太空天文学中的极紫外（EUV）应用以及集成电路计算机芯片的未来光刻技术而言，进一步开发高效反射镜的主要障碍是电磁光谱中各种材料缺乏可靠的光学常数。光学常数不可靠的原因之一是当样品表面暴露于实验室空气中时会被有机材料污染。用多种清洗方法去除硅晶片表面有机污染物的功效已被评估，包括“第一接触”涂层法、氧等离子体蚀刻法、高强度紫外线法以及用 First Contact 涂层清洗后再用氧等离子体蚀刻的方法[40]。由于去除涂层后留有聚合物残留物（2nm），仅使用 First Contact 不足以作为薄膜清洗方法。用氧等离子体能有效清除表面上残留的任何“First Contact”涂层残留物。

用 First Contact 涂层可能去除直径 1～5μm 的颗粒，以及在以前使用的硅片上进行的刮擦清洗时留下的污染物[41,42]。此外，在新的硅片上涂布 First Contact 涂层并剥离时，未发现产生散射的残留物。用测量中使用的总集成散射技术能测量低至百万分之几的 He-Ne 激光散射水平，这相当于小于 $1\times10^{-10}$m 的表面均方根粗糙度。

胶带可以用来除去硅片上的亚微米颗粒[43-46]。通常，胶带由载体膜（聚丙烯）和施加到抛光晶片表面的胶黏剂（丙烯酸基胶黏剂）层组成。紫外光（UV）用于固化，从而使黏合层破裂。由于黏合层的黏合强度大于污染物颗粒与黏合层之间的黏合力，因此当剥离胶带时，颗粒会被去除（图 2.5）。来自日东电工株式会社（日本爱知县丰桥市）的一种市售胶带在胶黏剂中包含微胶囊发泡剂，当 UV 固化过程中达到一定温度时被激活[47]。热能被转换成机械能释放到胶黏剂。泡沫胶黏剂在去除污染物颗粒方面的效果几乎是含有扁平胶黏剂的传统胶带的三倍[48]。

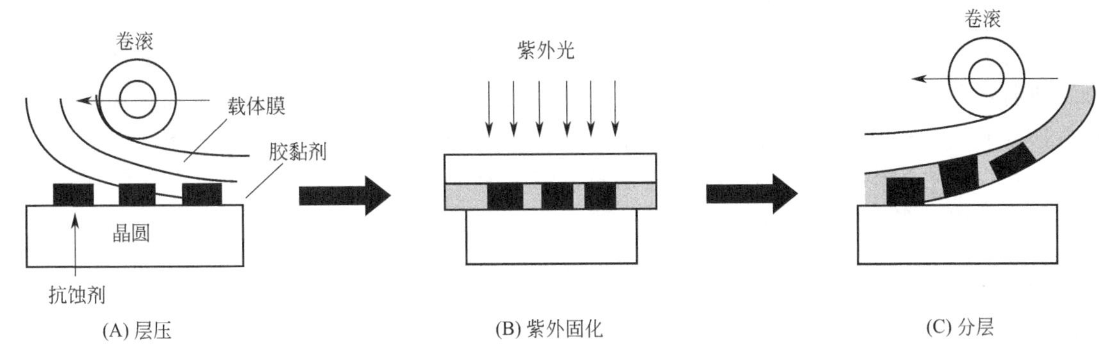


图 2.5　用胶带从晶片表面去除抗蚀剂的工艺流程[46]

(A) 初始层压步骤，在加热台上将胶带粘贴到晶片上；(B) 紫外线照射以固化胶黏剂；(C) 剥离步骤，将带有抗蚀剂的胶带分层并从晶片表面剥离

传统胶带的一个缺点是，当移除胶带时，它会在晶片或其基底上留下残留的污染物[47,49]。然而，用于清洗和保护表面的洁净室兼容胶带含有极少量的低黏合强度添加剂，这有助于降低胶黏剂和基底之间的相容性，并减少表面上的残留污染[47,48]。可以通过在溶剂中冲洗晶片来去除残留在晶片表面上的残留胶黏剂。

#### 2.3.2.3　清洗光盘压模

用于光盘（CD）制造的压膜经常会有油脂、油、水渍、残留溶剂（用于压膜制造、涂层、干燥过程）以及环境和人为污染（灰尘、指纹、唾液等）等外来缺陷。这些缺陷在制造过程中会转移到光盘上，而且压模制造等离子体蚀刻或溶剂清洗等去除技术通常很耗时。

一篇专利报道了一种新型的改进方法，通过从用于生产光盘的清洗模具中去除污渍——油污、灰尘、唾液和其他污染物来清洗高精度光学器件[50]。该方法包括将可固化涂层涂覆到已被异物污染的光学或光学成形表面上，使涂层干燥以形成弹性干膜，然后将干膜与污染光学表面的异物一起去除。该可固化涂层由水性聚氨酯乳液形成。它还包含丁基纤维素（2-丁氧基乙醇或 $C_4H_9OCH_2CH_2OH$）溶剂和微量的表面活性剂/增稠剂作为润湿剂，并用于控制黏度，使用双溶剂系统（水和丁基纤维素）的优势是这些溶剂互溶，并且具有溶解多种以异物形式存在于被净化的表面上的溶质的能力。在实践中，压模放置在旋转涂布器单元中，并以大约 20～30r/min 的速度旋转，同时将可固化涂层涂覆到压模的光学成形表面。该涂层涂覆在环状光盘的内缘、内径或其附近。涂覆涂层材料后，压模以高速旋转，最高可达 300r/min，以确保涂布均匀，然后在涂层固化之前将压模从旋涂机上取下。在将压模从旋转涂布器单元中取出后，可以通过用热空气加热压模来加快固化过程。涂层在光成形表面上形成一个弹性、干燥的薄膜，然后从表面去除。用该方法对去除异物具有非常高的可靠性和完整性，并将压模恢复到一个像新的一样的状态。

#### 2.3.2.4　硬盘驱动器、平板显示屏和液晶屏幕

ARclean® 和 ARclear®（美国宾夕法尼亚州格伦罗克胶黏剂研究公司）[51] 是无酸、电子清洁、低挥发气体的丙烯酸胶黏剂产品，用于控制工业硬盘驱动器、触摸屏、平板显示屏和液晶显示器（LCD）屏幕组装中的化学污染。它们的可萃取性离子含量低，并且能抗老化，

这两种产品可最大程度减少腐蚀，并减少触摸屏设备中氧化物表面、导电电路的雾化和可能的氧化。这些产品消除了污染，并减少了返工过程中与胶黏剂残留相关的人工成本。

#### 2.3.2.5　污染物采样与回收

火棉胶膜是一种很常用的样品制备介质。它被广泛用于处理和去除 0.5μm 的颗粒，以准备进行微量分析[52,53]。该膜可以方便地在显微镜载玻片上使用，并且可以用一滴乙酸戊酯立即对其进行再生（使其略带黏性）。钨针末端再生样品的一些小滴用于分离、表征和制备小颗粒以供进一步分析。再生样品将保持轻微黏性长达 15min。载玻片可以重复使用多次，并且可以无限期地存储（图 2.6）。

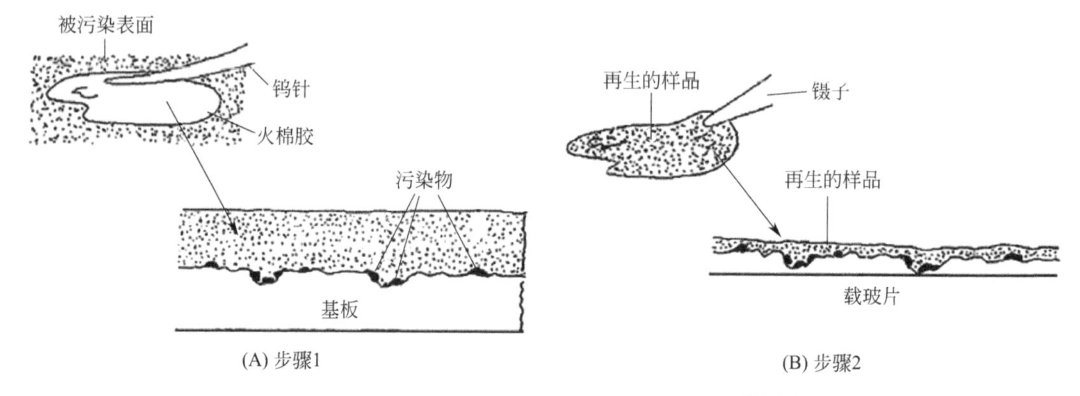


图 2.6　用火棉胶提取再生技术制备颗粒样品[52,53]

（A）在步骤 1 中，将火棉胶溶液分散在受污染表面的一小部分上；（B）在步骤 2 中将带有颗粒的干胶膜从基板上剥离下来，并被以颗粒面朝下的方式放在载玻片上进行分析

当表面粗糙且柔软时，这种提取复制技术非常有用。这种火棉胶膜可以在不移动基板的情况下，将轻微夹持在缝隙中的颗粒去除。也可以直接将颗粒收集在火棉胶薄膜上，用于后续分析[54,55]。

火棉胶是一种纯的硝酸纤维素，用于包埋标本以在显微镜下对其进行检查[56-60]。

First Contact 涂层已被用于收集偏磷酸盐激光玻璃表面抛光时残留的浆料碎片，以研究浆料对玻璃表面形貌的影响[61]。这是通过在样品全表面涂布 First Contact 实现的。剥离涂层，并用王水处理部分涂层，用电感耦合等离子体质谱法（ICP-MS）分析所得溶液，以测定其中铈抛光残留物含量。该涂层在从表面上捕集所有残留物方面是有效的。

最近，三种不同的可剥离涂层（Floorpeel 4000，Vinnol E15/45 和 UCAR 451）曾用于捕集玻璃、油漆金属、工程塑料、涂漆墙板和混凝土等不同表面低尖峰水平（$0.1g/m^2$）的各种有机污染物[62,63]。平均而言，这三个涂层系统从这些表面回收了每种化合物的 73%～95%，而棉纱布的平均捕集效率为 31%，从混凝土表面的回收率甚至低至 10%，可剥离涂层的效果明显好于普通棉纱布。

可剥离涂层和凝胶已被人提出作为擦拭材料，特别是用于回收被封装的污染物，具有较高去污率（>90%）[64,65]。这些涂层有可能使擦拭测量更真实地定量确定可去除的表面污染物活性，其检测极限可能低于目前实践所能达到的水平。这是一个相对较新的应用，但初步结果令人鼓舞。

#### 2.3.2.6　去除皮肤疣

对于特殊的医疗应用，含有焦木素（硝酸纤维素）的非水溶剂薄层涂抹在皮肤上时，能形成透明的黏合膜。这种类似火棉胶的膜已被证明对去除皮肤疣非常有效[66]。

#### 2.3.2.7 磁粉探伤

透明乙烯基可剥离涂层已被用于获得由磁粉检验的物体表面缺陷和不连续性的位置和尺寸的永久记录[67]。在根据缺陷图案进行磁化和磁性颗粒聚集之后，将涂层喷涂到表面上。当涂层被剥离时，磁性颗粒被“冻结”在涂层上，缺陷图案可以从涂层上照相记录。

#### 2.3.2.8 水净化和脱盐

尽管不是严格意义上的去污应用，但火棉胶和类火棉胶（醋酸纤维素）复合膜也已用于水的净化和脱盐[68-70]。与氟碳聚合物（如 Nafion）共混的膜表现出更强的氧化还原物质和离子物质传输性能。

#### 2.3.2.9 放射性去污

对于受放射性物质污染的部件，传统的可剥离涂层处理方法是在表面涂布预硫化胶乳化合物，使其干燥，然后将其从表面剥离以去除污染物。不幸的是，传统的方法有几个缺点。这种乳胶化合物需要几天的时间才能干燥，因此可能会延长核电站的关闭时间。有时乳胶化合物在干燥后也很难从表面剥离。此外，乳胶化合物在去除污染物和将放射性暴露降低到行业认可的水平方面并不是完全有效。

通过在乳胶液中加入碱性络合洗涤剂和细浮石对原涂层进行改性，可以提高去污效率[71]。使用改性涂层去除各种基板（不锈钢、铝、铜、喷漆木头和塑料）中的裂变产物污染物时，去污因子❶（DFs）可达到 100～200。然而，可剥离涂层在去除渗入零件表面以下的污染物方面效果不是很好。

改进的可剥离涂层可以克服传统方法在放射性表面去污的缺点[72-78]。改进的可剥离涂层的进展和一些应用将在以下各节中讨论。

**自剥离聚合物**

通过实验评估了商品名为 PENTEK-600™❷ 的自剥离共聚物化合物去除氧化亚铁、有色金属表面及无孔表面的氧化物和放射性污染物的能力[79]。PENTEK-604™ 是一种包含有机酸和螯合剂的自剥离涂层，它被设计成大约在 24h 内从基板上崩解并从表面剥离。作为去污剂，该共聚物的 DFs 高达 245。实验表明，使用这种共聚物对碳钢表面的氧化物的去污效果与商业喷砂相当[80]。

将 PENTEK 涂层应用在各种被放射性污染的裸露区域、混凝土涂层表面以及不锈钢上，也获得了类似的高去污因子[81]。该涂层还对焚化的石墨燃料残渣、铯胶囊和铅砖有效，并实现了数百的 DFs[82-84]。

**非溶剂型涂层**

商标为 Isotron Radblock™［华盛顿西雅图埃瑟特龙（Isotron）公司］的去污剂是一种使用橡胶基涂层的固定系统，可通过与放射性核素离子的黏合和化学键合或离子交换来吸引并束缚颗粒污染物[85-88]，用各种刷子、滚子或喷涂设备加以涂布。固化后，涂层以机械和化学方式捕获污染物，并可以剥离，以去除固体废物形式的污染物。这种聚合物膜提供了不可渗透的屏障，起到了二级密封的作用，防止污染物的扩散、沉积或迁移，例如已知易于转

---

❶ 去污因子用于评价去污过程的有效性，是初始放射性活度与去污后残余活度的比值。

❷ PENTEK 系列可剥离涂层由美国 潘泰克（PENTEK）公司开发并商业化提供。这些涂层材料已停止使用。

移到建筑和土壤地下的铯离子形式。一罐这种涂层的理论覆盖面积约为 $3m^2$，推荐的最佳涂层厚度为 0.5～1.0mm。

纽约州奥斯威戈九英里点核电站的反应堆腔是使用名为 Isolock300 的 Isotron Radblock™ 涂层去污的[89]。涂层材料的涂布和去除总共需要 148h 才能完成。去除涂层后的放射学调查表明，墙壁和地板每 $100cm^2$ 的污染水平分别约为 167Bq 和 833Bq。腔体去污在 65 人・mSv 的照射剂量下完成，与上次大修相比减少了约 38%。这是由于工作所需的防护服和呼吸防护装置的减少而使工人效率提高。这些污染导致的对皮肤的计算剂量当量从 312mSv 下降到 120mSv。

人们曾用有限元法，采用埃瑟特龙公司的超积累可剥离聚合物（HASP）涂层对混凝土的去污过程进行模拟研究[86]。HASP 涂层去污的基本概念是在涂层内包含捕集目标污染物的紧密结合位点或“陷阱”。整个去污过程包括污染物的溶剂化和转移，由于聚合物的平衡分配系数很大，污染物从基材扩散，进而实现污染物去除和转移。污染物在多孔涂层内的浓度分布可以通过求解描述毛细流动、扩散和吸附驱动的物质传输的控制方程和非饱和流动的控制方程来获得。模拟研究结果表明，在污染事件发生后 30min 内涂布涂层材料时，大约 90%的污染物被去除，但如果在涂布之前让受污染的表面老化 151 天，污染物的去除率降低到 50%以下，及时涂布可提高去污效率。

商标为 ALARA 1146™ 的去污剂（密苏里州圣路易斯 Carboline 公司）是一种不含溶剂或有毒物质[90] 的单组分水性乙烯基可剥离涂层，其中的固体体积分数为 41%±2%，挥发性有机物含量为 14g/L。去污剂流动到表面的微孔中以接触污染物，接触表面污染物并将其机械地结合到聚合物中。在 24℃和 75%相对湿度下，干燥时间约为 18h，剥离时间约为 24h。推荐干燥后膜厚度为 0.5～0.75mm。可剥离性能取决于膜厚度，低厚度使得涂层难以去除，而涂层厚度超过建议的最大值会导致更长的干燥时间。去除薄膜会清洁表面并产生固体废物。根据基材的不同，ALARA 1146 的去污因子可以达到 30～100。在南卡罗来纳州艾肯的萨凡纳河遗址（SRS），大约 $264m^2$ 的燃料制造设施的墙壁和地面区域用 ALARA 1146 进行了去污[91-94]。这一区域受到高浓缩铀的污染，并被指定为高污染区域，其目的是去除足够多的松散放射性物质，使可转移的污染水平降至自由释放限值以下。这些涂层去污剂被喷涂到设施加工区内涂漆和未涂漆的碳钢和混凝土表面。结果表明，可剥离涂层能有效去除所有被测试表面的污染。对于污染程度最高的表面，α 放射性物质的 DFs 高达 7.2，β-γ 放射性物质的 DFs 高达 3.9。正如预期的那样，受污染较少的表面的 DFs 较低。

商标为 Stripcoat TLC Free™ 的涂层去污剂［马萨诸塞州普利茅斯市巴特利特服务(Bartlett Services) 公司］是一种无害、无毒的溶液，旨在为安全移除和防止放射性污染扩散提供一种简单、经济高效的方法[95]。它可用于核反应堆腔、区域和设备的去污，包括手套箱和热室。该涂层还可作为屏障，以防止该区域或设备在运维期间受到污染，或用作包含污染物的覆盖物。出于去污的目的，涂覆涂层并使其固化，表面污染物被机械或化学地包裹在涂层中。当固化的涂层被移除时，表面污染物与涂层一起被去除，产生的固体废物可以在低放射性废物设施或焚烧处理，$30m^2$ 的涂层表面会产生约 $0.03m^3$ 的非压实放射性废物。根据基材的不同，使用这种可剥离涂层可以实现数百的 DFs。

最近，美国环保局（EPA）评估了 Stripcoat TLC Free™ 和 Isotron 涂层从混凝土表面去除 Cs-137 的能力[96,97]。用喷涂机将去污剂喷涂到受 Cs-137 污染的混凝土（Ⅰ型和Ⅱ型波特兰水泥）试样上（图 2.7）。

图 2.7　商用可剥离涂层从混凝土表面去除放射性污染物的应用[96,97]
（A）显示了 Stripcoat TLC Free 涂层在表面上的准备、涂布和去除过程；
（B）显示了 Isotron 涂层在表面上的准备、涂布和去除过程

处理过的表面过夜固化成固体涂层后，从混凝土表面上除去。固化后，Isotron 涂层通过化学和物理相互作用黏合放射性物质。Stripcoat TLC Free$^{TM}$ 涂层仅通过物理作用黏合放射性物质。对每种技术进行了以下操作因素评估：

- 试样被污染 7 天和 30 天后，垂直和水平表面的去污效果（去污率）。
- 涂布和去污时间。
- 在不规则表面上的适用性。
- 工人要求。
- 设施要求。
- 便携性。
- 二次废物。
- 表面损伤。
- 准备和清理。
- 成本。

计算出的每个污染试样的去污效果均以去污率表示。对于 Stripcoat TLC Free，7 天和 30 天测试的总体平均去污率为 32.0%±9.9%。对于 Isotron，7 天和 30 天测试的总体平均去污率为 76.2%±7.4%。

表 2.1 确定并总结了使用这些可剥离涂层的操作因素[96,97]。

Isotron 的去污率取决于被去污表面的特性，因为去除需要一些刮擦。Stripcoat TLC Free 可涂布于不规则表面，并且可以轻松地从试样边缘上移除。

表 2.1　可剥离涂层的操作因素

| 因素 | Stripcoat TLC Free™ | Isotron |
|---|---|---|
| 涂布和去除 | 涂布：12m²/h | 涂布：4.6m²/h |
| | 去除：4.9m²/h | 去除：1.6m²/h |
| 在不规则表面上的易用性 | 弹性涂层容易从表面剥离 | 可能需要刮擦 |
| 工人要求 | 不需专业培训 | 不需专业培训 |
| 设施要求 | 如果使用喷涂器，则为110V；否则没有 | 如果使用喷涂器，则为110V；否则没有 |
| 便携性 | 随身携带 | 随身携带 |
| 二次废物 | 产生固体废物：约0.26kg/m² | 产生固体废物：约0.5kg/m² |
| | 固体废物密度：约0.145g/cm³ | 固体废物密度：约0.188g/cm³ |
| 表面损伤 | 最少，仅去除松散的颗粒 | 最少，仅去除松散的颗粒 |
| 准备和清理 | 产品按“原样”使用；两次使用之间用矿物油冲洗泵以避免堵塞 | 产品需要混合；两次使用之间用水冲洗泵 |
| 费用 | 应用一次的费用为16.66美元/m² | 应用一次的费用为58.84美元/m² |

捕集涂层可用于远程清除空气中的放射性并将污染固定在适当位置，而无需人员或设备进入施工区域。该工艺采用被动式气溶胶发生器（PAG），通过将抛物线形压电超声换能器浸没在捕集涂层的溶液中来产生气溶胶[98,99]。捕集涂层由悬浮在两部分有机溶液中的水性聚氨酯组成。它们的配方适用于各种应用，从黏稠的甘油基涂层（允许随后应用可剥离涂层以方便地去除表面污染物），到具有特殊胶黏剂促进剂的配方，使捕集涂层可以更轻松地在坚硬的表面上形成。使用超声波技术可产生与液体涂层具有相同化学性质的气溶胶。液滴尺寸（平均尺寸约为2μm）使涂层具有气体的特性，从而可以缓慢均匀地覆盖难以到达的区域和缝隙。形成的气溶胶液滴具有与液体相同的化学性质。通过改变换能器的频率来控制气溶胶的液滴尺寸。气溶胶或“雾”被引入到处理区域，在表面上冷凝。有机小分子开始聚集并将污染物包裹在适当的位置。较小的气溶胶液滴尺寸可捕集涂层，并有效地“清除”空气中的污染物。

InstaCote CC Strip 和 CC Wet 涂层去污剂［密歇根州伊利市因斯达考特（InstaCote）公司］被用于以两步工艺去除表面的钚和铀污染[100,101]。这两种材料都是水性、无毒、无害的，可以通过喷涂或刷涂来涂布。聚脲弹性体是通过将异氰酸酯封端的化合物或聚合物与含有至少两个反应性氨基的胺化合物混合反应而制备的。这些异氰酸酯封端的化合物或聚合物至少含有两个末端异氰酸酯基团，并且本质上可以是脂肪族或芳香族的。该材料在不到1h内凝固，基本上不受辐射暴露的影响。使用CC Wet涂层是控制可去除污染物的第一步，然后将CC Strip涂层涂于CC Wet涂层上，CC Strip涂层会引起CC Wet涂层再水合并被CC Strip涂层吸收。最初由CC Wet涂层捕获的污染物可以通过CC Strip涂层清除。CC Wet去污剂中含有包含对紫外光敏感的染料，这使得在涂布过程中向涂布器反馈成为可能，CC Wet涂层固化后，使用紫外光来验证所有表面的覆盖质量。在钚手套箱中使用CC Strip涂层可以实现高达100的去污因子（DF）。

在一个分两步实施的去污方法中，一种捕集涂层与CC Strip涂层结合使用，即先使用被动式气溶胶发生器雾化捕集涂层从空气中去除钚污染，再使用CC Strip涂层将污染物密封在房间的地板、墙壁或其他表面上。在科罗拉多州戈尔登的洛基夫拉茨（Rocky Flats）工厂中，该去污方法被实施，将一个装有硝酸钚溶液加工罐的房间内的污染从导出空气浓度（DAC）（空气中钚颗粒的衡量标准）超过90000降低到不到100[102]。为这一独特的应用，这种捕集涂层曾通过添加在紫外光（“黑光”）中可见的蓝色荧光示踪剂加以改性。这有助于追踪可能黏附在工人衣服和设备上潜在的雾化污染残留物。这种捕获涂层曾和InstaCote涂层一起或单独用于Rocky Flats工厂的一系列物品的去污，从储罐到手套箱，再到通风管道、工艺管道和其他高污染房间，以及其他地点[101,102]。

DeconGel™涂层去污剂［夏威夷檀香山细胞生物工程（Cellular Bioengineering）公司］是一种单组分、水基，用途广泛的可剥离去污水凝胶，可将表面污染物拔起、键合、封装到可再水化基质中[103]。DeconGel是一种安全且环境友好的涂层去污剂，可用于放射性和非放射性去污，包括放射性同位素、微粒和重金属，以及水溶性和不溶性有机化合物（包括氚化的化合物）。该产品可轻松涂布于各种水平的、垂直的和倒置的金属和非金属表面（图2.8）。

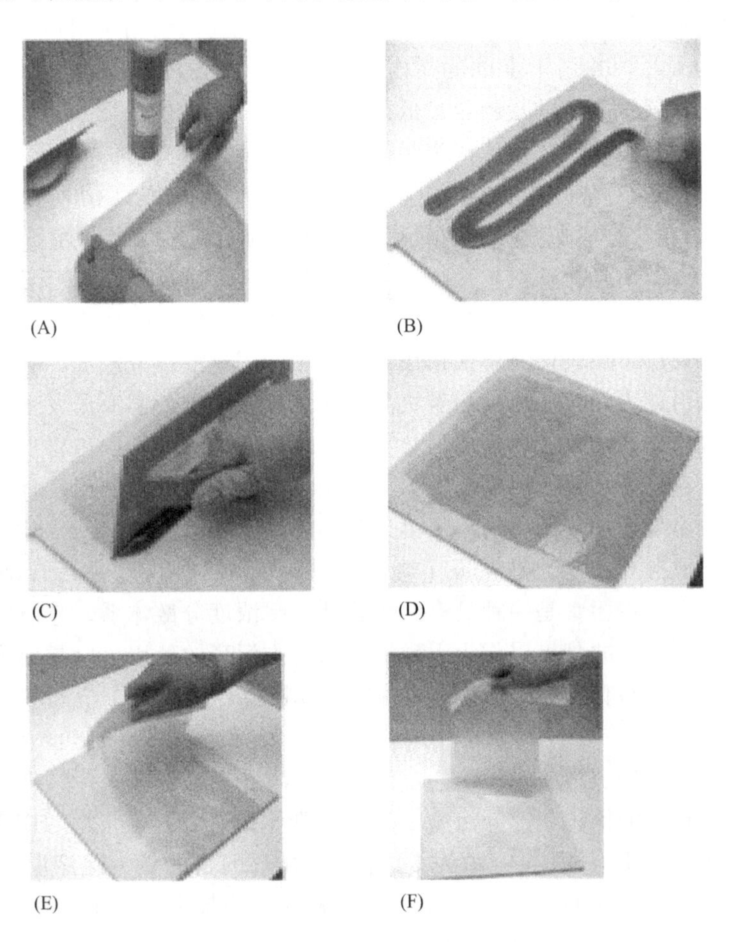

图2.8 DeconGel去污剂涂布于平的表面

（A）用胶带粘住污染区域的一端；（B）将去污剂涂布在胶带和受污染区域；（C）和（D）用保持90°的抹子将去污剂铺展到表面，以覆盖污染区域；（E）和（F）涂层干燥后，用胶带将其剥离

（由美国夏威夷州檀香山市细胞生物工程公司提供）

用DeconGel去除各种材料上放射性污染的效果已被评估，所涉材料包括混凝土、铝、铜、碳钢、不锈钢、铅、有机玻璃、涂漆混凝土、瓷砖（有和没有灌浆）、花岗岩（有灌浆）、乙烯基复合瓷砖和其他表面（光滑、粗糙、涂漆、多孔）。通常，这种去污剂被倒在受污染的试样表面上，使其干燥过夜。从所有表面上剥离涂层都很容易，其中最难的是混凝

土。所有的涂层都以单张的形式得以去除，去除过程中没有涂层断裂，对被同位素$^{137}Cs$、$^{60}Co$、$^{154}Eu$、$^{237}Np$、$^{238}U$、$^{238}Pu$、$^{239}Pu$、$^{241}Pu$、$^{241}Am$、$^{125}I$、$^{131}I$、$^{99}Tc$、$^{201}Tl$、$^{14}C$和氚污染的样品进行测试，去除效率为82%～100%[104-111]。特定的材料和表面化学组合，以及90%的湿度条件，潮湿的多孔混凝土和不完全的固化时间导致了较低的数值，这说明在规划任何去污程序时考虑这些因素的重要性。两个月后，在相同的试样上进行第二次凝胶去污试验，其结果与第一次结果相同或更好，平均去污率为87%，中位数为99%。这些结果表明，被这种去污剂以高DFs去除的大部分污染物不是简单地零散的颗粒，而是固定在试样表面的。

**聚乙烯醇基涂层和糊剂**

几种新型的由聚乙烯醇和活性添加剂构成的水性可剥离涂层用于因切尔诺贝利事故而受污染的工业设备的去污，并用于全球范围内核电厂的一般去污问题研究[112-123]。可剥离涂层的应用能将液态放射性废物的量降至最低。所提出的方法的优点在于，被污染的表面能在原位去污，且仅产生紧凑和固体形式的废物。无需清洗或冲洗去污的表面，因此不会进一步扩散放射性或污染。独特的成膜组合物由掺有增塑剂［含羟基的水溶性有机化合物，如甘油、聚（乙二醇）、乙二醇、矿物酸和有机酸］和氧化剂组成的聚合物水溶液组成。一些化合物，如$H_3PO_4$、$H_2SO_4$、$HNO_3$、$HBF_4$、KOH、NaOH，有机酸及其盐，氧化剂和EDTA，1-羟基亚乙基二膦酸（HEDPA）及其盐作为酸洗剂或去污剂的可能性曾被研究。有机酸的优点是对底层金属表面无腐蚀作用。与单独使用这些组分相比，有机酸和络合剂的联合作用提高了去污能力，原因之一是有机酸与腐蚀沉积物中的阳离子发生反应并将其转移到溶液中。络合剂与阳离子反应，形成络合物，并释放酸的阴离子以进行下一步反应。通过刷涂和喷涂的方法制备了多层薄膜混合物，并应用于不锈钢、碳钢、铝镁合金、黄铜和砖试样。结果表明，一个处理循环的去污因子可达到10～40。

为了优化去污成分和技术，还研究了膏体的去污能力[112-120]。去污膏结合了可剥离膜和浸出解吸膏的优点。去污膏是一种具有结构特性的高浓度分散体系。它们可被涂布在分散黏性物质的设备表面上，并且可以作为干硬块去除。去污膏的使用可以减少化学品的消耗和放射性废液的产生。试验目的是评价木质素和天然斜发沸石对Cs-137和Sr-90放射性核素的吸附。

在一项评估生锈零件去污的实验中，对生锈的喷漆农具进行了去污。第一个去污循环是为了去除腐蚀沉积物中的铁锈和部分污染。第一种膏体组合物是草酸、HEDPA、硫代氨基甲酸铵、聚乙烯醇和木质素，其DF值为2。第二个循环的目的是去除涂层和涂层中的污染物，去污膏体的组成为NaOH、EDTA-Na、木质素和聚乙烯醇，其DF值为4～7。在油性或土壤污染的金属表面上，DF值可以高达30。数据显示，基于聚乙烯醇和活性添加剂的新型可剥离组合物对设备的放射性去污足够有效，直接比较$1m^2$金属表面的完整去污循环（消耗品、去污、废物量和处理以及废物运输）的总成本表明，使用这些可剥离薄膜或膏体去污的成本效益几乎是化学溶液去污的3倍。

另外一些以聚乙烯醇溶液为胶黏剂，添加有活性添加剂和填充剂的聚合物复合材料，对不锈钢和碳钢（包括喷漆表面）、塑料化合物、自流平地板和特氟龙表面表现出高去污能力（DF＝102～103）和低附着力[123]。

**聚醋酸乙烯酯基涂层**

基于聚醋酸乙烯酯（PVAc）的可剥离涂层已被开发并用于表面去污[124,125]。PVAc基体涂层起初用于将污染物“固定”在适当位置，以进行污染物检测和最终去除。PVAc涂层不仅具有机械捕获放射性污染物的功能，而且还包含一种或多种将某些放射性同位素或元素选择性地捕获或结合到PVAc基质上的化合物。该去污剂可涂布于各种表面，例如不锈钢、低碳钢、聚氯乙烯和橡胶。涂布后，可以通过溶解涂层来处理含有一种或多种污染物的PVAc涂层，并且如果需要（如在含有放射性污染物的情况下），可以通过从溶解的PVAc中分离一种或多种污染物来处理。用该方法获得的DF主要取决于表面的类型以及表面光洁度。

**木质素基涂层**

木质素是木材中含有的一种天然聚合物（约30%）。它是在木材制浆或木材多糖水解过程中的副产物。在这些过程中，木质素发生缩合反应并转化为含硫化合物衍生物。木质素是结合大量分子的复杂大分子。它在与阳离子（包括铯等一价离子）形成螯合物方面非常有效[126]。市售的木质素磺酸钙已被推荐作为放射性去污剂和固定剂[127,128]。

几种可剥离涂层去除核事故放射性沉降物（沉积在土壤和草地上的铯同位素）的效率和成本效益已被评估[129,130]。曾用取自切尔诺贝利地区的小型（0.03$m^3$）土壤芯样测试改性聚乙烯醇涂层、名为Lignosol BD（加拿大魁北克省Daishowa公司）的木质素涂层和液态塑料涂层“Liquid Envelope”（乙烯基、甲乙酮和甲苯）。这三种涂层去污剂都能从裸露的土壤样本中去除94%～95%的铯，而Lignosol BD可以从切割的草皮表面去除近72%的铯。其他去污剂没有在草样上进行测试。对去污总成本（材料、设备、劳动力和废物管理）的比较表明，Liquid Envelope涂层的成本比其他两种高出近2～3倍。

**聚合物薄膜**

基于聚电解质复合物（IPEC）开发了新的聚合物薄膜，该复合物以甘油作为软化剂，并包含二氧化硅纳米微粒（其质量分数为10%～30%）填充剂[131]。该膜可多层（5～7层）涂布，干燥12～24h后剥离。在混凝土、生锈的金属、塑料和其他受污染的表面上进行的测试表明，DFs为60～280。

**智能涂层**

已开发出一些能够用来检测和清除有害核污染物的聚合物智能涂层[132-134]。这些涂层去污剂通常基于水基中的聚合物和共聚物，通过用有机或无机添加剂作为增塑剂、螯合剂和指示剂进行改性。典型的智能涂层是由新墨西哥州的洛斯阿拉莫斯国家实验室开发的SensorCoat，用于检测和去除受污染表面中的铀和钚[135]。该涂层由低黏度、部分水解的聚乙烯醇和水中的聚乙烯吡咯烷酮的混合物组成，还包含甘油增塑剂（4%～12%）、螯合掩蔽剂和比色指示剂。铀使涂层颜色从橙色变为紫色，钚使涂层颜色从橙色变为红色。在受铀污染的表面（Al、Ni、不锈钢和油漆水泥）上进行的测试表明，DFs值为490～1540，说明了这种去污剂能有效去除污染物。在受钚污染的不锈钢上，去污效果较差，其DF值仅为146。

**高吸水凝胶**

Argonne Supergel（ASG）是一种吸水性凝胶，最初由伊利诺伊州阿贡市的阿贡国家实验室开发，是一种含有工程纳米微粒的高吸水性凝胶，旨在从砖块或混凝土结构中去除放射性物质，如汞、铯、钴、锶和锕系元素[136-143]。砖块和混凝土的多孔结构能捕获放射性污染物。将润湿剂和高吸水性凝胶涂布到受污染的表面上。当暴露在湿润剂中时，聚合物开始交联，凝胶能够吸收大量液体。润湿剂使结合的放射性物质重新悬浮在孔隙中。随后，高吸水性聚合物凝胶将放射性物质从孔隙中提取出来，并将其固定在凝胶中的工程纳米微粒中。

这种凝胶能被抽真空和脱水，仅剩下少量放射性废物需要处置。去除的污染量取决于受污染结构的特性，包括其使用时间、材料类型、涂漆或未涂漆的表面以及所涉及的放射性同位素。例如，在混凝土上一次涂布凝胶就可以达到70%～80%的总去污率，并且几乎可以从混凝土的水泥成分中清除100%的目标放射性元素。而对于孔隙率较高的混凝土，去污率为32%～51%。

**电去污系统**

研究者提出了一种新型可剥离涂层去污系统，该系统结合了可剥离涂层和电化学剥离的优点，可以清除抹涂和固定的放射性污染物[84,144]。该方法包括将类凝胶可剥离涂层涂布到物体的受污染表面，并使电流通过所涂抹的凝胶，该电流会将污染物驱动到涂层材料中。涂抹的去污剂固化后剥离去除。该凝胶状材料包括电解剂、胶乳制剂和螯合剂。该系统具有几个优点。它可以通过把污染物捕获到凝胶中并防止放射性物质不受控制地扩散到其他位置，从大型静止表面去除固定的和可抹涂的污染物，而不考虑其取向。固化的凝胶含有固体形式的放射性物质，可以通过现有的放射性废物处理过程来处理。该系统适合在狭窄而密闭的空间中使用，例如在手套箱下方、储罐和容器内部，或者在天花板上的空间和管道槽中。该净化系统已在爱达荷州爱达荷福尔斯的爱达荷州国家工程和环境实验室的放射性材料上得到成功示范[84]。

在另一种变体中，可剥离涂层和电解方法相结合，以清洗被铀污染的设备[145]。可剥离的薄膜由掺杂有 $SO_4^{2-}$-$TiO_2$ 超强酸的聚苯胺组成，取代了更常用的 HCl 以增加薄膜的电导率。被评价过的去污方法如下：

- 在被污染的金属表面涂上一层薄膜，待干燥后将薄膜剥离。
- 将表面涂覆薄膜并在磷酸溶液中进行电解。电解后将膜从干燥的金属表面上剥离并进行分析。
- 在被污染的金属表面涂覆薄膜，然后在干燥的介质中电解。电解后将薄膜剥离并进行分析。

第三种方法的干电解效果最好，去污率可达73%～98%。

**自脆裂涂层**

使用连续可剥离涂层，很难对几何形状复杂、窄小的零件进行去污处理，自脆裂可剥离涂层可用于复杂几何形状零件的放射性去污[146-150]。在新的研究中[151]，分别以有机硅改性苯丙乳液和丙烯酸丁酯为主要成膜剂和添加剂，合成了一种自脆裂可剥离涂层。将丙烯酸丁酯的掺杂质量比分别调整至0、5%、10%、15%、20%，结果表明，最优掺杂质量比为10%。以 $Ca(OH)_2$ 为促进剂，在掺杂质量比为20%的条件下，促进了涂层的自脆化。合成的涂层对混凝土、大理石、玻璃和不锈钢表面的α-和β-辐射源的去污率均大于85%，是一种很有前景的放射性去污涂层。

两种铈基自脆型涂层 ASPIGEL（法国科尔巴斯 FEVDI）和 Glygel（很多供应商）现已上市，并已在世界各地的多家工厂进行了去污[152-156]。铈（Ⅳ）是一种众所周知的腐蚀剂，用于去除金属表面上的固定污染物[157-160]。这两种涂层去污剂被配制成腐蚀性胶体凝胶，可用于多种表面的去污。这些去污剂在受力情况下变得像溶胶一样。在喷涂过程中应力变低时，它们会发生溶胶-凝胶转变，并在表面形成不流动的层。根据配方和环境条件的不同，可在2～48h干燥并去污。凝胶破裂形成非粉状薄片，可通过工业真空系统抽出（图2.9）。

(A)

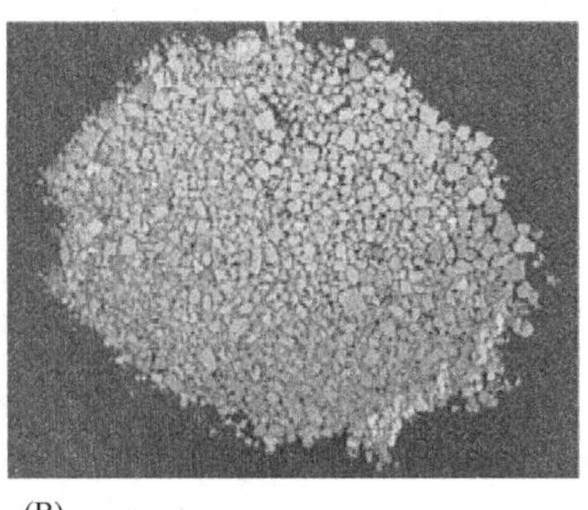
(B)

图 2.9　自脆型 ASPIGEL 涂层[155]

（A）涂布前新准备的涂层去污剂；（B）干燥后形成的碎片

**其他涂层**

DeconKleen 涂层和 DeconPeel 涂层（密歇根州布莱顿通用化学公司）是用于地板和设备去污的去污涂层[160]。去污剂风干迅速，留下坚韧、柔软且很容易去除的涂层。干燥后，涂层会将污染物固定在聚合物基质中，封装污染物的薄膜可以从表面剥离，且不留下任何残留物。这两种涂层去污剂用于地板、墙壁和设备的去污。在 100$\mu$m 的干膜厚度下，1L 去污剂可覆盖大约 4$m^2$ 的面积。

六种不同的涂层［水基（两种）、乙醇基、硅酮基、乳胶和聚合物复合材料］用于城市环境中使用的典型材料的去污（包括混凝土、路基沥青，用于建筑和结构的低碳钢，以及砂岩路面）去污的可能性曾被评估[161]。污染物包括$^{137}$Cs、$^{238}$U（黄饼）和$^{85}$Sr。结果表明，去污效率为 30%～50%。最易被去除的是$^{238}$U（黄饼），其次是$^{137}$Cs 和$^{85}$Sr。

### 2.3.2.10　非放射性去污应用

各种可剥离涂层已被开发并用于非放射性去污。下面讨论其中一些涂料及其应用实例。

**铅尘污染**

Stripcoat TLC Free™ 涂层曾被成功地用来清除新泽西州普林顿的普林斯顿大学托卡马克聚变试验反应堆的三个被铅尘污染的地板区域[162]。浓稠的去污剂被涂布在地板上，大约 24h 后，剥离涂层，并对地板进行取样。结果达到标准规定。

**汞污染**

用 ALARA™ 1146 和 Stripcoat TLC Free™ 两种涂层去除金属（Al、Cu、碳钢和不锈钢）以及瓷砖和灌浆样品上的汞污染的效果曾被评估[163]。用 ALARA™ 1146 达到的去除率为 35%～95%，用 Stripcoat TLC Free™ 达到的去除率为 5%～68%。用可剥离涂层去污是一个非常简单和快速的过程。由于汞与硫结合牢固，因此，硫改性涂层可能是一个很好的选择。但是，这样的涂层在商业上是买不到的。涂布前进行表面预处理也可以提高汞的去除效率。

**铍去污**

对于固态铍的去污，通常首选的方法是用 $\alpha$-氨基苄基-$\alpha$,$\alpha$-二磷（APMDP）酸洗涤、浸泡或漂洗污染区域，并收集冲洗液。这非常适用于机床或工作面，但不适用于较大的环境区域，如田野或道路。一种更合适的方法已被提出，该方法使用凝胶、泡沫或可剥离涂层，相应的涂层可以用手、机械方法或真空将其从表面剥离[164,165]。同样对于液体污染，一些固态材料（例如凝胶，泡沫或含有 APMDP 的可剥离涂层）会捕获铍污染，并防止其进一步扩散。凝胶、泡沫或涂层可用机械的方法去除。另一种选择是将 APMDP 掺入固体载体基质（例如苯乙烯珠、硅珠甚至二氧化硅气凝胶），并使被铍污染的液体流过其表面以除去铍。后一示例对于从饮用水、下水道或海水等液体环境中去除液体铍是有效的。清洗后的水可以回收利用。

在加利福尼亚州利弗莫尔的劳伦斯·利弗莫尔国家实验室中，研究了 APMDP 酸对封闭燃烧设备中 BeO 碎片的影响，以证明螯合剂对环境样品的有效性，并证明该螯合剂实际上可以溶解和结合铍氧化物[164,165]。将不同浓度的 APMDP 螯合剂（pH 值调整至 7）加入含有 BeO 碎片的小瓶，静置 3 天，然后每天两次对每个小瓶进行 2min 的手动摇晃，之后将样品通过 0.2μm 膜过滤，滤液用电感耦合等离子体-质谱仪（ICPMS）进行分析，结果清楚地显示出线性浓度分布，表明 APMDP 能溶解不溶性的 BeO 微粉并约束铍。

**多糖涂层**

许多暴露在环境中的表面不断受到沉积物，如烟灰、油脂、灰尘、交通污染和其他污染物的污染。此外，意外泄漏可能使污渍变得极难甚至无法清除。清洗这类受污染的表面通常需要使用浓的碱溶液或有机溶剂，这些溶液或溶剂会对健康造成危害，并且不环保。一些掩蔽方法通常很难在弯曲或不规则的表面上使用。近来，已经开发出一种能够克服这些缺点的方法，用于去除表面上不需要的污染物[166]。将一种含有多糖和溶剂的溶液涂布在受污染的表面上，并使溶液干燥以形成固体多糖膜。该固体多糖膜能够在水或其他液体中重新溶解或溶胀。可以通过很多技术去除溶胀或溶解的固体多糖膜以及其携带的污染物。所用多糖可以选自纤维素及其衍生物、淀粉和淀粉衍生物、植物胶、荚膜微生物多糖、果胶、菊粉和藻类多糖。为获得最大的机械强度，通常在溶液中加入质量约占 5%～20%的增塑剂。尽管干燥的多糖膜由于氢键位置的多样性而坚硬易碎，但在正常情况下，总会存在水使多糖膜变得柔软且柔韧。多糖膜已应用于受污染的混凝土、镀锌钢等表面，除去干膜后，没有任何可见污染。

一种新的工艺已被开发，其中使用水性生物聚合物溶液涂覆被污染的金属表面（如钢），溶解该表面上的重金属，并将重金属络合到生物聚合物中[167]。固定有害金属污染物的生物聚合物涂层可以作为黏性膜、干粉或通过洗涤来剥离。*Nostoc muscorum* 蓝藻 HPDP22 产生的生物聚合物可溶性多糖（SPS）组分对钡、镉、铁、铜和铀的吸附性能曾被测试。结果表明，这种生物聚合物对污染钢片中固定铀（Ⅵ）的去除率大于 80%。

**卤代氨基涂层**

一些基于卤代胺的涂层正在作为可剥离屏障和反应性涂层为美国国防部（DoD）和美国国土安全部（DHS）加以开发[168-181]。这些涂层材料基于一项有关将氯分子与几乎任何纺织品、硬表面或油漆结合，从而延长氯材料的使用寿命的专利技术。研究表明，有 99.99%的引起气味的细菌在与表面或纺织品接触后的 30s～1h 时间内被杀死。

**多孔表面**

一种去除多孔材料污染的替代方法已被提出[182]。在该方法中，一种基于聚磷腈聚合物的涂层去污剂被涂布在受污染的多孔材料表面。用波长在不会导致结构烧蚀的范围内的相干电磁辐射束照射这个多孔材料表面。表面的辐照使裂缝和气孔内的污染物向结构表面重新分布。污染物以物理或化学方式结合到涂层上，并在涂层固化后从表面剥离时被去除。

**飞行器表面**

在最终使用环氧聚酰胺涂层之前和期间，可剥离的商用涂层已用于清洗和保护军用飞行器的表面[183-186]。这些涂层在化学清洗、钻井、反沉和铆接作业期间为飞行器面板提供了良好的保护。这些涂层还提供了长期耐用性，暴露后12个月的实验室测试和对涂层表面的现场检查证明了这一点。

**厚膜蚀刻液**

一种使用凝胶状厚蚀刻液去除铜和不锈钢等金属表面污染物的有效工艺已被报道[187]。该液体由硝酸、氢氟酸以及形成凝胶的甲羟乙基纤维素（MHEC）组成。凝胶通过超声波雾化器进行雾化，并以几毫米的厚度沉积在表面。处理后，凝胶可通过扫描吸管去除，也可被重新液化并从表面清除。该工艺对这些金属的去除速率高达40μm/h。

**离子液体涂层**

一种可固化的、基于咪唑的室温离子液体（RTIL）涂层去污系统已被开发，用于遏制和清洗被有毒工业化学品污染的表面[188]。这种涂层采用醇-异氰酸酯步进聚合化学法制备。该涂层的固化时间和力学性能可以通过改变阶跃增长单体的结构、线性和交联RTIL单体的化学计量比以及配方中游离RTIL的量来调节。当将其涂布于被邻二氯苯（*o*-DCB）（一种多氯联苯模拟物）污染的涂漆钢和橡胶测试基材时，50∶50阶梯增长的乙醇-RTIL单体混合物与化学计量的商用二异氰酸酯单体（B2）交联，并且涂层中含有质量分数为43%的游离RTIL，与未涂覆的被*o*-DCB污染的对照样品相比，*o*-DCB蒸气量减少了96%～99%。这种可剥离的、柔软的固体涂层也可通过吸附作用去除，在接触24h后，*o*-DCB液体的吸附量高达99%。

**其他水性涂层**

几种其他的水性涂层及其应用体系也已被开发。

一种利用高吸水性交联聚合物的水分散体从一个被涂布的表面去除污迹或污点的方法已被开发[189]。凝胶状表层吸收污染物后，可以通过喷水将其剥离。

一些无助溶剂的水性阴离子聚氨酯分散体已被开发以供用作可剥离涂层[190,191]。这些可剥离涂层可作为回收的材料加以利用，方法是在清洗后对剥离涂层进行机械粉碎，然后在加热压力机中将其压制成片，或在挤出机中将其挤出以形成连续的热塑性线材。所得的线材通过已知的造粒方法加工，以形成圆柱形、球形、透镜状或菱形颗粒，它们可以用作诸如注塑、吹塑、深拉、泥浆成型或扁平挤压等已知工艺的原料。

一种可剥离涂层组合物已被报道，该组合物由具有不同玻璃化转变的两种丙烯酸聚合物水分散体和一种反应性表面活性剂组成[192]。这种表面活性剂能增加涂层的耐水性，增强了膜的强度，并改善了其可剥离性。

### 2.3.2.11　紫外线固化涂层

在紫外线（UV）固化中，将一种反应性、低黏度且通常无溶剂的涂层涂布在基材上，然后在紫外光照射下聚合[193]。紫外光固化机理涉及双官能团和多官能团化合物在聚合过程中的化学反应，从而导致固化膜的交联。紫外光固化可剥离涂层是一种单组分体系，通常由低聚丙烯酸酯、丙烯酸单体、活性稀释剂、光引发剂、添加剂和改性剂组成。所使用的丙烯酸低聚物的主要类型有：环氧丙烯酸酯，聚酯丙烯酸酯和聚氨酯丙烯酸酯。这些低聚物提供了所得涂层的基本功能性质。光引发剂是涂层组合物中非常重要的组分，当涂层组合物暴露于一定波长的紫外线下时，光引发剂会引发聚合（固化）过程。可以使用不同的添加剂来增强涂层性能，如润湿性，表面流平性，流速和颜色。改性剂可以提高紫外线可剥离涂层的耐久性（抗冲击性和抗裂性）。

通过选择原材料，紫外线固化涂层配方设计师可以更轻松地控制其物理性能，如耐化学腐蚀性和耐候性，以及力学性能，如抗拉强度和伸长率。控制这些性能可生产出满足每种应用的特定性能的定制可剥离涂层。紫外线固化的可剥离涂层的性能通常优于其他体系。

除性能优势外，与传统的溶剂型或水性技术相比，UV 固化可剥离涂层还具有以下多项工艺优势：

- 由于 UV 固化涂层不含溶剂，因此挥发性有机化合物（VOC）的排放符合美国 EPA 法规。
- UV 固化可剥离涂层的固化（风干）比溶剂型/水基型涂层的固化快得多。实际上，固化仅需几秒钟，通过减少涂覆（遮蔽）时间和增加生产周期（获利能力），使得 UV 固化涂层特别经济。
- 可以获得优异的薄膜性能（热固性，力学和化学性能）。
- 良好的性价比。
- 涂层对工人和环境友好：不含溶剂，几乎无 VOC 排放。
- 资本投资最少。
- 设备安装节省空间。
- 涂层涂布可自动化。
- 可通过浸涂、喷涂、丝网印刷或移印来涂布。
- 仅很少的热量施加到基材上。
- 固化不依赖环境温度或湿度条件。

最广泛使用的紫外线固化防护涂层可能是可剥离型涂层。UV 固化可在几秒钟内固化薄膜，为搬运、储存、运输以及机械加工、酸洗和溶剂清洗等制造操作中的物体表面保护提供具有足够黏合力的耐用且交联的薄膜。紫外线固化可剥离涂层可用手或借助非研磨工具轻松地加以移除。通常，去除涂层的方法是先提起边缘，然后将整个涂层完整剥离而不是分成碎片。剥离的涂层基本上是交联塑料，是一种无害的薄膜，可以按照当地关于废塑料的规定进行处置。这些薄膜在室温下表现出弹性性能，并且有几种薄膜可在高于 100℃ 的温度下仍保持其弹性[186,194-196]。

这些水基型和溶剂型的可剥离光学介质保护涂层被用于硅片、玻璃、光掩模、磁性介质片和光学介质盘。这些涂层材料是速干可剥离涂层，可暂时保护光学介质，使其在工业加工、材料处理和长期存储过程中不被刮伤和损坏。

## 2.4 关于可剥离涂层的问题

应用各种可剥离涂层进行表面去污时需要考虑几个问题[1,2,197]。这些涂层需要进行与常规涂层类似的表面处理，以达到最佳效果。污染物（例如高浓度的油脂）会导致与表面的附着力差，而污垢和油漆会由于表面孔隙率的增加而影响薄膜从表面释放。涂层倾向于附着在不规则表面上，由于失去内聚力，在剥离时可能会碎裂。

剥离涂层后，可能会在表面残留痕量的胶黏剂。这种残留物可用现有技术来表征[198,199]。对于高度敏感的组件，这种残留物也许是不可接受的，必须除去。

涂膜的厚度也是值得关注的，对于含低密度固体的涂层尤其如此。如果所涂布的膜没有足够的厚度，则其往往会从表面剥离不良。附加膜材料的应用有助于薄膜正常剥离。含有高密度固体的薄膜不会表现出这种不良的剥离特性。

水性可剥离涂层不应过度搅拌或搅动，因为它可能起泡。这些气泡会在干燥薄膜表面产生凹坑和凹陷等不规则区域，这会导致高质量表面清洁不良。冻融不稳定的水性涂层也会受到冻结条件的影响。它们在冷冻和解冻时往往会失去黏附性和释放性。

大多数可剥离涂层暴露在丙酮和甲乙酮等强溶剂中时会变软，使其很难去除。然而，这个问题可以通过建立足够厚的涂层以防止溶剂在蒸发之前渗透到涂层中来解决。或者，可以使用耐溶剂的可剥离涂层。一些具有优异内聚力的水基涂层可从市上购得，它们具有抗溶剂渗透性和很好的剥离性。

涂层去污剂的涂布方法可能会引起人们的关注，特别是在涉及大面积污染表面的情况下。出于进度和生产效率的原因，自动涂布系统（如喷枪）是必不可少的。然而，可能必须优化涂层配方，以使涂布器能够连续工作而不会堵塞。

如果用于去除危险或放射性污染物，可剥离涂层还会产生必须加以处置的危险的或放射性的混合废物。此类废物的处置法规很严格，满足这些法规的成本可能很高。

在城市人口稠密地区使用可剥离涂层去污的一些缺点是成本高（20～50 美元/$m^2$），并且需要多次涂布（通常是三次涂布）才能实现最大程度的去污[78]。去除涂层所需的时间可能很长。另外，在高污染区域，特别是在混凝土上，DFs 可能无法满足需求。

用于放射性去污的可剥离涂层对环境的影响小于其他的去污技术。最近对可剥离涂层进行的生命周期评估（LCA）与基线蒸汽真空清洗技术进行了比较，证实了可剥离涂层在这些技术应用的所有阶段都具有更好的环境性能（对人类健康、生态系统质量以及用于生产和废物处理的资源的影响）[200-202]。LCA 评估已扩展到包括简化的经济分析，该分析表明，可剥离涂层的成本效益是基线蒸汽真空清洗技术的 5 倍，这是由于蒸汽真空清洗产生更大数量的废物需要处置。实际上，废物处置阶段成为这些技术之间最重要的 LCA 鉴别器。

# 2.5　小结

可用于精密表面去污的可剥离涂层种类繁多。这是一种低成本、高效率的精密表面去污方法，通过喷涂、滚涂或刷涂的方式将涂层涂布在表面上。使涂层固化，然后通过剥离来去除。这些涂层的配方是为通过物理的或化学的方式带走污染物而设计的。涂层剥离时，污染物随涂层一起被带走。用这些涂层清洗过的表面类型包括镀膜和未镀膜的光学透镜和反射镜、硅片、金属、塑料和混凝土。已被成功去除的污染物包括微小颗粒、灰尘、碳氢化合物薄膜、放射性物质、汞、铍和其他有害物质。

# 致谢

作者非常感谢约翰逊航天中心科技信息（STI）图书馆工作人员为查找晦涩的参考文献

提供的帮助。

# 免责声明

本章中提及的商业产品仅用于参考，并不代表航空航天公司的推荐或认可。所有商标、服务标记和商品名称均属其各自所有者。

附录 A 用于清洗应用的商用可剥离涂料

| 涂层产品 | 制造商/经销商 | 网站 |
| --- | --- | --- |
| Collodion | 佛罗里达州里维埃拉海滩 Mavidon 公司 | www. mavidon. com |
| DeconPeel,DeconKleen,Floorpeel 4000 | 密歇根州布莱顿 General Chemical 公司 | http://strippablecoating. com/decontamination-coatings |
| Vinnol E15/45 | 密歇根州阿德里安 Wacker Chemical 公司 | www. wacker. com |
| UCAR 451 | 宾夕法尼亚州普鲁士国王 Arkema 公司 | www. arkema-americas. com/en/arkema-americas/ |
| First Contact Polymer | 威斯康星州普拉特维尔 Photonic Cleaning Technologies 公司 | www. photoniccleaning. com |
| Strippable Black,Pre-Cote ＃33 Blue,Ultra Red Stripcoat | 纽约州中央伊斯利普 Universal Photonics 公司 | www. universalphotonics. com |
| Stripcoat TLC Free | 马萨诸塞州普利茅斯 Bartlett Services 公司 | www. bartlettinc. com |
| ALARA 1146 | 密苏里州圣路易斯市 Carboline 公司 | www. carboline. com |
| DeconGel | 夏威夷檀香山 Cellular Bioengineering 公司 | www. decongel. com |
| InstaCote CC Wet,InstaCote CC Strip | 美国密歇根州伊利 InstaCote 公司 | www. instacote. com |
| Isotron Radblock,HASP | 美国华盛顿州西雅图市 Istron 公司 | www. isotron. net |
| Liquid Envelope | 丹麦哥本哈根 Cufadan A/S 公司 | 无法访问 |
| ARclean,ARclear | 宾夕法尼亚州格伦洛克 Adhesives Research 公司 | www. adhesivesresearch. com |
| Adhesive tape ELEP CLEANER | 日本丰哈市日东电工株式会社 | www. nitto. com/product/datasheet/process/011 |
| Pentek-600,Pentek-604① | 宾夕法尼亚州科罗波利斯 Pentek 公司 | 无法访问 |

① 产品已停产。

## 参考文献

[1] R. Kohli,"Strippable Coatings for Removal of Surface Contaminants",in:*Developments in Surface Contamination and Cleaning:Particle Deposition,Control and Removal*,Volume 2,R. Kohli and K. L. Mittal(Eds.),pp. 177-224,Elsevier,Oxford,UK(2010).

[2] R. Kohli,"Application of Strippable Coatings for Removal of Particulate Contaminants",in:*Particle Adhesion and Removal*,K. L. Mittal and R. Jaiswal(Eds. ),pp. 411-451,Wiley-Scrivener Publishing,Beverly,MA(2015).

[3] G. W. Grogan and R. H. Boyd,Aqueous Based,Strippable Coating Composition and Method,U. S. Patent 5,143,949(1992).

[4] J. J. Meister,*Polymer Modification:Principles,Techniques,and Applications*,CRC Press,Boca Raton,FL(2000).

[5] M. R. Fisch,*Liquid Crystals,Laptops and Life*,World Scientific Publishing,Singapore(2004).

[6] Wikipedia contributors,"Collodion",Wikipedia,The Free Encyclopedia,(2018). https://en. wikipedia. org/w/index. php? title=Collodion&oldid=797267272 (accessed January 15,2018).

[7] Rigid Collodion,USP,Mavidon,Riviera Beach,FL. www. mavidon. com. (accessed January 15,2018).

[8] Collodion,USP and Flexible Collodion,USP,Spectrum Chemical Manufacturing Corporation,Gardena,CA. www. spectrumchemical. com. (accessed January 15,2018).

[9] Collodion,USP,Columbus Chemical Industries,Inc. ,Columbus,WI. www. columbuschemical. com. (accessed January 15,2018).

[10] J. Towler,*The Silver Sunbeam*,Joseph H. Ladd,New York,NY(1864).

[11] F. A. Castle and C. Rice(Eds. ),"Collodion Combinations",American Druggist 13,5(1884).

[12] H. W. North,*Cooley's Cyclopaedia of Practical Receipts*,7th edition,Vol. 1,J&A Churchill,London,UK(1892).

[13] Collodion,*The Columbia Encyclopedia*,6th edition,Columbia University Press,New York,NY(2009).

[14] J. D. Purcell,"Reflectance Measurements from 1140Å to 1190Å by a Simple Open Air Method",J. Opt. Soc. Am. 43,1166(1953).

[15] W. I. Kaye,"FarUltraviolet Spectroscopy. 1. Modification of the Beckman DK Spectrophotometer for Automatic Transmittance Recording in the Region 1700-2000A",Appl. Spectroscopy 15,89(1961).

[16] J. B. McDaniel,"Collodion Technique of Mirror Cleaning",Appl. Opt. 3,152(1964).

[17] L. R. Canfield,G. Hassand J. E. Waylonis,"Further Studieson $MgF_2$-Overcoated Aluminum Mirrors with Highest Reflectance in the Vacuum Ultraviolet",Appl. Opt. 5,45(1966).

[18] R. B. Gillette and B. A. Kenyon,"Proton-Induced Contaminant Film Effects on Ultraviolet Reflecting Mirrors",Appl. Opt. 10,545(1971).

[19] A. N. Bloch and S. A. Rice,"Reflections in a Pool of Mercury:An Experimental and Theoretical Study of the Interaction between Electromagnetic Radiation and a Liquid Metal",Phys. Rev. 185,933(1969).

[20] J. T. Cox,G. Haas,J. B. Ramsey and W. R. Hunter,"Reflectance of Evaporated Rhenium and Tungsten Films in the Vacuum Ultraviolet from 300 to 2000Å",J. Opt. Soc. Amer. 62,781 (1972).

[21] J. T. Cox,G. Haas and W. R. Hunter,"Optical Properties of Evaporated Rhodium Films Depositedat Various Substrate Temperatures in the Vacuum Ultraviolet from 150 to 2000Å",J. Opt. Soc. Amer. 61,360(1971).

[22] G. Haas and W. R. Hunter,"New Developments in Vacuum-Ultraviolet Reflecting Coatings for Space Astronomy",in:*Space Optics:Proceedings of the 9th International Congress of the International Commission for Optics*,B. J. Thompson and R. R. Shannon(Eds. ),pp. 525-553,National Academy of Sciences,Washington,D. C. (1974).

[23] J. B. Tyndall,"Collodion Technique of Mirror Cleaning",Report LAR-10675,NASA Langley Research Center,Langley,VA(1970). See also Brief 70-10463,NASA Tech Briefs(August 1970).

[24] C. E. Miller,"Standard Reflective Device",U. S. Patent 4,346,996(1982).

[25] O. Kienzle,J. Staub and T. Tschudi,"Description of an Integrated Scatter Instrument for Measuring Scatter Losses of'Superpolished'Optical Surfaces",Measurement Sci. Technol. 5,747(1994).

[26] J. R. Powell and D. M. Jackson,"Cleaning of Optical Components",RGO/La Palma Technical Note No. 2,Royal Greenwich Observatory,Greenwich,London,UK(June 1984).

[27] R. Ariail,"The Artistry of Telescope Restoration-A Professional Method for Cleaning Optics",J. Antique Telescope Soc. 6,1008(1995). See also Antique Telescope Society website:http://www. webari. com/oldscope (2009).

[28] F. Henriquez,"Cleaning the Optics. The UCLA 24-Inch Telescope"(October 2006). http:// frank. bol. ucla. edu/24inch. html#Cleaning_the_optics.

[29] R. M. Hamilton,Fast,Cost Effective Particle Removal for Anodic Bonding,University of California

Berkeley, Berkeley, CA (October 1995). http://mail. mems-exchange. org/pipermail/mems-talk/1995-October/000212. html.

[30] J. Cipriano, "Cleaning Modern Antireflection-Coated Optics with Collodion", Cloudy Nights Telescope Reviews (November 2005). http://216. 92. 113. 163/item. php? item_id=1304.

[31] T. M. Back, "Cleaning Telescope Optics", NightTimes, Lake County Astronomical Society, Ingleside, IL (April 2004). http://www. bpccs. com/lcas/Articles/cleanoptics. htm.

[32] W. D. Kimura, G. H. Kim and B. Balick, "Comparison of Laser and $CO_2$ Snow Cleaning of Astronomical Mirror Samples", Proceedings SPIE 2199, pp. 1164-1171 (1994).

[33] I. F. Stowers and H. G. Patton, "Cleaning Optical Surfaces", Proceedings SPIE 140, pp. 16-31 (1978).

[34] J. Fine and J. B. Pernick, "Use of Strippable Coatings to Protect and Clean Optical Surfaces", Appl. Opt. 26, 3172 (1987).

[35] Universal Photonics, Central Islip, NY. www. universalphotonics. com. (accessed January 15, 2018).

[36] W. Prewitt, "How to Remove Dust from Your Mirror without Scratching". www. astrocaver. com/blue_clean. html (accessed January 15, 2018).

[37] W. Davison, D. Ketelsen, R. Cordova, J. Williams, W. Omann and W. Kindred, "Vacuum Lifting Equipment to Handle Polished Mirrors", Technical Memo UA-93-09, Large Binocular Telescope Project, University of Arizona, Tempe, AZ (1993).

[38] P. Jackson, "Große Spiegel reinigen und schützen", Photonik, pp. 64-67 (May 2007).

[39] First Contact™ Polymer, Photonic Cleaning Technologies, Platteville, WI. www. photoniccleaning. com. (accessed January 15, 2018).

[40] R. E. Robinson, R. L. Sandberg, D. D. Allred, A. L. Jackson, J. E. Johnson, W. Evans, T. Doughty, A. E. Baker, K. Adamson and A. Jacquiere, "Removing Surface Contaminants from Silicon Wafers to Facilitate EUV Optical Characterization", Proceedings 47th Annual Technical Conference, pp. 368-376, Society of Vacuum Coaters, Albuquerque, NM (2004).

[41] J. M. Bennett, L. Mattsson, M. P. Keane and L. Karlsson, "Test of Strip Coating Materials for Protecting Optics", Appl. Opt. 28, 1018 (1989).

[42] J. M. Bennett and D. Rönnow, "Test of Opticlean Strip Coating Material for Removing Surface Contamination", Appl. Opt. 39, 2737 (2000).

[43] R. Sugino and H. Mori, "Removing Particles from Silicon Wafer Surfaces with Adhesive Tape", MICRO 14, 43 (April 1996).

[44] T. Kubozono, Y. Moroshi, Y. Ohta, H. Shimodan and N. Moriuchi, "A New Process for Resist Removal after Photolithography Process Using Adhesive Tape", Proceedings SPIE 2724, pp. 677-689 (1996).

[45] C. C. Lee, "Method for Removing Sub-Micron Particles from a Semiconductor Wafer Surface by Exposing the Wafer Surface to Clean Room Adhesive Tape Material", U. S. Patent 5, 690, 749 (1997).

[46] Y. Terada, E. Toyoda, M. Namikawa, A. Maekawa and T. Tokunaga, "A Novel Method for Resist Removal after Etching of the Organic SOG Layer with the Use of Adhesive Tape", Proceedings IEEE Int. Symp. Semiconductor Manufacturing, pp. 295-298, IEEE, Piscataway, NJ (1999).

[47] K. Sano, "Future Evolution of Pressure Sensitive Adhesive Tapes", Nitto Technical Report 38, 11 (December 2000).

[48] High Performance Dust Preventive Adhesive Roll Cleaner SDR/ELEP-F Series, Product Information, Nitto Denko Corporation, Toyohashi, Japan. www. nitto. com/product/ datasheet/process/011. (accessed January 15, 2018).

[49] P. Lazzeri, G. Franco, M. Garozzo, C. Gerardi, E. Iacob, A. Lo Faro, A. Privitera, L. Vanzetti and M. Bersani, "TOF-SIMS Study of Adhesive Residuals on Device Contact Pads after Wafer Taping and Backgrinding", Appl. Surf. Sci. 203-204, 445 (2003).

[50] T. K. Moynagh, "Cleaning Method for High Precision Molding Components", U. S. Patent 5, 810, 941 (1998).

[51] Electronics Brochure, Adhesives Research, Inc. , Glen Rock, PA. www. adhesivesresearch. com. (accessed January 15, 2018).

[52] A. S. Teetsov, "Unique Preparation Techniques for Nanogram Samples", in: *Practical Guide to Infrared Microspectroscopy*, H. J. Humecki (Ed. ), CRC Press, Boca Raton, FL (1995).

[53] A. S. Teetsov, "Uses for Flexible Collodion in the Analysis of Small Particles", White Paper, McCrone Associates, Westmont, IL (2004). https://www. mccrone. com/mm/uses-forflexible-collodion-in-the-a-

nalysis-of-small-particles.
[54] K. Okada and K. Kai,"Atmospheric Mineral Particles Collected at Qira in the Taklamakan Desert",China Atmos. Environ. 38,6927(2004).
[55] Air Particle Analyzer. QCM Cascade Particle Impactor,Technical Note,California Measurements,Inc. ,Sierra Madre,CA. www. californiameasurements. com. (accessedJanuary15,2018).
[56] K. O'Day,"Celloidin as an Embedding Medium",AMA Archives Ophthalmol. 54,789(1955).
[57] R. Jagels,"Celloidin Embedding Under Alternating Pressure and Vacuum",Trans. Amer. Microsc. Soc. 87,263(1968).
[58] D. Portmann,J. Fayad,P. A. Wackym,H. Shiroishi,F. H. Linthicum Jr. and H. Rask-Andersen,"A Technique for Reembedding Celloidin Sections for Electron Microscopy",The Laryngoscope 100,195 (2009).
[59] *Dorland's Illustrated Medical Dictionary*,32nd Edition,Elsevier,Oxford,UK(2011).
[60] K. S. Suvarna,C. Layton and J. D. Bancroft(Eds. ),*Bancroft's Theory and Practice of Histological Techniques*,7th Edition,Elsevier,Oxford,UK(2013).
[61] T. I. Suratwala,P. E. Miller,P. R. Ehrmann and R. A. Steele,"Polishing Slurry Induced Surface Hazeon Phosphate Laser Glasses",J. Noncryst. Solids351,2091(2004).
[62] K. J. Beltis,P. M. Drennan,M. J. Jakubowski and B. A. Pindzola,"Strippable Coatings for Forensic Collection of Trace Chemicals from Surfaces",Anal. Chem. 84,10514(2012).
[63] M. J. Jakubowski,K. J. Beltis,P. M. Drennan and B. A. Pindzola,"Forensic Collection of Trace Chemicals from Diverse Surfaces with Strippable Coatings",Analyst138,6398(2013).
[64] U. S. EPA,"A Literature Review of Wipe Sampling Methods for Chemical Warfare Agents and Toxic Industrial Chemicals",Report EPA/600/R-11/079,U. S. Environmental Protection Agency,Washington,D. C. (2007).
[65] U. S. EPA,"A Performance-Based Approach to the Use of Swipe Samples in Response to a Radiological or Nuclear Incident",Report EPA 600/R-11/122,U. S. Environmental Protection Agency,Washington,D. C. (2011).
[66] Food and Drug Administration,U. S. Department of Health and Human Services Part 358-Miscellaneous External Drug Products for Over-the-Counter Human Use Code of Federal Regulations,21CFR358,Title 21,Volume 5(April 1,2002).
[67] O. G. Molina,"Method of Magnetic Particle Testing Using Strippable Coatings",U. S. Patent 3,951,881 (1976).
[68] A. Yamauchi and A. M. El Sayed,"New Approach to a Collodion Membrane Composite via Fluorocarbon Polymer(Nafion)Blending in Terms of a Diffusion Coefficient of Redox Substances and Transport Properties",Desalination 192,364(2006).
[69] D. J. Miller,D. R. Dreyer,C. W. Bielawski,D. R. Paul and B. D. Freeman,"Surface Modification of Water Purification Membranes",Angew. Chem. Int. Edn. 56,4662(2017).
[70] I. Ahmed,K. S. Balkhair,M. H. Albeiruttye and A. A. J. Shaiban,"Importance and Significance of UF/MF Membrane Systems in Desalination Water Treatment",in:*Desalination*,T. Yonar(Ed. ),Chap. 10,pp. 187-224,InTech Open,Rijeka,Croatia(2017).
[71] B. W. Ariss and C. R. Thomas,"The Use of Coatings to Facilitate Decontamination",in:*Proceedings 1 st Intl. Symp. Decontamination of Nuclear Installations*,H. J. Blythe,A. Cathe-rall,A. Cook and H. Well(Eds. ),pp. 55-64,Cambridge University Press,Cambridge,UK(1967).
[72] A. D. Turner,G. Worrall and J. T. Dalton,"A Survey of Strippable and Tie-Down Coatings for Use in the Decommissioning of Alpha-Active Facilities",Report AERE-R-12474,United Kingdom Atomic Energy Authority,Harwell Laboratory,Oxfordshire,UK(1987).
[73] IAEA,"Decontamination and Decommissioning of Nuclear Facilities",ReportI AEA-TECDOC-511,International Atomic Energy Agency,Vienna,Austria(1989).
[74] H. Weichselgartner,"Decontamination with Pasty Pickling Agents Forming a Strippable Coating",Report EUR 13498,Commission of the European Communities,Luxembourg(1991).
[75] U. S. DOE,"Decommissioning Handbook",DOE/EM-0142P,Office of Environmental Restoration,U. S. Department of Energy,Washington,D. C. (1994).
[76] J. L. Tripp,R. H. Demmer and R. L. Merservey,"Decontamination",in: *Hazardous and Radioactive Waste Treatment Technologies Handbook*,Chapter 8,*C. H.* Oh(Ed. ),CRC Press,Boca Raton,FL

(2001).

[77] U. S. EPA,"Technology Reference Guide for Radiologically Contaminated Surfaces",Report EPA-402-R-06-003,U. S. Environmental Protection Agency,Washington,D. C. (2006).

[78] J. Heiser and T. Sullivan,"Decontamination Technologies Task 3 Urban Remediation and Response Project Prepared for New York City Department of Health and Mental Hygiene", Report BNL-82389-20009,Brookhaven National Laboratory,Upton,NY(2009).

[79] D. M. Vogel and A. V. Cugini,"Evaluation of a Polymer-Based Chemical for Oxide/Scale Removal",Final Report EPRI NP-5278,Electric Power Research Institute,Palo Alto,CA(1987).

[80] EPRI,"A Strippable Coating to Reduce Surface Contamination",First Use Brochure RP2012-11,Electric Power Research Institute(EPRI),Palo Alto,CA(1989).

[81] E. H. SandsandR. Kohli,"Pentek Self-Stripping Polymers for Decontamination of Radio-actively Contaminated Surfaces",Report 5012-1166,Battelle Memorial Institute,Columbus,OH(1991).

[82] IAEA Technical Report Series,"State of the Art for Decontamination and Dismantling of Nuclear Facilities",TRS No. 395,International Atomic Energy Agency,Vienna,Austria(1999).

[83] K. E. Archibald and R. L. Demmer,"Tests Conducted with Strippable Coatings",Report INEEL/EXT-99-00791,Idaho National Engineering Laboratory,Idaho Falls,ID(1999).

[84] R. L. Demmer,K. E. Archibald,J. H. Pao,M. D. Argyle,B. D. Veatch and A. Kimball,"Modern Strippable Coating Methods", Proceedings WM' 05Conference, Tucson, AZ (2005). www. wmsym. org/archives/pdfs/5163. pdf.

[85] H. L. Lomasney,"In-Situ Polymeric Membrane for Cavity Sealing and Mitigating Transport of Liquid Hazardous Materials Based on Aqueous Epoxy-Rubber Alloys",U. S. Patent 5,091,447(1992).

[86] M. Tan,J. D. Whitaker and D. T. Schwartz,"Simulation Study on the Use of Strippable Coatings for Radiocesium Decontamination of Concrete",J. Hazard. Mater. 162,1111(2009).

[87] J. Shelton,"Polymer Technologies for Lockdown and Removal of Radioactive Contamination",Proceedings United States Special Operations Command(USSOCOM) Chemical,Biological,Radiological,and Nuclear(CBRN) Conference & Exhibition, Tampa, FL (2005). www. dtic. mil/ndia/2005ussocom/wednesday/shelton. pdf.

[88] Isotron Radblock,Product Data Sheet,Isotron Corporation,Seattle,WA. www. isotron. net. (accessed January 15,2018).

[89] C. Laney,"Decontamination of Reactor Cavity using Isolock-300",ALARA Note #8,Brookhaven National Laboratory,Upton,NY(2005).

[90] ALARA 1146$^{TM}$ Strippable Coating,Product Data Sheet,Carboline Company,St. Louis,MO. www. carboline. com. (accessed January 15,2018).

[91] J. W. Lee,M. Ahlen,M. Bruns,V. Fricke,C. May,J. Pickett and S. Salaymeh,"Application of New and Innovative Technologies on the 321-M Fuel Fabrication Facility Large Scale Demonstration and Deployment Project",Report WSRC-MS-98-00122,Office of Scienceand Technology,U. S. Department of Energy,Aiken,SC(1998).

[92] M. A. Ebadian,"Assessment of Strippable Coatings for Decontamination and Decommissioning",ReportDE-FG21-95EW55094-32,Florida International University,Miami,FL(1998).

[93] V. Fricke,S. Madaris and C. May,"ALARA$^{TM}$ Strippable Coating",Report WSRC-TR99-00458,Office of Science and Technology,U. S. Department of Energy,Aiken,SC(1999).

[94] U. S. DOE,"ALARA$^{TM}$ 1146 Strippable Coating",Summary Report DOE/EM-0533,in:Deactivation and Decommissioning Focus Area,Office of Science and Technology,U. S. Department of Energy,Aiken,SC(2000).

[95] Stripcoat TLC Free$^{TM}$,Product Data Sheet,Bartlett Services,Inc. ,Plymouth,MA. www. bartlettinc. com. (accessed January 15,2018).

[96] U. S. EPA,"Technology Evaluation Report Bartlett Services,Inc. Stripcoat TLC Free Radio-logical Decontamination Strippable Coating",Report EPA/600/R-08/099,U. S. Environmen-tal Protection Agency,Washington,D. C. (2008).

[97] U. S. EPA,"Technology Evaluation ReportIsotr on Corp. Orion$^{TM}$ Radiological Decontamination Strippable Coating",Report,EPA/600/R-08/100,U. S. Environmental Protection Agency,Washington D. C. (2008).

[98] R. O. Berg,W. F. Rigby and J. P. Albers,"Method and Apparatus for Encapsulating Particulates",U. S. Patent5,878,355(1999).

[99] J. W. Maresca,Jr. ,L. M. Kostelnik,J. R. Kriskivich,R. L. Demmer and J. L. Tripp,"Fogging Formulations for Fixation of Particulate Contamination in Ductwork and Enclosures",U. S. Patent 9,126,230 (2015).

[100] T. J. Nachtman and J. H. Hull,"Method for Containing or Removing Contaminants from a Substrate", U. S. Patent5,763,734(1998).

[101] Contamination Control Strippable(CC Strip) Coating,Product Data Sheet,InstaCote Inc. ,Erie,MI. www. instacote. com. (accessed January 15,2018).

[102] J. McFee,E. Stallings,M. Romero and K. Barbour,"Improved Technologies for Decontamination of Crated Large Metal Objects",in:*WM'02,Proceedings Waste Management Conference 2002*,R. Post (Ed. ),Waste Management Society,Phoenix,AZ(2002).

[103] DeconGel™,Decontamination Solutions for Chemical,Biological and Radioactive Threats,Cellular Bioengineering,Inc. ,Honolulu,HI. www. decongel. com. (accessed January 15,2018).

[104] K. C. Holt,"Testing for Radiological Decontamination Strippable Coating for Cellular Bioengineering, Inc. (Cs-137,Pu-239,Am-241)",Letter Reports,Sandia National Laboratories,Albuquerque,NM(October 2007 and December 2007).

[105] K. J. Walter,A. E. Draine and T. E. Johnson,"Decontamination of a Fume Hood Contaminated with Tritiated Thymidine", Paper THAM-C. 4,Proceedings 52nd Annual Mtg. Health Physics Society, Portland,OR(2007).

[106] J. D. VanHorne-Sealy,"Evaluating the Efficiency of Decon Gel 1101 for Removal of Cs-137,Co-60,and Eu-154 on Common Commercial Construction Materials",M. S. Thesis,Oregon State University,Corvallis,OR(May 2008).

[107] M. Sutton,R. P. Fischer,M. M. Thoet,M. P. O'Neill and G. J. Edgington,"Plutonium Decontamination Using CBI Decon Gel 1101 in Highly Contaminated and Unique Areas at LLNL",Report LLNL-TR-404723,Lawrence Livermore National Laboratory,Livermore,CA(2008).

[108] A. E. Draine,T. E. Johnson,M. P. O'Neill,G. J. Edgington and K. J. Walter,"Decontamination of Medical Isotopes from Hard Surfaces Using Peelable Polymer-Based Decontamination Agents",Proceedings 53rd Annual Mtg,Health Physics Society,Philadelphia,PA(2008).

[109] A. E. Draine,"Decontamination of Medical Radioisotopes from Hard Surfaces Using Peelable Polymer-Based Decontamination Agents", M. S. Thesis, Colorado State University, Fort Collins, CO(March 2009).

[110] U. S. EPA,"Technology Evaluation Report. CBI Polymers DeconGel 1101 and 1108 for Radiological Decontamination", Report EPA600/R-11/084, U. S. Environmental Protection Agency, Washington, D. C. (2011).

[111] D. Gurau and R. Deju,"The Use of Chemical Gel for Decontamination During Decommissioning of Nuclear Facilities",Radiation Phys. Chem. 106,371(2015).

[112] J. Roed,K. G. Andersson and H. Prip,"Practical Means for Decontamination 9 Years after a Nuclear-Accident",Report Risø-R-828(EN),Risø National Laboratory,Roskilde,Denmark(1995).

[113] P. Hubert,L. Annisomova,G. Antsipov,V. Ramsaev and V. Sobotovitch,"Strategies of Decontamination. Final Report of ECP4 Project",Report EUR 16530,Commission of the European Communities, Luxembourg(1996).

[114] J. M. Kuperberg,M. Khankhasayev,J. Moerlins and R. Herndon,"Overview of International Programs for Identification and Evaluation of Technologies for DOE-EM",Proceedings Industry Partnerships for Environmental Science and Technology,Sect. 4. 3,DOE NETL,Morgantown,WV(2001).

[115] N. I. Voronik and N. N. Shatilo,"Decontamination of Belarus Research Reactor Installation by Strippable Coatings",in:Decommissioning Techniques for Research Reactors:Final Report of a Co-Ordinated Project 1997-2001,Report IAEA-TECDOC-1273,pp. 11-30,International Atomic Energy Agency,Vienna,Austria(2002).

[116] K. Eged,Z. Kis,G. Voigt,K. G. Andersson,J. Roed and K. Varga,"Guidelines for Planning Interventions Against External Exposure in Industrial Areas after a Nuclear Accident. Part 1:A Holistic Approach of Countermeasure Implementation", Report GSF-Bericht 01/2003, Institute für Strahlenschutz, Gesellschaft für Strahlenforschung (GSF), Germany (2003).

[117] M. Pražská, J. Rezbárik, M. Solčányi and R. Trtilek, "Actual Situation on the Field of Decontamination in Slovak and Czech NPPs", Czech. J. Phys. 53, A687(2003).

[118] Technologies and Strippable Coats for Radiation Situation Normalization, NIKIMT Research and Design Institute of Assembly Technology, Moscow, Russia. http://www.fita.org/prbc/ event/techexpo-proposal.html (2003).

[119] N. I. Voronik and Yu. P. Davydov, "Decontamination of Industrial Equipment Contaminated as a Result of Nuclear Accident", http://130.226.56.167/nordisk/publikationer/1994_2004/ Contamination_Urban_Areas/Voronik.ppt (2004).

[120] J. Brown, K. Mortimer, K. G. Andersson, T. Ďúranová, A. Mršková, R. Hänninen, T. Ikäheimonen, G. Kirchner, V. Bertsch, F. Gallay and N. Reales, "Generic Handbook for Assisting in the Management of Contaminated Inhabited Areas in Europe Following a Radiological Emergency. Part Ⅱ: Compendium of Information on Countermeasure Options", EURANOS(CAT1)-TN(07)-02, Health Protection Agency, Oxfordshire, UK(2007).

[121] R. C. Moore, M. D. Tucker and J. A. Jones, "Strippable Containment and Decontamination Coating Composition and Method of Use", U. S. Patent7,514,493(2009).

[122] P. Q. Luong, "Study of Polymer Coating for Detecting and Surface Decontamination of Uranium", Proceedings WM2011 Conference, Phoenix, AZ(March 2011).

[123] N. I. Voronik and V. V. Toropova, "Polymer Formulations for "Dry" Decontamination of the Equipment and Premises of Nuclear Power Plants", Radiochem. 59, 188(2017).

[124] S. V. S. Rao and K. B. Lal, "Surface Decontamination Studies Using Polyvinyl Acetate Based Strippable Polymers", J. Radioanal. Nucl. Chem. 260, 35(2004).

[125] J. B. Steward and J. M. Johnston, "Strippable PVA Coatings and Methods of Making and Using the Same", International Patent WO/2005/031757(2005).

[126] W. H. M. Schweers and W. Vorher, "Possibilities of an Economic and Non-Polluting Utilization of Lignin", Proc. Symp. Soil Organic Matter Studies, STI/PUB/438, International Atomic Energy Agency, Vienna, Austria(1977).

[127] J. J. TawilandF. C. Bold, "A Guide to Radiation Fixatives", Report PNL-4903, Pacific Northwest Laboratory, Richland, WA(1983).

[128] R. R. Parra, V. F. Medina and J. L. Conca, "The Use of Fixatives for Response to a Radiation Dispersal Devise Attack-A Review of the Current(2009) State-of-the-Art", J. Environ. Radioactivity 100, 923 (2009).

[129] K. G. Andersson, "The Characterization and Removal of Chernobyl Debris in Garden Soils", Report Risø-M-2912, Risø National Laboratory, Roskilde, Denmark(1991).

[130] K. G. Andersson and J. Roed, "Removal of Radioactive Fallout from Surface of Soil and Grassed Surfaces Using Peelable Coatings", J. Environ. Radioactivity 22, 197(1994).

[131] S. Mikheykin, A. Barinov, V. Safronov and V. Salikov, "D&D Experience in Mos SIA 'Radon'", 2008 IAEA Annual Forum for Regulators and Operators in the Field of Decommissioning: International Decommissioning Network(IDN), International Atomic Energy Agency, Vienna, Austria. www.iaea.org/OurWork/ST/NE/NEFW/wts_IDN_peerrvw.html (accessed November 2008).

[132] H. N. Gray and D. E. Bergbreiter, "Applications of Polymeric Smart Materials to Environmental Problems", Environ. Health Perspect. 105(Suppl. 1), 55(1997).

[133] H. N. Gray, B. Jorgensen, D. L. McClaugherty and A. Kippenberger, "Smart Polymeric Coatings for Surface Decontamination", Ind. Eng. Chem. Res. 40, 3540(2001).

[134] W. Feng, S. H. Patel, M.-Y. Young, J. L. Zunino III and M. Xanthos, "Smart Polymeric Coatings-Recent Advances", Adv. Polym. Technol. 26, 1(2007).

[135] P. LaFrate, Jr., J. Elliott, D. Siddoway and M. Valasquez, "Decontamination and Size Reduction of Plutonium Contaminated Process Exhaust Ductwork and Glove Boxes", Report LA-UR-97-254, Los Alamos National Laboratory, Los Alamos, NM(1996).

[136] M. D. Kaminski, M. R. Finck, C. J. Mertz, M. Kalensky, N. KivenasandJ. L. Jerden, "Nanoparticles, Super-Absorbent Gel Used to Clean Radioactivity from Porous Structure Nondestructively", Chemical Engineering Division Report, Argonne National Laboratory, Argonne, IL(2005).

[137] ANL Fact Sheet, "'Supergel'System Cleans Radioactively Contaminated Structures", Argonne National Laboratory(ANL), Argonne, IL(October 2006).

[138] L. Nunez and M. D. Kaminski,"Foam and Gel Methods for the Decontamination of Metallic Surfaces", U. S. Patent7,166,758(2007).

[139] U. S. EPA,"Argonne National Laboratory Argonne SuperGel for Radiological Decontamination",Report EPA/600/R-11/081,U. S. Environmental Protection Agency,Washington,D. C. (2011).

[140] U. S. EPA,"Technical Report for the Demonstration of Wide Area Radiological Decontamination and Mitigation Technologies for Building Structures and Vehicles",Report EPA/600/R-16/019,U. S. Environmental Protection Agency,Washington,D. C. (2016).

[141] M. D. Kaminski,C. J. Mertz,N. Kivenas and R. L. Demmer,"Technical Improvements to an Absorbing Supergel for Radiological Decontamination in Tropical Environments", Report ANL/NE-16/9, Argonne National Laboratory,Argonne,IL(2016).

[142] I. Yaar,R. Hakmon,I. Halevy,R. Bar-Ziv,N. Vainblat,Y. Iflach,M. Assulin,T. Avraham,M. D. Kaminski,T. Stilman and S. Serre,"Evaluation of Hydrogel Technologies for the Decontamination of $^{137}Cs$ From Building Material Surfaces",ASMEJ. Nucl. Radiation Sci. 3,030909(2017).

[143] SuperGel, EAI SuperGel Chemical Decontamination Technology, Environmental Alternatives, Inc. , Swanzey,NH. www. eai-inc. com/Nuclear/supergel. html (accessed January 15,2018).

[144] B. D. Veatch,Z. Ibrisagic,A. K. Kimball and T. E. Broderick,"Electro-Decontamination of Contaminated Surfaces",International Patent WO/2007/001263(2007).

[145] H. -L. Yin,Z. -Y. Tan,Y. -T. Liao and Yi. -J. Feng,"Application of $SO_4^{2}/TiO_2$ Solid Superacid in Decontaminating Radioactive Pollutants",J. Environ. Radioactivity 87,227(2006).

[146] T. -Y. Wang and S. Li,"ASelf-Breaking Type of Liquid",Chinese Patent Application CN103695205 (2014).

[147] Y. -L. Zhou,Y. -T. Li,C. -Q. Xie and Y. -J. Li,"Preparation Method of Self-Embrittled Radioactive Decontamination Coating",Chinese Patent Application CN102690579(2012).

[148] R. -L. Liu,Y. -T. Li,Y. -L. Zhou,H. -Y. Zhang,Q. -P. Zhang,J. Zheng and S. Q. Wang,"Fabrication of Poly( methyl methacrylate)-block-Poly ( methacrylic acid) Diblock Copolymer as a Self-embrittling Strippable Coating for Radioactive Decontamination",Chem. Lett. 45,793(2016).

[149] S. Faure,B. Fournel,P. Fuentes and Y. Lallot,"Method for Treating a Surface with a Treatment Gel", U. S. Patent Application US20040175505(2004).

[150] S. Faure,P. Fuentes and Y. Lallot,"Vacuumable Gel for Decontaminating Surfaces and Use Thereof", U. S. Patent Application US20080228022(2008).

[151] J. Wang,J. Wang,L. Zheng,J. Li,C. Cui and L. Lv,"A Novel Self-Embrittling Strippable Coating for Radioactive Decontamination Based on Silicone Modified Styrene-Acrylic Emulsion",IOP Conf. Ser. : Earth Environ. Sci. 59,012026(2017).

[152] W. E. Farrell,C. G. May and R. S. Howell,"Decontamination Techniques and Fixative Coatings Evaluated in the Building 235-F Legacy Source Term Removal Study",Report OBU-NMM-2005-0123,Westinghouse Savannah River Company,Aiken,SC(2005).

[153] S. Charboneau,B. Klos,R. Heineman,B. Skeels and A. Hopkins,"The Application of Science,Technology and Work Force Innovations to the Decontamination and Decommissioning of the Plutonium Finishing Plant at the Hanford Nuclear Reservation", Proceedings WM' 06 Conference, Tucson, AZ (2006).

[154] M. Jeanjacques,M. P. Bremond,L. Gautier,D. Estivie,G. Vieillard and E. Pichereau,"Building 18:Operating Feedback from Cleaning and Dismantling of Glove Boxes and Shielding Lines",Proceedings ICEM'09/DECOM'09,12th International Conference on Environmental Remediation and Radioactive Waste Management,Liverpool,UK(2009).

[155] E. Vernaz(Ed. ),*Nuclear Waste Conditioning*,CEA Monograph,Commissariat àl'énergie atomique, Gif-sur-Yvette,France(2009).

[156] FEVDI,"Decontamination Products 2015-2016",Fabrication Etude et Vente de Degraissants Industriels(FEVDI),Corbas,France. http://www. fevdi. fr/wp-content/uploads/downloads/ 2017/06/Nuclear-Catalog-2015-2016-V1. pdf. (accessedJanuary 15,2018).

[157] L. A. Bray,"Method for Decontamination of Radioactive Metal Surfaces",U. S. Patent 5,545,794(1996).

[158] R. E. Lerch and J. A. Partridge,"Decontamination of Metals Using Chemical Etching",U. S. Patent 4, 217,192(1980).

[159] J. P. Caire,F. Laurent,S. Cullie,F. Dalard,J. M. Fulconis and H. Delagrange,"AISI 304 L Stainless

Steel Decontamination by a Corrosion Process Using Cerium IV Regenerated by Ozone. PartI:Study of the Accelerated Corrosion Process",J. Appl. Electrochem. 33,703(2003).
[160] Introduction:Decontamination Coating,General Chemical Corporation,Brighton,MI. http:// strippablecoating. com/decontamination-coatings. (accessed January 15,2018).
[161] A. Parkinson,T. Evans,D. Hill and M. Colella,"An Empirical Assessment of Post-Incident Radiological Decontamination Techniques",Reporton the 2007 Workshop on Decontamination,Cleanup,and Associated Issues for Sites Contaminated with Chemical, Biological, or Radiological Materials, S. Dun (Ed. ),Report EPA/600/R-08/059,pp. 180-183(May 2008).
[162] M. E. Lumia and C. A. Gentile,"Industrial Hygiene Concerns During the Decontamination and Decommissioning of the Tokamak Fusion Test Reactor",Report PPPL-3647,Princeton Plasma Physics Laboratory,Princeton University,Princeton,NJ(2002).
[163] M. A. Ebadian,M. Allen,Y. Cai and J. F. McGahan,"Mercury Contaminated Material Decontamination Methods:Investigation and Assessment",Report HCET-2000-D053-002-04,Florida International University,Miami,FL(2001).
[164] M. Sutton,B. D. Andresen,S. R. Burastero,M. L. Chiarappa-Zucca,S. Chinn,P. Coronado,A. E. Gash, J. Perkins,A. Sawvel and S. C. Szechenyi,"Modern Chemistry Techniques Applied to Metal Behavior and Chelation in Medical and Environmental Systems ", Final Report UCRL-TR-209476, Lawrence Livermore National Laboratory,Livermore,CA(2005).
[165] M. Sutton,S. R. Burastero,J. Perkins,M. L. Chiarappa-Zucca and B. D. Andresen,"Alphaaminobenzyl-alpha,alpha,-diphosphoric acid selective chelation of beryllium",U. S. Patent Application 20070254827 (2007).
[166] S. Svensson,"Contamination Removal Process",U. S. Patent 5,017,237(1991).
[167] B. H. Davison,T. Kuritz,K. P. Vercruysse and C. K. McKeown,"Green Biopolymers for Improved Decontamination of Metals from Surfaces: Sorptive Characterization and Coating Properties", Final Report,Project Number:EMSP 64907,Oak Ridge National Laboratory,Oak Ridge,TN(2002).
[168] G. Sun and X. J. Xu,"Durable and Regenerable Antibacterial Finishing of Fabrics:Biocidal Properties", Textile Chemists Colorists 30,26(1998).
[169] G. Sun and X. J. Xu,"Durable and Regenerable Antibacterial Finishing of Fabrics:Fabric Properties", Textile Chemists Colorists 31,21(1999).
[170] G. Sun and X. J. Xu, "Durable and Regenerable Antibacterial Finishing of Fabrics: Chemical Structures",Textile Chemists Colorists 31,31(1999).
[171] G. Sun,X. J. Xu,J. R. Bickett and J. F. Williams,"Durable and Regenerable Antibacterial Finishing of Fabrics with a New Hydantoin Derivative",Ind. Eng. Chem. Res. 40,1016(2001).
[172] Y. Y. Sun and G. Sun,"Durable and Regenerable Antimicrobial Textile Materials Prepared by a Continuous Grafting Process",J. Appl. Polym. Sci. 84,1592(2002).
[173] S. D. Worley,J. Kim,C. I. Wei,J. F. Williams,J. R. Owens,J. D. Wander,A. M. Bargmeyer and M. E. Shirtliff,"A Novel N-halamine Monomer for Preparing Biocidal Polyurethane Coatings", Surf. CoatingsInt. PartB:CoatingsTrans. 86,273(2003).
[174] M. Braun and Y. Y. Sun,"Antimicrobial Polymers Containing Melamine Derivatives. I. Preparation and Characterization of Chloromelamine-Based Cellulose", J. Polym. Sci. Pt. A: Polym. Chem. 42, 3818 (2004).
[175] J. F. Williams,J. C. Suess,J. I. Santiago,T. -Y. Chen,J. Wang,R. Wu and S. D. Worley,"Antimicrobial Properties of Novel N-halamine Siloxane Coatings", Surf. Coatings Int. Part B: Coatings Trans. 88, 35 (2005).
[176] J. F. Williams and U. Cho, "Antimicrobial Functions for Synthetic Fibers: Recent Developments", AATCC Review 5,17(2005).
[177] J. F. Williams,J. C. Suess, M. M. Cooper,J. I. Santiago,T. -Y. Chen,C. D. Mackenzie and C. Fleigere, "Antimicrobial Functionality of Healthcare Textiles: Current Needs, Options, and Characterization of N-halamine-Based Finishes",Res. J. Textiles Apparel 10,1(2006).
[178] L. Quian,T. Y. Chen,G. Sun and J. F. Williams,"Durable and Regenerable Antimicrobial Textiles: Thermal Stability of Halamine Structures",AATCC Review6,55(2006).
[179] J. Liang,Y. Chen,K. Barnes,R. Wu,S. D. Worley and T. -S. Huang,"N-halamine/quat Siloxane Copolymers for Use in Biocidal Coatings",Biomaterials 27,2495(2006).

[180] G. Sun and S. D. Worley,"Halamine Chemistry and its Application in Biocidal Textiles and Polymers", in:*Modified Fibers with Medical and Specialty Applications*, J. V. Edwards, G. Buschle-Diller and S. C. Goheen(Eds.), Chap. 6pp. 81-89, Springer Verlag, New York, NY(2006).

[181] HaloSource, Inc, Bothell, WA. www. halosource. com. (accessed January 15, 2018).

[182] R. V. Fox, R. Avci and G. S. Groenewold,"Polyphosphazine-Based Polymer Materials", U. S. Patent 7, 723, 463(2010).

[183] R. N. Miller, F. T. Humphrey and A. Bleich,"Cleaning and Chemical Treatment of Aircraft Surfaces to Provide Optimum Cleaning Properties", Report ER-9703-8, Lockheed-Georgia Company, Marietta, GA (1970).

[184] W. R. Drake,"MIL-C-6799, Strippable Coating Evaluation", Report AD-758184, Air Force Packaging Evaluation Agency, Wright-Patterson Air Force Base, Dayton, OH(1973).

[185] G. P. Bierwagen,"NextGeneration of Aircraft Coatings Systems", J. Coatings Technol. 73, 45(April 2001).

[186] J. R. Erickson and D. R. Hansen,"Formulation for Strippable Adhesive and Coating Films and High-Performance Adhesives", U. S. Patent 6, 541, 553(2003).

[187] E. G. Lierke, J. Bellenberg and G. Poß,"Decontamination of Metal Surfaces by Thin Film Etching with Aerosols", Research Report, Battelle-Institut eV, Frankfurt, Germany(April1992).

[188] R. M. Martin, D. I. Mori, R. D. Noble and D. L. Gin,"Curable Imidazolium Poly(ionic liquid)/Ionic Liquid Coating for Containment and Decontamination of Toxic Industrial Chemical-Contacted Substrates", Ind. Eng. Chem. Res. 55, 6547(2016).

[189] I. Okano,"Method of Removing Smear or Stain from a Coated Surface with an Aqueous Dispersion of a Highly Absorbent Polymer", U. S. Patent 5, 681, 399(1997).

[190] H.-P. Muller, H. Gruttmann, H. Casselmann, H. Muller, J. Petzoldt and M. Bock,"CosolventFree Aqueous, Anionic Polyurethane Dispersions and Their Use as Peelable Coatings", U. S. Patent 5, 965, 195(1999).

[191] H.-P. Muller, H. Gruttmann, J. Petzoldt, H. Muller and Ch. Irle,"Strippable Coating Compositions", U. S. Patent 6, 903, 156(2005).

[192] K. Yamashita, M. Matsuki, H. Asai, N. Matsuyama, H. Tojo, H. Kurota, K. Akasaka and H. Obarae, "Aqueous Dispersion of a Peelable Coating Composition", U. S. Patent 6, 344, 236(2002).

[193] UV Curable Peeling Coatings, General Chemical Corporation, Brighton, MI. http://strippablecoating.com/uv-curable-peeling-coating/ (accessed January 15, 2018).

[194] M. Gotoh, S. Kobayashi and K. Kawabata,"Pressure Sensitive Adhesive Composition and Pressure Sensitive Adhesive Tape or Sheet Making Use of the Same", U. S. Patent 5, 286, 781(1994).

[195] J. G. Southwick, K. S. Kiibler and J. R. Erickson,"Non-Aqueous Solvent Free Process for Making UV Curable Adhesives and Sealants from Epoxidized Monohydroxylated Diene Polymers", U. S. Patent 5, 776, 998(1998).

[196] J. R. Erickson and J. Crivello,"Non-Aqueous Solvent Free Process for Making UV Curable Adhesives and Sealants from Epoxidized Monohydroxylated Diene Polymers(Ⅲ)", U. S. Patent 5, 837, 749 (1998).

[197] D. L. Westerman,"Strippable Coatings", Metal Finishing 98, 155(June 2000).

[198] R. Kohli,"Methods for Monitoring and Measuring Cleanliness of Surfaces", in:*Developments in Surface Contamination and Cleaning: Detection, Characterization, and Analysis of Contaminants*, Volume 4, R. Kohli and K. L. Mittal(Eds.), pp. 107-178, Elsevier, Oxford, UK(2012).

[199] R. Kohli,"Developments in Imaging and Analysis Techniques for Micro-and Nanosize Particles and Surface Features", in:*Developments in Surface Contamination and Cleaning: Detection, Characterization, and Analysis of Contaminants*, Volume4, R. Kohli and K. L. Mittal(Eds.), pp. 215-306, Elsevier, Oxford, UK(2012).

[200] F. Cumo, L. de Santoli and G. Guidi,"LCA of Strippable Coatings and of Principal Competing Technology used in Nuclear Decommissioning", Chem. Eng. Trans. 7, 601(2005).

[201] ENEA,"Radioactive Waste Management and Advanced Nuclear Fuel Cycle Technologies", Progress Report 2006, FPN Radwaste Division, ENEA, Rome-Frascati, Italy(2006).

[202] G. Guidi, F. Cumo and L. de Santoli,"LCA of Strippable Coatings and of Steam Vacuum Technology Used for Nuclear Plants Decontamination", Clean Technol. Environ. Policy12, 283(2010).

# 第3章

# 二氧化碳雪清洗应用

Robert Sherman

应用表面技术公司 美国新泽西州新普罗维登斯市

# 3.1 引言

二氧化碳（$CO_2$）雪清洗是一种得到充分发展的表面清洗工艺，Sherman[1,2]和其他人[3]已经研究过它的性能。本质上，一股细小的干冰颗粒是通过物理的和溶剂的相互作用撞击和清洗表面的。几纳米到可见大小的各种尺寸颗粒都可被清除。同时，$CO_2$ 雪清洗可去除碳氢化合物、有机残留物以及水和溶剂污渍。重要的是 $CO_2$ 雪清洗仅清除物理附着在表面上的污染物，任何与基材反应或被离子、共价、金属或其他强力结合的污染物，都将留在表面上。一种简单的表面科学观点认为，化学吸附的物质仍然存在，而物理吸附的物质可以被移除。在如此广泛的范围内去除颗粒物和有机物的能力，使得 $CO_2$ 雪清洗成为一种应用广泛的工艺。

过去对二氧化碳雪清洗的综述已经讨论了二氧化碳雪形成热力学、清洗机理、设备及其广泛的应用。这里，重点将放在选定的应用上：原子力显微镜（AFM）、表面科学实验、真空部件、望远镜、半导体和薄膜。最后一部分将介绍新的出版物和不同的应用。

# 3.2 $CO_2$ 雪清洗-背景

## 3.2.1 热力学

$CO_2$ 雪是由二氧化碳通过小孔并使其膨胀到大气压而形成的。先前的一些文献已经讨论过 $CO_2$ 雪形成的热力学[1,2,4]。这种雪的形成基于喷嘴和膨胀区内的压力和随后温度的下降。一般来说，喷嘴是非绝热的，需要 $CO_2$ 液体进料，尽管有一家制造商制造了一种接近绝热的喷嘴，能同时允许 $CO_2$ 气体和液体进料。继续之前的一点说明，这种雪指的是没有完全致密的固体干冰。这意味着，与干冰爆破中使用的类似尺寸的 $CO_2$ 颗粒相比，$CO_2$ 雪缺乏冲击能量。

## 3.2.2 清洗机理

惠特洛克（Whitlock）[5]提出了有关颗粒物和碳氢化合物去除的清洗机理。通过增加入射 $CO_2$ 雪和表面颗粒之间的动量传递作为额外的清洗机理，空气阻力增强了颗粒的去除，这种动量传递是亚微米和纳米颗粒去除的关键。有文献中提出，较小的雪尺寸对去除纳米颗粒污染更有效。

碳氢化合物的去除需要液体二氧化碳，这是一种处理非极性碳氢化合物的良好溶剂。冲击力使压力上升到 0.5MPa（5bars）以上，从而形成液体 $CO_2$ 并进行溶剂清洗。喷嘴到样品的距离对碳氢化合物的去除有一定的作用，因为雪的速度必须足够高，才能使冲击压力上升到 0.5MPa（5bar）以上。

不溶于液态二氧化碳的有机物可以通过希尔斯（Hills）最先讨论的“冷冻-破裂”过程去除[6]。在这里，人们认为雪冻结了沉积物，并将其从表面上剥离，此清洗过程比去除颗粒或碳氢化合物慢。这种冻裂机理意味着 $CO_2$ 雪清洗可以去除溶剂清洗后的溶剂残留斑，即使是水渍也可以去掉，尽管它不是连续的。杨（Yang）和林（Lin）[7]等对此过程进行过模拟研究，作为对光致抗蚀剂消除研究的一部分。

二氧化碳雪清洗通常被认为是一个高速的过程。但是雪粒较大时，也可以在较低的速度下清洗。希尔（Hill）[8]研究了低速雪清洗机理。在这里，雪流在初始孔之后出现了一个大的膨胀区，允许雪以牺牲速度达到更大的尺寸。希尔认为，宏观的雪不接触被清洗的表面；相反，它滑过被清洗的表面并产生剪切力，从而使颗粒被清除[8]。这种方法对于清洗大型望远镜镜面非常常见，稍后将进行讨论。刘（Liu）等[9] 讨论了团聚问题。除非有速度方面的提升，否则，此模式不适合碳氢化合物的清除。

# 3.3　设备和过程控制

$CO_2$ 雪清洗系统简单明了。基本的清洗系统需要一个 $CO_2$ 源、将 $CO_2$ 从这个源输送到装有开/关控制器的装置和一个喷嘴。在接下来的几节中，我们将讨论喷嘴和工艺要求，最后讨论潜在的表面损害。更多细节请参考之前的综述[1]。

## 3.3.1　喷嘴和设备

用于 $CO_2$ 雪清洗的喷嘴范围很广，从带有膨胀区域的简单孔口到复杂的多重膨胀几何形状。制造商、文献作者，甚至专利都不提供足够的喷嘴设计细节，这使得研究变得比较困难。然而，所有喷嘴都可以通过产生高速干冰流进行清洁。喷嘴的特点是在较大直径的圆柱形或圆锥形膨胀区之前有一个小孔。雪粒的大小、速度和焦点由孔口和膨胀区的几何形状决定。此外，还开发了一些其他喷嘴概念。如果喷嘴以低速产生大雪粒，则可能无法清除碳氢化合物。引入气体促进剂（压缩空气、氮气），并将其与腔室内的雪混合，以恢复失去的速度，进而进行精确清洁。喷嘴阵列已经表明，颗粒去除的下限是 $0.003\sim0.005\mu m$（$3\sim5nm$）。理想情况下，$CO_2$ 从高压通过喷嘴向大气的膨胀应该是一个恒焓过程，以达到最大的降雪速度；然而，大多数喷嘴都违反了这一条件，需要液体 $CO_2$ 进料。某制造商制造一种近恒焓膨胀喷嘴，这种喷嘴可采用液体或气体 $CO_2$ 进料。

## 3.3.2　过程控制

确保正确清洗的方法与设备一样重要。$CO_2$ 雪清洗需要注意样品支架、抗表面冷却方法、静电荷以及避免再次污染或导致新污染的方法。样品支架依赖于每个样品，这里不做讨论，值得注意的是，最近的工作已经证明了一些用于清洗微探针和微齿轮的方法[10,11]。

### 3.3.2.1　表面冷却

对于大多数绝热体，高速入射的 $CO_2$ 雪使大部分表面迅速冷却，并导致表面上的水分凝结，这可能会干扰清洗或造成污染。因此，用户必须减少或消除水分凝结。最好的方法是在干燥的环境腔室内工作，这有一些实例证明[12]。这些腔室的露点可低于233K（−30℃）可使用热板和热风枪。另一个很好的例子是沙漠环境，如奥德加德（Odegaard）在沙漠环境中清洗印第安人篮子[13]，任何迅速形成的水分都会消失。应该注意的是，在通常用于望远镜清洗的低速模式下，表面冷却问题很少发生。

#### 3.3.2.2 静电控制

静电可能是一个问题[14]，清洗时有时还会使用抗静电设备。通常，将样品接地是一个好的选择，但是需要更多注意绝缘体。常见的抗静电放电源可以放置在样品附近[15,16]。

#### 3.3.2.3 $CO_2$ 纯度问题

谢尔曼（Sherman）以前已经讨论过这一点[1,17]。液体 $CO_2$ 中存在的重烃油是清洗的关键问题。通常，工业气体公司不会列出这些杂质，因为所谓的THC（总烃含量）只测量甲烷与苯的比例。鲍尔斯（Bowers）等[18]为半导体工业关键的 $CO_2$ 雪应用中引入了一种特殊的 $CO_2$ 等级，重烃的质量分数应低于 $1\times10^{-12}$。沃格特（Vogt）等[19]和其他人[20,21]引入了在线沸石净化器，这是由齐托（Zito）[22]最先提出的，直列式冷凝器也可以应用[23]。

#### 3.3.2.4 设备、方法和工作空间

对于关键的清洗应用，电抛光阀门是最适合需要被清洗到符合行业标准的零件。对于不太关键的清洗应用设备选择范围更大。始终推荐使用点过滤，特别是在从 $CO_2$ 钢瓶中去除无机颗粒时。一旦颗粒或有机污染物从表面去除，它就一定不能再沉积在清洁区域，由于不当的工作空间或清洁技术选择会发生再沉积。

#### 3.3.2.5 表面损伤

几乎在所有样本中都很少见二氧化碳雪清洗会造成表面损伤。然而，这一过程中存在一些限制，主要与严重的热冲击、样品几何形状和其他因素有关。如果样品得到正确的支撑，它可以在无损伤的情况下被清洗，这包括单独的光纤连接器、微齿轮和纳米探针。波兰特（Brandt）和辛普森（Simpson）[24]分析了一种侵蚀性喷嘴（不可重复使用），在 $CO_2$ 雪清洗前后玻璃上的Au粗糙度，发现在反射测量中没有明显的平滑效果，这表明原子运动最小且没有磨损，原因是 $CO_2$ 雪清洗只能去除物理结合的物质，而不能去除任何离子、化学吸附、共价或金属结合的物质。$CO_2$ 雪可能会引起相态和结构变化，因而有一些材料存在风险。

## 3.4 应用

$CO_2$ 雪清洗用途广泛，其应用范围从研究实验室到生产过程中的污染控制。这些应用涉及许多不同的材料，光学元件、晶片、分析样品、真空元件、硬盘驱动器元件、加工工具、半导体工具、光掩模、艺术品修复、望远镜反射镜等。由制造商和用户开发的清洗方法和工具有许多应用专利。我们将重点介绍几个精选的应用——基础表面科学研究，真空设

备、望远镜反射镜、半导体加工、薄膜，最后是一些新报道的应用领域。这些应用涵盖多种样品尺寸、不同级别的清洁度和半导体行业。

### 3.4.1　表面科学

要了解物质如何与一个表面相互作用，这个表面必须是干净的。基础研究中的表面科学研究是在超高真空中进行的，并且花费大量的时间、经费和精力来使被研究的表面没有任何污染。如前所述，过去的 $CO_2$ 雪清洗应用集中在表面分析上[1,25]。这里讨论的主题包括清洁真空系统、原子力显微镜（AFM）、纳米探针，以及有关聚合物与玻璃或硅表面相互作用的表面化学，包括一些自组装的单层膜，或一种物质在一个表面上的化学结合的、均匀的单层膜的形成过程。

#### 3.4.1.1　真空系统

早期，真空系统的应用是利用了 $CO_2$ 雪清洗技术去除溶剂和颗粒的优势来清洗样品，分析标准品和零件[1,25,26]。莱登（Leyden）和波洛（Wadlow）[27]发表了一篇关于用最小的拆卸方式清洗残留气体分析仪的论文。在一项专利中[28]讨论的清洗电子枪时也观察到了类似的结果。这些初步结果可能会使许多真空系统和组件制造商采用 $CO_2$ 雪清洗技术，特别是对于内部部件的维修操作，但发展速度一直很慢。一些用户已经使用 $CO_2$ 雪来打破“纵梁”，这包括铌 RF（射频）腔在内的多种应用中引起的高压电弧[29]。里斯（Reece）等[30]在 2009 年发表了类似的关于清洗 SRF（超导射频）腔（用于高能加速器）结果，发现 $CO_2$ 雪清洗比超声波或高压水更有效。他们专注于去除氧化铌和不锈钢颗粒。弗吉尼亚州纽波特纽斯杰斐逊实验室的赫尔南德斯加西亚（Hernandez-Garcia）等[31]最近的一篇论文讨论复杂的高压光电发射电子枪的制造，而 $CO_2$ 雪清洗曾被用作清洗过程的一部分。$CO_2$ 雪清洗确实可以协助清洗任何真空或高真空组件或子组件、样品架等，一些研究人员已开始使用 $CO_2$ 来帮助清洁腔室。正如谢尔曼（Sherman）[32]所说，真空装配过程中形成的焊缝已经使用 $CO_2$ 进行了清理，并且存在一些关于焊接应用的专利[33]。苏（Suh）等人[34]最近申请的专利公开了清洗半导体真空室部件的设备和方法。清洗盲孔一直是真空系统制造中的一个问题，带有侧出孔的新型喷嘴[35]可以解决大直径和小直径螺纹孔的问题。

#### 3.4.1.2　表面分析和原子力显微镜

一些表面分析方法已经受益于 $CO_2$ 雪清洗技术。谢尔曼和同事们的前期工作[17,25,26]证实了这种应用在样品、设备、方法、标准和工具上的应用。现在使用 $CO_2$ 雪清洗原子力显微镜样品的方法很普遍[1,36]。切尔诺夫（Chernoff）和谢尔曼（Sherman）[36]的研究结果表明，$CO_2$ 雪清洗可以获得更好的成像和更干净的表面，甚至可以将旧的受污染的平均梯度标准恢复到新的条件，即与“全新”台平均梯度相同。图 3.1 显示了在 $CO_2$ 雪清洗之前，梯度和相位对比严重污染的平均梯度标准。图 3.2 显示了 $CO_2$ 雪清洗类似区域后的结果，清洗去除了 99.5%以上的污染物。因为梯度高度与其初始值相同，没有去除基底材料。原子力显微镜数据显示，典型污染物高度约为 3～25nm。清洗后，只有少量未知污染物（可能是有机物）残留。由于所有直径超过 5nm 的颗粒和 96%的 3～5nm 高的颗粒一起被去除，因此 $CO_2$ 雪清洗去除碳氢化合物的下限似乎低于 5nm。在未来，3nm 可能是极限。由于表面粗糙度和噪声问题，高度小于 3nm 的颗粒被排除在自动处理之外。详细内容请查阅相关刊物[36]。

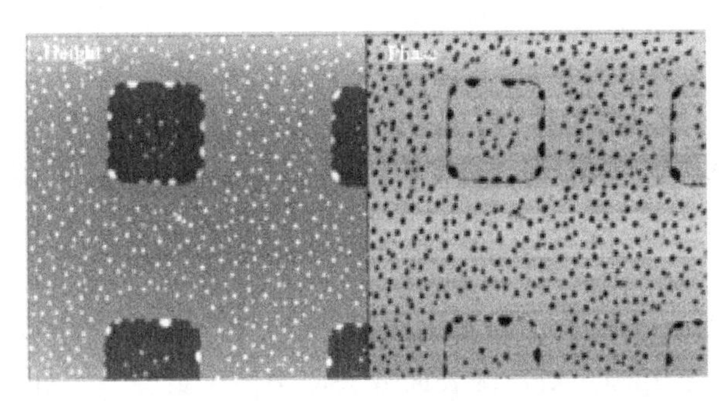

图 3.1 15μm 扫描梯度和相位图像的脏台阶梯度标准

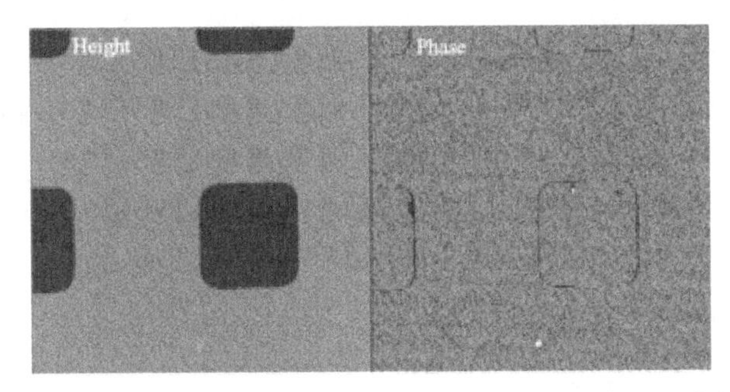


图 3.2 15μm 扫描梯度和相位图像的 $CO_2$ 雪清洗后的平均梯度标准

### 3.4.1.3 纳米探针

莫里斯（Morris）[37]发现用 $CO_2$ 雪清洗纳米探针压痕尖端比溶剂清洗更有效。莫里斯指出，“金刚石探针和被测材料的 $CO_2$ 雪清洗可能是很好的纳米压痕实践”。最近，莫里斯和他的同事们[10,38]研制了清洗 μ-CMM（微坐标测量机）指针的专用喷嘴。在测试了不同的系统后，他们得出的结论是，“一种新颖的喷嘴布置方式……可以用三个喷嘴清洁所有表面……在指针上施加的净力很小”。低力对不拆卸地清洁探针至关重要。他们提出的重要观点是，无需长时间地拆卸和重新安装的过程，即可快速清洗并再次使用探针。冯（Feng）和同事[38] 从应用表面技术公司获得的喷嘴是非绝热低速喷嘴，这样的方法可以扩展到 AFM 探针，尽管需要小心的和进一步的研发来确保探针得以被正确清洗且不被损坏，即使在安装探针的情况下也是如此。

### 3.4.1.4 聚合物表面化学和自组装单层膜

在应用薄聚合物层研究表面或结构特性之前，很多出版物中描述 $CO_2$ 雪被用来清洗基底。在表面化学研究中，对清洁表面的需求怎么说也不为过。

在聚合物和共聚物形态、聚合物相分离、不混溶聚合物的结构和聚合物自组装单层膜的研究领域中，$CO_2$ 雪清洗具有一定影响力。乌尔里希施泰纳（Ulrich Steiner）领导了一个关于这些研究的研究小组超过 12 年，并发表了许多文章。这项工作是在多种基材上完成的，主要有硅、薄的或厚的氧化物、金的涂层、自组装的单层膜、玻璃、甚至电极和陶瓷。其他研究包括去湿现象、混合、图案化和液体聚合物的电场效应。所有的研究都在聚合物沉积之前或之后对基材进行了 $CO_2$ 雪清洗，其中许多实验也使用了原子力显微镜。他们的过程和结果不在本章的讨论范围内，但可提供参考[39]。

还有许多人已经研究聚合物表面的结构现象和化学现象以及自组装单层膜。$CO_2$ 雪清洗不仅可以用来清洗基材，还可以帮助形成单个化学吸附的单层膜。乔（Chow）等人[40]的研究结果表明，$CO_2$ 雪清洗能导致“完美的自限硅氧烷单层膜”形成。最初的硅氧烷吸附和处理产生了无序多层岛屿的涂层。$CO_2$ 雪清洗技术去除了过量的硅氧烷类物质和其他缺陷。总体而言，实验者得到了所需的没有覆盖层或缺陷的自限硅氧烷单层。这一结果可能会产生一种新的方法来沉积许多表面化学研究中常见的单层厚膜。此外，这一结果与预期的 $CO_2$ 雪清洗只去除物理的污染，而不是化学结合层是一致的。其他表面化学家也已使用这个方法。莱（Lay）[41] 曾用喷雪机清洗表面并去除多余的硅氧烷，作为黏合层的硅氧烷聚合形成多个弱吸附层。喷雪是去除多余的层，同时只留下一个单层的最好方法。其他研究者也做过类似的工作[42-44]。

许多其他作者在聚合物沉积前后和其他研究活动中使用过 $CO_2$ 雪清洗。一些作者研究了清洗样品后的基本表面现象，如去黏、脱湿、调幅脱湿、膜破裂、滑移、聚合物微观流变学、图案化和振动研究。研究的一个主要领域是导致聚合物覆层失效的原因。一位作者在谈到表面清洗时这样说，“基材表面的清洗标志着完全脱湿实验的一个中心步骤……清洗改变了氧化层的化学成分”[45]。朱（Zhu）等人在界面滑动研究中提供了另一个没有任何颗粒污染的表面的例子[46]。他们认为之前的工作可能受到了残留颗粒物数量的影响。在结论中，他们建议“应该在所有的力工作中引入 $CO_2$ 雪清洗过程”，其中力是指滑动现象。可以从此作者那里获得有关上述课题的 30 多种文章的列表[39]。

### 3.4.2 望远镜镜面的清洗

$CO_2$ 雪用于清除大型望远镜镜面上的微粒已有 25 年以上的历史。这些清除系统通常基于低速 $CO_2$ 雪，其目的只是去除颗粒，将反射率恢复到初始值。这些设施中有许多已经制造了自己的清洗系统，或者已从市上购买了这些装置。1990 年，齐托（Zito）[47]第一次为此应用制造了系统，并提出 $CO_2$ 雪清洗“是一种快速、易用的技术，有望在定期清洗之间保持镜面的清洁度”。他补充说，这也是一种经济有效的方法，比每月执行人工方法便宜得多。齐托指出，不会产生损害有两个原因，一是 $CO_2$ 雪的硬度与涂层硬度相似或低于涂层硬度，更重要的是，$CO_2$ 雪很可能会在升华的 $CO_2$ 垫子上穿过镜子。齐托报告指出，夏威夷的一面大镜子颗粒去除率超过 97%[47]。

自齐托（Zito）的工作以来，许多大小不同的望远镜镜面已采用 $CO_2$ 雪清洗。许多天文台（甚至太阳天文台）预定用 $CO_2$ 雪每两周或每月清洗一次，以尽可能长时间地保持镜面的反光。双子座天文台提议[48]指出，在 MMT（亚利桑那州图森大学 Steward 天文台多镜望远镜）、CFHT（夏威夷莫纳凯亚加拿大-法国夏威夷望远镜）和 Lick 天文台（加利福尼亚州汉密尔顿山）进行的测试表明，使用 $CO_2$ 雪清洗可以很容易无划痕地去除颗粒物，并且热震很小。

一些天文台已经制造了自己的手动和自动清洗系统。克里尔（Kriel）等人在 2008 年讨论的 SALT（南非大望远镜）天文台的 $CO_2$ 自动清洗系统是一个很好的例子[49]。最初，他们手动清洗了长 11m 的分段式镜子，发现清洗不均匀。随后设计了一个机器人系统，结果减少了二氧化碳的消耗，并改善了清洗效果。该文包含许多关于自动化问题和解决方案的细节。许多其他天文台已经制造了自己的自动清洗系统，未来的大型望远镜也将采用类似的系统。每个位置都必须注意自动化程序和方法、$CO_2$ 纯度、供应和安全性。

可以从皮切（Piché）[50] 的话中推断出 $CO_2$ 雪清洗大镜子的优势。他说："毫无疑问，每月对主反射镜阵列进行 $CO_2$ 雪清洗是非常必要的。这不仅可以极大地改善镜面反射率，而且还可以降低涂层变色率。"

以上章节已经讨论了将清洗镜子作为双周或每月例行清洗的一部分。在大型天文台，$CO_2$ 雪清洗也被用作每隔几年进行一次的涂层和重涂层过程的一部分。齐托（Zito）[51]证明了涂层黏合力的改善和针孔的减少。他建议，使用上述方法可以减少重新涂装和维护的频率。克拉克（Clark）等人[52]讨论了多种涂装方法，并指出为减少针孔需要在关闭腔体之前进行 $CO_2$ 雪清洗并且要有适当的泵送方法。克拉克（Clark）等人[53]还讨论了在地球上的光学设备上使用 $CO_2$ 雪清洗技术，作为太空中大型光学设备潜在的 $CO_2$ 雪清洗计划的一部分。

大多数系统基于单个出口管，直径从 2.5cm 到 4cm 或 5cm 不等。大多数是圆形的，其他形状的也有。谢尔曼（Sherman）最近推出了首款 5cm 宽、10cm 长的狭缝喷嘴[54]。一般来说，人们发现雪清洗能使望远镜镜面反射率恢复到初始值。与其他方法相比，即使对于大镜子，这也是一个快速的清洗方法。经验表明，当相对湿度超过 40%～50%时，不能进行 $CO_2$ 雪清洗，并且清洗过程应在反射镜不在水平面内的情况下进行。几位作者对 $CO_2$ 纯度进行了讨论，一般建议至少使用 99.99%的纯度气体进行清洗。在线沸石净化器可能有助于达到该纯度水平[19-22]。由于可用的设备阵列不同，工作距离随设备和位置高程的不同而不同。$CO_2$ 雪清洗的一个优点是，一台手动设备的基本成本不到 1000 美元，购买设备后唯一的运行成本就是 $CO_2$ 成本。虽然 $CO_2$ 在偏远地区的价格可能过高，但它仍比其他方法要便宜得多。我们建议同时购买多个钢瓶，以平均运输成本，拥有不止一个天文台的地方应该共享交货。

### 3.4.3 半导体应用

$CO_2$ 雪清洗在磁盘驱动器、半导体制造和薄膜沉积等高科技领域等许多应用中都是广泛且关键的。多年来，微粒清除一直是这些领域的关键需求，而 $CO_2$ 雪清洗已经解决了这些问题。经过验证可以去除 3～5nm 颗粒，并且不会损害表面特性，$CO_2$ 雪清洗已经变得越来越普遍。目前已有许多用于半导体应用的 $CO_2$ 雪清洗的专利和专利申请，其中一些已列出[1]。如果需要，我们将提供基于半导体的 $CO_2$ 雪清洗专利和应用列表[39]。这里我们将重点介绍已发表的论文。

米勒（Miller）等早期的论文[55]讨论了 GaAs 器件表面的金属剥离。在制造金属互联时，过量的光刻胶和金属丝剥离的常用方法是溶剂和去离子水或溶剂喷雾。使用 $CO_2$ 雪清洗 100mm 的晶圆，金属丝去除率达 100%的。结果表明，金属层的电化学降解降低，颗粒密度降低，无金属丝，欧姆电阻降低。有人声称产量提高了 20%。

杨（Yang）和林（Lin）[7] 研究了 $CO_2$ 雪，利用脉冲 $CO_2$ 雪射流（电磁线圈控制）去除 SU-8 光刻胶。首先对 SU-8 光刻胶进行自旋涂布，然后进行常规曝光、电镀和处理，从而在基板上形成图案，表面为金属和 SU-8 相结合的区域。将样品在 613K（340℃）温度下加热 30min，最初出现不需要的 SU-8 和金属分层。接下来，为了最有效地去除多余的 SU-

8，使用了工作距离为 6～10mm 的 $CO_2$ 雪射流器。他们还发现了在宽 200μm 以内的沟槽内被有效去除。马尔霍伊特（Malhouitre）等[56]考虑了通过 $CO_2$ 雪清洗离子注入光刻胶剥离的类似问题，发现湿法清洗与 $CO_2$ 预处理相结合去除光刻胶的速度更快、效率更高。

从晶圆表面去除颗粒是一个普遍关注的问题，基姆（Kim）等[57]研究了颗粒污染去除，并对 10nm 及更大颗粒设置了 95%的去污率标准。就像他们将 He 混合到 $CO_2$ 气体中一样，方法和喷嘴看起来也是他们自己的，比耳达（Bearda）等研究了在芯片键合前使用 $CO_2$ 雪清洗切好的芯片[58]。

$CO_2$ 雪清洗已用于清理光掩模修复过程中产生的纳米加工碎屑。在历史上，一直使用湿式清洁方法，现在已经证明 $CO_2$ 雪清洗可以处理和解决这个问题。川首（Taumer）等[59]开发了用于光掩模修复的新喷嘴和工具，其结构可小至 14nm。他们的文章详细说明了克服潜在的小结构损害所需的步骤。他们发现，降低进料压力、特定的工作距离和较慢的光栅速率可以将损害降至最低，同时仍然可以清除碎片。鲍尔斯（Bowers）[60]还介绍了一种使用 $CO_2$ 气体输入的特殊喷嘴，并讨论了 $CO_2$ 气体纯度问题和产生超低水平重烃化合物的净化方法。文卡塔斯（Venkatesh）等[61]回顾了清洗方法并讨论了喷嘴，指出气态源产生的雪粒较小，潜在危害较小。有趣的是，第一篇关于清理晶圆上的加工碎屑的论文是 1998 年由戈斯（Goss）等人撰写的[62]，他们讨论了在 GaAs 晶圆上使用微米级特征的机械光刻技术。$CO_2$ 雪被用来清洗金刚石划痕碎屑。

韦尔（Vert）等展示了一组极好的图像，显示了 $CO_2$ 雪清洗的功效[63]。他们研究了在外延硅晶圆上清洗Ⅲ-Ⅴ型化合物半导体的方法。如图 3.3 所示，边缘、斜面和隔离区的清洁程度非常显著。这些图像清楚地显示了 $CO_2$ 雪清洗在半导体关键清洁应用中的有效性和威力。

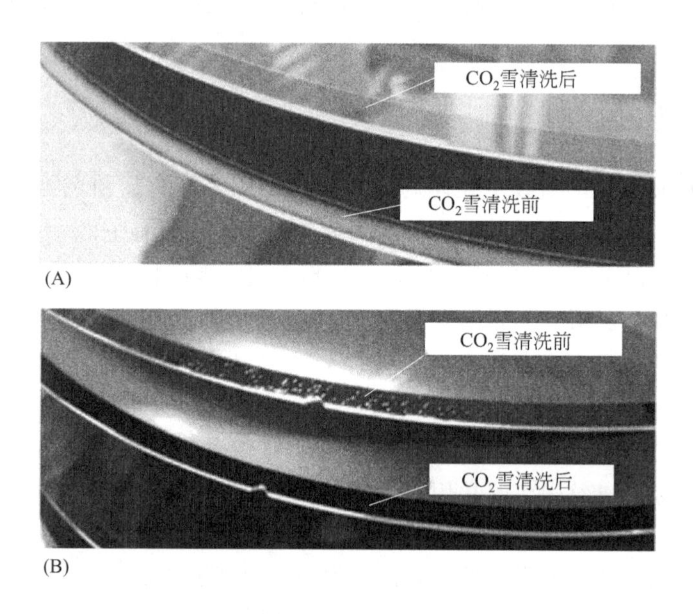


图 3.3 正面排除区和斜坡区 $CO_2$ 雪清洗前后氧化层包裹的 InGaAs/InP/GaAs 晶片外观检查实例（改编自[63]）

（A）氧化物上有高密度夹杂物成核的Ⅲ-Ⅴ外延；（B）针对较低夹杂物密度进行优化的Ⅲ-Ⅴ外延

### 3.4.4 薄膜

本节将重点介绍不是为制造半导体芯片而沉积在基板上的薄膜。这里的样品是薄膜沉积或镀膜光学器件或薄膜器件之前的裸基板。自从首次引入 $CO_2$ 雪清洗以来，在薄膜沉积之前清洗基板已经完成，尽管存在许多去除碳氢化合物和有机物的方法，但是微米和亚微米微粒去除一直是存在的问题。

洛夫里奇（Loveridge）[64]和谢尔曼（Sherman）等[25]可能是先于他人公布 $CO_2$ 雪清洗薄膜数据的人。他们提供了颗粒物或碳氢化合物去除的数据，并提供了薄膜完好无损的证据。谢尔曼（Sherman）等的测试样本包括玻璃上的 ITO（铟锡氧化物），而洛夫里奇（Loveridge）则研究了镀膜的 IR（红外）光学器件。哈戈皮安（Hagopian）等[65]建议使用低速 $CO_2$ 雪清洗可能最适合 MgO 涂层光学器件。鲍特斯（Bauters）等[66]清洗了具有 n 型外延 GaAs 层的 GaAs 样品。其他材料也被研究过，包括 MBE（分子束外延）之前的 6H-SiC 样品[67]。

杰克逊（Jackson）等[68]讨论了制作 SLG/Mo/CIGS/CdS/i-ZnO/ZnO：Al/$MgF_2$ 太阳能电池时基板的清洗。在 Mo 涂层和 CdS 层之后进行 $CO_2$ 雪清洗。他们指出，不仅从 CdS 层去除了灰尘，而且还去除了 0.5～2mm 的 CdS 胶体沉淀。王（Wang）等人的另一篇论文[69]讨论并制造有机基光电器件而清洗 ITO 的问题。在这篇论文中，他们比较了 $CO_2$ 雪清洗和溶剂清洗的样品，发现 $CO_2$ 雪清洗大大减少了层间短路的数量，并提高了性能。李（Li）和他的同事发表了两篇关于清洗玻璃上 ITO 的论文[70]。在 2007 年的论文中，根据液体接触角、SEM（扫描电子显微镜）和 XPS（X 射线光电子谱）分析，他们发现 $CO_2$ 雪清洗 ITO 比超声波效果更好。在 2009 年的论文中，他们将 $CO_2$ 雪作为有机 LED（发光二极管）上 ITO 的抛光剂。抛光与预期相反（因为 $CO_2$ 雪清洗不能去除黏结良好的层），我们想知道抛光效果是否只是清洗表面，但没有关于使用的喷嘴类型的信息，这很难得出结论。车（Che）等[71]还清洗了玻璃上的 ITO，作为对有机光伏样品研究的一部分。甘杜尔（Ghandour）等[72]研究了一些聚合物基板上的 $SiO_2$ 的 ITO 的准分子激光图案。在图案形成后，出现了卷边效应，$CO_2$ 雪在不改变图案的情况下打破了这些特性。

总体而言，在薄膜制备过程中，通常使用 $CO_2$ 雪清洗基板，同时使用其他清洗方法。$CO_2$ 雪清洗不仅是薄膜开发工作的有用工具，而且也可以用于生产。虽然上面的例子涉及玻璃基板，但只要能够支撑并且采用避免水汽凝结的方法，几乎任何基板都可被清洗。

### 3.4.5 其他应用

还有许多其他的应用，但我们将提到另外两个领域（与小样本和生物学相关），并请读者参考文献 [1]或科学文献，了解有关艺术保护和修复、纳米管、光学模具、冷却等领域相关的应用光学器件清洗是一个值得用单独一章介绍的主要应用领域。

#### 3.4.5.1 小样品

在使用 $CO_2$ 雪时，清洗小部件总是会带来样品固定方面的挑战。最近，詹特森（Jantzen）等[11]发表了有关小型微齿轮的 $CO_2$ 雪清洗工作，并将 $CO_2$ 雪清洗与空气射流清洗和超声波清洗进行了比较。一些设计样品支撑方法被设计出来，而且这些作者采用泄气阀来减小样品支架尺寸和 $CO_2$ 雪流冲击力。此外，为减少总体冲击力，他们使用了比液体源产

生更少的雪的 $CO_2$ 气体源。总体而言，对于所有类型的样品和不同的污染物，$CO_2$ 雪清洗效果优于针对单个样品的其他方法。他们所做的实验证明了样品几何形状和颗粒尺寸对清洗效果的影响。许多其他用户参照已经清洗过小部件，但詹特森等完成的这项工作[11]是第一次在相同的样品和污染物上比较三种不同清洁方法。

### 3.4.5.2　生物学研究

$CO_2$ 雪清洗已用于生物研究中的基材清洗。莫斯（Mosse）等[73]考察了用于生物应用的 $CO_2$ 雪清洗。具体地说，他们清洗氨基硅烷化末端涂层底物后研究了接枝肽。虽然作者没有肽方面的背景，但莫斯等说："$CO_2$ 雪清洗成功地除去了聚合态的 APTES（3-氨基丙基-三乙氧基硅烷），并显著降低了聚集体在表面的出现频率和大小……雪清洗降低了均方根粗糙度"。斯塔莫夫（Stamov）等[74]和斯皮茨纳（Spitzner）等[75]在肝素或胶原蛋白研究之前清洗了硅和玻璃表面。作者认为，在生物实验开始之前，$CO_2$ 雪可以清洗表面的应用还有很多。我们虽然已经看到从硅表面去除的脱氧核糖核酸［未发表］，但是如果从硅表面去除的脱氧核糖核酸被认为是被化学吸附的，那么这个表面也许可在不去除脱氧核糖核酸的情况下被清洗干净。特拉伊科维奇（Trajkovic）等[76]研究了用 $CO_2$ 雪清洗基板后在基板上固定的蛋白质，如钙调素。辛格（Singh）和同事的两篇论文[77,78]讨论了 $CO_2$ 在生物应用中的其他应用。第一篇论文讨论了利用 $CO_2$ 气溶胶的周期性射流来清洗脏的生物传感器，并通过去除物理吸附和共价键合的荧光蛋白，甚至大肠杆菌来证明其可行性。第二篇论文重点研究大肠杆菌。

## 3.5　小结

总体而言，$CO_2$ 雪清洗有很多应用，随着时间的推移，许多领域的科学和工程团体都在寻找新的应用。一些新的喷嘴概念和设备布置带来了新的想法。$CO_2$ 雪清洗虽然永远不会像超声波或溶剂清洗（间歇清洗与在线清洗）那样被普遍接受或应用，但它已经在许多领域中成为一种可接受的方法，同时新的领域正在涌现。我们正从事这样一个领域的工作[79]。鼓励读者浏览科学和专利文献，寻找想法，并与制造商交流，以确定 $CO_2$ 雪清洗是否可以帮助他们满足清洗需求。

## 参考文献

[1]　R. Sherman, "Carbon Dioxide Snow Cleaning", in: *Developments in Surface Contamination and Cleaning. Fundamentals and Applied Aspects*, Volume 1, 2nd Edition, R. Kohli and K. L. Mittal(Eds.), pp. 695-716, Elsevier, Oxford, UK(2016).

[2]　R. Sherman, "Carbon Dioxide Snow Cleaning", Particulate Sci. Technol. 25, 37(2007).

[3]　S. Banerjee and A. Campbell, "Principles and Mechanisms of Sub-Micrometer Particle Removal by $CO_2$ Cryogenic Technique", J. Adhesion Sci. Technol. 19, 739(2005).

[4] Co2Clean homepage. www. www. co2clean. com.
[5] W. Whitlock,"Dry Surface Cleaning with $CO_2$ Snow",Proceedings 20th Annual Meeting of the Fine Particle Society,MA,Boston(1989). https://www. researchgate. net/publication/ 323355465_DRY_SURFACE_CLEANING_WITH_C0_2_SNOW.
[6] M. Hills,"Carbon Dioxide Jet Spray Cleaning of Molecular Contaminants",J. Vac. Sci. Technol. A 13,30 (1995).
[7] S. Yang and Y. Lin,"Removal of SU-8 Photoresist using Buckling-Driven Delamination Assisted with a Carbon Dioxide Snow Jet for Microfluidics Fabrication",J. Micromech. Microeng. 17,2447(2007).
[8] E. Hill,"Carbon Dioxide Snow Examination and Experimentation",Precision Cleaning Magazine,p 36 (February 1994).
[9] Y. Liu,H. Maruyama and S. Matsusaka,"Agglomeration Process of Dry Ice Particles Produced by Expanding Liquid Carbon Dioxide",Adv. PowderTechnol. 21,652(2010).
[10] X. Feng,S. Lawes and P. Kinnell,"The Development of a Snow Cleaning System for Micro-CMM Stylus Tips",Proceedings 15th International Euspen Conference&Exhibition,pp. 191-192,European Society for Precision Engineering and Nanotechnology,Bedfordshire,UK(2015).
[11] S. Jantzen,T. Decarreaux,M. Stein,K. Kniel and A. Dietzel,"$CO_2$ Snow Cleaning of Miniaturized Parts",Precision Eng. 52,122(2018)
[12] W. Krone-SchmidtandJ. R. Markle,"Environment Control Apparatus",U. S. Patent 5,316,560(1994); E. E. Seasly and Z. A. Seasly,"Automated Non-Contact Cleaning",U. S. Patent 7,784,477(2010);P. W. DePalma and R. Sherman,"System and Method for Controlling Humidity in a Cryogenic Aerosol Spray Cleaning System",U. S. Patent 6,572,457(2003).
[13] N. Odegaard,"Investigations Using Liquid $CO_2$ to Clean Textiles and Basketry",Presentation at Conference Ice Cold:Solid Carbon Dioxide Cleaning,Smithsonian American Art Museum,Washington,D. C. (2016). https://www. youtube. com/watch? v=P4gOPpNgdWQ.
[14] M. Hills,"Mechanism of Surface Charging During $CO_2$ Jet Spray Cleaning",J. Vac. Sci. Technol. A 13, 412(1995)
[15] W. Krone-Schmidt,E. S. DiMilia and M. J. Slattery,"Electrostatic Discharge Control during Jet Spray", U. S. Patent 5,409,418(1995).
[16] D. P. Jackson,"Dense Fluid Spray Cleaning Method and Apparatus",U. S. Patent 5,725,154(1998).
[17] R. Sherman,D. Hirt and R. Vane,"Surface Cleaning with the Carbon Dioxide Snow Jet",J. Vac. Sci. Technol. A 12,1876(1994)
[18] C. W. Bowers,I. Varghese and M. Balooch,"$CO_2$ Nozzles",U. S. Patent 8,454,409(2013).
[19] S. Vogt,C. Landoni,C. Applegarth,M. Browning,M. Succi,S. Pirola and G. Macchi,"Carbon Dioxide Gas Purification and Analytical Measurement for Leading Edge 193nm Lithography",Proceedings of Conference on Metrology,Inspection,and Process Control for Microlithography XXIX,SPIE 9424,p. 9424N(2015).
[20] M. E. Zorn,D. T. Tompkins,W. A. Zeltner,M. A. Anderson and J. T. Etter,"In-Line Catalytic Purification of Carbon Dioxide used in Precision Cleaning Applications",Ind. Eng. Chem. Res. 51,2882(2012)
[21] Valco Instruments Company,Poulsbo,WA. http://www. vici. com/matsen/co2. php and https://www. vici. com/matsen/co2liq. php (accessed February 15,2018).
[22] R. Zito,"Removal of Organic Impurities from Liquid Carbon Dioxide",Proceedings Optical System Contamination:Effects,Measurements,and Control Ⅶ,SPIE Vol. 4774,p. 45(2002).
[23] Personal communication with Jeffrey Sloan,Va-Tran Systems,Chula Vista,CA(2002).
[24] E. S. Brandt and B. A. Simpson,"Carbon Dioxide Jet Spray Polishing of Metal Surfaces",U. S. Patent 5, 765,578(1998).
[25] R. Sherman,J. Grob and W. Whitlock,"Dry Surface Cleaning using $CO_2$ Snow",J. Vac. Sci. Technol. B 9,1970(1991).
[26] R. Sherman and W. Whitlock,"The Removal of Hydrocarbons and Silicone Grease Stains from Silicon Wafers",J. Vac. Sci. Technol. B 8,563(1991).
[27] L. Leyden and D. Wadlow,"High Velocity Carbon Dioxide Snow for Cleaning Vacuum System Sur-

faces",J. Vac. Sci. Technol. A8,3881(1990).
[28] R. A. Bailey and J. C. Midavaine,"CRT Electron Gun Cleaning using Carbon Dioxide Snow",U. S. Patent 5,605,484(1997).
[29] A. Dangwala,G. Müller,D. Reschke,K. Floettmann and X. Singer,"Effective Removal of Field-Emitting Sites from Metallic Surfaces by Dry Ice Cleaning",J. Appl. Phys. 102,044903(2007).
[30] C. Reece,E. Ciancio,K. Keyes and D. Yang,"A Study of the Effectiveness of Particulate Cleaning Protocols on Intentionally Contaminated Niobium Surfaces",Proceedings SRF2009 14th International Conference on RF Superconductivity,p. 746,Helmholtz-Zentrum,Berlin,Germany(2009).
[31] C. Hernandez-Garcia,D. Bullard,F. Hannon,Y. Wang and M. Poelker,"High Voltage Performance of a DC Photoemission Electron Gun with Centrifugal Barrel-Polished Electrodes",Rev. Sci. Instrum. 88,093303(2017).
[32] R. Sherman,"Carbon Dioxide Snow Cleaning",Proceedings of Precision Cleaning'97,pp. 232-241,Witter Publishing,Flemington,NJ(1997).
[33] J. T. Gabzdyl and W. M. Veldsman,"Weld Preparation Method",U. S. Patent 6,852,011(2005); J. Von Der Ohe,"Method and Device for Cleaning Welding Torches",U. S. Patent 7,053,335(2006).
[34] S. M. Suh,Y. Guo,G. Xuan and P. Agarwal,"Cleaning of Chamber Components with Solid Carbon Dioxide Particles",U. S. Patent Application US20160016286A1(2016).
[35] R. Sherman-unpublished research(2018).
[36] D. A. Chernoff and R. Sherman,"Resurrecting Dirty Atomic Force Microscopy Calibration Standards",J. Vac. Sci. Technol. B28,643(2010).
[37] D. J. Morris,"Cleaning of Diamond Nanoindentation Probes with Oxygen Plasma and Carbon DioxideSnow",Rev. Sci. Instrum. 80,126102(2009).
[38] X. Feng,P. K. Kinnell and S. Lawes,"Development of $CO_2$ Snow Cleaning for In-Situ Cleaning of μCMM Stylus Tips",Meas. Sci. Technol 28,015007(2017).
[39] This list of references is available from roberts@co2clean. com
[40] B. Y. Chow,D. W. Mosley and J. M. Jacobson,"Perfecting Imperfect 'Monolayers':Removal of Siloxane Multilayers by $CO_2$ Snow Treatment",Langmuir 21,4782(2005)
[41] Personal communication with M. Lay,University of Georgia,Athens,GA(now at Cooper Union,New York,NY)(2015).
[42] J. Xu,S. Park,S. Wang,T. P. Russell,B. M. Ocko and A. Checco,"Directed Self-Assembly of Block Copolymers on Two-Dimensional Chemical Patterns Fabricated by Electro-Oxidation Nanolithography",Adv. Mater. 22,2268(2010).
[43] M. Hettich,A. Bruchhausen,S. Riedel,T. Geldhauser,S. Verleger,D. Issenmann,O. Ristow,R. Chauhan,J. Dual, A. Erbe, E. Scheer, P. Leiderer and T. Dekorsy, "Modification of Vibrational Damping Times in Thin Gold Films by Self-Assembled Molecular Layers",Appl. Phys. Lett. 98,261908(2011).
[44] X. H. Zhang,N. Maeda and V. S. J. Craig,"Physical Properties of Nanobubbles on Hydrophobic Surfaces in Water and Aqueous Solutions",Langmuir 22,5025(2006).
[45] P. Müller-Buschbaum,"Influence of Surface Cleaning on Dewetting of Thin Polystyrene Films",Eur. Phys. J. E12,443(2003).
[46] L. Zhu,P. Attard and C. Neto,"Reliable Measurements of Interfacial Slip by Colloid Probe Atomic Force Microscopy. Ⅱ. Hydrodynamic ForceMeasurements",Langmuir 27,6712(2011).
[47] R. R. Zito,"Cleaning Large Optics with $CO_2$ Snow",in:*Proceedings on Advanced Technology Optical Telescopes* Ⅳ,L. D. Barr(Ed.),SPIE1236,pp. 952-972,SPIE,Bellingham,WA(1990).
[48] R. Kneale and K. Raybould,"Coating Plant,In-Situ Cleaning Program,and Low-Emissivity/Protected Silver Coatings Program Design Review Document",REV-TE-G0007,Gemini Project Office,Tucson,AZ(1994). http://www. gemini. edu/documentation/webdocs/rev/rev-te-g0007. pdf.
[49] H. Kriel,O. Strydom,C. du Plessis and H. Gajjar,"Automated $CO_2$ Cleaning System for the SALT Primary Mirror",Proceedings Advanced Optical and Mechanical Technologies in Telescopes and Instrumentation,SPIE 7018,p. 70181P,SPIE,Bellingham,WA(2008).
[50] F. Piché,"Impact of $CO_2$ Snow Cleaning on HET Primary Mirror Segment Reflectivity",Hobby * Eber-

ly Telescope, McDonald Observatory, University of Texas, Austin, TX(August 17, 1999). https://het.as.utexas.edu/HET/TechReports/$CO_2$_cleaning/$CO_2$_cleaning.pdf.
[51] R. R. Zito, "Silvering Substrates after $CO_2$ Snow Cleaning", Proceedings of Conference on Advances in Thin-Film Coatings for Optical Applications II, SPIE 5870, p. 87006, SPIE, Bellingham, WA(2005).
[52] D. Clark, W. Kindred and J. T. Williams, "Situ Aluminization of the MMT 6.5 m Primary Mirror", in: *Proceedings of Conference on Optomechanical Technologies for Astronomy*, E. Atad-Ettedgui, J. Antebi and D. Lemke(Eds.), SPIE 6273, p. 627305, SPIE, Bellingham, WA(2006).
[53] J. L. Clark, D. R. Jungwirth, W. Krone-Schmidt, M. A. CulpepperandP. T. C. Chen, "New Contamination Engineering Technology for Active On-Orbit Surface Cleaning", in: *Proceedings Conference on Optical Systems Contamination and DegradationII: Effects, Measurements, and Control*, P. T. C. Chen and O. M. Uy(Eds.), SPIE 4096, pp. 101-108, SPIE, Bellingham, WA(2000).
[54] Co2 Clean, "Telescope Cleaning", www.co2clean.com/telescopes (2016).
[55] P. Miller, D. Price, M. Burtch and C. Bowers, "Innovative Metal Lift-Off Process Using Dry Carbon Dioxide", Proceedings CS MANTECH International Conference on Compound Semiconductor, CS MANTECH, Inc, Beaverton, OR (2001). http://csmantech.org/OldSite/Digests/ 2001/PDF/8 _ 8 _ Burtch.pdf.
[56] S. Malhouitre, R. Vos, S. Banerjee, P. Cheng, T. Bearda and P. Mertens, "Stripping of Ion Implanted Photoresist by $CO_2$ CryogenicPre-Treatment Followed by Wet Cleaning", Solid State Phenomena 145, 289(2009).
[57] I. Kim, K. Hwang and J. W. Lee, "Removal of 10-nm Contaminant Particles from Si Wafers Using $CO_2$ Bullet Particles", Nanoscale Res. Lett. 7, 211(2012).
[58] T. Bearda, Y. Travaly, K. Wostyn, S. Halder, B. Swinnen, T. Molders, I. Varghese and P. Cheng, "Post-Dicing Particle Control for 3D Stacked IC Integration Flows", Proceedings ECTC 2009 59th Electronic Components and Technology Conference, p. 513, IEEE, Piscataway, NJ(2009).
[59] R. Taumer, T. Krome, C. Bowers, I. Varghese, T. Hopkins, R. White, M. Brunner and D. Yi, "Qualification of Local Advanced Cryogenic Cleaning Technology for 14nm Photomask Fabrication", Proceedings Conference Photomask Technology 2014, SPIE9235, p. 923525(2014).
[60] C. W. Bowers, "$CO_2$ Nozzles", U. S. Patent 8,454,409(2013).
[61] R. P. Venkatesh, M.-S. Kim and J.-G. Park, "Contamination Removal from UV and EUV Photomasks", in: *Developments in Surface Contamination and Cleaning: Methods for Surface Cleaning*, Volume9, R. Kohli and K. L. Mittal(Eds.), pp. 135-173, Elsevier, Oxford, UK(2017).
[62] S. H. Goss, L. Grazulis, D. H. Tomich, K. G. Eyink, S. D. Walck, T. W. Haas, D. R. Thomas and W. V. Lampert, "Mechanical Lithography Using a Single Point Diamond Machining", J. Vac. Sci. Technol. B 16, 1439(1998).
[63] A. Vert, T. Orzali, T. Dyer, R. Hill, P. R. Satyavolu, E. Barth, R. Gaylord, S. Hu, S. Vivekanand, J. Herman, U. Rana and V. Kaushik, "Backside and Edge Cleaning of Ⅲ-Ⅴ on Si Wafers for Contamination Free Manufacturing", Proceedings 2015 26th Annual Advanced Semiconductor Manufacturing Conference(ASMC), pp. 362-366, IEEE, Piscataway, NJ(2015).
[64] R. Loveridge, "$CO_2$ Jet Spray Cleaning of IRThin-Film-Coated Optics", in: *Infrared Thin Films: A Critical Review*, R. P. Schimshock(Ed.), SPIE 10261, p. 102610B, SPIE, Bellingham, WA(1992).
[65] J. Hagopian, C. Fleetwood, R. Keski-Kuha, D. Leviton, G. Wright and C. Bowers, "Qualification of $CO_2$ Jet Spray Cleaning for Use on Magnesium-Fluoride-Protected Aluminum Coatings for the Corrective Optics Space Telescope Axial Replacement(COSTAR)", Proceedings of Conference on Optical System Contamination: Effects, Measurements, and Control Ⅳ, SPIE 2261, p. 334, SPIE, Bellingham, WA (1994).
[66] J. Bauters, R. Fenlon, C. Seibert, W. Yuan, J. Plunkett, J. Li and D. Hall, "Oxygen-Enhanced Wet Thermal Oxidation of GaAs", Appl. Phys. Lett. 99, 142111(2011).
[67] W. Lampert, C. Eiting, S. Smith, K. Mahalingam, L. Grazulis and T. W. Haas, "Homoepitaxy of 6H-SiC by Solid-Source Molecular BeamEpitaxy Using $C_{60}$ and Si Effusion Cells", J. Cryst. Growth 234, 369 (2002).

[68] P. Jackson, R. Wurz, U. Rau, J. Mattheis, M. Kurth, T. Schlotzer, G. Bilger and J. Werner, "High Quality Baseline for High Efficiency, Cu(In1-x, $Ga_x$)$Se_2$ Solar Cells", Prog. Photovolt. Res. Appl. 15, 507 (2007).

[69] N. Wang, J. D. Zimmerman, X. Tong, X. Xiao, J. Yu and S. R. Forrest, "Snow Cleaning of Substrates Increases Yield of Large-Area Organic Photovoltaics", Appl. Phys. Lett. 101, 133901(2012).

[70] O. J. Li, T. Qi, S. Li and G. Zhao, "Cleaning of ITO Glass with Carbon Dioxide Snow Jet Spray", in: *Proceedings 3rd International Symposium on Advanced Optical Manufacturing and Testing Technology*, L. Yang, Y. Chen, E. Kley and R. Li(Eds.), SPIE 67224, p. 672241, SPIE, Bellingham, WA(2007); J. Li and T. Qi, "ITO Glass Polishing using Carbon Dioxide Snow Jet Technique for Organic Light-Emitting Diodes", Proceedings 4th International Symposium on Advanced Optical Manufacturing and Testing Technologies: Advanced Optical Manufacturing Technologies, SPIE 7282, p. 72822K, SPIE, Bellingham, WA(2009).

[71] X. Che, C.-L. Chung, X. Liu, S.-H. Chou, Y.-H. Liu, K.-T. Wong and S. R. Forrest, "Regioisomeric Effects of Donor-Acceptor-Acceptor Small-Molecule Donors on the Open Circuit Voltage of Organic Photovoltaics", Adv. Mater. 28, 8248(2016).

[72] O. A. Ghandour, D. Constantinide and R. E. Sheets, "Excimer Ablation of ITO on Flexible Substrates for Large Format Display Applications", in: *Proceedings Conference on Photon Processing in Microelectronics and Photonics*, K. Sugioka, M. C. Gower, R. F. Haglund Jr., A. Piqué, F. Träger, J. J. Dubowski and W. Hoving(Eds.), SPIE 4637, pp. 90-101, SPIE, Bellingham, WA(2002).

[73] W. K. J. Mosse, M. L. Koppens, T. R. Gengenbach, D. B. Scanlon, S. L. Gras and W. A. Ducker, "Peptides Grafted from Solids for the Control of Interfacial Properties", Langmuir 25, 1488(2009).

[74] D. Stamov, M. Grimmer, K. Salchert, T. Pompe and C. Werner, "Heparin Intercalation into Reconstituted CollagenI Fibrils: Impact on Growth Kinetics and Morphology", Biomaterials. 29, 1(2008).

[75] E.-C. Spitzner, S. Röper, M. Zerson, A. Bernstein and R. Magerle, "Nanoscale Swelling Heterogeneities in Type I Collagen Fibrils", ACS Nano9, 5683(2015).

[76] S. Trajkovic, X. Zhang, S. Daunert and Y. Cai, "Atomic Force Microscopy Study of the Conformational Change in Immobilized Calmodulin", Langmuir 27, 10793(2011).

[77] R. Singh, S. HongandJ. Jang, "Mechanical Desorption of Immobilized Proteins using Carbon Dioxide Aerosols for Reusable Biosensors", Anal. Chim. Acta 853, 588(2015).

[78] R. Singh, A. Monnappa, S. Hong, J. Jang and R. Mitchell, "Effects of Carbon Dioxide Aerosols on the Viability of *Escherichia coli* During Biofilm Dispersal", Scientific Reports 5, 13766(2015). https://www.researchgate.net/publication/281612508_Effects_of_Carbon_Dioxide_Aerosols_on_the_Viability_of_Escherichia_coli_during_Biofilm_Dispersal.

[79] R. Sherman-unpublished concept.

# 第4章

# 固态二氧化碳（干冰）球粒喷射在去除表面污染物中的应用

Rajiv Kohli

美国NASA美国国家航空航天局约翰逊航天中心航空航天公司 得克萨斯州休斯敦市

# 4.1 引言

新型非溶剂清洗方法正在被愈来愈多的人寻找以替代传统的清洗用溶剂，例如含氯化合物、氯氟烃（HCFCs）、三氯乙烷和其他消耗臭氧的溶剂。主要的动机是对臭氧层消耗、全球变暖和空气污染的关切，这导致出台新的法规和授权以减少这些溶剂使用。这些溶剂中有许多通常会应用于工业和精密仪器清洗，但由于损害环境，所以，目前有计划来逐步淘汰这些溶剂[1-3]。

多种固体抛射体（或清洁介质）撞击精密清洗目标表面的喷射工艺属于替代技术[4,5]。常规的喷射介质，如沙子、塑料碎片、玻璃珠、陶瓷粉末等类似材料撞击时产生灰尘，而这种灰尘在高精密清洗应用中是必须清除的。这往往带来一些复杂的费用大的灰尘去除过程，这使得用常规介质实施的去除过程在技术上、经济上和环境上不可行。例如，使用常规的喷射介质对放射性铅砖进行去污，会产生铅化合物、放射性同位素和喷射介质粉末等有害混合废物，这些废物极难处置。在一些应用中，干冰喷射（固体 $CO_2$）❶ 相对于表面化学处理，用沙子或其他研磨性材料喷射、水力喷射、蒸汽清洗及使用机械或电动工具有明显的优势（表 4.1）。

**表 4.1　干冰喷射与其他清洗方法的比较**

| 清洗方法 | 二次废物 | 导电性 | 破坏性 | 毒性 | 有效性 |
|---|---|---|---|---|---|
| $CO_2$ 球粒/干冰 | 无 | 无 | 无 | 无 | 优 |
| 喷射/苏打喷射 | 有 | 无 | 有 | ① | 好 |
| 水力喷射(水) | 有 | 有 | 无 | ① | 合格 |
| 蒸汽清洗 | 有 | 无 | 无 | ① | 好 |
| 化学品/溶剂 | 有 | 未知 | 无 | 有 | 有限 |
| 机电工具 | 无 | 未知 | 有 | 未知 | 有限 |

① 清洗有毒有害物质会导致喷射介质受到污染，必须将其作为危险废物进行处理和处置。

与喷沙和喷水相比，干冰喷射通常总工时最短，可弥补干冰升华将气态 $CO_2$ 直接排放到环境中的缺点[6,7]。

干冰喷射是一种简单、无磨损的清洗工艺，它是利用普通自来水、压缩空气和电力的一种环保、经济高效的方法，整个过程无需使用化学品、研磨材料、高温或蒸汽即可去除表面污染物。$CO_2$ 球粒是一种相对易制造，易于获得（$CO_2$ 是工业过程的副产品或可从自然资源获得）的喷射介质，将动能传递到表面后直接升华成气体，使用后没有固体残留物。该技术可用于清洗表面、去除油漆或表面去污，以及在食品、医疗和制药工业中对卫生敏感的表面进行去污。它还可以用于去除加工后金属部件上的松散材料、斑点和毛刺，甚至可以处理较软的材料，如有机聚合物材料，包括塑料和橡胶部件等需要关注或旨在商业和工业清洗应用过程中减少废物产生的有关应用，使用 $CO_2$ 球粒是一种智能的表面清洗解决方案，与其他喷射清理工艺相比，干冰喷射不会在废物中积聚颗粒物，因此，可减少 95%二次废物。

---

❶ 干冰喷射通常指使用固体 $CO_2$ 球粒作为冲击介质进行表面清洗。在本章中，干冰将与二氧化碳颗粒互换使用。

固体 $CO_2$ 用于清洗的另一种形式是 $CO_2$ 雪。它依靠密度和粒径更小的颗粒通过动量传递去除表面颗粒，并通过在液相中溶解除去有机物。第 3 章介绍了 $CO_2$ 雪的清洗。本章着重介绍固体 $CO_2$ 球粒喷射在表面污染物去除方面的应用。

## 4.2　表面污染和表面清洁度等级

表面污染有多种形式，并可能以不同状态存于表面上[8,9]。最常见的表面污染物类别如下：

- 颗粒，例如亚微米至宏观尺寸范围的金属、陶瓷、玻璃和塑料等。
- 可能以碳氢化合物薄膜或有机残留物的形式存在的有机污染物，如油滴、油脂、树脂添加剂和蜡。
- 可以是有机（碳氢化合物）或无机（酸、气体、碱）的分子污染。
- 阳离子（例如 $Na^+$ 和 $K^+$）和阴离子（例如 $Cl^-$、$F^-$、$SO_3^{2-}$、$BO_3^{3-}$ 和 $PO_4^{3-}$）污染。
- 在表面以离散颗粒形式存在，或在基体中以微量杂质形式存在的金属污染物。
- 微生物污染（如细菌、真菌和藻类）。

常见的污染源包括机油和润滑脂、液压油和清洗液、胶黏剂、蜡、人类污染物和微粒。此外，不同来源的大量其他化学污染物也可能污染表面。

典型的清洁规范是基于清洁后表面上残留的特定的或特征的污染物的数量。世界各地的航天机构通过按颗粒尺寸［微米级（μm)］和颗粒数量规定航天硬件的表面精密清洁度等级；对于以非挥发残留物（NVR）代表的碳氢化合物污染，以单位面积上的 NVR 质量来规定这种等级；对于液体或气体则以单位体积中的 NVR 的质量来规定这种等级[10,11]。这些清洁度等级都基于行业标准 IEST-STD-CC1246E（《产品清洁度等级——应用、要求和测定》）中规定的那些污染规范（contamination specifications)：就颗粒污染而言，表面污染规范为 5 级至 1000 级，就 NVR 污染而言，表面的污染规范为 R1E-5 级（$10ng/0.1m^2$）至 R25 级（$25mg/0.1m^2$）[12]。表 4.2 列出了 IEST-STD-CC1246E 中就颗粒污染规定的表面清洁度等级。表 4.3 列出了标准中每个污染物指定等级的最大允许 NVR。

许多行业中，尽管许多应用将要求定为小于 $1\mu g/cm^2$，精密清洁度等级被规定为小于 $10\mu g/cm^2$ 的有机污染物等级[12]。这些清洁度等级是可取的，或者是零件功能要求的，例如加工零件、电子组件、光学和激光零件、精密的机械零件和计算机零件。

**表 4.2　IEST-STD-CC1246E 中为商业和非商业应用产品规定的表面颗粒清洁度等级[12]**

| 尺寸 | | 每个清洁度等级的每 $0.1m^2$ 的最大颗粒数 | | | | | | | | |
|---|---|---|---|---|---|---|---|---|---|---|
| 最小/μm | 最大/μm | 25 级 | 50 级 | 100 级 | 200 级 | 300 级 | 400 级 | 500 级 | 750 级 | 1000 级 |
| 5 | 15 | 19 | 141 | 1519 | | | | | | |
| 15 | 25 | 2 | 17 | 186 | 2949 | | | | | |
| 25 | 50 | 1 | 6 | 67 | 1069 | 6433 | | | | |
| 50 | 100 | 0 | 1 | 9 | 54 | 926 | 3583 | 20726 | | |
| 100 | 250 | 0 | 0 | 1 | 15① | 92 | 359 | 1073 | 9704 | |
| 250 | 500 | 0 | 0 | 0 | 0 | 2① | 8① | 25 | 205 | 983 |

续表

| 尺寸 | | 每个清洁度等级的每 $0.1m^2$ 的最大颗粒数 | | | | | | | | |
|---|---|---|---|---|---|---|---|---|---|---|
| 最小/μm | 最大/μm | 25 级 | 50 级 | 100 级 | 200 级 | 300 级 | 400 级 | 500 级 | 750 级 | 1000 级 |
| 500 | 750 | 0 | 0 | 0 | 0 | 0 | 0 | 1 | 7 | 33 |
| 750 | 1000 | 0 | 0 | 0 | 0 | 0 | 0 | 0 | 1 | 3 |
| 1000 | 1250 | 0 | 0 | 0 | 0 | 0 | 0 | 0 | 0 | 1 |

① 在任何情况下，每 $0.1m^2$ 表面积大于级别规定的颗粒不允许超过 1 个。

**表 4.3　IEST-STD-CC1246E 中规定的商业和非商业应用的表面 NVR 清洁度等级[12]**

| 名称修版 E | 最大允许 NVR 极限质量/$0.1m^2$ 或质量/0.1L(气体或液体) | 名称修版 E | 最大允许 NVR 极限质量/$0.1m^2$ 或质量/0.1L(气体或液体) |
|---|---|---|---|
| R1E-5 | 10ng | R1E-1 | 100μg |
| R2E-5 | 20ng | R2E-1 | 200μg |
| R5E-5 | 50ng | R5E-1 | 500μg |
| R1E-4 | 100ng | R1 | 1mg |
| R2E-4 | 200ng | R2 | 2mg |
| R5E-4 | 500ng | R3 | 3mg |
| R1E-3 | 1μg | R4 | 4mg |
| R2E-3 | 2μg | R5 | 5mg |
| R5E-3 | 5μg | R7 | 7mg |
| R1E-2 | 10μg | R10 | 10mg |
| R2E-2 | 20μg | R15 | 15mg |
| R5E-2 | 50μg | R25 | 25mg |

空气中的分子污染是以蒸气或气溶胶的形式存在的化学污染，可以是有机的或无机的，包括从酸和碱到金属有机化合物和掺杂剂的一切东西。许多产品和制造过程对空气中的分子污染物（AMCs）很敏感，甚至会被空气中的分子污染物（AMCs）破坏，这些污染物是由外部环境、工艺本身或其他来源产生的，因此，监控 AMCs 至关重要[13]。新标准 ISO 14644—10“洁净室和相关控制环境——第 10 部分：按化学浓度划分的表面清洁度分类”[14]，现已作为一项国际标准可供使用，该标准规定了洁净室表面清洁度的分类系统，涉及 AMCs 的存在。事实上，该标准至少识别了八类 AMCs——酸（ac）、碱（ba）、生物毒剂（bt）、可冷凝剂（cd）、腐蚀剂（cr）、掺杂剂（dp）、总有机化合物（toc）和氧化剂（ox），以及个别物质或混合物质。该标准适用于无尘室和相关受控环境中的所有固体表面（例如墙壁、天花板、地板、工作环境、工具、设备和装置）。

# 4.3　$CO_2$ 球粒清洗影响因素

以下各节讨论与 $CO_2$ 球粒清洗相关的关键考虑因素[15-61]。

## 4.3.1　相行为

在 $CO_2$ 的相图上，三相点的温度为 216.75K（−56.4℃），压力为 0.52MPa，远远高于大气压（图 4.1）。因此，在低于 0.52MPa（5.2atm）的压力下不可能获得任何液态 $CO_2$。在 194.65K（−78.5℃）的温度下，固体 $CO_2$ 的蒸气压为 0.101MPa（1atm）。在此压力下，液相不稳定，固态发生升华反应。这意味着在环境压力下，$CO_2$ 将在 194.65K（−78.5℃）的温度下升华。这就是固体 $CO_2$ 通常称为“干冰”的原因，因为它在环境压力下的相变过程不经过液态。固体 $CO_2$ 的状态方程可用于作为温度和压力函数的固体-蒸汽平衡计算。

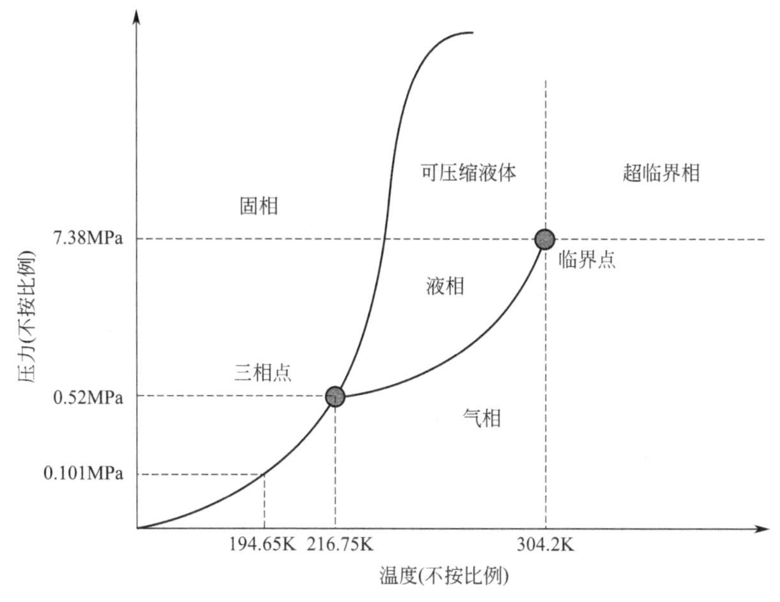


图 4.1　$CO_2$ 的压力-温度相图

为了形成喷射用干冰，相图提供了必要的压力和温度条件。这些条件通过商业喷射系统实现，在系统中产生连续稳定的 $CO_2$ 球粒。如果液态 $CO_2$ 是制造球粒的来源，将其储存在环境温度和 6MPa（59.22atm）以下压力的钢瓶中，或储存在约 253K（20℃）和 2MPa（19.74atm）压力下真空-热绝缘的罐中。

## 4.3.2　干冰的性质

在 194.65K 和环境压力下，固态干冰球粒的莫氏硬度为 2.0，与环境压力下的温度为 −78.5℃的石膏相当。干冰球粒的体积密度为 1000～1500kg/$m^3$。它们具有典型的稻谷形状，长约 3～10mm，宽约 2.5～3.5mm。固体 $CO_2$ 被使用的形式也可以是直径 10～16mm 的圆形颗粒或块状物，或从干冰块（10～20kg）上刮下的薄片。

干冰球粒的质量一般比颗粒或薄片大，并且被用于厚或易碎污染物的侵蚀性清洗。颗粒的质量虽然较小，但通量密度较高，这有利于去除较薄的硬质污染物。这种侵蚀性较小的清洗方式也能防止对基材的损坏。

## 4.3.3　$CO_2$ 球粒清洗机理

干冰喷射是通过以极高的速度将球粒喷射到表面进行清洗。$CO_2$ 球粒去除污染物的机理是以下四种主要效应的结合。

（1）脆化　有机材料在冷却时变硬变脆，其他材料如钢材、有色金属和塑料的强度也会因低温脆化而降低，这降低了它们的弹性和黏附性，使移除更容易。表面产生拉应力，表面基底下方产生压应力。在拉应力条件下，表面细裂纹形成并扩展，这些裂纹的扩展和聚集将导致表面材料的断裂和去除。拉应力是弹性模量、热膨胀系数、泊松比、表面温度和内部温度的函数。

（2）热冲击　由于表面的突然局部冷却，因热冲击造成的收缩率的差异会产生剪切应力。因为顶层污垢或污染物预计会比底层基板传递更多热量，更容易剥落，因此可以认为这可以改善清洗效果。清洗过程的效率和有效性取决于基板和污染物的导热系数，由于非金属材料和金属材料的导热系数相差很大，因此在喷射金属表面的非金属污染物时，热冲击效应最为明显。

（3）撞击　撞击时，动能转化为由干冰颗粒的速度和质量产生的去除力。一旦去除力超过附着力，附着在表面的污染物颗粒将被去除。对于撞击在表面上小的、轻的颗粒，极小动能在撞击时传递到表面，产生极小的冲蚀。通过调节推进剂的压力、物料的进料速度、物料速度和喷射颗粒的大小，可以控制施加在表面的动能。

（4）升华　撞击后，$CO_2$ 球粒几乎立即升华。从非常冷的球粒到相对温暖的待清洗表面之间的热传递导致二氧化碳球粒几乎立即升华（图 4.2）。这个过程伴随体积增加大约 800 倍。这种二氧化碳球粒的微爆炸引起微观冲击波，将已经松动的污染物炸开，并将污染物和压缩空气一起带走。在很高速度下，$CO_2$ 球粒会从固相转化为高压致密液相，这对溶解碳氢化合物非常有效。这种稠密的流体经受快速压缩和膨胀以清除污染物。这些作用对清洗多孔表面很重要。

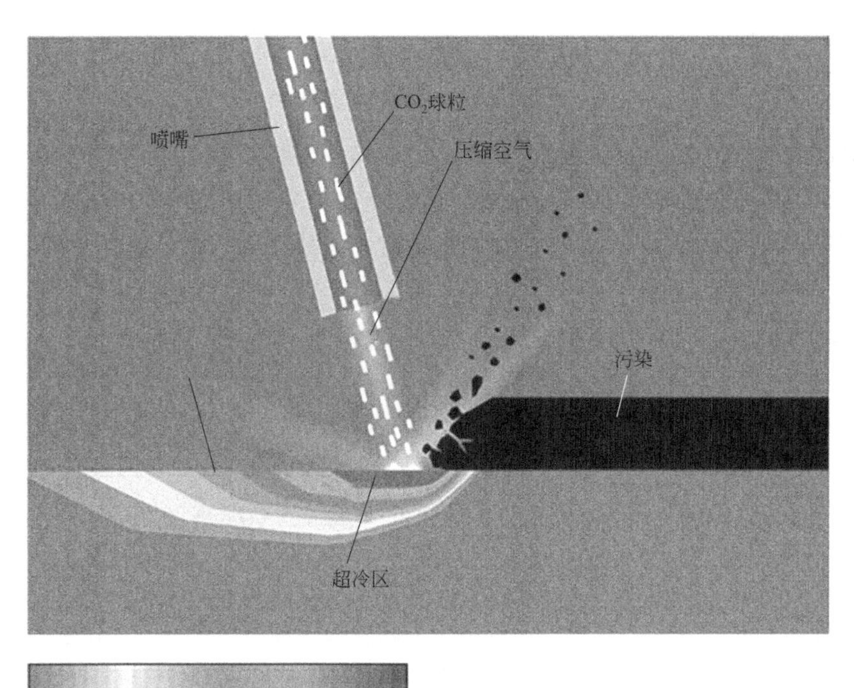


图 4.2　由 $CO_2$ 球粒喷射引起的表面温度分布图

## 4.3.4　工艺说明

干冰喷射工艺已用于各种去除污染物的应用。干冰颗粒可以作为预制球粒购得，也可以在造粒机中持续生产。使用一个单软管或双软管输送系统，将干冰颗粒输送到 0.2～1.7MPa 压力的喷嘴，干冰颗粒被加速到亚音速、音速或超音速，冲向靶表面。所用载流体一般为空气，也有人提出了其他载流体，例如压缩氮气、气态 $CO_2$ 甚至臭氧化的空气。高压干冰球粒射流撞击在表面上以去除污染物。喷嘴具有多轴控制功能，可准确而精密地处理具有狭窄空间的复杂形状和零件。

撞击后，固体二氧化碳颗粒发生相变，直接升华，不留下磨粒残留物。污染物通过流动的气流和二氧化碳去除。干冰喷射是无磨损的，不会在大多数基材上留下印记，干冰喷射后不会产生大多磨料介质喷射作业中常见的粉尘。这对空气中的颗粒物含量必须保持在较低水平的含铅涂料或石棉消除工作场所以及其他有害物质清除作业场所的操作人员尤其重要。

图 4.3 为干冰喷射的典型流程，与所有喷射作业一样，在使用 $CO_2$ 球粒喷射系统时，应采取一些预防措施以确保工人的安全。

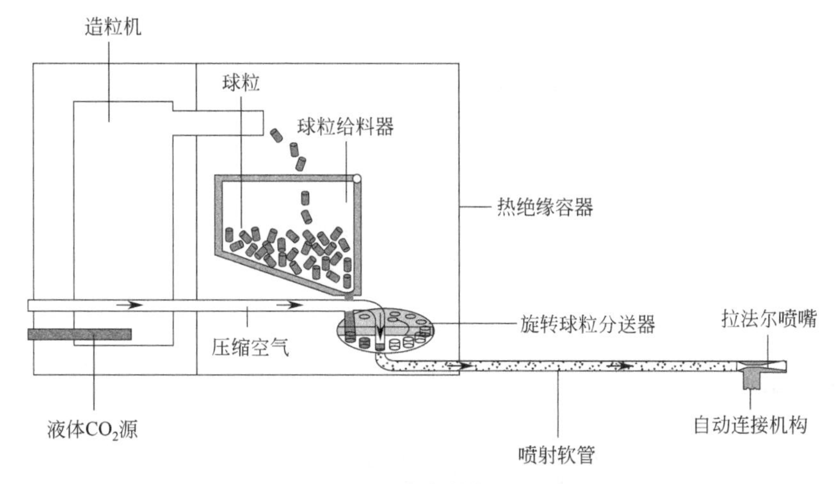


图 4.3　干冰喷射典型流程

(1) 通风　气体 $CO_2$ 能取代清洗作业区域的环境空气。该区域应有足够的通风，以防止 $CO_2$ 积聚到危险水平。阈值限值（TLV）是指人员每天接触 8h，而不会对健康造成任何损害的浓度。$CO_2$ 限值以体积分数表示为 0.5%，以质量浓度表示为 $9g/m^3$。与环境中的浓度相比，大约是自然浓度的 3 倍。如果设备不在有通风的地方使用，$CO_2$ 也会置换氧气，导致窒息。排气口必须位于或接近地面，以便有效地排出 $CO_2$ 气体。

(2) 气体检测　$CO_2$ 比空气重 50%。它能在狭窄的空间或地下区域例如地窖和工作坑中积累。在这种情况下，请使用适当的气体检测设备并确保足够的通风。

(3) 爆炸性环境　不幸的是，干冰和液态 $CO_2$ 易于产生静电。即使将所有喷射设备接地也不能充分防止放电。对于这些区域的清洗工作，必须控制爆炸风险，例如通过适当的通风和严格的控制措施。

(4) 手套　在常压下，干冰的温度为 194.65K（−78℃），必须用绝热手套处理，防止皮肤接触引起的冻伤。

(5) 耳朵保护　干冰喷射会产生噪声（从 70dB 到大于 110dB），具体取决于喷嘴和所使用的喷射压力。喷射作业期间需要适当的护耳装置。在满足美国职业安全与健康管理局（OSHA）法规要求每天 8h 的暴露量小于 84dB 声压级（SPL）的要求方面已经取得显著进展。

(6) 防护服　释放的污染物或未释放的 $CO_2$ 球粒可能反弹到操作人员身上，并产生高冲击力。干冰喷射时应穿防护服，并佩戴面罩或护目镜。防护服不止一种，简单的 Tyvek®

防护服能隔绝一般的碎屑，清洗有害材料时应穿全套化学防护服。一般情况下，轻型防雨服可用于大多数喷射操作。

（7）危险和有害材料　污染物可能是危险的，通常对工人的健康和环境有害。细小的污染物颗粒可能进入肺部，并引起呼吸系统和健康问题。喷射应在通风良好的封闭式隔间中进行。强烈建议使用防护面具。

（8）安全性　与所有喷射操作一样，喷射嘴绝对不能对准任何人，因为这会造成严重伤害。

## 4.4　清洗系统

从早期专利中，比如食品加工中的剔骨或去除不需要的部分（如毛刺）的方法，干冰喷射可以产生大量的商业效益[62,63]。这也促使制冷装置、造粒机、输送系统和各种应用的喷嘴技术，以及独立便携式和在线集成自动清洗系统的发展[64-195]。许多商业公司为各种行业提供 $CO_2$ 球粒清洗系统和清洗服务[196-233]。

$CO_2$ 球粒喷射系统由制冷、造粒机、非反应性气源、输送系统、喷嘴和支持设备组成。这些都是经过验证的商购组件。

### 4.4.1　球粒生产

$CO_2$ 球粒是用液态 $CO_2$ 生产的。在工业上，液态 $CO_2$ 是作为氨生产（约 35%），酒精和其他化学品生产（约 22%），石油和天然气精炼（约 20%）的副产品或通过从天然气排放口收集和净化 $CO_2$ 气体（约 20%）或燃烧过程产生的烟气（约 3%）制造出来的[17,18,23]。气态 $CO_2$ 通常通过 1.38～2.01MPa 的压力和 244～255K 的温度下压缩气体来液化。它存储在 2MPa 和 253K 的低压罐中或 5.7MPa 和 293K 的高压罐中。然后，使液态 $CO_2$ 通过膨胀阀将液压降到 5.2MPa 的三相点压力以下。液态 $CO_2$ 在干冰造粒机内膨胀至压力低于 0.5MPa，形成干冰雪和冷气的混合物。将冷气排出或再循环，并将剩余的干冰雪通过特殊的模具挤出，将其压缩成干冰球粒（图 4.4）。

高密度的 $CO_2$ 球粒生产是高效清洗过程的基础。球粒可在造粒机上制造，在绝热低温容器中产生 200～400kg 的 3mm 球粒。自生产之日起，冷冻容器可使干冰至少使用 5～7 天，平均球粒存储损失从 5h 后的 1%到 72h 后的 14%。但是，来自外部干冰供应商的预制球粒通常在生产后 24～48h 使用，并且球粒密度已经降低。较低密度的球粒会开始在软管中升华，而其余较软的球粒由于无法穿透狭窄的空间而降低了清洗效率。

当需求增加时，也可以在现场生产干冰球粒。现场生产足够的球粒，以保证质量和密度，从而获得最大的清洗效果。通过使用有必要的液态 $CO_2$ 储罐和造粒设备的独立式移动拖车，可在现场生产高密度的 $CO_2$ 球粒。

现场或室内干冰球粒生产为大量连续使用提供了明显的优势：

- 升华造成的干冰损失较少。
- 可按需提供新鲜生产的干冰球粒，具有更大的工艺灵活性。
- 使用新鲜的干冰球粒可迅速获得更有效的清洗效果。

图 4.4 用于喷射的干冰常见形式

（伊利诺伊州迪凯特市 Continental Carbonic 公司提供）

- 减少球粒的消耗。
- 停机时间最少。
- 用于购买和运输球粒的时间和经济成本更少。

对于连续运转的大型装置（每天 24h，每周 7 天），商业造粒机的产能高达 1100kg/h。可用于制造 3mm、6mm、9mm、10mm、13mm、16mm 和 19mm 直径球粒的模具市上有售（图 4.5）。造粒机单元具有多个模板，并可同时生产两种尺寸的粒料，而无需更换模板。模板可以互换。

图 4.5 用于干冰喷射的不同尺寸 $CO_2$ 球粒

各种自动化的球粒生产系统是可商业采购的。干冰生产系统可以定制设计并安装以满足用户需求。为了进行精密清洗，必须使用高纯度的 $CO_2$ 作为球粒的来源，并保持系统的高度清洁。干冰球粒是由美国食品药品监督管理局（FDA）、美国环境保护署（EPA）和美国农业部（USDA）批准的食品级 $CO_2$ 制成的。

为拓宽清洗应用的范围或提高应用的清洗效果，可以在液态 $CO_2$ 膨胀成干冰雪之前，将添加剂添加到液态 $CO_2$ 中，或者可以将添加剂喷涂到干冰雪的表面上。添加剂包括抗菌化合物、消毒剂、表面活性剂、洗涤剂、增香剂以及被 FDA 列为 GRAS（通常被认为是安全的）的物质。根据在液态 $CO_2$ 中的溶解度以及清洗或嗅觉效果来选择添加剂。

## 4.4.2 输送系统

干冰喷射通常使用两种输送系统中的一种，将压缩空气与冰混合，并将球粒加速到输送喷嘴。

单软管技术［图 4.6(A)］使用单软管输送压缩空气和干冰球粒。这种设计使用机械穿梭机或旋转气闸，将干冰球粒从大气压下的进料系统输送到高压下的载流中。梭子或旋转气闸必须有一个良好的密封系统，能够对抗低温度干冰和机械磨损。干冰被以 $5.7m^3/min$ 的速率流动的压缩空气载带到拉法尔型喷嘴。在喷嘴处，通过干冰和空气流动的节流器增加出口速度。单软管系统可以使用比双软管系统更长的软管，当干冰离开软管时压力不会下降。然而，干冰的转移损失可能很高（在 7.62m 长的软管中高达 50%），额外的功能是以增加复杂性为代价的。当要清洗的表面有较重的污染物积聚，或当要清洗的表面垂直或高于料斗和空气压缩机的高度时，建议使用单软管系统。

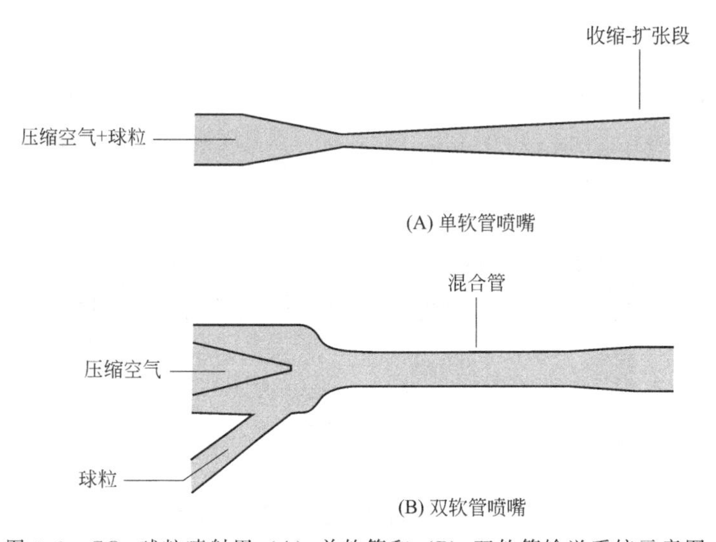


图 4.6 $CO_2$ 球粒喷射用（A）单软管和（B）双软管输送系统示意图

双软管干冰喷射系统是在单软管系统之前开发的［图 4.6(B)］。通过一根软管供应压缩空气，利用文丘里效应将冰块从第二根软管中吸出。文丘里效应是在流经管道的狭窄部分时发生的流体压力降低。在替代设计中，一部分压缩空气还用于将干冰通过第二软管推动到喷嘴。压缩空气流和干冰球粒在喷嘴的最后一刻汇合在一起，所以几乎不可能堵塞机器或软管。与单软管系统相比，双软管系统用更小的动力输送冰块。双管系统由于更简单的输送系统生产成本较低，并且由于较热的空气与冷冰的后期组合导致软管中的升华较少，因此，它们以较低的速度输送细的冰粒，后者的特性允许清洗更细腻的表面。大多数系统在低于

1MPa 的气压下运行，尽管特殊的双软管系统可在 0.2MPa 的极低压力下运行，以使其应用于电子领域或对易碎零件（例如塑料镜片）进行去毛刺处理，而没有任何机械损坏风险。双软管系统的主要局限是射程和功率。从吸入能力和干冰球粒的冲击速度来看，通过一根软管供给空气和另一根软管供给冰的方法效率是非常低的，这限制了两个软管喷嘴的允许直径。喷射装置的软管长度实际上受到两个软管抽吸能力的限制，这要求操作员需近距离进行清洁。这不仅限制了清洁的范围，还可能影响清洁系统的安全性，而且可能成本更高。另外，由于系统的设计方式，垂直喷射几乎是不可能的，因为文丘里效应吸力无法克服重力。理论上，两个软管系统对机器和喷头之间的垂直距离有限制。这个极限远远超过 7.62m 或 25ft。

通常，单软管系统的干冰消耗量较高，高达 100kg/h，而双软管系统的最佳速率为 30kg/h。根据型号的不同，干冰消耗量可降低至 1kg/h。一个好的经验做法是每 8h 轮班订购 450kg 喷射干冰。

推进 $CO_2$ 球粒的另一种方法是离心加速技术。它使用高速旋转轮加速球粒，然后以高达 400m/s 的速度离开旋转轮的外缘。$CO_2$ 球粒悬浮在自生气体轴承上，在球粒和加速轮之间几乎没有接触力的情况下被加速。$CO_2$ 球粒的速度可以精确地用旋转加速轮马达的转速来控制。在这种高速度下，$CO_2$ 球粒喷射能去除钢材上的硬氧化层，以及镀锌层和镀镍层。根据污染物的性质和清洗表面，23kW 加速装置可以远程操作，清洗能力为 18～180$m^2$/h。较大的装置能够以 400m/s 的速度加速 900kg/h 的 $CO_2$ 球粒。

## 4.4.3　喷嘴

干冰球粒的形成取决于温度、压力和射流条件。这些因素与喷嘴的设计有关。较大的干冰球粒与小的干冰球粒相比有利于提高清洗效率。大球粒不会像小球粒那样迅速升华，因此保存时间更长，并且可以运动更长路径有效去除更多污染物。此外，每个高速运动的大体积干冰球粒比小球粒具有更多动能，从而能高效去除附着在表面的污染物。

多种喷枪和喷嘴可从市上购得。有直径不同的精确圆形喷嘴，宽度不同的扁平类扇形喷嘴以及半径不同的成一定角度和弯度的喷嘴。喷嘴的长度范围为 55mm～1m 或更长，并由不同的材料制成，包括不锈钢、铝、塑料和难熔金属。研究人员还开发了特殊的低耗气量喷嘴（$<1m^3$/min，最高 4bar），所有这些喷嘴配置都能进入并清洗复杂部件和设备缝隙和狭窄空间。喷嘴可互换，允许操作人员根据具体的清洗应用调整球粒动能，通过在喷嘴出口安装一个中空的扁平延伸盖部分，增加了盖子喷出的干冰球粒的面积，从而扩大清洗区域，提高清洗效率。

对于脆弱和敏感的部件清洗，通常选用低流量的带有干冰微粒精确聚焦束的喷嘴。在清洗过程中，也可以通过位于喷嘴分流段的介质尺寸转换器来调整球粒大小。尺寸转换器将运动的干冰球粒从初始尺寸破碎为两个或两个以上的碎片，这些碎片从喷嘴喷出，用更细的颗粒进行清洗。喷射出的颗粒碎片的大小也可以用介质尺寸转换器调整。超细碎片会产生非常小的球粒，可用于精细表面的温和清洗。

用大的和小的干冰球粒进行清洗的优点可以结合在一个喷嘴结构中，该喷嘴结构包括一个内圆管和一个圆柱形环形空间，内圆管有一个用于喷射绝热膨胀产生的细小干冰球粒的收缩-扩张孔，圆柱形环形空间供大的干冰球粒通过。

为防止带电干冰粒静电使从零件表面吹走的污染物再沉积，清洗单元中装有电荷中和装置。另外，该单元中还安装一个带有多个指形零件的振动装置，以搅动存储在料斗中的干冰粒。这样可以防止“桥接现象”，即干冰球粒通过一部分干冰球粒升华而相互融合。

喷射装置上的球粒流量和推进剂供应压力可从喷射装置的控制面板进行调节。这些装置还允许在清洗过程中调整球粒大小。通过调整这些参数，清洗系统可以输送大球粒进行侵蚀性喷射去除重污染物，将清洗设备调整为小球粒可对电机和其他柔软和精细部件的绝缘层进行精细清洗。

### 4.4.4　辅助设备

压缩空气可由便携式空气压缩机或大型压缩机提供。压缩空气通过水分离器、预过滤器、冷冻干燥器、油过滤器和恒温控制的后冷器进行净化和调节。若使用氮气，可以通过选择性放置散装液氮来满足要求。

与其他喷射清洗方法一样，这一过程需要辅助设备，可能需要一个外壳来容纳在喷射过程中排出的污染物，以及用于清除污染物的真空设备。为了确保 $CO_2$ 不积聚，必须在密闭空间内设置强制通风系统。$CO_2$ 喷射需要与其他喷射介质类似的设置。干冰块或球粒必须存放在工作区域附近。大多数供应商能提供冷却器来完成此任务。

一种特别考虑可能涉及高湿度应用。为了减少敏感表面上的冷凝，一些系统在文丘里喷嘴上安装了预热器。

$CO_2$ 球粒喷射系统可定制，用于移动、手动、固定或自动在线生产。横移系统可从市上购得用于重复性工作，如清洗滚筒或模具。也可以使用机器人来清洗模具。

## 4.5　应用实例

干冰喷射有许多应用，从清洗精密半导体晶片和精致物品（如书籍和古董）到去除各种基底、零件和设备上的涂层和污染物。图 4.7 所示为使用干冰喷射进行清洗的典型示例。表 4.4 列出了应用范围和典型污染物，这些污染物可以使用 $CO_2$ 球粒清洗法去除[196-272]。干

(A)

(B)

图 4.7　干冰喷射前（A）和后（B）的燃气轮机叶片（见文后彩插）

（美国佐治亚州拉格兰吉市黑井公司提供）

冰喷射在清洗各种表面时效果良好，从硬奶酪到凯夫拉尔（Kevlar）纤维和石墨-环氧复合材料的各种精细表面，不会对表面造成损坏。它已成功地用于去除各种玻璃（包括窗玻璃、仪表板玻璃和控制装置玻璃）表面的油漆、油脂、油、污垢和其他污染物。

**表 4.4 干冰球粒喷射清洗的应用范围**

| 应用 | 污染类型 |
| --- | --- |
| 汽车行业 | |
| 发动机制造(缸体和附件、活塞、线圈、钢瓶缸盖、合金轮毂) | 油脂、油、金属碎屑、炉渣、飞溅物 |
| 组装车间(机器人、车身面板组装、喷淋展位、通用维护) | 油脂、油、残余沉积物、炉渣、飞溅物 |
| 橡胶和塑料成型机<br>(轮胎模具、阀座和密封垫模具、密封系统模具) | 脱模剂、脂肪、油脂、化学品和橡皮沉积物、泡沫塑料绝缘 |
| 电子(传感器、计算机组件) | 抗蚀剂、灰尘、胶黏剂、涂料 |
| 航空航天工业 | |
| 组件车间 | 喷涂泡沫塑料绝缘材料、密封剂和涂料、积碳、油脂、油 |
| 服务和维护 | 油脂、油、残余沉积物、清洗化学品 |
| 印刷业 | |
| 胶版印刷机、运送机皮带 | 干式印刷油墨、油、油脂 |
| 影印机配件 | 染料、碳粉 |
| 碳粉挤出机螺丝 | 硬化碳粉 |
| 皇冠-软木瓶雷管生产机器零件印刷装置 | 印刷油墨、油、油脂 |
| 模板、冲孔工具 | 产品残留 |
| 整理和贴标机 | 喷淋的残留粉末、胶水、墨水、贴纸 |
| 造纸厂过滤器筛 | 纤维素纤维、纸屑 |
| 金属加工工业铸造厂 | |
| 芯盒、搅拌机 | 脱模剂、砂渣 |
| 压铸机、铸模 | 脱模剂 |
| 轧机辊 | 各种附着物 |
| 焊接机器人 | 焊接气相沉积物、金属飞溅物 |
| 场地净化 | 灰尘、烟雾、各种沉积物 |
| 钢铁机配件 | 锈、腐蚀胶片 |
| 喷雾室 | 硬化的沉积物(油漆、底漆、其他化学品) |
| 食品工业 | |
| 面包和糕点机(模具、混合装备) | 产品残留、脂肪、阿拉伯胶 |
| 巧克力制造(模具、混合装备) | 焦糖、产品残渣、脂肪、阿拉伯胶 |
| 鱼类和奶酪加工(机械、瓷砖墙) | 产品剩余、蛋白质材料沉积物、霉菌 |
| 脂肪加工业 | 产品残留、脂肪、添加剂 |
| 烤箱和运送机皮带 | 烹调残渣、油脂、阿拉伯胶等 |
| 深度清洁工业厨房(例如抽油烟机) | 脂肪、油脂、残油 |
| 包装和贴标机 | 胶水、油墨、贴纸的残渣 |
| 机械和生产设备(走廊、地板、墙壁) | 脂肪、可可、阿拉伯胶的残留 |
| 橡胶塑料泡沫行业 | |
| 压力机和模具(例如在汽车工业中) | 脂肪、油、污垢、外围零件上的产品残留物 |
| 聚氨酯模具[例如:仪表板、聚氨酯(PU)发泡、座椅、后货架] | 释放试剂残留物 |
| 装箱材料的制造 | 胶水、产品残留物 |

续表

| 应用 | 污染类型 |
|---|---|
| 橡胶塑料泡沫行业 | |
| 塑料的生产 | 气相沉积 |
| 硫化模具、汽车轮胎模具 | 脱模剂、化学品蒸发作用沉积物 |
| 输送带 | 橡胶粉尘 |
| 分离辊、生产 | 塑料箔、各种残留物 |
| 医疗器械制造 | |
| 空腔、通风口 | 制造残留物、沉积物、清洁化学品 |
| 历史保护 | |
| 纪念碑、雕像、壁画 | 防腐涂料、灰尘、腐蚀、涂鸦、模压 |
| 历史文物和物件 | 防腐涂料、粉尘、腐蚀、模压 |
| 书籍和文件 | 燃烧损害碳质沉积物(煤烟、冒烟)、模压、处理中产生的油脂 |
| 纺织品和服装 | 纤维、胶黏剂、填料 |
| 清洗服务 | |
| 汽车和其他旧机械的修复 | 油漆、涂料、污垢、碎屑、油脂 |
| 铁路平台、大型购物中心、自动扶梯、墙壁、装饰性铺路 | 口香糖、油脂、污垢、油漆 |
| 公共空间和花园 | 杂草、绿色的青苔 |
| 镶木地板 | 清漆和蜡、被灰尘或有害物质污染 |
| 硬木 | 火灾烟雾物、油漆或涂料的残留物 |
| 船(游艇) | 防污涂料、腐蚀膜 |
| 建筑立面 | 油漆、污垢、苔藓 |
| 丙烯酸酯广告牌、卡车 | 贴纸、胶水残留物和刻字 |
| 铝窗玻璃门框 | 防涂鸦涂料 |
| 离岸装备、桥梁和锁塔 | 铁锈、油、油脂、油漆 |
| 公共建筑、陈列室、生产车间和装备 | 黑色模压、火灾烟余渣、涂鸦 |
| 建筑物和设施洗消 | 印刷电路板被污染的伸缩缝 |
| 工业清洗 | |
| 涡轮叶片 | 燃烧沉积物、油脂、污垢、耐蚀涂层 |
| 附件装备(阀门和管道) | 各种附着物 |
| 烟道和通风风管 | 灰尘、脂肪 |
| 高压装置 | 污垢、灰尘、苔藓 |
| 输送带 | 各种生产残渣、润滑剂 |
| 贴标机 | 残留的胶水、墨水 |
| 道路施工机械、储存坦克、运输装备(卡车)、装填(物)站 | 脂肪、油、沥青、产品残留物 |
| 油漆制造和加工、油漆搅拌机、喷涂室 | 干燥的油漆残渣、过度喷涂 |
| 储罐和生产车间 | 油漆、树脂、化学品各种物质 |
| 焊接机器人 | 焊接气相沉积物、金属飞溅 |
| 配电箱 | 灰尘 |
| 物理气相沉积机器 | 气相沉积 |
| 石棉消除 | 喷涂石棉 |
| 钢铁机配件 | 锈、腐蚀膜 |
| 热交换器、热量回收蒸汽发生器(HRSG)、压缩机、锅炉 | 各种沉积物 |
| 发电厂、发电机、电动机、电路断路器、电路板、控制柜 | 污垢、磨损碎片、绝缘 |

但是，在这些表面上进行喷射时必须小心，以免破碎。通常，需要降低鼓风压力和增加喷射距离。干冰喷射的成功应用在很大程度上取决于工艺和产品以及必须清除的污染物类

型。干冰喷射优于大多数其他方法。与传统方法相比，它提供了更彻底的清洗，从而延长设备和机械以及其他固定资产的使用寿命。在许多情况下，它为业主大幅减少停机时间，降低成本。一整天的清洗工作通常可以在几个小时内完成。由于高效清洗和原地清洗，无需移动家具和设备，因此可缩短业务运营的中断时间。干冰球粒喷射可以从木结构中消除黑霉菌，消除烟灰和烟气的损坏，以恢复火灾中受损的结构。

下面简要介绍干冰喷射清洗的不同创新应用。供应商和清洗服务提供商的网站提供干冰喷射清洗的许多应用示例，本章中也列出详尽参考资料。

### 4.5.1　半导体工艺组件的清洗

在半导体制造中，硅片要经受各种高温过程，如扩散、氧化和沉积。晶圆通常放置在陶瓷夹持器（称为“晶舟”）中，在高达 1473K 的温度下进行加工。类似的陶瓷晶舟也用于晶圆的等离子体蚀刻。这些晶舟在加工过程中会受到污染，所以需要清洗。由于晶片固定槽的长深度和窄间距，使用常规方法（如：硬球粒处理等）清洗受污染的晶舟是不可行的。一种两步法已经用来清洗受污染的晶舟，它克服了传统清洗方法的缺点[127,138,144]。在这种方法中，一个用强酸进行的化学洗提步骤与 $CO_2$ 球粒清洗步骤结合起来。该工艺使新晶舟和旧晶舟的颗粒污染小于 0.4 个颗粒（$>0.3\mu m$）/$cm^2$，表面金属污染物的质量分数在 10nm 深度以内$<6\times10^{-4}$。该方法可用于半导体加工中各种陶瓷和非陶瓷元件的清洗。

事实证明，$CO_2$ 球粒清洗可成功清洗各种受污染的半导体加工设备零件，包括波纹管、金属制和聚合物制阀门、传输板、铝蚀刻护罩、石英衬里和氮化物端板[273]。通常，使用 $CO_2$ 球粒可在 5～20min 内清洗阀门组件中的零件，而手动清洗则需要 2h 或更长时间。$CO_2$ 清洗减少了溶剂和酸的使用，并缩短了清洗时间，降低了操作费用以及工人接触有害化学品的机会。

### 4.5.2　化学气相沉积反应釜清洗

超高纯级别半导体硅的生产涉及在一个化学气相沉积（CVD）反应器中将硅烷化合物分解为多晶硅。然而，在 CVD 过程中，污染的非晶硅粉尘既能沉积在反应器的内表面，也能沉积在多晶硅产品上。$CO_2$ 球粒喷射已成功应用于多晶硅生产中 CVD 反应器内壁表面的清洗[110]。$CO_2$ 球粒将硅沉积物从反应器表面清除，而不会损坏反应器的表面，也不会明显增加清洗反应器中生产的多晶硅棒的碳、磷、硼和铁的微量污染水平。当反应器在两次运行之间用 $CO_2$ 球粒进行清洗时，反应器在满功率下每次运行的时间长度几乎没有减少。该工艺可用于清洗生产其他等级别硅（如太阳能级别硅）的 CVD 反应器内表面。

### 4.5.3　金属清洗和表面处理

已有研究表明，干冰喷射系统对各种金属清洗和表面处理是可行的。例如，一组海底固定板暴露在海水中产生中等规模的污垢，使用三重方法成功地原位清洗了这些板[211]。这些方法包括将球粒尺寸从 3mm 减小到 0.9mm，并通过专用喷嘴和输送设备限制压力和速度。事实证明，手工清洗技术（如刷洗）无法清除这些污垢，因部件性质很脆弱，其他技术（如化学清洗或磨料清洗）不适用，而且有可能损坏保护性外镀层。受控制的清洗环境要求可控并收集去除的污染物，以便进行适当的处置，原始涂层或单个部件未被损坏，表面处理的总工时约为 2h。

使用固体 $CO_2$ 进行精密清洗的一个变体是无溶剂的两步法清洗[274,275]。干冰-紫外光（UV）处理包括使用细干冰球粒的预清洗步骤，以减小污染物层的厚度，然后暴露于紫外线下进行最后清洗。该工艺已成功用于去除铝和钢表面的各种污染物，包括去毛刺、机加工冷却液、油、润滑脂和液体渗透剂。然而，该方法在清洗复杂几何形状的零件时是无效的。

混合清洗技术的另一个变体中，$CO_2$ 喷射与激光加工相结合，显著提高了镀锌钢基板上黏合涂层和锈迹的去除率[276]。混合技术的去除率接近 $1000mm^3/min$，而单独进行激光处理和 $CO_2$ 喷射则分别为 $68mm^3/min$ 和 $144mm^3/min$。

使用 $CO_2$ 球粒喷射离心加速技术，曾在加速器功率为 12kW 的情况下以 $6.7m^2/h$ 的速率从室温铝合金飞机面板上去除聚氨酯和环氧基涂层。在 273K 的面板温度下，可实现大于 $22m^2/h$ 的去除速率。该系统用于危险区域可远程操作[19,104,114,277]。

金属表面的微米级微粒和不规则表面会形成场致发射点，严重影响加速器空腔性能。干冰清洗可有效去除多晶铜/铌以及单晶铌基板上的场致发射微粒，并用于清洗表面突起[278]。这些金属被用来制造加速器腔。

## 4.5.4　工业织物清洗

许多工业织物是由经线和纱线的编织图案制成的，它们在纵向和横向上延伸，或者由螺旋缠绕的纤维形成。织物可具有单层或多层的结构，通过编织层中的黏合纤维将层与层黏合在一起。这样的机织织物实际上在纱线之间形成了数千个间隙，这些间隙可包括以下的材料污染：纤维素纤维、合成短纤维、胶乳胶黏剂、烯烃聚合物沉积物、树脂、沥青、焦油、填料、增量剂和淀粉残留物。人们曾使用 $CO_2$ 球粒清洗成功地从聚酯织物上去除污染物[117]。该清洗系统使用了一个低温喷射器，该喷射器以 120mm/s 的速度和 235m/s 的最大球粒速度扫过整个织物，不会损坏织物。该系统还可用于织物的原位清洗。

## 4.5.5　食品与饮料加工设备

干冰喷射可用于清洗食品加工设备，有效去除肠炎沙门氏菌、大肠杆菌和单核细胞增生性李斯特菌，而常规微生物学方法无法检测到这些微生物[37,279]。在示例中，$CO_2$ 喷射从用于葡萄酒陈酿的橡木桶中，清除了 98%～100%的细菌[280,281]。该处理还可有效地清洗木材，清除木材中的沉淀物和酒石酸晶体。处理过的酒桶中陈酿的葡萄酒的颜色，味道或气味没有受到影响。清洗 1 个桶，用干冰喷射大约需 25min，而使用常规清洗处理需要大约 2h。

用 $CO_2$ 喷射法在食品生产环境中完成清洗和消毒的可能性已被研究[282]。清洗效果良好，乳制品生产设备多个表面和部件的细菌细胞去除率达 98%，部分表面仅有轻微磨损，可能需要多个喷射步骤，使细菌减少 5 个对数值，以达到消毒标准。在食品生产环境中，建议在卫生计划中更广泛使用 $CO_2$ 清洗技术。

$CO_2$ 不仅对清洗食品加工设备非常有效，而且能温和地清洗食品。在一个例子中，在不损坏奶酪和奶酪风味的情况下，使用干冰喷射去除硬奶酪轮上的表面霉菌（图 4.8）[222]。$CO_2$ 喷射也可用作干果的去皮装置[186]。

## 4.5.6　害虫除灭

室内虫害，例如蠕虫、木虱和螨虫，通常存活在狭窄的空间和结构复杂的设备中，这些

图 4.8　硬奶酪轮上的霉菌已通过干冰球粒清除

（由意大利卡尔蒂尼亚加梅克利奥斯公司提供）

设备不易通过常规化学方法进行消毒。使用强效化学品和消毒过程产生的降解产物对健康和环境有害，并在食品生产中增加食物链中的有害物质。目前，已经开发出一种环境友好的灭菌方法，该方法先将害虫冷冻后暴露于 $CO_2$ 球粒下，然后将其快速冷却（约 50℃/s）至临界温度（239～259K，温度取决于害虫种类）。利用升华颗粒产生的气体杀死害虫[156]。所述消灭装置具有喷嘴，该喷嘴设计成注入适于有害生物的几何形状的预定粒径和预定速度的固体 $CO_2$ 球粒，以有效地消灭有害生物。该装置可用于设备表面的无毒清洗，清除狭窄空间和复杂几何形状零件中的灰尘和碎屑。

## 4.5.7　医疗器械清洗

可重复使用的医疗设备，如内窥镜，每次使用前必须进行清洗和去污。清除内窥镜内腔内壁上的污染物通常是通过用刷子手工擦洗来完成的，这是一种劳动密集型且高成本的清洗方法。另一种清洗方法是使用固态 $CO_2$ 球粒，将其注入管腔的一端并通过管腔运输[159]。这些球粒的大小从 5μm 到 0.5cm 不等，在载气中以 305m/s 的速度输送。球粒和由球粒升华形成的气体从管腔壁上除去污物。这一过程一直持续到管腔壁被清洗干净，为准备后续使用的仪器，也可以再对管腔进行生物去污。

## 4.5.8　药物低温球磨

药物的水溶性是决定其溶出速率、生物利用度和疗效的关键因素。水溶性低于 100μg/mL 的化合物通常具有有限溶解的吸收特性[283]。近年来，低溶解度的候选药物的数量有所增加，约 70%的新药候选药物的水溶性较差[284,285]。目前，市面上约有 40%的速释口服药物被归类为不溶性（<100μg/mL）药物[286-288]。这些药物表现出不稳定或不完全吸收的特点，往往导致体内药物释放不理想，生物利用度差。

改善难溶性药物的溶解度和生物利用度的一种策略是将粗糙的药物球粒物理分解成更细的球粒[289]。将球粒尺寸减小到原来尺寸的 1/10 会导致表面积相应增加 10 倍。研磨球粒具有高的表面自由能和薄的扩散边界层[290]，进一步提高了球粒的溶解速率，而且更细的药物球粒更容易黏附在胃肠道黏膜上，这使得难溶性物质可以在胃肠道黏膜上溶解。干冰的一个新用途是低温球磨（cryomilling），它可以生产微米和纳米球粒。一种新的超低温球磨工艺是基于经典湿法磨粒的一种优化方法[291]。药物球粒以分散体的形式悬浮在液氮中，并用干冰珠进行研磨。这种新工艺的优点是不会产生珠子磨损，不会发生产品污染。此外，干冰珠在研磨步骤后升华，以便从浆液中除去磨粒，从而省去过滤步骤，用 400$\mu$m 的固体 $CO_2$ 微球将苯妥英钠和聚乙烯吡咯烷酮混合在液氮中，因此，与研磨介质表面的黏附引起的材料损失并不明显，干冰珠与液氮在环境条件下的自发升华使干燥苯妥英钠纳米球粒具有高收率(85%～90%)。这种方法的一个缺点是球磨时间相对较长。

## 4.5.9 核去污

$CO_2$ 球粒喷射在核去污中得到了广泛的应用，主要是因为喷射介质不会产生额外的二次废物[179,292-294]。清洗后的零件可以清洁解控并再次利用，减少了放射性废物的处置量，显著降低辐射剂量和表面污染。各种零件、工具和设备都可通过清洗并再次投入使用，包括铅屏蔽、手套箱、通风管道、机械手、机械、发电机、电气设备、阀门、泵、电动机、仪器、仪表和建筑构件，还有用于现场去污的移动式去污装置[87,213,294]。福岛核电站发生熔毁 5 年后，在核电站退役和净化过程中利用无人驾驶车辆在受损设施内使用干冰喷射，清除有害物质[295]。

创新应用中，干冰（固体 $CO_2$）和水冰组合用作喷射介质[71]。优点是克服了单独使用干冰或水冰作为喷射介质的缺点。另一种采用固体 $CO_2$ 球粒的创新技术已提议可用于从放射性金属废物中去除受污染的表面氧化层[296]。在这项技术中，金属表面通过火焰喷涂涂上玻璃助熔剂，如硼砂或磷酸铝玻璃，将涂布的金属废料加热到熔融温度以形成玻璃层。表面用 $CO_2$ 球粒喷射快速淬火，使玻璃破裂并脱落。含有稳定放射性核素的碎玻璃片可以在相对较低的温度下熔化，与原始金属废物相比，二次废物的体积要小得多。

设在爱达荷佛尔的爱达荷州国家工程与环境实验室（INEEL）对干冰喷射去除不锈钢试件上替代污染物 Cs 和 Zr 的有效性进行了评估[297]。SIMCON 2（模拟污染）试件是在钝化氧化层中嵌入难去除的“固定”型模拟污染物制备的。试样的 Zr 和 Cs 在 100～200$\mu$g/试样范围内，产生一种顽固的氧化物和盐残留物。表 4.5 显示了用不同 $CO_2$ 球粒喷射方法取得的相对去污情况。在最佳条件下，SIMCON 2 试样几乎完全去污。虽然结果不如更具强力的喷射技术（清洗过后通常不会在表面留下污染），但使用干冰（升华为气体）代替磨料具有显著的优势。

干冰喷射已评估用于清洗惯性聚变装置的候选第一层壁的耐火材料（硼、碳化硼、碳、氧化铝、铝酸镁、二氧化硅、碳化硅、氮化硅及其复合材料）[298-301]。在大多数情况下，这种清洁技术是有效的，并与第一批测试的耐腐蚀墙壁材料兼容。

**表 4.5　模拟污染试件上 $CO_2$ 球粒喷射与其他清洗技术的去污比较[297]**

| 喷射方法 | Cs 去除率/% | Zr 去除率/% |
|---|---|---|
| $CO_2$ 球粒喷射 | 63 | 78 |
| SDI $CO_2$ 球粒喷射① | 84 | 100 |
| 离心 $CO_2$ 喷射 | 83 | 98 |
| 塑料喷射 | 80 | 93 |
| 玻璃珠喷射 | 96 | 100 |
| 氧化铝喷射 | 92 | 100 |

① 这种喷射方法采用了一种特殊的商业系统（型号为 SDI），该系统提供了更具攻击性的喷射条件。

### 4.5.10　设施维护

乙醇工厂的能源生产中心包括用于蒸汽生产的各种设备物项，包括热氧化器、烟囱节能器、盘管和引风机（ID）。在操作过程中，污染物，如蒸馏器干谷物（DDG）和硬化的玉米粉尘，聚集在这些设备上，大大降低热效率和产生蒸汽的能力，并覆盖整个工厂的建筑物、隧道和粮坑的墙壁。根据美国环保署的导则，乙醇工厂的建筑物或设备表面不允许有超过 1.6mm 的灰尘。干冰球粒喷射已成功用于清洗节能器和锅炉管、引风机、谷物隧道、DDG 隧道和矿坑、加油站、石灰浆站、湿饼区域和卸载建筑物，以及电子组件而无损坏[302]。这样可以节省大量成本和能源。一个应用实例是，每 6 个月对烟囱节能器进行一次清洗，烟囱温度下降 20～30℃，产量增加，天然气使用量显著减少，排放量减少，每年可节省近 400000 美元。

### 4.5.11　文物保护应用

在室外场地、大型尺寸和预算紧张的情况下，清洗要保留的历史遗迹或其他表面装饰的大型建筑元素和雕塑是具挑战性的。$CO_2$ 喷射技术在文物保护领域产生了宝贵效果，特别是对于清洗带有敏感表面的物体[303]。大多数情况下，用 $CO_2$ 喷射技术能从物体表面去除保护涂层，而不会损坏历史造成的铜绿。例如，$CO_2$ 喷射清理俄亥俄州克利夫兰市克利夫兰艺术博物馆（Cleveland Museum of Art）收藏的圣高登斯雕塑（Saint Gaudens）[304]。$CO_2$ 喷射还用于清除罗丹的标志性雕塑“思想者”和所有室外雕塑的失效保护涂层，只需几小时（而不是几天）就可以从户外雕塑上去除涂层，不会损坏铜绿，不会产生有害废物，也不会影响健康。

最近，干冰喷射曾成功应用于三个案例，其中重要的是要保持建筑表面的装饰性[305]。案例包括：位于得克萨斯州沃思堡的第一家美国航空公司机库的铝门环绕物；俄亥俄州辛辛那提市辛辛那提联合航空公司航站楼的铝装饰表面；华盛顿特区国家艺术馆的青铜喷泉。$CO_2$ 喷射在清除土壤、硅酮密封剂无机沉积物和其他污染物而不会破坏历史饰面或古铜色方面尤其有效。

波兰奥州奥斯威辛-比尔克瑙纪念馆和国家博物馆的管理员采用了一种精确干冰喷射清洗系统，成功清洗了包括被囚禁者用过的碗和勺子在内的金属和陶瓷制品[306,307]。博物馆还将使用干冰喷射来维护将用来举办新的大型展览的设施。

犹他州里士菲尔德市塞维尔县记录员办公室的一场火灾导致一种细小的粉状烟灰残留物沉积在 19 世纪和 20 世纪历史记录簿的封套表面上和封套内[308]。这些记录簿也散发烟味，干冰喷射法被成功地用来去除烟尘和其他残留物，以及残留的烟味，平均每小时可以清洗 6 个记录簿。

干冰喷射清洗成功用于金属保护的其他例子有：英国伦敦华莱士收藏博物馆（Wallace Collection Museum）的东方头盔上的链甲[309]；美国内战时期的锻铁枪和炮架[310]；亨利·摩尔（Henry Moore）的两件青铜雕塑[311]；15 世纪的葡萄牙铁炮[312]；伊利诺伊州芝加哥历史性办公楼风化中的钢立面[313]；荷兰和加拿大的各种金属物品样本[314,315]；韩国的涂漆的和涂有其他涂料的室外金属工艺品[316]。

### 4.5.12　油田工具清洗

许多油井使用井下往复采油泵将油从井眼提升到地面。抽油杆，通常在7.6～12.2m之间，从地表延伸到开采区域，以使位于地表的千斤顶能够利用杆的往复运动将油带到地表。在操作过程中，抽油杆及其接头容易磨损，并被水垢、石蜡和沥青质或这些物质的混合污染。因此，需要定期拆卸、清洗和翻新工具，以安全地恢复使用。已经开发的方法，使用带有一个或多个喷嘴和一个机柜或托盘的 $CO_2$ 喷射系统来清洗油田工具，并捕获所去除的污染物[191]。通过热冲击去除表面污染物，该热冲击削弱了污染物与表面的结合。

### 4.5.13　清洗通风管和排水管

在正常运行期间，碎屑会聚集并沉积在通风管道的内表面。这些沉积物通常包括以下污染物：污垢、灰尘、头发、衣物纤维、油脂、油、剩余建筑材料、腐烂的有机物和各种生物，如尘螨、细菌、真菌、病毒或花粉。这些碎片会对吸入管道空气的人产生健康危害，导致过敏、哮喘或呼吸系统紊乱。特定通风系统内收集和沉积过多的碎屑会影响通风系统效率。加热或冷却盘管上积聚10.67mm的污垢，会导致效率降低21%。此外，大量的污垢、油脂、油或棉絮会造成通风管道火灾，这些火灾极难扑灭。$CO_2$ 球粒已成功用于清除通风管和排水管内表面的污染物，无需切割和安装手动清除所需的大量检修用人孔[129,134,136]。固体 $CO_2$ 通过安装在远程控制装置上的旋转喷嘴供给。$CO_2$ 球粒清除由管道通风气流抽出的碎屑，以在连接到现有管道通风装置排气装置的过滤系统中捕获排出的碎屑。清洗喷嘴适用于管道的横截面几何形状（圆形或矩形）以及难以接近的管道区域。

## 4.6　其他

还有其他一些与 $CO_2$ 球粒清洗相关的注意事项。

### 4.6.1　成本

当考虑一个清洗项目的总成本时，$CO_2$ 球粒清洗通常比其他清洗技术更经济。不同应用程序中的几个示例说明了这一点。所列的成本数字参考引文出版年份。

（1）半导体加工设备零件[273]　曾在逐件的基础上，比较半导体加工设备零件干冰喷射法清洗费用与手工清洗费用。运行费用包括系统压缩机一年（100%正常运行时间）所需的电力、干冰费用以及维护和排气费用。设备总费用包括干冰清洗装置和安装费用。设备安装、操作和维护费用从每年节省的费用中扣除后，采用干冰喷射法的净节省额为266339美元。

（2）燃气轮机清洗[211]　该项目涉及一台燃气轮机的全面清洗，包括叶片、齿轮、转子和定子。污垢主要由常规使用产生的碳沉积物组成。清洗工作在原地进行，无需搬运和移动，项目以最少的停工时间完成。该项目在约7h内完成，干冰喷射清洗的总费用约为2200

美元，而场外人工清洗需要38h，费用估计为16600美元。

（3）霉菌孢子清除[317,318]　用干冰喷射法去除木材表面几乎100%（或99.9%）的霉菌孢子，用时和人力都比其他清洗方法少。有了这个系统，可以在横梁之间和屋顶板以及钉子周围进行清洗，从而完全去除霉菌孢子，并可能减少甚至排除对杀菌剂和封装的使用。一个案例的情况是，采用传统清洗工艺要10天才能完成的霉菌孢子清除工作，用干冰喷射法缩短为3天，同时将现场工人从6人减少为2人。平均而言，干冰喷射可将清洗时间减少70%，劳动力费用减少90%，项目费用减少85%。这些费用会转嫁给房主或企业主，他们受益于干冰清洗的速度和效率。这些房主或企业主还会因了解到他们的房子或企业在霉菌清除后是安全的而再次获益。

（4）热回收蒸汽发生器（HRSG）清洗[319,320]　两个案例研究说明了干冰喷射清理的费用效益。

**案例1　出售回收电力。**在一个电厂，由于HRSG清洗而回收的电力输出功率为1120kW。此外，该发电厂以3.5美分/(kW·h)的电价向市场出售非高峰时段电力。假设发电厂可以出售额外的发电量，回收电力每年可节省约309000美元。同样，提高热回收率每年可节省约2.2万美元的燃料。该分析结果能迅速使电厂知晓应何时安排余热回收蒸汽发生器的清洗工作。

**案例2　避免意外更换费用。**在另一个电厂，由于HRSG废气预热器管和翅片管的污染和老化，废气预热器中出现传热损失，HRSG余热锅炉气侧压降上升，严重降低了蒸汽产量。$CO_2$球粒清洗在恢复节能器管方面非常成功，大修结束时，电厂恢复向客户供应合同量的蒸汽。因此，电厂业主避免了不必要的更换节能器的费用和节能器更换造成的长时间停运，以及潜在的违约。

（5）放射性污染部件[295]　在华盛顿里奇兰的汉福德场地，放射性污染的工具通过$CO_2$球粒喷射去污到清洁解控水平。对一套估值120万美元的工具进行了去污处理，总费用为10万美元，净费用节省110万美元，不包括避免填埋费用。在另一个案例中，纽约州罗切斯特市金纳（Ginna）核电站对发生故障的安全注射泵采用$CO_2$球粒去污，将泵维修的停机时间从14天减少到3天，并缩短了核电站停机时间，净费用节省了325%。

（6）清洗葡萄酒桶[283,321]　最近一项关于干冰喷射清洗葡萄酒桶的研究显示了其在时间和费用方面的优势。处理时间为每桶25min，费用约为130美元/桶，而使用常规化学方法（如二氧化硫）处理时间约为2h。加州的一些酿酒厂也实现了类似的费用节约。

（7）海军造船厂[322]　在弗吉尼亚州纽波特纽斯的诺福克海军造船厂，对$CO_2$喷射去除各种物品上的涂层进行了评估。与使用三氯乙烷的手动清洗相比，$CO_2$喷射法可显著节省费用。$CO_2$清洗的总费用为每件1.59美元，而手工清洗的费用为32.20美元。

（8）清洗压花辊[208]　表4.6显示了每月清洗压花辊的制造公司干冰喷射和喷砂之间的直接费用比较，干冰喷射可显著节省费用。

（9）模具清洗[323]　在一个模具清洗项目中，干冰喷射被证明能有效地将模具保护剂从模具中完全清除。为了与传统的已烷气雾剂清洗法进行费用比较，假设每天清洗20个模具，模具的平均尺寸为$0.3m \times 0.46m$，即每天清洗$0.138m^2$的模具表面。假设每年清洗模具260天，则每年清洗模具表面$35.88m^2$。表4.7显示了已烷气溶胶清洗和干冰喷射系统的年费用比较。无论是否需要购买新的喷射系统费用最低的方案是干冰喷射。

表 4.6　压花辊干冰喷射清洗与喷砂清洗年费用比较[208]

| 人工费用 | 喷砂 | 干冰喷射 |
| --- | --- | --- |
| 每小时人工费用(1.3×每小时费率) | 26.00 美元 | 26.00 美元 |
| 每次清洗的工时 | 6.25h | 1.5h |
| 每次清洗的人工费用 | 162.50 美元 | 39.00 美元 |
| 每年清洗次数 | 12 | 12 |
| 每年总人工费用 | 1950 美元 | 468 美元 |
| 节省人工费用 | 1482.00 美元 | |
| 材料费用 | 喷砂 | 干冰喷射 |
| 每次清洗的材料费用 | 100.00 美元 | 35.00 美元 |
| 每年清洗次数 | 12 | 12 |
| 每年总材料费用 | 1200.00 美元 | 420.00 美元 |
| 每年节省材料费用 | 780.00 美元 | |
| 停机费用 | 喷砂 | 干冰喷射 |
| 每次清洗的停机时间 | 6.25h | 1.5h |
| 每生产小时的利润 | 500.00 美元 | 500.00 美元 |
| 每次清洗的停机费用 | 3125.00 美元 | 750.00 美元 |
| 年度停机费用(每年 12 次) | 37500.00 美元 | 9000.00 美元 |
| 每年节省停机费用 | 28500.00 美元 | |
| 每年节省的总费用＝30762.00 美元 | | |

表 4.7　己烷气雾剂清洗与干冰喷射清洗模具的按年折算费用比较

| 项目 | 己烷气雾剂清洗 | 干冰喷射(无需购买系统) | 干冰喷射(需购买系统) |
| --- | --- | --- | --- |
| 基本投资 | 不适用 | 不适用 | 2652 美元 |
| 清洗剂费用 | 41258 美元 | 不适用 | 不适用 |
| 干冰费用 | 不适用 | 3536 美元 | 3536 美元 |
| 电费 | 不适用 | 10 美元 | 10 美元 |
| 处置费用 | 14916 美元 | 不适用 | 不适用 |
| 总费用 | 56174 美元 | 3546 美元 | 6198 美元 |

去除防霉剂费用最低的方法是干冰喷射。与使用化学制剂进行清洗相比，该方法的费用大大降低。

## 4.6.2　优点和缺点

下面给出 $CO_2$ 球粒清洗的优点和缺点。

### 4.6.2.1　优点

① $CO_2$ 球粒清洗是非研磨性的，在正常操作条件下不会损坏表面。

② 是一种无毒、不可燃和惰性的清洗过程。

③ $CO_2$ 球粒清洗可以像去除书上的灰尘一样温和，也可以像去除金属铸件上的毛刺或工具上的焊渣一样有效。

④ 本身是洁净的并已获准用于医药和食品工业。

⑤ $CO_2$ 球粒清洗是不导电的，因此能被使用而不会损坏电气或机械零件和设备或造成火灾危险。

⑥ 用于现场清洗大多数物品无需费时拆卸零件，且停机时间最短，节省费用。

⑦ 清洗的零件没有尺寸限制。

⑧ $CO_2$ 球粒在冲击作用下升华，使工作区域更干净，可以实现精密清洗。不需要事后费力的清洁操作。球粒进入间隙空间升华，不留残留物。

⑨ 该方法是安全和清洁的，能提供优越的清洁度。

⑩ 该方法总体在环境上是友好的，无溶剂、砂粒等二次污染物，无需要处理的废水。然而，它的确直接向环境释放 $CO_2$。

⑪ 用作喷射介质的 $CO_2$ 来自工业过程的副产品或自然资源。

⑫ 该方法对于可去污的材料和可去除的污染物具有高度的灵活性。

⑬ 该方法适用于高度自动化的在线清洗。便携式装置也可用于现场清洁零件和设备。

⑭ 该工艺运行稳定可靠。$CO_2$ 生产是一个成熟的工业过程。

⑮ 干冰喷射具有成本效益高、成本低、运行成本低等优点。

#### 4.6.2.2　缺点

① $CO_2$ 球粒喷射是一个受控于视线范围的过程，它限制了复杂几何形状零件的有效清洗。

② 需要大量的空气和相应的空气压缩机。

③ 要用标准空气过滤系统捕捉被喷到环境中的少量污染物颗粒。

④ 干冰喷射过程允许 $CO_2$ 通过升华直接释放到环境中。

⑤ 如果球粒尺寸过大和/或空气压力过高，此过程可能导致表面损坏和保护涂层脱落。

⑥ 这个过程声音很大，需要听力保护。

⑦ 操作人员可能需要保护，预防固体 $CO_2$ 的低温造成冻伤。

⑧ 反弹球粒可能携带涂层碎片，污染工作区域或操作人员。

⑨ 需要经验丰富的操作人员才能获得高效和高质量的清洁效果。

⑩ 该过程需要使用人员安全设备。

⑪ 非自动化的清洁系统会因冷、重和喷嘴的推力而使操作工人迅速疲劳。

⑫ $CO_2$ 球粒和/或干冰块和液态 $CO_2$（作为球粒制造的来源）可能必须储存在需要适当制冷设备和储存空间的现场。

⑬ $CO_2$ 球粒的保质期有限。

⑭ 在密闭空间清洗可能导致缺氧。

## 4.7　小结

干冰喷射是一种简单、非磨损的清洗工艺，使用 $CO_2$ 球粒作为冲击介质，用于去除表面污染物，而无需使用化学品、研磨材料、高温或蒸汽。固体球粒在撞击表面后直接升华，喷射后没有固体残留物。该技术可用于清洗表面、去除油漆或从表面去除污染物。与其他喷射清理工艺相比，干冰喷射不会在废物流中积聚污染物，因此可显著减少二次废弃物处置量。干冰喷射的应用范围广泛，从精密清洗半导体晶片和书籍、古董等精致物品到清除各种基底上的污染物，以及清除核材料污染、清洗食品和饮料加工设备、清除霉菌孢子、保护历史文物，以及难溶性药物的冷冻粉碎。

# 致谢

作者要感谢约翰逊航天中心科技信息（STI）图书馆工作人员为查找晦涩的参考文献提供的帮助。

# 免责声明

本章中提及的商业产品仅用于参考，并不意味着航空航天公司的推荐或认可。所有商标、服务标记和商品名称均属其各自所有者。

## 参考文献

[1] U. S. EPA,"The U. S. Solvent Cleaning Industry and the Transition to Non Ozone Depleting Substances",EPA Report,U. S. Environmental Protection Agency(EPA),Washington,D. C. (2004). www.epa.gov/ozone/snap/solvents/EPASolventMarketReport.pdf.

[2] J. B. Durkee,"Cleaning with Solvents",in:*Developments in Surface Contamination and Cleaning*:*Fundamentals and Applied Aspects*,R. Kohli and K. L. Mittal(Eds.),Ch. 15,pp. 759-871,William Andrew Publishing,Norwich,NY(2008).

[3] U. S. EPA,"HCFC Phaseout Schedule", U. S. Environmental Protection Agency, Washington, D. C. (2012). http://www.epa.gov/ozone/title6/phaseout/hcfc.html.

[4] R. Kohli,"Microabrasive Technology for Precision Cleaning and Processing",in:*Developments in Surface Contamination and Cleaning*:*Fundamentals and Applied Aspects*,Volume 1,2nd Edition,R. Kohli and K. L. Mittal(Eds.),pp. 647-666,Elsevier,Oxford,UK(2016).

[5] R. Kohli,"Microabrasive Technology for Precision Cleaning and Processing Applications",in:*Developments in Surface Contamination and Cleaning*:*Applications of Cleaning Techniques*,Volume 11,R. Kohli and K. L. Mittal(Eds.),pp. 511-550. Elsevier,Oxford,UK(2019).

[6] L. R. Millman and J. W. Giamcaspro,"Environmental Evaluation of Abrasive Blasting with Sand,Water,and Dry Ice",Intl. J. Architect. Eng. Construc. 1,174(2012).

[7] L. R. Millman,"Surface Assessment and Modification of Concrete using Abrasive Blasting",Ph. D. Thesis,University of Miami,Miami,FL(2013).

[8] R. Kohli,"Sources and Generation of Surface Contaminants and Their Impact",in:*Developments in Surface Contamination and Cleaning*:*Cleanliness Validation and Verification*,Volume 7,R. Kohli and K. L. Mittal(Eds.),pp. 1-49,Elsevier,Oxford,UK(2016).

[9] R. Kohli,"Metallic Contaminants on Surfaces and Their Impact",in:*Developments in Surface Contamination and Cleaning*:*Types of Contamination and Contamination Resources*,Volume 10,R. Kohli and K. L. Mittal(Eds.),pp. 1-54,Elsevier,Oxford,UK(2017).

[10] ECSS-Q-70-01B,"Space Product Assurance -Cleanliness and Contamination Control",European Space Agency,Noordwijk,The Netherlands(2008).

[11] NASA Document JPR 5322. 1,"Contamination Control Requirements Manual",in:National Aeronautics and Space Administration,Johnson Space Center,Houston,TX(2016).

[12] IEST-STD-CC1246E,"Product Cleanliness Levels-Applications,Requirements,and Determination",Institute for Environmental Science and Technology(IEST),Rolling Meadows,IL(2013).

[13] T. Fujimoto,K. Takeda and T. Nonaka,"Airborne Molecular Contamination:Contamination on Substrates and the Environment in Semiconductors and Other Industries",in:*Developments in Surface Contamination and Cleaning:Fundamentals and Applied Aspects*,Volume 1,2nd Edition,R. Kohli and K. L. Mittal(Eds.),pp. 197-329,Elsevier,Oxford,UK(2016).

[14] ISO 14644-10,"Cleanrooms and Associated Controlled Environments -Part 10:Classification of Surface Cleanliness by Chemical Concentration", International Standards Organization, Geneva, Switzerland (2013).

[15] S. A. Hoenig,"Cleaning Surfaces with Dry Ice",Compressed Air Magazine,p. 22(August 1986).

[16] R. D. Etters and B. Kutcha,"Static and Dynamic Properties of Solid $CO_2$ at Various Temperatures and Pressures",J. Chem. Phys. 90,4537(1989).

[17] R. Steiner,"Carbon Dioxide's Expanding Role",Chem. Eng. 100,114(1993).

[18] U. S. EPA,"Guide to Cleaner Technologies. Organic Coating Removal",Report EPA/625/ R-93/015, U. S. Environmental Protection Agency,Washington,D. C. (1994).

[19] C. A. Foster,P. W. Fisher,W. D. Nelson and D. E. Schechter,"A Centrifuge $CO_2$ Pellet Cleaning System", Proceedings Aerospace Environmental Technology Conference, NASA Marshall Space Flight Center,Huntsville,AL,pp. 379-389(1995). https://ntrs. nasa. gov/ archive/nasa/casi. ntrs. nasa. gov/ 19950025364. pdf.

[20] D. M. Barnett,"$CO_2$ (Dry Ice) Cleaning System",Proceedings Aerospace Environmental Technology Conference,NASA Marshall Space Flight Center, Huntsville, AL, pp. 391398(1995). https://ntrs. nasa. gov/archive/nasa/casi. ntrs. nasa. gov/19950025364. pdf.

[21] C. N. Yoon,"Surface Cleaning Process using Sublimable Solid Particle Jet",M. S. Thesis,Chung Ang University,Seoul,South Korea(1997).

[22] C. N. Yoon,H. Kim,S. -G. Kim and B. -H. Min,"Removal of Surface Contaminants by Cryogenic Aerosol Jets",Korean J. Chem. Eng. 16,96(1999).

[23] G. Spur,E. Uhlmann and F. Elbing,"Dry-Ice Blasting for Cleaning:Process,Optimization and Application",Wear 233-235,402(1999).

[24] J. Haberland,"Reinigen und Entschichten mit Trockeneisstrahlen -Grundlegende Untersuchung des $CO_2$-Strahlwerkzeuges und der Verfahrensweise",Ph. D. Dissertation,University of Bremen,Bremen, Germany. Published by VDI Verlag,Düsseldorf,Germany(1999).

[25] D. R. Linger,"$CO_2$ (Dry Ice) Particle Blasting as a Mainstream Cleaning Alternative",in:*Particles on Surfaces 5&6:Detection,Adhesion and Removal*,K. L. Mittal(Ed.),pp. 203-219,CRC Press,Boca Raton,FL(1999).

[26] EPRI,"$CO_2$ Blast Cleaning Process",Report 1006617,Electric Power Research Institute,Palo Alto,CA (2002).

[27] S. A. Hoenig,"Cleaning with $CO_2$ and Dry Ice Particles",Controlled Environments Magazine(February 28,2002). https://www. cemag. us/article/2002/02/cleaning-co2-and-dry-iceparticles.

[28] C. Redeker,"Abtragen mit dem Trockeneisstrahl",Ph. D. Dissertation,University of Hannover,Hannover,Germany. Published by VDI Verlag,Düsseldorf,Germany(2003).

[29] H. L. M. Lelieveld,M. A. Mostert and J. Holah(Eds.),*Handbook of Hygiene Control in the Food Industry*,Woodhead Publishing Limited,Cambridge,UK(2005).

[30] M. C. Krieg,"Markt und Trendanalyse in der industriellen Reinigung",Proceedings 11th IAK Trockeneisstrahlen,Fraunhofer IPK,Berlin,Germany(2007).

[31] M. C. Krieg,*Analyse der Effekte beim Trockeneisstrahlen*,Fraunhofer IRB Verlag,Berlin,Germany (2008).

[32] R. Hollan and E. Uhlmann,"Energy-Efficient Cleaning and Pre-Treatment by Centrifugal Wheel Blasting with Sensitive Blasting Media",Proceedings of 15th CIRP International Conference on Life Cycle Engineering, pp. 630-633, International Academy for Production Engineering CIRP, Paris, France 2008).

[33] D. T. Marlowe,"Cleaning with Dry Ice Blasting",Presentation at 2009 QAA Conference,Quality Assurance Association,Hillsboro,OR(2009). http://www. qualityassuranceassociation. org/ MemberCenter/ coldjet. pdf.

[34] E. Uhlmann,R. Hollan and A. El Mernissi,"Dry Ice Blasting -Energy-Efficiency and New Fields of Application",Proceedings of 1st Conference on Engineering Against Fracture,pp. 399-409,Springer Science+Business Media,Le Locle,Switzerland(2009).

[35] Marktstudie zu Kohlendioxidstrahlen 2010,Fraunhofer-Institut für Produktionsanlagen und Konstruktionstechnik(IPK),Berlin,Germany(2010).

[36] Y. -H. Liu,H. Maruyama and S. Matsusaka,"Agglomeration Process of Dry Ice Particles Produced by Expanding Liquid Carbon Dioxide",Adv. Powder Technol. 21,652(2010).

[37] C. Otto,S. Zahn,F. Rost,P. Zahn,D. Jaros and H. Rohm,"Physical Methods for Cleaning and Disinfection of Surfaces",Food Eng. Reviews 3,171(2011).

[38] H. Yamaguchi,X. Niu,K. Sekimoto and P. Neksa,"Investigation of Dry Ice Blockage in an Ultra-Low Temperature Cascade Refrigeration System Using $CO_2$ as a Working Fluid",Intl. J. Refrigeration,34, 466(2011).

[39] J. P. M. Trusler,"Equation of State for Solid Phase I of Carbon Dioxide Valid for Temperatures up to 800K and Pressures up to 12GPa",J. Phys. Chem. Ref. Data 40,043105(2011).

[40] Y. -H. Liu,H. Maruyama and S. Matsusaka,"Effect of Particle Impact on Surface Cleaning Using Dry Ice Jet",Aerosol Sci. Technol. 45,1519(2011).

[41] X. R. Zhang and H. Yamaguchi,"An Experimental Study on Heat Transfer of $CO_2$ Solid-Gas Two Phase Flow with Dry Ice Sublimation",Intl. J. Thermal Sci. 50,2228(2011).

[42] A. Jäger and R. Span,"Equation of State for Solid Carbon Dioxide Based on the Gibbs Free Energy",J. Chem. Eng. Data 57,590(2012).

[43] Y. -H. Liu,G. Calvert,C. Hare,M. Ghadiri and S. Matsusaka,"Size Measurement of Dry Ice Particles Produced from Liquid Carbon Dioxide",J. Aerosol Sci. 48,1(2012).

[44] Y. -H. Liu,D. Hirama and S. Matsusaka Particle,"Particle Removal Process During Application of Impinging Dry Ice Jet",Powder Technol. 217,607(2012).

[45] Y. -H. Liu,"Analysis of Production Process of Fine Dry Ice Particles and Application for Surface Cleaning",Ph. D. Dissertation,Kyoto University,Kyoto,Japan(2012).

[46] Y. H. Liu and S. Matsusaka,"Characteristics of Dry Ice Particles Produced by Expanding Liquid Carbon Dioxide and its Application for Surface Cleaning",Adv. Mater. Res. 508,38(2012).

[47] S. Dong,B. Song,B. Hansz,H. Liao and C. Coddet,"Modeling of Dry Ice Blasting and its Application in Thermal Spray",Mater. Res. Innovations 16,61(2012).

[48] M. J. Murphy and T. I. McSweeney,"Experimental Measurements of Dry Ice Sublimation Rates",*HMCRP(Hazardous Materials Cooperative Research Program)Report 11*,*Technical Assessment of Dry Ice Limits on Aircraft*,Chapter 8,pp. 26-30,Transportation Research Board,National Academy of Sciences,Washington,D. C. (2013).

[49] J. Górecki,I. Malujda and K. Talaska,"Research on Densification of Solid Carbon Dioxide",J. Mech. Transport. Eng. 65,5(2013).

[50] J. S. Zhang,S. R. Shieh,J. D. Bass,P. Dera and V. Prakapenka,"High-Pressure SingleCrystal Elasticity Study of $CO_2$ across Phase Ⅰ-Ⅲ Transition",Appl. Phys. Lett. 104,141901(2014).

[51] V. Máša,P. Kuba,D. Petrilák and J. Lokaj,"Decrease in Consumption of Compressed Air in Dry Ice Blasting Machine",Chem. Eng. Trans. 39,805(2014).

[52] E. Uhlmann and R. Hollan,"Blasting with Solid Carbon Dioxide-Investigation of Thermal and Mechanical Removal Mechanisms",Procedia CIRP 26,544(2015).

[53] J. Górecki,I. Malujda,K. Talaśka,M. Kukla and P. Tarkowski,"Static Compression Tests of Concen-

trated Crystallized Carbon Dioxide", Appl. Mechanics Mater. 816, 490(2015).

[54] J. Górecki, I. Malujda, K. Talaśka, M. Kukla and P. Tarkowski, "Influence of the Value of Limit Densification Stress on the Quality of the Pellets During the Agglomeration Process of $CO_2$", Procedia Eng. 136, 269(2016).

[55] X. Yong, H. Liu, M. Wu, Y. Yao, J. S. Tse, R. Dias and C. -S. Yoo, "Crystal Structures and Dynamical Properties of Dense $CO_2$", Proc. Natl. Acad. Sci. USA 113, 11110(2016).

[56] S. Kwak, "Computational Analysis for Sublimation Enhanced Heat Transfer of $CO_2$ Jet Impingement Cooling", M. S. Thesis, Ulsan National Institute of Science and Technology, Ulsan, South Korea(2016).

[57] V. Máša and P. Kuba, "Efficient Use of Compressed Air for Dry Ice Blasting", J. Cleaner Production 111, 76(2016).

[58] J. Górecki, I. Malujda, K. Talaśka and D. Wojtkowiak, "Dry Ice Compaction in Piston Extrusion Process", Acta Mechanica Automatica 11, 313(2017).

[59] J. Górecki, I. Malujda, K. Talaśka, M. Kukla and P. Tarkowski, "Influence of the Compression Length on the Ultimate Stress in the Process of Mechanical Agglomeration of Dry Ice", Procedia Eng. 177, 363 (2017).

[60] DryIce Blasting Machine Industry 2017, Market Research Report, Million Insights, Felton, CA(2017). https://www.millioninsights.com/industry-reports/dry-ice-blasting-machine-market.

[61] Wikipedia Article, "Mohs Scale of Mineral Hardness", Wikipedia, The Free Encyclopedia. https://en.wikipedia.org/w/index.php?title=Mohs_scale_of_mineral_hardness&oldid=819833344. (accessed January 20, 2018).

[62] R. Lindall, "Method of Removing Meat from Bone", U. S. Patent 3,089,775(1963).

[63] C. H. Franklin and E. E. Rice, "Method for the Removal of Unwanted Portions of an Article", U. S. Patent 3,676,963(1972).

[64] J. Kobold, "Compressor for Carbon Dioxide Snow", U. S. Patent 2,151,855(1939).

[65] W. J. Joyce, "Means for Unblocking Lenses", U. S. Patent 2,421,753(1947).

[66] C. C. Fong, "Sandblasting with Pellets of Material Capable of Sublimation", U. S. Patent 4,038,786 (1977).

[67] C. C. Fong, J. W. Altizer, V. E. Arnold and J. K. Lawson, "Blasting Machine utilizing Sublimable Particles", U. S. Patent 4,389,820(1983).

[68] S. Miyahara, H. Kimuro, S. Yamashita, S. KinandM. Takaine, "ProductionofDryIce", Japanese Patent JP19830249386(1983).

[69] D. E. Moore, "Cleaning Method and Apparatus", U. S. Patent 4,617,064(1986).

[70] C. Hayashi, "Process for Removing Covering Film and Apparatus Therefor", U. S. Patent 4,631,250, (1986).

[71] T. Ichinoseki, H. Kato, H. Kimuro and S. Miyahara, "Cleaning Method", U. S. Patent No. 4,655,847 (1987).

[72] C. Gibot and J. -M. Charles, "Installation for the Projection of Particles of Dry Ice", U. S. Patent 4,707,951(1987).

[73] D. E. Moore and N. D. Crane, "Particle-Blast Cleaning Apparatus and Method", U. S. Patent 4,744,181 (1988).

[74] C. Hayashi, "Apparatus for Removing Covering Film", U. S. Patent 4,747,421(1988).

[75] R. K. Brooke, "Method and Apparatus for Producing Carbon Dioxide Units", U. S. Patent 4,780,119 (1988).

[76] W. H. Whitlock, W. R. Weltmer, Jr. and J. D. Clark, "Apparatus and Method for Removing Minute Particles from a Substrate", U. S. Patent 4,806,171(1989).

[77] N. D. Crane and D. E. Moore, "Supersonic Fan Nozzle having a Wide Exit Swath", U. S. Patent 4,843,770(1989).

[78] D. L. Lloyd, N. D. Crane and D. E. Moore, "Particle Blast Cleaning Apparatus", U. S. Patent 4,947,592 (1990).

[79] D. L. Lloyd, "Phase Change Injection Nozzle", U. S. Patent 5,018,667(1991).

[80] D. L. Lloyd and R. J. Madlener,"Noise Attenuating Supersonic Nozzle",U. S. Patent 5,050,805(1991).
[81] D. L. Lloyd and E. L. Cooke,"Method for Deflashing Articles",U. S. Patent 5,063,015(1991).
[82] P. Spivak,"Particulate Delivery System",U. S. Patent 5,071,289(1991).
[83] C. R. Gasparrini,"Method and Apparatus for Carbon Dioxide Cleaning of Graphic Arts Equipment",U. S. Patent 5,107,764(1992).
[84] D. L. Lloyd,N. D. Crane and D. E. Moore,"Particle Blast Cleaning Apparatus and Method",U. S. Patent 5,109,636(1992).
[85] P. J. Niedbala,"Method of Cutting Workpieces having Low Thermal Conductivity",U. S. Patent 5,111,984(1992).
[86] C. R. Gasparrini,"Carbon Dioxide Cleaning of Graphic Arts Equipment",European Patent 0515368 (1995).
[87] P. J. Gillis,Jr. ,B. Sklar,A. J. Kral and M. C. Randolph,"Mobile $CO_2$ Blasting Decontamination System",U. S. Patent 5,123,207(1992).
[88] T. Ohmori,I. Kanno and T. Fukumoto,"Method of Cleaning a Surface by Blasting the Fine Frozen Particles against the Surface",U. S. Patent 5,147,466(1992).
[89] J. Armstrong,"Blast Cleaning System",U. S. Patent 5,184,427(1993).
[90] J. Armstrong,"Blast Cleaning System",European Patent Application EP0596168(1994).
[91] F. C. Young and D. L. Garbutt,Jr. ,"Flow Diverter Valve",U. S. Patent 5,188,151(1993).
[92] S. M. Stratford,P. Spivak,O. Zadorozhny and A. E. Opel,"Ice Blasting Apparatus",U. S. Patent 5,203,794(1993).
[93] P. Spivak,A. E. Opel,S. M. Stratford and O. Zadorozhny,"Apparatus for Making and Delivering Sublimable Pellets",U. S. Patent 5,249,426(1993).
[94] P. Spivak and A. E. Opel,"Apparatus for Enhancing the Feeding of Particles from a Hopper", U. S. Patent 5,288,028(1994).
[95] D. L. Lloyd and F. C. Young,"Method and Apparatus for Producing Carbon Dioxide Pellets", U. S. Patent 5,301,509(1994).
[96] A. Manificat,"Apparatus for Storing and Transporting Ice Balls,without any Sticking Thereof,from Their Place of Production to Their Place of Use,where They are Projected onto a Target",U. S. Patent 5,319,946(1994).
[97] M. C. Cates,R. R. Hamm,M. W. Lewis and W. N. Schmitz,"Method and System for Removing a Coating from a Substrate Using Radiant Energy and a Particle Stream",U. S. Patent 5,328,517(1994).
[98] J. F. Williford,Jr. ,"Method for Removing Particulate Matter",U. S. Patent 5,364,474(1994).
[99] A. A. Montemayor and K. H. Werr,"Dry Ice Pelletizer",U. S. Patent 5,385,023(1995).
[100] R. K. Brooke,R. W. Schmucker and J. J. Schmucker,"Particle Blast Cleaning Apparatus", U. S. Patent 5,415,584(1995).
[101] E. A. Swain,"Carbon Dioxide Precision Cleaning System for Cylindrical Substrates",U. S. 5,431,740 (1995).
[102] M. A. Cryer,W. D. Danielson and R. A. Babb,"Method and System for Cleaning a Surface with $CO_2$ Pellets that are Deliveredthrough a Temperature Controlled Conduit",U. S. Patent 5,445,553(1995).
[103] D. N. Bingham,"Method and Apparatus for Cutting and Abrading with Sublimable Particles",U. S. Patent 5,456,629(1995).
[104] C. A. Foster and P. W. Fisher,"Centrifugal Accelerator,System and Method for Removing Unwanted Layers from a Surface",U. S. Patent 5,472,369(1995).
[105] D. L. Lloyd and F. C. Young,"Method and Apparatus for Producing Carbon Dioxide Pellets", U. S. Patent 5,473,903(1995).
[106] J. R. Becker,"Dry Ice Pelletizer",U. S. Patent 5,475,981(1995).
[107] T. B. Mesher,"Apparatus for and Method of Accelerating Fluidized Particulate Matter",Canadian Patent Application CA2116709(1995).
[108] A. E. Opel,P. Spivak and O. Zadorozhny,"Apparatus for Producing and Blasting Sublimable Granules on Demand",U. S. Patent 5,520,572(1996).

[109] C. E. Palmer, Jr. ,"Cleaning Method and Apparatus", U. S. Patent 5,525,093(1996).
[110] D. M. Goffnett, M. D. Richardson and E. F. Bielby,"Cleaning of CVD Reactor used in the Production of Polycrystalline Silicon", European Patent EP0533438(1996). See also U. S. Patent 5,108512(1992).
[111] D. L. Lloyd,"Method for Removal of Surface Coatings", U. S. Patent 5,571,335(1996).
[112] E. J. Bjornard, E. W. Kurman, D. A. Shogren and J. J. Hoffman,"Method and Apparatus for Cleaning Substrates in Preparation for Deposition of Thin Film Coatings", U. S. Patent 5,651,723(1997).
[113] T. R. Lehnig,"Nozzle for Cryogenic Particle Blast System", U. S. Patent 5,660,580(1997).
[114] C. A. Foster and P. W. Fisher,"Method for Producing Pellets for Use in a Cryoblasting Process", U. S. Patent 5,666,821(1997).
[115] R. M. Leon,"Thrust Balanced Turn Base for the Nozzle Assembly of an Abrasive Media Blasting System", U. S. Patent 5,795,214(1998).
[116] H. S. Bowen, R. M. Lee and J. H. Bowen,"Solid/Gas Carbon Dioxide Spray Cleaning System", U. S. Patent 5,853,128(1998).
[117] J. Skelton, S. Panarello and D. B. Eagles,"Cleaning of Industrial Fabrics Using Cryoblasting Techniques", U. S. Patent 5,853,493(1998).
[118] H. A. Almodovar, H. R. Beasley, W. J. Dormer, W. K. Elmore, T. W. Jones, R. A. Mckee, G. V. Soska, D. A. Whitney and K. S. Winer,"Robotic $CO_2$ Tire Mold Cleaning", International Patent Application WO1998007548(1998).
[119] J. Henning,"Method of Pounding Plastic Bottles with Dry Ice Granules Blasted by Compressed Air from Jets to Remove Thermally-Adhered Decorations and Labels", German Patent Application DE 19709621(1998).
[120] N. de Schaetzen van Brienen,"Method and Device for Cleaning by Blasting with Particles", European Patent Application EP0953410(1999).
[121] N. Sawada,"Particle Feeder", U. S. Patent 6,024,304(2000).
[122] T. R. Lehnig, F. C. Young and D. R. Linger,"Turn Base for Entrained Particle Flow", U. S. Patent 6, 042,458(2000).
[123] J. -P. Serex, J. Saxer, R. Schiffbauer andA. Buinger,"Verfahren und Vorrichtung zum Bestrahlen mit verschiedenartigen Strahlmitteln", German Patent Application DE10010012(2000).
[124] W. B. Jäger,"Verfahren zum Abfu hren von Zerspanungsprodukten eines zerspanenden Bearbeitungsverfahrens", European Patent Application EP0953410(2000).
[125] E. J. Wade, Jr. ,"Apparatus for Facilitatingthe Formation, Capture and Compression of Solid Carbon Dioxide Particles", U. S. Patent 6,189,336(2001).
[126] E. J. Wade, Jr. ,"Apparatus for Dispensing Dry Ice", U. S. Patent 6,257,016(2001).
[127] A. G. Haerle and G. S. Meder,"Process for Cleaning Ceramic Articles", U. S. Patent 6,296,716 (2001).
[128] R. G. Allen Jr. ,"Gas Venting Device for Dry Ice Pelletizer and Methods for Retrofitting Same onto Existing Dry Ice Pelletizers", U. S. Patent 6,240,743(2001).
[129] J. W. Kipp,"Blasting Method for Cleaning Pipes", U. S. Patent 6,315,639(2001).
[130] M. Okazawa, H. Iwama, B. Sato, H. Kowase and N. Hirasawa,"Cleaning Method, Apparatus Therefor, Cleaning Object Cleaned Thereby, and Hopper", U. S. Patent Application 2002/ 0082179(2002).
[131] R. Anderson, A. E. Opel, P. Spivak and O. Zadorozhny,"Generation of an Airstream with Sublimable Solid Particles", U. S. Patent 6,346,035(2002).
[132] B. Greer,"$CO_2$ Block Press", U. S. Patent 6,349,565(2002).
[133] B. Greer and J. L. Tharp, Jr. ,"Pelletizing System", U. S. Patent 6,374,633(2002).
[134] G. Horridge,"Method of Cleaning the Inside Surface of Ducts", U. S. Patent 6,402,854(2002).
[135] P. G. Perry, R. S. Agarwala, J. L. Morris, L. E. Hendrix, C. W. Enos and G. J. Arserio,"Process for Roughening a Surface", U. S. Patent 6,416,389(2002).
[136] B. E. Andrews,"Method for Cleaning Ductwork", U. S. Patent 6,468,360(2002).
[137] M. E. Rivir and K. R. Dressman,"Particle Blast Cleaning Apparatus", U. S. Patent 6,524,172(2003).
[138] A. G. Haerle and G. S. Meder,"Process for Cleaning Ceramic Articles", U. S. Patent 6,565,667

(2003).
[139] R. Adler,"Dry Ice Jet Cleaning System",International Patent Application WO2003101667(2003).
[140] B. Bublath,F. Elbing,M. Krieg,R. Reiche and S. Settegast,"Method and Apparatus for Smoothing the Surface of a Gas Turbine Airfoil",European Patent Application EP1317995(2003).
[141] B. Bublath,F. Elbing,M. Krieg,G. Reich,R. Reiche and S. Settegast,"Method and Device for Polishing the Surface of a Gas Turbine Blade",International Patent Application WO2003047814(2003).
[142] R. S. Anderson and S. M. Stafford,"Enablement of Selection of Gas/Dry Ice Ratios within an Allowable Range, and Dynamic Maintenance of the Ratio in a Blasting Stream", U. S. Patent 6,695,679 (2004).
[143] H. Frohlich,S. Gebhardt and B. Trampusch,"Method and Device for Generating a Two-Phase Gas-Particle Jet,in Particular Containing $CO_2$ Dry Ice Particles",U. S. Patent 6,695,686(2004).
[144] A. G. Haerle and G. S. Meder,"Semiconductor Processing Component having Low Surface Contaminant Concentration",U. S. Patent 6,723,437(2004).
[145] M. E. Rivir and K. R. Dressman,"Particle Blast Apparatus",U. S. Patent 6,726,549(2004).
[146] D. Linger,M. Rivir and R. Leon,"Non-Metallic Particle Blasting Nozzle with Static Field Dissipation", U. S. Patent 6,739,529(2004).
[147] A. E. Opel,"Apparatus to Provide Dry Ice in Different Particle Sizes to an Airstream for Cleaning of Surfaces",U. S. Patent 6,824,450(2004).
[148] J. D. Kelley,S. A. Lawton and W. N. Schmitz,"Coating Removal System having a Solid Particle Nozzle with a Detector for Detecting Particle Flow and Associated Method", European Patent EP1237734 (2004).
[149] W. Flothmann,J. Tauchemann and T. Weichmann,"A Method for Blasting of Material Surfaces",German Patent DE10259132(2004).
[150] R. Reiche,"Process of Removing of Component Layer", European Patent Application EP1561542 (2005).
[151] R. A. Carroll,"Injecting an Air Stream with Sublimable Particles",U. S. Patent 6,966,819(2005).
[152] M. E. Rivir,D. Mallaley,R. J. Broecker,R. K. Dressman and K. P. Alford,"Feeder Assembly for Particle Blast System",U. S. Patent 7,112,120(2006).
[153] S. A. Johnson and J. E. Dixon,"High Pressure Cleaning and Decontamination System",U. S. Patent 7,140,954(2006).
[154] S. Johansen,"Pellet Press for Dry Ice",U. S. Patent 6,986,265(2006).
[155] W. Luderer and W. Scheibner,"Trockeneisstrahlverfahren und Anordnung zur Durchführung des Verfahrens",German Patent Application DE102006002653(2006).
[156] B. Eliasson,"Cleaning Device and Method",U. S. Patent Application 20070012795(2007).
[157] M. Sundaram and P. Ihatsu,"Dry Ice Blasting with Chemical Additives", U. S. Patent Application 2007/0178811(2007).
[158] C.-N. Yoon,"Nozzle for Spraying Sublimable Solid Particles Entrained in Gas for Cleaning Surface", U. S. Patent 7,442,112(2008).
[159] J. A. Kral and M. A. Centanno,"Method for Cleaning a Lumen",U. S. Patent 7,459,028(2008).
[160] J. T. Armstrong,"Portable Cleaning and Blasting System for Multiple Media Types,Including Dry Ice and Grit",U. S. Patent Application 2008/0176487(2008).
[161] R. J. Merritello,"Dry Ice Blasting with Ozone-Containing Carrier Gas",U. S. Patent Application 2008/0216870(2008).
[162] W. Luderer and W. Scheibner,"Dry Ice Blasting Process",German Patent DE102006002653(2009).
[163] M. E. Rivir,"Pivoting Hopper for Particle Blast Apparatus",U. S. Patent Application 2009/ 0156102 (2009).
[164] D. Bras and J. Bull,"Method and Device for Injecting Two-Phase $CO_2$ in a Transfer Gaseous Medium",U. S. Patent 7,648,569(2010).
[165] J. R. Becker,"Feeding Solid Particles into a Fluid Stream",U. S. Patent 7,666,066(2010).
[166] M. Krieg,E. Uhlmann,A. El Mernissi and I. Gottheil,"Device and Use Thereof for Centrifugal Blasting

with Dry Ice",European Patent EP1870205(2010).
[167] M. E. Rivir and K. R. Dressman,"Particle Blast Apparatus",U. S. Patent 7,950,984(2011).
[168] TQ-Systems GmbH,"Processing Machine for Dry Ice",German Patent DE202011001264(2011).
[169] A. El Mernissi, I. Gottheil, M. Krieg and E. Uhlmann, "Vorrichtung zum Schleuderstrahlenvon empfindlichen Strahlmitteln,insbesondere Trockeneis",German Patent DE102006029437(2011).
[170] A. Scrivani,C. Giolli and B. A. Allegrini,"Method and Equipment for Removal of Ceramic Coatings by Solid$CO_2$ Blasting",International Patent ApplicationWO2011135526(2011).
[171] J. von der Ohe,"Verfahren zur Herstellung von $CO_2$-Pellets oder von $CO_2$-Partikeln mit erhöhter mechanischer Härte und Abrasivität",German Patent DE102010020618A1(2011).
[172] J. von der Ohe,"Verfahren zur Herstellung eines Strahlmittels,Verfahren zum Strahlen,Strahlmittel, Vorrichtung zur Herstellung eines Strahlmittels, Vorrichtung zum Strahlen", German Patent DE102011119826 A1(2012).
[173] R. J. Broecker,"Blast Nozzle with Blast Media Fragmenter",U. S. Patent 8,187,057(2012).
[174] P. Spivak and O. Zadorozhny,"Particle Blast Cleaning Apparatus with Pressurized Container", U. S. Patent 8,277,288(2012).
[175] R. C. Moore,S. T. Hardoerfer and B. R. Groves,"Method and Apparatus for Forming Carbon Dioxide Pellets",U. S. Patent Application 2012/0291479(2012).
[176] D. Gurley,R. Jones,K. Bruer,T. Devine and M. Quinn,"Processfor Cleaning Surfaces Using Dry Ice", U. S. Patent Application 2012/0298138(2012).
[177] T. Wigfall,"Device for Capturing Material During Dry Ice Blasting", European Patent EP2305425 (2012).
[178] W. Böhm,"Method and Device for Preparing a Dry Ice/Water Ice Mixture as a Blasting Agent",International Patent Application WO2012117077(2012).
[179] K. P. Masserant,"Cleaning of Radioactive Contamination Using Dry Ice", U. S. Patent Application 2013/0263890(2013).
[180] N. Raeder and R. Rolstein,"Device for Processing or Treating Surface by Means of a Dry Ice Granulate",U. S. Patent 8,430,722(2013).
[181] R. P. Ficarra,T. C. McGraw,G. B. Reid and D. A. Bryl,"Dry Ice Belt Cleaning System for Laser Cutting Device",U. S. Patent 8,556,063(2013).
[182] M. E. Rivir and S. T. Hardoerfer,"Apparatus Including at Least an Impeller or Diverter and for Dispensing Carbon Dioxide Particles and Method of Use",U. S. Patent Application 2014/ 0110510(2014).
[183] R. J. Broecker and M. Gunderson,"Method and Apparatus for Forming Carbon Dioxide Particles into a Block",U. S. Patent 9,095,956(2015).
[184] D. S. Fritz,S. T. Hardoerfer,D. Mallaley and M. E. Rivir,"Method and Apparatus for Forming Solid Carbon Dioxide",U. S. Patent Application 2015/0166350(2015).
[185] T. R. Lehnig,"Blast Media Fragmenter",U. S. Patent Application 2015/0196921(2015).
[186] P. De Lucia,"Peeling Device,in Particular for Dried Fruits",European Patent Application EP2957388 (2015).
[187] I. Kubiš, L. BakalaandP. Gabriš,"Device for Mixing Solid Particles of DryIce with Flow of Gaseous Medium",U. S. Patent Application 2016/0121456(2016).
[188] D. Mallaley, R. J. Broecker and R. M. Kocol, "Particle Feeder", International Patent Application WO2016144874(2016).
[189] P. de Jesus Diaz and R. E. Hefner,"Dry Ice Cleaning Apparatus for Gas Turbine Compressor",U. S. 9, 267,393(2016).
[190] D. Mallaley and R. J. Broecker,"Blast Media Comminutor", U. S. Patent Application 2017/ 0106500 (2017).
[191] L. D. White,"Cryogenic Cleaning Methods for Reclaiming and Reprocessing Oilfield Tools",U. S. Patent 9,561,529(2017).
[192] I. Kubiš,L. Bakala and P. Gabriš,"Device for Grinding and Feeding of Solid Particles of Dry Ice for Devices for Mixing Solid Particles of Dry Ice with Flow of Gaseous Medium", European Patent

EP2994268(2017).
[193] T. Böckler, F. Herzog, A. Donnerhack and S. Powell, "Method for Treating Surfaces by Means of a Blasting Medium Consisting of Dry Ice Particles", International Patent Application WO2017017034 (2017).
[194] B. Pössel: "Method for the Dry-Ice-Carbon Dioxide-Snow Blasting($CO_2$-Blasting) of Organic Foodstuffs in a Continuous-, Cyclical-or Batch Process", International Patent Application WO2017081545 (2017).
[195] E. L. Cooper and M. Hallenbeck, "Dry Ice Blast Cleaning System and Method for Operating the Same", U. S. Patent 9,700,989(2017).
[196] Blast Cleaning Directory. www. BlastCleaningDirectory. com. (accessed January 20,2018).
[197] Dry Ice. http://dryiceinfo. com. (accessed January 20,2018).
[198] Dry Ice Cleaningas Industrial Cleaning Solution, ACP, Heusden-Zolder, Belgium. www. acpco2. com. (accessed January 20,2018).
[199] ACT Dry Ice Services, Harleysville, PA. www. actco2blasting. com. (accessed January 20,2018).
[200] Apex Dry Ice Blasting, LLC, Kent, OH. www. apexdryiceblasting. com. (accessed January 20,2018).
[201] Cryonomic Dry Ice Cleaning Solutions, Artimpex N. V. , Gent, Belgium. www. cryonomic. com. (accessed January 20,2018).
[202] ASCOJET, ASCO KOHLENSÄURE AG, Romanshorn, Switzerland. www. ascoco2. com. (accessed January 20,2018).
[203] Dry Ice Blasting, Blackwell's Inc. , LaGrange, GA. www. blackwells-inc. com. (accessed January 20, 2018).
[204] Dry Ice Blast Cleaning, Clean Surface, Leicester, UK. www. cleansurface. co. uk. (accessed January 20, 2018).
[205] Dry Ice Blasting, CMW $CO_2$ Technologies, Kurla, Mumbai, India. https://cmw-dryice. com. (accessed January 20,2018).
[206] Dry Ice Blasting, ColdSweep Solutions, Mountain Green, UT. www. coldsweep. com. (accessed January 20,2018).
[207] Dry Ice Blasting Solutions, Cold Jet, LLC, Loveland, OH. www. coldjet. com. (accessed January 20, 2018).
[208] Dry Ice Blasting, Continental Carbonic Products, Inc. , Decatur, IL. www. continentalcarbonic. com. (accessed January 20,2018).
[209] Cool Blast Equipment Co. , Inc. , Lake Wylie, SC. www. dryiceblastingusa. com. (accessed January 20, 2018).
[210] Cryopure Corporation, Albany, NY. http://cryopurecorp. com. (accessed January 20,2018).
[211] Dry Ice Scotland, Perthshire, Scotland. http://dryicescotland. co. uk. (accessed January 20,2018).
[212] EnviroBlast, Warren, MI. www. enviro-blast. com. (accessed January 20,2018).
[213] $CO_2$ Radiological Surface Decontamination, EAI Environmental Alternatives, Inc. , Swanzey, NH. https://eai-inc. com/nuclear-decontamination/co2-decontamination/. (accessed January 20,2018).
[214] Dry Ice Blasting/Cleaningand Snow Blasting, FerroČrtalič d. o. o. , Dolenjske Toplice, Slovenia. www. FerroECOblast. com. (accessed January 20,2018).
[215] Dry Ice Blasting, Hughes Environmental, Louisville, KY. https://hughesenv. com. (accessed January 20,2018).
[216] ICEsonic, Nova Gradiška, Croatia. ww. icesonic. com. (accessed January 20,2018).
[217] JettRobot s. r. o, Prague, Czech Republic. www. jettyrobot. com. (accessed January 20,2018).
[218] Dry Ice Cleaning, Alfred Kärcher GmbH & Co. KG, Winnenden, Germany. www. kaercher. com. (accessed January 20,2018).
[219] Dry Ice Blasting for Industrial Equipment, Leppert-Nutmeg Inc. , Bloomfield, CT. http:// www. leppert-nutmeg. com/RepairServices/DryIceBlasting. aspx. (accessed January 20,2018).
[220] Cryoclean® Dry Ice Blasting, The Linde Group, Munich, Germany. https://www. boconline. co. uk/en/processes/cryoclean/cryoclean-pellet-cleaning/cryoclean-pellet-cleaning. html. (accessed January 20,

2018).
[221] Dry Ice Blasting, Ics Ice Cleaning Systems S. R. O. , Povazska Bystrica, Slovakia. www. icsdryice. de. (accessed January 20, 2018).
[222] Meccrios Group S. r. l, Caltignaga NO, Italy. www. meccrios. it. (accessed January 20, 2018).
[223] Optimum Dry Ice Blasting, Birmingham, UK. https://www. optimumdryiceblasting. co. uk/ dry-ice-blasting-services. (accessed January 20, 2018).
[224] Dry Ice Blasting, Praxair, Danbury, CT. www. praxair. com. (accessed January 20, 2018).
[225] Precision Iceblast Corporation, Peshtigo, WI. http://www. precision-iceblast. com/. (accessed January 20, 2018).
[226] Why Dry Ice?, Polar Clean, South Bend, IN. www. polarclean. com. (accessed January 20, 2018).
[227] PolarTech, Esbjerg, Denmark. www. polartech-as. com. (accessed January 20, 2018).
[228] Scrub Zero Dry Ice Cleaning Solutions, Scrub Zero, Calgary, Alberta, Canada. http:// scrubzero. com/. (accessed January 20, 2018).
[229] Sinocean Industrial Limited, Zhenzhou City, China. www. china-ice-machine. com. (accessed January 20, 2018).
[230] $CO_2$ Dry Ice Cleaning Systems, TOM $CO_2$ Systems, Loganville, GA. www. TOMCOsystems. com. (accessed January 20, 2018).
[231] Universal Dry Ice Blasting, Apple Valley, CA. www. universaldryiceblasting. com. (accessed January 20, 2018).
[232] Dry Ice Cleaning, White Lion Dry Ice& Laser Cleaning Technology GmbH, Mühltal, Germany. http:// white-lion. eu/en. html. (accessed January 20, 2018).
[233] Wickens Dry Ice Blasting, Milton, Ontario, Canada. http://wickensdryiceblasting. com. (accessed January 20, 2018).
[234] R. B. Ivey, "Carbon Dioxide Pellet Blasting Paint Removal for Potential Application of Warner Robins Managed Air Force Aircraft ", Proceedings of 1st Annual International Workshop on Solvent Substitution, DE-AC07-76lD01570, pp. 91-93, U. S. Department of Energy and U. S. Air Force, Washington, D. C. (1990).
[235] N. Larson, "Low Toxicity Paint Stripping of Aluminum and Composite Substrates", Proceedings of 1st Annual International Workshop on Solvent Substitution, DE-AC07- 76lD01570, pp. 53-60, U. S. Department of Energy and U. S. Air Force, Washington, D. C. (1990).
[236] W. N. Schmitz, "$CO_2$ Pellet Blasting for Paint Stripping/Coatings Removal", Proceedings of 1st Annual International Workshop on Solvent Substitution, DE-AC07-76lD01570, pp. 11-13, U. S. Department of Energy and U. S. Air Force, Washington, D. C. (1990).
[237] C. Cundiff and T. Matalis, "A Preliminary Evaluation of Paint Removal by a Carbon Dioxide Pellet Blast System", Proceedings of1990 DOD/Industry Advanced Coatings Removal Conference, pp. 304-329, U. S. Department of Energy, Washington, D. C. (1990).
[238] J. Cheney and P. Kopf, "Paint Removal and Protective Coating Development", Proceedings of 1990 DOD/Industry Advanced Coatings Removal Conference, pp. 372-395, U. S. Department of Energy, Washington, D. C. (1990).
[239] G. Boyce, L. Archibald and P. Andrew, "Cryogenic Blasting as a Tool Cleaning Process", Proceedings of 1990 DOD/Industry Advanced Coatings Removal Conference, pp. 261303, U. S. Department of Energy, Washington, D. C. (1990).
[240] D. Svejkovsky, "Carbon Dioxide Paint RemovalStatus", Proceedings of 1991 DOD/Industry Advanced Coatings Removal Conference, pp. 344-393, U. S. Department of Energy, Washington, D. C. (1991).
[241] T. Donnelly, "Dry Ice Blasting: ANew Technology for Corebox Cleaning", Modern Casting Magazine (June 1, 1991). https://www. thefreelibrary. com/Dry+ice+blasting%3a+a+new +technology+for+corebox+cleaning. -a010913841.
[242] R. K. Blow, "Ice as an Abrading Agent", Tech Brief MFS-19837, NASA Marshall Space Flight Center, Huntsville, AL(1993).
[243] J. Fody, "Cleaning by Blasting with Pellets of Dry Ice", Tech Brief MFS-28702, NASA Marshall Space

Flight Center, Huntsville, AL(1993).

[244] S. Stratford, "Dry Ice Blasting for Paint Stripping and Surface Preparation", Metal Finishing 97, 481 (1999).

[245] J. A. Snide, "$CO_2$ Pellet Cleaning—A Preliminary Evaluation", Materials & Process Associates, Dayton, OH(October 12, 1992). http://old.coldjet.com/tech-fundamentals.html.

[246] J. Lapointe, "Sand-Less Blasting", Pollution Engineering Magazine, p. 14(February 2004).

[247] E. Uhlmann and M. Krieg, "Shot Peening with Dry Ice", in: *Proceedings of ICSP-9 9th International Conference on Shot Peening*, V. Schulze and A. Niku-Lari(Eds.), pp. 197-201, International Scientific Committee for Shot Peening, Mishawaka, IN(2005).

[248] A. W. Momber and R.-R. Schulz, "Untergrundvorbereitung mit thermischen Verfahren", in: *Handbuch der Oberflächenbearbeitung Beton. Bauhandbuch*," pp. 307-357, Birkhäuser Verlag, Basel, Switzerland(2006).

[249] "Harnessing the Cleaning Power of Dry Ice", PCI(Paint & Coatings Industry) Magazine(March 1, 2007). https://www.pcimag.com/articles/94587-harnessing-the-cleaning-powerof-dry-ice.

[250] L.-E. Etzold, "Dry Ice Cleaning for the 2nd Surface Preparation", Proceedings 2008 Joint JPCL-PCE Marine Coatings Conference, Technology Publishing Company, Pittsburgh, PA(2008).

[251] M. Blanke, "Environmentally Friendly Cleaning with $CO_2$", Welding and Cutting 8, 11(2009).

[252] R. W. Foster, "Carbon Dioxide(Dry Ice) Blasting", in: *Good Painting Practice: SSPC Painting Manual*, Volume 1, Chapter 2.9.5, pp. 161-167, Society for Protective Coatings, Pittsburgh, PA(2011).

[253] N. Anagreh and A. A. Robaidi, "Improvement of Adhesion of High-Strength Steel Sheets by Surface Pretreatment with Dry Ice Blasting and Self-Indicating Pretreatment(SIP) Adhesion Mediators", Mater. Manuf. Processes 26, 84(2011).

[254] S. Dong, B. Song, B. Hansz, H. Liao and C. Coddet, "Improvement in the Properties of Plasma-Sprayed Metallic, Alloy and Ceramic Coatings Using Dry-Ice Blasting", Appl. Surf. Sci. 257 10828(2011).

[255] W. Zhou, M. Liu, S. Liu, M. Peng, J. Yu and C. Zhou, "On the Mechanism of Insulator Cleaning Using Dry Ice", IEEE Trans. Dielectrics Electrical Insulation 19, 1715(2012).

[256] N. Baluch, C. S. Abdullah and S. Mohtar, "Dry-Ice Blasting an Optimal Panacea for Depurating Welding Robots of Slag and Splatter", J. Technol. Oper. Mgmt. 7, 56(2012).

[257] S. Wilson, "Sustainable In-Machine Mold Cleaning and Part Deburring and Deflashing Using Dry Ice", Proceedings ANTEC 2013, pp. 1-9, Society of Plastics Engineers, Bethel, CT(2013).

[258] S.-J. Dong, B. Song, B. Hansz, H.-L. Liao and C. Coddet, "Combination Effect of Dry-Ice Blasting and Substrate Preheating on Plasma-Sprayed CoNiCrAlY Splats", J. Thermal Spray Technol. 22, 61 (2013).

[259] S.-J. Dong, B. Song, B. Hansz, H.-L. Liao and C. Coddet, "Study on the Mechanism of Adhesion Improvement using Dry-Ice Blasting for Plasma-Sprayed $Al_2O_3$ Coatings", J. Thermal Spray Technol. 22, 213(2013).

[260] B. Song, S.-J. Dong, P. Coddet, B. Hansz, T. Grosdidier, H.-L. Liao and C. Coddet, "Oxidation Control of Atmospheric Plasma Sprayed FeAl Intermetallic Coatings using Dry-Ice Blasting", J. Thermal Spray Technol. 22, 345(2013).

[261] S.-J. Dong, B. Song, G.-S. Zhou, C.-J. Li, B. Hansz, H.-L. Liao and C. Coddet, "Preparation of Aluminum Coatings by Atmospheric Plasma Spraying and Dry-Ice Blasting and Their Corrosion Behavior", J. Thermal Spray Technol. 22, 1222(2013).

[262] B. Song, S. Dong, B. Hansz, H. Liao and C. Coddet, "Effect of Dry-Ice Blasting on Structure and Magnetic Properties of Plasma-Sprayed Fe-40Al Coating from Nanostructured Powder", J. Thermal Spray Technol. 23, 227(2014).

[263] S. Dong, B. Song, H. Liao and C. Coddet, "Dielectric Properties of $Al_2O_3$ Coatings Deposited via Atmospheric Plasma Spraying and Dry-Ice Blasting Correlated with Microstructural Characteristics", Appl. Phys. A 118, 283(2015).

[264] M. Chandrasekar, "A Short Review on Alternative Cleaning Methods to Remove Scale and Oxide from the Jet Engine Alloys", Intl. J. Eng. Res. Technol. 4, 534(2015).

[265] N. Baluch, S. Mohtar and C. S. Abdullah, "Efficacy of Dry-Ice Blasting in Preventive Maintenance of Auto Robotic Assemblies", Proceedings of International Conference on Applied Science and Technology 2016(ICAST'16), AIP 1761, pp. 020025-1-020025-7, American Institute of Physics, New York, NY (2016).

[266] M. Li, W. Liu, X. Qing, Y. Ye, L. Liu, Z. Tang, H. Wang, Y. Dong and H. Zhang, "Feasibility Study of a New Approach to Removal of Paint Coatings in Remanufacturing", J. Mater. Processing Technol. 234, 102(2016).

[267] R. Healy, "ASCO Delivers Dry Ice Blasting Technology to ABB Product Development", Gasworld Magazine (January 18, 2017). https://www.gasworld.com/abb-employs-ascodry-ice-blasting-machine/2012120.article.

[268] S. Wilson, "How Dry Ice can Assist Medical Device Manufacturers", Medical Design and Outsourcing Magazine(April 3, 2017). https://www.medicaldesignandoutsourcing.com/ now-see-now-dont-dry-ice-assists-medical-device-manufacturers/.

[269] V. Alankaya, "Determination of Efficient Execution of Dry-Ice Blasting for Shipyard Applications", Intl. J. Global Warming 13, 81(2017).

[270] R. Grinham and A. Chen, "A Review of Outgassing and Methods for its Reduction", Appl. Sci. Converg. Technol. 26, 95(2017).

[271] S. Dong, J. Zeng, L. Li, J. Sun, X. Yang and H. Liao, "Significance of In-Situ Dry-Ice Blasting on the Microstructure, Crystallinity and Bonding Strength of Plasma-Sprayed Hydroxyapatite Coatings", J. Mech. Behavior Biomed. Mater. 71, 136(2017).

[272] A. S. Narayanan, "Dry Ice Blasting on Heavy Duty Gas Turbines", Preva IceTech SB, Bramming, Denmark. https://www.scribd.com/document/88377583/Gas-Turbine-Dry-Ice-CO2Cleaning. (accessed January 20, 2018).

[273] J. Rauchut, "Cryogenic $CO_2$ Parts Cleaning Technology(ESHC001)", Technology Transfer Report # 97053286A-TR, SEMATECH, Inc., San Jose, CA(1997).

[274] J. R. Vig, "UV/Ozone Cleaning of Surfaces", in: *Treatise on Clean Surface Technology*, Volume 1, K. L. Mittal(Ed.), pp. 1-26, Plenum Press, New York, NY(1987).

[275] J. E. Deffeyes, H. V. Lilenfeld, J. J. Reilly and R. O. Ahrens, "UV Light Process for Metal Cleaning", SAMPE J. 33, 58(1997).

[276] E. Uhlmann, R. Hollan, R. Veit and A. El Mernissi, "A Laser Assisted Dry Ice Blasting Approach for Surface Cleaning", Proceedings of 13th CIRP International Conference on Life Cycle Engineering, pp. 471-475, International Academy for Production Engineering CIRP, Paris, France(2006).

[277] J. R. Haines, P. W. Fisher and C. A. Foster, "Solvent-Free Cleaning Usinga Centrifugal Cryogenic Pellet Accelerator", Proceedings of Conference on Innovative Concepts, Technology and Business Opportunities, Denver, CO(1995).

[278] A. Dangwal, G. Müller, D. Reschke, K. Floettmann and X. Singer, "Effective Removal of Field-Emitting Sites from Metallic Surfaces by Dry Ice Cleaning", J. Appl. Phys. 102, 044903(2007).

[279] I. Millar, "Cold Jet -ANovel Technique for Cleaning and Decontaminating Food Processing Areas, Equipment, Carcasses and Foods", Report B02006 to Food Standards Agency, Microchem Bioscience Limited, Aberdeenshire, UK(2004).

[280] A. Costantini, E. Vaudano, M. C. Cravero, M. Petrozziello, A. Bernasconi and E. Garcia-Moruno, "Application of Dry Ice Blasting for Barrels Treatment", BIO Web of Conferences 5, 02012(2015). https://www.researchgate.net/publication/281232416_Application_of_dryice_blasting_for_barrels_treatment.

[281] A. Costantini, E. Vaudano, M. C. Cravero, M. Petrozziello, F. Piano, A. Bernasconi and E. Garcia-Moruno, "Dry Ice Blasting, A New Tool for Barrel Regeneration Treatment", Eur. Food. Res. Technol. 242, 1673(2016).

[282] A. K. Witte, M. Bobal, R. David, B. Blättler, D. Schoder and P. Rossmanith, "Investigation of the Potential of Dry Ice Blasting for Cleaning and Disinfection in the Food Production Environment", LWT - Food Sci. Technol. 75, 735(2017).

[283] D. Hörter and J. B. Dressman,"Influence of Physicochemical Properties on Dissolution of Drugs in the Gastrointestinal Tract",Adv. Drug Delivery Rev. 46,75(2001).

[284] S. Stegemann,F. Leveiller,D. Franchi,H. de Jong and H. Lindén,"When Poor Solubility Becomes an Issue:From Early Stage to Proof of Concept",Eur. J. Pharm. Sci. 31,249(2007).

[285] M. S. Ku and W. Dulin,"A Biopharmaceutical Classification-Based Right-First-Time Formulation Approach to Reduce Human Pharmacokinetic Variability and Project Cycle Time from First-in-Human to Clinical Proof-of-Concept",Pharmaceutical Dev. Technol. pp. 1-18(2010).

[286] G. L. Amidon,H. Lennernas,V. P. Shah and J. R. Crison,"A Theoretical Basis for a Biopharmaceutic Drug Classification:The Correlation of in vitro Drug Product Dissolution and in vivo Bioavailability", Pharmaceutical Res. 12,413(1995).

[287] C. Y. Wu and L. Z. Benet,"Predicting Drug Disposition via Application of BCS:Transport/ Absorption/Elimination Interplay and Development of a Biopharmaceutics Drug Disposition Classification System",Pharmaceutical Res. 22,11(2005).

[288] T. Takagi,C. Ramachandran,M. Bermejo,S. Yamashita,L. X. Yu and G. L. Amidon,"A Provisional Biopharmaceutical Classification of the Top 200 Oral Drug Products in the United States,Great Britain,Spain,and Japan",Molecular Pharmaceutics 3,631(2006).

[289] Z. H. Loh,A. K. Samanta and P. W. S. Heng,"Overview of Milling Techniques for Improving the Solubility of Poorly Water-Soluble Drugs",Asian J. Pharmaceutical Sci. 10,255(2015).

[290] M. Bisrat and C. Nyström,"Physicochemical Aspects of Drug Release. VIII. The Relation Between Particle Size and Surface Specific Dissolution Rate in Agitated Suspensions",Intl. J. Pharmaceutics 47,223 (1988).

[291] S. Sugimoto,T. Niwa,Y. Nakanishi and K. Danjo,"Development of a Novel Ultra Cryo-Milling Technique for a Poorly Water-Soluble Drug Using Dry Ice Beads and Liquid Nitrogen",Intl. J. Pharmaceutics 426,162(2012).

[292] C. E. Benson,J. E. Parfitt and B. D. Patton,"Decontamination of Surfaces by Blasting with Crystals of $H_2O$ and $CO_2$",Report ORNL/TM-12911,Oak Ridge National Laboratory,Oak Ridge,TN(1995).

[293] A. M. Resnick,"Remote Operated Vehicle with Carbon Dioxide Blasting(ROVCO$_2$)",in:*Proceedings Conference on Environmental Technology Development through Industry Partnership,DOE/METC-96/1021*,V. P. Kothari(Ed.),pp. 239-242,U. S. Department of Energy,Morgantown,WV(1995).

[294] P. J. Gillis and J. Ackeroyd,"Decontamination and Recovery of Materials at Nuclear Facilities",Proceedings 3rd International Conference on CANDU Maintenance,pp. 275-280,Canadian Nuclear Society,Toronto,Canada(1995).

[295] B. Frischkorn,"Dry Ice Cleaning Awaits Japanese Thaw",Gaijin Journal,Tokyo,Japan(April 2017). http://japanpressnetwork. com/Fujihara/reports/Dry_Ice_Cleaning_Awaits_ Japanese_Thaw_999. html.

[296] Y. Kameo,M. Nakashima and T. Hirabayashi,"Removal of Metal Oxide Layers as a Dry Decontamination Technique Utilizing Bead Reaction and Thermal Quenching by Dry Ice Blasting",J. Nucl. Sci. Technol. 43,798(2006).

[297] R. L. Demmer,J. Drake and R. James,"Understanding Mechanisms of Radiological Contamination", Proceedings Waste Management Conference,Curran Associates,Red Hook,NY(2014).

[298] S. M. Scott,A. Haigh,J. Schreibmaier,N. Davies,A. Porter and G. Saibene,"Cleaning of the JET Vacuum Vessel Using the Carbon Dioxide Pellet Blasting Technique",Report JET-R(95)03,Joint European Tokamak(JET) Joint Undertaking,Abingdon,UK(1995).

[299] A. Ying and M. Abdou,"Preliminary Assessment and Analysis of $CO_2$ Cleaning for an Inertial Fusion Device",Fusion Technol. 30,1516(1996).

[300] A. K. Burnham,M. T. Tobin,A. T. Anderson,E. C Honea,K. M. Skulina,D. Milam,M. Evans,F. Rainer and M. Gerassimenko,"Development and Evaluation of First Wall Materials for the National Ignition Facility",Proceedings 12th Topical Meeting on Technology of Fusion Energy,American Nuclear Society,La Grange Park,IL(1996).

[301] T. Reitz,F. Drobnik,M. Evans,M. Tobin and V. Karpenko,"Utilization of the $CO_2$ Pellet Blasting

Process for the National Ignition Facility", Proceedings 12th Topical Meeting on Technology of Fusion Energy, American Nuclear Society, La Grange Park, IL(1996).

[302] K. Grob, "Dry Ice Blasting Solves Ethanol Plant Maintenance Headache", Ethanol Producer Magazine (May 13, 2011). http://www. ethanolproducer. com/articles/7787/dry-ice-blastingsolves-ethanol-plant-maintenance-headache.

[303] Ice Cold: Solid Carbon Dioxide Cleaning Symposium, Smithsonian American Art Museum, Washington, D. C. (2015). https://americanart. si. edu/art/conservation/programs/2015-solidcarbon-dioxide-cleaning.

[304] Cleveland Museum of Art $CO_2$ Cleanings, McKay Lodge Art Conservation Laboratory, Oberlin, OH. http://mckaylodge. com/contact/. (accessed January 20, 2018).

[305] E. Beesley, M. Rabinowitz and J. Sembrat, "Solid $CO_2$ Cleaning and Patina Preservation: Case Studies in Aluminum and Bronze", Proceedings AIC 45th Annual Meeting, The American Institute for Conservation of Historic & Artistic Works(AIC), Washington, D. C. (2017).

[306] "Cold Jet and ACP Helping to Preserve Auschwitz Artifacts", Jet News, Water Jet Technology Association-Industrial & Municipal Cleaning Association(WJTA-IMCA) Newsletter, p. 2(February 2011).

[307] Auschwitz-Birkenau Memorial, Historical Restoration Case Study, Cold Jet, Loveland, OH(2014). http://www. coldjet. com/media-2014/en/pdf/case-studies/CS_Auschwitz. pdf.

[308] R. Silverman, "Fire and Ice: ASoot Removal Technique Using Dry Ice Blasting", Intl. Preservation News 39, 20(2006).

[309] C. Cutulle andS. Kim, "Dry Ice Blastingin the Conservationof Metals: A Technical Assessment as a Conservation Technique and Practical Application in the Removal ofSurface Coatings", in: *Objects Specialty Group Postprints*, Volume 22, E. Hamilton and K. Dodson(Eds.), pp. 77-100, The American Institute for Conservation of Historic & Artistic Works(AIC), Washington, D. C. (2015).

[310] L. King, "Dry Ice Blasting", USS Monitor Center, The Mariners' Museum and Park, Newport News, VA(April 15, 2016). http://www. marinersmuseum. org/blog/2016/04/dry-iceblasting-2/.

[311] K. Posner, "Conservation Comes Outdoors for Henry Moore's Bronze Form", The Iris, J. Paul Getty Trust, Los Angeles, CA(May 22, 2012). http://blogs. getty. edu/iris/conservation-comesoutdoors-for-henry-moores-bronze-form/.

[312] M. Lemos, I. Tissot, M. Tissot, P. Pedroso and P. Silvestre, "Conservation of a Portuguese 15th Century Iron Cannon: The Advantages of Dry-Ice Blasting Methodology", in: *Proceedings ICOM-CC Metal Working Group Interim Meeting*, C. Degrigny, R. Van Langh, B. Ankersmit and I. Joosten(Eds.), p. 53, Rijksmuseum, Amsterdam, The Netherlands(2007).

[313] M. B. Brush, "Using Dry Ice for Spray-Paint Removal on Weathering Steel", Association for Preservation Technology Bulletin 41, 1(2010).

[314] R. van der Molen, I. Joosten, T. Beentjes and L. Megens, "Dry Ice Blasting for the Conservation Cleaning of Metals", *Proceedings ICOM-CC Metal Working Group Interim Meeting*, P. Mardikian, C. Chemello, C. Watters and P. Hull(Eds.), pp. 96-13, Clemson University, Clemson, SC(2011).

[315] E. Higginson and G. Prytulak, "Dry Ice($CO_2$)Blasting Tests at the Canadian Conservation Institute", Proceedings 38th Annual Conference and Workshop, Canadian Conservation Institute, Ottawa, Canada. https://www. cac-accr. ca/files/pdf/e-cac-conference-2012. pdf.

[316] J.-E. Lee, N.-C. Cho, J.-M. Lee and J.-E. Yu, "Application Study of Dry-ice Pellet Cleaning for Removing Oil Paint and Lacquer of Outdoor Metal Artifacts", J. Conservation Sci. 28, 217(2012).

[317] Mold Remediation Article: A Cold Jet Case Study, Advanced Indoor Air Quality Care, Inc., Mount Arlington, NJ. https://www. uscleanblast. com/mold-remediation-article-coldjetstudy. (accessed January 20, 2018).

[318] Cold Jet ROI Estimator, Cold Jet LLC, Loveland, OH. http://www. coldjet. com/en/ information/roi-estimator. php. (accessed January 20, 2018).

[319] C. Norton and R. Martin, "A Clean Bill of Health for HRSGs", Power Engineering International(June 24, 2014). http://www. powerengineeringint. com/articles/print/volume-22/issue6/features/a-clean-bill-of-health-for-hrsgs. html.

[320] C. Norton and R. Taikowski Jr. ,“$CO_2$ Blasting Restores HRSG Performance”,Power Magazine(June 1,2015). www. powermag. com/co2-blasting-restores-hrsg-performance/.
[321] J. Gordon,“Breakthrough in Barrel Cleaning:Winemakers give High Marks to Dry-Ice Blasting Method”,Wines&Vines,San Rafael,CA(February 2007). https://www. winesandvines. com/features/article/47781/Breakthrough-in-Barrel-Cleaning.
[322] J. W. Fuller,“The Development of $CO_2$ Blasting Technology in Naval Shipyards”,Paper 483,The National Shipbuilding Research Program,Proceedings 1990 Ship Production Symposium,Naval Surface Warfare Center,Bethesda,MD(1990).
[323] K. Wolf,“Alternative Low-VOC Release Agents and Mold Cleaners for Industrial Molding,Concrete Stamping and Asphalt Applications”, Institute for Research and Technical Assistance(IRTA) Report”,Bothell,WA(October 2013).

# 第 5 章

# 液态 $CO_2$ 在去除表面污染物中的应用

Rajiv Kohli

美国国家航空航天局约翰逊航天中心航空航天公司得克萨斯州休斯敦市

## 5.1 引言

二氧化碳（$CO_2$）是一种含氯溶剂、氟氯烃（HCFC）、三氯乙烷和其他消耗臭氧层溶剂的理想替代清洗介质，可用于精密清洗领域[1-27]。它价格便宜，资源丰富，较反应化合物具有相对惰性，无毒，不易燃，并且易于回收。用于清洗的 $CO_2$ 是可重复使用的，也就是说，可采用工业过程中回收的气体。这些气体如果不回收的话，也会通过烟囱排放到大气中。$CO_2$ 在最终排放之前净化，并用于清洗以及其他应用中。多年来，不同状态的 $CO_2$ 广泛用于去除各种行业的表面污染物。$CO_2$ 气体也可通过在受污染的基底上高速吹扫的方法用于清洗领域，但这种方法仅对大于约 50μm 的颗粒有效[22]。

干冰粒形式的固体 $CO_2$ 已经很好地用于清洗，例如飞机上油漆的去除、核和石棉去污、历史遗迹的清洗和修复[21,22,24]。采用低密度干冰 $CO_2$ 清洗是一种温和的精密清洗技术，可以去除表面有机污染物（<10nm 厚）薄膜以及 30～40nm 范围内的颗粒[17-19]。超临界 $CO_2$（$SCCO_2$）具有气态输送特性和液态溶剂特性，尽管该工艺必须在非常高的压力下运行，但它比其他状态下去除污染物的方法更灵活[25-27]。液态 $CO_2$ 表现出的物理特性极具吸引力，这些特性已越来越多地用于表面污染物的去除。液态 $CO_2$（$LCO_2$）清洗将被清洗物体浸入搅拌下的清洗容器中，以提高去除过程的效率。$SCCO_2$ 和 $LCO_2$ 均为 $CO_2$ 的稠密相状态。但是，与 $SCCO_2$ 清洗相比，$LCO_2$ 清洗的工作压力要低得多。作为对致稠密相 $CO_2$ 的更广泛综述的一部分，$LCO_2$ 在去除表面污染物上的应用最近进行了综述[25]。本章的重点是更新以前出版的有关 $LCO_2$ 及其清洗应用的信息。本书的第 6 章将分别对 $SCCO_2$ 清洗进行概述。

## 5.2 表面污染和清洁度

表面污染可能有多种形式，并可能以多种状态存在于表面上[28]。最常见的类别包括：颗粒污染；可能以碳氢化合物膜或有机残留物形式存在的有机污染，例如油滴、油脂、树脂添加剂和蜡；可能是有机或无机的分子污染；离子污染；以表面上的离散颗粒或基质中的痕量杂质的形式存在的金属污染；微生物污染。常见的污染源包括机油和润滑脂、液压油和清洁液、胶黏剂、蜡、人为污染源和微粒，以及来自制造及操作过程的污染物。另外，大量各种来源的其他化学污染物也可能弄脏表面。

清洁规范通常基于已被清洗的表面上残留的特定或特征污染物的数量。航天硬件和其他精密技术应用的洁净度等级的规定方法是：对于颗粒污染，按颗粒大小［在微米（μm）尺寸范围内］和颗粒数量规定这种等级；对于非挥发残留物（NVR）代表的碳氢化合物污染，就表面污染而言，按单位面积上 NVR 质量规定这种等级，就液体污染而言，按单位体积中 NVR 质量规定这种等级[29-31]。这些表面清洁度等级都基于行业标准 IEST-STD-CC1246E（《产品清洁度等级——应用、要求和测定》）中规定的污染规范（contamintion specifications)：就颗粒污染而言，表面污染规范为 5 级至 1000 级；就 NVR 污染而言，表面污染规范为 R1E-5 级（$10ng/0.1m^2$）至 R25 级（$25mg/0.1m^2$）[31]。

许多产品和制造过程也对外部工艺本身或其他来源产生的空气传播的分子污染物（AMC）敏感，甚至可能被其破坏，因此监测和控制 AMC 必不可少[32]。AMC 是一种以蒸气或气溶胶形式存在的化学污染物，可以是有机或无机的，包括从酸和碱到有机金属化合物和掺杂剂的所有物质[33,34]。新的标准 ISO 14644—10《洁净室和相关控制环境——第 10 部分：按化学浓度对表面清洁度的分类》[35] 现已作为一项国际标准，该标准定义了洁净室表面清洁度的分类系统，涉及化学化合物或元素（包括分子、离子、原子和颗粒）。

尽管许多应用要求设定为 $1\mu g/cm^2$[31]，但许多商业应用中，精密清洁度等级却定义为有机污染物低于 $10\mu g/cm^2$ 水平。该清洁度水平是可取的，或是诸多功能用途所要求的，例如金属装置、机加工零件、电子组件、光学和激光部件、精密机械零件还有电脑零件。标准 ISO 14644—13 给出了洁净室表面清洁的指南，以达到规定的颗粒和化学分类的清洁水平[36]。

# 5.3 液态 $CO_2$ 的特征

以下各节讨论与清洗应用相关的 $LCO_2$ 的关键特性。

## 5.3.1 $CO_2$ 为稠密相流体❶

临界现象和超临界相首次被发现于 1822 年[37,38]。超过临界温度时，液相和气相之间的差别消失，形成单一的超临界流体相。临界点这个术语是 1869 年从对 $CO_2$ 所做的一些实验中引入的[39]。近临界流体和超临界流体作为溶剂的吸引力源于它们独特的似液性质和似气性质的独特结合。表 5.1 比较了液体、气体和超临界流体状态下典型有机流体的扩散系数、黏度和密度。超临界相的性质介于气态和液态之间，有着和气态传输特征相似的扩散系数和黏度，密度却类似于液态。

**表 5.1 典型有机流体在液体、气体和超临界流体状态下的物理化学性质比较**

| 状态 | 扩散系数/($cm^2/s$) | 黏度/($mN \cdot s/m^2$) | 密度/($kg/m^3$) |
|---|---|---|---|
| 液体 | $<10^{-5}$ | 1 | 1000 |
| 超临界流体 | $10^{-3}\sim10^{-2}$ | $10^{-2}$ | 300 |
| 气体 | 0.1 | $10^{-2}$ | 1 |

## 5.3.2 液态 $CO_2$

在室温下，如果在高压下保持在封闭系统中，$CO_2$ 能以液体的形式存在。当 $CO_2$ 被压缩时，它的液体密度越来越大。取决于不同的压力和温度，$CO_2$ 可以成为液体或超临界流体。一旦液态 $CO_2$ 在密闭容器中被加热，会转变为温度超过 304.3K 和压力高于 7.38MPa 的超临界流体。由 $CO_2$ 的压力-温度相图（图 5.1）可知，液相存在于三相点（0.52MPa，

❶ 在本章中，“稠密相”是指液态 $CO_2$，“流体”是指液相。

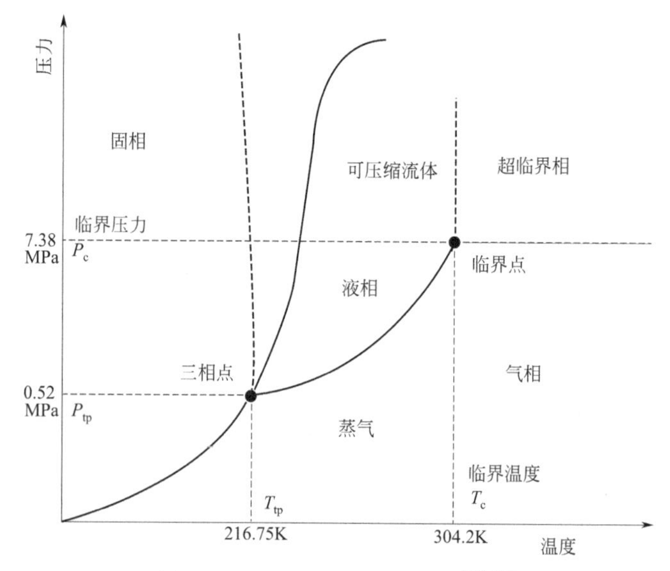


图 5.1　$CO_2$ 的压力-温度相图[40-45]

$P_c$ 为临界压力；$P_{tp}$ 是三相点处的压力；$T_c$ 是临界温度；$T_{tp}$ 是三相点的温度

216.45K）之上，超临界相存在于临界点（7.38MPa，304.2K）之上。$CO_2$ 在压力低于 0.52MPa 时没有液态。液态 $CO_2$ 的表面张力约为 1.5mN/m，在临界点达到零，使得 $LCO_2$ 和基于 $LCO_2$ 的溶剂能渗透并润湿零件的几乎所有特征部位。此外，$CO_2$ 没有永久的偶极矩，因此，具有较低的极化率，但它有一个强大的四极矩，后者影响其物理性质，包括 $CO_2$ 的高临界压力[46-52]。它可以作为氢键受体，因此氢键供体在 $LCO_2$ 中是可溶的。

### 5.3.2.1　物理和运输性质

液态 $CO_2$ 的密度很高（277K 时为 950kg/m$^3$）。临界点附近的温度或压力的微小变化会导致密度巨大的变化，如图 5.2 所示[42,53-59]。因为液体的溶剂化能力一般与它的密度有关，所以在临界点附近，$LCO_2$ 有很强的溶剂化能力。

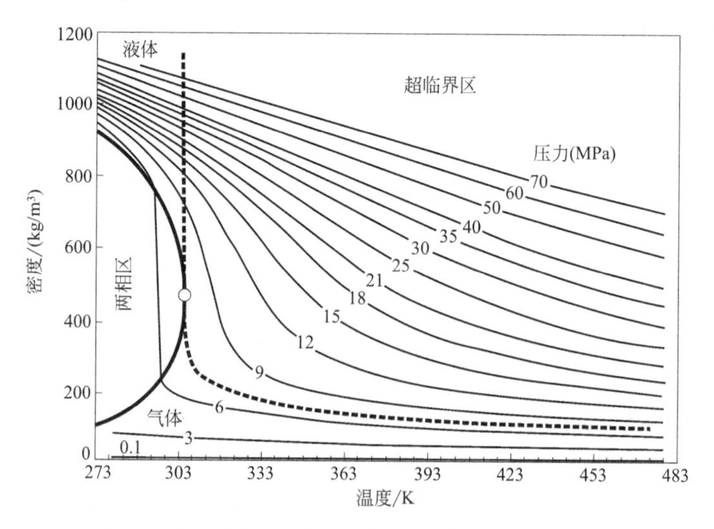


图 5.2　在不同压力下 $CO_2$ 的密度随温度的变化趋势

○ 临界点；━━ 蒸发曲线；╍╍ 超临界边界

因此，密度和溶解能力的可调性（通过在恒温下简单地改变压力使从气体变为液体）以及临界点附近不同密度的溶剂化效应，为超临界流体去除表面污染物提供了具有吸引力的特性。然而，随着温度的升高，这种变化只有在更高的压力下才会变得明显。这使得在临界温度附近密度很难控制，因此，在临界区的过程控制也很困难。

作为精密清洗液体，$LCO_2$ 的传输特性对应用很重要。气态黏度（277K 下约 0.11mPa·s）使其能够有效穿透精细结构，如高深宽比通孔、通孔、小孔和颈部，以及清洗几何形状复杂、空间狭小的部件。与密度类似，黏度随着压力的增加而增大，但是，影响不太明显（图 5.3）[56,60-63]。一般来说，黏度比典型有机溶剂的黏度低一个数量级[40]。$CO_2$ 在临界点附近的自扩散系数约为 $5\times10^{-4}cm^2/s$，比溶质在正常液体中的扩散系数大近两个数量级[1]。许多有机溶质在超临界区的扩散系数也明显较高，尽管扩散系数在临界区下降，在临界点几乎为零[64]。在这一过程中，污染物的清除速度更快，而在临界点附近的时间更短。最后，$LCO_2$ 极低的表面张力（293K 时约为 1.5mN/m）为具有复杂几何形状的部件提供了良好的润湿性，这使得其稠密相对商业精密清洗具有广泛应用前景[40,41,43,65-67]。

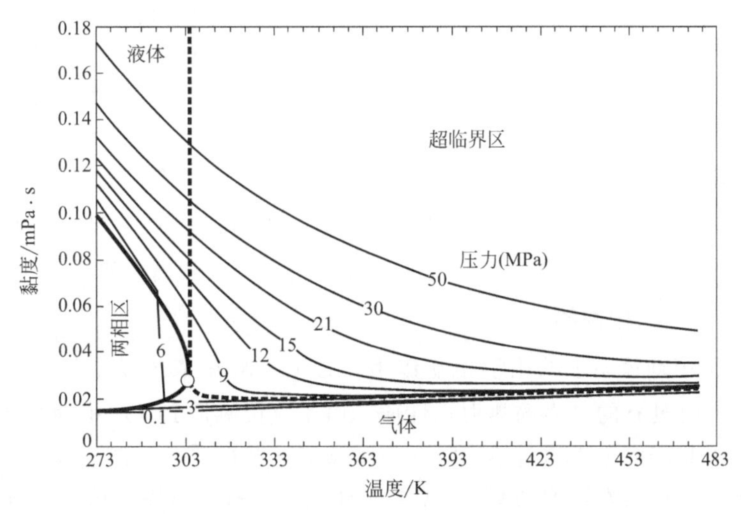


图 5.3 在不同压力下 $CO_2$ 黏度随温度变化趋势

○ 临界点；━━ 蒸发曲线；---- 超临界边界

#### 5.3.2.2 溶解度注意事项

液态 $CO_2$ 是非极性、低分子量有机化合物（例如油脂、油、润滑剂和指印）很好的溶剂[1,4]。这种溶解有机化合物的能力是 $LCO_2$ 清洗的商业应用基础。另一方面，亲水性化合物如无机盐和金属离子是不溶于其中的。这归因于 $CO_2$ 中的强四极矩和弱范德华力[68,69]。有机化合物在次临界 $CO_2$ 中的溶解度的数据总结见参考文献 [70-74]。

$CO_2$ 和助溶剂的二元混合物中的溶解度行为可以用单一作用力对总蒸发能 $E$ 的贡献来计算。

$$E=E_d+E_p+E_h \tag{5.1}$$

式中，$E_d$、$E_p$ 和 $E_h$ 分别是由分散力、极性相互作用（偶极-偶极力）和氢键引起的能量贡献[75]。

Hildebrand 溶解度参数的 $\delta$ 是 $(E/V)^{1/2}$，于是式(5.1) 变为

$$\delta^2=\delta_d^2+\delta_p^2+\delta_h^2 \tag{5.2}$$

式中，$\delta_d$、$\delta_p$ 和 $\delta_h$ 分别是分散、极性和氢键相互作用的 Hansen 溶解度参数[75,76]，$V$ 为摩尔体积。这种方法考虑溶液中分子间作用力，溶剂具有独特的分子结构，表现出独特的溶解度行为。因此，Hansen 溶解度参数对预测助溶剂的溶解度行为具有重要价值。

对于甲醇、乙醇、丙醇、丙酮、乙二醇和水等助溶剂，其 $\delta_d$ 的值与 $SCCO_2$ 的值没有显著差异。相比之下，这些助溶剂的极性和氢键 Hansen 参数 $\delta_p$ 和 $\delta_h$ 明显高于 $LCO_2$ 的值[75]。这表明这些二元混合物缺乏混溶性。在液态中，这些助溶剂具有高极性，并会形成自缔合物。而且，这些化合物可以在 $CO_2$ 中进行自身氢键键合，从而降低二元混合物的偶极矩和极性。由于自缔合导致助溶剂组分的极性降低，使得极性与 $LCO_2$ 更好地匹配，从而具有较高的混溶性，正如在 $CO_2$-二元和三元醇体系中观察到的那样[77,78]。实际上，在整个组成范围内有可能在高压下形成并保持单相互溶[77]。

$CO_2$ 强的四极矩会影响 $\delta$ 值，而 $\delta$ 值又降低离子化合物的非极性 $\delta_d$ 值。例如，在 20MPa 以上的压力下，$CO_2$ 的 $\delta$ 值高于乙烷的 $\delta$ 值，所以 此时 $CO_2$ 不能溶解带有烃链尾巴的离子表面活性剂，比如易溶于乙烷的 AOT［双(2-乙基己基)磺基琥珀酸钠］[79]。$\delta$ 值中约 20%来自四极矩的贡献，就使 $CO_2$ 中的 $\delta_d$ 明显低于乙烷值中的 $\delta_d$。最近，亲水性溶质在 $CO_2$ 中溶解度低的问题一直严重限制 $LCO_2$ 在精密清洗用于去除极性无机污染物和颗粒的应用。通过将共溶剂（例如低分子量醇和丙酮）掺入 $CO_2$ 中以提高溶剂强度的研究正在逐渐克服这种局限性。例如，向 $CO_2$ 中只要添加摩尔分数为 2%的磷酸三正丁酯就会使对苯二酚的溶解度提高 250 倍[41]。表面活性剂和水也已添加到 $SCCO_2$ 中，形成微乳液和树状胶束，以及螯合氟化配体[41,80-90]。这些分子能溶解无机溶质和离子物质。

### 5.3.2.3 热力学数据和性质

为理解 $CO_2$ 助溶剂体系中的化学相互作用，必须了解在工艺操作条件下所考虑的那些物质在高温和高压时具有的可靠的热力学性质。由于直接测量 $LCO_2$ 中助溶剂摩尔热力学性质的报道很少，因此需要考虑通过热力学模型来预测这些性质。高温溶液化学的最新进展使得可以通过将热力学数据库扩展到 $CO_2$ 以及水的近临界和超临界区域来准确预测水性和非水性物质的性质，因为这些区域中的 $CO_2$ 溶解行为与非极性超临界水类似。

多种高极性化合物在二元 $CO_2$ 系统中的存在，需要一个考虑系统中所有相互作用（包括氢键、静电吸引和离子水合作用，以及硬球斥力和分散吸引力）的分子热力学模型[91,92]。系统的亥姆霍兹能量 $A$ 由这些相互作用的单个贡献之和组成：

$$A=A^{\mathrm{Ref}}+A^{\mathrm{Assoc}}+A^{\mathrm{Born}}+A^{\mathrm{Coul}}+A^{\mathrm{Dis}}+A^{\mathrm{Rep}} \tag{5.3}$$

式中，上标分别表示理想流体的参考状态；极性分子之间氢键和溶剂-溶质分子之间的静电相互作用引起的缔合作用；离子形成引起的玻恩相互作用；库仑离子-离子相互作用；色散作用；以及溶质-溶剂分子之间的排斥作用。

对于 $CO_2$ 系统，并不是所有这些相互作用都会发生，取决于助溶剂的极性和系统的组成。一个物质依赖状态方程（EOS）限定了其对预测热力学性质的适用性。

一种更普遍的方法是根据绝对标准偏摩尔吉布斯溶剂化自由能 $\Delta\overline{G}_j^0$ 的 Born 方程[93,94]来预测溶液相在广泛的温度和压力范围内的热力学性质，对于第 $j$ 个离子可写为：

$$\Delta\overline{G}_j^0=\frac{N^0Z_j^2e^2}{2r_{e,j}}\left(\frac{1}{\varepsilon}-1\right) \tag{5.4}$$

式中，$N^0$ 为阿伏伽德罗数；$\varepsilon$ 为水的相对介电常数；$e$ 为电荷价数；$r_{e,j}$ 为第 $j$ 离子的有效静电半径；$Z_j$ 为第 $j$ 离子上的有效电荷数。如果在静电半径的定义中加入了介电饱和（介电饱和是压力和温度的函数），那么体积相对介电常数可用于 Born 方程。

另一种广泛使用的方法是使用修正的 Helgeson-Kirkham-Flowers（HKF）方程预测热力学性质[95,96]。尽管此方法是严格针对电解质水溶液的离子而开发的，但基本原理仍适用于 $CO_2$ 二元系统，因为即使在非极性系统中，溶质也具有较强的溶剂聚集性[97]。现有的实验热力学数据对碱金属和碱土金属氯化物的回归分析显示，晶体半径 $r_{x,j}$ 和离子的静电半径之间，有以下关系[96]：

$$r_{e,j}=r_{x,j}+|Z_j|(k_Z+g) \tag{5.5}$$

式中，$k_Z$ 是一个常数，数值范围从阳离子的 $0.94\times10^{-10}$m 到阴离子接近于零米；$g$ 是广义的温度相关溶剂函数，可解释介电饱和度和高温高压下溶剂的可压缩性。在低密度液体中，此 $g$ 函数具有压缩相关分子的独特物理意义。通过在较低的温度和压力下使用量热计和密度数据，可以计算出室温和压力下，存在于超临界区域的 $g$ 函数和 $r_{e,j}$ 的值。

修正的 HKF 模型提供了相关算法，允许在修正后的水离子和电解质状态方程中预测物种相关参数。这些算法可以用来结合标准偏摩尔熵（$\overline{S}^0$），体积（$\overline{V}^0$）和热容（$\overline{C}_p^0$），计算离子在直至 298K 和 0.1MPa 的多种温度和压力下的标准偏摩尔热力学性质[95,96,98-102]。

HKF 模型比严格的静电或密度模型更具普适性，也更精确[103-106]。此外，可以从相关算法估计 EOS 参数使这些方程具有广泛的适用性，在这方面其他模型却大不相同[107-111]。只有具备足够实验数据可用于回归分析时，才能使用其他模型中的方程，即使如此，也只能在数据代表的压力和温度范围内适用于给定的种类。

最近，基于化合物官能团的贡献，提出一种基团贡献模型，用于改进对有机水溶液热力学性质的预测[112-118]。在该模型中，基于官能团加成性假设，热力学函数定为单个物种贡献率之和。另一种方法是根据实验高温数据生成的新参数和水化吉布斯能量关联式，调整修订后的 HKF 模型的相关算法[8]。这两种方法都提高了预测精度，并扩展了修正的 HKF 模型对水体系、非电解质、离子和中性物种以及有机和无机物种的适用性，覆盖从环境到超临界区域的整个压力和温度范围。

在修正 Born 方程的基础上，提出一个新的理论模型[119]。该模型的优点是有效离子半径由标准态 Gibbs 水化自由能精确定义。模型中只需两个参数，可由标准实验态的部分吉布斯自由能导出。这些常数与温度和压力无关，这使得该模型对于预测电解质的高温热力学性质非常有用。

修正后 HKF 模型中的相关算法也可修改，以便应用于 $CO_2$ 二元体系[9]。对 150 种极性和非极性流体在 298K 和 0.1MPa 下的可用热力学数据进行了回归分析，得到了修正后的 EOS 参数。这些信息已用于计算几种含有 $LCO_2$ 和 $SCCO_2$ 的二元体系的热力学性质。表 5.2 给出了 $CO_2$+1-丙醇体系摩尔体积计算值的一个例子，以及最近的实验数据[73,74-121]。一般来说，热力学函数的计算值与我们这里考虑的 $CO_2$ 二元混合物有限可用实验数据之间的一致性在 1%～3%之内。在此基础上，修正后的 HKF 模型与修正后的 EOS 参数的相关算法可用于预测 $CO_2$ 二元混合物的热力学性质。

表 5.2 在 $CO_2$ 不同摩尔分数条件下 $CO_2$＋1-丙醇混合物摩尔体积的比较

单位：$1\times10^{-2}m^3/kmol$

| 压力/MPa | 8.0 | | 9.0 | | 9.8 | |
|---|---|---|---|---|---|---|
| 摩尔分数 | 实验值 | 计算值 | 实验值 | 计算值 | 实验值 | 计算值 |
| 0.1 | 1.88 | 1.87 | 0.45 | 0.46 | 0.25 | 0.27 |
| 0.2 | 2.25 | 2.31 | 0.87 | 0.89 | 0.53 | 0.59 |
| 0.4 | 4.37 | 4.53 | 1.84 | 1.91 | 1.01 | 1.21 |
| 0.6 | 6.48 | 6.61 | 2.43 | 2.48 | 1.32 | 1.36 |
| 0.8 | 8.26 | 8.31 | 2.91 | 3.01 | 1.46 | 1.52 |
| 0.9 | — | 8.75 | 2.89 | 2.97 | 1.32 | 1.39 |
| 0.95 | — | — | 2.44 | 2.51 | 1.08 | 1.09 |

修正后的 HKF 模型也用于估算不同温度和压力下饱和醇/$CO_2$ 混合物的摩尔体积（表 5.3）。计算值和实验数据是一致（相差约 5%）的[120,122]，表明 $CO_2$ 作为非极性溶剂类似于超临界态水的假设通常是有效的[6]❶。

表 5.3 2%醇类/$CO_2$ 混合物摩尔体积计算值与压力和温度的关系

| 醇 | 摩尔体积/($cm^3$/mol) | | | |
|---|---|---|---|---|
| | | 250K | 350K | 450K |
| 甲醇 | | | | |
| | 100MPa | 36.75 | 41.12 | 43.04 |
| | 200MPa | 35.68 | 38.03 | 40.59 |
| | 250MPa | 34.97 | 37.61 | 39.27 |
| 乙醇 | | | | |
| | 100MPa | 53.08 | 59.35 | 62.36 |
| | 200MPa | 51.60 | 55.74 | 58.59 |
| | 250MPa | 50.69 | 54.93 | 56.66 |

#### 5.3.2.4 汽液平衡

使用溶质的立方扰动硬体模型的 EOS 方法，可用于计算 $CO_2$ 二元系统的汽液平衡[125,126]。该模型适用于极性和非极性流体的混合物[127]。在这种状态方程中，传统的线性混合规则用体积参数代替，因为线性混合规则不适用于超临界混合物[128]。

表 5.4 给出了几种 $CO_2$ 短链醇体系的汽液平衡计算值以及现有的实验数据[81,82,122,129,130]，一致性在整个组成范围内都很好。该方法可用来预测其他没有实验数据的二元 $CO_2$ 体系的相平衡。

### 5.3.3 液态 $CO_2$ 清洗原理

液态 $CO_2$ 对非极性有机化合物具有很强的溶解能力。工业应用中最常见的有机污染物是由非极性化合物构成的薄膜或颗粒。薄膜很容易溶解在纯 $CO_2$ 或其与助溶剂的混合物中。因为 $CO_2$ 会使表面的颗粒黏附能力减弱，因此也可以去除有机颗粒。对于极性较强的污染物，可通过添加适量的助溶剂来增强溶解度，该助溶剂的量足以在系统操作条件（温度和压

❶ 通过估算 NaCl 的水溶液在 573～673K 温度范围内的标准摩尔热容，对修正的 HKF 模型的应用进行了独立的检验，估算值与最近的实验测量值非常吻合[123,124]。

**表 5.4　所选 $CO_2$ 二元系统的汽液平衡的测量压力和计算压力的比较（摩尔分数用于二元组分）**

单位：MPa

| 甲醇 | | | | | | | | |
| --- | --- | --- | --- | --- | --- | --- | --- | --- |
| 摩尔分数 | 0.89 | | 0.51 | | 0.29 | | 0.09 | |
| $T$/K | 压力测量值 | 压力计算值 | 压力测量值 | 压力计算值 | 压力测量值 | 压力计算值 | 压力测量值 | 压力计算值 |
| 298 | 1.540 | 1.558 | 5.360 | 5.370 | 5.674 | 5.681 | 6.313 | 6.282 |
| 303 | 1.662 | 1.679 | 5.887 | 5.920 | 6.343 | 6.293 | 6.896 | 6.820 |
| 313 | 1.976 | 2.016 | 7.240 | 7.247 | 7.968 | 7.952 | 8.284 | 8.209 |
| 323 | 2.300 | 2.320 | 8.573 | 8.580 | 9.490 | 9.548 | 9.585 | 9.639 |
| 333 | 2.634 | 2.614 | 9.883 | 9.878 | 11.186 | 11.239 | 10.639 | 10.719 |
| 343 | 3.009 | 2.979 | 11.389 | 11.429 | 12.737 | 12.800 | 11.794 | 11.858 |
| 353 | 3.415 | 3.415 | 12.838 | 12.899 | 14.044 | 14.198 | 12.453 | 12.545 |
| 363 | 3.810 | 3.790 | 13.942 | 14.128 | 15.401 | 15.497 | — | — |
| 373 | 4.215 | 4.215 | 15.026 | 14.996 | 15.553 | 15.666 | — | — |
| 乙醇 | | | | | | | | |
| 摩尔分数 | 0.64～0.68 | | 0.54～0.55 | | 0.39～0.40 | | 0.15～0.22 | |
| $T$/K | 压力测量值 | 压力计算值 | 压力测量值 | 压力计算值 | 压力测量值 | 压力计算值 | 压力测量值 | 压力计算值 |
| 314.5 | 5.55 | 5.834 | 6.571 | 6.522 | 7.453 | 7.511 | 7.894 | 7.792 |
| 325.2 | 6.274 | 6.301 | 7.632 | 7.762 | 8.825 | 8.927 | 9.349 | 9.516 |
| 337.2 | 7.605 | 7.712 | 9.011 | 9.189 | 10.363 | 10.735 | 10.845 | 10.908 |
| 丁醇 | | | | | | | | |
| 摩尔分数 | 0.64～0.68 | | 0.54～0.55 | | 0.39～0.40 | | 0.15～0.22 | |
| $T$/K | 压力测量值 | 压力计算值 | 压力测量值 | 压力计算值 | 压力测量值 | 压力计算值 | 压力测量值 | 压力计算值 |
| 314.5 | 5.433 | 5.948 | 6.895 | 6.602 | 7.984 | 8.223 | — | 8.618 |
| 325.2 | 6.226 | 6.519 | 7.605 | 7.811 | 9.466 | 9.791 | 9.873 | 10.130 |
| 337.2 | 6.902 | 7.823 | 8.708 | 9.427 | 11.025 | 11.038 | 11.776 | 11.976 |

力）下使混合物保持近临界液相状态。上一节介绍的讨论和计算方法有助于确定溶解性和相平衡以及去除污染物的工艺操作条件。

在许多精密清洗应用中，污染物以无机颗粒的形式存在于表面。这些颗粒通过强大的范德华力、静电或毛细管力黏附在表面[9]。使用超声波或兆声波换能器或磁力机械搅拌能有效去除黏附在表面的这些颗粒[131-137]。

## 5.3.4　清洗系统

$LCO_2$ 的清洗机理是将污染物溶解在溶剂中。与 $LCO_2$ 清洗相比，超临界 $CO_2$ 的操作压力和温度通常较高。$LCO_2$ 清洗过程主要是脱脂过程。$LCO_2$ 清洗系统的工作原理与封闭式蒸气除油和浸入式清洗系统相似，即将待清洗部件浸入溶剂中进行清洗[5,89,131-155]。典型工艺示意图如图 5.4 所示[137]。

待清洗的部件放入清洗室，清洗的 $LCO_2$ 会自动从回收系统内的供应容器转移到清洗室

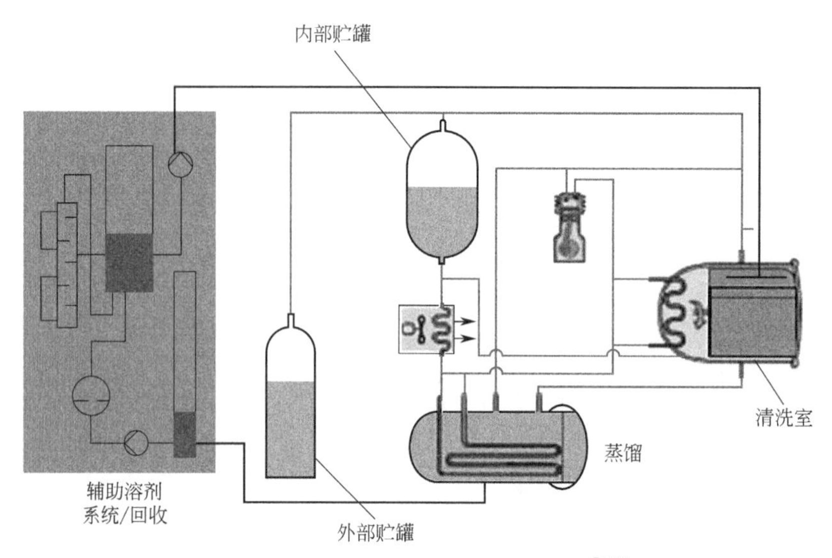


图 5.4　典型 $LCO_2$ 清洗程序的示意图[137]

中。清洗室可以设置不同的工艺选项，例如用于旋转零件的转盘，用于超声波的超声或兆声波搅拌装置，或用于补充漂洗表面的喷雾剂。

图 5.5 展示了其中一些清洗机制[151]。这些机制增强了颗粒去除过程的有效性。双向离心搅拌是一种新技术，它可以在整个表面上产生剪切作用，并在流体从边缘向中心移动的同时改变其性质[150]。

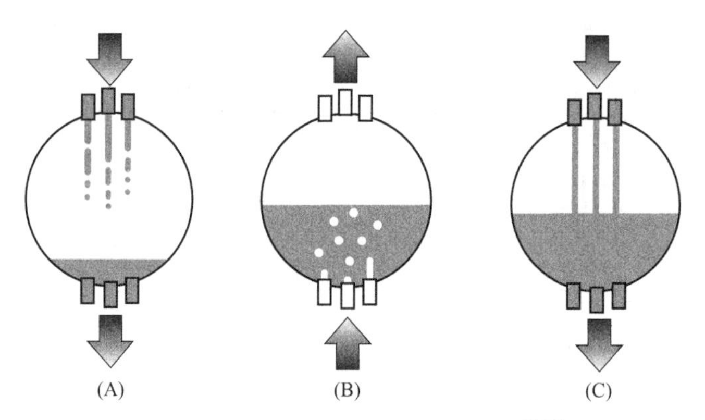


图 5.5　表面 $LCO_2$ 清洗的典型机理[151]

（A）喷射；（B）气泡；（C）冲洗

在清洗循环之后，受污染的 $LCO_2$ 从清洗室转移到回收系统中进行分离和回收操作。从清洗室中取出干净干燥的部件。一个典型的清洗周期约需 15～30min，包括装载和卸载部件，当然也取决于部件的数量。在一个容积为 10L 的清洗室中，处理量可达 1～2 批/h，在有三个容积为 10L 的工作室的系统中，处理量可达 6 批/h。

$CO_2$ 回收系统用于分离 $LCO_2$ 中的污染物。污染物被捕获和过滤后被处置。回收的 $CO_2$ 转移到供应罐中重新使用。回收系统能够回收 95%以上的 $CO_2$ 用于再利用。回收系统可能有几个特点，包括添加剂（助溶剂）注入和离线或在线回收 $CO_2$ 的能力。最先进的集成清洗系统包括清洗、冲洗和蒸馏，以及一个带有可编程逻辑控制器（PLC）的自动处理单元。

$LCO_2$ 清洗操作系统工艺温度一般为280～300K，压力为5～8MPa。根据化学条件，清洗系统可在亚临界（液体）或超临界条件下，以垂直（离心搅拌）或水平（离心/翻滚搅拌）方向运行。根据系统的容量，$CO_2$ 流量为10～80kg/h。市上有售760L容量的大型清洗容器[134-137]。

与蒸气除油类似，在没有额外机械辅助如超声波和兆声波，或喷射的情况下，$LCO_2$ 浸入清洗在去除表面颗粒物方面能力有限[131-137]。该工艺将去除大多数轻、中分子量碳氢化合物油、总颗粒污染物、拉丝润滑剂和其他加工流体。在有机蒸气脱脂溶剂起作用的场合，用 $LCO_2$ 进行清洗才有最好的效果。用 $LCO_2$ 不能去除铁锈、油漆、涂层或大多数胶黏剂。这些污染物通常通过其他表面处理技术（如喷砂或表面剥离）去除。与水体系不同的是，一旦压力释放，$LCO_2$ 便迅速返回气体中，而不会在表面孔隙中留下液体。这对于具有复杂几何形状（如毛细血管）或多孔结构（如烧结零件或植入物）的部件尤其有利。尽管更多的非晶态聚合物表现出膨胀和变形[156]，具有较高结晶度的医用聚合物的力学性能不受 $LCO_2$ 暴露的影响，表明其对 $LCO_2$ 具有良好的耐受性。这些结果与评价 $LCO_2$ 在灭菌技术中的应用潜力相关。

### 5.3.5 应用实例

稠密相 $CO_2$ 已广泛应用于精密和商业清洗领域，包括金属表面、烧结多孔金属基板、玻璃、光学元件、硅片、聚合物、具有复杂几何形状和狭小空间的零部件、医疗设备的灭菌和消毒、清洗微生物污染表面，博物馆藏品中的服装清洗和杀虫剂缓解。$LCO_2$ 已成功地与添加剂（助溶剂、表面活性剂、分散剂和螯合剂）一起用于去除多种污染物[3,5,12,15,20,89,134-137,142,157-174]。去除的污染物类型包括润滑脂、润滑剂、硅油、机加工油、助焊剂残留物、微量金属、光刻胶、脱气化合物、油墨、胶黏剂和小颗粒。添加少量的极性助溶剂，如乙醇，就能使污染物颗粒的成核临界直径减小一个数量级以上。助溶剂倾向于吸附在表面，增大颗粒-表面距离，降低吸附力。甚至纳米颗粒也可通过使用适当的表面活性剂从表面去除。

#### 5.3.5.1 织物和服装清洗

作为传统干洗技术（使用氯乙烯和石油基溶剂）的替代技术，$LCO_2$ 织物和服装清洗已成为最广泛的商业应用。自1977年获得第一项专利[175]以来，这项清洗技术和干洗设备以及工艺方面，包括表面活性剂和助溶剂开发都有大量发展[138,176-199]。这些发展使 $LCO_2$ 干洗工艺达到了技术成熟水平，能够同时有效去除衣物上的非极性、水溶性和极性脏污，以及机械和声波搅拌以帮助去除颗粒物。此外，使用 $LCO_2$ 进行的无热干燥可防止对服装纤维的损坏，并延长服装的使用寿命，从而节约花费并利于环保。

#### 5.3.5.2 灭菌和消毒

在卫生和食品部门，由于污染而传播疾病的风险日益受到关注。例如，移植外科医生广泛用于骨科（关节置换）、创伤和癌症（外科重建）手术的植入物和同种异体移植组织的病毒和细菌污染，可能给患者带来灾难性后果并成为一个大问题[200]。同样，安全无污染的液体食品和饮料对人类健康至关重要[201]。减少疾病传播通常包括供体筛选、生物负载评估、无菌处理以及加工前、加工中和加工后的灭菌[202-218]。终端灭菌是指无菌水平（SAL）为 $10^{-6}$（SAL6 被认为是医疗器械的标准[219]），并描述确保医疗器械和植入物在使用时无菌的过程。

常用的灭菌方法包括：蒸汽高压灭菌；干热灭菌；气体（如环氧乙烷、二氧化氯、过氧化氢）或液体（如戊二醛、过氧化氢、甲醛）的灭菌；伽马射线、X 射线或电子束辐照；紫外线臭氧处理。所有这些方法都有一定的缺点和局限性，不能应用于许多对温度敏感或与其他灭菌方式反应的材料和物质。例如，用这些方法进行最终灭菌常常会损害同种异体骨的成骨性和生物力学特性。以降低工艺温度和减少污染为重点，提出一种基于稠密相 $CO_2$ 技术新的灭菌方法[202-218]。该工艺将产品暴露于含有添加剂（如过氧化氢或过氧乙酸）的 $LCO_2$ 或 $SCCO_2$ 中，温度为 313～333K，压力为 5～30MPa。根据微生物的不同，处理时间从 5min 到 6h 不等，以达到 SAL6 标准。临床上相关的革兰氏阳性和革兰氏阴性细菌繁殖体可用 $LCO_2$ 一步灭活，随着温度的升高，治疗效果迅速提高。由于膜破裂和细胞溶解，快速加压/减压循环对灭菌效果也有积极的影响。细菌孢子也可以用 $CO_2$ 技术进行消毒。

液态 $CO_2$ 可渗透和消毒精细产品和材料，如烧结金属多孔植入物、同种异体组织和工程组织，包括皮肤、韧带、肌腱和骨骼，而不会损害内部结构或化学完整性。$LCO_2$ 的极低表面张力有助于渗透到组织内部，从而使嵌入的病原体失活。其他生物灭菌应用包括：灭活病毒；消除内毒素和热原；生产无菌免疫原制剂；外科植入物和医疗器械；对活性和非活性药物成分进行灭菌；以及害虫控制（杀灭虫卵和幼虫）。

### 5.3.5.3 保护历史艺术品和建筑物

稠密相 $CO_2$ 的几种应用开发已用于清洗历史艺术品和建筑物[220-227]。博物馆藏品通常使用含砷、汞等有毒金属的有机和无机杀虫剂来保存和保护艺术品。不幸的是，这常常导致室内空气因尘埃落在处理过的物体表面而受到污染。在其他情况下，可能已被损坏但具有历史价值的易碎纺织品也必须进行清洗，以保持其纤维结构和价值。其他需要修复的材料包括浸水的纸和木材、涂有氟聚合物的石头以及各种织物，如丝绸、羊毛和皮革。表面清洗不会去除基质中嵌入的危险化学品。$LCO_2$ 已成功清洗各种物体。处理时间通常只要几分钟，从文物中提取污染物，但不会损坏易碎材料，也不会留下残留物。毫不奇怪，有机农药的去除率达到了 80%～95%，但无机物或极性化合物的去除率并没

(A)

(B)

图 5.6 用 $LCO_2$ 清洗之前（A）和之后（B）

从镀金皮革挂毯上清除油脂[225]（见文后彩插）

有达到足够的程度。在镀金皮革挂毯的情况下，表面没有物理损坏或退化，也没有因 $LCO_2$ 清洗而造成的材料损失（图 5.6）。使用水、异丙醇或丙酮等助溶剂可提高萃取效率。因此，有必要详细了解不同材料（污染物和物体）的特性，防止 $LCO_2$ 对敏感的物体造成任何可能的损坏。

#### 5.3.5.4　钻井筒清洗

$LCO_2$ 另外一种创新工业应用是清洗含气或含烃地层的井筒和近井区[228,229]。近井地层是指与生产区相邻的地层体积。在许多生产甲烷的煤层中，从天然来源或钻井作业引入到煤层微孔隙系统中的水干扰了甲烷的生产，因为水与碎屑的结合阻塞了甲烷生产的自然流动路径。

高压井的地层压力可能足以克服水的存在。然而，当地层压力下降时，甲烷气体的流动会减少甚至停止。在其他带有衬管或套管的油井中，碳氢油和其他碎屑的存在可通过类似的堵塞机制降低产量。上面所述方法将含有 85%～100% $LCO_2$、高达 15%乙醇和 0.5%表面活性剂的处理液按预订量注入井内。油将溶解在溶于水的 $LCO_2$ 中。近井地层中处理液的压力保持在地层的破裂压力以下，释放井筒上的压力，并使 $LCO_2$ 汽化。含有污染物的处理液可以从井中吹出或泵送到地面。该方法可用于清洗生产甲烷或其他气体、液化石油气、水或其他理想流体或气体的各种井筒。

#### 5.3.5.5　$LCO_2$ 油井压裂

寻找更清洁的压裂液推动了使用 $LCO_2$ 作为支撑剂载液的压裂技术的发展[230-237]。将支撑剂泥浆泵入诱导裂缝，使其保持开放状态，从而维持并显著提高油井的油气产量。$CO_2$ 在地面当作液体处理。采用专用调和设备将支撑剂直接注入 $LCO_2$ 中。在储层温度和压力下，$LCO_2$ 在气井中蒸发或汽化并部分溶解在油井的储层油中。使用 $CO_2$ 的主要好处是它在水和油中良好的溶解性，在压裂处理过程中降低了原油的黏度。此外，低 pH 值（4.5～5.0）的 $LCO_2$ 可减少凝胶形成，并将黏土地层的膨胀降至最低，从而使支撑剂泥浆进一步渗透到裂缝中。此外，$LCO_2$ 的使用减少了压裂处理中所用的水量，需要清理的液体明显减少。将 $LCO_2$ 汽化为气体提供足够的能量，以去除压裂液和多余的残余固体。使用 $LCO_2$ 还可以产生更好的裂缝网络，从而更容易提取燃料。

#### 5.3.5.6　$LCO_2$ 射流用于加工和切割

一个新的应用是利用 $LCO_2$ 射流进行切割和加工，作为水射流切割的替代品[238-245]。水射流切割时，工件在加工过程中润湿，产生的灰尘和碎屑通过过滤收集起来。此外，加工后的废水必须进行处理，以便回收或处置。加工后的工件也必须清洗和干燥。这些缺点可以采用热力学上稳定且有高能量的、连续的 $LCO_2$ 射流来克服。可将 $CO_2$ 压缩到高压（100～350MPa）然后加以冷却并使其通过一个锋利的蓝宝石喷嘴膨胀，形成适合加工的射流。在足够低的喷射温度下，从液体到气体的相变延迟，即使在大气压下，喷嘴处也会产生相干液体射流。然而，射流的缺口距离喷嘴较近，切口深度较低，但切口宽度较小。这使得精密加工成为可能。不同的材料，如织物、木材、铝、聚碳酸酯、热敏碳纤维增强复合材料、吸湿材料、食品和医疗保健部门的卫生敏感材料以及危险材料，都可以用 $LCO_2$ 切割或加工。这是一种不产生二次废弃物的无残留加工工艺。

# 5.4　其他

## 5.4.1　成本

商用稠密相 $CO_2$ 清洗系统虽然价格昂贵，但运行和废物处置费用通常较低[13,134-137,140,246-254]。安装费用从低于10万美元小容量（1L容量）设备到几十万美元大容量（30L容量）设备不等。设备的费用随着尺寸增加而显著增加，当然也取决于控制装置和其他部件的复杂程度，以及所需的自动化程度。对于大型零部件，安装低额定压力设备并在低压下以超临界模式运行清洗系统更长时间可能更具费用效益。这种系统以批处理模式运行。就连续运行而言，在高压和环境压力之间交替工作过于昂贵，其正当性需加以论证。$LCO_2$ 的回收和循环将增加15%～25%的费用。如果污染物易溶于 $LCO_2$，则系统可运行在低的额定压力下（5～6MPa），设备费用可降低5%～10%。

运行费用普遍较低。电力费用最低（120L系统约为2.5kW·h），因清洗周期短，且工艺中没有热量输入。尽管高纯度超临界级 $CO_2$ 的费用要高得多，向系统供应饮用级液态 $CO_2$ 的费用相当低（1.30～1.50美元/kg）[253,254]。通常，对于120L系统，每个清洗周期的 $CO_2$ 消耗量约为0.8kg。设备维护费每年为5%～7%。

因废渣是100%的污染物，$LCO_2$ 清洗的废物处置费用低于竞争对手的清洗技术。如果污染物可以回收、循环或再利用，则没有与废物处置相关的成本。

对于易溶于 $LCO_2$ 的污染物，清洗费用与水或溶剂清洗技术相比具有竞争力。在一个例子中，$LCO_2$ 浸入式清洗每年可将机加工圆珠笔笔尖清洗费用降低13万美元以上（满负荷），在不到24个月内实现投资回报[250]。对于热敏性材料和设备的灭菌，证明稠密相 $CO_2$ 的单位费用（立方英尺或负荷）明显低于环氧乙烷常规灭菌，且费用可与过氧化氢气体等离子灭菌相媲美[249]。在另一个全面示范项目中，发现 $LCO_2$ 纺织品清洗的总费用比过氯乙烯干洗低20%，主要是因为每批衣服的周期更短（$LCO_2$ 清洗不需要干燥步骤）[255]。

## 5.4.2　液态 $CO_2$ 清洗的优点和缺点

$LCO_2$ 已成为去除表面污染物的既定工艺。以下各节列出了该过程的优缺点。

### 5.4.2.1　优点

① $LCO_2$ 具有非常低的表面张力和良好的润湿性，这使得稠密相 $CO_2$ 非常适合于清洗复杂的部件，或带有深裂缝、小孔或公差非常小的零件。

② $CO_2$ 可使液相接近环境温度，这对于清洗温度敏感部件是一个显著的优势。

③ $LCO_2$ 的低黏度产生高雷诺数下流动的 $CO_2$。这种湍流在颗粒和固体污染物去除应用中具有优势。

④ 在液相中，$CO_2$ 的似液高密度使其对许多低分子量有机化合物和许多常见的含氟溶剂具有很好的溶剂化能力。高纯度的助溶剂、表面活性剂（阴离子、阳离子和非离子）、分散剂和螯合化合物易从市上购得，扩大了 $LCO_2$ 的清洗应用范围。

⑤ $CO_2$ 无毒，与丙酮（$750\times10^{-6}$）和氯仿（$10\times10^{-6}$）等常见有机溶剂相比，其阈值（TLV）高达 $5000\times10^{-6}$。

⑥ $CO_2$ 不可燃，这是清洗的一个显著的安全优势。

⑦ $LCO_2$ 几乎与所有金属相容。高密度交联聚合物不受稠密相 $LCO_2$ 的影响，但低结晶度的非晶态聚合物易被塑化并导致相应零部件产生脆性。

⑧ 对于大多数清洗应用，清洁度等于或优于传统的水或溶剂清洗工艺。

⑨ 在医疗行业中，$LCO_2$ 清洗的另一个优势是能够通过灭菌来修复细菌污染。$LCO_2$ 灭菌在技术上和经济上是一种可行的替代传统工艺的方法。

⑩ $LCO_2$ 清洗通常在闭环系统中进行，其目的是最大限度地回收 $CO_2$。对于具有挑战性的应用，如颗粒去除，增加搅拌可以显著提高清洗效果，并减少清洗所需的时间。

⑪ 清洗过程时间相对较短，通常为 15～30min/批，从而降低了工艺操作费用。

⑫ 在室温下获得完全干燥和洁净的部件。不需再干燥，这样可以减少处理所需的能量、水和时间。

⑬ $CO_2$ 是许多工业过程的副产品。丰富，廉价，可回收，使溶剂消耗费用在整体清洗过程费用中变得微不足道。

⑭ 工艺操作成本低。

⑮ 能源消耗通常较低，因为工艺中没有热量输入。运行泵进行清洗时需要能量。

⑯ 污染物是唯一的废物。因此，废物处置费用较低。事实上，如果污染物可以回收、循环或再利用，废物处置费用就可以消除。

⑰ 这是一种无腐蚀、环保的工艺。不产生危险废物和排放物。

#### 5.4.2.2 缺点

① $CO_2$ 的低介电常数使极性化合物难以溶解。

② 去除亲水性（极性分子）污染物、无机污染物、大颗粒和其他碎屑方面是无效的。颗粒去除可以通过机械或声波（超声波或兆声波）搅拌来增强，但这会增加基本投资。可以使用助溶剂和其他添加剂来去除这些污染物；但是，处理费用也相应较高。

③ $LCO_2$ 清洗是一个间歇过程。连续运行所需的在高压和环境压力之间交替工作的费用高，其正当性未被论证。

④ 高工作压力的 $LCO_2$ 清洗需要强大的重型清洁室，并随产能增大而增大。此外，用于储存、蒸馏和回收 $CO_2$ 的外围设备需要占用大量空间。

⑤ 工艺很复杂，当需要针对未知污染物定制化学成分时尤其如此。这也需要很高水平的技术技能。

⑥ 尽管 $CO_2$ 无毒、不可燃，但如果在封闭的、有人居住的空间内发生泄漏，它会置换氧气并导致窒息。可能需要进行 $CO_2$ 监测。

## 5.5 小结

液态稠密相 $CO_2$ 清洗是一种成熟的精密清洗技术，在许多不同的行业都有应用。工艺适应的关键特性是 $LCO_2$ 的气相黏度和液相密度。此外，$LCO_2$ 极低的表面张力保证了高度润湿性，使其在精密清洗应用中非常有吸引力，特别是对于具有复杂几何形状的复杂部件。清洗过程在接近环境温度和低于超临界 $CO_2$ 的压力下进行。$LCO_2$ 清洗是一个间歇过程。应用范围包括纺织和服装清洗；金属表面、玻璃、光学元件、硅片和聚合物的脱脂；医疗设备植入物和生物材料的灭菌和消毒；微生物的灭活；井筒清洗；杀虫剂的减轻和博物馆藏品的清洗；无残渣干加工；油井压裂。

# 致谢

作者要感谢约翰逊航天中心科技信息（STI）图书馆工作人员为查找晦涩的参考文献提供的帮助。

# 免责声明

本章中提及的商业产品仅用于参考，不代表航空航天公司的推荐或认可。所有商标、服务标记和商品名称均属其各自所有者。

## 参考文献

[1] M. A. McHugh and V. J. Krukonis, *Supercritical Fluid Extraction*, 2nd Edition, Elsevier, Oxford, UK (1994).

[2] L. J. Snowden-Swan, "Supercritical Carbon Dioxide Cleaning Market Assessment and Commercialization/Deployment Plan", Report PNL-10044, Pacific Northwest Laboratory, Richland, WA (1994).

[3] U. S. EPA, "Cleaner Technologies Substitutes Assessment: Professional Fabricare Processes. Chapter 11. 1 Liquid Carbon Dioxide Process", Report EPA 744-B-98-001, U. S. Environmental Protection Agency, Washington, D. C. (1998).

[4] J. McHardy and S. P. Sawan (Eds.), *Supercritical Fluid Cleaning Fundamentals, Technology and Applications*, Noyes Publications, Westwood, NJ (1998).

[5] B. Carver and D. Jackson, "Liquid $CO_2$ Immersion Cleaning", Products Finishing Magazine (June 1999).

[6] R. Kohli, "Co-Solvents in Supercritical Fluids for Enhanced Effectiveness in Particle Removal", in: *Particles on Surfaces* 5&6: *Detection, Adhesion and Removal*, K. L. Mittal (Ed.), pp. 135-147, CRC Press, Boca Raton, FL (1999).

[7] A. A. Clifford and J. R. Williams (Eds.), *Supercritical Fluid Methods and Protocols. Methods in Biotechnology*, Volume 13, Humana Press, Totowa, NJ (2000).

[8] M. Perrut, "Supercritical Fluid Applications: Industrial Development and Economic Issues", Ind. Eng. Chem. Res. 39, 4531 (2000).

[9] R. Kohli, "Adhesion of Small Particles and Innovative Methods for Their Removal", in *Particles on Surfaces* 7: *Detection, Adhesion and Removal*, K. L. Mittal(Ed.), pp. 113-149, CRCPress, Boca Raton, FL (2002).

[10] G. L. Weibel and C. K. Ober, "An Overview of Supercritical $CO_2$ Applications in Microelectronics Processing", Microelectron. Eng. 65, 145 (2003).

[11] J. W. King and L. L. Williams, "Utilization of Critical Fluids in Processing Semiconductors and their Related Materials", Curr. Opin. Solid State Mater. Sci. 7, 413 (2003).

[12] R. J. Lempert, P. Norling, C. Pernin, S. Resetar and S. Mahnovski, "Next Generation Environmental Technologies. Benefits and Barriers, Appendix A1. Supercritical or Liquid $CO_2$ as Solvent", in: Rand Monograph Report MR-1682-OSTP, Rand Corporation, Santa Monica, CA (2003). www.rand.org .

[13] DoD Joint Service Pollution Prevention Opportunity Handbook, Supercritical Fluid Cleaning as a Solvent Alternative, Section 11-4, Department of Defense, Naval Facilities Engineering Service Center (NFESC), Port Hueneme, CA (2004).

[14] M. J. Meziani, P. Pathak and Y.-P. Sun, "Supercritical Carbon Dioxide in Semiconductor Cleaning", in: *Handbook of Semiconductor Manufacturing Technology*, 2nd Edition, Y. Nishi and R. Doering (Eds.), Taylor & Francis Group, Oxford, UK (2007).

[15] G. Levitin and D. W. Hess, "Elevated Pressure $CO_2$-Based Fluids Containing Polar Co-Solvents for Cleaning in Microelectronic Device Fabrication", in: *Handbook for Cleaning/Decontamination of Surfaces*, I. Johansson and P. Somasundaran(Eds.), pp. 539-571, Elsevier, Oxford, UK (2007).

[16] S. Banerjee, R. F. Reidy and L. B. Rothman, "Cryogenic Aerosols and Supercritical Fluid Cleaning", in: *Handbook of Silicon Wafer Cleaning Technology*, 2nd Edition, K. A. Reinhardt and W. Kern (Eds.), pp. 429-478, William Andrew Publishing, Norwich, NY(2008).

[17] R. Sherman, "Carbon Dioxide Snow Cleaning", in: *Developments in Surface Contamination and Cleaning: Fundamentals and Applied Aspects*, R. Kohli and K. L. Mittal (Eds.), pp. 987-1012, William Andrew Publishing, Norwich, NY(2008).

[18] R. Sherman, "Cleaning with Carbon Dioxide Snow", in: *Handbook for Critical Cleaning. Cleaning Agents and Systems*, 2nd Edition, Volume 1, Kanegsberg and E. Kanegsberg (Eds.), pp. 397-410, CRC Press, Boca Raton, FL (2011).

[19] R. Sherman, "Carbon Dioxide Snow Cleaning", in: *Developments in Surface Contamination and Cleaning: Fundamentals and Applied Aspects*, Volume 1, 2nd Edition, R. Kohli and K. L. Mittal (Eds.), pp. 695-716, Elsevier, Oxford, UK (2016).

[20] W. M. Nelson, "Cleaning with Dense-Phase $CO_2$: Liquid $CO_2$, Supercritical $CO_2$, and $CO_2$ Snow", in: *Handbook for Critical Cleaning. Cleaning Agents and Systems*, 2nd Edition, Volume 1, B. Kanegsberg and E. Kanegsberg (Eds.), pp. 411-423, CRC Press, Boca Raton, FL (2011).

[21] Dry Ice Cleaning Solutions, Artimpex N. V., Ghent, Belgium. www.cryonomic.com . (accessed January 12, 2018).

[22] Dry Ice Blasting, Cold Jet, Loveland, OH. www.coldjet.com. (accessed January 12, 2018).

[23] R. Kohli, "Precision Cleaning and Processing in Industrial Applications", in: *Particles on Surfaces* 5&6: *Detection, Adhesion and Removal*, K. L. Mittal (Ed.), pp. 117-133, CRC Press, Boca Raton, FL (1999).

[24] R. Kohli, "Applications of Solid Carbon Dioxide (Dry Ice) for Removal of Surface Contaminants", in: *Developments in Surface Contamination and Cleaning: Applications of Cleaning Techniques*, Volume 11, R. Kohli and K. L. Mittal (Eds.), Elsevier, Oxford, UK (2019).

[25] R. Kohli, "Surface Contamination Removal Using Dense Phase Fluids: Liquid and Supercritical Carbon Dioxide", in: *Developments in Surface Contamination and Cleaning: Contaminant Removal and Monitoring*, Volume 5, R. Kohli and K. L. Mittal (Eds.), pp. 1-55, Elsevier, Oxford, UK (2013).

[26] R. Kohli, "Supercritical Carbon Dioxide Cleaning: Relevance to Particle Removal", in: *Particle Adhesion and Removal*, K. L. Mittal and R. Jaiswal (Eds.), pp. 477-518, Wiley-Scrivener Publishing, Beverly, MA (2015).

[27] R. Kohli, "Applications of Supercritical Carbon Dioxide for Removal of Surface Contaminants", in: *Developments in Surface Contamination and Cleaning: Applications of CleaningTechniques*, Volume 11, R. Kohli and K. L. Mittal (Eds.), Elsevier, Oxford, UK (2019).

[28] R. Kohli, "Sources and Generation of Surface Contaminants and Their Impact", in: *Developments in Surface Contamination and Cleaning: Cleanliness Validation and Verification*, Volume 7, R. Kohli and K. L. Mittal (Eds.), pp. 1-49, Elsevier, Oxford, UK (2015).

[29] ECSS-Q-70-01B, Space Product Assurance -Cleanliness and Contamination Control, European Space Agency, Noordwijk, The Netherlands (2008).

[30] NASA Document JPR 5322. 1,Contamination Control Requirements Manual,National Aeronautics and Space Administration,Johnson Space Center,Houston,TX (2016).

[31] IEST-STD-CC1246E,"Product Cleanliness Levels-Applications,Requirements,and Determination",Institute of Environmental Sciences and Technology,Schaumburg,IL (2013).

[32] T. Fujimoto,K. Takeda and T. Nonaka,"Airborne Molecular Contamination: Contamination on Substrates and the Environment in Semiconductors and Other Industries",in: *Developments in Surface Contamination and Cleaning. Fundamentals and Applied Aspects*,Volume 1,2nd Edition,R. Kohli and K. L. Mittal (Eds.),pp. 197-329,Elsevier,Oxford,UK (2016).

[33] SEMI-F21-1102,"Classification of Airborne Molecular Contaminant Levels in Clean Environments",SEMI Semiconductor Equipment and Materials International,San Jose,CA (2002).

[34] ISO 14644-8,"Cleanrooms and Associated Controlled Environments-Part 8: Classification of Air Cleanliness by Chemical Concentration",International Standards Organization,Geneva,Switzerland (2013).

[35] ISO 14644-10,"Cleanrooms and Associated Controlled Environments -Part 10: Classification of Surface Cleanliness by Chemical Concentration", International Standards Organization, Geneva, Switzerland (2013).

[36] ISO 14644-13,"Cleanrooms and Associated Controlled Environments -Part 13: Cleaning of Surfaces to Achieve Defined Levels of Cleanliness in Terms of Particle and Chemical Classifications",International Standards Organization,Geneva,Switzerland (2017).

[37] C. Cagniarddela Tour,"Exposé de quelques résultats obtenu par l'action combinée de la chaleur et de la compression sur certains liquides, tels que l'eau, l'alcool, l'e ther sulfurique et l' essence de petrole rectifiée",Annales Chim. Phys. 21,127 (1822); Supplément,ibid. ,p. 178.

[38] C. Cagniard de la Tour,"Nouvelle note sur les effets qu'on obtient par l'application simultanée de la chaleur et de la compression a certains liquids",Annales Chim. Phys. 22,410 (1823).

[39] T. Andrews,"The Bakerian Lecture: On the Continuity of the Gaseous and Liquid States of Matter",Philos. Trans. Royal Soc. London 159,575 (1869).

[40] B. E. Poling,J. M. Prausnitz and J. P. O'Connell,*The Properties of Gases and Liquids*,5th Edition,McGraw-Hill Professional,New York,NY (2000).

[41] D. W. Green and R. H. Perry (Eds.),*Perry's Chemical Engineers' Handbook*,8th Edition,McGraw-Hill Professional,New York,NY (2007).

[42] S. Anwar and J. J. Carroll,*Carbon Dioxide Thermodynamic Properties Handbook: Covering Temperatures from* −20° *to* 250℃ *and Pressures up to* 1000*Bar*,2nd Edition,Wiley-Scrivener Publishing,Beverly,MA (2011).

[43] J. R. Rumble (Ed.),CRC *Handbook of Chemistry and Physics*,98th Edition,CRC Press,Taylor and Francis Group,Boca Raton,FL (2017-2018).

[44] Springer Materials The Landolt-Börnstein Database. http://www. springer. com/springermaterials. (accessed January 12,2018).

[45] Dortmund Data Bank Software & Separation Technology (DDBST) GmbH,Oldenburg,Germany. http://www. ddbst. com/en/EED/PCP/SFT_C1050. php . (accessed January 12,2018).

[46] A. D. Buckingham and R. L. Disch,"The Quadrupole Moment of the Carbon Dioxide Molecule",Proc. Roy. Soc. London A,173,275 (1963).

[47] W. Q. Cai,T. E. Gough,X. J. Gu,N. R. Isenor,and G. Scoles,"Polarizability of $CO_2$ Studied in Molecular-Beam Laser Stark Spectroscopy",Phys. Rev. A 36,4722 (1987).

[48] J. F. Kauffman,"Quadrupolar Solvent Effects on Solvation and Reactivity of Solutes Dissolved in Supercritical $CO_2$",J. Phys. Chem. A 105,3433 (2001).

[49] E. J. Beckman,"Supercritical and Near-Critical $CO_2$ in Green Chemical Synthesis and Processing",J. Supercrit. Fluids 28,121 (2004).

[50] M. F. Kemmere,"Supercritical Carbon Dioxide for Sustainable Polymer Processes",in: *Supercritical Carbon Dioxide: in Polymer Reaction Engineering*,M. F. Kemmere and T. Meyer (Eds.),pp. 1-14,Wiley-VCH,Weinheim,Germany (2005).

[51] C. Reichardt and T. Welton,*Solvents and Solvent Effects in Organic Chemistry*,John Wiley & Sons,New York,NY (2011).

[52] K. L. Stefanopoulos,Th. A. Steriotis,F. K. Katsaros,N. K. Kanellopoulos,A. C. Hannon,and J. D. F.

Ramsay,"Structural Study of Supercritical Carbon Dioxide Confined in Nanoporous Silica by In Situ Neutron Diffraction",J. Phys. Conf. Series 340,012049 (2012).
[53] R. Span and W. Wagner,"A New Equation of State for Carbon Dioxide Covering the Fluid Region from the Triple-Point Temperature to 1100 K at Pressures up to 800 MPa",J. Phys. Chem. Ref. Data 25,1509 (1996).
[54] D. E. Diller and M. J. Ball,"Shear Viscosity Coefficients of Compressed Gaseous and Liquid Carbon Dioxide at Temperatures between 220 and 320 K and at Pressures to 30 MPa",Int. J. Thermophys. 6,619 (1985).
[55] S. Bachu,"Screening and Ranking Sedimentary Basins for Sequestration of $CO_2$ in Geological Media in Response to Climate Change",Environ. Geol. 44,277 (2003).
[56] B. Metz (Ed.),*Carbon Dioxide Capture and Storage. AnnexI. Propertiesof $CO_2$ and Carbon-Based Fuels*,Cambridge University Press,Cambridge,UK (2005).
[57] Z. Duan and Z. Zhang,"Equation of State of the $H_2O$,$CO_2$,and $H_2O$-$CO_2$ Systems up to 10 GPa and 2573.15 K: Molecular Dynamics Simulations with Ab Initio Potential Surface",Geochim. Cosmochim. Acta 70,2311 (2006).
[58] D. L. McCollum and J. M. Ogden,"Techno-Economic Models for Carbon Dioxide Compression,Transport,and Storage & Correlations for Estimating Carbon Dioxide Density and Viscosity",Report UCD-ITS-RR-06-14,University of California Davis,Davis,CA (2006).
[59] Equation of State Prediction of Carbon Dioxide Properties,Technical Note KCP-GNS-FASDRP-0001, Kingsnorth Carbon Capture & Storage Project,Department of Energy and Climate Change,London,U. K. (2010). http://www.decc.gov.uk/assets/decc/11/ccs/chapter6/6.23-equation-of-state-prediction-of-carbon-dioxide-properties.pdf
[60] V. Vesovic,W. A. Wakeham,G. A. Olchowy,J. V. Sengers,J. T. R. Watson and J. Millat,"The Transport Properties of Carbon Dioxide",J. Phys. Chem. Ref. Data 19,763 (1990).
[61] N. B. Vargaftik,Y. K. Vinogradov and V. S. Yargin,*Handbook of Physical Properties of Liquids and Gases:Pure Substances and Mixtures*,3rd Edition,Begell House,Redding,CT (1996).
[62] A. Fenghour,W. A. Wakeham and V. Vesovic,"The Viscosity of Carbon Dioxide",J. Phys. Chem. Ref. Data 27,31 (1998).
[63] Y. Tanaka, N. Yamachi, S. Matsumoto, S. Kaneko, S. Okabe and M. Shibuya,"Thermodynamic and Transport Properties of $CO_2$,$CO_2$-$O_2$,and $CO_2$-$H_2$ Mixtures at Temperatures of 300 to 30,000 K and Pressures of 0.1 to 10 MPa",Electrical Engineering Japan 163,18 (2008).
[64] O. Suárez-Iglesias,I. Medina,C. Pizarro and J. L. Bueno,"On Predicting Self-Diffusion Coefficients in Fluids",Fluid Phase Equilibria 269,80(2008).
[65] E. L. Quinn,"The Surface Tension of Liquid Carbon Dioxide",J. Am. Chem. Soc. 49,2704 (1927).
[66] P. Jianxin and L. Yigang,"Estimation of the Surface Tension of Liquid Carbon Dioxide",Phys. Chem. Liquids 47,267 (2007).
[67] W. Jiang,J. Bian,Y. Liu,S. Gao,M. Chen and S. Du,"Modification of the $CO_2$ Surface Tension Calculation Model under Low-Temperature and High-Pressure Condition",J. Dispersion Sci. Technol. 38,671 (2017).
[68] K. E. O'Shea,K. M. Kirmse,M. A. Fox and K. P. Johnston,"Polar and Hydrogen-Bonding Interactions in Supercritical Fluids. Effects on the Tautomeric Equilibrium of 4-(Phenylazo)-l-Naphthol",J. Phys. Chem. 95,7863 (1991).
[69] K. Harrison,J. Goveas,K. P. Johnston and E. A. O'Rear III,"Water-in-Carbon Dioxide Microemulsions with a Fluorocarbon-Hydrocarbon Hybrid Surfactant",Langmuir 10,3536(1994).
[70] A. W. Francis,"Ternary Systems of Liquid Carbon Dioxide",J. Phys. Chem. 58,1099 (1954).
[71] J. A. Hyatt,"Liquid and Supercritical Carbon Dioxide as Organic Solvents",J. Org. Chem. 49,5097 (1984).
[72] D. K. Dandge,J. P. Heller and K. V. Wilson,"Structure Solubility Correlations: Organic Compounds and Dense Carbon Dioxide Binary Systems",Ind. Eng. Chem. Prod. Res. Dev. 24,162 (1985).
[73] M. Škerget,Z. Knez and M. Knez-Hrnčič,"Solubility of Solids in Sub-and Supercritical Fluids: A Review",J. Chem. Eng. Data 56,694 (2011).
[74] Z. Knez,D. Cör and M. Knez-Hrnčič,"Solubility of Solids in Sub-and Supercritical Fluids:A Review

2010-2017",J. Chem. Eng. Data (2018). https://doi.org/10.1021/acs.jced.7b00778 .
[75] C. M. Hansen,*Hansen Solubility Parameters:A User's Handbook*,2nd Edition,CRC Press,Boca Raton,FL (2007).
[76] A. F. M. Barton,*CRC Handbook of Solubility Parameters and Other Cohesion Parameters*,2nd Edition,CRC Press,Boca Raton,FL (1991).
[77] T. S. Reighard,S. T. Lee and S. V. Olesik,"Determination of Methanol/$CO_2$ and Acetonitrile/ $CO_2$ Vapor-Liquid Phase Equilibria Using a Variable-Volume View Cell", Fluid Phase Equilibria 123, 215 (1996).
[78] R. Yaginuma,T. Nakajima,H. Tanaka and M. Kato,"Volumetric Properties and Vapor-Liquid Equilibria for Carbon Dioxide + 1-Propanol System at 313.15 K",Fluid Phase Equilibria 144,203 (1998).
[79] G. J. McFann,K. P. Johnston and S. M. Howdle,"Solubilization in Nonionic Reverse Micelles in Carbon Dioxide",AIChE J. 40,543 (1994).
[80] E. J. Beckman,R. D. Smith and J. L. Fulton,"Processes for Microemulsion Polymerization Employing Novel Microemulsion Systems",U. S. Patent 4,933,404 (1990).
[81] J. L. Fulton and R. D. Smith,"Supercritical Fluid Reverse Micelle Systems",U. S. Patent 5,158,704 (1992).
[82] J. L. Fulton and R. D. Smith,"Supercritical Fluid Reverse Micelle Separation",U. S. Patent 5,266,205 (1993).
[83] S. H. Jureller,J. L. Kerschner,M. Bae-Lee,L. Del Pizzo,R. Harris,C. Resch and C. Wada,"Method of Dry Cleaning Fabrics Using Densified Carbon Dioxide",U. S. Patent 5,676,705 (1997).
[84] S. H. Jureller,J. L. Kerschner and R. Harris,"Method of Dry Cleaning Fabrics Using Densified Carbon Dioxide",U. S. Patent 5,683,473 (1997).
[85] S. H. Jureller,J. L. Kerschner,M. Bae-Lee,L. Del Pizzo,R. Harris,C. Resch and C. Wada,"Dry Cleaning System Using Densified Carbon Dioxide and a Surfactant Adjunct",U. S. Patent 5,683,977 (1997).
[86] K. P. Johnston,S. P. Wilkinson,M. L. O'Neill,L. M. Robeson,S. Mawson,R. Henry Bott and C. D. Smith,"Surfactants for Heterogeneous Processes in Liquid or Supercritical $CO_2$",U. S. Patent 5,733,964 (1998).
[87] S. P. Wilkinson,F. K. Schweighardt and L. M. Robeson,"Surfactants for Use in Liquid/ Supercritical $CO_2$",U. S. Patent 5,789,505 (1998).
[88] A. I. Cooper,J. D. Londono,G. D. Wignall,J. B. McClain,E. T. Samulski,J. S. Lin,A. Dobrynin,M. Rubinstein,A. L. C. Burke,J. M. J. Fré chet and J. M. DeSimone,"Extraction of a Hydrophilic Compound from Water into Liquid $CO_2$ using Dendritic Surfactants",Nature 389,368 (1997).
[89] C. H. Darwin and R. B. Lienhart,"Surfactant Solutions Advance Liquid $CO_2$ Cleaning Potentials",Precision Cleaning,p. 28 (June 1998).
[90] M. Sagisaka,S. Iwama,S. Hasegawa,A. Yoshizawa,A. Mohamed,S. Cummings,S. E. Rogers,R. K. Heenan and J. Eastoe,"Super-Efficient Surfactant for Stabilizing Water-in-Carbon Dioxide Microemulsions",Langmuir 27,5772 (2011).
[91] W. B. Liu,Y.-G. Li and J.-F. Lu,"A New Equation of State for Real Aqueous Ionic Fluids based on Electrolyte Perturbation Theory,Mean Spherical Approximation and Statistical Associating Fluid Theory",Fluid Phase Equilibria 158-160,595 (1999).
[92] G. M. Kontogeorgis and G. K. Folas,*Thermodynamic Models for Industrial Applications:From Classical and Advanced Mixing Rules to Association Theories*,John Wiley & Sons,New York,NY (2010).
[93] M. von Born,"Volumen und Hydratationswärme der Ionen",Z. Physik 1,45 (1920).
[94] N. Bjerrum,"Neuere Anschauungen über Elektrolyte",Ber. Dtsch. Chem. Gesell. 62,1091 (1929).
[95] E. L. Shock and H. C. Helgeson,"Calculation of the Thermodynamic and Transport Properties of Aqueous Species at High Pressures and Temperatures: Correlation Algorithms for Ionic Species and Equationof State Predictions to 5 kb and 1000℃",Geochim. Cosmochim. Acta 52,2009 (1988).
[96] J. C. Tanger IV and H. C. Helgeson,"Calculation of the Thermodynamic and Transport Properties of Aqueous Species at High Pressures and Temperatures: Revised Equations of State for the Standard Partial Molal Properties of Ions and Electrolytes",Am. J. Sci. 288,19 (1988).
[97] K. P. Johnston,D. G. Peck,and S. Kim,"Modeling Supercritical Mixtures: How Predictive is it?",Ind. Eng. Chem. Res. 28,1115 (1989).

[98] E. L. Shock, H. C. Helgeson and D. A. Sverjensky, "Calculation of the Thermodynamic and Transport Propertiesof Aqueous SpeciesatHigh Pressuresand Temperatures: Standard Partial Molal Properties of Inorganic Neutral Species", Geochim. Cosmochim. Acta 53, 2157 (1989).
[99] E. L. Shock and H. C. Helgeson, "Calculation of the Thermodynamic and Transport Properties of Aqueous Species at High Pressures and Temperatures: Standard Partial Molal Properties of Organic Species", Geochim. Cosmochim. Acta 54, 915 (1990).
[100] E. L. Shock, E. H. Oelkers, J. W. Johnson, D. A. Sverjensky and H. C. Helgeson, "Calculation of the Thermodynamic Properties of Aqueous Species at High Pressures and Temperatures: Effective Electrostatic Radii, Dissociation Constants, and Standard Partial Molal Properties to 1000℃ and 5kb", J. Chem. Soc. Faraday Trans. 88, 803 (1992).
[101] E. H. Oelkers, H. C. Helgeson, E. L. Shock, D. A. Sverjensky, J. W. Johnson and V. Pokrovskii, "Summary of the Apparent Standard Partial Molal Gibbs Free Energies of Formation of Aqueous Species, Minerals, and Gases at Pressures from1 to 5000 Bars and Temperatures from 25°to 1000℃", J. Phys. Chem. Ref. Data 24, 1401 (1995).
[102] D. A. Sverjensky, E. L. Shock and H. C. Helgeson, "Prediction of the Thermodynamic Properties of Aqueous Metal Complexes to 1000℃ and 5 kb", Geochim. Cosmochim. Acta 61, 1359 (1997).
[103] O. V. Bryzgalin, "Estimating Dissociation Constants in the Supercritical Region for Some Strong Electrolytes from an Electrostatic Model", Geochem. Intl. 23, 84 (1986).
[104] B. N. Ryzhenko and O. V. Bryzgalin, "Dissociation of Acids under Hydrothermal Conditions", Geochem. Intl. 24, 122 (1987).
[105] O. V. Bryzgalin, "Possible Estimation of Thermodynamic Constants of Electrolytes Dissociation at Temperature up to 800℃ and 5 kbar on the Basis of Electrostatic Model", Geochem. Intl. 26, 63 (1989).
[106] P. V. Brady and J. V. Walther, "Algorithms for Predicting Ion Association In Supercritical H2O Fluids", Geochim. Cosmochim. Acta 54, 1555 (1990).
[107] K. S. Pitzer, "Thermodynamic Model for Aqueous Solutions of Liquid-Like Density", Miner. Soc. Amer. Rev. Miner. 17, 97 (1987).
[108] J. C. Tanger IV and K. S. Pitzer, "Calculation of the Thermodynamic Properties of Aqueous Electrolytes to 1000℃ and 5000 bar from a Semicontinuum Model for Ion Hydration", J. Phys. Chem. 93, 4941 (1989).
[109] J. C. Tanger IV and K. S. Pitzer, "Thermodynamics of NaCl-H2O: ANew Equation of State for the Near-Critical Region and Comparisons with Other Equations for Adjoining Regions", Geochim. Cosmochim. Acta 53, 973 (1989).
[110] A. H. Harvey, J. M. H. Levelt Sengers and J. C. Tanger IV, "Unified Description of Infinite-Dilution Thermodynamic Properties for Aqueous Solutes", J. Phys. Chem. 95, 932 (1991).
[111] J. W. Johnson, E. H. Oelkers and H. C. Helgeson, "SUPCRT92: A Software Package for Calculating the Standard Molal Thermodynamic Properties of Minerals, Gases, Aqueous Species, and Reactions from1to 5000 bar and0to 1000℃", Comput. Geosci. 18, 899 (1992).
[112] J. P. Amend and H. C. Helgeson, "Group Additivity Equations of State for Calculating the Standard Molal Thermodynamic Properties of Aqueous Organic Species at Elevated Temperatures and Pressures", Geochim. Cosmochim. Acta 61, 11 (1997).
[113] J. Sedlbauer, J. P. O'Connell and R. H. Wood, "A New Equation of State for Correlation and Prediction of Standard Molal Thermodynamic Properties of Aqueous Species at High Temperatures and Pressures", Chem. Geol. 163, 43 (2000).
[114] E. M. Yezdimer, J. Sedlbauer and R. H. Wood, "Predictions of Thermodynamic Properties at Infinite Dilution of Aqueous Organic Species at High Temperatures via Functional Group Additivity", Chem. Geol. 164, 259 (2000).
[115] V. Majer, J. Sedlbauer and R. H. Wood, "Calculation of Standard Thermodynamic Properties of Aqueous Electrolytes and Nonelectrolytes", in: *Aqueous Systemsat Elevated Temperatures and Pressures*, D. A. Palmer, R. Fernandez-PriniandA. H. Harvey (Eds.), pp. 99-149, Elsevier, Oxford, UK (2004).
[116] M. Čenský J. Šedlbauer, V. Majer and V. Růžička, "Standard Partial Molal Properties of Aqueous Alkylphenolsand Alkylanilines over a wide Range of Temperaturesand Pressures", Geochim. Cosmochim.

Acta 71,580 (2007).

[117] J. Sedlbauer and P. Jakubu,"Application of Group Additivity Approach to Polar and Polyfunctional Aqueous Solutes",Ind. Eng. Chem. Res. 47,5048 (2008).

[118] A. V. Plyasunov and E. L. Shock,"Correlation Strategy for Determining the Parameters of the Revised Helgeson-Kirkham-Flowers Model for Aqueous Nonelectrolytes",Geochim. Cosmochim. Acta 65,3879 (2001).

[119] E. Djamali and J. W. Cobble,"A Unified Theory of the Thermodynamic Properties of Aqueous Electrolytes to Extreme Temperatures and Pressures",J. Phys. Chem. B113,2398 (2009).

[120] C. Secuianu,V. Feroiu and D. Geană,"High-Pressure Phase Equilibria for the Carbon Dioxide + 1-Propanol System",J. Chem. Eng. Data 53,2444 (2008).

[121] K. M. de Rueck and R. J. B. Craven, *IUPAC International Thermodynamic Tables of the Fluid State*,Volume 12. Methanol. Blackwell Science,Oxford,UK (1993).

[122] C. Secuianu,V. Feroiu and D. Geană,"High-Pressure Phase Equilibria for the Carbon Dioxide+Methanol and Carbon Dioxide+Isopropanol Systems",Rev. Chim. (Bucuresti) 54,874 (2003).

[123] J. Sedlbauer and R. H. Wood,"Thermodynamic Properties of Dilute NaCl (aq) Solutions near the Critical Point of Water",J. Phys. Chem. B 108,11838 (2004).

[124] E. Djamali and J. W. Cobble,"Standard State Thermodynamic Properties of Aqueous Sodium Chloride Using High Dilution Calorimetry at Extreme Temperatures and Pressures",J. Phys. Chem. B 113, 5200 (2009).

[125] J. M. H. Levelt Sengers,"Thermodynamics of Solutions near the Solvent's Critical Point",in: *Supercritical Fluid Technology: Reviews in Modern Theory and Applications*, J. Ely and T. Bruno (Eds.),pp. 1-56,CRC Press,Boca Raton,FL (1991).

[126] J. V. Sengers,R. F. Kayser,C. J. Peters and H. J. White (Eds.),*Equations of State for Fluids and Fluid Mixtures*,IUPAC (International Union of Pure and Applied Chemistry),Elsevier,Amsterdam (2000).

[127] H.-T. Wang,J.-C. Tsai and Y.-P. Chen,"A Cubic Equation of State for Vapor-Liquid Equilibrium Calculations of Nonpolar and Polar Fluids",Fluid Phase Equilibria 138,43(1997).

[128] A. Keshtkar,F. Jalali and M. Moshfeghian,"Evaluation of Vapor—Liquid Equilibrium of $CO_2$ Binary Systems Using UNIQUAC-Based Huron—Vidal Mixing Rules", Fluid Phase Equilibria 140, 107 (1997).

[129] C. Secuianu,V. Feroiu and D. Geană,"High-Pressure Vapor-Liquid Equilibria in the System Carbon Dioxide+ 1-Butanol at Temperatures from 293.15 to 324.15 K",J. Chem. Eng. Data 49,1635 (2004).

[130] C. Secuianu,V. Feroiu and D. Geană,"Phase Behavior for Carbon Dioxide+Ethanol System: Experimental Measurements and Modeling with a Cubic Equation of State", J. Supercrit. Fluids 47, 109 (2008).

[131] N. W. Sorbo,C. W. Townsend and G. E. Henderson,"Dense-Phase Fluid Cleaning System Utilizing Ultrasonic Transducers",U. S. Patent Application 2003/0062071 (2003).

[132] W. T. McDermott,G. Parris,D. V. Roth and C. J. Mammarella,"Particle Removal by Dense-Phase Fluids Using Ultrasonics",in: *Particles on Surfaces 9: Detection,Adhesion and Removal*, K. L. Mittal (Ed.),pp. 303-315,CRC Press,Boca Raton,FL (2006).

[133] W. T. McDermott,H. Subawalla,A. D. Johnson and A. Schwarz,"Processing of Semiconductor Components with Dense Processing Fluids and Ultrasonic Energy",U. S. Patent 7,267,727 (2007).

[134] $LCO_2$ Workpiece Cleaning Equipment,Taiwan Supercritical Technologies Company Ltd,Changhua, Taiwan. http://www.tst.tw/en/product. (accessed January 12,2018).

[135] Precision Cleaning with Liquid Carbon Dioxide,Amsonic Precision Cleaning,Biel,Switzerland. www.amsonic.com. (accessed January 12,2018).

[136] Enertia$^{TM}$ Centrifugal Immersion $CO_2$ Cleaning Systems,Cool Clean Technologies Inc.,Eagan,MN. http://www.coolclean.com/v2011/Enertia.html. (accessed January 12,2018).

[137] The $SiO_x$ $CO_2$ Method,$SiO_x$ Machines AB,Sollentuna,Sweden. http://www.sioxmachines.com. (accessed January 12,2018).

[138] T. G. Dewees,F. M. Knafelc,J. D. Mitchell,R. G. Taylor,R. J. Iliff,D. T. Carty,J. R. Latham and T. M. Lipton, "Liquid/Supercritical Carbon Dioxide Dry Cleaning System", U. S. Patent 5,267,455

(1993).

[139] C. W. Smith Jr, L. R. Rosio, S. H. Shore and J. A. Karle, "Precision Cleaning System", U. S. Patent 5, 377, 705 (1995).

[140] C. H. Darwin and E. A. Hill, "Demonstration of Liquid $CO_2$ as an Alternative for Metal Parts Cleaning", Precision Cleaning Magazine, pp. 25-32 (September 1996).

[141] M. Perrut and V. Perrut, "Equipment for Liquid $CO_2$ Cleaning", in: *Proceedings 5th Mtg. Supercritical Fluids*, M. Perrut and P. Subra (Eds.), pp. 171-174, (1998).

[142] M. Perrut and V. Perrut, "Natural and Forced Convection in Precision Cleaning Autoclaves", Proceedings 6th Mtg. Supercritical Fluids, Nottingham, UK, pp. 727-731, (1999).

[143] D. P. Jackson and B. Carver, "Liquid $CO_2$ Immersion Cleaning: The User's Point of View", Parts Cleaning Magazine, pp. 33-37, (April 1999).

[144] K. J. McCullough, R. J. Purtell, L. B. Rothman and J. J. Wu, "Residue Removal by Super-critical Fluids", U. S. Patent 5, 908, 510 (1999).

[145] J. M. DeSimone and R. G. Carbonell, "Methods of Spin Cleaning Substrates Using Carbon Dioxide Liquid", U. S. Patent 6, 240, 936 (2001).

[146] J. M. DeSimone and R. G. Carbonell, "Apparatus for Liquid Carbon Dioxide Systems", U. S. Patent 6, 240, 936 (2002).

[147] G. Lumia, V. Achrad, Ch. Niemann, Ch. Bouscarle and S. Sarrade, "Supercritical $CO_2$ Cleaning: The DFD System: Dense Fluid Degreasing System", Proceedings 6th Intl. Symp. Supercritical Fluids, Versailles, France (2003). http://www.isasf.net/fileadmin/files/Docs/ Versailles/Papers/Mc2.pdf.

[148] J. M. DeSimone, J. P. DeYoung and J. B. McClain, "Method and Apparatus for Cleaning Substrates Using Liquid Carbon Dioxide", U. S. Patent 6, 763, 840 (2004).

[149] J. Hamrefors and K. Lindqvist, "Cleaning with Liquid Carbon Dioxide", U. S. Patent Application 2006/0289039 (2006).

[150] D. P. Jackson, "Method and Apparatus for Treating a Substrate with Dense Fluid and Plasma", U. S. Patent Application 2006/0278254 (2006).

[151] E. Uhlmann and M. Röhner, "Reinigen mit komprimiertem Kohlendioxid", Report PS-19-10V02, Fraunhofer-Institut für Produktionsanlagen und Konstruktionstechnik IPK, Berlin, Germany (2010). http://www.ipk.fraunhofer.de.

[152] A. Kilzer, S. Kareth and E. Weidner, "Neue Entwicklungen bei Reinigungs-und Trennprozessen mit über-und nahkritischen Fluiden", Chemie Ingenieur Technik 83, 1405 (2011).

[153] J. Mankiewicz, D. Rebien, S. Kareth, M. Bilz and M. Petermann, "Parts Cleaning with Compressed Carbon Dioxide", Proceedings ECCE 2011 8th Eur. Cong. Chem. Eng, Berlin, Germany (2011). http://www.ecce2011.de/ECCE/Congressplanner/Datei_Handlertagung-535-file-8388-p-108.html.

[154] J. Mankiewicz, M. Bilz, E. Uhlmann and S. Kareth, "Teilreinigung mit flüßigem $CO_2$ bietet Rationalisierungspotenziale", MaschinenMarkt, Germany (January 2012). www.maschinenmarkt.vogel.de.

[155] D. Rebien, "Entwicklung von Methoden zur Reinigung industrieller Bauteile mit komprimiertem $CO_2$", Ph. D. Dissertation, Ruhr-University Bochum, Germany (2012).

[156] A. Jiménez, G. L. Thompson, M. A. Matthews, T. A. Davis, K. Crocker, J. S. Lyons and A. Trapotsis, "Compatibility of Medical-Grade Polymers with Dense $CO_2$", J. Supercrit. Fluids 42, 366 (2007).

[157] K. M. Motyl, "Cleaning Metal Substrates Using Liquid/Supercritical Fluid Carbon Dioxide", NASA Tech Briefs MFS-29611 (December 1990).

[158] U. S. EPA, "Demonstration of a Liquid Carbon Dioxide Process for Cleaning Metal Parts", Report EPA600/R-96-131, U. S. Environmental Protection Agency, Washington, D. C. (1996).

[159] U. S. EPA, "High Performance Metal Cleaning Using Liquid $CO_2$ and Surfactants", Report EPA/600/A-97/095, U. S. Environmental Protection Agency, Washington, D. C. (1997).

[160] C. H. Darwin and R. B. Lienhart, "Surfactant Solutions Advance Liquid $CO_2$ Cleaning Potentials", Precision Cleaning Magazine, pp. 28-29, (February 1998).

[161] J. B. Rubin, L. D. Sivils and A. A. Busnaina, "Precision Cleaning of Semiconductor Surfaces Using Carbon Dioxide-Based Fluids", Report LA-UR-99-2370, Los Alamos National Laboratory, Los Alamos, NM (1999).

[162] I. H. Jafri, "Precision Cleaning/Submicron Level Cleaning with Liquid/Supercritical $CO_2$ Technology",

Final Report EPA Contract 68D99050, U. S. Environmental Protection Agency, Washington, D. C. (2000).

[163] D. K. Taylor, R. G. Carbonell and J. M. DeSimone, "Opportunities for Pollution Prevention and Energy Efficiency Enabled by the Carbon Dioxide Technology Platform", Annu. Rev. Energy Environ. 25, 115 (2000).

[164] C. Devittori, P. Widmer, F. Nessi and M. Prokic, "Multifrequency Ultrasonic Actuators with Special Application to Ultrasonic Cleaning in Liquid and Supercritical $CO_2$", Proceedings Annual Symposium Ultrasonic Industry Association, Atlanta, GA (2001). www. mpiultrasonics. com/cleaning-co2. html .

[165] C. Devittori, P. Widmer, F. Nessi and M. Prokic, "Ultrasonic Cleaning in Liquid $CO_2$", MPI Publication, Le Locle, Switzerland (2001). http://www. mpi-ultrasonics. com/content/ ultrasonic-cleaning-liquid-$CO_2$.

[166] J. Schön, K. Buchmüller, N. Dahmen, P. Griesheimer, P. Scwab and H. Wilde, "EMSIC Ein pfiffiges Verfahren zur Entölung von Metall-und Glas-Schleifschlämmen", Report FZKA 6799, Forschungszentrum Karlsruhe, Karlsruhe, Germany (2003).

[167] J. P. DeYoung, J. B. McClain and S. M. Gross, "Processes for Cleaning and Drying Microelectronic Structures Using Liquid or Supercritical Carbon Dioxide", U. S. Patent6, 562, 146(2003).

[168] E. N. Hoggan, K. Wang, D. Flowers, J. M. DiSimone and R. G. Carbonell, "'Dry' Lithography Using Liquid and Supercritical Carbon Dioxide Based Chemistries and Processes", IEEE Trans. Semiconductor Mfg. 17, 510 (2004).

[169] C. A. Jones Ⅲ, A. Zweber, J. P. DeYoung, J. B. McClain, R. Carbonell and J. M. DeSimone, Applications of "'Dry' Processing in the Microelectronics Industry Using Carbon Dioxide", Crit. Rev. Solid State Mater. Sci. 29, 97 (2004).

[170] P. J. Tarafa, A. Jime nez, J. Zhang and M. A. Matthews, "Compressed Carbon Dioxide for Decontamination of Biomaterials and Tissue Scaffolds", Proceedings 9th Intl. Symp. Super-critical Fluids, Arcachon, France (2009).

[171] P. J. Tarafa, A. Jimenez, J. Zhang and M. A. Matthews, "Compressed Carbon Dioxide ($CO_2$) for Decontamination of Biomaterials and Tissue Scaffolds", J. Supercrit. Fluids 53, 192 (2010).

[172] P. J. Tarafa, E. Williams, S. Panvelker, J. Zhang and M. A. Matthews, "Removing Endotoxin from Metallic Biomaterials with Carbon Dioxide-Based Surfactant Mixture", J. Supercrit. Fluids 55, 1052 (2011).

[173] G. Lumia, Ch. Bouscarle and F. Charton, "Carbon Dioxide: A Solution to Organic Solvent Substitution in Cleaning Processes", Proceedings ICCDU XI 11th Int. Conf. on Carbon Dioxide Utilization, Dijon, France (June 2011).

[174] D. Jackson, "Cleaning Intricate Molds", MoldMaking Technology Magazine (December 1, 2012). www. moldmakingtechnology. com/articles/cleaning-intricate-molds .

[175] R. L. Maffei, "Extraction and Cleaning Processes", U. S. Patent 4, 012, 194 (1977).

[176] J. D. Mitchell, D. T. Carty and J. R. Latham, "Method and Composition Using Densified Carbon Dioxide and Cleaning Adjunct to Clean Fabrics", U. S. Patent 5, 279, 615 (1994).

[177] R. J. Iliff, J. D. Mitchell, D. T. Carty, J. R. Latham and S. B. Kong, "Liquid/Supercritical Carbon Dioxide/Dry Cleaning System", U. S. Patent 5, 412, 958 (1995).

[178] S. C. Chao, T. B. Stanford, E. M. Purer and A. Y. Wilkerson, "Dry-Cleaning of Garments Using Liquid Carbon Dioxide under Agitation as Cleaning Medium", U. S. Patent 5, 467, 492 (1995).

[179] J. D. Mitchell, V. E. Alvarez, D. T. Carty and J. R. Latham, "Cleaning Through Perhydrolysis Conducted in Dense Fluid Medium", U. S. Patent 5, 486, 212 (1996).

[180] E. M. Purer, A. Y. Wilkerson, C. W. Townsend and S. C. Chao, "Dry-Cleaning of Garments Using Gas-Jet Agitation", U. S. Patent 5, 651, 276 (1997).

[181] C. W. Townsend and E. M. Purer, "Liquid Carbon Dioxide Dry Cleaning System Having a Hydraulically Powered Basket", U. S. Patent 5, 669, 251 (1997).

[182] C. W. Townsend, S. C. Chao and E. M. Purer, "Liquid Carbon Dioxide Cleaning System Employing a Static Dissipating Fluid", U. S. Patent 5, 784, 905 (1998).

[183] M. Škerget and Ž. Knez, "Modelling High Pressure Extraction Processes", Computers Chem. Eng. 25, 879 (2001).

[184] M. J. E. van Roosmalen, G. F. Woerlee and G.-J. Witkamp, "Dry-Cleaning with High-Pressure Carbon Dioxide -The Influence of Process Conditions and Various Co-Solvents (Alcohols) on Cleaning-Results", J. Supercrit. Fluids 27, 337 (2003).

[185] M. J. E. van Roosmalen, G. F. Woerlee and G.-J. Witkamp, "Surfactants for Particulate Soil Removal in Dry-Cleaning with High-Pressure Carbon Dioxide", J. Supercrit. Fluids 30, 97 (2004).

[186] M. J. E. van Roosmalen, G. F. Woerlee and G.-J. Witkamp, "Amino Acid Based Surfactants for Dry-Cleaning with High-Pressure Carbon Dioxide", J. Supercrit. Fluids 32, 243 (2004).

[187] S. Banerjee, S. Sutanto, J. M. Kleijn and M. A. Cohen Stuart, "Towards Detergency in Liquid $CO_2$-A Surfactant Formulation for Particle Release in an Apolar Medium", Colloids Surfaces A 415, 1 (2012).

[188] S. Banerjee, S. Sutanto, J. M. Kleijn, M. J. E. van Roosmalen, G.-J. Witkamp and M. A. Cohen Stuart, "Colloidal Interactions in Liquid $CO_2$—ADry-Cleaning Perspective", Adv. Colloid Interface Sci. 175, 11 (2012).

[189] S. Sutanto, M. J. E. van Roosmalen, V. Dutschk and G.-J. Witkamp, "Effect of Cavitation in Textile Dry Cleaning with $CO_2$", in: *Proceedings of the 8th International Symposium on Cavitation (CAV 2012)*, C.-D. Ohl, E. Klaseboer, S. W. Ohl, S. W. Gong and B. C. Khoo (Eds.), pp. 265-268, Research Publishing Services, Singapore (2012).

[190] S. Sutanto, V. Dutschk, M. van Roosmalen and G.-J. Witkamp, "Performance of $CO_2$ Dry-cleaning with Cavitation", Proceedings 10th Intl. Symp. Supercritical Fluids (ISSF 2012), pp. 216-220, Curran Associates, Red Hook, NY (2012).

[191] S. Sutanto, M. J. E. van Roosmalen and G.-J. Witkamp, "Redeposition in $CO_2$ Textile Dry Cleaning", J. Supercrit. Fluids 81, 183 (2013).

[192] S. Sutanto, V. Dutschk, J. Mankiewicz, M. van Roosmalen, M. M. C. G. Warmoeskerken and G.-J. Witkamp, "$CO_2$ Dry Cleaning: Acoustic Cavitation and Other Mechanisms to Induce Mechanical Action", J. Supercrit. Fluids 89, 1 (2014).

[193] S. Sutanto, G.-J. Witkamp and M. J. E. van Roosmalen, "Mechanical Action in $CO_2$ Dry Cleaning", J. Supercrit. Fluids 81, 183 (2013).

[194] S. Kareth, M. Bilz, J. Mankiewicz, M. Petermann, D. Rebien and M. Wehrl, "Compressed Carbon Dioxide -a Green Washing Fluid for Medical Parts", Proceedings 10th Intl. Symp. Supercritical Fluids (ISSF 2012), pp. 554-559, Curran Associates, Red Hook, NY (2012).

[195] U. S. EPA, "Case Study: Liquid Carbon Dioxide ($CO_2$) Surfactant System for Garment Care", U. S. Environmental Protection Agency, Washington, D. C. (2012). http://www.epa.gov/dfe/ pubs/garment/lcds/micell.htm .

[196] S. Madsen, E. Normile-Elzinga and R. Kinsman, "$CO_2$-Based Cleaning of Commercial Textiles" Report CEC-500-2014-083 for California Energy Commission, $CO_2$ Nexus Inc. , Littleton, CO (2014).

[197] C. Yun and C. H. Park, "The Effect of Fabric Movement on Washing Performance in a Front Loading Washer Ⅱ: Under Various Physical Washing Conditions", Textile Res. J. 85, 251(2014).

[198] Solvair® Cleaning System, http://solvaircleaning.com/ . (accessed January 12, 2018).

[199] TERSUS® Water-Free Textile Cleaning, TERSUS Solutions, Littleton, CO. http://www.tersussolutions.com/ . (accessed January 12, 2018).

[200] S. Wang, C. Zinderman, R. Wise and M. Braun, "Infections and Human Tissue Transplants: Review of FDA MedWatch Reports 2001-2004", Cell Tissue Bank 8, 211 (2007).

[201] H. Q. Zhang, G. V. Barbosa-Cánovas, V. M. Balasubramaniam, C. P. Dunne, D. F. Farkas, and J. T. C. Yuan (Eds.), *Nonthermal Processing Technologies for Food*, Wiley-Blackwell, West Sussex, UK (2011).

[202] R. L. Morrisey and G. B. Phillips (Eds.), *Sterilization Technology: A Practical Guide for Manufacturers and Users of Health Care Products*, Van Nostrand Reinhold, New York, NY (1993).

[203] J. Agalloco, J. Akers and R. Madsen, "Current Practices in the Validation of Aseptic Processing - 2001", PDA Technical Report #36, Parenteral Drug Association, Bethesda, MD (2002).

[204] J. Agalloco, J. Akers and R. Madsen, "Aseptic Processing: A Review of Current Industry Practice", Pharmaceutical Technology Magazine, pp. 126-150 (October 2004).

[205] A. K. Dillow, F. Dehghani, J. S. Hrkach, N. R. Foster and R. S. Langer, "Bacterial Inactivation by Using Near-and SupercriticalCarbon Dioxide", Proc. Natl. Acad. Sci. USA96, 10344 (1999).

[206] S. C. Chao, R. W. Beach, N. W. Sorbo and E. M. Purer, "Process for Cleaning, Disinfecting, and Sterilizing Materials Using the Combination of Dense Phase Gas and Ultraviolet Radiation", U. S. Patent 5,996,155 (1999).

[207] S. Chao, R. W. Beach, N. W. Sorbo and E. M. Purer, "Sterilization Using Liquid Carbon Dioxide and UV-Irradiation", European Patent EP 1,017,426 (2000).

[208] H. Karaman and O. Erkmen, "High Carbon Dioxide Pressure Inactivation Kinetics of *Escher-ichia coli* in Broth", Food Microbiol. 18,11 (2001).

[209] M. Sims, "Method and Membrane System for Sterilizing and Preserving Liquids Using Carbon Dioxide", U. S. Patent 6,331,272 (2001).

[210] M. Sims, E. Estigarribia and J. T. C. Yuan, "Membrane Carbon Dioxide Sterilization of Liquid Foods: Scale Up of a Commercial Continuous Process", Proceedings 6th Intl. Symp. Supercritical Fluids, Versailles, France (2003). http://www. isasf. net/fileadmin/files/Docs/ Versailles/Papers/Mc2. pdf .

[211] S. Spilimbergo and A. Bertucco, "Non-Thermal Bacterial Inactivation with Dense $CO_2$", Biotechnol. Bioeng. 84,627 (2003).

[212] A. Schmidt, K. Beermann, E. Bach and E. Schollmeyer, "Disinfection of Textile Materials Contaminated with *E. coli* in Liquid Carbon Dioxide", J. Cleaner Prodn. 13,881 (2005).

[213] J. Zhang, T. A. Davis, M. A. Matthews, M. J. Drews, M. LaBerge and Y. H. An, "Sterilization Using High-Pressure Carbon Dioxide -A Review", J. Supercritical Fluids 38,354 (2006).

[214] L. Garcia-Gonzalez, A. H. Geeraerd, S. Spilimbergo, K. Elst, L. van Ginneken, J. Debevere and F. Devlieghere, "High Pressure Carbon Dioxide Inactivation of Microorganisms in Foods: The Past, the Present and the Future", Intl. J. Food Microbiol. 117,1 (2007).

[215] C. Cinquemani, C. Boyle, E. Bach and E. Schollmeyer, "Inactivation of Microbes Using Compressed Carbon Dioxide—An Environmentally Sound Disinfection Process for Medical Fabrics", J. Supercrit. Fluids 42,392 (2007).

[216] A. C. Mitchell, A. J. Phillips, M. A. Hamilton, R. Gerlach and A. B. Cunningham, "Resilience of Planktonic and Biofilm Cultures to Supercritical $CO_2$", J. Supercrit. Fluids 47,318 (2008).

[217] S. Šostar-Turk, S. Fijan and B. Neral, "The Soil Removal and Disinfection Efficiency of Chemo-Thermal and $LCO_2$ Treatment for Hospital Textiles", Industria Textilá 63,246 (2012).

[218] S. Fijan, M. Škerget, Ž. Knez, S. Šostar-Turk and B. Neral, "Determining the Disinfection of Textiles In Compressed Carbon Dioxide Using Various Indicator Microbes", J. Appl. Microbiol. 112,475 (2012).

[219] ORDB 510(K) Sterility Review Guidance, U. S. Food and Drug Administration, Washington, DC (1997). http://www. fda. gov/MedicalDevices/DeviceRegulationandGuidance/Guidance Documents/ucm080211. htm

[220] E. Jelen, A. Weber, A. Unger and M. Eisbein, "Detox Cure for Art Treasures", Pesticide Outlook 14,7 (2003).

[221] H. Tello and A. Unger, "Pesticides "Green Chemistry" finds its Way into Conservation Science", ICOM-CC Ethnographic Conservation Newsletter, pp. 3-5 (June 2006).

[222] A. Unger, H. Tello, S. Lindex, B. Trommer and S. Behrendt, "'Grüne Chemie' hält Einzug in die Restaurierung. Versuche zur Reinigung, Entfettung und Dekontamination von Kunst-und Kulturgut mit flüssigem Kohlendioxid", Restauro 112,384 (2006).

[223] M. Sousa, M. J. Melo, T. Casimiro and A. Aguiar-Ricardo, "The Art of $CO_2$ for Art Conservation: A Green Approach to Antique Textile Cleaning", Green Chem. 9,943 (2007).

[224] A. G. Weidner, "Ansatz zur Dekontamination von Kulturgut -Versuche mit flü ssigem Kohlendioxid am Marienmantel aus dem Stift Neuzelle", M. S. Thesis, Fachbereich Schutz Europäischer Kulturgüter, Europa-Universität Viadrina, Frankfurt (Oder), Germany (2009).

[225] H. Tello and A. Unger, "Liquid and Supercritical Carbon Dioxide as a Cleaning and Decontamination Agent for Ethnographic Materials and Objects", in: *Pesticide Mitigation in Museum Collections: Science in Conservation*, A. E. Charola and R. J. Koestler (Eds.), pp. 35-50, Smithsonian Contributions to Museum Conservation, Smithsonian Institution, Washington, D. C. (2010).

[226] A. G. Weidner and A. Unger, "Behandlung des Wallfahrtsmantels aus dem Stift Neuzelle mit flüssigem Kohlendioxid in einer Textilreinigungsanlage -ein Erfahrungsbericht", Verband der Restauratoren 2,74 (2011).

[227] A. Unger, A. G. Weidner, H. Tello and J. Mankiewicz, "Neues zur Dekontamination von beweglichem Kunst-und Kulturgut mit flüssigem Kohlendioxid", Verband der Restauratoren 2, 85 (2011).
[228] D. R. Wilson and T. A. Bell, Jr. , "Liquid Carbon Dioxide Cleaning of Wellbores and Near-Wellbore Areas", U. S. Patent 6,988,552 (2006).
[229] D. R. Wilson, "Liquid Carbon Dioxide Cleaning of Wellbore and Near-Wellbore Areas Using High Precision Stimulation", U. S. Patent 8,002,038 (2011).
[230] A. T. Lilles and S. R. King, "Sand Fracturing with Liquid Carbon Dioxide", SPE-11341-MS, Proceedings SPE Production Technology Symposium, Society of Petroleum Engineers, Richardson, TX (1982).
[231] T. Ishida, K. Aoyagi, T. Niwa, Y. Chen, S. Murata, Q. Chen and Y. Nakayama, "Acoustic Emission Monitoring of Hydraulic Fracturing Laboratory Experiment with Supercritical and Liquid $CO_2$", Geophys. Res. Lett. 39, L16309 (2012).
[232] K. Bullis, "Skipping the Water in Fracking", MIT Technology Review, Massachusetts Institute of Technology, Cambridge, MA (March 22, 2013).
[233] S. Zhenyun, S. Weidong, Y. Yanzeng, L. Yong, L. Zhihang, W. Xiaoyu, L. Qianchun, Z. Dongzhe and W. Yu, "An Experimental Study on the $CO_2$/Sand Dry-Frac Process", Natural Gas Industry B 1, 192 (2014).
[234] H. Liu, F. Wang, J. Zhang, S. Meng and Y. Duan, "Fracturing with Carbon Dioxide: Application Status and Development Trend", Petrol. Explor. Develop. 41, 513 (2014).
[235] R. Middleton, H. Viswanathan, R. Currier and R. Gupta, "$CO_2$ as a Fracturing Fluid: Potential for Commercial-Scale Shale Gas Production and $CO_2$ Sequestration", Energy Procedia 63, 7780 (2014).
[236] T. Ishida, Y. Chen, Z. Bennour, H. Yamashita, S. Inui, Y. Nagaya, M. Naoi, Q. Chen, Y. Nakayama and Y. Nagano, "Features of $CO_2$ Fracturing Deduced from Acoustic Emission and Microscopy in Laboratory Experiments", J. Geophys. Res. 121, 8080 (2016).
[237] Praxair, "Using Carbon Dioxide for Well Fracturing", Brochure P-10063C, Praxair, Inc. , Danbury, CT (2016).
[238] L. Engelmeier, S. Pollak, A. Kilzer and E. Weidner, "Jet Cutting with Liquid Carbon Dioxide", Proceedings 10th Intl. Symp. Supercritical Fluids (ISSF 2012), pp. 504-507, Curran Associates, Red Hook, NY (2012).
[239] L. Engelmeier, S. Pollak, A. Kilzer and E. Weidner, "Liquid Carbon Dioxide Jets for Cutting Applications", J. Supercrit. Fluids 69, 29 (2012).
[240] M. Bilz and E. Uhlmann, "Dry and Residue-Free Cutting with High-Pressure $CO_2$-Blasting", Adv. Mater. Res. 1018, 115 (2014).
[241] E. Uhlmann, F. Sammler, S. Richarz, F. Heitmüller and M. Bilz, "Machining of Carbon Fibre Reinforced Plastics", Procedia CIRP 24, 19 (2014).
[242] E. Uhlmann, M. Bilz, J. Mankiewiczc, S. Motschmann and P. John, "Machining of Hygroscopic Materials by High-Pressure $CO_2$ Jet Cutting", Procedia CIRP 48, 57 (2016).
[243] L. Engelmeier, M. Kretzschmar, S. Pollak and E. Weidner, "Schneiden und Bohren mit flüssigem Kohlendioxid", Chem. Ing. Technik 88, 672 (2016).
[244] L. Engelmeier, S. Pollak and E. Weidner, "Investigation of Superheated Liquid Carbon Dioxide Jets for Cutting Applications", J. Supercrit. Fluids 132, 33 (2018).
[245] L. Engelmeier, S. Pollak, F. Peters and E. Weidner, "Superheated Liquid Carbon Dioxide Jets: Setting Up and Phenomena", Experiments Fluids 59, 5 (2018).
[246] U. S. EPA, "Guide to Cleaner Technologies: Alternatives to Chlorinated Solvents for Cleaning and Degreasing", Report EPA/625/R-93/016, U. S. Environmental Protection Agency, Washington, D. C. (1994).
[247] I. J. Licis, "Pollution Prevention Possibilities for Small and Medium-Sized Industries. Results of the WRITE Projects", EPA Document EPA/600/R-95/070, pp. 127-131, U. S. Environmental Protection Agency, Cincinnati, OH (1995).
[248] R. Bergström and Ö. Ekengren, "Evaluation of Carbon Dioxide Cleaning System", Report A20090, IVL Svenska Miljoinstitutet AB, Stockholm, Sweden (April 2000). http://www.weatherlyinc.com/sok/download/IVLeng.pdf .

[249] M. A. Matthews, L. S. Warner and H. Kaiser, "Exploring the Feasibility of Using Dense-Phase Carbon Dioxide for Sterilization", Medical Device&Diagnostic Industry News Products and Suppliers, p. 140 (May 2001).
[250] CleanLogix, Eagen, MN (2012). http://www.2cooltool.com/results.html .
[251] Liquefied Carbon Dioxide Market Report, 360 Market Updates, Pune, India (2017).
[252] Liquid Carbon Dioxide (CAS 124-38-9) Market Research Report 2017, Research and Markets, Dublin, Ireland (2017).
[253] Liquid $CO_2$ Technical Specification, Continental Carbonic Products Inc. , Decatur, IL. http:// www.continentalcarbonic.com/lco2 (accessed January 12, 2018).
[254] Carbon Dioxide TechniPure Gas SFC Grade, Air Liquide America Specialty Gases, Plumsteadville, PA. http://www.alspecialtygases.com (accessed January 12, 2018).
[255] F. B. de Walle and W. A. J. L. den Otter, "Demonstration Pilot Scale testing of Textile Dry Cleaning with Sub/Supercritical Carbon dioxide", Report LIFE00 ENV/NL/000797, Project DETECTIVE - DEmonstration TExtile $CO_2$, Treatment Introduction Validation Effort, Delft, The Netherlands (2005).

# 第 6 章

# 超临界 $CO_2$ 在去除表面污染物中的应用

Rajiv Kohli

美国国家航空航天局约翰逊航天中心航空航天公司 得克萨斯州休斯敦市

# 6.1 引言

众所周知，去除颗粒污染物传统的精密清洗技术主要集中在水和溶剂清洗上。这些清洗技术有几个严重的局限性，亚微米颗粒的不可去除性、涉及的工艺，以及有毒溶剂-废物基质的昂贵处置。多年来，在寻找替代清洗技术的过程中，发现不同状态的二氧化碳（$CO_2$）是有效的清洗介质应用于多种工业中。它价格便宜，天然丰富，对反应性化合物相对惰性、无毒、不可燃，并且可以很容易地回收利用，使 $CO_2$ 非常适合作为含氯溶剂、氢氯氟烃（HCFC）、三氯乙烷和其他消耗臭氧层溶剂的替代物，用于精密清洗[1-24]。

超临界 $CO_2$（$SCCO_2$）具有类气相传输特性和类液体溶剂特性，这使得它比 $CO_2$ 的其他物理状态更灵活地去除污染物，尽管该过程必须在非常高的压力下进行。最近，有人对 $SCCO_2$ 在去除表面污染物方面的应用进行了综述[20,21]。本章的目的是更新先前发布的有关 $SCCO_2$ 及其清洗应用的信息。

# 6.2 表面污染和表面清洁度

表面污染可以有多种形式，并可能以各种状态存在于表面。最常见的表面污染物类别如下[25]：

- 微粒，如灰尘、金属、陶瓷、玻璃和塑料，在亚微米到宏观尺寸范围内。
- 可能以碳氢化合物薄膜或有机残留物的形式存在的有机污染物，如油滴、油脂、树脂添加剂、蜡等。
- 有机的或无机的分子污染物。
- 以离散颗粒的形式存在的金属污染物。
- 离子污染物，包括阳离子（如 $Na^+$ 和 $K^+$）和阴离子（如 $Cl^-$、$F^-$、$SO_3^{2-}$、$BO_3^{3-}$ 和 $PO_4^{3-}$）。
- 微生物污染物，例如细菌、真菌、生物膜等。

其他污染物类别包括有毒和危险化学品、放射性物质和生物物质，这些物质出现在特定行业的物体表面上，例如半导体、金属加工、化工生产、核工业、制药以及食品加工、处理和运输。常见的污染源包括机器加工油和润滑脂、液压油和清洁液、胶黏剂、蜡、人体污染和微粒，以及制造过程操作。此外，不同来源的其他化学污染物也可能污染表面。

典型的清洁规范是基于已清洁表面上残留的特定或特征污染物的数量。航天硬件和其他精密技术应用的清洁度通常按颗粒大小［在微米（μm）尺寸范围内］和颗粒数量规定航天硬件的表面清洁度等级；对于以非挥发性残留物（NVR）代表的碳氢化合物污染，以单位面积上的 NVR 质量来规定这种等级；对于液体则以单位体积中的 NVR 质量来规定这种等级[26-28]。这些表面清洁度等级都基于行业标准 IEST-STD-CC1246E（《产品清洁度等级——

应用、要求和测定》）中规定的污染规范（contamination specifications）：就颗粒污染而言，表面污染规范为5级至1000级；就NVR污染而言，表面污染规范为R1E-5级（$10ng/0.1m^2$）至R25级（$25mg/0.1m^2$）[28]。清洁度等级已在该标准先前版本D的基础上进行了修订或重新指定[29]。修订版E中对每个粒径范围内的最大允许颗粒数进行了四舍五入，而NVR标志级别已替换为单个字母R，后跟NVR的最大允许质量。例如，以前的NVR级别J有新的名称R25；级别A/2现在是R5E-1；级别AA5现在是R1E-5。本丛书第7卷更详细地讨论了该标准先前版本的修订[25]。

尽管许多应用的要求设定为小于 $1\mu g/cm^2$[28]，但在许多其他商业应用中，精密清洁度水平定义为有机污染物低于 $10\mu g/cm^2$ 水平。这些清洁度水平是允许的，或者是诸多零件的功能所要求的，如机械加工零件、电子组件、光学和激光部件、精密机械零件和计算机零件。新标准ISO 14644—13已发布，该标准给出了洁净室表面清洁的指南，以达到颗粒和化学分类规定的清洁度水平[30]。

许多产品和制造过程也对空气中的分子污染物（AMC）敏感，甚至可能破坏，这些污染物是由外部、工艺本身或其他来源产生的，因此监控和控制AMC至关重要[31]。AMC是一种以蒸气或气溶胶形式存在的化学污染物，可以是有机或无机的，它包括从酸和碱到金属有机化合物和掺杂剂的所有物质[32,33]。新标准ISO 14644—10《洁净室和相关控制环境——第10部分：按化学浓度对表面清洁度的分类》[34] 为现行的国际标准，该标准定义了洁净室中与化学化合物或元素（包括分子、离子、原子和微粒）有关的清洁度分类系统。

# 6.3 应用领域

以下各节讨论与清洗应用有关的 $SCCO_2$ 的基本特征。

## 6.3.1 超临界 $CO_2$

超过临界温度时，液相和气相之间的区别消失，形成单一的超临界流体❶相[35]。超临界流体作为溶剂的吸引力源于它们的独特性液体和气体性质的结合。表6.1比较了液体、气体和超临界流体状态下典型有机流体的扩散系数、黏度和密度。超临界相的性质介于气相和液相之间，其扩散系数和黏度与气体的输运性质相似，但密度却与液体相似。

在用于精密清洗的许多不同超临界流体中（表6.2），$SCCO_2$ 是最广泛的首选溶剂[1,2]。

**表6.1 典型有机流体在液体、气体和超临界流体状态下的物理化学性质比较**

| 状态 | 扩散系数/($cm^2/s$) | 黏度/(mPa·s) | 密度/($kg/gm^3$) |
| --- | --- | --- | --- |
| 液体 | $<10^{-5}$ | 1 | 1000 |
| 超临界流体 | $10^{-3}\sim10^{-2}$ | $10^{-2}$ | 300 |
| 气体 | 0.1 | $10^{-2}$ | 1 |

❶ 在本章中，“流体”指液相。

表 6.2 各种溶剂的临界特性①

| 溶剂 | 摩尔质量 /(g/mol) | $T_c$ /K | $P_c$ /MPa | $V_c$ /(cm³/mol) | $\rho_c$ /(kg/m³) | $Z_c$ | $\eta$ /mPa·s | $\sigma$ /(mN/m) |
|---|---|---|---|---|---|---|---|---|
| 丙酮($C_3H_6O$) | 58.08 | 508.1 | 4.70 | 209 | 0.278 | 0.232 | 0.3311 | 23.70 |
| 氨($NH_3$) | 17.031 | 405.65 | 11.28 | 72.5 | 235 | 0.241 | 0.0098 | 0.234 |
| 氩气(Ar) | 39.948 | 150.86 | 4.898 | 74.9 | 537.7 | 0.292 | 0.0211 | 0.0122 |
| 二氧化碳($CO_2$) | 44.01 | 304.2 | 7.38 | 93.9 | 0.469 | 0.274 | 0.0137 | 0.05 |
| 乙烷($C_2H_6$) | 30.07 | 305.3 | 4.889 | 148.3 | 0.203 | 0.285 | 0.00855 | 21.16 |
| 乙醇($C_2H_5OH$) | 46.069 | 513.9 | 6.14 | 167.1 | 0.276 | 0.240 | 1.095 | 22.39 |
| 乙烯($C_2H_4$) | 28.054 | 282.6 | 5.076 | 130.4 | 0.215 | 0.280 | 0.00951 | 18.1 |
| 甲烷($CH_4$) | 16.043 | 190.5 | 4.596 | 99.2 | 0.162 | 0.288 | 0.01028 | 17.78 |
| 甲醇($CH_3OH$) | 32.04 | 512.6 | 8.09 | 118.0 | 0.272 | 0.224 | 0.59 | 22.50 |
| 丙烷($C_3H_8$) | 44.096 | 369.8 | 4.25 | 203.0 | 0.217 | 0.281 | 0.11 | 0.26 |
| 丙烯($C_3H_6$) | 42.081 | 365.57 | 4.63 | 0.188 | 0.232 | 0.286 | 0.09 | 0.000189 |
| 六氟化硫($SF_6$) | 146.054 | 318.6 | 3.759 | 198.8 | 6.27 | 0.282 | 0.0141 | 0.29 |
| 水($H_2O$) | 18.015 | 647.13 | 21.94 | 57.1 | 0.322 | 0.235 | 18.0 | 0.72 |
| 氙气(Xe) | 131.293(6) | 289.77 | 5.841 | 0.1194 | 1.11 | 0.291 | 0.0211 | 28.27 |
| 三氯氟甲烷(R11)② | 137.7 | 471.1 | 4.38 | 247.8 | 554.24 | 0.279 | 0.42 | 0.22 |

① 此表的输入数据已根据参考文献［36-39］进行了编译，制造商数据图纸和数据可从各个网站获得。

② 由于担心其臭氧消耗潜能，停止了三氯氟甲烷（R11）的消耗。它被含氯溶剂［例如二氯三氟乙烷（R123）］代替。

注：$T_c$—临界温度；$P_c$—临界压力；$V_c$＝临界体积；$\rho_c$＝临界密度；$Z_c$＝临界压缩率；$\eta$＝黏度；$\sigma$＝表面张力。

当压缩 $CO_2$ 时，它的液体密度越来越大。取决于不同的压力和温度，$CO_2$ 可以成为液体或超临界流体。由 $CO_2$ 的压力-温度相图（图 6.1）可知，液相存在于三相点（0.52MPa，216.75K）之上，超临界相存在于临界点（7.38MPa，304.2K）之上。$CO_2$ 没有永久的偶极矩，但它有强的四极矩，影响其物理性质，包括 $CO_2$ 的高临界压力[40-44]。

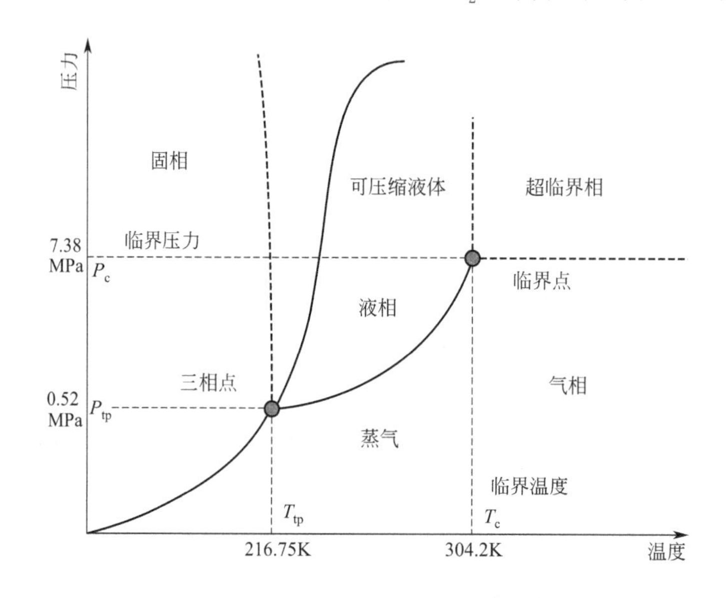


图 6.1 $CO_2$ 的压力-温度相图[36-39]

$P_c$ 是临界压力；$P_{tp}$ 是三相点的压力；$T_c$ 是质变温度；$T_{tp}$ 是三相点的温度

### 6.3.1.1 物理和运输性质

临界点附近的温度或压力的微小变化会导致密度的巨大变化，如图 6.2 所示[45-53]。由于流体的溶解力通常与其密度有关，因此 $SCCO_2$ 具有很强的溶解能力。

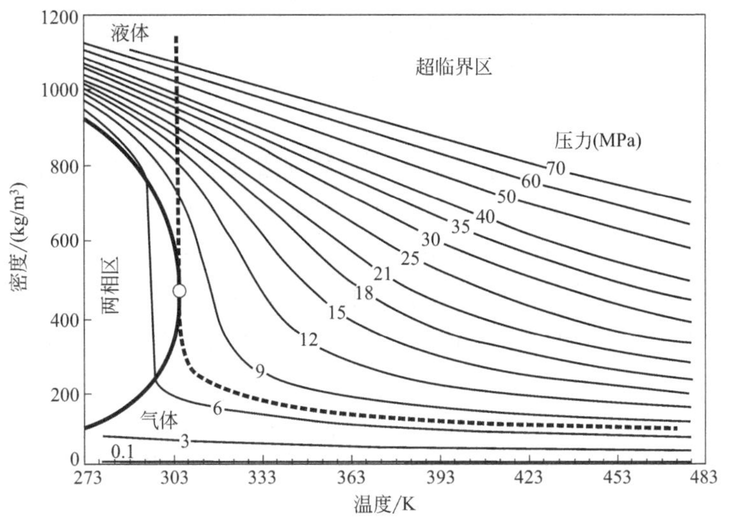


图 6.2　$CO_2$ 的密度在不同压力下随温度的变化

○ 临界点；━━ 蒸发曲线；---- 超临界边界

因此，密度以及溶解能力的可调性（通过在恒温下简单地改变压力可从气体变为液体）以及临界点附近不同密度的溶剂化效应为超临界流体去除表面污染物提供了最具吸引力的特性。然而，随着温度的升高，这种变化只有在更高的压力下才会变得更加明显。这使得在临界温度附近很难控制密度，在临界区的过程控制也就很困难。

$CO_2$ 的输运特性对其在清洗中的应用也很重要。气相黏度使其能够有效地穿透小尺寸结构，如高纵横比通孔、通孔、小孔和颈部，并清洗几何形状复杂、空间狭小的部件。黏度随着压力的增高而增大，与密度相似，但是，影响不太明显（图 6.3）[47,51-57]。一般来说，

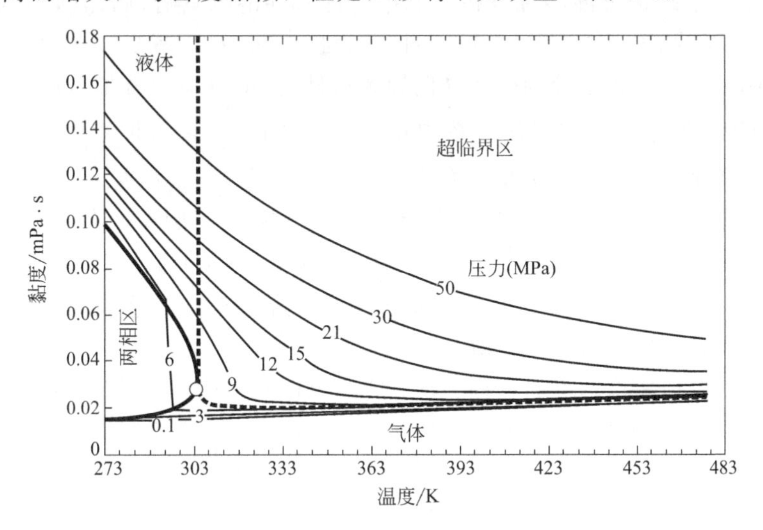


图 6.3　$CO_2$ 的黏度在不同压力下随温度的变化

○ 临界点；━━ 蒸发曲线；---- 超临界边界

黏度比典型有机溶剂的黏度低一个数量级[36]。临界点附近的 $CO_2$ 自扩散系数约为 $5\times10^{-4}cm^2/s$，比溶质在正常液体中的扩散系数大近两个数量级[1]。许多有机溶质在超临界 $CO_2$ 中的扩散系数也明显较高，尽管扩散系数在临界区域变小，而在临界点几乎为零[58]。在超临界去除污染物的过程中，这具有更快的传输速度和更短的处理时间的优点。最后，超临界 $CO_2$ 的极低表面张力（表 6.2）为具有复杂几何形状的部件提供了良好的润湿性，使其在致密相中非常具有商业精密清洗应用的吸引力。

#### 6.3.1.2　溶解度注意事项

$SCCO_2$ 是非极性、低分子量有机化合物（如润滑脂、油、润滑剂和指纹）的优良溶剂[1,2]。这种溶解有机化合物的能力是其商业应用的基础。另一方面，对于亲水性化合物，如无机盐和金属离子则不会溶解，这是由于大的四极矩和 $CO_2$ 中微弱的范德华力[59,60]。有关有机化合物在 $SCCO_2$ 中溶解度可在文献［61-64］中找到。

$CO_2$ 和溶剂的二元混合物的溶解度行为可以用单一作用力对总蒸发能 $E$ 的贡献来考虑，因此

$$E=E_d+E_p+E_h \tag{6.1}$$

式中，$E_d$、$E_p$ 和 $E_h$ 分别是由于分散力、极性相互作用（偶极-偶极力）和氢键引起的能量贡献[65]。

Hildebrand 溶解度参数 $\delta$ 是 $(E/V)^{1/2}$，于是式(6.1) 变成

$$\delta^2=\delta_d^2+\delta_p^2+\delta_h^2 \tag{6.2}$$

式中，$\delta_d$、$\delta_p$ 和 $\delta_h$ 分别为分散、极性和氢键相互作用的 Hansen 溶解度参数[65,66]。$V$ 是摩尔体积。这种方法是依据有独特分子结构因而表现出独特溶解度行为的那些溶剂的分子间作用力来考虑溶解度的。因此，Hansen 溶解度参数对预测助溶剂的溶解度行为具有重要价值。

对于甲醇、乙醇、丙醇、丙酮、乙二醇和水等共溶剂，$\delta_d$ 的值与 $SCCO_2$ 的值没有显著差异。相比之下，极性和氢键 Hansen 参数 $\delta_p$ 和 $\delta_h$ 远高于 $SCCO_2$ 的值[65]。这可能表明，在这些二元混合物中缺乏可混溶性。在液态中，这些共溶剂具有高极性，它们形成自缔合物。而且，这些化合物可以在 $CO_2$ 中进行自身氢键键合，从而减少二元混合物的偶极矩和极性。由于自缔合，助溶剂组分的极性降低导致极性与 $SCCO_2$ 更好地匹配，从而具有高混溶性，正如在 $CO_2$-乙醇二元和三元体系中观察到的一样[67-69]。事实上，在整个组成范围内，有可能在高压下形成并保持单相互溶[68]。

$CO_2$ 的四极矩影响 $\delta$ 值，降低离子化合物的非极性 $\delta_d$。例如，在 20MPa 以上的压力下，$CO_2$ 的 $\delta$ 值高于乙烷的 $\delta$ 值，但 $CO_2$ 不能溶解带有烃链的离子表面活性剂，例如 AOT［双(2-乙基己基)磺基琥珀酸钠］[70]，该表面活性剂易溶于乙烷。近 20% 的 $\delta$ 值可归因于四极矩，这使其 $\delta_d$ 大大低于乙烷的 $\delta_d$ 值。

有人通过使用基于密度的经验方程、状态方程（EOS）或溶液模型，提出了几种方法来关联或预测 $SCCO_2$ 中固体溶质的溶解度[64,71-92]。这些模型需要通过对所考虑系统的可用实验数据进行拟合来优化参数，还需要对 EOS 模型中溶质的临界性质和升华压力进行拟合。因此，这些模型仅适用于具有足够溶解度数据的系统。最近开发的一个活度系数模型采用的是一种更适用的方法，不需要数据拟合[83]。一般来说，与含有其他原子（如 N、S、Cl 和 F）的溶质相比，仅含 C、H 和 O 原子的溶质的预测值与实验数据吻合的百分比要高。

直到最近，亲水性溶质在$CO_2$中的溶解度不足，一直都限制超临界$CO_2$（$SCCO_2$）在精密清洗应用中用于去除极性无机污染物和颗粒。新的发展，如在超临界$CO_2$中加入助溶剂，如低分子量醇和丙酮，以提高溶剂强度正在日益克服这一局限性。又例如，在$CO_2$中添加摩尔分数为2%的磷酸三丁酯可将对苯二酚的溶解度提高250倍[37]。表面活性剂和水添加到$SCCO_2$中，形成微乳液和树枝状胶束，以及螯合含氟配体[37,39,93-103]。这些分子能溶解无机溶质和离子物种。

新的应用是将氟聚合物加入超临界$CO_2$中，以清洗和保护历史悠久的石材类建筑和古迹[104]。

### 6.3.1.3 热力学性质

就清洗应用而言，为理解所涉及的那些化学相互作用并且设计最优的$CO_2$/助溶剂组成，必须掌握为具体的清洗应用所考虑的那些物种在对其有意义的那些温度和压力下的可靠的热力学性质数据。在超临界$CO_2$中对助溶剂摩尔热力学性质的直接测量很少，有必要考虑通过热力学模型预测这些性质。高温溶液化学的最新研究使得通过热力学数据库扩展到$CO_2$和水的超临界区域，可以准确预测水和非水物种的性质，因为$SCCO_2$的溶液行为类似于非极性超临界水。

高极性化合物在二元$CO_2$系统中的存在，要求一个分子热力学模型考虑系统中所有相互作用，包括氢键、静电吸引和离子水合作用，以及硬球斥力和分散吸引力[105-107]。系统的亥姆霍兹能量$A$由这些相互作用的单个贡献之和组成：

$$A=A^{\mathrm{Ref}}+A^{\mathrm{Assoc}}+A^{\mathrm{Born}}+A^{\mathrm{Coul}}+A^{\mathrm{Dis}}+A^{\mathrm{Rep}} \tag{6.3}$$

式中，上标分别表示理想流体的参考状态；极性分子之间氢键和溶剂-溶质分子之间的静电相互作用引起的缔合项；离子形成引起的玻恩相互作用；库仑离子-离子相互作用；色散作用；以及溶质-溶剂分子之间的排斥作用。

对于$CO_2$系统，并不是所有相互作用都会发生，这取决于助溶剂的极性和系统的组成。物质的状态方程限制了状态方程预测热力学性质的适用性。

预测热力学性质的广泛应用是使用修正的赫尔格森-柯克汉姆-弗劳尔斯（HKF）方程[108,109]。尽管该方法严格针对电解质水溶液中的离子制定，但基本原理适用于$CO_2$二元体系，因为在非极性体系中，溶质也具有较强的溶剂聚集性[110]。修正后的HKF模型提供了相关算法，允许在修正的状态方程中预测物种相关参数，以计算500MPa压力和1273K温度下的标准偏摩尔热力学性质[108,109,111-115]。

最近，基于化合物官能团的贡献，提出一种基团贡献模型，用于改进对有机水溶液热力学性质的预测[116-120]。在该模型中，基于官能团可加性假设，热力学函数确定为单个物种的结构贡献之和。另一种方法是根据实验高温数据生成新参数和水化吉布斯能量关联式，调整修订后的HKF模型的相关算法[121]。这两种方法都提高了预测精度，并扩展了修正的HKF模型对水系统、非电解质、离子和中性物种以及有机和无机物种的适用性，覆盖从环境到超临界区域的整个压力和温度范围。

在修正Born方程的基础上，提出一个新的统一理论模型[122]。该模型的优点是有效离子半径可用标准态的Gibbs水化自由能精确地定义。模型中只需两个参数，可由实验标准态的部分吉布斯自由能导出。这些常数与温度和压力无关，使得该模型对于预测电解质物种的高温热力学性质非常有用。

修正后的HKF模型中的相关算法也可以修改，以适用于$CO_2$二元体系[7]。对极性流体热力学参数进行了修正，得到了非极性流体的热力学参数。这些信息用来计算几个$CO_2$二元体系的热力学性质。表6.3给出了$CO_2$-正丙醇体系摩尔体积计算值的一个例子，以及最近的实验数据[62,123]。一般来说，热力学函数的计算值与本文所考虑的$CO_2$二元混合物有限的实验数据之间的一致性很好（相对差为1%～3%）。在此基础上，修正的HKF模型与修正的EOS参数的相关算法可用于预测$CO_2$二元混合物的热力学性质。

**表6.3 在313K下$CO_2$-正丙醇混合物不同摩尔分数的摩尔体积的比较**

单位：$1\times10^{-2}m^3/kmol$

| 压力/MPa | 8.0 | | 9.0 | | 9.8 | |
|---|---|---|---|---|---|---|
| 摩尔分数 | 摩尔体积实验值 | 摩尔体积计算值 | 摩尔体积实验值 | 摩尔体积计算值 | 摩尔体积实验值 | 摩尔体积计算值 |
| 0.1 | 1.88 | 1.87 | 0.45 | 0.46 | 0.25 | 0.27 |
| 0.2 | 2.25 | 2.31 | 0.87 | 0.89 | 0.53 | 0.59 |
| 0.4 | 4.37 | 4.53 | 1.84 | 1.91 | 1.01 | 1.21 |
| 0.6 | 6.48 | 6.61 | 2.43 | 2.48 | 1.32 | 1.36 |
| 0.8 | 8.26 | 8.31 | 2.91 | 3.01 | 1.46 | 1.52 |
| 0.9 | — | 8.75 | 2.89 | 2.97 | 1.32 | 1.39 |
| 0.95 | — | — | 2.44 | 2.51 | 1.08 | 1.09 |

修正后的HKF模型也用于估算不同温度和压力下饱和醇/$SCCO_2$混合物的摩尔体积（表6.4）。计算值与实验数据[112,124-126]的一致性很好（相对差在约5%以内），因此表明$SCCO_2$作为一种类似于超临界水的非极性溶剂的假设通常是有效的[3]❶。

**表6.4 2%乙醇/$SCCO_2$混合物摩尔体积随压力和温度变化的计算值**

| 醇 | 摩尔体积/($cm^3/mol$) | | | |
|---|---|---|---|---|
| | | 250K | 350K | 450K |
| 甲醇 | | | | |
| | 100MPa | 36.75 | 41.12 | 43.04 |
| | 200MPa | 35.68 | 38.03 | 40.59 |
| | 250MPa | 34.97 | 37.61 | 39.27 |
| 乙醇 | | | | |
| | 100MPa | 53.08 | 59.35 | 62.36 |
| | 200 MPa | 51.60 | 55.74 | 58.59 |
| | 250MPa | 50.69 | 54.93 | 56.66 |

### 6.3.1.4 基本清洗原理

超临界$CO_2$对非极性有机化合物具有很强的溶解能力。工业应用中最常见的有机污染物由非极性化合物组成，如薄膜或颗粒。通过溶解在纯$CO_2$中或与助溶剂的混合物中，薄

❶ 通过估算温度范围573～673K中NaCl水溶液的标准摩尔热容，对更新后的修订版HKF示范的应用进行了独立检查。估算值与最近的实验测量值有相当好的一致性[127,128]。

膜很容易去除。有机颗粒也可去除，因为 $CO_2$ 会帮助表面的颗粒变松。对于极性较强的污染物，可通过添加其量足以在系统操作条件（温度和压力）下维持超临界相的助溶剂来增强溶解度。上一节介绍的讨论和计算有助于确定溶解性和相平衡以及去除污染物的工艺操作条件。在许多精密清洗应用中，污染物以非有机颗粒的形式存在。这些颗粒通过强的范德华力、静电或毛细管力黏附在表面[7]。有必要通过施加拖拽力来穿透边界层并克服黏附力来去除这些颗粒。

在清洗应用的 $SCCO_2$ 系统中，临界拖拽力通过湍流获得。基于理论考虑，为了去除 0.1μm 大小的颗粒，$SCCO_2$ 在 375K 下的流速应为约 200cm/s，空气流速则应达到 1000cm/s 以上（图 6.4）[2,129]。其他去除污染物重要的考虑因素是系统的化学性质以及工作温度和压力。应针对所考虑的特定清洗，对这些参数进行优化[3,130,131]。

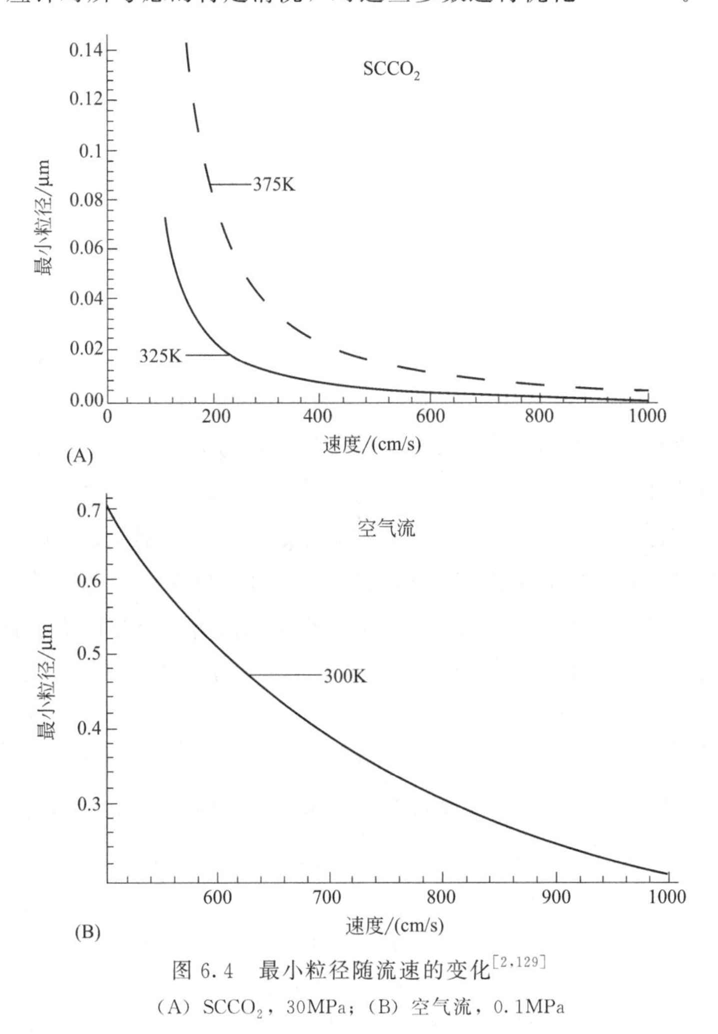


图 6.4　最小粒径随流速的变化[2,129]

（A）$SCCO_2$，30MPa；（B）空气流，0.1MPa

$SCCO_2$ 清洗工艺的基本流程[20,21] 如图 6.5 所示。将要清洗的部件放在充满 $CO_2$ 的清洗室中。当压力和温度升高到临界点以上时，$CO_2$ 气体转变为超临界相。超临界 $CO_2$ 溶解污染物并流入分离室，流体在那里发生压力和温度的变化（压力降低，$CO_2$ 蒸发）。当这种情况发生时，污染物在 $CO_2$ 中的溶解度降低，导致污染物从流体中分离出来。一旦所有的 $CO_2$ 从分离器中排出，浓缩的污染物通常以油性或焦油状的液体残渣形式从分离器中排出。

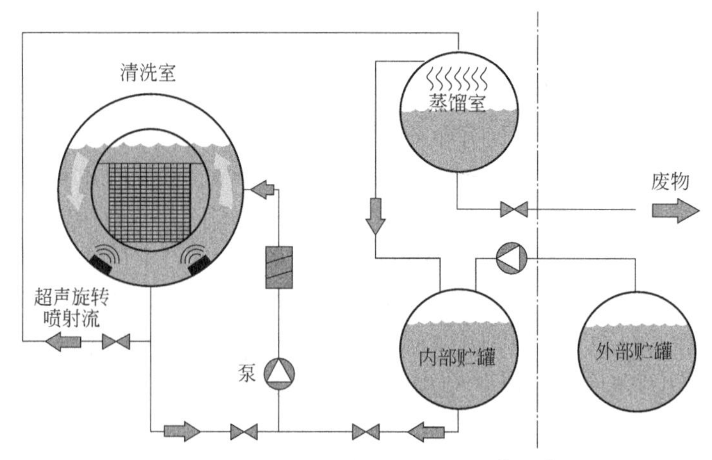


图 6.5　典型的 $SCCO_2$ 清洗流程[20,23]

如果合适，可以回收、循环或再利用这些残渣；或者可以将残渣作为废物流的唯一组分进行处置。不存在溶剂、废水或其他污染物来增加废物处理量。可以根据需要添加助溶剂或其他添加剂（表面活性剂、分散剂和螯合剂）。为了混合 $SCCO_2$ 和助溶剂或添加剂，通常有必要在进入清洗室时将助溶剂或添加剂注入流动的 $SCCO_2$ 流中。

工艺温度通常在 308～440K 之间，操作压力在 10～17MPa 之间，但清洗室通常设计在高达 30MPa 的压力下进行 $SCCO_2$ 清洗操作，增加了设备重量和占地面积。通过机械或其他方式（超声波传感器或磁力搅拌）搅拌可提高清洗过程的有效性[23,132]。清洗系统设计为模块化单元，其中可添加额外模块以增加容量。几种商用超临界 $CO_2$ 清洗系统曾在前面讨论过[20,21]。

许多聚合物在高压下会吸收大量的气体和蒸气[1,133]。特别地，$CO_2$ 吸收可导致塑化、膨胀和玻璃化的转变温度降低到大气压下可观察到的温度[134-140]。这种效应可用来有效去除聚合物基光刻胶。降低聚合物的玻璃化转变温度使其软化，可增强 $SCCO_2$ 在聚合物/基体界面上的渗透和扩散。通过突然释放压力，会迅速发生体积变化，从而使聚合物从基底断裂[141]。少量助溶剂可提高聚合物的溶解度和聚合物/基底界面的化学相互作用，促进光刻胶的去除。

## 6.3.2　应用实例

$SCCO_2$ 已广泛用于精密和商业清洗应用，包括金属表面、玻璃、光学元件、硅片、聚合物、具有复杂几何形状和狭小空间的零件、发动机阀门、医疗设备和微生物污染表面的终端灭菌、服装清洁、博物馆收藏中杀虫剂减少，土壤和钻井泥浆净化，放射性污染表面的去污。$SCCO_2$ 已成功地与添加剂（助溶剂、表面活性剂、分散剂和螯合剂）一起使用，以去除多种污染物[1-17,20-24,142-181]。去除的污染物类型包括润滑脂、润滑剂、硅油、机加工油、助焊剂残留物、微量金属、含增塑剂的光刻胶、脱气化合物、油墨、胶黏剂和小颗粒。加入少量极性助溶剂，如乙醇或丙醇，可显著提高对小颗粒的去除。例如，添加助溶剂对黏土颗粒（直径＜10μm）污染的织物的清洗效率比不使用助溶剂的清洗效率提高 2～3 倍（20%～30%对大约 10%）[160,161]。助溶剂倾向于吸附在表面，增大颗粒表面距离，降低吸附力，甚至纳米颗粒也可以通过使用适当的助溶剂和表面活性剂从表面去除。

在下面的诸节中，我们将提供关于之前评述过的许多应用的最新信息[20,21]。

#### 6.3.2.1 光刻胶清洗

光刻胶剥离和清洗是 $SCCO_2$ 在集成电路加工中的第一个应用。图 6.6 显示了用 $SCCO_2$ 去除蚀刻后污染物残留物的典型示例[157,171,182-188]。

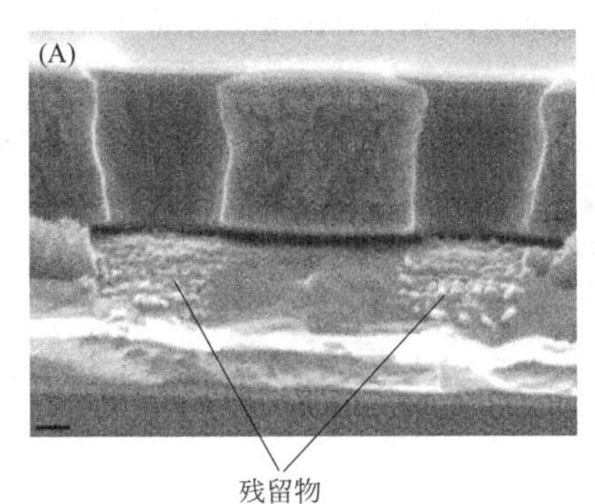


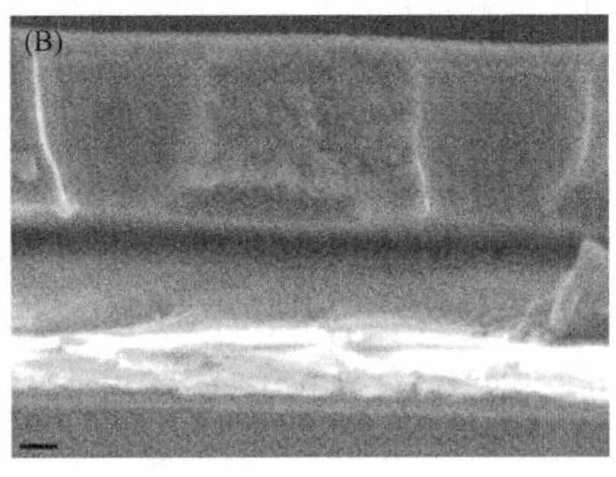


图 6.6 用 $SCCO_2$ 从硅片上去除蚀刻后残留物的示例[157]

残留物如（A）所示。它已被移除，如（B）所示。比例尺为 100nm

超临界 $CO_2$ 清洗的结果通常显示出较高的清洁度，污染物去除率大于 90%。超临界 $CO_2$ 用于精密清洗的一个优点是，该工艺不会留下残留物，因为减压时它会完全蒸发。清洗后表面通常能达到表面污染物 $1\mu g/cm^2$ 的一般确认的精密清洁度水平。

#### 6.3.2.2 晶圆清洗与干燥

已有研究表明，用 $SCCO_2$ 能去除晶圆表面颗粒[182,186,188]。在超临界 $CO_2$ 中使用适当的化学配方可以去除晶圆表面的微粒。在超临界 $CO_2$（$SCCO_2$）中使用最佳化学配方、它们的摩尔比和特定的工艺条件极大地影响颗粒去除效率[185]。

传统的干燥过程，如溶剂辅助的马兰勾尼（Marangoni）干燥法和升华干燥法，经常导致高宽高比和低机械强度纳米结构的图案塌陷或倾斜[22]。研究发现，与所有常规干燥工艺相比，超临界 $CO_2$ 干燥具有更好的防塌陷性能。这种超临界 $CO_2$ 干燥工艺可释放零星附着物，并完全使大面积图形从倾斜中恢复[189,190]。这项新兴技术有望作为最终解决器件结构倒塌问题的解决方案并发挥突出作用。

#### 6.3.2.3 航天器部件的清洗和行星保护

传统的清洗方法对于几何结构稍复杂的航天器零部件有效性差，例如从管子和螺母和螺栓缝隙清除活体或死体微生物和亲水性生物分子。这些微生物与外星生命探测以及行星保护有关。超临界 $CO_2$（$SCCO_2$）精密清洗系统已经研发用于清除航天器部件上的有机和颗粒污染物[178]。待清洗的零部件被固定在一个内筐内，通过磁力驱动旋转至 1400r/min。流体在容器内流动，并在零部件表面产生切向力，从而提高清洗效率并缩短浸泡时间。在冲洗循环期间，泵子系统以 0.01～200mL/min 的恒定流量将新鲜的 $CO_2$ 输送到清洗容器中。减压过程中要严格控制温度和压力，防止清洗容器中产生气泡，从而搅动因重力而沉入底部的污染物。新型清洗系统的应用结果表明，对于疏水性范围广的污染物，$SCCO_2$ 和 $SCCO_2$ 配以 5%水作为助溶剂可将污染物降至 $0.01mg/cm^2$ 或更低。$SCCO_2$ 配以 5%水作为助溶剂的这种组成对 95%是 $CO_2$ 的火星大气环境有代表性。

#### 6.3.2.4 清洗印刷滚筒

最近，$SCCO_2$ 的一个应用是清洗印刷和包装工业中使用的滚筒[191]。这些雕刻的滚筒含有大量的显微细纹（直径 5～100$\mu$m），而这些细纹可以将墨水或胶黏剂带到薄膜基底上，但由于细纹的尺寸和深度原因，滚筒表面很难清洗。传统的清洗方法包括手工刷子清洗、超声波化学清洗、高压清洗、用液体或干燥介质喷砂以及蒸气喷射。这些清洗方法既昂贵又耗时，需要对清洗系统进行复杂的维护，使用腐蚀性强的有毒化学品，而且无法对滚筒进行充分清洗。提出的新清洗技术是利用 *N*-甲基吡咯烷酮（NMP）对聚氨酯胶黏剂有很高的溶解性，而同时使用 $SCCO_2$ 可使清洗液在 313K 下的临界点降低到 10MPa，提供了有利技术处理条件。在 313K 和 15MPa 下，用 80%(NMP)-$CO_2$ 混合物清洗后，干红墨水（聚氯乙烯基树脂）残留物从显微细纹中几乎完全去除（图 6.7）。当 NMP 含量较低（10%）时，清洗无效，清洗效率随着 NMP 含量的增加而增加。

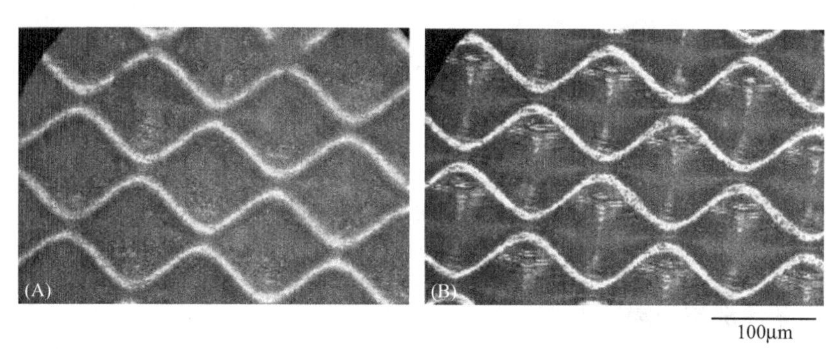


图 6.7　在 15MPa，313K 条件下用 10%NMP+$CO_2$（A）和 80%NMP+$CO_2$（B）的超临界溶液清洗 60min 后，蚀刻滚筒上细纹的光学显微镜图像[191]
用 80%NMP 的混合物组分几乎完全除去了干燥的红色墨水余渣

#### 6.3.2.5 清洗碳纳米管

碳纳米管（CNT）被越来越多地用作场发射显示器的电子场发射体。对于这种应用，碳纳米管由于制造过程造成污染和吸附水分，这些污染降低了碳纳米管的场发射特性。目前，研究人员已经开发一种新的方法提高碳纳米管的发射特性，在 327K 下用 $SCCO_2$＋体积分数为 5%的异丙醇作为助溶剂处理 5min[192,193]。这种处理足以去除吸附的水分，这从 $SCCO_2$＋共溶剂处理的碳纳米管的发射电流的稳定性中可以明显看出。相比之下，用纯 $SCCO_2$ 处理的碳纳米管的发射性能明显降低。

在另一个例子中，单壁碳纳米管（SWNTs）通过原位螯合/$SCCO_2$ 萃取方法去除纳米管中来自生产过程的金属和无定形碳污染物[194]，超过 98%以上的杂质被去除，对纳米管结构无明显损伤。

#### 6.3.2.6 用离子液体和 $SCCO_2$ 清洗土壤

稠密相 $CO_2$ 的新应用是将 $SCCO_2$ 与离子液体（ILs）连续用于清洗污染土壤[195-197]。IL 用于在环境条件下溶解土壤污染物，从 IL 提取物中用 $SCCO_2$ 回收污染物。用 1-正丁基-3-甲基咪唑六氟磷酸盐([bmim][PF6]）离子液体从土壤中提取萘，验证了该工艺的有效性。土壤中残留的萘含量低于允许限值。随后，用 $SCCO_2$ 回收溶解在白介素中的萘。在 313K 和 14MPa 下，萃取时间 4h，萘的回收率接近 84%。提出一种从污染土壤中提取白介素的工艺流程，并用连续 $SCCO_2$ 萃取法从土壤中提取污染物，以回收和再利用白介素。

### 6.3.2.7 历史艺术品和建筑物保护

目前，研究人员开发了几种稠密相 $CO_2$ 的应用，用于清洗历史艺术品和建筑物，用于保护、清洗和消毒有关历史的纺织品，以及用于考古文物的放射性碳断代[198-209]。博物馆经常使用含有砷和汞等有毒金属的有机和无机杀虫剂，以保护艺术品。不幸的是，这常常导致室内空气受到沉降在处理物体表面上的含杀虫剂的灰尘的污染。在另一些情况下，可能已受损的具有历史价值的脆弱纺织品，必须加以清洗以保持其纤维结构和价值。其他需要修复的材料包括浸水纸和木材、氟聚合物涂层石材以及各种织物，如丝织物、羊毛织物和皮革。表面清洗不会去除基体中嵌入的危险化学品。$SCCO_2$ 已成功用于博物馆馆藏中各种物品的清洗。未经改性的 $SCCO_2$ 已被证明能有效去除 70%～90%的汞、50%的砷、80%的 DDT（二氯二苯基三氯乙烷）、60%的林丹（$\gamma$-六氯环己烷）、50%的苯环素（PCP）残留物、灰尘、油脂、亚麻油和水，而不会造成额外损害。对于极性较强的有机农药，如二嗪，在 $SCCO_2$ 中加入少量（1%）的极性助溶剂便能去除污染物。从物品中提取污染物而不损坏易碎材料，也不留下残留物，处理时间一般只需几分钟。用 $SCCO_2$＋异丙醇＋水辅助清洗法清洗丝织物、纤维和纺织结构不受物理损伤，无材料损失（图 6.8）。萃取效果可通过水、异丙醇或丙酮等助溶剂加以改善。为防止对 $SCCO_2$ 敏感的物体造成任何可能的损坏，必须详细了解不同材料（污染物和物体）的特性。

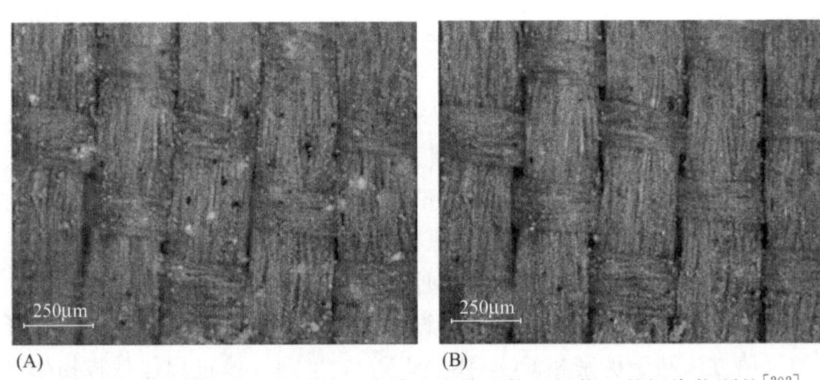


图 6.8 用 $SCCO_2$＋异丙醇＋水清洗去除文物丝织物上的污染物颗粒[202]

（A）清洗之前；（B）清洗之后

### 6.3.2.8 清洗钞票和其他安全文件

钞票的污渍主要是使用过程中积累的氧化皮脂使纸币变黄，不适合高速分拣和一般流通[210,211]，钞票表面还可能存在的其他污染物包括油、有机化合物、细菌和病毒、农药、杀虫剂和重金属（如汞）。这些污染物会毒害反复接触大量的脏钞票的加工人员。更换不合格货币每年消耗接近 100 亿美元，另外还须用适合环保的手段去处置 100 亿张不合格纸币（近 15 万吨）[212]。在最近的一项创新工艺中，$SCCO_2$ 曾被有效地用于去除纸张和聚合物钞票中的皮脂和其他油脂和污染物，包括常见的细菌菌落，而不会破坏中央银行用来防止假钞的安全特征[213,214]。在 323K 和 34.5MPa 条件下，用 $SCCO_2$ 清洗 3～4h，能有效清洗一般的单张的、成捆的和成袋的纸币，使其质量减小约 4%。此外，一张 1 美元纸币上有一个黄色微球菌群落、一个皮肤细菌群落和 234 个酵母（真菌）菌群落被清洗和消毒后，这张纸币上未残留任何病原体。用一台以每秒 10 张钞票的速度运行的高速纸币分拣机上对超临界 $CO_2$（$SCCO_2$）清洗后的纸币进行的测量表明，归类为由于污染不适合循环使用的纸币明显较少。

超临界相中的其他气体可以单独使用或与 $CO_2$ 混合使用[214]。例如，作为一种极性物种，$N_2O$ 使得 $CO_2$ 混合物中的溶解度增强。同样，CO 或 $SF_6$ 可与 $CO_2$ 混合使用。$SF_6$ 因极强的电负性而在清洗系统中特别有用。

清洗钞票的方法也可用于清洗和恢复其他材料，包括安全文件和艺术品，例如图画，而图画可能包括肖像和图片等。

#### 6.3.2.9　清洗窄管和管道

研究人员已开发出一种创新的商用系统，用 $SCCO_2$ 冲洗地面缆线及管道和控制管线[215,216]。用清洗油进行的常规冲洗会产生管道的层流（雷诺数<3000）。结果是，只能清洗其中的流体，不能清除管内壁的污染物。相比之下，用超临界 $CO_2$（$SCCO_2$）冲洗直径为 0.635cm 的 13000m 管线时，雷诺数>19000 时的压降仅为 15MPa。因此，在窄管系统的整个长度上保持湍流，这有助于清除管内的污染物并清除管壁上的污染物。该系统已用于世界各地清洗石油平台上的控制管线。

#### 6.3.2.10　消毒

在卫生和食品部门，由于污染而传播疾病的风险日益受到关注。例如，移植外科医生广泛用于骨科（关节置换）、创伤和癌症（外科重建）手术的植入物和同种异体移植组织的病毒和细菌污染可能给患者带来灾难性后果，成为一个主要问题[217]。同样，安全无污染的液体食品和饮料对人类健康至关重要[218]。减少疾病传播的努力通常包括捐赠者筛选、生物负载评估、无菌处理以及加工前、加工过程中和加工后的灭菌[219-239]。终端灭菌是指无菌保证水平 $10^{-6}$（SAL6）（SAL6 认为是医疗器械的标准[240]，规定了确保医疗器械和植入物在使用点无菌的过程）。

常用的灭菌方法包括蒸汽灭菌、干热灭菌、消毒气体化学品（例如环氧乙烷、二氧化氯、过氧化氢）灭菌或液体化学品（例如戊二醛、过氧化氢、甲醛）灭菌、伽马射线辐照灭菌、X 射线或电子束辐照灭菌以及紫外光-臭氧处理灭菌。所有这些灭菌方法都有一定的缺点和局限性，不能被用于温度敏感材料或对其他灭菌方法易起反应的材料。例如，用这些方法进行最终灭菌常常会损害同种异体骨的成骨性和生物力学特性。一种新的强调降低工艺温度和减少污染的灭菌方法基于稠密相 $CO_2$ 技术[219-221,224-239]。该过程包括将物品暴露于含有添加剂（如过氧化氢或过氧乙酸）的 $SCCO_2$ 中，温度范围为 313～333K，压力为 5～30MPa。根据微生物的不同，处理时间从 5min 到 6h 不等，已达到 SAL6 水平。临床上相关的革兰氏阳性和革兰氏阴性植物性细菌可一步灭活，随着温度的升高，灭菌效果迅速提高。由于膜破裂和细胞溶解，快速加压/减压循环对灭菌效果也有非常积极的影响。细菌孢子也可用 $CO_2$ 消毒。然而，一些证据表明，微生物，如孢子和生物膜，只能在超临界 $CO_2$（$SCCO_2$）环境中存活很短的时间（几分钟到几小时）[241,242]。

$SCCO_2$ 可渗透和消毒精细产品和材料，如同种异体移植组织和工程组织，包括皮肤、韧带、肌腱和骨，而不会损害结构或化学完整性产品。$SCCO_2$ 的极低表面张力有助于渗透到组织内部，从而使嵌入的病原体失活。其他生物灭菌包括：灭活病毒；消除内毒素和热原；生产无菌免疫原制剂；医疗植入物和设备；对活性和非活性药物成分进行灭菌；以及害虫控制（杀灭虫卵和幼虫）。

最近，人们的注意力集中在食品巴氏杀菌和使用 $SCCO_2$ 杀菌方面[218,233-236]。通过连续不断地沿着流动路径进行 $SCCO_2$ 杀菌，能使微生物破坏，液体（例如果汁）中的酶失活。流体之间的接触可通过逆流柱、容器搅拌（搅拌或混合）或含有微小孔隙的膜实现，在这些孔中流体以非分散方式相互接触。该工艺不会对液体的性质，如味道、香气和营养成分产生不利影响。

#### 6.3.2.11 超临界 $CO_2$ 精密清洗石英晶体微天平过程监测

就 $SCCO_2$ 清洗而言，主要采用紫外荧光检测法对清洗过程进行现场监测，但其他技术，如椭圆偏振法和重量分析法也已被使用[142,243]。然而，这些技术不能提供精密清洗要求所需的足够灵敏度，或使用复杂，或在高压环境中需要较长的平衡时间。石英晶体微天平（QCMs）灵敏度为 $10^{-9}$g，可用于 $SCCO_2$ 清洗过程的准确现场监测[243-247]。QCM 监测方法的一种应用涉及采用 IEST-STD-CC1246E（《产品清洁度等级——应用、要求和测定》）[28] 定义的精密清洁度标准，使用 $SCCO_2$ 从 QCM 表面部分或完全去除一个薄膜或涂层。表面聚合物膜的厚度和 $CO_2$ 在其中的溶解量会影响 QCM 响应，尽管 QCM 适用于厚度达约 1$\mu$m 的薄膜。另一种应用是在清洗循环后，将 $SCCO_2$ 流体取样到一个处于会使 $SCCO_2$ 转为气体的压力下的 QCM 测量室中。样品流中的污染物沉积在 QCM 上，清洗过程中 QCM 质量的变化能被监测。QCM 还能够监测 MEMS（微电子机械系统）结构在 $SCCO_2$ 干燥过程中的质量变化。

## 6.4 其他

### 6.4.1 成本

商用 $SCCO_2$ 清洗系统虽然价格昂贵，但运行和废物处置费用通常较低[10,130,248-258]。安装费用从低于 10 万美元小容量（1L）到大容量（30L）设备的几十万美元不等。设备费用随尺寸的增加而显著增加，当然取决于控制装置和其他部件的复杂程度，以及所需的自动化程度。对于大型零件，安装低额定压并在低压下以超临界模式运行清洗系统更长时间可能更具费用效益。这些系统以批处理模式运行。以环境压力和高压交替方式连续运行费用太高，这是不合理的。回收和循环利用 $CO_2$ 将增加 15%～25%的费用。如果污染物易溶于液态 $CO_2$，则该系统可用于低压（5～6MPa）操作，作为 $SCCO_2$ 的替代方案，可将设备费用降低 10%～15%。

运行费用普遍较低。电力费用最低（约 120L 系统为 2.5kW·h），因为清洗周期短，且工艺中没有热量输入。向该系统供应饮料级液态 $CO_2$ 的费用很小（约 1.30～1.50 美元/kg），尽管高纯度 $SCCO_2$ 的价格要高得多[257,258]。通常，对于 120L 系统，每个清洗周期的 $CO_2$ 消耗量约为 0.8kg。设备的维护费用每年为 5%～7%。

由于废渣 100%是污染物，$SCCO_2$ 清洗的废物处置费用低于竞争性清洗技术。如果污染物可以回收、循环或再利用，则不产生与废物处置相关的费用。

对于易溶于 $SCCO_2$ 的污染物，清洗费用与水或溶剂清洗技术相比具有竞争力。在一个例子中，为制备聚合物材料而开发的 $SCCO_2$ 工艺已成功取代了军事和商业航天器应用中的溶剂和热真空提取工艺。$SCCO_2$ 证明比溶剂法更快、更便宜、更有效、更清洁[259]。对于热敏性材料和设备的灭菌，已证明稠密相 $CO_2$ 的单位费用（立方英尺或负荷）明显低于环氧乙烷常规灭菌，且可与过氧化氢气体等离子灭菌费用相媲美[255]。

### 6.4.2　$SCCO_2$ 清洗的优点和缺点

$SCCO_2$ 已成为消除表面污染物的成熟工艺。该工艺的优缺点将在以下小节中讨论。

#### 6.4.2.1　优点

① $SCCO_2$ 具有非常低的表面张力和良好的润湿性，这使得稠密相 $CO_2$ 非常适合于清洗复杂的部件，或带有深裂缝、小孔或公差非常小的零件。

② $CO_2$ 有一个接近环境温度的超临界温度，对于清洗温度敏感部件是一个显著的优势。

③ $SCCO_2$ 的低黏度产生高雷诺数下流动的 $CO_2$。这种湍流在颗粒和固体污染物去除应用中有优势。

④ 稠密相中的液态高密度 $CO_2$ 使其对许多低分子量有机化合物和许多常见的含氟溶剂具有很高的溶剂化能力。高纯度的助溶剂（阴离子、阳离子和非离子）表面活性剂、分散剂和螯合化合物都易从市上购得，扩大了稠密相 $CO_2$ 的清洗应用范围。

⑤ 与丙酮（$750\times10^{-6}$）和氯仿（$10\times10^{-6}$）等常见有机溶剂相比，$CO_2$ 无毒，阈值（TLV）高达 $5000\times10^{-6}$。

⑥ $CO_2$ 不可燃，这是清洗中的一个显著的安全优势。

⑦ $SCCO_2$ 几乎与所有金属相容。高密度交联聚合物不受 $SCCO_2$ 的影响，但低结晶度的非晶态聚合物易受塑化和由此产生的组分脆性的影响。

⑧ 对于大多数清洗应用，清洁度等于或优于传统的水或溶剂清洗工艺。

⑨ $SCCO_2$ 清洗在医疗行业的另一个优势是能够通过灭菌来修复细菌污染。$SCCO_2$ 灭菌是一种技术上和经济上替代传统方法的可行工艺。

⑩ $SCCO_2$ 清洗通常在闭环系统中进行，旨在最大限度地回收 $CO_2$。对于具有挑战性的应用，如颗粒去除，加搅拌可显著增强清洗效果，而且减少清洗所需的时间。

⑪ 清洗过程时间相对较短，通常每批为 15～30min，从而降低了工艺操作费用。

⑫ 在室温下获得完全干燥和洁净的零件。不需要补充干燥，这样可以减少处理所需的能量、水和时间。

⑬ $CO_2$ 来源多、价格低廉且可回收利用，因此这种溶剂消耗费用在整个清洗过程费用中所占份额微不足道。

⑭ 工艺操作费用低。

⑮ 由于该过程没有热量输入，因此能耗通常较低。运行泵进行清洗需要能量。

⑯ 污染物是唯一的废物。因此，废物处置成本较低。事实上，如果污染物可以回收、循环或再利用，可以节省废物处置费用。

⑰ 这是一种无腐蚀、环保的工艺。不产生危险废物和排放物。

#### 6.4.2.2　缺点

① $CO_2$ 的低介电常数使极性化合物难以溶解。

② 该工艺在去除亲水性（极性分子）污染物、无机污染物、大体积颗粒等方面是无效的。颗粒去除可通过机械或声波（超声波或兆声波）搅拌来增强，但这会增加基本投资。可以使用助溶剂和其他添加剂来去除这些污染物；但是，处理费用也相应较高。

③ $SCCO_2$ 清洗是一个间歇过程。以高的压力和环境压力交替方式连续运行所需高的费

用的正当性未得到论证。

④ 由于需要昂贵的高压设备，$SCCO_2$ 清洗设备的安装费用非常高。这些费用可通过在较低的压力和较长的循环时间下运行来减少。

⑤ $SCCO_2$ 清洗的高工作压力要求坚固的重型清洁室，并随产能增大而增大。此外，用于储存、蒸馏和回收 $CO_2$ 的外围设备占地面积大。

⑥ $SCCO_2$ 清洗时的极高压力使其不适合清洗含有气体或真空空间的部件，因为它们可能在清洗循环期间内爆或变形。精密的关键部件也可能被高的工作压力损坏。

⑦ 工艺复杂性很高，当化学成分必须针对未知污染物进行定制时尤其如此。这需要高水平的技术技能。

⑧ $SCCO_2$ 清洗工艺的一个主要问题是高工作压力的安全风险。必须正确维护设备，以防止清洗系统中的高压部件超压或发生故障。

⑨ 尽管 $CO_2$ 无毒、不可燃，但如果在封闭的、有人居住的空间内发生泄漏，它会置换氧气并导致窒息。所以可能需要进行 $CO_2$ 监测。

## 6.5 小结

超临界状态下的稠密相 $CO_2$ 清洗是一种成熟的精密清洗技术，在许多不同的行业都有应用。$CO_2$ 的气相黏度和液态密度是使工艺广泛应用的关键特性。此外，浓相中 $CO_2$ 的极低表面张力确保了高润湿性，使其在精密清洗应用中非常有吸引力，尤其是对于具有复杂几何形状的复杂零件。清洗过程在接近环境温度的条件下进行。尽管 $SCCO_2$ 清洗的操作压力很高，但可以通过在液相低压操作和延长的清洗周期来补偿这一点。$SCCO_2$ 是一个间歇过程。应用范围包括清洗和干燥微纳米结构（如碳纳米管）、微生物终端杀菌和食品巴氏杀菌，金属表面、玻璃、光学元件、硅片和聚合物的清洗，对几何形状复杂、空间狭小的窄管和零件进行精确清洗和干燥，医疗设备的消毒，博物馆藏品中的杀虫剂缓解，以及土壤和表面的净化。

## 致谢

作者要感谢约翰逊航天中心科技信息（STI）图书馆工作人员为查找晦涩的参考文献提供的帮助。

## 免责声明

本章中提及的商业产品仅用于参考，并不意味着航空航天公司的推荐或认可。所有商标、服务标记和商品名称均属其各自所有者。

# 参考文献


[1] M. A. McHugh and V. J. Krukonis, *Supercritical Fluid Extraction*, 2nd Edition, Elsevier, Oxford, UK (1994).

[2] J. McHardy and S. P. Sawan (Eds.), *Supercritical Fluid Cleaning Fundamentals, Technology and Applications*, Noyes Publications, Westwood, NJ (1998).

[3] R. Kohli, "Co-Solvents in Supercritical Fluids for Enhanced Effectiveness in Particle Removal", in: *Particles on Surfaces 5&6: Detection, Adhesion and Removal*, K. L. Mittal (Ed.), pp. 135-147, CRC Press, Boca Raton, FL (1999).

[4] R. Kohli, "Precision Cleaning and Processing in Industrial Applications", in: *Particles on Surfaces 5&6: Detection, Adhesion and Removal*, K. L. Mittal (Ed.), pp. 117-133, CRC Press, Boca Raton, FL (1999).

[5] A. A. Clifford and J. R. Williams (Eds.), *Supercritical Fluid Methods and Protocols. Methods in Biotechnology*, Volume 13, Humana Press, Totowa, NJ (2000).

[6] M. Perrut, "Supercritical Fluid Applications: Industrial Development and Economic Issues", Ind. Eng. Chem. Res. 39, 4531 (2000).

[7] R. Kohli, "Adhesion of Small Particles and Innovative Methods for Their Removal", in: *Particles on Surfaces 7: Detection, Adhesion and Removal*, K. L. Mittal (Ed.), pp. 113-149, CRC Press, Boca Raton, FL (2002).

[8] G. L. Weibel and C. K. Ober, "An Overview of Supercritical $CO_2$ Applications in Microelectronics Processing", Microelectron. Eng. 65, 145 (2003).

[9] J. W. King and L. L. Williams, "Utilization of Critical Fluids in Processing Semiconductors and their Related Materials", Curr. Opin. Solid State Mater. Sci. 7, 413 (2003).

[10] R. J. Lempert, P. Norling, C. Pernin, S. Resetar and S. Mahnovski, "Next Generation Environmental Technologies. Benefits and Barriers, Appendix A1. Supercritical or Liquid $CO_2$ as Solvent", Rand Monograph Report MR-1682-OSTP, Rand Corporation, Santa Monica, CA (2003). www.rand.org.

[11] DoD Joint Service Pollution Prevention Opportunity Handbook, Supercritical Fluid Cleaning as a Solvent Alternative, Section 11-4, Department of Defense, Naval Facilities Engineering Service Center (NFESC), Port Hueneme, CA (2004).

[12] M. J. Meziani, P. Pathak and Y.-P. Sun, "Supercritical Carbon Dioxide in Semiconductor Cleaning", in: *Handbook of Semiconductor Manufacturing Technology*, 2nd Edition, Y. Nishi and R. Doering (Eds.), pp. 6-1-6-28, Taylor& Francis Group, Oxford, UK (2007).

[13] G. Levitin and D. W. Hess, "Elevated Pressure $CO_2$-Based Fluids Containing Polar Co-Solvents for Cleaning in Microelectronic Device Fabrication", in: *Handbook for Cleaning/Decontamination of Surfaces*, I. Johansson and P. Somasundaran (Eds.), pp. 539-571, Elsevier, Oxford, UK (2007).

[14] S. Banerjee, R. F. ReidyandL. B. Rothman, "Cryogenic Aerosols and Supercritical Fluid Cleaning", in: *Handbook of Silicon Wafer Cleaning Technology*, 2nd Edition, K. A. Reinhardt and W. Kern(Eds.), pp. 429-478, William Andrew Publishing, Norwich, NY(2008).

[15] W. M. Nelson, "Cleaning with Dense-Phase $CO_2$: Liquid $CO_2$, Supercritical $CO_2$, and $CO_2$ Snow", in: *Handbook for Critical Cleaning. Cleaning Agents and Systems*, 2nd Edition, B. Kanegsberg and E. Kanegsberg (Eds.), Vol. 1, pp. 411-423, CRC Press, Boca Raton, FL (2011).

[16] J. Peach and J. Eastoe, "Supercritical Carbon Dioxide: A Solvent Like No Other", BeilsteinJ. Org. Chem. 10, 1878 (2014).

[17] R. Sherman, "Carbon Dioxide Snow Cleaning", in: *Developments in Surface Contamination and Cleaning. Fundamentals and Applied Aspects*, Volume 1, 2nd Edition, R. Kohli and K. L. Mittal (Eds.), pp. 695-716, Elsevier, Oxford, UK (2016).

[18] Dry Ice Cleaning Solutions, Artimpex N. V., Ghent, Belgium. www.cryonomic.com. (accessed Febru-

ary 5,2018).

[19] Dry Ice Blasting,Cold Jet,Loveland,OH. www. coldjet. com . (accessed February 5,2018).

[20] R. Kohli,"Surface Contamination Removal Using Dense Phase Fluids: Liquid and Supercritical Carbon Dioxide",in:*Developments in Surface Contamination and Cleaning*:*Contaminant Removal and Monitoring*,Volume 5,R. Kohli and K. L. Mittal (Eds.),pp. 1-55, Elsevier,Oxford,UK (2013).

[21] R. Kohli,"Supercritical Carbon Dioxide Cleaning: Relevance to Particle Removal", in:*Particle Adhesion and Removal*,K. L. Mittal and R. Jaiswal (Eds.),pp. 477-518, Wiley-Scrivener Publishing,Beverly,MA (2015).

[22] T. Hattori,"Nonaqueous Cleaning Challenges for Preventing Damage to Fragile Nanostructures",in: *Developments in Surface Contamination and Cleaning*:*Methods for Surface Cleaning*,Volume9,R. KohliandK. L. Mittal (Eds.),pp. 1-25,Elsevier,Oxford,UK (2017).

[23] SuperCritical $CO_2$, Unitech Annemasse, St Pierre-en-Faucigny, France. http://www. unitechannemasse. com/co2. html . (accessed February 5,2018).

[24] Cleaning with Liquid and Supercritical $CO_2$, Ocean Team Group, Esbjerg, Denmark. http:// www. oceanteam. eu . (accessed February 5,2018).

[25] R. Kohli,"Sources and Generation of Surface Contaminants and Their Impact", in:*Developments in Surface Contamination and Cleaning*:*Cleanliness Validation and Verification*,Volume7,R. Kohli and K. L. Mittal (Eds.),pp. 1-49,Elsevier,Oxford,UK (2015).

[26] ECSS-Q-70-01B,"Space Product Assurance -Cleanliness and Contamination Control,European Space Agency",Noordwijk,The Netherlands (2008).

[27] NASA Document JPR 5322. 1,"Contamination Control Requirements Manual",National Aeronautics and Space Administration (NASA),Johnson Space Center,Houston,TX (2016).

[28] IEST-STD-CC1246E,"Product Cleanliness Levels -Applications,Requirements,and Determination",Institute for Environmental Science and Technology (IEST),Schaumburg,IL (2013).

[29] IEST-STD-CC1246D,"Product Cleanliness Levels and Contamination Control Program", Institute for Environmental Science and Technology (IEST),Rolling Meadows,IL (2002).

[30] ISO 14644-13,"Cleanrooms and Associated Controlled Environments-Part 13: Cleaning of Surfaces to Achieve Defined Levels of Cleanliness in Terms of Particle and Chemical Classifications" International Standards Organization,Geneva,Switzerland (2017).

[31] T. Fujimoto,K. Takeda and T. Nonaka,"Airborne Molecular Contamination: Contamination on Substrates and the Environment in Semiconductor and Other Industries",in:*Developments in Surface Contamination and Cleaning*:*Fundamentals and Applied Aspects*,Volume 1,2nd Edition,R. Kohli and K. L. Mittal (Eds.),pp. 197-329,Elsevier,Oxford,UK (2016).

[32] SEMI F21-1102,"Classification of Airborne Molecular Contaminant Levels in Clean Environments", SEMI Semiconductor Equipment and Materials International,San Jose,CA (2002).

[33] ISO 14644-8,"Cleanrooms and Associated Controlled Environments -Part 8: Classification of Airborne Molecular Contamination",International Standards Organization,Geneva, Switzerland (2006).

[34] ISO 14644-10,"Cleanrooms and Associated Controlled Environments-Part 10: Classification of Surface Cleanlinessby Chemical Concentration", International Standards Organization, Geneva, Switzerland (2013).

[35] M. Bilz,"Aktuelle Forschung und Trends zur Reinigung mit Kohlendioxid",Report Fraunhofer-Institut für Produktionsanlagen und Konstruktionstechnik (IPK),Berlin,Germany (2012).

[36] B. E. Poling,J. M. Prausnitz and J. P. O'Connell,*The Properties of Gases and Liquids*, 5th Edition, McGraw-Hill Professional,New York,NY (2000).

[37] D. W. Green and R. H. Perry (Eds.),*Perry's Chemical Engineers' Handbook*,8th Edition,McGraw-Hill Professional,New York,NY (2007).

[38] J. R. Rumble (Ed.),*CRC Handbook of Chemistry and Physics*,98th Edition,CRC Press,Taylor and Francis Group,Boca Raton,FL (2017-2018).

[39] Springer Materials The Landolt-Börnstein Database. www. springer. com/springermaterials . (accessed February 5,2018).

[40] J. F. Kauffman,"Quadrupolar Solvent Effects on Solvation and Reactivity of Solutes Dissolved in Supercritical $CO_2$",J. Phys. Chem. A 105,3433 (2001).

[41] E. J. Beckman,"Supercritical and Near-Critical $CO_2$ in Green Chemical Synthesis and Processing",J. Supercrit. Fluids 28,121 (2004).

[42] M. F. Kemmere,"Supercritical Carbon Dioxide for Sustainable Polymer Processes", in: *Supercritical Carbon Dioxide In Polymer Reaction Engineering*, M. F. Kemmere and T. Meyer (Eds.), pp. 1-14, Wiley-VCH, Weinheim, Germany (2005).

[43] C. Reichardt and T. Welton, *Solvents and Solvent Effects in Organic Chemistry*, John Wiley & Sons, New York, NY (2011).

[44] K. L. Stefanopoulos, Th. A. Steriotis, F. K. Katsaros, N. K. Kanellopoulos, A. C. Hannon andJ. D. F. Ramsay,"Structural Study of Supercritical Carbon Dioxide Confined in Nanoporous Silica by In Situ Neutron Diffraction",J. Phys. Conf. Series 340,012049 (2012).

[45] R. Span and W. Wagner,"A New Equation of State for Carbon Dioxide Covering the Fluid Region from the Triple-Point Temperature to 1100K at Pressures up to 800MPa ",J. Phys. Chem. Ref. Data 25, 1509 (1996).

[46] S. Bachu,"Screening and Ranking Sedimentary Basins for Sequestration of $CO_2$ in Geological Media in Response to Climate Change",Environ. Geol. 44,277 (2003).

[47] B. Metz (Ed.), *Carbon Dioxide Capture and Storage. Annex I. Properties of $CO_2$ and Carbon-Based Fuels*, Cambridge University Press, Cambridge, UK (2005).

[48] Z. Duan and Z. Zhang,"Equation of State of the $H_2O$, $CO_2$, and $H_2O$-$CO_2$ Systems up to 10 GPa and 2573. 15 K: Molecular Dynamics Simulations with Ab Initio Potential Surface", Geochim. Cosmochim. Acta 70,2311 (2006).

[49] D. L. McCollum and J. M. Ogden,"Techno-Economic Models for Carbon Dioxide Compression, Transport, and Storage & Correlations for Estimating Carbon Dioxide Density and Viscosity",Report UCD-ITS-RR-06-14,University of California Davis, Davis,CA (2006).

[50] Y. Kim,"Equation of State for Carbon Dioxide",J. Mech. Sci. Technol. 21,799 (2007).

[51] "Equation of State Predictionof Carbon Dioxide Properties",Technical Note KCP-GNSFAS-DRP-0001, Kingsnorth Carbon Capture & Storage Project, Department of Energy and Climate Change, London, U. K. (2010). http://www.decc.gov.uk/assets/decc/11/ccs/chapter6/6.23-equation-of-state-prediction-of-carbon-dioxide-properties.pdf .

[52] E. Heidaryana and A. Jarrahian,"Modified Redlich-Kwong Equation of State for Supercritical Carbon Dioxide",J. Supercrit. Fluids 81,92 (2013).

[53] U. K. Deiters,"Comments on the Heidaryan-Jarrahian Variant of the Redlich-Kwong Equation of State",J. Supercrit. Fluids 117,13 (2016).

[54] V. Vesovic, W. A. Wakeham, G. A. Olchowy, J. V. Sengers, J. T. R. Watson and J. Millat,"The Transport Properties of Carbon Dioxide",J. Phys. Chem. Ref. Data 19,763 (1990).

[55] N. B. Vargaftik, Y. K. Vinogradov and V. S. Yargin, *Handbook of Physical Properties of Liquids and Gases: Pure Substances and Mixtures*, 3rd Edition, Begell House, Redding, CT (1996).

[56] A. Fenghour, W. A. Wakeham and V. Vesovic,"The Viscosity of Carbon Dioxide",J. Phys. Chem. Ref. Data 27,31 (1998).

[57] Y. Tanaka, N. Yamachi, S. Matsumoto, S. Kaneko, S. Okabe and M. Shibuya,"Thermodynamic and Transport Properties of $CO_2$, $CO_2$-$O_2$, and $CO_2$-$H_2$ Mixtures at Temperatures of 300 to 30,000K and Pressures of 0.1 to 10 MPa ",Electrical Engineering in Japan 163,18 (2008).

[58] O. Suárez-Iglesias, I. Medina, C. Pizarro and J. L. Bueno,"On Predicting Self-Diffusion Coefficients in Fluids",Fluid Phase Equilibria 269,80 (2008).

[59] K. E. O'Shea, K. M. Kirmse, M. A. Fox and K. P. Johnston,"Polar and Hydrogen-Bonding Interactions in Supercritical Fluids. Effects on the Tautomeric Equilibrium of 4-(Phenylazo)-l-Naphthol",J. Phys. Chem. 95,7863 (1991).

[60] K. Harrison, J. Goveas, K. P. Johnston and E. A. O'Rear III,"Water-in-Carbon Dioxide Microemulsions with a Fluorocarbon-Hydrocarbon Hybrid Surfactant",Langmuir 10, 3536 (1994).

[61] K. D. Bartle, A. A. Clifford, S. A. JafarandG. F. Shilstone, "Solubilities of Solids and Liquids of Low Volatility in Supercritical Carbon Dioxide", J. Phys. Chem. Ref. Data20, 713 (1991).
[62] R. B. Gupta and J. J. Shim, *Solubility in Supercritical Carbon Dioxide*, CRC Press, Boca Raton, FL (2007).
[63] S. A. Abdullah, "Solubility in Supercritical Carbon Dioxide", M. S. Thesis, New Jersey Institute of Technology, Newark, NJ (2007).
[64] M. Škerget, Z. Knez and M. Knez-Hrnčič, "Solubility of Solids in Sub-and Supercritical Fluids: A Review", J. Chem. Eng. Data 56, 694 (2011).
[65] C. M. Hansen, *Hansen Solubility Parameters: A User's Handbook*, 2nd Edition, CRC Press, Boca Raton, FL (2007).
[66] A. F. M. Barton, *CRC Handbook of Solubility Parameters and Other Cohesion Parameters*, 2nd Edition, CRC Press, Boca Raton, FL (1991).
[67] Y. Koga, Y. Iwai, Y. Hata, M. Yamamoto and Y. Arai, "Influence of Cosolvent on Solubilities of Fatty Acids and Higher Alcohols in Supercritical Carbon Dioxide", Fluid Phase Equilibria 125, 115 (1996).
[68] T. S. Reighard, S. T. Lee and S. V. Olesik, "Determination of Methanol/$CO_2$ and Acetonitrile/ $CO_2$ Vapor-Liquid Phase Equilibria Using a Variable-Volume View Cell ", Fluid Phase Equilibria 123, 215 (1996).
[69] R. Yaginuma, T. Nakajima, H. Tanaka and M. Kato, "Volumetric Properties and Vapor-Liquid Equilibria for Carbon Dioxide+ 1-Propanol System at 313. 15K ", Fluid Phase Equilibria 144, 203 (1998).
[70] G. J. McFann, K. P. Johnston and S. M. Howdle, "Solubilization in Nonionic Reverse Micelles in Carbon Dioxide", AIChE J. 40, 543 (1994).
[71] H. Y. Shin, K. Matsumoto, H. Higashi, Y. Iwai and Y. Arai, "Development of a Solution Model to Correlate Solubilities of Inorganic Compounds in Water Vapor under High Temperatures and Pressures", J. Supercrit. Fluids 21, 105 (2001).
[72] A. Jouyban, H. -K. Chan and N. R. Foster, "Mathematical Representation of Solute Solubility in Supercritical Carbon Dioxide Using Empirical Expressions", J. Supercrit. Fluids 24, 19(2002).
[73] M. Sauceau, J. J. Letourneau, D. Richon and J. Fages, "Enhanced Density-Based Models for Solid Compound Solubilities in Supercritical Carbon Dioxide with Cosolvents", Fluid Phase Equilibria 208, 99 (2003).
[74] J. S. Cheng, Y. P. Tang and Y. P. Chen, "Calculation of Solid Solubility of Complex Molecules in Supercritical Carbon Dioxide Using a Solution Model Approach", Mol. Simulation 29, 749 (2003).
[75] G. A. Alvarez, W. Baumann, M. B. Adaime and F. Neitzel, "The Solubility of Organic Compounds in Supercritical $CO_2$", Z. Naturforsch. 60a, 641 (2005).
[76] P. Coimbra, C. M. M. Duarte and H. C. de Sousa, "Cubic Equation-of-State Correlation of the Solubility of Some Anti-Inflammatory Drugs in Supercritical Carbon Dioxide", Fluid Phase Equilibria 239, 188 (2006).
[77] M. Hojjati, Y. Yamini, M. Khajeh and A. Vetanara, "Solubility of Some Statin Drugs in Supercritical Carbon Dioxide and Representing the Solute Solubility Data with Several Density-Based Correlations", J. Supercrit. Fluids 41, 187 (2007).
[78] C. S. Su and Y. P. Chen, "Correlation for the Solubilities of Pharmaceutical Compounds in Supercritical Carbon Dioxide", Fluid Phase Equilibria 254, 167 (2007).
[79] Y. Shimoyama, M. Sonoda, K. Miyazaki, H. Higashi, Y. Iwai and Y. Arai, "Measurement of Solubilities for Rhodium Complexes and Phosphine Ligand in Supercritical Carbon Dioxide", J. Supercrit. Fluids 44, 266 (2008).
[80] D. L. Sparks, R. Hernandez and L. A. Este vez, "Evaluation of Density-Based Models for the Solubility of Solids in Supercritical Carbon Dioxide and Formulation of a New Model", Chem. Eng. Sci. 63, 4292 (2008).
[81] M. Shamsipur, J. Fasihi, A. Khanchi, Y. Yamini, A. Valinezhad and H. Sharghi, "Solubilities of Some 9, 10-Anthraquinone Derivatives in Supercritical Carbon Dioxide: A Cubic Equation of State Correlation", J. Supercrit. Fluids 47, 154 (2008).

[82] A. Ajchariyapagorn, P. L. Douglas, S. Douglas, S. Pongamphai and W. Teppaitoon, "Prediction of Solubility of Solid Biomolecules in Supercritical Solvents Using Group Contribution Methods and Equations of State", Am. J. Food Technol. 3, 275 (2008).
[83] Y. Shimoyama and Y. Iwai, "Development of Activity Coefficient Model Based on COSMO Method for Prediction of Solubilities of Solid Solutes in Supercritical Carbon Dioxide", J. Supercrit. Fluids 50, 210 (2009).
[84] Y. Zhao, W. Liu and Z. Wu, "Solubility Model of Solid Solute in Supercritical Fluid Solvent Based on UNIFAC", Ind. Eng. Chem. Res. 49, 5952 (2010).
[85] L. Vafajoo, M. Mirzajanzadeh and F. Zabihi, "Determining Correlations for Prediction of the Solubility Behavior of Ibuprofen in Supercritical Carbon Dioxide Utilizing Density-Based Models", World Acad. Sci. Eng. Technol. 49, 790 (2011).
[86] L. Nasri, S. Bensaad and Z. Bensetiti, "Correlation and Prediction of the Solubility of Solid Solutes in Chemically Diverse Supercritical Fluids Based on the Expanded Liquid Theory", Adv. Chem. Eng. Sci. 3, 255 (2013).
[87] H. S. Yeoh, G. H. Chong, N. M. Azahan, R. A. Rahman and T. S. Y. Choong, "Solubility Measurement Method and Mathematical Modeling in Supercritical Fluids", Eng. J. 17, 67 (2013).
[88] L. M. Valenzuela, A. G. Reveco-Chilla and J. M. del Valle, "Modeling Solubility in Super-critical Carbon Dioxide Using Quantitative Structure-Property Relationships", J. Supercrit. Fluids 94, 113 (2014).
[89] H. Rostamian and M. N. Lotfollahi, "A New Simple Equation of State for Calculating Solubility of Solids in Supercritical Carbon Dioxide", Periodica Polytechnica Chem. Eng. 59, 174 (2015).
[90] L. Nasri, Z. Bensetiti and S. Bensaad, "Modeling of the Solubility in Supercritical Carbon Dioxide of Some Solid Solute Isomers Using the Expanded Liquid Theory", Sci. Technol. A 44, 39 (2016).
[91] J. Norooz and A. S. Paluch, "Microscopic Structure and Solubility Predictions of Multifunctional Solids in Supercritical Carbon Dioxide: A Molecular Simulation Study", J. Phys. Chem. B 121, 1660 (2017).
[92] S. Soltani and S. H. Mazloumi, "A New Empirical Model to Correlate Solute Solubility in Supercritical Carbon Dioxide in Presence of Co-Solvent", Chem. Eng. Res. Design 125, 79 (2017).
[93] J. B. McClain, D. E. Betts, D. A. Canelas, E. T. Samulski, J. M. DeSimone, J. D. Londono, H. D. Cochran, G. D. Wignall, D. Chillura-Martino and R. Triolo, "Design of Nonionic Surfactants for Supercritical Carbon Dioxide", Science 274, 2049 (1996).
[94] T. S. Reighard and S. V. Olesik, "Bridging the Gap between Supercritical Fluid Extraction and Liquid Extraction Techniques: Alternative Approaches to the Extraction of Solid and Liquid Environmental Matrices", Crit. Rev. Anal. Chem. 26, 61 (1996).
[95] M. J. Clarke, K. L. Harrison, K. P. Johnston and S. M. Howdle, "Water in Supercritical Carbon Dioxide Microemulsions: Spectroscopic Investigation of a New Environment for Aqueous Inorganic Chemistry", J. Am. Chem. Soc. 119, 6399 (1997).
[96] A. I. Cooper, J. D. Londono, G. D. Wignall, J. B. McClain, E. T. Samulski, J. S. Lin, A. Dobrynin, M. Rubinstein, A. L. C. Burke, J. M. J. Fre chet and J. M. DeSimone, "Extraction of a Hydrophilic Compound from Water into Liquid $CO_2$ Using Dendritic Surfactants", Nature 389, 368 (1997).
[97] C. H. Darwin and R. B. Lienhart, "Surfactant Solutions Advance Liquid $CO_2$ Cleaning Potentials", Precision Cleaning, pp. 25-27 (February 1998).
[98] C. Xu, D. W. Minsek, J. F. Roeder, M. B. Korzenski and T. H. Baum, "Supercritical Fluid Cleaning of Semiconductor Substrates", U. S. Patent Application 2008/0058238 (2007).
[99] C. Xu, D. W. Minsek, J. F. Roeder, and M. Healy, "Treatment of Semiconductor Substrates Using Long-Chain Organothols or Long-Chain Acetates", U. S. Patent 7,326,673 (2008).
[100] J. F. Roeder, T. H. Baum. M. Healy and C. Xu, "Supercritical Fluid-Based Cleaning Compositions and Methods", U. S. Patent 7,485,611 (2009).
[101] J. Zhang andB. Han, "Supercritical $CO_2$-Continuous Microemulsions and Compressed $CO_2$-Expanded Reverse Microemulsions", J. Supercrit. Fluids 47, 531 (2009).
[102] Y. Takebayashi, M. Sagisaka, K. Sue, S. Yoda, Y. Hakuta and T. Furuya, "Near-Infrared Spectroscopic Study of a Water-in-Supercritical $CO_2$ Microemulsion as a Function of the Water Content", J. Phys.

Chem. B 115,6111 (2011).

[103] M. Sagisaka, S. Iwama, S. Hasegawa, A. Yoshizawa, A. Mohamed, S. Cummings, S. E. Rogers, R. K. Heenan, and J. Eastoe, "Super-Efficient Surfactant for Stabilizing Water-in-Carbon Dioxide Microemulsions", Langmuir 27,5772 (2011).

[104] F. E. He non, M. Camaiti, A. L. C. Burke, R. G. Carbonell, J. M. DeSimone and F. Piacenti, "Supercritical $CO_2$ as a Solvent for Polymeric Stone Protective Materials", J. Supercrit. Fluids 15,173 (1999).

[105] J. Wu and J. M. Prausnitz, "Phase Equilibria for Systems Containing Hydrocarbons, Water, and Salt: An Extended Peng-Robinson Equation of State", Ind. Eng. Chem. Res. 37,1634 (1998).

[106] W. B. Liu, Y. -G. Li and J. -F. Lu, "A New Equation of State for Real Aqueous Ionic Fluids based on Electrolyte Perturbation Theory, Mean Spherical Approximation and Statistical Associating Fluid Theory", Fluid Phase Equilibria 158-160,595 (1999).

[107] G. M. Kontogeorgis and G. K. Folas, *Thermodynamic Models for Industrial Applications: From Classical and Advanced Mixing Rules to Association Theories*, John Wiley & Sons, New York, NY (2010).

[108] E. L. Shock and H. C. Helgeson, "Calculation of the Thermodynamic and Transport Properties of Aqueous Species at High Pressures and Temperatures: Correlation Algorithms for Ionic Speciesand Equation of State Predictions to 5kb and 1000℃", Geochim. Cosmochim. Acta 52,2009 (1988).

[109] J. C. Tanger IV and H. C. Helgeson, "Calculation of the Thermodynamic and Transport Properties of Aqueous Species at High Pressures and Temperatures: Revised Equations of State for the Standard Partial Molal Properties of Ions and Electrolytes", Am. J. Sci. 288,19 (1988).

[110] K. P. Johnston, D. G. Peck and S. Kim, "Modeling Supercritical Mixtures: How Predictive is it?" Ind. Eng. Chem. Res. 28,1115 (1989).

[111] E. L. Shock, H. C. Helgeson and D. A. Sverjensky, "Calculation of the Thermodynamic and Transport Properties of Aqueous Species at High Pressures and Temperatures: Standard Partial Molal Properties of Inorganic Neutral Species", Geochim. Cosmochim. Acta 53,2157 (1989).

[112] E. L. Shock, E. H. Oelkers, J. W. Johnson, D. A. Sverjensky and H. C. Helgeson, "Calculation of the Thermodynamic Properties of Aqueous Species at High Pressures and Temperatures: Effective Electrostatic Radii, Dissociation Constants, and Standard Partial Molal Properties to 1000℃ and 5 kb", J. Chem. Soc. Faraday Trans. 88,803 (1992).

[113] E. H. Oelkers, H. C. Helgeson, E. L. Shock, D. A. Sverjensky, J. W. Johnson and V. Pokrovskii, "Summary of the Apparent Standard Partial Molal Gibbs Free Energies of Formationof Aqueous Species, Minerals, and Gasesat Pressures from1 to 5000 Barsand Temperatures from 25° to 1000℃", J. Phys. Chem. Ref. Data 24,1401 (1995).

[114] D. A. Sverjensky, E. L. Shock and H. C. Helgeson, "Prediction of the Thermodynamic Properties of Aqueous Metal Complexes to 1000℃ and 5 kb", Geochim. Cosmochim. Acta 61, 1359 (1997).

[115] J. P. Amend and H. C. Helgeson, "Group Additivity Equations of State for Calculating the Standard Molal Thermodynamic Properties of Aqueous Organic Species at Elevated Temperatures and Pressures", Geochim. Cosmochim. Acta 61,11 (1997).

[116] J. Sedlbauer, J. P. O'Connelland R. H. Wood, "A New Equation of State for Correlation and Prediction of Standard Molal Thermodynamic Properties of Aqueous Species at High Temperatures and Pressures", Chem. Geol. 163,43 (2000).

[117] E. M. Yezdimer, J. Sedlbauer and R. H. Wood, "Predictions of Thermodynamic Properties at Infinite Dilution of Aqueous Organic Species at High Temperatures via Functional Group Additivity", Chem. Geol. 164,259 (2000).

[118] V. Majer, J. Sedlbauer and R. H. Wood, "Calculation of Standard Thermodynamic Properties of Aqueous Electrolytes and Nonelectrolytes", in: *Aqueous Systems at Elevated Temperatures and Pressures*, D. A. Palmer, R. Fernandez-Prini and A. H. Harvey (Eds.), pp. 99-149, Elsevier, Oxford, UK (2004).

[119] M. Čenský, J. Šedlbauer, V. Majer and V. Růžička, "Standard Partial Molal Properties of Aqueous Alkylphenolsand Alkylanilines over a wide Range of Temperatures and Pressures", Geochim. Cosmochim. Acta 71,580 (2007).

[120] J. Sedlbauer and P. Jakubu, "Application of Group Additivity Approach to Polar and Poly-functional Aqueous Solutes", Ind. Eng. Chem. Res. 47, 5048 (2008).

[121] A. V. Plyasunov and E. L. Shock, "Correlation Strategy for Determining the Parameters of the Revised Helgeson-Kirkham-Flowers Model for Aqueous Nonelectrolytes", Geochim. Cosmochim. Acta 65, 3879 (2001).

[122] E. Djamali and J. W. Cobble, "AUnified Theory of the Thermodynamic Properties of Aqueous Electrolytes to Extreme Temperatures and Pressures", J. Phys. Chem. B 113, 2398 (2009).

[123] C. Secuianu, V. Feroiu and D. Geană, "High-Pressure Phase Equilibria for the Carbon Dioxide + 1-Propanol System", J. Chem. Eng. Data 53, 2444 (2008).

[124] K. M. de Rueck and R. J. B. Craven, "IUPAC International Thermodynamic Tables of the Fluid State", Volume 12, Methanol, Blackwell Science, Oxford, UK (1993).

[125] C. Secuianu, V. Feroiu and D. Geană, "High-Pressure Phase Equilibria for the Carbon Dioxide+ Methanol and Carbon Dioxide+ Isopropanol Systems", Rev. Chim. (Bucuresti) 54, 874 (2003).

[126] C. Secuianu, V. Feroiu and D. Geană, "High-Pressure Vapor-Liquid Equilibria in the System Carbon Dioxide+ 1-Butanol at Temperatures from 293. 15 to 324. 15K ", J. Chem. Eng. Data 49, 1635 (2004).

[127] J. Sedlbauer and R. H. Wood, "Thermodynamic Properties of Dilute NaCl (aq) Solutions near the Critical Point of Water", J. Phys. Chem. B 108, 11838 (2004).

[128] E. Djamali and J. W. Cobble, "Standard State Thermodynamic Properties of Aqueous Sodium Chloride Using High Dilution Calorimetry at Extreme Temperatures and Pressures", J. Phys. Chem. B 113, 5200 (2009).

[129] S. Bhattacharya and K. L. Mittal, "Mechanics of Removing Glass Particulates from a Solid Surface", Surf. Technol. 7, 413 (1978).

[130] R. Kohli, "The Behavior of Co-Solvents in Supercritical Fluids for Enhanced Precision Cleaning Applications", Report BMI-110-1997, Battelle Memorial Institute, Columbus, OH(1996).

[131] Y. West, "Precision Cleaning with Supercritical Carbon Dioxide", Proceedings Clean Tech 2000, Witter Publishing, Flemington, NJ, pp. 433-438 (2000).

[132] W. T. McDermott, H. Subawalla, A. D. Johnson and A. Schwarz, "Processing of Semiconductor Components with Dense Processing Fluids and Ultrasonic Energy", U. S. Patent 7, 267, 727 (2007).

[133] Y. Kamiya, T. Hirose, K. Mizoguchi and Y. Naito, "Gravimetric Study of High-Pressure Sorption of Gases in Polymers", J. Polym. Sci. Pt. B: Polym. Phys. 24, 1525 (1986).

[134] J. S. Chiou, J. W. Barlow and D. R. Paul, "Plasticizationof Glassy Polymersby Carbon Dioxide", J. Appl. Polym. Sci. 30, 2633 (1985).

[135] G. K. Fleming and W. J. Koros, "Dilation of Polymers by Sorption of Carbon Dioxide at Elevated Pressures. 1. Silicone Rubber and Unconditioned Polycarbonate", Macromolecules 19, 2285 (1986).

[136] R. G. Wissinger and M. E. Paulaitis, "Swelling and Sorption in Polymer-Carbon Dioxide Mixtures at Elevated Pressures", J. Polym. Sci. Pt. B: Polym. Phys. 25, 2497 (1987).

[137] G. K. Fleming and W. J. Koros, "Dilation of Substituted Polycarbonates Caused by High Pressure Carbon Dioxide Sorption", J. Polym. Sci. , Polym. Phys. Ed. 28, 1137 (1990).

[138] A. R. Berens, G. S. Huvard, R. W. Korsmeyer and F. W. Kunig, "Application of Compressed Carbon Dioxide in the Incorporation of Additives into Polymers", J. Appl. Polym. Sci. 46, 231 (1992).

[139] S. G. Kazarian, "Polymer Processing with Supercritical Fluids", Polym. Sci. Ser. C 42, 78 (2000).

[140] B. Bonavoglia, G. Storti, M. Morbidelli, A. Rajendran and M. Mazzotti, "Sorption and Swelling of Semicrystalline Polymers in Supercritical $CO_2$", J. Polym. Sci. B 44, 1531 (2006).

[141] J. C. Barton, "Apparatus and Method for Providing Pulsed Fluids", U. S. Patent 6, 085, 762 (2000).

[142] K. M. Motyl, R. L. Thomas and L. M. Morales, "Cleaning Metal Substrates Using Liquid/ Supercritical Fluid Carbon Dioxide", Report RFP-4150, Rockwell International, Golden, CO (1988). See also NASA Tech Briefs MFS-29611 (December 1990).

[143] R. A. Novak, W. J. Reightler, R. J. Robey and R. E. Wildasin, "Cleaning of Precision Components with Supercritical Carbon Dioxide", Proceedings 1993 International CFC and Halon Alternatives Conference, Washington, D. C. , pp. 541-547 (1993).

[144] E. M. Russick, G. A. Poulter, C. L. J. Adkins and N. R. Sorensen, "Corrosive Effects of Supercritical Carbon Dioxide and Cosolvents on Metals", J. Supercrit. Fluids 9, 43 (1996).

[145] J. A. Peters and K. James, "Application of Near-Critical/Supercritical Solvent Cleaning Processes", Technical Note TN-102, Supercritical Fluids Technologies, Newark, DE (1996). http://www.supercriticalfluids.com/wp-content/uploads/TN-102-Near-Critical-SF-Cleaning1.pdf.

[146] G. B. Jacobson, L. Williams, W. K. Hollis, J. Barton and C. M. V. Taylor, "SCORR -Supercritical Carbon Dioxide Resist Removal", Report LA-UR-01-6653, Los Alamos National Laboratory, Los Alamos, NM (1998).

[147] J. B. Rubin, L. B. Davenhall, J. Barton, C. M. V. Taylor and K. Tiefert, "A Comparison of Chilled DI Water/Ozone and $CO_2$-Based Supercritical Fluids as Replacements for Photoresist-Stripping Solvents", Proceedings 23rd IEEE/CPMT Int. Electronic Manuf. Technol. Symp. (1998).

[148] J. B. Rubin, L. B. Davenhall, C. M. V. Taylor, L. D. Sivils, T. Pierce and K. Tiefert, "$CO_2$-Based Supercritical Fluids as Replacements for Photoresist-Stripping Solvents", Report LA-UR-98-3855, Los Alamos National Laboratory, Los Alamos, NM (1998).

[149] W. D. Spall and K. E. Laintz, "A Survey on the Use of Supercritical Carbon Dioxide as a Cleaning Solvent", in: *Supercritical Fluid Cleaning: Fundamentals, Technology and Applications*, J. McHardy and S. P. Sawan (Eds.), pp. 162-194, Noyes Publications, Westwood, NJ(1998).

[150] J. B. Rubin, L. D. Sivils and A. A. Busnaina, "Precision Cleaning of Semiconductor Surfaces Using Carbon Dioxide-Based Fluids", Report LA-UR-99-2370, Los Alamos National Laboratory, Los Alamos, NM (1999).

[151] J. B. Rubin, L. B. Davenhall, C. M. V. Taylor, L. D. Sivils and T. Pierce, "Carbon Dioxide-Based Supercritical Fluids as IC Manufacturing Solvents", Proceedings of the 1999 IEEE Intl. Symp. Electronics and the Environment, Danvers, MA (1999).

[152] M. Perrut and V. Perrut, "Natural and Forced Convection in Precision Cleaning Autoclaves", Proceedings 6th Meeting Supercritical Fluids, pp. 727-731, Nottingham, UK (1999).

[153] C. Devittori, P. Widmer, F. Nessi and M. Prokic, "Multifrequency Ultrasonic Actuators with Special Application to Ultrasonic Cleaning in Liquid and Supercritical $CO_2$", Paper presented at Annual Symposium Ultrasonic Industry Association, Atlanta, GA (2001). www.mpi-ultrasonics.com/cleaning-$CO_2$.html.

[154] N. Dahmen, V. Piotter, F. Hierl and M. Roelse, "Überkritische Fluide zur Behandlung und Herstellung komplexer Werkstoffe und Oberflächenstrukturen", Report FZKA 6585, For schungszentrum Karlsruhe, Karlsruhe, Germany (2001).

[155] L. L. Williams, "Removal of Polymer Coating with Supercritical Carbon Dioxide", Ph. D. Thesis, Colorado State University, Fort Collins, CO (2001).

[156] L. B. Rothman, R. J. Robey, M. K. Ali and D. J. Mount, "Supercritical Fluid Process for Semiconductor Device Fabrication", Proceedings IEEE/SEMI Advanced Semiconductor Manufacturing Conference, Boston, MA, pp. 372-375 (2002).

[157] L. B. Rothman, "Supercritical $CO_2$ Tools & Applications for Semiconductor Processing", Report NSF/SRC Engineering Research Center for Environmentally Benign Semiconductor Manufacturing, Albany, New York (August 2003). http://www.nsfstc.unc.edu/newsticker/ ERCretreat03/Orals_August-22nd.pdf.

[158] J. Schön, K. Buchmüller, N. Dahmen, P. Griesheimer, P. Schwab and H. Wilde, "EMSIC Ein pfiffiges Verfahren zur Entölung von Metall-und Glas-Schleifschlämmen", Report FZKA 6799, Forschungszentrum Karlsruhe, Karlsruhe, Germany (2003).

[159] M. B. Korzenski, C. Xu and T. H. Baum, "Supercritical Carbon Dioxide: The Next Generation Solvent for Semiconductor Wafer Cleaning Technology", Proceedings 6th Intl. Symp. Supercritical Fluids, Versailles, France, pp. 2049-2055 (2003). www.isasf.net/fileadmin/ files/Docs/Versailles/Papers/Mc1.pdf.

[160] M. J. E. van Roosmalen, "Dry-Cleaning with High-Pressure Carbon Dioxide", Ph. D. Thesis, Technical University of Delft, Delft, The Netherlands (2003).

[161] M. J. E. van Roosmalen, G. F. Woerlee and G. J. Witkamp, "Surfactants for Particulate Soil Removal in Dry-Cleaning with High-Pressure Carbon Dioxide", J. Supercrit. Fluids. 30, 97 (2004).

[162] P. K. Sen, "Precision Cleaningby Supercritical $CO_2$", M. S. Thesis, Departmentof Chemical Engineering, Indian Institute of Technology, Bombay, India (2004).

[163] E. N. Hoggan, K. Wang, D. Flowers, J. M. DiSimone and R. G. Carbonell, "Dry Lithography Using Liquid and Supercritical Carbon Dioxide Based Chemistries and Processes", IEEE Trans. Semiconductor Mfg. 17, 510 (2004).

[164] C. A. JonesIII, A. Zweber, J. P. DeYoung, J. B. McClain, R. Carbonell and J. M. DeSimone, "Applications of "Dry" Processing in the Microelectronics Industry Using Carbon Dioxide", Crit. Rev. Solid State Mater. Sci. 29, 97 (2004).

[165] P. P. Castrucci, "Apparatus and Method for Semiconductor Wafer Cleaning", U. S. Patent 6, 858, 089 (2005).

[166] J. -L. Chen, Y. -S. Wang, H. -I. Kuo and D. -Y. Shu, "Stripping of Photoresist on Silicon Wafer by $CO_2$ Supercritical Fluid", Talanta 70, 414 (2006).

[167] S. Lambertz, "Entwicklung eines kontinuierlichen Extraktionsverfahrens zur Reinigung von Kunststoffschmelzen mittels überkritischem Kohlendioxid", Ph. D. Thesis, Rheinisch- Westfälische Technische Hochschule, Aachen, Germany (2006).

[168] R. Shimizu, K. Sawada, Y. Enokida and I. Yamamoto, "Decontamination of Radioactive Contaminants from Iron Pipes Using Reactive Microemulsion of Organic Acid in Supercritical Carbon Dioxide", J. Nucl. Sci. Technol. 43, 694 (2006).

[169] Z. Xiaogang and K. P. Johnston, "Supercritical $CO_2$-Based Solvents in Next Generation Microelectronics Processing", Chinese Sci. Bull. 52, 27 (2007).

[170] Z. Xiaogang and B. Han, "Cleaning Using $CO_2$-Based Solvents", Clean-Soil, Air, Water 35, 223 (2007).

[171] K. Saga and T. Hattori, "Wafer Cleaning Using Supercritical $CO_2$ in Semiconductor and Nanoelectronic Device Fabrication", Solid State Phenom. 134, 97 (2008).

[172] M. Koh, J. Yoo, M. Ju, B. Joo, K. Park, H. K. Kim and B. Fournel, "Surface Decontamination of Radioactive Metal Wastes Using Acid-in-Supercritical $CO_2$ Emulsions", Ind. Eng. Chem. Res. 47, 278 (2008).

[173] A. H. Romang and J. J. Watkins, "Supercritical Fluids for the Fabrication of Semiconductor Devices: Emerging or Missed Opportunities?" Chem. Rev. 110, 459 (2010).

[174] G. Brunner, "Applications of Supercritical Fluids", Annu. Rev. Chem. Biomol. Eng. 1, 321 (2010).

[175] G. Lumia, Ch. Bouscarle and F. Charton, "Carbon Dioxide: A Solution to Organic Solvent Substitution in Cleaning Processes", Proceedings ICCDU XI 11$^{th}$ Intl. Conf. on Carbon Dioxide Utilization, Dijon, France (June 2011).

[176] K. Park, J. Sung, M. Koh, H. D. Kim and H. K. Kim, "Decontamination of Radioactive Contaminants Using Liquid and Supercritical $CO_2$", in: *Radioactive Waste*, R. A. Rahman (Ed.), pp. 219-238, InTech Publishing-Croatia (2012). http://www. intechopen. com/books/radioactivewaste/decontamination-of-radioactive-contaminants-using-liquid-supercritical-co2 .

[177] H. Kim and K. H. Park, "Decontamination of Heavy Metal in Soil by Using Supercritical Carbon Dioxide", Transactions of the Korean Nuclear Society Spring Meeting, Jeju, Korea(2014).

[178] Y. Lin, F. Zhong, D. C. Aveline and M. S. Anderson, "Supercritical $CO_2$ Cleaning System for Planetary Protection and Contamination Control Applications", NASA Tech Briefs NPO47414 (April 2012).

[179] R. Khanpour, M. R. Sheikhi-Kouhsar, F. Esmaeilzadeh and D. Mowla, "Removal of Contaminants from Polluted Drilling Mud Using Supercritical Carbon Dioxide Extraction", J. Super crit. Fluids 88, 1 (2014).

[180] W. Liu, X. Qing, M. Li, L. Liu and H. Zhang, "Supercritical $CO_2$ Cleaning of Carbonaceous Deposits on Diesel Engine Valve", Procedia CIRP 29, 828 (2015).

[181] Cleaning of Medical Devices, Pierre Fabre CDMO Supercritical Fluids, Tarn, France. www. pierre-fabre. com/en/supercritical-fluids . (accessed February 5, 2018).

[182] M. B. Korzenski,C. Xu,T. H. Baum,K. Saga,H. Kuniyasu and T. Hattori,"Chemical Additive Formulations for Silicon Surface Cleaning in Supercritical Carbon Dioxide",in:*Cleaning Technology in Semiconductor Device Manufacturing* Ⅷ, J. Ruzyllo, T. Hattori, R. L. Opila and R. E. Novak (Eds.), PV2003-26,p. 222,The Electrochemical Society,Pennington,NJ (2003).

[183] K. Saga,H. Kuniyasu,T. Hattori,M. B. Korzenski,P. M. Visintin and T. H. Baum,"IonImplanted Photoresist Stripping Using Supercritical Carbon Dioxide",in:*Cleaning Technology in Semiconductor Device Manufacturing* Ⅸ,J. Ruzyllo,T. Hattori,R. L. Opila andR. E. Novak (Eds.),ECSTrans. vol. 1, no. 3,p. 277,The Electrochemical Society,Pennington,NJ(2005).

[184] M. B. Korzenski,C. Xu,T. H. Baum,K. Saga,H. Kuniyasu and T. Hattori,"Chemical Formulations for Stripping Post-Etch Photoresists on a Low-k Film in Supercritical Carbon Dioxide",in:*Cleaning Technology in Semiconductor Device Manufacturing* Ⅸ,J. Ruzyllo,T. Hattori,R. L. Opila and R. E. Novak (Eds.),ECS Trans. vol. 1,no. 3,p. 285,The Electrochemical Society,Pennington,NJ (2005).

[185] P. D. Matz and R. F. Reidy,"Supercritical $CO_2$ Applications in BEOL Cleaning",Solid State Phenom. 103-104,315 (2005).

[186] K. Saga,H. Kuniyasu,T. Hattori,K. Saito,I. Mizobata,T. Iwai and S. Hirae,"Effect of Wafer Rotation on Photoresist Stripping in Supercritical $CO_2$",Solid State Phenom. 134,355 (2008).

[187] H. Kiyose,K. Saito,I. Mizobata,T. Iwai,S. Hirae,K. Saga,H. Kuniyasu and T. Hattori,"Effect of Pressure Pulsation on Post-Etch Photoresist Stripping on Low-k Films in Super-critical $CO_2$",Solid State Phenom. 134,341 (2008).

[188] M. B. Korzenski,D. D. Bernhard,T. H. Baum,K. Saga,H. KuniyasuandT. Hattori,"Chemical Additive Formulations for Particle Removal in $SCCO_2$-Based Cleaning", Solid State Phenom. 103-104, 193 (2005).

[189] H.-W. Chen,R. Gouk,S. Verhaverbeke and R. J. Visser,"Non-Stiction Performance of Various Post Wet-Clean Drying Schemes on High-Aspect-Ratio Device Structures",ECS Trans. 58,205 (2013).

[190] H.-W. Chen,S. Verhaverbeke,R. Gouk,K. Leschkies,S. Sun,N. Bekiaris and R. J. Visser,"Supercritical Drying: ASustainable Solution to Pattern Collapse of High-Aspect-Ratio and Low-Mechanical-Strength Device Structures",ECS Trans. 69,119 (2015).

[191] G. Della Porta,M. C. Volpe and E. Reverchon,"Supercritical Cleaning of Rollers for Printing and Packaging Industry",J. Supercrit. Fluids 37,409 (2006).

[192] P. T. Liu,C. T. Tsai,K. T. Kin,P. L. Chang,C. M. Chen,H. F. Cheng and T. C. Chang,"Effect of Supercritical Fluids on Field Emission from Carbon Nanotubes",Proceedings IEEE Conference on Emerging Technologies -Nanoelectronics,pp. 383-387 (2006).

[193] P. T. Liu,C. T. Tsai,T. C. Chang,K. T. Kin,P. L. Chang,C. M. Chen and Y. C. Chen,"Effects of Supercritical Fluids Activation on Carbon Nanotube Field Emitters", IEEE Trans. Nanotechnol. 6, 29 (2007).

[194] J. S. Wang,C. M. Wai,K. Shimizu,F. Cheng,J. J. Boeckl,B. Maruyama and G. Brown,"Purification of Single-Walled Carbon Nanotubes Using a Supercritical Fluid Extraction Method", J. Phys. Chem. C 111,13007 (2007).

[195] S. Keskin,U. Akman and O. Hortaçsu,"Continuous Cleaning of Contaminated Soils Using Ionic Liquids and Supercritical $CO_2$",Proceedings 10th European Meeting on Supercritical Fluids: Reactions, Materials and Natural Products,Colmar,France (December 2005).

[196] S. Keskin,D. Kayrak-Talay,U. Akman and O. Hortaçsu,"A Review of Ionic Liquids towards Supercritical Fluid Applications",J. Supercrit. Fluids 43,150 (2007).

[197] S. Keskin,U. Akman and O. Hortaçsu,"Soil Remediation via an Ionic Liquid and Supercritical $CO_2$", Chem. Eng. Processing: Process Intensification 47,1693 (2008).

[198] B. Kaye,K. Morphet and D. J. Cole-Hamilton,"Supercritical Drying: A New Method for Conserving Waterlogged Archaeological Materials",Studies in Conserv. 45,233 (2000).

[199] A. von Ulmann,"Non-polluting Removal of Pesticides from Historic Textiles—A Project at the Germanisches National Museum Nürnberg and the Deutsche Bundesstiftung Umwelt (1999-2001)", in: *Cultural Heritage Research: APan-European Challenge, Proceedings 5th Eur. Conf. Research for*

*Protection, Conservation and Enhancement of Cultural Heritage*, R. Kozlowski, R. M. Chapuis, M. Drdácký, R. Drewello, J. Leissner, P. RedolandJ. M. Vallet (Eds.), pp. 334-336, Polish Academy of Sciences, Cracow, Poland (2003).

[200] E. Jelen, A. Weber, A. Unger and M. Eisbein, "Detox Cure for Art Treasures", Pesticide Out look 14, 7 (2003).

[201] H. Tello, "Investigation on Super Fluid Extraction (SFE) with Carbon Dioxide on Ethnological Materials and Objects Contaminated with Pesticides", Diplomarbeit, Fachhochschule für Technik und Wirtschaft, Berlin, Germany (2006).

[202] M. Sousa, M. J. Melo, T. Casimiro and A. Aguiar-Ricardo, "The Art of $CO_2$ for Art Conservation: A Green Approach to Antique Textile Cleaning", Green Chem. 9, 943 (2007).

[203] A. Unger, "Decontamination of Pesticides from Wooden Art Objects with Supercritical Carbon Dioxide", Proceedings of COST IE0601 Meeting, Tervuren, Italy (June 2007). http://ottimari. agr. unifi. it/~uzielli/Tervuren_proceedings/Unger. pdf.

[204] H. E. Tello and A. Unger, "Liquid and Supercritical Carbon Dioxide as a Cleaning and Decontamination Agent for Ethnographic Materials and Objects", in: *Pesticide Mitigation in Museum Collections: Science in Conservation*, A. E. Charola and R. J. Koestler (Eds.), Proceedings MCI Workshop Series. Smithsonian Contributions to Museum Conservation, pp. 35-50, Smithsonian Institution, Washington, D. C. (2010).

[205] W. S. Zimmt, N. Odegaard, T. K. Moreno, R. A. Turner, M. R. Riley, B Xie and A. J. Muscat, "Pesticide Extraction Studies Using Supercritical Carbon Dioxide", in: *Pesticide Mitigation in Museum Collections: Science in Conservation*, A. E. Charola and R. J. Koestler (Eds.), Proceedings MCI Workshop Series. Smithsonian Contributions to Museum Conservation, Smithsonian Institution, Washington, D. C., pp. 51-57 (2010).

[206] W. S. Zimmt, N. Odegaard and D. R. Smith, "The Potential for Adapting Some Cleaning Methodologies to Pesticide Removal from Museum Objects", in: *Pesticide Mitigation in Museum Collections: Science in Conservation*, A. E. Charola and R. J. Koestler (Eds.), Proceedings MCI Workshop Series. Smithsonian Contributions to Museum Conservation, Smithsonian Institution, Washington, D. C., pp. 59-63 (2010).

[207] D. Aslanidou, C. Tsioptsias and C. Panayiotou, "A Novel Approach for Textile Cleaning Based on Supercritical $CO_2$ and Pickering Emulsions", J. Supercrit. Fluids 76, 83 (2013).

[208] M. W. Rowe, J. Phomakay, J. O. Lay, O. Guevara, K. Srinivas, W. K. Hollis, K. L. Steelman, T. Guilderson, T. W. Stafford Jr., S. L. Chapman and J. W. King, "Application of Supercritical Carbon Dioxide-Co-Solvent Mixtures for Removal of Organic Material from Archeological Artifacts for Radiocarbon Dating", J. Supercrit. Fluids 79, 314 (2013).

[209] D. Aslanidou, I. Karapanagiotis and C. Panayiotou, "Tuneable Textile Cleaning and Disinfection Process Based on Supercritical $CO_2$ and Pickering Emulsions", J. Supercrit. Fluids 118, 128 (2016).

[210] P. Balke, "From Fit to Unfit: How Banknotes become Soiled", White Paper, De Nederlandsche Bank Betalingsverker, Amsterdam, The Netherlands (2012). https://www. dnb. nl/binaries/From%20Fit%20to%20Unfit%20How%20Banknotes%20become%20Soiled_ tcm46-254910. pdf .

[211] J. M. Geusebroek, P. Markus and P. Balke, "Learning Banknote Fitness for Sorting", Proceedings Intl. Conf. Pattern Analysis and Intelligent Robotics, pp. 41-46, IEEE, Piscataway, NJ (2011).

[212] C. Srinivasan and R. Saraswathi, "New Life for Old Soiled Banknotes", Curr. Sci. 107, 171 (2014).

[213] N. M. Lawandy and A. Y. Smuk, "Supercritical Fluid Cleaning of Banknotes", Ind. Eng. Chem. Res. 53, 530 (2014).

[214] N. M. Lawandy, "Supercritical Fluid Cleaning of Banknotes and Secure Documents", U. S. Patents 8, 932, 409 (2015) and 9, 676, 009 (2017).

[215] J. P. H. Thomsen, S. Leth and M. M. Stenstrup, "Method and System for Flushing a Pipe SystemUsing a Fluid in a Superfluid State", International Patent ApplicationWO2015018419 (2015).

[216] Ocean Team, "OTS Supercritical and Liquid Flushing Unit ($SCCO_2$ Unit)", Technical Datasheet, Ocean Team Group A/S, Esbjerg, Denmark. www. oceanteam. eu . (accessed February 5, 2018).

[217] S. Wang, C. Zinderman, R. Wise and M. Braun, "Infections and Human Tissue Transplants: Review of

FDA MedWatch Reports 2001-2004",Cell Tissue Bank 8,211 (2007).

[218] H. Q. Zhang, G. V. Barbosa-Cánovas, V. M. Balasubramaniam, C. P. Dunne, D. F. Farkas and J. T. C. Yuan (Eds.), *Nonthermal Processing Technologiesfor Food*, Wiley-Blackwell, West Sussex, UK (2011).

[219] R. L. Morrisey and G. B. Phillips (Eds.), *Sterilization Technology: A Practical Guide for Manufacturers and Users of Health Care Products*, Van Nostrand Reinhold, New York, NY (1993).

[220] N. Elvassore, S. Sartorello, S. Spilimbergo and A. Bertucco, "Micro-Organisms Inactivation by Supercritical $CO_2$ in a Semi-Continuous Process", in: *Proceedings 7th Meeting on Supercritical Fluids: Particle design-Materials and Natural Products Processing*, M. Perrut and E. Reverchon (Eds.), pp. 773-778, International Society for Advancement of Supercritical Fluids, Valence, France (2000).

[221] P. B. Webb, P. C. Marr, A. J. Parsons, H. S. Gidda and S. M. Howdle, "Dissolving Biomolecules and Modifying Biomedical Implants with Supercritical Carbon Dioxide", Pure Appl. Chem. 72, 1347 (2000).

[222] J. Agalloco, J. Akers and R. Madsen, "Current Practices in the Validation of Aseptic Processing - 2001", PDA Technical Report #36, Parenteral Drug Association, Bethesda, MD (2002).

[223] J. Agalloco, J. Akers and R. Madsen, "Aseptic Processing: A Review of Current Industry Practice", Pharmaceutical Technol. 126-150 (October 2004).

[224] S. Spilimbergo, N. ElvassoreandA. Bertucco, "Microbial Inactivationby High-Pressure", J. Supercrit. Fluids 22, 55 (2002).

[225] S. Spilimbergo and A. Bertucco, "Non-Thermal Bacterial Inactivation with Dense $CO_2$", Biotechnol. Bioeng. 84, 627 (2003).

[226] A. White, D. C. Burns and T. W. Christensen, "Effective Terminal Sterilization Using Supercritical Carbon Dioxide", J. Biotechnol. 123, 504 (2006).

[227] T. W. Christensen, D. C. Burns, A. L. White, B. Ganem and A. R. Eisenhut, "Sterilization Methods and Apparatus which Employ Additive-Containing Supercritical Carbon Dioxide Sterilant", U. S. Patent 7, 108, 832 (2006).

[228] J. Zhang, N. Dalal, C. Gleason, M. A. Matthews, L. N. Waller, K. Fox, A. Fox, M. J. Drews, M. LaBerge and Y. H. An, "On the Mechanisms of Deactivation of *Bacillus atropheus* Spores Using Supercritical Carbon Dioxide", J. Supercrit. Fluids 38, 268 (2006).

[229] J. Zhang, T. A. Davis, M. A. Matthews, M. J. Drews, M. LaBergeandY. H. An, "Sterilization Using High-Pressure Carbon Dioxide-A Review", J. Supercrit. Fluids 38, 354 (2006).

[230] A. Nichols, D. C. Burns and R. Christopher, "Studies on the Sterilization of Human Bone and Tendon Musculoskeletal Allograft Tissue Using Supercritical Carbon Dioxide", J. Orthopae dics 6, e9 (2009).

[231] Q. Q. Qiu, P. Leamy, J. Brittingham, J. Pomerleau, N. KabariaandJ. Connor, "Inactivation of Bacterial Spores and Viruses in Biological Material Using Supercritical Carbon Dioxide with Sterilant", J. Biomed. Mater. Res. B 91, 572 (2009).

[232] D. C. Burns, R. J. Humphrey, A. R. Eisenhut and T. W. Christensen, "Sterilization of Drugs Using a Supercritical Carbon Dioxide Sterilant", U. S. Patent 8, 012, 414 (2011).

[233] M. Sims, "Method and Membrane System for Sterilizing and Preserving Liquids Using Carbon Dioxide", U. S. Patent 6, 331, 272 (2001).

[234] M. Sims, E. Estigarribia and J. T. C. Yuan, "Membrane Carbon Dioxide Sterilization of Liquid Foods: Scale Up of a Commercial Continuous Process", Proceedings 6th Intl. Symp. Supercritical. Fluids, Versailles, France (2003). http://www. isasf. net/fileadmin/files/Docs/ Versailles/Papers/Mc2. pdf .

[235] Y. Y. Bae, N. H. Kim, K. H. Kim, B. C. Kim and M. S. Rhee, "Supercritical Carbon Dioxide as a Potential Intervention for Ground Pork Decontamination", J. Food Safety 31, 48 (2011).

[236] M. Perrut, "Sterilization and Virus Inactivationby Supercritical Fluids(A Review)", J. Supercrit. Fluids 66, 359 (2012).

[237] A. Checinska, I. A. Fruth, T. L. Green, R. L. Crawford and A. J. Paszczynski, "Sterilization of Biological Pathogens Using Supercritical Fluid Carbon Dioxide Containing Water and Hydrogen Peroxide", J. Microbiol. Methods 87, 70 (2011).

[238] A. Bernhardt, M. Wehrl, B. Paul, T. Hochmuth, M. Schumacher, K. Schütz and M. Gelinsky, "Improved Sterilization of Sensitive Biomaterials with Supercritical Carbon Dioxide at Low Temperature", PLoS

ONE 10(6),e0129205 (2015).

[239] NovaSterilis,"Supercritical $CO_2$ Sterilization",NovaSterilis,Lansing,NY. www. novasterilis. com . (accessed Feb 5,2018).

[240] ORDB 510(K) Sterility Review Guidance,U. S. Food and Drug Administration,Washington,D. C. (1997). http://www. fda. gov/MedicalDevices/DeviceRegulationandGuidance/ GuidanceDocuments/ ucm080211. htm .

[241] A. C. Mitchell,A. J. Phillips,M. A. Hamilton,Robin Gerlach,W. K. Hollis,J. P. Kaszubab and A. B. Cunningham,"Resilience of Planktonic and Biofilm Cultures to Supercritical $CO_2$",J. Supercrit. Fluids 47,318 (2008).

[242] K. C. Peet,A. J. E. Freedman,H. H. Hernandez,V. Britto,C. Boreham,J. B. Ajo-Franklin and J. R. Thompson,"Microbial Growth under Supercritical $CO_2$",Appl. Environ. Microbiol. 81, 2881 (2015).

[243] S. M. Sirard,P. F. Green and K. P. Johnston,"Spectroscopic Ellipsometry Investigation of the Swelling of Poly (dimethylsiloxane) Thin Films with High Pressure Carbon Dioxide",J. Phys. Chem. B 105,766 (2001).

[244] Y. -T. Wu and C. S. Grant,"Supercritical Carbon Dioxide: Microweighing",in:*Dekker Encyclopedia of Nanoscience and Nanotechnology*,3rd Edition,S. E. Lyshevski (Ed.),pp. 4745- 4756,CRC Press, Boca,Raton,FL (2014).

[245] E. S. Di Milia,D. A. Gleichauf and T. E. Whiting,"SupercriticalFluid Contamination Monitor",European Patent EP0555638 (1995).

[246] Y. A. Hussain,"Supercritical $CO_2$ Aided Processing of Thin Polymer Films Studied Using the Quartz Crystal Microbalance",Ph. D. Thesis,North Carolina State University,Raleigh, NC (2006).

[247] Y. Hussain,Y. -T. Wu,P. -J. Ampaw and C. S. Grant,"Dissolution of Polymer Films in Super-critical Carbon Dioxide Using a Quartz Crystal Microbalance",J. Supercrit. Fluids 42,255 (2007).

[248] U. S. EPA,"Evaluation of Supercritical Carbon Dioxide Technology to Reduce Solvent in Spray Coating Applications",EPA Document 600/R-94/043,U. S. Environmental Protection Agency,Washington,D. C. (1994).

[249] J. C. Barton,"The Los Alamos Super Scrub$^{TM}$:Supercritical Carbon Dioxide System Utilities and Consumables Study",Report LA-12786,Los Alamos National Laboratory,Los Alamos, NM (1994).

[250] U. S. EPA,"Guide to Cleaner Technologies: Alternatives to Chlorinated Solvents for Cleaning and Degreasing", EPA Document 625/R-93/016,U. S. Environmental Protection Agency, Washington D. C. (1994).

[251] U. S. EPA,"Pollution Prevention Possibilities for Small and Medium-Sized Industries. Results of the WRITE Projects",EPA Document 600/R-95/070,pp. 127-131,U. S. Environmental Protection Agency,Washington D. C. (1995).

[252] C. W. Smith and G. Huse,"Equipment Cost Considerations and Financial Analysis of Super-critical Fluid Processing",in:*Supercritical Fluid Cleaning Fundamentals,Technology and Applications*,J. McHardy and S. P. Sawan (Eds.),pp. 245-266,Noyes Publications, Westwood,NJ (1998).

[253] $SCCO_2$ Cleaning Economics,Pacific Northwest Pollution Prevention Resource Center,Richland,WA (1999). http://www. pprc. org/pubs/techreviews/co2/co2econ. html .

[254] R. Bergström and Ö. Ekengren,"Evaluation of Carbon Dioxide Cleaning System",Report A20090, IVL Svenska Miljoinstitutet AB,Stockholm,Sweden (April 2000). http://www. weatherlyinc. com/ sok/download/IVL eng. pdf .

[255] M. A. Matthews,L. S. Warner and H. Kaiser,"Exploring the Feasibility of Using Dense-Phase Carbon Dioxide for Sterilization",Medical Device & Diagnostic Industry News Products and Suppliers,p. 140, (May 2001).

[256] CleanLogix,Eagen,MN (2012). http://www. 2cooltool. com/results. html .

[257] Liquid $CO_2$ Technical Specification,Continental Carbonic Products Inc. ,Decatur,IL. http:// www. continentalcarbonic. com/lco2 . (accessed February 5,2018).

[258] Carbon Dioxide TechniPure Gas SFC Grade,Air Liquide America Specialty Gases,Plumsteadville,PA. http://www. alspecialtygases. com . (accessed February 5,2018).

[259] Enertia$^{TM}$ Centrifugal Immersion $CO_2$ Cleaning Systems,Cool Clean Technologies Inc. ,Eagan,MN. http://www. coolclean. com/v2011/Enertia. html . (accessed February 5,2018).

# 第7章

# 激光清洗工艺在高价值制造业中的应用

Sundar Marimuthu[*] Husein Ku€rs adSezer[†] Alhaji M. Kamara[‡]

[*] Ansty Park 飞行员路制造技术中心 英国考文垂

[†] 加兹大学技术学院工业设计工程系 土耳其安卡拉

[‡] 塞拉利昂大学 Fourah Bay 学院机械与维修工程系 塞拉利昂弗里敦

# 7.1 激光清洗工艺和需求

目前，大多数工业清洗是通过人工方式进行的，使用的是包括氢氟酸在内的腐蚀性化学品。工业中采用的这些常规化学清洗方法是劳动密集型的，采用多阶段手动过程（最多15步）进行。常规化学清洗容易出错，使操作员暴露在危险中。此外，还有一些缺点，如废渣的处理、清除不均匀以及环境问题。

另一种技术是用激光系统代替传统的化学清洗方法。先前对这项技术的研究表明，航空航天部件的清洗时间缩短到原来的1/20。此外，激光清洗工艺还具有远程控制、高速、干洗等优点，更重要的是，它更环保。

激光清洗是从固体表面去除颗粒或碳氢化合物污染物[1]。激光清洗的典型机理是蒸发/层裂/烧蚀/冲击波的产生。由此产生的机理可在不损坏基板的情况下去除污染物。

在激光清洗领域，研究人员提出了几种工作机理和处理方式，主要包括干法激光清洗、湿法激光清洗、角激光清洗、激光冲击清洗和基于流体力学的激光清洗。激光清洗的简单示意图如图7.1所示。

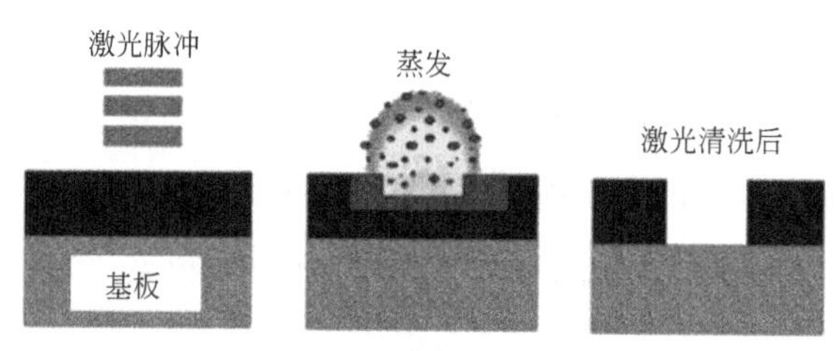


图7.1 典型的激光清洗过程示意图

## 7.1.1 干法激光清洗

干法激光清洗在工业上有广泛的应用，并被学界研究。它通常是基于入射激光束和基底/污染物之间的快速热能传递。由此产生的组件快速热膨胀提供了移除颗粒的作用力[2]（图7.2）。该技术中遇到的一个普遍问题是，随着分解产物的逐渐积累和遮盖待清洗表面，清洗效果逐渐丧失。

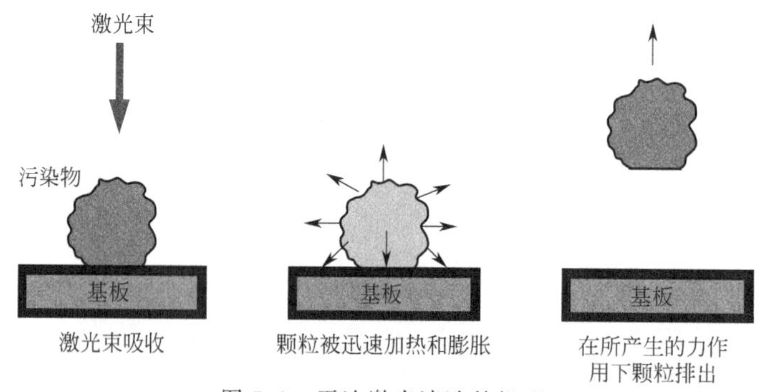


图7.2 干法激光清洗的机理

### 7.1.2　湿法/蒸汽激光清洗

湿法/蒸汽激光清洗（WLC）采用液体层，它能强烈吸收所使用波长的激光。如图 7.3（A）所示，激光照射可迅速加热并蒸发液体，迫使颗粒从表面排出[3]。或者，可将工件保持在湿度较高的环境中，导致产生毛细管冷凝水[4]。蒸汽激光清洗使用非常薄的液体层，该液体层凝结在基板表面上。

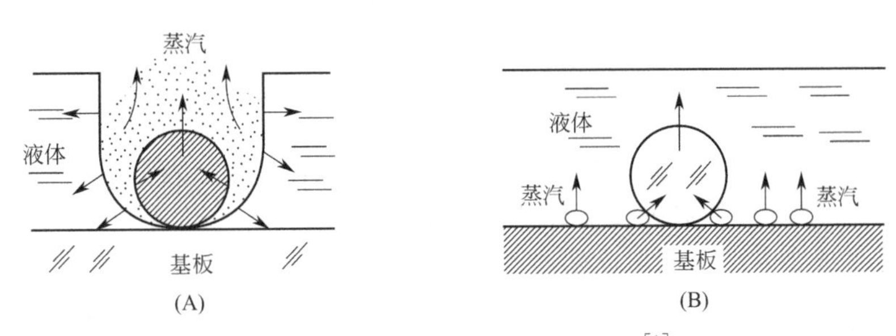


图 7.3　湿法/蒸汽激光清洗的机理[1]

液体层过热（并蒸发），并引起液-固界面处气泡的成核和生长，使得在污染物以下的高压［图 7.3(B)］强度将颗粒从表面去除。通常，将液体施加到基板上可能并不可行，但湿法/蒸汽激光清洗与干法激光清洗相比，用于去除颗粒的激光通量要低一些。

许多研究人员已经证明，与不透明表面接触的透明水膜的快速蒸发会在液-固界面产生冲击压力脉冲[5]。湿法激光清洗过程使用冲击压力去除污染物，在某些情况下，冲击压力可能高于热力学临界压力。WLC 的功效已在多种应用中得到证明，包括从整体表面去除微粒[6]。在典型的 WLC 工艺中，在激光照射前将饱和蒸汽施加在样品上，并通过液态蒸汽的冷凝形成液态水薄膜。实验结果表明，红外（IR）激光和紫外（UV）激光脉冲都可以在相对较低的注量下从镍合金基体上去除 0.3$\mu$m 的颗粒，而不引起基板损伤[7]。实验结果还表明，在不同的污染物/基底样品系统中，包括金属表面的环氧薄膜和氧化铝颗粒，具有适当的激光参数的 WLC 能非常有效地去除固体表面的各种污染物，特别是去除微粒。

### 7.1.3　角激光清洗

与典型的激光清洗不同，角激光清洗技术以掠射角照射污染物表面（图 7.4）。与使用垂直照射的典型激光清洗相比，这种方法可以将清洗效率大幅提高 10 倍[8,9]。但是，其有效性取决于表面特性和污染物的大小。

### 7.1.4　激光冲击清洗

在激光冲击清洗（LSC）中，高强度激光聚焦在一个紧密的点上，该点略高于待清洗样品（图 7.5）。气体的激光诱导击穿（LIB）会产生强烈的冲击压力波，该冲击波作用到需要清洗的表面。研究结果表明，激光冲击清洗可有效去除纳米颗粒[11]。

Lim 和 Kim[12]已经证明 LSC 技术可以与液相化学清洗相结合来去除氧化物层。在改进的工艺中，LIB 发生在液体溶液中，液体中产生的冲击压力大大加快了清洗过程。在 Lim

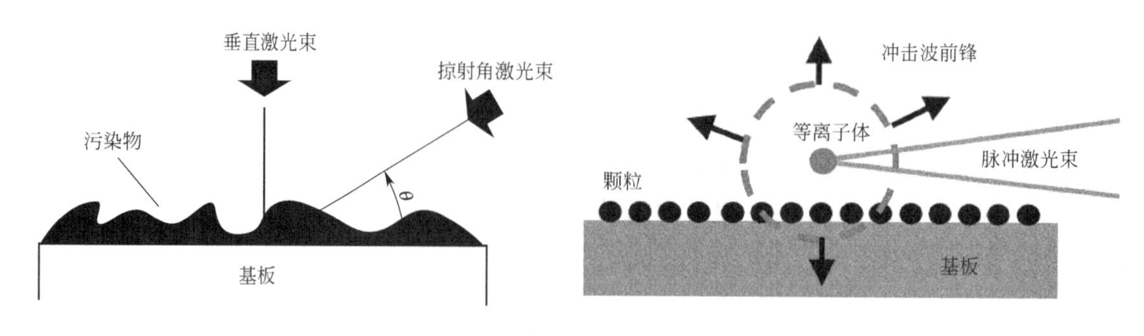


图 7.4 角激光清洗的机理　　图 7.5 激光冲击清洗的机理

和 Kim[13] 的另一项工作中，利用激光闪光摄影和光束偏转过程，表征了各种气体下激光诱导冲击波的影响。冲击波传播的实验结果表明，纳秒脉冲 Nd：YAG 激光对气体（空气、He、$N_2$、Ar）的光击穿可以产生速度约为 1000m/s、压力强度在 1MPa 左右的冲击波。

## 7.1.5 激光辅助光动力清洗

亚微米颗粒的清洗一直是一项具有挑战性的任务[14]。Ahn 等[15]开发了一种基于激光的喷雾材料处理技术，用于清洗亚微米颗粒。在这一过程中，借助激光诱导等离子体产生的高速（1600m/s）亚微米液体射流用于包括激光清洗在内的材料处理。图 7.6 显示了典型的光动力清洗过程的机理。在此过程中，激光诱导的微米级水滴破裂会产生高速射流（速度高达 1600m/s），从而去除基板上的颗粒污染物。光动力清洗过程的性能取决于各种因素，包括激光能量、液滴的相对位置、液滴与表面之间的间隙距离以及每个位置的脉冲数（NOP）。

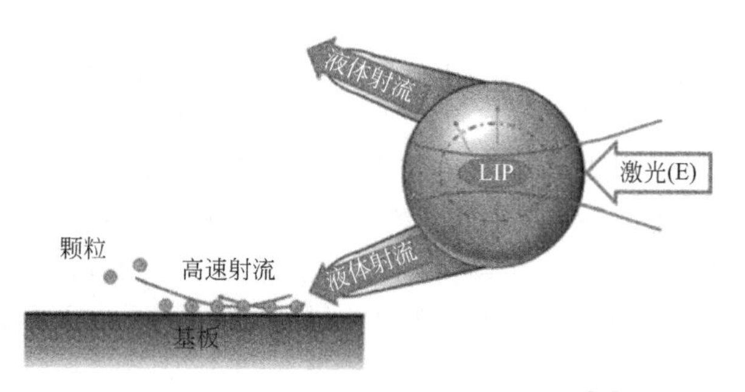


图 7.6 典型的光动力清洗过程的示意图[16]

2016 年，López 等人[16]提出了一种新型技术——液滴辅助激光清洗（DALC）。该技术通过液滴的爆炸汽化，将激光冲击处理和光流体动力学处理结合起来。DALC 使用 355nm 调 Q 的 Nd：YAG 激光器蒸发水滴流，从而在目标组件表面产生一系列冲击波。产生的冲击波可用于各种材料处理，包括污染物的清洗。

## 7.1.6 用于激光清洗的普通激光系统

根据材料、应用和所需的速度，可以使用各种激光源进行清洗。表 7.1 介绍了用于清洗的不同类型的激光系统、波长及其典型用法。

**表 7.1 用于清洗的常用激光系统**

| 激光 | 波长 | 典型污染物去除 |
| --- | --- | --- |
| ArF 准分子 | 193nm | $SiO_2$ 颗粒、聚合物 |
| KrF 准分子 | 248nm | 氧化物、聚合物、油脂、$Al_2O_3$、陶瓷涂层 |
| 氙气 | 308nm | 氧化铝、氧化铁、硅 |

续表

| 激光 | 波长 | 典型污染物去除 |
|---|---|---|
| XeF 准分子 | 351nm | 氧化铝、氧化铜 |
| 调 Q 灯泵浦或二极管泵浦 Nd：YAG[3] | 355nm | 氧化物、污渍、污染物、金属粉末 |
| 纳秒光纤激光器 | | |
| 调 Q 灯泵浦或二极管泵浦 Nd：YAG[3] | 532nm | 氧化物、污渍、污染物、铁锈、金属粉末、油脂 |
| 纳秒光纤激光器 | | |
| 调 Q 灯泵浦或二极管泵浦 Nd：YAG[3] | 1.06μm | 表面剥离、表面处理、氧化物、污渍、污染物、铁锈、金属粉末、油脂 |
| 纳秒光纤激光器 | | |
| TEA（横向激发大气）$CO_2$ | 9.6μm | 表面剥离、油脂、氧化物 |
| TEA $CO_2$ | 10.6μm | 氧化铝、SiC、灰尘、树脂、铁、硅、颗粒、油脂、氧化物 |

### 7.1.7　工业组件中发现的典型污染物

本节介绍工业部件表面上存在的典型污染物。在工业环境中，大多数金属可能在工件移动过程中沉积。工业组件表面可能存在的典型污染物包括：

- 液压油。
- 硅脂。
- 机床冷却液。
- 有机的和无机的颗粒。
- 金属细屑。
- 自然表面氧化物。

较少的污染物通常与表面结合得非常牢固，难以清除。污染物颗粒与固体基底的黏附取决于次级键[17]。与初级键（离子键、共价键和金属键）相比，次级键较弱。在干燥的环境中，固体表面的主要黏附力是：（ⅰ）静电；（ⅱ）次级范德华力；（ⅲ）氢键。

静电作用是由电荷产生的，电荷在两种材料的接触界面上形成。范德华力是由两个分子之间的偶极相互作用产生的。偶极子可以通过一个分子的永久或瞬时偶极矩在另一个分子上诱导，从而在两个分子之间产生引力。因此，在所有的原子和分子之间始终存在着一种微弱的引力，使得分子即使在由于分子本身的永久性电荷分离而没有吸引力的情况下也能粘在一起[18]。氢键是由一个电负原子和另一个电负原子结合的氢原子之间的静电吸引而形成的。

通常，污染物通过这些次级键中的一个或另一个键附着在材料表面[19]。直径小于 50μm 的小颗粒在干燥表面上的主要黏附力是范德华力[20]。对于直径大于 50μm 的颗粒，静电力非常重要并且占主导地位。静电力在将颗粒吸引到表面进行黏附方面也起着重要作用。作用在直径仅为 1μm 的颗粒上的总黏附力可比作用在该颗粒上的重力大 $10^6$ 倍。在潮湿的环境中，由于毛细作用和表面张力而产生的其他作用力也会起作用，清洗问题可以看作是污垢和被清洗物体之间黏附强度的比较，以及物体分子之间的凝聚力[19,20]。

## 7.2　激光清洗在各个行业中的应用

烧蚀激光清洗通常用于去除金属、合金和陶瓷等表面的污染层。这是利用材料对激光能量的吸收，在污染层中造成一定深度的烧蚀，因此，材料特性、激光注量和所用波长是重要参数。所使用的激光注量必须高于烧蚀阈值注量，这与材料和波长有关。例如，在 1.06μm 的波长下，从金属药物冲头中去除医用粉末最有效，但在 532nm 波长下则无效。

激光清洗去除表面污染的能力取决于许多因素[10]。首先，必须选择适合应用的正确激光清洗类型。例如，液体是否可以涂在基板上，或者是否需要干法激光清洗？传统的激光清洗技术能提供足够的力来去除污染吗？还是应该使用新的激光清洗技术代替（例如冲击波清洗或线束清洗）？此外，这些技术是否会对表面造成损坏，如何监控和避免这种情况？

还需要考虑污染物、基底和所用液体的材料特性，因为，它们都会影响能量吸收。此信息可以用来提高激光清洗效率或者避免基板损坏。此外，其他参数如污染物的大小和形状、污染物和基板表面粗糙度也会影响总附着力，因此，决定了从基板上去除污染物的容易程度。较小的颗粒通常较难去除，而如果表面光滑干燥，范德华黏着力占主导地位。

此外，还必须考虑激光参数，如入射角、前后照射、激光注量、所用脉冲数、波长选择和脉冲长度（尽管较短的波长和脉冲长度通常会产生更好的结果）。这些参数对清洗效率和避免不必要的损伤有很大影响。

### 7.2.1　航空航天领域的激光清洗

自从 1791 年发现钛以来，其一直是航空航天制造中广泛研究的元素。如今，航空航天业已成为钛合金产品的第一大客户。钛具有多种特性：高强度重量比、耐腐蚀性能和高温性能使其非常适合航空航天工业。如今的商用飞机，例如空客 A380 和波音 B787，比以前设计的飞机使用的钛金属要多得多。飞机零件和框架不仅由钛制成，而且飞机发动机制造商也开始使用钛。航空航天零件制造中的化学清洗和除油利用了一系列完善的基于化学溶剂的清洗系统[81]。

在进行任何材料加工之前，材料表面应无任何污染物，包括油脂、石油、灰尘和润滑剂。清洁的表面对扩散连接钛组件的使用寿命至关重要。在正常的加工和处理过程中，这些部件通常受到加工冷却液、车间污垢和指纹的污染。必须清除这些污染物，以达到可接受的黏合质量。喷气发动机压缩机叶片等高可靠性应用需要超清洁的表面，以获得母材金属的结合强度。在扩散结合之前，基底金属的制备工艺之一是浸入硝酸-氢氟酸溶液中进行清洗。

即使不进行复杂的化学清洗程序，也可以保持钛表面的性能。钛的酸洗是去除碳氢基污染物所必需的。硝酸基溶液是优良的被动润湿剂，可单独使用或与盐酸溶液一起使用以清洗钛表面。表 7.2 列出了用于清洗钛基材料的清洗介质和抑制剂清单。

尽管许多研究人员对钛合金的激光加工进行了研究，但是只有少数研究人员讨论了钛合金的激光清洗。Adnani-Amardjia 及其合作者[21-23]使用 1.5kW 连续波 $CO_2$ 激光对 Ti6Al4V 进行了激光清洗。他们强调使用氩气可减少 Ti6Al4V 的氧化[21-23]。他们还报告说，使用氩气输送保护罩系统预防氧化是不充分的，有机玻璃盒内必须有一个完全保护的氩气环境。由于约为 $10^3$ K/s 的极快冷却速度产生了非常精细的相变亚稳结构。他们得出结论，激光能量在表面上转化为热能，从而形成了一个热影响区。

表 7.2　钛清洗用典型化学品

| 清洗介质 | 温度范围 | 质量分数/% | 抑制剂 |
|---|---|---|---|
| 盐酸 | 最高150°F(66℃) | 最多10 | $1\times10^{-3}$ $FeCl_3$ 或 $1\times10^{-3}$ $CuCl_2$ 或 $5\times10^{-4}\sim1\times10^{-3}$ $CrO_3$ |
| 硫酸 | 最高150°F(66℃) | 最多10 | $1\times10^{-3}$ $FeCl_3$ 或 $1\times10^{-3}$ $CuCl_2$ 或 $5\times10^{-4}\sim1\times10^{-3}$ $CrO_3$ |
| 磷酸 | 最高150°F(66℃) | 最多10 | $1\times10^{-3}$ $FeCl_3$ 或 $1\times10^{-3}$ $CuCl_2$ 或 $5\times10^{-4}\sim1\times10^{-3}$ $CrO_3$ |
| 柠檬酸 | 最高200°F(93℃) | 最多25 | 自然充气 |
| 硝酸 | 最高200°F(93℃) | 最多65 | 没有 |
| 氢氧化钠 | 最高200°F(93℃) | 最多15 | 1%的氯酸钠或次氯酸钠 |

Urech 等人[24]研究了激光脉冲持续时间对从钛表面清洗聚合物层的影响。他们得出的结论是，使用飞秒脉冲进行激光清洗可获得最佳的清洗性能，并且表面损伤最小。纳秒激光清洗使亚表面结构上发生了明显的变化，表明只有通过使用飞秒激光才能实现钛的无损激光清洗。

Badekas 等人研究了 KrF 准分子激光辐照对钛表面性能的影响[25]。他们观察到，激光辐照对材料的显微硬度影响达 35μm，并且激光处理材料的腐蚀电位比未处理的材料好。

György 等[26] 研究了在不同气体环境中激光辐照钛（Ti）的微观结构和形貌效应。他们用波长为 1064nm 的调 Q Nd：YAG 脉冲激光器，脉冲长度为 300ns，脉冲能量为 2mJ，频率为 30kHz，脉冲数为 1500。试验是在真空中并使用不同压力的氮气、氩气和空气进行的。他们发现，空气中的初始辐照会产生微裂纹结构，并随着进一步辐照而发展成微米级的颗粒结构。在氮气下辐照产生波纹结构，该波纹结构经过进一步处理发展成微柱。然而，在氩气下，由波状微浮雕包围的光滑岛状结构演变成具有多面体结构的光滑表面。真空处理产生的结构类似于氩气产生的结构。György 等[26]发现在氩气中进行钛清洗会比在空气或氮气环境中产生更好的表面。钛表面的化学性质在激光照射过程中会发生变化，并且受激光注量和撞击次数的影响很大。

Bereznai 等[27]使用 ArF 准分子激光器，其注量范围为 $3\sim5J/cm^2$，实现商用纯钛的有效表面抛光，并有 10 次重叠打光。这种效果是通过表面熔化和蒸发机理实现的，从而产生了更光滑、起伏不平的表面。结果表明，该工艺可通过去除碳质残留物来清洗表面。这项工作还研究了表面粗糙度，通过烧蚀在每个脉冲约 40nm 的深度上产生一个网格孔。Lavisse 等[28] 发现钛表面的氧浓度随着撞击次数的增加而增加，而氮浓度也随着激光注量的增加而增加。

Langlade 等[29]在对纯钛和 Ti6Al4V 合金的激光重熔的工作中发现，使用脉冲 Nd：YAG 激光器，在不同激光参数下，在样品表面层形成不同的钛氧化物，如 TiO、$TiO_2$ 和 $Ti_2O_3$。他们还认为激光辐照的特殊非平衡条件是氧化钛层形成的主要原因。

Prokhorov 等[30]和 Bäuerle[31]指出表面熔化和再固化是表面氧化或氮化的主要原因。另外，如果熔化的表面瞬间蒸发，则可以控制氧化物的形成。

Kumar 和 Gupta[32]在脉冲钨极气体保护焊之前，使用光纤激光器对 Ti3Al2.5V 管进行了激光清洗。如图 7.7 所示，激光辐照过程是在不锈钢室内进行的，氩气能量控制在 $0.6J/cm^2$ 左右，频率为 80kHz。研究报告显示，激光清洗技术在去除钛合金中的污染物和氧化层方面的应用已可以成功地将钛表面的氧化层去除。

Gupta 等[33]研究了激光从钛中去除氧化物的可行性和整个表面清洗工艺。他们使用的是光谱物理二极管泵浦的固体激光器，工作波长为 1064nm，重复频率为 25kHz。在氧化物去除过程中使用氩气以避免表面氧化，在焊接前成功地去除了钛合金中的污染物和氧化物。

Li 等[34]演示了激光清洗与热喷涂耦合工艺，如图 7.8 所示。用平均功率为 40W 的调 Q Nd：YAG 激光源对 Ti6Al4V 进行了激光清洗。结果表明，脉冲激光清洗能够去除包括氧化物在内的污染物，并产生热喷涂所需的合适表面。

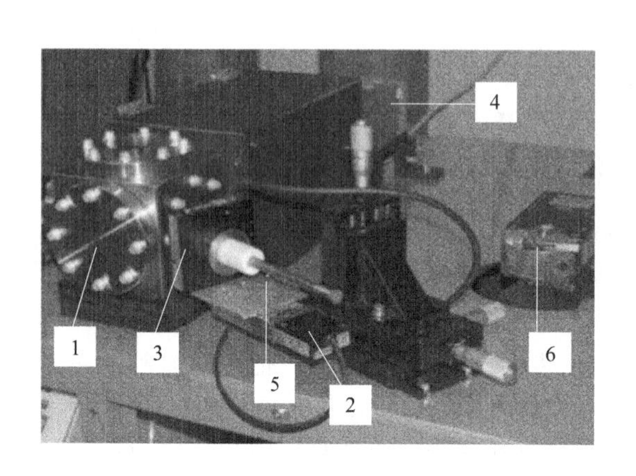


图 7.7 激光清洗和焊接系统[32]

1—不锈钢清洗室；2—平移台；3—旋转台；4—光纤激光器；5—钛合金管；6—焊头

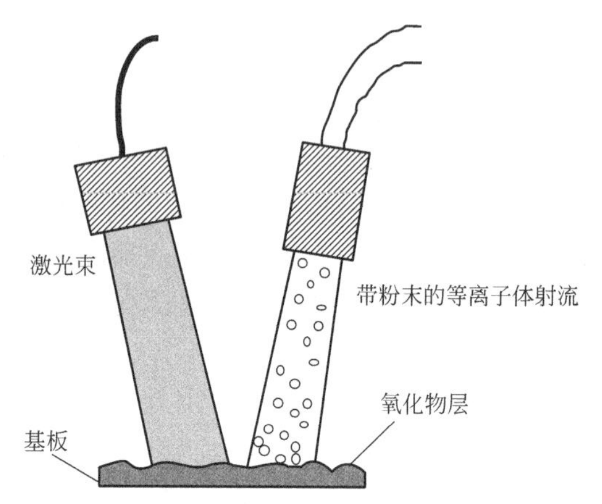


图 7.8 激光清洗和热喷涂过程耦合的原理图[34]

Azoulay 等[35]研究了钛与氧气相互作用过程中表面和次表面化学的发展，这个课题与理解激光加工过程中钛氧化物的发展以及清洗过程中氧化物的去除有关。他们的研究是在室温下进行的。主要结论是，氧化物最初是作为最顶层的原子层积累起来的，几乎不考虑表面特性，都不会发生任何初始的次表面反应。

Turner 及其合作者[36-39]对使用 $CO_2$、Nd：YAG 和准分子激光器的航空航天级钛合金的激光清洗进行了详细的研究。Nd：YAG 激光的主要清洗机理是通过基底表面加热来蒸发污染物。在 $CO_2$ 激光清洗过程中，一小部分激光束被污染物吸收，导致污染物选择性加热和蒸发。成功清洗钛表面以去除有机污染物的最佳方法是使用允许蒸发的激光束流，同时避免与基体发生热诱导反应。他们的研究[36-39]中提到钛合金的熔融极限为 $5.51\times10^6$ W/cm$^2$。$4.09\times10^6$～$5.51\times10^6$ W/cm$^2$ 的辐照度显示表面微观结构无熔体损伤。他们的工作证明钛的激光加工对大气污染的敏感性，事实证明氩吹扫系统不足以有效地保护加工表面。他们还建议，必须通过适当的封闭系统有效地减轻大气污染。Turner 等[40]证明了使用准分子激光作为清洗钛合金的可行来源。对于准分子激光器，最佳工艺注量约为 400～500mJ/cm$^2$。此外，在准分子激光器中较短的脉冲持续时间减少了氧化物形成的机会。在准分子激光清洗过程中，基材加热时间小于氧化物形成所需的时间。

Sidhu[41]提出了一种激光清洗和在线监测残留溶剂或环氧颗粒的方法。紫外光辐射用于照亮荧光污染物并在清洗之前、之中和之后检查表面。实验装置的示意图如图 7.9 所示。使用传感器测量荧光的强度或衰减率，并用于获取污染物的厚度和面积。控制使用所测量的强度或衰减率来改变清洗激光器的工作参数。紫外光辐射源可以是紫外灯或紫外激光。

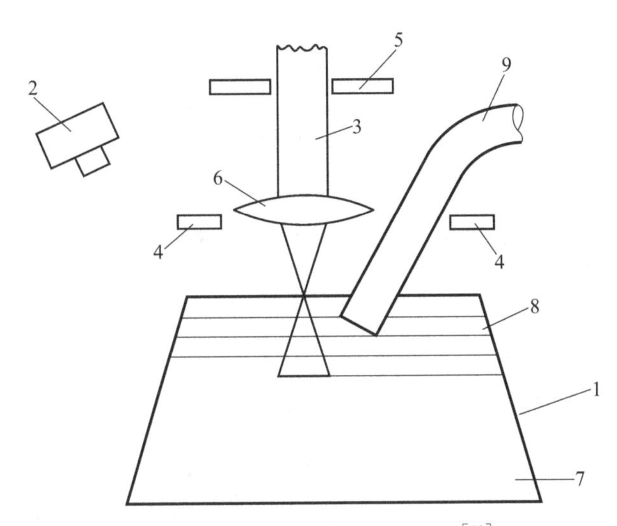


图 7.9　清洗和监控系统示意图[41]

1—表面；2—相机；3—激光束；4—紫外光源；5—孔板；6—透镜；7—待清洗区；8—激光清洗区；9—抽气管

Nair 等[42]演示了一种使用激光烧蚀技术清洗航空航天部件的设备和方法，用于清洗发电机或涡轮机部件中的灰尘、油性沉积物和其他表面污染物。该方法包括对耦合到激光源的控制器进行编程，控制激光源进行激光烧蚀。激光束直射发生器或涡轮部件表面，用于蒸发（汽化）表面污染物，而不改变基材的材料特性。他们的装置还包括一个探测器，位于涡轮机或发电机部件附近，用于监测烧蚀过程并向计算机系统提供反馈数据；以及一个比较器，用于将反馈数据与预定数据进行比较，以确定烧蚀的进度。根据比较步骤，控制激光源以产生激光束。

## 7.2.2　汽车行业的激光清洗

汽车行业正在寻找新型轻质材料及制造技术，以减小结构的重量，同时提高强度。这种需求与环境保护措施以及节能的需求相吻合。铝（Al）合金因其重量轻、易于加工和可接受的强度特性而广泛用于汽车工业。铝合金的连接通常通过机械铆接、电弧焊、钎焊、搅拌摩擦焊、激光焊和激光/电弧混合焊进行。近四十年来，激光焊接已成为连接金属材料的主要技术之一。由于激光焊接技术的广泛应用，激光焊接已经引起了研究人员和工业界的兴趣。激光焊接速度快，热变形小。但是，铝合金的激光焊接通常会导致大量的孔隙，因此，接头强度非常低，通常是母材的 50%～75%[43]。气孔和热裂纹是铝合金激光焊缝中最主要的缺陷，这与焊接前的表面清洁度密切相关。

多年来，通过使用化学腐蚀剂[44]、喷砂和机械刮削[45]进行表面处理，以减少金属合金表面氢氧化物层的孔隙率。除了化学清洗的环境和操作上的缺点外，这一过程还可能对基材产生有害影响，这取决于其化学成分和表面处理。Joshi 等[46]报道说，AA7075-T6 的碱性清洗可以去除外层富镁层，而富铝氧化层保持完整。此外，酸能与铝发生反应，破坏氧化膜，生成氢氧化铝和氢原子，导致焊接后产生气孔。机械刮削和喷砂会造成不均匀的清洗，并严重损坏焊接表面，随后可能导致最终产品的废品率很高，尤其是在要求精度的情况下[47]。

激光焊接在汽车工业中已经很成熟，其表面状态在焊接质量中起着关键作用。激光焊接的典型问题是焊缝气孔，这主要是由基材表面上的烃基污染物和润滑剂引起的。

表 7.3 给出了激光系统（CleanLASER CL600-Q 开关、Nd：YAG 激光器）的性能信息以及 Al Shaer[43] 在焊接前用于清洗汽车金属的参数信息。使用 Trumpf 圆盘激光器（TruDisk 5302）焊接激光清理样品，其最大平均功率为 5300W。Al Shaer[43] 使用的激光焊接系统的性能如表 7.4 所示。

表 7.3　用于 Al 组件激光清洗的典型激光束的特性[48]

| Nd：YAG CL600 | 单位 | 数值 | Nd：YAG CL600 | 单位 | 数值 |
| --- | --- | --- | --- | --- | --- |
| 波长 | nm | 1064 | 脉冲持续时间 | ns | 100 |
| 操作功率 | W | 600 | 扫描频率 | Hz | 180 |
| 最小直径激光电缆 | μm | 310 | 扫描宽度 | mm | 20 |
| 光斑直径 | μm | 780 | 扫描速度 | mm/s | 95 |
| 脉冲频率 | kHz | 20 | 扫描方向重叠 | % | 53.8 |

表 7.4　用于 Al 组件的激光焊接的典型激光束的特性[48]

| TruDisk 5302 | 单位 | 数值 | TruDisk 5302 | 单位 | 数值 |
| --- | --- | --- | --- | --- | --- |
| 波长 | nm | 1030 | 最小直径激光电缆 | μm | 200 |
| 最大激光功率 | W | 5300 | 标称功率下的功率稳定性 | % | ±1 |
| 光束品质 | mm・mrad | 8 | 冷却水温度范围 | ℃ | 5～20 |

激光清洗前后样品表面的横截面图和样品的表面形貌如图 7.10 和图 7.11 所示。从图中可以看出，激光清洗能够去除表面污染物、多余的表面涂层和氧化层，并且该过程将样品的表面粗糙度（*Ra*）从 982nm 降低到 882nm。

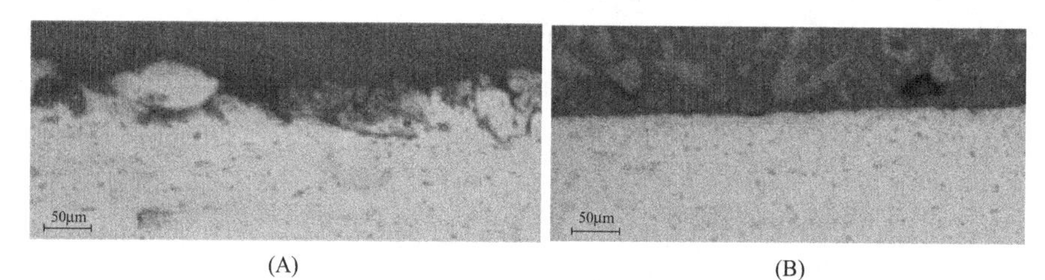


图 7.10　(A) 激光清洗和 (B) 未经清洗的材料的剖视图[48]（见文后彩插）

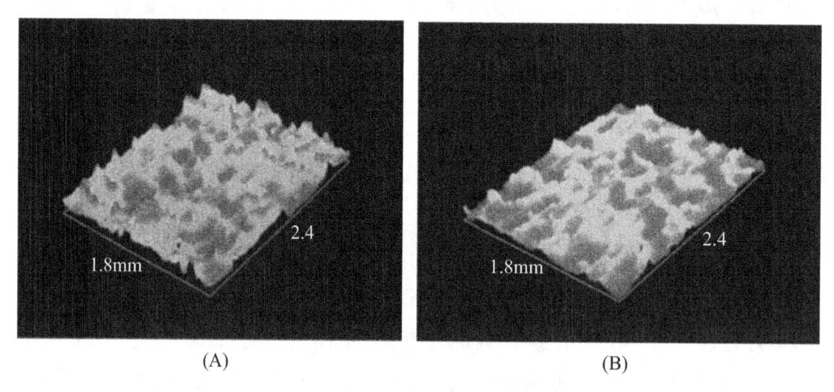


图 7.11　(A) 粗糙度 *Ra* 为 982nm 的表面形貌和 (B) 粗糙度 *Ra* 为 882nm 的清洗后表面的表面形貌[48]（见文后彩插）

如图 7.12 所示，激光清洗还会导致表面和次表面微观结构的一些微小变化。在靠近表面层观察到的硅化镁沉淀剂明显小于在大块基材上观察到的沉淀剂。这是由于激光清洗过程中快速加热和冷却速率限制了沉淀生长。图 7.13 显示了激光清洗前后样品的表面状况。

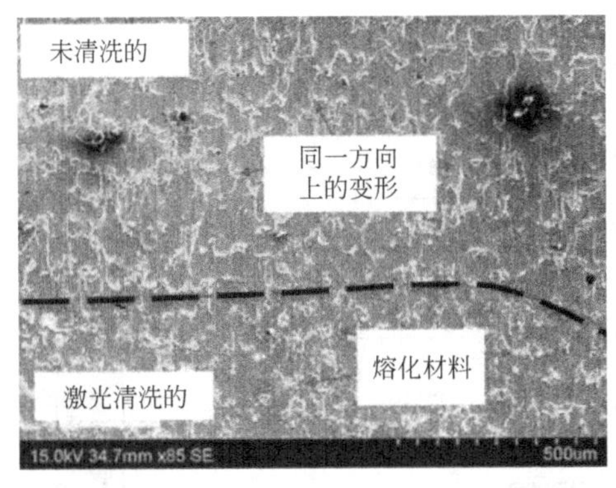


图 7.12　表面特征的 SEM（扫描电子显微镜）图像，其中底部被激光清洗，而顶部为原样[48]

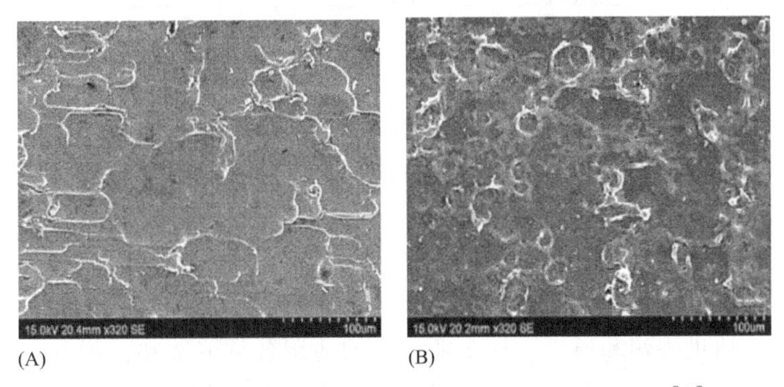


图 7.13　铝合金清洗前（A）和清洗后（B）的 SEM 图[48]

有无激光清洗的激光焊接样品的横截面如图 7.14 所示。从图中可以看出，激光清洗有助于显著降低汽车合金激光焊接中的孔隙率。如图 7.15 所示，无论焊接参数如何，激光焊

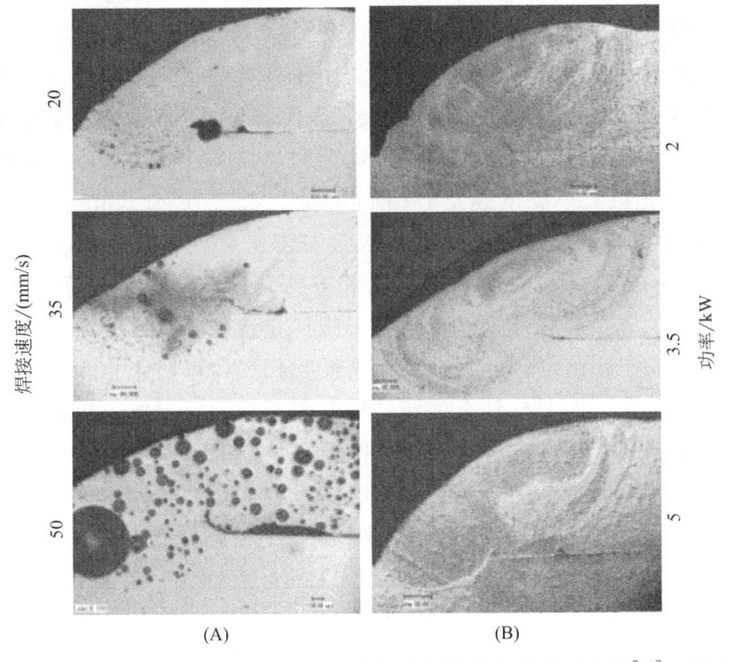


图 7.14　清洗前（A）和清洗后（B）激光角焊缝焊接的气孔水平比较[48]（见文后彩插）

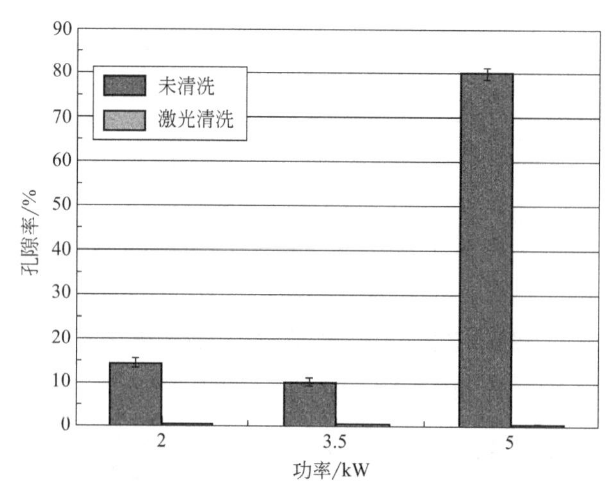


图 7.15　激光焊接接头中角焊缝在未清洗和激光清洗后的孔隙率[48]

接均有助于将孔隙率从 80%降低至 1%以下。

## 7.2.3　核工业中的激光清洗

核能对世界能源需求做出了重大和被公认的贡献。核工业中新技术的发展促使人们需要创新的清洗技术来协助去污和退役。核工业中目前使用各种清洗和去污方法[49]，包括化学清洗、湿磨料清洗、蒸汽清洗和湿超声波清洗。传统清洗技术的一个主要问题是产生二次废物，这些废物以液体和颗粒的形式存在，需要进一步处理。以凝胶和泡沫形式存在的化学品也可用于核污染净化。与传统化学品相比，凝胶和泡沫产生的二次废物要少得多[50]。然而，已知的化学清洗会影响核反应堆所用材料（包括不锈钢）的耐腐蚀性[51]。去污技术的自动化被视为核工业的另一个主要考虑因素。

激光越来越多地应用于核工业的不同领域。由于其自动化、远程处理和减少的二次废物的可能性，激光清洗成为已知去污方法的补充替代方案。Kumar[52] 演示过使用 Q 开关 Nd：YAG 激光器对燃料棒进行的激光去污，该激光器工作于 1.06μm，能够以 6ns 的持续时间和 1cm 的未聚焦光束大小提供最大 1.6J 的能量。图 7.16 为 Kumar 使用的实验装置的示意图[52]。燃料棒的远端被固定在卡盘中，卡盘安装在旋转台的轴上，为水平固定 2.60m 长的燃料棒提供适当的支撑。吸气装置确保从相互作用区喷出的微粒进入基于 HEPA（高效微粒空气）过滤器的排烟装置。这一机理加上维持在激光室内部的适当压力梯度，确保没有气载放射性物质污染工作区域。此外，使用惰性吹扫气体可防止相互作用区的覆层表面氧化以及喷射颗粒的再沉积。调节旋转台的旋转节距和激光的重复率，以通过固定的激光束照射燃料棒表面的有效区域，并在连续的曝光之间留出一定的重叠。

Madhukar 等对小型污染样品进行许多初步实验，估算将污染物降低到允许水平所需的激光参数[53]。将样品表面暴露于大约 8 个激光脉冲，在 1064nm 时的通量值为 700mJ/$cm^2$，可以将污染降低到可接受的水平。

图 7.17 显示了激光去污前后 100 根燃料棒的单位面积活度（Bq/$cm^2$）。从图中可以看出，激光清洗通过从燃料棒表面清除松散结合的污染物，大大降低活度。Kumar [52]实现了高达 $10^4$ 的去污因子（初始活度与去污后活度之比），这表明，激光去污工艺不会改变覆层

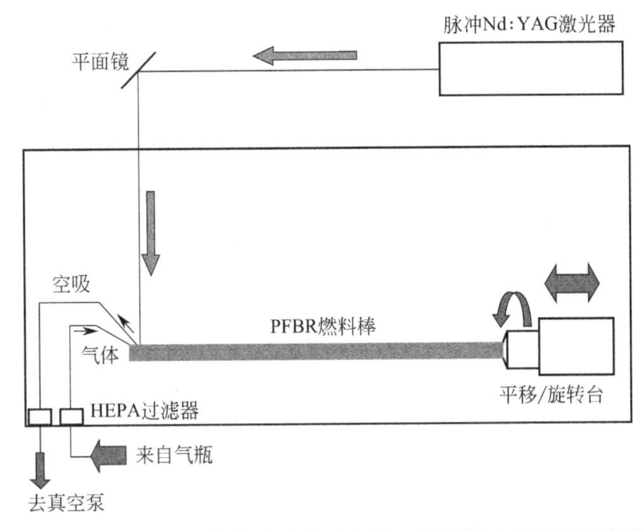


图 7.16 PFBR（原型快中子增殖反应堆）燃料棒去污过程示意图[52]

的表面形态和力学性能。由于是一种干法且非接触的过程，固体废物的产生和工作人员受到的辐射也已减少。

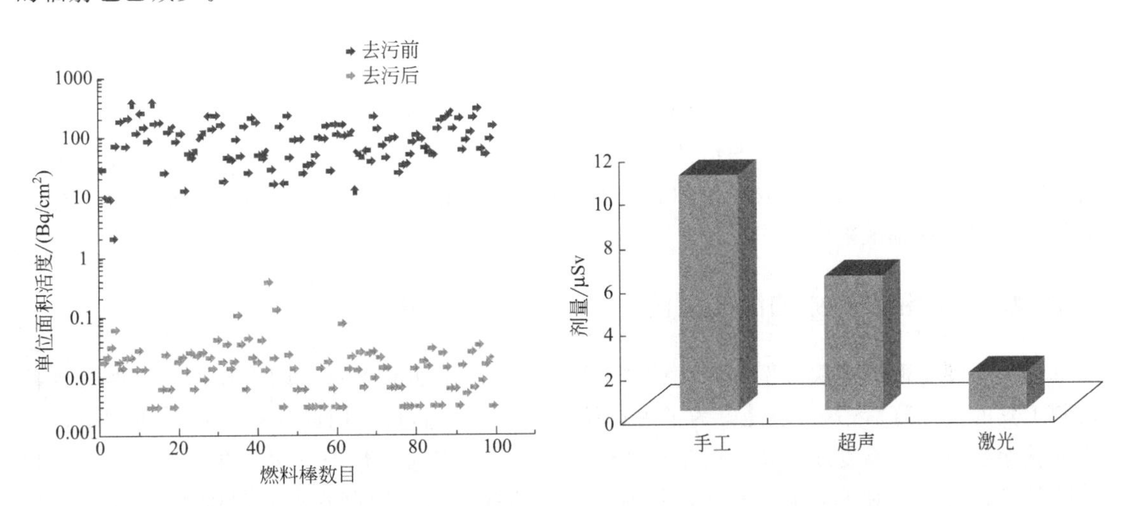


图 7.17 激光去污前后 100 根 PFBR 燃料棒的活度[52]　　图 7.18 不同去污方法对工作人员的辐射剂量比较[52]

图 7.18 显示了用三种不同方法对 10 根代表性燃料棒进行去污处理时，单个工作人员所受辐射剂量的典型比较。如所观察到的，使用激光作为去污手段可使辐射暴露剂量降到最低。

激光清洗在核工业中的另一种典型用途是去除 $UO_2$ 粉末。Kumar[52]研究了在尺寸为 5cm×5cm、厚度为 6mm 的夹层玻璃片中激光清洗 $UO_2$ 粉末。Kumar[52]使用能够在 1064nm 和 532nm 波长下发出 6ns 脉冲的 Nd∶YAG 脉冲激光作为清洗工具，手动扫描样品以清洗整个区域。用 ZnS(Ag) 闪烁探测器测量样品在激光去污前后的 α 放射性活度，以估算样品的去污效率（DE）。去污效率定义为被去除的放射性活度所占初始活度的百分数。浮法玻璃基本上是碱石灰玻璃，在 500nm 波长下表现出最大的透射率。Kumar[52]使用的夹层玻璃平板在 532nm 波长下显示最大透射率约为 85%，在 1064nm 下显示约为 50%。大多数其他关于清除玻璃表面污染的研究都利用 ArF 或 XeCl 激光的紫外光辐射。但是，对于夹层玻璃面板清洗，不能使用紫外光，因为中间的 PVB（聚乙烯醇缩丁醛）层会阻止紫外光光子的透射。Kumar[52]从玻璃背面照射 $UO_2$ 污染物，因为与正面去污相比，在背面激光去污期间产生的热弹性力的大小会更高。这也是一个简单的选择，因为在这种情况下，激光束可以很容易地指向玻璃面板。图 7.19 显示了单脉冲去污效率与注量的关系。

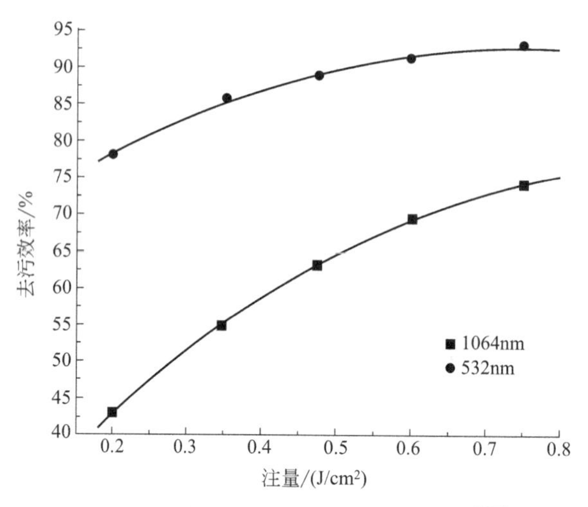


图 7.19 单脉冲去污效率随注量的变化[52]

在 532nm 波长下，由于其在层压玻璃板中更好的透射性和在 $UO_2$ 中的更好被吸收，可以在较低的注量下实现高效率的清洗。尽管 Kumar[52]计算单脉冲曝光后的去污效率，但其值可能随着激光脉冲曝光次数的增加而增大，在玻璃表面未观察到因激光照射而产生的裂纹或任何痕迹的视觉缺陷[52]。

## 7.2.4 工具和模具中的激光清洗

目前，硬质薄膜涂层 [例如氮化钛（TiN）]广泛用于切割工具，以提高加工性能并延长切割工具的使用寿命[54]。但是，为了可持续使用、工具的再利用或涂层部件的再制造，去除硬质涂层以进行修复或重新涂层是有益的。在不损坏基板的情况下去除薄膜涂层是一项艰巨的任务，特别是对于热加工而言，其中相关的热效应需要限制在涂层厚度内[55]。高涂层黏合强度[56]和优异的涂层硬度[57]对薄膜涂层的机械去除提出了挑战。通常使用化学清洗工艺去除硬陶瓷薄膜[58,59]。尽管化学清洗方法在制造业中已经很成熟，但它具有许多缺点，包括周期长（以小时计）、涂层去除不均匀、要有用于输送和处理化学废物的辅助设备，以及最关键的是与环境危害相关的问题。

在不损坏基底的情况下，探索了一种去除硬质薄膜涂层的替代方法[55]。本节讨论激光去除此类涂层的最新技术。激光去涂层工艺可用于去除选定区域的涂层，在远程控制下操作，并且可以实现自动化[60]。此外，这是一个无冷却剂和化学危害的过程。但是，激光清洗比化学清洗更昂贵，并且需要对工艺参数进行高度控制。

薄膜材料激光去涂层的质量在很大程度上取决于激光脉冲的持续时间和束流相互作用机理。对于准分子激光器，脉冲持续时间为 10～20ns，去除过程主要是热传导、熔池形成、蒸发、反冲压力引起的熔体喷射以及某些相爆炸[61]。激光的能量在光学穿透深度上被吸收，导致表面温度升高，表面温度升高可能导致汽化和等离子体形成。激光去涂层中的材料去除主要是由于汽化，然后是熔体喷射（由于蒸气压和相爆炸）。材料去除特性主要取决于激光脉冲持续时间和激光脉冲能量，并且可以通过适当选择工艺参数来控制。

本节中要关注的是从微观到宏观水平对涂层工具进行激光清洗。对于直径通常为500μm的微型工具，去除陶瓷涂层的过程具有挑战性，任何小的基板损坏都会使工具失效。

图7.20(A) 显示了带有激光涂层切削刃的菱形刀片图像。可以清楚地看到TiN涂层和非涂层表面之间的对比。此外，其中的刀片边缘的特写视图［图7.20(B)］表明去涂层过程仍然能够保持良好的边缘清晰度。

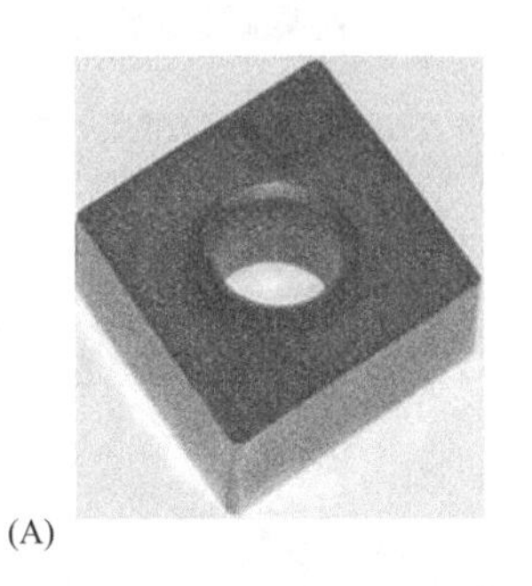

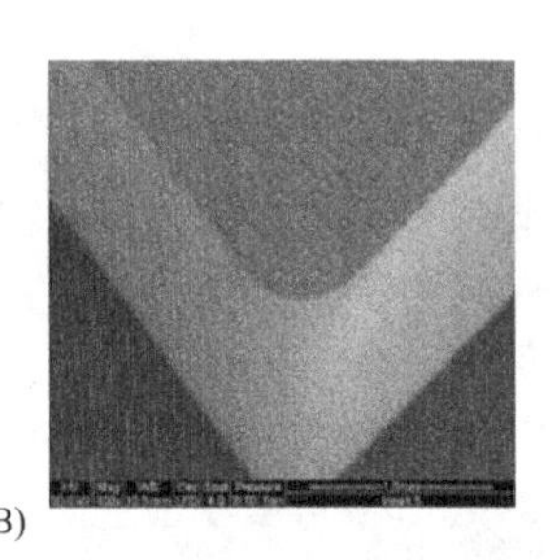

(A) (B)

图7.20 激光去涂层的WC刀片（注量：2J/cm$^2$；扫描速度：0.5mm/s；频率：50Hz；激光束重叠：80%）

(A) 去涂层刀片的图像；(B) 激光去涂层刀片的边缘SEM图像

图7.21(A) 所示的微型工具的直径为500μm，凹槽为1mm，柄部直径为3mm，长度为35mm。使用不平衡的磁控溅射离子镀层在该碳化钨微型工具上镀2μm厚的TiN涂层[62]。用于去除涂层过程的计算机数控（CNC）工作台具有一个旋转轴和三个线性轴。如图7.21(B) 所示，将微型工具固定在旋转轴上，使旋转轴和激光轴彼此垂直，并且工具以10r/min的速度旋转。

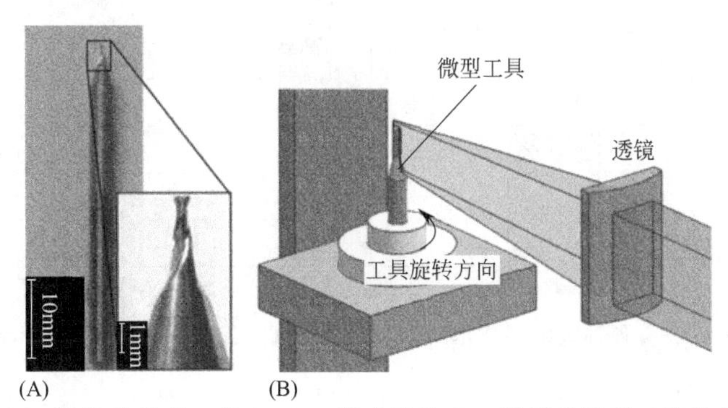


图7.21 (A) TiN涂层的微型工具和 (B) 激光清洗TiN涂层的微型工具的实验装置示意图

图7.22(A) 和图7.22(B) 显示了激光清洗前后微型工具的表面状况。在激光注量为2J/cm$^2$、转速为10r/min、脉冲频率为25Hz和1950个脉冲下进行激光去涂层。即使在高放大倍率下，微型工具在激光去涂层后仍显示出完美的边缘清晰度。涂层工具的表面粗糙度约为300nm，这在加工过程所需的最佳范围内[63]。

结果表明，与化学去涂层的刀片相比，受激准分子激光去涂层的刀片的表面光洁度更高。从图7.23可以看出，对刀片进行去涂层处理会稍微增加工具的表面粗糙度。光滑的表面轮廓有利于使切割过程中的摩擦系数最小化，然后将化学和激光喷涂的刀片用2μm厚度的TiN进行重新涂层，以比较未涂层和第一代涂层刀片的加工性能。

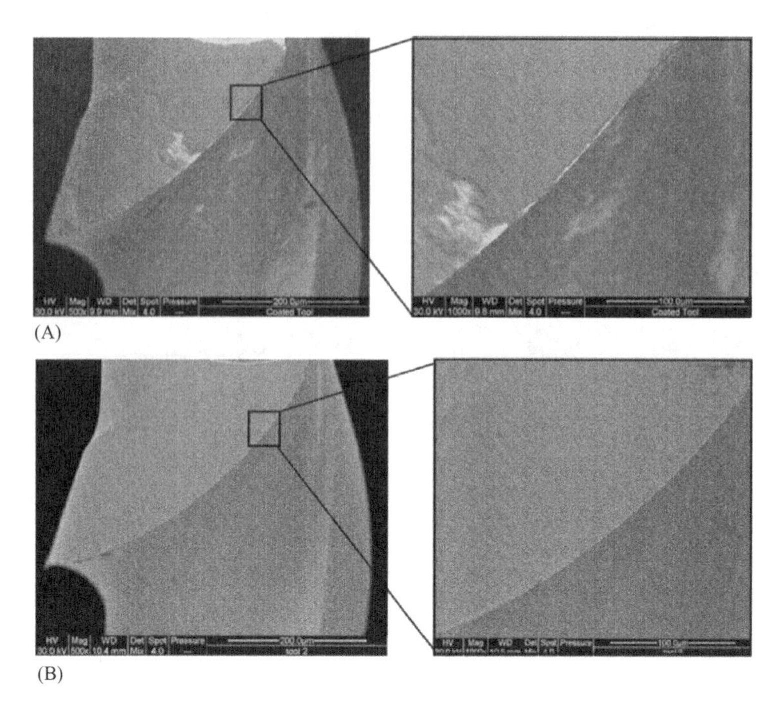


图 7.22　激光去涂层（A）之前和（B）之后涂有 TiN 的 WC 微型工具的表面形态
（注量为 $2J/cm^2$，频率为 25Hz，转速为 10r/min）

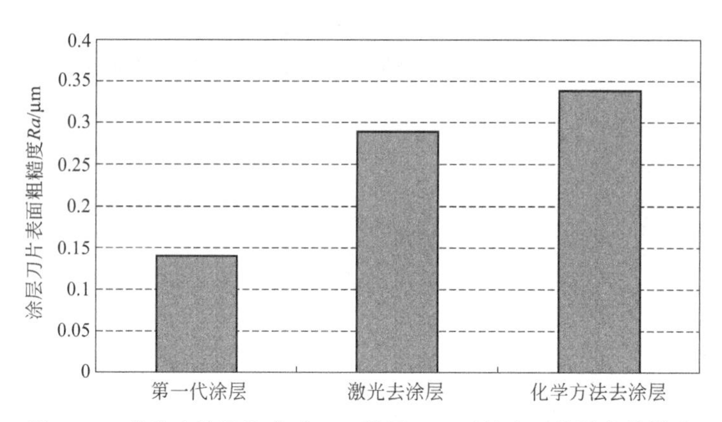


图 7.23　各种去涂层技术对 TiN 涂层 WC 刀片表面粗糙度的影响

传统的磨损评估通常基于平均侧面磨损或刀具寿命。然而，这种比较既没有标准化也没有规范化，因为，它没有考虑真实切割长度或去除的材料量。一种使效果正常化的方法是，取刀面磨损与就所去除的材料而言的实际切割长度之比的对数。这使工件直径在机械车削过程中发生变化时，切削螺旋长度的可变性得到标准化。这里假设切削刀具侧面磨损的宽度与切削宽度相同。从图 7.24 可以明显看出，与涂层刀具相比，在较高的切削速度下，未涂层刀具的磨损率更高。与第一代涂层刀具（即之前未经返工的刀具）相比，激光去涂层后再涂层刀具与化学法去涂层后再涂层刀具显示出相对可比的磨损率。在较高的切削速度下，第一代涂层刀具的磨损性能最好，而激光去涂层后再涂层刀具的磨损性能次之。从这些结果可以清楚地看出，与第一代涂层刀具相比，激光或化学法去涂层后再涂层刀具不会显著降低磨损性能。

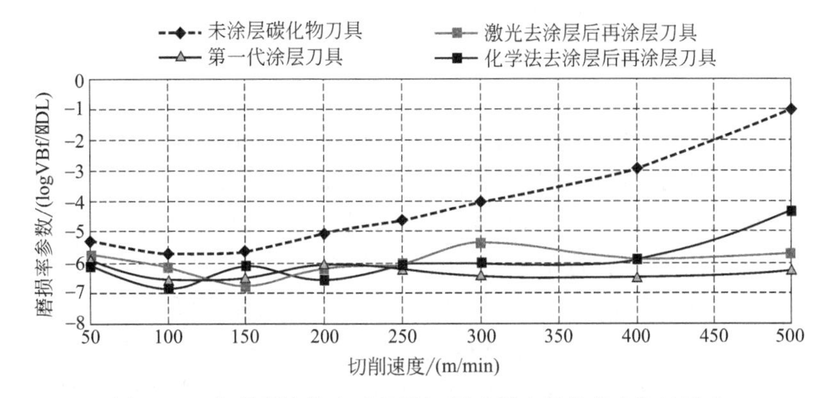


图 7.24　各种脱漆技术对机械切削过程中磨损率参数的影响

图 7.25 显示了使用 Taylor Hobson Surtronic 3＋表面粗糙度测量仪测量的 EN8 钢加工表面的平均表面粗糙度，截止值为 0.8mm，横向长度为 8mm。正如预期的那样，在整个研究的切削速度范围内，与未涂层刀具相比，涂层刀具在工件上产生更好的表面光洁度。在较高的切削速度下，激光去涂层后再涂层刀具的性能比第一代涂层刀具和化学法去涂层后再涂层刀具的性能稍好一些。与第一代涂层刀具相比，再涂层刀具（在激光或化学去涂层后）不会显著影响加工零件的表面粗糙度。

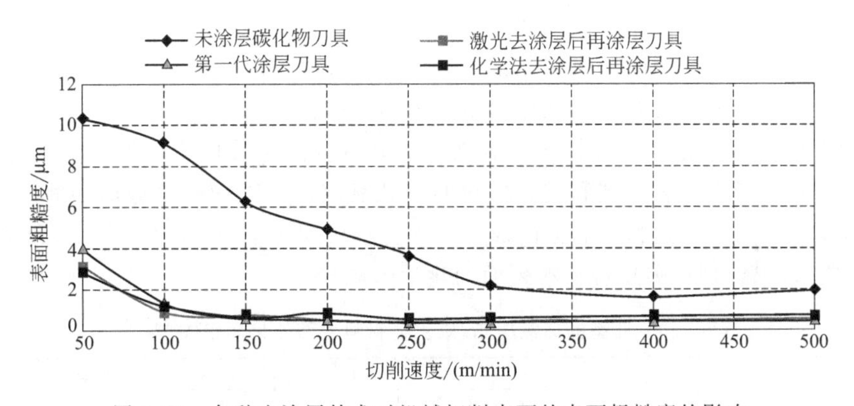


图 7.25　各种去涂层技术对机械切削表面的表面粗糙度的影响

## 7.2.5　碳纤维增强聚合物的激光清洗

碳纤维增强聚合物（CFRP）复合材料最初是为航空航天工业而开发的，如今正越来越广泛应用于从汽车、帆船、自行车赛车到高尔夫球杆。黏结是连接复合材料的首选方法，因为它比机械固定方法更具优势。在黏结之前，CFRP 的表面处理对于产生精确、牢固且可预测的黏结至关重要。

CFRP 的表面处理传统上是通过喷砂、手工研磨和等离子体表面处理等非自动化方法来完成的。这些表面处理方法的主要问题之一是它们在应用过程中会产生很大的变化。基于激光的 CFRP 清洗工艺具有重复性好、精度高、控制程度高等优点。激光提供的精确控制能力可以蚀刻图案，提高附着力。激光处理的样品可以在剪切强度上有 4 倍的改善，同时保持纤维完好无损且无弯曲和碎屑。

在复合材料表面上会发现各种各样的污染物，由于它们的性质，它们在胶黏剂连接或喷涂应用中可能会形成薄弱的边界层[64]。目前，研究人员使用各种技术来清除污染物并提供有纹理的表面，例如喷砂、化学清洗或用酸和其他腐蚀性材料蚀刻表面的处理。这些清洗或纹理化加工工艺的费用很高，而且存在严重的环境问题，因此这些清洗或纹理加工工艺在商业上并不适用，并且有害物质在使用后需要安全处理和环境处置。一旦表面已经被清洗和结构化，可以通过任何常规方法涂布所需的胶黏剂，包括刷涂、喷涂、浸涂、辊涂、静电涂层或浸渍。有效的黏合要求基底表面具有合适的表面状态，使沉积物牢固地固定并增强附着力。这对于聚合物基质碳纤维复合材料尤其必要，因为许多聚合物显示出较低的黏合特性[64,65]。基于激光的复合材料表面清洗可以提供更大的表面积，并通过将涂层机械锁定到复合材料上提供黏结。CFRP 表面清洗的最终目的是在不影响材料整体性能的前提下，对表面进行薄层改性，以获得更有利的化学结构和形态结构。

为了满足工程应用的需要，人们开展了大量的研究工作，以期通过各种方法获得高质量的复合材料黏合强度。CFRP 的制造包括使用剥离层、脱模剂和脱模膜，这些脱模剂会污染黏合表面。表面处理有助于改善黏结条件，对黏结强度有显著影响[66]。表面处理的目的是改变表面的形态和化学性质，而不改变其整体性质和特性。下面列出了改善表面附着力的表面处理目标[67]：

（1）清除表面污染物。

（2）增加表面自由能以改善润湿性。

（3）增加表面粗糙度以改善机械互锁或可黏结的表面积。

（4）改变化学组成，使新的极性化学基团可用于键合。

多种污染物可能存在于复合材料的表面上，并且（由于其性质）形成一个薄弱的边界层。这些污染物包括来自脱模剂和袋装材料的聚硅氧烷、氟碳释放喷雾剂和薄膜、加工油、指纹和复合材料本身中已迁移到表面的成分，如自释放配方中的硬脂酸钙、水和增塑剂。表 7.5 给出了典型环氧树脂/碳复合材料表面的化学组成[68]。

**表 7.5 典型的环氧树脂/碳复合材料表面的化学组成[68]**

| 项目 | C/% | O/% | N/% | F/% | Si/% | S/% | O/C |
|---|---|---|---|---|---|---|---|
| 碳/环氧树脂 | 56.4 | 8.1 | 1.5 | 32.2 | 1.8 | — | 0.14 |

由于在制造过程中使用氟化膜作为脱模剂，复合材料通常具有非常光滑和有光泽的成型表面，如表 7.6 所示[68]。复合材料尤其是热塑性基体的表面能往往较低（表 7.6），表面难以润湿。为了获得耐用的涂层，须对复合材料表面进行预处理，以改变表面的润湿性和形态，并去除表面污染物，以获得更好的涂层附着力。Mittal[69]讨论了表面界面条件对有效黏合接头的重要性。他指出，通过改变表面化学组成，即通过生成能与胶黏剂反应的合适的表面化学基团来改善黏合性。

**表 7.6 裸露表面的粗糙度和表面自由能[68]（$\gamma^{LW}$、$\gamma^{AB}$、$\gamma^{TOT}$ 分别是极性组分表面自由能、非极性组分表面自由能、总表面自由能）**

| 项目 | 粗糙度 $Ra/\mu m$ | $\gamma^{LW}/(mJ/m^2)$ | $\gamma^{AB}/(mJ/m^2)$ | $\gamma^{TOT}/(mJ/m^2)$ |
|---|---|---|---|---|
| 玻璃/环氧树脂 | 0.79（±0.08） | 31.6（±1.11） | 2.36（±0.42） | 33.96（±1.51） |
| 碳/环氧树脂 | 0.81(±0.17) | 38.54（±0.9） | 1.13（±0.17） | 39.67(±1) |

各种化学的、机械的和能量的表面处理方法，已用于塑料和金属的黏结处理。从这些评价中也许可以了解其应用于涂漆过程中用纤维增强复合材料表面处理的可行性。一些技术总结见表 7.7。

**表 7.7　表面预处理方法**

| 机械的方法 | 能量的方法 | 化学的方法 | 机械的方法 | 能量的方法 | 化学的方法 |
|---|---|---|---|---|---|
| 氧化铝喷砂 | 电晕放电 | 溶剂清洗 | 剥离 | 准分子激光 | 底漆 |
| 低温 | 等离子体 | 洗涤剂清洗 | SiC 磨损 | | |
| 纯碱喷射 | 火焰 | 酸蚀 | | | |

剥离、喷砂、手工研磨和化学溶剂擦拭是实现这些效果广泛使用的方法，并且是根据复合材料的类型和适用性而被选用的。然而，这些方法的主要问题是其可变性和在应用中缺乏精确控制[70]。

喷砂处理通常用于将表面形貌引入表面，增加粗糙度帮助黏结。这种处理虽然能使表面能增加，但是喷砂介质的类型通过可能发生的物理化学相互作用而影响表面的化学组成。化学溶剂主要用于影响表面的化学组成[71]。

在航空航天工业中广泛使用的方法是剥离法。一个织物被插入 CFRP 表面并在固化基体树脂之前被去除。这将引入表面粗糙度并改变有助于黏合的表面形貌。手动方法（例如手动研磨和喷砂处理）的缺点是这些过程很慢，通常在潮湿的环境中进行，这会增加复杂性和交付周期。此外，喷砂过程的自动化很复杂，因为必须在喷砂前后进行清洗，而且非常不适用于大型零件。剥离法的主要缺点是在制造过程中必须将剥离层压到基材中，从而增加工艺复杂性。

手动研磨和喷砂处理有损坏纤维的风险，并涉及需要二次清洗的其他污染物[72]。这些缺点使激光的使用极具吸引力。近年来，激光处理方法因其与传统处理方法相比具有一些强大的优势而越来越受到人们的欢迎。它可自动化，具有高重复性、无接触、易于控制参数、精度高、易于集成到柔性制造系统中。

激光清洗或去除是材料表面连续脉冲辐照的非接触式局部受限相互作用，但是，CFRP 的主要困难在于嵌入了各种各样的污染物，例如脱模剂、指纹和油中的聚硅氧烷和碳氟化合物[67]。为了研究激光在复合材料表面清洗和黏结中的最佳应用，人们进行了许多实验。实验结果表明，在紫外光范围（248nm/193nm）内，使用准分子激光器对复合材料进行激光表面处理后，其黏结强度提高，这主要是由于去除了复合材料上的基质材料和填料颗粒。通过搭接剪切测试和研究破坏模式可对此进行验证。与喷砂处理和剥离相比，激光处理的样品显示出更高的黏结强度，显示出其他方法所缺乏的一致性和可重复性。

当用三倍频的 Nd∶YAG 激光(355nm) 在 7W 下进行激光清洗时，Belcher 等[67]观察到 CFRP 黏合性能得到改善。结果发现，使用激光代替传统方法（如剥离、手动研磨或喷砂）可获得一致的无污染表面，且碎片、不规则和弯曲表面最少。实验还表明，经剥离处理的样品的剪切强度与激光处理过的样品的剪切强度大致相当。喷砂处理的基材的剪切强度明显较低。搭接剪切试验表明，胶黏剂的黏合力强度高，在黏结力破坏前先破坏被粘物。

由 Fischer 等人用 Nd∶YAG 激光器在紫外范围(308nm) 和 $CO_2$ 激光器在近红外范围(10060nm) 进行的实验进一步支持通过激光处理提高黏结强度[73]。搭接剪切试验结果表明，黏结破坏模式主要发生在黏结层厚度范围内。这意味着减少热损伤，获得了更高的黏结强度。此外，使用紫外激光可在不分层的情况下实现快速无损伤烧蚀，而 $CO_2$ 激光器产生更多热量，因此，对块状材料造成损坏的风险更高。

Yokozeki 等[74]为了研究激光处理对黏结强度的影响，使用波长为 10600nm 的脉冲 $CO_2$ 激光。结果表明，采用合适的工艺参数处理 CFRP 可获得与砂纸相似的黏结强度。此外，还研究激光处理和键合过程之间的时间间隔。在低湿度下保存 3 个月后，未观察到对黏结强度的影响。结果表明，最佳激光参数与所选用的 CFRP 树脂和胶黏剂有关。

为了优化表面特性，激光处理允许在不影响纤维增强的情况下部分地或完全去除表面聚合物层[72,75-77]。通过选择合适的激光参数（脉冲数、激光注量等），可以实现表面聚合物层的完全可控烧蚀。紫外激光更适用于聚合物，因为大多数有机材料吸收紫外光辐射，在聚合物表面仅几个分子层的深度就产生光化学反应，而不会损坏本体聚合物[66]。因此，紫外激光蚀刻被用作预黏合表面处理[72,75-80]，其优点是化学和形态改性以及清洗聚合物表面，对纤维损伤最小。

准分子激光处理可控制玻璃/环氧树脂和碳/环氧树脂复合材料的黏合性能，仅需一次激光脉冲即可对表面进行彻底清洗（表 7.8）[72]。这可以从几乎完全清除氟污染中得到证明。采用三种不同的烧蚀阶段：弱烧蚀（150mJ/$cm^2$-40 脉冲）、中度烧蚀（150mJ/$cm^2$-400 脉冲）和全烧蚀（500mJ/$cm^2$-500 脉冲）。

**表 7.8 X 射线光电子能谱法测定环氧树脂基体表面化学组成[72]**

| 项目 | C/% | O/% | N/% | F/% | Si/% | S/% | O/C |
|---|---|---|---|---|---|---|---|
| 裸露的表面 | 56.4 | 8.1 | 1.5 | 32.2 | 1.8 | T | 0.14 |
| 50mJ/$cm^2$-1 脉冲 | 80.4 | 12.5 | 5.6 | 0.7 | 0.5 | 0.5 | 0.16 |
| 150mJ/$cm^2$-4 脉冲 | 76.4 | 16.9 | 4.2 | — | 1.5 | — | 0.22 |
| 150mJ/$cm^2$-10 脉冲 | 78.6 | 15.9 | 3.6 | — | 1.1 | — | 0.2 |
| 150mJ/$cm^2$-40 脉冲 | 77.8 | 16 | 5.4 | T | — | 0.8 | 0.21 |
| 150mJ/$cm^2$-400 脉冲 | 77.4 | 16.9 | 5 | — | — | 0.7 | 0.22 |
| 500mJ/$cm^2$-40 脉冲 | 75.3 | 15.7 | 5.8 | — | 1.9 | 1.1 | 0.21 |

注：T=痕量。

如图 7.26(A) 所示，弱烧蚀模式仅提供表面清洗，没有突出的纤维增强或表面粗糙化。中度烧蚀模式下产生粗糙的表面，该表面由纤维增强材料和环氧树脂基体组成［图 7.26(A)］。全烧蚀模式［图 7.26(C)］显示出对基质彻底且更深的去除。残余表面则仅由纤维增强材料组成。激光处理后的复合材料显示出很高的黏合性能，单次剪切试验可证明这一点。将复合材料暴露于紫外激光照射下而获得的细微纤维突出，导致搭接剪切值大幅度增加（约增加 30%），从而提供高质量的黏合[72]。

在远紫外波段（即 193nm）工作的 ArF 准分子激光器与 SiC 烧蚀处理和未处理表面相比，黏合强度分别有 250%和 450%的提高[75,77]。用这种方法可以有效地用于各种热塑性复合材料和某些金属材料。根据 FTIR（傅里叶变换红外）光谱和 XPS（X 射线光电子能谱）分析确定激光处理过的表面的化学变化取决于表面能量[75,77]。未处理表面上的各种污染物（例如 Mg 和 Si）已通过激光处理完全去除。黏附力的提高与表面的粗糙化、化学改性和污染物的去除有关。在激光处理后，破坏模式从界面黏附破坏变为内聚破坏，表明界面黏附性得到改善。因为微观结构变化仅发生在外表面层，激光处理过基材的力学性能保持不变（图 7.27）。但是，激光表面处理对激光工艺参数非常敏感，特别是激光脉冲能量和每个位置的激光脉冲数量（或扫描速度）。高于最佳激光能量和每个位置的激光脉冲数量可能会导致表面过度烧蚀和碳化[75,77]，这会降低黏结性能。

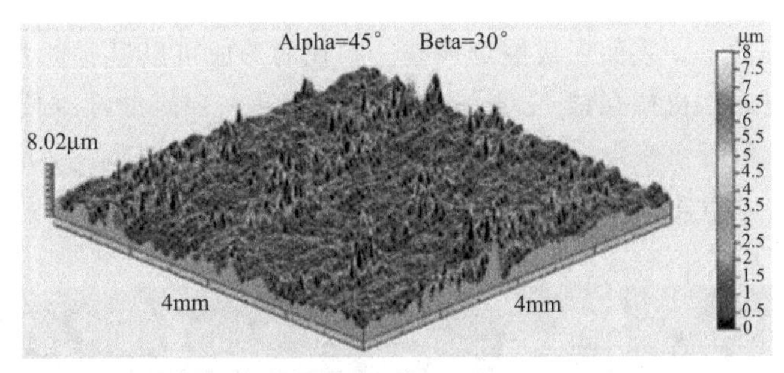


(A) 150mJ/cm²-40脉冲(*Ra*=0.6μm)

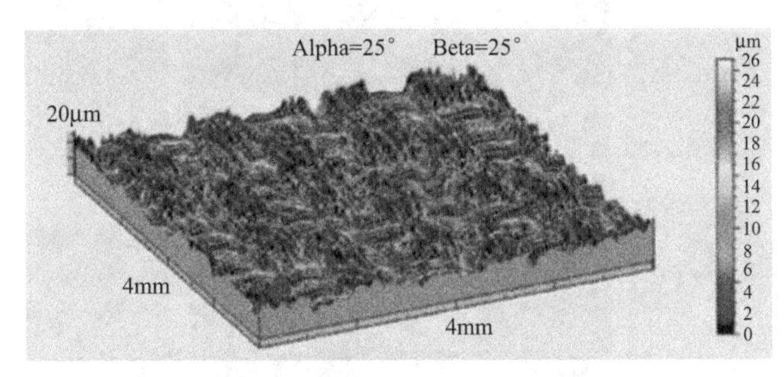


(B) 150mJ/cm²-50脉冲(*Ra*=3.3μm)

(C) 150mJ/cm²-400脉冲(*Ra*=13.1μm)

(D) 500mJ/cm²-500脉冲(*Ra*=17.2μm)

图 7.26　用不同准分子激光束条件处理的玻璃/环氧树脂表面的表面轮廓和平均粗糙度[72]（见文后彩插）

未处理的和 SiC 研磨的 PEEK（聚醚醚酮）复合材料的 SEM 显微照片如图 7.27(A) 和图 7.27(B) 所示。磨损的被粘物表面明显受损、开裂并且暴露的纤维断裂。在不同条件下进行紫外激光处理后，PEEK 复合材料的 SEM 显微照片如图 7.27(C)～图 7.27(F) 所示。PEEK 复合材料的有效烧蚀阈值为 0.42J/cm$^2$[78]。低于该值时，在表面区域中发生基质的去除，并且在高脉冲数下，表面形成圆形颗粒。颗粒的形成可以显著扩大表面积，并有助于胶黏剂与复合材料更好地机械互锁[75]。一旦除去基质后，裸露的纤维便不会受到烧蚀。在烧蚀阈值之上，复合纤维可平滑烧蚀。微粒和碎屑重新沉积在表面上，留下灰尘状的纹理。当远超过烧蚀阈值时，纤维变细并弯曲（图 7.27）。

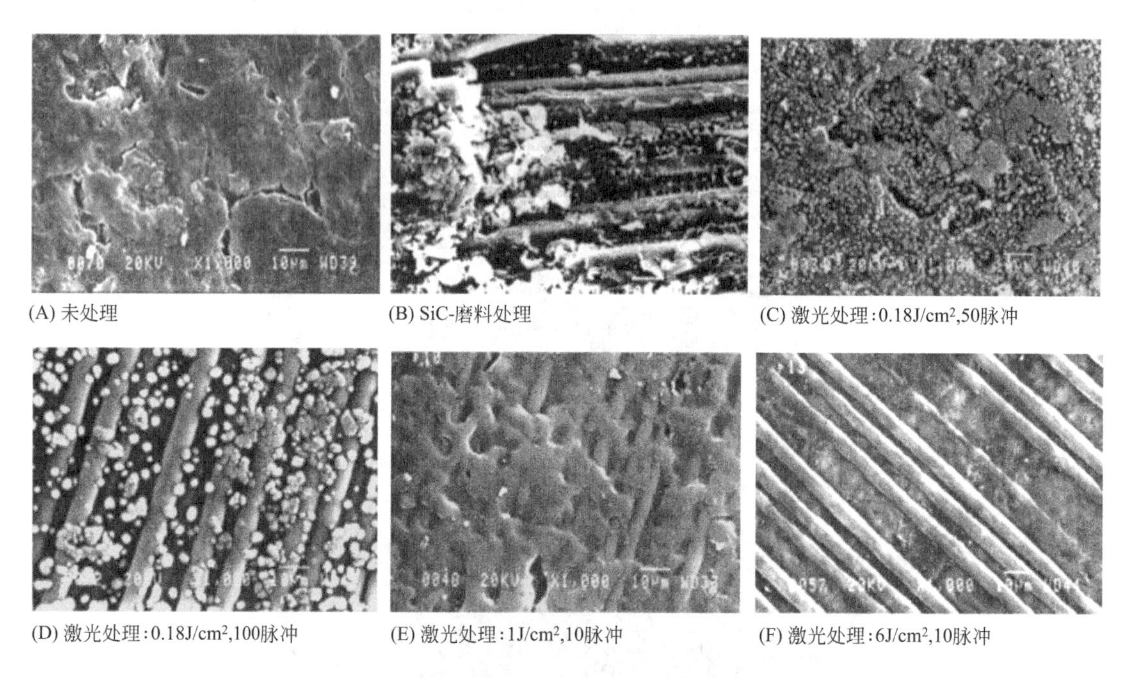


图 7.27　各种参数处理后 PEEK 复合材料表面的 SEM 显微照片[75]

Park 等[79]表明，经过准分子激光表面处理后，玻璃纤维增强环氧树脂复合材料的附着力增强。增强的黏附力是由于准分子激光辐照后表面化学性质的改变（从碳氢链到极性基团，如羰基和羟基）。在高于烧蚀阈值的情况下，通过烧蚀获得增加的表面粗糙度也有助于黏附力的提高。在高能量密度下，烧蚀会导致聚合物链瞬间断裂，导致表面不发生氧化[80]。环氧树脂基体的烧蚀速率依赖于脉冲数和激光能量密度（图 7.28），这意味着可以通过优化参数对环氧树脂基体进行选择性烧蚀来控制该过程。

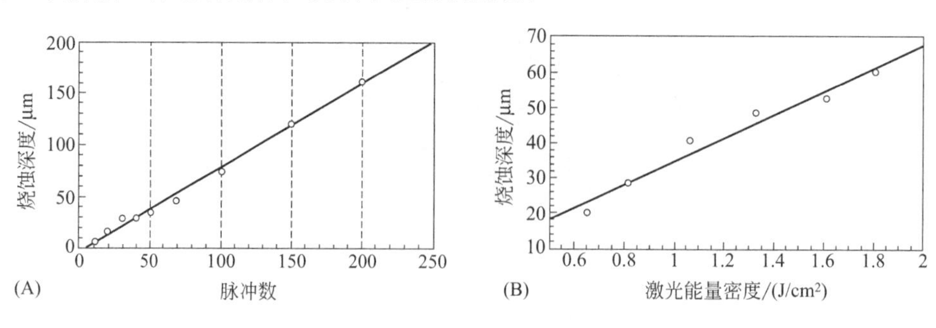


图 7.28　基体烧蚀深度与（A）脉冲数（能量密度：1.01J/cm$^2$；脉冲频率：5Hz）、（B）激光能量密度（脉冲数：50；脉冲频率：5Hz）呈线性关系[79]

# 7.3 小结

传统的清洗和材料去除方法（例如化学和磨料处理）已达到其能力的极限，因为它们在技术上和环境上都不适用于严格的清洗要求，而这些要求在高价值制造业中已变得标准化。

在过去的 30 年里，激光清洗工艺已广泛应用于制造业，并对现代制造业产生影响。尽管该工艺在制造业普遍具有公认的优点，但也存在一些不利因素，包括基本投资高、生产率低和一些技术问题，如清洗过度或不足（由于激光清洗对工艺参数或污染物厚度/成分的敏感性）。高功率纳秒和皮秒脉冲激光器的最新发展有望显著缩短工艺工期，解决激光清洗工艺的高费用问题。目前，激光加工研究的很大一部分是针对激光加工过程中监控系统的开发和激光材料加工的闭环控制，这种研究也应解决激光清洗对激光参数和污染物变化的敏感性问题。鉴于激光技术近来已有诸多发展，激光清洗有望成为制造业的主流工艺。

# 参考文献

[1] B. Luk' yanchuk (Ed.), *Laser Cleaning*, World Scientific Publishing Company, Singapore (2002).

[2] D. -J. Kim, Y. -K. Kim, J. -K. Ryu and H. -J. Kim, "Dry Cleaning Technology of Silicon Wafer with a Line Beam for Semiconductor Fabrication by KrF Excimer Laser", Jpn. J. Appl. Phys. 41, 4563 (2002).

[3] A. Kruusing, "Underwater and Water-Assisted Laser Processing: Part 1 -General Features, Steam Cleaning and Shock Processing", Opt. Lasers Eng. 41, 307 (2004).

[4] G. Vereecke, E. Rohr and M. M. Heyns, "Laser-Assisted Removal of Particles on Silicon Wafers", J. Appl. Phys. 87, 3837 (1999).

[5] D. Kim, H. K. Park and C. P. Grigoropoulos, "Interferometric Probing of Rapid Vaporization at a Solid-Liquid Interface Induced by Pulsed-Laser Irradiation", Intl. J. Heat Mass Transfer 44, 3843 (2001).

[6] M. Mosbacher, V. Dobler, J. Boneberg and P. Leiderer, "Universal Threshold for the Steam Laser Cleaningof Submicron Spherical Particlesfrom Silicon", Appl. Phys. A70, 669 (2000).

[7] M. She, D. Kim and C. P. Grigoropoulos, "Liquid-Assisted Pulsed Laser Cleaning using Near Infrared and Ultraviolet Radiation", J. Appl. Phys. 86, 6519 (1999).

[8] C. Curran, K. G. Watkins and J. M. Lee, "Effect of Wavelengthand Incident Angle in the Laser Removal of Particles from Silicon Wafers", in: *Proceedings 20th International Congress on Applications of Lasers and Electro-Optics ICALEO 2001*, X. Chen, Y. L. Yao, E. W. Kreutz, G. C. Lim and R. Patel (Eds.), Laser Institute of America, Orlando, FL (2001).

[9] G. Vereecke, E. Röhr and M. M. Heyns, "Influence of Beam Incidence Angle on Dry Laser Cleaning of Surface Particles", Appl. Surf. Sci. 157, 67 (2000).

[10] D. M. Kane (Ed.), *Laser Cleaning II*, World Scientific Publishing Company, Singapore (2007).

[11] J. M. Lee and K. G. Watkins, "Removal of Small Particles on Silicon Wafer by Laser-Induced Airborne Plasma Shock Waves", J. Appl. Phys. 89, 6496 (2001).

[12] H. Lim and D. Kim, "Laser-Assisted Chemical Cleaning for Oxide-Scale Removal from Carbon Steel

Surfaces", J. Laser Applics. 16, 25 (2004).

[13] H. Lim and D. Kim, "Optical Diagnostics for Particle-Cleaning Process Utilizing Laser Induced Shockwave", Appl. Phys. A 79, 965 (2004).

[14] C. Seo, H. Shin and D. Kim, "Laser Removal of Particles from Surfaces", in: *Laser Technology: Applications in Adhesion and Related Areas*, K. L. Mittal and W. -S. Lei (Eds.), pp. 379-416, Wiley-Scrivener Publishing, Beverly, MA (2018).

[15] D. Ahn, C. Seo and D. Kim, "Laser-Induced High-Pressure Micro-Spray Process for Nanoscale Particle Removal", in: *Particle Adhesion and Removal*, K. L. Mittal and R. Jaiswal (Eds.), pp. 337-363, Wiley-Scrivener Publishing, Beverly, MA (2015).

[16] J. M. L. López, S. Marimuthu and A. M. Kamara, "Droplet-Assisted Laser Cleaning of Contaminated Surfaces", in: *Developments in Surface Contamination and Cleaning: Types of Contamination and Contamination Resources*, Volume 10, R. Kohli and K. L. Mittal (Eds.), pp. 151-169, Elsevier, Oxford, UK (2017).

[17] G. G. Amoroso and V. Fassina, *Stone Decay and Conservation. Atmospheric Pollution, Cleaning, Consolidation, and Protection (MaterialsScience)*, Volume 11, Materials Science Monographs, Elsevier Science Publishing, Amsterdam, The Netherlands (1983).

[18] A. Moncrieffand G. Weaver, *Science for Conservators*, Volume 2, Cleaning, Routledge, Taylor and Francis Group Imprint, London, UK (1992).

[19] S. Beaudoin, P. Jaiswal, A. Harrison, J. Laster, K. Smith, M. Sweat and M. Thomas, "Fundamental Forces in Particle Adhesion", in: *Particle Adhesion and Removal*, K. L. Mittal and R. Jaiswal (Eds.), pp. 3-80, Wiley-Scrivener Publishing, Beverly, MA (2015).

[20] K. L. Mittal (Ed.), *Particles on Surfaces 3: Detection, Adhesion, and Removal*, Plenum Press, Springer Science+Business Media, New York, NY (1991).

[21] H. Adnani-Amardjia, D. Abdi and A. Boucenna, "Conditions de traitement thermique de l'alliage de titane TA6V sous faisceau laser $CO_2$ de puissance", Annal. Chim. Sci. Materiaux. 24, 515 (1999).

[22] H. Adnani-Amardjia, D. Abdi, A. Boucenna and J. M. Pelletier, "Microstructure of Laser Melted Titanium Alloys", Lasers Eng. 9, 157 (1999).

[23] H. Adnani-Amardjia, D. Abdi, H. Boudoukha-Djabi and A. Boucenna, "Correilation entre les conditions de traitement thermique par laser $CO_2$ de puissance et les modifications structurales de surface d' alliage de titane TA6V", Annal. Chim. Sci. Materiaux. 24, 493 (1999).

[24] L. Urech, T. Lippert, A. Wokaun, S. Martin, H. Mädebach and J. Krüger, "Removal of Doped Poly (Methylmetacrylate) from Tungsten and Titanium Substrates by Femto-and Nanosecond Laser Cleaning", Appl. Surf. Sci. 252, 4754 (2006).

[25] H. Badekas, C. Panagopoulos and S. Economou, "Laser Surface-Treatment of Titanium", J. Mater. Processing Technol. 44, 54 (1994).

[26] E. György, A. Pérez del Pino, P. Serra and J. L. Morenza, "Influence of the Ambient Gas in Laser Structuring of the Titanium Surface", Surf. Coatings Technol. 187, 245 (2004).

[27] M. Bereznai, I. Pelsöczi, Z. Tóth, K. Turzó, M. Radnai, Z. Bor and A. Fazekas, "Surface Modifications Induced by ns and Sub-ps Excimer Laser Pulses on Titanium Implant Material", Biomater. 24, 4197 (2003).

[28] L. Lavisse, D. Grevey, C. Langlade and B. Vannes, "The Early Stage of the Laser-Induced Oxidation of Titanium Substrates", Appl. Surf. Sci. 186, 150 (2002).

[29] C. Langlade, A. B. Vannes, J. M. Krafft and J. R. Martin, "Surface modification and tribological behaviour of titanium and titanium alloys after YAG-laser treatments", Surf. Coatings Technol. 100-101, 383 (1998).

[30] A. M. Prokhorov, *Laser Heating of Metals*, Adam Hilger, Bristol, UK (1990).

[31] D. Bäuerle, *Laser Processing and Chemistry*, Springer-Verlag, Berlin and Heidelberg, Germany (1996).

[32] A. Kumar and M. C. Gupta, "Surface Preparation of Ti-3AL-2. 5V Alloy Tubes for Welding Using

a Fiber Laser", Opt. Lasers Eng. 47, 1259 (2009).
[33] M. C. Gupta, Y. Lin and T. H. Wong, "Laser Removal of Oxide from Titanium Alloy and Surface Cleaning", Proceedings 9th International Symposium on Laser Precision Microfabrication, Quebec City, Canada (2008).
[34] H. Li, S. Costil, H. -L. Liao, C. Coddet, V. Barnier and R. Oltra, "Surface Preparation by Using Laser Cleaning in Thermal Spray", J. Laser Applics. 20, 12 (2008).
[35] A. Azoulay, N. Shamir, E. Fromm and M. H. Mintz, "The Initial Interactions of Oxygen with Polycrystalline Titanium Surfaces", Surf. Sci. 370, 1 (1997).
[36] M. W. Turner, P. L. Crouse and L. Li, "Comparison of Mechanisms and Effects of Nd: YAG and $CO_2$ Laser Cleaning of Titanium Alloys", Appl. Surf. Sci. 252, 4792 (2006).
[37] M. W. Turner, P. L. Crouse and L. Li, "Comparative Interaction Mechanisms for Different Laser Systems with Selected Materials on Titanium Alloys", Appl. Surf. Sci. 253, 7992 (2007).
[38] M. W. Turner, P. L. Crouse, L. Li and A. J. E. Smith, "Investigation into $CO_2$ Laser Cleaning of Titanium Alloys for Gas-Turbine Component Manufacture", Appl. Surf. Sci. 252, 4798 (2006).
[39] M. W. Turner, M. J. J. Schmidt and L. Li, "Preliminary Study into the Effects of YAG Laser Processing of Titanium 6Al-4V Alloy for Potential Aerospace Component Cleaning Application", Appl. Surf. Sci. 247, 623 (2005).
[40] M. W. Turner, J. E. Smith and P. L. Crouse, "Laser Cleaning of Components", U. S. Patent 8, 628, 624 (2014).
[41] J. Sidhu, "Process and Apparatus for Monitoring Surface Laser Cleaning", U. S. Patent 6, 274, 874 (2001).
[42] N. K. Nair, A. Travaly, C. Kilburn, T. J. Fischer and J. F. Nolan, "Method and Apparatus for Cleaning Generator and Turbine Components", U. S. Patent 6, 794, 602 (2004).
[43] A. W. Al Shaer, "Porosity Reduction and Elimination in Laser Welding of AA6014 Aluminium Alloys for Automotive Components Manufacture and Industrial Applications", Ph. D. Thesis, University of Manchester, Manchester, UK (2017).
[44] G. Mathers, *The Welding of Aluminium and its Alloys*, Woodhead Publishing, Elsevier Imprint, Elsevier, Oxford, UK (2002).
[45] C. Vargel, *Corrosion of Aluminium*, Elsevier, Oxford, UK (2004).
[46] S. Joshi, W. G. Fahrenholtz and M. J. O' Keefe, "Effect of Alkaline Cleaning and Activation on Aluminum Alloy 7075-T6", Appl. Surf. Sci. 257, 1859 (2011).
[47] A. Haboudou, P. Peyre and A. Vannes, "Influence of Surface Preparation and Process Parameters on the Porosity Generation in Aluminum Alloys", J. Laser Applic. 16, 20 (2004).
[48] A. W. Al Shaer, L. Li and A. Mistry, "The Effects of Short Pulse Laser Surface Cleaning on Porosity Formation and Reduction in Laser Welding of Aluminium Alloy for Automotive Component Manufacture", Opt. Laser Technol. 64, 162 (2014).
[49] A. Leontyev, "Laser Decontamination and Cleaning of Metal Surfaces: Modelling and Experimental Studies", Ph. D. Thesis, Université Paris Sud, Paris, France (2011).
[50] C. Dame, C. Fritz, O. Pitois and S. Faure, "Relations Between Physicochemical Properties and Instability of Decontamination Foams", Colloids Surf. A 263, 210 (2005).
[51] K. Varga, Z. Németh, A. Szabó, K. Radó, D. Oravetz, Z. Homonnay, J. Schunk, P. Tilky and F. Körösi, "Comprehensive Investigation of the Corrosion State of the Heat Exchanger Tubes of Steam Generators. Part I. General Corrosion State and Morphology", J. Nucl. Mater. 348, 181 (2006).
[52] A. Kumar, "Laser Assisted Surface Cleaning: AStudy Vis-A-Vis Indian Nuclear Fuel Cycle", BARC (Bhabha Atomic Research Centre) Newsletter Special Issue, pp. 95-103 (2015). http: //www. barc. gov. in/publications/nl/2015/spl2015/pdf/paper11. pdf .
[53] A. Kumar, R. B. Bhatt, M. Afzal, J. P. Panakkal, D. J. Biswas, J. P. Nilaya and A. K. Das, "Laser-Assisted Decontamination of Fuel Pins for Prototype Fast Breeder Reactor", Nucl.

Technol. 182, 242 (2013).

[54] P. T. Mativenga and K. K. B. Hon, "Wear and Cutting Forces in High-Speed Machining of H13 using Physical Vapour Deposition Coated Carbide Tools", Proc. Inst. Mech. Engineers B: J. Eng. Manuf. 219, 191 (2005).

[55] S. Marimuthu, A. M. Kamara, M. F. Rajemi, D. Whitehead, P. T. MativengaandL. Li, "Laser Surface Cleaning: Removal of Hard Thin Ceramic Coatings", in: *Laser Technology: Applications in Adhesion and Related Areas*, K. L. Mittal and W. -S. Lei (Eds.), pp. 325-378, Wiley-Scrivener Publishing, Beverly, MA (2018).

[56] A. J. Perry, "The Adhesion of Chemically Vapour-Deposited Hard Coatings to Steel-The Scratch Test", Thin Solid Films 78, 77 (1981).

[57] M. H. Staia, M. D' Alessandria, D. T. Quinto, F. Roudet and M. M. Astort, "High-Temperature Tribological Characterization of Commercial TiAlN Coatings", J. Phys. Cond. Matter. 18, S1727 (2006).

[58] D. Bonacchi, G. Rizzi, U. Bardi and A. Scrivani, "Chemical Stripping of Ceramic Films of Titanium Aluminum Nitride from Hard Metal Substrates", Surf. Coatings Technol. 165, 35 (2003).

[59] Y. Şen, M. Ürgen, K. Kazmanli and A. F. Çakir, "Stripping of CrN from CrN-Coated High-Speed Steels", Surf. Coatings Technol. 113, 31 (1999).

[60] C. F. Dowding and J. Lawrence, "Excimer Laser Machining of Bisphenol A Polycarbonate under Closed Immersion Filtered Water with Varying Flow Velocities and the Effects on the Etch Rate", Proc. Inst. Mech. Engineers B: J. Eng. Manuf. 224, 1469 (2010).

[61] K. -H. Leitz, B. Redlingshöfer, Y. Reg, A. Otto and M. Schmidt, "Metal Ablation with Short and Ultrashort Laser Pulses", Phys. Procedia. 12, 230 (2011).

[62] H. Sun, S. Field, J. Chen and D. G. Teer, "Study of Deposition Parameters, Properties for PVD TixN and CrxN Coatings Usinga Closed Field Unbalanced Magnetron Sputter Ion Plating System", Trans. Mater. Heat Treat. (China) 25, 841 (2004).

[63] P. T. Mativenga, N. A. Abukhshim, M. A. Sheikh and B. K. K. Hon, "An Investigation of Tool Chip Contact Phenomena in High-Speed Turning Using Coated Tools", Proc. Inst. Mech. Engineers B: J Eng. Manuf. 220, 657 (2006).

[64] K. L. Mittal (Ed.), *Polymer Surface Modification: Relevance to Adhesion*, Volume 2, CRC Press, Boca Raton, FL (2000).

[65] H. Yaghoubi, N. Taghavinia and E. K. Alamdari, "Self Cleaning $TiO_2$ Coating on Polycarbonate: Surface Treatment, Photocatalytic and Nanomechanical Properties", Surf. Coatings Technol. 204, 1562 (2010).

[66] J. Wingfield, "Treatment of Composite Surfaces for Adhesive Bonding", Intl. J. Adhesion Adhesives 13, 151 (1993).

[67] M. A. Belcher, C. J. Wohl, J. W. Hopkins and J. W. Connell, "Laser Surface Preparation for Bonding of Aerospace Composites", Proc. Inst. Civil Engineers Eng. Comput. Mech. 164, 133 (2011).

[68] Q. Benard, M. Fois, M. Grisel, P. Laurens and F. Joubert, "Influence of the Polymer Surface Layer on the Adhesion of Polymer Matrix Composites", J. Thermoplastic Composite Mater. 22, 51 (2009).

[69] K. L. Mittal, "The Role of the Interface in Adhesion Phenomena", Polym. Eng. Sci. 17, 467 (1977).

[70] X. Roizard, M. Wery and J. Kirmann, "Effects of Alkaline Etching on the Surface Roughness of a Fibre-Reinforced Epoxy Composite", Composite Structures 56, 223 (2002).

[71] Q. Bénard, M. Fois and M. Grisel, "Peel Ply Surface Treatment for Composite Assemblies: Chemistry and Morphology Effects", Composites A: Appl. Sci. Manuf. 36, 1562 (2005).

[72] Q. Bénard, M. Fois, M. Grisel and P. Laurens, "Surface Treatment of Carbon/Epoxyand Glass/Epoxy Composites with an Excimer Laser Beam", Intl. J. Adhesion Adhesives 26, 543 (2006).

[73] F. Fischer, S. Kreling, P. Jäschke, M. Frauenhofer, D. Kracht and K. Dilger, "Laser Surface

Pre-Treatment of CFRP for Adhesive Bonding in Consideration of the Absorption Behaviour", J. Adhesion 88, 350 (2012).

[74] T. Yokozeki, M. Ishibashi, Y. Kobayashi, H. Shamoto and Y. Iwahori, "Evaluation Of Adhesively Bonded Joint Strength of CFRP with Laser Treatment", Adv. Composite Mater. 25, 317 (2016).

[75] M. Rotel, J. Zahavi, A. Buchman and H. Dodiuk, "Preadhesion Laser Surface Treatment of Carbon Fiber Reinforced PEEK Composite", J. Adhesion 55, 77 (1995).

[76] Q. Bénard, M. Fois, M. Grisel and P. Laurens, "Excimer Laser Surface Treatment as an Innovative Way to Control Composite Materials Adhesion Performance", Proceedings EURADH 2004 7th European Adhesion Conference, pp. 132-137 (2004).

[77] P. E. Dyer, S. T. Lau, G. A. Oldershaw and D. Schudel, "An Investigation of XeCl Laser Ablation of Polyetheretherketone (PEEK) -Carbon Fiber Composite", J. Mater. Res. 7, 1152 (1992).

[78] M. Rotel, J. Zahavi, S. Tamir, A. Buchman and H. Dodiuk, "Pre-Bonding Technology Based on Excimer Laser Surface Treatment", Appl. Surf. Sci. 154, 610 (2000).

[79] J. K. Park and K. Mukherjee, "Excimer Laser Surface Treatment of Sheet Molding Compound for Adhesive Bonding", Mater. Manuf. Processes 13, 359 (1998).

[80] J. Breuer, S. Metev and G. Sepold, "Photolytic Surface Modification of Polymers with UV-Laser Radiation", J. Adhesion Sci. Technol. 9, 351 (1995).

[81] Titanium and the Aerospace Industry, TMS Titanium, Poway, CA (June 28, 2013). https://tmstitanium.com/titanium-and-the-aerospace-industry .

# 第8章

# 等离子体去污的基本原理和应用

Dinesh P. R. Thanu[*] Endu Sekhar Srinadhu[†] Mingrui Zhao[‡]
Nikhil V. Dole[§] Manish Keswani[*]

[*] 亚利桑那大学材料科学与工程系 美国亚利桑那州图森市
[†]克莱姆森大学物理与天文学系 美国南卡罗来纳州克莱姆森市
[‡]应用材料公司 美国加利福尼亚州圣克拉拉市
[§] 美国加利福尼亚州联合市

# 8.1 引言

在发现等离子体之前，人们认为地球上的物质仅以三种形式存在：固体、液体和气体。20世纪20年代，欧文·朗缪尔在研究放电时首次使用了“等离子体”一词；它通常被称为极端高温下加热气体而形成的物质的第四种状态，在正常情况下不存在于地球表面。等离子体约占宇宙中可见物质的99%，而我们生活在宇宙中1%的不存在等离子体的地方。在地球外发现的丰富物质大多以等离子体形式存在。在离地球表面50km的电离层中，可以发现等离子体，并一直覆盖到太阳系，恒星由高密度等离子体组成，以及被低密度等离子体包围的星系际空间。等离子体的密度取决于电离度，太阳是高电离度等离子体的完美例子，如图8.1所示。一些自然发生的过程，如闪电和极光，实际上是等离子体。

图8.1　近处和远处等离子体的例子（改编自[1]）

上排：由电离氦原子发射的紫外光包围的太阳（SOHO/NASA提供），活跃星系核的效果图（Alfred Kamajan提供），闪电（NOAA提供）。下排：等离子体焊（Pro Fusion提供），联合欧洲环（JET）聚变实验（AFP/Getty Images提供），等离子体推进器（NASA提供）

从20世纪80年代后期开始，用于修饰材料表面的等离子物理（例如等离子体处理）在可再生能源、医学、航空航天、半导体行业等广泛的应用中变得具有技术和经济重要性。由于其广泛的应用，等离子体已成为微电子和芯片制造领域的关键技术，并广泛用于去污、沉积、注入和蚀刻应用。等离子体反应器的优点是它们能产生化学反应性物种和离子，并能够将其释放到基板附近，从而引起蚀刻或沉积。

# 8.2 等离子体的基本原理和性质

## 8.2.1 等离子体基础

等离子体是准中性气体，由带正电的离子和带负电的电子以及沿随机方向运动的中性物质组成。随着温度的升高，固体物质通过破坏晶体键转变为液态（从冰变成水）。随着温度的进一步升高，液体物质转变为气态形式（水到水蒸气）。在足够高的温度下，气体中的分子可以分解成原子。如图 8.2 所示，当将这种气态物质加热到足以在原子的最外层剥离至少一个电子（电离能）的温度时，就会形成等离子体。该过程通常称为电离，等离子体的密度取决于电离的程度。由于电离而产生的这种自由运动的带电微粒的聚集，使得等离子体内部平均是电中性的。

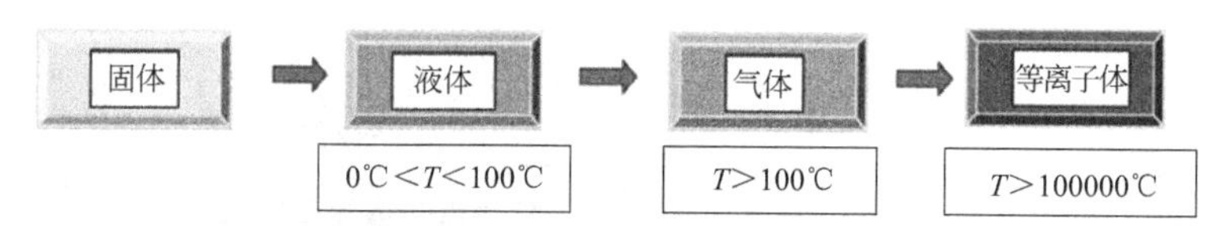


图 8.2　等离子体被认为是物质的第四状态

根据系统中产生的温度，人造等离子体可分为热等离子体或非热等离子体。等离子体系统中的温度由中性和带电的等离子体微粒的平均能量，即电子、中性微粒、离子及其相关的自由度（平移自由度、旋转自由度、振动自由度和电子自由度）确定。等离子体中的电离程度能从完全电离的气体（100%）变化到部分电离的气体。热等离子体通常称为平衡等离子体。在平衡等离子体中，电子温度（能量等效，eV）等于热力学（中性物质）温度；一般地说，这样一些等离子体是被完全电离的（$T_e \approx T_{ion}$）。热等离子体源的典型示例包括等离子炬、聚变等离子体、等离子喷涂和电弧放电热等离子体[2-5]。

非热等离子体，被称为“冷”等离子体或非平衡等离子体，是在近乎室温的温度下产生的。由于这种气体的密度低，与其他物质的碰撞相对罕见，因此无法实现热平衡。非热等离子体的离子和中性微粒具有较低的温度，而电子则“热”得多（$T_e \gg T_{ion}$）。这种气体中只有一小部分（约 1%）被电离，等离子体密度在 $10^4 \sim 10^6/cm^3$ 范围内。低温等离子体可以从低压到大气压的各种工作压力下产生。非平衡等离子体的例子是低压射频（RF）等离子体或常压高压脉冲等离子体。对于 RF 等离子体，中性气体温度（$T_{gas}$）<100℃，而电子温度（$T_e$）为 10000～100000℃，这与气体温度不平衡。对于大多数表面去污和聚合物活化应用，非平衡低温等离子体用于保持较低的表面温度，同时以较高的速率去除污染物。低温等离子体还发现了在涂层沉积中的广泛应用，例如等离子体聚合的薄膜[6-10]。这些低温等离子体是本节的重点。

等离子体通过一些基本参数进行表征，如电子温度、德拜长度、等离子体频率、波姆速率和浮动鞘层电势，如表 8.1 所示。选择合适的等离子体源时需要考虑的其他重要参数是离子、电子和中性物质的密度。这些微观参数受宏观参数的影响，例如气压、流速、使用的特定气体以及所施加的功率大小和频率[7-10]。

表 8.1　典型的等离子体参数

| 参　　数 | 定　　义 | 参　　数 | 定　　义 |
|---|---|---|---|
| 电子温度 | $T_e[\text{eV}]=\frac{K_B}{e}T_e[\text{K}]$ | 平均热速率 | $V_{th}=\sqrt{\frac{8K_BT_{(e,i)}}{e^2n_{(e,i)}}}$ |
| 等离子体频率 | $W_P(e,i)=\sqrt{\frac{q_{e,i}^2n_{(e,i)}}{E_0m_{(e,i)}}}$ | 波姆速率 | $V_B=\sqrt{\frac{K_BT_e}{m_i}}$ |
| 德拜长度 | $\lambda_{D(e,i)}=\sqrt{\frac{\varepsilon_0K_BT_{(e,i)}}{e^2n_{(e,i)}}}$ | 浮动鞘层电势 | $V_S=\frac{K_BT_e}{2e}\left(1+\ln\left(\frac{m_i}{2\pi m_e}\right)\right)$ |

注：$K_B$=Boltzmann 常数；$e$=电子电荷；$q$=物种电荷；$E_0$=自由空间的介电常数。

## 8.2.2　等离子体-表面相互作用

等离子体引起的与材料（尤其是聚合物类型的材料）表面的相互作用可大致分为 4 种众所周知的机理：烧蚀、活化、沉积和接枝。等离子体烧蚀涉及通过高能电子轰击和离子轰击来机械去除表面污染物，这些表面污染物由弱 C—H 键组成。氩溅射通常用于该过程。通过去除表面聚合物基团并使用 $O_2$、$H_2$、$N_2$ 等等离子体在表面上创建新的官能团，可以实现等离子体表面活化。等离子体足够有效地破坏聚合物中存在的弱表面键，并用高反应性基团取代它们以增加黏合强度。交联是等离子体在聚合物分子链之间建立化学键的现象。为此，通常使用惰性气体。最后，等离子体沉积涉及通过工艺气体的聚合在衬底表面的顶部形成薄的聚合物层，这可以显著改变聚合物的物理和化学特性。

## 8.2.3　去污等离子体源

如今，几乎所有工业应用都依赖某种形式的表面去污作为初始步骤。传统方法（例如化学处理或热处理）会引起与待去污表面的化学反应。替代方法，例如用稀有气体（如氩气）进行离子溅射，将消除与表面发生化学反应的风险，但是这些方法存在离子注入的风险，并且选择性很小。相反，等离子体技术已经在材料处理领域引起了研究人员的极大关注。特别是，低温等离子体是有效的表面工程工具，因为它能够调整表面性能而不影响整体性能。使用低温等离子体，不会对表面造成任何损害或只有很小的损害。另外，干式等离子蚀刻在环境上可以兼容其前置技术，如湿法蚀刻。

低温等离子体可以在从常压到低压的各种压力下生成。低温等离子体放电是使用不同类型的等离子体源（电源）产生的。选择理想的等离子体源取决于几个因素，例如高蚀刻速率，较少的不均匀性，高选择性，最大的面积覆盖率，对基板的低损害和适应性。每个应用程序都是唯一的，并且需要根据需求选择正确的源。在去污应用中使用了各种类型的等离子放电源，例如以不同频率范围运行的直流（DC）、射频（RF）和微波。这些等离子体放电源可在低温下产生高反应性的自由基（中性）和离子。微电子工业中一些广泛使用的等离子体源及其运行机理将在下面进行综述。等离子体放电源主要可以根据其工作压力区域分为两类。

（1）大气压等离子体：电晕放电。

（2）低压等离子体：

① 直流等离子体（气态源）。

- 直流辉光放电。

② 低频率至中频率（射频 13.56MHz 或 27.12MHz）。

- 电容耦合。
- 电感耦合。

③ 高频（微波频率 915MHz 或 2.45GHz）。

- 电子回旋共振（ECR）源。

#### 8.2.3.1 大气压等离子体

大气压等离子体系统价格便宜，并且主要用于生物医学应用，例如表面蚀刻、去污、等离子体聚合等。它们可以在 $5\sim10^5$Pa 压力条件下运行，从而无需昂贵的真空系统。例如，在这种状态下运行并广泛用于聚合物表面去污的一种典型反应器是电晕放电系统。下面讨论电晕放电等离子体的机理。

##### 8.2.3.1.1 电晕放电

电晕放电系统由两个平行的电极组成，其中一个正电势电极具有刃状边缘，另一个平板电极接地。两个电极之间的距离约为 1mm。在电极之间施加约 10～15kV 的交流（AC）电压。尖电极和漂移场区域产生的电场如图 8.3 所示。电晕放电的强度本质上很弱并且不均匀，因为等离子体密度高度依赖于电极之间的间隙，并且会随着间距的增加而急剧下降。大气压下的电晕等离子体处理被广泛用于聚合物和金属表面的处理，以增强表面能、附着力等。

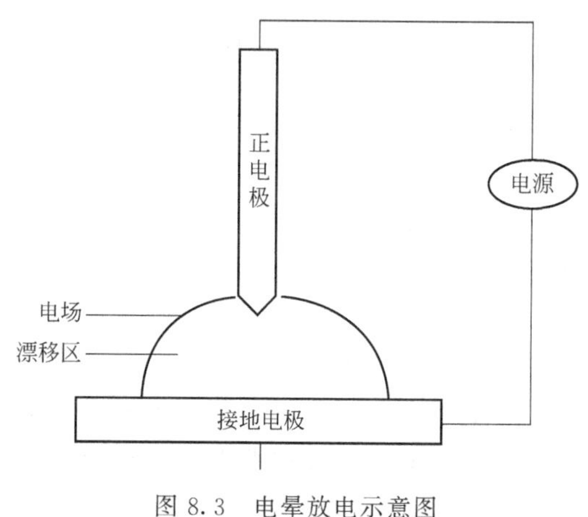

图 8.3　电晕放电示意图

其他常用的大气压等离子体处理技术包括介质阻挡放电（DBD）和大气压等离子体辉光放电（APGD）。DBD 系统由两个平行板电极组成，它们通过 RF 源（kHz）施加高交流电压进行电容耦合。术语“介质阻挡放电”源于这样一个事实：两个电极被一个狭窄的间隙隔开，并且这些电极涂有电介质以防止短路或电弧。当电极暴露在等离子体中时，存在电子腐蚀或蚀刻的风险，而电介质涂层有助于防止发生此风险。由于 DBD 系统可以在大气压下运行，它排除了昂贵的抽真空系统。大气压下 DBD 放电的典型应用包括蚀刻、去污、等离子体聚合等。

APGD 系统由两个平行的板状电极组成，这些电极间隔开几毫米，并通过高频（MHz）RF 源施加相对较低的交流电压（8～20kV）产生等离子体。与 DBD 系统相比，电极间的等离子体生成更加均匀、稳定和统一。这使 APGD 系统比 DBD 更具优势，尤其是对于生物医学应用，例如，通过用 $He+O_2$ 等离子体处理来活化医用塑料表面。等离子体处理增加了含氧基团和表面亲水极性基团。

##### 8.2.3.1.2 低压等离子体

在低压状态下运行的等离子源主要用于材料加工、半导体、微电子和去污应用，因为它们具有在低压下产生稳定放电的能力。放电期间的压力为 $1.3\times10^4\sim1.3\times10^5$Pa[11,12]。下面详细讨论了在低压等离子体状态下工作的一些广泛使用的等离子体源。

(1) 直流辉光放电　腔室中的气体在10～100Pa的压力范围内，在两个导电电极之间施加约100～1000V的电压，会产生直流辉光放电。可以将要去污的材料放在阴极、阳极上或浸入等离子体中。图8.4为直流辉光放电的示意图。施加电压后，气体中可用的自由电子会从阴极向阳极加速，获取更大的动能，并与离子和中性物质（气体原子）发生几次非弹性碰撞。在撞击过程中，电子将敲除离子和中性物质最外层中的键合电子，从而导致气体原子的激发、电离和离解。获得足够的能量后，自由移动的电子可以将键合电子从中性微粒中剥离。如图8.4所示，电子和离子密度将增加，整个空间将被离子（负、正）和电子完全占据。碰撞过程中产生的反应性物质有助于等离子体表面去污。

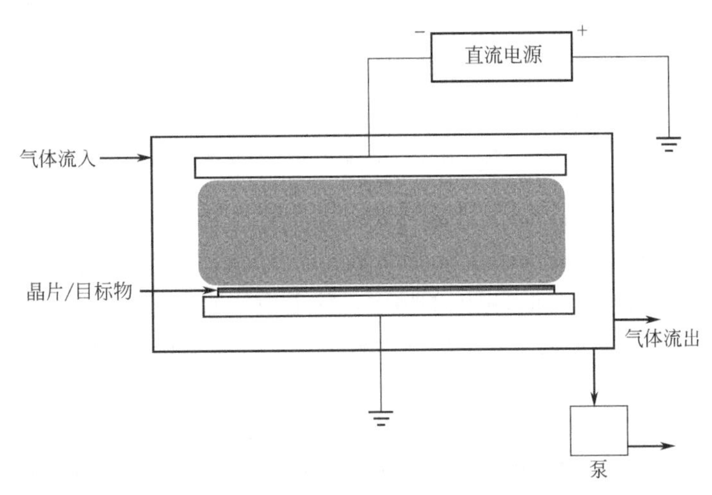


图8.4　放置在接地电极上的物体的直流等离子体去污装置

当需要去污的表面放在阳极上时，会受高能电子轰击。由于表面温度的升高，等离子体蚀刻随着电子轰击的增加而增强。另外，当表面放置在阴极上时，它会受到几百电子伏特的高能离子轰击。由于高能离子是该机理中的主要物质，因此它们可能在表面上产生一些弹坑缺陷。但是，可以通过改变压力、气体种类和电压来改变离子的能量。总之，如果将物体放在负极上，则它会被高能离子轰击，而放在正极上时，它会被电子轰击。可以通过将物体作为附加电极浸入等离子体中，并通过次级偏置电压控制离子轰击能量来实现折中处理[13-15]。其他直流放电包括直流电晕放电和等离子射流。直流放电的主要缺点包括：电极必须导电并且存在于系统内部；当样品放置在阴极上时，无法控制离子轰击能量；以及无法在较低压力下运行。

在直流辉光放电系统中，电子过程级联（例如雪崩击穿）的产生取决于电场、压力和气体类型。施加电压与相应放电电流之间的关系也值得关注，如图8.5所示。辉光放电中的电流和电压关系表现出四种状态：①黑暗放电或汤森放电；②正常辉光；③异常辉光；④电弧放电辉光[16]。

① 汤森放电　最初，当施加的电压较低时，放电电流较小或可以忽略不计，因为气体中的自由电子负责这些低电压下的传导。随着电压的进一步增高，气体原子的电离随着放电电流的稳定增加而增加。该区域称为汤森区域，如图8.5所示。

② 正常辉光　随着电压增加到击穿电压（$V_b$），由于同时发生包括激发、电离、二次电子生成和离解在内的多个过程而发生雪崩。当离子的形成速率等于电子的复合速率时，放电

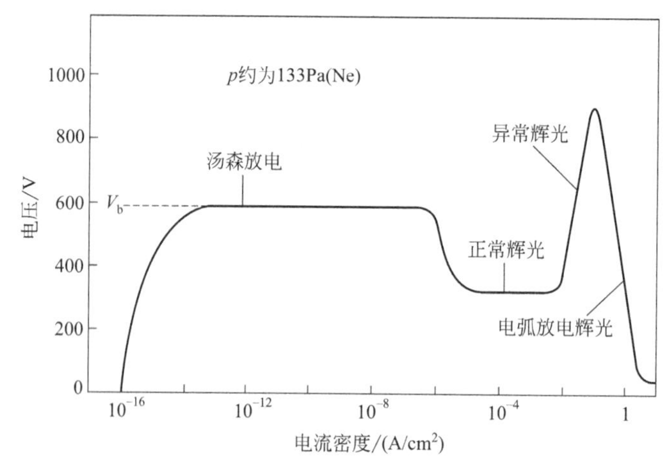


图 8.5 直流辉光放电的特性（改编自［7］）

是自持的。这种放电的模式在图 8.5 中表示为正常辉光，其中电压下降而电流突然增大。

③ 异常辉光 随着电流的进一步增加，会出现异常辉光。在正常辉光状态下，放电被限制在靠近阴极边缘的区域。随着电流的增大，放电均匀地分布在整个阴极上。该区域在图 8.5 中表示为异常辉光状态。通常，人们在这种模式下操作工具以进行等离子体去污。

④ 电弧放电辉光 由于阴极的过度加热，随着电压的进一步升高，将发生热电子发射。结果，由于电压的快速下降和电流的轻微增加，气体变得高度导电。该区域在图 8.5 中表示为电弧状态。在电弧放电状态下可操作的一些常见应用是焊接、切割和等离子喷涂。

（2）低频率至中频率源 利用 RF 电源的非直流等离子体放电源根据其工作频率进一步分为两类。用于半导体行业、生物材料和表面去污的最广泛使用的等离子体源是工作在 13.56MHz 或 27.12MHz 范围内的中低频放电源，电子回旋共振（ECR）放电源使用工作在 915MHz 或 2.45GHz 范围内的微波频率发生器。

RF 源等离子体系统的简单原理图如图 8.6 所示。该设备由一个真空室和一个真空泵组成，以保持真空室内的低压。泵的抽速以 L/s 为单位。当腔室打开时，压力较高，并使用粗抽泵将压力降低至约 7Pa，然后涡轮泵将压力降低至约 0.1Pa 至约 1mPa。维持低压对于

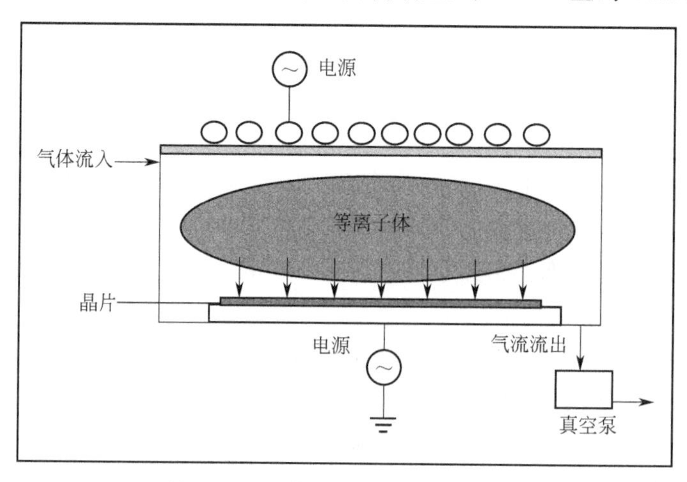


图 8.6 RF 等离子体源系统示意图

维持离子和自由基的高平均自由程非常关键。理想的情况是，在等离子体处理期间使用气体混合物。为了以受控的方式在腔室内保持精确的气体流量，建立了一个称为气体处理系统的系统。它由一个气体歧管组成，所有过程气体都通过调节器/流量计输入，并以电子方式操作。所需的气体从顶部通过质量流量控制器（MFC）均匀注入腔室，以控制流量。流量以折合至标准状况的 $cm^3/min$ 进行测量。此外，该腔室还配备有热电偶和热夹套，以监控温度并在需要时为系统加热。晶片放置在底部电极上，该电极也可以通电以控制离子轰击能量。等离子体处理会产生大量热量，因此需要一种有效的冷却系统。借助于外部连接的冷却器，将腔室壁保持在所需温度，采用水冷却系统。晶片的温度取决于工艺，将晶片的温度保持在所需水平非常重要。在大多数等离子体系统中，晶片位于卡盘上，氦气用作冷却剂，并通过卡盘中的孔引入到晶片的背面。施加在晶片上的钳位电压将晶片静电吸附在表面上，氦气流在晶片和吸盘之间形成导电路径。当等离子体被点燃时，由于电子和离子迁移率的差异，在电极和等离子体之间形成了鞘区域。等离子体中产生的反应性中性微粒（自由基）和离子有助于表面反应。

自 20 世纪 80 年代初开始进行单个晶片处理以来，实现类似的等离子体条件一直是蚀刻室设计的重点，以实现对整个晶片的均匀处理。一般来说，整个晶圆的变化允许少于总偏差的 1/3。在 14nm 节点中，栅极临界尺寸的允许变化小于 2.4nm，其中仅允许在整个晶片上产生 0.84nm 的变化[17]。控制多晶硅晶片上均匀性的此类独特示例之一就是通过侧面注入，它解决了在下游等离子体的选择性蚀刻工艺中控制边缘轮廓方面的一项基本挑战[18]。可以通过喷射器将不同的气体混合物引入处理室，并且可以使用等离子体来触发化学反应。通过优化不同离子和中性微粒的比例，可以实现对不同膜材料具有选择性的蚀刻轮廓的所需控制。不受限制的是，如图 8.7 所示，下游反应器系统[18]中用于边缘速率控制的可调节侧气室可被半导体行业和研究人员用于等离子体蚀刻室、沉积室、旋转冲洗室、原子层沉积（ALD）室、原子层蚀刻（ALE）室、离子注入室以及在半导体晶片的制造中使用的任何其他半导体处理系统。图 8.7(A) 示出了 300mm 晶片上的多晶硅蚀刻速率与基座高度（即晶片相对于喷头的高度）($h$) 的关系；但是，在如图 8.7(B) 所示的带有侧气室的模块中，注入惰性气体（例如 He 或 Ar）能帮助改变离子与中性微粒的比率，以实现边缘的均匀性和不同高度的结果的可重复性。这增加了用于控制等离子体蚀刻室中的蚀刻过程的关键变量。

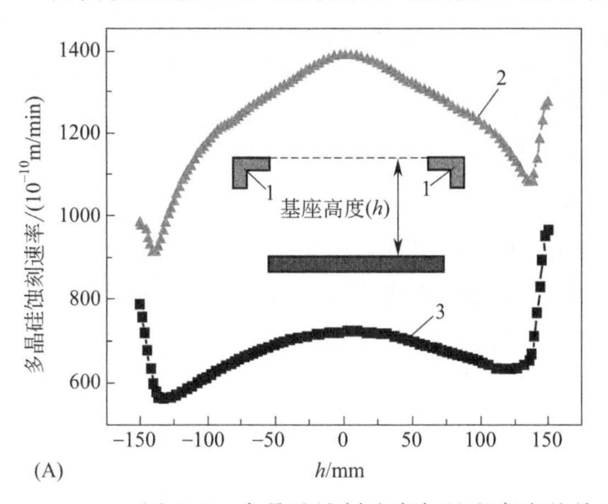


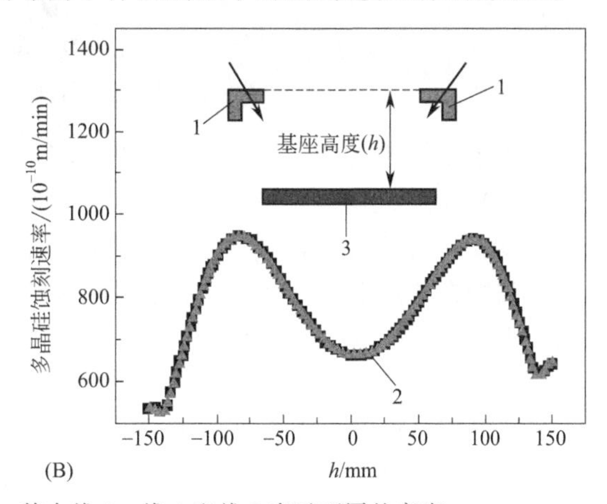


图 8.7　多晶硅蚀刻速率与基座高度的关系，其中线 1、线 2 和线 3 表示不同的高度，并且（A）无侧气室的腔室，（B）有侧气室的腔室，稀释气体为流动的 Ar 或 He（改编自［18］）

（3）RF 等离子体源　RF 源由于能够在低压下产生稳定的放电，被广泛用于材料加工和去污应用。RF 等离子源通常在 13.56MHz 的频率范围内工作。放电过程中的压力约为 $1.3\times10^4\sim1.3\times10^5$Pa[17-19]。低压（约 0.1～133Pa）的射频辉光放电中的电子密度为 $10^9\sim10^{11}/cm^3$，而中压（约 $133\sim1.3\times10^4$Pa）的电子密度可以达到 $10^{12}/cm^3$[20]。根据射频功率和负载之间的耦合类型，RF 放电可分为两种类型：电容耦合（E 放电）和电感耦合（B 放电）。表 8.2 列出了电容耦合等离子体（CCP）和电感耦合等离子体（ICP）源之间各种等离子体参数的差异。

**表 8.2　CCP 和 ICP 源[7]的参数范围**

| 参数 | CCP | ICP | 参数 | CCP | ICP |
|---|---|---|---|---|---|
| 压力/Pa | 约 1.3～13 | 约 0.07～0.71 | 等离子体密度/($1/cm^3$) | $10^9\sim10^{11}$ | $10^{10}\sim10^{12}$ |
| 功率/W | 50～2000 | 100～5000 | 电子温度/eV | 1～5 | 2～7 |
| 频率/MHz | 0.05～13.56 | 0～2450 | 离子加速能量/eV | 200～1000 | 20～500 |
| 体积/L | 1～10 | 2～50 | 电离分数 | $10^{-6}\sim10^{-3}$ | $10^{-4}\sim10^{-1}$ |
| 横截面积/$cm^2$ | 300～2000 | 300～500 | 成本 | 低 | 中 |
| 磁场/T | 0 | 0～1 | | | |

（4）电容耦合等离子体源　用于维持放电的常规 RF 系统包括真空系统、气体处理系统、冷却系统和放电电源系统，如图 8.8 所示。电容耦合源反应器类似于图 8.6，但与本节中介绍的耦合和匹配网络有一些差异。

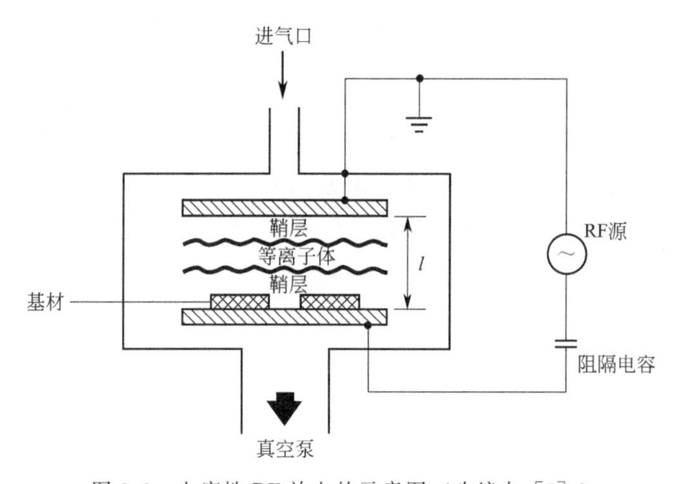


图 8.8　电容性 RF 放电的示意图（改编自［7］）

为了使气体电离并在真空系统内部产生等离子体，需要电能。这可以通过使用以 RF（13.56MHz）或微波频率（2.45GHz）运行的电源来实现。大多数工业应用使用 RF 源。在 CCP 等离子体系统中，平行电极相隔几厘米，并由 RF 源驱动。该电源与匹配网络相连，匹配网络旨在使放电电阻与发生器电阻相匹配，以使损失的射频功率最小化。匹配网络通常由两个电容器（C1 和 C2）和电阻组成。自动匹配电路会自动调整匹配网络内部存在的 C1 和 C2 的电容，以保持固定的电抗。功率施加到下部或上部电极。在电极附近并在所有表面附近形成鞘层。电极之间的空间充满了大量等离子体。暗的鞘层可以被认为是电容器或电介质。因此，施加的功率通过电容器进行传输。等离子体密度为 $10^9/cm^3\sim10^{11}/cm^3$[20-22]。在此频率范围（1～100MHz）中，自由电子能够跟随电场中的振荡，而较重的离子对这个频率无法响应。这些类型的放电（CCP）最广泛地用于薄膜沉积和等离子体蚀刻，尤其是电介质材料的溅射。

（5）电感耦合等离子体源　尽管 CCP 系统由于其成本效益和易于制造，已经在半导体行业中广泛用于蚀刻，但它们仍受到相当大的限制，这促使了 ICP RF 源的发展。CCP 源的主要缺点是无法将反应性物质密度与离子能解耦。通过提高功率，可以在 CCP 系统中实现高密度的等离子体（反应性物种），但同时也增加了离子密度和离子能量[23-25]。ICP 放电系统可以在低压下产生高密度等离子体。图 8.9 所示为使用圆柱形线圈或平面线圈的典型 ICP 放电系统。

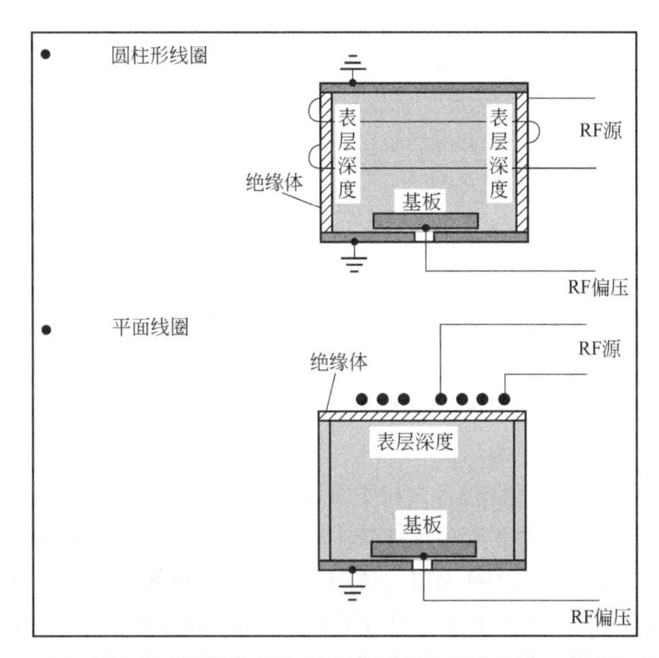


图 8.9　ICP 源中使用的圆柱形线圈和平面线圈的示意图（改编自［25］）

除了电源放电原理，该系统类似于图 8.6 所示的系统。在电感耦合发生器中，等离子体由缠绕在等离子体反应器周围的圆柱形螺旋线圈或平面螺旋线圈产生的射频电场激发。向线圈施加 RF 电压，产生 RF 电流，该电流在反应器中感应出磁场。为了增加离子轰击，也可以将 RF 偏压连接到基座（基板支架）。这有助于单独控制等离子体密度和入射离子能量。等离子体密度为 $10^{11}\sim10^{12}/cm^3$，比传统 CCP 源至少高 1 个数量级。

（6）电子回旋加速器源　电子回旋加速器（ECR）源使用微波能量产生等离子体。这些等离子体在低压下比 RF 等离子体（电感和电容）更致密。微波被广泛用于许多微电子应用中[26-30]。ECR 源由 2.45GHz 频率的磁控管驱动，该磁控管在波导中传输，与等离子体腔室的尺寸（2.45GHz＝12.24cm）相当。ECR 系统的示意图如图 8.10 所示。电磁线圈

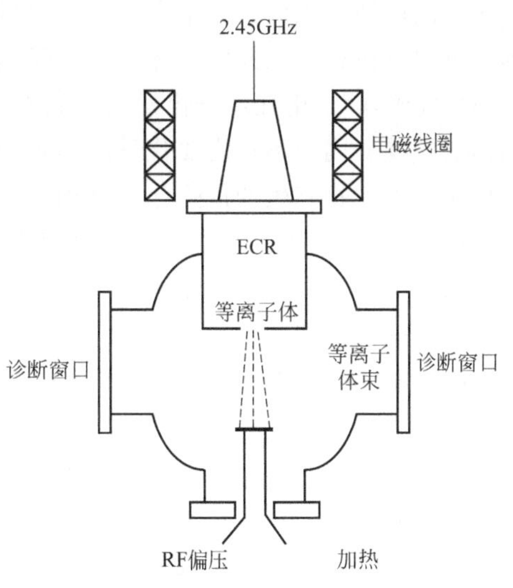


图 8.10　ECR 等离子体源示意图（改编自［26，27］）

缠绕在腔室的周围，以达到 ECR 条件。当磁场施加到等离子体时，其中的电子开始在围绕磁场线的螺旋轨道上旋转。

ECR 源可有效地创建高密度反应物种（等离子体），因此可在表面上产生高密度的等离子体诱导化学相互作用。没有鞘层形成和伴随离子意味着更少的腔室壁污染。ECR 源的局限性在于，与 RF 源相比，所施加的磁场必须较大，才能实现谐振。等离子体在远离基板的地方产生，然后在到达晶片表面之前扩散一段距离。这限制了蚀刻的均匀性，因此很难在 300mm 的硅晶片上获得均匀的蚀刻速率，但这对于较小尺寸的基板仍然是可行的技术。总之，对于几种应用，电容耦合 RF 等离子体仍然是可行的源。对于需要高纵横比和精确均匀性的特定应用，可以使用电感耦合 RF 等离子体。ECR 等离子体对于小尺寸基板是个不错的源，但由于蚀刻不均匀，对于较大尺寸的基板而言会存在严重问题。

## 8.2.4　等离子体去污的优势

等离子体去污是利用等离子体中的反应性自由基和离子从材料表面去除所有有害污染物的过程。等离子体广泛用于半导体、聚合物、生物材料以及汽车零部件等多种应用。基于等离子体的技术结合了离子束技术和传统等离子体技术的优势。利用等离子体技术的半导体应用包括注入、沉积和蚀刻。生物材料和聚合物的应用主要限于改变表面性能，例如亲水性、粗糙度、润滑性、交联性，增强黏合性和去除污染物。等离子体已广泛用于生物医学，尤其是眼科学的改性材料，例如聚甲基丙烯酸甲酯（PMMA）、聚四氟乙烯（PTFE）和聚碳酸酯（PC）。

理想情况下，清洁的表面不应包含大量不需要的材料。在微电子工业中，颗粒污染是阻碍生产率的主要挑战之一，已知使用等离子体技术的表面去污方法可有效清洗表面以去除不希望的材料污染。例如，当暴露于周围环境时，薄的氧化物（也称为自然氧化物）层会在硅表面上生长。等离子体去污技术是一种广泛已知用于在沉积薄膜之前清洁表面的方法，这种方法也被广泛称为表面处理。对于聚合物，为了改善对金属表面的黏附力，用等离子体清洗聚合物表面以除去碳氢化合物、水和有机物[31]。等离子体去污在材料表面改性方面的优势是[31-34]：

- 表面改性：等离子体处理仅影响材料的近表面，通过去除高度均一的有机残留物并留下原子级的清洁表面；它不会改变大块材料的性能，并保持基材的完整性。低温等离子体处理在低温下进行，因此将损坏的风险降到最低。
- 低成本/易用性：与化学的或机械的处理等现代方法相比，等离子体处理费用更低，操作更容易。因为不再需要化学品和溶剂，使用它们的费用大大降低。它还降低了与维护和处理腐蚀副产物产生的危险化学品相关的费用。
- 工艺的灵活性：通过对等离子体物理和化学的深入了解，等离子体工艺通常是可靠的和可重复的。根据工艺气体和使用配置的不同，等离子体处理可用于去污、活化、灭菌和表面特性的一般处理。
- 工业可扩展性：与非等离子体技术相比，在工业应用中扩展等离子体技术的适应性相对容易。
- 兼容性：适用于多种材料（金属、塑料、玻璃、陶瓷等）。
- 环境安全：由于不再需要危险或有害化学品，所以等离子体去污过程是一种环保过程。此过程排除了有害的氯氟烃化合物、溶剂、抗氧化剂、碳残留物、油以及所有种类的有机化合物和酸洗化学品[35-39]。等离子体处理在接近环境的温度下进行，没有热暴露的风险。

# 8.3 等离子体技术在生物材料医学应用中的实践

生物材料是旨在与生物系统相互作用的生物新型材料。它们可以被自然发现，也可以在实验室中合成。金属、陶瓷、聚合物和复合生物材料已广泛用于医疗领域。生物材料研究是一个跨学科领域，介于材料科学、生物学、化学、生物物理学和医学领域之间。保持生物材料的整体性能不变，仅改变表面性能以获得最佳结果是一项艰巨而复杂的任务。利用生物材料的一些主要医学应用是医学植入物、生物传感器、药物输送系统、分子探针、愈合人体组织和再生人体组织。针对治疗中、恢复后人体中生物材料的逐步消耗，一些可生物降解和可生物吸收的生物材料已被开发[40,41]。

与人体相容的生物材料与生命系统之间的相互作用是复杂的，并且主要依赖于表面相互作用。因此，重要的是修饰与生物系统相互作用的表面以满足特定的应用要求。通常，生物相容性材料具有较低的表面能、较差的润湿性和有限的黏附性。生物材料很少以原始状态使用。它们需要选择性的表面处理，以使当其接触生物系统时诱导一个特定的反应。技术的进步提供了几种选择。已被广泛研究，可用来依据应用要求改变材料性质的一些先进技术包括：化学处理、紫外光（UV）照射、臭氧处理、伽马射线、激光处理、热处理和机械研磨。为此目的，一些基于离子束的技术已被广泛探索。传统上，单电荷离子束（SCI）处理方法依赖于离子的动能来进行材料改性。在过去的十年中，离子束辅助蚀刻领域取得了重大进展，特别是在离子缺少多个电子并以多电荷离子（MCI）到达表面的情况下。来自南卡罗来纳州克莱姆森大学 CUEBIT 设施的研究人员，最近证明了金属-氧化物-半导体（MOS）器件中平带电压（FBV）的与带电状态有关的变化。此外，在 CUEBIT 的一些系统中，曾使用具有可变动能的氩气和氧气的多电荷离子束处理了生物相容性聚合物材料，例如高定向聚石墨（HOPG）、类金刚石碳（DLC）和 PC 表面。特别是，MCI 诱导的 PC 显示出表面改性的显著增强，远远超过了使用类似的低通量单电荷离子时所观察到的增强。MCI 的存储势能，即缺失电子的结合能（中和能）之和，可以通过在目标相互作用期间将其能量耗散在很小的原子大小的体积内而在表面上引发极端化学反应。MCI 通过在 PC 表面上形成的交联机理，增强了表面 C—C/C—H 键的键断裂，并促进了 C—O 和 C ═O 键的形成，而这种交联机理在每个离子基础上都超过了 SCI 处理方法。MCI 的效应取决于电荷状态，因而可通过电荷状态轻松地增强[42-47]。

化学处理方法并不环保，因为处理后会产生化学废物（例如溶剂），需要处置，并且化学处理通常没有统一的标准。其他技术，例如 SCI 束或传统的离子束方法，也会随着表面处理而显著影响整体性能。MCI 束是在诸如电子束离子阱（EBITs）之类的设备中生成的，这些设备不易构建，而且由于它们在超高真空（UHV）压力下运行而非常昂贵。相反，等离子体处理是一种可靠的技术，该技术已经在工业中用于表面改性近 30 年。等离子体束利用高密度反应物种来调整表面性能，而不会改变材料（例如金属、电介质、聚合物、纺织品和复合材料）的整体性能。此外，等离子体技术还具有其他优势，例如成本效益、可重复性、灵活性、均匀性和环境友好性[47-49]。等离子体与材料的相互作用主要分为 3 种类型：蚀刻或烧蚀、沉积和注入。

● 蚀刻或烧蚀：用高能离子或电子轰击去除表面污染物。烧蚀只涉及蚀刻由弱 C—H 键组成的上表面。离子或电子轰击通过机械轰击或溅射破坏弱键。惰性气体如氩通常用于此目的。

● 沉积：在基材表面上涂覆具有不同成分或形成薄膜的材料。

● 注入：将低至中能离子（20～200keV）加速注入生物材料表面。在此能量范围内的离子无法传播到表面深处。注入的离子（改性区）主要局限于近表面（小于 1μm），因此仅表面性质被修饰。

表 8.3 列出了用等离子体技术处理的生物材料的一些常见应用（蚀刻、沉积和注入）。下面列出了选择合适的生物材料的影响因素：

● 具有足够的物理和力学性能，可以在生理环境中生存。

● 必须符合生物相容性规范。

● 生物材料降解产物应是无毒、无溶血和无炎症的。

● 不得引入任何异物。

● 不应成为细菌或真菌的滋生环境。

● 可生物降解（大部分时间），可降解的物质应易于被肾脏排泄。

● 必须满足商业要求和临床需求。

● 可扩展、经济高效、环保、易于使用。

**表 8.3 等离子体表面改性的生物医学应用[50-54]**

| 生物医学领域 | 设备 | 材料 | 等离子体处理的应用 |
|---|---|---|---|
| 血液相容性表面 | 支架、导管、膜、血管移植物、过滤器、心脏瓣膜 | PET、PTFE、PE、SiR、PVC、PU | 改善生物相容性，增强润湿性，润滑涂层，减少摩擦，抗菌涂层 |
| 防污表面（眼科） | 隐形眼镜、人工晶状体（IOL）、导管、伤口愈合 | PMMA、SiR、PVA、PHEMA | 增强润湿性，改善生物相容性，使用抗菌涂层，促进细胞生长 |
| 组织工程和细胞培养 | 细胞生长、分析测定、血管移植、植入物、抗体生产 | PS、PET | 促进细胞黏附生长，增强润湿性，防污染涂层 |
| 器械和手术工具的灭菌 | 外科医生的工具，例如镊子、剪刀、手套、注射器、各种关节和植入物 | — | 去污，杀菌 |
| 生物传感器 | 传感器膜、诊断性生物传感器 | PC、纤维素、PP、PS | 生物分子表面固定，蛋白质黏附，无污垢的表面 |
| 隔离涂层（药品） | 气体交换膜、时间持续释放药物、pH 敏感药物释放、防腐 | SiR、水凝胶、PGA、PLA | 减少分子扩散，控制药物释放降解 |
| 牙科 | 牙种植体 | 钛合金 | 促进细胞生长 |
| 骨科 | 金属植入物、关节、韧带、骨板 | Ti-Ni、Co-Cr 合金、UHMWPE、PET、PGA、PLA | 表面去污（蚀刻），增强细胞黏附生长，改善生物相容性，增强骨接合剂黏附，增强组织向内生长 |

注：PET＝聚对苯二甲酸乙二醇酯；PTFE＝聚四氟乙烯；PE＝聚乙烯；SiR＝硅橡胶；PVC＝聚氯乙烯；PU＝聚氨酯；PMMA＝聚甲基丙烯酸甲酯；UHMWPE＝超高分子量聚乙烯；PGA＝聚乙醇酸；PLA＝聚乳酸；PS＝聚苯乙烯；PC＝聚碳酸酯；PP＝聚丙烯；PSF＝聚砜。

在以下各节中，将详细讨论三个主要应用，即：①去污和杀菌；②表面活化和附着力改善；③润湿性和相容性[50-54]。

## 8.3.1 去污和杀菌

去污是去除所有形式的微生物或微生物病原体，例如病毒、细菌、感染、过敏原和真菌的过程。处理微生物的药剂称为微生物杀灭剂，其处理包括灭菌、消毒和防腐程序。医疗设备如外科手术器械、温度计、内窥镜和听诊器，由于缺乏适当的预去污程序，有可能成为微生物的载体，从而可能将微生物传播给患者。为了控制感染，需要执行适当的消毒程序，例如去污和灭菌[55-57]。

传统的去污方法包括干热和湿热，用热水煮沸设备，并使用干净的湿巾。这些方法仅在一定程度上有效，随后要求使用液体杀菌剂进行消毒。由于成本低，最常用的技术是湿法灭菌，这需要将物质暴露于湿热。然而，不能排除形成薄的自然氧化物层的可能性，特别是对于金属器件。此外，设备需要承受高温而不会变形。为了克服这个问题，已经开发了伽马射线和电子束辅助灭菌技术。与先前的技术相比，这些技术是低温工艺，并且这些光束能够穿透块体材料。然而，当暴露于这些光束时改变设备的物理和力学性能的可能性限制了它的使用。例如，当暴露于这些光束中时，可以很容易改变装置中使用的聚合物材料的表面性质。紫外光对微生物的照射也已被研究。紫外光已经成功地消除了表面微生物，但其深入细菌内部的能力有限。总之，最佳的灭菌方法应该是成本低且非热的，同时具有很高的效力[57-59]。

等离子体技术提供了一个满足上述要求的独特的能力。通过浸入等离子体或下游等离子体中来处理设备上的微生物。为此目的，使用具有 RF 或微波（MW）源的下游等离子体反应器。如图 8.11 所示，在远端腔室中会产生下游等离子体，并将其引导至要灭菌的设备上。需要消毒的设备放在反应器内部的托盘上，并暴露于下游等离子体中。通常，等离子束由电子、活性中性微粒和离子组成。下游等离子体主要由自由基、原子和分子组成，而仅存在很少的离子。这些类型的反应器的优点包括使装置的离子轰击和电子轰击最小化。这些类型的等离子体系统可以在低压或大气压下低温运行。气体成分对于等离子体灭菌至关重要。这些技术使用的气体没有内在细菌，例如，$O_2$、$N_2$、空气、$O_2/N_2$、$O_2/Ar$、$O_2/CF_4$ 和 He。等离子体中微生物的灭菌要经历几个步骤。首先，活性物质（下游等离子体）被吸附到含有微生物的物质上；其次，表面上吸附的活性物质与表面上存在的微生物发生化学反应，形成挥发性化合物；最后，使用真空泵将由于化学反应而形成的挥发性副产物从反应室中清除。反应器的示意图如图 8.11 所示[57-60]。

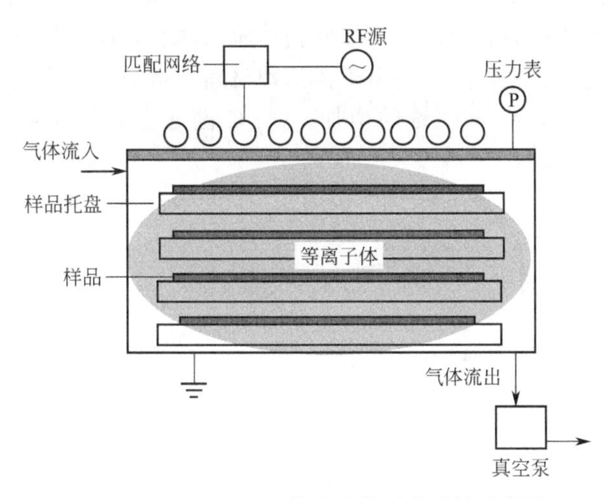


图 8.11　Sterrad-100 等离子体灭菌系统示意图

等离子体技术辅助灭菌具有以下优点：

- 使用 RF 和 MW 源产生的等离子体足以杀死微生物、相关细菌和病毒。
- 等离子体蚀刻可去除表面上存在的死细菌和活细菌。
- 对近表层的氧化作用有限。
- 该技术不会产生任何有毒的副产物。
- 快速、可靠、兼容、经济上可行。

## 8.3.2　改善附着力和表面活化

等离子体处理具有在短的处理时间内改变各种聚合物和生物医学表面性质的能力。由于等离子体处理而产生的化学作用通常局限于表面。对等离子体处理的通常用于生物医学领域的聚合物基材料的特别关注，是有关增强涂层的附着力和耐久性。影响聚合物增强的表面黏结强度的限制性因素是表面亲水性和粗糙度。下面讨论一些用等离子体处理以增强表面性能的常用聚合物。

### 8.3.2.1　双酚 A 聚碳酸酯

聚碳酸酯是对各种工程应用例如生物传感器、显示面板、光学透镜和太阳能电池都重要的高分子生物材料[61-63]。由于涂料和 PC 材料之间有限的表面黏附性，原始 PC 不适合并且不能在许多应用中广泛使用。PC 的黏附性差主要归因于表面的疏水性以及涂膜与 PC 之间的热膨胀系数的较大差异。已经研究了诸如水解、热处理、缓冲层沉积和离子束辐照技术等方法来提高附着力[64-71]。但是与现有技术相比，通过选择合适的工艺气体，等离子体处理在实现可控的表面化学改性方面具有多个优势。

用装有射频辉光放电（RFGD）等离子体源的等离子体反应器中产生的氧等离子体处理 PC。将 PC 材料放在下部电极上。该系统类似于图 8.11 所示的系统。在氧等离子体中，两个竞争过程同时发生，即聚合物表面的蚀刻和表面改性。这些机理引发断链（终止聚合物链或在表面蚀刻聚合物）和交联（在两条链之间建立连接）。PC 由脂肪族和芳香族 C—C、C—O 和 C ═O 键组成。使用 X 射线光电子能谱（XPS）技术测量了键的强度的变化，而使用椭圆偏振测量技术测量了膜厚。如图 8.12 所示，在氧气处理的第一个 0.1s 内，发生的主要过程是具有最小厚度变化的表面改性。在此初始阶段之后，蚀刻是主要机理，由此观察到了最小的表面成分变化。总之，随着等离子体处理时间的增加，观察到 $C_1/C_2$（脂肪族、芳香族）碳的减少和 C—O 和 C ═O 键的增加，C—C 键强度的降低和官能团（如 C—O 和

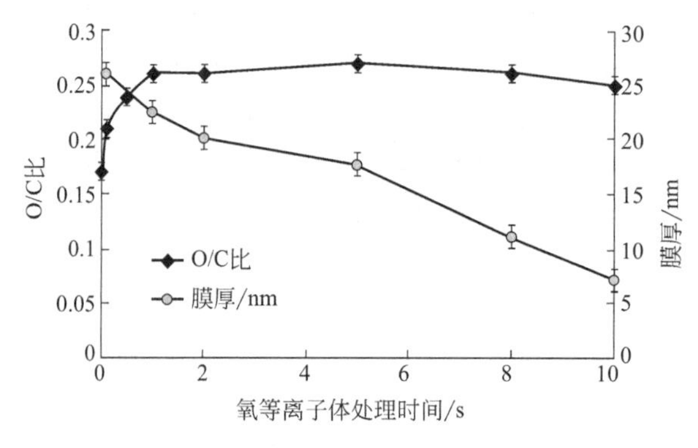


图 8.12　PC 表面的 O/C 比和膜厚与氧等离子体处理时间的关系（改编自［72］）

C═O 键的强度）的增加，表明表面的性质变得更加亲水[72]。

#### 8.3.2.2 聚四氟乙烯

聚四氟乙烯作为生物材料具有出色的表面和整体性能，例如良好的热稳定性，较低的表面能和较高的化学稳定性，并且由于 C—F 键的极化率较低而具有良好的疏水性。但是，当 PTFE 表面接触血液时，会导致血栓形成。血栓或凝块的形成会导致性能下降。因此，迫切需要改变表面性质以改善 PTFE 的血液相容性。研究了几种技术，例如化学接枝聚合、离子蚀刻、化学蚀刻和溅射，以改性 PTFE 的表面。每种表面处理均引出不同的表面特性，而挑战在于与 C—F 键（486kJ/mol）相关的高键能。等离子体可以在表面上引发这种高能反应，因为等离子体包含离子、电子和活性中性自由基。

PTFE 用在装有 RFGD 等离子体源的等离子体反应器中产生的氢等离子体处理。用等离子体处理研究了氟原子被羟基和氨基官能团的取代。使用 XPS 技术研究了经过等离子体处理的 PTFE 片材的原子组成。原始的 PTFE 片材含一些 O/C 约为 0.5 的氧基团，而 F/C 原子比为 1.92。经过等离子处理后，F/C 降低到 0.60，O/C 降低到 0.07。通过电子和离子轰击作用，PTFE 表面 C—F 和 C—C 键断裂，留下游离的 C 键，该 C 键与反应器中存在的氧键形成 C—O 键。由此可见，等离子体已经在 PTFE 表面上引发了脱氟。总之，由氢等离子体引发的主要反应是 PTFE 表面的脱氟，F—C 和 O—C 键强度的降低证实了 PTFE 表面的亲水性[73-76]。

### 8.3.3 增强润湿性和生物相容性

研发医疗器械的关键挑战之一是优化表面性能以获得较好的生物相容性。生物相容性定义为材料表面性质与生物系统之间的相互作用。拟用于医疗应用的生物材料应为人体所接受，因此它们需要具有合适的表面性能。不可能找到一种适合所有目的的理想材料。因此，应针对特定的细胞响应进行设计。

改变细胞的响应是表面工程领域的最大挑战之一。例如，蛋白质倾向于更有利地黏附在疏水表面上，亲水表面更适合用于血凝块检测设备[76-79]。材料的力学性能取决于其整体性能，而对系统的生物响应则由其表面性能决定。金属、聚合物、陶瓷和复合材料在医疗行业中用于生物材料的开发，因为它们具有多种优势，例如易于表面改性，具有成本效益，生物相容性以及可靠的表面改性技术。可以通过调整最外层的表面性质（例如分子相互作用、形态和表面粗糙度），来获得用于在水接触角小于 10°和大于 150°时增强润湿性的等离子体涂层。具有最佳形态、化学、摩擦学和机械特性的医疗设备中生物材料的表面功能，可以通过沉积等离子体聚合物膜来增强细胞和蛋白质在生物材料上的附着力来实现，或者通过用等离子体束产生的活性中性微粒来改变生物材料的表面性质。现在，已有几种先进的表面改性技术可供使用，包括化学蚀刻、紫外光照射、激光处理、单电荷和多电荷离子束、电子束和臭氧处理。理想的技术应该能够在不改变整体特性的情况下增强材料的表面性能，应该具有成本效益，不消耗有害的化学品和溶剂，并且应该易于重复。基于等离子体的技术可提供出色且经济的表面改性能力，包括用于医疗应用中生物相容性的表面润湿性。

在医学应用中专门用于与人体接触的生物材料需要具有良好的表面润湿性，这可能在蛋白质吸附、细胞附着、血液凝结等方面起至关重要的作用。关于蛋白质对表面类型（亲水性/疏水性）的黏附性，文献报道中出现了相互矛盾的结果。这已导致对黏附性的基底类型依赖性的进一步研究。Wei 等[80]研究了蛋白质（如纤维结合蛋白和白蛋白）在等离子体增强表面上的吸附行为，以了解应归因于等离子体处理的润湿性和细胞附着对表面的依赖性。对于该研究，将 100nm 厚的六甲基二硅氧烷（HMDSO）膜沉积在石英晶体微平衡耗散（QCM-D）传感器上，然后用低能 $O_2$ 等离子体处理 0s、10s、28s 和 80s，结果表面接触角分别为 106°、80°、40°和 0°。HMDSO 膜在用 $O_2$ 等离子处理之前的接触角大于 100°，随后的 $O_2$ 等离子体处理提供了在大约 0°至 106°的较大范围内改变表面接触角的范围，具体取决于 $O_2$ 等离子体的处理时间，如图 8.13 所示。通过在等离子体处理过程中向表面引入氧官能团，可以实现接触角的宽范围变化和灵活性[81-89]。

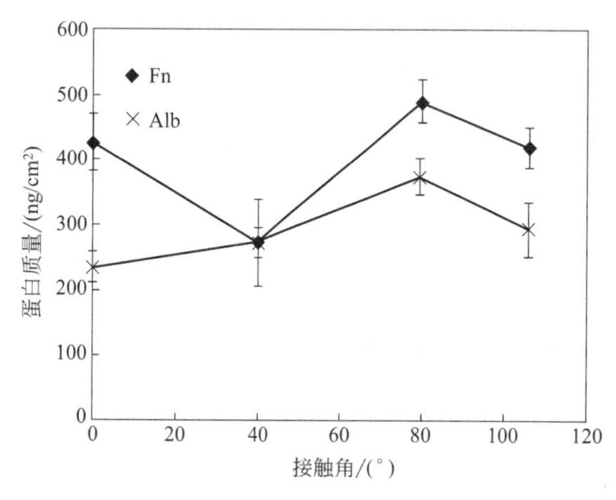


图 8.13 蛋白质在不同接触角的表面上的吸附质量（QCM-D）（改编自［80］）

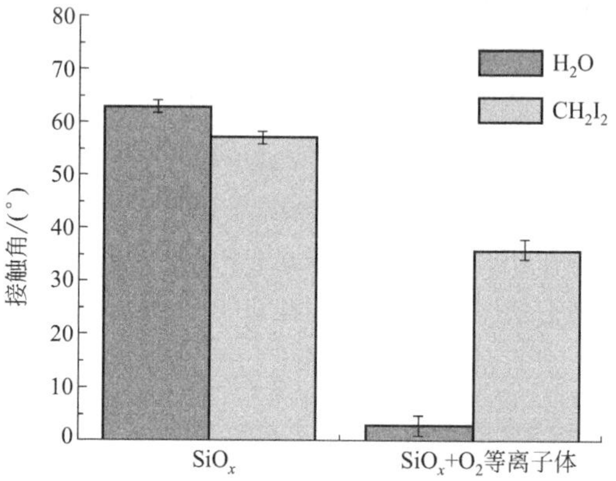

图 8.14 水($H_2O$)和二碘甲烷（$CH_2I_2$）在沉积的 $SiO_x$ 膜和 $O_2$ 等离子体处理的膜上的接触角（改编自［90］）

Sarapirom 等[90]研究了表面润湿性对蛋白质的吸附和细胞黏附在 $O_2$ 等离子体处理的 $SiO_x$ 膜上的影响。在该研究中，他们将 48nm 厚的 PECVD 沉积 $SiO_x$ 膜沉积在基板上，然后用 $O_2$ 等离子体处理。$O_2$ 等离子体处理可显著提高 $SiO_x$ 膜的表面润湿性，而不会改变其整体性能，如图 8.14 所示，沉积后的 $SiO_x$ 膜的水接触角为 63°，经过等离子体处理后降低到 2.7°，这表明 $SiO_x$ 的表面更亲水。等离子体处理会破坏表面上的 C—H 键，并且游离碳自由基与反应室内的氢结合形成 O—H 键。这个过程就像是在聚合物表面上主要发生的等离子体诱导的断链和表面交联，使表面更具极性，增加了其润湿性[90]。

其他几种生物相容性有机聚合物，如聚甲基丙烯酸甲酯（PMMA）、聚碳酸酯（PC）和聚醚醚酮（PEEK）被氧束等离子体蚀刻，以使其表面变得超疏水或超亲水，用于蛋白质黏附、细胞附着和关节置换假体等潜在应用。最初为疏水性的有机聚合物表面经过等离子处理后显示出亲水性，并且水接触角大大降低。该效应归因于在等离子体处理期间形成富氧极性基团和烧蚀碳基团[91-96]。

## 8.4 半导体制造中的等离子体清洗

在集成电路和微电子器件制造中，实现无缺陷和优化表面的超清洁硅表面的首要必要性推动了该领域多年来的巨大技术进步。由于集成电路（IC）的制造涉及几个连续的步骤，因此至关重要的是，在不改变基板表面的情况下，消除或最小化晶圆或设备上每个步骤中缺陷、化学污染物和微粒杂质的产生，以实现高性能和可靠性，这些问题会对产量和制造成本产生不利影响。晶圆清洗是 IC 制造中广泛使用的技术，可减少表面和整体缺陷。这说明了实现清洁表面的重要性，并能够为下一步骤优化晶圆片表面[97-100]。

通常，IC 制造过程分为两个步骤：“生产线的前端（FEOL）”和“生产线的后端（BEOL）”。1 级无尘室对于减轻 FEOL 和 BEOL 步骤中产生的污染物至关重要。FEOL 工艺主要包括晶圆加工初始阶段的步骤：沉积和蚀刻，例如氧化、化学气相沉积（CVD）、蚀刻、溅射和离子注入、光刻和图案转移。在 FEOL 中的每个过程之前和之后，对 Si 晶片进行有效的表面清洗对于设备性能并从而优化良率至关重要。芯片的组装、封装和测试是 BEOL 流程的一部分。集成电路制造在技术方面每年都有巨大的进步，并且对寻找先进的清洗方法以区别 FEOL 和 BEOL 工艺的需求也越来越大。与 FEOL 不同，BEOL 还可能包含金属污染物，例如用于互连和触点的 Cu、Al 和 W，而 FEOL 主要具有 Si、多晶硅、$SiO_2$ 和 $Si_3N_4$。随着膜厚度和器件的节点尺寸的减小，污染物颗粒的允许尺寸及其密度以及表面杂质的浓度变得更加严格。这些颗粒在各种晶片处理步骤（例如蚀刻、沉积或注入）中，会阻塞或掩盖晶片上的模具。如果未采用正确的清洗方法，则通常可能是化学污染源的颗粒会黏附在表面上，并且在薄膜生长期间会嵌入膜中，从而导致空隙、微裂纹或其他结构缺陷。这些微粒实质上是器件的杀手，特别是当微粒的尺寸很小（以 nm 计），几乎是集成电路中最小的器件的尺寸的 50％之时[101-103]。

为了满足极具挑战性的无缺陷要求，现有晶片清洗技术是通过将晶片表面暴露于清洗方法来实现，例如湿法清洗或化学湿法清洗、气相清洗、等离子体或辉光放电等气相方法、物理干燥方法、UV、臭氧和低温技术。诸如湿法化学方法之类的常规技术包括将晶片浸入化学浴中，以通过化学反应将基板上的沉积膜作为可溶性物质去除。一些化学清洗工艺，例如 RCA 标准清洗工艺、SC1 和 SC2 清洗工艺已被建立，用以清洗硅、氧化物和石英的几个原子层厚的表面。在 FEOL 工艺中，Si 晶片上的有机污染物也可以用氢氟酸与强酸（例如硫酸）的混合液进行清洗。尽管化学清洗方法在很大程度上成功地用于清洗硅晶片，但是发现化学清洗后的晶片已被该工艺中使用的化学反应物的残留物污染。新的高度敏感的材料（例如低 $k$ 材料和光致抗蚀剂材料）不再与化学方法兼容，因为它们在清洗后往往会改变化学和电气性能。而且，与湿化学方法相关的成本是巨大的，因此导致了具有成本效益的方法的发展，这引起了对涉及气相清洗方法的非湿化学方法的关注，例如离子束、等离子体或辉光放电。最初的关注始于利用 SCI 束辅助清洗技术的可能性，其中使用诸如 Ar 之类的惰性气体来物理溅射晶圆表面。最近，在涉及 MCI 光束的领域中已经取得了重大进展[104,105]。发现蚀刻后的表面的碳污染明显减少。由于 MCI 研究仍在不断发展，并且与 EBIT 系统相关的成本非常高，并且该工具的制造非常复杂，因此对于半导体行业而言，将这些方法纳入生产方法不是一个可行的选择。这可能是未来几年先进半导体应用的一项潜在技术。另外，等离子体技术已被探索为表面改性的可行来源。等离子体源已在微电子工业的各个阶段可靠地应用于晶圆制造中，已被探索用于清洗应用。气相清洗方法的其他优点包括较少的挥发性化学污染物，减少了与化学品的少用和处置相关的成本，工艺有灵活性，最重要的是，能在原位进行清洗[106]。

## 8.4.1 等离子体诱导的光刻胶剥离和去污

等离子体处理是集成电路制造中广泛使用的技术，用于各种处理步骤，例如沉积、蚀刻、注入、光刻胶剥离和去污。等离子体的优势包括产生化学活性物种和离子的能力，以及在表面附近释放它们的能力，从而通过去除挥发性产物和有机膜残留物来有效地使表面改性或清洗表面。特别是在低温下，等离子体是有效的表面工程工具，因为它们能够调整表面性能而不影响整体性能。使用低温等离子体，不会对表面造成任何损伤或只有很小的损伤。同样，干法等离子体蚀刻不涉及使用化学品、有毒气体或有机溶剂，因此与其前身（例如湿法蚀刻）相比，可建立一种环境友好的工艺。晶片通常在 IC 制造过程中经历几个过程，并且在每个步骤之前和之后都必须有干净的表面，以能够获得具有高产量和可靠性的器件。需要在下一步之前清洗晶片表面，以去除所有形式的污染物并优化表面，并准备晶片条件以适应下一步骤。在本节中，将讨论等离子体辅助光刻胶的剥离和去污应用。光刻胶剥离和去污所涉及的步骤如图 8.15 所示。

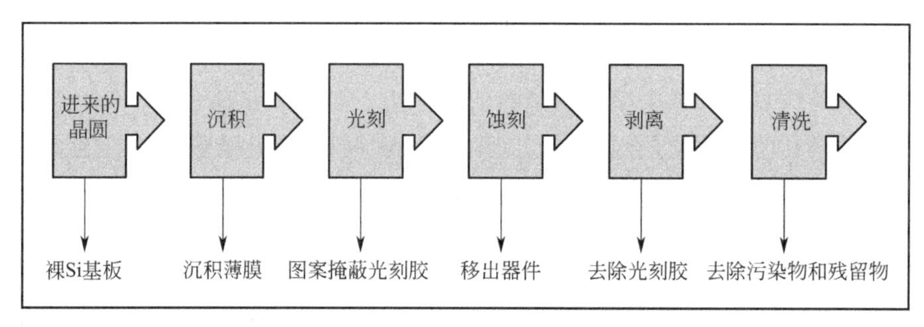


图 8.15　光刻胶剥离和去污过程所涉及步骤示意图

### 8.4.1.1 蚀刻后光刻胶剥离和去污

光刻胶由具有交联烃链的聚合物组成。在每个步骤之后，需要去除光刻胶，并且需要针对下一步骤优化晶片。光刻胶的剥离和去污应用，使用各种类型的气体：惰性气体，不会与许多物质发生反应，例如 He、Ne、Ar 等；充满氧气的氧化性气体，如 $O_2$、$O_3$、$N_2O$ 等；还原剂，例如 $H_2$、$H_2O$、$H_2/N_2$ 等，可通过除去氧气或含氧气体来防止表面氧化；活性气体，例如 $CF_4$、$NF_3$、$SF_6$ 等被广泛应用于蚀刻和剥离应用的等离子体技术。传统上，基于 $O_2$ 的等离子体在 20 世纪 80 年代初用于等离子体剥离以去除有机污染物，然后进行湿法去污程序，但由于器件尺寸的缩小、超浅结、高迁移率，它不再是可行的选择。传统上，该工艺被称为灰化，并且在 FEOL 和 BEOL 工艺中，还会在裸露的表面上产生不良氧化。近年来，随着等离子体技术领域的重大技术进步，为此目的开发了带有 ICP 源的下游等离子体发生器。下游源的优势在于，所产生的离子被有效地过滤到最大程度，并且蚀刻机理中仅涉及中性或反应性物质。

为了消除氧化作用，使用诸如 $H_2$ 或 $H_2+N_2$（混合气体）之类的化学物质研究了基于氢的气提过程。Yang 等[107]探索了在固定的 RF 功率为 5000W 和 800mT 的情况下，使用不同的 $H_2/N_2$ 组成的光刻胶（PR）蚀刻速率。PR 蚀刻速率随着 $H_2/N_2$ 浓度的增高而保持恒定，直至折算至标准状况的流量达到 $7000cm^3/min\ H_2$、$3000cm^3/min\ N_2$，但是离子密度却从 $2\times10^{-8}/cm^3$ 增加至 $8\times10^{-8}/cm^3$，然后观察到蚀刻速率下降，如图 8.16 所示。这归因于用于蚀刻 PR 的 $H_2$ 物质形成活性微粒的减少或 PR 表面的 $H_2$ 等离子体硬化，这将使表面难以剥离。从 XPS 结果可以看出，随着 $H_2$ 气体浓度的增加，C ═O 的浓度降低，而 C—H 键的浓度增加。这种现象归因于在蚀刻 PR 时形成的 O—H 挥发性副产物。另外，从 XPS 中观察到—C ═NH—键强度随 $H_2$ 浓度的增加而增加，这表明形成了 NH 挥发性产物。总之，对于 $H_2/N_2$ 等离子体 PR，蚀刻取决于蚀刻过程中含 NH 的挥发性产物的形成[107]。

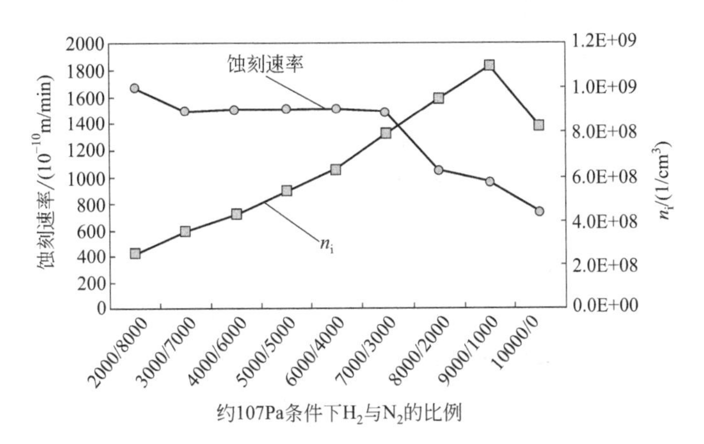


图 8.16　在 5000W RF 功率下，光刻胶蚀刻速率与 $H_2/N_2$ 气体混合比的关系（改编自［107］）

左纵轴为光刻胶（PR）蚀刻速率，右纵轴为离子密度（$n_i$）

## 8.4.2　硅基板的等离子体去污

为保持清洁且无缺陷的硅基板，已经采用了不同的方法。其中，湿法和干法蚀刻技术使用更频繁，并且是众所周知的。化学方法涉及氢氟酸和氢氟烃气体的使用，这不是用户友好的操作，并且还会产生与操作和维护相关的额外成本。化学品需要特殊处理，并且易挥发和有毒。干法蚀刻或气相技术提供了更便宜且更环保的表面去污方法。硅是 IC 制造和微电子领域中使用最广泛的基板。如果未受到适当的保护，甚至是原始的硅晶片都可能成为污染源。硅晶片特别容易在处理过程中被碳氢化合物污染，并且微粒会因范德华力或静电力而轻易地黏附在碳氢化合物膜上。天然氧化物的生长是硅晶片通常能观察到的另一种主要现象。

### 8.4.2.1　硅上的非晶硅

Granata 等[108]研究过用于清洗硅基板以去除表面上存在的碳质污染物的现有化学方法，并探索了在干燥环境中用等离子体处理替代化学清洗方法的可能性。在该研究中，采用 60W 功率的 $H_2$ 等离子体，$H_2$ 的标准流量为 200cm$^3$/min，处理时间为 0～30s。研究了用 $H_2$ 等离子体处理的晶体硅（c-Si）和 Si 表面以及随后在晶体硅基板（a-Si:H/c-Si）上沉积的 200nm 厚的非晶硅（a-Si:H）沉积膜。实验结果表明，等离子处理 10s 后，碳和氧的浓度降低，而进一步处理都没有显著影响。这一结果表明，$H_2$ 等离子体腐蚀了硅表面（天然氧化物）上的后端 HF 浸渍过程中生长的富杂质顶部氧化物层上存在的烃类污染物，如图 8.17 所示[108]。

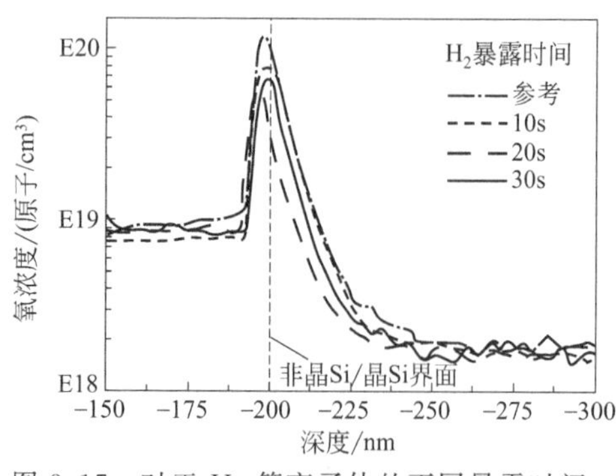


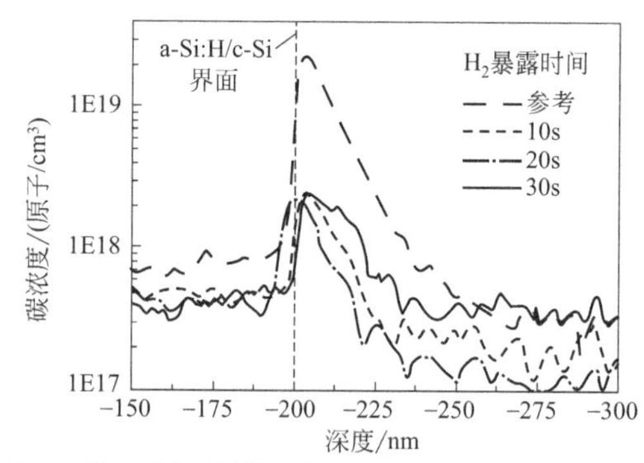


图 8.17 对于 $H_2$ 等离子体的不同暴露时间，非晶 Si/晶 Si 界面处的氧气（左）和碳（右）浓度的 SIMS 曲线（改编自［108］）

参考是 HF 终止的 Si 样品

#### 8.4.2.2 硅上的聚合物污染

用 1∶1 和 1∶3 浓度的 $Ar+O_2$ 等离子体处理人造硅表面高密度聚乙烯（HDPE），持续 6min，以了解表面去污的有效性。观察到 HDPE 去除的百分比分别为 60%和 74%。与 HDPE 沉积的膜相比，后蚀刻的表面显示出较小的表面粗糙度。较高的 $O_2$ 流量增强了 HDPE 与表面的化学反应性。这种现象归因于高活性的 $O_2$ 自由基物质（$O_2^+$、$O_2^-$、$O^+$、$O^-$）与烃（$C_xH_y$）反应形成 $CO_2$ 和 $H_2O$。

#### 8.4.2.3 Si 上的 $SiO_2$ 污染

已经开发了几种湿化学方法来去除沉积在硅片表面的天然氧化物，例如超声波脱脂法、卡洛清洗法、RCA 清洗法、SC1、SC2 等，然后进行 HF 浸渍。所有这些讨论的方法都不是原位清洗方法，并需要使用有毒气体。另一种选择，等离子体技术可提供最可靠的处理机理，而无需使用有毒化学品并进行原位清洗。等离子体由离子、活性物种（中性）和电子组成。基板的清洗可以归因于以下因素的组合：离子的物理溅射；活性中性物与表面碳氢化合物反应并形成挥发性产物，可将其抽出反应室；高能电子溅射。Gupta 等[109]探索了使用 $H_2$、$O_2$ 或 Ar 等离子体，使用 100W 射频功率和（折合到标准状况的）$20cm^3/min$ 流量进行约 120s 的清洗效果。实验结果表明，与污染样品相比，等离子体处理 60s，水接触角显著减小到 15°以下，如图 8.18 所示。另外，通过椭圆偏振和 XPS 测量证实了污染物膜厚度的减小和碳污染的减少，而等离子体处理后的表面粗糙度保持不变。

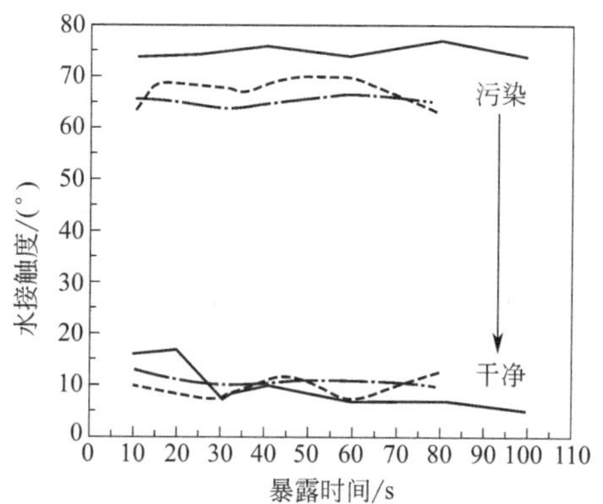


图 8.18 用 $H_2$（实线）、$O_2$（虚线）和 Ar（点线）处理之前（顶线，污染）和之后（下部线，干净）在 $Si/SiO_2$ 表面上的代表性水接触角测量值（改编自［109］）

样品的水接触角的初始变化仅反映了以下事实：使用了实验室周围的不同污染样品

### 8.4.3 半导体生产线后端的等离子体去污

尽管晶体管栅极长度的尺寸缩放（最小特征尺寸）已经带来了巨大的收益，但相关金属互连的特征尺寸向纳米级的演进却导致了阻容（*RC*）延迟的增加，从而影响了逻辑芯片整体性能[110-113]。如“*RC*”所示，此问题是由于金属化层中电阻（*R*）的增加和介电材料的电容

($C$) 的共同作用引起的[111]。在最近的工艺开发中，已有报道通过将低介电常数（low-$k$）材料与Cu互连结合在一起，可以有效地降低$RC$延迟[114]。然而，尽管铜具有很高的导电性，并且对电迁移具有很大的抵抗力，但它很容易氧化并扩散到块体硅和电介质中，并导致器件性能下降[115,116]。因此，通常在铜沉积之前镀金属（例如Ta或TaN）阻挡层，以最大限度地减少Cu扩散并增强Cu与低$k$电介质之间的附着力[117]。在最近的研究中，证据表明，Cu最快的自扩散路径是表面。因此，通常需要用电介质阻挡层（例如SiN、SiCNH）来覆盖沉积的Cu，以保护层间电介质（ILD）并确保每个金属化层的一致性[112,118-120]。此外，由此产生的电介质阻挡层-Cu界面已被确定为后端互连中电迁移的主要途径，在该处经常观察到盖层材料的附着力和分层不佳[112,121]。因此，至关重要的是获得清洁的界面以及铜与势垒之间的牢固结合，以降低接触电阻并平衡电迁移和相应的应力[112]。

已经发现，在沉积介电阻挡层之前清洗Cu表面特别具有挑战性，因为它涉及从现有化学机械平面化（CMP）工艺中去除表面氧化物、腐蚀抑制剂和其他有机污染物，并最大限度地减少对多孔低介电常数介电层的损坏[122]。原位等离子体去污通常是优选用于预沉积表面处理，并且已被广泛研究[112,114]。Qin等结果表明，可以通过$NH_3$等离子体清洗来增强Cu和SiN扩散阻挡层（沉积在400℃）之间的接触[123]。在另一项研究中，Baklanov等人举例说明，包含$CuCO_3$和$Cu(OH)_2$的氧化物层可以通过热处理分解为$Cu_2O$和CuO，并可以通过$H_2$等离子体去污进一步还原[124]。最近，有报道说，除了提高电介质和互连之间的黏合强度外，用于铜表面处理的优化等离子体去污还显示出更长的电迁移寿命[125]。

尽管已证明等离子体处理对CMP后的Cu去污有效，但它可能会导致ILD的表面改性，并降低低$k$材料的电性能和可靠性[126,127]。有证据表明，由于H自由基与碳基团之间的反应，$H_2$等离子体工艺可导致ILD中$CH_3$的减少，这将进一步导致介电常数的增加[128]。自由基反应以及来自等离子体处理的离子轰击在多孔低$k$膜的顶部形成了一层薄薄的改性层，从而提高了介电常数[127]。为了减轻这种影响，Liu等[128] 使用$H_2/N_2$等离子体混合物进行了ILD和Cu表面处理的研究。结果显示通过$N_2$处理可通过在表面上形成类酰胺层来减少由于$H_2$等离子体过程引起的碳提取。然而，Huang和Bo[129] 指出，这种类似酰胺的层也可能导致介电常数的增加。此外，发现$H_2/N_2$和$NH_3/N_2$混合物均可从低$k$电介质中吸收更多的水分，从而潜在地影响电性能[129,130]。还有一种有效的减轻等离子体损害的方法是将He等离子体处理引入传统的$H_2$和$NH_3$等离子体去污工艺中，这是Urbanowicz及其合作者提出的[130,131]。值得注意的是，所有低$k$电介质的等离子体处理都倾向于形成致密层。但是，通过He等离子体处理可以显著降低此类等离子体损坏的总深度。在He等离子体的EUV发射范围内，基于二氧化硅的低$k$电介质的吸收系数相对较高，并且在此类层中复合概率增加，从而限制了自由基的渗透深度[127,131,132]。

## 8.5 多种表面精密清洗的重要性

### 8.5.1 光伏太阳能电池清洗

多年以来，由于对清洁能源的需求不断增长，光伏（PV）太阳能电池的开发一直引起科学界的强烈关注[132-134]。尽管PV电池和系统应用中涉及的过程（即薄膜沉积、表面调节等）类似于IC制造，但等离子表面改性和清洗在PV电池板制造中仍尚未普及。PV电池等离子体处理的最新应用大多限于沉积（等离子体增强化学气相沉积，PECVD），而在大批量生产的表面纹理化（反应离子蚀刻，RIE）方面用途有限[135]。实际上，有很多机会可将等离子体工艺应用于光伏器件的制造[136]。例如，通过$H_2$等离子体处理或氮化硅（$SiN_x$:H）薄膜沉积使其表面钝化，通过等离子体蚀刻工艺去除磷硅玻璃（PSG）或附加发射极，用于表面调节的等离子体清洗，以及已经提出并研究了使用等离子体工艺的预沉积清洗（去除天然氧化物）和表面纹理，用于各种太阳能电池制造（单晶/多晶硅和非晶硅）[135,136]。因此，Si PV电池的等离子体辅助制造正成为一个热门课题，对基础研究和工业应用的重要性不断提高。通过可接受的费用水平和一致的性能成功证明上述PV电池生产工艺将导致等离子体处理在大批量制造行业中的广泛使用。以下部分将通过一些示例讨论和回顾属于等离子体清洗类别的特定工艺步骤。

#### 8.5.1.1 等离子体纹理化和表面粗糙化

在过去的20年中，为实现光伏系统的最佳光功率转换效率做出了不懈的努力[137]。即，PV材料的制造旨在尽可能降低光反射，从而使更多的光子可以被硅吸收。结果，已经提出了用于使硅表面粗糙化和纹理化的各种方式以减小反射率。在大批量生产行业中，目前正在通过采用湿化学溶液来使用无光刻的纹理化工艺。例如，氢氧化钾与异丙醇（IPA）结合用于结晶Si（c-Si）织构化已经得到了广泛的研究，并已被工业界广泛采用，因为它具有良好的特性，并能够通过随机金字塔状结构将反射率降低到15%以下[138]。但是，这种方法在多晶Si（mc-Si）织构化方面效果不佳，因为只有少数（100）取向晶粒可用[139]。由于具有相对较低成本的mc-Si在批量生产中较为可取，因此已经开发了一种酸纹理化方法，可通过优化制造步骤来有效蚀刻多晶取向硅[140]。一种更有效的方法是通过机械工艺构造硅表面，但在工业水平上生产PV材料并不经济[141]。

尽管通过采用湿化学法实现了低反射率，但是该方法仍存在一些缺点。在大量生产中，湿化学处理有一个严重的环境和经济问题，因为需要大量的化学品和去离子水，会产生巨大的废物处理费用。另外，当今太阳能电池的起始厚度正在减小（约200μm），并且由于大量的硅损失，很难将湿法制纹工艺应用于薄c-Si太阳能电池的制造[142]。相比之下，干法制纹工艺更具吸引力，因为它：①主要避免使用去离子水和化学品；②本质上是无接触工艺，仅需消耗少量的硅；③提供蚀刻工艺与晶体取向无关。由湿法和干法形成的金字塔状结构之间的比较如图8.19所示。

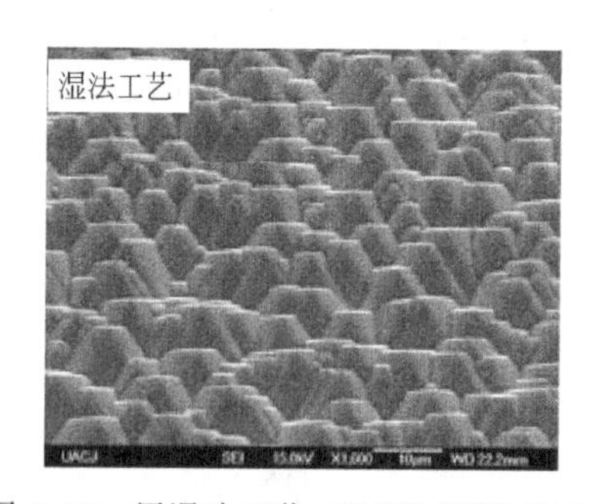


对比

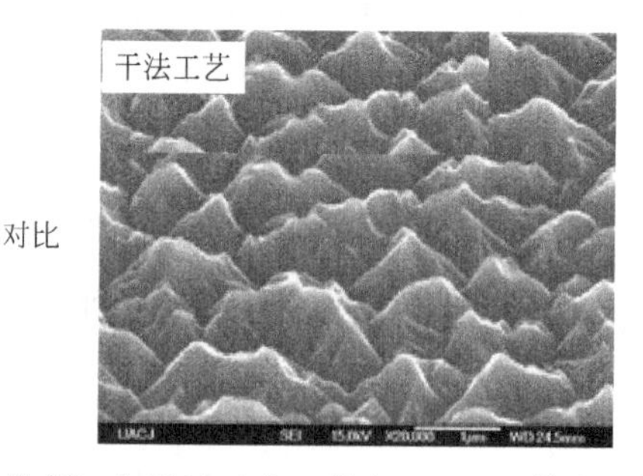


图8.19 用湿法工艺（KOH/DIW/IPA蚀刻）和干法工艺（带有$SF_6/O_2$等离子体混合物的RIE）形成的金字塔状结构比较（改编自［96］）

许多研究已经表明使用 RIE 与各种等离子体混合物对 PV 电池表面进行纹理化和粗糙化处理的方法。一个具体的例子是京瓷（Kyocera）集团在 1997 年发表的研究，他们报道了使用 mc-Si 的 $Cl_2$ 等离子体进行 RIE 的织构化工艺[143]。该结果导致了等离子体辅助 PV 电池的研究大大增加，因为所制备的样品实现了大于 17% 的转换效率，并且该工艺可潜在的应用于大规模生产[144]。与传统的湿化学法相比，RIE 方法的另一个区别是各向同性蚀刻的特性，该特性通常需要掩模工艺。另外，已经报道了使用 $O_2$ 和 $SF_6$ 等离子体混合物进行 c-Si 表面纹理化以形成金字塔状结构的无掩模工艺。$O_2$ 的添加是在 Si 表面上局部形成一层耐腐蚀层（$Si_xO_yF_z$ 或 $S_xO_yF_z$ 化合物）于微掩模中[145]。值得注意的是，与湿法蚀刻相比，这种纹理化工艺可以显著降低材料的反射率（从等离子体法和湿法蚀刻获得的太阳能电池的反射率比较可参见图 8.20）[146]。在另一项研究中，Yoo[142] 报告说，通过将 sc-Si 织构成稀疏分散的火山口状金字塔结构，可以在 300～850nm 波长范围内获得 8.9% 的反射率。此外，Moreno 等人还在 c-Si 上使用 $SF_6/O_2$ 混合物对无掩模 RIE 的制纹工艺进行了系统研究[137]。这项工作表明，通过优化工艺参数，可以实现光反射率为 11% 的锥面。他们现在已经认为，微掩模效应对于实现更好地控制蚀刻轮廓并由此获得较低的光反射率至关重要。此外，上述研究人员还发现，通过将射频功率从低到高改变，纹理化的控制过程从各向异性蚀刻变为各向同性离子辅助蚀刻，从而形成了更低反射率（约 6%）的倒金字塔形结构。

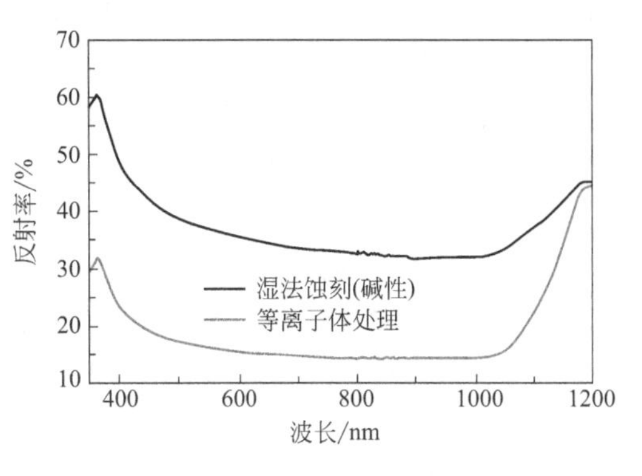


图 8.20　碱性蚀刻和等离子体处理的 mc-Si 晶圆的反射率（改编自 [146]）

最近的一些报告中也描述了用其他等离子体混合物对 mc-Si 表面进行纹理化的方法。Park 等[147] 指出，由于 $SF_6/O_2$ 混合物仅用于 RIE 织构，因此很难控制纹理角度和尺寸，原因是局部蚀刻速率非常高，且 $Si_xO_yF_z$ 耐蚀刻层的挥发会严重影响光/功率转换效率。通过在 RIE 织构中添加 $Cl_2$，在可控蚀刻速率下获得更高的结构密度，从而制造出效率更高的太阳能电池。在其他研究中，也报道了用 $CF_4/O_2$ 和 $NF_3/Ar$ 进行 RIE 的工艺[148]。与 $CF_4$ 和 $SF_6$ 相比，$NF_3$ 是效率更高的氟生成剂，因为 $NF_3$ 在热力学上更稳定，并且在基材表面或室壁上残留的副反应产物（碳氟化合物或硫基沉积物）更少，由于氮的反应性较低。

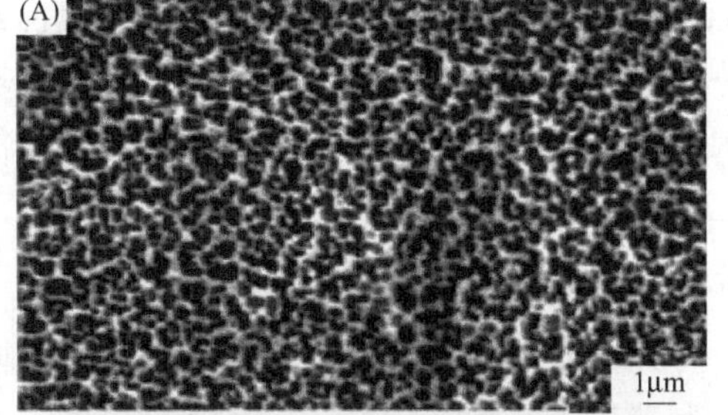

图 8.21　b-Si 独特的微观结构的 SEM 图像（改编自 [150]）

（A）顶视图；（B）侧视图（正常 30°观看）

在最近的研究中，通过制造“黑硅”（b-Si）实现了极低的光反射率（约 1%）。最初由 Jansen

等[149]报道 RIE 纹理化可以使用 $SF_6/O_2$ 混合物形成草状 b-Si 表面。Xia 及其合作者[150]在最近的一项研究中证明了使用等离子体浸入离子植入法（PIII）和 $SF_6/O_2$ 等离子体能形成 b-Si，他们的研究旨在降低生产成本并适应高产量，适合潜在的工业应用。在 PIII 装置中，将样品台浸入等离子体云中，并施加－500V 的强负电压。当负电压吸引并加速正离子向样品表面移动时，发生表面改性。这些研究者所得到的具有多孔或针状结构的 b-Si 如图 8.21 所示，抛光硅、纹理化硅和黑硅的反射率在 300～1100nm 波长范围内的比较如图 8.22 所示。

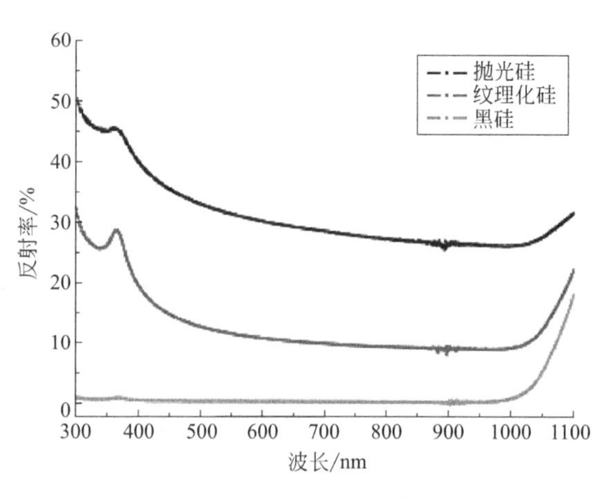


图 8.22　抛光硅、纹理化硅和黑硅的反射率（改编自［150］）

在 RIE 制纹过程中，反应性离子的离子轰击会损害硅晶格，引起结构变化并产生缺陷，从而导致少数载流子寿命的降低[151]。对高效率的太阳能电池制造来说，始终优选较长的载流子寿命，减轻这种影响对于在太阳能电池生产中有效利用等离子体 RIE 工艺至关重要。因此，各种缺陷去除蚀刻（DRE）工艺已被初步分类和研究。Kumaravelu 等[152]报告中表明，室温下在 50∶1 $HNO_3/HF$ 溶液中浸入 5min 进行 RIE 织构化处理后，可以通过去除受损层（厚度为 2～3μm）来恢复载流子寿命。在另一项研究中，对用于 DRE 工艺的类似酸处理方法（$HNO_3/HF/CH_3COOH$）进行了测试，并且用于单晶硅太阳能电池的制造[142]。此外，Lee 等[153]展示了使用 $SF_6/O_2/Cl_2$ 等离子体混合物的多晶硅太阳能电池的无损 RIE 织构化工艺。通过原位去除 RIE 引起的损伤并有效控制表面结构实现了这种工艺，从而获得较低的表面复合率。结论是，进气比和等离子体功率密度对于减轻离子轰击损害同时保持表面反射率至关重要。这项研究证明，在 RIE 织构化之后可能不需要额外的湿化学工艺，这将进一步简化工艺流程。

### 8.5.1.2　去除自然氧化物和表面钝化

硅表面上厚度约为 $1\times10^{-9}$m 的天然氧化物会严重影响硅的有效寿命，并对太阳能电池的制造产生不利影响[154,155]。因此，在对 c-Si 表面进行纹理化之后，以及在沉积诸如抗反射涂层（ARC）或钝化层（例如非晶硅、氮化硅）之类的膜之前，必须去除表面上的自然氧化物。自然氧化物的去除通常涉及基于 HF 的湿法蚀刻工艺[156]。最近，已经开发了一些湿式清洗工艺，包括 RCA 清洗、HF 浸洗和 $NH_4F$ 清洗，以实现 c-Si 表面的氢终止[157]。但是，在湿法工艺中使用大量的去离子水和化学品会导致环境和经济问题。Moreno 等人报道了对一种等离子体清洗法的系统研究，用该清洗法去除晶体 Si 表面自然氧化物带来的损害很小[158]。去除过程在标准 RF PECVD 反应器中进行，并使用原位 UV-VIS 椭圆偏振法控制和优化氧化物蚀刻过程。载流子寿命数据表明，尽管自然氧化物可以被 $SiF_4$ 等离子体有效去除，但它也会通过产生表面悬空键而降低 c-Si 电学特性，从而导致界面缺陷。进一步的研究得出结论，在进行 $SiF_4$ 等离子体清洗之后，与湿法去除相比，必须进行 $H_2$ 等离子体处理才能处理生成的悬空键并实现类似的表面钝化。

许多研究人员已经研究了在沉积钝化层［即本征非晶 Si:H 层（a-Si:H）］或 RCA 层之前进行的氢钝化。Martin 等人研究了用于 p 型硅晶片的氢等离子体处理[159]。结果表明，通过氢等离子体处理可以改善表面成膜作用。研究人员认为，钝化的改善可能是表面有机污染物的去除所致。在另一项研究中，Kim 等人[154]报道，在氢等离子体处理之后，观察到硅表面的氢浓度增高，这导致硅表面复合速度降低。值得一提的是，降低半导体界面的复合速度已成为许多应用的主要关注点[160]。减少界面缺陷的数量是降低复合速度的直接方法。因此，氢钝化对于通过钝化表面上的悬空键来形成具有低复合速度的硅表面是必不可少的，这直接影响性能，并进一步影响太阳能电池的输出。

Wang 等人已详细研究了氢等离子体预处理在改善硅表面钝化中的作用[161]。如图 8.23 所示，氢等离子体处理引起的悬空键密度的降低会影响少数载流子的寿命（$\tau_{eff}$）。结果表明，抛光的 c-Si 的载流子寿命最多增加 40s，而纹理化的 c-Si 的载流子寿命最多增加 50s。有趣的是，在更长的处理时间下，两种曲线都急剧下降。一方面，认为氢等离子体预处理改变了沉积的 a-Si:H 层的微观结构，同时随着氢等离子体处理时间的延长，膜的均匀性和致密性增加，从而改善了载流子寿命。另一方面，由于等离子体的蚀刻作用，处理时间过长将导致缺陷的密度更高，从而使载流子寿命缩短。此外，与抛光晶体硅相比，有效表面积更大的织构 c-Si 的平均等离子体密度较低。因此，纹理化结构需要更长的时间才能达到相同的钝化效果。

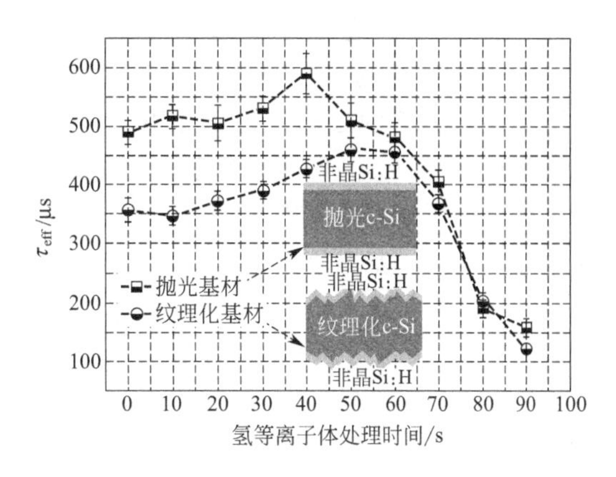


图 8.23　纹理化和抛光基材的少数载流子寿命与氢等离子体处理时间的关系曲线（改编自［161］）

插图为样品结构示意图

### 8.5.1.3　硅磷酸盐玻璃层去除

在产生发射极后，可以通过湿法或干法工艺去除 PSG 层（n 型部分的掺杂）。传统上，由于磷玻璃与硅之间的出色蚀刻选择性（约为 400：1）以及相对较快的蚀刻速率，因此一直使用基于 HF 的溶液。但是，由于该蚀刻过程是在 PECVD 步骤之前立即进行的，因此，将后端清洗完的表面保持在真空中以避免污染物和天然氧化物的生成，这一点必须引起注意。因此，在 c-Si 太阳能电池生产线中引入 PSG 等离子体蚀刻工艺引起了人们的极大兴趣，因为可以组合一系列等离子体工艺并降低制造复杂性。

尽管已经对用于 IC 制造的等离子体蚀刻工艺进行了充分的研究，但是已知的蚀刻配方可能无法直接转移到光伏应用中，由于以下原因，去除 PSG 层的要求非常严格：i）无需执行高温步骤来恢复载流子寿命，因此，需要将表面损伤降至最低；ii）PSG 和 Si 基板之间的选择性必须很高，以避免蚀刻发射极；iii）必须是无残留的过程，以便为后续步骤提供良好的附着力[162]。在早期工作中，Schaefer 和 Lüdemann[162]开发了一种低损伤的干法蚀刻工艺来去除 PSG 层，其中干法加工的太阳能电池表现出与湿法蚀刻的电池相当的性能。这项研究是在 ECR 等离子体反应器中使用 $CHF_3/SF_6$ 气体混合物进行的。但是，选择性在此过程中仍然是一个问题。在另一项研究中，Rentsch 等人[163]报告了通过应用低频等离子体源并将其构建为在线工业型等离子体设备，可以有效地进行等离子体蚀刻。在这种工艺中，使用 $CF_4/H_2$ 等离子体混合物可实现大于 10 的选择性（PSG 的蚀刻速率与 Si 的蚀刻速率之比）（图 8.24）。

可以注意到，PSG 层是掺杂的二氧化硅层。因此，由于 $SiO_2$ 具有相对较高的化学稳定性，通常需要较高的离子能量以实现较高的蚀刻速率。通过向等离子体中添加氢，从而形成选择性聚合物保护层（$CH_x$），可以进行选择性蚀刻工艺。聚合物层选择性地堆积在硅表面的顶部。相比之下，来自 PSG 层的氧气与 $CH_x$ 反应形成 $CO_x$ 和氢化物，从而阻止了表面上聚合物层的形成。因此，保护了硅表面，并且仅受到蚀刻物质（基于氟）通过聚合物层的扩散的影响。同时，高离子能量轰击和氟物种引起的化学反应都可蚀刻 PSG 层[164]。

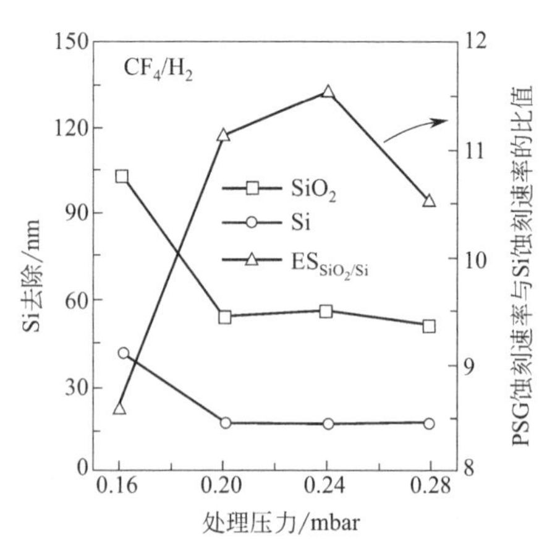


图 8.24　用选择性低频（LF）等离子体蚀刻工艺实现的 Si 去除和蚀刻选择性（PSG/Si）（改编自［146］）

1bar=$10^5$Pa，下同

## 8.5.2　多用途光学组件清洗

多年来，光学组件表面的碳氢化合物污染一直是多种应用中的主要问题，例如远紫外（EUV）光学、大功率激光光学和同步加速器光束线光学[165-168]。当前，已经开发了使用各种气体混合物进行等离子体清洗的方法，并被认为是去除碳氢化合物污染的有效且安全的方法，因为这些光学组件通常用于超高真空（UHV）室中[165]。在最近的研究中，为了达到最佳效果并更好地了解清洗过程，人们研究了以不同类型的源、原料气、气体的分压以及其他参数进行的原位等离子体清洗[165-170]。以下各节将回顾和讨论特定示例的处理细节。

### 8.5.2.1　等离子体去除同步加速器光学器件碳污染

光学器件表面上的碳污染，是残留的碳氢化合物气体在同步加速器辐射（SR）作用下发生光化学反应的结果[171]。据报道，碳污染会大大降低真空紫外光和软 X 射线（VSX）区域的反射率[172]。即使在 1000eV 左右的光子能量下，碳污染引起的干扰效应也会进一步导致反射率的强烈损失[173]。因此，由于碳 K 边区域（280～330eV）的光子通量损失，实验数据的质量，如近边缘 X 射线吸收精细结构（NEXAFS）、共振光电发射和共振软 X 射线发射光谱等都会受到严重影响[171]。尽管 VSX 光束线是通常保存在超高真空（$10^{-7}$Pa）舱中，证据表明即使在低于 $10^{-8}$Pa[174] 的给定压力下也无法避免碳污染。同步加速器光学器件清洗的基本方法，包括使用以氧自由基、氢自由基或臭氧作为活性去污剂进行的异位和原位装置[166]。对于异位装置，通常使用臭氧，并且通常由紫外光灯产生。在这种方法中，需要在较高的臭氧产率和较长的平均自由程之间取得平衡，因为对于前一种参数，较高的氧气分压是优选的，而后一种参数通常需要真空。相比之下，原位去污工艺通常用等离子体完成，等离子体可来自直流放电或射频等离子体源。原位去污过程中最常用的等离子体是 $O_2/Ar$ 气体混合物，因为众所周知 $O_2$ 会产生氧自由基作为活性氧化剂，而 Ar 在开始时会促进等离子体点火并稳定等离子体放电。然而，尽管已经证明氧等离子体能够提供相对较高的去污速率和效率，但是可能发生不期望的氧化和表面粗糙化，并先天地限制了光束线光学器件设计者的材料选择。因此，在最近的研究中，$H_2$ 和 Ar 的混合物经常被用作替代品[175]。

由于等离子体本质的复杂性，为了更好地控制等离子体过程，有必要进行系统研究，以更好地了解清洗过程中涉及的表面化学和物理性质。Pellegrin 等[166]报道了原位 RF 等离子体清洗工艺，并证明了相关的工艺参数（例如等离子体源、原料气体类型和比例、压力）对清洗速率的影响。研究人员还发现，使用 $O_2/Ar$ 气体混合物时，ICP 源比 CCP 源更高效，因为它们显示出更高的去污率以及更好的表面清洁度。尽管在 ICP 清洗的情况下观察到较低的表面粗糙度，但是在用氧等离子体清洗之后，两种源均在金属反射层上显示出氧化。此外，使用 $H_2/Ar$ 混合物进行了类似的测试，发现尽管氢等离子体的清洗速度相对较慢，但是清洗后表面的清洁度大大提高并且表面形态和粗糙度保持不受影响。

除工艺设计和优化外，了解碳污染的化学、晶体学和形态结构也非常重要。人们发现污染物不仅具有单一的碳同素异形体，而且具有类非晶态性质（$sp^2$-杂化碳）或具有类金刚石性质（$sp^3$-杂化碳）[165]。最近，Gonzalez Cuxart 及其合作者[165]进行了详细的研究，以表征无定形碳和类金刚石碳（DLC）的去除率。如图 8.25 所示，在使用 $O_2/Ar$ 等离子体的情况下，DLC 样品的去除率高于非晶碳样品的去除率，而使用 $H_2/Ar$ 等离子体时的 DLC 和非晶碳样品的去除率相当，表明相对于氧等离子体产生的 O 自由基，$sp^3$ 杂化碳比 $sp^2$ 杂化碳更具反应性。这些研究人员还指出，O 自由基的密度随着 RF 功率的增大而线性增高，从而取得更高的去除速率。在使用 $H_2/Ar$ 等离子体的情况下，增大 RF 功率不是实现更高去除速率的有效方法，因为高活性 H 自由基可能在高 RF 功率下重组形成惰性 $H_2$ 分子并导致去除速率饱和。

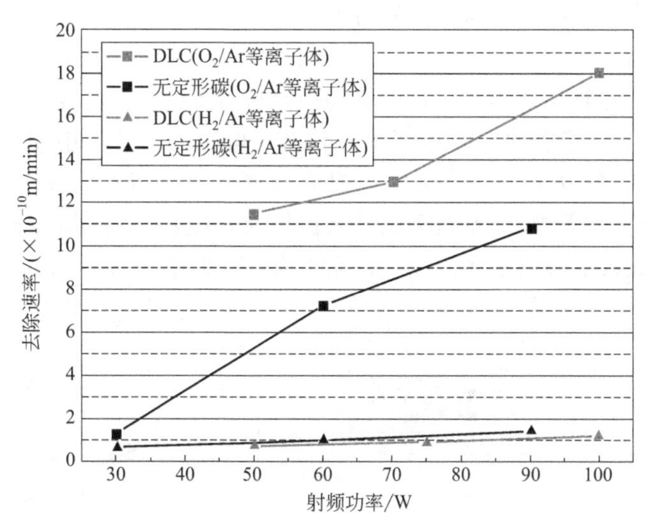


图 8.25　使用 $O_2/Ar$ 等离子体（正方形标记线）和 $H_2/Ar$ 等离子体（三角形标记线）情况下，无定形碳和类金刚石碳样品的去除速率间的比较（改编自 [165]）使用石英晶体微量天平称量样品

### 8.5.2.2　EUV 光刻中聚光器清洗

在过去的 30 年中，IC 制造取得了长足的进步。光刻技术的进步推动了半导体行业的不断发展，其中芯片上的最小器件尺寸已降至 14nm[170]。在光刻过程中，影响该技术最小分辨率的一个关键参数是光源的波长。但是，自从 2001 年将 193nm 受激准分子激光器用于大批量生产以来，光源波长未被进一步降低[168]。因此，迫切需要减小当今光刻工艺中使用的波长，以进一步缩小半导体器件尺寸。

取代当前光刻工艺的领先候选者之一是 EUV 光刻技术，该技术使用发射 13.5nm 的光源。EUV 光刻技术的研究始于 20 世纪 90 年代，其成功制造了 100nm 以下的器件尺寸已证明了其可行性[176,177]。但是，必须解决许多问题才能使该工艺具有成本效益并满足大批量生产的要求。主要问题之一是聚光器的寿命及其由于碎屑而导致的降级。EUV 集光镜通常由光滑的 Si 基板组成，该基板上覆盖有高和低吸收率薄膜（例如 Mo 和 Si）的交替层，以提供高 EUV 反射率和波长选择性[178,179]。在 EUV 光刻工艺中，光源通过使用高功率激光照射目标材料（Xe、Li 或 Sn）并高度电离目标来产生 EUV 光子[180]。由于聚光器直接暴露于等离子体源，随着高能离子和中性离子被排斥并在 EUV 等离子体辐照期间引起光化学反应，在光学器件表面会发生 Li/Sn 和（从光刻胶中脱出的）碳氢化合物的沉积[181]。沉积的碎屑会严重影响 EUV 的反射率。此外，由于碎片缓解方案无法完全消除高能离子的传输，随着时间的推移，Li/Sn 沉积和碳氢化合物污染物会累积在聚光器上，这将增加移除、清理或替换聚光器的停机时间[170]。因此，每隔一段时间原位清洗聚光器是一种非常有效的优选方法，可以防止碎屑堆积并避免昂贵的人工清洗或更换聚光器。

最近的一些研究已经检验了通过等离子体工艺清洗聚光器件恢复反射率的可行性。Neumann 等[182]研究了通过同时加热 EUV 光学元件和使其暴露于二次 He 等离子体来去除锂碎屑的方法，结果表明，可以保持基材的表面粗糙度，并且可使碎屑堆积最小化。后来，Shin 及其合作者[183]报道了通过使用氯气的电感耦合等离子体反应离子蚀刻（ICP-RIE）远程清洗锡碎屑的方法。但是，这种系统曾有过两个大问题：清洗/蚀刻过程由高能离子轰击引起，这可能导致表面变粗糙和向基板的植入，并且卤素气体对 Sn 碎屑的清除速率要慢得多，并且由于这种高压腐蚀性气体的存在，可能损坏系统中的其他组件。在另一项研究中，van Herpen 等人[184]论证用氢等离子体蚀刻锡层以进行 EUV 聚光器清洁。这些研究人员发现，尽管 Ru 衬底上 Sn 碎屑的清除速率相对较低，但引入 $Si_3N_4$ 中间层（EUV 吸收 3%）可以显著提高 Sn 的清除速率，并且清洗后没有检测到锡残留在样品上（图 8.26）。另外，清洗盖层还可以防止 Ru 层从 Si 基板剥离并且保护 Ru 免受潜在的等离子体腐蚀。此外，这些研究人员认为，通过氢等离子体清洗可以完全恢复反射率（图 8.27）。

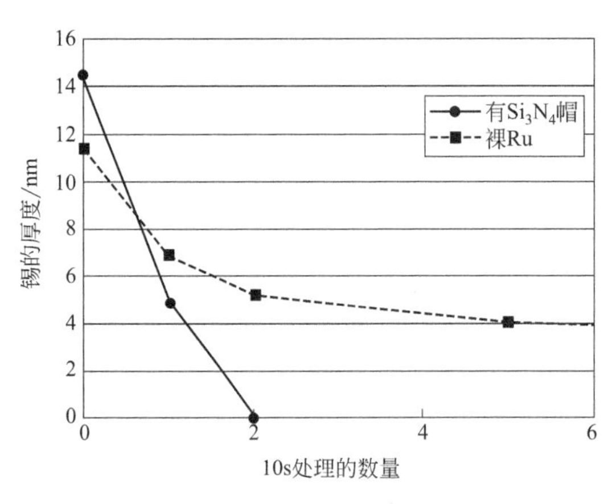


图 8.26　有和无 $Si_3N_4$ 清洗帽的 Ru 箔的清洗速率比较（有 $Si_3N_4$ 帽样品：Ru 箔上的 2nm $Si_3N_4$ 上有 14nm 锡；无 $Si_3N_4$ 帽样品：Ru 箔上有 12nm 锡）（改编自 [184]）

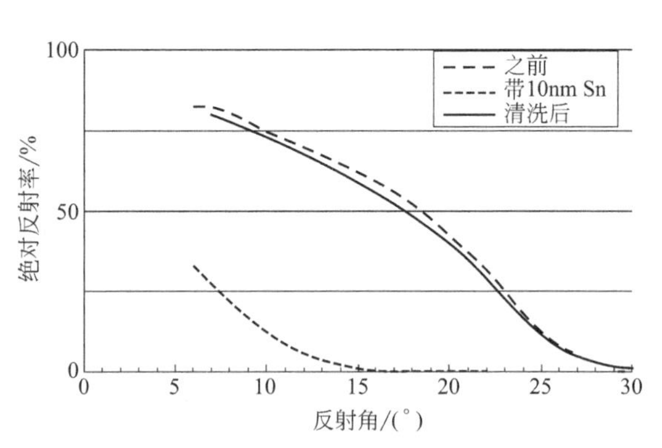


图 8.27　用氢自由基清洗后 EUV 镜的反射率恢复（测量结果相对误差为 3%）（改编自 [184]）

最近，Elg 及其合作者[168,170]使用电容耦合氢等离子体对聚光器进行原位等离子体清洗做了系统的研究。这些研究人员得出的结论是，以下因素共同影响了 Sn 碎屑的去除率：自由基密度、高能离子的平均自由程以及防止 $SnH_4$ 再沉积的近表面局部流速，并通过表征去污后具有不同覆盖层（SiN 和 ZrN）的样品的表面损伤和反射率，来评估这种原位氢等离子体清洗技术的性能。结果表明，基于 ZrN 的覆盖层与该技术更加兼容，因为基于二次离子质谱（SIMS）深度分布图未观察到样品表面的溅射，并且在去除碎屑后恢复了反射率。相比之下，SiN 封盖的样品在等离子体处理后显示出气泡，这导致表面反射率从 55%降低到 45%（图 8.28）。应当指出，将文献中报道的当前技术应用于工业应用可能是不可行的，因为扩大规模将需要进一步了解如何平衡主要影响因素，以实现最佳清洗效果和更好地控制过程。

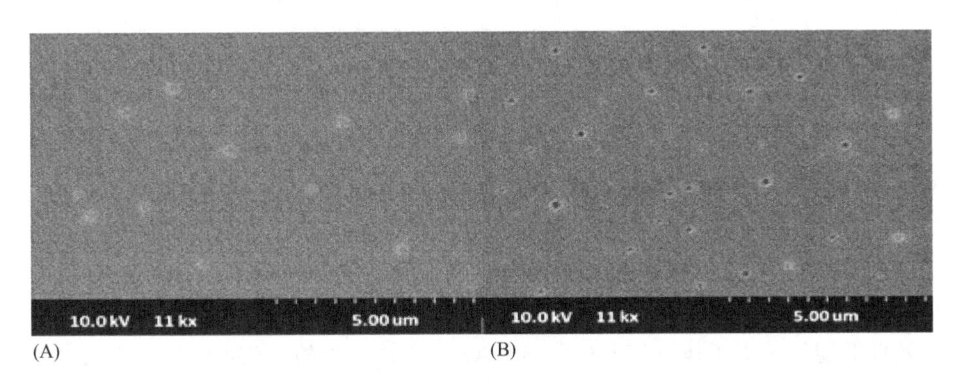

(A)　(B)

图 8.28　等离子体处理后 SiN 加盖的样品上的气泡（改编自［168］）

（A）沉积和蚀刻的样品显示出气泡；（B）更长时间的等离子体处理后，一些气泡破裂了

## 8.5.3　电子显微镜的等离子体清洗

现代电子显微镜的重要性源于以下事实：它使人能在很高的放大倍率下进行成像和显微分析。例如，今天的扫描透射电子显微镜（STEM）可以轻松实现亚纳米级的原子分辨率[185]。为了用电子显微镜获得最佳结果，必须使样品既能代表样本又不含污染物[186]。但是，许多当前的样本制备技术，包括机械抛光、电抛光和离子束铣削，可能导致表面损坏，并在样本上留下残留物和污染物[187]。此外，减小尺寸并在高电流下工作的电子探针通常用于分析较小的目标区域，因此，这两个因素的结合可能会导致碳氢化合物污染物在样品表面的迁移增强[186]。因此，样本污染仍然是一个众所周知的问题，会严重影响结果的质量[188]。碳氢化合物污染可能来自样品制备过程中的不同来源，例如样品或样品支架的处理不当，来自扩散泵式离子铣削系统的油回流以及电解稀化过程中使用的化学品[186]。

为去除样品中的污染物，目前已开发出各种清洗方法，例如电子束浸灌、加热和/或冷却、紫外光照射和等离子体清洗[186,188]。在上述过程中，等离子体清洗一直是电子显微镜样品制备的最有效方法[189]。在此过程中，等离子体中的各种物质与样品表面相互作用，并通过以下现象实现表面清洗：电子-样品相互作用产生的热量，离子-样品相互作用产生的溅射以及自由基-样品相互作用产生的化学蚀刻[190]。Griffiths 和 Walther[191]研究了使用 25% $O_2$/75%Ar 混合物清除 InAs 表面碳污染物的等离子体清洗效果。如图 8.29 所示，随着等离子体清洗时间的延长，样品上的已有污染物可被逐渐去除。

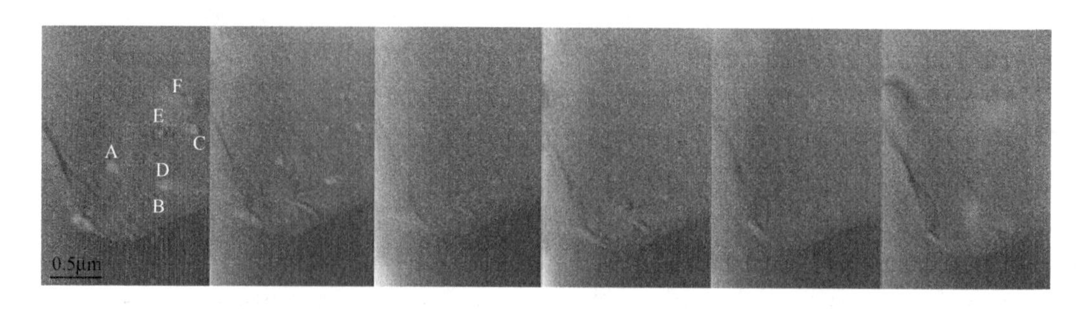


图 8.29　连续等离子体清洗后获得的 InAs 表面的相对厚度图（改编自［191］）
最左边图像为开始时的状态（$t=0$），从左第二到右的序列依次为清洗
1min、2min、4min、6min 和 8min 后的图像。图中标出了在扫描模式（A～C）
或点模式（D～F）下产生的污染窗口的位置

值得注意的是，尽管就去污速率而言，等离子体处理是有效的，但它可能导致不可逆的表面改性，从而损坏目标结构。这个问题需要通过优化仪器参数来解决，以确保创建适当的离子能量、等离子体密度等。最近发表的一份研究报告已经表明，电感耦合等离子体离子能量对应的鞘层（带有正电荷离子的离子薄层）电压需要在 10～15eV 的范围内，以从透射电子显微镜（TEM）样品表面去除碳质污染物，也只有碳质残留物才被化学去除而不会损坏样品本身[186]。另外，在该离子能级下，在样品或样品支架上会发生溅射。Isabell 等发现在短时间内处理低能量等离子体（25%$O_2$/75%Ar 混合物）中的 TEM 样品和样品支架，可以防止碳氢化合物在电子束下的积累[192]。

等离子体蚀刻对 TEM 样品的影响可以用电子能量损失谱（EELS）法进行量化，因为这种分析还受到样品中碳质污染水平的影响[186]。样品厚度很容易从 EELS 光谱中获得，因为它是总强度（$I_T$）和零损耗强度（$I_0$）之比的自然对数函数[193]。图 8.30 显示了在 $O_2$/Ar 混合物中进行等离子体清洗之前和之后，电抛光不锈钢的 $I_T/I_0$ 比率与电子束照射时间的关系图。作者得出的结论是，即使将探头保持在样品上长达 10min，也不会积聚任何污染物。

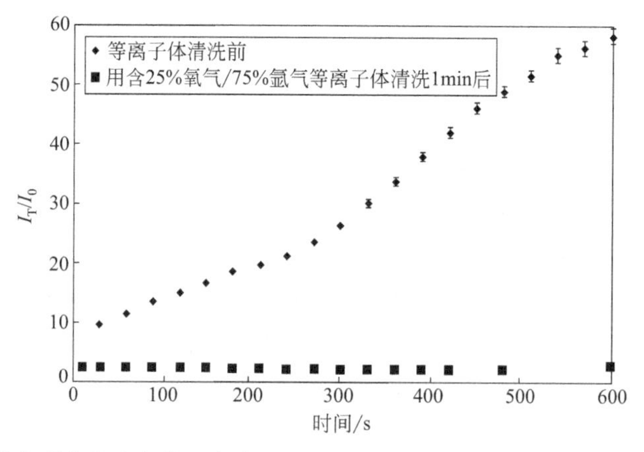


图 8.30　等离子体清洗之前和清洗 1min 之后 304 不锈钢在整个光谱的积分强度与零损耗强度的比值（$I_T/I_0$）与时间的关系曲线[186]

### 8.5.4 考古文物的恢复和保存

古代文物是重要的遗产，是留给后人的人类历史独特文献。大多数历史文物是由铁、铜、青铜、黄铜或银制成的[194]。恢复和保存考古文物势在必行，但这些都是复杂的问题。保护已发掘的考古文物的一个主要挑战是消除硬壳，硬壳通常由石头、土壤、氧化物和其他腐蚀产物组成[195]。值得注意的是，在硬壳下方，有一层含氯化物，氯化物能在一段时间内渗透并腐蚀原始表面[196]。开挖过程后需要去除氯化物腐蚀层，否则它将催化一个后腐蚀反应并导致文物的完全破坏。此外，使用常规机械方法清洗表面可能会破坏脆性特征并导致表面形态细节的损失。值得注意的是，被称为脱盐工艺的氯化物层的去除通常需要在亚硫酸碱或其他溶液中洗涤物体数月[195]。

自 1979 年等离子体清洗技术首次成功应用于锈迹斑斑的银制品以来，等离子体清洗技术就一直被用于修复和保护[197]。值得一提的是，自 1984 年以来，瑞士国家博物馆就参与了针对铁制品的氢等离子体处理的开发。其中，通过在 RF 场中的放电产生气体等离子体[198]。在这样的过程中，等离子体处理被设计为通过部分还原腐蚀层使表面更脆，从而促进和改善机械去污[199]。后来，Veprek 等[200]研究了铁制品的等离子体清洗工艺，并开发了 RF 辉光放电等离子体设备原理样机。

氢等离子体还原曾受到诟病，因为它通常需要相对较高的处理温度（300～400℃）。研究人员还怀疑在这种温度下可能发生马氏体组织的退火[198]。在最近发表的一份研究报告中，研究人员显示可将等离子体处理整合到保护程序中，并且该处理可在较低的温度下进行[195]。在该过程中使用了 $H_2/Ar$ 等离子体混合物，铁和银文物的处理温度分别为 150℃和 180℃，长达 4h。这种在较低温度下的等离子体清洗工艺成功降低了腐蚀产物的密度。但是，由于处理温度不足以去除氯化物，因此，作为后续的处理步骤，需要进行常规的脱盐处理。此外，为了降低工艺温度并避免不良副作用，已成功开发了通过 ECR 产生的惰性 Ar 溅射进行等离子体清洗的方法，用于考古文物保护[201]。在溅射是一个纯粹的物理过程情况下，该过程允许对考古文物的原始化学组成进行更准确的分析。

### 8.5.5 等离子体强化清洗的其他应用

随着半导体器件尺寸的不断减小，微米和亚微米尺寸的微粒污染已成为 IC 制造中的关键问题。小颗粒通常更难以从表面去除，因为随着颗粒尺寸的减小，附着力增加[202]。已努力开发了一种有效的去污方法，该方法可获得很高的颗粒去除效率（PRE），同时将损伤降至最低。一种有前途的技术是激光诱导等离子体（LIP）冲击波清洗法，该清洗法是一种干法操作，无需使用湿化学方法[203-205]。

LIP 冲击波清洗法最初由 Vaught 于 1991 年提出[206]。这个清洗法利用了空气中的等离子体冲击波，而激光束和目标表面之间没有任何直接的相互作用[207]。如图 8.31 所示，短脉冲激光束会聚并聚焦在晶片表面上方，间隙距离很小，导致焦点处的局部温度和能量升高，通过空气的分解和电离产生强烈的等离子体。由于等离子体的快速膨胀，产生了冲击波，并且该冲击波朝着晶片表面球形地传播[208]。如果冲击波的强度足以克服颗粒与表面之间的黏附力，它可以通过提起、滑动或滚动来去除颗粒[206]。

在最近发表的一些研究报告中，许多研究人员已经验证了用于去除微米级和纳米级微粒

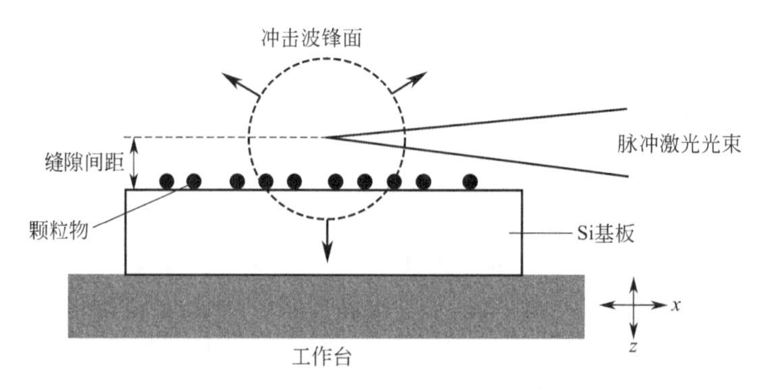


图 8.31 使用空气中气体击穿引起的空气等离子体冲击波去除硅片上颗粒示意图（改编自［203］）

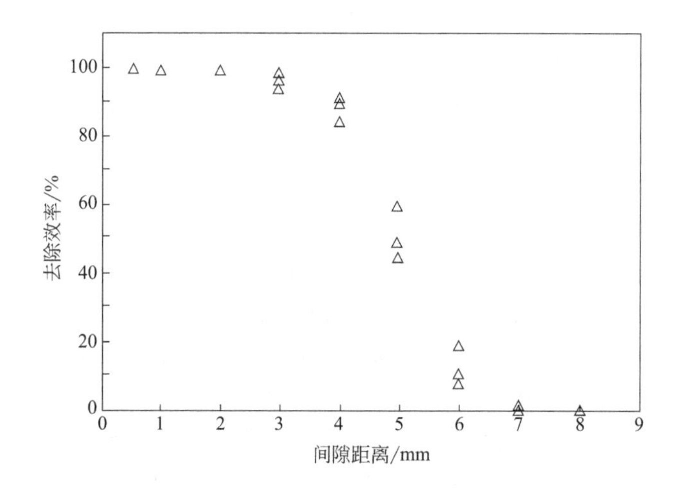


图 8.32 钨颗粒从硅表面的去除效率是激光聚焦点与表面之间的间隙距离的函数，该距离是在 3 次 LIP 冲击波之后测得的（改编自［203］）

的 LIP 冲击波清洗技术。Lee 和 Watkins[203] 阐明了使用 LIP 工艺去除 1μm 钨颗粒，并得出结论，该工艺的 PRE 取决于激光焦点和表面之间的间隙距离。已经发现，随着间隙距离减小到 6mm 的某个阈值以下，PRE 可以从 20% 急剧增加到 90% 以上（图 8.32）。后来，Cetinkaya 和 Murthy Peri[209] 报道，LIP 清洗过程能产生足够的压力，无损去除 60nm 聚苯乙烯乳胶（PSL）颗粒。研究人员还指出，潜在的表面损伤可能是由等离子体与基板之间的相互作用引起的。

在过去的几年中，LIP 清洗过程已经取得了实质性进展。Kadaksham 等[210] 通过分子动力学模拟研究了纳米微粒和冲击波之间的机械相互作用。仿真结果表明，亚 100nm 以下的颗粒可以从各种表面分离和去除，实验结果进一步证明了这一点。如图 8.33 所示，有 30nm 的颗粒成功地从硅基板上去除而未损坏表面。在另一项研究中，Murthy Peri 等人[207] 展示了使用 LIP 清洗对 Si 表面上 10～40nm PSL 颗粒进行的选择性去除工艺，表明该工艺具有执行相对少量颗粒的局部清洗的能力。最近，Ye 等人报道了使用优化的 LIP 工艺以约 90% 的 PRE 从金表面去除 15nm $SiO_2$ 颗粒[211]。这些研究强烈表明，可以将 LIP 技术用于亚 100nm 以下颗粒去除的实际应用。

图 8.33　基板的 SEM 图像，其显示（A）清洗前：纳米颗粒（直径 30nm）分布和（B）清洗后，颗粒被去除（改编自［210］）

## 8.6 小结

随着对清洗和处理材料的环境安全方法的需求不断增长，工业中需要新的创新技术。等离子体技术已被使用数十年，这是在其他主要以湿溶剂为基础的工艺中用作最后一步清洗方法的技术，可以满足当前的环境需求。通过优化等离子体清洗中的关键工艺参数，可使性能显著提高。由于等离子体技术几乎不产生废物，因此，与可能产生大量废物的溶剂或酸基技术相比，等离子体技术更为可取。对于生物医学应用，等离子体系统不易受到病毒和细菌的污染，因此等离子体清洗或加工过的组件在离开系统时是无菌的。同样，用于去除总污染的间歇式溶剂或酸浴系统会留下单层污染，必须通过等离子体技术将其去除。由于这些进步，曾经被认为是不切实际或不可能的等离子体工艺，正在扩展到应用中。例如，在复杂的电子应用中，可以通过最小化化学蚀刻量和最大化离子轰击量的等离子体清洗来获得轮廓分明的侧壁。相反，通过增强等离子体工艺的化学蚀刻成分并最小化反应性离子蚀刻，可以根据需要实现底切。如本章所述，有关等离子体工艺优化的知识很多，但还有许多尚待理解。随着不断努力了解等离子体蚀刻所涉及的机理，这些系统的实用性将得到扩展。等离子体是其他易产生大量废物的技术的可行替代方法，但是较长的处理时间一直是其实用性的限制因素。通过了解相关工艺的机理并设计满足要求的等离子体系统，等离子体清洗、蚀刻和机加工将成为工业过程的首选。

本章详细讨论了用于去除污染物的等离子体的各种工业应用。等离子体清洗的应用遍及电子工业、医疗和光学领域、生物材料、聚合物和太阳能电池去污等。凭借最先进的技术和新颖的材料，等离子体清洗技术已经持续发展了好几代。因此，等离子体处理不仅仅是清洗工艺，它也是表面改性工艺和蚀刻工艺。一般而言，大多数等离子体清洗应用通常旨在通过对界面进行简单的去污来促进附着力，产生一个改性的表面状态，例如增加表面粗糙度，增加表面能，使表面变得亲水或疏水，以及通过物理和/或物理化学相互作用除去金属氧化物。这里讨论的等离子体应用可以归因于四种主要的等离子体表面处理，包括等离子体清洗、表面活化、等离子体蚀刻和等离子体涂层。作者们还强调了等离子体清洗的基本原理、机理、优势以及广泛的工业应用。

# 参考文献


[1] Perspectives on Plasmas. www. plasmas. org.

[2] V. Nehra, A. Kumar and H. K. Dwivedi, "Atmospheric Non-Thermal Plasma Sources", J. Eng. 2, 53 (2008).

[3] J. Heberlein, "New Approaches in Thermal Plasma Technology", Pure Appl. Chem. 74, 327 (2002).

[4] A. Fridman, A. Chirokov and A. Gutsol, "Non-Thermal Atmospheric Pressure Discharges", J. Phys. D 38, R1 (2005).

[5] A. Gleizes, "Perspectiveson Thermal Plasma Modelling", Plasma Chem. Plasma Process. 3, 455 (2014).

[6] R. Shishoo (Ed.) *Plasma Technologies for Textiles*, Woodhead Publishing Limited, Cambridge, UK (2007).

[7] M. A. Lieberman and A. J. Lichtenberg, *Principles of Plasma Discharges and Material Pro-cessing*, Wiley-Interscience, Hoboken, NJ (2005).

[8] A. Fridman, *Plasma Chemistry*, Cambridge University Press, New York, NY (2008).

[9] A. Sparavigna, "Plasma treatment advantages for textiles", Popular Physics. https://arxiv. org/ftp/arxiv/papers/0801/0801. 3727. pdf (2008).

[10] R. Snoeckx and A. Bogaerts, "Plasma Technology: A Novel Solution for $CO_2$ Conversion?", Chem. Soc. Rev. 46, 5805 (2017).

[11] W. Petasch, B. Kegel, H. Schmid, K. Lendenmann and H. U. Keller, "Low-Pressure Plasma Cleaning: A Process for Precision Cleaning Applications", Surf. Coatings Technol. 97, 176 (1997).

[12] Interreg, "Atmospheric and Low Pressure Plasma Treatments: A Comparison", (2017), http://www. interreg-icap. eu/wp-content/uploads/2017/08/Atmospheric-and-Low-Pressure-Plasmatreatments_a-comparison. pdf, 2017.

[13] E. Kilpua and H. Koskinen, *Introduction to Plasma Physics*. https://mycourses. aalto. fi/pluginfile. php/438830/mod_resource/content/2/PlasmaIntro_KilpuaKoskinen. pdf (2017).

[14] A. Belkind and S. Gershman, "Plasma Cleaning of Surfaces", in: *Vacuum Technology and Coating*, pp. 1-11, Jinghong Vacuum Thin Film (Shenzhen) Co. , Ltd. , Shenzhen, China (2008). www. jh-vac. com.

[15] P. I. E. Scientific, "Glow discharge" (2016). www. piescientific. com/Resource_pages/Resource_DC_glow_discharge, 2016.

[16] A. Bogaerts, E. Neytsa, R. Gijbelsa and J. van der Mullen, "Gas Discharge Plasmas and Their Applications", Spectrochim. Acta B 57, 609 (2002).

[17] International Technology Roadmap for Semiconductors, "Yield Enhancement" (2013). https://www. semiconductors. org/clientuploads/Research_Technology/ITRS/2013/2013Yield. pdf, 2013.

[18] A. S. Bravo, J. Guha and J. Kumar, "Adjustable Side Gas Plenum for Edge Rate Control in a Downstream Reactor", U. S. Patent Application 20170330728 (2017).

[19] F. F. Chen, "Radiofrequency Plasma Sources for Semiconductor Processing", in: *Advanced Plasma Technology*, R. d'Agostino, P. Favia, Y. Kawai, H. Ikegami, N. Sato and F. Arefi-Khonsari (Eds. ), Wiley Publications, (2007).

[20] Y. P. Raizer, M. N. Shneider and N. A. Yatsenko, *Radio-Frequency Capacitive Discharges*, CRC Press, Boca Raton, FL (1995).

[21] L. Martinu and D. Poitras, "Plasma Deposition of Optical Films and Coatings: A Review", J. Vac. Sci. Technol. 18, 2619 (2000).

[22] S. Miyake, Y. Setsuhara, Y. Sakawa and T. Shoji, "Development of High Density RF Plasma and Application to PVD", Surf. Coatings Technol. 131, 171 (2000).

[23] O. A. Popov, *High Density Plasma Sources*, William Andrew Imprint, Elsevier, Oxford, UK (1996).

[24] P. Verdonck, Plasma Etching. https://wcam. engr. wisc. edu/Public/Reference/PlasmaEtch/Plasma%20paper. pdf. (accessed June, 2018).

[25] C. M. Ferreira and M. Moisan (Eds.), *Microwave Discharges. Fundamentals and Applica-tions, NATO Science Series B: Physics, Springer Science*+Business Media, New York, NY (1993).
[26] V. Shibkov, A. Aleksandrov, V. Chernikov Dvinin, S. Dvinin, A. Ershov, R. Konstantinovskij, L. Shibkova, O. Surkont and V. Zlobin, "Microwave Discharges: Fundamentals and Applications", Proceedings 45th AIAA Aerospace Sciences Meeting and Exhibit, AIAA 2007-427, American Institute of Aeronautics and Astronautics, Reston, VA(2007).
[27] M. Konuma, *Film Deposition by Plasma Techniques*, Springer-Verlag, Berlin and Heidelberg, Germany (1992).
[28] M. Moisan and Z. Zakrzewski, "Plasma Sources Based on the Propagation of Electromagnetic Waves", J. Phys. D 24, 1025 (1991).
[29] M. Moisan and M. R. Wertheimer, "Comparison of Microwave and R. F. Plasmas: Fundamentals and Applications", Surf. Coatings Technol. 59, 1 (1993).
[30] H. Conrads and M. Schmidt, "Plasma Generation and Plasma Sources", Plasma Sources Sci. Technol. 9, 441 (2000).
[31] H. M. Abourayana and D. P. Dowling, Plasma Processing for Tailoring the Surface Properties of Polymers, *Surface Energy*, M. Aliofkhazraei (Ed.), pp. 123-152, IntechOpen Limited, London, UK (2015).
[32] Plasma Cleaner: Physics of Plasma, Johns Hopkins University, Baltimore, MD. https://engineering. jhu. edu/labs/wpcontent/uploads/sites/76/2016/04/All-About-Plasma-Cleaning. pdf. (accessed June 2018).
[33] F. F. Chen and J. P. Chang, *Lecture Notes on Principles of Plasma Processing*, Springer Science+ Business Media, New York, NY (2003).
[34] Plasma-Surface Interaction, Harrick Plasma, Ithaca, NY. http://harrickplasma. com/plasma/plasma-surface-interaction. (accessed June, 2018).
[35] D. P. R. Thanu, S. Raghavan and M. Keswani, "Use of Urea-Choline Chloride Eutectic Solvent for Back End of Line CleaningApplications", Electrochem. Solid State Lett. 14, 358(2011).
[36] D. P. R. Thanu, N. Venkataraman, S. Raghavan and O. Mahdavi, "Dilute HF Solutions for Copper Cleaning during BEOL Processes: Effect of Aeration on Selectivity and Copper Corrosion", ECS Trans. 25, 109 (2009).
[37] D. P. R. Thanu, S. Raghavan and M. Keswani, "Effect of Water Addition to Choline Chloride-Urea Deep Eutectic Solvent on the Removal of Post Etch Residues formed on Copper", IEEE Trans. Semicond. Manuf. 25, 516 (2012).
[38] D. P. R. Thanu, S. Raghavan and M. Keswani, "Post Plasma Etch Residue Removal in Dilute HF Solutions", J. Electrochem. Soc. 158, 814 (2011).
[39] D. P. R. Thanu, "Use of Dilute Hydrofluoric Acid and Deep Eutectic Solvent Systems for Back End of Line Cleaning in Integrated Circuit Fabrication", Ph. D. Dissertation, University of Arizona, Tucson, AZ (2011).
[40] Biomaterials, National Institute of Biomedical Imaging and Bioengineering, Bethesda, MD. https://www. nibib. nih. gov/science-education/science-topics/biomaterials. (accessed June, 2018).
[41] M. Nakayama, T. Okano and F. M. Winnik, "Poly(N-isopropylacrylamide)-Based Smart Surfaces for Cell Sheet Tissue Engineering Materials for Biomedical Applications", Material Matters-(Sigma Aldrich) 5. 3, 56 (2010). https://www. sigmaaldrich. com/content/dam/sigmaaldrich/materials-science/material-matters/material_matters_v5n3. pdf.
[42] M. Tona, S. Takahashi, K. Nagata, N. Yoshiyasu, C. Yamada, N. Nakamura, S. Ohtani and M. Sakurai, "Coulomb Explosion Potential Sputtering Induced by Slow Highly Charged Ion Impact", App. Phys. Lett. 87, 224102 (2005).
[43] K. Ellinas, A. Tserepi and E. Gogolides, "From Superamphiphobic to Amphiphilic Polymeric Surfaces with Ordered Hierarchical Roughness Fabricated with Colloidal Lithography and Plasma Nanotexturing", Langmuir 27, 3960 (2011).
[44] K. Tsougeni, N. Vourdas, A. Tserepi and E. Gogolides, "Mechanisms of Oxygen Plasma Nanotexturing of Organic Polymer Surfaces: From Stable Super Hydrophilic to Super Hydrophobic Surfaces", Langmuir 25, 11748 (2009).
[45] M. Gianneli, K. Tsugeni, A. Grammoustianou, A. Tserepi, E. Gogolides and E. Gizeli, "Nanostructured

PMMA-Coated Love Wave Device as a Platform for Protein Adsorption Studies", Sensors Actuators B 236, 583 (2016).
[46] O. Neděla, P. Slepička and V. Švorčík, "Surface Modificationof Polymer Substrates for Biomedical Applications", Mater. 10, 1115 (2017).
[47] D. D. Kulkarni, R. E. Shyam, D. B. Cutshall, D. A. Field, J. E. Harriss, W. R. Harrell and C. E. Sosolik, "Tracking Subsurface Ion Radiation Damage with MOS Device Encapsulation", J. Mater. Res. 30, 1413 (2015).
[48] R. Shyam, D. D. Kulkarni, D. A. Field, E. S. Srinadhu, D. B. Cutshall, W. R. Harrell, J. E. Harriss and C. E. Sosolik, "First Multicharged Ion Irradiation Results from the CUEBIT Facility at Clemson University", AIP Conference Proceedings 1640, 129 (2015).
[49] R. Shyam, D. D. Kulkarni, D. A. Field, E. S. Srinadhu, D. B. Cutshall, J. E. Harriss, W. R. Harrell and C. E. Sosolik, "Encapsulating Ion-Solid Interactions in Metal-Oxide-Semiconductor (MOS) Devices", IEEE Trans. Nuclear Sci. 62, 3346 (2015).
[50] W. He, K. E. Gonsalves and C. R. Halberstadt, "Micro/Nanomachining and Fabrication of Materials for Biomedical Applications", in: *Biomedical Nanostructures*, K. E. Gonsalves, C. R. Halberstadt, C. T. Laurencin and L. S. Nair (Eds.), pp. 25-47, John Wiley & Sons, Hoboken, NJ (2008).
[51] A. Tripathi and J. S. Melo (Eds.), *Advancesin Biomaterials for Biomedical Applications*, Springer, Singapore (2017).
[52] Plasma Applications, AST Products, Inc., Billerica, MA. https://www.astp.com/plasmaapplications/. (accessed June, 2018).
[53] N. Huang, Y. Leng, P. Yang, J. Wang, J. Chen and G. Wan, "Biomedical Applications of Plasma and Ion Beam Processing", J. Vac. Soc. Japan 51, 81 (2008).
[54] P. K. Chu, J. Y. Chen, L. P. Wang and N. Huang, "Plasma-Surface Modification of Biomaterials", Mater. Sci. Eng. 36, 143 (2002).
[55] Y.-Z. Zhang, L. Bjursten, C. Freij-Larsson, M. Kober and B. Wesslén, "Tissue Response to Commercial Silicone and Polyurethane Elastomers after Different Sterilization Procedures", Biomater. 17, 2265 (1996).
[56] M. Moisan, J. Barbeau, S. Moreau, J. Pelletier, M. Tabrizian and L'. H. Yahia, "Low-Temperature Sterilization using Gas Plasmas: A Review of the Experiments and an Analysis of the Inactivation Mechanisms", Int. J. Pharmaceutics 226, 1 (2001).
[57] M. Laroussi, "Low Temperature Plasma-Based Sterilization: Overview and State-of-the-Art", Plasma Processes Polym. 2, 391 (2005).
[58] F. Walther, P. Davydovskaya, S. Zurcher, M. Kaiser, H. Herberg, A. M. Gigler and R. W. Stark, "Stability of the Hydrophilic Behavior of Oxygen Plasma Activated SU-8", J. Micromech. Microeng. 17, 524 (2007).
[59] D. F. O'Kane and K. L. Mittal, "Plasma Cleaning of Metal Surfaces", J. Vac. Sci. Technol. 11, 567 (1974).
[60] O. Kylian, A. Choukourov and H. Biderman, "Nanostructured Plasma Polymers", Thin Solid Films 548, 1 (2013).
[61] L. Velardi, A. Lorusso, F. Paladini, M. V. Siciliano, M. Giulio, A. Raino and V. Nassisi, "Modification of Polymer Characteristics by Laser and Ion Beam", Rad. Effects Defects Solids 165, 637 (2010).
[62] L. Bacakova, V. Mares, M. G. Bottone, C. Pellicciari, V. Lisa and V. Svorcik, "Fluorine Ion-Implanted Polystyrene Improves Growth and Viability of Vascular Smooth Muscle Cells in Culture", J. Biomed. Mater. Res. 49, 369-379 (2000).
[63] P. Slepička, I. Michaljaničová, N. S. Kasálková, Z. Kolská, S. Rimpelová, T. Ruml and V. Švorčík, "Poly-L-Lactic Acid Modified by Etching and Grafting with Gold Nanoparticles", J. Mater. Sci. 48, 5871 (2013).
[64] S. Lerouge, M. R. Wertheimer and L'. H. Yahia, "Plasma Sterilization: A Review of Parameters, Mechanisms, and Limitations", Plasmas Polymers 6, 175 (2001).
[65] J. H. Young, "New Sterilization Technologies", in: *Sterilization Technology for the Health Care Facility*, 2nd edition, M. Reichert and J. H. Young (Eds.), pp. 228-235, Aspen Pub lishers, Gaithersburg, MD (1997).

[66] W. A. Rutala, M. F. Gerden and D. J. Weber, "Comparative Evaluation of the Sporicidal Activity of New Low-Temperature Sterilization Technologies: Ethylene Oxide, Two Plasma Sterilization Systems and Liquid Peracetic Acid", Am. J. Infect. Control. 26, 393 (1998).

[67] M. Goldman, M. Lee, R. Gronsky and L. Pruitt, "Oxidation of Ultrahigh Molecular Weight Polyethylene Characterized by Fourier Transform Infrared Spectrometry", J. Biomedical Mater. Res. 37, 43 (1998).

[68] M. Thomas and K. L. Mittal (Eds.), *Atmospheric Pressure Plasma Treatment of Polymers*, Wiley-Scrivener Publishing, Beverly, MA (2013).

[69] K. L. Mittal and T. Bahners (Eds.), *Laser Surface Modification and Adhesion*, Wiley-Scrivener Publishing, Beverly, MA (2015).

[70] K. L. Mittal and R. Jaiswal (Eds.), *Particle Adhesion and Removal*, Wiley-Scrivener Publishing, Beverly, MA (2015).

[71] C. H. Seo, H. S. Shin and D. S. Kim, "Laser Removal of Particles from Surfaces", in: *Laser Technology: Applications in Adhesion and Related Areas*, K. L. Mittal and W. -S. Lei (Eds.), pp. 379-415, Wiley-Scrivener Publishing, Beverly, MA (2018).

[72] B. W. Muir, S. L. Mc Arthur, H. Thissen, G. P. Simon, H. J. Griesser and D. G. Castner, "Effects of Oxygen Plasma Treatment on the Surface of Bisphenol A Polycarbonate: A Study Using SIMS, Principal Component Analysis, Ellipsometry, XPS and AFM Nanoindentation", Surf. Interface Anal. 38, 1186 (2006).

[73] J. H. Lee, J. -S. Cho, S. -K. Koh and D. Kim, "Improvement of Adhesion Between Plastic Substrates and Antireflection Layers by Ion-Assisted Reaction", Thin Solid Films 449, 147 (2004).

[74] Y. Yamada, T. Yamada, S. Tasaka and N. Inagaki, "Surface Modification of Poly(tetrafluoroethylene) by Remote Hydrogen Plasma", Macromolecules 29, 4331 (1996).

[75] K. L. Mittal and W. -S. Lei (Eds.), *Laser Technology: Applications in Adhesion and Related Areas*, Wiley-Scrivener Publishing, Beverly, MA (2018).

[76] D. Dowling and C. P. Stallard, "Achieving Enhanced Material Finishing Using Cold Plasma Treatments", Trans. IMF 93, 119 (2015).

[77] A. Hiratsuka, H. Muguruma, K. -H. Lee and K. Isao, "Organic Plasma Process for Simple and Substrate-Independent Surface Modification of Polymeric BioMEMS Devices", Biosensors Bioelectronics 19, 1667 (2004).

[78] A. K. Osteoblast, "Adhesion on Biomaterials", Biomater. 21, 667 (2000).

[79] R. Ganapathy, M. Sarmadi and F. Denes, "Immobilization of Alpha-Chymotrypsin on Oxygen RF-Plasma Functionalized PET and PP Surfaces", J. Biomaterial. Sci. Polym. Ed. 9, 389 (1998).

[80] J. Wei, T. Igarashi, N. Okumori, T. Igarashi, T. Maetani, B. Liu and M. Yoshinari, "Influence of Surface Wettability on Competitive Protein Adsorption and Initial Attachment of Osteoblasts", Biomed. Mater. 4, 1 (2009).

[81] C. R. Howlett, M. D. Evans, K. L. Wildish, J. C. Kelly, L. R. Fisher, G. W. Francis and D. J. Best, "The Effect of Ion Implantation on Cellular Adhesion", Clinical Mater. 14, 57 (1993).

[82] L. Hao and J. Lawrence, "Albumin and Fibronectin Protein Adsorption on $CO_2$-Laser-Modified Biograde Stainless Steel", Proc. Inst. Mech. Engineers 220, 47 (2006).

[83] M. A. Lopes, F. J. Monteiro, J. D. Santos, A. P. Serro and B. Saramago, "Hydrophobicity, Surface Tension, and Zeta Potential Measurements of Glass-Reinforced Hydroxyapatite Composites", J. Biomed. Mater. Res. 45, 370 (1999).

[84] Y. Ikada, "Surface Modification of Polymers for Medical Applications", Biomater. 15, 725 (1994).

[85] J. H. Lee, G. Khang, J. W. Lee and H. B. Lee, "Interaction of Different Types of Cells on Polymer Surfaces with Wettability Gradient", J. Colloid Interface Sci. 205, 323 (1998).

[86] Y. Tamada and Y. Ikada, "Fibroblast Growth on Polymer Surfaces and Biosynthesis of Collagen", J. Biomed. Mater. Res. 28, 783 (1994).

[87] F. Grinnell and M. K. Feld, "Fibronectin Adsorption on Hydrophilic and Hydrophobic Surfaces Detected by Antibody Binding and Analyzed During Cell Adhesion in Serum-Containing Medium", J. Biol. Chem. 257, 4888 (1982).

[88] C. E. Sosolik, "Multicharged Ion Promoted Desorption (MIPD) of Reaction Co-Products, Final Report 63759-MS-DRP. 3", U. S. Army Reserach Office, Research Triangle Park, NC (2015). http://www.

dtic. mil/dtic/tr/fulltext/u2/a624958. pdf.
[89] T. Neidhart, F. Pichler, F. Aumayr, H. Winter, M. Schmid and P. Varga, "Potential Sputtering of Lithium Fluoride by Slow Multicharged Ions", Phys. Rev. Lett. 74, 5280 (1995).
[90] S. Sarapirom, J. S. Lee, S. B. Jin, D. H. Song, L. D. Yu, J. G. Han and C. Chaiwong, "Wettability Effect of PECVD-SiOx Films on Poly (lactic acid) Induced by Oxygen Plasma on Protein Adsorption and Cell Attachment", J. Phys. Conf. Series 423, 012042, (2013).
[91] U. Kafader, H. Sirringhaus and H. von Känel, "In Situ DC-Plasma Cleaning of Silicon Surfaces", Appl. Surf. Sci. 90, 297 (1995).
[92] J. Ramm, E. Beck, A. Zueger, A. Dommann and R. E. Pixley, "Hydrogen Cleaning of Silicon Wafers. Investigation of the Wafer Surface after Plasma Treatment", Thin Solid Films 228, 23 (1993).
[93] C. M. D. Cagomoc, M. J. D. De Leon, A. S. M. Ebuen, M. N. R. Gilosand M. R. Vasquez Jr., "RF Plasma Cleaning of Silicon Substrates with High-Density Polyethylene Contamination", Jpn. J. Appl. Phys. 57, 1 (2018).
[94] P. Dillmann, D. Watkinson, E. Angelini and A. Adriaens, *Corrosion and Conservation of Cultural Heritage Metallic Artefacts*, Woodhead Publishing Imprint, Elsevier, Oxford, UK (2013).
[95] J. Ramm, E. Beck, A. Dommann, I. Eisele and D. Kräuger, "Low Temperature Epitaxial Growth by Molecular Beam Epitaxy on Hydrogen-Plasma-Cleaned Silicon Wafers", Thin Solid Films 246, 158 (1994).
[96] M. Moreno, D. Murias, J. Martinez, C. Reyes-Betanzo, A. Torres, R. Ambrosio, P. Rosales, P. Roca i Cabarrocas and M. Escobar, "A Comparative Study of Wet and Dry Texturing Processes of c-Si Wafers for the Fabrication of Solar Cells", Solar Energy 101, 182 (2014).
[97] G. Dubois and W. Volksen, "Low-*k* Materials: Recent Advances", in: *Advanced Intercon-nects for ULSI Technology*, M. R. Baklanov, P. S. Ho and E. Zschech (Eds.), pp. 1-33, John Wiley & Sons, Hoboken, NJ (2012).
[98] J. Ruzyllo, T. Hattori, R. E. Novak, P. Mertens and P. Besson, "Evolution of Silicon Cleaning Technology Over the Last Twenty Years", ECS Trans. 11, 3 (2007).
[99] M. M. Moslehi, R. A. Chapman, M. Wong, A. Paranjpe, H. N. Najm, J. Kuehne, R. L. Yeakley and C. J. Davis, "Single Wafer Integrated Semiconductor Device Processing", IEEE Trans. Electron Devices 39, 4 (1992).
[100] K. A. Reinhardt and W. Kern, *Handbook of Silicon Wafer Cleaning Technology*, 2nd Edition, William Andrew Publishing, Norwich, NY (2008).
[101] K. Reinhardt and W. Kern, *Handbook of Silicon Wafer Cleaning Technology*, 3rd Edition, William Andrew Imprint, Elsevier, Oxford, UK (2018).
[102] H. Iwai, K. Kakushima and H. Wong, "Challenges for Future Semiconductor Manufacturing", Intl. J. High Speed Electronics Systems 16, 43 (2006).
[103] F. Aumayr, J. Burgdöorfer and H. P. Winter, "Comments on Atomic and Molecular Physics/Low Temperature Physics", Periodica 26, 233 (1970).
[104] M. Tona, S. Takahashi, K. Nagata, N. Yoshiyasu, C. Yamada, N. Nakamura, S. Ohtani and M. Sakurai, "Coulomb Explosion Potential Sputtering Induced by Slow Highly Charged Ion Impact", Appl. Phys. Lett. 87, 224102 (2005).
[105] F. Aumayr, P. Varga and H. P. Winter, "Potential Sputtering: Desorption from Insulator Surfaces by Impact of Slow Multicharged Ions", Intl. J. Mass Spectrometry 192, 415 (1999).
[106] M. Sporn, G. Libiseller, T. Neidhart, M. Schmid, F. Aumayr, H. Winters, P. Varga, M. Grether, D. Niemann and N. Stolterfoht, "Potential Sputtering of Clean $SiO_2$ by Slow Highly Charged Ions", Phys. Rev. Lett. 79, 945 (1997).
[107] S. K. Yang, J. H. Cho, S. W. Lee, C. W. Lee, S. J. Park and H. S. Chae, "Hydrogen Plasma Characteristics for Photoresist Stripping Process in a Cylindrical Inductively Coupled Plasma", J. Semicond. Technol. Sci. 13, 387 (2013).
[108] S. N. Granata, T. Bearda, F. Dross, I. Gordon, J. Poortmans and R. Mertens, "Improved Surface CleaningbyIn Situ Hydrogen Plasma for Amorphous/Crystalline Silicon Heterojunction Solar Cells", Solid State Phenomena 195, 321 (2013).
[109] V. Gupta, N. Madaan, D. S. Jensen, S. C. Kunzler and M. R. Linford, "Hydrogen Plasma Treatment of Silicon Dioxide for Improved Silane Deposition", Langmuir 29, 3604 (2013).

[110] D. P. R. Thanu,"Electrochemical Studies of Copper Electrodeposition on Tantalum Barrier", M. S. Thesis, University of Idaho, Moscow, ID (2007).

[111] P. J. Matsuo, T. E. F. M. Standaert, S. D. Allen and G. S. Oehrlein,"Characterization of Al, Cu, and TiN Surface Cleaning Following a Low-$k$ Dielectric Etch", J. Vac. Sci. Technol. B 17, 1435 (1999).

[112] S. W. King,"Dielectric Barrier, Etch Stop, and Metal Capping Materials for State of the Art and Beyond Metal Interconnects", ECS J. Solid State Sci. Technol. 4, N3047 (2015).

[113] T. Usui, H. Miyajima, H. Masuda, K. Tabuchi, K. Watanabe, T. Hasegawa and H. Shibata,"Effect of Plasma Treatment and Dielectric Diffusion Barrier an Electromigration Performance of Copper Damascene Interconnects", Jpn. J. Appl. Phys. 45, 1570 (2006).

[114] M. R. Baklanov, J. -F. de Marneffe, D. Shamiryan, A. M. Urbanowicz, H. Shi, T. V. Rakhimova, H. Huang and P. S. Ho,"Plasma Processing of Low-$k$ Dielectrics", J. Appl. Phys. 113, 041101 (2013).

[115] T. Defforge, J. Billoue, M. Diatta, F. Tran-Van and G. Gautier,"Copper-Selective Electrochemical Filling of Macropore Arrays for Through-Silicon Via Applications", Nanoscale Res. Lett. 7, 1 (2012).

[116] M. R. Baklanov, D. G. Shamiryan, Z. S. Tokei, G. P. Beyer, T. Conard, S. Vanhaelemeersch and K. Maex,"Characterization of Cu Surface Cleaning by Hydrogen Plasma", J. Vac. Sci. Technol. B 19, 1201 (2001).

[117] M. Lane, R. H. Dauskardt, N. Krishna and I. Hashim,"Adhesion and Reliability of Copper Interconnects with Ta and TaN Barrier Layers", J. Mater. Sci. 15, 203 (2000).

[118] C. -K. Hu, R. Rosenberg and K. Y. Lee,"Electromigration Path in Cu Thin-Film Lines", Appl. Phys. Lett. 74, 2945 (1999).

[119] M. Vogt, M. Kachel, M. Plotner and K. Drescher,"Dielectric Barriers for Cu Metallization Systems", Microelectronic Eng. 37-38, 181 (1997).

[120] A. S. Lee, N. Rajagopalan, M. Le, B. H. Kim and H. M'Saad,"Development and Characterization of a PECVD Silicon Nitride for Damascene Applications", J. Electrochem. Soc. 151, F7(2004).

[121] M. A. Meyer, M. Herrmann, E. Langer and E. Zschech,"In Situ SEM Observation of Electromigration Phenomena in Fully Embedded Copper Interconnect Structures", Microelectronic Eng. 64, 375 (2002).

[122] Y. Ein-Eli and D. Starosvetsky,"Review on Copper Chemical-Mechanical Polishing (CMP) and Post-CMP Cleaning in Ultra Large System Integrated (ULSI)-An Electrochemical Perspective", Electrochim. Acta 52, 1825 (2007).

[123] W. Qin, Z. Q. Mo, L. J. Tang, B. Yu, S. R. Wang and J. Xie,"Effect of Ammonia Plasma Pretreatment on Silicon-Nitride Barriers for Cu Metallization Systems", J. Vac. Sci. Technol. B 19, 1942 (2001).

[124] F. Ito, H. Shobha, M. Tagami, T. Nogami, S. Cohen, Y. Ostrovski, S. Molis, K. Maloney, J. Femiak, J. Protzman, T. Pinto, E. T. Ryan, A. Madan, C. -K. Hu and T. Spooner,"Effective Cu Surface Pre-Treatment for High-Reliable 22 nm-Node Cu Dual Damascene Interconnects with High Plasma Resistant Ultra Low-$k$ Dielectric($k=2.2$)", Microelectronic Eng. 92, 62 (2012).

[125] H. Yamamoto, K. Takeda, K. Ishikawa, M. Ito, M. Sekine, M. Hori, T. Kaminatsui, H. Hayashi, I. Sakai and T. Ohiwa,"$H_2/N_2$ Plasma Damage on Porous Dielectric SiCOH Film Evaluated by In Situ Film Characterization and Plasma Diagnostics", J. Appl. Phys. 109, 084112 (2011).

[126] Y. -L. Cheng, J. -F. Huang, Y. -M. Chang and J. Leu,"Impact of Plasma Treatment on Structure and Electrical Properties of Porous Low Dielectric Constant SiCOH Material", Thin Solid Films 544, 537 (2013).

[127] J. Bao, H. Shi, J. Liu, H. Huang and P. S. Ho,"Mechanistic Study of Plasma Damage of Low $k$ Dielectric Surfaces", J. Vac. Sci. Technol. B 26, 219 (2008).

[128] X. Liu, S. Gill, F. Tang, S. W. King and R. J. Nemanich,"Remote$H_2/N_2$ Plasma Processesfor Simultaneous Preparation of Low-$k$ Interlayer Dielectric and Interconnect Copper Surfaces", J. Vac. Sci. Technol. B 30, 031212 (2012).

[129] J. -F. Huang and T. -C. Bo,"Effect of $NH_3/N_2$ Ratio in Plasma Treatment on Porous Low Dielectric Constant SiCOH Materials", J. Vac. Sci. Technol. A 32, 031505 (2014)

[130] A. M. Urbanowicz, M. R. Baklanov, J. Heijien, Y. Travaly and A. Cockburn,"Damage Reduction and Sealing of Low-$k$ Films by Combined He and $NH_3$ Plasma Treatment", Electrochem. Solid-State Lett. 10, G76 (2007).

[131] A. M. Urbanowicz, D. Shamiryan, A. Zaka, P. Verdonck, S. De Gendt and M. R. Baklanov,"Effects of

He Plasma Pretreatment on Low-*k* Damage during Cu Surface Cleaning with $NH_3$ Plasma",J. Electrochem. Soc. 157,H565 (2010).

[132] V. V. Tyagi,Nurul A. A. Rahim,N. A. Rahim and Jeyraj A. L. Selvaraj,"Progress in Solar PV Technology: Research and Achievement",Renewable Sustainable Energy Rev. 20,443 (2013).

[133] T. Mishima,M. Taguchi,H. Sakata and E. Maruyama,"Development Status of High-Efficiency HIT Solar Cells",Solar Energy Mater Solar Cells 95,18 (2011).

[134] B. Parida,S. Iniyan and R. Goic,"A Review of Solar Photovoltaic Technologies",Renewable Sustainable Energy Rev. 15,1625 (2011).

[135] G. Levitin,K. Reinhardt and D. W. Hess,"Plasma Cleaning for Electronic,Photonic,Biological,and Archeological Applications", in: *Developments in Surface Contamination and Cleaning: Contaminant Removal and Monitoring*,Volume 5,R. Kohli and K. L. Mittal (Eds.),pp. 55-121,Elsevier,Oxford, UK (2013).

[136] S. Q. Xiao and S. Xu,"Plasma-Aided Fabrication in Si-Doped Photovoltaic Applications: An Overview",J. Phys. D 44,174033 (2011).

[137] M. Moreno,D. Daineka and P. R. I. Cabarrocas,"Plasma Texturing for Silicon Solar Cells: From Pyramids to Inverted Pyramids-Like Structures",Solar Energy Mater. Solar Cells 94,733 (2010).

[138] A. K. Chu,J. S. Wang,Z. Y. Tsai and C. K. Lee,"A Simple and Cost-Effective Approach for Fabricating Pyramids on Crystalline Silicon Wafers",Solar Energy Mater. Solar Cells 93,1276 (2009).

[139] P. Panek, M. Liinski and J. Dutkiewicz,"Texturization of Multicrystalline Silicon by Wet Chemical Etching for Silicon Solar Cells",J. Mater. Sci. 40,1459 (2005).

[140] Y.-T. Cheng,J.-J. Ho,S.-Y. Tsai,Z.-Z. Ye,W. Lee,D.-S. Hwang,S.-H. Chang,C.-C. Chang and K. L. Wang,"Efficiency Improved by Acid Texturization for Multi-Crystalline Silicon Solar Cells",Solar Energy 85,87 (2011).

[141] C. Gerhards,C. Marckmann,R. Tolle,M Spiegel,P. Fath and G. Willeke,"Mechanically V-Textured Low Cost Multicrystalline Silicon Solar Cells with a Novel Printing Metallization",Proceedings 26th IEEE Photovoltaic Specialists Conference,pp. 43-46,IEEE,Piscataway,NJ (1997).

[142] J. S. Yoo,"Reactive Ion Etching (RIE) Technique for Application in Crystalline Silicon Solar Cells", Solar Energy 84,730 (2010).

[143] K. Fukui,Y. Inomata and K. Shiragawa,"Surface Texturing Using Reactive Ion Etching for Multicrystalline Silicon Solar Cells", Proceedings IEEE 26th Photovoltaic Specialists Conference, pp. 47-50, IEEE,Piscataway,NJ (1997).

[144] S. Fuji, Y. Fukawa, H. Takahashi, Y. Inomata, K. Okada, K. Fukui and K. Shirasawa,"Production Technology of Large-Area Multicrystalline Silicon Solar Cells",Solar Energy Mater. Solar Cells 65,269 (2001).

[145] T. Li,C.-L. Zhou and W.-J. Wang,"Comprehensive Study of $SF_6/O_2$ Plasma Etching for mc-Silicon Solar Cells",Chinese Phys. Lett. 33,038801 (2016).

[146] M. Hofmann,J. Rentsch and R. Preu,"Dry Plasma Processing for Industrial Crystalline Silicon Solar Cell Production",Eur. Phys. J. Appl. Phys. 52,11101 (2010).

[147] K. M. Park,M. B. Lee,K. S. Jeon and S. Y. Choi,"Reactive Ion Etching Texturing for Multi-crystalline Silicon Solar Cells Using a $SF_6/O_2/Cl_2$ Gas Mixture",Jpn. J. Appl. Phys. 52,03BD01 (2013).

[148] L. Cecchetto,L. Serenelli,G. Agarwal,M. Izzi,E. Salza and M. Tucci,"Highly Textured Multi-Crystalline Silicon Surface Obtained by Dry Etching Multi-Step Process", Solar Energy Mater. Solar Cells 116,283 (2013).

[149] H. Jansen,M. de Boer,R. Legtenberg and M. Elwenspoek,"The Black Silicon Method: AUniversal Method for Determining the Parameter Setting of a Fluorine-Based Reactive Ion Etcher in Deep Silicon Trench Etching with Profile Control",J. Micromech. Microeng. 5,115(1995).

[150] Y. Xia,B. Liu,J. Liu,Z. Shen and C. Li,"A Novel Method to Produce Black Silicon for Solar Cells",Solar Energy 85,1574 (2011).

[151] J. B. Park,J. S. Oh,E. Gil,S.-J. Kyoung,J.-S. Kim and G. Y. Yeom,"Plasma Texturing of Multicrystalline Silicon for Solar Cell Using Remote-Type Pin-to-Plate Dielectric Barrier Discharge",J. Phys. D 42,215201 (2009).

[152] G. Kumaravelu,M. M. Alkaisi,D. Macdonald,J. Zhao,B. Rong and A. Bittar,"Minority Carrier Life-

time in Plasma-Textured Silicon Wafers for Solar Cells", Solar Energy Mater. Solar Cells 87, 99 (2005).

[153] K. S. Lee, M. H. Ha, J. H. Kim and J. W. Jeong, "Damage-Free Reactive Ion Etch for High-Efficiency Large-Area Multi-Crystalline Silicon Solar Cells", Solar Energy Mater. Solar Cells 95, 66 (2011).

[154] Y. D. Kim, S. Park, J. Song, S. J. Tark, M. G. Kang, S. Kwon, S. Yoon and D. Kim, "Surface Passivation of Crystalline Silicon Wafer via Hydrogen Plasma Pre-Treatment for Solar Cells", Solar Energy Mater. Solar Cells 95, 73 (2011).

[155] M. Morita, T. Ohmi, E. Hasegawa, M. Kawakami and M. Ohwada, "Growth of Native Oxide on a Silicon Surface", J. Appl. Phys. 68, 1272 (1990).

[156] H. Angermann, Th. Ditrich and H. Flietner, "Investigation of Native-Oxide Growth on HF-Treated Si (111) Surfaces by Measuring the Surface-State Distribution", Appl. Phys. A 59, 193 (1994).

[157] H. Angermann, "Passivation of Structured p-Type Silicon Interfaces: Effect of Surface Morphology and Wet-Chemical Pre-Treatment", Appl. Surf. Sci. 254, 8067 (2008).

[158] M. Moreno, M. Labrune and P. R. I. Cabarrocas, "Dry Fabrication Process for Heterojunction Solar Cells Through In-Situ Plasma Cleaning and Passivation", Solar Energy Mater. Solar Cells 94, 402 (2010).

[159] I. Martin, M. Vetter, A. Orpella, C. Voz, J. Puigdollers, R. Alcubilla, A. V. Kharchenko and P. R. I. Cabarrocas, "Improvement of Crystalline Silicon Surface Passivation by Hydrogen Plasma Treatment", Appl. Phys. Lett. 84, 1474 (2004).

[160] M. Z. Rahman, "Advances in Surface Passivation and Emitter Optimization Techniques of c-Si Solar Cells", Renewable Sustainable Energy Rev. 30, 734 (2014).

[161] F. Wang, X. Zhang, L. Wang, Y. Jiang, C. Wei, J. Sun and Y. Zhao, "Role of Hydrogen Plasma Pretreatment in Improving Passivation of the Silicon Surface for Solar Cells Applications", ACS Appl. Mater. Interfaces 6, 15098 (2014).

[162] S. Schaefer and R. Lüdemann, "Low Damage Reactive Ion Etching for Photovoltaic Applications", J. Vac. Sci. Technol. A 17, 749 (1999).

[163] J. Rentsch, F. Binaie, C. Schetter, H. Schlemm, K. Roth, D. Theirich and P. Preu, "Dry Phosphorus Silicate Glass Etching for Crystalline Si Solar Cells", Proceedings 19th European Photovoltaic Solar Energy Conference, pp. 891-894 (2004).

[164] S. Q. Xiao, S. Xu and K. Ostrikov, "Low-Temperature Plasma Processing for Si Photovoltaics", Mater Sci. Eng. Reports 78, 1 (2014).

[165] M. Gonzalez Cuxart, J. Reyes-Herrera, I. Sics, A. R. Goni, H. Moreno Fernandez, V. Carlino and E. Pellegrin, "Remote Plasma Cleaning of Optical Surfaces: Cleaning Rates of Different Allotropes as a Function of Powers and Distances", Appl. Surf. Sci. 362, 448 (2016).

[166] E. Pellegrin, I. Šics, J. Reyes-Herrera, C. P. Sempere, J. J. L. Alcolea, M. Langlois, J. Fernandez Rodriguez and V. Carlino, "Characterization, Optimization and Surface Physics Aspects of In Situ Plasma Mirror Cleaning", J. Synchrotron Rad. 21, 300 (2014).

[167] R. A. Rosenberg, J. A. Smith and D. J. Wallace, "Plasma Cleaning of Beamline Optical Components: Contamination and Gas Composition Effects", Rev. Sci. Instrum. 63, 1486 (1991).

[168] D. T. Elg, J. R. Sporre, G. A. Panici, S. N. Srivastava and D. N. Ruzic, "In Situ Collector Cleaning and Extreme Ultraviolet Reflectivity Restoration by Hydrogen Plasma for Extreme Ultraviolet Sources", J. Vac. Sci. Technol. A 34, 021305 (2016).

[169] F. Eggenstein, F. Senf, T. Zeschke and W. Gudat, "Cleaning of Contaminated XUV-Optics at BESSY II", Nucl. Instrum. Meth. Phys. Res. A 467-468, 325 (2001).

[170] D. T. Elg, G. A. Panici, S. N. Srivastava and D. N. Ruzic, "Collector Optic Cleaning by In-Situ Hydrogen Plasma", *Proceedings of Conference on Extreme Ultraviolet (EUV) Lithography VI*, O. R. Wood and E. M. Panning (Eds.), SPIE 9422, p. 94222H, SPIE, Bellingham, WA (2015).

[171] A. Toyoshima, T. Kikuchi, H. Tanaka, J. Adachi, K. Mase and K. Amemiya, "In Situ Removal of Carbon Contamination from Optics in a Vacuum Ultraviolet and Soft X-Ray Undulator Beamline using Oxygen Activated by Zeroth-Order Synchrotron Radiation", J. Synchrotron Rad. 19, 722 (2012).

[172] K. Koida and M. Niibe, "Study on Contamination of Projection Optics Surface for Extreme Ultraviolet Lithography", Appl. Surf. Sci. 256, 1171 (2009).

[173] C. Chauvet, F. Polack, M. G. Silly, B. Lagarde, M. Thomasset, S. Kubsky, J. P. Duval, P. Risterucci, B. Pilette, I. Yao, N. Bergeard and F. Sirotti, "Carbon Contamination of Soft X-ray Beamlines: Dramatic Anti-Reflection Coating Effects Observed in the 1 keV Photon Energy Region", J. Synchrotron Rad. 18, 761 (2011).

[174] A. Toyoshima, H. Tanaka, T. Kikuchi, K. Amemiya and K. Mase, "Present Status of a New Vacuum Ultraviolet and Soft X-ray Undulator Beamline BL-13A for the Study of Organic Thin Films Adsorbed on Surfaces", J. Vac. Soc. Jpn. 54, 580 (2011).

[175] M. A. Lieberman and A. J. Lichtenberg, "Etching", in: *Principles of Plasma Discharges and Materials Processing*, Chapter 15, pp. 571-618, John Wiley & Sons, Hoboken, NJ (2005).

[176] S. N. Srivastava, K. C. Thompson, E. L. Antonsen, H. Qiu, J. B. Spencer, D. Papke and D. N. Ruzic, "Lifetime Measurements on Collector Optics from Xe and Sn Extreme Ultraviolet Sources", J. Appl. Phys. 102, 023301 (2007).

[177] D. J. Resnick, W. J. Dauksher, D. Mancini, K. J. Nordquist, E. Ainle, K. Gehoski, J. H. Baker, T. C. Bailey, B. J. Choi, S. Johnson, S. V. Sreenivasa, J. G. Ekerdt and C. G. Willson, "High-Resolution Templates for Step and Flash Imprint Lithography", in: *Proceedings Inter-national Symposiumon Emerging Lithographic Technologies VI*, R. L. Engelstad (Ed.), SPIE 4688, pp. 205-213, SPIE, Bellingham, WA (2002).

[178] H. Meiling, V. Banine, N. Harned, B. Blum, P. Kuerz and H. Meijer, "Development of the ASML EUV Alpha Demo Tool", in: *Proceedings International Symposiumon Emerging Lithographic Technologies IX*, R. S. Mackay (Ed.), SPIE 5751, pp. 90-101, SPIE, Bellingham, WA (2005).

[179] V. Banine and J. Moors, "Extreme-Ultraviolet Sources for lithography Applications", in: *Proceedings International Symposium on Emerging Lithographic Technologies V*, E. A. Dobisz (Ed.), SPIE 4343, pp. 203-214, SPIE, Bellingham, WA (2001).

[180] R. W. Coons, D. Campos, M. Crank, S. S. Harilal and A. Hassanein, "Comparison of EUV Spectral and Ion Emission Features from Laser-Produced Sn and Li Plasmas", in: *Proceedings of Conference on Extreme Ultraviolet (EUV) Lithography*, B. M. La Fontaine (Ed.), SPIE 7636, p. 763636, SPIE, Bellingham, WA (2010).

[181] K. Hamamoto, Y. Tanaka, T. Watanabe, N. Sakaya, M. Hosoya, T. Shoki, H. Hada, N. Hishinuma, H. Sugahara and H. Kinoshita, "Cleaning of Extreme Ultraviolet Lighography Optics and Masks Using 13.5nm and 172nm Radiation", J. Vac. Sci. Technol. B23, 247(2005).

[182] M. J. Neumann, R. A. Defrees, H. Qiu and D. N. Ruzic, "Plasma Cleaning of Lithium off of Collector Optics Material for Use in Extreme Ultraviolet Lithography Applications", J. Micro/Nanolith. MEMS MOEMS 6, 023005 (2007).

[183] H. Shin, R. Raju and D. N. Ruzic, "Remote plasma cleaning of Sn from an EUV collector mirror", in: *Proceedings Conference on Alternative Lithographic Technologies*, F. M. Schellenberg and B. M. La Fontaine (Eds.), SPIE 7271, p. 727131, SPIE, Bellingham, WA(2009).

[184] M. M. J. W. van Herpen, D. J. W. Klunder, W. A. Soer, R. Moors and V. Banine, "Sn Etching with Hydrogen Radicals to Clean EUV Optics", Chem. Phys. Lett. 484, 197 (2010).

[185] D. R. G. Mitchell, "Contamination Mitigation: Strategies for Scanning Transmission Electron Microscopy", Micron 73, 36 (2015).

[186] T. C. Isabell, P. E. Fischione, C. O'Keefe, M. U. Guruz and V. P. David, "Plasma Cleaning and its Application for Electron Microscopy", Microsc. Microanal. 5, 126 (1999).

[187] R. M. Langford and A. K. Petford-Long, "Preparation of Transmission Electron Microscopy Cross-Section Specimens Using Focused Ion Beam Milling", J. Vac. Sci. Technol. A 19, 2186 (2001).

[188] C. Soong, P. Woo and D. Hoyle, "Contamination Cleaning of TEM/SEM Samples with the ZONE Cleaner", Microscopy Today 20, 44 (2012).

[189] L. Fu, H. Wang, C. G. Morgan and V. Carlino, "Downstream Plasma Technology for Cleaning TEM Samples on Carbon Films", Microscopy Today 22, 28 (2014).

[190] J. T. Grant, S. D. Walck, F. J. Scheltens and A. A. Voevodin, "Surface Science Aspects of Contamination in TEM Sample Preparation", MRS Symposium Proceedings 480, 49 (1997).

[191] A. J. V. Griffiths and T. Walther, "Quantification of Carbon Contamination under Electron Beam Irradiation in a Scanning Transmission Electron Microscope and its Suppression by Plasma Cleaning", J.

Phys. Conf. Ser. 241, 012017 (2010).

[192] T. C. Isabell and P. E. Fischione, "Applications of Plasma Cleaning for Electron Microscopy of Semiconducting Materials", MRS Symposium Proceedings 523, 31 (1998).

[193] R. F. Egerton, "Electron Energy-Loss Spectroscopy in the TEM", Rep. Prog. Phys. 72, 016502 (2009).

[194] F. Krčma, V. Sázavská, N. Zemánek, R. Prikryl and O. Kozák, "Corrosion Removal in Low Temperature RF Plused Discharge", Proceedings 17th Symposium on Application of Plasma Processes, pp. 23-26, (2009). http://www.plasmaconservation.cz/soubory/020.pdf.

[195] F. Krčma, V. Sázavská, N. Zemánek, L. Řádková, P. Fojtíková and R. Přikryl, "Reduction of Corrosion Layers in Low Temperature Plasma", in: *Proceedings 18th Symposium on Physics of Switching Arc*, V. Aubrecht and M. Bartlova (Eds.), pp. 60-69, Curran Associates, Red Hook, NY (2009).

[196] S. Veprek, J. Th. Elmer, Ch. Eckmann and M. Jurcik-Rajman, "Restoration and Conservation of Archeological Artifacts by Means of a New Plasma-Chemical Method", J. Electrochem. Soc. 134, 2398 (1987).

[197] V. D. Daniels, L. Holland and C. Pascoe, "Gas Plasma Reactions for the Conservation of Antiquities", Stud. Conserv. 24, 85 (1979).

[198] K. Schmidt-Ott and V. Boissonnas, "Low-Pressure Hydrogen Plasma: An Assessment of its Application on Archaeological Iron", Stud. Conserv. 47, 81 (2002).

[199] J. Patscheider and S. Veprek, "Application of Low Pressure Hydrogen Plasma to the Conservation of Ancient Iron Artifacts", Stud. Conserv. 31, 29 (1986).

[200] S. Veprek, J. Patscheider and J. Elmer, "Restoration and Conservation of Ancient Artifacts: A New Area of Application of Plasma Chemistry", Plasma Chem. Plasma Process. 5, 201 (1985).

[201] E. A. O. Saettone, J. A. S. da Matta, W. Alva, J. F. O. Chubaci, M. C. A. Fantini, R. M. O. Galvão, P. Kiyohara and M. H. Tabacniks, "Plasma Cleaning and Analysis of Archeological Artefacts from Sipán", J. Phys. D 36, 842 (2003).

[202] S. A. Hoenig, "Fine Particles on Semiconductor Surfaces: Sources, Removal and Impact on the Semiconductor Industry", in: *Particles on Surfaces 1: Detection, Adhesion, and Removal*, K. L. Mittal (Ed.), pp. 3-16, Plenum Press, New York, NY (1988).

[203] J. M. Lee and K. G. Watkins, "Removal of Small Particles on Silicon Wafer by Laser-Induced Airborne Plasma Shock Waves", J. Appl. Phys. 89, 6496 (2001).

[204] H. Lim and D. Kim, "Optical Diagnostics for Particle-Cleaning Process Utilizing Laser-Induced Shockwave", Appl. Phys. A 79, 965 (2004).

[205] P. Zhang, B.-M. Bian and Z.-H. Li, "Particle Saltation Removal in Laser-Induced Plasma Shockwave Cleaning", Appl. Surf. Sci. 254, 1444 (2007)

[206] J. L. Vaught, "Shock Wave Particle Removal Method and Apparatus", U. S. Patent 5,023,424 (1991).

[207] M. D. Murthy Peri, K. Devarapalli and C. Cetinkaya, "Selective Removal of 10-40 nm Particles from Silicon Wafers Using Laser-Induced Plasma Shockwaves", J. Adhesion Sci. Technol. 21, 331 (2007).

[208] J. G. Park, A. A. Busnaina, J. M. Lee and S. Y. You, "Substrate Damage-Free Laser Shock Cleaning of Particles", in: *Cleaning Technology in Semiconductor Device Manufacturing VIII*, J. Ruzyllo and R. E. Novak (Eds.), pp. 190-194, The Electrochemical Society, Pennington, NJ (2003).

[209] C. Cetinkaya and M. D. Murthy Peri, "Non-Contact Nanoparticle Removal with Laser Induced Plasma Pulses", Nanotechnol. 15, 435 (2004).

[210] J. Kadaksham, D. Zhou, M. D. Murthy Peri, I. Varghese, F. Eschbach and C. Cetinkaya, "Nanoparticle Removal from EUV Photomasks Using Laser Induced Plasma Shockwaves", in: *Proceedings Photomask and Next Generation Lithography Mask Technology XIII*, M. Hoga (Ed.), SPIE 6283, p. 62833C, SPIE, Bellingham, WA (2006).

[211] Y. Ye, X. Yuan, X. Xiang, W. Dai, M. Chen, X. Miao, H. Lv, H. Wang and W. Zheng, "Laser Plasma Shockwave Cleaning of $SiO_2$ Particles on Gold Film", Opt. Laser Eng. 49, 536 (2011).

# 第9章

# 紫外-臭氧表面去污技术应用

Rajiv Kohli

美国国家航空航天局约翰逊航天中心航空航天公司 得克萨斯州休斯敦

# 9.1 引言

对所有工艺来说，表面污染物的清除是必不可少的：在这些工艺中，污染表面必须以某种方式加以改性以便进行后续处理，如沉积薄膜、黏结或表面图案化。由于表面上的有机和无机污染物通常会导致黏合不牢固，甚至影响黏合的持久性，从而导致黏结产品失效。在各种工业应用中，湿法和干法清洗是清除表面污染物的成熟工艺。湿法清洗中传统的许多溶剂对环境有害，如氟氯烃（HCFC），其使用越来越受限制并最终被淘汰[1-3]。因此，人们一直在努力寻找其他方法代替溶剂清洗法。激光、微磨、等离子体、紫外-臭氧（UV-$O_3$）、固态气体小球或软雪（$CO_2$、Ar-$N_2$）、静电、水冰晶、微纳微粒束以及高速空气射流等干法清洗方法已被开发并且已被商业化[4-6]。在这些技术中，UV-$O_3$ 是一种将表面有机污染物清除到接近原子水平的高效方法。与其他干法表面处理技术相比，UV-$O_3$ 处理的明显优势是能在常压下操作，因此设备和运行成本相对较低。特别是气体等离子体（氧、氢等离子体），其含有质子、电子、离子、自由基和激发态物种的复杂混合物可以产生显著的溅射效应。相比之下，由于没有高能微粒，UV-$O_3$ 清洗比氧等离子体温和，这意味着 UV-$O_3$ 清洗方法可以在各种应用中，对基于氧或氢等离子体的常规去污技术形成有效的补充。UV-$O_3$ 可用于清除表面污染物或对表面进行改性。关于该技术已有一些综述[7-13]发表，包括本系列丛书。[14] 中的最新论述。本章的重点是对以前有关 UV-$O_3$ 清除表面污染物的内容进行修订与更新。

# 9.2 表面污染与清洁度等级

表面污染可以有多种形式，并以各种状态存在于表面上[15]。最常见的污染物种类包括：颗粒物，如灰尘、金属、陶瓷、玻璃和塑料；薄膜或分子污染物，可以是有机物或无机物；阳离子和阴离子污染物；表面上以离散颗粒形式存在的金属污染物或基质中的痕量杂质；以及微生物污染，如细菌、真菌、藻类和生物膜。常见的污染源包括机加工油、润滑油、液压油和清洗液、胶黏剂、蜡、人为污染及颗粒物。此外，其他不同来源的化学污染物也会污染表面。

清洁度等级通常是基于表面清洗后残留在表面上的特定或特征污染物的量。在精密技术应用中，清洁度等级的规定方法如下：在污染物为颗粒物的情况下，清洁度等级以被污染表面单位面积上的颗粒大小（微米尺寸范围内）和颗粒物数量表示；在污染物为非挥发性残留物（NVR）代表的碳氢化合物的情况下，清洁度等级以被污染单位面积上的质量，或被污染液体单位体积中的 NVR 质量表示[16-19]。这些清洁度等级都基于行业标准 IEST-STD-CC1246E 规定的污染规范：对于颗粒物从 1 级至 1000 级，对 NVR 从 R1E-5 级（10ng/0.1$m^2$）至 R25 级（25mg/0.1$m^2$）[19]。在该标准的修订版 E 版本中，每种粒径范围内的最大允许颗粒数已四舍五入，而 NVR 的清洁度等级已被替换为字母 R 后跟 NVR 的最大允许质量。例如，该标准的D版[18]中的NVR的J等级新的名称为R25，A/2等级改为R5E-1，AA5等级改为R1E-5。这一变化在本丛书第七卷有深入讨论[15]。

在许多商业应用中，精密清洁度等级被定义为有机污染物残留量低于10$\mu g/cm^2$，但许多应用要求设定为1$\mu g/cm^2$[19]。这些清洁度等级要么非常理想，要么是由医疗设备、电子组件、光学和激光组件、精密机械部件和计算机部件等器件的功能所要求的。

许多产品和制造过程也对空气中的分子污染物（Airborne Molecular Contaminants，AMCs）敏感，甚至可能被其损坏。这些污染物是由外部环境、工艺过程或其他来源产生的，因此监控和控制AMCs至关重要。AMC是以蒸气或气溶胶形式存在的化学污染物，可以是有机的或无机的，包括酸、碱、金属有机化合物、掺杂剂等物质[20,21]。新标准ISO 14644—10《洁净室和相关环境控制——第10部分：按化学浓度的表面清洁度分类》[22]现已成为国际标准，该标准规定了与涉及化合物或元素（包括分子、离子、原子和颗粒物）的存在有关的洁净室表面清洁度等级分类体系。

# 9.3 紫外-臭氧去污原理

UV-$O_3$表面去污的基本原理是将有机污染物还原为无害的$H_2O$、$CO_2$和$NO_x$[7-12,23]。同时，无机污染物被转化为高氧化态，然后用超纯水等流体冲洗去除。

氧气吸收184.9nm短波长紫外光可形成臭氧和原子氧，臭氧吸收253.7nm长波紫外光后可分解形成高活性的原子氧，大多数碳氢化合物吸收这种长波紫外光会分解。因此，184.9nm和253.7nm波长的紫外光共存可使原子氧不断形成，臭氧也不断形成和分解。在臭氧形成和分解过程中形成的原子氧是一种强氧化剂。具有这些波长的紫外光通常由商用低压汞蒸气灯产生，该灯主要产生253.7nm射线、少量184.9nm射线和少量较长波长射线（图9.1）[24-26]。然而，臭氧分解的峰在260nm附近，这使得汞灯作为臭氧产生的来源效率低下，因为产生的臭氧大部分同时又分解掉。

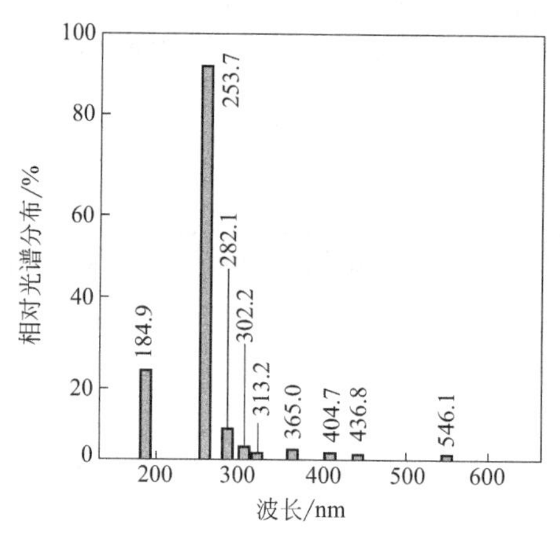

图9.1　低压汞灯中紫外辐射的光谱分布[24-26]

波长184.9nm和253.7nm的紫外光的能量分别为646.97kJ/mol和471.52kJ/mol。表9.1列出了有机化合物各种分子的键能[27-30]。如果吸收的能量大于键能，用这些波长的紫外光照射便能使有机化合物分解。这些被激发的污染物，或污染物光解过程中形成的自由基与原子氧反应，可以形成简单的挥发性分子，如$CO_2$、$H_2O$、$N_2$和$O_2$，这些分子解吸并留下一个从原子上说是清洁的表面。这种UV-$O_3$去污表面的清洁度已在许多场合通过高灵敏度表面分析技术进行验证，例如化学分析电子能谱（ESCA）、俄歇电子能谱（AES）、离子散射光谱/二次离子质谱（ISS/SIMS）和全反射X射线荧光光谱法（TXRF）[31]。图9.2为烧结BeO试样在UV-$O_3$去污前后的俄歇电子能谱图[32]。

表 9.1　几种分子的平均键能[27-30]

| 化学键 | 键能/(kJ/mol) | 化学键 | 键能/(kJ/mol) |
| --- | --- | --- | --- |
| O—O | 143.8 | C=C | 610.6 |
| O=O | 494.4 | C≡C | 834.6 |
| O—H | 463.4 | C=O | 755.9 |
| C—C | 345.7 | C—Cl | 331.8 |
| C—H | 413.5 | H—F | 565.0 |
| C—N | 296.7 | C—F | 470.4 |
| C≡N | 857.7 | H—Cl | 431.3 |
| C—O | 355.7 | N—H | 363.3 |

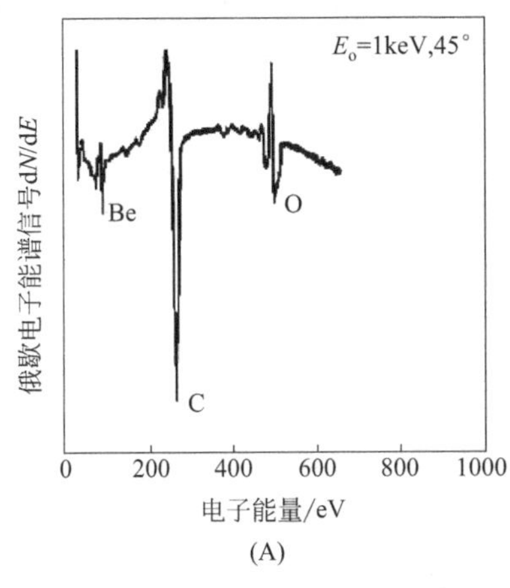


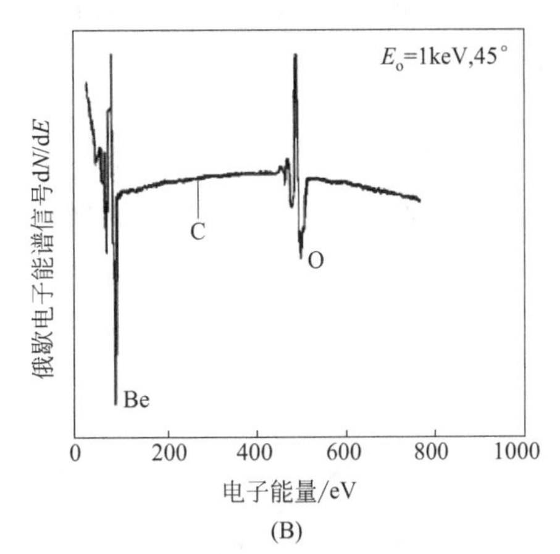


图 9.2　烧结 BeO 试样在 UV-$O_3$ 去污前（A）和去污 30min 后（B）的俄歇电子能谱图[32]

光谱测试条件为入射电子能量 1keV、入射角 45°

该过程的三个阶段见下文，示意图见图 9.3。

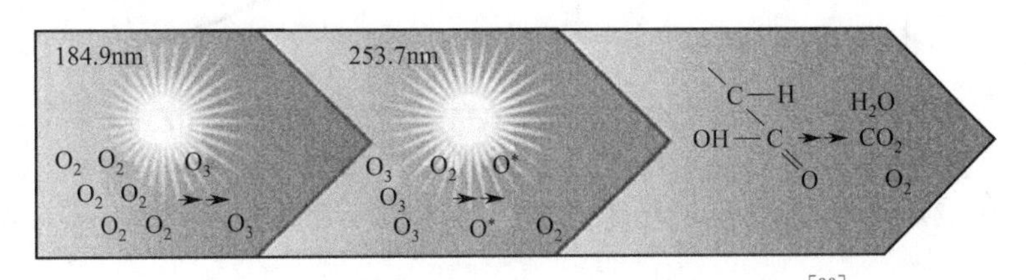


图 9.3　利用汞灯光源进行 UV-$O_3$ 去污的原理[33]

第一阶段：臭氧生成。大气中的氧气吸收波长为 184.9nm 的紫外光辐射，产生原子氧，原子氧与空气中的分子氧反应形成臭氧。

$$O_2 \xrightarrow{184.9\text{nm}} O^* + O^*$$

$$O^* + O_2 \longrightarrow O_3$$

第二阶段：臭氧分解。产生的臭氧吸收 253.7nm 的紫外光辐射，分解形成原子氧。同时，碳氢化合物污染物也会吸收紫外光辐射，分解成各种物质，包括激发态分子、自由基、离子和中性分子。

$$O_3 \xrightarrow{253.7\text{nm}} O^* + O_2$$

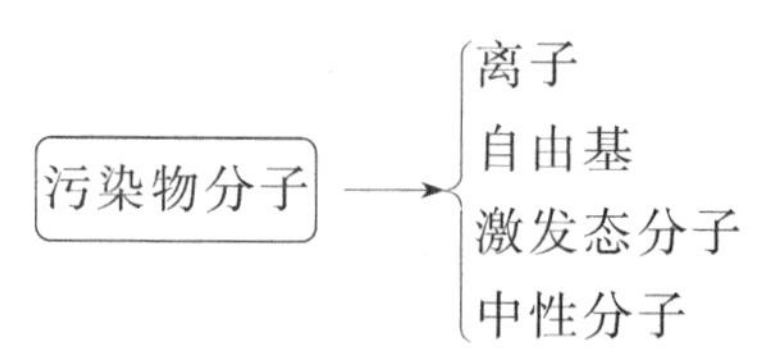


第三阶段：污染物的分解与去除。激发态物质和自由基与碳氢化合物和含氮物质反应将其转化为可从表面解吸的简单的挥发性分子：$H_2O$、$CO_2$ 和 $NO_x$。

当两种波长的紫外光同时存在并且表面去污连续进行时，上述过程将同时发生。

在去污中应用的紫外光辐射的另外一个来源是受激准分子发射，后者一直以清洗应用所需氙灯的形式得到发展[26,34-53]。准分子在光谱的真空紫外（VUV）区发射，该光谱区主要的吸收体是空气中的氧气。$Xe_2^*$ 二聚体在 172nm 处产生的真空紫外光辐射的原子氧和臭氧浓度较高。因为 172nm 的辐射对氮气没有作用，在 172nm 紫外光作用下，氧气或空气中产生臭氧的光子效率基本上为 200%。因此，172nm 紫外光的去污速率和效率将高于 184.9nm 和 253.7nm，正如半导体晶片去污图 9.4 所示[52] 的那样。在这种情况下，准分子真空紫外灯比汞灯去污快得多：准分子灯在 15s 内可将水接触角从大约 60°改变为小于 3°；低压汞灯需要 220s，几乎是两倍的功率才能将接触角从 60°改变到 8°。172nm 波长紫外光辐射的能量为 695.49kJ/mol，能打破表 9.1 中所有能量小于 695.49kJ/mol 的单键、部分双键和三键。

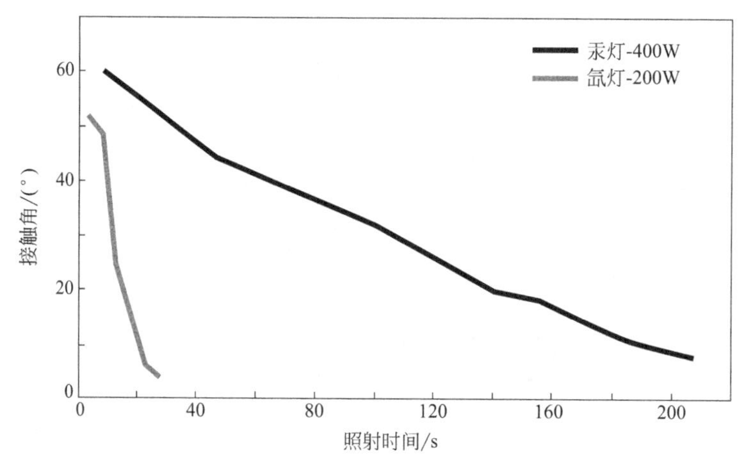


图 9.4　汞灯（184.9nm/253.7nm）和氙准分子灯（172nm）对硅片进行紫外光去污的比较[52]

受激准分子介电势垒质阻挡放电（DBD）灯的主要特性如下[41,49]：

• 受激准分子 DBD 灯的输出光谱分布很窄，例如，常用的 $Xe_2^*$ 受激准分子灯的 172nm 辐射的半高峰宽为 12～14nm，其在低温下的输出几乎全是高能量的紫外光辐射。

• 由于受激准分子的产生几乎与气体温度无关，因此受激准分子灯不需要预热时间，可以随时重新开灯。与高压汞灯相比，DBD 灯是一种冷光源，在大多数应用中不需要额外冷却，这也将对辐照表面的加热和损伤降至最低。

• 紫外光的输出是即时（小于 1ms）可用的，使得这些光源在使用时可以重复进行开-关操作。

• 受激准分子 DBDs 可以通过脉冲密度调制（Pulse Density Modulation，PDM）或脉冲包密度调制（pulse package density modulation）调节光强，并在很低的输出功率下工作。

• 电极与气体放电没有电连接。由于电极磨损小，受激准分子 DBD 灯理论上可提供高达 80000h 的长寿命。

• 受激准分子 DBD 灯可以在非常高的（脉冲）功率密度下工作，可能超过低压汞灯的功率密度。

• 最有效的受激准分子 DBD 灯使用惰性气体或惰性卤素气体填充物，是无汞的，这使其对环境特别友好。

• 根据所使用的气体或气体混合物，$Xe_2^*$ 受激准分子 DBD 灯的 VUV/UV 输出到电输入效率理论上可高达 78%，实际获得的效率高达 60%，比通常效率只有 1%～3%的受激准分子激光器要好得多。

• 可以通过从系列受激准分子气体和气体混合物中确定光谱输出或者通过将辐射光谱向更长波长漂移来定制，这使得针对特定化学物种定制光谱成为可能。

• 表面损伤最小。紫外光可被表面污染物 1μm 厚的薄层吸收。

• 受激准分子 DBD 灯可以设计在各种可能的几何结构中，线性、同轴和平面结构已作为商用产品或处于研究阶段。

• 低压汞灯的有效照射距离范围较宽，为 0～20mm，可用于三维零件的辐照。相比之下，172nm 的 Xe 受激准分子灯的有效照射距离要短得多，只有 0～3mm，这使得其用于三维零件具有挑战性。

对于去污应用，以上讨论的这些工艺阶段既适用于受激准分子紫外光源，也适用于汞灯光源。

## 9.3.1 与去污相关的工艺参数

UV-$O_3$ 工艺的几个关键参数对其有效清除表面污染物至关重要[7-12,23-26,33,35,42,52-57]。

### 9.3.1.1 紫外光源

用于去除有机污染物的紫外光源主要有以下两种：

• 波长为 184.9nm 和 253.7nm 的低压汞灯。为达到最好的去污效果，184.9nm 和 253.7nm 波长的紫外光必须同时存在。

• 172nm 的真空紫外辐射受激准分子源。

对于微生物污染的表面，需要同时采用波长 207～370nm 的汞灯和准分子灯来去除微生物污染物[54-57]。

### 9.3.1.2 与光源的距离

臭氧在 255nm 波长附近的吸收带很宽，吸收系数约为 1310/(cm · MPa)[58]。辐射强度随紫外光源到样品的距离呈指数衰减，因此应将样品放置在尽可能靠近紫外光源的地方，一般建议 1～5mm。

### 9.3.1.3 预处理

一般来说，在表面未经预处理的情况下，UV-$O_3$ 很难去除较严重的污染，特别是如果污染物中含有无机盐、灰尘或类似的抗光敏氧化物质，这些物质无法被 UV-$O_3$ 转化为挥发性物质。去除厚的表面污染膜建议也进行预处理，由于紫外光辐射的交联作用，这些污染膜可能转化为抗紫外光膜。

#### 9.3.1.4　污染物类型

$UV\text{-}O_3$ 可用来去除多种污染物：

- 切削油。
- 黄蜡和松脂的混合物。
- 研磨剂。
- 真空泵油。
- 扩散泵有机硅油。
- 有机硅真空润滑油。
- 助焊剂。
- 人体皮脂。
- 长期暴露于空气中吸附的有机污染物。
- 真空蒸发法制备的碳薄膜。
- 微生物污染物（细菌、真菌）。
- 皮肤上的脂肪、酸性助焊剂、化妆品润滑脂、树脂添加剂、蜡。
- 残留溶剂，如丙酮、甲醇和异丙醇。

#### 9.3.1.5　基质类型

$UV\text{-}O_3$ 工艺作为后续涂层和黏合的预处理，已应用于各种基材的表面去污，通常经 $UV\text{-}O_3$ 处理后，表面附着力会显著提高，包括：

- 半导体晶片，如硅、锗、砷化镓和氮化镓。
- 陶瓷材料，如云母、石英、氮化硅和氧化铝。
- 氧化铟和氧化铟锡。
- 铬掩模版。
- 碳纳米管。
- 玻璃板。
- 不锈钢、镍、铬、铂铱合金、铝合金、金、银、铜等金属。
- 聚合物，如聚乙烯、聚氯乙烯、聚对苯二甲酸乙二醇酯、聚苯乙烯、聚（醚酮）、苯乙烯-丁二烯-苯乙烯和聚（二甲基硅氧烷）。
- 聚酰亚胺复合材料与芳纶薄膜。
- 涤纶、羊毛和丝绸等织物。

#### 9.3.1.6　去污系统

不同尺寸和型号的 $UV\text{-}O_3$ 去污系统已被商业化，包括台式和独立式去污装置[59-80]。通常紧凑型台式去污系统包括一个或多个抽屉式样品台，可处理不同尺寸的零部件。普通紫外光灯或 Suprasil® 灯有不同的形状，从连续蛇形管（图 9.5）到分立线性管（图 9.6）。Suprasil® 灯对 172nm 紫外光的传输效率可达 90%，其辐射能也更高（图 9.7）[63]，其优势是去污过程更有效。

虽然用短波（波长 184.9nm，该波长的光子能量为 6.70eV 或 154.59kcal/mol）紫外光照射氧气（空气）可以产生臭氧，但为了实现更快去污如光刻胶灰化，可能需要一个单独的臭氧发生器，以提供足够的臭氧浓度。去污装置配有气体入口和连接至排气系统的排气口。

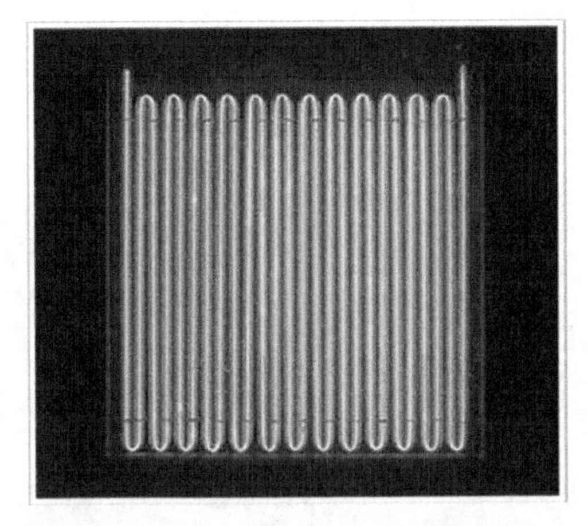

图 9.5　连续蛇形管紫外光灯[76]
（日本埼玉市 Technovision 公司提供）

图 9.6　分立线性管紫外光灯[50]
（经 Heraeus Noblelight 股份有限公司许可使用）

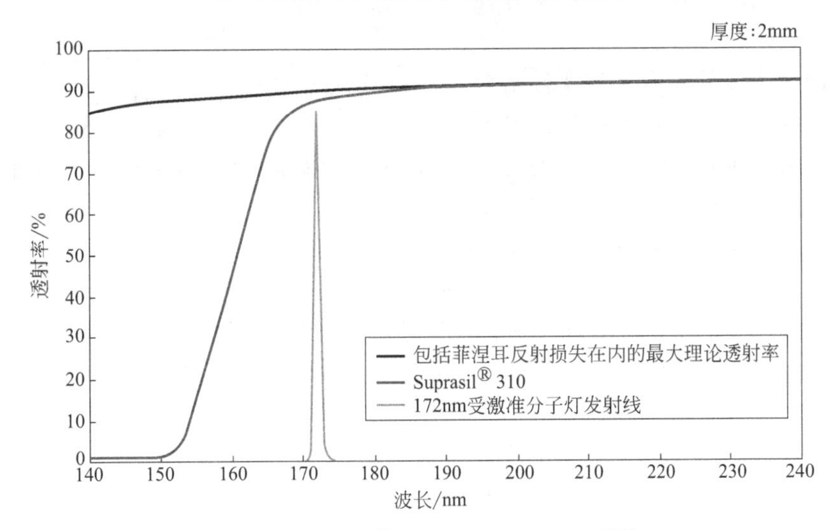


图 9.7　Suprasil® 玻璃的典型透射光谱[63]
（经 Heraeus Quarzglas 股份有限公司许可使用）

高端半自动和全自动系统配有电动抽屉托盘或传送带式样品台和微处理器控制的操作界面，全自动系统可集成到受控环境中，如手套箱或洁净室，以满足各种污染控制制造应用的需要（图 9.8）。

图 9.8 集成于洁净室中用于自动化晶体去污的 UV-$O_3$ 去污系统[73]

UV-$O_3$ 去污系统采用一体化工艺控制气体流动和排气，控制单元可以设置处理（辐照）时间，而在去污过程中使用集成的流量计来调整工艺气体流量。一旦预设的辐照时间结束，氧气流将自动关闭，并用氮气吹扫工艺室，直到所有工艺气体被清除。如果处理过程中门打开或排气中断，集成的安全联锁装置可以切断紫外光辐射。

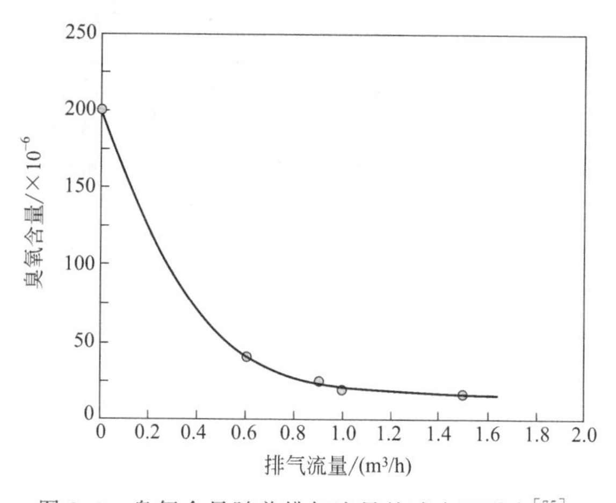


图 9.9 臭氧含量随着排气流量的减小而增大[75]

为保证操作人员的安全，需要排出含有臭氧的工艺空气。然而，当排气流量较低时，臭氧的浓度较高（图 9.9），使得去污和表面改性更加有效。最佳排气流量参数的设定应平衡操作员安全和样品表面处理工艺。

低压紫外灯的光功率在开灯时很低，达到最大功率可能需要 30s 到 5min。现代 UV-$O_3$ 去污系统配备了一个护窗，可将灯与样品台分开，无需为了操作人员安全而在每次样品照射后关灯。稳定的紫外光辐射可以使表面去污过程均匀且高度可重复，连续照射也有助于延长灯的寿命并降低运行成本。

UV-$O_3$ 去污系统中包含了一些安全和实用功能：

（1）门上安装安全联锁开关，门打开时，紫外灯自动关闭。

（2）自动通风系统与门上的联锁开关相连，去污舱室内用氮气等惰性气体自动吹扫以消除臭氧，然后用空气通风除去惰性气体。

（3）去污装置的构造材料具有良好的耐紫外光和臭氧腐蚀性能。

（4）有机材料，如塑料绝缘材料，在紫外光照射时会降解，不能在该去污系统中使用。

（5）去污装置是密封的或完全密闭的，以防止受到紫外光意外照射，并尽量减少循环空气的再污染。

UV-$O_3$ 去污系统非常有效，使用方便。以下常用指南有助于保持系统的最佳去污性能：

• 臭氧去污机并不是用来清除总的污染的。为确保 UV-$O_3$ 去污程序可靠，必须对表面进行预处理，可以依次采用丙酮、甲醇和去离子水进行超声波清洗。

• 为获得最佳的去污效果，将待去污零件放置在尽可能靠近紫外光光源的地方，UV-$O_3$ 去污机设计有高度可调的样品台。

• 不得将酸、碱、氯化物或氟化物等烟雾引入 UV-$O_3$ 去污机中，这些物质会腐蚀内部不锈钢零件或损坏正被去污的零部件。

# 9.4 应用案例

UV-$O_3$ 已广泛用于半导体和电子零部件的去污[4-13,81-121]，以及光学材料和组件、碳纳米管和金属[122-138]、聚合物、纺织品和织物[139-155]、生物材料[156-161]、用作参考标准的物质[162-172]等各种去污应用，甚至从矿石中回收贵金属[173,174]❶。自 1948 年发布第一项有关清除发动机零件、工具和涂漆表面上积碳的专利以来，已经发布有关 UV-$O_3$ 去污工艺的许多专利[175-190]。该工艺通常是在涂层、电镀、气相沉积或黏合之前，在表面处理中实现无污染表面的最终去污步骤。UV-$O_3$ 去污应用实例如下：

• 原子级清洁硅片、砷化镓晶片、敏感透镜、反射镜和其他光学元件、太阳能板、石英和陶瓷表面、冷轧钢和惯性制导子构件。

• 清洁硅和氮化硅原子力显微镜（Atomic Force Microscopy，AFM）/表面探针显微镜（Surface Probe Microscopy，SPM）的探针。

• 玻璃和微晶玻璃部件的去污：平板液晶显示器（LCD）制造、等离子电视生产、调制盘去污、石英振荡器制造、透镜、棱镜和镜子等光学部件的去污，压电蜂鸣器、陶瓷大规模集成（Large Scale Integration，LSI）基板和其他部件的去污。

• 平板电视端子片生产过程中的金属清洗、集成电路（IC）引线键合、微型电机轴清洗、激光打印机镜面去污、半导体树脂模具清洗及其他应用。

• 薄膜沉积前基底的紫外光去污。

• 长期储存期间清洁表面保持。

• 表面等离子体共振（Surface Plasmon Resonance，SPR）芯片和石英晶体微天平（Quartz Crystal Microbalance，QCM）传感器的去污。

• 微电子机械系统（Microelectromechanical System，MEMS）和玻璃器件去污。

• 混合电路中残留焊剂的去除。

---

❶ UV-$O_3$ 的其他常见应用包括水过滤、消毒、废水处理、剧毒化合物和其他废物的销毁，本章不讨论这些。

- 晶片测试后油墨的清除。
- 为提高油漆、涂料和胶黏剂的黏附性而进行的去污。
- 改善薄膜沉积质量。
- 光刻胶的剥离。
- 光刻版的潜影去除及一般去污。
- 电路板封装前的去污。
- 电子和力学显微镜的样品、表面、探针和显微镜载玻片的去污。
- 生物医学应用的去污和灭菌。

### 9.4.1 金属表面去污

UV-$O_3$ 去污不仅对金属零件有效，而且不会损坏可能附着在零部件上的非金属部件，如橡胶或者塑料配件。金属、塑料和玻璃纤维部件将根据暴露时间保持原来的光洁度，由于表面污染的程度和类型，以及表面对紫外光或臭氧的可及性，有些表面的去污速度将不同于其他表面。例如，长铝管（长 20cm、直径 1cm）的内表面在未经 UV-$O_3$ 改性的商用产品中暴露 20～30min 后可有效去污[122]。除管子边缘外，没有紫外光能够到达管子深处的内表面。然而，即使在距离管开口最远的 20cm 处，该工艺清除碳污染效果显著（>41%），这可能是臭氧与表面直接反应的结果。

由于衬垫周围存在电解质，铝黏合垫可能被腐蚀。经 UV-$O_3$ 暴露处理可提高模塑化合物与集成电路芯片之间的黏附性，从而防止在焊盘处形成湿气和电解质。UV-$O_3$ 去污已被证明能有效防止腐蚀[129]。去污后立即测量水接触角，去污后的零部件储存 18h 和 24h 后再次测量水接触角，结果发现去污时间越长，接触角越小。当 UV-$O_3$ 去污后立即测量时，去污 5min 接触角从 68°减小到 30°，而去污 10min 则接触角从 68°减小到 10°。然而，储存中的清洁零部件去污 10min 后，测得的接触角从 68°减小到 25°，表明在储存过程中，清洁零部件会再次吸附空气中的污染物。

硫很容易附着在金上，暴露在环境条件下的新沉积金样品很容易被环境中存在的任何硫化合物污染。通过烷硫醇的自组装单分子膜将硫与金结合在有机薄膜的接触印刷和光刻应用中具有重要意义，并且表征来自此类硫醇膜的硫对于理解其性质和相互作用至关重要[191,192]。键合在金上的烷基硫酸酯在紫外光照射下转化为烷基磺酸盐，可通过水洗去除[131,193-195]。该原理被用作 UV-$O_3$ 去污的基础，用来消除暴露在环境条件下的金中的硫杂质，以及去除先前的硫醇单层以生成新的金表面[127,128]。对于黄金的日常去污采用 UV-$O_3$ 处理 5min 即可。

人们研究了二氧化碳（$CO_2$）抛丸与 UV-$O_3$ 相结合的两级工艺，以清洗中小型部件表面上的航空航天铝合金，使其清洁度适合黏结[196,197]。其他应用包括复杂部件的去污、非金属部件的去污以及在应用光学和热保护涂层之前对物体的去污。

### 9.4.2 参考质量清洗

质量是国际单位制（SI）的基本计量单位之一，质量单位用千克表示，千克被定义为巴黎郊外国际计量局（Bureau International des Poids et Mesures，BIPM）保存的国际 Pt-Ir 原器的质量，这一质量的数值必须以最高的精确度为众人所知。然而，由于大气污染，千克标准原器的质量随时间一直在增加[166,171]。主要的污染类型是碳质层、大气汞和吸附水蒸气的不断增加[162-172]。对于在空气中储存而言，即使20ng/($m^2$·s)的低冲击率（空气中典型挥发性有机物的下限[198]），如果所有原子都黏附在表面上，则意味着每小时质量增加约500μg。同样地，在约$10^{-9}$Pa碳氢化合物分压下的超高真空中储存，如果黏着概率大于0.001，则每个分子2到3个碳原子的撞击率将导致比空气中更高的污染率[165]。根据暴露于过滤空气中100年后增加80μg的预测，UV-$O_3$已被证明对Pt-Ir标准原器处理75min可有效清除碳质层。清洗前，相对于1kg来说，标准质量为3726.2μg，清洗后相对于1kg则降至2956.2g，这表明清除了77μg污染。

## 9.4.3 玻璃和光学材料

玻璃表面的有机污染物不到一个分子层时被认为是超洁净的。即使在洁净室，空气中也存在挥发性有机物和含硫化合物。如果去污后的玻璃在这种环境中未采取保护措施，将再次受到污染。暴露于环境中30～60min后，超洁净表面的接触角将恢复到20°。超洁净表面不能长时间保持超洁净，必须定期重新进行去污处理。图9.10所示为玻璃板经UV-$O_3$暴露处理1min前后的照片。表面上的污染物［图9.10(A)中表面的水珠］已被有效去除［图9.10(B)］。通过增加表面的清洁度，可以在不添加昂贵的额外添加剂的情况下获得良好的黏附性，添加剂可能会降低涂层的整体质量。

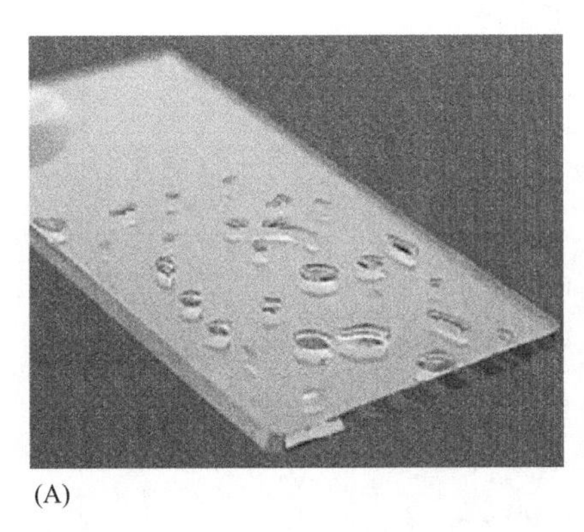
(A)

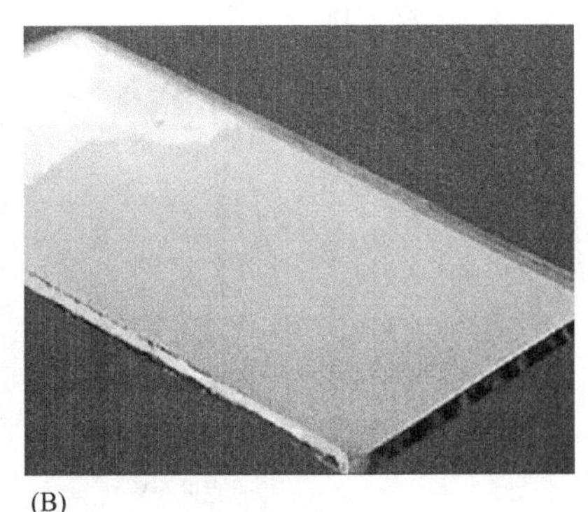
(B)

图9.10　经UV-$O_3$去污1min前（A）、后（B）的玻璃板表面[75]

未去污表面有水珠，去污后表面没有

一种使用$Xe_2^*$ DBD源的新操作模式已被研发出来，该模式可提供短脉冲（Short-Pulsed，SP）、高峰值功率、均匀分布的VUV辐射输出[38,42,135]。SP-DBD源在已经在几种去污应用中进行了测试，包括去除光学部件表面的光学载片污染物，去除光学和聚合物表面的碳氢化合物污染以及熔融石英的脱羟基化。结果表明，去污1～3h后，表面的碳氢污染物几乎完全被清除，接触角测量值小于10°。

## 9.4.4 太阳风样品收集器

美国NASA的“创世纪”任务于2001年启动，目的是收集太阳风样本并将其带回地球，以分析同位素组成和元素组成[199]。通过将超纯材料被动暴露在太阳风中来收集样品，包括金刚石、碳化硅、类金刚石碳薄膜、铝、铝合金6061、钼、硅、锗、金、蓝宝石、蓝宝石上的碳-钴-金复合膜以及 Zr-Nb-Cu-Ni-Al 大块金属玻璃（Zr58.5Nb2.8Cu15.6Ni12.8Al10.3，以原子分数表示组成）等[200]。UV-$O_3$ 是最好的无损去污方法，可以在任务前后将成因材料表面的碳氢化合物污染去除到低于非飞行标准的水平[201-203]。例如，经 UV-$O_3$ 去污处理 30min 后，XPS 和 TXRF 分析表明，表面的碳显著减少 70%～85%。

## 9.4.5 半导体和电子元器件

这是 UV-$O_3$ 去污最常见的应用领域之一，尤其是在实现晶片表面原子级清洁方面。世界上有成千上万台设备在使用，并已被证明与其他干法去污技术（如等离子体清洗）相比，是一种经济高效的可用技术[13]。利用高分辨率分析技术证明了该技术对表面去污可达到原子级清洁效果（图 9.11）[89,152,204-209]。

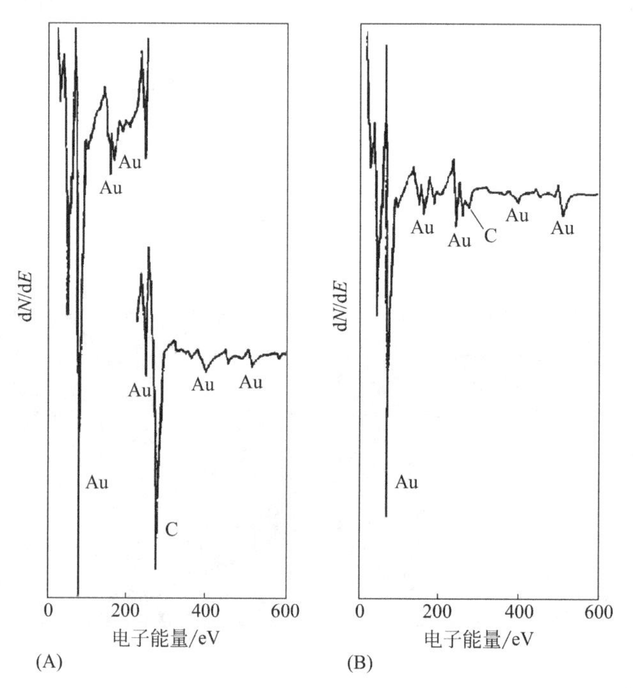


图 9.11　金表面经 UV-$O_3$ 去污前（A）、后（B）的俄歇光谱图[7]

最近的一项新方法是将 UV 辅助臭氧蒸气用于制造微电子机械系统（MEMS）的聚合物的蚀刻[210,211]。化学上稳定的聚合物，如 SU-8、苯并环丁烯和聚酰亚胺，由于其独特的性能，可以制造出具有近垂直侧壁的高宽比结构，因此被广泛应用于微模塑。然而聚合物的残留物，如 SU-8，因其不溶于大多数有机溶剂，很难完全清除。强酸处理可以完全清除 SU-8，但酸也会侵蚀其他不太耐腐蚀的金属成分，甚至 Au 和 Pt 也会被王水侵蚀。新开发的紫外辅助臭氧蒸气蚀刻工艺已被证实可成功用于 SU-8 模具的彻底去污而不会破坏 Au 的微观结构。

## 9.4.6 探针

UV-$O_3$ 是一种易于使用、有效的原位去污技术，用于在 AFM 实验开始之前甚至实验过程中对探针进行去污，实验过程中出现不稳定和退化的图像即证明探针尖端受到污染。采用 UV-$O_3$ 去污 5～10min 足以清除表面上的碳氢化合物污染物[132,133,137,143,212]。

### 9.4.7　聚合物表面

许多聚合物材料具有优异的力学性能和化学稳定性，并且易于加工，然而这些聚合物通常不具备成功应用于各种领域所必需的表面性质，如黏附、涂层、薄膜技术、微电子器件、纳米技术、生物材料和生物技术、摩擦磨损、膜过滤和复合材料。UV-$O_3$ 具有聚合物表面改性和清除聚合物加工过程中不需要的污染物的双重优势，且不会损坏表面或表面的任何涂层[139-143,148,150,152-155]。根据聚合物的不同，处理时间从 1min 到 60min 不等，以获得超清洁表面以及所需的表面性质，例如改善润湿性和附着力、亲水性，增加表面能。对于聚合物微支架，去污 20min 可以确保完全清洁，而通常使用 50min 以对硅基微支架进行去污[152-155]。

### 9.4.8　培养箱的去污

生物工作中使用的培养物的微生物污染是一个破坏性因素，需要重复复杂的操作，也可能导致昂贵的、不可生产的母体培养物的损失。温度和高湿度不仅是培养物生长的理想条件，同时也是细菌和真菌等微生物污染物生长的理想条件。因此，在二氧化碳培养箱中孵化大概率会产生污染；这些孵化器保持恒定的二氧化碳水平。无论在无菌条件下多么小心地进行工作，这些培养箱的污染都是不可避免的，因为无论何时打开培养箱，这些空气中的微生物污染物都会进入。培养物被污染的风险直接取决于培养箱中细菌的污染量。UV-$O_3$ 的商业去污装置已成功用于培养箱的去污[156,157]。去污装置直接放置在培养箱中，每天进行 2h 的去污处理，为期 45 天。UV-$O_3$ 处理后，培养箱中的平均细菌水平仅为未处理培养箱中细菌水平的 20％。

### 9.4.9　微量元素分析样品的制备

生物样品中的微量元素分析提供了每种元素的存在和化学态信息，这对于新的癌症治疗和其他医学应用以及生物矿化研究非常重要[213-215]。灰化是一种常用的去除有机碳（和其他挥发性物质）的方法，这样可以使样品变薄（灰化后，厚度大于 5$\mu$m 的组织切片可以在不充电的情况下成像），并且大大提高了所有剩余元素的相对浓度，使元素分析更加容易。待分析元素的浓度必须高于分析技术的检测限。UV-$O_3$ 作为一种灰化技术已成功用于光谱显微镜分析的细胞和组织样品的制备[216-220]。在室温和大气压下，UV-$O_3$ 灰化过程中未发现材料位移或元素再分配。在距离紫外辐射源不超过 5mm 时，组织切片的典型灰化时间为 6h（50nm 厚切片）至 4 天（10$\mu$m 厚切片）。在微量水平上已被成功分析的元素包括钙、钾、硫、磷、钆、铜和锰，其相对浓度通过 UV-$O_3$ 灰化而提高。事实上，钙、硫和钾只有在灰化后才能检测到。

在另一个例子中，氧化铁纳米颗粒（Nanoparticle，NP）涂层靶板表面通过 UV-$O_3$ 处理 2h，可以有效分解和去除表面上的任何有机污染物，而不会对涂层造成损坏或腐蚀[221]。这些靶板用于激光解吸电离（Laser Desorption Ionization，LDI）质谱法（Mass Spectrometry，MS）直接检测和分析低分子量脂质，靶板表面的污染物会影响清洁质谱数据的获取。

### 9.4.10 纺织品和织物

合成纤维和天然织物的染色，如羊毛、丝绸和涤纶，是这些材料加工过程中的一个关键的整理步骤。通过适当的表面改性，可大大改善织物的可染性能。UV-$O_3$ 处理可以在大气压力下使用简单而廉价的设备连续进行操作[144-147,149,151]，因此该技术已经非常成功地用于热敏性织物的表面改性。根据染料的颜色强度、反射率和色牢度，处理时间 1～20min 可显著提高可染性，这种可染性能的提高主要归因于表面亲水性的增强，以及染料和织物表面之间强烈的静电吸引。

### 9.4.11 放射性污染清除

在氚处理设施设备的操作和维护过程中，经常会遇到表面氚污染。UV-$O_3$ 工艺已成功用于去除氚设施检修中常用材料表面的氚污染[222]。将氚化不锈钢试样暴露于 UV-$O_3$ 中处理 6h，可成功去除 94%的总氚，这种去污率适用于小零件和工具，这些零件和工具可以排列在箱式去污设备中放置一整夜进行去污。然而该工艺对非金属材料的去污效果不佳。氚化硼硅酸盐玻璃的平均去污因子为 62%，而三元乙丙橡胶（Ethylene Propylene Diene Monomer，EPDM）的平均去污因子为 10%，这可能是因为氚在多孔非金属材料中的扩散系数更大，而紫外光光子只与表面物种相互作用。

这种高效去污技术的优点是它产生很少或不产生放射性废物二次污染，另外，该技术不限于外表面去污。紫外光不能直接进入的内表面也可以进行去污，因为臭氧气体可以进入到污染部位，另一种可能性是通过向容器或管道和阀门插入光纤电缆传输紫外光，对容器或管道/阀门系统不可接近的内表面进行去污。

## 9.5 其他

在应用 UV-$O_3$ 进行表面去污时，还有其他事项需要考虑。

### 9.5.1 成本

与其他去污技术相比，UV-$O_3$ 系统具有一些优点和间接成本优势。这些好处包括改善工人的安全和健康；减少环境责任；不使用有毒化学品和溶剂；没有危险废物的储存、跟踪、处理和处置成本；以及在较短的去污时间内可保证持续高产量生产。根据去污装置的大小和容量，成本是适中的（165mm 宽×165mm 深的台式装置约 4000 美元/台，而可容纳 4 倍多零件的大型台式装置约 23000 美元/台），但拥有的成本通常较低[59-80]。主要的经常性成本是更换汞灯，每 3～6 个月必须更换一次；准分子光源通常时间长一些，约 8000h。电源的成本最低，因为这些灯是冷紫外光源，而且对于大多数应用不需要额外冷却。但是必须考虑汞回收（用于汞蒸气灯）和处理残余臭氧的附属系统的成本。

#### 9.5.1.1 成本节约实例

UV-$O_3$ 去污技术在美国国防部（U. S. Department of Defense，DoD）设施的各种应用中每

年可清除超过155000kg的废物，每年可节省超过600000美元[196,197]。在评估UV-$O_3$去污技术的总体效益时，还必须考虑诸如改善任务准备，改善工人安全和健康，减少环境责任，不间断地生产和修理飞机金属部件，降低储存、跟踪、处理和处置危险废物的成本等质量效益。

在最近的一项研究中[223]，采用简化生命周期评估法（Streamlined Life Cycle Assessment，SLCA），将UV-$O_3$去污与化学去污和干冰喷射对发动机活塞的去污进行了比较，评估得分范围为0～4（0对环境的不利影响最大，4的影响最小）[224,225]。每种方法在工艺过程的每一阶段都根据材料、能耗和废物（固体、液体和气态废物）进行评分。这些过程阶段包括：

- 资源供应包括准备工艺所需的材料和资源的所有子工序。
- 过程实施包括在操作前设置工艺所涉及的所有子工序。
- 主要操作阶段包括执行主要功能（即活塞去污）所涉及的所有子工序。
- 辅助操作阶段包括不执行主功能的所有子工序。
- 使用结束阶段包括与处理、回收和整修相关的所有子工序。

从评估结果来看，UV-$O_3$在3种技术中得分最高，对环境的影响最为有利。使用经济投入产出生命周期分析（Economic Input-Output Life Cycle Analysis，EIOLCA）模型做进一步分析[226]，对比了对1000个活塞进行去污时的环境影响和能耗。同样发现UV-$O_3$是最节能环保的去污方法，成本比化学法或干冰喷射要少近20倍。即使去污活塞数量增加到10000或15000个，UV-$O_3$仍然是最经济的去污方法。

## 9.5.2 UV-$O_3$去污的优点和缺点

UV-$O_3$去污的优点和缺点见下文。

### 9.5.2.1 优点

（1）UV-$O_3$去污技术对分子级有机污染物的去除非常有效，可获得超清洁表面。

（2）这是一种干法工艺，处理时间相对较短，从几分钟到几小时不等。

（3）对表面无损伤，可用于表面粗糙的零部件。

（4）表面去污可用于有效的后续处理，如涂层和黏合。

（5）由于紫外光强度和臭氧浓度可以精确测量和重现，因此该去污方法具有很高的可重复性。

（6）该系统在常温常压下工作，不需要真空泵。

（7）去污系统简单易用。

（8）紫外灯可即时开关，不需要预热操作。

（9）紫外灯是风冷源，不需要冷却水。

（10）不需要工艺气体。

（11）该工艺不需要液体及其相关的解吸和污染问题。

（12）投入资金和运行成本都很低，由于紫外光源的工作温度较低，能耗较低。

（13）该工艺对环境友好，不使用有毒或危险化学品，无需溶剂处理，汞可以从用过的灯中回收，受激准分子灯不使用汞。

（14）臭氧处理装置为可选配置。

（15）由于设备简单和高可靠性，系统维护或更换部件很少或不需要停工。

### 9.5.2.2 缺点

（1）不能去除不易光敏氧化的颗粒物和无机污染物，该工艺主要限于去除可生物降解的碳氢化合物污染物，大多数无机污染物、大颗粒物和其他碎屑无法清除。

（2）厚污染层不易去除，去污时间非常长。

（3）有机材料，如塑料，在紫外光和臭氧的存在下容易降解。

（4）某些材料（如形成氧化物的金属）过度暴露于紫外光辐射下会导致腐蚀。

（5）波长和暴露时间使用不当可能会导致材料染色和变色。

（6）该工艺仅适用于最终去污处理，零部件必须进行预处理。

（7）工作场所臭氧的限值较低，需要考虑特殊设计，需要臭氧排放和处理系统。

（8）由于存在暴露于紫外光辐射的风险，需要采取安全预防措施，即使是低剂量的254nm射线也会对皮肤造成明显伤害。

（9）半导体晶片制造工具建立在大批量处理的 UV-$O_3$ 去污工艺尚不可靠。

# 9.6 小结

UV-$O_3$ 是一种从各种材料表面去除薄膜型污染物的有效方法，但是对厚污染层难以清除，需要预处理。通常 UV-$O_3$ 是最后一步，为后续工艺活动如沉积和黏合，提供原子级洁净表面。该方法是基于表面物种的紫外激发，分子氧转化为臭氧和原子氧。这些强氧化物种随后将紫外光激发的有机表面污染物分解为无害的挥发性化合物，例如，可从表面解吸的 $H_2O$、CO、$CO_2$ 和 $N_2$，以及转化为高氧化态的无机污染物，这些无机污染物可通过液体（如超纯水）冲洗而轻易去除。该工艺可在常温常压下使用，投资少，运行成本低，环境友好，不使用有毒溶剂或危险化学品，从而没有危化品昂贵的管理和处置成本。典型的应用包括金属、参考质量标准原器、半导体和电子元器件、光学材料和组件、碳纳米管、探针、聚合物和生物材料的去污，微生物污染培养箱柜的净化，微量元素分析的生物样品灰化和放射性污染清除。

# 致谢

作者要感谢约翰逊航天中心科技信息（STI）图书馆工作人员为查找晦涩的参考文献提供的帮助。

# 免责声明

本章中提及的商业产品仅供参考，并不意味着航空航天公司的推荐或认可。所有商标、服务标记和商品名称均属其各自所有者。

# 参考文献


[1] U. S. EPA, "The U. S. Solvent Cleaning Industry and the Transition to Non Ozone Depleting Substances", EPA Report, U. S. Environmental Protection Agency (EPA), Washington, D. C. (2004). www.epa.gov/ozone/snap/solvents/EPASolventMarketReport.pdf.

[2] J. B. Durkee, "Cleaning with Solvents", in: *Developments in Surface Contamination and Cleaning. Fundamental and Applied Aspects*, Volume 1, 2nd Edition, R. Kohli and K. L. Mittal (Eds.), pp. 479-577, Elsevier, Oxford, UK (2016).

[3] U. S. EPA, "HCFC Phaseout Schedule", U. S. Environmental Protection Agency, Washington, D. C. (2012). www.epa.gov/ozone/title6/phaseout/hcfc.html.

[4] K. A. Reinhardt and W. Kern (Eds.), *Handbook of Silicon Wafer Cleaning Technology*, 2nd Edition, William Andrew Publishing, Norwich, NY (2008).

[5] B. Kanegsberg and E. Kanegsberg (Eds.), *Handbook for Critical Cleaning*, 2nd Edition, CRC Press, Boca Raton, FL (2011).

[6] R. Kohli and K. L. Mittal (Eds.), *Developments in Surface Contamination and Cleaning*, Volumes 1-12, Elsevier, Oxford, UK (2008-2019).

[7] J. R. Vig, "UV/Ozone Cleaningof Surfaces: A Review", in: *Surface Contamination: Genesis, Detection, and Control*, K. L. Mittal (Ed.), Volume 1, pp. 235-254, Plenum Press, New York, NY (1979).

[8] J. R. Vig, "UV/Ozone Cleaning of Surfaces", J. Vac. Sci. Technol. A. 3, 1027 (1985).

[9] J. R. Vig, "UV/Ozone Cleaning of Surfaces", in: *Treatiseon Clean Surface Technology*. Volume 1, K. L. Mittal (Ed.), pp. 1-26, Plenum Press, New York, NY (1987).

[10] J. R. Vig, "Ultraviolet-Ozone Cleaning of Semiconductor Surfaces", Technical Report SLCET-TR-91-33 (Rev. 1), Army Research Laboratory, Fort Monmouth, NJ (1992).

[11] J. R. Vig, "Ultraviolet-Ozone Cleaning of Semiconductor Surfaces", in: *Handbook of Semi-conductor-Wafer Cleaning Technology. Science, Technology, and Applications*, W. Kern (Ed.), pp. 233-273, Noyes Publications, Park Ridge, NJ (1993).

[12] J. W. Butterbaugh and A. J. Muscat, "Gas-Phase Wafer Cleaning Technology", in: *Handbook of Silicon Wafer Cleaning Technology*, 2nd Edition, K. A. Reinhardt and W. Kern (Eds.), pp. 269-353, William Andrew Publishing, Norwich, NY (2008).

[13] M. L. Sham, J. Li, P. C. Ma and J. -K. Kim, "Cleaning and Functionalization of Polymer Surfaces and Nanoscale Carbon Fillers by UV/Ozone Treatment: A Review", J. Composite Mater. 43, 1537 (2009).

[14] R. Kohli, "UV-Ozone Cleaning for Removal of Surface Contaminants", in: *Developments in Surface Contamination and Cleaning: Cleaning Techniques*, Volume 8, R. Kohli and K. L. Mittal (Eds.), pp. 71-104, Elsevier, Oxford, UK (2015).

[15] R. Kohli, "Sources and Generation of Surface Contaminants and Their Impact", in: *Developments in Surface Contamination and Cleaning: Cleanliness Validation and Ver-ification*, Volume 7, R. Kohli and K. L. Mittal (Eds.), pp. 1-49, Elsevier, Oxford, UK (2015).

[16] ECSS-Q-70-01B, "Space Product Assurance-Cleanliness and Contamination Control", European Space Agency (ESA), Noordwijk, The Netherlands (2008).

[17] NASA Document JPR 5322.1, "Contamination Control Requirements Manual", National Aeronautics and Space Administration (NASA), Johnson Space Center, Houston, TX (2016).

[18] IEST-STD-CC1246D, "Product Cleanliness Levels and Contamination Control Program", Institute for Environmental Science and Technology (IEST), Rolling Meadows, IL (2002).

[19] IEST-STD-CC1246E, "Product Cleanliness Levels-Applications, Requirements, and Determination", Institute for Environmental Science and Technology (IEST), Schaumburg, IL (2013).

[20] SEMI F21-1102, "Classification of Airborne Molecular Contaminant Levels in Clean Environments", SEMI Semiconductor Equipment and Materials International, San Jose, CA (2002).

[21] ISO 14644-8,"Cleanrooms and Associated ControlledEnvironments-Part 8: Classification Air Cleanliness by Chemical Concentration",International Standards Organization,Geneva,Switzerland (2013).
[22] ISO 14644-10,"Cleanrooms and Associated Controlled Environments-Part 10: Classification of Surface Cleanliness by Chemical Concentration", International Standards Organization, Geneva, Switzerland (2013).
[23] K. Kikuchi,"Essential Points of UV/Ozone Dry Cleaning",White Paper,Senlights Corporation,Toyonaka-city,Japan. http://www. senlights. com/gijyuu/drycleaning/drycleaning. html. (accessed January 20,2018).
[24] "Ultraviolet-Ozone Surface Treatment", Three Bond Technical News No. 17, Three Bond Company, Ltd,Tokyo,Japan (March 20,1987). http://www. threebond. co. jp/en/technical/technicalnews/pdf/tech17. pdf.
[25] "UV-Ozone Cleaning",FHR Anlagenbau GmbH,Ottendorf-Okrilla,Germany (2010). www. fhr. de.
[26] "Excimer VUV/$O_3$ Cleaning System",Ushio Inc. ,Tokyo,Japan. www. ushio. co. jp/en. (accessed January 20,2018).
[27] S. J. Blanksby and G. B. Ellison,"Bond Dissociation Energies of Organic Molecules",Acct. Chem. Res. 36,255 (2003).
[28] J. Berkowitz,G. B. Ellison and D. Gutman,"Three Methods to Measure RH Bond Energies", J. Phys. Chem. 98,2744 (1994).
[29] Y. -R. Luo,*Handbook of Bond Dissociation Energiesin Organic Compounds*,CRC Press,Boca Raton, FL (2002).
[30] Y. -R. Luo,*Comprehensive Handbook of Chemical Bond Energies*,CRC Press,Boca Raton,FL (2007).
[31] R. Kohli,"Methods for Monitoring and Measuring Cleanliness of Surfaces",in: *Developments in Surface Contamination and Cleaning: Detection, Characterization, and Analysis of Contaminants*, Volume 4,R. Kohli and K. L. Mittal (Eds. ),pp. 107-178,Else-vier,Oxford,UK (2012).
[32] R. G. Musket,"Cleaning Surfaces of Sintered Beryllium Oxide",Appl. Surf. Sci. 37,55 (1989).
[33] Technovision,"UV-Ozone Cleaning Mechanism",Technovision,Inc. ,Saitama,Japan. www. techvision. co. jp/english/products/ozone. htm. (accessed January 20,2018).
[34] H. Matsuno, N. Hishinuma, K. Hirose, K. Kasagi, F. Takemoto, Y. Aiura and T. Igarashi, "Dielectric Barrier Discharge Lamp",U. S. Patent 5,757,132 (1998).
[35] Z. Falkenstein,"Surface Cleaning Mechanisms Utilizing VUV Radiation in Oxygen Containing Gaseous Environments",in: *Proceedings SPIE Conference on Lithographic and Micro-machining Techniques for Optical Component Fabrication*,E. -B. Kley and H. P. Herzig (Eds. ),Vol. 4440,pp. 246-255,SPIE, Bellingham,WA (2001).
[36] Y. Kogure,N. Kobayashi,K. Hiratsuka and S. Amano,"Dielectric Barrier Excimer Lamp and Ultraviolet Light Beam Irradiating Apparatus with the Lamp",U. S. Patent 6,379,024(2002).
[37] F. Vollkommer, L. Hitzschke and S. Jerebic, "Discharge Lamp for Dielectrically Impeded Discharges with Improved Electrode Configuration",U. S. Patent 6,411,039 (2002).
[38] D. M. Kane,R. P. Mildren and R. J. Carman,"Methods and Systems for Providing Emission of Incoherent Radiation and Uses Therefor",U. S. Patent 6,541,924(2003).
[39] S. Inayoshi,"Dielectric Barrier Discharge Lamp and Dry Cleaning Device Using the Same",U. S. Patent 6,628,078 (2003).
[40] M. J. Salvermoser and D. E. Murnick, "High-Efficiency, High-Power, Stable 172 nm Xenon Excimer Light Source",Appl. Phys. Lett. 83,1932 (2003).
[41] Y. Morimoto,T. Sumitomo,M. Yoshioka and T. Takemura,"Recent Progress on UV Lamps for Industries",Proceedings 2004 IEEE Industry Applications Society Annual Meeting,pp. 24-31,IEEE,Piscataway,NJ (2004). http://www. ushio. co. jp/documents/technology/lightedge/lightedge _ 28/ushio _ le28-04. pdf.
[42] D. M. Kane,D. Hirschausen,B. K. Ward,R. P. Mildren and R. J. Carman,"Surface Cleaning of Optical Materials Using Novel VUV Sources", in: *LaserCleaningII*, D. M. Kane (Ed. ), pp. 243-256, World Scientific Publishing Company,Singapore (2007).
[43] E. A. Sosnin,"Excimer Lamps and Based on them a New Family of Ultraviolet Radiation Sources", Light Eng. 15,49 (2007).

[44] I. I. Liaw and I. W. Boyd, "The Development and Application of UV Excimer Lamps in Nanofabrication", in: *Functionalized Nanoscale Materials, Devices and Systems*, A. Vaseashta and I. N. Mihailescu (Eds.), pp. 61-76, Springer, Dordrecht, TheNetherlands(2008).

[45] E. A. Sosnin, I. V. Sokolova and V. F. Tarasenko, "Development and Applications of Novel UV and VUV Excimer and Excilamps in Photochemistry", in: *Photochemistry Research Pro-gress*, A. Sánchez and S. J. Gutierrez (Eds.), pp. 225-269, Nova Science Publishers, Hauppauge, NY (2008). https://www. novapublishers. com/catalog/product_info. php? products_id=7189.

[46] M. J. Salvermoser, U. Kogelschatz and D. E. Murnick, "Influence of Humidity on Photochemical Ozone Generation with 172 nm Xenon Excimer Lamps", Eur. Physical J. Appl. Phys. 47, 22812 (2009).

[47] S. Matsuzawa, S. Fujisawa and Y. Morimoto, "Excimer Lamps", U. S. Patent 7,859,191(2010).

[48] J. L. Lopez, G. Vezzu, A. Freilich and B. Paolini, "Effects of Hydrocarbon Contamination on Ozone Generation with Dielectric Barrier Discharges", Eur. Phys. J. D 67, 180 (2013).

[49] M. Meißer, "Resonant Behaviour of Pulse Generators for the Efficient Drive of Optical Radiation Sources Based on Dielectric Barrier Discharges", Ph. D. Dissertation, Karlsruher Institut für Technologie, Karlsruhe, Germany. Published by KIT Scientific Publishing, Karlsruhe, Germany (2013).

[50] "UV Lamps and Systems", Heraeus Noblelight GmbH, Hanau, Germany. www. heraeus. com. (accessed October 5, 2018).

[51] "The Revolution in Excimer Radiation: OSRAM XERADEX® Lamp", Osram GmbH, Berlin, Germany. www. osram. com. (accessed January 20, 2018).

[52] "Excimer Cleaning", Resonance Ltd, Barrie, Ontario, Canada. www. resonance. on. ca/excimer. htm. (accessed January 20, 2018).

[53] K. Kikuchi, "Comparison of Low-Pressure Mercury Lamp and Excimer Lamp", White Paper, Senlights Corporation, Toyonaka City, Japan (2014). www. senlights. com/gijyuu/lamp/ekisima. html.

[54] Z. Naunovic, S. Lim and E. R. Blatchley III, "Investigation of Microbial Inactivation Efficiency of a UV Disinfection System Employing an Excimer Lamp", Water Res. 42, 4838 (2008).

[55] S. M. Avdeev, E. A. Sosnin, K. Yu. Velichevskaya and L. V. Lavrent'eva, "Comparative Study of UV Radiation Action of XeBr-Excilamp and Conventional Low Pressure Mercury Lamp on Bacteria", in: *Atomic and Molecular Pulsed Lasers VII*, V. F. Tarasenko(Ed.), Vol. 6938, Article6938-38, pp. 693813-1-693813-5, SPIE, Bellingham, WA(2007).

[56] S. M. Avdeev, K. Yu. Velichevskaya, E. A. Sosnin, V. F. Tarasenko and L. V. Lavrent'eva, "Analysis of Germicidal Action of UV Radiation of Excimer and Exciplex Lamps", Light Eng. 16, 32 (2008).

[57] G. Matafonova and V. Batoev, "Recent Progress on Application of UV Excilamps for Degradation of Organic Pollutants and Microbial Inactivation", Chemosphere 89, 637 (2012).

[58] H. Keller-Rudek, G. K. Moortgat, R. Sander and R. Sörensen, "The MPI-Mainz UV/VISorensen, Spectral Atlas of Gaseous Molecules of Atmospheric Interest", Online Database, Max-Planck Institute for Chemistry, Mainz, Germany. www. uv-vis-spectral-atlas-mainz. org. (accessed January 20, 2018).

[59] BioForce Nanosciences, Inc., Ames, IA. www. bioforcenano. com. (accessed January 20, 2018).

[60] Excimer Inc., Kanagawa, Japan. http://excimer. co. jp. (accessed January 20, 2018).

[61] FHR Anlagenbau GmbH, Ottendorf-Okrilla, Germany. www. fhr. de. (accessed January 20, 2018).

[62] Filgen, Inc., Nagoya, Japan. www. filgen. com. (accessed January 20, 2018).

[63] Heraeus Quarzglas GmbH & Co. KG, Hanu, Germany. www. heraeus-quarzglas. com. (accessed October 5, 2018).

[64] IBK Industriebedarf GmbH, Karben, Germany. www. ibk-industriebedarf. de. (accessed January 20, 2018).

[65] IOT Innovative Oberflächentechnologien GmbH, Leipzig, Germany. www. iot-gmbh. de. (accessed January 20, 2018).

[66] Jelight Company Inc., Irvine, CA. www. jelight. com. (accessed January 20, 2018).

[67] M. Braun Inertgas-Systeme GmbH, Garching, Germany. www. mbraun. com. (accessed January 20, 2018).

[68] Novascan Technologies, Inc., Ames, IA. www. novascan. com. (accessed January 20, 2018).

[69] OAI, San Jose, CA. www. oainet. com. (accessed January 20, 2018).

[70] Osram GmbH, Berlin, Germany. www. osram. com. (accessed January 20, 2018).

[71] Ossila Limited, Sheffield, UK. www. ossila. com. (accessed January 20, 2018).
[72] Resonance Ltd, Barrie, Ontario, Canada. www. resonance. on. ca. (accessed January 20, 2018).
[73] SAMCO Inc. , Kyoto, Japan. www. samcointl. com. (accessed January 20, 2018).
[74] Semicon Synapsis-Division of Astel, Torino, Italy. www. semiconsynapsis. com. (accessed January 20, 2018).
[75] Senlights Corporation, Toyonaka-city, Japan. www. senlights. com. (accessed January 20, 2018).
[76] Technovision, Inc. , Saitama, Japan. www. technovision. co. jp. (accessed January 20, 2018).
[77] Ushio Inc. , Tokyo, Japan. www. ushio. co. jp/en. (accessed January 20, 2018).
[78] UVOTECH Systems, Inc. , Newark, CA. www. uvotech. com.
[79] UVFAB Systems, Inc. , Walnut Creek, CA. www. uvfab. com. (accessed January 20, 2018).
[80] UVOCS® Inc. , Lansdale, PA. www. uvocs. com. (accessed January 20, 2018).
[81] D. A. Bolon and C. O. Kunz, "Ultraviolet Depolymerization of Photoresist Polymers", Polym. Eng. Sci. 12, 109 (1972).
[82] R. R. Sowell, R. E. Cuthrell, D. M. Mattox and R. D. Bland, "Surface Cleaning by Ultraviolet Radiation", J. Vac. Sci. Technol. 11, 474 (1974).
[83] J. R. Vig, "UV/Ozone Cleaning of Surfaces", IEEE Trans. Parts, Hybrids, Packaging, PHP12, 365 (1976).
[84] D. M. Mattox, "Surface Cleaning in Thin Film Technology", Thin Solid Films 53, 81 (1978).
[85] J. A. McClintock, R. A. Wilson and N. E. Byer, "UV-Ozone Cleaning of GaAs for MBE", J. Vac. Sci. Technol. 20, 241 (1982).
[86] L. Zafonte and R. Chiu, "Technical Report on UV-Ozone Resist Strip Feasibility Study", UVP, Inc. , San Gabriel, CA September 1983. Presented at the SPIE Santa Clara Conference. Microlithography in March 1984.
[87] L. Zafonte and R. Chiu, "UV/Ozone Cleaning for Organics Removal on Silicon Wafers", Proceedings Conference on Optical Microlithography III: Technology for the Next Decade, SPIE 470, p. 164, SPIE, Bellingham, WA (1984).
[88] M. Tabe, "UV Ozone Cleaning of Silicon Substrates in Silicon Molecular Beam Epitaxy", Appl. Phys. Lett. 45, 1073 (1984).
[89] R. C. Benson, B. H. Nall, F. G. Satkiewicz and H. K. Charles Jr. , "Surface Analysis of Adsorbed Species from Epoxy Adhesives used in Microelectronics", Appl. Surf. Sci. 21, 219 (1985).
[90] H. Norström, M. Östling, R. Buchta and C. S. Petersson, "Dry Cleaning of Contact Holes Using Ultraviolet (UV) Generated Ozone", J. Electrochem. Soc. 132, 2285 (1985).
[91] J. S. Solomon and S. R. Smith, "UV-Ozone Cleaning of GaAs (100) Surfaces for Device Applications", Mater. Res. Soc. Symp. Proc. 54, 449 (1986).
[92] J. Ruzyllo, G. T. DurnakoandA. M. Hoff, "Preoxidation UV Treatmentof Silicon Wafers", J. Electrochem. Soc. 134, 2052 (1987).
[93] H. Baumgartner, V. Fuenzalida and I. Eisele, "Ozone Cleaning of the Si-$SiO_2$ System", Appl. Phys. A 43, 223 (1987).
[94] C. F. Yu, M. T. Schmidt, D. V. Podlesnik, E. S. Yang and R. M. Osgood Jr. , "Ultraviolet-Light-Enhanced Reaction of Oxygen with Gallium Arsenide Surfaces", J. Vac. Sci. Technol. A 6, 754 (1988).
[95] M. Suemitsui, T. Kaneko and N. Miyamoto, "Low Temperature Silicon Surface Cleaning by HF Etching/Ultraviolet Ozone Cleaning (HF/UVOC) Method. 1. Optimization of the HF Treatment", Jap. J. Appl. Phys. 28, 2421 (1989).
[96] S. J. Pearton, F. Ren, C. R. Abernathy, W. S. Hobson and H. S. Luftman, "Use of Ultraviolet/Ozone Cleaning to Remove C and O from GaAs Prior to Metalorganic Molecular Beam Epitaxy and Metalorganic Chemical Vapor Deposition", Appl. Phys. Lett. 58, 1416 (1990).
[97] R. F. Kopf, A. P. Kinsella and C. W. Ebert, "A Study of the Use of Ultraviolet-Ozone Cleaning for Reduction of the Defect Density on Molecular Beam Epitaxy Grown GaAs Wafers", J. Vac. Sci. Technol. B 9, 132 (1991).
[98] Y. Takakuwa, M. Nonawa, M. Niwano, H. Katakura, S. Matsuyoshi, H. Ishida, H. Kato and N. Miyamoto, "Low-Temperature Cleaning of HF-Passivated Si(III) Surface with VUV Light", Jpn. J. Appl. Phys. 28, L1274 (1989).

[99] B. S. Krusor, D. K. Biegelsen, R. D. Yingling and J. R. Abelson, "Ultraviolet-Ozone Cleaning of Silicon Surfaces Studied by Auger Spectroscopy", J. Vac. Sci. Technol. B 7, 129 (1989).

[100] S. Baunack and A. Zehe, "A Study of UV/Ozone Cleaning Procedure for Silicon Surfaces", Phys. Stat. Solidi 115, 223 (1989).

[101] S. Hiroki, T. Abe, Y. Murakami, S. Kinoshita, T. Naganuma and N. Adachi, "Experiment on Surface Cleaning by Ultra Violet Ray Irradiation", J. Vac. Soc. Japan 31, 850 (1989).

[102] T. Kaneko, M. Suemitsu and N. Miyamoto, "Low Temperature Silicon Surface Cleaning by HF Etching/Ultraviolet Ozone Cleaning (HF/UVOC) Method (II)-In Situ UVOC", Jpn. J. Appl. Phys. 28, 2425 (1989).

[103] S. D. Hossain, G. G. Pantano and J. Ruzyllo, "Removal of Surface Organic Contaminants during Thermal Oxidation of Silicon", J. Electrochem. Soc. 137, 3287 (1990).

[104] S. R. Kasi and M. Liehr, "Vapor Phase Hydrocarbon Removal for Si Processing", Appl. Phys. Lett. 57, 2095 (1990).

[105] J. M. Lenssinck, A. J. Hoeven, E. J. van LoenenandD. Dijkkamp, "Carbon Removalfrom As-Received Si Samples in UltrahighVacuum Using Ultraviolet Light and an Ozone Beam", J. Vac. Sci. Technol. B 9, 1963 (1991).

[106] G. Lippert and H. J. Osten, "In Situ Cleaning of Si Surfaces by UV/Ozone", J. Cryst. Growth 127, 476 (1993).

[107] F. D. Egitto, L. J. Matienzo, J. Spalik andS. J. Fuerniss, "Removal ofPoly(dimethylsiloxane) Contamination from Silicon Surfaces with UV/Ozone Treatment", Mater. Res. Soc. Symp. Proc. 385, pp. 245-250 (1995).

[108] B. Choi and H. Heon, "Removal of Cu Impurities on a Si Substrate by Using($H_2O_2$ + HF) and (UV/$O_3$ + HF)", J. Korean Phys. Soc. 33, 579 (1998).

[109] D. W. Moon, A. Kurokawa, S. Ichimura, H. W. Lee and I. C. Jeon, "Ultraviolet-Ozone Jet Cleaning Processof Organic Surface ContaminationLayers", J. Vac. Sci. Technol. A17, 150 (1999).

[110] J. S. Hovis, R. J. Hamers and C. M. Greenlief, "Preparation of Clean and Atomically Flat Germanium (001) Surfaces", Surf. Sci. 440, L815 (1999).

[111] S. K. So, W. K. Choi, C. H. Cheng, L. M. Leung and C. F. Kwong, "Surface Preparation and Characterization of Indium Tin Oxide Substrates for Organic Electroluminescent Devices", Appl. Phys. A 68, 447 (1999).

[112] K. Choi, K. P. Hong and C. Lee, "Cu Contaminant Removal Using UV/$O_3$ and Remote Hydrogen Plasma", Surf. Rev. Lett. 9, 255 (2002).

[113] K. Choi, S. Ghosh, J. Lim and C. M. Lee, "Removal Efficiency of Organic Contaminantson Si Wafer by Dry Cleaning Using UV/$O_3$ and ECR Plasma", Appl. Surf. Sci. 206, 355 (2003).

[114] K. Hamamoto, T. Watanabe, N. Sakaya, M. Hosoya, T. Shoki, H. Hada, N. Hishinuma, H. Sugawara and H. Kinoshita, "Cleaning of EUVL Masks Using 172-nm and 13. 5-nm Radiation", Proceedings IEEE Conference on Microprocesses and Nanotechnology, Tokyo, Japan, pp. 280-281 (2003).

[115] S. Y. Kim, J. -L. Lee, K. -B. Kim and Y. -H. Tak, "Effect of Ultraviolet-Ozone Treatment of Indium-Tin-Oxide on Electrical Properties of Organic Light Emitting Diodes", J. Appl. Phys. 95, 2560 (2004).

[116] N. S. Bell, D. Yang, M. Piech, D. Gust, S. Vail, A. Garcia, J. Schneider, M. A. Hayes and S. T. Picraux, "Nanostructured Surfaces for Microfluidics and Sensing Applications", Report SAND2006-7632, Sandia National Laboratories, Albuquerque, NM (2007).

[117] P. M. Burrage, G. G. Klem and H. A. Levine, "Photoresist Removal in Ozone Containing Atmospheres", Disclosure TDB 01-68 p1260 (March 2005). http://ip. com/IPCOM/000091399.

[118] S. J. Han, J. -H. Kim, J. W. Kim, C. -K. Min, S. -H. Hong, D. -H. Kim, K. -H. Baek, G. -H. Kim, L. -M. Do and Y. Park, "Effects of UV/Ozone Treatment of a Polymer Dielectric Surface on the Properties of Pentacene Thin Films for Organic Transistors", J. Appl. Phys. 104, 013715 (2008).

[119] D. A. Hook, J. A. Ohlhausen, J. Krim and M. T. Dugger, "Evaluation of Oxygen Plasma and UV Ozone Methods for Cleaning of Occluded Areas in MEMS Devices", J. Microelectromech. Syst. 19, 1292 (2010).

[120] M. T. Brumbach, "Photoelectronic Characterization of Heterointerfaces", Report SAND2012-1354, Sandia National Laboratories, Albuquerque, NM (2012).

[121] A. Moldovan, F. Feldmann, G. Krugel, M. Zimmer, J. Rentsch, M. Hermle, A. Roth-Fölsch, K. Kaufmann and C. Hagendorf, "Simple Cleaning and Conditioning of Silicon Surfaces with UV/Ozone Sources", Energy Procedia 55, 834 (2014).
[122] N. S. McIntyre, R. D. Davidson, T. L. Walzak, R. Williston, M. WestcottandA. Pekarsky, "Uses of Ultraviolet/Ozone for Hydrocarbon Removal: Application to Surfaces of Complex Composition or Geometry", J. Vac. Sci. Technol. A 9, 1355 (1991).
[123] Y. Paz, S. Trakhtenbergand R. Naaman, "Destruction of Organized Organic Monolayers by Oxygen Atoms", J. Phys. Chem. 96, 10964 (1992).
[124] J. A. Poulis, J. C. Cool and E. H. P. Logtenberg, "UV/Ozone Cleaning, A Convenient Alternative for High Quality Bonding Preparation", Int. J. Adhesion Adhesives 13, 89 (1993).
[125] R. W. C. Hansen, M. Bissen, D. Wallace, J. Wolske and T. Miller, "Ultraviolet/Ozone Cleaning of Carbon-Contaminated Optics", Appl. Opt. 32, 4114 (1993).
[126] R. W. C. Hansen, J. Wolske and P. Z. Takacs, "UV Ozone Cleaning of a Replica Grating", Nucl. Instrum. Methods Phys. Res. A 347, 249 (1994).
[127] D. E. King, "Oxidation of Gold by Ultraviolet Light and Ozone at 25℃", J. Vac. Sci. Technol. A 13, 1247 (1995).
[128] C. G. Worley and R. W. Linton, "Removing Sulfur from Gold Using Ultraviolet/Ozone Cleaning", J. Vac. Sci. Technol. A 13, 1355 (1995).
[129] S. H. Ahn, T.-J. Cho, Y.-S. Kim and S.-Y. Oh, "Prevention of Aluminum Pad Corrosion by UV/Ozone Cleaning", Proc. 46th Conference on Electronic Components and Technology, pp. 107-112, IEEE, Piscataway, NJ (1996).
[130] J. M. Behm, K. R. Lykke, M. J. Pellin and J. C. Hemminger, "Projection Photolithography Utilizing a Schwarzschild Microscope and Self-Assembled Alkanethiol Monolayers as Simple Photoresists", Langmuir 12, 2121 (1996).
[131] Y. Zhang, R. H. Terrill, T. A. Tanzer and P. W. Bohn, "Ozonolysis is the Primary Cause of UV Photooxidation of Alkanethiolate Monolayers at Low Irradiance", J. Am. Chem. Soc. 120, 2654 (1998).
[132] T. Arai and M. Tomitori, "Removal of Contamination and Oxide Layers from UHV-AFM Tips", Appl. Phys. A 66, S319 (1998).
[133] M. Fujihira, Y. Okabe, Y. Tani, M. Furugori and U. Akiba, "A Novel Cleaning Method of Gold-Coated Atomic Force Microscope Tips for Their Chemical Modification", Ultramicroscopy 82, 181 (2000).
[134] J. Zhou and D. O. Wipf, "UV/Ozone Pretreatment of Glassy Carbon Electrodes", J. Electroanal. Chem. 499, 121 (2001).
[135] D. M. Kane, D. Hirschausen, B. K. Ward, R. J. Carman and R. P. Mildren, "Pulsed VUV Sources and Their Application to Surface Cleaning of Optical Materials", in: *Proceedings SPIEC onference on Assisted Micro-and Nanotechnologies* 2003, V. P. Veiko (Ed.), Volume 5399, pp. 100-106, SPIE, Bellingham, WA (2004).
[136] M. Tominaga, N. Hirata and I. Taniguchi, "UV-Ozone Dry-Cleaning Process for Indium Oxide Electrodes for Protein Electrochemistry", Electrochem. Commun. 7, 1423 (2005).
[137] N. D. Mihai, "UV/Ozone Cleaning Studies of AFM Force Sensor Tips", M. S. Thesis, University of Maine, Orono, ME (2006).
[138] A. Khan, "Characterization of Bio-Sensing Waveguides in CYTOP Operating with Long Range Surface Plasmon Polaritons (LRSPPs)", M. S. Thesis, University of Ottawa, Ottawa, Canada (2012).
[139] D. T. Jayne and M. M. Matthiesen, "Removing Hydroxypropyl Methylcellulose Sizing fromSapphireFibersby Ultraviolet/OzoneCleaning", J. Amer. Ceram. Soc. 78, 2861(1995).
[140] C.-M. Chan, T.-M. Ko and H. Hiraoka, "Polymer Surface Modification by Plasmas and Photons", Surf. Sci. Rep. 24, 1 (1996).
[141] H.-Y. Nie, M. J. Walzak, B. Berno and N. S. McIntyre, "Atomic Force Microscopy Study of Polypropylene Surfaces Treated by UV and Ozone Exposure: Modification of Morphology and Adhesion Force", Appl. Surf. Sci. 144-145, 627 (1999).
[142] T. Ndalama and D. Hirschfeld, "Analysis of the Effect of Surface Modification on Polyimide Composites Coated with Erosion Resistant Materials", Report NASA/CR-2003-212190, Glenn Research Center, Cleveland, OH (2003).

[143] H.-Y. Nie, M. J. Walzak and N. S. McIntyre, "Atomic Force Microscopy Study of Biaxially-Oriented Polypropylene Films", Proceedings 22nd Conference of the Heat Treating Society and 2nd International Surface Engineering Congress, pp. 293-302, ASM International, Materials Park, OH (2003).
[144] M. N. Michael, N. A. El-Zaher and S. F. Ibrahim, "Investigation into Surface Modification of Some Polymeric Fabrics by UV/Ozone Treatment", Polym. Plastics Technol. Eng. 43, 1041 (2004).
[145] G.-H. Koo and J. Jang, "Surface Modification of Poly(lactic acid) by UV/Ozone Irradiation", Fibers Polym. 9, 674 (2008).
[146] E. M. Osman, M. N. Michael and H. Gohar, "The Effect of Both UV/Ozone and Chitosan on Natural Fabrics", Int. J. Chem. 2, 28 (2010).
[147] E.-M. Kim and J. Jang, "Surface Modification of Meta-Aramid Films by UV/Ozone Irradiation", Fibers Polym. 11, 677 (2010).
[148] E. F. Aymerich, "Photochemical Nanomodification of Polymer Surfaces: Aerospace Applications", M. S. Thesis, Universitat Politècnica de Catalunya, Catalunya, Spain (2010).
[149] F. Fattahi, H. Izadan and A. Khoddami, "Investigation into the Effect of UV/Ozone Irradiation on Dyeing Behaviour of Poly(lactic acid) and Poly(ethylene terephthalate) Substrates", Prog. Color Colorants Coat. 5, 15 (2012).
[150] A. Asadinezhad, M. Lehocký, P. Sáha and M. Mozetič, "Recent Progress in Surface Modification of Polyvinyl Chloride", Materials 5, 2937 (2012).
[151] S. Shahidi, J. Wiener and M. Ghoranneviss, "Surface Modification Methods for Improving the Dyeability of Textile Fabrics", in: *Eco-Friendly Textile Dyeing and Finishing*, M. Günay (Ed.), InTech Publishing, Rijeka, Croatia (2013). http://www.intechopen.com/books/eco-friendly-textile-dyeing-and-finishing/surface-modification-methods-for-improving-the-dyeability-of-textile-fabrics.
[152] A. Bhattacharyya and C. M. Klapperich, "Mechanical and Chemical Analysis of Plasma and Ultraviolet-Ozone Surface Treatments for Thermal Bonding of Polymeric Microfluidic Devices", Lab Chip 7, 876 (2007).
[153] J. Köuller, S. Gaiser and B. Müller, "Contractile Cell Forces Exerted on Rigid Substrates", Eur. Cells. Mater. 21, 479 (2011).
[154] P. Urwyler, A. Pascual, P. M. Kristiansen, J. Gobrecht, B. Müller and H. Schift, "Mechanical and Chemical Stability of Injection-Molded Microcantilevers Used for Sensing", J. Appl. Polym. Sci. 127, 2363(2013).
[155] P. Urwyler, B. Müller, A. Pascual and H. Schift, "Ultraviolet-Ozone Surface Cleaning of Injection-Molded, Thermoplastic Microcantilevers", J. Appl. Polym. Sci. 132, 41922 (2015).
[156] D. Kleinschmidt, "Verfahren und Vorrichtung zum Desinfizieren von Gegenstäanden", German Patent DE 3813793 C1 (1989).
[157] A. Heidemann and H. Kranefeld, "Dekontamination von $CO_2$-Begasungsbrutschräanke", Test Report, IBK Industriebedarf GmbH, Karben, Germany (2014). www.ibkindustriebedarf.de.
[158] C. J. Johnson, P. Gilbert, D. McKenzie, J. A. Pedersen and J. M. Aiken, "Ultraviolet-Ozone Treatment Reduces Levels of Disease-Associated Prion Protein and Prion Infectivity", BMC Research Notes 2, 121 (2009).
[159] F. Cataldo, "On the Action of Ozone on Proteins", Polym. Degrad. Stability 82, 105 (2003).
[160] F. Cataldo, "Ozone Degradation of Biological Macromolecules: Proteins, Hemoglobin, RNA, and DNA", Ozone Sci. Eng. 28, 317 (2006).
[161] H. Uzun, E. Ibanoglu, H. Catal and S. Ibanoglu, "Effects of Ozone on Functional Properties of Proteins", Food Chem. 134, 647 (2012).
[162] G. Girard, "The Washing and Cleaning of Kilogram Prototypes at the BIPM", BIPM Monographie 90/1, Pavilion de Breteuil, Devres, France (1990). http://www.bipm.org/utils/en/pdf/Monographie1990-1-EN.pdf.
[163] S. Ikeda, A. Uchikawa, Y. Hashiguchi, M. Nagoshi, H. Kasamura, K. Shiozawa, D. Fujita and K. Yoshihara, "Surface Analytical Study of Cleaning Effects and the Progress of Contamination on Prototypes of the Kilogram", Metrologia 30, 133 (1993).
[164] P. Cumpson and M. Seah, "Stability of Reference Masses: I. Evidence for Possible Variations in the Mass of Reference Kilograms Arising from Mercury Contamination", Metrologia 31, 21 (1994).

［165］ P. Cumpson and M. Seah,"Stability of Reference Masses: IV. Growth of Carbonaceous Contamination on Platinum-Iridium Alloy Surfaces, and Cleaning by UV/Ozone Treatment", Metrologia 33, 507 (1996).
［166］ S. Davidson,"A Review of Surface Contamination and the Stability of Standard Masses",Metrologia 40,324 (2003).
［167］ J. Berry,S. Downes and S. Davidson,"UV/Ozone Cleaning of Platinum/Iridium Kilogram Mass Prototypes",Metrologia 47,410 (2010).
［168］ J. Berry,S. Davidson,P. Barat and R. Davis,"Comparison of UV/Ozone Cleaning of Platinum/Iridium Kilogram Mass Standards with Nettoyage-Lavage Cleaning",Metrologia 48,181 (2011).
［169］ K. Marti,P. FuchsandS. Russi,"CleaningofMass Standards: AComparisonofNewandOld Techniques", Metrologia 49,628 (2012).
［170］ P. J. Cumpson and N. Sano,"Stability of Reference Masses: V. UV/Ozone Treatment of Gold and Platinum Surfaces",Metrologia 50,27 (2013).
［171］ P. J. Cumpson,J. F. Portoles,N. Sano and A. J. Barlow,"Stability of Reference Masses: VI. Mercury and Carbonaceous Contamination on Platinum Weights Manufactured at a Similar Time as the International and National Prototype Kilograms",Metrologia 50,518 (2013).
［172］ P. J. Cumpson,"Recent Developments in the Study of the Surface-Stability of Platinum and Platinum-Iridium Mass Standards. Quantifying Mercury and Carbon Contamination on Platinum-Iridium Alloy Surfaces Using XPS",Johnson Matthey Technol. Rev. 58,180 (2014).
［173］ W. P. Van Antwerp and P. A. Lincoln,"Precious Metal Recovery Using UV Ozone",U. S. Patent 4, 642,134 (1987).
［174］ J. J. Lee,"Recovery of Precious Metals from Carbonaceous Refractory Ores",Patent WO 2002042503 (2002).
［175］ V. N. Borsoff, "Method of Removing Carbon and Carbonaceous Matter", U. S. Patent 2, 443, 373 (1948).
［176］ D. A. Bolon,"Method for Removing Photoresist from Substrate",U. S. Patent 3,890,176 (1975).
［177］ E. Hafner and J. R. Vig,"Method of Processing Quartz Crystal Resonators",U. S. Patent 3,914,836 (1975).
［178］ J. R. Vig and J. W. LeBus,"Method of Cleaning Surfaces by Irradiation with Ultraviolet Light",U. S. Patent 4,028,135 (1977).
［179］ S. R. Shortes and T. C. Penn,"Method for Removing Photoresist Layer from Substrate by Ozone Treatment",U. S. Patent 4,341,592 (1982).
［180］ S. Suzuki,K. Seki,N. Ebashi and T. Arai,"Method for Ashing a Photoresist Resin Film on a Semiconductor Wafer and an Asher",U. S. Patent 5,677,113 (1997).
［181］ K. Koizumi,S. Tsunekawa,K. Kawai,M. Shimoda,K. Itoh,H. Itoh and A. Saito,"Removal Method of Organic Matter and System for the Same",U. S. Patent 5,747,387 (1998).
［182］ D. J. Elliott and R. F. Hollman,"Photoreactive Surface Cleaning",U. S. Patent5,814,156(1998).
［183］ E. J. Bergman and M. P. Hess,"Apparatus and Method for Processing the Surface of a Work-piece with Ozone",U. S. Patent 6,267,125 (2001).
［184］ L. T. Drzal,M. J. Rich and L. M. Fisher,"Method for Treatment of Surfaces to Remove Mold Release Agents with Continuous Ultraviolet Cleaning Light",U. S. Patent 6,551,407 (2003).
［185］ L. T. Drzal,N. Dontula,R. L. Schalek,A. S. Bhurke,M. J. Rich,L. M. Fisher and M. Xie,"Method for Treatment of Surfaces with Ultraviolet Light",U. S. Patent 6,565,927 (2003).
［186］ L. T. Drzal,N. Dontula and R. L. Schalek,"Method for Cleaning a Finished and Polished Surface of a Metal Automotive Wheel",U. S. Patent 6,676,762 (2004).
［187］ T. M. Gebhart and E. J. Bergman,"Process and Apparatus for Treating a Workpiece Using Ozone",U. S. Patent 7,264,680 (2007).
［188］ D. J. Elliott,R. P. Millman,Jr. ,M. Tardif and K. Aiello,"Method for Surface Cleaning",U. S. Patent 7,514,015 (2009).
［189］ K. Matsushita,H. Fukuda and K. Kagami,"Method of Cleaning UV Irradiation Chamber",U. S. Patent 7,789,965 (2010).
［190］ S. Sant and S.-I. Chou,"Method and Apparatus of Halogen Removal Using Optimal Ozone and UV

Exposure",U. S. Patent 8,232,538 (2012).

[191] A. Ulman,*An Introduction to Ultrathin Organic Films:From Langmuir-Blodgett to Self-Assembly*,Academic Press,Boston,MA (1991).

[192] K. Ariga (Ed.),*Organized Organic Ultrathin Films,Fundamentals and Applications*,Wiley-VCH Verlag,Weinheim,Germany (2012).

[193] J. Huang and J. C. Hemminger,"Photooxidation of Thiols in Self-Assembled Monolayers on Gold",J. Am. Chem. Soc. 115,3342 (1993).

[194] J. Huang,D. A. Dahlgren and J. C. Hemminger,"Photopatterning of Self-Assembled Alkanethiolate Monolayers on Gold: A Simple Monolayer Photoresist Utilizing Aqueous Chemistry",Langmuir 10,626 (1994).

[195] G. Gillen,J. Bennett,M. J. Tarlov and D. R. F. Burgess,Jr.,"Molecular Imaging Secondary Ion Mass Spectrometry for the Characterization of Patterned Self-Assembled Monolayers on Silver and Gold",Anal. Chem. 66,2170 (1994).

[196] J. E. Deffeyes,H. V. Lilenfeld,J. J. Reilly and R. O. Ahrens,"UV Light Process for Metal Cleaning",White Paper # 36,McDonnell Douglas Corporation,St. Louis,MO (1994). http://infohouse. p2ric. org/ref/12/11994. pdf.

[197] J. S. Tiley,"Solid State Metal Cleaning",Pollution Prevention PP-116,Air Force Research Laboratory,Wright-Patterson Air Force Base,OH (2000). http://infohouse. p2ric. org/ref/18/17095. pdf.

[198] T. Fujimoto,K. Takeda and T. Nonaka,"Airborne Molecular Contamination: Contamination on Substrates and the Environment in Semiconductors and Other Industries",in: *Developments in Surface Contamination and Cleaning:Fundamentals and Applied Aspects*,Volume 1,2nd Edition,R. Kohli and K. L. Mittal (Eds.),pp. 197-329,Elsevier,Oxford,UK (2016).

[199] D. S. Burnett,B. L. Barraclough,R. Bennett,M. Neugebauer,L. P. Oldham,C. N. Sasaki,D. Sevilla,N. Smith,E. Stansbery,D. Sweetnam and R. C. Wiens,"The Genesis Discovery Mission: Return of Solar Matter to Earth",Space Sci. Rev. 105,509 (2003).

[200] A. J. G. Jurewicz,D. S. Burnett,R. C. Wiens,T. A. Friedmann,C. C. Hays,R. J. Hohlfelder,K. Nishiizumi,J. A. Stone,D. S. Woolum,R. Becker,A. L. Butterworth,A. J. Campbell,M. Ebihara,I. A. Franchi,V. Heber,C. M. Hohenberg,M. Humayun,K. D. McKeegan,K. McNamara,A. Meshik,R. O. Pepin,D. Schlutter and R. Wieler,"The Genesis Solar-Wind Collector Materials",Space Sci. Rev. 105,535 (2003).

[201] S. Sestak,I. A. Franchi,A. B. Verchovsky,J. Al-Kuzee,N. St. J. Braithwaite and D. S. Burnett,"Application of Semiconductor Industry Cleaning Technologies for Genesis Sample Collectors",Proceedings 37th Lunar and Planetary Science Conference,Paper 1878 (2006). www. lpi. usra. edu/meetings/lpsc2006/pdf/1878. pdf.

[202] M. J. Calaway,D. S. Burnett,M. C. Rodriguez,S. Sestak,J. H. Allton and E. K. Stansbery,"Decontamination of Genesis Array Materials by UV Ozone Cleaning",Proceedings 38th Lunar and Planetary Science Conference,Paper 1627 (2007). www. lpi. usra. edu/meetings/lpsc2007/pdf/1627. pdf.

[203] M. Schmeling,D. S. Burnett,A. J. G. Jurewicz and I. V. Veryovkin,"Steps Toward Accurate Large-Area Analyses of Genesis Solar Wind Samples: Evaluation of Surface Cleaning Methods Using Total Reflection X-Ray Fluorescence Spectrometry",Powder Diffraction 27,75 (2012).

[204] W. L. Baun,"ISS/SIMS Characterization of UV/$O_3$ Cleaned Surfaces",Appl. Surf. Sci. 6,39 (1980).

[205] S. Ingrey,W. M. Lau and N. S. McIntyre,"An X-Ray Photoelectron Spectroscopy Study on Ozone Treated GaAs Surfaces",J. Vac. Sci. Technol. A 4,984 (1986).

[206] L. A. Zazzera and J. F. Moulder,"XPS and SIMS Study of Anhydrous HF and UV/Ozone-Modified Silicon (100) Surfaces",J. Electrochem. Soc. 136,484 (1989).

[207] B. J. Flinn and N. S. McIntyre,"Studies of the UV/Ozone Oxidation of GaAs Using Angle-resolved X-Ray Photoelectron Spectroscopy",Surf. Interface Anal. 15,19 (1990).

[208] G. E. Poirier,T. M. Herne,C. C. Miller and M. J. Tarlov,"Molecular-Scale Characterization of the Reaction of Ozone with Decanethiol Monolayers on Au(III)",J. Am. Chem. Soc. 121,9703 (1999).

[209] W. Song,S. K. So,D. Wang,Y. Qiu and L. Cao,"Angle Dependent X-Ray Photoemission Study on UV-Ozone Treatments of Indium Tin Oxide",Appl. Surf. Sci. 177,158 (2001).

[210] S. Yoshida,K. Suzuki,M. Esashi and S. Tanaka,"UV-Assisted Intermittently-Spinning Ozone Steam

Etching of SU-8 for Micromolding Process", Proceedings 2013 Transducers &Eurosensors XXVII: The 17th International Conference on Solid-State Sensors, Actuators and Microsystems, pp. 1621-1624, IEEE, Piscataway, NJ (2013).

[211] S. Yoshida, M. Esashi and S. Tanaka, "Development of UV-Assisted Ozone Steam Etching and Investigation of its Usability for SU-8 Removal", J. Micromech. Microeng. 24, 035007 (2014).

[212] H.-Y. Nie, "Scanning Probe Techniques", White Paper, University of Western Ontario, London, Ontario, Canada (2011). http://publish.uwo.ca/hnie/spmman.html.

[213] B. H. Frazer, M. Girasole, L. M. Wiese, T. Franz and G. De Stasio, "Spectromicroscope for the Photoelectron Imaging of Nanostructures with X-Rays (SPHINX): Performance in Biology, Medicine and Geology", Ultramicroscopy 99, 87 (2004).

[214] B. H. Frazer, B. R. Sonderegger, B. Gilbert, K. L. Richter, C. Salt, L. M. Wiese, D. Rajesh, S. P. Howard, J. F. Fowler, M. P. Mehta and G. De Stasio, "Mapping of Physiological and Trace Elements with X-PEEM", J. Phys. IV (France) 104, 349 (2003).

[215] P. U. P. A. Gilbert, "Photoemission Spectromicroscopy for the Biomineralogist", in: *BiomineralizationHandbook*, *CharacterizationofBiomineralsandBiomimeticMaterials*, E. DiMasi and L. B. Gower (Eds.), pp. 135-151, CRC Press, Boca Raton, FL (2014).

[216] G. De Stasio, M. Capozi, T. C. Droubay, D. Mercanti, M. T. Ciotti, G. F. Lorusso, R. Andres, T. Suda, P. Perfetti, B. P. Tonner and G. Margaritondo, "The Effect of Ashing on Cells: Spectromicroscopy of Physiological Elements", Anal. Biochem. 252, 106 (1997).

[217] B. Gilbert, L. Perfetti, R. Hansen, D. Mercanti, M. T. Ciotti, P. Casalbore, R. Andres, P. Perfetti, G. Margaritondo and G. De Stasio, "UV-Ozone Ashing of Cells and Tissues for Spatially Resolved Trace Element Analysis", Front. Biosci. 5, A10 (2000).

[218] G. De Stasio, P. Casalbore, R. Pallini, B. Gilbert, F. Sanita`, M. T. Ciotti, G. Rosi, A. Festinesi, L. M. Larocca, A. Rinelli, D. Perret, D. W. Mogk, P. Perfetti, M. P. Mehta and D. Mercanti, "Gadolinium in Human Glioblastoma Cells for Gadolinium Neutron Capture Therapy", Cancer Res. 61, 4272 (2001).

[219] C. J. Johnson, P. Gilbert, D. McKenzie, J. A. Pedersen and J. M. Aiken, "Ultraviolet-Ozone Treatment Reduces Levels of Disease-Associated Prion Protein and Prion Infectivity", BMC Res. Notes 2, 121 (2009).

[220] C. J. Johnson, P. U. P. A. Gilbert, M. Abrecht, K. L. Baldwin, R. E. Russell, J. A. Pedersen, J. M. Aiken and D. McKenzie, "Low Copper and High Manganese Levels in Prion Protein Plaques", Viruses 5, 654 (2013).

[221] M. Kusano, S.-I. Kawabata, Y. Tamura, D. Mizoguchi, M. Murouchi, H. Kawasaki, R. Arakawa and K. Tanaka, "Laser Desorption/Ionization Mass Spectrometry (LDI-MS) of Lipids with Iron Oxide Nanoparticle-Coated Targets", Mass Spectrometry (Tokyo) 3, A0026 (2014).

[222] J. P. Krasznai and R. Mowat, "UV/Ozone Treatment to Decontaminate Tritium Contaminated Surfaces", Fusion Technol. 28, 1336 (1995).

[223] J. Tam, C. S. Lee, T. W. Ha, C. Liu and D. Braunschweig, "Design for the Environment/Metal Cleaning", Wikiversity Article (2008). http://en.wikiversity.org/w/index.php? oldid=1127099.

[224] T. E. Graedel, *StreamlinedLifeCycleAssessment*, Prentice Hall, Upper Saddle River, NJ (1998).

[225] C. T. Hendrickson, L. B. Lave and H. S. Matthews, *Environmental Life Cycle Assessment of Goods and Services: AnInput-Output Approach*, Resources for the Future Press, Washington, D. C. (2006).

[226] "Economic Input-Output Life Cycle Assessment (EIO-LCA) Model", Green Design Institute, Carnegie Mellon University, Pittsburgh, PA. www.eiolca.net. (accessed January 20, 2018).

# 第 10 章

# 小颗粒物的静电去除和操作及表面去污应用

Rajiv Kohli

美国国家航空航天局约翰逊航天中心航空航天公司 得克萨斯州休斯敦

# 10.1 引言

对清洁表面有决定性意义的所有工艺例如太阳能电池板的高效运行、高质量的静电复印、薄膜的沉积、医用植入物的制造或放射性材料的去污来说，去除表面污染物是必不可少的。在高精度制造过程中，表面的颗粒污染物会导致产品的产量损失，并降低产品在预期应用中的性能效率。例如，在光伏发电装置中，沉积在太阳能电池板上的细小灰尘会遮蔽太阳能通量，显著降低（80％或更多）系统的效率和功率输出[1-5]。长期以来，湿法去污已成功用于颗粒物的清除，然而许多用于湿法清洗的传统溶剂，如氢氟醚（Hydrofluoroethers，HFE）和氟氯烃（Hydrochlorofluorocarbons，HCFC）对环境有害，并日益受到旨在减少其使用和最终逐步淘汰的法规约束[6-8]。其他危险化学品，如酸和有机溶剂，由于处理和处置的费用和危害，越来越不受欢迎。因此，人们一直在努力寻找替代溶剂和去污方法来代替传统溶剂去污法。几种干法去污已被开发并商业化，包括激光、反应性气体、静电力、微磨、等离子体、UV-$O_3$、固体气丸或软雪（$CO_2$、Ar-$N_2$）、水冰晶、微纳微粒束以及高速空气射流[9-12]。静电电荷去污是一种从各种材料表面去除带电或不带电粒子的通用方法，该方法应用电场来克服颗粒物与表面之间的黏附力，随后将颗粒物从表面清除掉。本章的目的是综述和讨论静电电荷去污在各种应用中清除固体表面污染物的最新进展，引用的参考文献提供了附加信息的来源，用静电方法除气相消除微粒问题这里不做讨论。

# 10.2 面污染与清洁度等级

污染可以以各种不同的形式存在于表面上，其状态多种多样[13,14]：

- 灰尘、金属、陶瓷、玻璃、塑料等颗粒物和环境中自然来源形成的其他颗粒物。
- 可能以碳氢化合物薄膜或有机残留物的形式存在的有机污染物，如油滴、油脂、树脂添加剂、蜡等。
- 有机或无机的分子污染。
- 以离散颗粒形式存在于表面或基体中微量金属杂质。
- 阳离子和阴离子污染物。
- 微生物污染物，如细菌、真菌、藻类和生物膜。

常见的污染源可能包括机加工油和润滑脂、液压油和清洁液、胶黏剂、蜡、人为污染物、颗粒物以及制造过程中产生的污染。此外，各种来源的大量其他化学污染物可能污染表面。

典型的去污规范是基于去污后表面上残留的特定或特征污染物的量。在精密技术应用中，产品的清洁度等级通常以颗粒大小（微米尺寸范围）和颗粒数量表示；对于非挥发性残留物（NVR）代表的碳氢化合物污染的表面，以单位面积上污染物的质量表示，液体中则以单位体积内的污染物的质量表示[15-17]。这些表面清洁度等级都基于行业标准 IEST-STD-

CC1246E 规定的污染规范：对于颗粒物为 5 级至 1000 级，对于 NVR 污染物为 R1E-5 级（10ng/0.1m$^2$）至 R25 级（25mg/0.1m$^2$）[17]。一项新的国际标准定义了洁净室的表面清洁度，与存在颗粒物相关[18]，该标准适用于洁净室和相关受控环境中的所有实体表面，如墙壁、天花板、地板、工作环境、工具、设备和装置。表面颗粒物的清洁度分类仅限于 0.05～500μm 之间的颗粒物。在洁净室环境中，有关空气清洁度等级的共识标准是针对微米级颗粒（>0.1μm）的 ISO 14644—1 和纳米级颗粒物（<100nm）的 ISO 14644—12[19,20]。许多产品和制造过程对空气中的分子污染物（Airborne Molecular Contaminants，AMCs）敏感，甚至可能被其破坏，这些污染物是由外部、工艺或其他来源产生的，因此 AMCs 的监控至关重要[21]。AMC 是一种以蒸气或气溶胶形式存在的化学污染物，可以是有机或无机的，它包括从酸和碱到金属有机化合物和掺杂剂的所有物质[22,23]。新标准 ISO 14644—10[24] 是一项现行国际标准，该标准规定了洁净室表面清洁度的分类体系，涉及化学物质或元素（包括分子、离子、原子和颗粒物）。

在许多商业应用中，精密清洁度水平被定义为污染表面的有机污染物低于 10μg/cm$^2$，尽管许多应用的要求设定为 1μg/cm$^2$[17]。这些清洁度等级要么非常理想，要么是医疗器械、电子组件、光学和激光组件、精密机械零件和计算机中使用部件的功能所要求的。新标准 ISO 14644—13 已颁布，该标准给出了洁净室表面去污指南，以达到基于颗粒物和化学分类的清洁度等级[25]。

# 10.3 静电去污相关因素

下面将简要讨论与静电去污相关的关键因素，详细的阐述和讨论见参考文献［26-95］。

## 10.3.1 黏附力

对黏附性起主要贡献的作用力有范德华力、毛细力、重力和静电力，静电力由位错力、库仑力和介电泳力组成。范德华力和毛细力在潮湿（相对湿度高）环境中对小颗粒物起主导作用。重力对大颗粒的黏附很重要。静电力是由微粒上的电荷和微粒与表面之间的电场产生的，电荷和电场都决定了微粒的静电黏附力或斥力。当带电微粒靠近绝缘表面时，由于强大的位错力，它会对表面产生静电吸引。去除颗粒物需要克服位错力，在强电场中，弱带电微粒可以通过克服介电泳力的贡献而清除。然而，如果微粒电荷和电场都不占主导地位，库仑力的贡献就足够大，既可以吸引微粒到表面，也可以在外加电场中排斥微粒。当带电微粒在重力、扩散和湍流输运等其他力的驱动下到达表面附近时，静电力变得占主导地位。静电的吸引力或斥力取决于微粒电荷的极性和表面电荷的分布。

对于光滑表面上光滑球形颗粒的理想条件，相对湿度 0%时不同粒径的静电力等于黏附力或重力的区域如图 10.1 所示。在较高的电场强度下，静电力变得更强，超过了黏附力和重力。对于微米级及更大的颗粒，可在 25～30MV/m 的电场强度下实现有效去除，而对于亚微米级的颗粒可能需要强于 100MV/m 的电场。

但是，实际上颗粒物及其表面都存在着微凸体，这对范德华力有着重要的影响，表面粗糙度 1～2nm（均方根）可将范德华黏附力降低一个数量级。图 10.2 对有无表面粗糙度时

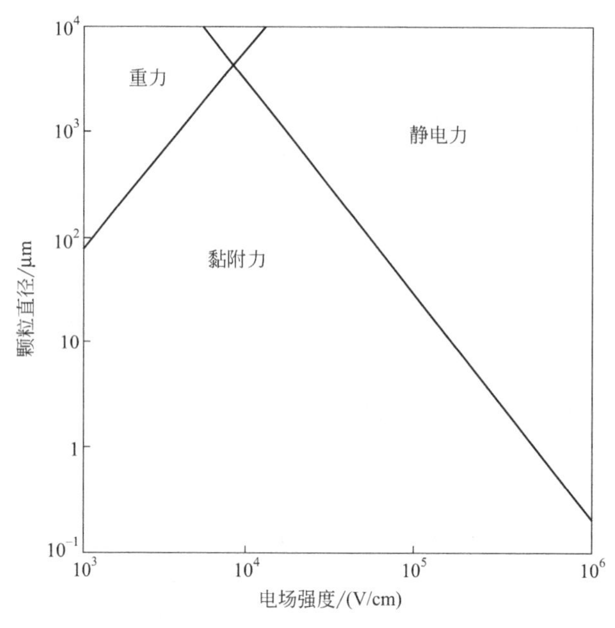


图 10.1　不同粒径时静电力与黏附力或重力平衡图

的范德华力估值［图 10.2(A)］和三个相对湿度值[1]下的毛细力［图 10.2(B)］与静电力（库仑力）作为颗粒尺寸的函数进行了比较。毛细力是根据简单的公式计算出来的，该式只与颗粒和表面的接触角及水的表面张力有关。可以看出，当存在微凸体时，对于大于约 10μm 的颗粒物，范德华力小于库仑力，通过强电场去除这些颗粒物是可行的。在相对湿度高于阈值时，毛细力主导范德华力和库仑力，这使得在高湿度环境中几乎不可能去除小颗粒。

## 10.3.2　电场中颗粒物的清除

初始带电颗粒的去除过程主要是库仑力法向分量的斥力和介电泳力的输运作用。对于不带电的介电颗粒，主要的充电机理是感应和摩擦充电。当颗粒获得足够的电荷时，库仑斥力克服黏附力，将颗粒排斥脱离表面，然后通过介电泳力将其清除。用于此目的的颗粒物去除系统是一个由多相电源供电的一系列平行电极组成的电动筛（Electrodynamic Screen, EDS）（图 10.3）。当电极通电时，产生的电场给颗粒物充电，并将其从介质表面清除。悬浮的颗粒物在库仑力作用下，主要沿着电通量线被吸引到电极上。电通量线从靠近正极的一点开始，在靠近负极的表面上的另一点结束。电极可以通过单相或三相电压供电，单相电在电极之间激发产生驻波，多相电产生行波。后者更可取，因为行波有一个大的平移分量，能迅速地将灰尘颗粒从筛板的一端移动到另一端。由于颗粒悬浮在空中，没有净传输，静电驻波作为防尘屏障，原理与为宇航服和机械零件表面开发的静电去污系统原理相似。

单相激发产生的驻波也可以用来去除筛上的颗粒物，驻波可以看作两个方向相反的行波的叠加。因此，电场中的任何不稳定性，外加电场中的谐波，或面板顶面上的任何气流，都会产生一个漂移速度，从筛上清除由表面电动力悬浮的粉尘颗粒。

[1] 低于 40% 相对湿度阈值，颗粒物和表面间未形成弯月面，也无毛细力。

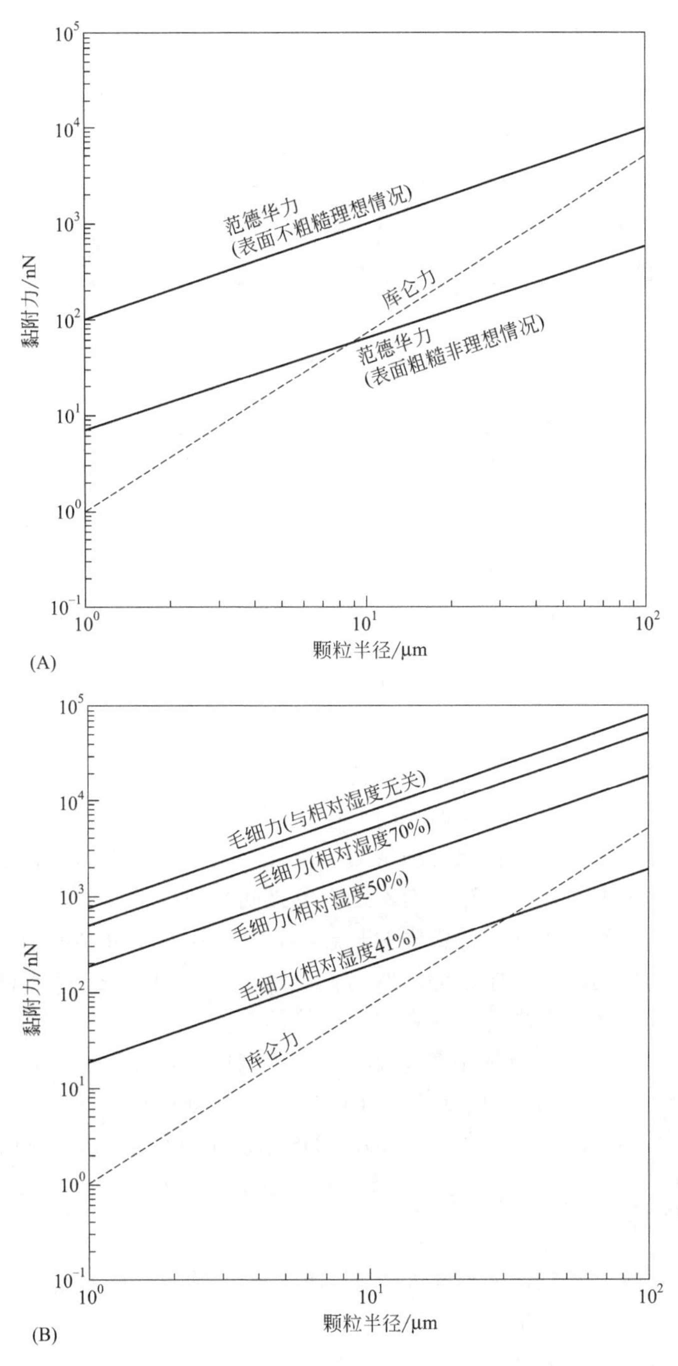


图 10.2　库仑力与不同黏附力作为颗粒尺寸的函数的对比（改编自 [71]）

（A）范德华力；（B）三种相对湿度下的毛细力

## 10.3.3　颗粒物传输

如上所述，采用 EDS，颗粒物可被悬浮同时通过行波传输。对于利用行波去除颗粒物，EDS 技术的不同应用往往采用不同的颗粒运动模式，主要运动模式包括：

- 帘幕模式（Curtain Mode，CM）：利用高频振荡使颗粒物脱离介质表面而悬浮。

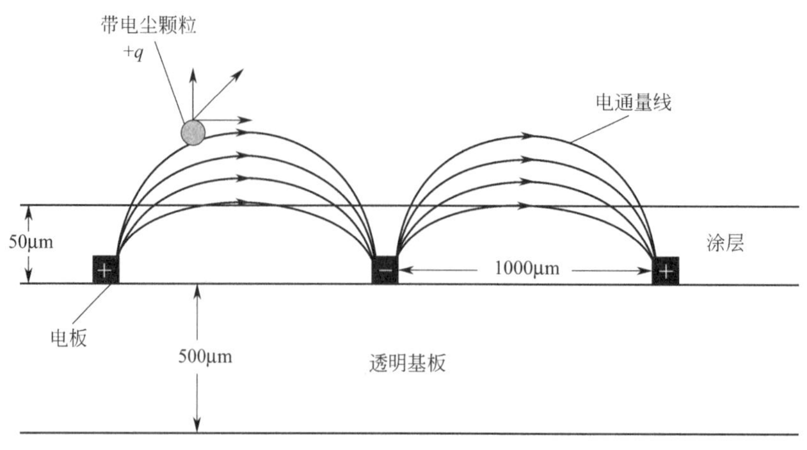


图 10.3 带电颗粒沿电通量线移动的电动筛（EDS）

- 冲浪模式（Surfing Mode，SM）：利用低频激发使颗粒物沿介质表面与波速同步滚动或滑动，炭粉颗粒主要以这种模式传输。
- 跳变模式（Hopping Mode，HM）：当颗粒被足够强的静电力释放或与另一颗粒碰撞时，黏附于表面并沿波传播方向随机向前跳跃（从表面悬浮出来）。这种模式适用于附着力较大的颗粒，同时可观察到同步和异步跳跃运动，以及反向粒子传播，一部分颗粒悬浮并沿主波方向（CM 模式）移动，另一部分颗粒沿与主波相反的方向在表面滚动、滑动或跳跃。这种传输方式已被用于不同大小、成分或电荷的颗粒物的分离。
- 连续运动模式（Continuous Motion Mode，CMM）：颗粒物在一个方向上连续传输，使其易于去除。这种模式是建立在同时满足两个条件的基础上的，即颗粒连续从介质表面脱离悬浮，且颗粒沿一个方向连续传输，而不是在电极间来回摆动。

在驻波的情况下，颗粒运动的主要模式是悬浮，其中质量足够小的悬浮颗粒被驻波限定在帘幕的波浪上来回摆动，没有净运动。然而，在距离表面约 5mm 以上观察到了第二种颗粒运动模式，颗粒被驻波场以高速（两个方向）传输。

在稳态情况下，当黏滞阻力等于静电驱动力时，颗粒达到最大速度。在正常大气条件下，直径 10$\mu$m、最大表面电荷密度 $2.64\times10^{-5}$C/m$^2$ 的颗粒在 $5\times10^5$V/m 的电场强度中的速度估计约为 260cm/s，这表明带电颗粒在 EDS 系统中剧烈运动并可被有效去除。

## 10.3.4 介电泳力

介电电泳是一种带电颗粒在电场梯度中的诱导运动，通过在颗粒物上感应的偶极矩，颗粒物在电极上施加的电压所产生的电场梯度中经历一个平动的介电泳力，力的方向取决于颗粒物的介电常数和表面的介电常数之差。当颗粒物的介电常数大于表面的介电常数时，介电泳力将颗粒物推向高场区。在交变电场中，接近 EDS 的不带电介质颗粒将振荡并来回滚动。由于电场力与电场梯度的平方成正比，且电场振荡，吸引颗粒物的介电泳力的涨落使其沿介质膜表面的电场梯度线滚动或移动。这种方法的一个优点是，随着用于产生电场的电极尺寸的减小，这种方法具有良好的伸缩性。

## 10.3.5 颗粒物的摩擦带电

当一个不带电的介电颗粒停留在介电薄膜的表面上，然后将电场施加到电极系统上时，它将经历使颗粒在介电膜上运动的平动介电力。当颗粒接触到筛板表面时，颗粒物在筛板的介电表面上运动导致最初不带电的颗粒摩擦带电，达到显著的高电荷水平，从而在颗粒上产生净电荷增益。在颗粒物上增加的电荷增加了它的运动幅度，直到电荷水平足够高，颗粒被库仑斥力从表面移除。对筛板表面导电性的要求是去除颗粒的一个关键因素。过大的表面导电性会屏蔽电场，而非常高的电阻率会导致薄膜表面电荷的过度积累，从而降低摩擦电荷并增加颗粒与表面的黏附力。对于电阻率较高的颗粒，充电主要是由于介电电泳、感应和摩擦带电的结合。

## 10.4　应用实例

静电力的许多应用已经被提出并已成功用于去除表面污染物，以及处理不同领域的小颗粒和小组件[75,96-232]，并有很多专利发布[233-286]。这些实例包括：用于陆地和空间应用的太阳能电池板上灰尘清除；网状物和薄片的清洁；打印和复印中的炭粉颗粒；功能材料的电动力学图案；以及操作和组装微型和纳米组件，例如碳纳米管、纳米线、金和金属氧化物纳米颗粒、微型齿轮、微型滚珠轴承、激光微源、智能内窥镜胶囊、微型质谱仪、光开关、连接器，以及光纤端部透镜组装。

在微流体领域，非常小的（μL 和 nL）液滴体积的水和其他流体已经通过使用普通印刷电路板和半导体技术的电极型设备的电场进行操作处理。关键应用包括生物芯片、DNA（脱氧核糖核酸）微阵列、生化分析、连续流微流体技术、机械微泵和其他微系统。另一个应用是基于数字小滴的微流体技术，包括电介质上的电润湿（Electrowetting-On-Dielectrics，EWOD）。

在生物医学应用中，介电电泳已成功地应用于非接触空间操作，DNA 分子、靶细胞或细菌的选择性分离/富集，高通量分子筛选，生物传感器，免疫分析，以及无生化标记或其他生物工程标记的 3D（三维）细胞构建的人工工程。

几个创新性的应用将在下文讨论。

### 10.4.1　微电子制造产品表面的去污

静电去污已成功用于清除微电子制造中使用的各种基板上不同材料表面的颗粒物[2,3,103-107,261]。去污系统有一个导电滚筒，通过直流（DC）电源维持在高压（几千伏），并安装放置在接地板上的受污染产品上方。绝缘的聚合物收集薄膜从滚筒和产品表面之间通过。随着滚筒移动，带电颗粒被吸引向滚筒并收集于薄膜上。收集了颗粒物的薄膜被拉到一个卷取滚筒上并可被从此处抛出。当电场强度为 30MV/m 时，可将直径大于 5μm 的金属颗粒从金属基板上完全去除。在 100MV/m 或更高的场强下，聚合物基体上 0.5μm 的乳胶球的去除效率为 95%。去除效率取决于时间、外加电场强度、颗粒物和基板的介电性质以及去污系统的几何形状。实际上，颗粒物可以通过感应或电子束充电。如果污染表面和绝缘体之间的间距足以防止空气的介电击穿（间距为 1mm 时约为 10kV/cm），且相对湿度低于弯月面形成的阈值（约 41%），则可在真空下进行颗粒物清除，也可在空气中进行。根据基板的不同，去除相似大小的颗粒需要几秒钟（导电金属基板）到几分钟（绝缘基板）。该技术无法用于去除熔化和再凝固的颗粒物。颗粒在基板上的再沉积也值得关注，但如果在去污系统中集成电荷中和系统，则可以防止这种情况发生。同样重要的是，清除掉的污染物颗粒被转移后的薄膜本身是非常干净的，确保薄膜非常干净的一种方法是在临用前现组装。

### 10.4.2 太阳能电池板和光伏组件各种表面灰尘的清除

基于电动筛的防尘罩已开发用于空间和地面上的太阳能电池板、光伏组件以及各种表面的去污[2,75,108-124]。一些透明的导电电极嵌入薄薄的介电层中并彼此分离，实际电极的几何形状和间距取决于所用材料和电气特性。电介质是一种聚合物，它可以提供低表面能表面因而对操作至关重要。三相电压加载于电极形成的外加电场可以产生行波，垂直电场分量将带电颗粒提离表面，行波将其推送到筛的边缘。当 EDS 通电时，面板去污所需时间不到 2min，在正常的大气条件下，每天的除尘时间可能不超过几分钟。这种设计可以在没有外部电源的情况下利用太阳能电池板自身的电力来运行。带有 EDS 的自去污太阳能电池板对带电和不带电的尘埃颗粒都是有效的。据报道，该工艺非常有效，可去除面板上沉积的 95%的灰尘（图 10.4）。同样，光伏组件表面的除尘效率也高于 90%。对含尘光伏玻璃样品透射率的进一步分析表明，用这种除尘方法几乎可以将其透射率恢复至全新干净玻璃板的初始透射率。采用柔性透明 EDS 已成功地验证了航天服织物表面的除尘效果优于 95%（图 10.5）。

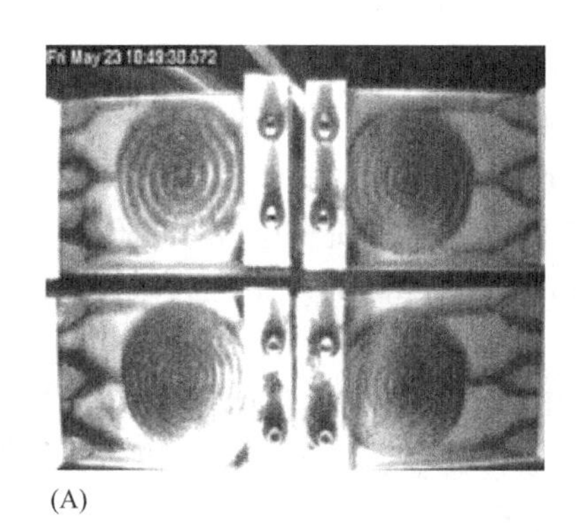
(A)

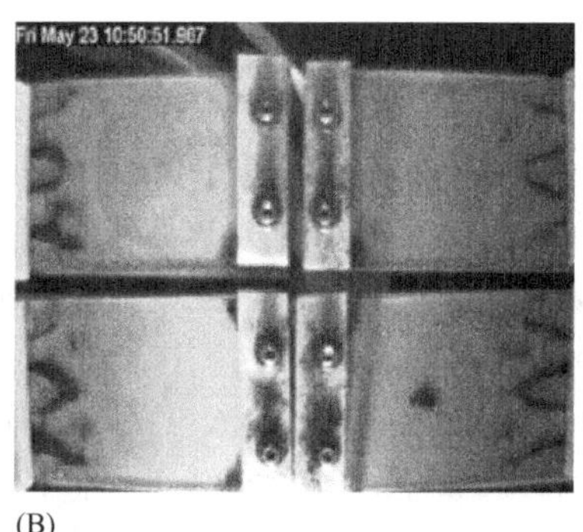
(B)

图 10.4　被月球尘埃模拟物（直径 10～50μm）污染的光学表面上的 EDS（A）及 EDS 激活后对尘埃的清除（B）[115]

(A)

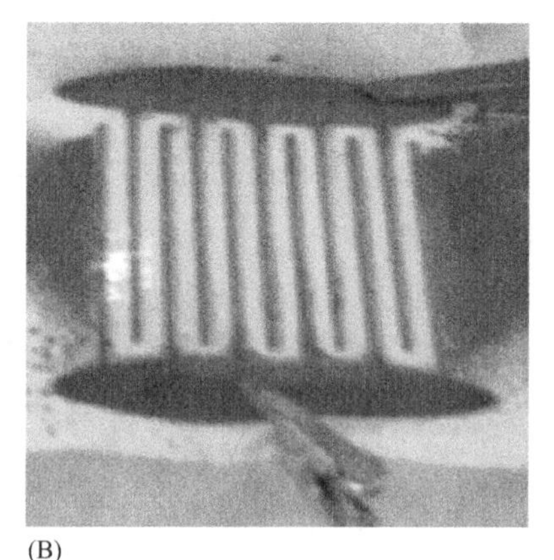
(B)

图 10.5　在环境条件下，50～100μm 月球尘埃模拟物污染的航天服织物上的柔性 EDS 激活前（A）与激活后（B）[115]

基于单相矩形高压在零件开口处基板上的平行板绝缘电极上的应用，有人提出了机械零件和其他表面防尘的不同概念[125-131]。因为行波不是由单相电压产生的，所以颗粒不会朝一个方向传输；相反，颗粒被表面排斥而从零部件弹出。此外，驻波还起到了防尘的作用。可以对基本去污装置进行一些改进，包括在主电极外部增加支撑电极，在间隙附近增加平行筛电极。通过这些改进，可获得对各种零部件和表面90%以上的除尘效率。

为空间应用开发的行波方法需要昂贵的电极材料（通常是铟锡氧化物）和具有特定化学性质的介电聚合物薄膜，从而将薄膜限制为特定材料。此外，对于大型商用太阳能光伏装置来说，高压电源和互连是复杂且昂贵的。有人提出一种更简单的替代方法来克服这些限制[131,269,282]，该系统以太阳能收集器自身作为第一电极，嵌入电极的导电盖板构成第二电极。施加在收集器和盖板上的高压源产生一个驻波，该驻波排斥颗粒，而后者则被重力向下输送。

对于太阳能电池板和类似表面，另外几种静电除尘技术已被提出[132-135]。

### 10.4.3　网状物和薄片的去污

在许多工业中，从网状物和薄片产品表面去除颗粒物是至关重要的。在食品和制药工业中，为了防止产品污染，包装上不允许有大于5μm的颗粒物。同样，对于打印机和复印机，纸张表面污染的炭粉颗粒会严重影响打印图像的质量。有几种商用静电去污系统可用于网状物和薄片的去污，对于小到1.5μm的颗粒清除效率达98%以上[136]。去污过程采用空气电离来实现表面的电荷中性，并采用机械方法穿透边界层，将颗粒物从表面去除，去除的颗粒物被收集在带有过滤器的收集器中。这些系统以接触或非接触模式运行，具体取决于应用，并且可以在网状物以3000m/min的速度下运行。该系统适用于纸张、薄膜、箔材、纸巾、纺织品、非织造材料、纸箱和瓦楞包装材料，以及在洁净室条件下用于光学、半导体和医药应用的薄膜和箔等产品的去污。

### 10.4.4　聚变装置中粉尘颗粒的清除

托卡马克和其他核聚变装置中粉尘颗粒的产生和集聚会带来严重的安全风险，包括放射性危害（在尘埃中存在氚和其他活化产物，如$^{10}$B）、毒性（Be、W颗粒物），以及破裂时的化学反应性（蒸汽与Be颗粒的反应或W的氧化）[138-145]。小尺寸的粉尘颗粒具有非常大的有效表面积，这反过来又会带来严重的安全风险，并影响氚的投料量。一些基于静电的设备和系统已经被开发用于粉尘的探测、测量和清除[146-157]。对于粉尘探测，带有互锁痕迹或电极的筛网会在其上施加电压，一个导电颗粒落在筛网上会产生短路和电流脉冲，脉冲被转换成与粉尘颗粒质量成比例的计数，电流也会使筛网中的粉尘蒸发或喷出，喷射出的粉尘由三相电极帘幕的行波输送。该系统可以在空气或真空中运行，也可以在磁场中工作。

在采用液态锂偏滤器概念的聚变反应堆中，液态锂回路本身可用于除尘。在这种情况下，粉尘被捕获在流动的液态锂中，液态锂流到粉尘过滤器，从而过滤固体粉尘颗粒。重力驱动的液态锂流可以通过热电过程来增强。

### 10.4.5　气固分离中颗粒物收集器的去污

气固分离系统要求颗粒物附着在收集器上，以保持较高的去除效率。同时，必须定期清除黏附的颗粒物以清洁系统。在最近的一项研究中[158]，通过湿度控制的层流气流成功地从带电纤维过滤器表面清除了纤维颗粒物（尺寸 21μm），随着湿度的增加，去污更容易。

### 10.4.6 静电喷雾表面消毒

医疗设施中的污染表面是病原体和医疗获得性感染传播的主要来源[159,160]。用于医疗保健表面消毒的静电应用系统，为污染表面去污和消毒提供了一种可行且经济有效的工具[161-169]。该方法使用静电吸引力将液体消毒剂的带电雾粒喷洒到目标表面上，分散的带电液滴分布更均匀，更有力地寻找带负电（－）或中性带电的目标表面，可提供更持久的覆盖，减少浪费。一些小型便携式喷雾系统可用于医疗设施的消毒[163-169]。与传统的去污系统相比，在相同的人员和时间的情况下，这些系统可以达到 3～6 倍的覆盖率。这些系统的其他优点包括高转移效率，最佳停留时间，喷涂后无需擦拭或冲洗表面，降低总体感染率，安全性，工作效率高和节约成本。

静电喷涂已应用于许多其他领域，如食品饮料加工和供应、商业、工业和住宅建筑、教育机构、幼儿园设施、体育设施、商用和工业车辆的去污、消毒和卫生处理，以及农业、园艺和花卉栽培中的害虫防治[163-172]。

### 10.4.7 电荷耦合器件的表面去污

电荷耦合器件（Charge Coupled Devices，CCDs）表面的颗粒污染物严重影响 CCD 的采光效率和精度而备受关注。颗粒污染物的常用去污方法是使用蘸丙酮的静电消散型聚酯头棉签。然而，丙酮清洗通常无法去除所有污染物，并可能在表面留下残留物。人们已开发出一种改进的去污方法，该方法使用特殊配方的静电消散型可剥离涂料去除污染物[173]。First Contact™ 掺杂碳纳米管配方的可剥离涂料的方阻率为 $10^{10}\Omega$，具有静电消散性。使用该配方，可有效去除 CCD 表面的污染物，且不会影响其他性能参数，如线性度或电荷转移效率。这种可剥离涂料比丙酮去污更有效。

### 10.4.8 壁虎仿生黏附材料

壁虎黏附的一个关键贡献因素是由于动物脚趾垫的纤维结构与基底接触而产生的接触带电（Contact Electrification，CE）[174-181]。然而，在考虑壁虎黏附力时，这些静电力相互作用被忽略了[174-179]。近年来，通过同时测量电荷和力来确定电荷量，从而确定壁虎脚趾接触时产生的静电力的大小[182]，结果表明，静电力决定了壁虎黏附力的强度，而不是通常被认为的壁虎黏附力主要来自范德华力或毛细力。这些结果可以改善对壁虎黏附性的理解，改进合成纤维干胶黏剂的设计和制造，具有潜在的应用价值[179,183-191]。

### 10.4.9 泵送绝缘流体

静电的一个新应用是一种非接触技术，可以泵送用于电绝缘和热传递的绝缘或半绝缘流体[192,193]。行波电场施加在带电流体上，对带电颗粒和流体产生库仑力，从而引起流体运动，平均流速为 18cm/s。正向（与行波方向相同）和反向（与行波方向相反）泵浦都会发生，这取决于电荷注入频率和外加电压。

### 10.4.10　小颗粒物的微操作

目前，人们已开发出几种用于小颗粒物和微纳尺度物体的静电操控装置，用于不同的应用[194-217]。在一种设计中，机械手具有平行或同轴的偶极电极。当向电极施加电压时，在非均匀静电场中产生的介电泳力作用于电极尖端附近的颗粒。通过施加电压捕获颗粒物，然后通过施加相反极性的高压将其从探针中释放出来。对于带电颗粒，库仑黏附力阻止其释放，需要一个分离系统。离子风分离器是一种分离系统，离子风可通过电晕放电产生。离子风的空气动力大于静电黏附力，颗粒物被吹走，被捕获和释放的颗粒可以小到 2μm。

静电力与激光光捕获相结合，可对微小的生物颗粒物进行微操作，包括单个 DNA 分子的运输，DNA 分子的定位和测序，细胞、染色体或原生质体的分类和分析，以及生物样品的物理化学分析[218-223]。在这种非接触式操作方法中，颗粒物被捕获并限制在激光束中，然后由交流（AC）或直流（DC）电场控制。另一种方法被称为局部温度控制法，它利用聚焦激光照射冷冻溶液中的 DNA 分子，使局部区域（激光光斑周围直径约 20μm）熔化，从而使 DNA 分子在冷冻溶液中的操作和运输成为可能[224]。

### 10.4.11　汽车挡风玻璃和摄像头的去污

有人提出了一种改进的无机械辅助的汽车挡风玻璃去污方法[279]。肉眼可见体积的液体可被迫在挡风玻璃表面移动，而无需机械辅助。透明绝缘电极嵌入挡风玻璃表面，向电极提供不同的电压，以产生沿给定方向在表面上移动的表面边缘电场，电场在液体的极性分子上产生强大的电场力。这些力使液体在特定方向移动，这取决于电极阵列的几何结构以及在电极阵列中对每个电极施加电压的方式，从而清洁挡风玻璃。

类似的工艺已用于汽车相机镜头去污设备[286]。这些汽车视觉系统包括多个汽车摄像头，以及位于车辆外部的一个或多个摄像头，经常暴露在恶劣的天气条件下。汽车摄像头上包含一个耦合到镜头的挡板，镜头挡板依次连接到导电蓄电池，来自车辆电源的电荷供应给导电蓄电池，电荷集中在蓄电池的尖端，带电荷的尖端吸引水颗粒离开相机镜头，集聚于蓄电池上，当水颗粒获得足够的质量时，它们会流过镜头挡板并离开相机镜头。

### 10.4.12　家禽设施的减排

颗粒物和挥发性气体排放对人类及商用封闭家禽设施和孵化箱中的动物造成严重健康危害[225-229]。静电空间电荷系统（Electrostatic Space Charge System，ESCS）用于肉鸡养殖场，可有效减少空气中的灰尘、氨和细菌，平均去除率分别为 61%、56%和 67%[227-229,270]。在一项相关研究中，一个有肉鸡种鸡的实验室中，ESCS 能有效地减少空气中的灰尘和革兰氏阴性菌，平均去除率分别为 37%和 64%[226]。ESCS 可以显著降低空气中细菌总数和肠杆菌科细菌，去除率为 85%至 93%，而鸟类盲肠内容物中沙门氏菌的菌落数（cfu/g）平均减少了 3.4 个常用对数值[225]。

在另一项应用中，拥有专利权的静电颗粒电离系统（Electrostatic Particle Ionization system，EPI™）在减少商用家禽养殖场的臭味、粉尘和有害气体如氨气、硫化氢和挥发性有机化合物排放方面显示出良好的前景。EPI 技术[230]利用一组尖锐的不锈钢电极阵列加载

－30kV(DC) 电压产生电场，使空气离子带负电荷，然后被吸引到接地极表面。该系统的电流限制为不超过 2mA，以确保工作人员和动物的安全。使用 EPI 系统，两个试点肉鸡舍的 $NH_3$、$PM_{10}$（空气动力学颗粒切割直径 10μm）和 $PM_{2.5}$（空气动力学颗粒切割直径 2.5μm）的排放率分别降低了 17%、39%和 10%[231,232]。

## 10.5 小结

利用静电力去除表面污染物、控制和运输小颗粒物是一种可行的、经济有效的方法，颗粒物的清除取决于克服颗粒对表面的黏附力。典型的颗粒物去除系统由一系列电极组成，这些电极与嵌入表面绝缘层的电源相连。施加在电极上的单相或多相电压产生驻波或行波。沉积的颗粒物受到超过黏附力的斥力，被排斥而脱离表面，并被行波带离表面。本章讨论了该技术的一些应用，包括各种表面的除尘、小颗粒物的微操作、表面消毒的静电喷涂、壁虎仿生黏附、绝缘液体的泵送、汽车挡风玻璃和摄像头的去污、家禽饲养设施的减排等。

## 致谢

作者要感谢约翰逊航天中心科技信息（STI）图书馆工作人员为查找生僻的参考文献提供的帮助。

## 免责声明

本章中提及的商业产品仅供参考，并不意味着航空航天公司的推荐或认可。所有商标、服务标记和商品名称均属其各自所有者。

### 参考文献

[1] M. S. El-Shobokshy and F. M. Hussein,"Degradation of Photovoltaic Cell Performance due to Dust Depositionon to its Surface",Renewable Energy 3,585(1993).

[2] M. K. Mazumder, R. Sharma, A. S. Biris, M. N. Horenstein, J. Zhang, H. Ishihara, J. W. Stark, S. Blumenthal and O. Sadder,"Electrostatic Removal of Particles and its Applications to Self-Cleaning Solar Panels and Solar Concentrators", in: *Developments in Surface Contamination and Cleaning: Methods for Removal of Particle Contaminants*, *Volume* 3, R. Kohli and K. L. Mittal (Eds.), pp. 149-199, Elsevi-

er, Oxford, UK (2011).

[3] T. Sarver, A. Al-Qaraghuli and L. L. Kazmerski, "A Comprehensive Review of the Impact of Dust on the Use of Solar Energy: History, Investigations, Results, Literature, and Mitigation Approaches", Renewable Sustainable Energy Revs. 22, 698(2013).

[4] S. Ghazi, A. Sayigh and K. Ip, "Dust Effect on Flat Surfaces-A Review Paper", Renewable Sustainable Energy Revs. 33, 742 (2014).

[5] M. R. Maghami, H. Hizam, C. Gomes, M. A. Radzi, M. I. Rezadad and S. Hajighorbani, "Power Loss due to Soiling on Solar Panel: A Review", Renewable Sustainable Energy Revs. 59, 1307 (2016).

[6] U. S. EPA, "The U. S. Solvent Cleaning Industry and the Transition to Non Ozone Depleting Substances", EPA Report, U. S. Environmental Protection Agency (EPA), Washington, D. C. (2004). http://www.epa.gov/ozone/snap/solvents/EPASolventMarketReport.pdf.

[7] J. B. Durkee, "Cleaning with Solvents", in: *Developments in Surface Contamination and Cleaning: Fundamentals and Applied Aspects*, R. Kohli and K. L. Mittal (Eds.), pp. 759-871, William Andrew Publishing, Norwich, NY (2008).

[8] U. S. EPA, "HCFC Phaseout Schedule", U. S. Environmental Protection Agency, Washington, D. C. (2012). http://www.epa.gov/ozone/title6/phaseout/hcfc.html.

[9] K. Reinhardt and W. Kern (Eds.), *Handbook of Silicon Wafer Cleaning Technology*, 2nd Edition, William Andrew Publishing, Norwich, NY (2008).

[10] B. F. Kanegsberg and E. Kanegsberg (Eds.), *Handbook for Critical Cleaning*, 2nd Edition, CRC Press, Boca Raton, FL (2011).

[11] G. He, C. Zhouand Z. Li, "Reviewof Self-Cleaning Method for Solar Cell Array", Procedia Eng. 16, 640 (2011).

[12] R. Kohli and K. L. Mittal (Eds.), *Developments in Surface Contamination and Cleaning*, Volumes 1-12, Elsevier, Oxford, UK(2008-2019)

[13] R. Kohli, "Sources and Generation of Surface Contaminants and Their Impact", in: *Developments in Surface Contamination and Cleaning: Cleanliness Validation and Verification*, Volume 7, R. Kohli and K. L. Mittal (Eds.), pp. 1-49, Elsevier, Oxford, UK (2016).

[14] R. Kohli, "Metallic Contaminants on Surfaces and TheirImpact", in: *Developments in Surface Contamination and Cleaning: Types of Contamination and Contamination Resources*, Volume 10, R. Kohli and K. L. Mittal (Eds.), pp. 1-54, Elsevier, Oxford, UK (2017).

[15] ECSS-Q-70-01B, "Space Product Assurance-Cleanliness and Contamination Control", European Space Agency, Noordwijk, The Netherlands (2008).

[16] NASA Document JPR 5322.1, "Contamination Control Requirements Manual", National Aeronautics and Space Administration, Johnson Space Center, Houston, TX (2016).

[17] IEST-STD-CC1246E, "Product Cleanliness Levels-Applications, Requirements, and Determination", Institute of Environmental Sciences and Technology (IEST), Rolling Meadows, IL (2013).

[18] ISO 14644-9, "Cleanrooms and Associated Controlled Environments— Part 9: Classification of Surface Cleanliness by Particle Concentration", International Standards Organization, Geneva, Switzerland (2012).

[19] ISO 14644-1, "Cleanrooms and Associated Controlled Environments—Part 1: Classification of Air Cleanliness by Particle Concentration", International Standards Organization, Geneva, Switzerland (2015).

[20] ISO 14644-12, "Cleanrooms and Associated Controlled Environments—Part 12: Specifications for Monitoring Air Cleanliness by Nanoscale Particle Concentration", International Standards Organization, Geneva, Switzerland (2018).

[21] T. Fujimoto, K. Takeda and T. Nonaka, "Airborne Molecular Contamination: Contamination on Substrates and the Environmentin Semiconductors and Other Industries", in: *Developmentsin Surface Contamination and Cleaning: Fundamentals and Applied Aspects*, Volume1, 2nd Edition, R. Kohli and K. L. Mittal(Eds.), pp. 197-329, Elsevier, Oxford, UK(2016).

[22] SEMI F21-1102, "Classification of Airborne Molecular Contaminant Levels in Clean Environments", Semiconductor Equipment and Materials International, San Jose, CA (2002).

[23] ISO 14644-8, "Cleanrooms and Associated Controlled Environments-Part 8: Classification of Air Clean-

liness by Chemical Concentration (ACC)", International Standards Organization, Geneva, Switzerland (2013).

[24] ISO 14644-10, "Cleanrooms and Associated Controlled Environments-Part 10: Classification of Surface Cleanliness by Chemical Concentration", International Standards Organization, Geneva, Switzerl and (2013).

[25] ISO, 14644-13, "Cleanrooms and Associated Controlled Environments-Part 13: Cleaning of Surfaces to Achieve Defined Levels of Cleanliness in Terms of Particle and Chemical Classifications", International Standards Organization, Geneva, Switzerland (2017).

[26] R. F. Wuerker, H. Shelton and R. V. Langmuir, "Electrodynamic Containment of Charged Particles", J. Appl. Phys. 30, 342 (1959).

[27] H. Shelton, C. D. Hendricks and R. F. Wuerker, "Electrostatic Acceleration of Microparticles to Hypervelocities", J. Appl. Phys. 31, 1243 (1960).

[28] N. N. Lebedev and I. P. Skal'skaya, "Force Acting on a Conducting Sphere in the Field of a Parallel Plate Condenser", Zh. Tekh. Fiz. 32, 375 (1962).

[29] A. Y. H. Cho, "Contact Charging of Micron-Sized Particles in Intense Electric Fields", J. Appl. Phys. 35, 2561 (1964).

[30] N. J. Felici, "Forces et charges de petits objets en contact avec une. électrode affectée d'un champ électrique", Rev. Gen. Electr. 75, 1145 (1966).

[31] O. A. Myazdrikov and V. N. Puzanov, "Device for Determining Adhesional Forces in a Surface-Particle System", Zavod. Lab. 35, 1265 (1969).

[32] G. M. Colver, "Dynamic and Stationary Charging of Heavy Metallic and Dielectric Particles against a Conducting Wall in the Presence of a DC Applied Electric Field", J. Appl. Phys. 47, 4839 (1976).

[33] Z. V. Shelkunova and S. V. Gegin, "Electrostatic Method for Assessing the Adhesional Forces of Refractory Metals", Zavod. Lab. 42, 708 (1976).

[34] G. C. Hartmann, L. M. Marks and C. C. Yang, "Physical Models for Photoactive Pigment Electrophotography", J. Appl. Phys. 47, 5409 (1976).

[35] W. B. Smith and J. R. McDonald, "Development of a Theory for the Charging of Particles by Unipolar Ions", J. Aerosol Sci. 7, 151 (1976).

[36] H. A. Pohl, *Dielectrophoresis: The Behavior of Neutral Matter in Nonuniform Electric Fields*, Cambridge University Press, Cambridge, UK (1978).

[37] J. A. Cross, *Electrostatics Principles, Problems and Applications*, Taylor and Francis, Adam Hilger Imprint, Bristol, UK (1987).

[38] J. B. Olansen, P. F. Dunn and V. J. Novick, "Dispensing Particles Under Atmospheric and Vacuum Conditions Using an Electrostatic Device", J. Appl. Phys. 66, 6098 (1989).

[39] D. W. Cooper, M. H. Peters and R. J. Miller, "Predicted Deposition of Submicrometer Particles Due to Diffusion and Electrostatics in Viscous Axisymmetric Stagnation-Point Flow", Aerosol Sci. Technol. 11, 133 (1989).

[40] D. W. Cooper, R. J. Miller, J. J. Wu and M. H. Peters, "Deposition of Submicron Aerosol Particles during Integrated Circuit Manufacturing: Theory", Particulate Sci, Technol. 8, 209 (1990).

[41] D. W. Cooper and H. L. Wolfe, "Electrostatic Removal of Particle Singlets and Doublets from Conductive Surfaces", Aerosol Sci. Technol. 12, 508 (1990).

[42] J.-J. P. Eltgen, "Microscopic Study of Electrostatic Forces Acting on Toner Particles on a Conductive Medium", in: *Recent Progress in Toner Technologies*, G. Marshall (Ed.), pp. 304-308, Society for Imaging Science and Technology, Springfield, VA (1998).

[43] D. A. Hays, "Role of Electrostatics in Adhesion", in: *Fundamentals of Adhesion*, L.-H. Lee, (Ed.), pp. 249-278, Springer, Boston, MA (1991).

[44] T. B. Jones, *Electromechanics of Particles*, pp. 181-207, Cambridge University Press, Cambridge, UK (1995).

[45] D. A. Hays, "Toner Adhesion", J. Adhesion. 51, 41 (1995).

[46] M. P. Hughes, R. Pethig and X. B. Wang, "Dielectrophoretic Forceson Particles in Travelling Electric Fields", J. Phys. D: Appl. Phys. 29, 474 (1996).

[47] W. C. Hinds, *Aerosol Technology: Properties, Behavior, and Measurement of Airborne Particles*, 2nd

Edition, John Wiley & Sons, New York, NY (1999).
[48] T. Sometani, "Image Method for a Dielectric Plate and a Point Charge", Eur. J. Phys. 21, 549 (2000).
[49] B. N. J. Persson and E. Tosatti, "The Effect of Surface Roughness on the Adhesion of Elastic Solids", J. Chem. Phys. 115, 5597 (2001).
[50] M. Murtomaa, K. Ojanen and E. Laine, "Effect of Surface Coverage of a Glass Pipe by Small Particles on the Triboelectrification of Glucose Powder", J. Electrostatics 54, 311 (2002).
[51] Y. I. Rabinovich, J. J. Adler, M. S. Esayanur, A. Ata, R. K. Singh and B. M. Moudgil, "Capillary Force between Surfaces with Nanoscale Roughness", Adv. Colloid Interface Sci. 96, 213 (2002).
[52] J. Hirayama, T. Nagao, O. Ebisu, H. Fukuda and I. Chen, "Size Dependence of Adhesive Forces on Electrophotographic Toners", J. Imaging Sci. Technol. 47, 9 (2003).
[53] S. Matsusaka and H. Masuda, "Electrostatics of Particles", Adv. Powder Technol. 14, 143 (2003).
[54] D. A. HaysandK. R. Ossman, "Electrophotographic Copying and Printing(Xerography)", in: *Encyclopedia of Applied Physics*, G. L. Trigg(Ed. ), Wiley-VCH Verlag, Weinheim, Germany(2004).
[55] L. B. Schein and W. S. Czarnecki, "Proximity Theory of Toner Adhesion", J. Imaging Sci. Technol. 48, 412 (2004).
[56] W. S. Czarnecki and L. B. Schein, "Electrostatic Force Acting on a Spherically Symmetric Charge Distribution in Contact with a Conductive Plane", J. Electrostatics. 61, 107 (2004).
[57] O. H. Pakarinen, A. S. Foster, M. Paajanen, T. Kalinainen, J. Katainen, I. Makkonen, J. Lahtinen and R. M. Nieminen, "Towards an Accurate Description of the Capillary Force in Nanoparticle-Surface Interactions", Modelling Simul. Mater. Sci. Eng. 13, 1175 (2005).
[58] L. B. Schein, "Electrostatic Proximity Force, Toner Adhesion, and a New Electrophotographic Development System", J. Electrostatics. 65, 613(2007).
[59] T. R. Szarek and P. F. Dunn, "An Apparatus to Determine the Pull-Off Force of a Conducting Microparticle from a Charged Surface", Aerosol Sci. Technol. 41, 43 (2007).
[60] G. Ahmadi and S. Guo, "Bumpy Particle Adhesion and Removal in Turbulent Flows Including Electrostatic and Capillary Forces", J. Adhesion. 83, 289 (2007).
[61] R. Pethig, "Review Article-Dielectrophoresis: Status of the Theory, Technology, and Applications", Biomicr of luidics 4, 022811(2010).
[62] J. N. Israelachvili, *Intermolecular and Surface Forces*, 3rd Edition, Academic Press, Elsevier, Oxford, UK (2011).
[63] R. Martinez-Duarte, "Microfabrication Technologies in Dielectrophoresis Applications-A Review", Electrophoresis. 33, 3110 (2012).
[64] A. Çolak, H. Wormeester, H. J. Zandvliet and B. Poelsema, "Surface Adhesion and its Dependence on Surface Roughness and Humidity Measured with a Flat Tip", Appl. Surf. Sci. 258, 6938 (2012).
[65] J. G. Whitney and B. A. Kemp, "Deformation and Non-Uniform Charging of Toner Particles: Coupling of Electrostatic and Dispersive Adhesion Forces", J. Imaging Sci. Technol. 57, 50505 (2013).
[66] S. You and M. P. Wan, "Mathematical Models for the van der Waals Force and Capillary Force between a Rough Particle and Surface", Langmuir. 29, 9104 (2013).
[67] B. N. J. Persson and M. Scaraggi, "Theory of Adhesion: Role of Surface Roughness", J. Chem. Phys. 141, 124701 (2014).
[68] S. P. Beaudoin, R. Jaiswal, A. Harrison, D. Hoss, J. Laster, K. Smith, M. Sweat and M. Thomas, "Fundamental Forces in Particle Adhesion", in: *Particle Adhesion and Removal*, K. L. Mittal and R. Jaiswal (Eds. ), pp. 3-79, Wiley-Scrivener Publishing, Beverly, MA (2015).
[69] G. Ahmadi, "Mechanics of Particle Adhesion and Removal", in: *Particle Adhesion and Removal*, K. L. Mittal and R. Jaiswal(Eds. ), pp. 81-104, Wiley-Scrivener Publishing, Beverly, MA(2015).
[70] A. Sayyah, M. N. Horenstein and M. K. Mazumder, "A Comprehensive Analysis of the Electric Field Distribution in an Electrodynamic Screen", J. Electrostatics. 76, 115(2015).
[71] A. Sayyah, M. N. Horenstein, M. K. Mazumder and G. Ahmadi, "Electrostatic Force Distribution on an Electrodynamic Screen", J. Electrostatics. 81, 24(2016).
[72] L. Pastewka and M. O. Robbins, "Contact Area of Rough Spheres: Large Scale Simulations and Simple Scaling Laws", Appl. Phys. Lett. 108, 221601 (2016).
[73] D. J. Quesnel, D. S. Rimai, D. M. Schaefer, S. Beaudoin, A. Harrison, D. Hoss, M. Sweat and M. Thomas,

"Aspects of Particle Adhesion and Removal", in: *Developments in Surface Contamination and Cleaning: Fundamentals and Applied Aspects*, Volume 1, 2nd Edition, R. Kohli and K. L. Mittal (Eds.), pp. 119-145, Elsevier, Oxford, UK (2016).

[74] R. Pethig, *Dielectrophoresis: Theory, Methodology, and Biological Applications*, John Wiley & Sons, New York, NY (2017).

[75] A. Sayyah, R. S. Eriksen, M. N. Horenstein and M. K. Mazumder, "Performance Analysis of Electrodynamic Screens Based on Residual Particle Size Distribution", IEEE J. Photovoltaics 7, 221 (2017).

[76] J. R. Melcher, "Traveling-Wave Induced Electroconvection", Phys. Fluids. 9, 1548(1966).

[77] S. Masuda and Y. Matsumoto, "Contact-type Electric Curtain for Electrodynamical Control of Charged Dust Particles", Proceedings 2nd International Conference on Static Electricity, pp. 1370-1409, 1973.

[78] S. Masuda and T. Kamimura, "Approximate Methods for Calculating a Non-Uniform Traveling Electric Field", J. Electrostatics. 1, 351 (1975).

[79] J. M. Hemstreet, "Velocity Distribution on the Masuda Panel", J. Electrostatics. 17, 245(1985).

[80] S. Masuda, M. Washizu and M. Iwadare, "Separation of Small Particles Suspended in Liquid by Non-Uniform Travelling Field Produced by Three Electric Curtain Device", IEEE Trans. Indust. Applics. 23, 474 (1987).

[81] S. Masuda, M. Washizu and I. Kawabata, "Movement of Blood Cells in Liquid by Nonuniform Traveling Field", IEEE Trans. Indust. Applics. 24, 217 (1988).

[82] J. R. Melcher, E. P. Warren and R. H. Kotwal, "Theory for Finite-Phase Traveling-Wave Boundary-Guided Transport of Triboelectrified Particles", IEEE Trans. Indust. Applics. 25, 949 (1989).

[83] J. R. Melcher, E. P. Warrenand R. H. Kotwal, "Theory for Pure Traveling-Wave Boundary-Guided Transport of Tribo-Electrified Particles", Particulate Sci. Technol. 7, 1 (1989).

[84] J. R. Melcher, E. P. Warren and R. H. Kotwal, "Travelling Wave Delivery of Single Component Developer", IEEE Trans. Indust. Applics. 25, 956 (1989).

[85] J. M. Hemstreet, "Three-phase Velocity Distribution of Lycopodium Particles on the Masuda Panel", J. Electrostatics. 27, 237 (1991).

[86] S. Gan-Mor and S. E. Law, "Frequency and Phase-Lag Effects on Transportation of Particulates by an AC Electric Field", IEEE Trans. Indust. Applics. 28, 317 (1992).

[87] F. W. Schmidlin, "A New Nonlevitated Mode of Traveling Wave Toner Transport", IEEE Trans. Indust. Applics. 27, 480 (1991).

[88] F. W. Schmidlin, "Modes of Traveling Wave Particle Transport and Their Applications", J. Electrostatics 34, 225 (1995).

[89] Z. Dudzicz, "Electrodynamics of Charged Particles and Repulsion Force within Plane-Type Electric Curtain", J. Electrostatics. 51-52, 111 (2001).

[90] R. Kober, *Transport geladener Partikel in elektrischen Wanderfeldern*, Logos Verlag, Berlin, Germany (2004).

[91] H. Kawamoto, K. Seki and N. Kuromiya, "Mechanism of Travelling-Wave Transport of Particles", J. Phys. D. Appl. Phys. 39, 1249 (2006).

[92] H. Kawamoto, "Some Techniques on Electrostatic Separation of Particle Size Utilizing Electrostatic Traveling Wave", J. Electrostatics. 66, 220 (2008).

[93] G. Liu and J. S. Marshall, "Effect of Particle Adhesion and Interactions on Motion by Traveling Waves on an Electric Curtain", J. Electrostatics. 68, 179 (2010).

[94] G. Liu and J. S. Marshall, "Particle Transport by Standing Waves on an Electric Curtain", J. Electrostatics. 68, 289 (2010).

[95] J. Zhang, C. Zhou, Y. Tang, F. Zheng, M. Meng and C. Miao, "Criteria for Particles to be Levitated and to Move Continuously on Traveling-Wave Electric Curtain for Dust Mitigation on Solar Panels", Renewable Energy. 119, 410 (2018).

[96] P. G. Oppenheimer, "Electrohydrodynamic Patterning of Functional Materials", Ph. D. Dissertation, University of Cambridge, Cambridge, UK (2011).

[97] F. Saeki, J. Baum, H. Moon, J. -Y. Yoon, C. -J. Kim and R. L. Garrell, "Electrowetting on Dielectrics (EWOD): Reducing Voltage Requirements for Microfluidics", PMSE(Polymeric Materials: Science and Engineering) Preprints 85, 12, (2001).

[98] H. Moon, S. K. Cho, R. L. Garrell and C. -J. Kim, "Low Voltage Electrowetting-on-Dielectric", J. Appl. Phys. 92, 4080(2002).
[99] W. C. Nelson and C. -J. Kim, "Droplet Actuation by Electrowetting-on-Dielectric (EWOD): A Review", J. Adhesion Sci. Technol. 26, 1747 (2012).
[100] Y. -P. Zhao and Y. Wang, "Fundamentals and Applications of Electrowetting: A Critical Review", Rev. Adhesion Adhesives. 1, 114 (2013).
[101] M. Mibus, "Low Voltage Electrowetting-on-Dielectric for Microfluidic Systems", Ph. D. Dissertation, University of Virginia, Charlottesville, VA(2016).
[102] Electrowetting, Wikipedia Article. https://en. wikipedia. org/wiki/Electrowetting (accessed April 2, 2018).
[103] D. W. Cooper, H. L. Wolfe and R. J. Miller, "Electrostatic Removal of Particles from Surfaces", in: *Particles on Surfaces* 1. *Detection, Adhesion and Removal*, K. L. Mittal, (Ed.), pp. 339-349, Springer, Boston, MA (1988).
[104] V. J. Novick, C. R. Hummer and P. F. Dunn, "Minimum DC Electric Field Requirements for Removing Powder Layers from a Conductive Surface", J. Appl. Phys. 65, 3242 (1989).
[105] H. Saeki, J. Ikeda, I. Kohzu and H. Ishimaru, "New Electrostatic Dust Collector for Use in Vacuum Systems", J. Vac. Sci. Technol. A 7, 2512 (1989).
[106] D. W. Cooper, H. L. Wolfe, J. T. C. Yeh and R. J. Miller, "Surface Cleaning by Electrostatic Removal of Particles", Aerosol Sci. Technol. 13, 116 (1990).
[107] C. Yan, "Electrostatic Removal of Particles" M. S. Thesis, San Jose State University, San Jose, CA (2001).
[108] F. B. Tatom, V. Srepel, R. D. Johnson, N. A. Contaxes, J. G. Adams, H. Seaman and B. L. Cline, "Lunar Dust Degradation Effects and Removal/Prevention Concepts", NASA Technical ReportNo. TR-792-7-207A, National Aeronautics and Space Administration, Washington, D. C. (1967).
[109] R. A. Taylor and J. M. Hemstreet, "Electric Curtains Using Secondary Fields for Transport of Charged Cotton Fibers", Indus. Applics. Soc. 11, 346 (1976).
[110] A. C. Yen and C. D. Hendricks, "A Planar Electric Curtain used as a Device for the Control and Removal of Particulate Materials", J. Electrostatics 4, 255(1978).
[111] J. M. Roland, S. Astier and L. Protin, "Static Device for Improving High-Voltage Generator Working under Dusty Conditions", Solar Cells 28, 277 (1990).
[112] C. I. Calle, J. L. McFall, C. R. Buhler, S. J. Snyder, E. E. Arens, A. Chen, M. L. Ritz, J. S. Clements, C. R. Fortier and S. Trigwell, "Dust Particle Removal by Electrostatic and Dielectrophoretic Forces with Applications to NASA Exploration Missions", Proceedings ESA Annual Meeting on Electrostatics, ESA-2008-O1, Electrostatics Society of America, Rochester, NY (2008).
[113] C. I. Calle, C. R. Buhler, J. McFall and S. J. Snyder, "Particle Removal by Electrostatic and Dielectrophoretic Forces for Dust Control during Lunar Exploration Missions", J. Electrostatics 67, 89 (2009).
[114] P. Atten, H. L. Pang and J. -L. Reboud, "Study of Dust Removal by Standing-Wave Electric Curtain for Application to Solar Cells on Mars", IEEE Trans. Indust. Applics. 45, 75 (2009).
[115] M. J. Hyatt and S. Straka, "Dust Management Project Technical Content Review", Project Review DMP-LSS-TCR-080509, NASA Johnson Space Center, Houston, TX (August 2009).
[116] L. Greenmeier, "What's Ahead: Self-Cleaning Solar Panels", Scientific American, (October 1, 2010).
[117] H. Kawamoto, M. Uchiyama, B. L. Cooper and D. S. McKay, "Mitigation of Lunar Dust on Solar Panels and Optical Elements Utilizing Electrostatic Traveling-Wave", J. Electrostatics 69, 370 (2011).
[118] D. Qian, J. S. Marshall and J. Frolik, "Control Analysis for Solar Panel Dust Mitigation Using an Electric Curtain", Renewable Energy 41, 134 (2012).
[119] Q. X. Sun, N. N. Yang, X. B. Cai and G. K. Hu, "Mechanism of Dust Removal by a Standing Wave Electric Curtain", Sci. China Phys. Mech. Astron. 55, 1018 (2012).
[120] J. K. W. Chesnutt and J. S. Marshall, "Simulation of Particle Separation on an Inclined Electric Curtain", IEEE Trans. Indus. Applics. 49, 1104 (2013).
[121] O. D. Myers, J. Wu and J. S. Marshall, "Nonlinear Dynamics of Particles Excited by an Electric Curtain", J. Appl. Phys. 114, 154907 (2013).
[122] A. Sayyah, D. R. Crowell, A. Raychowdhury, M. N. Horenstein and M. K. Mazumder, "An Experimen-

tal Study on the Characterization of Electric Charge in Electrostatic Dust Removal",J. Electrostatics 87,173 (2017).

[123] O. D. Myers,J. Wu and J. S. Marshall,"Long-Range Interacting Pendula: A Simple Model for Understanding Complex Dynamics of Charged Particles in an Electronic Curtain Device",J. Appl. Phys. 121, 154501 (2017).

[124] J. K. W. Chesnutt,H. Ashkanani,B. Guo and C.-Y. Wu,"Simulation of Microscale Particle Interactions for Optimization of an Electrodynamic Dust Shield to Clean Desert Dust from Solar Panels",Solar Energy 155,1197 (2017).

[125] H. Kawamoto and T. Miwa,"Mitigation of Lunar Dust Adhered to Mechanical Parts of Equipment used for Lunar Exploration",J. Electrostatics 69,365(2011).

[126] H. Kawamoto and N. Hara,"Electrostatic Cleaning System for Removing Lunar Dust Adhering to Space Suits",J. Aerospace Eng. 24,442 (2011).

[127] H. Kawamoto,"Electrostatic Cleaning Device for Removing Lunar Dust Adhered to Spacesuits",J. Aerospace Eng. 25,470 (2012).

[128] H. Kawamoto,"Electrostatic Shield for Lunar Dust Entering into Mechanical Seals of Equipment Used for Lunar Exploration",J. Aerospace Eng. 27,354 (2014).

[129] H. Kawamoto,"Improved Electrostatic Shield for Lunar Dust Entering into Mechanical Seals of Equipment used for Long-Term Lunar Exploration",Proceedings 44th International Conference on Environmental Systems,ICES-2014-279,pp. 1-8,TexasTech University,Lubbock,TX (2014).

[130] H. Kawamoto and T. Shibata,"Electrostatic Cleaning System for Removal of Sand from Solar Panels", J. Electrostatics 73,65 (2015).

[131] H. Kawamoto and B. Guo,"Improvement of an Electrostatic Cleaning System for Removal of Dust from Solar Panels",J. Electrostatics 91,28 (2018).

[132] P. E. Clark,S. A. Curtis,F. Minetto,J. Marshall,J. Nuth and C. Calle,"SPARCLE: Electrostatic Dust Control Tool Proof of Concept",AIP Conference Proceedings 1208,p. 549 (2010).

[133] N. Afshar-Mohajer,C.-Y. Wu,R. Moore and N. Sorloaica-Hickman,"Design of an Electrostatic Lunar Dust Repeller for Mitigating Dust Deposition and Evaluation of its Removal Efficiency",J. Aerosol. Sci. 69,21 (2014).

[134] N. Afshar-Mohajer,C.-Y. Wu and N. Sorloaica-Hickman,"Electrostatic Collection of Tribocharged Lunar Dust Simulants",Adv. Powder Technol. 25,1800 (2014).

[135] K. K. Manyapu,P. de Leon and L. Peltz,"Spacesuit Integrated Carbon Nanotube Dust Removal System: A Scaled Prototype",Proceedings 47th International Conference on Environmental Systems,ICES-2017-278,pp. 1-7,Texas Tech University,Lubbock,TX (2017).

[136] Web Cleaning/Dust Removal, Gema Hildebrand, St. Gallen, Switzerland. http://www. hildebrand-technology. com. (accessed April 11,2018).

[137] Air Assisted Static Elimination and Dust Removal Applications,HAUG Static Control Products,Williamsville,NY. http://www. haug-static. com. (accessed April 11,2018).

[138] D. A. Petti,K. A. McCarthy,W. Gulden,S. J. Piet,Y. Seki and B. Kolbasov,"An Overview of Safety and Environmental Considerations in the Selection of Materials for Fusion Facilities",J. Nucl. Mater. 233-237,37 (1996).

[139] S. J. Piet,A. Costley,G. Federici,F. Heckendorn and R. Little,"ITER Tokamak Dust Limits,Production,Removal,Surveying",Proceedings of the 17th IEEE/NPSS Symposium on Fusion Engineering, pp. 167-170,IEEE,Piscataway,NJ (1998).

[140] K. A. McCarthy,D. A. Petti,W. J. Carmack and G. R. Smolik,"The Safety Implications of Tokamak Dust Size and Surface Area",Fusion Eng. Design 42,45 (1998).

[141] D. A. Petti and K. A. McCarthy,"ITER Safety: Lessons Learned for the Future",Fusion Technol. 34, 390 (1998).

[142] A. T. Peacock,P. Andrew,P. Cetier,J. P. Coad,G. Federici,F. H. Hurd,M. A. Pick and C. H. Wu, "Dust and Flakes in the JET MkIIa Divertor, Analysis and Results", J. Nucl. Mater. 266-269, 423 (1999).

[143] D. A. Petti,G. R. Smolik and R. A. Anderl,"On the Mechanisms Associated with the Chemical Reactivity of Be in Steam",J. Nucl. Mater. 283-287,1390 (2000).

[144] R. A. Anderl, F. Scaffidi-Argentina, D. Davydov, R. J. Pawelko and G. R. Smolik, "Steam Chemical Reactivity of Be Pebbles and Be Powder", J. Nucl. Mater. 283-287, 1463 (2000).

[145] G. Federici, C. H. Skinner, J. N. Brooks, J. P. Coad, C. Grisolia, A. A. Haasz, A. Hassanein, V. Philipps, C. S. Pitcher, J. Roth, W. R. Wampler and D. G. Whyte, "Plasma-Material Interactions in Current Tokamaks and Their Implications for Next Step Fusion Reactors", Nucl. Fusion 41, 1967 (2001).

[146] M. Onozuka, Y. Ueda, K. Takahashi, Y. Seki, S. Ueda and I. Aoki, "Dust Removal System using Static Electricity", Vacuum 47, 541 (1996).

[147] M. Onozuka, Y. Ueda, Y. Oda, K. Takahashi, Y. Seki, I. Aoki, S. Ueda and R. Kurihara, "Development of Dust Removal System Using Static Electricity for Fusion Experimental Reactors", J. Nucl. Sci. Technol. 34, 1031 (1997).

[148] Y. Oda, T. Nakata, T. Yamamoto, Y. Seki, I. Aoki, S. Ueda and R. Kurihara, "Development of Dust Removal System for Fusion Reactor", J. Fusion Energy 16, 231 (1997).

[149] Y. S. Cheng, Y. Zhou, C. A. Gentile and C. H. Skinner, "Characterization of Carbon Tritide Particles in a Tokamak Fusion Reactor", Fusion Sci. Technol. 41, 867 (2002).

[150] C. H. Skinner, C. A. Gentile, L. Ciebiera and S. Langish, "Tritiated Dust Levitation by Beta Induced Static Charge", Fusion Sci. Technol. 45, 11 (2004).

[151] A. Bader, C. H. Skinner, A. L. Roquemore and S. Langish, "Development of an Electrostatic Dust Detector for Use in a Tokamak Reactor", Rev. Sci. Instrum. 75, 370 (2004).

[152] C. H. Skinner, A. L. Roquemore, N. S. T. X. Team, A. Bader and W. R. Wampler, "Deposition Diagnostics for Next-Step Devices (Invited)", Rev. Sci. Instrum. 75, 4213 (2004).

[153] C. Voinier, C. H. Skinner and A. L. Roquemore, "Electrostatic Dust Detection on Remote Surfaces", J. Nucl. Mater. 346, 266 (2005).

[154] D. L. Rudakov, J. H. Yu, J. A. Boedo, E. M. Hollmann, S. I. Krasheninnikov, R. A. Moyer, S. H. Muller, A. Pigarov, M. Rosenberg, R. D. Smirnov, W. P. West, R. L. Boivin, B. D. Bray, N. H. Brooks, A. W. Hyatt, C. P. C. Wong, A. L. Roquemore, C. H. Skinner, W. M. Solomon, S. Ratynskaia, M. E. Fenstermacher, M. Groth, C. J. Lasnier, A. G. McLean and P. C. Stangeby, "Dust Measurements in Tokamaks (Invited)", Rev. Sci. Instrum. 79, 10F303 (2008).

[155] C. H. Skinner, A. L. Roquemore, H. W. Kugel, C. A. Gentile, S. Langish, A. Bader, C. Voinier, C. Parker, R. Hensley, D. Boyle and A. Campos, "Electrostatic Dust Detection and Removal", IAEA Research Coordination Meeting on Dust, International Atomic Energy Agency, Vienna, Austria (2008).

[156] M. A. Jaworski, N. B. Morley and D. N. Ruzic, "Thermocapillary and Thermoelectric Effectsin Liquid Lithium Plasma Facing Components", J. Nucl. Mater. 390-391, 1055 (2009).

[157] M. Ono, R. Majeski, M. A. Jaworski, Y. Hirooka, R. Kaita, T. K. Gray, R. Maingi, C. H. Skinner, M. Christenson and D. N. Ruzic, "Liquid Lithium Loop System to Solve Chal lenging Technology Issues for Fusion Power Plant", Nucl. Fusion 57, 116056 (2017).

[158] P. Schmitz and J. Cardot, "Adhesion and Removal of Particles from Charged Surfaces Under a Humidity-Controlled Air Stream", in: *Particles on Surfaces* 7: *Detection, Adhesion and Removal*, K. L. Mittal (Ed.), CRC Press, Boca, Raton, FL (2002).

[159] C. J. Donskey, "Does Improving Surface Cleaning and Disinfection Reduce Health Care-Associated Infections?", Am. J. Infection Control 41, S12 (2013).

[160] A. C. Abreu, R. R. Tavares, A. Borges, F. Mergulhão and M. Simões, "Current and Emergent Strategies for Disinfection of Hospital Environments", J. Antimicrobial Chemotherapy 68, 2718 (2013).

[161] E. Harbourne, "Killing Bacteria: Electrostatic Disinfection Sprayers", Campus Rec Magazine (March 2016). http://campusrecmag.com/killing-bacteria-electrostatic-disinfection-sprayers.

[162] J. T. Robertson, "Electrostatic Technology for Surface Disinfectionin Healthcare Facilities", Infection Control. tips (October 2016). https://infectioncontrol.tips/2016/10/14/electrostaticin-healthcare.

[163] Canberra, "Check Mate Electrostatic Cleaning System", Canberra Corporation, Toledo, OH (2018). http://canberracorp.com/electrostatic-cleaning-system. (accessed April 11, 2018)

[164] Clorox® Total 360® System, Clorox Company, Oakland, CA (2018). https://www.cloroxprofessional.com/products/clorox-total-360-system/at-a-glance. (accessed April 11, 2018).

[165] Ecosense, "Electrostatic Sprayer", Ecosense Company, Fairlawn, OH (2018). https://ecosensecompany.com/technology. (accessed April 11, 2018).

[166] Electrostatic Spraying Systems, Watkinsville, GA (2018). http://maxcharge.com/products/industrial. (accessed April 11, 2018).

[167] E-Mist, "EM360™ BackPack System", E-Mist Innovations, Inc., Fort Worth, TX (2018). http://www.emist.com/products. (accessed April 11, 2018).

[168] EvaClean™, "Protexus Cordless Electrostatic Sprayers", Earth Safe Chemical Alternatives LLC, Braintree, MA(2018). http://evaclean.com/products/protexus-cordless-electrostaticsprayers. (accessed April 11, 2018).

[169] Multi-Clean, "Electrostatic Spraying: ANew Tool for More Effective Disinfecting and Sanitizing", Multi-Clean, Shoreview, MN(2018). http://multi-clean.com/electrostatic-sprayingnew-tool-effective-disinfecting-sanitzing. (accessed April 11, 2018).

[170] M. N. Netto, "Electrostatic Spraying Grows in South American Agriculture", PrecisionAg Institute Magazine, CropLife Media Group, Willoghby, OH (January 2018). http://www.precisionag.com/regions/americas/electrostatic-spraying-grows-in-south-americanagriculture. (accessed April 11, 2018).

[171] J. W. Bartok, Jr., "Sprayers and Spray Application Techniques", White Paper, Center for Agriculture, Food and the Environment, University of Massachusetts, Amherst, MA(2018). https://ag.umass.edu/greenhouse-floriculture/fact-sheets/sprayers-spray-applicationtechniques. (accessed April 11, 2018).

[172] K. Kania, "Electrostatic Cleaning an Asset to Infection Control", Sanitary Maintenance Magazine, Clean Link, Milwaukee, WI(February 2018). http://www.cleanlink.com/sm/article/Electrostatic-Cleaning-An-Asset-To-Infection-Control—21966.

[173] G. Derylo, J. Estrada, B. Flaugher, J. Hamilton, D. Kubik, K. Kuk and V. Scarpine, "Surface Cleaning of CCD Imagers using an Electrostatic Dissipative Formulation of First Contact Polymer", Proceedings Advanced Optical and Mechanical Technologies in Telescopes and Instrumentation, SPIE 7018, pp. 701858-1-701858-12(2008).

[174] U. Hiller, "Untersuchungen zum Feinbau und zur Funktion der Haftborsten von Reptilian", Z. Morphol. Tiere 62, 307 (1969).

[175] U. Hiller, "Form und Funktion der Hautsinnesorgane bei Gekkoniden. 1. Licht-und rasterelektronenmikroskopische Untersuchungen", Forma et Functio 4, 240(1971).

[176] R. G. Horn and D. T. Smith, "Contact Electrification and Adhesion between Dissimilar Materials", Science 256, 362 (1992).

[177] K. Autumn, Y. A. Liang, S. T. Hsieh, W. Zesch, W. P. Chan, T. W. Kenny, R. Fearing and R. J. Full, "Adhesive Force of a Single Gecko Foot-Hair", Nature 405, 681 (2000).

[178] K. Autumn, M. Sitti, Y. A. Liang, A. M. Peattie, W. R. Hansen, S. Sponberg, W. Kenny, R. Fearing, J. N. Israelachvili and R. J. Full, "Evidence for van der Waals Adhesion in Gecko Setae", Proc. Natl Acad. Sci. USA 99, 12252 (2002).

[179] K. Autumn, "Properties, Principles, and Parameters of the Gecko Adhesive System", in: *Biological Adhesives*, A. M. Smith and J. A. Callow (Eds.), pp. 225-56, Springer, New York, NY (2006).

[180] P. M. Ireland, "Contact Charge Accumulation and Separation Discharge", J. Electrostatics 67, 462 (2009).

[181] M. M. Apodaca, P. J. Wesson, K. J. Bishop, M. A. Ratner and B. A. Grzybowski, "Contact Electrification between Identical Materials", Angew. Chem. Intl. Ed. 122, 958 (2010).

[182] H. Izadi, K. M. E. Stewart and A. Penlidis, "Role of Contact Electrification and Electrostatic Interactions in Gecko Adhesion", J. Royal Soc. Interface 11, 0371 (2014).

[183] K. Autumn and N. Gravish, "Gecko Adhesion: Evolutionary Nanotechnology", Phil. Trans. Royal Soc. A. 366, 1575(2008).

[184] L. F. Boesel, C. Greiner, E. Arzt and A. del Campo, "Gecko-Inspired Surfaces: A Path to Strong and Reversible Dry Adhesives", Adv. Mater. 22, 2125 (2010).

[185] D. Sameoto and C. Menon, "Recent Advances in the Fabrication and Adhesion Testing of Biomimetic Dry Adhesives", Smart Mater. Struc. 19, 103001 (2010).

[186] M. K. Kwak, C. Pang, H.-E. Jeong, H.-N. Kim, H. Yoon, H.-S. Jung and K.-Y. Suh, "Towards the Next Level of Bioinspired Dry Adhesives: New Designs and Applications", Adv. Funct. Mater. 21, 3606 (2011).

[187] H. Izadi, B. Zhao, Y. Han, N. McMan and A. Penlidis, "Teflon Hierarchical Nanopillars with Dry and Wet Adhesive Properties", J. Polym. Sci. B 50, 846 (2012).
[188] S. Hu and Z. Xia, "Rational Design and Nanofabrication of Gecko-Inspired Fibrillar Adhesives", Small 8, 2464 (2012).
[189] H. Izadi and A. Penlidis, "Polymeric Bio-Inspired Dry Adhesives: van der Waals or Electrostatic Interactions?", Macromol. React. Eng. 7, 588 (2013).
[190] H. Izadi, M. Golmakani and A. Penlidis, "Enhanced Adhesion and Friction by Electrostatic Interactions of Double-Level Teflon Nanopillars", Soft Matter 9, 1985 (2013).
[191] H. Izadi, K. Sarikhani and A. Penlidis, "Instabilities of Teflon AF Thin Films in Alumina Nanochannels and Adhesion of Bi-Level Teflon AF Nanopillars", Nanotechnology 24, 505306 (2013).
[192] A. P. Washabaugh, M. Zahnand J. R. Melcher, "Electrohydrodynamic Traveling-Wave Pumping of Homogeneous Semi-Insulating Liquids", IEEE Trans. Elect. Insul. 24, 807 (1989).
[193] J. Seyed-Yagoobi and J. E. Bryan, "Enhancement of Heat Transfer and Mass Transport in Single-Phase and Two-Phase Flows with Electrohydrodynamics", in: *Advances in Heat Transfer*, Volume 33, J. P. Hartnett and T. F. Irvine, Jr. (Eds.), pp. 9-186, Academic Press, San Diego, CA (1999).
[194] G. Fuhr, R. Hagedom and T. Müller, "Linear Motion of Dielectric Particles and Living Cells in Microfabricated Structures Induced by Traveling Electric Fields", Proc. IEEE MEMS Workshop, pp. 259-264, IEEE, Piscataway, NJ (1991).
[195] M. Aoyama, T. Oda, M. Ogihara, Y. Ikegami and S. Masuda, "Electrodynamical Control of Bubbles in Dielectric Liquid using a Non-Uniform Traveling Field", J. Electrostatics. 30, 247 (1993).
[196] S. Kanazawa, T. Ohkubo, Y. Nomoto and T. Adachi, "Electrification of a Pipe Wall during Powder Transport", J. Electrostatics. 35, 47(1995).
[197] F. M. Moesner and T. Higuchi, Electrostatic Devices for Particle Micro-Handling, IEEE Indust. Applics. 2, 1302 (1995).
[198] F. M. Moesner, "Transportation and Manipulation of Particles by an AC Electric Field", Ph. D. Dissertation, ETH No. 11961, Eidgenössische Technische Hochschule, Zurich, Switzerland (1996).
[199] F. M. Moesner and T. Higuchi, "Traveling Electric Field Conveyor for Contactless Manipulation of Microparts", IEEE Indust. Applics. 3, 2004 (1997).
[200] A. Desai, S. W. Lee and Y. C. Tai, "A MEMS Electrostatic Particle Transportation System", Sensors Actuators A 73, 37 (1999).
[201] K. Takahashi, H. Kajihara, M. Urago, S. Saito, Y. Mochimaru and T. Onzawa, "Voltage Required to Detach an Adhered Particle by Coulomb Interaction for Micromanipulation", J. Appl. Phys. 90, 432 (2001).
[202] S. Saito, H. Himeno and K. Takahashi, "Electrostatic Detachment of an Adhering Particle from a Micromanipulated Probe", J. Appl. Phys. 93, 2219 (2003).
[203] S. Saito, H. Himeno, K. Takahashi and M. Urago, "Kinetic Controlofa Particle by Voltage Sequence for Nonimpact Electrostatic Micromanipulation", Appl. Phys. Lett. 83, 2076(2003).
[204] B. Malyar, J. Kulon and W. Balachandran, "Organization of Particle Sub-Populations using Dielectrophoretic Force", Proceedings of the ESA-IEEE Joint Meeting on Electrostatics 2003, Laplacian Press, Morgan Hill, CA (2003).
[205] L. Altomare, M. Borgatti, G. Medoro, N. Manaresi, M. Taragni, R. Guerrieri and R. Gambari, "Levitation and Movement of Human Tumor Cells Using a Printed Circuit Board Device Based on Software-Controlled Dielectrophoresis", Biotechnol. Bioeng. 82, 474(2003).
[206] C. Yu, J. Vykoukal, D. M. Vykoukal, J. A. Schwartz, L. Shi and P. R. C. Gascoyne, "A Three-Dimensional Dielectrophoretic Particle Focusing Channel for Microcytometry Applications", J. Microelectromech. Syst. 14, 480 (2005).
[207] E. Altintas, K. F. Böhringer and H. Fujita, "Micromachined Linear Brownian Motor: Transportation of Nanobeads by Brownian Motion Using 3-Phase Dielectrophoretic Ratchet", J. Appl. Phys. 47, 8673 (2008).
[208] S. Saito and M. Sonoda, "Non-Impact Deposition for Electrostatic Micromanipulation of a Conductive Particle by a Single Probe", J. Micromech. Microeng. 18, 107001 (2008).
[209] E. Altintas, E. Sarajlic, K. F. Böhringer and H. Fujita, "Numerical and Experimental Characterization of

3-Phase Rectification of Nanobead Dielectrophoretic Transport Exploiting Brownian Motion", Sensors Actuators A 154, 123 (2009).
[210] H. Kawamoto, "Manipulation of Single Particles by Utilizing Electrostatic Force", J. Electrostatics 67, 850 (2009).
[211] H. Kawamoto and K. Tsuji, "Manipulation of Small Particles Utilizing Electrostatic Force", Adv. Powder Technol. 22, 602 (2011).
[212] C.-P. Lee, H.-C. Chang and Z.-H. Wei, "Charged Droplet Transportation under Direct Current Electric Fields as a Cell Carrier", Appl. Phys. Lett. 101, 014103(2012).
[213] R. Fujiwara, P. Hemthavy, K. Takahashi and S. Saito, "Pulse Voltage Determination for Electrostatic Micro Manipulation Considering Surface Conductivity and Adhesion of Glass Particle", AIP Advances 5, 057126(2015).
[214] A. Zouaghi, N. Zouzou and L. Dascalescu, "Effect of Travelling Wave Electric Field on Fine Particles Motion on an Electrodynamic Board", Proceedings IEEE 52nd Annual Meeting of Industry Applications Society, 2017-EPC-0656, IEEE, Piscataway, NJ(2017).
[215] E. Kopperger, J. List, S. Madhira, F. Rothfischer, D. C. Lamb and F. C. Simmel, "A Self-Assembled Nanoscale Robotic Arm Controlled by Electric Fields", Science 359, 296 (2018).
[216] M. J. Skaug, C. Schwemmer, S. Fringes, C. D. Rawlings and A. W. Knoll, "Nanofluidic Rocking Brownian Motors", Science. 359, 1505 (2018).
[217] M. Adachi, H. Moroka, H. Kawamoto, S. Wakabayashi and T. Hoshino, "Particle-Size Sorting System of Lunar Regolith Using Electrostatic Travelling Wave", J. Electrostatics 89, 69 (2017).
[218] A. Mizuno, K. Hosoi and H. Sakano, "Opto-Electrostatic Micro-Manipulation of Protoplasts and Fine Particles", Proceedings IEEE Annual Meeting of the Industry Applications Society, pp. 728-733, IEEE, Piscataway, NJ (1990).
[219] A. Mizuno, Y. Ohno and H. Sakano, "Opto-Electrostatic Micro-Manipulation of Cells and Fine Particles", Rev, Laser Eng. 19, 895 (1991).
[220] M. Nishioka, T. Tanizoe, S. Katsura and A. Mizuno, "Micro Manipulation of Cells and DNA Molecules", J. Electrostatics 35, 83 (1995).
[221] A. Mizuno, M. Nishioka, T. Tanizoe and S. Katsura, "Handling of a Single DNA Molecule Using Electric Field and Laser Beam", IEEE Trans. Indus. Applics. 31, 1452 (1995).
[222] M. Nishioka, S. Katsura, K. Hirano and A. Mizuno, "Evaluation of Cell Characteristics by Step-Wise Orientational Rotation Using Optoelectrostatic Micromanipulation", IEEE Trans. Indus. Applics. 33, 1381 (1997).
[223] A. Mizuno, "Manipulation of Single DNA Molecules", in: *Micromachines as Tools for Nano technology*, H. Fujita (Ed.), pp. 45-81, Springer-Verlag, Berlin and Heidelberg, Germany (2003).
[224] K. Hirano, R. Ishii, S. Matsuura, S. Katsura and A. Mizuno, "Novel DNA Manipulation Based on Local Temperature Control: Transportation and Scission", in: *Proceedings of the Symposium Micro Total Analysis Systems* '98, D. J. Harrison and A. van der Berg (Eds.), Kluwer Academic Publishing, Dordrecht, The Netherlands (1998).
[225] B. W. Mitchell, R. J. Buhr, M. E. Berrang, J. S. Bailey and N. A. Cox, "Reducing Airborne Pathogens, Dust and Salmonella Transmissionin Experimental Hatching Cabinets Using an Electrostatic Space Charge System", Poultry Sci. 81, (49) (2002).
[226] L. J. Richardson, B. W. Mitchell, J. L. Wilson and C. L. Hofacre, "Effect of an Electrostatic Space Charge System on Airborne Dust and Subsequent Potential Transmission of Microorganisms to Broiler Breeder Pullets by Airborne Dust", Avian Disease 47, 128 (2003).
[227] W. Mitchell, L. J. Richardson, J. L. Wilson and C. L. Hofacre, "Application of an Electrostatic Space Charge System for Dust, Ammonia, and Pathogen Reduction in a Broiler Breeder House", Appl. Eng. Agriculture 20, 87 (2004).
[228] W. Ritz, B. W. Mitchell, B. D. Fairchild, M. Czarick and J. W. Worley, "Improving In-House Air Quality in Broiler Production Facilities Using an Electrostatic Space Charge System", J. Appl. Poultry Res. 15, 333 (2006).
[229] C. W. Ritz, B. W. Mitchell, B. D. Fairchild, M. Czarick and J. W. Worley, "Dust and Ammonia Control in Poultry Production Facilities Using an Electrostatic Space Charge System", in: *Proceedings Confer-*

*ence on Mitigating Air Emissions from Animal Feeding Operations*, E. Muhlbauer, L. Moody and R. Burns (Eds.), pp. 47-50, Iowa State University Press, Ames, IA (2008).

[230] Electrostatic Particle Ionization, EPI Air, Olivia, MN. http://epiair.com. (accessed April 11, 2018).

[231] M. Cambra-López, A. Winkel, J. vanHarn, N. W. M. OginkandA. J. A. Aarnink, "Ionization for Reducing Particulate Matter Emissions from Poultry Houses", Trans. Am. Soc. Ag. Bio. Engrs. 52, 1757 (2009).

[232] S. B. Jerez, S. Mukhtar, W. Faulkner, K. D. Casey, M. S. Borhan, A. Hoff and B. VanDelist, "Evaluation of Electrostatic Particle Ionization and BioCurtain Technologies to Reduce Dust, Odor and Other Pollutants from Broiler Houses", Texas Water Resources Institute ReportTR-415, Texas A&M University System, College Station, TX (2011).

[233] C. K. Gravley, "Electrostatic Method and Apparatus", U. S. Patent 2,359,476 (1944).

[234] F. J. Bruno, "Web Cleaning Apparatus", U. S. Patent 2,956,301 (1960).

[235] S. M. Schwartz and D. Gross, "'Static Cleaning and Dust and Particle Removal", U. S. Patent 2,980,933 (1961).

[236] R. Gallino, "Electrostatic Cleaning Method and Apparatus", U. S. Patent 3,245,835 (1966).

[237] K. G. Anderson, "Device for Electrostatically Transporting an Unrestrained Sheet of Dielectric Film Material", U. S. Patent 3,325,709(1967).

[238] W. C. Herbert, Jr., "Paper-Cleaning Apparatus", U. S. Patent 3.395,042 (1966).

[239] W. F. de Geest, "Electrostatic Cleaner and Method", U. S. Patent 3,536,528 (1968).

[240] P. J. Malinaric, "Method and Apparatus for Selective Corona Treatment of TonerParticles", U. S. Patent 3,444,369 (1969).

[241] J. F. Wirley, "Improved Method of Removing the Residual Toner Particles from a PhotoconductiveSurface", U. S. Patent3,628,950(1971).

[242] T. C. Whitmore and R. C. Cunningham, "Method of and Apparatus for Imparting an Electrical Chargetoa Web of Film or Paper or the Like", U. S. Patent3,670,203(1972).

[243] T. C. Whitmore and R. C. Cunningham, "Method of and Apparatus for Applying an Electrical Charge to a Moving Sheet of Flexible Material", U. S. Patent 3,671,806 (1972).

[244] D. J. Fisher, "Cleaning Apparatus", U. S. Patent 3,722,018 (1973).

[245] S. Masuda, "Apparatus for Electric Field Curtain of Contact Type", U. S. Patent 3,778,678(1973).

[246] S. Masuda, "Booth for Electrostatic Powder Painting with Contact Type Electric Curtain", U. S. Patent 3,801,869 (1974).

[247] O. J. Ott and D. W. Ginn, "Electrostatic Charge Elimination for Magnetic Printing System", U. S. Patent 3,816,799 (1974).

[248] S. Masuda, "Electrodynamic Apparatus for Controlling Flow of Particulate Material", U. S. Patent 3,872,361 (1975).

[249] S. W. Volkers, "Method for Enhancing Removal of Background Toner Particles", U. S. Patent 3,994,725 (1976).

[250] T. Itoh, M. Sakurai, M. Yamamoto and Y. Okamoto, "Thin Wire Type of Electric Field CurtainSystem", U. S. Patent3,970,905(1976).

[251] J. Müller, "Apparatus for Cleaning and Developing Dielectric Receptor Sheets", U. S. Patent4,147,128 (1979).

[252] R. E. Dunn, "Electrostatic-Vacuum Record Cleaning Apparatus", U. S. Patent4,198,061(1980).

[253] G. Beni and S. Hackwood, "Devices Basedon Surface Tension Changes", U. S. Patent 4,417,786 (1983).

[254] S. Sagami, "Cleaning Device for an Electrophotographic Reproducing Machine", U. S. Patent 4,423,950 (1984).

[255] M. Hosoya, T. Uehara and T. Nosaki, "Recording Apparatus using a Toner-Fog Generated by Electric Fields Applied to Electrodes on the Surface of the Developer Carrier", U. S. Patent 4,568,955 (1986).

[256] F. W. Schmidlin, "Development Apparatus", U. S. Patent 4,647,179 (1987).

[257] L. C. Weiss, D. P. Thibodeaux and M. A. Godshall, "Electrodynamic Method for Separating Components of a Mixture", U. S. Patent4,680,106(1987).

[258] Y.-W. Lin, "Cleaning Apparatus for Charge Retentive Surface", U. S. Patent 4,705,387(1987).

[259] F. W. Schmidlin and N. R. Lindblad,"Direct Electrostatic Printing Apparatus and Toner/Developer Delivery System Therefor",U. S. Patent4,743,926(1988).
[260] F. W. Schmidlin and N. R. Lindblad,"Cleaning Apparatus for Charge Retentive Surfaces", U. S. Patent 4,752,810 (1988).
[261] D. W. Cooper, H. L. Wolfe and J. T. C. Yeh, "Electrostatic Removal of Contaminants", U. S. Patent 4,744,833 (1988).
[262] R. W. Gundlach,"Sweep and Vacuum Xerographic Cleaning Method and Apparatus",U. S. Patent 5,121,167 (1992).
[263] N. Kedarnath,"Paper Cleaner Subsystem",U. S. Patent 5,211,760(1993).
[264] P. Leroux and B. D. Schmidt,"Electrostatic Apparatus and Method for Removing Particles from Semiconductor Wafers",U. S. Patent 5,350,428(1994).
[265] R. A. Whitney and R. J. Cox,"Method and Apparatus for Cleaning a Web",U. S. Patent 5,421,901 (1995).
[266] M. A. Douglas,"Electrostatic Particle Removal and Characterization",U. S. Patent 5,584,938(1996).
[267] W. Maurer,"Apparatus and Method for Cleaning Photomasks",U. S. Patent5,634,230(1997).
[268] R. D. DeRosa,"Continuous Web Cleaner",U. S. Patent 5,980,646(1999).
[269] S. A. Biryukov,"Apparatus for Dust Removal from Surfaces",U. S. Patent 6,076,216(2000).
[270] B. W. Mitchell and H. S. Stone,"Electrostatic Reduction System for Reducing Airborne Dust and Microorganisms",U. S. Patent 6,126,722(2000).
[271] G. M. Lock and R. Pethig,"Travelling Wave Dielectrophoretic Apparatus and Method",International Patent Application WO2001005514,(2001).
[272] V. Nissinen,"Apparatus for Controlling Mist and Dust in the Manufacture and Finishing of Paper and Board",U. S. Patent6,558,456(2003).
[273] V. Nissinen,T. Nyberg,P. Rajala,L. Gronroos,P. Virtanen,V. Kasma and H. Niemela,"Board or Non-Woven Product having a Cellulosic Fiber Layer Treated with Elementary Particles", U. S. Patent Application 2004/0096649,(2004).
[274] M. K. Mazumder, R. A. Simsand J. D. Wilson, "TransparentSelf-CleaningDustShield", U. S. Patent 6,911,593 (2006).
[275] H. Sasaki,"Apparatus for Removing Particles",U. S. Patent 7,234,185 (2007).
[276] S. Kordic,K. E. Cooper,S. Petitdidier,J. Farkas and J. van Hassel,"Apparatus for Cleaning of Circuit Substrates",U. S. Patent Application 2008/0271274,(2008).
[277] N. Sugimoto,H. Yano,K. Sugiura,O. Naruse and Y. Yamashita,"Cleaning Device,Image Forming Apparatus,and Process Cartridge",U. S. Patent 8,041,(2011).
[278] W. K. Teo and K. L. Wong,"Systems and Methods for Contactless Automatic Dust Removal from a Glass Surface",U. S. Patent 8,091,167(2012).
[279] W. C. Hernandez, "Surface to Move a Fluid via Fringe Electric Fields", U. S. Patent 8, 172, 159 (2012).
[280] W. Glaentz,T. Harr,S. Hain,A. Kerm-Trautmann,J. Lorenscheit,I. Schulz and R. Worsley,"Method and Device for Cleaninga Surface",U. S. Patent Application 2012/0260937,(2012).
[281] H. Yongan,Y. Zhouping,B. Ningbin,D. H. Xu and L. Huimin,"Contactless Cleaning Device and Contactless Cleaning Method based on High-Voltage Static Electricity", Chinese Patent CN102527672 (2013).
[282] S. Rogalla,B. Burger,B. Hopf and S. Biryukov,"Apparatus and Method for Removing Dust and Other Particulate Contaminants from a Device for Collecting Solar Radiation", U. S. Patent Application 20130174888,(2013).
[283] H. Prahlad,R. E. Pelrine,P. A. von Guggenberg,R. D. Kornbluh,B. K. McCoy and Y. Iguider,"Active Electroadhesive Cleaning",U. S. Patent 9,302,299(2016).
[284] K. S. Koenig,H. Prahlad,R. E. Pelrine and R. D. Kornbluh,"Electroadhesive Surface Cleaner",U. S. Patent9,358,590(2016).
[285] M. K. Mazumder, "Self-Cleaning Solar Panels and Concentrators with Transparent Electrodynamic Screens",U. S. Patent 9,433,336(2016).
[286] M. Barton,"Electrostatic Lens Cleaning",U. S. Patent Application 2018/0013933,(2018).

# 第 11 章

# 气相去污在清除表面污染物中的应用

Rajiv Kohli

美国国家航空航天局约翰逊航天中心航空航天公司 得克萨斯州休斯敦

# 11.1 引言

气相去污是一种多功能、高效的去污方法，可去除各种材料表面上多种污染物。与其他干表面处理技术相比，气相表面处理技术具有独特的优势，可以在常压下原位操作，因此设备和工艺运行成本相对较低。一些通用出版物论述了气相去污及其各种应用，但都从不同的角度出发，如半导体和电子器件去污[1-11] 和微生物污染的去除[12-17]。最近发表的一篇综述文章[18] 对气相去污有非常全面的论述，本章旨在对先前出版的内容进行更新和修订（必要时）。

# 11.2 表面污染与清洁度等级

表面污染可以有多种形式，并可能以各种形态出现在表面上[19]。最常见的表面污染物包括：

- 颗粒物。
- 可能以碳氢化合物薄膜或有机残留物的形式存在的有机污染物，如油滴、油脂、树脂添加剂、蜡等。
- 有机或无机的分子污染。
- 以离散颗粒形式存在的金属污染物。
- 离子态污染物，包括阳离子和阴离子。
- 微生物污染，如细菌、真菌、生物膜等。

图 11.1 给出了硅片表面的典型污染物。

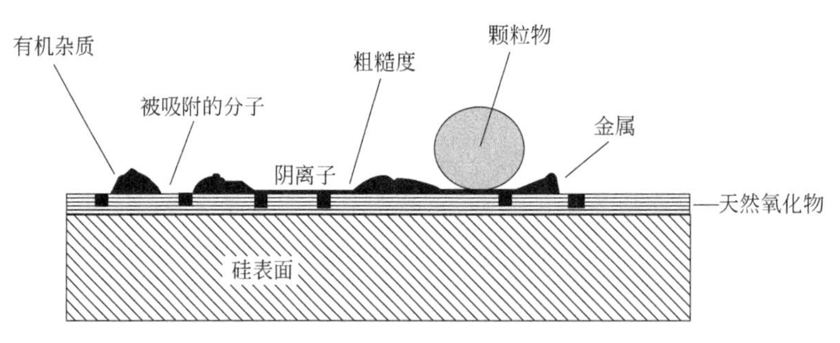


图 11.1 硅片表面的典型污染物实例

常见的污染源包括机加工油和润滑脂、液压油和清洁液、胶黏剂、蜡、人为污染物和颗粒物，以及制造过程中产生的污染。此外，其他不同来源的大量化学污染物也可能会污染表面。

典型的去污规范是基于去污后表面残留的特定或特征污染物的数量。在精密技术应用中，产品清洁度等级对于颗粒物通常以颗粒大小（微米尺寸范围内）和颗粒数量表示；对于用非挥发性残留物（NVR）代表的碳氢化合物污染，产品清洁度等级以单位面积上的污染物的质量表示，在产品为液体的场合，产品清洁度等级则以液体单位体积中的 NVR 的质量表示[20-22]。这些表面清洁度等级都基于行业标准 IEST-STD-CC1246E 中规定的污染规范：颗粒物为 5 级至 1000 级，NVR 从 R1E-5 级（$10ng/0.1m^2$）至 R25 级（$25mg/0.1m^2$）[22]。一项新的国际标准规定了洁净室中与颗粒物有关的表面清洁度[23]，它适用于洁净室和相关受控环境中的所有实体表面，如墙壁、天花板、地板、工作环境、工具、设备和装置。表面颗粒物的清洁度分类仅限于 0.05～500μm 之间的颗粒物，在洁净室环境中，ISO 14644 是空气清洁度等级的共识性标准，第 1 部分针对微米级颗粒（>0.1μm），第 12 部分针对纳米级颗粒物（<100nm）[24,25]。近来，文献［19，26］又对这些标准进行了一些详细讨论。

许多产品和制造过程对空气中的分子污染物（AMCs）敏感，甚至可能被其破坏，这些污染物是由外部环境、工艺或其他来源产生的，因此 AMCs 的监控至关重要[27]。AMC 是一种以蒸气或气溶胶形式存在的化学污染物，可以是有机或无机的，包括从酸、碱到金属有机化合物和掺杂剂的所有物质[28,29]。新标准 ISO 14644—10《洁净室和相关受控环境——第 10 部分：按化学浓度对表面清洁度的分类》[30] 现已成为一项国际标准，该标准规定了洁净室表面清洁度的分类体系，涉及化学物质或元素（包括分子、离子、原子和颗粒物）。

在许多商业应用中，精密清洁度等级定义为有机污染物残留量低于 $10\mu g/cm^2$，尽管许多应用设定的要求为 $1\mu g/cm^2$[22]。这些清洁度等级要么非常理想，要么是金属设备、电子组件、光学和激光组件、精密机械部件和计算机部件等器件的功能所要求的。新标准 ISO 14644—13 已经发布，该标准给出了洁净室表面去污指南，以达到颗粒物和化学物质分类规定的清洁度等级[31]。

对于表面的气相灭菌，有几个标准涉及的杀菌剂包括环氧乙烷（EtO）和甲醛[32-34]。标准 ISO 11135[34] 为制造商和医疗机构提供了建立和验证 EtO 灭菌过程的大纲[35]。使用 EtO 存在环境和毒理学方面的问题，但 EtO 工艺技术的改进和残余限值的修订使 EtO 灭菌成为大多数热、湿或辐射敏感医疗产品的持续可行选择[35]。

## 11.3 气相去污应用

### 11.3.1 基本原理

气相去污的基本原理是使表面的非生物污染物挥发，当暴露于反应气体 X(g) 中时，由于污染物与气体成分发生化学反应，受污染表面的 M(s) 转化成挥发性化合物 MX(g) 从而达到去污目的：

$$M(s)+X(g) = MX(g)$$

挥发性反应产物不断地从反应室中除去，以防止表面再污染，并通过将清洁表面暴露于反应气中继续去污过程。反应建立条件：气体化学和成分（纯气体或气体混合物）、浓度、温度、压力、时间和流量，以确保反应在热力学（负自由能）和动力学（合理反应速率）方面都是有利的。例如，沉积在气体扩散浓缩装置上的固体四氟化铀可通过与三氟化氯 $ClF_3$ 的反应转化为挥发性六氟化铀 $UF_6$，反应如下：

$$2UF_4(s)+2ClF_3(g)=\!=\!=2UF_6(g)+Cl_2+F_2$$

在 373K（100℃）温度下，该反应的自由能约为 −182kJ/mol，使其成为固体氟化铀污染金属一种有吸引力的低温去污方法。

对于微生物污染，去污是指微生物物种的灭活，使一个区域、装置、物品或材料能够安全操作，灭菌则指杀死表面所有微生物。微生物灭菌的基本过程是将污染表面暴露在对多种微生物（如细菌、孢子、真菌、酵母、藻类以及害虫）具有广泛杀伤力的高活性气体中足够长的时间，直到表面满足给定的灭菌水平。消毒是去污的一种形式。

## 11.3.2 工艺参数

有几个与工艺相关的变量对气相去污技术有效应用于表面污染物的去除至关重要[1-18]。

### 11.3.2.1 气体种类

有很多种气体可用于精密去污。在电子工业中，全氟化碳（PFCs）用于半导体、平板显示器和太阳能电池板薄膜制造中的蚀刻和沉积工具室的去污，常用的气体包括四氟化碳（$CF_4$）、六氟乙烷（$C_2F_6$）、八氟丙烷（$C_3F_8$）、八氟环丁烷（c-$C_4F_8$）、三氟化氮（$NF_3$）、六氟化硫（$SF_6$）和氢氟碳化合物（HFC），如三氟甲烷（$CHF_3$）。卤素间化合物，如三氟化氯（$ClF_3$）和七氟化碘（$IF_7$），已成功应用于核工业中固体沉积铀的氟化去污。在医疗保健和生物医学工业中，最常用的气体是过氧化氢（$H_2O_2$）、环氧乙烷（EtO、$C_2H_4O$）、二氧化氯（$ClO_2$）和甲醛（$CH_2O$）。最近，二氧化氮（$NO_2$）灭菌系统已投入使用。食品和农业部门用于去除微生物污染的其他气体包括溴甲烷（$CH_3Br$）、硫酰氟（$SO_2F_2$）、磷化氢（$PH_3$）、羰基硫醚（COS）、二氧化碳（$CO_2$）、环氧丙烷（$C_3H_6O$）和甲酸乙酯（$C_3H_6O_2$）。

气体种类的选择依据是其与特定污染物的反应性。然而，许多高效气体有毒，通常用惰性成分稀释。由于活性物质的分子通量与密度成正比，因此在与污染物表面接触的稀释混合物中，活性物质的通量较小，从而导致反应速率较慢。反应速率可以通过活化能源（如热能、光、等离子体、电子或离子束）来提高。

许多去污气体具有很高的全球变暖潜能值（Global Warming Potential，GWP）和长寿命，对环境不利[36]。各种具有低或无 GWP 的替代气体，如氟、无水氟化氢（HF）、卤化物、碘氟烃、氟化氙（$XeF_2$）、硅烷（$SiH_4$）和原子氢（H）正在评估中，以尽量减少半导体制造中 PFC 的排放。

### 11.3.2.2 气源及其可用性

商用气体和气体混合物盛装于气瓶或散装容器中，其尺寸规格各异（见表 11.1）。

表 11.1 半导体工业中用于腔室去污和蚀刻的常见气体示例[37-44]

| 产品 | 纯度/% | 应用 |
|---|---|---|
| 三氯化硼($BCl_3$) | 100.00 | 金属和氧化物的等离子体蚀刻 |
| 氯气($Cl_2$) | 100.00 | 铝和其他金属层的等离子体蚀刻 |
| 溴化氢(HBr) | 100.00 | 多晶硅的等离子体蚀刻 |
| 氯化氢(HCl) | 100.00 | 外延沉积前天然氧化物的蚀刻；化学气相沉积(Chemical Vapor Deposition，CVD)反应器去污 |
| 氟化氢(HF) | 100.00 | 硅片的自然氧化物蚀刻 |

续表

| 产品 | 纯度/% | 应用 |
|---|---|---|
| 甲烷($CH_4$) | 100.00 | 蚀刻工艺 |
| 一氧化氮(NO) | 99.99 | 去污和蚀刻工艺 |
| 一氧化二氮($N_2O$) | 99.999 | 去污和蚀刻工艺 |
| 三氟化氮($NF_3$) | 99.99 或 99.995 | CVD 反应器的等离子体与热去污 |
| 三氟化氯($ClF_3$) | >99.9 | 原位工艺工具去污 |
| 20%稀释氟气,以氮气平衡 | $F_2$:99.9 | CVD 腔室去污 |
| 5%、10%的 $F_2$/He,<br>5%、10%的 $F_2$/Ne,<br>5%、10%的 $F_2$/Ar | $F_2$:99.9 | CVD 腔室去污 |

根据气体状态不同，可以通过液化压缩的状态运输。压缩气体钢瓶必须妥善储存、正确处置，并与合适的设备一起使用，以降低事故和伤害的风险[45,46]。如果要用液化气体进行去污，应将其以蒸气态从钢瓶中导出。为防止冷凝，系统压力必须保持在源气体的蒸气压力之下。

现场制气可避免大容量、高压储存，并确保安全、可靠和高纯度气体的供应[39-44]。气体发生器是模块化系统，能够满足所有需求（流量、体积、浓度、压力）。现场制气不需要检查和更换气瓶，且低系统压力操作为操作人员提供了更大的安全性。然而，并不是所有的气体都能在现场制备，特别是特殊和定制的混合气体和混合物。气源方案的选择标准包括：现场制备可行性、每种成分气体（针对混合气体）发生器的经济成本、使用量、反应性、爆炸性、毒性、物理性质、压缩气瓶的储存和处置、人员安全，储存和分装容器、相关工艺管道、连接和安全部件（控制阀、调节器、歧管、泄压阀）的兼容性可能需要高度关注。

### 11.3.2.3　工艺参数

反应速率和去污时间取决于气体动力学和扩散过程。在高去污水平下，例如在基质上生长纳米纤维，对去污时间的主要贡献是气体杂质分子从反应器壁扩散，在反应器壁附近，气体流动几乎可以忽略不计。杂质分子（主要来自烃类气体）在靠近反应器壁的径向和轴向扩散。去污时间由气体动力学时间和扩散时间组成，这可用于去污时间的工程估算[47]。

一般来说，高温会加快反应速度，缩短清洗时间。然而，在某些情况下，气体具有很强的反应性，污染物在环境温度或低于环境温度时挥发。例如，铀、钚和镎的氧化物可在室温或低于室温下被二氟化氧（$O_2F_2$）氟化成相应的挥发性氟化物[48-50]。

大多数气体去污的应用在环境压力下进行，因此避免了高压或真空操作的成本和技术问题。然而，值得关注的是，需要将气密性密封纳入去污系统，以防止反应性气体和有害副产物泄漏到环境中。

有些气体会受环境湿度的影响，去污过程必须在干燥条件下进行。例如，低至 $1\times10^{-8}$ 的 $H_2O$ 会显著影响 HF 的去污效率。同样，挥发性反应产物也会受到湿度的影响。例如，在有水分的情况下，固体 $UF_4$ 氟化产生的挥发性 $UF_6$ 会形成高腐蚀性、高毒性的氟化铀酰和 HF。相比之下，采用甲醛和环氧乙烷灭菌的最佳条件则需要高湿环境[12,14]。

去污可在现场进行，例如，在沉积工具室表面的去污中，反应气体注入腔室，在给定压力下反应一定的时间，直到腔室达到规定的清洁度水平。或者，该过程也可以异位进行，即将拆卸零件置于场外去污系统中去污。成本（资金和运营）、零部件的生产量、环境影响、废物管理以及人员健康和安全是决定去污工艺配置考虑的重要因素。

为进行大批量零配件生产及高精度控制，去污系统通常是内联的，并集成到生产工艺中，系统是自动化的，以实现高产量。另外，医疗保健中的许多去污应用都是手动操作，在这种操作中，去污过程顺序可以预先编程，但机器是手动操作的。

去污时还需要考虑环境、安全和健康（Environment，Safety and Health，ES&H）因素，以减少高 GWP 气体和有毒有害挥发性反应产物的影响，这将涉及对废物前体、分解产物和工艺设备中的固体残留物进行认真处理。从排气流中回收氦（He）、氩（Ar）和氙（Xe）等有价值的成分也很有益。基于膜分离、低温回收和压差吸附/解吸研发的捕集和回收系统，可从工艺废气中捕获 98%以上的 PFC 气体[36,51-58]。捕集可以用于气体再净化或再利用，也可以是减排前的浓缩步骤。事实上，PFCs 是清洁沉积工具室所需氟的来源。必须仔细考虑高 GWP 气体释放的风险和处理它的环境成本之间的平衡。例如，燃烧法处理一氧化二氮（$N_2O$）是一种常见的处理技术，它消耗天然气，产生二氧化碳，在不利条件下可以产生大量的氮氧化物。通常，在捕获前需要进行大量的预处理，以去除有害物质，如腐蚀性气体、自燃物质和颗粒。

#### 11.3.2.4 污染物种类

用气相处理方法能够成功地多种污染物以便于对其进行清除和/或分离：

- 各种基质上的表面涂层和沉积物。
- 基片蚀刻。
- 去除微机械结构的选择性材料。
- 溶剂残留物，如丙酮、甲醇和异丙醇。
- 有机污染物。
- 离子和金属污染物及其化合物。
- 微生物污染（细菌、真菌、病毒、芽孢）。
- 生物膜。
- 化学和生物战剂。
- 放射性沉降物。
- 从乏燃料中回收有价值的化学成分。

#### 11.3.2.5 基质类型

气相去污技术已应用于各种基质的去污：

- 半导体晶片，如硅、锗、砷化镓和氮化镓。
- 晶圆上沉积的薄膜。
- 纳米结构材料。
- 受锕系和放射性同位素污染的金属，如不锈钢、高镍合金、铝和难熔金属。
- 陶瓷材料，如石英、氮化硅、碳化硅和氧化铝。
- 玻璃板。
- 塑料。

### 11.3.3 去污系统

就半导体和电子制造而言，气体去污和干法蚀刻系统有几种尺寸和型号可从市场上采购[18]。这些系统是自持的自动化装置，集成了可用于非挥发性物质沉积的原位去污技术。

每个处理步骤都可以编程到处理序列中。通过开启去污模式并在去污完成后关闭来完成去污过程。采用传感方法对腔室流出物的分析可对去污进行实时监测，这些方法包括傅里叶变换红外光谱（FTIR）、四极杆质谱（QMS）、发射光谱（OES）、非色散红外（NDIR）吸收和非光学等离子体阻抗分析。大多数此类系统还集成了废气处理装置，包括捕集、回收或减排技术。

对于微生物污染，大多数商用的灭菌和去污系统常用气体可以通过手动和自动方式使用，包括过氧化氢、环氧乙烷、甲醛、二氧化氯和二氧化氮[59-66]。通常，小型台面去污系统由一个或多个抽屉式样品台组成，可以处理各种尺寸的零部件，去污装置配有不同的气体入口和连接至排气系统的排气口。高端半自动和全自动系统配有电动抽屉托盘和微处理器控制的操作界面。后一种系统可集成到受控环境中，如手套箱或洁净室，以满足各种污染敏感环境（如灭菌）去污需求。

多种手动操作的便携式设备也可从市场上采购，主要用于医疗保健、生物医学、食品和饮料加工设施污染表面的净化和消毒。

## 11.3.4　应用案例

气相去污工艺已成功应用于半导体和电子制造业的各种精密去污，以及医疗保健、医疗器械、核材料与废物处理、化学和生物战剂以及航天器的去污应用。下面列出了气相去污工艺去除污染物的应用案例，并在下面对其应用进行讨论：

- 生物医学和医疗保健的去污和灭菌。
- 建筑设施、农业和食品加工中生物污染物的去除。
- 气相沉积工具室和离子注入机的原位和远程去污。
- 晶圆和电子元件的精密去污。
- 晶圆和电子元件的蚀刻。
- 剥离光刻胶。
- 包装前电路板去污。
- 微电子机械系统（MEMS）部件和易损纳米结构的去污。
- 微机械加工。
- 核废料去污。
- 辐照靶中医用同位素回收。

### 11.3.4.1　微生物净化

气相去污工艺是微生物净化最有效的方法之一。

#### 11.3.4.1.1　$CO_2$ 雪去除生物膜

使用 $CO_2$ 软气溶胶可以清除硅表面的大肠杆菌生物膜[67-70]，去污时间为 40～90s 时，生物膜的去除率为 93.2%～99.9%（见图 11.2）。生物膜的去除效率取决于喷嘴与基质上生物膜的距离、喷嘴角度、$CO_2$ 清除点压力、暴露时间、冲洗液和冲洗后干燥时间等参数。此外，生长条件、细菌种类和表面特性也会影响固体表面生物膜的黏附强度和去除效率。这可能有助于解释另一项研究结果，该研究发现，使用 $CO_2$ 雪对生长 13 天的芽孢杆菌去污后，仍有大量残余生物物质附着在玻璃表面[71]。根据生物膜的类型，$CO_2$ 雪是一种高效快速的去污方法，可以清除各类生物污染表面新产生的生物膜。

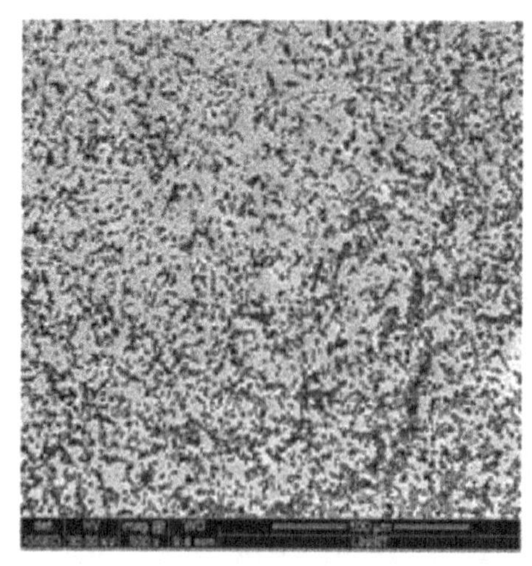

图 11.2 $CO_2$ 雪对硅片表面的大肠杆菌生物膜 90s 去污前（左）、后（右）照片[68]

#### 11.3.4.1.2 生物安全柜去污

生物安全柜（Biological Safety Cabinets，BSC）是为定期维护清洁和定期去污而设计的[72]。BSC 的去污主要是为了确保服务人员的安全，防止 BSC 中加工的材料受到污染，以及防止高传染性物质的释放。气体熏蒸可用于净化 BSC 的所有区域，包括内部增压室、零部件以及高效空气过滤器（HEPA）。熏蒸使用室温下为稳定气体的化学品，或在室温下为稳定液体并在释放到安全柜之前转化为气体或微小液滴的化学品。这种化学品通常能够杀死内孢菌，内孢菌被认为是细菌、病毒、真菌、藻类和单细胞生物中最耐化学消毒的。

BSC 去污中最常用的三种气体是甲醛（$CH_2O$）、二氧化氯（$ClO_2$）和过氧化氢（$H_2O_2$）[73-86]。BSC 去污使用的每种气体都有优点和缺点，表 11.2 比较了使用这些气体进行的去污处理的关键参数。

**表 11.2 BSC 去污三种常用气体关键工艺参数的比较[80-86]**

| 项目 | 甲醛 | 二氧化氯 | 过氧化氢 |
|---|---|---|---|
| 容许暴露水平（8h 时间加权平均值） | $0.75\times10^{-6}$ | $0.1\times10^{-6}$ | $1\times10^{-6}$ |
| 材料相容性 | 与 BSC 各部件相容性良好 | 反复或长时间接触含氯物质可能导致 BSC 部件老化 | 一般兼容，但过量的 $H_2O_2$ 冷凝会损坏金属表面和涂层 |
| 致癌性 | 是 | 否 | 未列入人类致癌物；列入动物致癌物 |
| 穿透能力（包括过滤器） | 好 | 好 | 若发生冷凝则受限 |
| 相对湿度要求 | 60%～85% | 60%～80% | 70%～90% |
| 柜体密封 | 密闭；非授权人员应离开房间 | 密闭；非授权人员应离开房间 | 当 BSC 在负压下工作时，小缝隙可接受 |
| 气体/蒸气的发生 | 需要电热板或商用蒸气发生器来解聚粉状物或汽化福尔马林溶液 | 利用二氧化氯浓溶液或将氯气通入亚氯酸钠产生 | 需要 35%的过氧化氢溶液闪蒸发生器 |
| 暴露时间 | 6～12h | 45～85min | 30～110min |
| 停用步骤① | 需要用氨气中和 | 气体可以直接排放或者用木炭或硫代硫酸钠过滤 | 过氧化氢会随着时间的推移自然分解成氧气和水，可直接排放。催化剂（金属如银、铂或镀锌钢）可加速分解 |

续表

| 项目 | 甲醛 | 二氧化氯 | 过氧化氢 |
|---|---|---|---|
| 残留物和清理步骤 | 是。由于排气问题，可能需要清除甲醛残留物（再聚合的多聚甲醛或中和产物亚甲基苯胺） | 不需要 | 不需要 |
| BSC 停机时间 | 18～24h | 3～5h | 3～6h |
| 设备成本 | 10000～20000 美元 | 5000～110000 美元 | 40000～100000 美元 |

① 假设 BSC 没有管道，气体/蒸气不能排到室外。

甲醛去污使用的消耗品和设备价格低廉，且易于使用，容易渗入并分散。然而，它可能是一种人类致癌物，残留物必须清理。甲醛处理的循环时间也最长，一般为 18～24h。气态的过氧化氢和二氧化氯去污都可提供无残留物的腔室，但两者都是氧化剂，如果腔室经常去污并长时间暴露在这些气体中，可能会影响与腔室材料的相容性。这些净化技术的总循环时间为 3～6h，包括设置、净化、通风和系统故障。由于设备成本高，气相过氧化氢去污的成本很高，而二氧化氯去污成本的高低取决于所选的处理设备。

11.3.4.1.3　其他设施和装备的去污

低浓度的过氧化氢（Vaporous Hydrogen Peroxide，VHP）、二氧化氯和甲醛蒸气已用于其他设施和设备的去污，如医院房间、救护车、实验室和建筑物、隔离器、二氧化碳培养箱和洁净室[87-104]。在较高浓度下，可能由于气相冷凝导致金属零件表面损伤（图 11.3）。通过控制工艺参数，可以防止冷凝，避免腐蚀。

图 11.3　$H_2O_2$ 蒸气凝结对金属表面的腐蚀[87]

为了防止金属表面污染，大多数二氧化碳培养箱不使用不锈钢而采用铜、铜合金或镀铜腔室（图 11.4）。铜表面的抗菌性能已得到证明[105,106]。通常在室内温度和湿度条件下，铜含量大于 60%的铜合金抗菌效果最好[107]。

11.3.4.1.4　灭菌

在目前的背景下，灭菌是去除或灭活表面上所有微生物的过程，使其达到可接受的无菌水平（Sterility Assurance Level，SAL）。$10^{-6}$ SAL（SAL6）是医疗器械的标准，即医疗器械上细菌存活的概率为 $1/10^6$[108]。最常见的杀菌剂是研制出的灭活所有微生物物种的高效剂。

在医疗器械行业，手术室和医院一直面临着压力，要求他们承担更重的工作量，减少停机时间，降低成本，减少仪器库存。对热和湿度敏感的医疗和外科设备，如摄像机、光纤电缆和刚性内窥镜，不能通过高压蒸汽或干热处理等常规方法进行消毒[12-15,109-111]。使用各种气体灭菌剂的先进低温灭菌技术正越来越多地用于复杂、精密的医疗器械灭菌，如关节镜、腹腔镜、膀胱镜、其他刚性内窥镜和光缆，以及用于医疗保健、无菌药品生产以及食品加工的灭菌[12-15,112-122]。

环氧乙烷（EtO）、甲醛、VHP 和 $ClO_2$ 对多种微生物有效，包括细菌、细菌芽孢、病

图 11.4 所有内部部件 100%镀铜的培养箱[102]

毒、真菌、病原线虫、单细胞生物和朊病毒[12-15,123-147]。这些低温灭菌技术可用于包装、无菌设备和仪器的快速生产，从而提高生产量。各种灭菌系统的商业应用已经过广泛的评价[59-65,148-153]。这些技术中，$H_2O_2$ 气体等离子体灭菌因其周期短（终端灭菌约 55min），且灭菌过程中主要副产物是水蒸气和氧气，可认为不产生有毒排放物，已得到广泛应用。最近，有报道称，塑料零件在灭菌后连续多日排放气体，排放量和持续时间因所用塑料而有差别[154-156]。例如，一台聚醚酰亚胺吻合器最初释放的过氧化氢含量超过 $3\times10^{-4}$，6 天之后含量降至 $1\times10^{-5}$，24 天后才降至美国职业安全与健康管理局（Occupational Safety and Health Administration，OSHA）规定的容许暴露水平（Permissible Exposure Level，PEL）8h 时间加权平均值（Time Weighted Average，TWA）$1\times10^{-6}$。即使是在较为灵敏范围，在 18～40h 内，气体中的过氧化氢含量仍高于 $1\times10^{-5}$。在循环结束后，当人们卸下货物时，灭菌器内的过氧化氢含量也很高（$1.3\times10^{-5}\sim6\times10^{-5}$），远远高于 OSHA 规定的 8h TWA 值 $1\times10^{-6}$，且在某些情况下，接近美国国家职业安全与健康研究所（National Institute of Occupational Safety and Health，NIOSH）给出的立即危害生命和健康的值 $7.5\times10^{-5}$[157]。建议采用与 EtO 相同的方式监测过氧化氢，并在灭菌期间采取适当的人员安全措施（延长通风时间、空气调节、安全服）。

对于 EtO 而言，灭菌气体脱气是众所周知的，因为它会留下有毒残留物，消毒后的产品需要大量通风 14h 或更长时间，灭菌周期本身大约需要 2～3h，总循环时间过长是 EtO 灭菌技术的一个主要缺点。甲醛灭菌也需要延长通风时间，以去除有毒残余气体，此外，它是一种人类致癌物，所以释放之前必须经过处理。一种创新性的处理循环已经研发成功，通过气体与氧化剂反应将其转化为 $CO_2$ 和 $H_2O$[62]。

$ClO_2$ 灭菌过程无残留，因此整个循环时间比 EtO 或甲醛灭菌短，但比 $H_2O_2$ 气体等离子体灭菌长。但是，该气体是一种强氧化剂，过度或长时间暴露可能使零件老化。副产物本身的毒性要求气体在排放到室外之前必须经过处理。

最近，一种使用室温二氧化氮（$NO_2$）的替代灭菌和去污技术已开发，它解决了与传统灭菌方法相关的许多难题[63,158-160]。$NO_2$ 的沸点为 294K（21℃），其饱和蒸气压为 0.101MPa，相对较高，因此可以在最小真空或无真空的情况下将气体引入灭菌室，通常在环境气压下使用含量为 1%～2%的 $NO_2$ 进行灭菌，因此，在整个灭菌周期内，气体浓度远低于 $NO_2$ 的露点，即使在复杂的几何结构中，气体也不会发生冷凝。$NO_2$ 灭菌可快速有效地灭活各种微生物，包括细菌、真菌、病毒及寄生虫的营养体和芽孢。这种快速灭菌能力使其能够在一个灭菌周期内达到 SAL6 目标，典型的顺序处理的时间为 60～120min，包括从产品中排出残留的杀菌剂。快速通风使产品和包装上的无毒残留物更少，灭菌后的包装可在灭菌周期后立即处理。$NO_2$ 与大多数常见的医疗器械材料和包装相容，但与纸和纸板、聚氨酯、尼龙、缩醛聚合物和含铜合金不兼容。副产物中残留的二氧化氮可以用洗涤器除去。商用灭菌装置已用于多种不同的用途。

11.3.4.1.5 替代去污剂

在产品储存部门，广泛用于去除微生物污染的常见气体净化技术包括甲基溴和磷化氢[17,161]。二氧化碳、环氧丙烷和甲酸乙酯也被用作熏蒸剂，但由于受限或选择性的功效、成本和其他因素，它们的使用并没有那么广泛[17]。$CH_3Br$ 已被列为消耗臭氧层物质，正在逐步淘汰，而 $PH_3$ 存在安全隐患，对某些金属具有强腐蚀性，仅限于少量电气或电子设备的场所和建筑物中使用。一些替代的熏蒸剂已经被研究，并商用，用于受微生物污染的建筑物净化[162,163]。

硫酰氟（$SO_2F_2$）不可燃、无腐蚀性，通常在相当低的暴露水平下即有效[17,164-170]。此外，在许多情况下，使用 $SO_2F_2$ 熏蒸的成本与 $CH_3Br$ 相当。50 多年来，这种气体熏蒸已用于各种各样的建筑物，包括食品加工和储存设施、交通工具、博物馆、实验室、医疗设施和控制害虫滋生的历史建筑。

羰基硫醚（Carbonyl Sulfide，COS）是一种潜在的新型储藏物的熏蒸剂，是一种高效、经济的熏蒸剂[171-174]，在许多应用包括建筑物处理中它可以替代 $CH_3Br$ 和 $PH_3$。它可用于短期熏蒸（不能使用 $PH_3$），也可用于长期熏蒸（35 天或更长时间，不能使用 $CH_3Br$）。有个问题是被 $H_2S$ 污染的 COS 会腐蚀铜，对于商用熏蒸技术，COS 必须基本上不含 $H_2S$（<0.1%）。

最近，有人提出了一种基于甲酸烷基酯（甲酸乙酯）和异硫氰酸酯（异硫氰酸甲酯或烯丙基异硫氰酸酯）的新型熏蒸化合物[175]。这些化合物起协同作用，增强化合物的功效。熏蒸剂混合物与载气（含氧和二氧化碳浓度很低的惰性气体）一起输送到受污染的建筑物或空间。二氧化碳也作为一种溶剂/推进剂，以气溶胶颗粒的形式分散化学品。

### 11.3.4.2 航天器去污

在航天器及其部件组装的高级洁净室中，已经分离出各种各样的微生物，包括细菌芽孢、耗氧菌和厌氧菌、酵母菌和真菌[176-180]。由于航天器的许多部件是热敏感的，无法使用高温去污方法（如干热微生物还原法）。最近，替代性低温过氧化氢和二氧化氯气体已用于对高级洁净室中航天器电子设备和组装部件微生物的有效去污[180,181]。在 308～323K 的温度范围内，污染部件暴露于 $H_2O_2$ 16～45min，几种测试的芽孢杆菌的菌落数下降 5～6 个对数值。$ClO_2$ 需要较长暴露时间（60min）才能达到类似的去除效果。高浓度的 $ClO_2$ 可以缩短暴露时间，但可能会损伤敏感的航天器材料。欧洲航天局（European Space Agency，ESA）已制定并批准使用 $H_2O_2$ 蒸气降低飞行硬件的生物负荷，美国国家航空航天局（NASA）已认可并使用该标准[182]。

#### 11.3.4.3 精密去污与蚀刻

半导体制造商使用各种气体蚀刻晶圆和电子元件、微机械加工和快速清洁反应工具室（化学和物理气相沉积、离子注入）（见表 11.1）。这些制造工艺使用许多高 GWP 含氟气体化合物，包括 PFC、HFCs、$NF_3$ 和 $SF_6$[36,51-57,183-186]。在正常操作条件下，这些高 GWP 含氟气体中的 10%～80%可能未经反应而通过制造工具室，并释放到空气中，尽管捕获和回收系统以及减排技术已将有害气体排放降至非常低的水平，但由于其半衰期长，GWP 值高（见表 11.3），含氟气体会对大气产生重大影响。

**表 11.3 各种气态化合物相对于二氧化碳的半衰期和 GWP[59,187-197]**

| 气态化合物 | 半衰期 | 给定时间范围的 GWP | | |
|---|---|---|---|---|
| | | 20 年 | 100 年 | 500 年 |
| $CO_2$ | | 1 | 1 | 1 |
| $F_2$ | 可忽略 | 0 | 0 | 0 |
| HF | 可忽略 | 可忽略 | 可忽略 | 可忽略 |
| $N_2O$ | 114 年 | 264 | 265 | 153 |
| $SO_2F_2$ | 30～40 年 | 6840 | 4090 | 无数据 |
| $CF_3I$ | 1～14 天 | 可忽略 | 可忽略 | 可忽略 |
| PFCs | | | | |
| $CF_4$ | 50000 年 | 5210 | 7390 | 11200 |
| $C_2F_6$ | 10000 年 | 8630 | 12200 | 18200 |
| $C_3F_8$ | 2600 年 | 4800 | 7000 | 10100 |
| $C_4F_8$ | 3200 年 | 16300 | 22800 | 32600 |
| $SF_6$ | 3200 年 | 16300 | 22800 | 32600 |
| $NF_3$ | 740 年 | 12300 | 17200 | 20700 |

##### 11.3.4.3.1 沉积工具室去污

化学气相沉积（Chemical Vapor Deposition，CVD）是通过一系列气固化学反应，在基质表面形成一层薄薄的固体材料的方法，被广泛应用于微电子器件和产品的制造。CVD 可以通过传统的热过程来实现，在这种过程中，热诱导的化学反应产生所需的薄膜。或者，可以采用等离子体工艺，形成的受控等离子体产生反应性气体以生产所需的薄膜。

无论采用热 CVD 工艺还是等离子体 CVD 工艺，沉积材料的薄膜都会在 CVD 沉积室内部堆积。它们往往通过改变腔室的尺寸来影响薄膜沉积过程的再现性，因此必须定期清除这些薄膜沉积物。此外，薄膜沉积物可能从腔室表面裂开或剥落，并污染腔室内加工的零件。在预定的温度和压力下将清洗气体引入工艺室，持续一段时间，以清洗腔室表面。然而，这些清洗技术并不总能有效地去除腔室表面的污染物，清洗之后，即使是残留在腔室中的最小数量的污染物也会在随后的生产环节造成重大问题。

理想情况下，在离子注入系统中，所有的原料分子都会被电离和消耗，但实际上原料会发生一定的分解，从而导致离子源的低压绝缘体受到污染。残留物也会在离子注入机的高压部件上形成，这些残留物会导致离子束不稳定和源的过早失效，以及敏感电子元件的损坏，导致设备故障增加和平均故障间隔时间（Mean Time Between Failures，MTBF）缩短。

有人提出了在不拆卸工艺室的情况下进行现场去污。通常，气态去污剂通入工艺室，以清除积聚的污染物。另一种方法是等离子体活化气体去污，在原位等离子体去污过程中，等离子体在腔室中产生活化气体混合物，原位去除污染物。原位法的缺点是不直接接触等离子体的腔室部件无法去污。此外，等离子体活化包括离子轰击引起的反应和自发的化学反应，这些反应会腐蚀腔室零件的表面，需要更换昂贵的零件和增加维护耗时。为了克服原位等离子体去污的这些缺点，远程腔室等离子体去污方法的应用备受关注，在该方法中，去污用的气体混合物由连接到主工艺室的独立源室中的等离子体激活，等离子体中性产物从源室输送到工艺室内部，以去除污染物。由于气体源中性产物只涉及自发化学反应，可以避免离子轰击引起的腐蚀问题。此外，气体源可以进入腔室的所有区域。

在确定 CVD 腔室去污技术的处理量和成本效益时，提高去污率，在打开腔室进行预防性维护之前增加加工零件的数量以及降低与去污气体使用相关的成本是关键问题。

###### 11.3.4.3.2　干法蚀刻/微加工

干法蚀刻技术类似于上面讨论的腔室去污，只是气体反应物用于从基质或零件上清除物质（如微加工），这些物质可能是表面污染物，例如上一个处理步骤残留于硅片上的氧化层，或中间湿法去污步骤的残留物。等离子体和非等离子体气相蚀刻都使用各种气体来处理各种各样的材料。对于晶圆制造中的干法蚀刻，反应室的几何结构、压力范围、射频耦合方式和气态蚀刻剂都有很大的变化。含氟分子如 $CF_4$、$SF_6$、$NF_3$ 和 $CHF_3$ 通常用于等离子体基二氧化硅干法蚀刻。可以添加其他气体，如 $O_2$、Ar 和 He，用于传热、等离子体稳定化和增强电离。通常氧化物的蚀刻速率为每分钟几百纳米，两种最常见的气相蚀刻技术是使用 HF 的二氧化硅蚀刻和使用 $XeF_2$ 的硅蚀刻。

###### 11.3.4.3.3　替代气体化学物质

为了减少 PFC 的排放，开发高效表面去污工艺，在腔室去污和蚀刻中已广泛开展了替代气体化学物质应用研究。

三氟化氮是一种可行的工艺室去污替代品，已投入商业应用，特别是用于 CVD 等离子体腔室以及蚀刻[198-216]。通常，$NF_3$ 与氧气和氩气混合，并以气体混合物导入腔室，等离子体气体将 $NF_3$ 分解成 F 自由基，F 自由基蚀刻腔室内表面的 $Si_3N_4$ 或 $SiO_2$ 残留物。添加氧气可以使 $NF_3$/Ar 混合气体对 $Si_3N_4$ 的蚀刻速率提高近 4 倍，从 50nm/min 提高到 200nm/min，但对 $SiO_2$ 的蚀刻速率没有影响[211]。蚀刻速率、$Si_3N_4$ 或 $SiO_2$ 残留物的清除速率，可通过在等离子体中 $N_2O$ 气体与 $NF_3$ 气体（$N_2O/NF_3$ 比值约 0.8）反应生成 NO 和 F 自由基[209]，或向 $NF_3$ 气体中添加 $CO_2$（$CO_2/NF_3$ 比值约 0.75）以生成 COF、$COF_2$ 和 F 自由基的方式提高[213,214]。因此，与使用 $NF_3$/Ar 的常规腔室去污相比，高效快速的腔室去污所需的 $NF_3$ 数量减少，去污时间缩短约 20%[209,213,214]。在 $ClF_3$ 中添加 $N_2O$ 也获得了类似的结果[217]。

$NF_3$ 已用于去除热 CVD 工艺腔室中垂直管中的沉积物堆积。然而，在没有等离子体的情况下，需要非常高的温度来分解 $NF_3$，以释放活性氟离子。如果未达到或保持这些温度，有害的未分解的 $NF_3$ 会排放到周围环境中。此外，氟离子的反应选择性差可能会导致石英反应器的不必要蚀刻。此外，根据工艺腔室的形状，均匀去污并不总能达到预期。

尽管 $NF_3$ 本身是一种温室气体，但它几乎可完全消耗，因此产生的温室气体排放量微不足道。一般来说，由于 99%以上的 $NF_3$ 在等离子体中消耗使用了，所以通常不需要 $NF_3$ 清除措施。缺点是 $NF_3$ 的成本是氟碳化合物的近 4 倍，在远程去污系统（增加了成本）产生了更多的氟，必须进行处理。使用 Ar 或 He（80%～90%）稀释的 $NF_3$ 可将氟排放量降低至基于 PFC 去污所能达到的水平。这种在真空室中使用高度稀释 $NF_3$ 作为蚀刻气体的应用表明，尽管 $NF_3$ 比 $SF_6$ 贵得多，使用 $NF_3$ 去污比 $SF_6$（一种强效的 GWP 气体）要便宜。

$NF_3$ 相对较高的成本加上较高的 GWP 值（表 11.3），使得制造商在每个预防性维护程序中寻找消耗更少 $NF_3$ 的方法。氟气（$F_2$）是 $NF_3$ 气体的一个潜在替代品，它对 $SiO_2$ 和 $Si_3N_4$ 薄膜具有非常好的去污效果，因为通过 $F_2$ 的热解或等离子体分解可以有效地获得 F 自由基[218-225]。在等离子体去污过程中，去污气体解离产生的 F 自由基对 Si、$SiO_2$ 和 $Si_3N_4$ 获得高去污率起着重要作用。$F_2$ 可以在制造厂附近现场生产，其价格低于 $NF_3$（见 4.1 部分）。然而，将 $F_2$ 气体应用于生产线去污过程，其潜在的问题是毒性和反应性高。因此，在使用 $F_2$ 气体时，其生产、运输和去污过程中的安全措施对于 $F_2$ 去污技术的成功应用至关重要。为保证 $F_2$ 气体使用人员的安全，已成功研发了 $F_2$ 去污钝化方法和 $F_2$ 处理措施。

使用其他氟自由基（$CF_4$、$C_2F_6$ 和 $C_3F_8$）或含氟卤素互化物（$BrF_5$、$BrF_3$、$ClF_3$、$IF_5$ 或 $IF_7$）的无等离子体原位干法去污方法最近已证明可有效去除半导体加工室中的固体残留物[226-251]。反应气体连续地流过加工腔室，同时保持腔室内的预定压力，处理结束时，终止卤素互化物气流。$ClF_3$ 和其他含氟自由基或含氟卤素互化物与固体残余物反应生成挥发性反应产物，这些产物可通过真空或其他装置轻易地从加工腔室中清除。

为硅的取向生长而开发的一种变化形式的氟去污方法是用 UV（紫外光）光激发经氩气稀释的氟气（$UV/F_2/Ar$）[219]。$UV/F_2/Ar$ 去污的优势是降低 Si 取向生长预清洗的温度，减少基质与取向附生膜之间的界面杂质。遗憾的是，$UV/F_2/Ar$ 去污方法存在一些问题，包括易腐蚀 Si 表面，导致表面粗糙。采用光激发经氢气稀释的氟气（$UV/F_2/H_2$）可克服这些问题[220]，$UV/F_2/H_2$ 选择性地从热氧化物中去除原生硅氧化物，而不腐蚀大块 Si。

然而，氟自由基或含氟卤素互化物应用于半导体加工设备去污面临着实际实施商业可行性问题。这种方法需要大量材料增加了生产成本，还产生了处理有害物质的附加成本。连续气流去污是在非常低的压力下进行的，这种情况下去污效率会降低。氟自由基或含氟卤素互化物（包括 $ClF_3$）具有强腐蚀性，必须考虑储存和分配容器以及相关工艺管道和部件的相容性等问题。大多数卤素互化物在室温下是液体，以液态形式运输，而液体与气体相比固有的高密度加剧了运输此类化合物的风险。卤素互化物对人体呼吸道也具有相当强的刺激性。人体对 $ClF_3$ 蒸气的耐受性阈值低至 $1\times10^{-7}$，暴露 1h 的 $LC_{50}$（致死浓度）为 $3\times10^{-4}$。因此，这种剧毒液体的意外泄漏对人体健康危害极大。这就需要高度重视人员和设备的安全以及昂贵的维护解决方案。

无水 HF 与催化剂（如水蒸气或乙醇蒸气或二者混合物）一起用于去除 CVD、等离子体增强化学气相淀积（Plasma-Enhanced Chemical Vapor Deposition，PECVD）或物理气相沉积（Physical Vapor Deposition，PVD）室中的 $SiO_2$ 和硼磷酸盐硅酸盐玻璃沉积物[8,252]。原位去污在约 273K（0℃）和 573K（300℃）之间的腔室温度下进行，以最大限度地提高 $SiO_2$ 的蚀刻速率并缩短去污时间，从而提高系统的总体吞吐量。无水 HF 在没有水或醇蒸气催化的情况下不会腐蚀 $SiO_2$。最近有人建议将碘氟碳化合物，如三氟碘甲烷（$CF_3I$）和碘七氟丙烷（$C_3F_7I$），作为等离子体处理中去污和蚀刻的环境友好的低 GWP 替代化学物质（表 11.3）[197,253-260]。与传统的 PFC 工艺相比，这些化合物具有较高的蚀刻速率和较短的去污时间，显著减少了全球温室气体排放（约 80%～90%）。虽然碘氟碳化合物可能是高 GWP 气体去污和蚀刻的替代品，但实际实施中存在问题。在半导体加工中，通常使用的材料中不存在碘，使用含碘材料会在加工过程中带来额外的风险。

与 $C_2F_6$ 相比，三氟乙酸酐［TFAA，$(CF_3CO)_2O$］已证明可有效减少 PECVD 反应器的去污时间（15%～24%）和 PFC 排放（约 96%）[261,262]。TFAA 易水解生成三氟乙酸，在大气中的半衰期和 GWP 可忽略不计，与 PFC 去污气体相比，在相同的去污时间内排放量减少到原来值的 1/5 甚至 1/8，TFAA 的降解效率超过 97%，腔室去污中使用 TFAA 的一个缺点是在标准温度和压力下它是液态。因此，TFAA 需要用特殊的化学品输送系统导入处理腔室。由于 CVD 系统通常是基于使用气相化学物质的设计，因此使用液态化学物质除了需要使用不同类型的质量流量控制器（Mass Flow Controller，MFC）和其他监控设备外，还需要使用汽化组件。此外，可能有液滴夹带在蒸发物质中，从而导致处理过程异常。

在 CVD 反应器中，使用温度范围为 973～1017K（700～740℃）、0.13Pa 的 $SiH_4$ 气体作用 30s～5min 可以对硅晶圆进行原位去污[263]，通过观察硅表面激光的散射确定去污终点。散射是由选择性硅核的取向生长引起的。经 $SiH_4$ 去污后的晶核密度高于未经 $SiH_4$ 去污处理的晶核，这表明 $SiH_4$ 去污过程能有效提高晶核密度。

众所周知，对于Ⅲ-Ⅴ族半导体，原子氢可用于基底去污[264-268]，商用的低成本原子氢可用于低成本、低温原位去污工艺。原子氢可以在 773K（500℃）的温度下去除硅表面的碳污染，这对于硅基质去污来说是一个明显较低的热预算。

人们开发了一种新的非等离子体去污方法，用于从半导体晶圆中去除光刻胶和有机聚合物，该方法使用无水三氧化硫（$SO_3$）气体进行两步操作，首先将基质暴露在相对较低温度［<473K（150℃）］下，然后用去离子水冲洗[269-271]。无水 $SO_3$ 主要通过磺化、硫酸化和磺胺化反应途径与有机膜反应[272]。化学改性后的聚合物薄膜变得亲水，并且保持完整，除了典型的颜色变化外，其物理性质没有任何明显的变化。反应的水溶性产物可随后在分离腔室中通过冲洗而去除。

二氟化氙被认为是各种半导体材料的强氟化剂，尽管它主要用于蚀刻应用，但在沉积室去污中 $XeF_2$ 的使用日益增加[273-287]。$XeF_2$ 是一种有/无等离子体的选择性蚀刻剂，可实现较高的蚀刻速率，因此可缩短去污时间。可以在室温下进行有效的去污，但为了达到最佳效率，建议使用稍高的温度。整个去污过程是良性的，减少设备磨损，同时减少预防性维护成本和时间。$XeF_2$ 在水蒸气存在下形成 HF，因此必须注意气体的安全处理以及处理废气中未反应的 $XeF_2$。由于气体成本高，处理室的设计非常高效，因此在去污过程可消耗掉大部分气体。

六氟化硫已广泛用于 CVD 工艺腔室去污。作为一种 PFC 气体，$SF_6$ 的排放受到严格控制，在 $SF_6$ 中添加 $F_2$、$NF_3$ 或 $N_2O$ 比单独使用 $SF_6$ 更有效[288,289]。该工艺可根据气体成分和去污时间进行优化，以对腔室进行高效去污。反应产物的分解可以确保不释放 PFC 化合物。

减少或消除 $SF_6$ 释放的一种推荐方法是用 $SO_2F_2$ 代替 $SF_6$ 作为去污气体[290]。用这种方法可以去除 Si、$SiO_2$、$Si_3N_4$、氧化硅以及金属 W、Cu、Al 的沉积物。使用 $SO_2F_2$ 的优点是它比 $SF_6$ 更具反应性，并且可以在更低能量水平的等离子体中分解，比 $SF_6$ 等离子体需要的温度更低。此外，$SO_2F_2$ 易于水解，未反应的部分都可以通过碱洗涤器轻易处理。即使在去污过程中有一定量的 $SO_2F_2$ 逸出，最终也会在大气中水解，而不会造成与逸出的 $SF_6$ 同样程度的全球变暖效应。尽管如此，$SO_2F_2$ 仍具有较高的 GWP 和相对较长的半衰期（表 11.3），这使得其在腔室去污应用中具有挑战性。

环状全氟醚 $C_4F_8O$ 具有非常高的分解去除效率，已作为 PECVD 腔室去污中更常用的 PFC 气体 $C_2F_6$ 或 $C_3F_8$ 的替代品[291-296]。尽管 $C_4F_8O$ 具有可观的 GWP，但在 PECVD 腔室去污中，通过向 $C_4F_8O$ 中添加含氮气体（$N_2$、$N_2O$ 和 NO）来代替 $C_2F_6$ 或 $C_3F_8$，有可能缩短腔室去污时间（相对于 $C_2F_6$ 去污处理可达到一个数量级），从而大幅减少全球变暖气体排放，去除效率可高达 98%。

在集成电路制造过程中，存在着各种污染物，包括光刻胶材料、残余有机和金属污染物，如碱金属、天然/金属氧化物和卤化物，以及具有腐蚀性的碱性氯化物。六甲基二硅氮烷（Hexamethyldisilazane，HMDS，$C_6H_{19}NSi_2$）气相去污是去除此类含金属污染物的有效方法，尤其是碱金属（Li、Na、K）污染物[297]。HMDS 与污染物反应，在待去污的基质表面形成挥发性金属配合物，挥发性金属配合物从基质表面升华，形成清洁的、基本上无残留物的表面。不与 HMDS 形成金属配合物的活性较低的金属污染物可暴露于活化剂，如 $NH_3$ 或 $H_2$，以能与 HMDS 反应生成挥发性金属配合物的活化化合物。去污过程可以在原位进行，从而防止再次污染，并且清洁的、无残留物的表面能够实现无缺陷的设备制造和性能。

许多用于腔室去污的含氟气体也可用于等离子体或干法蚀刻及各种半导体材料的微机械加工[1,2,5-8,298-354]。实际上，Si 是由气相卤化物如 $ClF_3$、$BrF_3$、$BrF_5$ 和 $IF_5$ 以及 $XeF_2$ 自发蚀刻的。相比之下，Ⅲ和Ⅴ族氟化物，如 $NF_3$、$BF_3$、$PF_3$ 和 $PF_5$，不会自发蚀刻 Si 或 $SiO_2$。主流的气相蚀刻技术是二氧化硅的 HF 蚀刻和硅的 $XeF_2$ 蚀刻，特别适合于 MEMS 结构的干法、无黏性释放。最近一些文献已经对这些工艺进行了详细评述[344,345,348-350]。

### 11.3.4.4 核材料去污

气体处理是核材料去污和加工的一种创新应用。

#### 11.3.4.4.1 放射性污染材料

基于气体反应，利用材料表面存在的腐蚀性产物（$^{58}Co$、$^{60}Co$、$^{63}Ni$ 等）、裂变产物（$^{99}Tc$、$^{106}Ru$ 等）和超铀元素（U、Pu、Np）的羰基和含氟化合物的挥发性，开发了一种创新的气相去污技术[355,356]。通过在高 CO 压力（5～20MPa）和高温［约 623K（约 350℃）］条件下将非放射性（Co、Cr、Ni、Re、Mo、Mn、Ru 和 Zn）和放射性核素（$^{60}Co$、$^{63}Ni$ 和 $^{103}Ru$）转化成气体，证明了该技术的可行性。室温下，采用 $CF_4$ 和 $O_2$ 组成的无毒气体混合物在等离子体中产生的羰基和含氟物种，对不锈钢表面的放射性核素处理 5～12min，对 $^{60}Co$ 和 U 的去除率分别达到 80%和 100%。

使用氩气或 CO 低压电弧的干法表面去污技术可用于含 $^{60}Co$ 腐蚀产物样品的去污[357-361]。在很低的腔室压力（仅几十帕斯卡）的纯氩气氛中，残余 $^{60}Co$ 的比例为 20%（处理后样品的剩余活度）。同样在 CO 气氛中，也能获得残余 $^{60}Co$ 20%的去污率，但需要更高的腔室压力（几百帕斯卡）。在较高的腔室压力下进行去污具有工艺操作简单、便于使用正常气流收集放射性气体反应产物的优点。

11.3.4.4.2　气体扩散技术残留物

铀同位素浓缩技术已通过级联气体离心法得到应用[362-372]。通过将 $ClF_3$ 引入密闭系统，可以在级联升温［323～373K（50～100℃）］对加工过程中残留的沉积物（主要是铀酰氟化物、$UO_2F_2$ 和各种其他铀氟化物）进行气体清除[362,368-372]。$ClF_3$ 将固体铀化合物氟化形成挥发性产物，以六氟化铀（$UF_6$）气体的形式去除：

$$2ClF_3 + UO_2F_2 \longrightarrow ClO_2F + ClF + UF_6$$

$$ClO_2F \longrightarrow ClF + O_2$$

$$4ClF + UO_2F_2 \longrightarrow O_2 + 2Cl_2 + UF_6$$

$$4ClF_3 + 3UO_2F_2 \longrightarrow 3O_2 + 2Cl_2 + 3UF_6$$

以前，在不同的气体扩散装置（Gaseous Diffusion Plants，GDPs）中，$ClF_3$ 在停堆和拆卸之前在级联设备中循环通过，以在打开系统之前将固态残余铀沉积物转化为挥发性氟化物[363-372]。气体处理去除了大约 80% 的 $UO_2F_2$ 沉积物，这表明大部分沉积物可以原位清除。

气体去污工艺的主要优点：对于运行的核设施，可以在计划停堆期间于高温下使用[369-372]。由于放射性物质完全包含在气密设备中，因此在这一过程中，工作人员的放射性暴露将降至最低。此外，由于不使用水等含氢材料，$UF_6$ 气体的浓度较低，铀沉积物不太可能聚集，因此降低了对临界性的担忧。$ClF_3$ 处理操作成本高昂。然而，由于安全控制、工作人员防护要求和污染控制需求的减少，使用升温气体处理工艺去除铀沉积物有可能在随后的级联设备去污过程中大幅降低成本。这种优势主要适用于级联的高富集段。

气体去污的主要缺点：处理有毒和高反应性 $ClF_3$ 的危险性[373]，在环境温度下将该技术应用于部分拆卸的工艺设备的困难和成本，以及将要去除铀的量的不确定性。有人提出了一种创新的方法，从 $UF_6$ 同位素浓缩级联中使用的工艺设备中回收有价值的化学成分，特别是 U、Ni 和/或放射性核素[374]。该工艺可在负压下采用现有工艺设备原位进行，从中可以回收零部件。该工艺包括在负压下用 $ClF_3$ 氟化回收铀，然后在负压下使用 CO 和 $H_2S$ 的混合物回收镍。

11.3.4.4.3　锕系元素氟化的替代气体

铀氧化物与氟元素直接氟化形成挥发性 $UF_6$ 在 573～673K（300～400℃）时，才能达到较高的转化率[375-378]。另外，氟化可以通过使用卤素三氟化物（如 $BrF_3$ 和 $ClF_3$）在更低的温度下进行[379-382]。从室温下气态 $O_2F_2$ 与 $U_3O_8$ 的反应，可以观察到高纯度气态六氟化铀的形成[48,49]。类似地，钚和镎化合物可以在室温或低于室温下通过气态的 $O_2F_2$ 有效地氟化成挥发性六氟化物[50,383,384]。

$KrF_2$ 是另一种将 U、Pu 和 Np 物质氟化为挥发性六氟化物的含氟物质，这些反应可以使用气态 $KrF_2$ 在环境温度下进行[385,386]。

一些研究已经考察了在低压或大气压下用 $CF_4/O_2$ 和 $NF_3$ 等离子体蚀刻二氧化铀和钚，蚀刻速率在 0.2～17μm/min 之间[387-393]。大气压等离子体的一个优点是污染材料不必放在真空腔室里。然而，许多这些研究需要很长的停留时间，大约 40～50h，以达到最高的蚀刻速率。$UO_2$ 的蚀刻是一个自限性过程，因为在 $UO_2$ 表面形成了不挥发的铀氧氟化物，减缓

或完全阻止了其与 $UF_6$ 的反应。气态 $IF_7$ 可在环境温度下，通过以下反应对气体离心同位素浓缩装置（如 $UF_4$、$UF_5$、$U_2F_9$ 和 $U_4F_{17}$）中的固体氟化铀沉积物进行氟化[394-399]：

$$UF_4 + IF_7 = UF_6 + IF_5$$

$$2UF_5 + IF_7 = 2UF_6 + IF_5$$

$$2U_2F_9 + IF_7 = 4UF_5 + IF_5$$

$IF_7$ 处理的一个特点是二次废弃物主要含有 $IF_5$，其他残留物很少，由此产生的产物挥发性小，腐蚀性最小，不含危险物质。此外，这种 $IF_5$ 可以作为制造新的 $IF_7$ 气体的原料被再利用。$IF_7$ 处理可在室温和 10～45hPa 的极低压力下进行。此外，$IF_7$ 氟化反应是按化学计量进行的，与可能的二次反应无关，这是在大型装置应用 $IF_7$ 处理的一个非常重要的考虑因素。在最近的一次大规模演示中，$IF_7$ 被用于四个级联的处理，每个级联含有约 700kg 铀，处理 60 天[396-399]。所有级联的铀回收率均在 98%以上（图 11.5），去污因子约 100，经过处理，放射性活度降至 1.0Bq/g 以下。$IF_7$ 的处理时间主要取决于从级联排出的气体反应产物（$UF_6$ 和 $IF_5$ 气体混合物）的压力和流量。

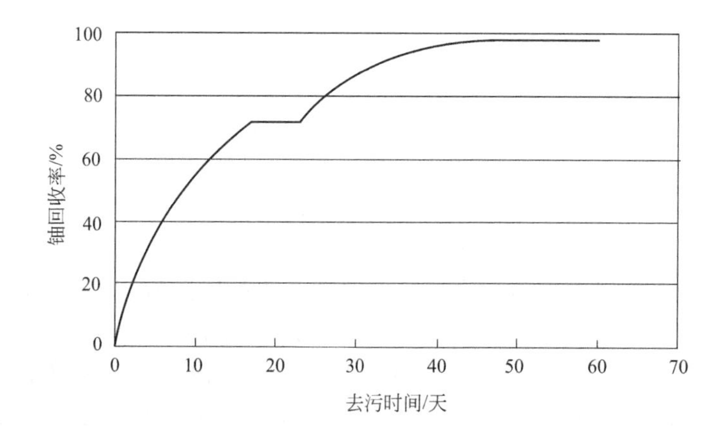


图 11.5　$IF_7$ 处理氟化铀沉积物时铀的回收率[396-399]

然而，当沉积物中含有氟化铀水解产物，例如铀酰氟化物 $UO_2F_2$ 及其水合物时，仅用 $IF_7$ 难以完全清除这些沉积物。溴化剂（如 $CBrF_3$、$CBr_2F_2$）和氟化剂（如 $IF_7$、$BrF_3$ 或 $F_2$）的反应气体混合物可以去除这些沉积物[395]。$BrF_3$ 和氟氧化物反应生成 $UF_6$。

如前所述，$NF_3$ 在半导体和电子工业的蚀刻和去污中应用广泛，最近有研究表明它可用于 $UO_2$ 的蚀刻[400]。与性质比较剧烈的 $ClF_3$ 相比，$NF_3$ 具有更低的化学和反应性危害，是锕系元素回收有价值的乏核燃料成分或从辐照材料中回收医用同位素的可替代氟化剂和氧化剂[362,401-407]。$NF_3$ 的危害最小，在室温下不反应，这将简化氟化物挥发性的分离工艺。由于其反应性较低，$NF_3$ 是一种热敏感反应物，会在不同的温度下与不同的化合物发生反应。在特定化合物反应生成挥发性氟化物的温度下，用 $NF_3$ 处理时，乏燃料中选定的裂变产物和锕系元素可以从燃料中释放出来。例如，$NF_3$ 与 Mo 和 Mo 的氧化物以及 Tc 的氧化物在约 573K（300℃）反应生成挥发性氟化物，而铀的氧化物需要在大约 823K（550℃）时才能与 $NF_3$ 形成挥发性氟化物，Nb、Ru 和 Te 可在 673K（400℃）下氟化形成挥发性氟化物。$NF_3$ 还可以使过渡金属和镧系氧化物氟化形成非挥发性氟化物[408]，这有助于从非挥发性氟化物成分中分离挥发性氟化铀。这一概念也可用于处理辐照的非锕系物，以回收有价值的医用同位素。

# 11.4　气相去污的几个问题

气相去污需要考虑几个问题。

## 11.4.1　成本效益

与其他去污技术相比，气相去污技术有许多优点和成本优势，在评估气相去污的总体成本效益时，必须考虑这些优点。这些优点包括：改善人员安全和健康；减少环境责任；不使用液态有毒化学品和溶剂；减少危险化学品废物的储存、跟踪、处理和处置成本；以及在许多原位应用中，去污时间短的情况下，连续不间断地进行高通量生产及先进灭菌技术中的高通量零件库存。其他重要考虑因素包括去污和利用效率、去污剂的可用性和成本、空间和实用性要求、实施的容易程度、环境安全与健康（ES&H）风险以及排放物和副产物的特性。

通过工艺优化可以降低气相去污的成本。例如，传统的光刻胶剥离工艺包括等离子体灰化、除去灰化残留物的湿化学去污及随后进行的冲洗和干燥多个步骤。在气相处理中，取消了湿法去污步骤，大大节省了化学品购置和危险废物处理成本，气相处理的总工艺成本比传统的湿法去污低 50%[269,409-411]。类似地，通过调整工艺参数（如温度、压力、气体成分和气体流量），可以优化原位去污工艺，以尽量减少气体消耗，缩短去污时间，从而降低成本。远程去污工艺也可以通过缩短去污时间、改善平均故障间隔时间（MTBF）、降低更换零部件成本来提高工具利用率，从而节约成本。

在更大规模应用中，使用 $ClF_3$ 将气体扩散装置（Gaseous Diffusion Plant，GDP）的同位素浓缩段处于停堆状态的电池（8～12 级）去污至临界安全状态的成本估计为 25 万～50 万美元[362]。然而，这些成本代表了已经关闭的级联，并且需要昂贵的解决方案来对级联中的固体沉积物进行高温氟化。对一个正在运行的工厂有组织的关停所有工艺系统和设备以处理沉积物，每个单元的成本估计是原来的 1/10。

另一个例子可以说明材料成本节约，将 $F_2$ 气体与 $NF_3$ 或 $ClF_3$ 进行比较，$F_2$ 的流量要高出 50%才能提供与 $NF_3$ 或 $ClF_3$ 相同数量的 F 自由基（1.5mol 的 $F_2$ 产生的自由基数量与 1mol $NF_3$ 或 $ClF_3$ 相同）。由于气体通常按质量出售，1kg $F_2$ 提供的 F 自由基质量与 1.25kg $NF_3$ 或 1.62kg $ClF_3$ 相同（分子量：$F_2$=57；$NF_3$=71；$ClF_3$=92.5）。此外，$NF_3$ 或 $ClF_3$ 的生产以氟气为原料，这使得 HF 电解直接制氟成本更低。另外，$NF_3$ 和 $ClF_3$ 都必须经过净化、包装并运至用户现场。因此，现场生产氟可显著节省材料成本。

为了控制农业污染物，如昆虫、真菌和病原体，甲基溴（$CH_3Br$）主要用作种植前土壤熏蒸剂，以及有价值的物品和构筑物处理[17]。然而，$CH_3Br$ 是消耗臭氧层物质，正在逐步淘汰，但作为关键用途豁免限量的除外。$SO_2F_2$ 是一种广谱熏蒸剂，可作为 $CH_3Br$ 的替代品[164]。通过对商业和住宅建筑物熏蒸成本（化学品、设备和劳动力）的直接比较表明，

$SO_2F_2$ 比 $CH_3Br$ 成本高 4%～33%[164,165]。另外，如果 $CH_3Br$ 不能用于特定的熏蒸应用，则 $SO_2F_2$ 在经济上具有竞争力。

## 11.4.2 气相去污的优点和缺点

下文给出气相去污的优点和缺点。

### 11.4.2.1 优点

（1）气体没有表面张力且黏度很低，这使得气体能够穿过狭小空间和狭窄开口，并对几何形状复杂的零件进行去污。

（2）高纯度气体去污剂可批量供应，也可根据需要在现场生产，不间断供应。

（3）对于大多数应用，环境压力输送就足够了，不需要高压储存和输送系统。

（4）气相去污是一种通过选择和改变工艺参数来控制去污时间的干法去污工艺，可以更好地控制去污过程中涉及的特定反应和整个过程。

（5）这是一个多功能工艺，可用多种气体化学物质，气体化学物质可以根据污染物和基质进行高选择性定制。

（6）工艺参数也可大范围调整，以达到最佳的去污效果。

（7）气相去污适用于几乎所有类型的污染物，包括微生物污染。

（8）污染物再沉积的风险非常低。

（9）对表面没有损伤，该工艺可用于表面粗糙的零件。

（10）表面去污可有效用于后续处理，如涂层沉积和黏附。

（11）气相去污可作为一个步骤集成于制造过程，无需拆卸加工设备（如化学气相沉积室）或中断制造过程，即可进行原位或远程去污。

（12）大多数气体去污处理是在环境温度和大气压或稍低的压力下进行的。

（13）许多污染物去除系统简单易用。

（14）由于工作温度较低，能耗较低，资金和运行成本都很低。

（15）工艺环境友好，不使用有毒或有害化学品，无需废物储存、处理和处置。未使用的气体和反应副产物可进行减排或处理，或者可以分离和回收有价值的成分以供再利用。

（16）与湿法化学工艺相比，气相处理提供了更安全的工作环境。

### 11.4.2.2 缺点

（1）只有能够挥发的污染物才能被去除，大多数无机污染物、大颗粒和其他碎屑不易被清除，非挥发性化合物有再沉积的风险。

（2）污染层过厚不易去除，去污时间非常长。

（3）没有一种通用的气体可以用来清除所有污染物，有必要根据污染物调整气体化学物质，这可能需要在实施之前进行广泛而成本高昂的测试。

（4）与安全壳和相关管道、连接部件相关的反应性气体存在相容性问题（例如腐蚀），这可能需要昂贵的解决方案并在后续工作中加强检查和维护。

（5）去污过程直接进行精确控制条件有限，监测去污过程的终点需要额外安装仪器。

（6）许多有效的气体和气体混合物具有很强的反应性、剧毒性、化学不稳定性和危险性，需要严格和昂贵的储存和处理。

（7）环境安全和健康是气相去污需要考虑的重要因素，整个处理设施必须采用气密系统，且必须安装尾气处理系统，以确保无有害物质释放。

（8）可能需要进行人员监控，以确保危险气体和反应产物不会超过人体接触限值。

# 11.5　小结

气相去污是清除各种材料和表面污染物的有效方法。气体没有表面张力且黏度很低，使得反应性气体能够穿过狭小空间和复杂的几何形状。气体化学物质的多样性和工艺变量（包括压力、温度、相对湿度和流速）的实用性使气相处理能够有效地用于污染表面清除。优点和缺点也已被讨论。与湿法化学去污相比，气相去污的总体成本通常较低，主要是减少了危险化学品处理和处置成本。本章所讨论的气相去污选择的应用包括医疗器械灭菌、航天器去污、医疗设施的净化、微生物污染建筑物熏蒸、工具沉积室的去污和半导体材料的干法蚀刻（有或没有等离子体）以及核材料处理。

# 致谢

作者要感谢约翰逊航天中心科技信息（STI）图书馆工作人员为查找晦涩的参考文献提供的帮助。

# 免责声明

本章中提及的商业产品仅供参考，并不意味着航空航天公司的推荐或认可。所有商标、服务标记和商品名称均属其各自所有者。

## 参考文献

[1] T. Hattori (Ed.), *Ultraclean Surface Processing of Silicon Wafers: Secrets of VLSI Manufacturing*, Springer-Verlag, Berlin, New York (1998).

[2] J. Ruzyllo, T. Hattori and R. E. Novak (Eds.), *Cleaning Technology in Semiconductor Device Manufacturing 1989-2007: Proceedings from the ECS Semiconductor Cleaning Symposia 1-10*, CD Edition, Proceedings Volume Series, The Electrochemical Society, Pennington, NJ (2007).

[3] K. Reinhardt and W. Kern (Eds.), *Handbook of Silicon Wafer Cleaning Technology*, 2nd Edition, William Andrew Publishing, Norwich, NY (2008).

[4] B. F. Kanegsberg and E. Kanegsberg (Eds.), *Handbook for Critical Cleaning*, 2nd Edition, CRC Press, Boca Raton, FL (2011).

[5] Y. Hijikata (Ed. ),*Physics and Technology of Silicon Carbide Devices*,InTech,Rijeka,Croatia (2012).
[6] J. Ruzyllo,"Assessment of the Progress in Gas-Phase Processing of Silicon Surfaces",ECS J. Solid State Sci. Technol. 3,N3060 (2014).
[7] M. Tilli, T. Motooka, V. -M. Airaksinen, S. Franssila, M. Paulasto-Kröckel and V. Lindroos(Eds. ), *Handbook of Silicon-Based MEMS Materials and Technologies*, 2nd Edition, Elsevier, Oxford, UK (2015).
[8] K. Nojiri,*Dry Etching Technology for Semiconductors*,Springer International Publishing,Cham,Switzerland (2015).
[9] Sony Corporation,"Leading Edge Semiconductor Wafer Surface Cleaning Technologies that Support the Next Generation of Semiconductor Devices". http://www. sony. net/Products/SCHP/cx _ news _ archives/img/pdf/vol_36/featuring36. pdf (accessed March 28,2018).
[10] T. Hattori,"Non-Aqueous Cleaning Challenges for Preventing Damage to Fragile Nano-Structures",in: *Developments in Surface Contamination and Cleaning: Methods for Surface Cleaning*,Volume 10,R. Kohli and K. L. Mittal (Eds. ),pp. 1-25,Elsevier,Oxford,UK(2017).
[11] R. Kohli and K. L. Mittal (Eds. ), *Developments in Surface Contamination and Cleaning*, Volumes 1-10,Elsevier,Oxford,UK (2008-2017).
[12] S. S. Block (Ed. ), *Disinfection, Sterilization, and Preservation*, 5th Edition, Lippincott Williams & Wilkins,Philadelphia,PA (2001).
[13] W. M. Rutala,D. J. Weber,R. A. Weinstein,J. D. Siegel,M. L. Pearson,R. Y. W. Chinn,A. DeMaria Jr. , J. T. Lee,W. E. Scheckler,B. N. Stover and M. A. Underwood,"Guideline for Disinfection and Sterilization in Healthcare Facilities", U. S. Department of Health and Human Services, Centers for Disease Control and Prevention,Atlanta,GA (2008).
[14] G. McDonnell and D. Sheard,*A Practical Guide to Decontamination in Healthcare*,John Wiley & Sons,Chichester,UK (2012).
[15] *Sterilisation von Medizinprodukten*,DIN-Taschenbuch 263, 4th Edition, DIN Deutsches Institut für Normung,Beuth Verlag,Berlin,Germany (2013).
[16] T. Pottage and J. T. Walker,"Use of Gaseous Decontamination Technologies for Wards and Isolation Rooms in Hospitals and Healthcare Settings",in: *Decontamination in Hospitals and Healthcare*,J. T. Walker (Ed. ),pp. 299-324,Woodhead Publishing Limited,Cambridge,UK(2014).
[17] T. W. Phillips,E. M. Thoms,J. DeMark and S. Walse,"Fumigation",*Stored Product Protection*,D. W. Hagstrum,T. W. Phillips and G. Cuperus (Eds. ),pp. 157-177,KSRE Publication S-156,Kansas State University,Manhattan,KS (2012).
[18] R. Kohli,"Gas-Phase Cleaning for Removal of Surface Contaminants",in: *Developments in Surface Contamination and Cleaning: Methods for Surface Cleaning*, Volume 9, R. Kohli and K. L. Mittal (Eds. ),pp. 27-82,Elsevier,Oxford,UK (2017).
[19] R. Kohli,"Sources and Generation of Surface Contaminants and Their Impact",in: *Developments in Surface Contamination and Cleaning: Cleanliness Validation and Verification*,Volume 7,R. Kohli and K. L. Mittal (Eds. ),pp. 1-49,Elsevier,Oxford,UK (2015).
[20] ECSS-Q-70-01B,"Space Product Assurance -Cleanliness and Contamination Control",European Space Agency (ESA),Noordwijk,The Netherlands (2008).
[21] NASA Document JPR 5322. 1,"Contamination Control Requirements Manual",National Aeronautics and Space Administration (NASA),Johnson Space Center,Houston,TX (2016).
[22] IEST-STD-CC1246E,"Product Cleanliness Levels -Applications,Requirements,and Determination",Institute of Environmental Sciences and Technology,Arlington Heights,IL (2013).
[23] ISO 14644-9,"Cleanrooms and Associated Controlled Environments — Part 9: Classification of Surface Cleanliness by Particle Concentration", International Standards Organization, Geneva, Switzerland (2012).
[24] ISO 14644-1,"Cleanrooms and Associated Controlled Environments — Part 1: Classification of Air Cleanliness by Particle Concentration", International Standards Organization, Geneva, Switzerland (2015).
[25] ISO/DIS 14644-12,"Cleanrooms and Associated Controlled Environments—Part 12: Classification of

Surface Cleanliness by Nanoscale Particle Concentration", International Standards Organization, Geneva, Switzerland (2013).

[26] B. F. Kanegsberg and E. Kanegsberg, "The Role of Standards in Cleaning and Contamination Control", in: *Developments in Surface Contamination and Cleaning: Types of Contamination and Contamination Resources*, Volume 10, R. Kohli and K. L. Mittal (Eds.), pp. 125-150, Elsevier, Oxford, UK (2017).

[27] T. Fujimoto, K. Takeda and T. Nonaka, "Airborne Molecular Contamination: Contamination on Substrates and the Environment in Semiconductors and Other Industries", in: *Developments in Surface Contamination and Cleaning: Fundamentals and Applied Aspects*, Volume 1, 2nd Edition, R. Kohli and K. L. Mittal (Eds.), pp. 197-329, Elsevier, Oxford, UK (2016).

[28] SEMI-F21-1102, "Classification of Airborne Molecular Contaminant Levels in Clean Environments", SEMI Semiconductor Equipment and Materials International, San Jose, CA (2002).

[29] ISO 14644-8, "Cleanrooms and Associated Controlled Environments -Part 8: Classification of Air Cleanliness by Chemical Concentration", International Standards Organization, Geneva, Switzerland (2006).

[30] ISO 14644-10, "Cleanrooms and Associated Controlled Environments -Part 10: Classification of Surface Cleanliness by Chemical Concentration", International Standards Organization, Geneva, Switzerland (2013).

[31] ISO 14644-13, "Cleanrooms and Associated Controlled Environments -Part 13: Cleaning of Surfaces to Achieve Defined Levels of Cleanliness in Terms of Particle and Chemical Classifications", International Standards Organization, Geneva, Switzerland (2017).

[32] ISO 25424, "Sterilization of Medical Devices — Low Temperature Steam and Formaldehyde — Requirements for Development, Validation and Routine Control of a Sterilization Process for Medical Devices", International Standards Organization, Geneva, Switzerland (2009).

[33] ISO 10993-7, "Biological Evaluation of Medical Devices — Part 7: Ethylene Oxide Sterilization Residuals", International Standards Organization, Geneva, Switzerland (2008).

[34] ISO 11135:2014, "Sterilization of Health-Care Products—Ethylene Oxide—Requirements for the Development, Validation and Routine Control of a Sterilization Process for Medical Devices", International Standards Organization, Geneva, Switzerland (2014).

[35] R. K. Pines and M. Roberts, "A First Look at ISO 11135:2014", Sterilization Services, MDDI Medical Device and Diagnostic Industry (September 15, 2014). http://www.mddionline.com/article/first-look-iso-111352014-09-15-2014.

[36] S. C. Bartos and C. Shepherd, "PFC, HFC, $NF_3$ and $SF_6$ Emissions from Semiconductor Manufacturing", in: *Good Practice Guidance and Uncertainty Management in National Greenhouse Gas Inventories*, J. Penman, D. Kruger, I. Galbally, T. Hiraishi, B. Nyenzi, S. Emmanuel, L. Buendia, R. Hoppaus, T. Martinsen, J. Meijer, K. Miwa and K. Tanabe (Eds.), pp. 243-255, Institute of Global Environmental Strategies (IGES), Hayama, Japan (2000).

[37] VD Process & Chamber Cleaning Gases, Chem Gas Korea, Kyeongkido, Republic of Korea. http://rosemijang.com/wordpress1/products/gases/cvd-process-chamber-cleaning-gases/. (accessed January 30, 2018).

[38] 3M, "CVD Chamber Cleaning", 3M Electronics Markets Materials Division, St. Paul, MN. www.3m.com/elcetronicmaterials. (accessed January 30, 2018).

[39] Air Liquide, "Bulk Gases Supply Solutions", Air Liquide, Houston, TX. www.airliquide.com/electronics/bulk-gases-supply-solutions. (accessed January 30, 2018).

[40] Air Products, "Specialty Gases", Air Products and Chemicals, Allentown, PA. http://www.airproducts.com/products/Gases/Specialty-Gases.aspx. (accessed January 30, 2018).

[41] Linde, "Electronic Special Gases", Linde Americas, Bridgewater, NJ. http://www.lindeus.com/en/products_and_supply/electronic_gases_and_chemicals/electronic_special_gases/index.html. (accessed January 30, 2018).

[42] Linde, "On-Site $F_2$ for Sustainable Manufacturing: Leading to a Cleaner World", Brochure, Linde Electronics and Specialty Gases, Thornton Cleveleys, Lancashire, UK. www.linde-gas.com/internet.global.

lindegas. global/en/images/Linde%20On%20Site%20Fluorine% 20Generation%20Brochure17_17647. pdf. (accessed January 30,2018).

[43] Linde,"Linde to Install World's Largest On-Site Fluorine Plant to Deliver Safety and Process Benefits at SK Hynix M14 Plant",Press Release,Linde Americas,Bridgewater,NJ. www. linde-gas. com/internet. global. lindegas. global/en/images/Linde%20to%20install%20world %E2%80%99s%20largest% 20onsite% 20fluorine% 20plant% 20at% 20Hynix% 20press% 20release% 20July% 207% 20201517_258095. pdf. (accessed January 30,2018).

[44] Praxair,"ProSpec™ Global Specialty Gas Solutions",Praxair Technology,Inc. ,Danbury,CT. www. praxair. com/~/media/praxairus/Documents/Specification% 20Sheets% 20and% 20Brochures/Gases/Prospec%20Brochure%20P404012. pdf. (accessed January 30,2018).

[45] CGA, *Handbook of Compressed Gases*, 4th Edition, Compressed Gas Association, Chantilly, VA (2009).

[46] CGA,"Standard for Safe Handling of Compressed Gases in Cylinders",Standard P-1,Compressed Gas Association,Chantilly,VA (2015).

[47] Y. A. Stankevich and S. P. Fisenko,"Influence of Diffusion on the Cleaning of the CVD Reactor Atmosphere",J. Eng. Phys. Thermophys. 85,794 (2012).

[48] L. B. Asprey,S. A. Kinkead and P. G. Eller,"Low-Temperature Conversion of Uranium Oxides to Uranium Hexafluoride Using Dioxygen Difluoride",Nucl. Technol. 73,69 (1986).

[49] L. B. Asprey and P. G. Eller,"Method for Recovery of Actinides from Refractory Oxides Thereof Using $O_2F_2$",U. S. Patent 4,724,127 (1988).

[50] P. G. Eller,L. B. Asprey,S. A. Kinkead,B. I. Swanson and R. J. Kissane,"Reactions of Dioxygen Difluoride with Neptunium Oxides and Fluorides",J. Alloys Compounds 269,63 (1998).

[51] L. Beu,P. T. Brown,J. Latt,J. U. Rapp,T. Gilliland,T. Tamayo,J. Harrison,J. Davison,A. Cheng,J. Jewett and W. Worth,"Current State of Technology: Perfluorocompound (PFC) Emissions Reduction",Report Technology Transfer # 98053508A-TR,International SEMATECH,Austin,TX (1998).

[52] T. Gilliland and C. Hoover,"Evaluation of Praxair's Perfluorocompound (PFC) Capture/ Recovery System",Report Technology Transfer # 98113600A-ENG,International SEMATECH,Austin,TX (1998).

[53] Y. E. Li,J. E. Paganessi,D. Vassallo and G. K. Fleming,"Process and System for Separation and Recovery of Perfluorocompound Gases",U. S. Patent 6,312,502 (2001).

[54] Y. E. Li,J. E. Paganessi and D. Rufin,"Emission Reduction of Perfluorocompounds in Semiconductor Manufacturers via Capture and Recycle",in: *Green Engineering*,P. T. Anastas,L. G. Heine and T. C. Williamson (Eds. ),Ch. 6,pp. 62-75,ACS Symposium Series,Volume 766,American Chemical Society,Washington,D. C. (2001).

[55] V. Fthenakis,"Options for Abating Greenhouse Gases from Exhaust Streams",Report BNL-52652,Brookhaven National Laboratory,Upton,NY (2001).

[56] W. T. Tsai,H. P. Chen and W. Y. Hsien,"A Review of Uses,Environmental Hazards and Recovery/Recycle Technologies of Perfluorocarbons (PFCs) Emissions from the Semiconductor Manufacturing Processes",J. Loss Prevention Process Indus. 15,65 (2002).

[57] L. S. Beu,"Reduction of Perfluorocompound (PFC) Emissions: 2005 State-of-the Technology Report",Report Technology Transfer #05104693A-ENG,International SEMATECH Manufacturing Initiative,Austin,TX (2005).

[58] CS Clean Solutions,"Exhaust Gas Abatement Technology",CS Clean Solutions AG,Ismaning,Germany. http://www. cscleansolutions. com/technology/index. html. (accessed January 30,2018).

[59] 3M™ Steri-Vac Ethylene Oxide Sterilizers,Aerators and Abator,Medical Sterilization Specialties,3M Health Care Limited,Leicestershire,UK. www. 3m. com/medicalspecialities. (accessed January 30,2018).

[60] STERRAD® 100NX® Hydrogen Gas Peroxide Technology,Johnson & Johnson Services,Inc. ,Irvine,CA. www. aspjj. com. (accessed January 30,2018).

[61] GLOSAIR™ 400 Area Decontamination System,Advanced Sterilization Products,Johnson & Johnson,Le Locle,Switzerland. www. aspjj. com/EMEA. (accessed January 30,2018).

[62] ECOPALZER Sterilizer, Mediate Company, Ltd., Uji Kyoto, Japan. www.mediate-gp.co.jp. (accessed January 30, 2018).

[63] Nitrogen Dioxide Sterilization Technology, NOXILIZER, Inc., Baltimore, MD. www.noxilizer.com. (accessed January 30, 2018).

[64] Getinge HS66 LTSF Sterilizer Series Low-Temperature Sterilization Using Low-Temperature Steam and Formaldehyde, Getinge Infection Control AB, Getinge, Sweden. ic.getinge.com. (accessed January 30, 2018).

[65] Bioquell BQ-50 Hydrogen Vapour Bio-Decontamination System, Bioquell UK Ltd., Andover, Hampshire, UK. www.bioquell.com. (accessed January 30, 2018).

[66] STERIDOX-VP™ Chlorine Dioxide Gas Sterilizer, ClorDiSys Solutions, Inc., Lebanon, NJ. http://clordisys.com/steridox.php. (accessed January 30, 2018).

[67] M. Y. Kang, H. W. Jeong, J. Kim, J. W. Lee and J. Jang, "Removal of Biofilms Using Carbon Dioxide Aerosols", J. Aerosol Sci. 41, 1044 (2010).

[68] M. Cha, S. Hong, M. Y. Kang, J. W. Lee and J. Jang, "Gas-Phase Removal of Biofilms from Various Surfaces Using Carbon Dioxide Aerosols", Biofouling 28, 681 (2012).

[69] M. Cha, S. Hong, S. Y. Lee and J. Jang, "Removal of Different-Age Biofilms Using Carbon Dioxide Aerosols", Biotechnol. Bioprocess Eng. 19, 503 (2014).

[70] S. Hong and J. Jang, "Biofilm Removal Using Carbon Dioxide Aerosols without Nitrogen Purge", J. Vis. Exp. 117, e54827 (2016).

[71] H. L. Buss, S. L. Brantley and L. J. Liermann, "Nondestructive Methods for Removal of Bacteria from Silicate Surfaces", Geomicrobiol. J. 20, 25 (2003).

[72] NSF/ANSI Standard 49-2016, Biosafety Cabinetry: Design, Construction, Performance, and Field Certification, NSF International, Ann Arbor, MI (2016).

[73] G. Nordgren, "Investigations on the Sterilization Efficacy of Gaseous Formaldehyde", Acta Pathol. Microbiol. Scand. 40 Suppl., 1 (1939).

[74] F. C. Moore and L. R. Perkinson, "Hydrogen Peroxide Vapor Sterilization Method", U. S. Patent 4,169,123 (1979).

[75] D. H. Rosenblatt, A. A. Rosenblatt and J. A. Knapp, "Use of Chlorine Dioxide Gas as a Chemosterilizing Agent", U. S. Patent 4,681,739 (1987).

[76] A. M. McAnoy, "Vaporous Decontamination Methods: Potential Uses and Research Priorities for Chemical and Biological Contamination Control", Report DSTO-GD-0465, Defence Science and Technology Organisation, Victoria, Australia (June 2006).

[77] H. S. Luftman, M. A. Regits, P. Lorcheim, K. Lorcheim and D. Paznek, "Validation Study for the Use of Chlorine Dioxide Gas as a Decontaminant for Biological Safety Cabinets", Appl. Biosafety 13, 199 (2008).

[78] U. S. EPA, "Compatibility of Material and Electronic Equipment with Hydrogen Peroxide and Chlorine Dioxide Fumigation: Assessment and Evaluation Report", Report EPA/600/R-10/169, U. S. Environmental Protection Agency, Washington, D. C. (2010). www.epa.gov/ord.

[79] G. Fey, S. Klassen, S. Theriault and J. Krishnan, "Decontamination of a Worst-Case Scenario Class II Biosafety Cabinet Using Vaporous Hydrogen Peroxide", Appl. Biosafety 15, 142 (2010).

[80] M. A. Czarneski and K. Lorcheim, "A Discussion of Biological Safety Cabinet Decontamination Methods: Formaldehyde, Chlorine Dioxide, and Vapor Phase Hydrogen Peroxide", Appl. Biosafety 16, 26 (2011).

[81] D. Gordon, B.-A. Carruthers and S. Theriault, "Gaseous Decontamination Methods in High-Containment Laboratories", Appl. Biosafety 17, 31 (2012).

[82] T. Wang, J. Wu, J. Qi, L. Hao, Y. Yi and Z. Zhang, "Kinetics of Inactivation of *Bacillus subtilis* subsp. *niger* Spores and *Staphylococcus albus* on Paper by Chlorine Dioxide Gas in an Enclosed Space", Appl. Environ. Microbiol. 82, 3061 (2016).

[83] D. J. Girouard Jr. and M. A. Czarneski, "Room, Suite Scale, Class III Biological Safety Cabinet, and Sensitive Equipment Decontamination and Validation Using Gaseous Chlorine Dioxide", Appl. Biosafety 21, 34 (2016).

[84] X. Q. Lin, A. Atmadi and O. Nelson, "Decontamination of ESCO Class II Biosafety Cabinet Using Vaporized Hydrogen Peroxide", ROC No. 198400165W. www. escoglobal. com. (accessed January 30, 2018).

[85] Technical Note, "Biological Safety Cabinets Fumigation Methodologies", ThermoFisher Scientific, Waltham, MA. https://www. thermoscientific. com/content/dam/tfs/LPG/LED/LED%20Documents/Application%20&%20Technical%20Notes/Biological%20Safety%20Cabinets%20and%20Clean%20Benches/NSF%2049%20Certified%20Biological%20Safety%20Cabinets/BSC-Fumigation-Technical-Note. pdf. (accessed January 30, 2018).

[86] ClorDiSys Brochure, "Decontamination Service: 6-Log Sterilization Level Kill", ClorDiSys Solutions, Inc., Lebanon, NJ. http://www. clordisys. com/pdfs/brochures/Decon%20Service%20Brochure. pdf. (accessed January 30, 2018).

[87] A. Malmborg, M. Wingren, P. Bonfield and G. McDonnell, "VHP Takes its Place in Room Decontamination", Solid State Technology (November 2001). http://electroiq. com/blog/ 2001/11/vhp-takes-its-place-in-room-decontamination.

[88] U. S. EPA, "Compilation of Available Data on Building Decontamination Alternatives", Report EPA/600/R-11/012, U. S. Environmental Protection Agency, Washington, D. C. (2005).

[89] C. Hultman, A. Hill and G. McDonnell, "The Physical Chemistry of Decontamination with Gaseous Hydrogen Peroxide", Pharmaceutical Engineering Magazine, pp. 22-33 (January/ February 2007).

[90] M. Grare, M. Dailloux, L. Simon, P. Dimajo and C. Laurain, "Efficacy of Dry Mist of Hydrogen Peroxide (DMHP) against Mycobacterium tuberculosis and use of DMHP for Routine Decontamination of Biosafety Level 3 Laboratories", J. Clin. Microbiol. 46, 2955 (2008).

[91] U. S. EPA, "Assessment of the Impact of Decontamination Fumigants on Electronic Equipment", Report EPA/600/R-14/316, U. S. Environmental Protection Agency, Washington, D. C. (2010).

[92] U. S. EPA, "Compatibility of Material and Electronic Equipment with Hydrogen Peroxide and Chlorine Dioxide Fumigation", Report EPA/600/R-10/169, U. S. Environmental Protection Agency, Washington, D. C. (2010).

[93] U. S. EPA, "Assessment of Fumigants for Decontamination of Surfaces Contaminated with Chemical Warfare Agents", Report EPA/600/R-10/035, U. S. Environmental Protection Agency, Washington, D. C. (2010).

[94] B. Unger-Bimczok, "Dekontamination von pharmazeutischen Isolatoren mit verdampftem Wasserstoffperoxid: Charakterisierung von Einflussparametern und Optimierung des Maschinendesigns", Ph. D. Dissertation, Universität Hohenheim, Stuttgart, Germany (2010).

[95] K. Pruß, S. Stirzel and U. Kulozik, "Influence of the Surface Temperature of Packaging Specimens on the Inactivation of Bacillus Spores by Means of Gaseous $H_2O_2$", J. Appl. Microbiol. 112, 493 (2011).

[96] B. Unger-Bimczok, T. Kosian, V. Kottke, C. Hertel and J. Rauschnabel, "Hydrogen Peroxide Vapor Penetration into Small Cavities During Low-Temperature Decontamination Cycles", J. Pharm. Innov. 6, 32 (2011).

[97] U. S. EPA, "Compatibility of Material and Electronic Equipment with Methyl Bromide and Chlorine Dioxide Fumigation", Report EPA/600/R/12/664, U. S. Environmental Protection Agency, Washington, D. C. (2012).

[98] U. S. EPA, "Evaluation of Hydrogen Peroxide Fumigation for HVAC Decontamination", Report EPA/600/R/12/586, U. S. Environmental Protection Agency, Washington, D. C. (2012).

[99] U. S. EPA, "Compatibility of Material and Electronic Equipment with Ethylene Oxide Fumigation", Report EPA/600/R/14/399, U. S. Environmental Protection Agency, Washington, D. C. (2014).

[100] U. S. EPA, "Methyl Bromide Decontamination of Indoor and Outdoor Materials Contaminated with *Bacillus anthracis* Spores", Report EPA/600/R-14/170, U. S. Environmental Protection Agency, Washington, D. C. (2014).

[101] K. M. Meyer, M. W. Calfee, J. P. Wood, L. Mickelsen, B. Attwood, M. Clayton, A. Touati and R. Delafield, "Fumigation of a Laboratory-Scale HVAC System with Hydrogen Peroxide for Decontamination Following a Biological Contamination Incident", J. Appl. Microbiol. 116, 533 (2014).

[102] I. K. Hartmann and J. Jarvis, "Effective Contamination Control with $CO_2$ Incubators", White Paper

No. 30, Eppendorf AG, Hamburg, Germany (December 2015). www. eppendorf. com.

[103] Steris, "VHP Sterilization & Biodecontamination", Steris Corporation, Mentor, OH. www. sterislifesciences. com. (accessed January 30, 2018).

[104] Bioquell, "Hydrogen Peroxide Vapor Biological Efficacy", Microbiology Sheet, Science Driven Bio-Decontamination, BQ001-MKT-011, Rev 3, Bioquell, Andover, Hampshire, UK (2017). https://www. bioquell. com/wp-content/uploads/2017/06/BIOQUELL_EFFICACY_ DOCUMENT_US. pdf.

[105] G. Grass, C. Rensing and M. Solioz, "Metallic Copper as an Antimicrobial Surface", Appl. Environ. Microbiol. 77, 1541 (2011).

[106] P. Bleichert, C. E. Santo, M. Hanczaruk, H. Meyer and G. Grass, "Inactivation of Bacterial and Viral Biothreat Agents on Metallic Copper Surfaces", Biometals 27, 2279 (2014).

[107] CDA, "Reducing the Risk of Healthcare Associated Infections: The Role of Antimicrobial Copper Touch Surfaces", CDA Publication 196, Copper Development Association, Hemel Hempstead, UK (2014).

[108] ORDB 510(K) Sterility Review Guidance, U. S. Food and Drug Administration, Washington, D. C. (1997). www. fda. gov/MedicalDevices/DeviceRegulationandGuidance/GuidanceDocuments/ucm080211. htm.

[109] ISO 17665-1:2006, "Sterilization of Health Care Products-Moist heat-Part 1: Requirements for the Development, Validation and Routine Control of a Sterilization Process for Medical Devices", International Standards Organization, Geneva, Switzerland (2006).

[110] ISO 20857:2010, "Sterilization of Health Care Products-Dry Heat-Requirements for the Development, Validation and Routine Control of a Sterilization Process for Medical Devices", International Standards Organization, Geneva, Switzerland (2010).

[111] ISO 14937:2009, "Sterilization of Health Care Products-General Requirements for Characterization of a Sterilizing Agent and the Development, Validation and Routine Control of a Sterilization Process for Medical Devices", International Standards Organization, Geneva, Switzerland (2009).

[112] C. Spry, "Low Temperature Sterilization", Infection Control Today (May 1, 2001). http:// www. infectioncontroltoday. com/articles/2001/05/infection-control-today-05-2001-sterilization. aspx.

[113] R. Slaybaugh, "Sterilization: Gas Plasma, Steam, and Washer-Decontamination", Infection Control Today (June 1, 2000). www. infectioncontroltoday. com/articles/2000/06/sterilizationgas-plasma-steam-and-washer-deconta. aspx.

[114] E. A. Spotts Whitney, M. E. Beatty, T. H. Taylor Jr. , R. Weyant, J. Sobel, M. J. Arduino and D. A. Ashford, "Inactivation of *Bacillus anthracis* Spores", Emerg. Infect. Diseases 9, 623 (2003).

[115] G. Fichet, E. Comoy, C. Duval, K. Antloga, C. Dehen, A. Charbonnier, G. McDonnell, P. Brown, C. I. Lamezas and J. P. Deslys, "Novel Methods for Disinfection of Prion-Contaminated Medical Devices", Lancet 364, 521 (2004).

[116] G. L. French, J. A. Otter, K. P. Shannon, N. M. T. Adams, D. Watling and M. J. Parks, "Tackling Contamination of the Hospital Environment by Methicillin-Resistant *Staphylococcus aureus* (MRSA): A Comparison between Conventional Terminal Cleaning and Hydrogen Peroxide Vapour Decontamination", J. Hosp. Infect. 57, 31 (2004).

[117] D. A. Canter, "Addressing Residual Risk Issues at Anthrax Cleanups: How Clean is Safe?" J. Toxicol. Environ. Health A 68, 1017 (2005).

[118] K. Kanemitsu, T. Imasaka, S. Ishikawa, H. Kunishima, H. Harigae, K. Ueno, H. Takemura, Y. Hirayama and M. Kaku, "A Comparative Study of Ethylene Oxide Gas, Hydrogen Peroxide Gas Plasma, and Low-Temperature Steam Formaldehyde Sterilization", Infect. Control Hosp. Epidemiol. 26, 486 (2005).

[119] H. Q. Zhang, G. V. Barbosa-Cánovas, V. M. Balasubramaniam, C. P. Dunne, D. F. Farkas and J. T. C. Yuan (Eds. ), *Nonthermal Processing Technologies for Food*, Wiley-Blackwell Publishing, John Wiley & Sons, Chichester, UK (2011).

[120] A. Davies, T. Pottage, A. Bennett and J. Walker, "Gaseous and Air Decontamination Technologies for Clostridium difficile in the Healthcare Environment", J. Hosp. Infect. 77, 199 (2011).

[121] L. Talapa, "Low Temperature Sterilization-Assessing Similarities and Differences", 3M™ Sterilization

Assurance Continuing Education Self-Study Course, 3M Corporation, St. Paul, MN (2013). www. 3M. com/infectionprevention.

[122] C. L. Passaretti, J. A. Otter, N. G. Reich, J. Myers, J. Shepard, T. Ross, C. Carroll, P. Lipsett and T. M. Perl, "An Evaluation of Environmental Decontamination with Hydrogen Peroxide Vapor for Reducing the Risk of Patient Acquisition of Multidrug-Resistant Organisms", Clin. Infect. Diseases 56, 27 (2013).

[123] L. A. Taylor, M. S. Barbeito and G. G. Gremillion, "Paraformaldehyde for Surface Sterilization and Detoxification", Appl. Microbiol. 17, 614 (1969).

[124] A. Suzuki and Y. Namba, "Sterilization of Operating Microscope and Flexible Fiber-Optic Illuminator by Formaldehyde Gas", Nagoya J. Med. Sci. 45, 43 (1982).

[125] P. T. Jacobs and S. -M. Lin, "Hydrogen Peroxide Plasma Sterilization System", U. S. Patent 4, 643, 876 (1987).

[126] N. A. Klapes and D. Vesley, "Vapor-Phase Hydrogen Peroxide as a Surface Decontaminant and Sterilant", Appl. Environ. Microbiol. 56, 503 (1990).

[127] D. K. Jeng and A. G. Woodworth, "Chlorine Dioxide Gas Sterilization under Square-Wave Conditions", Appl. Environ. Microbiol. 56, 514 (1990).

[128] G. Tarancon, "Use of Fluorine Interhalogen Compounds as a Sterilizing Agent", International Patent Application, WO 1993014793 (1993).

[129] R. A. Heckert, M. Best, L. T. Jordan, G. C. Dulac, D. L. Eddington and W. G. Sterritt, "Efficacy of Vaporized Hydrogen Peroxide Against Exotic Animal Viruses", Appl. Environ. Microbiol. 63, 3916 (1997).

[130] M. Kokubo, T. Inoue and J. Akers, "Resistance of Common Environmental Spores of the Genus Bacillus to Vapor Hydrogen Peroxide", PDA J. Pharm. Sci. Technol. 52, 228 (1998).

[131] K. Kanemitsu, H. Kunishima, T. Imasaka, S. Ishikawa, H. Harigae, S. Yamato, Y. Hirayama and M. Kaku, "Evaluation of a Low-Temperature Steam and Formaldehyde Sterilizer", J. Hosp. Infect. 55, 47 (2003).

[132] A. Kahnert, P. Seiler, M. Stein, B. Aze, G. McDonnell and S. H. E. Kaufmann, "Decontamination with Vaporized Hydrogen Peroxide is Effective Against Mycobacterium tuberculosis", Lett. Appl. Microbiol. 40, 448 (2005).

[133] G. Fichet, K. Antloga, E. Comoy, J. P. Deslys and G. McDonnell, "Prion Inactivation Using a New Gaseous Hydrogen Peroxide Sterilisation Process", J. Hospital Infect. 67, 279 (2007).

[134] P. W. Bartram, J. T. Lynn, L. P. Reiff, M. D. Brickhouse, T. A. Lalain, S. P. Ryan and D. Stark, "Material Demand Studies: Interaction of Chlorine Dioxide Gas with Building Materials", Report EPA/600/R-08/091, Environmental Protection Agency, Research Triangle Park, NC (2008). www. epa. gov/ord.

[135] B. Unger-Bimczok, V. Kottke, C. Hertel and J. Rauschnabel, "The Influence of Humidity, Hydrogen Peroxide Concentration, and Condensation on the Inactivation of *Geobacillus stearothermophilus* Spores with Hydrogen Peroxide Vapor", J. Pharma. Innov. 3, 123 (2008).

[136] P. Heeg, C. Hugo, D. Zeller and T. Zanette, "Comparison of the Microbiological Efficacy and Practical Application of Three Alternative Types of Low-Temperature Sterilisation Processes Based on Hydrogen Peroxide", Zentral Steril. 17, 183 (2009).

[137] L. Hall, J. A. Otter, J. Chewins and N. L. Wengenack, "Use of Hydrogen Peroxide Vapor for Deactivation of Mycobacterium tuberculosis in a Biological Safety Cabinet and a Room", J. Clin. Microbiol. 47, 205 (2009).

[138] J. A. Otter and G. L. French, "Survival of Nosocomial Bacteria and Spores on Surfaces and Inactivation by Hydrogen Peroxide Vapor", J. Clin. Microbiol. 47, 205 (2009).

[139] V. K. Rastogi, S. P. Ryan, L. Wallace, L. S. Smith, S. S. Shah and G. B. Martin, "Systematic Evaluation of the Efficacy of Chlorine Dioxide in Decontamination of Building Interior Surfaces Contaminated with Anthrax Spores", Appl. Environ. Microbiol. 76, 3343 (2010).

[140] T. Pottage, C. Richardson, S. Parks, J. T. Walker and A. M. Bennett, "Evaluation of Hydrogen Peroxide Gaseous Disinfection Systems to Decontaminate Viruses", J. Hosp. Infect. 74, 55 (2010).

[141] A. A. Rushdy and A. S. Othman, "Bactericidal Efficacy of Some Commercial Disinfectants on Biofilm

on Stainless Steel Surfaces of Food Equipment",Ann. Microbiol. 61,545 (2011).
[142] A. Sakudo,Y. Ano,T. Onodera,K. Nitta,H. Shintani,K. Ikuta and Y. Tanaka,"Fundamentals of Prions and Their Inactivation (Review)",Intl. J. Mol. Medicine 27,483 (2011).
[143] E. Tuladhar, P. Terpstra, M. Koopmans and E. Duizer, "Virucidal Efficacy of Hydrogen Peroxide Vapour Disinfection",J. Hosp. Infect. 80,110 (2012).
[144] F. Ahiska,"Sterilization with In-Line Concentrating and Injection of Hydrogen Peroxide",U. S. Patent Application,20130302207 (2013).
[145] S. M. Goyal,Y. Chander,S. Yezli and J. A. Otter,"Evaluating the Virucidal Efficacy of Hydrogen Peroxide Vapour",J. Hosp. Infect. 86,255 (2014).
[146] D. J. Malik,C. M. Shaw,G. Shama,M. R. J. Clokie and C. D. Rielly,"An Investigation into the Inactivation Kinetics of Hydrogen Peroxide Vapor Against *Clostridium difficile* Endospores",Chem. Eng. Commu. 203,1615 (2016).
[147] M. J. Leggett,J. S. Schwarz,P. A. Burke,G. McDonnell,S. P. Denyer and J.-Y. Maillard,"Mechanism of Sporicidal Activity for the Synergistic Combination of Peracetic Acid and Hydrogen Peroxide",Appl. Environ. Microbiol. 82,1035 (2016).
[148] D. Smith,"Hydrogen Peroxide Gas Plasma System",Proceedings Annual WFHSS and JSMI Conference 2012: 13th World Sterilization Congress,Osaka,Japan (November 2012). http:// www. deconidi. ie/html/conf/wfhss-conference-2012/lectures/wfhss _ conf20121121 _ lecture _ sp _ ws-jsmi02 _ en. pdf.
[149] J. J. Lowe,S. G. Gibbs,P. C. Iwen,P. W. Smith and A. L. Hewlett,"Impact of Chlorine Dioxide Gas Sterilization on Nosocomial Organism Viability in a Hospital Room", Int. J. Environ. Res. Public Health 10,2596 (2013).
[150] G. McDonnell,"The V-Pro Series of Hydrogen Peroxide Gas Sterilizers",Proceedings Annual WFHSS and JSMI Conference 2012: 13th World Sterilization Congress,Osaka,Japan (November 2012). http://www. deconidi. ie/html/conf/wfhss-conference-2012/lectures/ wfhss_conf20121121_lecture_sp_ws-jsmi02_en. pdf.
[151] M. Uvenfeldt,"Sterilization with LTSF Low Temperature Steam Formaldehyde",Proceedings Annual WFHSS and JSMI Conference 2012: 13th World Sterilization Congress, Osaka, Japan (November 2012). http://www. deconidi. ie/html/conf/wfhss-conference-2012/lectures/ wfhss_conf20121121_lecture_sp_ws-jsmi03_en. pdf.
[152] T. Someya, "Ethylene Oxide Gas Sterilization", Proceedings Annual WFHSS and JSMI Conference 2012: 13th World Sterilization Congress,Osaka,Japan (November 2012). http:// www. deconidi. ie/html/conf/wfhss-conference-2012/lectures/wfhss_conf20121121_lecture_ sp_ws-jsmi04_en. pdf.
[153] K. Lorcheim,"The Myths and Misconceptions of Chlorine Dioxide Gas",ALN Magazine (September 3, (2013). http://www. alnmag. com/articles/2013/09/myths-and-misconceptionschlorine-dioxide-gas.
[154] R. Yoshida and H. Kobayashi,"Hydrogen Peroxide Vapour in the Proximity of Hydrogen Sterilisers", Jpn. J. Environ. Infect. 26,239 (2011).
[155] R. Yoshida and H. Kobayashi,"Problems on Hydrogen Peroxide Sterilisation-New Proposal for Safety and Effective Use",Proceedings Annual WFHSS and JSMI Conference 2012: 13th World Sterilization Congress, Osaka, Japan (November 2012). www. gasdetection. com/ wp-content/uploads/wfhss_ conf20121121_lecture_sp_s702_en. pdf.
[156] R. Yoshida and H. Kobayashi,"Influence of Hydrogen Peroxide Sterilisation on Plastic Surface",J. Healthcare-Associated Infect. 6,19 (2013).
[157] NIOSH,"Chemical Listing and Documentation of Revised IDLH Values (as of 3/1/95)",The National Institute for Occupational Safety and Health (NIOSH),Centers for Disease Control and Prevention (CDC),Atlanta,GA (2014). http://www. cdc. gov/niosh/idlh/intridl4. html.
[158] J. Kulla,R. Reich and S. Brodel Jr.,"Sterilizing Combination Products Using Oxides of Nitrogen", Sterilization Services,MedicalDevice and Diagnostic Industry(MDDI)(March 1,(2009). http://www. mddionline. com/article/sterilizing-combination-products-using-oxides-nitrogen.
[159] E. V. Arnold,B. G. Doletski,T. M. Dunn,R. E. Raulli,E. P. Mueller,K. R. Benedek and M.-L. Mur-

ville,"Sterilization System and Device",U. S. Patent 8,017,074 (2011).

[160] M. Shomali,D. Opie,T. Avasthi and A. Trilling,"Nitrogen Dioxide Sterilization in Low-Resource Environments: A Feasibility Study". PLoS ONE 10 (6): e0130043 (2015). https://doi. org/10. 1371/journal. pone. 0130043.

[161] E. J. Bond,"Manual of Fumigation for Insect Control",FAO Plant Production and Protection Paper 54,Food and Agriculture Organization (FAO),Rome,Italy (1989).

[162] J. A. Johnson, S. S. Walse and J. S. Gerik, "Status ofAlternatives forMethylBromide intheUnited States",Outlooks on Pest Management, Volume 23,pp. 53-58 (April 2012). http://www. ars. usda. gov/SP2UserFiles/person/2863/pdfdocuments/Johnson%20et%20al%202012. pdf.

[163] P. Ducom,"Methyl Bromide Alternatives",in: *Proceedings 9th Intl. Conf. Controlled Atmosphere and Fumigation in Stored Products*,S. Navarro,H. J. Banks,D. S. Jayas,C. H. Bell,R. T. Noyes,A. G. Ferizli,M. Emekci,A. A. Isikber and K. Alagusundaram (Eds. ),pp. 205-214,ARBER Professional Congress Services,Antalya,Turkey (2012).

[164] U. S. EPA,"Methyl Bromide Alternatives. 10 Case Studies: Structural Fumigation Using Sulfuryl Fluoride: DowElanco's Vikane$^{TM}$ Gas Fumigant",Report,U. S. Environmental Protection Agency,Research Triangle Park,NC (1996). http://www. epa. gov/spdpublc/mbr/ casestudies/volume2/sulfury2. html.

[165] B. D. Adam,E. L. Bonjour and J. T. Criswell,"Cost Comparison of Methyl Bromide and Sulfuryl Fluoride (Profume®) for Fumigating Food Processing Facilities,Warehouses,and Cocoa Beans",in: *Proceedings 10th Intl. Working Conference on Stored Product Preservation*,O. M. Carvalho,P. G. Fields,C. S. Adler,F. H. Arthur,C. G. Athanassiou,J. F. Campbell,F. Fleurat-Lessard,P. W. Flinn,R. J. Hodges and A. A. Isikber (Eds. ),pp. 314-321,Julius Kühn-Institut,Berlin,Germany (2010).

[166] M. R. Derrick,H. D. Burgess,M. T. Baker and N. E. Binnie,"Sulfuryl Fluoride (Vikane): A Review of its Use as a Fumigant",J. Am. Inst. Conservation 29,77 (1990).

[167] B. M. Schneider,"Characteristics and Global Potential of the Insecticidal Fumigant,Sulfuryl Fluoride",in: *Proceedings 1st Intl. Conf. Insect Pests in the Urban Environment*,K. B. Wildey and W. H. Robinson (Eds. ),pp. 193-198,BPCC Wheatons Limited,Exeter,UK (1993).

[168] T. J. Wontner-Smith,"Evaluation of the Use of Sulphuryl Fluoride (Profume) in the Malting Industry in the United Kingdom",Research Review No. 55,Central Science Laboratory,York,UK (2005).

[169] C. G. Athanassiou,T. W. Phillips,M. J. Aikins,M. M. Hasan and J. E. Throne,"Effectiveness of Sulfuryl Fluoride for Control of Different Life Stages of Stored-Product Psocids (Psocoptera)",J. Econ. Entomol. 105,282 (2012).

[170] Fact Sheet for Vikane Gas Fumigant (Sulfuryl Fluoride),Dow AgroSciences,Indianapolis,IN (2013). http://msdssearch. dow. com/PublishedLiteratureDAS/dh_08f2/0901b803808f2f96. pdf? filepath=label/pdfs/noreg/010-01465. pdf&fromPage=GetDoc.

[171] H. J. Banks,F. J. M. Desmarchelier and Y. L. Ren,"Carbonyl Sulphide Fumigant and Method of Fumigation",International Patent Application WO 1993013659 (1993).

[172] G. L. Weller and R. Morton,"Fumigation with Carbonyl Sulfide: A Model for the Interaction of Concentration,Time and Temperature",J. Stored Products Res. 37,383 (2001).

[173] E. J. Wright,"Carbonyl Sulfide (COS) as a Fumigant for Stored Products: Progress in Research and Commercialisation",in: *Stored Grain in Australia 2003. Proceedings of the Australian Postharvest Technical Conference*,E. J. Wright,M. C. Webb and E. Highey (Eds. ),pp. 224-229,CSIRO Stored Grain Research Laboratory,Canberra,Australia (2003).

[174] A. R. Bartholomaeus and V. S. Haritos,"Review of the Toxicology of Carbonyl Sulfide,a New Grain Fumigant",Food Chem. Toxicol. 43,1687 (2005).

[175] Y. L. Ren,C. Waterford and B. H. Lee,"Pesticide Compositions and Methods",U. S. Patent 8,278,352 (2012).

[176] C. Moissl,S. Osman,M. T. La Duc,A. Dekas,E. Brodie,T. DeSantis and K. Venkateswaran,"Molecular Bacterial Community Analysis of Clean Rooms where Spacecraft are Assembled",FEMS Microbiol. Ecol. 61,509 (2007).

[177] M. T. La Duc,A. Dekas,S. Osman,C. Moissl,D. Newcombe and K. Venkateswaran,"Isolation and

Characterization of Bacteria Capable of Tolerating the Extreme Conditions of Clean Room Environments", Appl. Environ. Microbiol. 73, 2600 (2007).

[178] M. Stieglmeier, R. Wirth, G. Kminek and C. Moissl-Eichinger, "Cultivation of Anaerobic and Facultatively Anaerobic Bacteria from Spacecraft-Associated Clean Rooms", Appl. Environ. Microbiol. 75, 3484 (2009).

[179] P. Schwendner, C. Moissl-Eichinger, S. Barczyk, M. Bohmeier, R. Pukall and P. Rettberg, "Insights into the Microbial Diversity and Bioburden in a South American Spacecraft Assembly Clean Room", Astrobiol. 13, 1140 (2013).

[180] J. K. Bonner, C. D. Tudryn, S. J. Choi, S. E. Eulogio and T. J. Roberts, "The Use of Liquid Isopropyl Alcohol and Hydrogen Peroxide Gas Plasma to Biologically Decontaminate Spacecraft Electronics", Proceedings IPC Printed Circuits Expo, APEX and the Designers Summit 2006, pp. 346-358, Curran Associates, Red Hook, NY (2006).

[181] T. Pottage, S. Macken, K. Giri, J. T. Walker and A. M. Bennett, "Low-Temperature Decontamination with Hydrogen Peroxide or Chlorine Dioxide for Space Applications", Appl. Environ. Microbiol. 78, 4169 (2012).

[182] ECSS-Q-ST-70-56C, "Space Product Assurance. Vapour Phase Bioburden Reduction for Flight Hardware", European Space Agency, Noordwijk, The Netherlands (2013).

[183] J. H. Kim, C. H. Oh, N. E. Lee and G. Y. Yeom, "Effect of N-Based Gases to $C_3F_8O_2$ on Global Warming during Silicon Nitride PECVD Chamber Cleaning Using a Remote Plasma Source", J. Korean Phys. Soc. 42, S800 (2003).

[184] N. Krishnan, S. Raoux and D. Dornfeld, "Quantifying the Environmental Footprint of Semiconductor Equipment Using the Environmental Value Systems Analysis (EnV-S)", IEEE Trans. Semicond. Manuf. 17, 554 (2004).

[185] M. J. de Wild-Scholten, E. A. Alsema, V. M. Fthenakis, G. Agostinelli, H. Dekkers, K. Roth and V. Kinzig, "Fluorinated Greenhouse Gases in Photovoltaic Module Manufacturing: Potential Emissions and Abatement Strategies", Proceedings 22nd European Photovoltaic Solar Energy Conference, Fiera Milano, Italy, pp. 1-12 (2007).

[186] M. Schottler and M. J. de Wild-Scholten, "The Carbon Footprint of PECVD Chamber Cleaning Using Fluorinated Gases", Proceedings 23rd European Photovoltaic Solar Energy Conference, Valencia, Spain, pp. 1-5 (2008).

[187] S. Solomon, J. B. Burkholder, A. R. Ravishankara and R. R. Garcia, "Ozone Depletion and Global Warming Potentials of $CF_3I$", J. Geophys. Res. 99, 20929 (1994).

[188] T. F. Stocker, D. Qin, G.-K. Plattner, M. M. B. Tignor, S. K. Allen, J. Boschung, A. Nauels, Y. Xia, V. Bex and P. M. Midgley (Eds.), *Climate Change 2013-The Physical Science Basis*, Contribution of Working Group I to the Fifth Assessment Report of the IPCC (Intergovernmental Panel on Climate Change), Cambridge University Press, Cambridge, UK (2014).

[189] R. F. Weiss, J. Mühle, P. K. Salameh and C. M. Harth, "Nitrogen Trifluoride in the Global Atmosphere", Geophys. Res. Lett. 35, L20821 (2008).

[190] W. T. Tsai, "Environmental and Health Risk Analysis of Nitrogen Trifluoride ($NF_3$), A Toxic and Potent Greenhouse Gas", J. Hazardous Mater. 159, 257 (2008).

[191] R. Conniff, "The Greenhouse Gas That Nobody Knew", Yale Environment 360, Yale School of Forestry and Environmental Studies, Yale University, New Haven, CT (November 13, 2008). http://e360.yale.edu/feature/the_greenhouse_gasthat_nobody_knew/2085/.

[192] V. Fthenakis, D. O. Clark, M. Moalem, P. Chandler, R. G. Ridgeway, F. E. Hulbert, D. B. Cooper and P. J. Maroulis, "Life-Cycle Nitrogen Trifluoride Emissions from Photovoltaics", Environ. Sci. Technol. 44, 8750 (2010).

[193] T. Arnold, C. M. Harth, J. Mühle, A. J. Manning, P. K. Salameh, J. Kim, J. Ivy, L. P. Steele, V. V. Petrenko, J. P. Severinghaus, D. Baggenstos and R. F. Weiss, "Nitrogen Trifluoride Global Emissions Estimated from Updated Atmospheric Measurements", Proc. Natl. Acad. Sci. USA 110, 2029 (2013).

[194] V. C. Papadimitriou, R. W. Portmann, D. W. Fahey, J. Mühle, R. F. Weiss and J. B. Burkholder, "Experimental and Theoretical Study of the Atmospheric Chemistry and Global Warming Potential of

$SO_2F_2$",J. Phys. Chem. A112,12657 (2008).

[195] M. P. S. Andersen, D. R. Blake, F. S. Rowland, M. D. Hurley and T. J. Wallington, "Atmospheric Chemistry of Sulfuryl Fluoride: Reaction with OH Radicals, Cl Atoms and $O_3$, Atmospheric Lifetime, IR Spectrum, and Global Warming Potential", Environ. Sci. Technol. 43,1067 (2009).

[196] J. Mühle, J. Huang, R. F. Weiss, R. G. Prinn, B. R. Miller, P. K. Salameh, C. M. Harth, P. J. Fraser, L. W. Porter, B. R. Greally, S. O'Doherty, P. G. Simmonds, P. B. Krummel and L. P. Steele, "Sulfuryl Fluoride in the Global Atmosphere", J. Geophys. Res. 114, D05306 (2009).

[197] D. Youn, K. O. Patten, D. J. Wuebbles, H. Lee and C.-W. So, "Potential Impact of Iodinated Replacement Compounds $CF_3I$ and $CH_3I$ on Atmospheric Ozone: A Three-Dimensional Modeling Study", Atmos. Chem. Phys. 10,10129 (2010).

[198] B. Golja, J. A. Barkanic and A. Hoff, "A Review of Nitrogen Trifluoride for Dry Etching in Microelectronics Processing", Microelectronics J. 16,5 (1985).

[199] J. A. Barkanic, D. M. Reynolds, R. J. Jaccodine, H. G. Stenger, J. Parks and H. Vedage, "Plasma-Etching Using $NF_3$-A Review", Solid State Technol. pp. 109-115 (April 1989).

[200] M. Konuma, F. Banhart, F. Phillipp and E. Bauser, "Damage-Free Reactive Ion Etching of Silicon in $NF_3$ at Low Temperature", Mater. Sci. Eng. B 4,265 (1989).

[201] V. M. Fthenakis and P. D. Moskowitz, "Plasma Etching: Safety, Health and Environmental Considerations", Prog. Photovoltaics Res. Applic. 3,129 (1995).

[202] J. G. Langan, S. W. Rynders, B. S. Felker and S. E. Beck, "Electrical Impedance Analysis and Etch Rate Maximization in $NF_3$/Ar Discharges", J. Vac. Sci. Technol. A 16,2108 (1998).

[203] S. Raoux, T. Tanaka, M. Bhan, H. Ponnekanti, M. Seamons, T. Deacon, L.-Q. Xia, F. Pham, D. Silvetti, D. Cheung, K. Fairbairn, A. Johnson, R. Pearce and J. G. Langan, "Remote Microwave Plasma Source for Cleaning Chemical Vapor Deposition Chambers: Technology for Reducing Global Warming Gas Emissions", J. Vac. Sci. Technol. B 17,477 (1999).

[204] B. E. E. Kastenmeier, G. S. Oehrlein, J. G. Langan and W. R. Entley, "Gas Utilization in Remote Plasma Cleaning and Stripping Applications", J. Vac. Sci. Technol. A 18,2102 (2000).

[205] A. D. Johnson, W. R. Entley and P. F. Maroulis, "Reducing PFC Gas Emissions from CVD Chamber Cleaning", Solid State Technol. pp. 103-112 (December 2000).

[206] H. Reichardt, A. Frenzel and K. Schober, "Environmentally Friendly Wafer Production: $NF_3$ Remote Microwave Plasma for Chamber Cleaning", Microelectronic Eng. 56,73 (2001).

[207] B. Ji, J. H.-K. Yang, D. L. Elder and E. J. Karwacki, Jr., "Cleaning of Processing Chambers with Dilute $NF_3$ Plasmas", U. S. Patent Application, 2004/0045577 (2004).

[208] T. Rößler, M. Albert, R. Terasa and J. W. Bartha, "Alternative Etching Gases to $SF_6$ Plasma Enhanced Chamber Cleaning in Silicon Deposition Systems", Surf, Coatings Technol. 200,552 (2005).

[209] S. K. Jangjian, S. W. Chen, H. J. Chang, C. L. Chang and Y. L. Wang, "Chamber Cleaning Method", U. S. Patent Application 2005/50155625 (2005).

[210] R. Hellriegel, M. Albert, B. Hintze, H. Winzig and J. W. Bartha, "Remote Plasma Etching of Titanium Nitride Using $NF_3$/Argon and Chlorine Mixtures for Chamber Clean Applications", Microelectronics J. 84,37 (2007).

[211] H. H. Sawin and B. Bai, "Method of Using $NF_3$ for Removing Surface Deposits", U. S. Patent Application 2007/0028944 (2007).

[212] D. Cooper, "Safety and Environmental Considerations of $NF_3$ and $F_2$ Chamber Cleans for Thin Film Silicon Solar Cells", Technical Note, Air Products and Chemicals, Allentown, PA (2009).

[213] G. Mitchell, R. Torres, A. Seymour, R. Subramanian and C. Wyse, "Development of Green $NF_3$™: Lowering the Cost and Environmental Impact of $NF_3$ through the Use of Additives", Proceedings SESHA 35th Annual International High Technology ESH Symposium and Exhibition, Paper 32, pp. 9-13 (2013).

[214] G. Mitchell, R. Torres, Jr. and A. Seymour, "$NF_3$ Chamber Clean Additive", U. S. Patent 8,623,148 (2014).

[215] N. Kofuji, M. Mori and T. Nishida, "Uniform Lateral Etching of Tungsten in Deep Trenches Utilizing Reaction-Limited $NF_3$ Plasma Process", Jpn. J. Appl. Phys. 56,06HB05 (2017).

[216]　Air Products, "Safetygram 28: Nitrogen Trifluoride", Air Products and Chemicals, Allentown, PA (2015). www.airproducts.com/~/media/Files/PDF/company/safetygram-28.pdf.

[217]　Z. Saleh and R. A. Comunale, "Systems and Methods for Dry Cleaning Process Chambers", U. S. Patent 6,290,779 (2001).

[218]　K. Fujita, S. Kobayashi, M. Ito, M. Hori and T. Goto, "Environmentally Harmonious Etching Process for Cleaning Amorphous Silicon and Tungsten in Chemical Vapor Deposition Chamber", Mater. Sci. Semicond. Process. 2,219 (1999).

[219]　T. Aoyama, T. Yamazaki and T. Ito, "Surface Cleaning for Si Epitaxy Using Photoexcited Fluorine Gas", J. Electrochem. Soc. 140,366 (1993).

[220]　T. Aoyama, T. Yamazaki and T. Ito, "Silicon Surface Cleaning Using Photoexcited Fluorine Gas Diluted with Hydrogen", J. Electrochem. Soc. 140,1704 (1993).

[221]　G. J. Stueber, S. A. Clarke, E. R. Bernstein, S. Raoux, P. Porshnev and T. Tanaka, "Production of Fluorine-Containing Molecular Species in Plasma-Generated Atomic F Flows", J. Phys. Chem. A,107,7775 (2003).

[222]　S. C. Kang, J. Y. Hwang, N. E. Lee, K. S. Joo and G. H. Bae, "Evaluation of Silicon Oxide Cleaning Using $F_2$/Ar Remote Plasma Processing", J. Vac. Sci. Technol. A 23,911 (2005).

[223]　G. Shuttleworth, P. Stockman, M. Looney and M. Riva, "Fluorine: Optimised and Sustainable Cleaning Agent for CVD Processes", Presentation at Plasma Etch Users Group Meeting, San Jose, CA (May 2008). www.avsusergroups.org/pag_pdfs/PEUG2008_5shuttleworth.pdf.

[224]　M. Riva, M. Pittroff and R. Wieland, "Innovative and Environmental Friendly Fluorine $F_2$ Based Cleaning Process to Replace $C_2F_6$, $CF_4$ and $NF_3$ as Cleaning Gas", Proceedings SPCC Conference, Santa Clara, CA (2016). https://spcc2016.com/wp-content/uploads/2016/04/01-14-Riva-Environmental-friendly-Fluorine-mixture-cleaning-process-to-replace-C2F6-CF4-and-NF3-as-cleaning-gas-1.pdf.

[225]　J.-C. Cigal, S. Lee and P. Stockman, "On-site Fluorine Chamber Cleaning for Semiconductor Thin-film Processes: Shorter Cycle Times, Lower Greenhouse Gas Emissions, and Lower Power Requirements", Proceedings 27th Annual SEMI Advanced Semiconductor Manufacturing Conference (ASMC), Curran Associates, Red Hook, NY (2016).

[226]　D. E. Ibbotson, J. A. Mucha, D. L. Flamm and J. M. Cook, "Plasmaless Dry Etching of Silicon with Fluorine-Containing Compounds", J. Appl. Phys. 56,2939 (1984).

[227]　D. E. Ibbotson, J. A. Mucha, D. L. Flamm and J. M. Cook, "Selective Interhalogen Etching of Tantalum Compounds and Other Semiconductor Materials", Appl. Phys. Lett. 46,794 (1985).

[228]　K. Saito, O. Yamaoka and A. Yoshida, "Plasmaless Cleaning Process of Silicon Surface Using Chlorine Trifluoride", Appl. Phys. Lett. 56,1119 (1990).

[229]　E. Ashley, "Interhalogen Cleaning of Process Equipment", U. S. Patent 5,565,038 (1991).

[230]　H. Lee, "Vacuum Processing Apparatus, Vacuum Processing Method, and Method for Cleaning the Vacuum Processing Apparatus", U. S. Patent 5,785,796 (1998).

[231]　T. R. Demmin, M. H. Luly and M. A. Fathimulla, "Method of Etching and Cleaning Using Interhalogen Compounds", in: International Patent, WO1999034428 (1999).

[232]　J. W. Butterbaugh and D. C. Gray, "Cleaning Method", U. S. Patent 5,716,495 (1998).

[233]　G. S. Sandhu and D. L. Westmoreland, "Plasmaless Dry Contact Cleaning Method Using Interhalogen Compounds", U. S. Patent 5,888,906 (1999).

[234]　Y. C. Tai and X. O. Wang, "Gas-Phase Silicon Etching with Bromine Trifluoride", U. S. Patent 6,162,367 (2000).

[235]　R. V. Annapragada, C. T. Gabriel and M. G. Weling, "Gas Phase Planarization Process for Semiconductor Wafers", U. S. Patent 6,267,076 (2001).

[236]　H. Itatani, M. Tsuneda, A. Sano and T. Ohoka, "Method of Manufacturing Semiconductor Devices", U. S. Patent 6,576,481 (2003).

[237]　Y. Kobayashi, "Method and Apparatus for Surface Treatment", European Patent Application EP. 1,139,398 (2001).

[238]　K. H. Chung and J. C. Sturm, "Chlorine Etching for In-Situ Low-Temperature Silicon Surface Cleaning for Epitaxy Applications", Extended Abstract, 211th ECS Meeting, Chicago, IL (2007). https://

www. princeton. edu/sturm/publications/conference-papers/CP. 250. pdf.
[239] T. N. Horsky,R. W. Milgate III,G. P. Sacco Jr. ,D. C. Jacobson and W. A. Krull,"Method and Apparatus for Extending Equipment Uptime in Ion Implantation", U. S. Patent Application 2013/0247670 (2012).
[240] K. Dobashi,K. Inai,A. Shimizu,K. Yasuda,Y. Yoshino,T. Aida and T. Senoo,"Substrate Cleaning Apparatus and Vacuum Processing System",U. S. Patent Application 2013/ 0247670 (2012).
[241] W. Zhu,S. Sridhar,L. Liu,E. Hernandez,V. M. Donnelly and D. J. Economou,"Photo-Assisted Etching of Silicon in Chlorine-and Bromine-Containing Plasmas",J. Appl. Phys. 115,203303 (2014).
[242] H. Habuka,Y. Fukumoto,K. Mizuno,Y. Ishida and T. Ohno,"Cleaning Process Applicable to Silicon Carbide Chemical Vapor Deposition Reactor",ECS J. Solid State Sci. Technol. 3,N3006 (2014).
[243] M. -H. Lin,K. -H. Cheng,C. -H. Chou,M. -C. Liao and L. W. Chong,"Method and Apparatus for Cleaning Chemical Vapor Deposition Chamber",U. S. Patent Application 2015/0361547 (2015).
[244] H. Habuka,Y. Fukumoto,K. Mizuno,Y. Ishida and T. Ohno,"Cleaning Process for Using Chlorine Trifluoride Gas Silicon Carbide Chemical Vapor Deposition Reactor",Mater. Sci. Forum 821-823,125 (2015).
[245] H. Matsuda,H. Habuka,Y. Ishida and T. Ohno,"Metal Fluorides Produced Using Chlorine Trifluoride Gas",J. Surf. Engineered Mater. Adv. Technol. 5,228 (2015).
[246] K. Mizuno,H. Habuka,Y. Ishida and T. Ohno,"In Situ Cleaning Process of Silicon Carbide Epitaxial Reactor",ECS J. Solid State Sci. Technol. 4,P137 (2015).
[247] K. Mizuno,K. Shioda,H. Habuka,Y. Ishida and T. Ohno,"Repetition of In Situ Cleaning Using Chlorine Trifluoride Gas for Silicon Carbide Epitaxial Reactor",ECS J. Solid State Sci. Technol. 5 P12 (2016).
[248] Air Products,"Safetygram 39: Chlorine Trifluoride",Air Products and Chemicals,Allentown,PA (2015). www. airproducts. com/~/media/Files/PDF/company/safetygram-39. pdf.
[249] T. Umezaki and I. Mori,"Dry Etching Method",U. S. Patent Application 2014/0206196 (2014).
[250] A. Kikuchi and M. Watari,"$IF_7$-Derived Iodine Fluoride Compound Recovery Method and Recovery Device",U. S. Patent Application 2015/0037242 (2015).
[251] A. Kikuchi,M. Watari,K. Kameda,S. Hiyama,and Y. Tsubota,"Method for Removing Adhering Matter,Dry Etching Method and Substrate Processing Apparatus",International Patent WO/2016/047429 (2016).
[252] J. K. Shugrue,"Anhydrous HF In-Situ Cleaning Process of Semiconductor Processing Chambers",U. S. Patent 6,095,158 (2000).
[253] A. Misra,J. Sees,L. Hall,R. A. Levy,V. B. Zaitsev,K. Aryusook,C. Ravindranath,V. Sigal,S. Kesari, and D. Rufin,"Plasma Etching of Dielectric Films Using the Non-Global-Warming Gas $CF_3I$",Mater. Lett. 34,415 (1998).
[254] A. Misra and L. K. Magel,"X-Ray Photoelectron Spectroscopy of Aluminum Alloys Exposed to $CF_3I$ Plasma",Mater. Lett. 35,221 (1998).
[255] R. A. Levy,V. B. Zaitsev,K. Aryusook,C. Ravindranath,V. Sigal,A. Misra,S. Kesari,D. Rufin,J. Sees and L. Hall,"Investigation of $CF_3I$ as an Environmentally Benign Dielectric Etchant",J. Mater. Res. 13,2643 (1998).
[256] A. Misra,"Iodofluorocarbon Gas for the Etching of Dielectric Layers and the Cleaning of Process Chambers",European Patent Application EP 0854502 (1998).
[257] A. Misra,"Plasma Cleaning and Etching Methods Using Non-Global-Warming Compounds",U. S. Patent 6,242,359 (2001).
[258] S. Karecki,R. Chatterjee,L. Pruette,R. Reif,V. Vartanian,T. Sparks,L. Beu,and K. Novoselov,"Characterization of Iodoheptafluoropropane as a Dielectric Etchant. I. Process Performance Evaluation",J. Vac. Sci. Technol. B 19,1269 (2001).
[259] S. Karecki,R. Chatterjee,L. Pruette,R. Reif,V. Vartanian,T. Sparks,J. J. Lee,L. Beu and C. Miller, "Characterization of Iodoheptafluoropropane as a Dielectric Etchant. II. Wafer Surface Analysis",J. Vac. Sci. Technol. B 19,1293 (2001).
[260] S. Karecki,R. Chatterjee,L. Pruette,R. Reif,V. Vartanian,T. Sparks and L. Beu,"Characterization of

Iodoheptafluoropropane as a Dielectric Etchant. III. Effluent Analysis", J. Vac. Sci. Technol. B 19, 1306 (2001).

[261] D. A. Roberts, R. N. Vrtis, A. K. Hochberg, R. G. Bryant and J. G. Langan, "Plasma Etch with Trifluoroacetic Acid and Derivatives", U. S. Patent 5,626,775 (1997).

[262] L. C. Pruette, S. M. Karecki, R. Reif, J. G. Langan, S. A. Rogers, R. J. Ciotti and B. S. Felker, "Evaluation of Trifluoroacetic Anhydride as an Alternative Plasma Enhanced Chemical Vapor Deposition Chamber Clean Chemistry", J. Vac. Sci. Technol. A 16, 1577 (1998).

[263] K. Saito, T. Amazawa and Y. Arita, "Effect of Silicon Surface Cleaning on the Initial Stage of Selective Titanium Silicide Chemical Vapor Deposition", Jpn. J. Appl. Phys. 29, L185 (1990).

[264] T. Sugaya and M. Kawabe, "Low-Temperature Cleaning of GaAs Substrate by Atomic Hydrogen Irradiation", Jpn. J. Appl. Phys. 30, L402 (1991).

[265] H. Shimomura, Y. Okada and M. Kawabe, "Low Dislocation Density GaAs on Vicinal Si (100) Grown by Molecular Beam Epitaxy with Atomic Hydrogen Irradiation", Jpn. J. Appl. Phys. 31, L628 (1992).

[266] H. Shimomura, Y. Okada, H. Matsumoto, M. Kawabe, Y. Kitami and Y. Bando, "Reduction Mechanism of Dislocation Density in GaAs Films on Si Substrates", Jpn. J. Appl. Phys. 32, 632 (1993).

[267] Y. J. Chun, Y. Okada and M. Kawabe, "Enhanced Two-Dimensional Growth of GaAs on InP by Molecular Beam Epitaxy with Atomic Hydrogen Irradiation", Jpn. J. Appl. Phys. 32, L1085 (1993).

[268] A. Aßmuth, T. Stimpel-Lindner, O. Senftleben, A. Bayerstadler, T. Sulima, H. Baumgärtner and I. Eisele, "The Role of Atomic Hydrogen in Pre-Epitaxial Silicon Substrate Cleaning", Appl. Surf. Sci. 253, 8389 (2007).

[269] ANON, "$SO_3$ Gas-Phase Cleaning Process", Final Report, ANON, Inc., San Jose, CA (1999). http://www.energy.ca.gov/process/pubs/nice3finreport_99rev9_18.pdf.

[270] H. Del Puppo, P. B. Bocian and A. Waleh, "Photoresist Removal Using Gaseous Sulfur Trioxide Cleaning Technology", *Proceedings of Metrology, Inspection, and Process Control for Microlithography XIII*, B. Singh (Ed.), SPIE 3677, pp. 1034-1045, SPIE, Bellingham, WA (1999).

[271] E. O. Levinson and A. Waleh, "Process for Ashing Organic Materials from Substrates", U. S. Patent 6,599,438 (2003).

[272] E. E. Gilbert, "The Reactions of Sulfur Trioxide, and its Adducts, with Organic Compounds", Chem. Rev. 62, 549 (1962).

[273] M. A. Tius, "Xenon Difluoride in Synthesis", Tetrahedron 51, 6605 (1995).

[274] ChemEurope Article, "Xenon Difluoride". www.chemeurope.com. (accessed January 30, 2018).

[275] Wikipedia Article, "Xenon Difluoride". https://en.wikipedia.org/wiki/Xenon_difluoride. (accessed January 30, 2018).

[276] D. E. Ibbotson, D. L. Flamm, J. A. Mucha and V. M. Donnelly, "Comparison of $XeF_2$ and F-Atom Reactions with Si and $SiO_2$", Appl. Phys. Lett. 44, 1129 (1984).

[277] A. A. Langford, J. Bender, M. L. Fleet and B. L. Stafford, "Window Cleaning and Fluorine Incorporation by $XeF_2$ in Photochemical Vapor Deposition", J. Vac. Sci. Technol. B 7, 437 (1989).

[278] V. S. Aliev, M. R. Baklanov and V. I. Bukhtiyarov, "Silicon Surface Cleaning Using $XeF_2$ Gas Treatment", Appl. Surf. Sci. 90, 191 (1995).

[279] J. D. Brazzle, M. R. Dokmeci and C. H. Mastrangelo, "Modeling and Characterization of Sacrificial Polysilicon Etching Using Vapor-Phase Xenon Difluoride", Proc. 17th IEEE International Conference on Micro Electro Mechanical Systems (MEMS), pp. 737-740 (2004).

[280] M. Osborne, "New Product: ATMI's AutoClean Ion Implanter Increases Source Life by over 40 Percent", Fabtech Magazine (November 13, 2007). http://www.fabtech.org/ product_briefings/_a/new_product_atmis_autoclean_ion_implanter_increases_source_life_ by_over_40.

[281] D. Wu and E. J. Karwacki, Jr., "Selective Etching of Titanium Nitride with Xenon Difluoride", U. S. Patent Application 2007/0117396 (2007).

[282] J. Despres, B. Chambers, S. Bishop, R. Kaim, S. Letaj, S. Sergi, J. Sweeney, Y. Tang, S. Wilson and S. Yedave, "Use of Xenon Difluoride to Clean Hazardous By-Products in Ion Implanter Source Housings, Turbo Pumps, and Fore-Lines", in: *Proceedings Ion Implantation Technology IIT 2010: 18th International Conference on Ion Implantation Technology*, J. Matsuo, M. Kase, T. Aoki and T. Seki

(Eds.),AIP Conf. Proc. 1321,pp. 415-418 (2011).

[283] S. Bishop and A. Perry,"Improving Ion Implanter Productivity with In-situ Cleaning",in: *Proceedings Ion Implantation Technology 2010: 18th International Conference on Ion Implantation Technology IIT 2010*,J. Matsuo,M. Kase,T. Aoki and T. Seki (Eds.),AIP Conf. Proc. 1321,pp. 419-422 (2011).

[284] D. Wu,E. J. Karwacki Jr.,A. Mallikarjunan,and A. D. Johnson,"Selective Etching and Formation of Xenon Difluoride",U. S. Patent 8,278,222 (2012).

[285] F. Dimeo,J. Dietz,W. K. Olander,R. Kaim,S. Bishop,J. W. Neuner,J. Arno,P. J. Marganski,J. D. Sweeney,D. Eldridge,S. Yedave,O. Byl and G. T. Stauf,"Cleaning of Semiconductor Processing Systems",U. S. Patent 8,603,252 (2013).

[286] D. W. Rowlands,"Xenon Difluoride Etching and Molecular Oxygen Oxidation of Silicon by Reactive Scattering",M. S. Thesis,Massachusetts Institute of Technology,Cambridge,MA (2015).

[287] Unique Capabilities of Xenon Difluoride for Releasing MEMS,Technical Note,XACTIX,Inc.,Pittsburgh,PA. www.xactix.com/XeF2_Unique.pdf (accessed January 30,2018).

[288] H. Ohno,T. Ohi,S. Yoshida,M. Ohhira and K. Tanaka,"Cleaning Gas for Semiconductor Production Equipment",International Patent,WO 2002007194 (2002).

[289] R. R. Hess,"Optimized PECVD Chamber Clean for Improved Film Deposition Capability",Proceedings Intl. Conf. Compound Semiconductor Manufacturing Technology,Paper 6a. 1,CS MANTECH Conference (2011). http://gaasmantech.com/Digests/2011/ papers/6a. 1. pdf.

[290] J. P. Hobbs and J. J. Hart,"Plasma Cleaning Gas with Lower Global Warming Potential than $SF_6$",U. S. Patent 6,886,573 (2005).

[291] L. Pruette,S. Karecki,R. Reif,L. Tousignant,W. Reagan,S. Kesari and L. Zazzera,"Evaluation of $C_4F_8O$ as an Alternative Plasma-Enhanced Chemical Vapor Deposition Chamber Clean Chemistry",J. Electrochem. Soc. 147,1149 (2000).

[292] B. H. Oh,J. W. Bae,J. H. Kim,K. J. Kim,Y. S. Ahn,N.-E. Lee,G. Y. Yeom,S. S. Yoon,S.-K. Chae,M.-S. Ku,S.-G. Lee and D.-H. Cho "Effect of $O_2(CO_2)/C_4F_8O$ Gas Combinations on Global Warming Gas Emission in Silicon Nitride PECVD Plasma Cleaning",Surf. Coatings Technol. 146-147 522 (2001).

[293] J. H. Kim,J. W. Bae,C. H. Oh,K. J. Kim,N. E. Lee and G. Y. Yeom,"$C_4F_8O/O_2$/N-Based Additive Gases for Silicon Nitride Plasma Enhanced Chemical Vapor Deposition Chamber Cleaning with Low Global Warming Potentials",Jpn. J. Appl. Phys. 41,6570 (2002).

[294] C. H. Oh,N. E. Lee,J. H. Kim,G. Y. Yeom,S. S. Yoon and T. K. Kwon,"Increase of Cleaning Rate and Reduction in Global Warming Effect During $C_4F_8O/O_2$ Remote Plasma Cleaning of Silicon Nitride by Adding NO and $N_2O$",Thin Solid Films 435,264 (2003).

[295] C. H. Oh,N. E. Lee,J. H. Kim,G. Y. Yeom,S. S. Yoon and T. K. Kwon,"Effect of N-Containing Additive Gases on Global Warming Gas Emission During Remote Plasma Cleaning Process of Silicon Nitride PECVD Chamber Using $C_4F_8O/O_2$/Ar Chemistry",Surf. Coatings Technol. 171,267 (2003).

[296] K. J. Kim,C. H. Oh,N. E. Lee,J. H. Kim,J. W. Bae,G. Y. Yeom and S. S. Yoon,"Global Warming Gas Emission During Plasma Cleaning Process of Silicon Nitride Using c-$C_4F_8O$/ $O_2$ Chemistry with Additive Ar and $N_2$",J. Vac. Sci. Technol. B. 22,483 (2004).

[297] M. A. George and D. A. Bohling,"Gas Phase Cleaning Agents for Removing Metal Containing Contaminants from Integrated Circuit Assemblies and a Process for Using the Same",U. S. Patent 5,332,444 (1994).

[298] H. F. Winters and J. W. Coburn,"The Etching of Silicon with $XeF_2$ Vapor",Appl. Phys. Lett. 34,70 (1979).

[299] T. J. Chuang,"Multiple Photon Excited $SF_6$ Interaction with Silicon Surfaces",J. Chem. Phys. 74,1453 (1981).

[300] M. Vasile and F. Stevie,"Reaction of Atomic Fluorine with Silicon: The Gas Phase Products",J. Appl. Phys. 53,3799 (1982).

[301] T. P. Chow and A. J. Steckl,"Plasma Etching of Sputtered Mo and $MoSi_2$ Thin Films in $NF_3$ Gas Mixtures",J. Appl. Phys. 53,5531 (1982).

[302] S. C. McNevin,"Chemical Etching of GaAs and InP by Chlorine: The Thermodynamically Predicted

Dependence on $Cl_2$ Pressure and Temperature",J. Vac. Sci. Technol. B 4,1216 (1986).

[303] M. W. Geis,N. N. Efremow,S. W. Pang and A. C. Anderson,"Hot-Jet Etching of Pb,GaAs,and Si",J. Vac. Sci. Technol. B 5,363 (1987).

[304] S. J. Park,C. P. Sun and R. J. Purtell,"A Mechanistic Study of $SF_6/O_2$ Reactive Ion Etching of Molybdenum",J. Vac. Sci. Technol. B 5,1372 (1987).

[305] K. Suzuki,K. Ninomiya,S. Nishimatsu and O. Okada,"Si Etching with a Hot $SF_6$ Beam and the Etching Mechanism",Jpn. J. Appl. Phys. 26,166 (1987).

[306] K. Suzuki,S. Hiraoka and S. Nishimatsu,"Anisotropic Etching of Polycrystalline Silicon with a Hot $Cl_2$ Molecular Beam",J. Appl. Phys. 64,3697 (1988).

[307] Y. Saito,O. Yamaoka and A. Yoshida,"Plasmaless Etching of Silicon Using Chlorine Trifluoride",J. Vac. Sci. Technol. B 9,2503 (1991).

[308] J. W. Coburn,"Dual Atom Beam Studies of Etching and Related Surface Chemistries",Pure Appl. Chem. 64,709 (1992).

[309] D. C. Gray,"Surface Cleaning and Conditioning Using Hot Neutral Gas Beam Array",U. S. Patent 5,350,480 (1994).

[310] T. Yanagida,"Dry Etching Method",U. S. Patent 5,376,228 (1994).

[311] M. A. Fathimulla and T. C. Loughran,"Method for Etching Indium Based III-V Compound Semiconductors",U. S. Patent 5,338,394 (1994).

[312] F. I. Chang,R. Yeh,G. Lin,P. B. Chu,E. G. Hoffman,E. J. Kruglick,K. S. J. Pister and M. H. Hecht,"Gas-Phase Silicon Micromachining with Xenon Difluoride",,*Microelectronic Structures and Microelectromechanical Devices for Optical Processing and Multimedia Applications*,W. Bailey,M. E. Motamedi and F. -C. Luo (Eds. ),SPIE 2641,pp. 117-128,SPIE,Bellingham,WA (1995).

[313] K. R. Williams and R. S. Muller,"Etch Rates for Micromachining Processing",J. Microelectromech. Syst. 5,256 (1996).

[314] B. E. E. Kastenmeier,P. J. Matsuo and G. S. Oehrlein,"Highly Selective Etching of Silicon Nitride over Silicon and Silicon Dioxide",J. Vac. Sci. Technol. A 17,3179 (1999).

[315] X. Q. Wang,X. Yang,K. Walsh and Y. C. Tai,"Gas-Phase Silicon Etching with Bromine Trifluoride",Proceedings IEEE Conf. on Transducers and Actuators (TRANSDUCERS '97),pp. 1505-1508 (1997).

[316] H. H. Chung,W. I. Jang,C. S. Lee,J. H. Lee and H. J. Yoo,"Gas-phase Etching of TEOS and PSG Sacrificial Layers Using Anhydrous HF and $CH_3OH$",J. Korean Phys. Soc. 30,628 (1997).

[317] H. Habuka,T. Otsuka and M. Katayama,"In Situ Cleaning Method for Silicon Surface Using Hydrogen Fluoride Gas and Hydrogen Chloride Gas in a Hydrogen Ambient",J. Cryst. Growth 186,104 (1998).

[318] D. C. Hays,"Selective Etching of Compound Semiconductors",M. S. Thesis,University of Florida,Gainesville,FL (1999).

[319] I. W. T. Chan,K. B. Brown,R. P. W. Lawson,A. M. Robinson,Y. Ma and D. Strembicke,"Gas Phase Pulse Etching of Silicon for MEMS with Xenon Difluoride",Proceedings IEEE Canadian Conf. on Electrical and Computer Eng. ,pp. 1637-1642,IEEE,Piscataway,NJ (1999).

[320] M. Saito,Y. Kataoka,T. Homma and T. Nagatomo,"Low Temperature Plasmaless Etching of Silicon Dioxide Film Using Chlorine Trifluoride Gas with Water Vapor",J. Electrochem. Soc. 147,4630 (2000).

[321] C. -F. Carlström,"Ion Beam Etching of InP Based Materials",Ph. D. Thesis,Royal Institute of Technology,Stockholm,Sweden (2001).

[322] S. Sugahara,T. Kadoya,K. -I. Usami,T. Hattori and M. Matsumura,"Preparation and Characterization of Low-*k* Silica Film Incorporated with Methylene Groups",J. Electrochem. Soc. 148,F120 (2001).

[323] J. R. Holt,R. C. Hefty,M. R. Tate and S. T. Ceyer,"Comparison of the Interactions of $XeF_2$ and $F_2$ with Si(100)(2 x 1)",J. Phys. Chem. B. 106,8399 (2002).

[324] W. I. Jang,C. A. Choi,M. L. Lee,C. H. Jun and Y. T. Kim,"Fabrication ofMEMSDevices by Using Anhydrous HF Gas-Phase Etching with Alcoholic Vapor",J. Micromech. Microeng. 12,297 (2002).

[325] G. C. Lopez,A. J. Rosenbloom,V. W. Weedn and L. J. Gabriel,"In-Situ Fabricated Microchannels U-

sing Porous Polymer and Xenon Difluoride", in: *Micro Total Analysis Systems 2002: Proceedings of the μTAS 2002 Symposium*, Y. Baba, S. Shoji and A. van den Berg (Eds.), Vol. 2, pp. 934-936, Springer Science+Business Media, Dordrecht, The Netherlands (2002).

[326] K. Sugano and O. Tabata, "Effects of Aperture Size and Pressure on $XeF_2$ Etching of Silicon", Microsys. Technol. 9, 11 (2002).

[327] W. A. Nositschka, O. Voigt, A. Kenanoglu, D. Borchert and H. Kurz, "Dry Phosphorus Silicate Glass Etching for Multicrystalline Silicon Solar Cells", Prog. Photovolt. Res. Appl. 11, 445 (2003).

[328] T. R. Demmin, M. H. Luly and M. A. Fathimulla, "Method of Etching and Cleaning Using Fluorinated Carbonyl Compounds", U. S. Patent 6,635,185 (2003).

[329] C. Cavallotti, I. Lengyel, M. Nemirovskaya and K. F. Jensen, "A Computational Study of Gas-Phase and Surface Reactions in Deposition and Etching of GaAs and AlAs in the Presence of HCl", J. Cryst. Growth 268, 76 (2004).

[330] T. Abe, M. Nishiguchi, T. Amano, T. Motonaga, S. Sasaki, H. Mohri, N. Hayashi, Y. Tanaka, H. Yamanashi and I. Nishiyama, "Study of Mask Process Development for EUVL", *Photomask and Next-Generation Lithography Mask Technology XI*, H. Tanabe (Ed.), SPIE 5446, pp. 832-840, SPIE, Bellingham, WA (2004).

[331] C. Isheden, P. E. Hellström, H. H. Radamson, S. -L. Zhang and M. Östling, "Selective Si Etching Using HCl Vapor", Physica Scripta T114, 107 (2004).

[332] F. Semendy, P. Boyd and U. Lee, "Etching Characteristics and Surface Analysis of Molecular Bean Epitaxy Grown p-Type Aluminum Gallium Nitride with Boron Trichloride/Chlorine Gases in Inductively Coupled Plasma (ICP) Dry Etching", Report ARL-TR-3370, U. S. Department of Defense, Army Research Laboratory, Adelphi, MD (2004).

[333] Y. Bogumilowicz, J. M. Hartmann, R. Truche, Y. Campidelli, G. Rolland and T. Billon, "Chemical Vapour Etching of Si, SiGe and Ge with HCl: Applications to the Formation of Thin Relaxed SiGe Buffers and to the Revelation of Threading Dislocations", Semicond. Sci. Technol. 20, 127 (2005).

[334] W. Morimichi, Y. Mori, T. Ishikawa, H. Sakai, T. Iida, K. Akiyama, S. Narita, K. Sawabe and K. Shobatake, "Thermal Reaction of Polycrystalline AlN with $XeF_2$", J. Vac. Sci. Technol. A 23, 1647 (2005).

[335] G. Floarea, "$XeF_2$ Gas Phase Micromachining of Silicon: Modeling, Equipment Development and Verification", M. S. Thesis, Concordia University, Montréal, Quebec, Canada (2007).

[336] D. -K. Kim, Y. K. Kim and H. Lee, "A Study of the Role of HBr and Oxygen on the Etch Selectivity and the Post-Etch Profile in a Polysilicon/Oxide Etch Using $HBr/O_2$ Based High Density Plasma for Advanced DRAMs", Mater. Sci. Semicond. Process. 10, 41 (2007).

[337] N. H. Ghazali, H. Soetedjo, N. A. Ngah, A. Yusof, A. Dolah and M. R. Yahya, "DOE Study on Etching Rate of Silicon Nitride ($Si_3N_4$) Layer via RIE Nitride Etching Process", *Proceedings 2008 IEEE International Conference on Semiconductor Electronics (ICSE 2008)*, S. Shaari (Ed.), pp. 649-652, IEEE, Piscataway, NJ (2008).

[338] Y. Miura, Y. Kasahara, H. Habuka, N. Takechi and K. Fukae, "Etching Rate of Silicon Dioxide Using Chlorine Trifluoride Gas", Jpn. J. Appl. Phys. 48, 026504 (2009).

[339] S. S. H. Tan, "Cleaning Processes for Silicon Carbide Materials", U. S. Patent 7,754,609 (2010).

[340] H. Habuka, "Etching of Silicon Carbide Using Chlorine Trifluoride Gas", in: *Physics and Technology of Silicon Carbide Devices*, Y. Hijikata (Ed.), pp. 99-129, InTech Publishing, Rijeka, Croatia, (2012). http://www. intechopen. com/books/physics-and-technology-ofsilicon-carbide-devices/etching-of-silicon-carbide-using-chlorine-trifluoride-gas.

[341] J. Sharma, S. N. Fernando, W. Deng, N. Singh and W. M. Tan, "Molybdenum Etching Using an $SF_6$, $BCl_3$ and Ar Based Recipe for High Aspect Ratio MEMS Device Fabrication", J. Micromechanics Microeng. 23, 075025 (2013).

[342] J. K. Kim, S. I. Cho, N. G. Kim, M. S. Jhon, K. S. Min, C. K. Kim and G. Y. Yeom, "Study on the Etching Characteristics of Amorphous Carbon Layer in Oxygen Plasma with Carbonyl Sulfide", J. Vac. Sci. Technol. A 31, 021301 (2013).

[343] T. Fujishima, S. Joglekar, D. Piedra, H. S. Lee, Y. Zhang, A. Uedono and T. Palacios, "Formation of

Low Resistance Ohmic Contacts in GaN-Based High Electron Mobility Transistors with $BCl_3$ Surface Plasma Treatment", Appl. Phys. Lett. 103, 083508 (2013).

[344] V. M. Donnelly and A. Kornblit, "Plasma Etching: Yesterday, Today, and Tomorrow", J. Vac. Sci. Technol. A 31, 050825 (2013).

[345] T. Hayashi, "Recent Development of Si Chemical Dry Etching Technologies", J. Nanomed. Nanotechnol. S15, 001(2013).

[346] M. Cao, X. Li, M. Missous and I. Thayne, "Nanoscale Molybdenum Gates Fabricated by Low Damage Inductively Coupled Plasma $SF_6/C_4F_8$ Etching Suitable for High Performance Compound Semiconductor Transistors", Microelectronic Eng. 140, 56 (2015).

[347] S. G. Oh, K. S. Park, Y. J. Lee, J. H. Jeon, H. H. Choe and J. H. Seo, "A Study of Parameters Related to the Etch Rate for a Dry Etch Process Using $NF_3/O_2$ and $SF_6/O_2$", Adv. Mater. Sci. Eng. Article ID: 608608, pp. 1-8 (2014).

[348] S. Eränen, "Thin Films on Silicon", in: *Handbook of Silicon-Based MEMS Materials and Technologies*, 2nd Edition, M. Tilli, T. Motooka, V.-M. Airaksinen, S. Franssila, M. Paulasto-Kröckel and V. Lindroos (Eds.), pp. 124-135, Elsevier, Oxford, UK (2015).

[349] F. Laermer, S. Franssila, L. Sainiemi and K. Kolari, "Deep Reactive Ion Etching", in: *Handbook of Silicon-Based MEMS Materials and Technologies*, 2nd Edition, M. Tilli, T. Motooka, V.-M. Airaksinen, S. Franssila, M. Paulasto-Kröckel and V. Lindroos (Eds.), pp. 444-469, Elsevier, Oxford, UK (2015).

[350] P. Hammond, "Vapor Phase Etch Processes for Silicon MEMS", in: *Handbook of Silicon-Based MEMS Materials and Technologies*, 2nd Edition, M. Tilli, T. Motooka, V.-M. Airaksinen, S. Franssila, M. Paulasto-Kröckel and V. Lindroos (Eds.), pp. 540-549, Elsevier, Oxford, UK (2015).

[351] A. A. Kobelev, Yu. V. Barsukov, N. A. Andrianov and A. S. Smirnov, "Boron Trichloride Plasma Treatment Effect on Ohmic Contact Resistance Formed on GaN-Based Epitaxial Structure", J. Phys. Conf. Series 586, 012013 (2015).

[352] D. J. Economou, "Plasma Etching of New Materials", University of Houston, Houston, TX (2016). http://www2.egr.uh.edu/~plasma/newmaterials.html.

[353] Dry Etching, MEMS and Nanotechnology Clearinghouse, Reston, VA. https://www.memsnet.org/mems/processes/etch.html. (accessed January 30, 2018).

[354] Isotropic Etching with Xenon Difluoride, XACTIX, Inc., Pittsburgh, PA. http://wcam.engr.wisc.edu/Public/Reference/PlasmaEtch/XACTIX%20XeF2%20Presentation.pdf. (accessed January 30, 2018).

[355] K. Tatenuma, Y. Hishinuma, S. Tomatsuri, K. Ohashi and Y. Usui, "Newly Developed Decontamination Technology Based on Gaseous Reactions Converting to Carbonyl and Fluoric Compounds", Nucl. Technol. 124, 147 (1998).

[356] K. Tatenuma, Y. Hishinuma and S. Tomatsuri, "Practical Gaseous Co-Decontamination for CP, FP and TRU Based on Chemical Plasma Reactions", Proceedings WM'99 Conference, WMSymposia, Inc., Tempe, AZ (1999).

[357] S. Furukawa, H. Kanbe, K. Fujiwara, T. Amakawa and K. Adachi, "Decontamination Performance of Low-Pressure ARC Decontamination Technology Using Carbon Monoxide Gas", Proceedings 13th Intl. Conf. on Nuclear Engineering, Beijing, China, p. 351 (2005).

[358] K. Fujiwara, S. Furukawa, K. Adachi, T. Amakawa and H. Kanbe, "A New Method for Decontamination of Radioactive Waste Using Low-Pressure Arc Discharge", Corrosion Sci. 48, 1544 (2006).

[359] Y. S. Kim, Y. D. Seo and M. Koo, "Decontamination of Metal Surface by Reactive Cold Plasma: Removal of Cobalt", J. Nucl. Sci. Technol. 41, 1100 (2004).

[360] A. Sato, T. Iwao and M. Yumoto, "Cathode Spot Movement of a Low-Pressure Arc for Removing Oxide Layer", IEEE Trans. Plasma Sci. 35, 1004 (2007).

[361] S. Furukawa, H. Kanbe, T. Amakawa, K. Adachi and M. Ichimura, "Investigation of a New Dry Surface Decontamination Technology with Low-Pressure Arc Plasma and its Application to Pipe-Shaped Test Pieces", J. Nucl. Sci. Technol. 46, 973 (2009).

[362] D. F. Stein (Ed.), *Affordable Cleanup? Opportunities for Cost Reduction in the Decontamination*

*and Decommissioning of the Nation's Uranium Enrichment Facilities*, National Research Council Report, National Academy Press, Washington, D. C. (1996).

[363] R. D. Bundy and E. B. Munday, "Investigation of Gas-Phase Decontamination of Internally Radioactively Contaminated Gaseous Diffusion Process Equipment and Piping", Report 91-25. 1, Oak Ridge K-25 Site, Oak Ridge, TN, (1991).

[364] E. B. Munday and D. W. Simmons, "Feasibility of Gas-Phase Decontamination Of Gaseous Diffusion Equipment", Report K/TCD-1048, Oak Ridge K-25 Site, Oak Ridge, TN, (1993).

[365] E. B. Munday, "Preconceptual Design of the Gas-Phase Decontamination Demonstration Cart", Report K/TCD-1076, Oak Ridge K-25 Site, Oak Ridge, TN (1993).

[366] D. W. Simmons, "The Stability of $ClO_2$ as a Product of Gas Phase Decontamination Treatments", Report K/TCD-1116, Oak Ridge K-25 Site, Oak Ridge, TN (1994).

[367] D. W. Simmons and E. B. Munday, "Evaluation of Gas-Phase Technetium Decontamination and Safety Related Experiments During FY 1994. A Report of Work in Progress", Report K/TCD-1127, Oak Ridge K-25 Site, Oak Ridge, TN (1995).

[368] R. J. Riddle, "Gas-Phase Decontamination Demonstration on PORTS Cell X-25-4-2", Report POEF-LMUS-111, Lockheed Martin Utility Services, Inc. , Portsmouth Gaseous Diffusion Plant, Piketon, OH (1997).

[369] J. D. Kopotic, M. S. Ferri and C. Buttram, "Lessons-Learned from D&D Activities at the Five Gaseous Diffusion Buildings (K-25, K-27, K-29, K-31 and K-33) East Tennessee Technology Park, Oak Ridge, TN", Paper 13574, Proceedings Waste Management Symposium 2013 (2013).

[370] D. W. Clements, "Proven Experience Plus Initiative Equates to Safe, Cost-Effective Decommissioning with Added Value", Paper 16-05, Proceedings Waste Management Symposium 1998 (1998).

[371] C. Behar, P. Guiberteau, B. Duperret and C. Tauzin, "D&D of the French High Enrichment Gaseous Diffusion Plant", Paper 386, Proceedings Waste Management Symposium 2003, WMSymposia, Inc. , Tempe AZ (2003).

[372] F. Chambon, J. Bonnetaud, P. Seurat, R. Vinoche and S. Dumond, "The D&D Program of GB1 Gaseous Diffusion Plant", Paper 14452, Proceedings Waste Management Symposium 2014, WMSymposia, Inc. , Tempe AZ (2014).

[373] Fluor, "Safe Use and Handling of Chlorine Trifluoride and Fluorine Treatment Gases During *In Situ* Chemical Treatment at the Paducah Gaseous Diffusion Plant", Paducah, Kentucky, Report FPDP-RPT-0011, Fluor Federal Services Inc, Paducah, KY (2016). https://www. emcbc. doe. gov/SEB/PaducahDandR/.

[374] K. Kibbe, A. Visnapuu and W. L. Kephart, "Process for the In Situ Recovery of Chemical Values from $UF_6$ Gaseous Diffusion Process Equipment", U. S. Patent 5,787,353 (1998).

[375] J. K. Gibson and R. G. Haire, "High-Temperature Fluorination Studies of Uranium, Neptunium, Plutonium and Americium", J. Alloys Compounds 181, 23 (1992).

[376] F. Ishii and Y. Kita, "Applications of Fluorides to Semiconductor Industries", *Advanced Inorganic Fluorides: Synthesis, Characterization and Applications*, T. Nakajima, B. Žemva and A. Tressaud (Eds. ), pp. 625-660, Elsevier Science S. A. , Lausanne, Switzerland (2000).

[377] J. Uhlíř and M. Mareček, "Fluoride Volatility Method for Reprocessing of LWR and FR Fuels", J. Fluorine Chem. 130, 69 (2009).

[378] K. Seppelt, "Molecular Hexafluorides", Chem. Rev. 115, 1296 (2015).

[379] R. L. Jarry and W. Davis Jr. , "Conversion of Uranium Compounds to Uranium Hexafluoride by Means of Chlorine Trifluoride. Part III. Fluorination of the Uranium Oxides at 60, 100, and 140 C", Report K-847, Oak Ridge K-25 Site, Oak Ridge, TN (1951).

[380] M. Iwasaki and T. Sakurai, "Fluorination of Uranium Compounds by Bromine Trifluoride Vapor. (I) Fluorination of $U_3O_8$", J. Nucl. Sci. Technol. 2, 225 (1965).

[381] M. Iwasaki, "The Formation Reactions of Some Volatile Fluorides", Ph. D. Dissertation, Kyoto University, Kyoto, Japan (1969).

[382] T. Sakurai, "Comparison of the Fluorinations of Uranium Dioxide by Bromine Trifluoride and Elemental Fluorine", J. Phys. Chem. 78, 1140 (1974).

[383] J. G. Malm, P. G. Eller and L. B. Asprey, "Low Temperature Synthesis of Plutonium Hexafluoride Using Dioxygen Difluoride", J. Am. Chem. Soc. 106, 2726 (1984).

[384] T. R. Mills and L. W. Reese, "Separation of Plutonium and Americium by Low-Temperature Fluorination", J. Alloys Compounds 213-214, 360 (1994).

[385] L. B. Asprey, P. G. Eller and S. A. Kinkead, "Formation of Actinide Hexafluorides at Ambient Temperatures with Krypton Difluoride", Inorg. Chem. 25, 670 (1986).

[386] Yu. V. Drobyshevskii, V. N. Prnsakov and V. F. Serik, "A Study of Plutonium Tetrafluoride Interaction with Krypton Difluoride", J. Fluorine Chem. 58, 288 (1992).

[387] J. C. Martz, D. W. Hess, J. M. Haschke, J. W. Ward and B. F. Flamm, "Demonstration of Plutonium Etching in a $CF_4/O_2$ RF Glow Discharge", J. Nucl. Mater. 182, 277 (1991).

[388] Y. S. Kim, J. Y. Min, K. K. Bae and M. S. Yang, "Uranium Dioxide Reaction in $CF_4/O_2$ RF Plasma", J. Nucl. Mater. 270, 253 (1999).

[389] H. F. Windarto, T. Matsumoto, H. Akatsuka and M. Suzuki, "Decontamination Process Using $CF_4$-$O_2$ Microwave Discharge Plasma at Atmospheric Pressure", J. Nucl. Sci. Technol. 37, 787 (2000).

[390] Y. S. Kim, "Effective Dry Etching Process of Actinide Oxides and their Mixed Oxides in $CF_4/O_2/N_2$ Plasma", U. S. Patent. 6, 699, 398 (2004).

[391] X. Yang, M. Moravej, S. E. Babayan, G. R. Nowling and R. F. Hicks, "Etching of Uranium Oxide with a Non-Thermal, Atmospheric Pressure Plasma", J. Nucl. Mater. 324, 134 (2004).

[392] S. H. Jeon, Y. S. Kim and C. H. Jung, "Cold Plasma Processing and Plasma Chemistry of Metallic Cobalt", Plasma Chem. Plasma Process 28, 617 (2008).

[393] J. M. Veilleux and Y. Kim, "Can Plasma Decontamination Etching of Uranium and Plutonium be Extended to Spent Nuclear Fuel Processing?" Report LS-UR-11-03205, Los Alamos National Laboratory, Los Alamos, NM (2011).

[394] E. Jacob, "Verfahren zur Beseitigung festhaftender bzw. staubförmiger Ablagerungen in Anlagen für die Handhabung von Uranhexafluorid", German Patent DE2504840 (1979).

[395] E. Jacob and W. Bacher, "Method for Removing Uranium-Containing Deposits in Uranium Hexafluoride Processing Equipment", U. S. Patent 4, 311, 678 (1982).

[396] S. Kodama, H. Shiromizu, A. Ema and T. Sakamoto, "Development of Uranium Compounds Removal Technology for Gas Centrifuge Uranium Enrichment Plant. (6) Separation Experiment of $UF_6$ and $IF_5$ by Gas Transportation", Proceedings Fall Meeting of Atomic Energy Society of Japan (2003). http://doi. org/10. 11561/aesj. 2003f. 0. 543. 0.

[397] A. Ema, K. Kado and K. Suzuki, "Decontamination Performance Evaluation of $IF_7$ Treatment Technology and Proof of $IF_7$ Production Method", Trans. Atomic Energy Soc. Japan 10, 194 (2011).

[398] H. Hata, K. Yokoyama and N. Sugitsue, "Systematic Chemical Decontamination Using $IF_7$ Gas", Proceedings ICEM2011: 14th Intl. Conf. Environmental Remediation and Radioactive Waste Management, pp. 105-110, American Society of Mechanical Engineers, New York, NY (2011).

[399] H. Hata, K. Yokoyama and N. Sugitsue, "Chemical Decontamination Using $IF_7$ Gas", Proceedings 20th Intl. Conf. Nuclear Engineering and the ASME 2012 Power Conference, Paper No. ICONE20-POWER2012-54747, pp. 327-333, American Society of Mechanical Engineers, New York, NY (2012).

[400] J. M. Veilleux, M. S. El-Genk, E. P. Chamberlin, C. Munson and J. FitzPatrick, "Etching of $UO_2$ in $NF_3$ RF Plasma Glow Discharge", J. Nucl. Mater. 277, 315 (2000).

[401] R. C. Daniel, M. K. Edwards, K. J. Iwamasa, R. A. Kefgen, A. E. Kozelisky, S. J. Maharas, B. K. McNamara, T. I. McSweeney, B. M. Rapko, R. D. Scheele and P. Weaver, "Development of $NF_3$ Deposit Removal Technology for the Portsmouth Gaseous Diffusion Plant", Proceedings Waste Management Symposium 2006: Global Accomplishments in Environmental and Radioactive Waste Management: Education and Opportunity for the Next Generation of Waste Management Professionals, pp. 2200-2214, Curran Associates, Red Hook, NY (2006).

[402] B. K. McNamara, R. D. Scheele, A. E. Kozelisky and M. K. Edwards, "Thermal Reactions of Uranium Metal, $UO_2$, $U_3O_8$, $UF_4$, and $UO_2F_2$ with $NF_3$ to Produce $UF_6$", J. Nucl. Mater. 394, 166 (2009).

[403] R. D. Scheele and A. M. Casella, "Assessment of the Use of Nitrogen Trifluoride for Purifying Coolant and Heat Transfer Salts in the Fluoride Salt-Cooled High-Temperature Reactor", Report PNNL-

19793,Pacific Northwest National Laboratory,Richland,WA (2010).

[404] B. K. McNamara,A. M. Casella,A. E. Kozelisky and R. D. Scheele,"Nitrogen Trifluoride-Based Fluoride-Volatility Separations Process: Initial Studies",Report PNNL-20775,Pacific Northwest National Laboratory,Richland,WA (2011).

[405] R. D. Scheele,B. K. McNamara,A. M. Casella and A. E. Kozelisky,"On the Use of Thermal $NF_3$ as the Fluorination and Oxidation Agent in Treatment of Used Nuclear Fuels",J. Nucl. Mater. 424,224 (2012).

[406] R. D. Scheele and B. K. McNamara,"Systems and Methods for Treating Material",U. S. Patent 8,867,692 (2014).

[407] B. K. McNamara,E. C. Buck,C. Z. Soderquist,F. N. Smith,E. J. Mausolf and R. D. Scheele,"Separation of Metallic Residues from the Dissolution of a High-Burnup BWR Fuel Using Nitrogen Trifluoride",J. Fluorine Chem. 162,1 (2014).

[408] R. D. Scheele,B. K. McNamara,A. M. Casella,A. E. Kozelisky and D. Neiner,"Thermal $NF_3$ Fluorination/Oxidation Agent of Cobalt,Yttrium,Zirconium,and Selected Lanthanide Oxides",J. Fluorine Chem. 146,86 (2013).

[409] W. T. McDermott and J. W. Butterbaugh,"Cleaning Using Argon/Nitrogen Cryogenic Aerosols",in: *Developments in Surface Contamination and Cleaning: Fundamentals and Applied Aspects*,Volume 1,2nd Edition,R. Kohli and K. L. Mittal (Eds.),pp. 717-750,Elsevier,Oxford,UK (2016).

[410] C. Elsmore,T. Q. Hurd,J. Clarke,M. Meuris,P. W. Mertens and M. M. Heyns,"Comparison of HCl Gas-Phase Cleaning with Conventional and Dilute Wet Chemistries",in: *Proceedings 5th Intl. Symp. Cleaning Technology in Semiconductor Device Manufacturing*,R. E. Novak and J. Ruzyllo (Eds.),ECS PV-95-20,pp. 142-149,The Electrochemical Society,Pennington,NJ (1995).

[411] L. Fuller,"Cost of Ownership",White Paper,Microelectronic Engineering,Rochester Institute of Technology,Rochester,NY (2013). https://people. rit. edu/lffeee/lec_cost. pdf.

# 第 12 章

# 高速冲击空气射流去污技术的应用

Kuniaki Gotoh

日本冈山大学应用化学系

# 12.1 引言

高速空气射流可用于表面去污，清除附着在固体表面上的颗粒污染物。操作步骤很简单，空气射流作用于表面吹走颗粒污染物，去污的物理机理是使颗粒脱离固体表面重新悬浮。可以用管流法研究再悬浮现象。Ziskind[1]、Henry 和 Minier[2] 等人报道了很多实验和理论研究，并进行了系统总结。但是，再悬现象模型尚未建立，理论上还不能估算高速空气喷射方法的去除效率。因此，作者一直在研究，特别是操作条件对去除效率的影响，以获取该方法的经验知识，这些研究结果与讨论在《表面去污技术进展》[3] 系列丛书第 1 卷的第二版中进行了总结。该书介绍了基于空气射流去污的新方法，本章是对此前这本书中这一章的更新和扩展。

本章给出的数据是以单分散胶乳颗粒（苯乙烯/二乙烯基苯）为实验颗粒物，以硼硅酸盐玻璃为标准表面进行实验而获得的。实验颗粒经过空气沉降，试样沉降后在干燥器中干燥 100h 以上。所有实验的试样都转移到受控环境中，放置 2min 或更长时间后进行去污实验。实验步骤详见 12.2.1。

# 12.2 空气射流去污的基本原理

## 12.2.1 仪器和参数

图 12.1 所示为高速空气射流去污设备[4,5]。压缩机供给的空气通常含有水雾，水雾在进入压力调节器和喷嘴之前被分离。下文实验中使用的空气射流喷嘴如图 12.2 所示，在喷嘴出口附近，通过喷嘴导管的流量突然减少，并且在空气射流系统中，由流量收缩引起的压降最大。喷嘴端口的压降 $\Delta p_n$（$\Delta p_n = p_n - p_a$，其中 $p_n$ 是喷嘴中的空气压力，$p_a$ 是环境空气压力）与压力调节器设置的压降几乎相同。压降 $\Delta p_n$ 是主要操作条件之一。

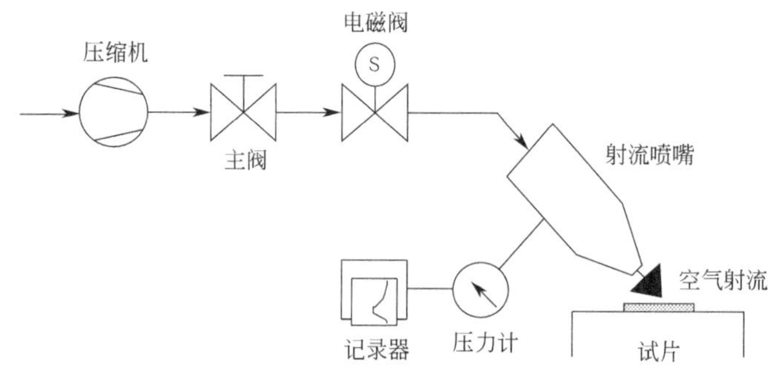


图 12.1 冲击空气射流去除颗粒物的设备

图 12.3 所示为喷嘴的结构和颗粒沉积表面。去污时的几何参数是喷嘴中心线与表面之

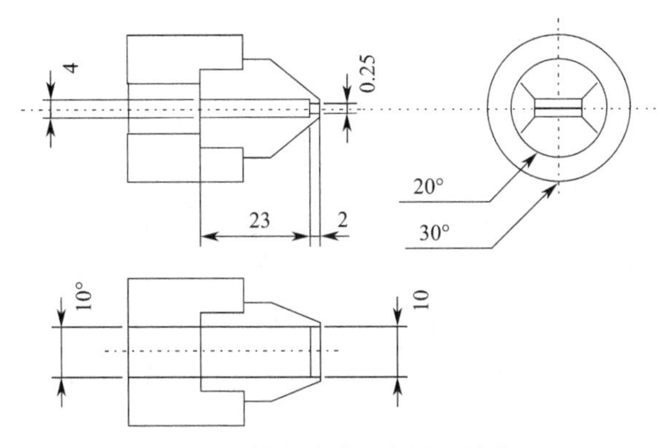


图 12.2　空气射流喷嘴示意图（单位：mm）

间的撞击角 $\theta$，喷嘴端口与喷嘴中心线穿过表面上的点 $O$ 之间的距离 $d$。下文将描述这些参数对去除效率的影响。

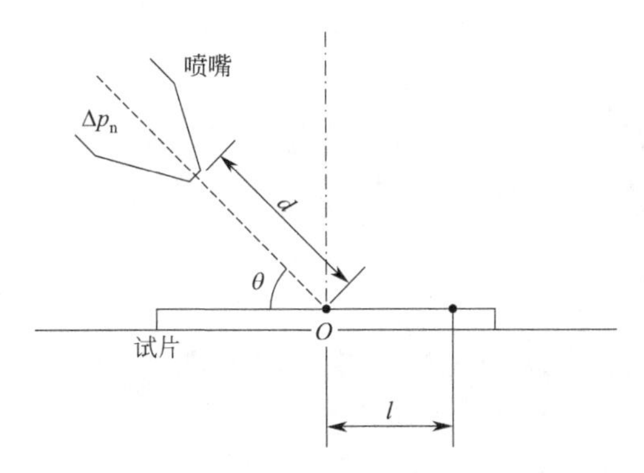


图 12.3　喷嘴和表面布置的几何参数

在介绍去污效率之前，先介绍一下空气射流的特性。图 12.4 为喷嘴压降 $\Delta p_n$ 和不同距

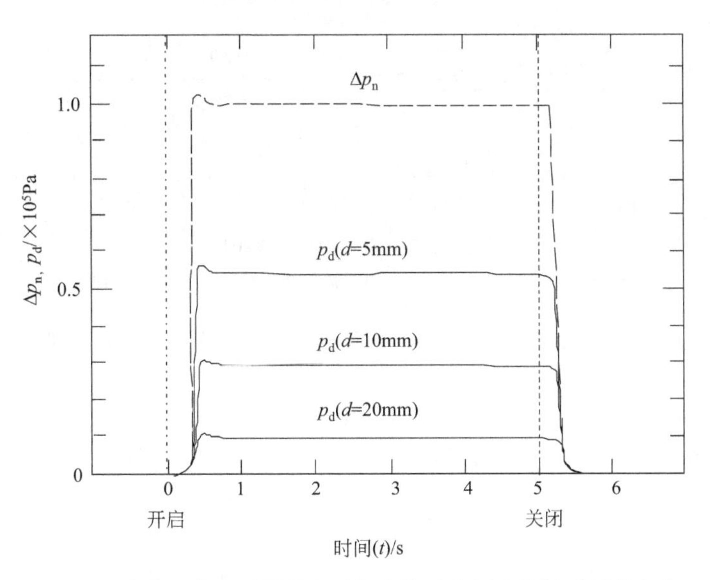


图 12.4　喷嘴压降和不同距离下相应的动态压力值随时间的变化

$\Delta p_n$—喷嘴压降；$p_d$—规定距离的动态压力

离处相应的动态压力值 $p_d$ 随时间的变化关系图。电磁阀约有 0.4s 的滞后，计时器的“开”和“关”信号会造成压力变化的延迟。刚开启阀门后，压力 $\Delta p_n$ 和 $p_d$ 出现峰值，但是峰值比稳态压力值小 3%。因此，阶跃函数可以很好地表达压力变化，在大约 0.2s 内，$d$ 在 5～20mm 的整个区域，空气射流都非常好。

图 12.5 为典型的空气喷射流照片和模型原理图。在二维空气射流中，有一个区域称为速度核心区，其空气速度 $u_0$ 和静压力 $p_0$ 恒定。速度核心区长度在距喷嘴端口 $d<5b\sim8b$（$b$ 为喷嘴间隙）之内[6]。当距离 $d$ 大于速度核心区范围时，空气射流中心线上的流速 $u(d)$ 开始衰减。图 12.6 所示为压降 $\Delta p_n$ 分别为 $10^5$Pa 和 $3\times10^5$Pa 时动态压力 $p_d[=\rho_a u(d)^2/2$，$\rho_a$ 为空气密度] 沿空气射流中心线的变化。$d>7$mm 时动态压力 $p_d$ 与距离 $d$ 成反比，这意味着流速与 $d^{-1/2}$ 成正比，这证实了空气射流已经形成[6]。

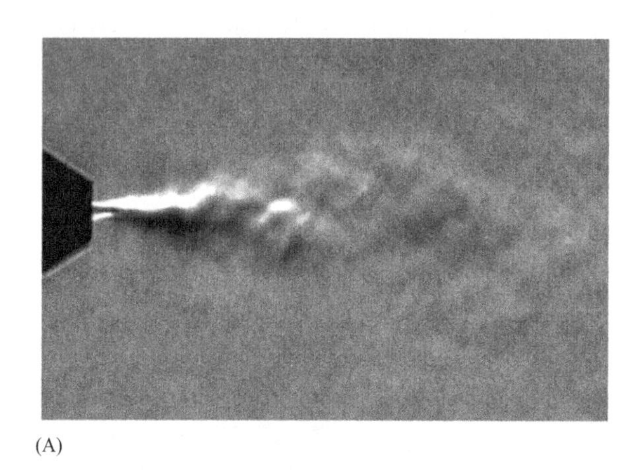

(A)

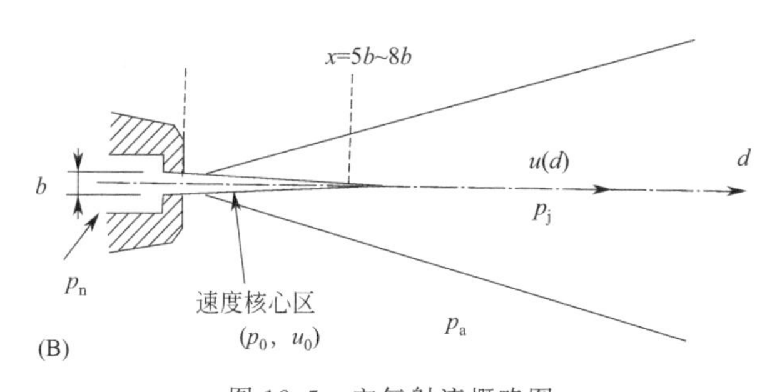


(B)

图 12.5　空气射流概略图

(A) 用纹影法得到的典型的空气喷射流照片；(B) 空气射流原理示意图

当喷嘴压力 $p_n$ 达到临界压力 $p_{nc}$（由下式计算）时，空气速度达到最大。

$$\frac{p_{nc}}{p_a}=\left(\frac{2}{n+1}\right)^{-n/(n-1)} \tag{12.1}$$

当喷嘴压力超过临界压力 $p_{nc}$ 时，在喷嘴尖端空气压力 $p'_0$ 大于大气压力 $p_a$：

$$p'_0=p_n\left(\frac{2}{n+1}\right)^{n/(n-1)} \tag{12.2}$$

高压空气在核心区域膨胀，由于膨胀过程中动量守恒，因此膨胀后的空气风速度 $u_0$ 可以表示为：

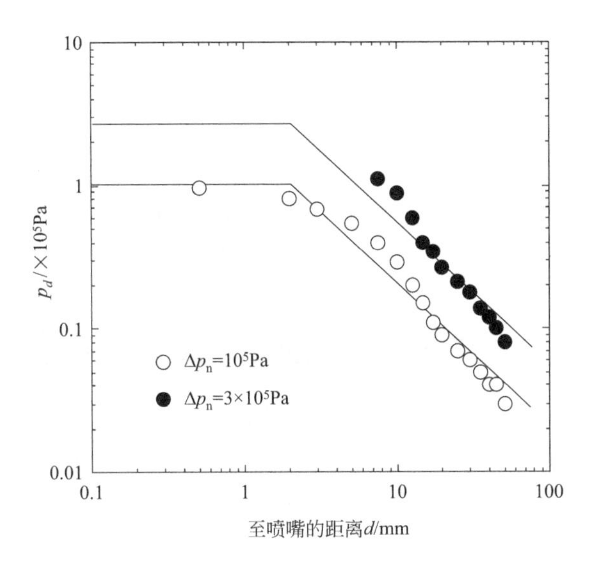


图 12.6 动态压力随距离 $d$ 的变化

实线是根据式（12.2）～式（12.6）计算出的值

$$u_0=\sqrt{\frac{p_0}{p_a}u_0'^2+\frac{p_0-p_a}{\rho_a}} \tag{12.3}$$

式中，$u_0$ 是临界压力下的空气速度（$p_n=p_{nc}$）；$\rho_a$ 是在大气压下的空气密度。

如图 12.6 所示，稳定区的风速与 $d^{-1/2}$ 成正比，假设射流原点在喷嘴端口，则距离 $d$ 处的气流速度为

$$u(d)=\sqrt{\frac{K_u}{d}}u_0 \tag{12.4}$$

式中，$K_u$ 是比例常数。

喷嘴间隙为 $b=0.25$mm（图 12.2）。因此，估算核心区的长度为 $d=2.0$mm（$=8b$）。在核心区末端，空气速度 $u(d)=u_0$，因此，常数 $K_u$ 为 $2.0\times10^{-3}$。通过将 $K_u$ 代入式(12.4)，可以估算出各种工况下的空气速度。图 12.6 中的曲线表示估算的动态压力 $p_d$ [$=\rho_a u(d)^2/2$]。

## 12.2.2 去污率的定义

众所周知，再悬浮通量会随着时间而变化[7,8]，通过冲击空气射流的去污率也会随时间而变化，如图 12.7 所示。该图中定义了两个去污率，即瞬时去污率 $\eta(t)$ 和总去污率 $\Sigma\eta(t)$。

$$\eta(t)=[\sigma_p(t+\Delta t)-\sigma_p(t)]/\sigma_{p0} \tag{12.5}$$

$$\Sigma\eta(t)=[\sigma_p(t)-\sigma_{p0}]/\sigma_{p0} \tag{12.6}$$

这里 $\sigma_p(t)$ 是 $t$ 时刻表面沉积颗粒的数量密度；$\sigma_{p0}$ 是初始数量密度。

在有些情况下，射流启动后 150ms 内可达到最终去污率的结果。在其他情况下，经过快速的初始去污后，总去污率会随着射流作用时间的增加而进一步提高，并在 1s 后达到饱和。步骤中的去污率取决于空气射流条件，每个步骤的去污机理还在研究中。饱和去污率可简单地定义为去污率 $\eta$，本章重点关注饱和去污率。

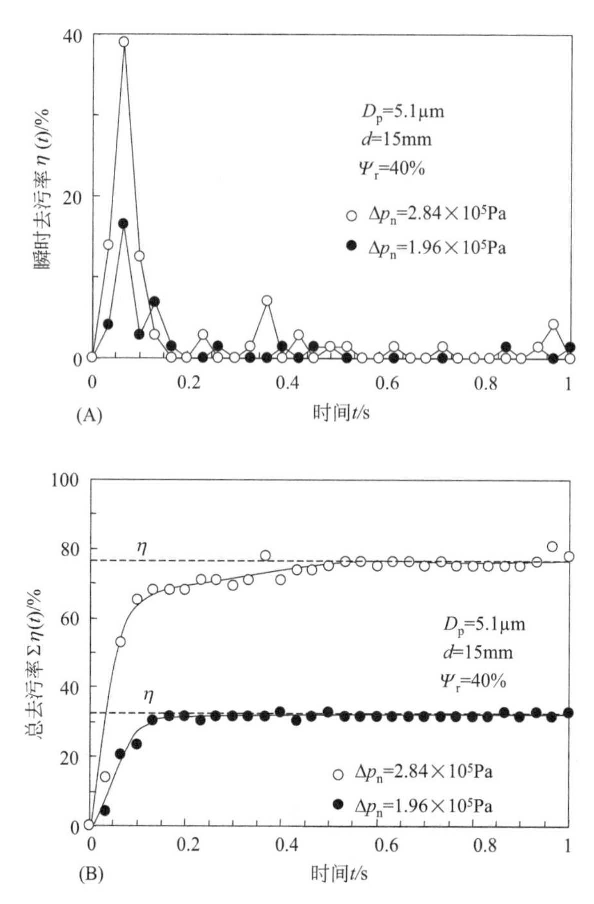


图 12.7 瞬时去污率（A）和总去污率（B）随时间的变化

## 12.2.3 操作条件对去污率 η 的影响

### 12.2.3.1 压降 $\Delta p_n$ 和距离 $d$

图 12.8 所示为各种颗粒的去污率 $\eta$ 与喷嘴端口压降 $\Delta p_n$ 的函数关系[5]。去污率随着压

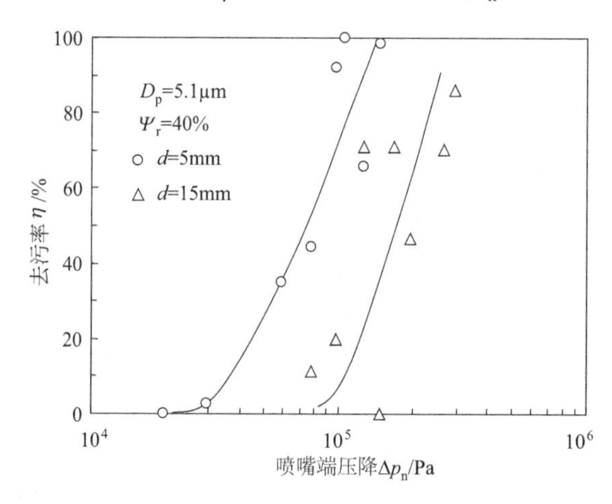


图 12.8 去污率 $\eta$ 与压降 $\Delta p_n$ 的函数关系

力的增加而增加，距离 $d$ 越长，需要更大的压力达到相同的去污率。为了评估由距离引起的差异，将距离 $d$ 处的动态压力用作空气射流能量的代表值。图12.9所示为 $D_p=5.1\mu m$ 的颗粒物的去污率与动态压力 $p_d$ 的函数关系。距离 $d$ 处的气流速度是根据式（12.4）计算的，去污率与动态压力相关，而与距离和压降无关，利用该图可计算其他距离的去污率。

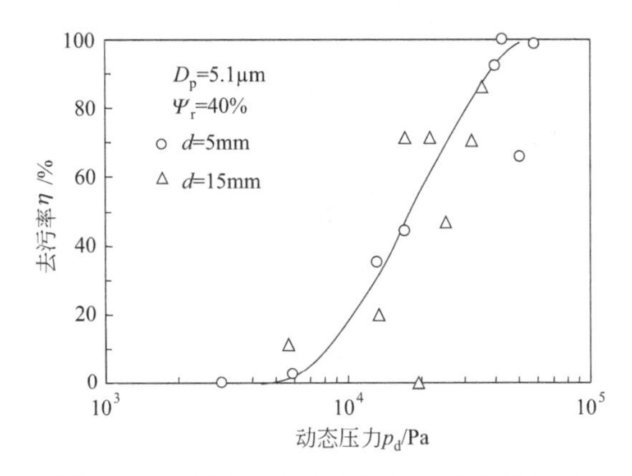


图12.9　去污率 $\eta$ 与动态压力 $p_d$ 的函数关系

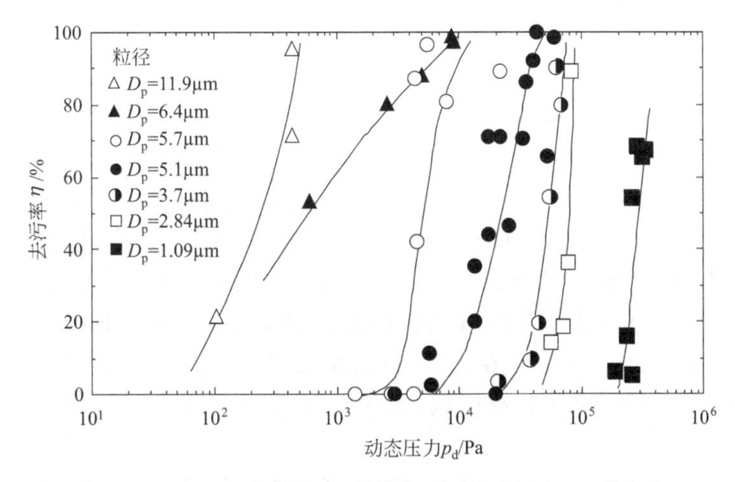


图12.10　对于不同粒径，去除率 $\eta$ 随动态压力 $p_d$ 的变化

图12.10为不同尺寸颗粒的性能曲线。显然，较小的颗粒需要较高的动态压力。$D_p$＝6.4μm的曲线比其他曲线缓，可能是由于6.4μm的试验颗粒物比其他尺寸的颗粒物具有相对更宽的粒径分布，这意味着性能曲线取决于喷嘴和黏附力分布。

### 12.2.3.2　冲击角θ

图12.11（A）为冲击角（$\theta$）45°时的去污率，（B）为冲击角30°和15°时去污率与撞击点 $O$ 的距离 $l$ 的关系（另见图12.3）[4,9]，其他参数为喷嘴压降 $\Delta p_n=10^5$Pa，距离 $d$＝10mm，射流持续时间 $t$＝10s。由图12.11（A）可以看出1～3组数据表现出较大的分散性。在冲击点 $O$（$l$＝0mm）附近，去污效率 $\eta$ 很高，实验的重复性好。$O$ 点（$-10mm<l<0mm$）上游的效率 $\eta$ 急剧下降，对于 $l<-15mm$ 的区域，射流造成颗粒分散是不确定的。在下游位置的去污效率 $\eta$ 高于上游位置。高去污率的区域仅限于喷嘴周围的一小部分（$l<3mm$）。对于 $l>3mm$ 的区域，射流对颗粒物的去除再次显示出很大的可变性。冲击角

更大时，数据趋势类似于此处 $\theta=45^{\circ}$时的趋势。

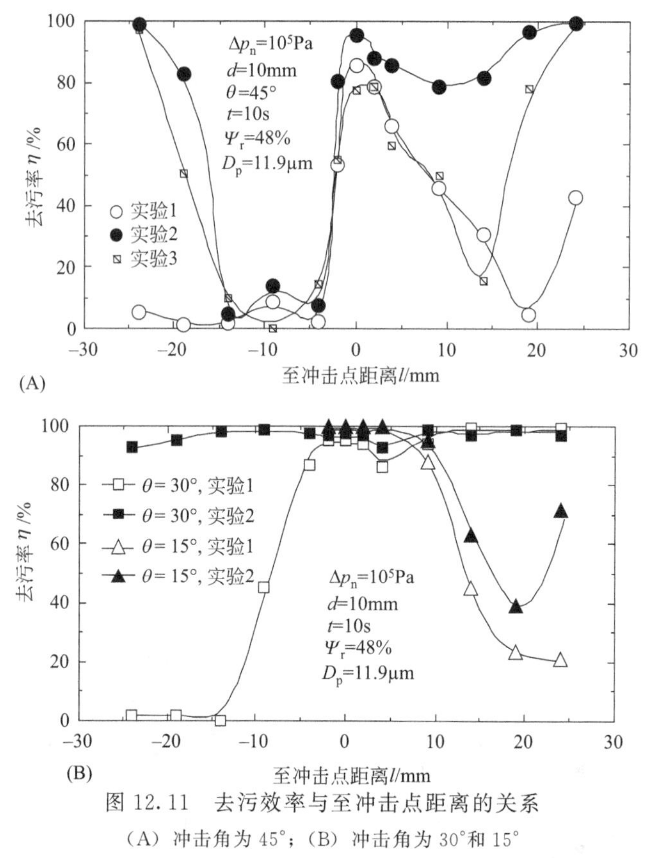


图 12.11 去污效率与至冲击点距离的关系

（A）冲击角为 45°；（B）冲击角为 30°和 15°

将冲击角设置为 30°和 15°获得去污率 $\eta$，射流冲击点周围的高效区域比 $\theta=45^{\circ}$时的区域宽。此外，$\theta=30^{\circ}$时 $5\text{mm}<l<10\text{mm}$ 区域的去污效率较低。$\theta=45^{\circ}$时在 $l<5\text{mm}$ 区域因直接射流冲击可获得较高的去污率。在 $l>10\text{mm}$ 的区域中发现高去污率的原因将在下文讨论。至于射流冲击点周围的高去污率区域，$\theta=15^{\circ}$的区域覆盖了 $l=10\text{mm}$ 距离，比 $\theta=30^{\circ}$的区域宽。

接下来，我们将讨论射流特性，以确定数据可变性的原因并定义确定高效区域的原则。图 12.12 为平壁上的冲击射流示意图，其中 $x$ 和 $y$ 坐标如图所示设置，射流原点用 $O_j$ 表示。根据 12.2.2 节的讨论，冲击点 $d=10\text{mm}$ 是射流完全形成区域。有效射流宽度 $y$ 通过 Tollmien 方程中的符号交换获得：

$$\Phi_j=\frac{y}{K_j x}=2.4 \tag{12.7}$$

$\Phi_j$ 表示自由发展区域自由射流宽度的无量纲参数。上式给出了二维射流的外边界，其中流速的 $x$ 分量变为零。经验常数 $K_j$ 的值为 0.09～0.12[6]。这里，我们假设 $K_j=0.1$ 为平均值，则有效射流宽度 $y$ 为：

$$y=0.24x \tag{12.8}$$

假设喷嘴沿中心线的端口是射流的原点，冲击点 $x=\text{d}$，有效射流宽度 $y_b$：

$$y_b=0.24d \tag{12.9}$$

在图 12.12，$d=10\text{mm}$，故 $y_b=2.4\text{mm}$。射流的扩散角 $\theta_j$ 确定为 13.5°，因 $\tan\theta_j$ 为

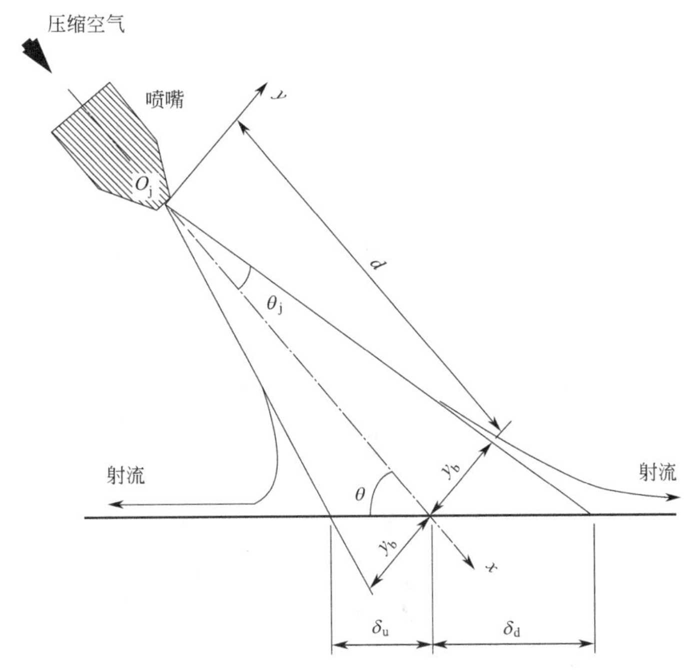


图 12.12　平壁上的冲击空气射流示意图

0.24（$\tan\theta_j=2.4\text{mm}/10\text{mm}$）。对于上游和下游位置，平面上的射流扩展宽度分别由以下方程计算（另请参见图 12.12）。

$$\delta_\mu=d\sin\theta\left\{\tan\left(\frac{\pi}{2}-\theta\right)-\tan\left(\frac{\pi}{2}-\theta-\theta_j\right)\right\} \tag{12.10}$$

$$\delta_d=d\sin\theta\left\{\tan\left(\frac{\pi}{2}-\theta+\theta_j\right)-\tan\left(\frac{\pi}{2}-\theta\right)\right\} \tag{12.11}$$

由式（12.10）和式（12.11）计算的射流扩展宽度如下：

$\theta=45°, \delta_u=2.73\text{mm}, \delta_d=4.47\text{mm}$；

$\theta=30°, \delta_u=3.39\text{mm}, \delta_d=8.22\text{mm}$；

$\theta=15°, \delta_u=4.89\text{mm}, \delta_d=89.2\text{mm}$。

图 12.11 显示高去污率区域满足关系 $\delta_u<\delta<\delta_d$，在该区域之外，去污率会降低或不稳定，不稳定性可能是由于射流在表面翻转或分离引起的。$\theta=30°$和 $l>10\text{mm}$ 时例外，这是因为在这种情况下射流没有从表面分离。从这个意义上讲，$\theta=30°$是从平面上分离小颗粒而不分离气流的最佳喷射角。

图 12.13 所示为两种不同粒径下，冲击点附近的去污率随动态压力 $p_d$ 的变化规律。冲击角 $\theta>30°$时不影响两种粒径的去污效率。然而，较小的冲击角 $\theta$ 需要较高的动态压力才能获得相同的去污率。在去除过程中，除上述可去除区域外，去污率也很重要。因此，去污指数 $N_r$ 定义如下：

$$N_r=\eta W(\delta_u+\delta_d) \tag{12.12}$$

式中，$W$ 是喷嘴的宽度。

沉积颗粒的初始数量密度与去污指数的乘积决定了在射流冲击点附近去除的颗粒数量。图 12.14 为去污指数与动态压力和冲击角的关系曲线。这些曲线是等势线。两个曲线图中，

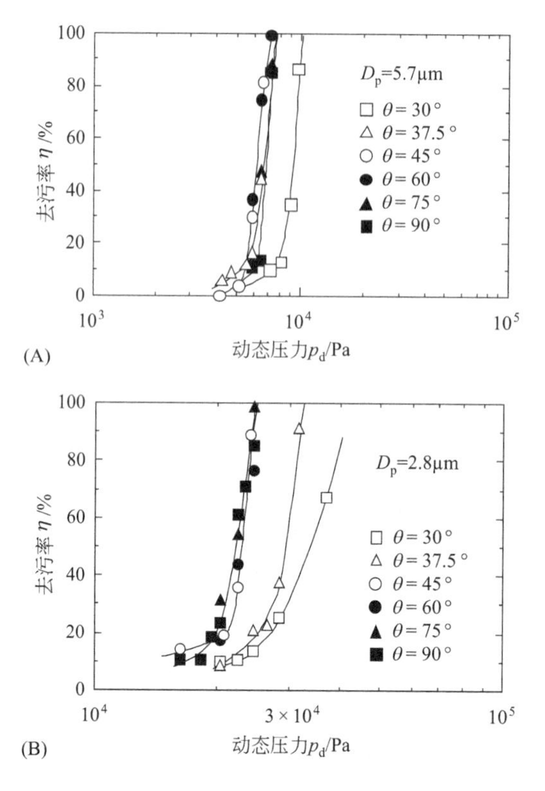


图 12.13　两种粒径下冲击角对去污率的影响

(A) $D_p=5.7\mu m$；(B) $D_p=2.8\mu m$

峰值均出现在冲击角 45°附近。这表明 45°是在一定区域下获得高去污率的最佳角度。当冲击角大于 45°时，去污面积 [$W(\delta_u+\delta_d)$] 随角度增加而减小，去污率不受冲击角影响。当冲击角小于 45°时，尽管去污面积增加，但去污率随着冲击角减小而降低。鉴于此，45°是最佳的冲击角。

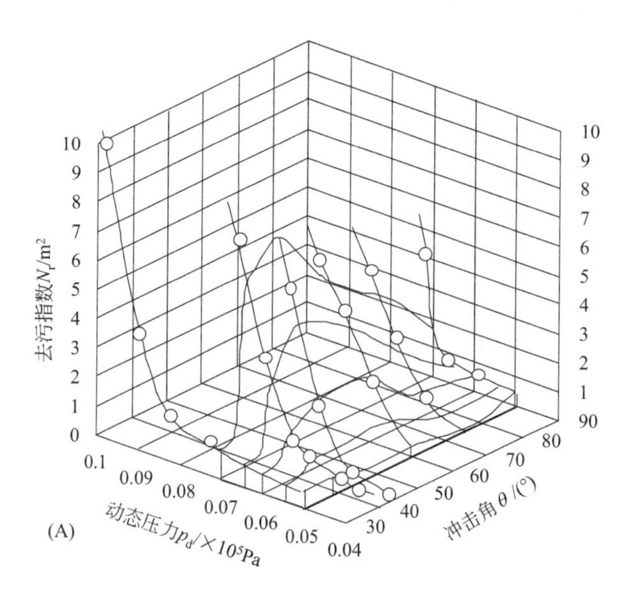

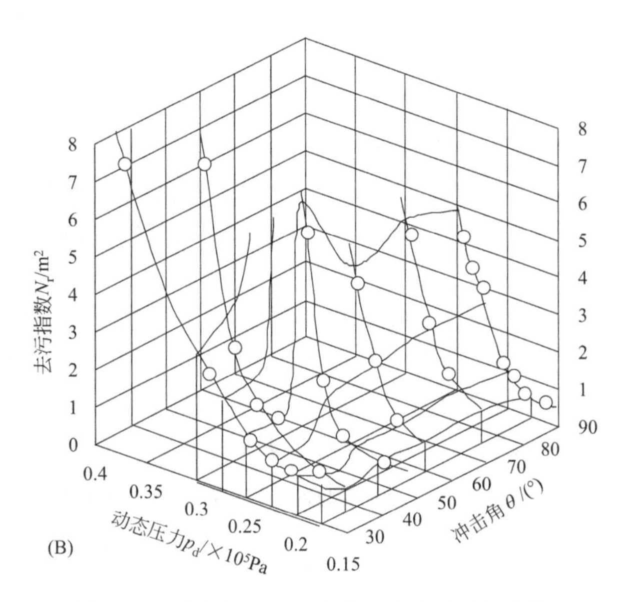


图 12.14　动态压力和冲击角对去污指数（去除的颗粒分数）$N_r$ 的影响

（A）$D_p$=5.7μm，$d$=10mm；（B）$D_p$=2.84μm，$d$=10mm

由图 12.13 可知，冲击角大于 45°时不影响去污率。但是，据 Ziskind 等人[10] 报道，当冲击角大于 45°时去污率会降低，峰值出现在 30°。因此，冲击角的影响似乎取决于喷嘴形状。

## 12.2.4　环境状况

图 12.15 所示为不同湿度 $\Psi_r$ 下进行的去污实验结果[11,12]。实验使用的表面材质是硼硅酸盐玻璃、聚对苯二甲酸丁二醇酯和双镀镍铁。对于所有表面，湿度低时去污率都很低，并且去污率随着湿度的增大而迅速增加。对于玻璃板，湿度 $\Psi_d$ 为 67%时，去污率达到最大，更高的湿度下去污率会降低。从图中可看出，很显然可以通过调节去污环境中的湿度 $\Psi_r$ 来提高去污率。这里，将取得最大去污率时的湿度定义为最佳湿度 $\Psi_{opt}$。

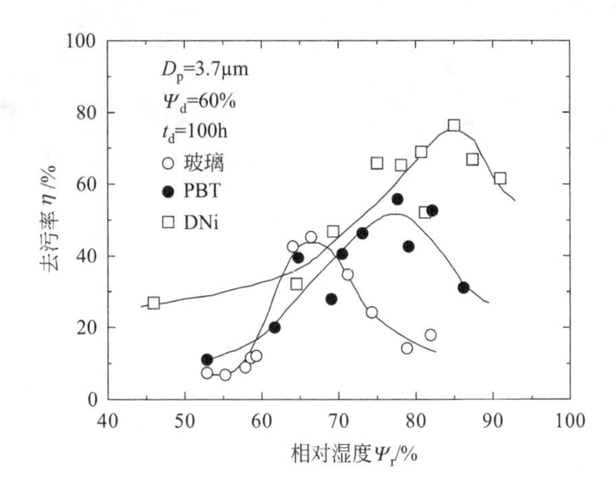


图 12.15　不同基材的去污率与去除环境相对湿度的关系

当射流冲击条件不变时，由空气射流产生的颗粒去除力可认为是恒定的。因此，假设去污率取决于湿度，因为颗粒和壁表面上的水分子可能会影响颗粒与固体表面之间的黏附力，当湿度低且没有水分子作用时，范德华力是主要的黏附力，该力可以近似采用真空中的数值，并且表现出比水分子存在时更高的黏附力。众所周知，在高湿度条件下颗粒物和表面之间会形成液桥，液桥吸附力随湿度增加而增大。因此，可以认为在低湿度时去污率主要随着范德华力的增加而降低，而在高湿度时去污率随着液桥力的增加而降低。在形成液桥的湿度下可获得最大的去污率。

如图 12.15 所示，最佳湿度 $\Psi_{opt}$ 和最大去污率表面材料有关。图 12.16 给出了各种材料的最佳湿度 $\Psi_{opt}$。实验中使用的某些材料具有微米级的粗糙度。表 12.1 中列出了粗糙面的平均高度和单位长度的峰数。如果假设粗糙峰是球体的一部分，则可以通过平均高度和峰数来计算球体的半径。半径由表面粗糙度 $r_w$ 定义，最佳湿度 $\Psi_{opt}$ 与表面粗糙度 $r_w$ 密切相关。

**表 12.1　试验用不同表面材料粗糙面的平均高度和峰数**

| 项目 | 粗糙面平均高度 | | 峰数 | |
|---|---|---|---|---|
| | 平均 $Ra/\mu m$ | 标准偏差 $\sigma_r/\mu m$ | 平均 $Ra/\mu m$ | 标准偏差 $\sigma_r/\mu m$ |
| 金属 | | | | |
| 双镀镍铁(DNi) | 0.513 | 0.19 | 0.44 | 0.12 |
| 镀镍铁(Ni) | 0.46 | 0.23 | 0.23 | 0.083 |
| 镀锌铁(Zn) | 0.062 | 0.015 | 1.13 | 0.35 |
| 塑料 | | | | |
| 聚碳酸酯(PC) | 0 | 0 | 0 | 0 |
| 聚对苯二甲酸丁二醇酯(PBT) | 0.10 | 0.024 | 0.67 | 0.19 |
| 热致液晶聚合物(TLCP) | 0.086 | 0.026 | 0.63 | 0.19 |
| 聚苯硫醚(PPS) | 0.067 | 0.021 | 0.73 | 0.24 |
| 玻璃 | | | | |
| 硼硅酸盐玻璃 | 0 | 0 | 0 | 0 |

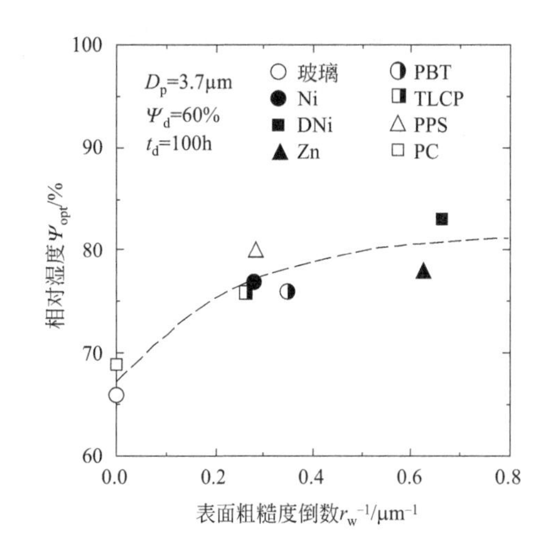


图 12.16　不同材料表面获得最大去污率时的最佳湿度 $\Psi_{opt}$ 随表面粗糙度 $r_w$ 倒数的变化

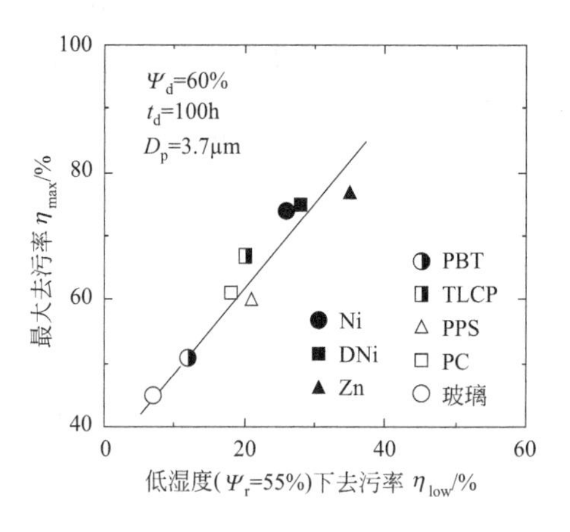


图 12.17　最大去污率 $\eta_{max}$ 与低湿度下去污率 $\eta_{low}$ 的关系

另外，如图 12.17 所示，最大去污率与不存在液桥的湿度 $\Psi_r$ 55%时的去污率有很强的相关性，这意味着在最佳湿度下的附着力主要由范德华力决定。因此，表面材料之间最大去污率的差异必然归因于表面特性，如 Hamaker 常数、表面粗糙度和刚度。Phares 等人[13]研究了表面材料特性和粒径对去污的影响，并进行了理论分析，其中就考虑了表面特性。

## 12.2.5 吹扫速度的影响[14]

在实际去污过程中，由于需要较高的工作效率，因此有必要连续地移动去污位置，即吹扫要去污的表面。图 12.18 显示了吹扫速度对去污率的影响。在这些实验中，喷嘴压力 $\Delta p$=0.07MPa、0.10MPa 和 0.13MPa 的条件下，吹扫速度 $v_s$ 在 0.1～600mm/s 的范围内变化。从图中可以看出，在所有压力条件下，去污率 $\eta_{av}$ 随着吹扫速度 $v_s$ 的增加而降低。该图还给出了在 $\Delta p$=0.10MPa 时逆射流方向吹扫的实验结果，逆射流方向吹扫的去污率与顺射流方向的去污率几乎相同。在本实验范围内射流吹扫方向没有影响，即最大吹扫速度为 600mm/s。

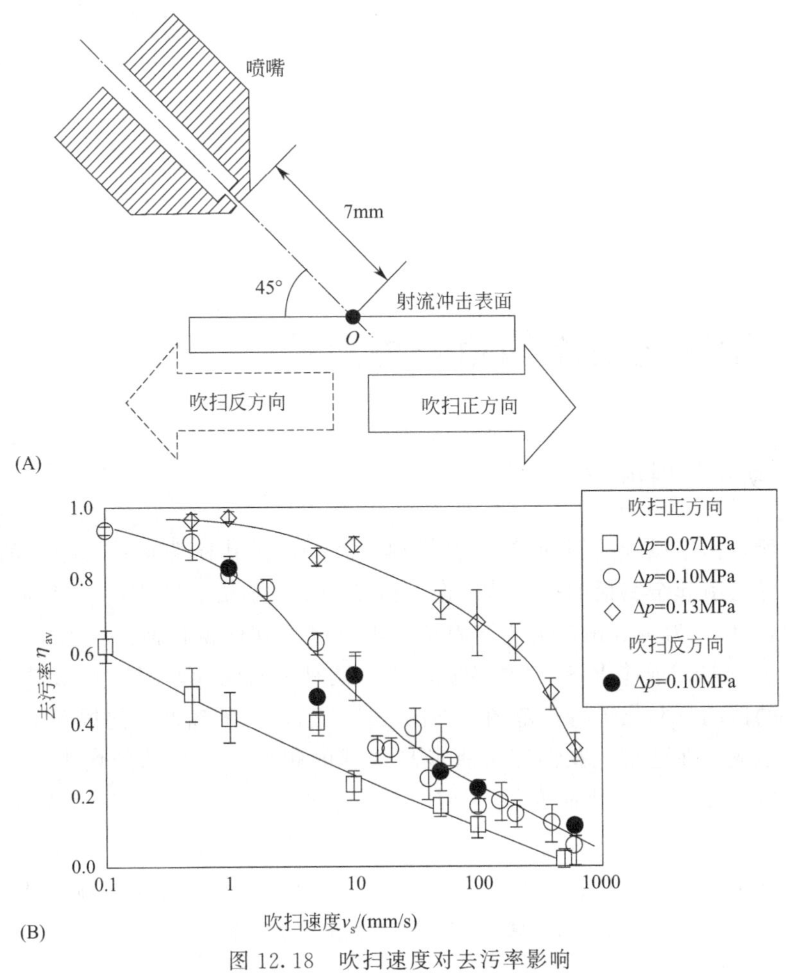


图 12.18 吹扫速度对去污率影响

(A) 喷嘴设置及吹扫方向；(B) 作为吹扫速度的函数的去污率

吹扫速度的增加导致去污率降低的原因之一是射流持续时间减少，也就是说，当射流有效作用于颗粒去除的平面具有有限面积时，可以认为颗粒在该平面内的停留时间随着吹扫速度的提高而减少。通过假设扫描方向上的长度 $L_{eff}$ 是壁面上动态压力分布的一半宽度，计算颗粒在有效去除面积（长度 $L_{eff}$）内的停留时间 $t'$。图 12.19 给出了图 12.18 的去污率

$\eta(t)$ 与计算出的颗粒停留时间 $t'$ （$=L_{eff}/v_s$）的关系曲线，还给出了固定式去污表面的去污率 $\eta(t)$。两种去污率 $\eta_{av}$、$\eta(t)$ 随时间的变化几乎相同，因此，认为提高吹扫速度导致去污率降低的主要原因是空气射流有效作用于附着颗粒区域的停留时间缩短。

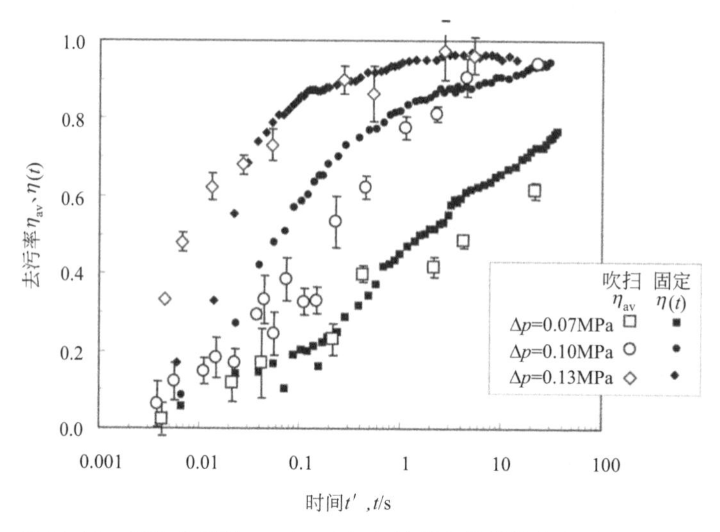


图 12.19 两种去污率 $\eta_{av}$ 和 $\eta(t)$ 与计算出的颗粒停留时间的关系

# 12.3 利用空气射流的新去污方法

## 12.3.1 振动空气射流法

图 12.20 所示为新设计的振动式空气射流喷嘴[15]，在其顶端有一块振动的金属板，压缩空气导入喷嘴会引起金属板的振动从而产生振动的空气射流。喷嘴的口径为 10mm，金属板的有效振动长度 $l_v$ 为 10mm，用螺栓固定，也可以用其他板替换。该实验选用碳素工具钢 SK-3（JIS G 4401）或淬火 SK-3 作为振动板，两种材料的板厚度均为 0.2mm。

空气射流的振动频率位于听觉范围，如图 12.21 所示，喷嘴产生的振动由基频（即最低频率）和谐波组成。在这里，我们定义将最高强度的频率作为振动的代表频率 $f$，频率 $f$ 随着压缩空气压力 $\Delta p_n$ 的变化而变化。当压力 $\Delta p_n$ 低于 $2.0\times10^5$ Pa 时，没有明显的振动，但是会产生高斯噪声。当 $\Delta p_n$ 大于 $4.0\times10^5$ Pa 时，空气射流没有振动。因此，对于振动喷嘴，施加的喷嘴压力为 $2.0\times10^5\sim4.0\times10^5$ Pa。最小和最大喷嘴压力的频率值列于表 12.2。

表 12.2 振动空气射流喷嘴的振动频率范围

| $\Delta p_n$/Pa | $2.3\times10^5\sim4.0\times10^5$ |
|---|---|
| SK-3/kHz | 2.48～4.58 |
| 淬火 SK-3/kHz | 2.53～4.78 |

图 12.22 所示为在不同喷嘴压力下振动式空气射流对 $D_p=1.09\mu m$ 的颗粒物的去除实验结果。尽管 $d=10$mm 时采用标准喷嘴在任何喷嘴压力下几乎都不可能清除这些颗粒物，但是在相同的操作条件下，采用振动式空气射流的去除率达到了 76%。结果表明，振动式

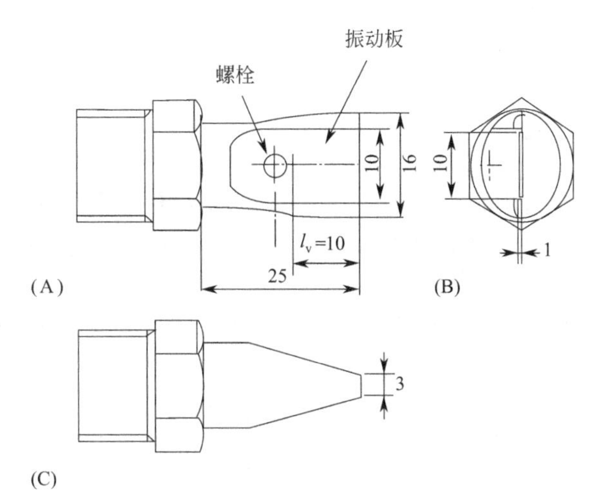


图 12.20　振动式空气喷嘴示意图（尺寸单位：mm）

（A）俯视图；（B）喷嘴和喷口；（C）侧视图

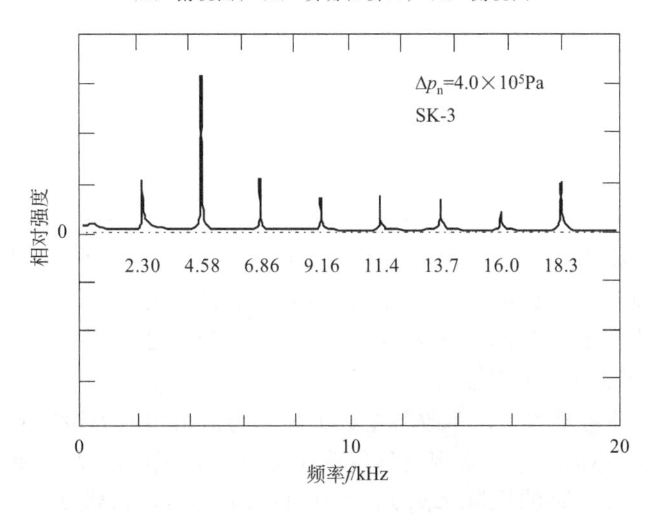


图 12.21　振动式空气射流喷嘴产生振动的功率谱

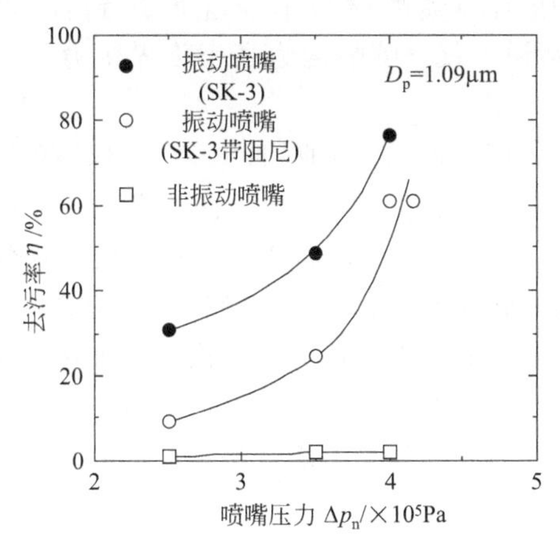


图 12.22　振动式空气射流的去污率随喷嘴压力的变化

空气射流比标准空气射流更有效。但是频率 $f$ 和喷嘴压力 $\Delta p_n$ 对去污效率的影响非常复杂[16]，空气射流的最佳振动参数尚未确定。

## 12.3.2 脉冲空气射流法

另一种方法是脉冲空气射流法[4,17]。文献报道的实验条件汇总于表 12.3。据 Masuda 等人[4]报道，脉冲空气射流并不能显著提高颗粒物的去除率。相反，Otani 等人[18]研究发现，去污率随脉冲射流数量的增加而提高。Ziskind 等人[10]也发现在一定频率时去污效率显著提高，低于和高于该频率，去污效率均较低。上述研究结果的差异可归因于喷嘴形状和设定的几何参数的差异。

**表 12.3 已有研究中脉冲空气射流去污实验条件**

| 项目 | 作者 | | |
|---|---|---|---|
| | Masuda 等[4] | Otani 等[18] | Ziskind 等[10] |
| 喷嘴出口形状 | 长方形 | 长方形 | 圆形 |
| 表面材质 | 玻璃 | 玻璃、硅 | 玻璃、硅 |
| 颗粒材质 | 苯乙烯/二乙烯基苯 | 聚苯乙烯乳胶 | 硅酸铝 |
| 粒径/μm | 1.09～11.9 | 0.25～1.1 | 2.0～5.0 |
| 距喷嘴的距离/mm | 3.0～25.0 | 6.0 | 30.0 |
| 冲击角/(°) | 15～45 | 30 | 20～50 |
| 脉冲持续时间/s | 1.0 | 1.0 | 0.0078～0.0047 |
| 脉冲间隔/s | 1.0 | 3.0 | 0.0078～0.0047 |
| 频率/Hz | 0.5 | 0.25 | 64～107 |

图 12.23 所示为脉冲射流和常规射流两种喷嘴去污率的对比[17]。对于喷嘴 B 和 $D_p=4.7\mu m$ 的颗粒物，脉冲射流和常规射流的去污率没有差异。而当将它们应用于 $D_p=2.25\mu m$ 的颗粒物时，脉冲射流的去污率高于常规射流的去污率。对于喷嘴 D 和 $D_p=3.25\mu m$ 的颗粒物，脉冲射流可提高去污率。

这里，我们将脉冲射流的去污率改善指数 $I$ 定义为给出相同去污率的喷嘴的压力的差值（$=\Delta p_{normal}-\Delta p_{pulse}$，$\Delta p_{normal}$ 为常规空气射流压降 $\Delta p_n$，$\Delta p_{pulse}$ 为脉冲空气射流在获得与常规空气射流相同去污率时的压降 $\Delta p_n$）。如图 12.24 所示，指数 $I$ 与常规射流喷嘴压力 $\Delta p_{normal}$ 的关系。指数 $I$ 增加超过一定的喷嘴压力，指数 $I$ 开始增加的压力与喷嘴形状和被测颗粒的粒径无关。其中压力与喷嘴端口射流速度达到音速时的临界压力 $p_{nc}$［见式(12.1)］几乎相同。换句话说，仅当喷嘴压力高于临界压力 $p_{nc}$ 时，脉冲空气射流的去除效率才会提高。

当喷嘴压力高于临界压力时，在一定的脉冲频率（最佳频率）下改善幅度最大，如图 12.25 所示。平板表面的动态压力测量表明，当脉冲频率高于最佳频率时，气压永远不会降为零。Ziskind 等人[10]提出，脉冲空气射流将表面附近的流场带到初始状态，边界层内的速度再次变高。因此，对于每个脉冲而言，作用在颗粒物上的力恢复到其最大值。这意味着射流持续时间的平均力随脉冲频率的增大而增大，每次射流冲击产生的冲击力随脉冲频率的增大而增大。这种解释是基于脉冲是独立的假设，如果脉冲受前一个脉冲所引起的气流的影响，则脉冲空气射流可能具有与连续常规射流几乎相同的效果。因此，获得最佳频率。

## 12.3.3 其他去污方法

Smedley 等人[19]研究的另一种方法是通过冲击波去除颗粒物。冲击波在一个开口冲击

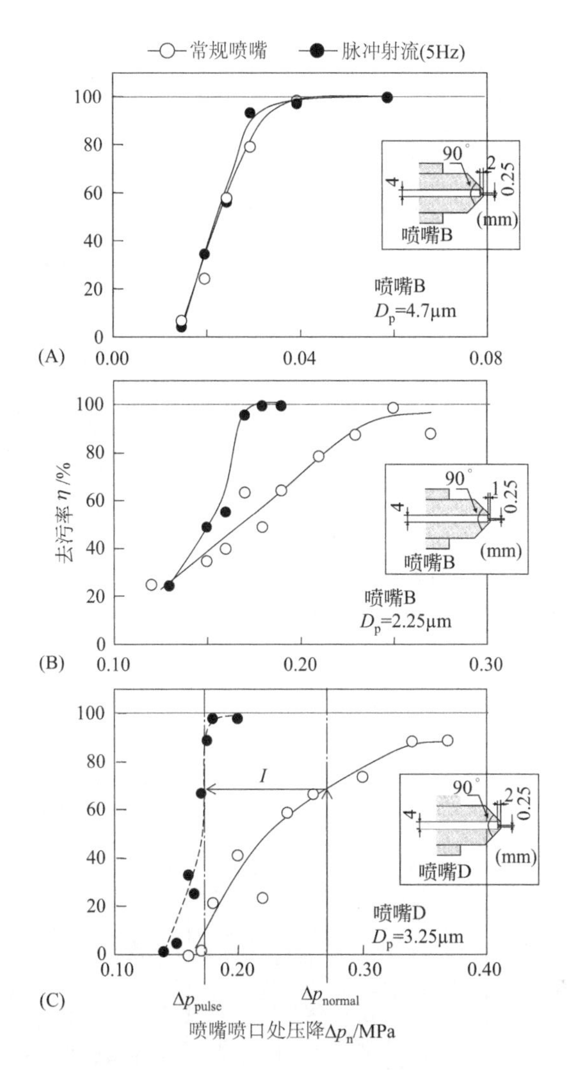


图 12.23　脉冲射流和常规射流对不同粒径颗粒物去污率对比

(A) 粒径 $D_p$=4.7μm；(B) 粒径 $D_p$=2.25μm；(C) 粒径 $D_p$=3.25μm

管中产生，因此产生了较长时间间隔的超声速脉冲。作者重点研究了在具有圆形（正冲击）或椭圆形（斜冲击）的去除区域长轴方向上的去除长度，长度随冲击次数的增加而增加。

另一种提高去除效率的方法是在空气射流的流场中设置障碍物[20]，障碍物是一组两个圆柱杆。设置的详细配置如图 12.26 所示。该图中从喷嘴端口绘制的两条线显示了根据理论射流扩展角 $\theta_j$=13.5°估算的空气射流形状[6]。将两个圆柱杆的位置设置在杆表面刚好接触空气射流理论边缘，以避免直接干扰空气射流。

通过设置圆柱杆获得的表面去污率和动态压力如图 12.27 所示。对于所有测试的喷嘴压力条件下，通过设置圆柱杆获得的去污率要比普通喷嘴更高，这表明不妨碍主射流的障碍物可以提高喷气的去除性能。但是设置圆柱杆的喷嘴的表面动态压力与普通喷嘴相同，这意味着提高去污率不是通过增加空气射流速度来实现的，空气喷射速度决定了动态压力的大小。众所周知，在二维空气射流的两侧都会产生一组两个大涡旋，因此，可以预期的是，这两个杆会影响涡流的流动形态和强度，涡流特性的变化可能会影响空气射流的波动特性。

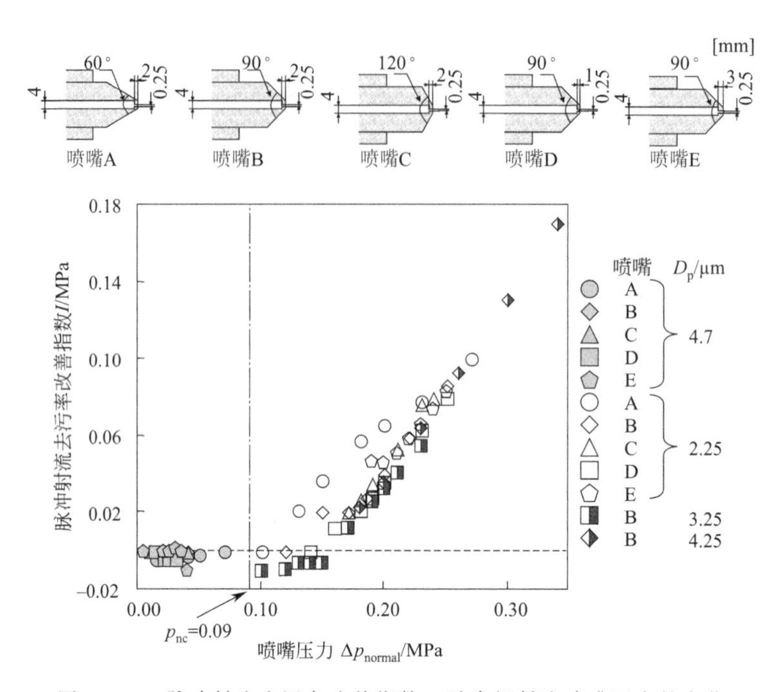


图 12.24 脉冲射流去污率改善指数 $I$ 随常规射流喷嘴压力的变化

常规射流由不同粒径（$D_p$=2.25μm、3.25μm 和 4.7μm）颗粒物和五种不同端口形状类型的喷嘴产生，$p_{nc}$ 是临界压力

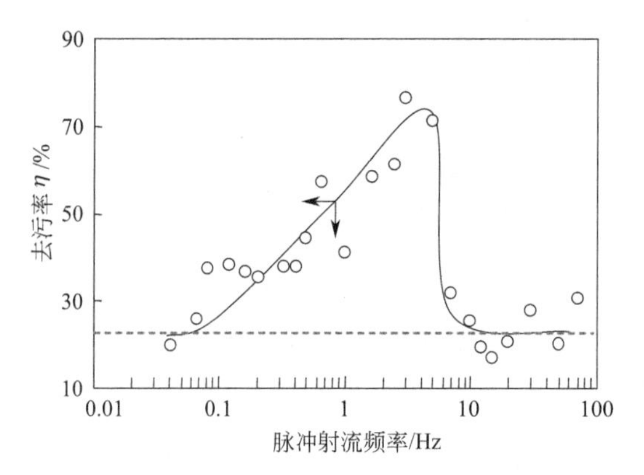


图 12.25 脉冲空气射流去污率随脉冲射流频率的变化

在上述脉冲空气射流的情况下，文献［10］指出表面附近流场的更替是提高去污率的原因。换句话说，每个射流开始时气流的不稳定状态是增强去污效果的关键因素。另外，在前文所述的振动式空气射流不是由独立射流组成的射流，即它是一种与常规射流相比具有很强流量脉动的连续射流。流量脉动不仅可以通过如图 12.20 所示的特殊喷嘴来控制，也可以通过声学扬声器产生的声音来实现。

Maynard 和 Marshall[21]开发了一种可以产生涡流的新型射流喷嘴。Fuhrmann 等人[22]在喷嘴上设置了四个声学扬声器，以增强空气射流的振动。上述两篇文献均认为流量脉动会影响颗粒物的去除。另外，在空气射流流场中设置两个杆可以提高去污率，预计这两个杆可能会影响射流的波动特性。根据这些事实，可以得出结论，流量波动的控制必定是实现高去污率的关键参数。

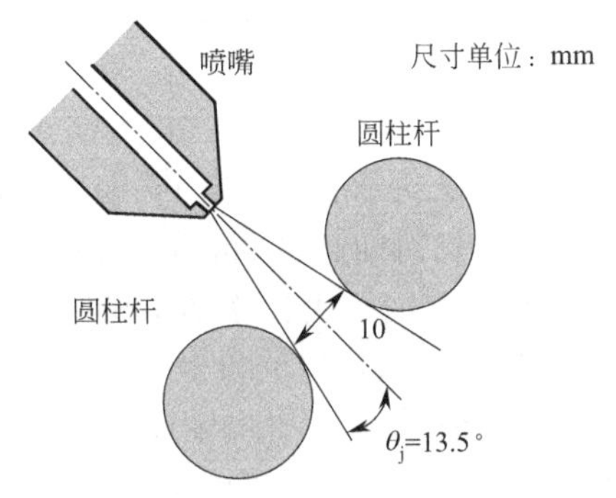


图 12.26　两个圆柱杆的设置（$\theta_j$ 是二维空气射流的理论扩散角）

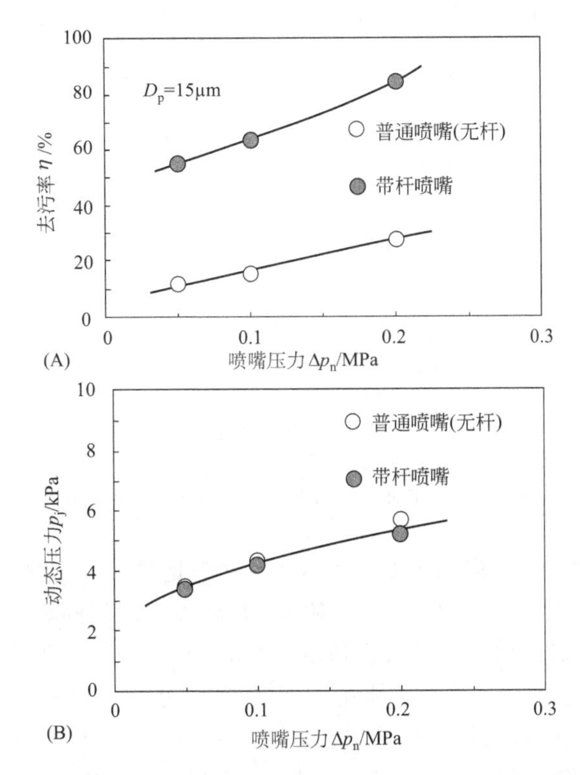


图 12.27　带两个圆柱杆的喷嘴与普通喷嘴的去污率（对粒径 $D_p$＝15mm 颗粒物）和动态压力 $p_j$ 对比

（A）去污率；（B）动态压力

# 12.4　技术应用尚待解决的问题

当我们考虑去除颗粒污染物所需的工业过程时，该过程可分为 3 个阶段，即污染、从污染区转移到去除装置以及去除污染物，这意味着有 3 种环境，因此，我们研究了湿度对颗粒沉积的影响以及将颗粒转移至去除装置的时间[11]。转移环境的湿度保持恒定，并使用干燥器保持在非常低的水平（15%）。另外，转移时间被认为是干燥器中的干燥时间 $t_d$。

图 12.28 所示为改变干燥器中的干燥时间并将颗粒物沉积过程中的湿度 $\Psi_d$ 作为可变参数的去污实验结果。去污时湿度 $\Psi_r$ 保持 59%不变。沉积过程中当湿度最低（$\Psi_d=55\%$）时，去污率随干燥时间的增加而降低，并且在干燥 5h 后达到约 10%的恒定值。当 $\Psi_d=58\%$时，去污率的降低很小，直到干燥约 20h 后才获得 70%～80%的高去污率，干燥时间超过 20h 后，去污率迅速下降。当干燥时间超过 60h 时，去污率等于 $\Psi_d=55\%$时的去污率并达到恒定值。在 $\Psi_d$ 值为 64%和 72%时，去污率随干燥时间的增加而增加，直到分别干燥约 3h 和 6h 后迅速下降。换句话说：（a）当沉积发生在不高于去污时的湿度 $\Psi_r$ 的情况下，去污率随着干燥时间的增加而降低；（b）当沉积发生在不低于去污湿度的情况下，去污率在开始时增加，在一定的干燥时间达到最大值后降低；（c）干燥 80h 后，沉积时的去污率不受湿度 $\Psi_d$ 的影响。结果表明，在相对较低湿度下沉积的情况，颗粒沉积之后立即去污率较高；较高湿度下沉积的情况下，干燥至一定水平之后，去污率较高。

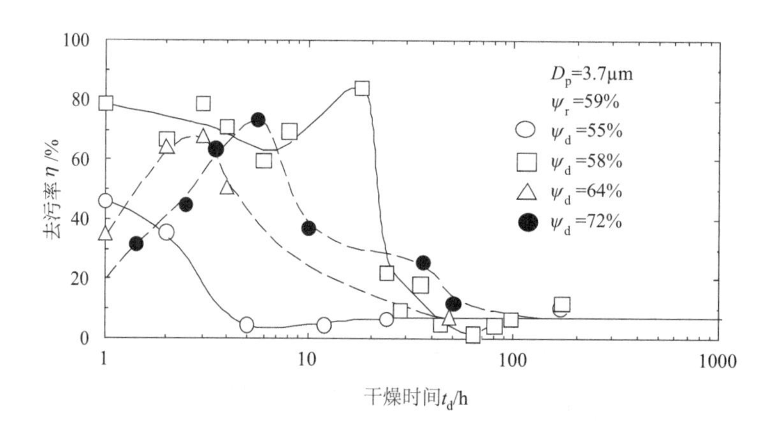


图 12.28　相对湿度和干燥时间对去污率的影响

为了避免这种影响，干燥时间需要超过 80h，这正是将试件干燥 100h 的原因。其他实验也证实，当停留时间大于 1min 时，去污率不受环境停留时间的影响。因此，将试件转移到受控的去污环境中，并且将试件放置在环境中 2min 或更长时间之后进行去污实验。

沉积环境影响的机理尚不清楚，水分子的吸附层是造成这种影响的主要原因之一，不能仅用吸附来解释，因为人们认识到吸附现象是一个 1s 或更短的快速过程。目前的结果肯定反映了黏附力随时间的变化，黏附力的时间依赖性尚未确定，并且这个问题不限于使用高速空气射流去除颗粒。空气喷射法的研究主要集中在一个面积较小的平板上作为净化目标。

当我们考虑去除颗粒污染物所需的工业过程时，不仅可以设想平面物体（例如硅晶片和薄膜），而且可以设想具有三维复杂形状的物体（例如电子设备和汽车的预喷漆部件）。空气射流法的研究主要将平板上面积较小的区域作为去污目标。在实践中，空气射流法也被用于去除附着在大面积扁平物体（如薄膜和液晶面板）上的颗粒物，为了实现对如此大的平面区域的去污，需要使用具有气流喷射口和吸气口的喷嘴[23,24]。由于喷射口和吸入口是并排设置的，因此流场必定比图 12.12 所示的冲击自由射流引起的流场更复杂。但是，对于这种复杂形状的喷嘴实际应用的研究却很少。另外，关于空气射流方法对三维复杂形状的适用性目前还没有系统的研究。这些都是将来要研究的问题。

## 12.5 小结

本章我们对高速空气射流去除颗粒物的经验知识进行了总结，但去除或再悬浮现象的基本原理尚未得到很好的研究。尽管我们已经说明了去污率如何随操作条件而变化，但操作条件的影响机理尚不清楚。实验是用微米级的颗粒进行的，然而对亚微米级颗粒的去除结果已有报道[18]。如果能够很好地确定去除机理并达到最佳操作条件，冲击空气射流去污法有望用于亚微米级固体颗粒的精密去除。

## 参考文献

[1] G. Ziskind, M. Fichman and C. Gutfinger, "Resuspension of Particulates from Surfaces to Turbulent Flows—Review and Analysis", J. Aerosol Sci. 26, 613 (1995).

[2] C. Henry and J. P. Minier, "Progress in Particle Resuspension from Rough Surfaces by Turbulent Flows", Prog. Energy Combustion Sci. 45, 1 (2014).

[3] K. Gotoh, "Cleaning Using High-Speed Impinging Jet", in: *Developments in Surface Contamination and Cleaning: Fundamentals and Applied Aspects*, Volume 1, 2nd Edition, R. Kohli and K. L. Mittal (Eds.), pp. 667-694, Elsevier, Oxford, UK (2016).

[4] H. Masuda, K. Gotoh, H. Fukada and Y. Banba, "The Removal of Particles from Flat Surfaces Using a High-speed Air Jet", Advanced Powder Technol. 5, 205 (1994).

[5] K. Gotoh, M. Kida and H. Masuda, "Effect of Particle Diameter on Removal of Surface Particles Using High Speed Air Jet", Kagaku Kogaku Robunshu. 20, 693 (1994) (in Japanese).

[6] N. Rajaratnam, *Turbulent Jets*, Elsevier, Amsterdam, The Netherlands (1976).

[7] H. Y. Wen and G. Kasper, "On the Kinetics of Particle Reentrainment from Surfaces", J. Aerosol Sci. 20, 483 (1989).

[8] D. A. Braaten, K. T. Paw and R. H. Shaw, "Particle Resuspension in a Turbulent Boundary Layer—Observed and Modeled", J. Aerosol Sci. 21, 613 (1990).

[9] K. Gotoh, M. Tagaya and H. Masuda, "Mechanism of Air Jet Removal", Kagaku Kogaku Ronbunshu 21, 723 (1995) (in Japanese).

[10] G. Ziskind, L. P. Yarin, S. Peles and C. Gutfinger, "Experimental Investigation of Particle Removal from Surfaces by Pulsed Air Jet", Aerosol Sci. Technol. 36, 652 (2002).

[11] K. Gotoh, S. Takebe, H. Masuda and Y. Banba, "The Effect of Humidity on the Removal of Fine Particles on a Solid Surface Using High-Speed Air Jet", KONA Powder and Particle 13, 191 (1995).

[12] K. Gotoh, S. Takebe and H. Masuda, "Effect of Surface Material on Particle Removal Using High Speed Air Jet", Kagaku Kogaku Ronbunshu 20, 685 (1994) (in Japanese).

[13] D. J. Phares, G. T. Smedley and R. C. Flagan, "Effect of Particle Size and Material Properties on Aerodynamic Resuspension from Surfaces", J. Aerosol Sci. 31, 1335 (2000).

[14] M. Okazaki, R. Kusumura, M. Yoshida, J. Oshitani and K. Gotoh, "Effect of Target Plate Scanning on the Removal of Adhered Particles by a High-Speed Air Jet", J. Soc. Powder Technol., Japan, 45, 690 (2008) (in Japanese).

[15] K. Gotoh, K. Karube, H. Masuda and Y. Banba, "High-Efficiency Removal of Fine Particles Deposited on a Solid Surface", Advanced Powder Technol. 7, 219 (1996).

[16] K. Gotoh, K. Takahashi and H. Masuda, "Removal of Single Particles Adhered on a Flat Surface by Vi-

brating Air Jet", J. Aerosol Res. Japan 13, 133 (1998) (in Japanese).

[17] M. Okazaki, M. Yoshida, J. Oshitani and K. Gotoh, "Effect of Pulsed Air Jet on the Air Jet Removal of Adhered Single Particles", J. Soc. Powder Technol. (Japan) 45, 297 (2008) (in Japanese).

[18] Y. Otani, N. Namiki and H. Emi, "Removal of Fine Particles from Smooth Flat Surfaces by Consecutive Pulse Air Jets", Aerosol Sci. Technol. 23, 665 (1996).

[19] G. T. Smedley, D. J. Phares and R. C. Flagan, "Entrainment of Fine Particles from Surfaces by Impinging Shock Waves", Experiments in Fluids 26, 116 (1999).

[20] K. Gotoh, K. Mizutani, Y. Tsubota, J. Oshitani, M. Yoshida and K. Inenaga, "Enhancement of Particle Removal Performance of High-speed Air Jet by Setting Obstacle in Jet Flow", Particulate Sci. Technol. 33, 567 (2015).

[21] A. B. Maynard and J. S. Marshall, "Particle Removal from a Surface by a Bounded Vortex Flow", Int. J. Heat Fluid Flow, 32, 901 (2011).

[22] A. Fuhrmann, J. S. Marshall and J. Wu, "Effect of Acoustic Levitation Force on Aerodynamic Particle Removal from a Surface", Appl. Acoustics 74, 535 (2013).

[23] K. Soemoto, T. Wakimoto and K. Katoh, "A Study on Removal of Infinitesimal Particles on a Wall by High Speed Air Flow", J. JSEM, 11, 35 (2011).

[24] K. Soemoto, T. Wakimoto, T. Morimoto and K. Katoh, "A Study on Removal of Infinitesimal Particles on a Wall by High Speed Air Flow-2nd Report: Performance Evaluation of Low Flow Rate Nozzles", J. JSEM 12, 383 (2012).

# 第 13 章

# 微磨技术在精密去污与加工中的应用

Rajiv Kohli

美国国家航空航天局约翰逊航天中心航空航天公司 得克萨斯州休斯敦

## 13.1 引言

工业制造通常需要减少材料损失，这需要非常高的加工精度和操作水平，例如清除薄层表面的污染薄膜与涂层、标记组件、钻孔和切割、蚀刻、去毛刺以及对金属、塑料、陶瓷等各种材料表面的纹理化。这些操作产生的宏观和微观污染严重降低了产品的产量。此外，商业过程需要有成熟的加工方法将有价值的材料回收或再利用，如电路板、牙科废料以及复杂零件的铬和金镀层，同时最大限度地减少废料的产生并降低污染。这些废弃材料通常含有有价值的金属：如焊料中铅和镉等有害物质、环氧胶粘剂、放射源和 PCB（多氯联苯）化合物（如电容器）。这些材料混合在一起被认定为危险废物或混合废物，将这些废物减量是一项重大的挑战。

微磨去污与加工是一项通用技术，采用优良的磨料介质来冲击去污目标表面以清除污染物。该技术可用于表面去污，清除涂层或剥离表面污染物，也可用于去除松散材料、金属部件机加工后产生的斑点和毛刺，甚至可用于柔性材料，如塑料、聚合物以及皮革和橡胶部件[1-13]。该技术的其他应用还包括组件标记、钻孔和切割、表面纹理化以及各种材料的蚀刻。微磨技术可用于回收有价值的金属，减少操作过程中产生的废物，精确清除复杂的小零部件特定区域的放射性和其他有害污染物，满足有害废物最小化的需求。

最近，有人[14,15]对微磨精密去污与加工技术及其应用进行综述。本章重点关注该技术的应用并对之前出版内容进行更新。

## 13.2 表面污染和表面清洁度等级

表面污染有多种形式，并且以多种状态存在[16]。最常见的表面污染类型如下：

- 亚微米至宏观尺寸范围的灰尘、金属、陶瓷、玻璃和塑料等颗粒物。
- 以离散颗粒形式存在于表面或以痕量杂质存在于基质中的金属污染物。
- 以碳氢化合物薄膜或有机残留物形式存在的有机污染物，如油滴、油脂、树脂润滑油、添加剂和蜡。
- 有机（金属有机化合物）或无机（酸、气体和碱）污染物。
- 阳离子（$Na^+$ 和 $K^+$）和阴离子（$Cl^-$、$F^-$、$SO_3^{2-}$、$BO_3^{3-}$ 和 $PO_4^{3-}$）污染物。
- 微生物污染物，如细菌、真菌、藻类和生物膜。

其他污染物类别包括金属、有毒和危险化学品、放射性物质和特定行业表面的生物物质，如半导体、金属加工、化工生产、核工业、制药、食品加工、搬运和配送等。常见的污染源包括机加工油和润滑脂、液压油和清洁液、黏合剂、蜡、人为污染和颗粒物。另外，各种来源的大量其他化学污染物也可能污染表面。

典型的清洁规范是基于表面去污后残留在表面上的特定或特征污染物的量。在精密技术应用中，清洁度等级规定为：对于颗粒物以颗粒大小（微米尺寸范围内）和颗粒物数量表示，对于非挥发性残留物（NVR）代表的碳氢化合物污染的表面，其清洁度等级以单位面积 NVR 的质量表示，对于液体则以单位体积中的污染物的质量表示[17-19]。这些清洁度等级都基于修订的行业标准 IEST-STD-CC1246E 规定的污染规范：对于颗粒物从 1 级至 1000 级，对 NVR 从 R1E-5 级（10ng/0.1$m^2$）至 R25 级（25mg/0.1$m^2$）[19]。本丛书第七卷[16]深入讨论了该标准先前版本的变化。许多产品和制造过程也对空气中的分子污染物（Airborne Molecular Contaminants，AMCs）敏感，甚至可能被其损坏。因此监测和控制 AMCs 至关重要。AMC 是以蒸气或气溶胶形式存在的化学污染物，可以是有机的或无机的，包括酸、碱、有机金属化合物、掺杂剂等物质[20,21]。实际上，AMCs 至少有八类：酸、碱、生物毒性、可冷凝物、腐蚀性物质、掺杂剂、总有机化合物、氧化剂以及单个物质或混合物质。新标准 ISO 14644—10《洁净室和相关环境控制——第 10 部分：按化学浓度的表面清洁度分类》[22] 现已成为国际标准，该标准规定了涉及化学物或元素（包括分子、离子、原子和颗粒物）的洁净室表面清洁度等级分类体系。

许多商业应用中，精密清洁度等级被定义为有机污染物残留量低于 10μg/$cm^2$，但许多应用要求设定为 1μg/$cm^2$[19]。这些清洁度等级要么非常理想，要么是由医疗设备、电子组件、光学和激光组件、精密机械零件以及计算机部件等器件的功能所要求的。新发布的标准 ISO 14644—13 给出了洁净室表面去污指南，以达到基于颗粒物和化学分类的清洁度等级[23]。

# 13.3 应用领域

微磨精密去污技术涉及两种表面污染物的去除：薄膜或涂层、颗粒物。

## 13.3.1 基本注意事项

每种污染物的去除机制不同，分别讨论如下。

### 13.3.1.1 表面薄膜和涂层的去除

为了理解颗粒物碰撞过程中的污染去除机制，已经开展许多基础和实验研究工作，包括单颗粒和多颗粒碰撞的分子动力学、蒙特卡罗算法和有限元数值模拟[15]。波反射等动态效应可忽略不计，其影响可以视为准静态的。附着强度高的涂层可通过机械刻蚀法去除，而附着强度低的涂层可通过表面剥离去除。

腐蚀速率与塑性变形所需能量与后续断裂所需能量的比值成正比，反过来又取决于冲击颗粒和目标材料的特性（硬度、密度、泊松系数、弹性模量、韧性）和冲击角。

**机械刻蚀**

去除高黏性强度的韧性涂层时，有三种明确的机械蚀刻基本机制：犁削刻蚀和两种类型的切削刻蚀。犁削变形通常是由球形颗粒或不规则颗粒的圆形表面撞击表面而引起的。污染物从撞击坑中被移除，其中一部分在撞击坑的出口端形成一个边缘，另一部分可能在撞击坑的侧面形成隆起，边缘部分的污染物可通过后续的撞击去除。

在有棱角颗粒的情况下，颗粒在撞击时的方向也很重要。撞击颗粒会在前进方向上以可观的正向旋转速度从表面反弹，这取决于方向角（撞击角 30°时为 17°～90°）。在这些平面应变条件下，所有被置换的物质被挤压到撞击坑边缘，随后通过表面旋转颗粒的二次撞击而去除。这称为Ⅰ型切削动作。

对于 30°撞击角下 0°～17°的方向角，颗粒在撞击过程中向后旋转，并且由于旋转颗粒的机械作用，所有物质都在撞击过程中清除，这称为Ⅱ型切削动作。由于Ⅱ型切削发生在较窄的方向角范围，因此在随机取向颗粒撞击中，只有约 1/6 的撞击会出现这种现象。这就解释了刻蚀中机加工机制实验数据缺失的原因。

如果忽略弹性效应，颗粒在半无限金属基体中的运动被模拟为受到一个力的阻挡，该力是涂层抗蚀时达到的接触压力值和接触面积的函数。这种方法的主要缺点是，颗粒撞击的全部能量必须消耗在塑性变形中，从而使预测的回弹速度和回弹效应为零。在现实碰撞中，情况显然并非如此，因为任何入射角的颗粒碰撞中都会有回弹速度和回弹效应。

如果考虑弹性效应，则应对颗粒撞击进行真实的弹塑性分析[24-26]。这种情况下，颗粒物首先遇到弹性阻滞力，然后经历一个弹塑性过渡阻滞力，这被假定为入射弹性力，直到达到完全塑性条件为止。塑性阻滞力一直有效，直到最大穿透点，该点处颗粒物在 $y$ 方向的速度为零。最后，颗粒遇到回弹接触力，导致加速离开表面，假定该回弹力作用于 $y$ 方向（图 13.1）。

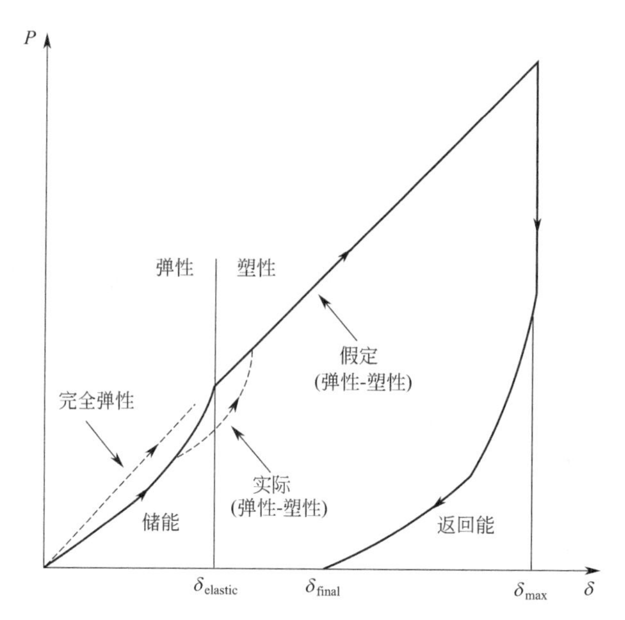


图 13.1 完全塑性和弹塑性颗粒碰撞的力 $P$ 与挠度 $\delta$ 的关系曲线[24]

通过分析，可以计算出回弹速度、回弹角以及撞击坑的大小和形状，并且与现有的实验数据非常吻合（相对差在 1%以内）[27,28]。撞击坑深度的准确预测对于微研磨去污应用很重要，因为位移到撞击坑边缘的物质会被随后的撞击去除。

**表面剥离去除**

表面剥离去除涂层的过程分为三个阶段。第一阶段，由于界面处存在较大的剪切应力，颗粒碰撞时会产生分层。但剪切应力的作用是局部的，因此对去除涂层不起作用，距撞击点 0.6～0.8mm 处的剪切应力可忽略不计。

撞击时，颗粒会导致涂层凹陷，这种渗透会在涂层中产生压应力（第 1 阶段）。当达到临界应力值时，应力会导致初始剥离区域和涂层弯曲（第 2 阶段）并引发裂纹[29-31]。剥离扩展直到颗粒从表面反弹（第 3 阶段）。剥离的标准建议如下：

$$\left(\frac{\sigma_N}{\sigma_{NF}}\right)^2+\left(\frac{\sigma_S}{\sigma_{SF}}\right)\leqslant 1 \tag{13.1}$$

式中，$\sigma_N$ 是垂直于界面的应力矢量的正部分，$\sigma_S$ 是剪切应力，$\sigma_{NF}$ 是法向破坏应力，$\sigma_{SF}$ 是剪切破坏应力。如果式（13.1）的左侧值大于 1，则假设发生故障。

在原子尺度上也观察到物质的去除。对于金属基体和离子晶体，磨损是由于单个金属原子或单个离子对的去除和重排所致，而不是塑性变形和断裂，并且可以用应力辅助化学反应动力学来模拟[32-45]。

#### 13.3.1.2　颗粒物的去除

小于 10μm 的颗粒物会牢固附着于表面，对于干燥表面，主要的黏附力是范德华力[46]，这种黏附力可以视为从表面去除颗粒所需的力。对于硅基体上 0.5μm 的氧化铝颗粒，其黏附力约为 $3\times10^{-9}$N[46,47]。当微磨系统操作压力为 0.6MPa 时，50μm 氧化铝颗粒的预估撞击力为 $2\times10^{-3}$N，这远大于颗粒的黏附力，因此可以轻松去除 0.5μm 氧化铝颗粒。

### 13.3.2　微磨技术

微磨技术是一种多功能干法去污和加工技术，广泛应用于各种材料的精密去污和加工[1-15]。自最初研磨去污的美国专利获得授权以来[48]，微磨技术在广泛的精密去污和加工应用中已经发展到非常复杂的程度，发展过程中有大量专利获得授权[49-98]。为了解控制过程的关键参数，人们已经开展了大量理论和实验研究[99-133]。

#### 13.3.2.1　工艺说明

微磨工艺使用一个微型喷嘴，该喷嘴将精确分级的研磨粉与压缩空气或其他惰性气体混合后导入到待去污部件的表面。该过程由几个关键参数控制：

- 空气或其他气体的压力。气压直接影响磨料喷出强度，进而影响去除效率。较高的压力会产生更强的磨料混合物和更大的研磨作用。
- 磨料流速。这与气压有关，较高的磨料流速，可以对表面物质去除过程进行更精确的控制。
- 喷嘴尺寸和形状。喷嘴的尺寸决定了磨料接触的表面积，喷嘴形状会影响进入密闭空间或提供大面积表面覆盖的能力。
- 喷嘴距零部件表面的距离。喷嘴与表面的距离决定了物质去除的速度和精度。
- 冲击角。冲击角决定了韧性材料（入射角为 15°～45°）和脆性材料（入射角 90°时去污速率最大）的去污率。
- 磨料的种类和等级。磨料的粒径大小、形状和硬度决定了工艺的有效性。
- 停留时间。通常停留时间越长去污速率越大。

直径 100μm 的氧化铝颗粒在 0.6MPa 压力下加速通过喷嘴，其出口速度超过 170m/s。颗粒的动能随着粒径的减小而降低，粒径 500μm 颗粒物的动能几乎是粒径 100μm 颗粒物动能的 7 倍。但是，给定质量的颗粒的总动能随着平均粒径的减小而增大。

颗粒物的形状、大小和硬度在去污中也很重要。对于给定的去污条件，平均粒径较小的研磨介质通常刻蚀效果更好，部分原因是颗粒物的形状更均匀。

高硬度（莫氏硬度等级＞7）的颗粒在撞击时能够保持完整，且撞击力主要用于穿透基体。同时，颗粒倾向于从表面反弹，很少或根本没有去污作用。相比之下，低硬度的颗粒在撞击时易破碎，部分动能沿表面流动，一些颗粒碎片沿表面移动，大大提高了污染物薄膜的去除效率。

撞击过程中，颗粒承受非常高的应力，将导致颗粒变形。基体表面还消耗了大量能量，这些能量由动能和内能两个部分组成。常规颗粒撞击（90°）与倾斜撞击（＜60°）相比，基体能承受更大的塑性变形和破坏。观察结果可得：倾斜撞击时颗粒的反弹动能比常规撞击时更大[134]。

#### 13.3.2.2 基本系统

基本的微磨系统包括研磨混合器、工作舱室、空气干燥与过滤器、集尘器、喷嘴和研磨介质（见图 13.2)。在独立控制气压（通常为 0.1～1.2MPa）和粉末流量（通常为 0.2～1kg/h）的混合器中，磨料与过滤后的干燥空气（或其他惰性气体）混合。这样可以进行非常温和激烈的处理，并减少了每次操作所需的粉末量，从而最大限度地减少二次废物的产生量。

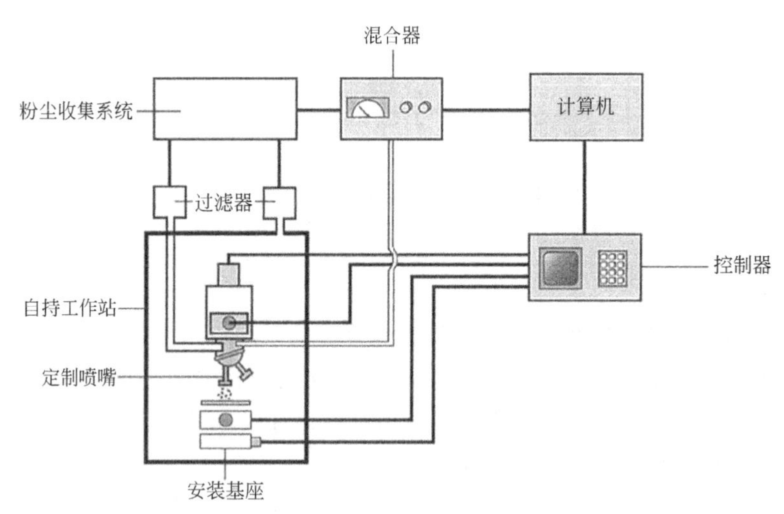


图 13.2　用于精密去污和加工应用的典型微磨系统[15]

该系统包含一个干燥单元，需要干燥并过滤空气或其他气体来确保研磨混合器的正常运行。研磨混合器可调节空气压力，独立调节粉末流量，以允许粉末的适当混合并实现最佳的过程控制。

喷嘴周围的真空防护罩直接排出零件上去除的粉末和污染物。该防护罩将研磨粉和去除的污染物限制在局部区域以防止交叉污染。防护罩包含在高效空气（HEPA）过滤的工作舱室内，且其本身通过 HEPA 过滤器连接到集尘器。HEPA 过滤器和集尘器收集污染物和研磨粉，防止污染外部环境。

所有的加工操作均在密闭的工作舱室进行，为实现高精度可重复操作，工作舱室有一个自动基座，零部件安装其上进行加工处理。待去污的零部件安装在计算机控制的多轴定位器上，可进行自动精密加工操作。采用计算机控制系统对基座的多轴定位器进行操作，并对研磨混合装置进行控制。用户友好的软件使操作员能够执行各种过程功能，输入这些功能到控制器中，控制器向 $X$-$Y$-$Z$ 和旋转定位器发出启动操作信号。操作人员通过选择自动化系统的坐标和速度来提高每种应用的生产率，最大限度地减少研磨粉的使用量。

### 13.3.2.3　喷嘴材料与设计

供应商为不同的应用提供了各种各样的喷嘴[135-150]，包括直角和斜角，可延长喷嘴长度进入狭窄的空间。合适的喷嘴可以在不影响周围表面的情况下有选择性进行去污。喷嘴设计的选择取决于所用的粉末和预期的操作，例如，宽扇形喷嘴用于大面积的整体去污，包括玻璃表面的蚀刻和磨砂；圆形和角形喷嘴适用于钻孔、切割和移除电路板组件。

市售最小喷嘴为 100μm 口径，为了将该技术的应用范围扩展到更精细的应用领域，人们已经开发了新的专利技术制造口径小至 20μm 的喷嘴[15]。这些超细喷嘴可用不锈钢、陶瓷（例如氮化硼或碳化硅）、难熔金属（例如钼）制成[15]，可用于耐火材料的精密微加工。下文提到的不同磨料可用于口径范围为 20～150μm 的喷嘴。

新型高性能喷嘴具有更小的孔口和更高的颗粒速度，减少了切割和去毛刺等应用的过度喷涂和处理时间。为了提高生产效率，人们已设计了不同的多喷嘴组件，这些喷嘴组件包含有专门定制的真空防护罩。具有多轴控制的多喷嘴组件能够对狭窄空间中的复杂形状和零部件进行精确去污。

### 13.3.2.4　磨料类型

常用的磨料包括碳化硅、氧化铝、碳酸氢钠、白云石（碳酸钙）和较软的介质，例如核桃壳、塑料和玻璃珠。表 13.1 列出了磨料的相关特性以及这些磨料的典型应用。

**表 13.1　微磨去污和加工应用的研磨介质[15]**

| 磨料 | 莫氏硬度 | 平均粒径/μm | 特征简介 | 应用领域 |
|---|---|---|---|---|
| 金刚石 | 10 | 0.25～5 | 金刚石是已知的硬度最高的物质，其小粒径颗粒可实现高质量的表面粗糙度和高精度的微加工 | 硬质金属和陶瓷加工 |
| 立方氮化硼（cBN） | 9.5 | 1～10 | cBN 是已知的硬度第二的物质，其小粒径颗粒可实现高质量的表面粗糙度和高精度的微加工 | 硬质金属和陶瓷加工 |
| 碳化硅（SiC） | 9.3 | 20～60 | 这是用于微磨喷砂的最具侵蚀性粉末，通常在需要快速清除时使用 | 切割、去毛刺、钻孔、纹理化、古董维护、晶圆制造 |
| 氧化铝（$Al_2O_3$） | 9 | 12～165 | 氧化铝是最常见的切削磨料，其颗粒的形状和硬度使其成为处理金属或硬脆零部件的最佳选择 | 复杂的切割，钻孔和开槽，表面处理，精细的表面加工，去毛刺，大规模除锈，晶圆加工，表面纹理化，古董维护 |
| 碎玻璃 | 5.5 | 50～60 | 碎玻璃作为一种温和的磨料效果很好，其硬度相当于玻璃珠，带有许多碎片状边缘，经常用于只需轻微研磨的情况 | 轻度去污，表面处理，环氧树脂去除，矿物处理，文物修复 |
| 核桃壳 | 4 | 200～250 | 核桃壳的硬度介于碳酸氢钠和玻璃珠之间 | 能迅速去除电路板表面的聚合物涂层，在不改变表面粗糙度的情况下对金属或陶瓷表面进行去污，并清除塑料零部件毛边 |
| 塑料珠 | 3.5 | 150～200 | 大尺寸的塑料珠使其成为塑料零部件去毛刺的有效介质，且不会引起尺寸变化，很适合从硬质基材上剥离软质材料，如油漆或保形涂料 | 在不去除镀层的情况下对塑料元件框架进行除毛刺，去毛刺除锈剂，尼龙和聚四氟乙烯，保形涂料的去除，古董维护 |

续表

| 磨料 | 莫氏硬度 | 平均粒径/μm | 特征简介 | 应用领域 |
|---|---|---|---|---|
| 玻璃珠 | 5.5 | 40～50 | 这种介质通常用于严格保持精密公差，同时需要消除加工应力、轻微去毛刺或在表面上进行类似缎纹的抛光，玻璃珠的球形形状使其无法切入工件表面。因此，它经常被用于表面“喷丸”来消除应力 | 温和去污，轻度去毛刺，轻度表面修整，喷丸，抛光；矿物处理 |
| 碳酸氢钠 | 2.5 | 50～75 | 碳酸氢钠是最柔软的磨料之一。结合颗粒的“针状”形状，它是研磨更柔软材料的最佳选择。这些颗粒倾向于穿过较软的表面，通常用于选择性地去除电路板上的涂层，而不会损坏单个元器件。碳酸氢钠是水溶性的，很容易从易碎的零件上去除，并且很容易进行废物管理 | 保形涂层去除、去污、塑料和金属盖设备的去标记、阻焊膜的去除、去毛刺、尼龙和聚四氟乙烯、古董维护 |
| 白云石（碳酸钙） | 3.5 | 40～50 | 特性类似于碳酸氢钠 | 轻度去污、环氧树脂去除、古董维护 |

碳化硅具有很强的侵蚀性，适用于钻孔、切割和清除电子电路板零部件和金属零部件的毛刺。氧化铝的侵蚀性较小，适用于精细表面去污和清除部件的识别标签，如手持式工具上的标签，也适用于蚀刻玻璃或精确切割玻璃面板上薄膜涂层中的凹槽。碳酸氢钠和白云石非常适合大面积的表面去污，而较软的可生物降解材料（如胡桃壳和塑料珠）则适用于关键电子或光学元件的表面去污。已成功通过测试的新型磨料包括金刚石、立方氮化硼、二氧化铈、二氧化钛和碳化钨，它们非常适合加工非常坚硬的材料，如难熔金属、合金和陶瓷[15]。最近，环保型水溶性磨料，如硅藻土（含水硫酸镁）和小麦或玉米淀粉，已被引入精密去污和加工操作[138,151]。操作后磨料可以完全洗掉，硅藻土的莫氏硬度为3.5，适用于对医用金属去毛刺，去除非金属成分中的金属涂层和有机污染物以及古董维护和矿物加工。在新的应用领域，工业废料（如煤渣和冶炼炉渣）已被用作微磨料来清除金属表面的污染物[152]。

特定磨料的选择取决于其与待加工材料的作用类型，研磨材料的效果取决于三个关键特征：

（1）颗粒形状。磨料的形状可以是棱角形、块状、半圆形或球形。棱角形颗粒会在撞击时有切削作用并剥离表面涂层；球形颗粒没有任何切削作用，用于敲打或锤击表面；晶粒形状很重要，因为圆形和棱角形晶粒在撞击钢材等基体时表现不同。棱角分明的尖锐颗粒会产生很大的切削作用和很深的轮廓；圆形或半圆形颗粒的切割速度慢，产生的轮廓较浅。

（2）硬度。磨料的硬度使用莫氏硬度计测量，较硬的颗粒在清除表面物质时更具侵蚀性。

（3）粒径。较大的颗粒清除速度更快，并且会在基材上产生较重的纹理或粗糙的表面。

磨料的品质对微磨工艺有很大影响，最受关注的三个品质问题是水分、外来颗粒和粒度分布。

（1）水分。微磨粉料的平均粒径为0.25～200μm，小尺寸的颗粒表面积大，容易从周围的空气和压缩空气中吸收水分。而当颗粒吸收水分时，则会产生结块，导致流量不均匀甚至堵塞。

（2）外来颗粒。微磨技术使用的小孔和小尺寸喷嘴使得该工艺对通过较大尺寸标准喷砂机的污染物敏感。必须去除纤维、塑料甚至木材等污染物才能产生有效的微磨料粉末。

（3）粒度分布。在高品质的粉末中，大多数颗粒位于一个狭窄的尺寸范围内，只有少数颗粒为粗和细的极端情况。大颗粒更有可能堵塞孔口和喷嘴，并且它们在加工过程中对零部件的侵蚀影响更大。极细颗粒同样会对工艺过程产生不良影响，细颗粒对吸湿性更敏感。小颗粒被倒入槽中后，会填充于大颗粒之间的空隙中。随着空气空间的移除，磨料颗粒将更紧密地堆积在一起，从而增加了使粉末有效流动至完全停止粉末流动所需的能量。

为了保持高品质，研磨粉料需要在湿度和温度受控的环境中仔细加工，要认真监测水分含量和粒度分布，以确保磨料符合严格的标准要求。其结果是研磨粉料保持良好的有效性，且每批次之间保持一致。

其他注意事项，包括空气干燥、油污染、静电荷、粉尘收集、空气处理、磨料回收和二次废物等已在前面讨论过[15]。昂贵的磨料（如金刚石和氮化硼粉）可以通过专用分离系统从废物流中回收，以用于其他应用。根据磨料和废物流的不同，使用不同的含水或非水废物分离方法，如旋风分离、静电沉淀、电声分离或絮凝来分离和回收磨料[153,154]。

## 13.3.3 去污处理系统

市场上有各种各样的系统可用于微磨去污处理，从小型的手动操作装置到大型集成式工业装置[135-150]，许多系统已在前面描述过[15]。零部件在一个独立的封闭式工作舱室中进行处理，该工作舱室配备各种配件，如紫外线和白炽灯以及显微镜进行近距离精密作业。这些装置通常配备多个磨料储存罐，操作人员可以快速从一种磨料切换到另一种磨料进行各种处理操作，或者进行连续的扩展操作而不会因重新填充磨料罐而引起中断。供应商还提供了不同种类的磨料粉，以确保与待处理零部件的喷嘴能够匹配使用。磨料消耗量取决于操作条件，通常为 0.2～1kg/h。

微磨系统可以扩展到大型机器，设计用于高生产环境下连续运行，并且这些装置可以集成到固定工作站中以便同时执行多项操作。

可以在多喷嘴组件中配置多个微磨装置，该组件可以与先进的加工平台集成在一起，用于对支架、接骨螺钉、起搏器和其他需要高精度和可重复使用的医疗设备进行大批量、高通量加工。喷砂过程的各个方面均由系统软件控制，它会自动设置所有必要的变量，包括压力、行进路径和喷嘴速度，从而将误差降至最低。

安全性在任何喷砂操作中都很重要，微磨处理也不例外。如果在开阔或密闭的环境中进行处理，在处理危险材料时，应佩戴护目镜、耳罩以及防护服。与所有喷砂操作一样，喷嘴切勿对人，否则可能会造成严重伤害。

另一个考虑因素是环境和健康问题。最佳磨料应具有以下操作特性：

（1）正常使用条件下的扬尘水平低。

（2）健康风险低，包括低含量的有毒害污染物，如石棉和砷。

（3）存储、使用和处置过程中对环境的影响小。

（4）磨料的耐用性使其可以收集、回收和再利用。

在半封闭的操作环境中，磨料对操作人员的呼吸影响应引起高度关注。应使用经过批准的呼吸设备，并监测整个工作过程。在受限区域，磨料的毒性可能需要额外的安全和工程控制措施。另外，被清除的污染物的毒性通常使污染物/磨料混合物的处置变得困难，还必须考虑废磨料对土壤的影响。

## 13.3.4 应用实例

微磨技术的最早应用之一是1945年的牙科空气研磨[155]。从那以后，该技术已发展成为一种微创牙科技术，用于各种牙科治疗，如窝洞和牙齿表面预处理[156-176]。微磨技术的多功能性已在不同行业中得到广泛应用[14,15,177-236]。这些应用曾在前面讨论过很多[14-15]，这里将相应的信息加以更新。

### 13.3.4.1 牙科应用

微磨牙科是一种保守的、创伤较小的技术，它替代高速钻技术，它可使医生有选择地清除龋齿，保持健康的牙齿结构完整。由于微磨过程可以在短时间内完成，并且通常不需要麻醉，该过程对健康的牙齿结构的破坏性较小。因此它已经广泛应用于牙科领域，包括龋齿治疗、龋洞的预处理和预防、牙釉质黏结的牙齿表面处理、有缺陷的复合修复体去除、表面污渍和色素的去除[156-176]。图13.3所示为在只对龋洞进行最少处理情况下用27μm氧化铝粉去除磨牙龋齿的效果。

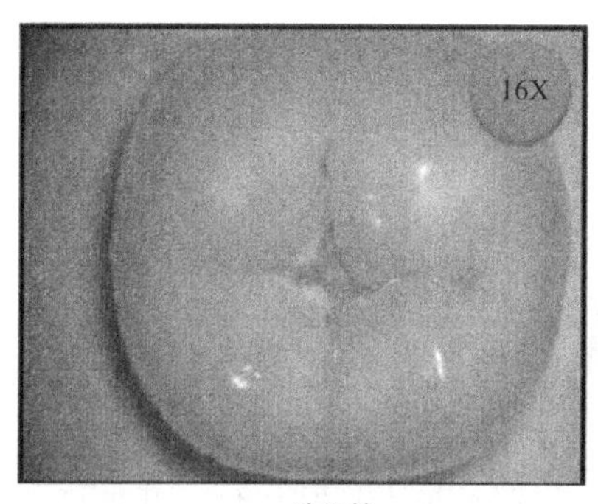


处理前

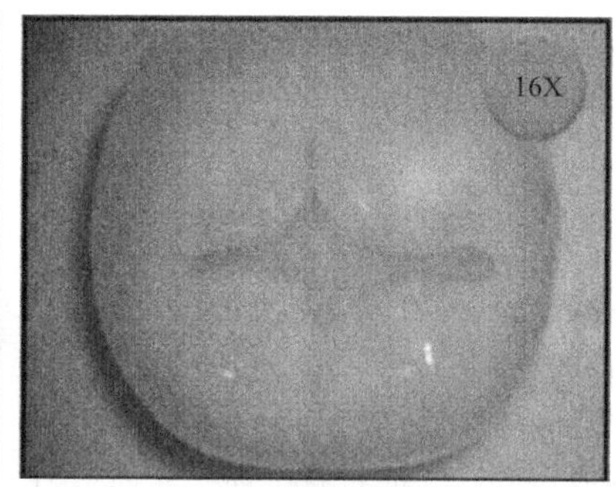


处理后

图13.3　用27μm氧化铝粉进行微磨处理，以清除磨牙上的龋齿[168]

牙科组件上的贵金属涂层（如植入物和填充物）也可以精确去除以回收有价值的涂层，图13.4所示为使用75μm碳酸氢钠介质从牙齿上精确去除涂层[14]。

### 13.3.4.2 涂层的清除

保形涂料可大致分为塑料或树脂材料，包括环氧树脂、丙烯酸树脂、聚氨酯、硅氧烷、对二甲苯、UV固化涂料及其混合物。这些涂料可用于电子设备、医疗植入物或仪器以及汽车产品，以保护它们免受各种类型污染。有时由于组件故障必须完全或在特定区域清除这些涂层，以暴露测试点，或者有些旧设备从现场退回维修。选择性去除保形涂料还可以消除在涂覆涂料之前对零件进行昂贵且费时的掩蔽的需要。微磨去污将安全且有选择性地从各种组件（包括印刷电路板）上去除大多数类型的保形涂料，而不会造成机械或ESD损坏（见图13.5）。碳酸氢钠由于其物理性质和水溶性而成为去除涂层的理想磨料，这些颗粒足够锋利，可以穿透涂层，又足够柔软，不会损坏零件。这是理想的介入使用，因为磨料可以完全洗掉，涂层去除过程快，环保且成本低[237]，而且通常不需要专业人员。

在另一个例子中（图13.6），敷形涂层已经被非常精确地去除（塑料磨料，0.5MPa），在紧挨着元件导线连接到印刷电路板的地方，导线本身已被精确切割。通过从阻焊模板的四个栅格和连接导线上清除涂层，进一步证明了这种精确去污的效果。

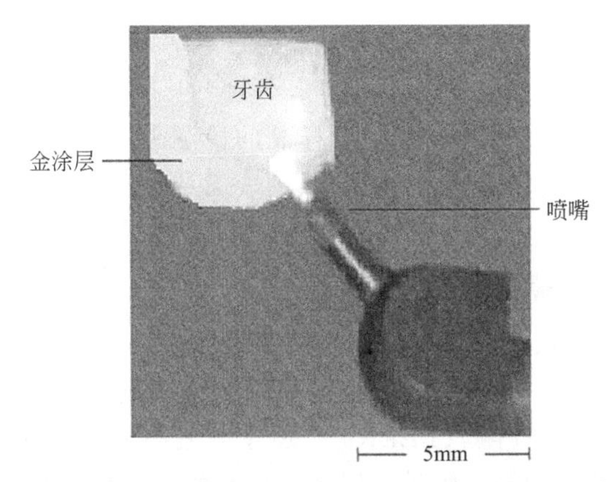


图 13.4　牙齿植入物上金涂层的精确清除（见文后彩插）

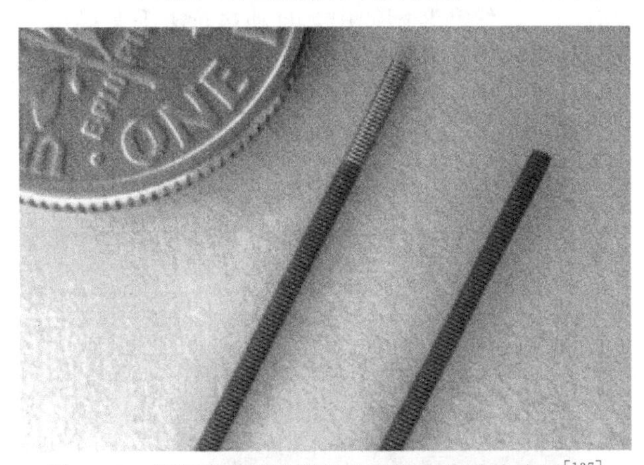

图 13.5　使用碳酸氢钠磨料选择性去除导线涂层[137]

（加利福尼亚州伯班克的 Comco 公司提供）

显示硬币为看比例

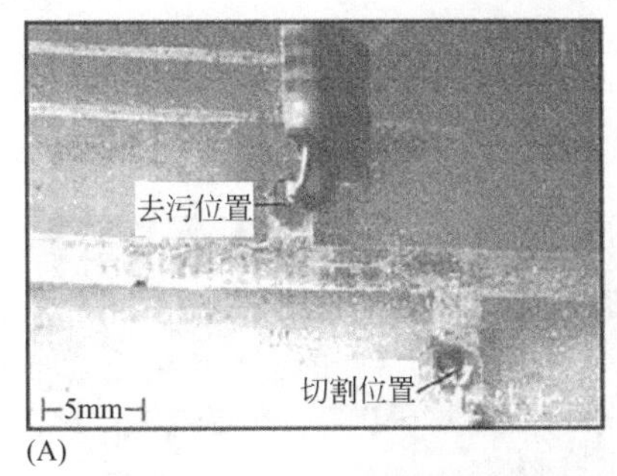


(A)

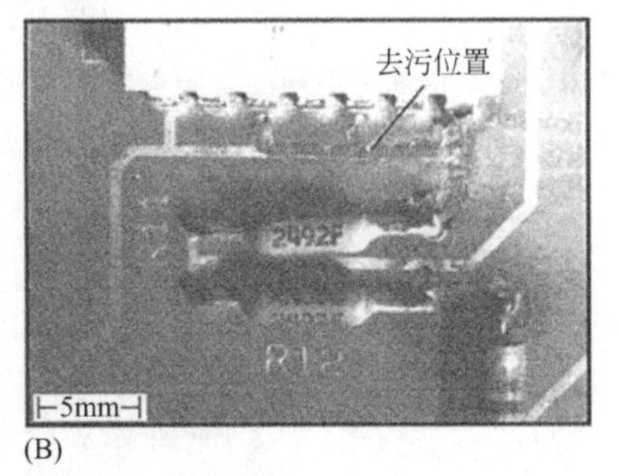


(B)

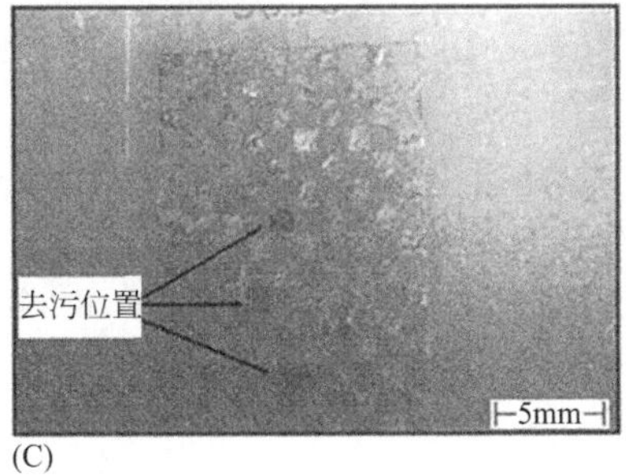


(C)

图 13.6　从电路板上去除敷形涂层照片

(A) 导线周围涂层的清除和导线的切割；(B) 连接导线去污；(C) 从阻焊层的多个栅格上去除涂层

微磨去污还显示出可以有效地均匀去除光电元件玻璃基板表面的薄金属涂层（2～3$\mu$m）的多种金属（铬镍铁合金）和硬氧化物（$TiO_2$ 或 $ZrO_2$）涂层[14]。使用 17$\mu$m 氧化铝粉末，0.05$m^2$ 面积的涂层可以在几秒钟内清除。对样品的检测表明，基材已被打磨，整个表面打磨均匀，并可以控制在±1$\mu$m 范围[15]。去污后的表面从目测和显微镜中均未观察到对基体的损伤。

### 13.3.4.3　机加工零件的精密去毛刺

微磨喷砂非常适合在制造过程中对小型和复杂零件进行精确地去毛刺和去污。这个过程对铝和黄铜等软金属最有效，但也可用于对钢和铸铁去毛刺（图 13.7）[14]。它也已成功应用于非金属材料，例如聚醚醚酮（PEEK），尽管工艺参数必须针对应用进行优化（图 13.8）[137]。流动的微磨粉流和微型喷嘴可以进入狭窄的空间和角落对复杂零件进行去毛刺。该系统还可以集成到现有的生产线和装配线中，自动执行去毛刺操作。

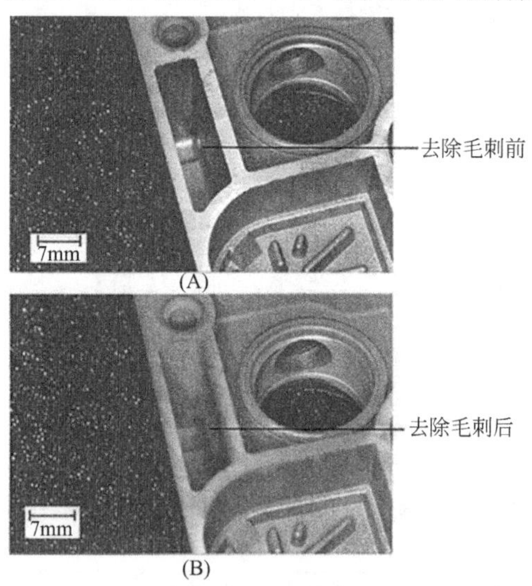


图 13.7　腔内深处有机加工毛刺的复杂金属零件照片（A），（B）为通过微研磨去污，毛刺已精确去除

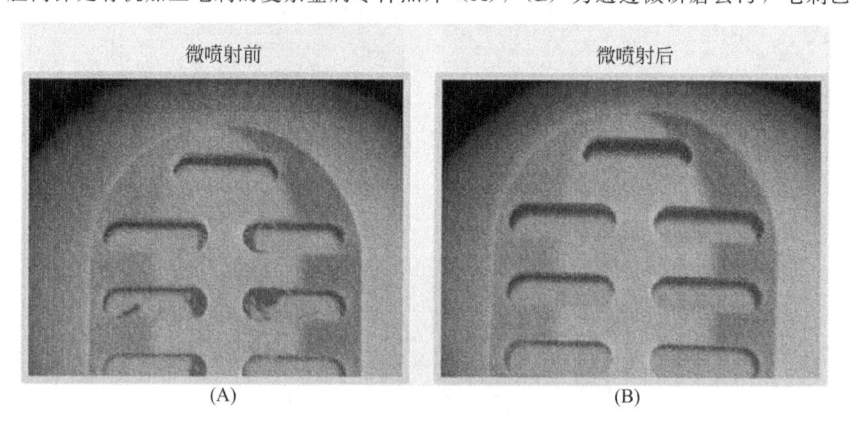


图 13.8　用碳酸氢钠粉末对机加工的带有毛刺的 PEEK 植入物（B）做微喷射处理[137]

（加利福尼亚州伯班克的 Comco 公司提供）

### 13.3.4.4　去除标记

一批带有轻刻标识标记的手动工具已证明微磨去除工具表面痕迹的有效性[14]。使用

27μm 氧化铝粉末可轻松地一次性清除这些标记（图 13.9），将结果与工具上的原始标记进行比较，有一半的数字和字母已清除，证明了该系统的有效性。

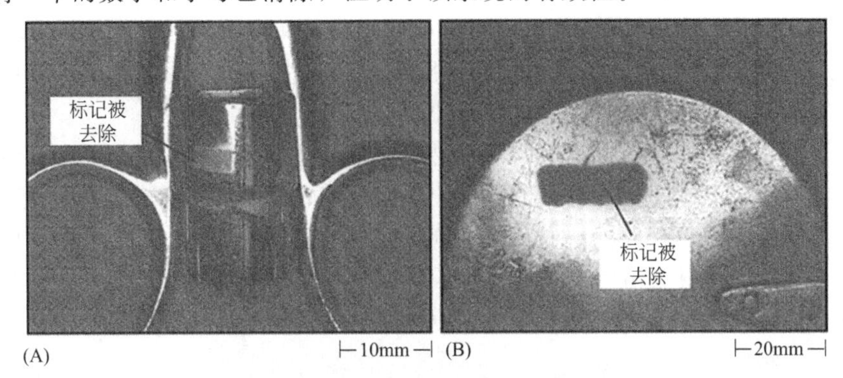


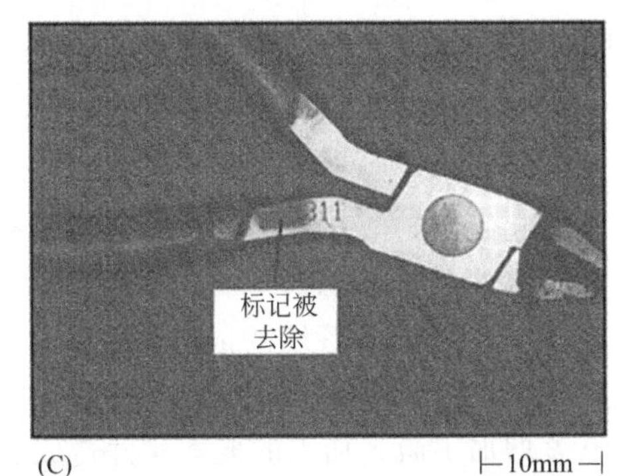


图 13.9　去除典型手动工具上识别标记的照片

（A）在曲面上；（B）装有玻璃镜的薄金属框架无损伤；（C）对周围区域无影响

该技术有几个显而易见的优点：

（1）微喷射处理可在很小的表面上精确地去除标记，邻近区域不受影响［图 13.9（C）］，与磨削相比，磨削的影响范围总是会超出要清除标记的范围。

（2）对于大多数工具，该工艺至少等于或快于磨削。由于磨削需要额外的安装/设置操作进行研磨，因此对于曲面上有标记的工具，微磨喷砂比磨削速度快［图 13.9（A）］。这也适用于不易手动固定进行磨削的零部件。

（3）该系统在去除具有非常薄的金属外壳的特殊工具［如镜子，见图 13.9（B）］上的标记方面远胜于磨削。

（4）去除标记时几乎没有应力集中和公差损失，这可能是关键工具的关键考虑因素。

（5）此系统的操作安全且容易，设备坚固耐用，不易发生危险故障。

（6）系统的动作非常温和，可以去除表面上的痕迹，无表面退化。实际上，表面经过有效去污和抛光，可用于新的识别标记。

（7）去除识别标记后的表面外观比磨削后的表面更美观。

### 13.3.4.5　医疗器械加工

世界各地医疗器械制造商越来越多地使用微磨喷射技术来处理表面粗糙度差的零部件或对医疗器械制造工具进行去污[137,138,150]：

（1）导线/导管。微喷射处理可轻松去除导线和导管上小面积的聚合物涂层（见图 13.5）。该方法对于准备用于黏合和涂层涂覆的表面也是非常有效的。

（2）植入物。由于植入物通常很小且复杂，因此通常无法采用常规的去毛刺和纹理化处理方法。微磨喷射处理具备所需的精度和准确性，且喷射介质有多种类型可供选择，这些介质可以安全地用于植入物中（见图 13.8）。多喷嘴组件可用于大批量、高通量处理。

（3）针/管。磨削管子和针头时，孔和槽机加工过程中会形成毛刺，微磨喷射可以有效地去除这些毛刺，金属和非金属成分均可处理。

（4）支架。在支架的制造过程中，不需要的材料可能会出现在需要去污的表面上。微磨喷射可以在各种涂层的应用之前对支架进行纹理化处理，而无需考虑支架的尺寸变化。

（5）注塑成型。模具型腔的维护对于医疗设备制造至关重要，因产品往往更小、更复杂。微研磨工艺可对模具去污而不改变尺寸。

（6）电子设备。微磨工艺可以有效而方便地清除电子设备表面的敷形涂层、多余的封装材料和其他残留物质。

### 13.3.4.6 复杂三维结构的制造

玻璃、硅和硬质金属等脆性材料也适用于制造高精度三维微结构[10,15,181-186,191,195,197,203-207,234]。该工艺的特点是使用 30μm 氧化铝颗粒，刻蚀速率高达数百微米每分钟。通过将氮化硼或金刚石粉末与特殊的多喷嘴组件一起使用，微磨系统已用于使用 100μm 厚的 Mo 或 Mo-Re 箔片直接精密加工无毛刺的复杂零部件（图 13.10）[14]。用微磨系统制造这些零件的生产率可与 Nd∶YAG 激光加工系统相媲美，而微磨系统的成本不到激光加工系统的一半（50 万美元）。另外，激光加工会在零件表面留下毛刺，需要进一步酸化清洗以达到最终的粗糙度。有毒和腐蚀性酸的废物处置显著增加了激光加工的成本，并造成了环境污染。

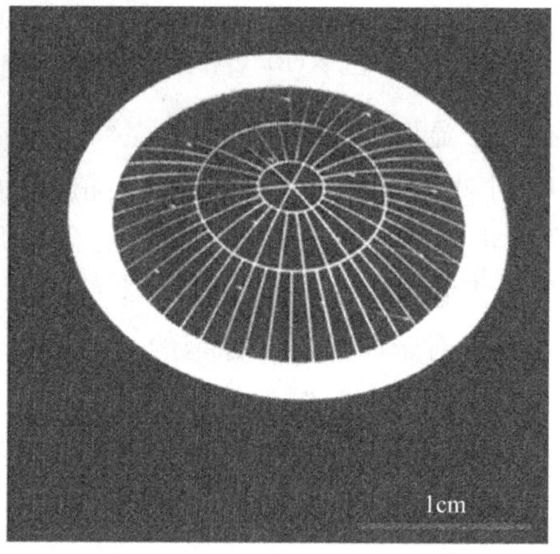


图 13.10 可用微磨工艺制造的复杂金属零件照片

### 13.3.4.7 在脆性材料上切槽

微磨是在石英、玻璃等脆性材料上加工微槽的有效方法[12,14,15,211,215,219-222,224,225]。槽深随着空气压力和喷嘴冲击角的增大而增大，随喷嘴横向速度的增大而减小。相比之下，可以通过降低空气压力、增加射流冲击角和喷嘴横向速度而获得狭窄的凹槽。此外，通过增加空气压力和磨料质量流量，降低正交冲击角下的喷嘴移动速度，可以实现最小的切口锥度，从而降低空气压力和射流冲击角，提高喷嘴移动速度，可以获得更好的表面粗糙度。对于太阳能电池板的应用，已通过带有自动微磨装置在玻璃板上 0.5～10μm 厚度的硬和软涂层精确地切出了沟槽，速率高达 40～50cm/s。贯穿每个涂层的凹槽宽度为 50～75μm，并且对下层表面没有损坏（图 13.11）。这种特定应用的自动化集成系统预估投资和运营成本比同类激光切割系统低近 20%～30%。另一种切割沟槽的方法是高精度的机械式金刚石针切割系统，这种机械系统的总成本与微磨系统相当，但是金刚石触控笔系统无法提供必要的精度和控制。

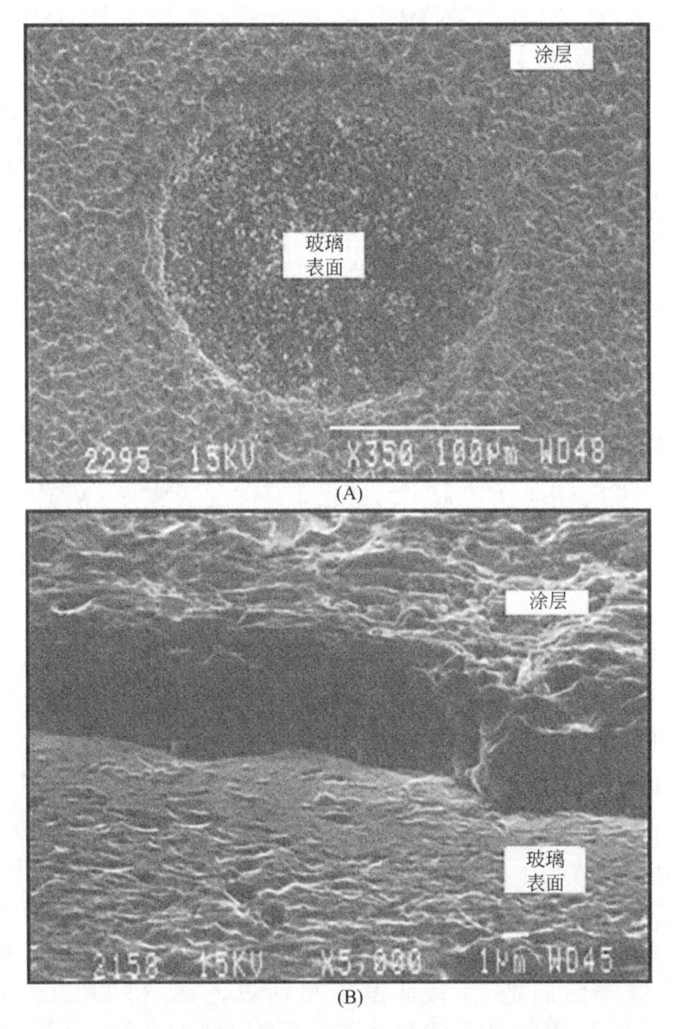


图 13.11　镀膜玻璃基板表面的扫描电子显微镜照片

（A）涂层被非常精确的清除的位置；（B）基材表面磨损情况（约 $\pm 1\mu m$）

### 13.3.4.8　微流控器件刻蚀

微磨喷射可用于微流控网络的直接刻蚀[187,188,190,191,215,230]。这种方法可以使最小尺度降低至 $50\mu m$，总处理时间（从设计到完成）不到 1 天。通过在阳离子模式下分离碱金属离子（$K^+$、$Na^+$ 和 $Li^+$），在阴离子模式下分离富马酸、苹果酸和柠檬酸，证明了该方法的有效性[191]。

### 13.3.4.9　雕刻、蚀刻和磨砂

微磨可用于一步法精确蚀刻或磨砂玻璃表面（图 13.12），其良好的经济性和环境友好性使其成为需要多个处理步骤的经典酸蚀刻方法的替代方法。这些方法需要使用大量危险和腐蚀性化学品，相关的废物管理成本非常高。此外，由于在微磨系统中可以独立控制空气压

力和磨料流速以实现精确操作，因此不会造成表面损坏或微裂纹。初步估计表明，即使是一个非常简单的手工微磨系统用于玻璃蚀刻，总成本（投资、运行和废物处置）也比同类酸蚀刻系统至少节省40%。该系统可以集成到大批量生产线中，以提高生产率并确保产品的高质量。集成自动化微磨料系统的成本优势更大（50%～60%）。

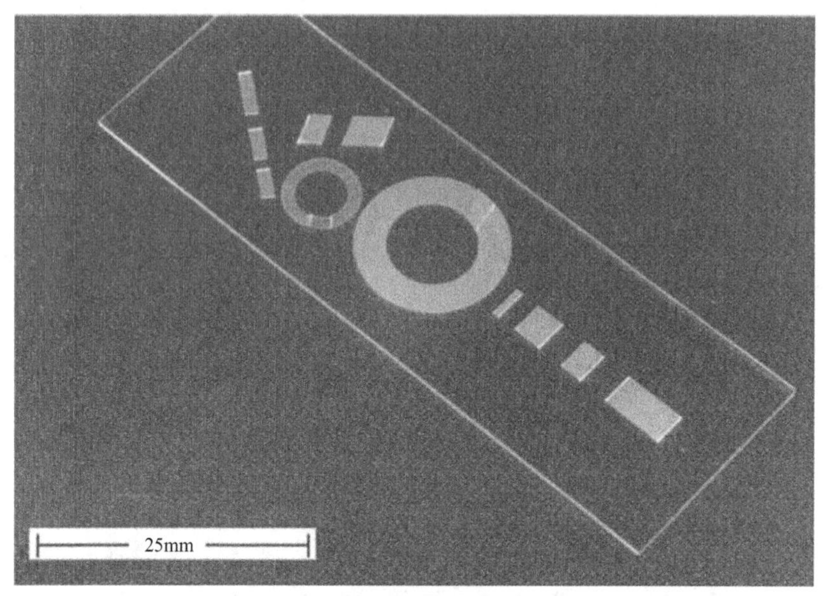


图13.12　玻璃表面的精确蚀刻

微磨系统已用于玻璃、皮革和塑料表面的手工雕刻，证明其在雕刻和纹理化应用中的灵活性和多功能性[14,15]。该方法已用于人工晶状体的防眩光处理，适用于可加工的晶状体材料，如丙烯酸酯、甲基丙烯酸酯和水凝胶[192]。

### 13.3.4.10　其他应用

微磨技术已成功应用于其他许多领域，包括：花岗岩文物去污[145,199-201,236]；古董维护[223]；清除已使用或将在加工操作中重复使用的容器表面上的硬化涂层[187]；手表或时钟组件的石英晶体振荡器中电容器的修整[178]；用微磨料进行表面轰击以修饰用作药物洗脱支架的金属表面（如镍钛合金）[226,227]；光纤端面抛光以获得良好的表面粗糙度[197]；锆钛酸铅（PZT）陶瓷换能器的制造[229]；低温下聚四氟乙烯（PTFE）、聚二甲基硅氧烷（PDMS）和碳钢的微加工[231]；丙烯酸和聚碳酸酯聚合物的微加工[212,213]；以及表面微喷射，以改善涂层刀具和刀片的性能和寿命[203,209-210,214,218]。

微磨技术的其他不同或不常见的应用包括在农业应用中喷涂粉状材料，甚至用于个人防护喷涂[238]；消毒前手术器械和医疗器械的去污；从废旧电子元件中回收贵金属；对被有害或放射性物质污染的零件进行精确的选择性去污；炸药和弹药的精确切割和处理；化学分析用放射性污染铅组分表面精密取样；核武器拆解；以及运动鞋鞋面上的图案纹理。

## 13.4　其他

在微磨加工中还有一些其他问题需要考虑。

## 13.4.1　成本

小型台式微磨处理系统的成本不到 600 美元，可用于简单的去污。若将更复杂的工业系统集成到具有自动喷嘴定位的自动化加工平台中，以实现连续高精度操作和高产量的，可能要花费数十万美元。除基本投资外，还必须考虑消耗品（粉末、喷嘴、过滤器）的运营和材料成本。即便如此，微磨工艺通常在成本上与其他常规去污操作相比更具竞争力。例如，对从印刷电路板（1500 个单元）上去除聚氨酯涂层相关成本的比较表明，与传统的化学去污方法相比，微磨去污每年可节省近 15 万美元[237]。

最近，已经开发出一种成本优化模型，该模型考虑了许多工艺变量对整体去污成本的影响，包括空气压力、喷嘴直径、喷嘴磨损率、电费、耗材成本、去污率、人工费率和成本[239]。该模型可用于优化磨削过程的运行条件，从而缩短去污时间，节省时间和成本。

## 13.4.2　优点和缺点

将微磨技术用于精密去污和加工具有许多优势，包括通用性、精确性、易操作和成本低。但同时也存在一些缺点，如残留污染和基质降解，这可能会限制微磨技术在某些关键去污中的应用。优点和缺点列于下文。

### 13.4.2.1　优点

（1）对于医疗器械和电子产品需要高精度和重复性的零件，可以精确控制操作参数。

（2）工艺过程温和，可用于古董、历史艺术品和蛋壳等精致表面。

（3）该工艺可用作去污系统，以清除表面污染物，如厚的有机薄膜、大的无机和金属颗粒及碎屑。

（4）由于可用的研磨粉种类繁多，因此用途非常广泛。该系统可以快速有效地去除金属和硬质氧化物涂层。

（5）可用于从难熔金属和陶瓷到高公差的复杂零件的制造。

（6）样品表面的热应力和机械应力最小。

（7）该系统设计用于手动或自动模式下的简单操作，可实现高度自动化。

（8）该系统旨在最大限度地减少产生的废物量，不使用有毒研磨剂。

（9）是一个环境友好的过程，独特的真空防护罩和双重过滤功能确保没有污染物释放到环境中。

（10）可用于受放射性和有害物质污染的材料以及放射性环境。

（11）微磨装置可通过多喷嘴组件进行缩放，以进行大批量、高通量处理。

（12）该系统具有高度的可移植性，可以作为独立手动装置现场使用，也可以作为固定装置安装使用。

（13）较低的投资和运营成本。

### 13.4.2.2　缺点

（1）关键组件（光学、半导体、微电子）的基质可能会受到微磨料的影响，尽管表面被均匀地粗糙化并且可以控制在 $\pm 1\mu m$ 以内。

（2）在牙科应用中，残留在表面的少量磨料可能导致感染。

（3）在口腔手术等外科手术环境中释放出的研磨粉可能存在污染风险[240,241]。
（4）该过程不能在洁净室环境中使用。
（5）废磨料的管理费用可能很高，包括分离和处置。
（6）喷砂需要监视过程。
（7）要求人员在操作中使用安全设备。

# 13.5 小结

微磨技术是一种通用性强、自动化程度高、配套齐全的非溶剂精密去污和处理系统。该工艺使用精确控制的高速超细颗粒流来执行操作，如对易碎和其他材料进行表面去污、切割和微加工。磨料颗粒撞击的基本机理可以应用于表面薄膜和颗粒的去除，文中已对其应用进行描述。

# 致谢

作者要感谢约翰逊航天中心科技信息（STI）图书馆的成员在查找晦涩的参考文章方面的帮助。

# 免责声明



## 参考文献

[1] J. Canby, "Microabrasive Blasting 101", Manufacturing Engineering Magazine (November 1, 2003).
[2] J. Benes, "Getting Parts Really Clean: Ultracleaning Techniques for Medical Parts", American Machinist Magazine (June 7, 2005). http://www.americanmachinist.com/features/getting-parts-really-clean.
[3] A. Richter, "It's a Blast: The Role of Microabrasive Blasting when Finishing Implantable Medical Parts", Cutting Tool Engineering Magazine (May 29, 2007).
[4] J. Destefani, "Surface Treatment for Medical Parts", Products Finishing Magazine (July 1, 2007).
[5] A. Momber, *Blast Cleaning Technology*, Springer-Verlag, Berlin and Heidelberg, Germany (2008).
[6] A. Richter, "Blast Off: Taking the 'Black Art' Out of Microabrasive Blasting", MICROManufacturing Magazine (September 2009). http://www.micromanufacturing.com/content/blast.

[7] T. Whelan and S. Parmelee, "Micro Abrasive Blasting Delivers 21st Century Stents", Medical Device Technology Magazine (September 1, 2009).

[8] C. Weightman, "Rediscovering the Benefits of Microabrasive Blasting Technology", Medical Device Technology Magazine (October 5, 2009).

[9] J. Laird, "Super Lathe", Product Design and Development Magazine (October 2009). www. pddnet. com/ articles/2009/10/super-lathe.

[10] D. Sarvela, "Overview of Glass Micro Machining Processes for MEMS Applications", MEMS J. (November 2010). www. memsjournal. com/2010/11/overview-of-glass-micromachining-processes-for-mems-applications. html

[11] R. Luttge, *Microfabrication for Industrial Applications*, Elsevier, Oxford, UK (2011).

[12] C. Weightman, "Microabrasive Precision Shot Peening", Products Finishing Magazine (February 1, 2013). www. pfonline. com/articles/ microabrasive-precision-shot-peening.

[13] P. Byrne, "Microabrasive Blasting for Automated Coating Removal Applications", Product Design and Development Magazine (January 1, 2014). www. pddnet. com/articles/2014/01/ microabrasive-blasting-automated-coating-removal-applications.

[14] R. Kohli, "Microabrasive Precision Cleaning and Processing Technology", in: *Developments in Surface Contamination and Cleaning: Fundamentals and Applied Aspects*, R. Kohli and K. L. Mittal (Eds.), pp. 919-949, William Andrew Publishing, Norwich, NY (2008).

[15] R. Kohli, "Microabrasive Technology for Precision Cleaning and Processing", in: *Developments in Surface Contamination and Cleaning: Fundamentals and Applied Aspects*, Volume 1, 2nd Edition, R. Kohli and K. L. Mittal (Eds.), pp. 627-666, Elsevier, Oxford, UK (2016).

[16] R. Kohli, "Sources and Generation of Surface Contaminants and Their Impact", in: *Developments in Surface Contamination and Cleaning: Cleanliness Validation and Verification*, Volume 7, R. Kohli and K. L. Mittal (Eds.), pp. 1-49, Elsevier, Oxford, UK (2015).

[17] ECSS-Q-70-01B, "Space Product Assurance — Cleanliness and Contamination Control", European Space Agency (ESA), Noordwijk, The Netherlands (2008).

[18] NASA Document JPR 5322. 1, "Contamination Control Requirements Manual", National Aeronautics and Space Administration (NASA), Johnson Space Center, Houston, TX (2016).

[19] IEST-STD-CC1246E, "Product Cleanliness Levels — Applications, Requirements, and Determination", Institute for Environmental Science and Technology (IEST), Rolling Meadows, IL (2013).

[20] SEMI F21-1102, "Classification of Airborne Molecular Contaminant Levels in Clean Environments", Semiconductor Equipment and Materials International SEMI, San Jose, CA (2002).

[21] ISO 14644-8, "Cleanrooms and Associated Controlled Environments — Part 8: Classification of Airborne Molecular Contamination", International Standards Organization, Geneva, Switzerland (2006).

[22] ISO 14644-10, "Cleanrooms and Associated Controlled Environments — Part 10: Classification of Surface Cleanliness by Chemical Concentration", International Standards Organization, Geneva, Switzerland (2013).

[23] ISO 14644-13, "Cleanrooms and Associated Controlled Environments — Part 13: Cleaning of Surfaces to Achieve Defined Levels of Cleanliness in Terms of Particle and Chemical Classifications", International Standards Organization, Geneva, Switzerland (2017).

[24] M. Papini and J. K. Spelt, "The Plowing Erosion of Organic Coatings by Spherical Particles", Wear 222, 38 (1998).

[25] M. Papini and J. K. Spelt, "Impact of Rigid Angular Particles with Fully Plastic Targets -Part I: Analysis", Int. J. Mech. Sci. 42, 991 (2000).

[26] M. Papini and J. K. Spelt, "Impact of Rigid Angular Particles with Fully Plastic Targets -Part II: Parametric Study of Erosion Phenomena", Int. J. Mech. Sci. 42, 1007 (2000).

[27] S. Dhar, T. Krajac, D. Ciampini and M. Papini, "Erosion Mechanisms due to Impact of Single Angular Particles", Wear 258, 567 (2004).

[28] M. Papini and S. Dhar, "Experimental Verification of a Model of Erosion due to the Impact of Rigid Single Angular Particles on Fully-Plastic Targets", Int. J. Mech. Sci. 48, 469 (2006).

[29] I. M. Hutchings, "Mechanisms of the Erosion of Metals by Solid Particles", in: *Erosion: Prevention and Useful Applications*, W. F. Adler (Ed.), ASTM STP 664, pp. 59-76, American Society for Testing

and Materials, West Conshohocken, PA (1979).
[30] A. G. Evans and J. W. Hutchinson, "On the Mechanics of Delamination and Spalling in Compressed Films", Int. J. Solids Structures 20, 455 (1984).
[31] W. L. Kim, "Axisymmetric Buckling and Growth of a Circular Delamination in a Compressed Delaminate", Int. J. Solids Structures 21, 503 (1985).
[32] E. Gnecco, R. Bennewitz and E. Mayer, "Abrasive Wear on the Atomic Scale", Phys. Rev. Lett. 88, 215501 (2002).
[33] E. Gnecco, R. Bennewitz, A. Socoliuc and E. Meyer, "Friction and Wear on the Atomic Scale", Wear 254, 859 (2003).
[34] T. Zhu, J. Li, X. Lin and S. Yip, "Stress-Dependent Molecular Pathways of Silica-Water Reaction", J. Mech. Phys. Solids 53, 1597 (2005).
[35] B. Gotsmann and M. A. Lantz, "Atomistic Wear in a Single Asperity Sliding Contact", Phys. Rev. Lett. 101, 125501 (2008).
[36] A. P. Merkle and L. D. Marks, "Liquid-Like Tribology of Gold Studied by *In Situ* TEM", Wear 265, 1864 (2008).
[37] H. Bhaskaran, B. Gotsmann, A. Sebastian, U. Drechsler, M. A. Lantz, M. Despont, P. Jaroenapibal, R. W. Carpick, Y. Chen and K. Sridharan, "Ultralow Nanoscale Wear Through Atom-by-Atom Attrition in Silicon-Containing Diamond-like Carbon", Nature Nanotechnol. 5, 181 (2010).
[38] T. D. B. Jacobs, B. Gotsmann, M. A. Lantz and R. W. Carpick, "On the Application of Transition State Theory to Atomic-Scale Wear", Tribol. Lett. 39, 257 (2010).
[39] H.-J. Kim, S.-S. Yoo and D.-E. Kim, "Nano-scale Wear: A Review", Intl. J. Precision Eng. Mfg. 13, 1709 (2012).
[40] V. Vahdat, D. S. Grierson, K. T. Turner and R. W. Carpick, "Mechanics of Interaction and Atomic-Scale Wear of Amplitude Modulation Atomic Force Microscopy Probes", ACS Nano 7, 3221 (2013).
[41] T. D. B. Jacobs, "Imaging and Understanding Atomic-Scale Adhesion and Wear: Quantitative Investigations Using in situ TEM", Ph. D. Dissertation, University of Pennsylvania, Philadelphia, PA (2013).
[42] T. D. B. Jacobs and R. W. Carpick, "Nanoscale Wear as a Stress-Assisted Chemical Reaction", Nature Nanotechnol. 8, 108 (2013).
[43] R. W. Carpick and T. D. B. Jacobs, "Nanoscale Wear as a Stress-Assisted Chemical Reaction: An in-situ TEM Study", Microsc. Microanal. 20, 1542 (2014).
[44] E. Koren, E. Lörtscher, C. Rawlings, A. W. Knoll and U. Duerig, "Adhesion and Friction in Mesoscopic Graphite Contacts", Science 348, 679 (2015).
[45] D. V. Louzguine-Luzgin, H. K. Nguyen, K. Nakajima, S. V. Ketov and A. S. Trifonov, "A Study of the Nanoscale and Atomic-Scale Wear Resistance of Metallic Glasses", Mater. Lett. 185, 54 (2016).
[46] R. Kohli, "Adhesion of Small Particles and Innovative Methods for Their Removal", in: *Particles on Surfaces 7: Detection, Adhesion and Removal*, K. L. Mittal (Ed.), pp. 113-149, VSP, CRC Press, Boca Raton, FL (2002).
[47] S. Beaudoin, P. Jaiswal, A. Harrison, J. Laster, K. Smith, M. Sweat and M. Thomas, "Fundamental Forces in Particle Adhesion", in: *Particle Removal and Adhesion*, K. L. Mittal and R. Jaiswal (Eds.), pp. 3-79, Wiley-Scrivener Publishing, Beverly, MA (2015).
[48] J. Maurer, "Process and Device for Operating upon Human Teeth", U. S. Patent 1,664,369 (1948).
[49] J. A. Paasche, "Erasing Tool", U. S. Patent 2,441,441 (1948).
[50] A. Jones, E. J. Kessels and F. E. Ruggles, "Sandblast Gun", U. S. Patent 2,577,465 (1951).
[51] R. B. Black, "Method of and Apparatus for Cutting Tooth Structure by Means of an Abrasive-Laden Stream of Gas", U. S. Patent 2,696,049 (1954).
[52] R. B. Black, "Apparatus for Mixing an Abrasive Powder with a Gaseous Carrier under Pressure", U. S. Patent 2,756,553 (1956).
[53] R. D. Hall and R. W. Johnston, "Pneumatic Abrasive Cutting Apparatus", U. S. Patent 3,084,484 (1963).
[54] J. I. Greenstein, "Pneumatic Abrasive Cutting Apparatus", U. S. Patent 3,631,631 (1972).
[55] H. G. Weightman, "Apparatus for Dispensing Powder Such as Abrasive Powder", U. S. Patent 3,638,839 (1972).

[56] R. B. Black, "Gas-Abrasive Mixing and Feeding Device", U. S. Patent 3,852,918 (1974).
[57] R. B. Black, "Air-Abrasive Prophylaxis Equipment", U. S. Patent 3,882,638 (1975).
[58] R. B. Black, "Air-Abrasive Prophylaxis Equipment", U. S. Patent 3,972,123 (1976).
[59] T. E. Croley, "Drum-Like Fiberboard Container for Bulk Material with Frangible Bottom Closure for Dispensing", U. S. Patent 3,972,454 (1976).
[60] J. P. Cuthbertson, R. A. Bamburg, F. N. Duncan and R. M. Floyd, "Bottom Unloading Bulk Container", U. S. Patent 4,119,263 (1978).
[61] M. M. Stark, K. B. Soelberg, R. B. Pelzner and M. S. Bogdan, "Device for Treating Dental Casings", U. S. Patent 4,475,370 (1984).
[62] M. Fernwood and T. S. Blake, "Rear Reservoir Micro Sandblaster", U. S. Patent 4,941,298 (1990).
[63] W. E. Verley, T. S. Hostetler, C. R. Blakely and C. C. Haluzak, "Method and Apparatus for Simultaneously Forming a Plurality of Openings Through a Substrate", U. S. Patent 5,105,588 (1992).
[64] P. C. Jackson, "Dental Implement", U. S. Patent 5,312,251 (1994).
[65] W. R. Lynn, "Pliant Media Blasting Device", U. S. Patent 5,325,638 (1994).
[66] J. D. Abbott, "Arrangement for Feeding Pressurized Particulate Material", U. S. Patent 5, 618, 177 (1997).
[67] C. R. Bruns, M. Fernwood and T. S. Blake, "Removable Nozzle for a Sandblaster Handpiece", U. S. Patent 5,765,759 (1998).
[68] C. R. Bruns, T. S. Blake and M. Fernwood, "Friable Abrasive Media", U. S. Patent 5,810,587 (1998).
[69] M. C. Sharp and K. Klocek, "Air-Abrading Tool", U. S. Patent 5,941,702 (1999).
[70] H. B. Schur and J. E. Trafton, "Particulate Matter Delivery Device", U. S. Patent 6,004,191 (1999).
[71] J. P. Swan, "Autoclavable Abrasion Resistant Mirror", U. S. Patent 6,019,600 (2000).
[72] K. A. Swan, "Elephant Evacuator", U. S. Patent D428,140 (2000).
[73] J. L. Myers, "Particle Flow Monitor and Metering System", U. S. Patent 6,023,324 (2000).
[74] J. T. Rainey, "Parallel Air Stream Dental Air Abrasion System", U. S. Patent 6,093,021 (2000).
[75] S. Horiguchi, "Plaque Remover Injected with Water or with Water and Compressed Air", U. S. Patent 6,126444 (2000).
[76] H. Hubner and E. Paultre, "Nozzle Assembly for Air Abrasion System", U. S. Patent 6, 186, 422 (2001).
[77] R. T. LaSalle, S. F. Crivello III and V. K. Kutsch, "Method of Use for Supersonic Converging-Diverging Air Abrasion Nozzle for Use on Biological Organisms", U. S. Patent 6,273,789 (2001).
[78] R. Hertz, "Handheld Apparatus for Propelling Particulate Matter Against a Surface of a Patient's Tooth, and Method", U. S. Patent 6,287,180 (2001).
[79] R. Hertz and A. D. Hertz, "Disposable, Multi-Conduit Particulate Matter Propelling Device", U. S. Patent 6,293,856 (2001).
[80] V. K. Kutsch, J. D. Deardon, G. S. Dollard, R. D. McEacher and M. B. Tamayo, "Devices and Methods for Continuous Contact Air Abrasion Dentistry", U. S. Patent 6,325,624 (2001).
[81] J. E. Trafton and H. B. Schur, "Particulate Matter Delivery Device Commercial Unit", U. S. Patent 6, 354,924 (2002).
[82] B. B. Groman, "Micro Abrasive Blasting Device and Method with Integral Flow Control", U. S. Patent 6,398,628 (2002).
[83] L. Hall, "Particle Control Valve", U. S. Patent 6,622,983 (2003).
[84] J. P. Swan, "Handpiece Assembly for Air Abrasion", U. S. Patent 6,604,944 (2003).
[85] K. D. Swan, "Dental Abrasive System Using Helium Gas", U. S. Patent Application 2004/ 0197731 (2004).
[86] R. Hertz, "Method Using Handheld Apparatus for Delivery of Particulate Matter", U. S. Patent 6,951,505 (2005).
[87] L. Beerstecher and J. Wittmann, "Dental Abrasive Blasting Apparatus", European Patent EP1159929 (2005).
[88] H. B. Schur and J. E. Trafton, "Universal Improved Particulate Matter Delivery Device", European Patent EP1248695 (2006).
[89] R. Hertz, "Handheld Apparatus for Delivery of Particulate Matter with Directional Flow Control", U. S.

Patent 7,226,342 (2007).

[90] E. M. Reilley,"Apparatus and Methods for Dispensing Particulate Media", U. S. Patent 7,297,048 (2007).

[91] E. M. Reilley,"Tool for Using a Particulate Media/Fluid Mixture",U. S. Patent 7,524,233 (2009).

[92] B. B. Groman,"Self-Contained Disposable Micro-Abrasive Blasting Tip for Dental Applications",U. S. Patent 7,607,972 (2009).

[93] Ferton Holding S. A. , "Pulverstrahlgerät zur Zahnbehandlung", German Patent DE 202007019155 (2010).

[94] M. Donnet and J. Wittmann,"Powder for Powder Blasting,Powder Mixture and Method of Use for the Treatment of Tooth Surfaces",U. S. Patent Application 20100297576 (2010).

[95] M. Donnet and J. Wittmann,"Use of a Powder or Powder Mixture for the Production of a Medium for Pulverulent Jet Cleaning of Dental Surfaces",European Patent EP2228175 (2013).

[96] M. Donnet and J. Wittmann,"Method of Powder Blasting for Cleaning of Tooth Surfaces",U. S. Patent Application 20130337413 (2013).

[97] B. B. Groman,"Controlling Powder Delivery Rate in Air Abrasive Instruments",U. S. Patent 8,360,826 (2013).

[98] B. B. Groman,"Method of Making Micro Abrasive Blasting Device for Dental Applications",U. S. Patent 8,668,552 (2014).

[99] F. H. in't Veld and P. J. Slikkerveer,"Towards Prediction of Flux Effects in Powder Blasting Nozzles", Wear 215,131 (1998).

[100] M. Bothen and L. Kiesewetter,"Process Model for the Abrasion Mechanism during Micro Abrasive Blasting (MAB) of Brittle Materials",in: *Process Modelling*,B. Scholz-Reiter, H. -D. Stahlmann and A. Nethe (Eds. ),pp. 407-420,Springer-Verlag,Berlin,Germany (1999).

[101] M. Bothen,"Mikro-Abrasives-Druckluftstrahlen zum Abtragen sprödbrechender Materialen der Mikrosystemtechnik",Ph. D. Dissertation,Technische Universität Cottbus,Cottbus,Germany. Verlag Dr. Köster,Berlin,Germany,(2000).

[102] A. M. Hoogstrate,B. Karpuschewski,C. A. van Luttervelt and H. J. J. Kals,"Modelling of High Velocity,Loose Abrasive Machining Processes",CIRP Annals -Mfg. Technol. 51,263 (2002).

[103] M. Achtsnick,A. Holtsmark,A. M. Hoogstrate and B. Karpuschewski,"Design and Testing of a Laval-NozzleForMicro-Abrasive-Air-Jetting", in: *Implast2003: Plasticity and Impact Mechanics*, N. K. Gupta (Ed. ),pp. 952-962,Phoenix Publishing House,New Delhi,India (2003).

[104] B. Karpuschewski, A. M. Hoogstrate and M. Achtsnick,"Simulation and Improvement of the Micro Abrasive Blasting Process",CIRP Annals -Mfg. Technol. 53,251 (2004).

[105] M. Achtsnick,"High Performance Micro Abrasive Blasting",Ph. D. Thesis,Delft University of Technology,Delft,The Netherlands (2005).

[106] M. Achtsnick,P. F. Geelhoed,A. M. Hoogstrate and B. Karpuschewski,"Modelling and Evaluation of the Micro Abrasive Blasting Process",Wear 259,84 (2005).

[107] M. Achtsnick,A. M. Hoogstrate and B. Karpuschewski,"Advances in High Performance Micro Abrasive Blasting",CIRP Annals -Mfg. Technol. 54,281 (2005).

[108] L. Zhang,T. Kuriyagawa,Y. Yasutomi and J. Zhao,"Investigation into Micro Abrasive Intermittent Jet Machining",Int. J. Machine Tools Manuf. 45,873 (2005).

[109] M. Sugimoto,T. Shakouchi,K. Hayakawa and M. Izawa,"Gas-Particle Two-Phase Jet Flow from Slot Nozzle and Micro-Blasting Process",Japan Society of Mechanical Engineers (JSME),Int. J. B. 49,705 (2006).

[110] M. Sugimoto and T. Shakouchi,"Development of Rectangular Microblasting Nozzle",in: *Toward Synthesis of Micro-/Nano-Systems: Proceedings 11th International Conference on Precision Engineering*,F. Kimura and K. Horio (Eds. ), pp. 181-186,Springer-Verlag,Berlin and Heidelberg,Germany (2007).

[111] A. Ghobeity,H. Getu,T. Krajac,J. K. Spelt and M. Papini,"Process Repeatability in Abrasive Jet Micro-Machining",J. Mater. Process. Technol. 190,51 (2007).

[112] J. M. Fan,C. Wang,J. Wang and G. Luo,"Effect of Nozzle Type and Abrasive on Machinability in Micro Abrasive Air Jet Machining of Glass",Key Eng. Mater. 359-360,404 (2008).

[113] A. Ghobeity,M. Papini and J. K. Spelt,"Computer Simulation of Particle Interference in Abrasive Jet Micromachining",Wear 263,265 (2007).
[114] M. Takaffoli and M. Papini,"Finite Element Analysis of Single Impacts of Angular Particles on Ductile Targets",Wear 267,144 (2009).
[115] H. Z. Li,J. Wang and J. M. Fan,"Analysis and Modeling of Particle Velocities in Micro-Abrasive Air Jet",Intl. J. Machine Tools Manuf. 49,850 (2009).
[116] N. Shafiei, H. Getu, A. Sadeghian and M. Papini,"Computer Simulation of Developing Abrasive Jet Machined Profiles Including Particle Interference",J. Mater. Process. Technol. 209,4366 (2009).
[117] J. M. Fan,H. Z. Li,J. Wang and C. Y. Wang,"A Study of the Flow Characteristics in Micro-Abrasive Jets",Exptl. Therm. Fluid Sci. 35,1097 (2011).
[118] B. Chandra and J. Singh,"A Study of Effect of Process Parameters of Abrasive Jet Machining",Intl. J. Eng. Sci. Technol. 3,504 (2011).
[119] H. Z. Li,"Process Analysis of Abrasive Jet Micromachining for Brittle Materials",Australian J. Mech. Eng. 10,61 (2012).
[120] H. Z. Li and J. Wang,"Study of Abrasive Jet Micromachining for Brittle Materials",Adv. Sci. Lett. 12, 339 (2012).
[121] M. Takaffoli and M. Papini,"Numerical Simulation of Solid Particle Impacts on Al6061-T6 Part I: Three-Dimensional Representation of Angular Particles",Wear 292-293,100 (2012).
[122] M. Takaffoli and M. Papini,"Numerical Simulation of Solid Particle Impacts on Al6061-T6 Part II: Materials Removal Mechanisms for Impact of Multiple Angular Particles",Wear 296,648 (2012).
[123] R. H. M. Jafar,M. Papini and J. K. Spelt,"Simulation of Erosive Smoothing in the Abrasive Jet Micro-Machining of Glass",J. Mater. Process. Technol. 213,2254 (2013).
[124] R. H. M. Jafar,J. K. Spelt and M. Papini,"Surface Roughness and Erosion Rate of Abrasive Jet Micro-Machined Channels: Experiments and Analytical Model",Wear 303,138 (2013).
[125] S. Thote,D. Meshram,K. Pakhare and S. Gawande,"Effect of the Process Parameters on the Surface Roughness during Magnetic Abrasive Finishing Process on Ferromagnetic Stainless Steel Work Pieces",Int. J. Mech. Eng. Technol. 4,310 (2013).
[126] S. Wan,Y. J. Ang,T. Sato and G. C. Lim,"Process Modeling and CFD Simulation of Two Way Abrasive Flow Machining",Intl. J. Adv. Manuf. Technol. 71,1077 (2014).
[127] Z. G. Liu,S. Wan,V. B. Nguyen and Y. W. Zhang,"A Numerical Study on the Effect of Particle Shape on the Erosion of Ductile Materials",Wear 313,135 (2014).
[128] J. P. Padhy and K. C. Nayak,"Optimization and Effect of Controlling Parameters on AJM Using Taguchi Technique",Int. J. Eng. Res. Applic. 4,598 (2014).
[129] V. M. Gajera and C. Swarrop,"Process Modeling and Simulation of Abrasive Jet Machine -A Review", Indian J. Appl. Res. 4,1 (2014).
[130] W. Li,J. Wang, H. Zhu and C. Huang,"On Ultrahigh Velocity Micro-Particle Impact on Steels -A Multiple Impact Study",Wear 309,52 (2014).
[131] M. Azimian,P. Schmitt and H. -J. Bart,"Numerical Investigation of Single and Multi Impacts of Angular Particles on Ductile Surfaces",Wear 342-343,252 (2015).
[132] V. Hadavi and M. Papini,"Numerical Modeling of Particle Embedment during Solid Particle Erosion of Ductile Materials",Wear 342-343,310 (2015).
[133] X. Dong,Z. Li,L. Feng,Z. Sun and C. Fan,"Modeling Simulation,and Analysis of the Impact(s) of Single Angular-Type Particles on Ductile Surfaces using Smoothed Particle Hydrodynamics",Powder Technol. 318,363 (2017).
[134] B. Zouari and M. Touratier,"Simulation of Organic Coating Removal by Particle Impact",Wear 253, 488 (2002).
[135] A. E. Aubin Company,New Milford,CT. http://www. aeaubin. com/AB75_76. htm. (accessed February 1, 2018).
[136] Airbrasive® Division of S. S. White Technologies,Piscataway,NJ. www. airbrasive. com/ contact. asp. (accessed February 1,2018).
[137] Comco Inc. ,Burbank,CA. www. comcoinc. com. (accessed February 1,2018).
[138] Crystal Mark,Glendale,CA. www. crystalmarkinc. com. (accessed February 1,2018).

[139] Crystal Mark Dental Systems, Inc. , Glendale, CA. www. crystalmarkdental. com. (accessed February 1, 2018).
[140] Danville Materials, San Ramon, CA. http://danvillematerials. com. (accessed February 1, 2018).
[141] Epak Electronics Ltd, Somerset, UK. www. epakelectronics. com/epak_contact. htm. (accessed February 1, 2018).
[142] Hunter Products Inc. , Bridgewater, NJ. http://www. hunterproducts. com/micro_jet. html. (accessed February 1, 2018).
[143] Media Blast and Abrasive Inc. , Brea, CA. www. mediablast. com. (accessed February 1, 2018).
[144] Micro Dynamics Machining, Corpus Christie, TX. http://microdynamicsmachining. com/ index. htm. (accessed February 1, 2018).
[145] Quintek Corporation, Conshohocken, PA. www. quintek. net/products/rotec-vortex-cleaningsystem. (accessed February 1, 2018).
[146] Rodeco, Sanford, NC. www. rodeco. com/blasteq-micro. php. (accessed February 1, 2018).
[147] SCM Systems Inc. , Menomonee Falls, WI. www. scmsysteminc. com/sandblasting. php. (accessed February 1, 2018).
[148] Sintokogio, Nagoya, Japan. www. sinto. co. jp/en/product/surface/lineup/microblast/index. html. (accessed February 1, 2018).
[149] Texas Airsonics, Corpus Christie, TX. http://texasairsonics. com. (accessed February 1, 2018).
[150] Vaniman Manufacturing Company, Fallbrook, CA. www. vaniman. com/contact-vaniman. (accessed February 1, 2018).
[151] Environmentally Sensible Chemical Alternatives, Hatfield, PA (2015). www. escablast. com. (accessed February 1, 2018).
[152] N. Ataman, "Utilization of Industrial Wastes of Turkey as Abrasive in Surface Preparation Technologies", M. S. Thesis, Middle East Technical University, Istanbul, Turkey (2005).
[153] G. Lyras, "Mobile Abrasive Blasting Material Separation Device and Method", U. S. Patent 8,771,040 (2014).
[154] Munkebo Clemco A/S, Munkebo, Denmark. www. munkebo. com. (accessed February 1, 2018).
[155] R. B. Black, "Technic for Nonmechanical Preparation of Cavities and Prophylaxis", J. Am. Dental Assoc. 32, 955 (1945).
[156] D. R. Atkinson, C. M. Cobb and W. J. Killoy, "The Effect of an Air-Powder Abrasive on in Vitro Root Surfaces", J. Periodontol. 55, 13 (1984).
[157] R. E. Goldstein and F. M. Parkins, "Using Air-Abrasive Technology to Diagnose and Restore Pit and Fissure Caries", J. Am. Dental Assoc. 126, 761 (1995).
[158] A. S. Figueras, "Caries Diagnosis: The Role of Air Abrasion", Air Abrasion Today: An Air Abrasion Dedicated Newsletter: Web Version, Crystal Mark Dental Systems, Glendale, CA, Volume 1, Issue 4, (1999). www. crystalmarkinc. com.
[159] A. Banerjee, T. F. Watson and E. A. M. Kidd, "Dentine Caries Excavation: A Review of Current Clinical Techniques", Brit. Dental J. 188, 476 (2000).
[160] R. J. Cook, A. Azzopardi, I. D. Thompson and T. F. Watson, "Real-Time Confocal Imaging, During Active Air Abrasion -Substrate Cutting", J. Microscopy 203, 199 (2001).
[161] R. J. Cook, A. Azzopardi, I. D. Thompson and T. F. Watson, "A Method for Real-Time Confocal Imaging of Substrate Surfaces during Active Air Abrasion Cutting: The Cutting Edge of Air Abrasion", in: *Multi-Modality Microscopy*, H. Yu, P. -C. Cheng, P. -C. Lin and F. -J. Kao (Eds. ), pp. 197-218, World Scientific Publishing, Singapore (2006).
[162] L. Santos-Pinto, C. Peruchi, V. A. Marker and R. Cordeiro, "Evaluation of Cutting Patterns Produced with Air-Abrasion Systems Using Different Tip Designs", Operative Dentistry 26, 308 (2001).
[163] C. Peruchi, L. Santos-Pinto, A. Santos-Pinto and E. Barbosa e Silva, "Evaluation of Cutting Patterns Produced in Primary Teeth by an Air-Abrasion System", Quintessence Int. 33, 279 (2002).
[164] C. Motisuki, L. M. Lima, E. S. Bronzi, D. M. P. Spolidorio and L. Santos-Pinto, "The Effectiveness of Alumina Powder on Carious Dentin Removal", Operative Dentistry 31, 371 (2006).
[165] L. A. A. Antunes, R. L. Pedro, A. S. B. Vieira and L. C. Maia, "Effectiveness of High Speed Instrument and Air Abrasion on Different Dental Substrates", Brazilian Oral Res. 22, 235 (2008).

[166] T. F. Watson, P. Pilecki, R. J. Cook, A. Azzopardi, G. Paolinelis, A. Banerjee, I. Thompson and A. Boyde, "Operative Dentistry and the Abuse of Dental Hard Tissues: Confocal Microscopical Imaging of Cutting", Operative Dentistry 33, 215 (2008).
[167] M. Papini, A. O. Oladeinde, J. K. Spelt and P. M. Aumuller, "The Solid Particle Erosion Behaviour of Dental Enamel Using a Novel Air Abrasion System", Intl. J. Abrasive Technol. 3, 92 (2010).
[168] V. S. Hegde and R. A. Khatavkar, "A New Dimension to Conservative Dentistry: Air Abrasion", J. Conserv. Dentistry 13, 4 (2010).
[169] P. Sambashiva Rao, M. Pratap Kumar, K. Nanda Kumar and P. S. Sandya, ""Drill-less" Dentistry -The New Air Abrasion Technology", Indian J. Dental Adv. 3, 598 (2011).
[170] I. Farooq, Z. Imran and U. Farooq, "Air Abrasion: Truly Minimally Invasive Technique", Intl. J. Prosthodont. Restorative Dentistry 1, 105 (2011).
[171] S. Rayman and E. Dincer, "Air Polishing", Hygiene Magazine 1, 7 (2012).
[172] K. Venkataraghavan, A. Kush, C. S. Lakshminarayana, L. Diwakar, P. Ravikumar, S. Patil and S. Karthik, "Chemomechanical Caries Removal: A Review & Study of an Indigenously Developed Agent (Carie Care$^{TM}$ Gel) in Children", J. Intl. Oral Health 5, 84 (2013).
[173] C. Peruchi, A. Santos-Pinto, T. C. Dias, A. C. Mascarenhas Oliveira and L. Santos-Pinto, "Influence of Air Abrasion Tips and Operation Modes on Enamel-Cutting Characteristics", Eur. J. Dentistry 7, 1 (2013).
[174] E. Bhambri, J. P. S. Kalra, S. Ahuja and G. Bhambri, "Evaluation of Enamel Surfaces Following Interproximal Reduction and Polishing with Different Methods: A Scanning Electron Microscope Study", Indian J. Dental Sci. 9, 153 (2017).
[175] Air Abrasion: Dental Care without the Drill. www. webmd. com/oral-health/guide/airabrasion # 1. (accessed February 1, 2018).
[176] Tooth Stain Removal Using Air Abrasion. www. healthcentre. org. uk/dentistry/air-abrasion. html. (accessed February 1, 2018).
[177] S. Masujima and S. Iwaya, "Capacitor Trimming System in a Quartz-Crystal Oscillator", U. S. Patent 4, 346, 537 (1982).
[178] H. J. Ligthart, P. J. Slikkerveer, F. H. in't Veld, P. H. W. Swinkels and M. H. Zonneveld, "Glass and Glass Machining in Zeus Panels", Philips J. Res. 50, 475 (1996).
[179] M. Papini and J. K. Spelt, "Organic Coating Removal by Particle Impact", Wear 213, 185 (1997).
[180] P. J. Slikkerveer, P. C. P. Bouten and F. C. M. de Haas, "High Quality Mechanical Etching of Brittle Materials by Powder Blasting", Sensors Actuators A 85, 296 (2000).
[181] E. Belloy, I. Zalunardo, A. Sayah and M. A. M. Gijs, "Powder Blasting as a Three Dimensional Microstructuring Technology for MEMS Applications", in: *Proceedings SPIE Conf. Micromachining and Microfabrication Process Technology VI*, J. -M. Karam and J. Yasalis (Eds. ), Vol. 4174, pp. 467-476, SPIE, Bellingham, WA (2000).
[182] E. Belloy, S. Thurre, E. Walckiers, A. Sayah and M. A. M. Gijs, "The Introduction of Powder Blasting for Sensor and Microsystem Applications", Sensors Actuators A 84, 330 (2000).
[183] E. Belloy, A. Sayah and M. A. M. Gijs, "Powder Blasting for Three-Dimensional Microstructuring of Glass", Sensors Actuators A 86, 231 (2000).
[184] H. Shaw, N. Parekh, C. Clatterbuck and F. Frades, "Evaluation of ESD Effects during Removal of Conformal Coatings Using Micro Abrasive Blasting", Internal Report, NASA Goddard Spaceflight Center, Greenbelt, MD (September 2000). http://misspiggy. gsfc. nasa. gov/tva/harrydoc/ESD_Effects. pdf.
[185] H. Wensink, H. V. Jensen, J. W. Berenschot, and M. C. Elwenspoek, "Mask Materials for Powder Blasting", J. Micromech. Microeng. 10, 175 (2000).
[186] E. Belloy, A. Sayah and M. A. M. Gijs, "Oblique Powder Blasting for Three-Dimensional Micromaching of Brittle Materials", Sensors Actuators A 92, 358 (2001).
[187] T. Matsuda, K. Okamoto and M. Yoshida, "Method of Cleaning Container and Apparatus Therefor", U. S. Patent 6, 113, 475 (2000).
[188] D. Solignac, A. Sayah, S. Constantin, R. Freitag and M. A. M. Gijs, "Powder Blasting for the Realisation of Microchips for Bio-Analytic Applications", Sensors Actuators A 92, 388 (2001).
[189] S. Schlautmann, H. Wensink, R. Schasfoort, M. Elwenspoek and A. van den Berg, "Powder-Blasting

Technology as an Alternative Tool for Microfabrication of Capillary Electrophoresis Chips with Integrated Conductivity Sensors",J. Micromech. Microeng. 11,386 (2001).

[190] P. Tangestanian, M. Papini and J. K. Spelt, "Starch Media Blast Cleaning of Artificially Aged Paint Films", Wear 248,128 (2001).

[191] R. M. Guijt, E. Baltussen, G. van der Steen, R. B. M. Schasfoort, S. Schlautmann, H. A. H. Billiet, J. Frank, G. W. K. van Dedem and A. van den Berg, "New Approaches for Fabrication of Microfluidic Capillary Electrophoresis Devices with On-Chip Conductivity Detection", Electrophoresis 22, 235 (2001).

[192] M. W. Ross, "Air Abrasive Texturing Process for Intraocular Implants", U. S. Patent 6,264,693 (2001).

[193] H. Wensink, "Fabrication of Microstructures by Powder Blasting", Ph. D. Thesis, University of Twente, Enschede, The Netherlands (2002).

[194] H. Wensink, S. Schlautmann, M. H. Goedbloed and M. C. Elwenspoek, "Fine Tuning the Roughness of Powder Blasted Surfaces", J. Micromech. Microeng. 12,616 (2002).

[195] H. Wensink and M. C. Elwenspoek, "Reduction of Sidewall Inclination and Blast Lag of Powder Blasted Channels", Sensors Actuators A 102,157 (2002).

[196] E. Belloy, A. -G. Pawlowski, A. Sayah and M. A. M. Gijs, "Microfabrication of High-Aspect Ratio and Complex Monolithic Structures in Glass", J. Microelectromech. Syst. 11,521 (2002).

[197] Y. A. Gharbia and J. Katupitiya, "Loose Abrasive Blasting as an Alternative to Slurry Polishing of Optical Fibre End Faces", Intl. J. Machine Tools Manuf. 43,1413 (2003).

[198] A. -G. Pawlowski, E. Belloy, A. Sayah and M. A. M. Gijs, "Powder Blasting Patterning Technology for Microfabrication of Complex Suspended Structures in Glass", Microelectron. Eng. 67-68,557 (2003).

[199] J. C. Frey and T. Noble, "The Rationale for Microabrasive Cleaning: A Case Study for Historic Granite from the Pennsylvania Capitol", J. Am. Inst. Conservation 42,75 (2003).

[200] D. Slaton and K. C. Normandin, "Masonry Cleaning Technologies", J. Architectural Conservation 11,7 (2005).

[201] M. Nečásková, "Research in Mosaic Cleaning", in: *Conservation of the Last Judgment Mosaic: St. Vitus Cathedral, Prague*, Chapter 12, F. Piqué and D. C. Stulik (Eds.), pp. 167-176, Getty Conservation Institute, Los Angeles, CA (2004).

[202] M. Achtsnick, J. Drabbe, A. M. Hoogstrate and B. Karpuschewski, "Erosion Behaviour and Pattern Transfer Accuracy of Protecting Masks for Micro-Abrasive Blasting", J. Mater. Process. Technol. 149, 43 (2004).

[203] D. M. Kennedy, J. Vahey and D. Hanney, "Micro Shot Blasting of Machine Tools for Improving Surface Finish and Reducing Cutting Forces in Manufacturing", Mater. Design 26,203 (2005).

[204] A. -G. Pawlowski, A. Sayah and M. A. M. Gijs, "Precision Poly-(Dimethyl Siloxane) Masking Technology for High-Resolution Powder Blasting", J. Microelectromech. Syst. 14,619 (2005).

[205] A. -G. Pawlowski, A. Sayah and M. A. M. Gijs, "Accurate Masking Technology for High-Resolution Powder Blasting", J. Micromech. Microeng. 15,S60 (2005).

[206] A. Sayah, V. K. Prashar, A. -G. Pawlowski and M. A. M. Gijs, "Elastomer Mask for Powder Blasting Microfabrication", Sensors Actuators A 125,84 (2005).

[207] C. Yamahata, F. Lacharme, Y. Burri and M. A. M. Gijs, "A Ball Valve Micropump in Glass Fabricated by Powder Blasting", Sensors Actuators B 110,1 (2005).

[208] D. -S. Park, M. -W. Cho and T. I. Seo, "Mechanical Etching of Micro Pockets by Powder Blasting", Int. J. Adv. Mfg. Technol. 25,1098 (2005).

[209] K. -D. Bouzakisa, G. Skordaris, I. Mirisidis, G. Mesomeris, N. Michailidis, E. Pavlidou and G. Erkens, "Micro-blasting of PVD Films, an Effective Way to Increase the Cutting Performance of Coated Cemented Carbide Tools", CIRP Annals -Mfg, Technol. 54,95 (2005).

[210] K. -D. Bouzakis, G. Skordaris, N. Michailidis, A. Asimakopoulos and G. Erkens, "Effect on PVD Coated Cemented Carbide Inserts Cutting Performance of Micro-Blasting and Lapping of Their Substrates", Surf. Coat. Technol. 200,128 (2005).

[211] W. S. Yoo, Q. Q. Jin, D. S. Park, E. J. Seong and J. Y. Han, "Characteristics of Micro Precision Machining of Glasses by Powder Blasting", Key Eng. Mater. 364-366,897 (2007).

[212] H. Getu, A. Ghobeity, J. K. Spelt and M. Papini, "Abrasive Jet Micromachining of Polymethylmethacrylate", Wear 263, 1008 (2007).
[213] H. Getu, A. Ghobeity, J. K. Spelt and M. Papini, "Abrasive Jet Micromachining of Acrylic and Polycarbonate Polymers at Oblique Angles of Attack", Wear 265, 888 (2008).
[214] K.-D. Bouzakis, S. Gerardis, G. Skordaris, G. Katirtzoglou, S. Makrimallakis, M. Pappa, N. Michailidis, F. Klocke and E. Bouzakis, "Effect of Wet Micro-Blasting of PVD-Films on the Cutting Performance of Coated Tools", in: *Proceedings 7th Int. Conf. Coatings in Manufacturing Engineering*, K.-D. Bouzakis, Fr.-W. Bach, B. Denkena and M. Geiger (Eds.), pp. 143-149, Laboratory for Machine Tools and Manufacturing Engineering (EEΔM), Aristotle University of Thessaloniki, Thessaloniki, Greece (2008).
[215] H.-S. Jang, M.-W. Cho and D.-S. Park, "Micro Fluidic Channel Machining on Fused Silica Glass Using Powder Blasting", Sensors 8, 700 (2008).
[216] S. P. Lee, H.-W. Kang, S.-J. Lee, I. H. Lee, T. J. Ko and D.-W. Cho, "Development of Rapid Mask Fabrication Technology for Micro-Abrasive Jet Machining", J. Mech. Sci. Technol. 22, 2190 (2008).
[217] S. Martens, B. Krueger, W. Mack, F. Voelklein and J. Wilde, "Low-Cost Preparation Method for Exposing IC Surfaces in Stacked Die Packages by Micro-Abrasive Blasting", Microelectronics Reliability 48, 1513 (2008).
[218] F. Klocke, C. Gorgels, E. Bouzakis and A. Stuckenberg, "Tool Life Increase of Coated Carbide Tools by Micro Blasting", Production Eng. 3, 453 (2009).
[219] A. El-Domiaty, H. M. Abd El-Hafez and M. A. Shaker, "Drilling of Glass Sheets by Abrasive Jet Machining", World Acad. Sci. Eng. Technol. 3, 57 (2009).
[220] A. S. Saragih and T. J. Ko, "A Thick SU-8 Mask for Microabrasive Jet Machining on Glass", Intl. J. Adv. Manuf. Technol. 41, 734 (2009).
[221] A. M. Farimani, "Abrasive Jet Micromachining of Quartz Crystals", M. E. Thesis, University of New South Wales, New South Wales, Australia (2010).
[222] S. Ally, "Abrasive Jet Micro-Machining of Metals", Ph. D. Thesis, Ryerson University, Toronto, Canada (2010).
[223] B. Crowley and C. Sidor, "Burke Museum Fossil Preparation Laboratory Manual", University of Washington, Seattle, WA (2010). http://preparation. paleo. amnh. org/assets/ BurkeMuseumLabManual_Jan2010b. pdf.
[224] N. Jagannatha, S. H. Somashekhar, K. Sadashivappa and K. V. Arun, "Machining of Soda Lime Glass Using Abrasive Hot Air Jet: An Experimental Study", Machining Sci. Technol. 16, 459 (2012).
[225] J. Wang, A. Moridi and P. Mathew, "Micro-Grooving on Quartz Crystals by an Abrasive Air Jet", Proc. Inst. Mech. Eng. Part C: J. Mech. Eng. Sci. 225, 2161 (2011).
[226] J. G. O'Donoghue and D. Haverty, "Method of Doping Surfaces", European Patent EP 2061629 (2011).
[227] J. G. O'Donoghue and P. O'Hare, "Surface Modification of Nitinol", U. S. Patent Application 2011/0081399 (2011).
[228] A. D. Lifchits, "Film Having Cobalt Selenide Nanowires and Method of Forming Same", U. S. Patent 8,157,979 (2012).
[229] I. Misri, P. Hareesh, S. Yang and D. L. DeVoe, "Microfabrication of Bulk PZT Transducers by Dry Film Photolithography and Micro Powder Blasting", J. Micromech. Microeng. 22, 085017 (2012).
[230] C. Iliescu, H. Taylor, M. Avram, J. Miao and S. Franssila, "A Practical Guide for the Fabrication of Microfluidic Devices Using Glass and Silicon", Biomicrofluidics 6, 016505 (2012).
[231] A. G. Gradeen, J. K. Spelt and M. Papini, "Cryogenic Abrasive Jet Machining of Polydimethylsiloxane at Different Temperatures", Wear 274-275, 335 (2012).
[232] A. D. Joshi, D. I. Sangotra and S. T. Bagde, "Development of Automated Glass Frosting Machine", Intl. J. Sci. Eng. Applic. 2, 118 (2013).
[233] Y. Lacrotte, J. P. Carr, R. W. Kay and M. P. Y. Desmulliez, "Fabrication of a Low Temperature Co-Fired Ceramic Package Using Powder Blasting Technology", Microsyst. Technol. 19, 791 (2013).
[234] J. B. Byiringiro, T. J. Ko, H.-C. Kim and I. H. Lee, "Optimal Conditions of SU-8 Mask for Micro-Abrasive Jet Machining of 3-D Freeform Brittle Materials", Intl. J. Precision Eng. Mfg. 14, (1989)

(2013).
[235] A. G. Gradeen, M. Papini and J. K. Spelt, "The Effect of Temperature on the Cryogenic Abrasive Jet Micro-Machining of Polytetrafluoroethylene, High Carbon Steel and Polydimethylsiloxane", Wear 317, 170 (2014).
[236] J. Ďoubal, "Research into Methods of Cleaning Silicate Sandstones used for Historical Monuments", J. Architectural Conservation 20, 123 (2014).
[237] "Precision Micro-Abrasive Sand Blasting for Cleaning Circuit Boards", Joint Service Pollution Prevention Opportunity(JSPPO) Handbook, Department of Defense, Washington, D. C. (2003).
[238] J. H. Hayim, "Apparatus for Disseminating Pulverulent Material", U. S. Patent 3. 162, 332 (1964).
[239] V. N. Pi and A. M. Hoogstrate, "Cost Optimization of Abrasive Blasting Systems: A New and Effective Way for Using Blasting Nozzles", Key Eng. Mater. 329, 323 (2007).
[240] M. S. Toroglu, O. Bayramoglu, F. Yarkin and A. Tuli, "Possibility of Blood and Hepatitis B Contamination Through Aerosols Generated During Debonding Procedures", Angle Orthodontist 73, 571 (2003).
[241] F. L. F. Scannavino, L. Santos-Pinto and A. C. Hernandes, "Control of Particles Emitted by Air-Abrasion System with High-Power Suction in a Dental Office", Revista Brasileira de Sau'de Ocupacional 31, 49 (2006) (in Portuguese).

# 第 14 章

# 洁净室擦拭布在清除表面污染中的应用

Jay Postlewaite Brad Lyon Sandeep Kalelkar

美国 Texwipe 公司（隶属于伊利诺伊工具公司）北卡罗来纳州克恩斯维尔

# 14.1　清除污染物的擦除原理

## 14.1.1　为什么要擦除?

在过去的十年中，微电子学和生命科学领域的高端产品（如计算机芯片、医疗设备和药品）的技术和制造业增长非常显著。这些行业通常需要在极其清洁的环境中制造产品。在半导体制造设施中建造洁净室，以尽量减少环境污染对产品产量的负面影响。在制药、生物制品和医疗器械行业，清洁环境可最大限度地降低产品对接受药物或器械的患者的安全风险。随着药效提高，残留污染和交叉污染的风险越来越大，需要考虑通过污染控制来保护生产区域人员的安全。因此，生产企业花费大量资源来构建洁净室环境、空气处理系统和监控系统，以确保在空气污染水平达到国际标准化组织（ISO）规定的运行水平。虽然这是使产品和人员受到污染的风险最小化的重要步骤，但还不够。在洁净室运行过程中，必须制定措施和协议，以确保表面、设备、仪器，最重要的是人员不会无意中对环境造成污染负担，从而危及产品或人员。因此，利用物理方法去除污染物在降低污染风险方面起着至关重要的作用。表面擦拭是物理去除污染物非常有效的方法之一。尽管可能会使用其他方法，如抽真空、压缩气体吹扫和冲洗，但这些方法往往会产生副作用，可能进一步加剧房间的环境污染。擦拭是非常有效的，因为擦拭以物理捕获残留物并将其保留在适当的位置，而不会进一步扩散。同样需要注意的是，有各种各样需要擦拭的表面，形状、尺寸和材料各不相同，而且处于经认证要在各种 ISO 等级下操作的洁净间内。这些通常需要不同类型，特别适合给定的表面或污染挑战的擦拭布。在这种情况下，重要的是要承认拭子和拖把也有效地适用于清除表面污染物。它们通常由一些洁净室擦拭材料组成，这些擦拭材料会接触大小表面，以确保去污过程不会无意间将任何残留物引入制造区域。

## 14.1.2　什么是洁净室中的污染?

要理解洁净室中的擦拭，最重要的概念之一是这种环境中的污染通常是不可见的。虽然一些宏观残留物可能是肉眼可见的，但洁净室污染通常与微观残留物有关，通常从 0.1μm 以下延伸至 100μm 以上。即使通过适当的洁净室结构提供了出色的空气处理和过滤功能，表面也可能被各种物理和化学性质不同的残留物和材料污染。小的亚微米（微米）颗粒、较大的可见丝状纤维、酸、碱、盐、有机物、工艺过程中使用的各种固体和液体材料以及非挥发残留物（NVR）都是普遍存在并需要清除的表面污染物（如图 14.1 所示）。这些污染物的风险不仅在于它们将存在于洁净室环境中，可能危及产品的完整性，而且如果不及时、频繁和定期地将其清除，它们可能会迁移到洁净室的其他位置。实际上，使用除擦拭以外的方法进行清除会增加这种不良迁移的可能性。因此，大多数洁净室操作将记录特定的去污程序、工具和频率，作为其质量保证体系的一部分，以确保不会损害产品的完整性。

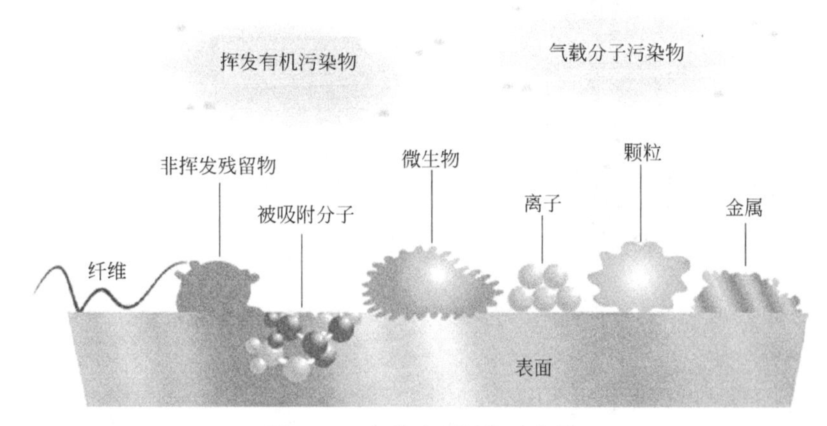


图 14.1　各种表面污染示意图

## 14.1.3　为什么擦拭有效?

要了解擦拭去除表面污染物的有效性背后的原理，有必要先了解以下污染物在表面的附着情况。对于污染物颗粒之间的黏附力的讨论，读者可参考 Bowling 的评论[1]。擦拭的物理作用在表面上提供了约 0.689MPa 的压力。毛细力在污染物黏附到表面的过程中起主导作用，打破或降低这种毛细附着力对于去污至关重要。原则上，目标是使用材料和擦拭布，使污染物对擦拭布的吸引力大于必须去污的表面。降低毛细黏附力的最有效的方法是使用液体（如水）或其他具有较低表面张力的溶剂（如酒精或其他清洁剂）。因此，通常用清洁液润湿的擦拭布在去除表面污染物方面更为有效。这一点尤其正确，当静电相互作用是污染物黏附到表面的一个因素时，预湿的擦拭布可有效中和静电效应。

## 14.1.4　如何擦拭?

重要的是要认识到，在洁净室环境中擦拭表面要遵循，为最大程度减少污染物的扩散并达到最大的擦拭效率而规定的技术。该技术要求对从最清洁到最脏的区域开始的所有表面进行系统的去污。例如，即使在一个大型洁净室中，也要从距入口最远的区域开始，朝着离入口最近的区域进行去污。同样地，人们开始从污染表面的顶部向底部去污，因为较低水平面预计会受到更大的污染。如图 14.2 所示，使用四分之一折叠的擦拭布，从而在擦拭布的每一侧都提供四个可用表面。这样做是为了确保不再次使用沾染了污染物的表面擦拭，否则可能会有污染物释放回表面的风险。同样重要的是要注意确保，将擦拭布翻转过来以产生一个未使用过的擦拭表面的动作不会释放污染物。实际的擦拭技术是使用一致的压力，用手指和手掌以牢固的重叠擦拭覆盖要去污的区域，如图 14.3 所示。这样可以确保整个表面都被覆盖。用拖把擦拭大面积表面时，也使用了类似的技术，而拖把实际上只是较大的擦拭布。在某些情况下，例如隔离器，可以使用较小的拖把，而擦拭布可能仅仅是拖把硬件用来擦拭表面的接触点。同样，拭子可用于擦拭狭窄通道、难以触及的表面的边缘和角落的污染物，它们通常也由洁净室擦拭布材料制成。

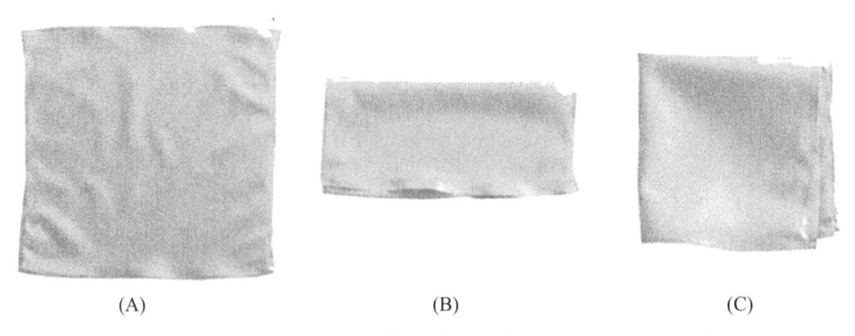


图 14.2 擦拭布折叠以提供四分之一折叠的擦拭表面示意图

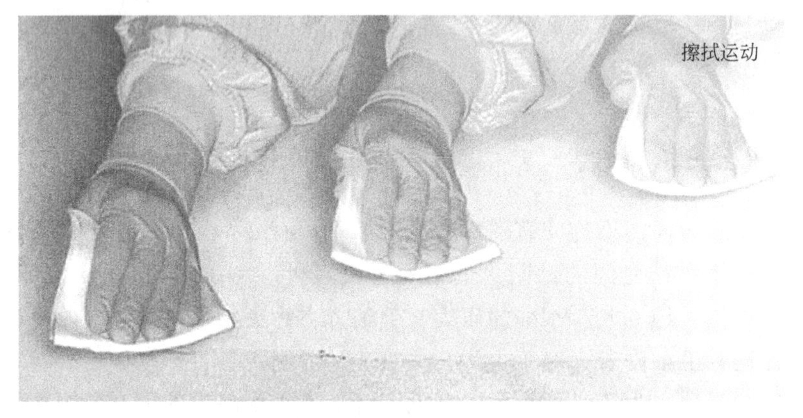


图 14.3 使用擦拭布以牢固的重叠擦拭方式对表面进行擦拭去污

## 14.1.5 擦拭方法

可以将擦拭视为一种去污方式，无论是清除泄漏物、控制泄漏物、清除表面污染物，还是涂布清洗溶液。用于各种应用的擦拭材料类型取决于环境、预期需求和经济因素。

干式擦拭布的使用可分为四大类：泄漏物的控制和清除、去污剂的应用、工作台垫/保护罩以及去污。有许多不同的擦拭布设计以满足各种需求。

### 14.1.5.1 泄漏物控制和清除

用于控制和清除泄漏物的擦拭布通常具有最大的吸附能力，以使用最少的擦拭布。含有某种天然纤维的擦拭布会使表面明显干燥，因为擦拭后液体被捕获在整个纤维中，而基于合成纤维的擦拭布将在被擦拭的表面上留下一层薄薄的液体。合成纤维会将液体吸附到纤维表面和多个纤维之间（不像天然纤维那样完全穿过纤维)，因此无法竞争除去液体，从而在被擦拭的表面上留下一层薄膜。在评估合适的擦拭布以控制和清除泄漏时，工作环境非常重要，不仅需要考虑 ISO 类环境，而且还需要考虑正在擦拭的表面。某些擦拭布设计具有研磨性的表面纹理，但它们的吸附能力可能较小，而具有较高容量的擦拭布在研磨性表面上使用时可能会脱落更多的颗粒。

### 14.1.5.2 去污剂的应用

许多行业要求使用独特的液体溶液，如去污剂、消毒剂或特种化学品。这些溶液可以喷洒或倒在表面上，然后用擦拭布将其均匀分散；或者干擦布在使用时蘸上溶液，然后用于擦拭。选择合适的擦拭布要考虑的因素包括清洁度、耐磨性、吸附能力和化学相容性。通常情况下，所用溶液在去除之前具有确定的表面接触时间，这可能会使溶液变干并需要额外的力才能去除，与所考虑的擦拭布特性不同。这个过程的一个简单的类比是涂抹和擦除汽车蜡，使用海绵涂抹液态蜡膏，使用柔软、干净、表面积大的材料可有效去除蜡而不会划伤漆面。

#### 14.1.5.3 工作台垫/保护罩

某些材料的表面可能非常敏感，在此类应用中，使用擦拭布作为垫层，以保护对象免受可能造成损坏的坚硬工作表面的损伤。根据工作的对象和环境，清洁度和材料厚度以及密度是要考虑的主要属性。也可以使用非常干净的擦拭布将零件包裹起来，作为包装的一部分，以保护最终组装和去污后的零件。

#### 14.1.5.4 去污

通常不单独使用干擦拭布来擦拭或清洁干燥表面（超细纤维织物例外），因为存在许多阻碍有效捕获和去除污染物的物理力。但也有某些擦拭布材料制成连续卷的情况，在这些应用中，产品通常从一个卷上松开，然后以自动方式引入表面进行表面去污、抛光或打磨后重新缠绕。当每一个新的部件与布卷接触时，擦拭材料被解缠绕，从而进行擦拭操作。

通常避免使用干擦拭布擦拭表面，这是因为湿润的擦布比干擦布更能有效地清除表面污染物。干擦布只能简单地将污染物推向四周，因为颗粒物与表面之间的静电吸引力可能大于颗粒物与擦布之间的吸引力（例外情况是使用比表面积大、可从表面捕获和清除细菌的超细纤维擦布）。

使用湿的或预润湿的擦拭布是去除表面污染的最佳方法。用于润湿擦拭布的液体可以提供一种降低颗粒和表面之间的表面张力的方法（通过降低黏附力），以帮助去除颗粒。一旦释放出污染物，它们就会被卡在擦拭布中，从而避免再次污染邻近区域。重要的是要认识到，对于常规清洁应用而言，预润湿的擦拭布有一个最佳的湿度范围。如果擦拭布太湿，不仅会在表面上残留过多的溶液，可能会污染要去污的区域，而且被清除的污染物会简单地推入表面残留的溶液中，而不是转移到擦拭布上。同样，如果擦拭布的吸湿度不足，则擦拭布在去除污染物方面将不太有效。正是由于这些原因，与使用时现制的预湿式擦拭布相比，最好使用制造好的预湿式擦拭布，因为预湿式擦拭布的湿度会根据使用液体的人而变化。

## 14.2 擦拭布类型

随着洁净室和制造需求的发展，洁净室擦拭布以及使用和评估此类产品的方法也在不断发展。一般而言，洁净室擦拭布分为四大类，它们反映了原材料的制造方法。这四个类别是：针织合成、机织、无纺布和泡沫。针织、机织和无纺布被认为是传统的纺织材料。但是，在检查擦拭布构造技术的细节之前，应考虑擦布性能的各种属性，下面列出用于描述洁净室擦拭布的术语和定义，以供参考。

### 14.2.1 专业术语

颗粒/纤维：一种评估擦拭布性能的方法，并非所有擦拭布执行相同的要求，不同的环境和过程有不同的需求。

离子：通常在微电子、半导体和航空航天应用中更为重要。

非挥发性残留物（NVRs）：一个重要的考虑因素，尤其是如果将产品与溶剂一起使用，溶剂可能会从擦布中浸出残留物并污染表面。

吸附特性：一种材料能多快容纳和容纳多少液体。

耐化学性/相互作用：擦拭布是否能耐受可能遇到的化学品，或者擦拭布是否会渗漏并产生污染。

原料成分：影响清洁度、成本、整体性能和化学相互作用。

金属：制造过程中是否有金属残留在纤维表面或整合到纤维中，这些金属在某些条件下可以被提取出来从而成为污染物。

残留物：擦拭表面后残留的任何东西，肉眼可能看得见，也可能看不见。

可提取物：通过机械或化学力去除的物质，可能被认为是污染物。

ESD：静电放电。

磨损特性：擦拭布在粗糙表面上使用时是否会产生颗粒污染。

包装注意事项：操作人员使用方便，包装袋中储量适当，以免多余的擦布在使用前被处理掉。这一点对于无菌产品尤其重要。

有机硅：根据行业的不同，它可能是一种有效的制造辅助手段（例如医疗设备），也可能是引起潜在缺陷的主要因素（电子和油漆）。大多数擦拭布的制造和测试均不含硅。

气体排放：释放出溶解、截留、凝固或吸收在某些材料中的气体。在尝试保持清洁的高真空环境或与气载分子污染（AMC）有关的关键环境中，气体排放是特别令人关注的问题。

实际应用：去污、泄漏控制、环境保护、包装、溶液使用。

微生物注意事项：如果微生物被转移到或进入最终可能进入人体的产品中，在生命科学行业中通常被认为是污染物，但在其他行业中也应被视为颗粒污染物。

无菌/非无菌：取决于生产环境和所生产的产品，大多数无菌擦拭布产品都是基于具有类似性能属性的非无菌产品。

与洁净室擦拭布相关的通用术语/定义：

纱线：一种连续的纺织纤维、细丝或材料的总称，其形式适合针织、编织或以其他方式交织形成纺织物。

细丝：一种长度不确定的纤维，如天然丝，将制成的纤维挤出为长丝，再转换为长细纱。

长细纱：由连续长丝组成的纱线。

纤度：长丝纱线的直接编号系统，较小的数字表示较细的尺寸，较大的数字表示较粗的尺寸。纤度是线性材料单位长度的质量度量，这在数值上等于 9000m 长纤维的质量克数。

单丝纤度（dpf）：单根连续长丝的纤度，在长丝纱线中，它是纱线的纤度除以长丝的数量。

纱线纤度：长丝纱线的纤度，它是每根细丝的纤度和纱线中细丝的数目。洁净室擦拭布的普通纱线规格是 1/70/34（股数 1、纤度 70、细丝数目 34 根）。

合股线：单根纱线缠绕在一起形成合股线的数量。

纺纱：由短纤维组成的纱线，通常通过捻搓而黏合。纺纱可以由天然纤维或切成特定长度的长丝制成。短纤维在纺织工业中用于区分天然纤维和长丝。由于纺纱是由多种短纤维制成的，这些短纤维可能比长丝纱散落更多的颗粒物，因此除非没有其他选择，否则通常不用于洁净室产品。

针织：一种通过将纱线的线圈相互连接而制造纺织品的方法。

机织物（织布）：一种将两条纱线交叉成直角来制造纺织品的方法。沿着织物长度延伸的纱线称为经纱，而横穿过织物的纱线称为纬纱或纬纱。

无纺布：一种纺织纤维的组合体，通过机械互锁的方式在一个随机的网中连接在一起。可以通过熔融（热塑性纤维）、化学添加剂黏合或水力缠绕将纤维网黏合在一起，其中水力缠绕中使用高压水射流来缠绕纤维网材料。

泡沫：由液体或固体中的气穴所形成的物质，对于洁净室擦拭布的讨论而言，有两种主要类型的泡沫，开孔结构泡沫（也称为网状泡沫）和闭孔泡沫。

## 14.2.2　针织合成擦拭布

针织合成擦拭布是最关键的去污材料。如图14.4所示，针织材料是由互锁的纱线环制成的[2]。对于关键的去污应用，可选择涤纶长丝，也可以使用尼龙长丝。长丝纱线以连续的形式挤压而成，这提供了耐磨性更强的纱线，从而减少了颗粒的产生。涤纶已经取代尼龙成为首选纱线，因为它更清洁（相对于可提取物和颗粒的产生），具有更好的耐化学性，并且作为原料更经济。针织物作为擦拭布的基础材料也具有与产品开发相关的最多功能性。针织机相对容易更改设计参数，能够加工少量产品。这可以使产品开发在较短时间内以较节省的方式完成，而其他制造方法需要更大的生产量，并且在快速更改设计参数时遇到更多困难。

图14.4　针织过程中形成的纱线互锁环示意图

从设计/性能的角度来看，使用合成纱线的针织面料允许许多特性变化。例如，如果要在表面粗糙的环境中使用擦拭布，则优选具有最小拉伸度得非常紧密得织物结构，因为这不太可能使纱线粘住和断裂，减少释放出额外的颗粒物。如果目标性能是吸附能力，则较松散的针织物具有更大的弹性可能是设计的基础，使用纱线的类型也可能影响设计和性能特征。正如服装纱线种类繁多会影响手感一样，水分管理特性（将水分从皮肤转移到服装外部以加快蒸发的高性能服装）也将转化为超细纤维/细旦材料（非常细的纱线，如丝），相同的纱线可用于提供不同性能特征的洁净室擦拭布（下面将单独讨论超细旦纤维）。与大多数特性一样，优点的出现同时也伴有缺点，例如，细旦纱提供了优异的擦拭性能，但缺点是制造擦拭布的纱线比标准纱线昂贵得多，因此增加了擦拭布的成本。针织擦拭布设计和性能的局限性实际上是织物设计师的想象力与制造商加工能力的结合，具体使用仍是由市场成本决定。

## 14.2.3 超细纤维擦拭布

超细旦或超细纤维（这些术语经常互换使用）材料具有非常独特的擦拭性能，特别是考虑到这些材料是合成产品。超细旦材料已经在消费领域应用了很多年，但是在受控环境中才刚刚开始受到关注。超细旦材料的优点是无需使用异丙醇（IPA）或去离子水（DIW）等溶液即可清洁玻璃或不锈钢等光滑表面。一个实际案例是使用超细旦材料干擦一副眼镜或智能手机显示屏——去除指纹和皮肤油脂，而不会刮伤表面。极细的长丝纤维使超细旦纤维以这种方式工作，但是极小的纤维尺寸也会削弱纤维，从而使织物更易受到磨损表面和断丝的影响。断裂的长丝还可能释放更多的颗粒和纤维到工作环境中。

从 20 世纪 90 年代末开始，有大量研究将用于去污和擦拭医疗环境中的超细旦材料与标准可接受材料的去污效率进行了比较[3]。简言之，人们发现超细旦材料的特性更能有效地从坚硬的表面上去除细菌，包括可能带有聚集细菌的微裂缝的旧层压板表面。测试的细菌包括耐甲氧西林金黄色葡萄球菌（MRSA）和艰难梭菌。在大多数情况下，用去离子水湿润的超细旦材料清洁表面几乎可以完全去除可培养细菌。对比的擦拭布被称为 J Cloth，是一种食品服务和医疗保健行业中常用的公认擦拭布。

## 14.2.4 机织擦拭布

机织物是专门为洁净室应用而设计的原始产品之一，由 Texwipe 公司于 1964 年生产的棉质斜纹布，机织物通常是由两条互相交叉成直角的纱线编织而成的。与针织合成面料不同的是，机织面料允许在一台机器上装入多个纱线卷轴，并随后生产出一种经过进一步加工可以转换成擦拭布的材料，而机织材料在织物成型（织造）之前有许多预先的制造步骤（筒子纱、整经、斜切和牵伸），并且通常具有更大的生产规模。一般而言，由于所涉及的制造工艺步骤，机织材料制造最慢、最复杂，因此通常是最昂贵的。机织物（例如针织物）具有许多可以设计类型，但受织布机设备类型的影响大。大多数织布厂都有自己的专长，并不是所有类型的织机都能制造出所有不同的织物结构，而针织机则具有更多的通用性，可以相对容易地做出许多不同的选择。

一般而言，机织物具有更大的刚性（最小的弹性），并且比针织品更致密。如果担心磨损，这些特性会很好，但可能会限制材料的吸附能力。如果织物结构非常致密（许多机织织物很致密），则与针织织物相比，去污可能会困难得多。

基本织物成型完成后，针织和机织物都必须进行清洗。在纱线和织物的制造过程中，必须使用润滑助剂（蜡或矿物油）。生产与洁净室兼容的擦拭布的第一步是去除润滑助剂和污染物，该工艺步骤称为擦洗。与标准纺织品应用相比，擦洗过程和化学品是专门为洁净室中使用的材料设计的。

图 14.5 所示为 4 种普通编织结构。2×2 斜纹是很常见的洁净室擦拭布结构。4 种织物

样式之间的区别在于另一根纱线覆盖的纱线末端数量。例如，平纹织物就是将纱线的上下图案一次交替一根纱线，相反，2×2 斜纹布的纱线终端在两端之上，然后在两端之下，这样交替出现。

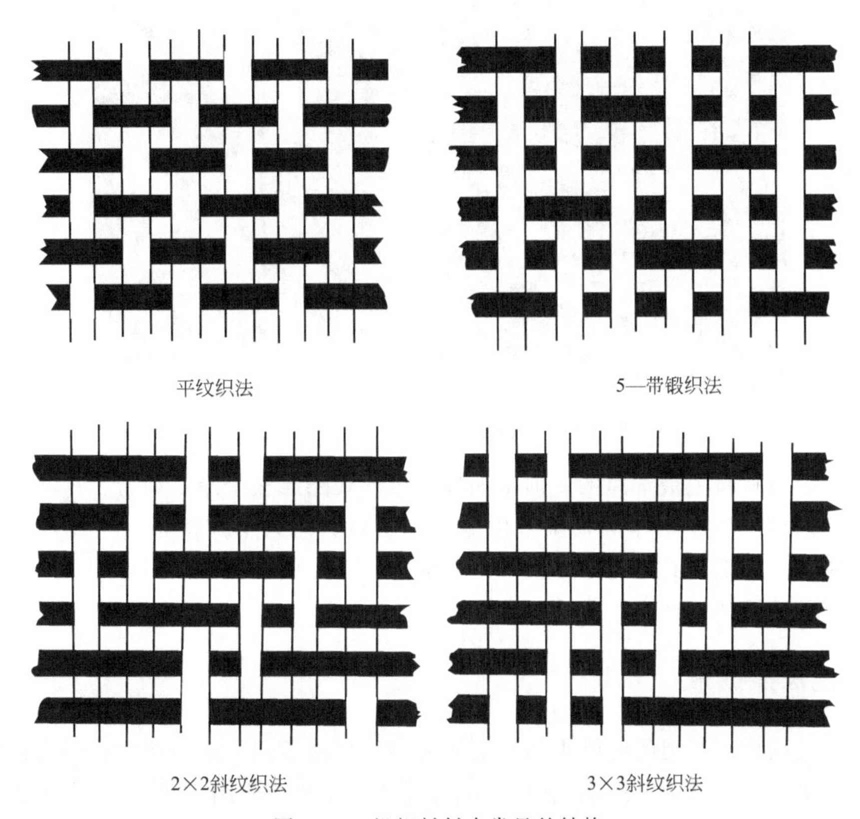


图 14.5　机织材料中常见的结构

## 14.2.5　无纺布擦拭布

无纺布广义上定义为一种由纤维组成的结构，这些纤维以随机模式机械结合在一起（针织和机织物具有确定的结构样式），图 14.6 所示为扫描电镜（SEM）照片。它们不是使用传统的经纬纺织系统，也不需要将纤维转换为纱线。非织造织物是一种高速、大批量生产的工程结构，因此与传统的洁净室织物相比是最经济的材料。当出于设计考虑将针织和机织材料进行比较时，使用非织造材料获得的成本优势也是一个劣势：这些材料是商业化产品的分支，通常用于消费市场的其他应用。由于这个原因，非织造材料的历史局限性之一是与其他材料相比清洁度相对较低。相对于织物制造步骤之后的清洁，无纺布材料没有进一步加工，因此，颗粒数和离子值大于经过进一步加工以减少污染物的产品，如水洗过的针织聚酯擦拭布。因此，大多数非织造产品不建议在 ISO 4 级或更清洁的环境中使用。

许多无纺布洁净室擦拭布将某种纤维素纤维作为产品的一部分。用纤维素基材料可轻松清除溢出物，提高吸附能力，并像家用纸巾一样将表面擦干。洁净室无纺布不限于纤维素基材料，还可使用聚合物纤维，如聚丙烯。很多时候，聚合物基非织造布是通过一种称为纺丝键合的方法制造的，该过程涉及将粒料直接挤出成纤维，然后将其直接转化成纤维网。这种制造方法的优点是在添加最少加工助剂的情况下，连续长丝纤维的清洁度更高。这种类型的

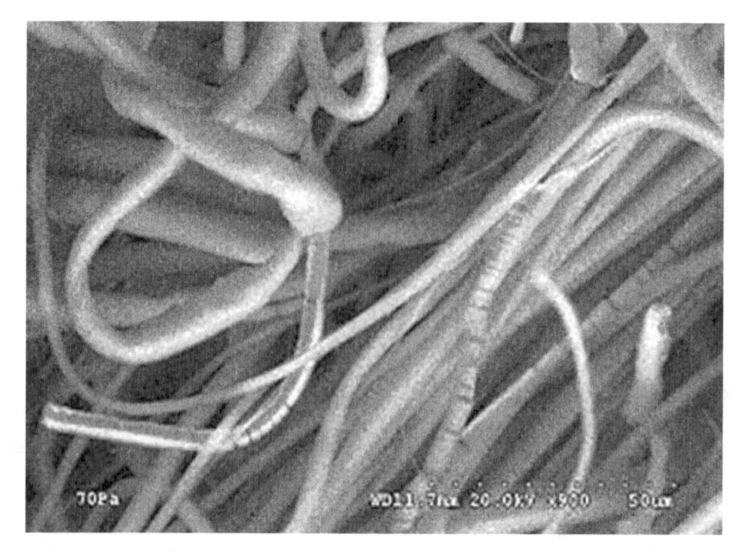


图 14.6 水缠结无纺布 SEM 照片显示出这种结构的随机纤维分布

材料通常是非织造材料中最干净的，但不如洗涤过的聚酯那么干净。通常，这些织物因其特殊的耐化学性而被使用或用作酒精湿纸巾的基础材料。作为干擦拭布，纯聚合物是疏水性的，但可以添加添加剂使其具有亲水性，不幸的是，通常使用的添加剂可能会对离子或非挥发性残留物等其他清洁特性产生负面影响。

## 14.2.6 泡沫擦拭布

与传统的使用物理互锁的纤维来捕获液体的擦拭材料不同，泡沫擦拭布是通过化学反应将气体捕获到聚合物基质中形成的。图 14.7 为开孔泡沫的结构图，图 14.8 为闭孔泡沫的结构图。气体可以夹带到聚合物中，也可以原位形成。泡沫的优点是在没有太大质量的情况下捕获并保持大量的液体物质，泡沫也可能释放出等量的液体。一个简单的类比是将汽车打蜡的泡沫垫与传统的织物（如毛巾）进行比较。泡沫垫在给定的区域内可容纳更多的蜡，并在更长的时间内以更均匀的量释放回汽车表面，而涂抹器施加的蜡量相同。

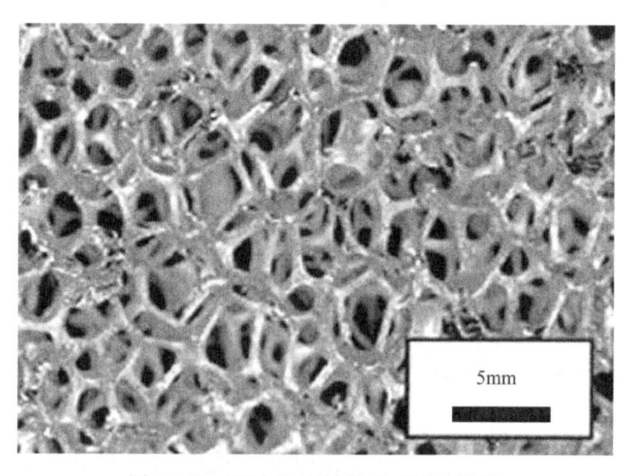


图 14.7 开孔泡沫结构的 SEM 照片

使用泡沫材料的不利之处在于，即使将其洗净，对于某些关键应用而言，泡沫也可能不

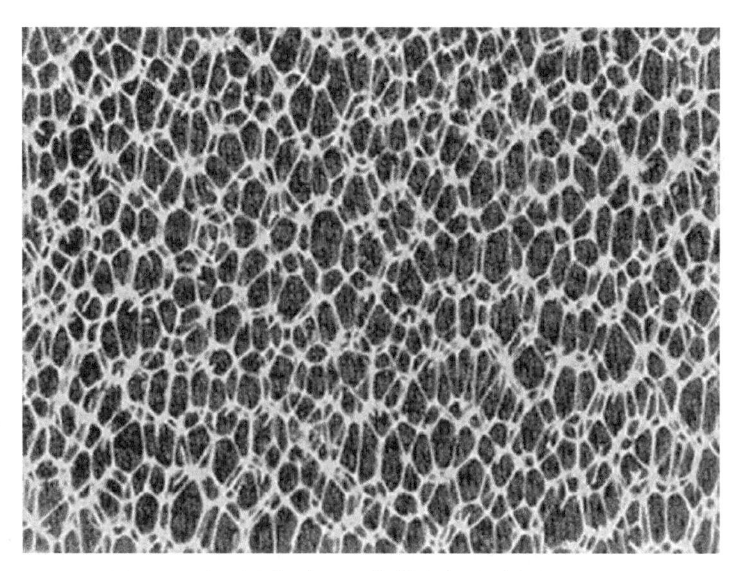

图 14.8　闭孔聚氨酯泡沫结构放大 10 倍的显微照片

够清洁。传统上，仅由于制造工艺和产品设计的原因，泡沫材料比传统的洁净室擦拭材料（如水洗合成擦拭布）含有更多的颗粒，但是泡沫材料可能比某些非织造布更清洁。此外，与传统的基于织物的擦拭布相比，泡沫由于其配方而携带更多有害污染物，尤其是离子和NVR 含量。泡沫的最大优点——保水——反而使去污变得困难，因为用于去污的介质和要去除的污染物都被保持在泡沫体内。

### 14.2.7　洁净室擦拭布选择

在选择洁净室使用的擦拭布时，必须了解背景环境的清洁度以及要清除的残留物、污垢和使用的溶液的性质。表 14.1 为洁净室擦拭布选择指南。应当指出，目前尚无确定特定擦拭布是否适合环境的成熟的试验方法；该表列出了基于特定环境中常规类型擦拭布的历史使用情况的建议。擦拭布是否满足应用需求，总要由用户做最终决定。

**表 14.1　洁净室等级选择最佳擦拭布基材指南**

| 洁净室等级 | 最佳基材 | 说明 |
| --- | --- | --- |
| ISO 3～4 级 | 涤纶针织物，封边 | 最低的颗粒物、纤维、NVR 和离子水平。擦拭布密封、洗净后装入洁净室袋子里 |
| ISO 4～5 级 | 涤纶针织，开封边 | 低颗粒物、纤维、NVR 和离子水平。颗粒和纤维的含量高于封边擦拭布。擦拭布经切割、洗净后装入洁净室袋子里 |
| ISO 5～7 级 | 无纺布材料 | 可用于需要中度污染控制的区域 |
| >ISO 7 级 | 复合材料 | 可用于需要某些颗粒物控制的情况，具有强吸水性 |
|  | 棉 | 适用于需要耐热性和轻微磨损特性的场合 |
|  | 聚氨酯泡沫 | 适用于需要颗粒物控制和良好吸收性的场合 |

## 14.3　擦拭布测试

擦拭布是洁净室污染控制规程的一部分，可用于清洁硬表面、设备、腔室和工具，清理溢出物或用作工作表面。作为洁净室去污规程和功能的一部分，评估擦拭布的清洁度很重要。

洁净室根据空气中的颗粒污染水平进行分类。表 14.2 规定了每个洁净室等级允许的每立方米空气中颗粒物的数量。

**表 14.2 ISO 14644—1 洁净室按颗粒物污染等级分类[4]**

| ISO 等级 | 每立方米允许的最大空气中颗粒数 | | | | | |
|---|---|---|---|---|---|---|
| | ≥0.1μm | ≥0.2μm | ≥0.3μm | ≥0.5μm | ≥1μm | ≥5μm |
| ISO 1 | 10 | 2.37 | 1.02 | 0.35 | 0.083 | 0.0029 |
| ISO 2 | 100 | 23.7 | 10.2 | 3.5 | 0.83 | 0.029 |
| ISO 3 | 1000 | 237 | 102 | 35 | 8.3 | 0.29 |
| ISO 4 | 10000 | 2370 | 1020 | 352 | 83 | 2.9 |
| ISO 5 | 100000 | 23700 | 10200 | 3520 | 832 | 29 |
| ISO 6 | $1.0\times10^6$ | 237000 | 102000 | 35200 | 8320 | 293 |
| ISO 7 | $1.0\times10^7$ | $2.37\times10^6$ | 1020000 | 352000 | 83200 | 2930 |
| ISO 8 | $1.0\times10^8$ | $2.37\times10^7$ | $1.02\times10^7$ | 3520000 | 832000 | 29300 |
| ISO 9 | $1.0\times10^9$ | $2.37\times10^8$ | $1.02\times10^8$ | 35200000 | 8320000 | 293000 |

擦拭布有不同程度的污染，这取决于擦拭布的材料类型（天然材料比人造材料产生更多颗粒物）、擦拭布的结构（无纺布、机织或编织物）以及去污方法（无、洁净室洗衣或自动化）。洁净室中使用的擦拭布的清洁度需要与洁净室的清洁等级相匹配，要知道这一点，必须评估擦拭布的清洁度。

根据用户的不同，不同的污染特征对洁净室的功能运行很重要，取决于其用途，不同的擦拭布性能特征很重要。在洁净室中使用前，先对擦拭布的适用性进行评估是至关重要的，它必须适合其用途以及所使用的洁净室的污染等级。

洁净室的设计旨在通过将污染控制在环境内的较低水平，或更优选地从控制环境外的污染开始。

不同的工业领域在其操作中可能对不同的污染源具有不同的敏感性。制药公司可能认为大纤维对其肠胃外药物产品的无菌工艺有很大的风险，而即使痕量元素污染也会严重影响半导体晶圆制造设施中的某些工艺。

擦拭布已作为维护受控环境中规定的去污规程的一部分，并广泛应用于多个行业，它们用于清洁硬表面、设备、腔室和工具，清理溢出物或用作工作表面。鉴于擦拭布在洁净室中具有这样的整体功能，人们对其清洁度高度重视，清洁度较低的擦拭布本身可能会成为污染源，因此，对擦拭布的质量和清洁度进行充分的测量和比较评估至关重要。

## 14.4 擦拭布质量评估方法

洁净室擦拭布的质量通常通过一系列性能特征进行评估，包括织物基质和微观结构、吸附容量和速率、各种粒径的颗粒物负载、生物负荷、离子、金属和非挥发性残留物（NVR）等。负责受控环境的人员通常会做出合理的判断，判断哪些性能属性对于他们来说比其他属性更重要。测试规程有助于从这些测试结果评估擦拭布的通用方法。

IEST-RP-CC004.3《洁净室和其他受控环境所用擦拭材料的评估》[5]描述了与擦拭布清洁度有关的不同类型的污染，所述的三种主要污染类型是颗粒物和纤维、离子以及非挥发性可萃取物。

## 14.4.1　颗粒物和纤维

IEST-RP-CC004.3 第 6 节介绍了两种颗粒物和纤维的计数方法，颗粒物和纤维计数的整个过程是首先将颗粒物提取到溶液中，然后对提取的颗粒物进行计数。测试溶液可以是纯水或含有添加剂的水，以降低溶液的表面张力并改善聚合物表面的润湿性。

### 14.4.1.1　萃取

使用某种类型的振荡将颗粒物从擦拭布转移到萃取溶液中，从理论上讲，在颗粒物提取中振荡强度越大，可用于计数的颗粒物就越多。强度较小的振荡用于估计可释放颗粒物的数量，这些颗粒物在擦拭布表面或构成擦拭布的纱线上。不同的构造材料具有不同程度的可释放颗粒，释放趋势是，天然纤维（如棉和羊毛）比人造纤维（如聚酯纤维）产生更多的颗粒物。使用更剧烈的振荡来估计可释放和生成的颗粒物数量。擦拭布在溶液中振荡，接触容器的侧面并摩擦自身，这些操作会释放出颗粒物。

如图 14.9 所示，典型的振荡设备是定轨振荡器（强度较低）或双轴振荡器（强度较高）。

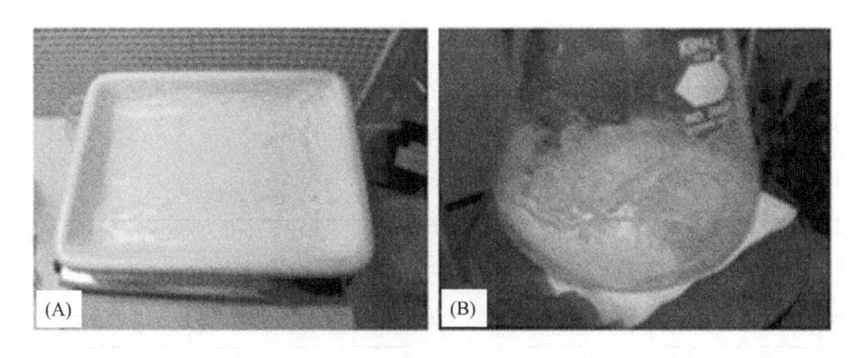


图 14.9　(A) 擦拭布在定轨振荡器中经受振荡示例，注意水在擦拭布上的缓慢流动；(B) 擦拭布在双轴振荡器中经受振荡示例，注意水面上驻波的剧烈运动，擦拭布也在自动折叠

定轨振荡器的振荡会产生小波浪，将水流冲刷到擦拭布上，如果振荡太激烈，水会从托盘中溢出，从而减弱了传递给擦拭布的能量。双轴振荡器产生的振荡是左右方向和上下方向，容器是封闭的，以防止液体从容器中流出（并尽量减少来自环境的污染）。

当采用定轨振荡器时，可以使用表面活性剂，因为萃取溶液在通过光学和扫描电镜进行分析之前就经过过滤。ASTM 标准 E2090《使用光学和扫描电镜从洁净室擦拭布释放的颗粒物和纤维进行粒径区分计数的标准测试方法》[6]中，对这种提取和测量测试方法进行了更详细的阐述。

当使用双轴振荡器时，擦拭布仅用水来萃取。典型的小颗粒（$\geqslant 0.2\mu m$ 或 $\geqslant 0.5\mu m$）分析仪器是液体颗粒计数器（LPC），由于 LPC 是通过光散射工作的，因此使用表面活性剂会产生气泡，从而干扰颗粒计数。

#### 14.4.1.2　使用双轴振荡器和液体颗粒计数器萃取操作步骤

由于LPC仪器易于购置，此操作步骤最为常见。萃取过程从空白样制备开始，在空白中测试除样品外的整个萃取系统的颗粒数。可接受的空白样小于样品中颗粒数的10%。更低的水平容易达到。

样品制备在ISO 5级颗粒罩中进行，以减少样品污染。该步骤先向2L锥形瓶中添加600mL试剂水（去离子、过滤）。用戴手套的手和干净的镊子，用铝箔将瓶口封住，铝箔用水冲洗以除去松散的颗粒。锥形瓶安装在双轴振荡器上，并用缓冲垫将其固定到位，以防止瓶子破裂、碎裂或飞出振荡器。瓶子振荡5min，从振荡器上取下锥形瓶，注意将铝箔盖保持在瓶子顶部。在颗粒罩下，取下铝箔盖，将200mL样品倒入250mL干净烧杯中，保留其余部分用于光纤分析。

在液体颗粒计数器中，将干净的搅拌棒放到样品烧杯中，并将其放在磁力搅拌器上。调整速度，使水混合均匀。液体颗粒计数器样品管的末端放入水中，打开分析仪。以目标粒径（通常>0.5μm）记录计数/mL的累积数，计数应小于25颗粒/mL，如果计数更高，则应重新清洗玻璃器皿并重复上述步骤。

如果结果低于25颗粒/mL，则在向2L锥形瓶中加入600mL水后，可将擦拭布放入瓶中进行分析。

确定每平方米擦拭布中的颗粒数的公式如下：

$$\frac{\text{颗粒数}}{\text{m}^2}=\frac{\{[(S_C\times f_d)-B_C]\times V\}}{A}\tag{14.1}$$

式中，$S_C$是目标粒径范围内的平均累积样本计数；$f_d$是样品提取物的任何外部稀释的稀释系数；$B_C$是目标粒径范围内的平均累积方法空白计数；$V$是样品提取物的总体积；$A$为擦拭布的面积，单位为$m^2$。一个计算示例如下：

| 颗粒范围 | ≥0.5μm | 总体积($V$) | 600mL |
|---|---|---|---|
| 颗粒通道 | 0.5～20μm | 空白计数率($B_C$) | 10颗粒/mL |
| 擦拭布面积 | 0.230m×0.230m | 外部稀释 | 否($f_d$=1) |
| 平均计数率($S_C$) | 300颗粒/mL | | |

$$\frac{\{[(300\times 1)-10]\times 600\}}{0.230\times 0.230}=3.3\times 10^6\ \frac{\text{颗粒}}{\text{m}^2}$$

#### 14.4.1.3　使用定轨振荡器和扫描电镜的操作步骤

擦拭布供应商很少使用此方法；但是，更复杂的擦拭布用户采用此方法来测量低于定轨振荡器能量水平的颗粒释放。以下是ASTM E2090测试方法的总结，ASTM试验方法中更好地明确了设备和耗材的使用参考。

样品制备包括四个部分。第一部分是制备0.1%非离子表面活性剂的储备溶液。TRITON®X-100是一种经常使用的辛基苯酚乙氧基化物，但是，可以使用任何乙氧基化烷基苯酚。萃取液的选择不仅限于使用表面活性剂，可以使用去离子水或其他降低水表面张力的物质，如6%的异丙醇。

在ISO 5级颗粒通风柜中，将1g TRITON®X-100添加到盛有1000mL无颗粒蒸馏水的干净烧杯中。将磁力搅拌棒放到烧杯中，并用预先冲洗过的铝箔盖上，边搅拌边将烧杯轻轻加热至313～323K（40～50℃），直到表面活性剂溶解。表面活性剂溶解后，将烧杯从加热板上取下，并在无尘罩中冷却。如果将溶液加热到溶液的浊点以上，则必须清洁玻璃器皿并重新配制溶液。

第二部分是过滤器固定桩背景值样品制备，此步骤测试萃取系统的颗粒清洁度，所有玻璃器皿和塑料托盘均已彻底清洁。将托盘放在定轨振荡器平台上，并添加 500mL 去离子水，水中添加 25mL 等分的 0.1%表面活性剂溶液，将托盘和水搅拌 5min，在托盘振动的同时，将直径 25mm 的聚碳酸酯过滤器安装到真空过滤设备的不锈钢滤网表面，过滤系统组装完成后，溶液通过过滤系统倒出。在添加溶液期间，过滤系统的漏斗中必须保持较高的水位，这一点很重要，这有助于使整个过滤器表面的颗粒水平保持一致。将所有溶液过滤后，拆卸过滤设备，用干净的镊子取下过滤器，并放在 SEM 样品台上，在 ISO 5 级无颗粒通风柜中干燥。过滤器干燥后，将异丙醇溶液中的胶体石墨施加到过滤器边缘周围的斑点中，以帮助将过滤器连接到 SEM 样品台，并使电子从过滤器传导到地面。当过滤器固定桩干燥时，固定桩表面再次用金属（例如金）溅射涂层，以帮助电子从过滤器表面传导。

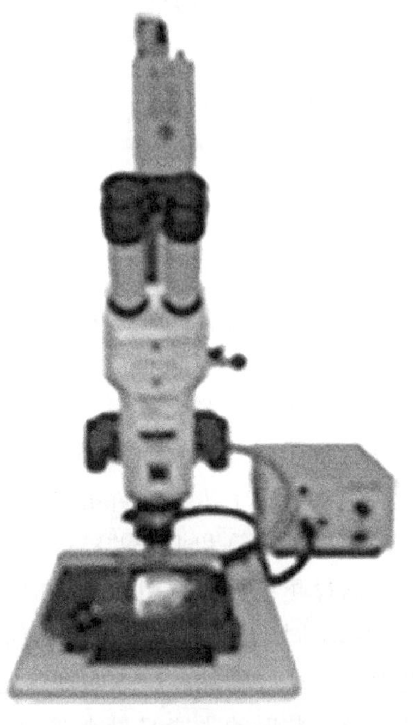

图 14.10　带有斜视角度光源的立体显微镜

下一部分是评估 SEM 样品台的颗粒水平。一旦过滤器固定桩涂上涂层，就使用光学显微镜检查整个表面，典型的立体显微镜如图 14.10 所示。使用校准的标线用于确定大颗粒和纤维的尺寸，该步骤的目的是确认纤维和大颗粒均匀分布在过滤器表面，并且只有少量的颗粒和纤维。漏斗与过滤器相接处的边缘不应有颗粒和纤维沉积，如果纤维和颗粒分布不均匀或纤维较多，则样品台不能使用，并重复上述步骤。

光线如何照射固定桩的表面对于评估表面非常重要。为了获得纤维和大颗粒的最佳视角，应将光线设置为与固定桩表面呈低的斜射角，如图 14.10 所示。该角度增加了较暗的金属涂层滤光片和几乎透明的塑料纤维的对比度，通过减少固定桩表面反射光的眩光来改善观察效果。

如果分布均匀并且只有少量纤维，则扫描表面并对表面上的纤维进行计数，典型的数量少于 6 根纤维。如果固定桩背景满足标准要求，则将固定桩加载到 SEM 中，以进一步评估较小粒径范围内的颗粒数。

#### 14.4.1.4　小颗粒计数方法

推荐规程（RP）中介绍了两种颗粒计数方法：液体颗粒计数（图 14.11）、光散射过程以及扫描电子显微镜（图 14.12）。一旦颗粒处于溶液中，颗粒的数量将以颗粒计数的形式进行评估。

下面介绍液体颗粒计数（LPC）和扫描电子显微镜（SEM）的颗粒计数理论。

**液体颗粒计数**

液体颗粒计数背后的理论是小颗粒对光的散射，最初的理论[7]是由古斯塔夫·米（Gustav Mie）提出的，作为麦克斯韦电磁方程式的解，用于光散射球形颗粒，这个解在数

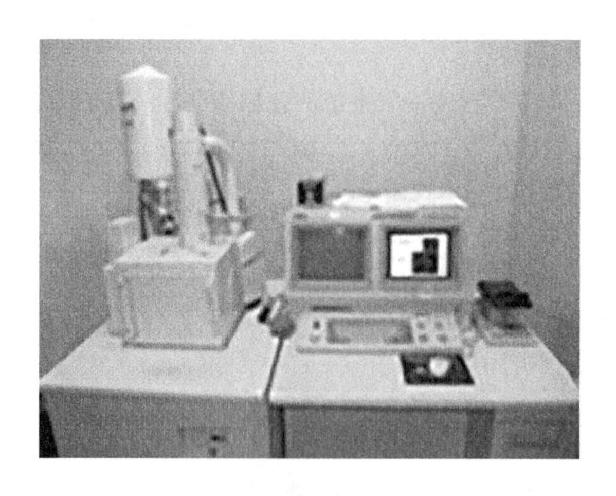

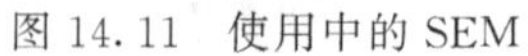

图 14.11　使用中的 SEM

图 14.12　使用中的液体颗粒计数器

学上很复杂。综上所述[8]，球形颗粒的光散射强度是介质和颗粒的折射率、粒径、探测角度以及颗粒是否在入射波长处吸收的函数。

液体颗粒计数器通常使用水中的聚苯乙烯球进行校准。水中聚苯乙烯颗粒的识别分别设定了颗粒和介质的折射率。这种校准和仪器结构（激光波长、光吸收几何结构、光探测、电子设备）还可以吸收能量并将其转换为电信号。颗粒测量系统的文章和书籍回顾了粒子光散射理论，给出了示例，并介绍了其应用[9,10]。信号量由电子设备处理，并与粒径有关。该软件允许对计算和报告的粒度范围进行分类。

通过颗粒分析仪引入样品时，光会散射开物体，例如未定义的颗粒和气泡，这些物质的折射率不同于连续介质（水）。如果颗粒在激光波长处吸收，则散射的光能由于吸收而减小，表现为较小的颗粒。Mie 的理论是针对球形颗粒发展起来的，而从擦拭布中提取的颗粒很少呈球形。散射的光能与最小或最大尺寸无关，而是介于两者之间。通过评估体积的颗粒数必须限制为 1 个。两个颗粒比一个颗粒散射的光要多，这会错误地给出一个较大颗粒的读数而不是两个较小的颗粒的读数。将样品稀释可降低发生此类情况的风险。

**扫描电子显微镜**

SEM 的原理不同于液体颗粒计数中使用的光散射原理[11-14]。在 SEM 中，电子从电子枪中以喷雾形式发射，电子束的能量取决于电子源（阴极）和阳极之间的电势差。加速的电子束通过电磁透镜和偏转线圈，聚焦并在样品表面以光栅模式移动。SEM 的内部工作原理图可在互联网上查阅，见参考文献 [15]。

电子束撞击样品表面会产生不同的信号，这些信号的列表包括但不限于特征 X 射线、反向散射电子和二次电子。

二次电子信号是由低能量（与电子束能量相比）的电子从表面或近表面原子中发射而产生的，这些自由电子通过正电压板收集，加速电子向探测器移动。在探测器中，电子信号被转换成电信号。

图像是通过电子束形成的，电子束以光栅模式移动，与样品的表面电子相互作用。原子序数较高的原子更有可能发射电子，从而产生更多可用于成像的电子。原子的类型和表面特征共同调节可自由检测并转换为电子信号的电子数，电子信号是在 SEM 屏幕上看到的图像的强度部分。电子束的光栅图案与电视显示器的光栅图案相匹配，通过减小入射电子束的光栅图形的路径长度，可以提高放大倍数，随着光栅图案的路径长度缩短，样品表面的放大倍数增加。

#### 14.4.1.5　颗粒和纤维的计数方法

使用放大 40 倍的光学显微镜对纤维进行计数。当样品被浓缩成直径为 1 英寸的过滤器中时，过滤器整个表面的纤维数量可进行评估。

下面给出确定擦拭布每平方米纤维数量的公式：

$$\frac{纤维数}{m^2}=\frac{S_C-B_C}{A} \tag{14.2}$$

式中，$S_C$ 是相关粒径范围内的样本计数；$B_C$ 是相关粒径范围内的空白计数；$A$ 是擦拭布的面积，单位为 $m^2$。

计算示例如下：

| 擦拭布面积/$m^2$ | 0.230×0.230=0.0529 |
|---|---|
| 纤维数计数值(擦拭布) | 90 |
| 纤维数计数值(本底) | 4 |

$$\frac{90-4}{0.0529m^2}=\frac{1630\ 纤维}{m^2}$$

SEM 用于两种粒径范围颗粒的计数，小颗粒的粒径为 0.5～5μm，放大倍数 3000 倍；大颗粒的粒径范围为 5～100μm，放大倍数 200 倍。

式(14.3) 为用 SEM 确定每平方米擦拭布颗粒数的通用公式：

$$\frac{颗粒数}{m^2}=\frac{\left[\left(\frac{P_S}{F_S}\right)-\left(\frac{P_B}{F_B}\right)\right]\times N_F}{A} \tag{14.3}$$

式中，$F_B$ 是数到的本底视场数；$P_B$ 是数到的本底颗粒总数；$F_S$ 是数到的样本视场数；$P_S$ 是数到的样品颗粒总数；$N_F$ 是视场总数；$A$ 是擦拭布的面积。

在给定的放大倍数下，视场数由滤光片的面积和扫描电镜的视场之比决定。

使用 SEM 测定小颗粒和大颗粒数量的样本计算方法如下：

(1) 放大倍数 3000 倍：粒径 0.5～5.0μm

$$\frac{颗粒数(3000X)}{m^2}=\frac{\left[\left(\frac{P_S}{F_S}\right)-\left(\frac{P_B}{F_B}\right)\right]\times N_F}{A}$$

| 数到的本底视场数($F_B$) | 32 | 数到的样本颗粒总数($P_S$) | 75 |
|---|---|---|---|
| 数到的本底颗粒总数($P_B$) | 10 | 视场总数($N_F$) | 155251 |
| 数到的样本视场数($F_S$) | 16 | 擦拭布面积($A$)/$m^2$ | 0.23m×0.23m=0.0529$m^2$ |

$$\frac{颗粒数(3000X)}{m^2}=\frac{\left[\left(\frac{75}{16}\right)-\left(\frac{10}{32}\right)\right]\times 155251}{0.0529}=12.8\times 10^6\ \frac{颗粒}{m^2}$$

(2) 放大倍 200 倍：粒径 5.0～100μm

| 数到的字段数(背景) | 16 | 数到的颗粒总数(擦拭布) | 87 |
|---|---|---|---|
| 数到的颗粒总数(背景) | 10 | 放大倍数200倍时的视场总数 | 688 |
| 数到的字段数(擦拭布) | 8 | 擦拭布面积$(A)/m^2$ | $0.23m\times0.23m=0.0529m^2$ |

$$\frac{\text{颗粒数}(200X)}{m^2}=\frac{\left[\left(\frac{87}{8}\right)-\left(\frac{10}{16}\right)\right]\times 688}{0.0529}=133000\ \frac{\text{颗粒}}{m^2}$$

#### 14.4.1.6　其他注意事项

到目前为止，讨论一直集中在擦拭布上发现的颗粒和纤维的污染程度上。尽管了解擦拭布的污染程度很重要，但需要了解的是擦拭布在工作表面留下的污染的程度。开始评估这种转变之前，必须提前注意许多变量，如压力、擦拭速度、表面粗糙度、擦拭布结构等。

尽管擦拭布留下了一些污染物，但使用擦拭布清洁表面效果很好。表面污染物以受控的方式从表面转移到擦拭布，不会扩散，并且可以从洁净室中清除。

### 14.4.2　离子

织物经过处理后，可萃取或可浸出的离子会残留成为污染物。典型的阳离子有钠离子、钾离子、钙离子、镁离子和铵离子。典型的阴离子有溴离子、氯离子、氟离子、硝酸根、亚硝酸根、硫酸根和磷酸根。这些离子都能被纯净水萃取。

随着微电子产品的生产环境和致敏性金属（如铬、镍、银和铜）引起健康问题（如肠外用药和医疗器械的接触性皮炎、过敏反应、湿疹等[16-20]）对金属污染的要求越来越严格，需要了解擦拭布中痕量金属的含量。

准确估算擦拭布带入洁净室的离子含量非常重要。对于痕量金属分析，可能需要盐酸、硝酸和氢氟酸，才能将这些金属溶解到溶液中进行分析。离子浓度通常使用配有电导检测器的离子色谱仪（IC）测定，其他分析技术包括电感耦合等离子体发射光谱（ICP-OES）、电感耦合等离子体质谱（ICP-MS）、电感耦合等离子体四极质谱（ICP-QMS）和电感耦合等离子体扇场质谱（ICP-SFMS）。

为了萃取离子，擦拭布在给定温度的水中浸泡一定时间，改变萃取温度和时间以得出擦拭布的不同信息。萃取温度可以是环境温度，也可以升高温度（通常353K），萃取时间从15min到24h不等，随温度而变化。在高温和短时间内进行的萃取用于估计擦拭布所含的最大离子污染，而在环境温度下进行的萃取旨在估计使用期间可萃取的离子量。

### 14.4.3　可萃取物质

织物加工后，在织物制造过程中使用的痕量整理油和其他添加剂仍可能作为可萃取或可浸出的污染物存在。在给定温度下将擦拭布在溶剂中浸泡指定的时间，给定溶剂中可萃取物质的量取决于萃取的时间和温度。通常选择溶剂是因为擦拭布将与溶剂一起使用。在溶剂沸点或接近沸点对擦拭布萃取可清除更多的物质，在室温下用溶剂萃取可估算出擦拭布会留下多少物质。

擦拭布一般是在给定的时间和温度下，用过量的溶剂萃取的。将溶液干燥并通过重量法测定萃取物的量。结果以擦拭布的基本质量的百分比表示，或以 $g/m^2$ 为单位表示。

### 14.4.4 使用箱须图评估擦拭布的一致性作为品质的衡量标准

对于为洁净室购买的产品，有一些期望值，通常以性能满意度来衡量。这种性能通常根据产品的品质和一致性来评估。但是品质和一致性到底是什么意思呢？

品质通常被定义为达到或超过规定的性能目标，而一致性则是“零部件或特征相互间或它们与整体之间的一致性或协调性”[21]。因此，一致性是实现预期品质的一个完整参数。

#### 14.4.4.1 确定洁净室擦拭布的一致性

从制造下一代微芯片到生产最新疫苗，各种行业均使用擦拭布来控制洁净室环境中的污染。对于洁净室擦拭布，这些设置中的每一个都可能有不同的应用，但测量的擦拭布的品质应始终相同，即一致性。下文介绍了使用公共样本数据集评估擦拭布一致性的三种方法。

**统计过程控制**

统计过程控制（SPC）是将统计方法应用于制造过程的监视和控制，以确保其充分发挥潜力生产合格产品。擦拭布制造商应采用 SPC 程序来控制制造的每批擦拭布的物理的、化学的和污染的特性。

通常，SPC 数据按样品编号绘制（如图 14.13 所示）。但是，如果要比较多个批次或擦拭布，确定最佳品质的擦拭布过程较难（如图 14.14 所示）。不利的一面是，利用这些数据集来确定哪种擦拭布的品质最好往往很困难。

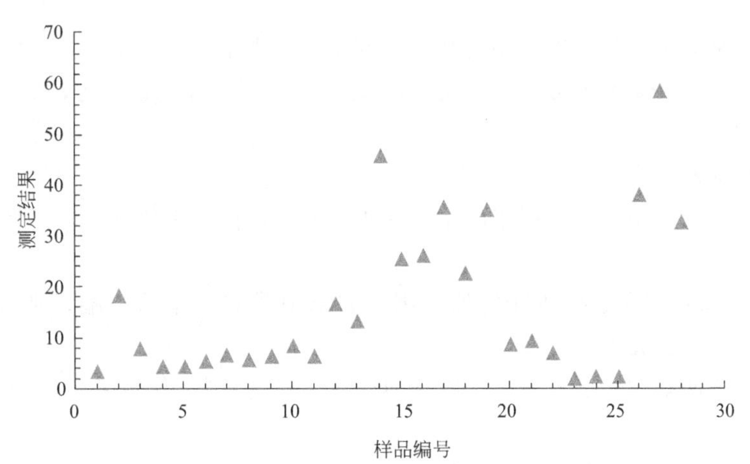


图 14.13 一种产品多次评估得到的 SPC 图

沿 $y$ 轴的值表示相对测定结果。如果测定是测定擦拭布的颗粒污染水平（IEST-RPCC004.3，第 6 节，双轴振动，>0.5μm LPC），则 $y$ 轴单位为 $10^6$ 颗粒/$m^2$

**数据平均值和标准偏差**

比较洁净室擦拭布品质的一种常用方法是通过数据平均值和标准差（假定其为正态分布）（注：表 14.3 将图 14.14 所示的相同数据集汇编为平均值和标准偏差）。这种方法将随着时间变化而产生的大量可用数据减少为两个数字，而后者不足以代表数据集。

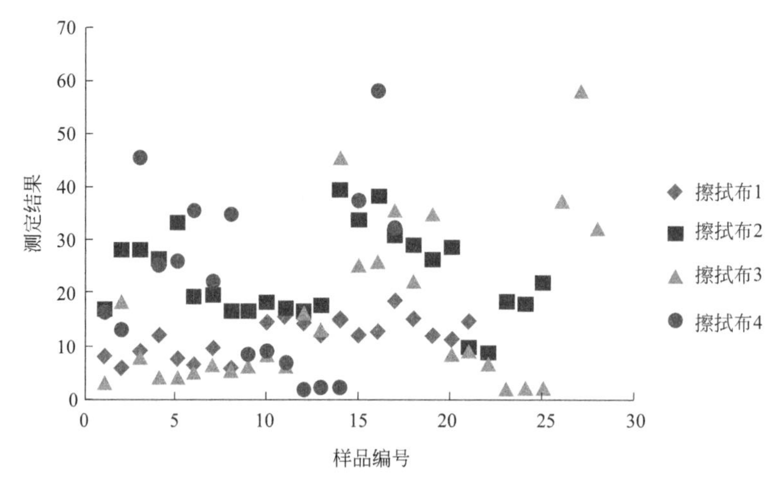


图 14.14　四种产品多次评价得到的 SPC 图

沿 $y$ 轴的值表示相对测定结果，如果测定是测定擦拭布的颗粒污染水平（IEST-RPCC004.3，第 6 节，双轴振动，>0.5μm LPC），则 $y$ 轴单位为 $10^6$ 颗粒/$m^2$

**表 14.3　所示的四种擦拭布数据集简化为平均值和标准偏差**

| 项目 | 擦拭布 1 | 擦拭布 2 | 擦拭布 3 | 擦拭布 4 |
|---|---|---|---|---|
| 平均值 | 12.17 | 23.28 | 16.38 | 22.41 |
| 标准偏差 | 3.71 | 8.62 | 15.18 | 16.73 |

每个数据集仅由两个数据点汇总，因此会丢失很多信息。

**箱须图**

由典型值或平均值表示的不完整的数据摘要错误地表示了洁净室擦拭布的真实品质。箱须图是一种用于评估许多大型数据集得更快、更容易、更统计无偏的方法[22]。这些图以图形方式表示数据集。

箱须图的组成部分有：

（1）线——表示一个排序数据集的中值或中间值（极值对中值的影响不及对平均值的影响大）。

（2）箱——表示 50%数据所在的值范围。如果中线靠近箱的一端，则数据偏向该端，较小的箱表示这些值更相似。

（3）须——箱两端的线条，表示 25%数据所在的值范围，须短表示须范围内的值彼此相似。

（4）离群值——表示与数据集其他部分明显不同的值。

这些图是通过以下步骤构建的。

（1）数据集值从高到低的顺序排列。

（2）排列的数据分为四分位数。

① 中值（Q2）是整个数据集的中间值，通常是数据集中最可能出现的值。

② 通过定位数据集下半部分的中位数来确定第一个四分位值（Q1）。

③ 通过确定数据集上半部分的中值来确定第三个四分位数值（Q3）。

（3）构建箱。使用 Q1 和 Q3 值作为箱的上下限。

（4）定义须端。

① 箱末端的差 Q3－Q1 定义了四分位数范围（IQR）。

② 须下限由 Q1－1.5IQR 确定，如果数据的最后一个值大于 Q1－1.5IQR 确定的值，则须缩短为该值。

③ 须上限由 Q3＋1.5IQR 确定，如果数据的最后一个值小于 Q3＋1.5IQR 确定的值，则须缩短为该值。

（5）确定离群值。超出须的任何值均被视为离群值（明显小于或大于其他值的值）并用星号表示。

图 14.15 为一个简单的模拟数据集，下面显示的是确定中值、箱端的值、上下须值以及离群数据点指示的计算。

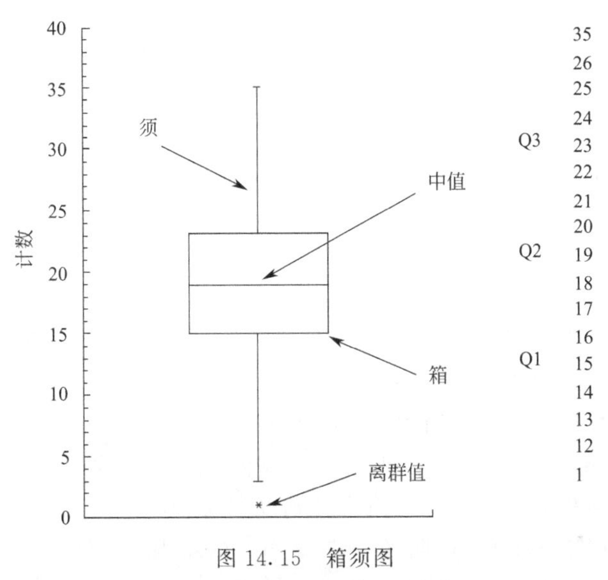


图 14.15　箱须图

右侧为带有组件标签的模拟数据集

- 中值或中间值为 19。
- 箱的端值为 15 和 23，分别对应 Q1 和 Q3。
- IQR＝Q3－Q1＝23－15＝8。
- 须下限＝Q1－1.5IQR＝15－1.5×8＝15－12＝3. 采用 Q1 和 Q3 作为箱上下限时，须下限值小于“12”。
- 须上限＝Q3＋1.5IQR＝23＋1.5×8＝23＋12＝35. 须上限值为“35”。

由于值“1”超出须下限，因此用星号（＊）标记为离群值。

**箱须图释解**

图 14.16 为四种擦拭布数据集的比较。通过 IEST-RP-CC004.3 第 6 节“双轴振动器”，＞0.5μm 的擦拭布 LPC 分析中所述的方法获得数据。通过 LPC 测定的颗粒污染水平在此处用作使用箱须图的能力证明。但是，任何擦拭布属性都可以通过图表来理解其一致性。

根据图表（图 14.16），可以得出以下结论：

- 擦拭布 1 的箱最小，须最短。
- 擦拭布 2 和擦拭布 4 的中位数相似。

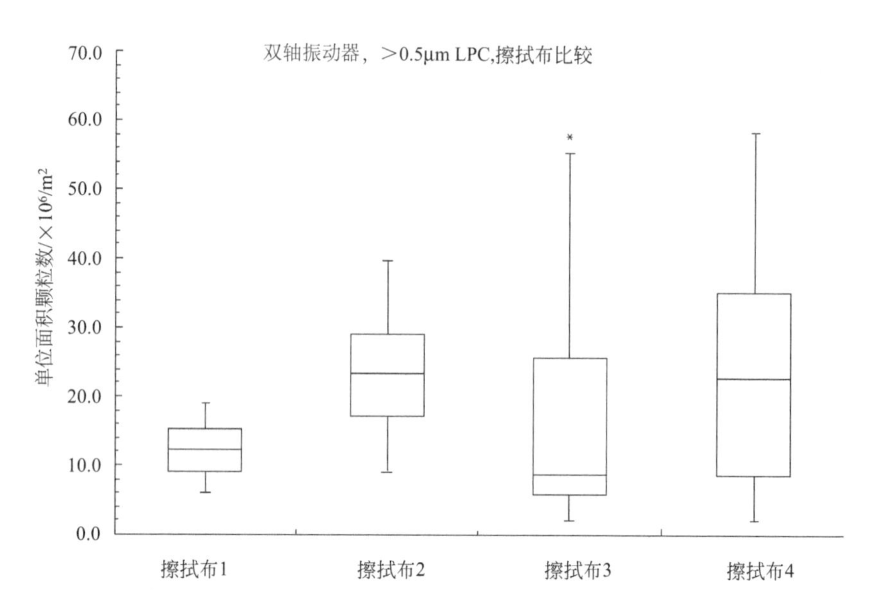


图 14.16 通过 IEST-RP-CC004.3 第 6 节“双轴振动器”，>0.5μm 的四种擦拭布的 LPC 分析数据集的箱须图

- 擦拭布 3 的中值最低。
- 擦拭布 3 有 1 个异常值，如须和最长须上方的星号所示。
- 擦拭布 3 的中位数更接近箱的下端，表明许多值相似且较低，即 50%的数据值介于 2 和 8 之间；但是，其他 50%的值在 8 到 58 之间。
- 擦拭布 4 具有数据中最大的箱和最大的范围。

总结这些观察结果，擦拭布 1 和擦拭布 3 是这四种中较好的产品。

在比较擦拭布 1 和擦拭布 3 时，可以观察到以下几点：

- 擦拭布 1 的数据集或整个箱须图位于擦拭布 3 的箱内。
- 擦拭布 3 的测试结果比擦拭布 1 的测试结果低 25%。
- 擦拭布 3 的其余结果有 25%以上高于擦拭布 1。

箱须图提供了一种更好的方法来公正地评估洁净室擦拭布的品质，而不是简单地比较平均值和标准偏差（这不一定是数据集的完整表示）。至少需要三个数据点才能定义箱须图的结构，但是，在实际评估洁净室擦拭布时，应比较每个箱须图的 15 个以上的数据点，以及每个比较点的数据点数，以便进行最有意义的分析。洁净室擦拭布品质的真正衡量标准是使用给定的、未更改的工艺在较长的时间段（即数月、数年）内制造的一致性。

在关键的清洁操作中真正重要的是，从每个袋子里取出的每个擦拭布，每个袋子里的每一个擦拭布，以及给定擦拭布产品的每个批次都以最高的预期品质交付给最终用户。箱须图可以最公正地表示一个袋子或批次内洁净室擦拭布在较长时间内的一致性。

总之，针对特定应用选择最佳的洁净室擦拭布需要对任何给定擦拭布的可用数据进行最公正的科学评估。这里所述的四种擦拭布的箱须图比较可以快速确定擦拭布 1 是一种性能更好的洁净室擦拭布，因为它的品质指标更加一致。与数据集中显示的其他擦拭布相比，由于擦拭布 1 的一致性更好，因此用户可以更好地确保擦拭布 1 将以更高的置信度达到预期的性能。

因此，不应仅通过典型值或平均值来评估洁净室擦拭布的品质，更重要的是，应通过统计上有效的评估来评估一段时间内实际达到该典型值的一致性。

### 14.4.5　擦拭布测试方法的优缺点

使用 LPC 或 SEM 进行粒度分析和计数的优缺点比较见表 14.4。从擦拭布中提取颗粒后，可在 5min 内分析提取液。颗粒提取后的 SEM 样品制备需要一定的时间才能使过滤器在 SEM 样品台和金溅射涂层上干燥，在完成这些准备步骤之后，必须将样品室排空，这需要更长的时间才能开始计数。幸运的是，某些 SEM 允许引入多个样品进行计数，从而节省了其他样品的排空时间。

**表 14.4　LPC 和 SEM 的优缺点比较**

| 模式 | LPC | SEM |
| --- | --- | --- |
| 优点 | ● 常用-许多公司都有大型数据库作为参考；<br>● 价格较低，可以让更多用户对擦拭布进行品质评估；<br>● 快速的样品制备，分析速度更快；<br>● 易于使用 | ● 最直接的颗粒视图；<br>● 增大的放大倍数可以评估较小的颗粒；<br>● 可以对更大的颗粒粒计数；<br>● 通过增加仪器配置，可以对单个颗粒进行元素分析 |
| 缺点 | ● 颗粒特征被隐藏；<br>● 颗粒可能由于吸收光而导致粒径错误，或具有不同的折射率；<br>● 夹带的空气可能增加颗粒数 | ● 很少用于颗粒计数；<br>● 价格昂贵，成为普及使用的障碍；<br>● 样品制备和分析时间较长；<br>● 分析人员需要更多培训才能使用。许多调整可以提高图像质量 |

使用 LPC 仪器可以使常规分析（不包括维护或故障排除）变得更加简单。SEM 的常规分析需要更多的技巧和直觉来调整图像的清晰度，以便准确地数出颗粒数。对于以上计算中描述的两个尺寸范围，要解释颗粒图像需要培训和调整辅助工具。一些技术人员的理解会影响计数结果，完成几个样品计数后，眼睛疲劳可能成为一个问题。

## 14.5　自动化的重要性

洁净室擦拭布清洁度的关键决定因素之一是其制造过程中使用的自动化程度。在过去的十年中，洁净室擦拭布制造技术在减少这些擦拭布带来的污染负担方面取得了长足的进步。清洁度提高的主要原因是洁净室擦拭布的自动化和半自动化生产取得了进步。从所使用的各种边缘处理开始，到洁净室擦拭布的全自动生产，自动化是最终所用擦拭布清洁度的关键因素。鉴于人工操作和人员往往是洁净室污染的主要来源，因此认识到自动化制造洁净室擦拭布的重要性是合乎逻辑的。

### 14.5.1　擦拭布边缘处理

对擦拭布进行不同的边缘处理可能会对擦拭布的清洁度产生不同的影响。如图 14.17 所示，擦拭布的颗粒和纤维负荷会受到边缘处理性质的显著影响。与热切割擦拭布相比，切边聚酯通常在小颗粒和大纤维负荷方面都更高，而热切割擦拭布又比密封边缘擦拭布更高。

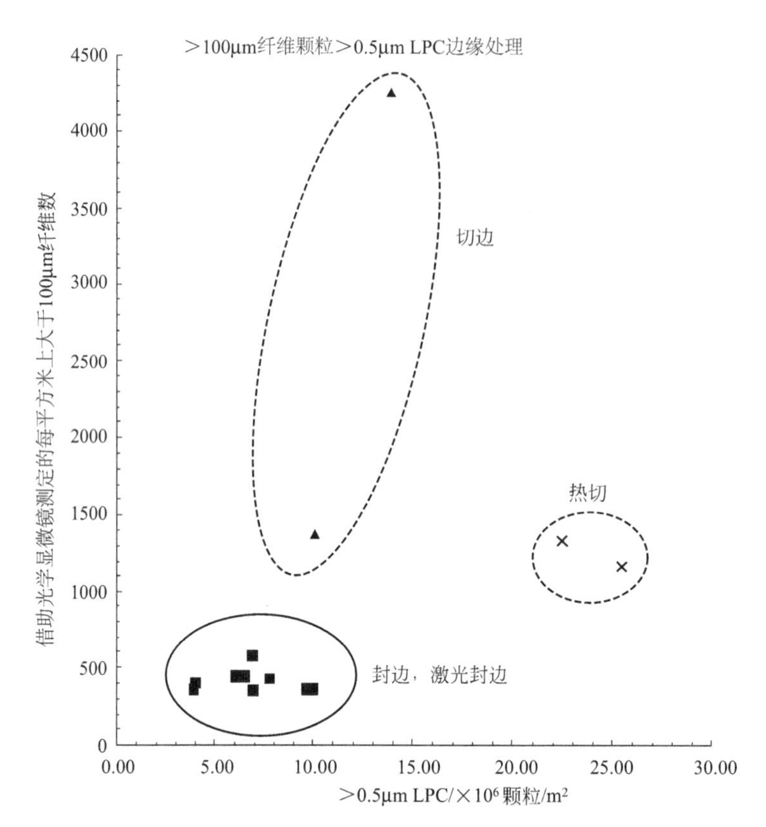


图 14.17 此散点图将 IEST-RP-CC004.3 第 6 节>100μm 的光学显微镜分析测定结果与 IEST-RP-CC004.3 第 6 节双轴振动的>0.5μm 的 LPC 分析测定结果（针对不同边缘处理方法制造的擦拭布）进行了比较

"切边"擦拭布是用锋利的刀切割织物形成的，"热切"擦拭布是由加热旋转刀切割擦拭布而制成的，"封边、激光封边"擦拭布是通过超声或激光熔化小宽度的擦拭布边缘而形成的

图 14.17 所示为不同制造方法生产擦拭布时纤维与小颗粒产生之间的关系。"切边"制造过程会产生小颗粒，而纤维会从粗糙边缘脱落。"热切"制造工艺通过刀破碎织物中的纱线产生小颗粒，但是热能熔化织物纱线的末端，"封边、激光封边"制造工艺将聚合物纱线熔化，产生少量小颗粒，并封住擦拭布的边缘以形成密封边。

## 14.5.2 擦拭布的自动化生产

一般认为，洁净室擦拭布传统上是手工制造的。这种"传统的洗衣房"操作通常是由许多人手工完成的，他们穿着工作服，戴着手套，检查并堆放擦拭布，然后将其包装到袋子中。要求超净擦拭布进入敏感的洁净室环境有点违反常理，但是随后要意识到，它们通常会受到制造过程中人为处理残留物污染。因此，多年来已经做出了一些努力，用自动化代替人员来实现较低水平的微粒和较高水平的一致性。图 14.18 所示为自动化提高清洁度的中值水平并实现更高的一致性的显著好处。

图 14.18 给出了两种擦拭布数据集的比较结果。数据是通过 IEST-RP-CC004.3 第 6 节，双轴振动，擦拭布中>0.5μm LPC 分析中描述的方法获得的。标识为"自动"的擦拭布是

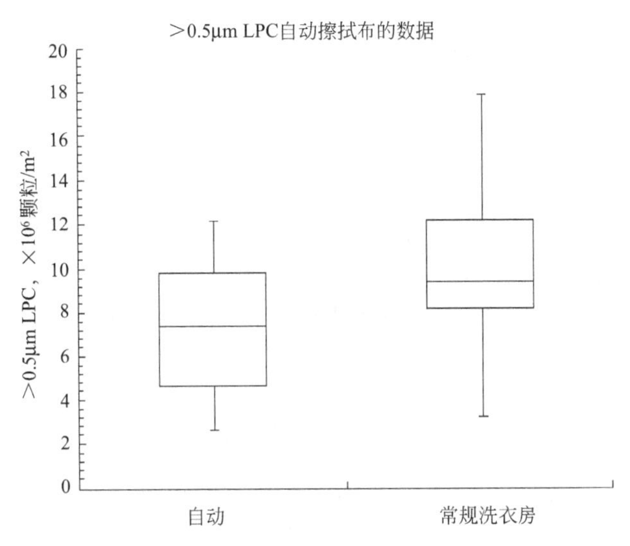


图 14.18 两种擦拭布一致性图表，对比了 IEST-RP-CC004.3 第 6 节，双轴振动，>0.5μm 的 LPC 分析测定结果
同样的织物，都是 100%涤纶，具有相同的针织结构，是通过不同的清洁工艺生产的，
标有“自动”的产品与人之间存在间歇性接触，标记为“常规洗衣房”的产品
通过典型的洁净室洗衣间进行处理

通过人与产品间断接触的工艺制造的。标识为“常规洗衣房”的产品是在常规洁净室洗衣间中制造的，每个擦拭布都暴露于人和环境中。即使部分自动化的工艺降低产品的这种可变性。

## 14.6 应用领域

用于洁净室的擦拭布的选择主要取决于需要清除的残留物的具体性质以及必须清除残留物的表面的性质。在某些情况下，可以使用擦拭布将清洁剂或消毒剂涂抹到表面上。通常，这转化为对各种行业使用的洁净室擦拭布性能的某些总体需求。下面我们重点介绍各种应用中的一些特定和独特的要求，这些要求可能会推动擦拭布在不同行业中的选择和使用。

### 14.6.1 半导体

半导体制造设施的产品产量损失通常是由通过外部来源进入其生产环境的污染物造成的。对于设施的运营而言，至关重要的是要确保生产环境外部的所有污染源（包括耗材）都得到充分的检查，看其是否具有内在的清洁度，即在使用过程中污染负担可能对环境造成影响。擦拭布的要求范围从极低本底金属负荷的超清洁优质擦拭布到用于可能具有较高固有颗粒污染水平的更衣室的预湿式擦拭布，但适用于对此类污染具有较高耐受性的环境。用于清洁制造室的擦拭布以及用于硅芯片制造的化学工艺中使用的各种工具，必须具有极低的颗粒和纤维负荷水平。此外，它们还必须具有极低的离子负荷和 NVR 负荷。在使用中，这些擦拭布通常会预先用 IPA（异丙醇）等清洁溶液预湿，以有效去除表面的污染物。为了保持一致的产品产量，更重要的是，这些擦拭布不得将任何外部污染引入到生产环境中，因为此类污染物会迁移到与最终产品接触的微型环境中。通常认为，针织聚酯以外的任何擦布的风险太大，不可引入生产环境中。

### 14.6.2 磁盘驱动器

数据存储介质的生产环境对离子和颗粒污染特别敏感。至关重要的是要确保这些区域和产品周围使用的擦拭布和拭子不造成额外的污染负担。建议尽可能使用针织聚酯擦拭布或拭子。不同头部形状的超净聚酯拭子，特别适用于伸入狭窄区域和清洁特定的小几何形状表面。

### 14.6.3 制药

原料药（APIs）的生产过程是最终药物生产的关键步骤，中间步骤通常涉及混合、调和、配方、压片和填充/成品加工。这些区域中每个区域的清洁度要求可能会有所不同，通常取决于所加工物质的化学性质。通常，这些区域使用的擦拭布的清洁度要求将更符合表14.1中所述的ISO 5～7级特性。使用的擦拭布可以是干的或预湿的，根据cGMP（现行良好的生产规范），在这些区域中，FDA要求使用擦拭布正确使用合格消毒剂，并使用洁净室拭子进行清洁验证。

### 14.6.4 生物制剂

生物制剂的生产是一个快速发展的并越来越注重污染控制的领域。在这个领域，最重要的是控制微生物污染。生物制剂的生产通常来自水介质中的细菌或真菌培养物，因此这些环境和所得产品可能特别容易受到微生物污染。大多数生物制剂的处理在无菌室中进行，随后的许多过程是无菌操作过程。用于生物制剂生产的无菌室中的所有用品通常在使用前通过γ射线照射、环氧乙烷（ETO）或高压灭菌器进行预灭菌。同样，无菌室使用的洁净室擦拭布必须使用γ射线进行预灭菌，以将生物负荷引入洁净室的风险降至最低。此外，对于生物制剂的生产安全至关重要的是，擦拭布不得将任何内毒素源引入无菌室。因此，这些无菌洁净室擦拭布必须经常按照AAMI（医疗器械促进协会）指南进行低内毒素负荷测试，确保其低于20EU。经γ射线照射消毒的擦拭布必须经过无菌验证，以确保照射达到预期的效果，并确保无菌保证水平（SAL）为$10^{-6}$。无菌洁净室擦拭布的典型应用是使用干式或预湿式擦拭布擦拭工艺和清洁残留物，以及使用消毒剂。无菌微旦擦拭布在去除污染物（包括生物膜残留物）方面特别有效。通常，考虑到所生产产品的高度脆弱性，建议使用消毒聚酯擦拭布，但是在某些领域，无纺布基材可能是合适的。

### 14.6.5 医疗器械

医疗器械的制造通常使用终端灭菌程序，以最大限度地降低微生物污染的风险。生产环境本身可能不是无菌的，但是仍然容易受到各种外部来源的物理和化学污染的影响。因此，至关重要的是在制造过程中选择用于清洁医疗设备表面和组件的擦拭布和拭子，以确保它们不会留下微粒和其他可能污染最终产品的残留物。由于通常需要进入狭窄的缝隙和通道，因此超净拭子在医疗设备中的使用尤其重要。同样，医疗器械制造环境中较大的工作表面也需要擦拭，以确保污染物不会向产品迁移。

## 14.7　擦拭布技术现状

擦拭布制造商与其他行的实业家一样，试图优化当前的工艺以提供更清洁的产品，同时又要根据原材料组件成本的不断上涨来控制成本。擦拭布的制造和性能特征随着使用擦拭布的行业的发展而不断变化。微电子和航空航天行业对整体清洁产品的要求越来越高，因为工艺需要的误差空间越来越小，产量或产品损失的成本也在不断增加。为了满足不断变化的需求，颗粒数正朝着更小的尺寸方向发展。0.5μm 被认为是历史上曾计算过的最小颗粒的标准尺寸，但现在许多用户和制造商正在对小至 0.1μm 的颗粒进行计数。目前主要使用 LPC 进行测试。

除对较小的颗粒进行测试外，该行业从用户和制造商的角度出发，正与环境科学与技术研究所（IEST）合作，努力使测试和报告协议标准化。当前，对于似乎相同的物理属性，有许多不同的测试方法和报告格式。由于程序和报告格式不同，擦拭布用户可能无法根据擦拭布制造商提供的数据简单比较产品。

## 14.8　洁净室擦拭布的未来发展

随着半导体芯片几何尺寸的不断缩小，半导体行业已经更加注意到可能的污染影响，芯片制造商不仅关注擦拭布的污染特征，而且关注颗粒的污染状况。这可能包括试图减少或控制合成擦拭布的金属含量。困难在于合成擦拭布材料是从石油和天然气中提取的。每个气田或油田的金属含量都不同，这意味着金属含量会随着时间的推移而波动，因为输入原料会使聚合物发生变化。有一种方法可以将聚酯纤维清洁到非常低的可检测水平（$<10^{-8}$），但是尚未以经济的方式成功地转换为生产规模。

擦拭布制造商还致力于开发有效包含和去除纳米颗粒的产品。纳米技术和材料相对较新，因此，一些被推荐的去污方案正在被开发、理解和实施。用于擦拭布构造的传统材料在捕获小于 0.5μm 范围内的颗粒时可能有效，也可能无效，因此正在开发新材料以更好地捕获纳米颗粒。其中一种选择是从空气过滤到擦拭布基材的技术移植。

多年来，生命科学行业一直在关注关键环境中的细菌及其对最终产品（无论是片剂、注射药物还是植入设备）可能产生的负面影响。航空航天和微电子等其他行业也开始意识到细菌的危害，不一定是传统的微生物污染，而是微粒污染。这一点尤其适用于飞往外层空间的设备，在那里，降解细菌可能干扰传感器或其他关键部件的内部工作。为防止这种情况发生，生命科学市场上的许多用户已改用无菌擦拭布。微粒可能还在擦拭布上，但这已不再有威胁。一些最关键的应用可以考虑使用传统上未使用过的无菌产品。与此同时，擦拭布制造商将竭尽全力，以尽量减少细菌和微生物对非无菌产品的潜在威胁。这将通过制造环境中的控制以及通过最小化甚至消除制造擦拭布的人机界面来完成。

# 参考文献


[1] R. A. Bowling,"A Theoretical Review of Particle Adhesion",in:*Particles on Surfaces 1:Detection,Adhesion,and Removal*,K. L. Mittal(Ed.),pp. 129-142,PlenumPress,NewYork,NY(1988).

[2] Y. Igarashi and H. Ito,"Double-Knit Fabric Having Non-Run and Stretchability Characteristics and Method and Apparatus for Knitting the Same",U. S. Patent 5,463,881(1995).

[3] M. W. Wren,M. S. Rollins,A. Jeanes,T. J. Hall,R. G. Coën and V. A. Gant,"Removing Bacteria from Hospital Surfaces:A Laboratory Comparison of Ultramicrofibre and Standard Cloths",J. Hosp. Infect. 70,265(2008).

[4] ISO 14644-1,"Cleanrooms and Associated Controlled Environments—Part 1:Classification of Air Cleanliness by Particle Concentration", International Organization for Standardization, Geneva, Switzerland (2015).

[5] IEST-RP-CC004. 3,"Evaluating Wiping Materials used in Cleanroom and Other Controlled Environments",Institute of Environmental Sciences and Technology,Schaumburg,IL(2004).

[6] ASTM E 2090-12,"Standard Test Method for Size-Differentiated Counting of Particles and Fibers Released from Cleanroom Wipers using Optical and Scanning Electron Microscopy",ASTM International, West Conshohocken,PA(2012).

[7] G. Mie,"Beiträge zur Optik trüber Medien,speziell kolloidaler Metallösungen",Annalen der Physik 330, 377(1908).

[8] D. W. Hahn,"Light Scattering Theory",Department of Mechanical and Aerospace Engineering,University of Florida, Gainesville, FL (2009). http://plaza. ufl. edu/dwhahn/Rayleigh% 20and% 20Mie% 20Light% 20Scattering. pdf.

[9] Basic Guide to Particle Counters and Particle Counting,Particle Measuring Systems,Boulder,Colorado (2011). http://www. pmeasuring. com/wrap/filesApp/BasicGuide/file _ 1/ver _ 1317144880/basicguide. pdf.

[10] E. Terrell,J. Gromala and D. Beal,"Understanding Liquid Particle Counters-A Comprehensive Review of Optical Particle Counting Technology and Performance Verification as Applied to the Counting and Monitoring of Particles in Liquid Chemicals and Ultrapure Water", White Paper, Particle Measuring Systems,Boulder,CO(2006).

[11] J. Goldstein,D. E. Newbury,D. C. Joy,C. E. Lyman,P. Echlin,E. Lifshin,L. Sawyer and J. R. Michael, *Scanning Electron Microscopy and X-Ray Microanalysis*,3rd Edition,Springer Science and Business Media,Inc.,New York,NY(2012)

[12] P. J. Goodhew, J. Humphreys and R. Beanland, *Electron Microscopy and Analysis*, 3rd Edition, Taylor&Francis,NewYork,NY(2001).

[13] M. H. Loretto,*Electron Beam Analysis of Materials*,2nd Edition,Chapman&Hall,NewYork,NY (1994).

[14] L. Reimer,*Scanning Electron Microscopy:Physics of Image Formation and Microanalysis*,2nd Edition,Springer-Verlag,Heidelberg and Berlin,Germany(1998).

[15] Scanning Electron Microscope, Purdue University, West Lafayette, IN (2012). http://www. purdue. edu/rem/rs/sem. htm

[16] K. Heim and B. A. McKean,"Children's Clothing Fasteners as a Potential Source of Exposure to Releasable Nickel Ions",Contact Dermatitis 60,1005(2009).

[17] J. P. Thyssen,J. D. Johansen,T. Menné,C. Lidén,M. Bruze and I. R. White,"Hypersensitivity Reactions from Metallic Implants:A Future Challenge that Needs to be Addressed",Brit. J. Dermatology 162,235 (2010).

[18] P. Thomas,L. R. Braathen,M. Dörig,J. Auböck,F. Nestle,T. Werfel and H. G. Willert,"Increased Met-

al Allergy in Patients with Failed Metal-on-Metal Hip Arthroplasty and Peri-Implant T-Lymphocytic Inflammation", Allergy 64, 1157(2009).

[19] S. Freeman, "Allergic Contact Dermatitis to Titanium in a Pacemaker", Contact Dermatitis 55, 41 (2006).

[20] K. A. Dietrich, F. Mazoochian, B. Summer, M. Reinert, T. Ruzicka and P. Thomas, "Intolerance Reactions to Knee Arthroplasty in Patients with Nickel/Cobalt Allergy and Disappearance of Symptoms after Revision Surgery with Titanium Based Endoprostheses", J. Deutsche Dermatol. Gesellschaft 7, 410 (2009).

[21] *Webster's New Collegiate Dictionary*, 11th Edition, Merriam-Webster, Springfield, MA(2003).

[22] J. W. Tukey, *Exploratory Data Analysis*, Addison-Wesley, Reading, MA(1977).

# 第 15 章

# 微生物技术在清除表面污染中的应用

Rajiv Kohli

美国国家航空航天局约翰逊航天中心航空航天公司 得克萨斯州休斯敦

# 15.1 引言

溶剂清洗是众多工业去污应用中惯用的清除表面污染物的方法[1]。许多传统的去污溶剂，如氟氯烃（HCFCs），由于对环境有不利影响，其使用越来越多地受法规限制，并最终被淘汰[2,3]。因此，需要不断地寻找替代的去污方法来取代这些溶剂。微生物去污技术是其中一种替代技术，它利用自然产生的微生物去除各种污染物。微生物去污是广义生物修复的一部分。顾名思义，生物修复是一种减轻污染的自然解决方案。在技术层面上，微生物去污被定义为通过使用天然生物制剂，如细菌、酶或真菌来加速有机化合物分解。对于碳基污染物（油脂和油），其最终产物是二氧化碳和水。生物修复是一种安全、环保的处理多种危险废弃物的方法，得到了美国环境保护署的支持，成为清理石油泄漏和其他污染物以及替代溶剂清洗的一种解决方案。

不久前，有人对微生物清除表面污染物的应用进行了综述[4]。本章的目的是更新之前出版的有关微生物去污技术应用的信息。

# 15.2 表面污染和清洁度等级

最常见的表面污染物种类有：颗粒物；可能以碳氢化合物薄膜或有机残留物的形式存在的有机污染物，如油滴、油脂、树脂添加剂、蜡等；有机或无机的分子污染物；以离散颗粒形式存在于表面的金属污染物或基体中的微量杂质；离子污染物；以及微生物污染物。表面污染可以多种形式和状态存在于表面。常见的污染源包括机加工油和润滑脂、液压油和清洁剂、黏合剂、蜡、人为污染和颗粒物等。此外，各种来源的大量其他化学污染物也会污染表面。

典型的去污规范是基于去污后表面上残留的特定或特征污染物的量。在精密技术应用中，当污染物为颗粒时，产品清洁度等级通常是以颗粒的大小（微米尺度范围）和数量表示；当污染物为非挥发性残留物（NVR）所代表的碳氢化合物、被污染者为表面时，产品清洁度等级通常用表面单位面积上的 NVR 的质量表示；当液体被污染时，产品清洁度等级则以液体单位体积中的 NVR 的质量表示[5-7]。这些表面清洁度等级都基于行业标准 IEST-STD-CC1246E 中规定的污染物规范：对于颗粒物从 5 级至 1000 级；对 NVR 从 R1E-5（$10ng/0.1m^2$）至 R25（$25mg/0.1m^2$）[7]。在许多商业应用中，精密清洁度等级被定义为有机污染物残留量$<10\mu g/cm^2$，但许多应用要求设定为 $1\mu g/cm^2$[7]。这些清洁度等级要么非常理想，要么是由金属设备、电子组件、光学和激光元件、精密机械零件和计算机部件等器件的功能要求的。新标准 ISO 14644—13 已发布，该标准给出了洁净室表面去污指南，以达到基于颗粒物和化学分类的清洁度等级[8]。

# 15.3 应用

下文重点讨论微生物去污技术及其应用的一些关键考虑因素。

## 15.3.1 微生物制剂

微生物主要有六大类[9]：

(1) 古菌，是一种单细胞原核细胞，在新陈代谢过程中产生甲烷，通过特殊类型的膜和新陈代谢特别适应各种各样的环境条件。

(2) 细菌，也是单细胞原核生物，有一种独特的细胞壁和细胞膜，使其区别于古菌，可以消化烃类污染物。

(3) 真菌，一种直接从环境中吸收营养的非光合作用真核生物，如伞菌、霉菌和酵母菌。

(4) 原生生物，一种在潮湿环境常见的类似动物的非光合作用真核生物。

(5) 病毒，由核酸（DNA 或 RNA）和蛋白质组成，具有生命的某些特征，但缺乏核糖体（用于蛋白质合成）、细胞膜和产生能量的手段，而这正是细胞的特性。

(6) 微生物合成体，指不同微生物物种之间的组合和协作。

在这些微生物中，通常只有细菌和少量的真菌被用于污染物的修复和去除[10-18]。当微生物被激活时，会分泌酶来分解污染物。因此，不同菌株在无菌条件下产生的纯酶也可用于去污[19-21]，去污应用包括零部件、艺术品、石油泄漏、废水以及家用和工业去污。

在去污应用中使用的微生物是非病原性的，在一般的操作条件下没有潜在危害，它们都被归类为美国类型培养标本（ATCC）Ⅰ类，对人类和环境是完全安全的，并且在操作时不需要特殊的生物安全级设施❶，故而不受 ATCC、美国卫生部、公共卫生服务部门或有毒物质控制法（TSCA）的分类限制。

对于大多数表面去污应用来说，微生物是特别筛选出来的高度专用性混合培养物，适用于降解多种碳氢化合物。它们强力地附着和分解油脂，但不会附着到其他物质如工业级金属或天然橡胶上。去除烃类污染物最常见的细菌菌株是假单胞菌和芽孢杆菌[23-25]。不同种类的硫酸盐还原菌（SRB）、普通脱硫弧菌和脱硫剂已用于有效清除硫酸污染物，如建筑物上的硫酸钙沉淀[16]，细菌将硫酸钙分解为 $Ca^{2+}$ 和 $SO_4^{2-}$，并进一步将 $SO_4^{2-}$ 还原为 $S^{2-}$。

## 15.3.2 微生物去污原理

微生物去除烃类污染物的基本原理是通过微生物的作用将污染物还原为无害的二氧化碳和水[4,11,26]。图 15.1 为微生物去污过程的生命周期图。在典型的表面去污应用中，含有强表面活性剂/脱脂剂的去污剂与污染表面接触，表面活性剂降低了污染物与零部件表面之间的界面张力，并将污染物从表面分离。微生物和营养物质的结合体被释放到去污溶液中。通常要加入营养物质，作为混合去污剂的一部分，为新生的微生物提供养分，直到引入足够数

❶ 美国疾病控制中心将涉及微生物的活动分为四个安全级别[22]。这些级别按照对人员、环境和社区的保护程度划分。

量的油和油脂作为碳源。微生物分泌天然酶（如脂肪、油脂类等脂肪酶，淀粉等淀粉酶和蛋白质的蛋白酶），这些酶能断裂分子键并分解碳氢化合物分子（污染物，如油和油脂）。这一过程释放出碳作为微生物的营养来源。微生物被激活并开始消化油和油脂，随后通过细胞壁进一步消化吸收。污染物随后被去污剂携带通过一个过滤装置，在这里颗粒物，如灰尘、油漆碎片和其他大于 50μm 的物质被过滤掉。

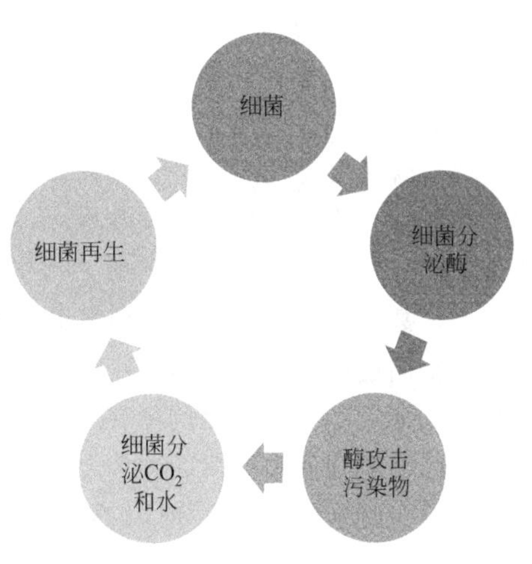


图 15.1 典型的微生物去污生命周期图

在零件去污剂中，起作用的是表面活性剂而不是微生物。然而，尽管这些微生物并不参与去除表面污染物，但随着时间的推移，它们将清除系统中所有的碳氢化合物。在一个有益的、营养丰富的环境中，生物修复物质一直在污染液中自主产生，以指数级方式增加微生物的总生物量，直到所有可用的碳氢化合物被完全消耗，从而留下一个洁净、不含碳氢化合物的去污液。细菌繁殖速度很快，1 个单细胞可以在 24h 内生长到 $10^{21}$ 个。去污剂可在系统中循环再利用，去污周期不断重复，去污过程不中断。

微生物释放的酶只能吸附在一种污染物表面，因此，导致去污或修复速度缓慢且低效，这一过程可以通过催化剂来加强。通常，生物催化剂包含非离子表面活性剂、乳化剂和水，以及微生物生命所必需的营养物质。表面活性剂和乳化剂的结合作用是将碳氢化合物分解成非常小的小球，使其与微生物密切接触。小球粒被酶包围，从而增加了它们被分解和消化的速度。生物催化剂显著增加了生物有效氧，这为微生物快速繁殖提供了催化剂，使生物修复过程进行得更快、更彻底。这个过程的副产品（纯碳氢化合物）是二氧化碳、水和可溶性脂肪酸。

有效的生物修复系统使用好氧和厌氧微生物的组合。通过喷嘴和阀门的流体流动的曝气作用为某些菌株提供了足够的额外氧气，而其他菌株在储液罐的液面以下工作，以分解可能沉淀在储液罐底部的污染物。

## 15.3.3 零部件去污机

在零部件去污应用中，为达到最佳去污效果，需要特别设计的去污设备。其他表面去污应用，如艺术品清洁和家居清洁均不需要任何特殊设备。市场上出售的微生物零部件去污机有几种尺寸和型号[27-33]。通常，这些加热去污系统包括一个高位槽和一个低位槽、用于过滤可见颗粒物（如沙子、沙粒、污垢和油漆碎片）的过滤装置、电源模块、机载诊断系统、循环泵、去污喷嘴和提高微生物效率的曝气罐系统。高压泵也可以提高去污效果。这些去污系统的负载能力从 20kg 的零部件到 200kg 不等。与传统的溶剂高位槽设备类似，这些设备最适用于轻垢型零部件的手动去污，例如，最近引入了一个更大容量去污系统，可清洗整个自行车[34]，该装置将一个自行车台和零部件去污机集成在了一起。

## 15.3.4 去污液和微生物混合物

人们已经开发出各种各样的去污液和微生物混合物应用于去污。去污使用的强力脱脂溶液是无害、无腐蚀、中性 pH、不易燃、无毒、无碱的水性脱脂液，它们是否会对人体或环境造成损害尚未可知。如果按照指南使用，它们亦不会产生有害废水或持久的损害。零部件去污机制造商提供的脱脂溶液仅适用于他们的机器，不建议用于其他去污机[35-37]。同样，微生物混合物是专为某个去污系统设计的，在特定的条件下消除烃类污染物（油和润滑脂），如特定温度、泡沫补偿、曝气参数和流速等。如果稀释混合微生物或改变去污液配方，则会严重影响去污机的性能。在其他去污机中使用该溶液可能会影响微生物的消化效率，削弱去污效果，甚至损坏机器，并可能导致保修无效。

一些制造商提供浓缩的微生物去污液，可用常规喷雾去污系统进行手工去污[38-46]，这些溶液通常以 20：1 的比例稀释后使用。

目前已经开发出许多以酶为基础的去污剂混合物，并已商用[47-67]。这些去污剂是用市售的各种酶配制的[68-70]，可用于不同机构和家庭去污。去污应用的具体案例见 15.3.7 节。

### 15.3.5 污染物类型

去污液通常含有强效表面活性剂，因此能够清除各种各样的污染物。但是，它们被设计和被建议用于清除可被生物降解的碳氢化合物污染物，包括：

- 原油。
- 其他油类（切削油、机油）。
- 液压传动液。
- 溶剂。
- 苯系物（苯、甲苯、乙苯和二甲苯）。
- 润滑脂。
- 润滑油。
- 有机胺类。
- 杂酚油。
- 酚类。
- 油脂。
- 肽核酸（Peptide Nucleic Acid，PNA）。

对于这些类型的污染物，微生物的清除效果优异。例如，对运转中的生物去污机中的去污液样品的分析一致显示，碳氢化合物（油和润滑脂）含量始终保持在 1400ppm 范围内，相比之下，使用传统非微生物水溶性去污液时，油和油脂平均含量为 20000ppm[11,13]。

其他可被成功去除的污染物包括涂料、油漆、墨水、胶水、蛋白胶（动物胶）、密封剂、蜡、焦油、涂鸦、笔痕、橡胶和树脂等。

### 15.3.6 基体类型

可被有效去污的基体包括碳钢、不锈钢、镀锌钢、黄铜、铜、铝、塑料、陶瓷、玻璃纤维、玻璃/石英、标准纯银、镍、钛和混凝土等。去污液不仅对金属部件有效，而且不会损坏可能附着在零部件上的非金属部件，如橡胶或塑料配件。与所有零部件去污机一样，由于表面上的污染程度和类型不同，有些表面的去污速度也不同。由于这类去污机在接近中性的 pH 值和较低的温度下工作，金属零件在去污过程中不会被腐蚀，金属、塑料和玻璃纤维零件将保持原有的光泽。

## 15.3.7　应用案例

在防锈、磷化、喷漆、粉末涂层、热浸镀锌或涂层之前进行去污的行业可受益于微生物去污。微生物修复已成功应用于石化工厂、化工厂、炼油厂、食品加工厂、海上驳船、卡车清洗、木材加工厂、漏油清理、土壤和地下水修复等领域。在有些表面去污中也已证实可以应用，包括零件去污、油脂去除、艺术品和建筑物清洁、消毒和家庭清洁。去除的污染物类型包括可生物降解油脂、润滑剂、细菌污染物、动物胶（蛋白黏合剂）、硝酸盐和硫酸盐沉积层[4]。下文将对之前公布的有关去污应用的信息进行修订和更新[4]。

### 15.3.7.1　零件去污

零件去污是微生物去污最常见的应用之一。世界各地已经安装数千台零件去污机，其性价比已被证明高于常规溶剂去污。在大多数情况下，两者去污效果相当，有时甚至比用传统溶剂效果更好。

零件去污机操作简单，如图 15.2 所示，脱脂液通过位于高位槽上的喷嘴喷洒在受污染的零件上，微生物和营养物质被引至位于低位槽中已使用过的脱脂溶液中，在此，微生物被激活并开始消化溶液中的碳氢化合物。去污液经过滤掉颗粒物后返回高位槽中，用于更多零件的去污。低位槽中的加热元件将操作温度维持在适合微生物快速繁衍的范围内，一般为 323～360K，去污槽本身也被保持干净（图 15.3）。

图 15.2　在一个洗涤盆中清洗零件[33]

（加拿大魁北克 J. Walter 有限公司提供）

在一个维护良好的微生物去污系统中，定期产生的唯一废物是用过的过滤器，每 3～8 周更换一次。去污液只有在无效时才需要更换，通常需要几年。去污产生的废物通常被认为是有害的，除非经测试证明其无害性。

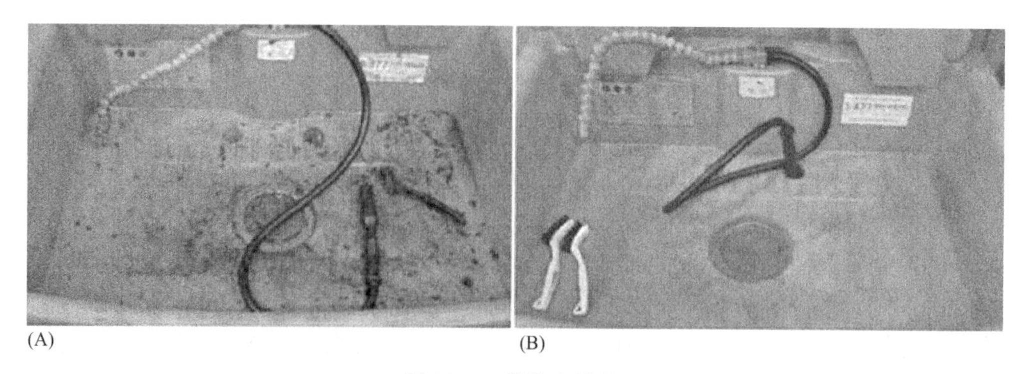


图 15.3 零件去污槽

(A) 去污前；(B) 清洗后[33]

(加拿大魁北克 J. Walter 有限公司提供)

微生物零件去污系统是非常有效且容易操作的。下述通用准则将有助于保持去污系统的最佳去污性能：

■ 必须加热去污液并不断曝气，以达到最佳的去污性能。大多数微生物需要温暖的环境才能生存并持续以最佳水平尽快消化碳氢化合物，而且，热熔液的去污效果一般会比冷溶液更佳。

■ 避免将腐蚀性的化学品，如消毒剂、漂白剂、溶剂、酸或氯化物质添加到去污液中，因为它们会杀死微生物。

■ 应该用为所用系统设计的溶液，把去污液保持在最佳水平。如果微生物混合物被稀释或去污液成分被改变，则会严重影响系统的去污性能。

■ 微生物需要时间来适应要清除的污染物类型。微生物溶液一开始可能去除效果不佳，但在其适应和消化新的污染物之后，去污性能会有所改善。

■ 含有过量固体油脂、液体油脂和其他液体等被严重污染的零部件应进行预去污，突然加入高负荷的油和油脂可能会损害微生物。

■ 过滤器应定期更换，以防止固体颗粒在装置的底部堆积，从而降低去污效果。被过滤器捕获的污染物也可能达到危害环境的水平，更换过滤器可以将新鲜的去污液引入到现有的微生物菌落，从而使系统保持在最佳工作水平。

■ 去污后的零件要烘干，防止表面残留液体使零件生锈或氧化。储存前应在零件表面涂上保护膜。

环境污染物，例如来自气雾剂和其他来源的溶剂，会损害微生物种群，去污操作应该远离这些来源的溶剂。

### 15.3.7.2 表面去污

工业活动经常会在混凝土和其他地板表面留下油污和油渍，若不清除就会积成厚厚的一层，并带来安全隐患。这方面的实例有停车场、机械修理店地板、制造设施和类似的场所。微生物去污已成功用于清除这些污渍以及沾上的碎屑。图 15.4 为采用微生物技术对汽车加油站去污之前和之后的照片，去污液稀释比例为 2∶1[39]。将去污液喷洒在污染区域（约 1670$m^2$），使其与污染物作用约 4h，然后对表面进行动力清洗。结果证明微生物去污技术具有显著效果。

一些产品供应商的网站上介绍了许多微生物和酶去污技术用于清除制造设施、医院、餐馆、食品加工设施及其他类似场所的排水沟和油脂捕集器中的油和润滑脂的案例（见文献[39-46，68-70]）。图 15.5 所示为油污严重污染的清洗槽，通过微生物去污处理后的效果。

(A)　(B)

图 15.4　采用微生物技术对汽车加油站去污之前（A）和之后（B）照片[39]
（加拿大安大略省 Courtesy Worldware 公司提供）

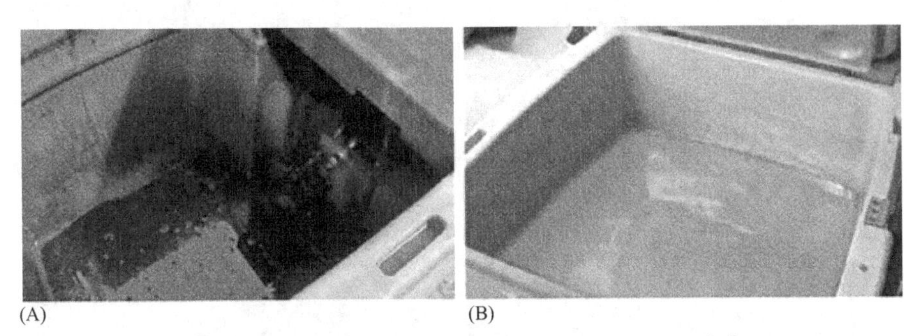

(A)　(B)

图 15.5　排水槽去污前（A）及微生物处理后（B）[37]
（加拿大魁北克 J. Walter 有限公司提供）

采用该技术对食品加工厂（如面粉厂、面包店、肉类和鱼类加工厂）去污的主要好处是：当被微生物去污液清洁时，他们可以用饮用水或用其他媒介对零部件进行冲洗或消毒，而当其表面有任何石油化合物时，单用饮用水或其他媒介是很难完成去污的。

一种除去光滑表面上油脂的新方式是，使用蛋白增强型表面活性剂取代微生物增强型表面活性剂[14]。这样做的好处是无需向原来的溶液体系中加入细菌，从而避免了与原有的细菌共存。在去污和擦干过程中，这些蛋白质能加快废水中原有细菌的代谢。

最近，一些用于净化被化学战剂污染的表面的诱变酶已被开发[71-79]。一般来说，无孔表面的去污效率随着温度、湿度和相互作用时间的增加而增加，尽管其效果强烈依赖于特定的酶制剂。最新的化学去污酶开发工作的重点是改进酶的活性、稳定性，以延长储存期和适用期（定义为酶在水溶液中具有活性的时间），通过酶的固定化，提高热稳定性。

酶在表面去污方面有很大的潜力，易于使用，对表面损害很小，并且在不同的环境条件下都相对有效。例如，在酶溶液中（浓度足够低以避免酶本身的降解）添加助溶剂，可通过提高这类化学品的溶解度，进一步提高去污效率。

#### 15.3.7.3　历史艺术品和建筑物去污

具有历史和文化意义的纪念碑、石质结构、文档资料和艺术品的退化成为人们日益关注的问题[16]。暴露于室外环境或不受控制的室内环境（温度和相对湿度）中的物品发生退化的主要原因是各种污染物导致的大气污染，包括硝酸盐、硫酸盐、黑色沉积层、有机物和微生物[16,80-83]。这种退化是一个复杂的过程，涉及化学、物理和生物作用。例如，石材表面形成的黑色盐沉积层就是大气污染物（二氧化硫形成硫酸）、石块（碳酸钙与硫酸反应形成硫酸钙）以及微生物（可在表层形成草酸钙）之间的化学作用和微生物作用的结果。灰尘、污垢与硫酸钙、草酸盐结合在一起，形成黑色沉积层。人们已提出多种微生物技术并成功用于石材建筑、壁画、大理石表面和其他物体的去污和修复[84-112]。图 15.6 所示为采用施氏假单胞菌对意大利比萨坎波桑托纪念公墓的壁画《神父的故事》进行修复前和修复 2h 后的效果[99]。这画的修复效果是非常明显的。

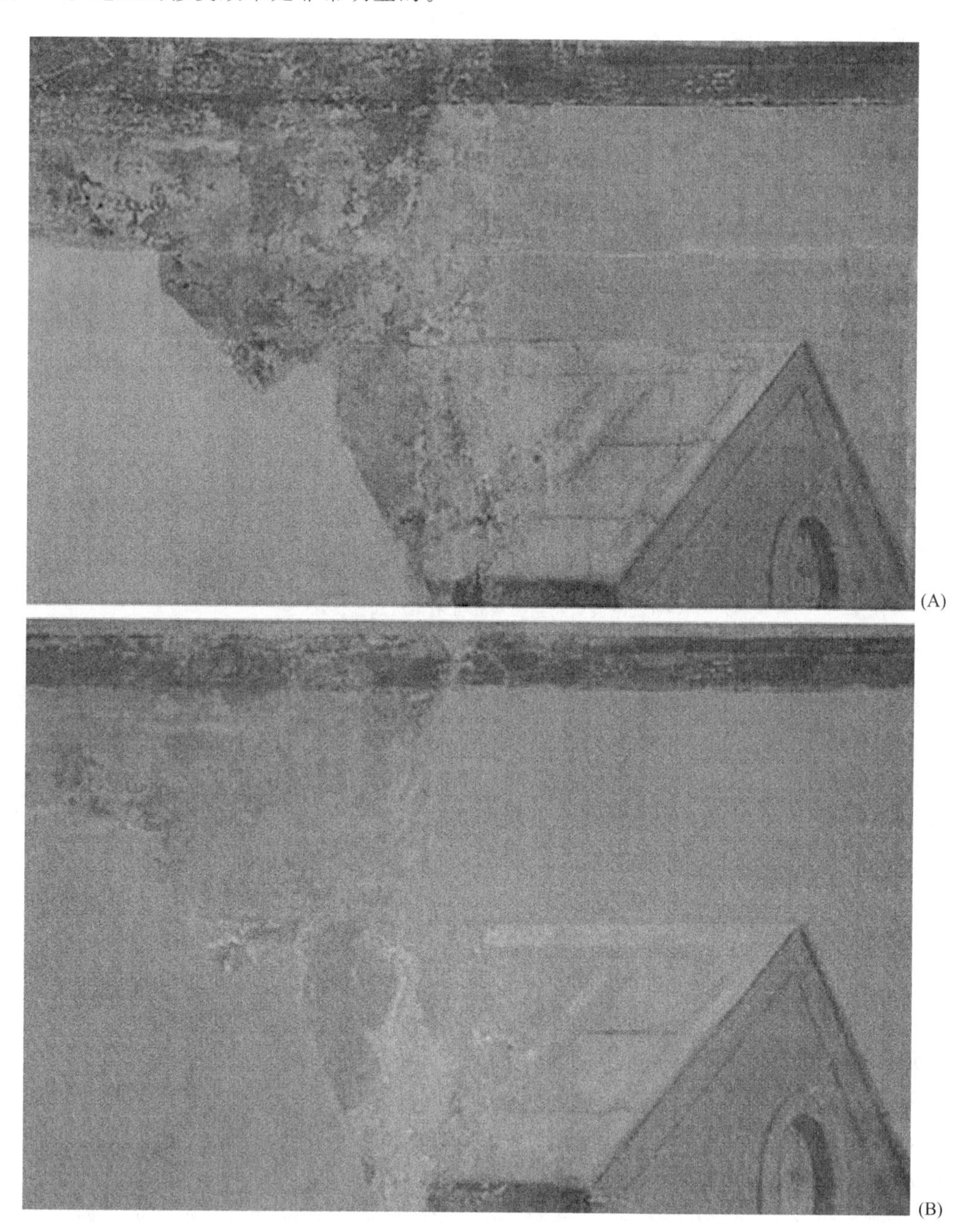

图 15.6 施氏假单胞菌菌株对《神父的故事》壁画生物去污之前（A）和去污之后（B）的效果（见文后彩插）

其他生物去污的案例，如意大利米兰、佛罗伦萨和马泰拉的大教堂；米开朗基罗在米兰的圣母院；意大利罗马帕拉蒂尼山上法尔内塞赌场的长廊（室外画廊）；意大利特兰托的布里科斯里昂城堡庭院里的雕塑；意大利米兰纪念碑墓地的雕塑；拉脱维亚里加一座 19 世纪的建筑；希腊的埃帕图罗剧院；意大利帕雷罗的大理石浮雕；以及西班牙巴伦西亚桑托斯胡安思教堂的壁画[86,88,90,92,93,96-112]。

鉴于艺术品表面的易碎和脆弱性质，去污几乎都是手工完成，并且必须谨慎操作。虽然微生物修复是有效的，但该技术的风险，与其他物理、化学和机械去污方法相比的优势和局限性等，目前尚未被充分论述[16,104]。

#### 15.3.7.4　消毒和去污

在卫生和食品部门，向员工和患者传播的细菌和病毒感染是一个愈来愈受关注的问题。引起细菌感染或病毒传播的一个原因是表面消毒不彻底或无效。许多病毒、细菌和其他病原体，如严重急性呼吸综合征（SARS），或耐甲氧西林金黄色葡萄球菌（MRSA），对现有的传统表面去污剂、消毒剂具有耐药性。目前已开发出一种新型的抗菌去污成分，其中含有不同的酶（蛋白水解酶、淀粉酶、脂解酶或纤维素溶解酶或它们的混合物）和细菌（芽孢杆菌或假单胞菌），以及表面活性剂和水性载体，以便在 pH 5.5～13.5 的范围内可以保持至少 95%的催化活性[24]。该溶液对多种耐药菌株有效，如 MRSA、VRE（万古霉素耐药肠球菌）和 GISA（金黄色葡萄球菌），可用于感染部位的清洁和消毒，也可以用来杀死细菌、病毒或真菌，或使其失活，以防止污染物的扩散。通过改变组成，可以使相应的产品用于金属、陶瓷、玻璃和塑料部件、混凝土和瓷砖地板、隔油池及其他家用领域的去污。可清除的污染物包括积碳、油、润滑脂、碳水化合物、淀粉、肉类和乳制品等。除表面去污和消毒外，使用某种溶液如季铵盐和苯并噻唑化合物溶液来防止微生物生长也是至关重要的[113]。

另一个值得关注的领域是对隐形眼镜等眼部设备的不充分清洁和消毒。一些使用含有不同种类微生物的清洗液对隐形眼镜进行清洗、消毒和保存的方法已被提出[114,115]。

手术器械去污不当，会给保健设施中的患者带来致命的后果[116]。含有微生物蛋白酶的去污剂能有效地清除内窥镜和其他重要的手术器械的污染物。在去污过程中，血液和蛋白质的去除尤其重要。在消毒步骤中使用的戊二醛和过氧乙酸都可用来凝固残留的血蛋白。同样，清除体液、组织、残留有机物和生物膜，对确保适当的清洁和后续的高标准消毒至关重要。一般来说，使用这些去污成分可以实现低温快速去污循环，通过延长仪器的使用寿命节省成本，并通过在标准消毒/灭菌之前的深度去污来降低感染风险[68]。

#### 15.3.7.5　表面清洁度的细菌表征和监测

大多数细菌都很小，直径约为 1μm，不易从表面去除。用微生物方法去污的零件或表面，在其划痕、缝隙或类似的狭窄空间可能留下细菌。从修复和清洁度监测的角度看，细菌的原位可视化和表征都是有意义的。然而由于去污面积很大以及需要固定的设备，可视化还不能直接实现。最近，人们开发了一项使用醋酸纤维素复制胶带技术，用电子显微镜来表征不锈钢表面上的食源性细菌[117]，细菌在复制品的显微图像中清晰可见（图 15.7）。

表面清洁度的监测和测量方法已有详细描述，见文献［118］。

#### 15.3.7.6　汞的生物修复

天然存在的细菌不能将重金属，如汞，转变为无毒的形式，以前曾尝试通过基因工程改造菌进行重金属修复的实验，但没有成功[119-121]。在最近的一项研究中，人们开发了一种转基因系统用于汞的修复[122]。该系统有效地表达了细菌中的金属硫蛋白（mt-1）基因和多磷酸激酶（ppk）基因，以提供高汞抗和高汞积累，高达 80～120μmol 的汞。这一专门设计

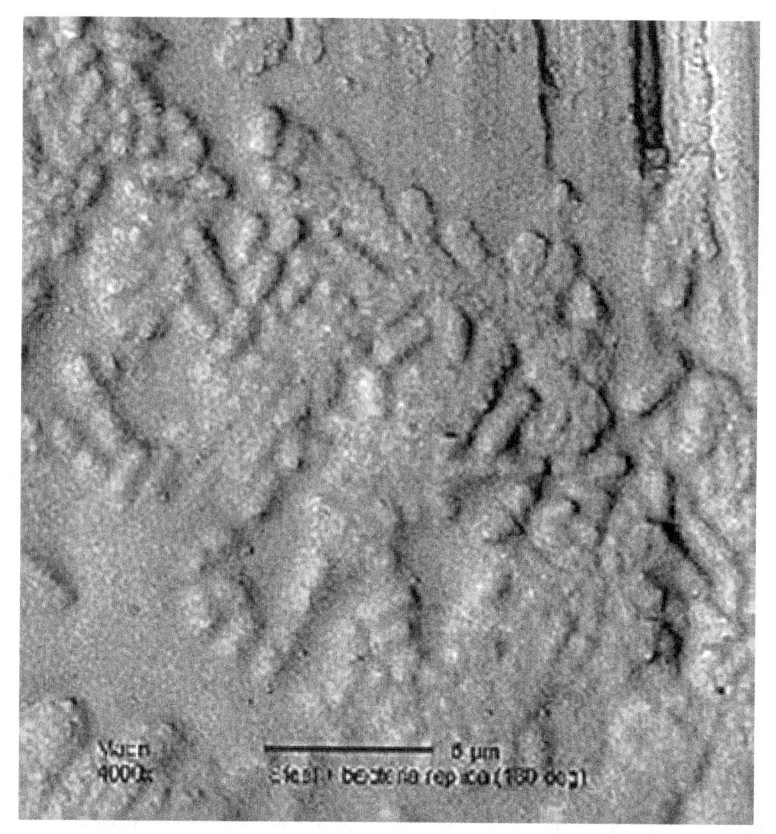


图 15.7　植物腌汁中细菌醋酸纤维素复制品的反转图像[117]（比例尺为 5μm）

的细菌系统为汞的生物修复提供了可行的技术，可用于汞污染表面去污。

#### 15.3.7.7　伤口清创

一些使用酶清洗液对伤口进行清洗和清创的系统已被开发出来[123,124及其引用文献]。清创术旨在对死亡、失活或被污染的组织施行手术切除或用酶清洗液清洗，并将异物从伤口中清除，以便伤口愈合[125]。这类系统都是借助加压的流体喷射装置穿透皮肤来输送和去除清洗液：一个与伤口部位相连的负压热疗液体输送装置，带有一个或多个输液和排水管道，持续输送清洗液的护具或敷料；或者一个基于超声气-液技术的喷雾系统。通常可用植物来源的蛋白酶清洗液进行清洗，清洗液中可以含有添加剂，如活化剂和抑制剂，使清洁剂中的酶保持最佳催化活性[123]。

#### 15.3.7.8　油田硫酸盐还原菌

硫酸盐还原菌（SRB）在油田的一个不良后果是会产生 $H_2S$，导致管道、平台结构和其他设备腐蚀，而有毒的 $H_2S$ 还会危害人体健康[126-128]。人们已经提出了一些微生物处理方法来控制油田 SRB 污染，包括添加硝酸还原菌抑制 $H_2S$ 的产生。最近有人[128]对这些方法进行了述评。

#### 15.3.7.9　家庭及机构应用

微生物去污剂最广泛的应用之一是作为洗衣粉和用于去除纺织品上的污渍和斑点。微生物去污的其他家庭和机构应用包括厨房、浴室、更衣室、汽车修理店、装载码头以及类似设施的地板和其他硬表面，储罐和设备如超滤膜和热交换器，以及用于异味控制等。很多酶制剂已被开发，用于家用洗衣液或其他家用或机构用去污用品的添加剂或者混合剂[47-70,129-134]。在这些应用中，微生物去污的优势在于低温下实现有效清洁，减少表面活性剂等化学品的使用；因去污条件温和而延长设备寿命；有针对性地去除不同的污染物，以降低安全和健康风险等。

# 15.4 其他

在用微生物方法进行表面去污时，还需要考虑其他一些因素。

## 15.4.1 成本

零部件去污机相对便宜，根据系统尺寸和容量，售价大约在 2500～8500 美元之间[31-34]。操作成本普遍较低。由于微生物趋向于清洁溶液，释放出表面活性物质来清除和乳化更多的污染物，因此去污化学品的消耗是最小的。预混的或现场被激活的微生物去污液从不需要更换，而是平均每 8～10 周在槽中加一次，以弥补因蒸发和去污后在零件表面残留而造成的损失。去污液自身的成本大约在 21 美元/L，但使用时平均要按照 20∶1 的比例稀释。电力成本是极小的，因为只需输入很少的热量即可使工作温度在 323～360K（50～77℃）范围内。一些系统供应商会提供约 600 美元/年的维修合同，约两个月电话呼叫服务一次[33]。微生物去污的废物处理成本很低，因为主要的废物是每 3～8 周更换一次的过滤器。总的来说，微生物去污的成本比溶剂清洗要低，下面给出具体实例说明。

### 15.4.1.1 成本节约案例

1995 年 8 月，德州陆军国民警卫队投资了大约 15000 美元购买了 10 台生物法零部件去污机，以取代用于发动机去污的溶剂清洗器。第一年，警卫队减少了约 2270L 的溶剂废物，同时显著减少了 VOC 排放，在废物处理方面节省了 5130 美元，同时还节省了每年 4200 美元的溶剂采购成本，预计成本回收期约为 18 个月。一家大型航空公司通过使用 23 台生物法零部件去污机代替溶剂清洗机，在第一年就减少了超过约 3400L 的溶剂使用量，节省成本超过 80000 美元[11]。

其他研究表明，用水基去污装置和微生物去污装置取代有机溶剂去污装置，每年可节省近 40%的成本，平均投资回收期为 1.5 年，尽管有一个案例投资回收期不到 3 个月[12,135]。表 15.1 比较了微生物去污和溶剂清洗的成本。总成本包括设备投资、去污剂和化学药剂费用以及废物处置费用。微生物去污的后续年度费用只比第一年略高，来自补充去污液的成本。

作为美国海军莱克赫斯特防污染设备计划的一部分，人们对有机溶剂型去污系统和生物法零部件去污系统进行了成本比较[136,137]。生物去污系统减少了近 100%的废物量，节省了 1800 美元的废物处置费用。此外，该去污液可以无限期使用，只需偶尔补充。该设备使用安全，操作时不需要穿戴个人防护装备。

表 15.1　传统有机溶剂去污工艺与微生物去污工艺的成本比较[135]

| 项目 | 第一年总成本/美元 | 后续年度总成本/美元 |
| --- | --- | --- |
| 有机溶剂去污 | 5050 | 3450 |
| 微生物去污系统 | 1820 | 1850 |
| 节约 | 64% | 46% |

对于文化遗产的修复，在对有机物（动物胶和酪蛋白）快速生物去污工艺的成本分析表明，使用 2L 细菌悬液用于约 $1m^2$ 的壁画表面去污，细菌培养的总成本约为 90 欧元/L，与酶的使用相比（就去污效率和不损害艺术品而言，酶是一种可比的技术），生物去污的成本显然要低得多，因为蛋白酶的成本约为 150 欧元/L，胶原酶的成本约为 500 欧元/L[96,104]。微生物去污过程的成本通常和化学物理技术相当，但微生物细菌方法从时间上来说更短（单次 2h），同时从过程上来看对环境安全更有效（无有害化学废物）。微生物去污的成本相对较低，这意味着它的应用是一种极具竞争力、成本效益高的文化遗产修复解决方案。

## 15.4.2　微生物去污的优点和缺点

下文给出微生物去污的优点和缺点。

### 15.4.2.1　优点

（1）微生物去污能将污染物完全分解为无害的最终产物，如水、二氧化碳和可溶性脂肪酸。

（2）微生物去污是一个天然、安全的过程，是一种无腐蚀、环保友好型的去污方法，且不产生和排放有害废物。

（3）生物降解省去了所需溶剂和其他有害物质的运输。

（4）微生物去污比传统的溶剂清洗技术更经济。

（5）去污是在温和的操作条件下进行的，能量输入最小，只需保持略高于环境温度。

（6）微生物是非致病性的，使用非常安全，在一般的处理条件下无潜在危险。

（7）微生物对碳氢化合物的消化速率可以达到每 7 天 80%。

（8）大多数生物零部件去污机可以处理大型、难办和肮脏程度高的去污工作。

（9）通常一遍就能将零件清除干净，即使是被污染部件中最微小的缝隙和狭窄的空间也可清除，因为微生物能够紧密地、不受阻碍地与零件接触。

（10）零部件接触的总是干净的溶液，因为微生物在不断地净化溶液并保持槽的清洁。

（11）微生物能提高去污液的去污能力，在去污液中发生的生物降解过程中释放出表面活性剂，它们能用来清除和乳化更多的污染物。

（12）微生物已被成功应用于处理从原油到碳氢化合物薄膜的各种污染物。

（13）操作温度低，能耗低。

（14）工艺操作成本低。

（15）系统维修不停机。

（16）去污系统操作简单。

（17）废物处置的成本很低，因为在过滤器是唯一的废弃流，且其量不大。

（18）去污溶液 pH 中性，无腐蚀性，不会导致皮肤干燥、开裂或刺激皮肤。

（19）对于文化遗产，微生物在去除所有类型的表面污染物方面非常有效，并且不会损坏其表面。

#### 15.4.2.2　缺点

（1）微生物对任何为杀死微生物而设计的杀菌剂都很敏感，如漂白剂、强效杀虫剂以及灭鼠药等能杀死生物的强效化学药剂。

（2）添加的微生物可以与寄生的细菌共存，这与医疗和食品加工行业中维持卫生条件的目标相违背，同时也会影响其他应用的去污性能。

（3）该方法仅限于去除可生物降解的烃类污染物，大多数无机污染物、大颗粒和其他残余物无法清除。

（4）微生物去污一般不适用于敏感性零件的高精密去污。

（5）每个去污系统所用的微生物流体的组成是唯一的。

（6）过滤器是主要的废弃物，必须作为危险废物处理和处置。

（7）去污时可能需要比溶剂清洗更大的擦洗力。

（8）很难清除重度或顽固的污染物。

（9）保持微生物的存活需要对工人进行适当的培训。

（10）工人可能对某些气味产生不良反应。

## 15.5　小结

微生物去污已被证明是一种可有效替代传统溶剂清洗的应用技术。该方法基于微生物对被消化的碳氢化合物的亲和力，进而将其分解，生成无害的二氧化碳、水和可溶性脂肪酸。这些微生物是非致病性的，使用安全，去污过程环境友好，并且比溶剂清洗便宜，但不适用于高精密去污。典型应用包括零部件去污；从混凝土和其他地板表面以及制造设施、医院、餐馆、食品加工设施和类似场所的排水沟和隔油池中清除油脂；历史艺术品和建筑物的去污；卫生保健设施的去污和消毒；伤口清创；油田硫酸盐还原菌的控制；汞的生物修复；以及家庭和机构去污应用等。

## 致谢

感谢约翰逊航天中心科技信息（STI）图书馆的工作人员在查找晦涩参考文献方面提供的帮助。

## 免责声明

本章中提及的商业产品仅供参考，并不意味着航空航天公司的推荐或认可。所有商标、服务商标和商品名称均为其各自所有者拥有。

# 参考文献


[1] J. B. Durkee,"Cleaning with Solvents",in: *Developments in Surface Contamination and Cleaning: Fundamental and Applied Aspects*, Volume 1,2nd Edition, R. Kohli and K. L. Mittal(Eds.), pp. 479-577, Elsevier, Oxford, UK(2016).

[2] U. S. EPA,"The U. S. Solvent Cleaning Industryand theTransition to Non-Ozone Depleting Substances", EPA Report, U. S. Environmental Protection Agency(EPA), Washington, D. C. (2004). www. epa. gov/ozone/snap/solvents/EPASolventMarketReport. pdf .

[3] U. S. EPA,"HCFC Phaseout Schedule", U. S. Environmental Protection Agency, Washington, D. C. (2012). http://www. epa. gov/ozone/title6/phaseout/hcfc. html .

[4] R. Kohli,"Microbial Cleaning for Removal of Surface Contamination",in: *Developments in Surface Contamination and Cleaning: Methods of Cleaning and Cleanliness Verification*, Volume 6, R. Kohli and K. L. Mittal(Eds.), pp. 139-161, Elsevier, Oxford, UK(2013).

[5] ECSS-Q-70-01B,"Space Product Assurance -Cleanliness and Contamination Control", European Space Agency, Noordwijk, The Netherlands(2008).

[6] NASA Document JPR 5322. 1,"Contamination Control Requirements Manual", National Aeronautics and Space Administration, Johnson Space Center, Houston, TX(2016).

[7] IEST-STD-CC1246E,"Product Cleanliness Levels-Applications, Requirements, and Determination", Institute for Environmental Science and Technology(IEST), Arlington Heights, IL(2013).

[8] ISO 14644-13,"Cleanrooms and Associated Controlled Environments-Part 13: Cleaning of Surfaces to Achieve Defined Levels of Cleanliness in Terms of Particle and Chemical Classifications", International Standards Organization, Geneva, Switzerland(2017).

[9] R. M. Atlas and J. C. Philp(Eds.), *Bioremediation: Applied Microbial Solutions for Real-World Environmental Cleanup*, ASM Press, Washington, D. C. (2005).

[10] R. Dougherty and D. Bassi, "Mother Nature's Wash Bath-Eliminating Drag-Out while Maintaining Clean Parts", CleanTech Magazine, pp. S9-S11(April 2004). www. cleantechcentral. comhttp://infohouse. p2ric. org/ref/28/27875. pdf .

[11] T. W. McNally,"It's Alive: Letting Microbes do the Dirty Work", Parts Cleaning Magazine, pp. 21-27 (May 1999).

[12] Aqueous Parts Cleaning-Best Environmental Practices for Auto Repair, Document 626, Department of Toxic Substances Control (DTSC), California Environmental Protection Agency, Sacramento, CA (2001). www. dtsc. ca. gov/PollutionPrevention/Vehicle_Service_ Repair. html .

[13] O. Ortiz and T. W. McNally,"Bioremediation in Parts Cleaning: Fact and Fiction", Proceedings CleanTech 2001, pp. 227-229, Witter Publishing Corporation, Flemington, NJ(2001).

[14] A. Michalow, C. Podella and J. Bladridge,"Going Green-Improved Grease and Oil Cleaning with Protein-Enhanced Surfactants", CleanTech Magazine, pp. 12-16(June/July 2005).

[15] D. Gendel,"Bioremediation Parts Cleaning Systems Exceed Expectations", Process Cleaning Magazine (May/June 2006). http://www. processcleaning. com/articles/bioremediation-partscleaning-systems-exceeds-expectations .

[16] A. Webster and E. May,"Bioremediation of Weathered-Building Stone Surfaces", Trends Biotechnol. 24, 255(2006).

[17] H. B. Gunner, M. -J. Coler and W. A. Torello,"Antifungal Methods", U. S. Patent 7,666,406(2010).

[18] D. Pinna(Ed.), *Coping with Biological Growthon Stone Heritage Objects: Methods, Prod-ucts, Applications, and Perspectives*, Apple Academic Press, Taylor& Francis Group, New York, NY(2017).

[19] "Enzymes-A Primer on Use and Benefits Today and Tomorrow", White Paper, Enzyme Technical Association, Washington, D. C. (2001).

[20] T. Schäfer, O. Kirk, T. V. Borchert, C. C. Fuglsang, S. Pedersen, S. Salmon, H. S. Olsen, R. Deinhammer and H. Lund,"Enzymes for Technical Applications",in: *Polysaccharides and Polyamides in the Food*

*Industry: Properties, Production, and Patents*, A. Steinbüchel and S. K. Rhee(Eds.), pp. 557-617, Wiley-VCH, Weinheim, Germany(2005).
[21] T. Damhus, S. Kaasgaard, H. Lundquist and H. S. Olsen, "Enzymes at Work", 3rd Edition, Technical Report, Novozymes A/S, Bagsværd, Denmark(2008). www. novozymes. com.
[22] Biosafety in Microbiological and Biomedical Laboratories, 5th Edition, HHS Publication No. (CDC)21-1112, Centers for Disease Control and Prevention, U. S. Department of Health and Human Services, Washington, D. C. (2009).
[23] W. J. Schalitz, J. J. Welch and R. T. Cook, "Cleaning Composition Containing an Organic Acid and a Spore Forming Microbial Composition", U. S. Patent 6,387,874(2002).
[24] J. T. Manning, Jr., K. T. Anderson and T. Schnell, "Enzymatic Antibacterial Cleaner Having High pH Stability", U. S. Patent Application 2009/0311136(2009).
[25] Novo Grease Guard Series Technology, Technical Data Sheet, Novozymes A/S, Bagsværd, Denmark (2012). www. novozymes. com .
[26] Bioremediation Cycle, BESTechnologies Inc. , Sarasota, FL (2010). http://www. bestechcorp. com/bioremediation_cycle. aspx .
[27] J. L. Strange, "Parts Washing System", U. S. Patent 6,328,045(2001).
[28] J. C. McClure and J. L. Strange, "Parts Washing System", U. S. Patent 6,571,810(2003).
[29] P. A. Vandenbergh, "Bacterial Parts Washer, Composition and Method of Use", U. S. Patent 6,762,047 (2004).
[30] B. A. Overland, "Bioremediation Assembly", U. S. Patent 7,303,908(2007).
[31] SmartWasher Bioremediating Parts Washing System, ChemFree Corporation, Norcross, GA. www. chemfree. com . (accessed January 10, 2018).
[32] Biomatics™ Parts Washers, Graymills Corporation, Chicago, IL. www. graymills. com .
[33] Bio-Circle Parts Cleaning System, J. Walter Co. Ltd, Pointe-Claire, Quebec, Canada. www. biocircle. com . (accessed January 10, 2018).
[34] Smartbike Washer, ChemFree Corporation, Norcross, GA. www. SmartbikeWasher. com . (accessed January 10, 2018).
[35] OzzyJuice®, ChemFree Corporation, Norcross, GA. www. chemfree. com . (accessed January 10, 2018).
[36] Super Biotene Cleaning Solution, Graymills Corporation, Chicago, IL. www. graymills. com . (accessed January 10, 2018).
[37] SC 400 Natural Cleaner/Degreaser, J. Walter Co. Ltd, Pointe-Claire, Quebec, Canada. www. biocircle. com . (accessed January 10, 2018).
[38] ScumBugs Cleaning System, Mineral Masters, West Chicago, IL. www. mineralmasters. com . (accessed January 10, 2018).
[39] EATOILS™ SUPER DEGREASER™, Worldware Enterprises Ltd, Cambridge, Ontario, Canada. www. eatoils. com . (accessed January 10, 2018).
[40] Micro-Clean™, Strata International LLC, Glendale, AZ. www. strata-intl. com/Micro-Clean-Oil-And-Gas-Treatments-sc-15. html . (accessed January 10, 2018).
[41] Live Micro 535, Ecoclean Solutions, Farmingdale, NY. www. goecocleansolutions. com . (accessed January 10, 2018).
[42] BioBlitz Products, BESTechnologies, Inc. , Sarasota, FL. www. bestechcorp. com . (accessed January 10, 2018).
[43] BioRem 2000 Surface Cleaner and KAS Parts Cleaner Liquid, Technical Data Sheet, Infinite Green Solutions, Phoenix, AZ. http://cleangreenworld. com . (accessed January 10, 2018).
[44] Industrial Enzyme Cleaner and Degreaser, ArroChem Incorporated, Mt. Holly, NC. www. arrochem. com . (accessed January 10, 2018).
[45] Tergazyme Enzyme-Active Powdered Detergent, Technical Bulletin, Alconox, Inc. , White Plains, NY. www. alconox. com . (accessed January 10, 2018).
[46] WonderMicrobes, WonderChem Incorporated, Woodburn, KY. www. microbes. wonderchem. com . (accessed January 10, 2018).
[47] T. Cayle, "Stabilized Aqueous Enzyme Solutions", U. S. Patent 3,296,094(1967).
[48] M. M. Weber, "Liquid Cleaning Composition Containing Stabilized Enzymes", U. S. Patent 4,169,817

(1979).
[49] B. J. Anderson,"Enzyme Detergent Composition",U. S. Patent 4,404,128(1983).
[50] R. O. Richardson,A. F. Bromirski and L. T. Davis,"Liquid Cleaner Containing Viable Microorganisms", U. S. Patent 4,655,794(1987).
[51] D. A. Estell,"Liquid Detergent with Stabilized Enzyme",U. S. Patent 5,178,789(1993).
[52] L. J. Guinn and J. L. Smith,"Microbial Cleaner",U. S. Patent 5,364,789(1994).
[53] W. M. Griffin, R. T. Ritter and D. A. Dent, "Drain Opener Formulation", U. S. Patent 5, 449, 619 (1995).
[54] Y. Miyota, S. Fukuyama and T. Yoneda, "Alkaline Protease, Process for the Production Thereof, Use Thereof, and Microorganism Producing the Same", WIPO Patent WO97/ 16541(1997)(in Japanese).
[55] H. A. Nair,G. G. Staud and J. M. Velazquez,"Thickened,Highly Aqueous,Cost Effective Liquid Detergent Compositions",U. S. Patent 5,731,278(1998).
[56] D. A. Ihns, W. Schmidt and F. R. Richter, "Proteolytic Enzyme Cleaner", U. S. Patent 5, 861, 366 (1999).
[57] P. A. Vandenbergh, B. S. Kunka and H. K. Trivedi, "Storage Stable *Pseudomonas* Compositions and Method of Use Thereof",U. S. Patent 5,980,747(1999).
[58] P. N. Christensen,B. Kalum and O. Andresen,"Detergent Composition Comprising a Glycolipid and Anionic Surfactant for Cleaning Hard Surfaces",U. S. Patent 5,998,344(1999).
[59] W. J. Schalitz,J. J. Welch and T. R. Cook,"Aqueous Disinfectant and Hard Surface Cleaning Composition and Method of Use",U. S. Patent 6,165,965(2000).
[60] C. L. Wiatr and D. Elliott,"Composition and Methods for Cleaning Surfaces",U. S. Patent 6,080,244 (2000).
[61] M. E. Besse,R. O. Ruhr,G. K. Wichmann and T. A. Gutzmann,"Thickened Hard Surface Cleaner",U. S. Patent 6,268,324(2001).
[62] D. C. Sutton,"Surface Maintenance Composition",U. S. Patent 6,635,609(2003).
[63] K. J. Molinaro,D. E. Pedersen,J. P. Magnuson,M. E. Besse,J. Steep and V. F. Man,"Stable Antimicrobial Compositions Including Spore,Bacteria,Fungi,and/or Enzyme",U. S. Patent 7,795,199(2010).
[64] Biokleen All Purpose Cleaner, Bi-O-Kleen Industries, Inc. , Vancouver, WA. http:// biokleenhome. com/products/pro/general . (accessed January 10,2018).
[65] PSF 110 Natural Enzyme Sport Surface Cleaner, Professional Sports Field Services, LLC, McComb, OH. www. psfs. us . (accessed January 10,2018).
[66] Drano Max Build-Up Remover,S. C. Johnson,Racine,WI. www. scjohnson. com . (accessed January 10, 2018).
[67] Enzyme Magic HouseholdProducts, Enzyme Solutions Incorporated, Garrett, IN. www. enzymesolutions. com . (accessed January 10,2018).
[68] Novozymes Superior,Sustainable I&I Cleaning Solutions,Novozymes A/S,Bagsværd,Denmark. www. novozymes. com. (accessed January 10,2018).
[69] SEBrite MI Liquid and Powder, Specialty Enzymes & Biotechnologies, Chino, CA. www. specialty-enzymes. com . (accessed January 10,2018).
[70] Biogrease GDS, Product Information Sheet, Enzyme Supplies Limited, Oxford, UK. www. enzymesupplies. com/Biogrease_GDSpdf. pdf . (accessed January 10,2018).
[71] K. E. Lejeune,B. C. Dravis,F. X. Yang,A. D. Hetro,B. P. Doctor and A. J. Russell,"Fighting Nerve Agent Chemical Weapons with Enzyme Technology",in: *Enzyme Engineering XIV*,A. I. Laskin,G. X. Li and Y. T. Yu(Eds. ),Volume 864,pp. 153-170,Annals of the New York Academy of Sciences,New York,NY(1998).
[72] A. Richardt and M. -M. Blum(Eds. ),*Decontamination of Warfare Agents*,Wiley-VCH,Weinheim, Germany(2008).
[73] T. E. Reeves,M. E. Wales,J. K. Grimsley,P. Li,D. M. Cerasoli and J. R. Wild,"Balancing the Stability and the Catalytic Specificities of OP Hydrolases with Enhanced V-Agent Activities",Protein Eng. Design Select. 21,405(2008).
[74] D. E. B. Gomes,R. D. Lins,P. G. Pascutti,C. Lei and T. A. Soares,"The Role of Nonbonded Interactions in the Conformational Dynamics of Organophosphorous Hydrolase Adsorbed onto Functionalized Mesoporous Silica Surfaces",J. Phys. Chem. B 114,531(2009).

[75] D. A. Schofieldand A. A. DiNovo,"Generation of a Mutagenized Organophosphorus Hydrolase for the Biodegradation of the Organophosphate Pesticides Malathion and Demeton-S",J. Appl. Microbiol. 109, 548(2010).

[76] C. M. Theriot,X. Du,S. R. Tove and A. M. Grunden,"Improving the Catalytic Activity of Hyperthermophilic *Pyrococcus* Prolidase for Detoxification of Organophosphorus Nerve Agents over a Broad Range of Temperatures",Appl. Microbiol. Biotechnol. 87,1715(2010).

[77] C. M. Theriot,R. L. Semcer,S. S. Shah and A. M. Grunden,"Improving the Catalytic Activity of Hyperthermophilic *Pyrococcushorikoshii* Prolidase for Detoxification of Organophosphorus Nerve Agents over a Broad Range of Temperatures",Archaea 2011,565127(2011).

[78] G. O. Bizzigotti and K. L. Sciarretta,"Enzymatic Decontamination",in: *Handbook of Chemical and Biological Warfare Agent Decontamination*,G. O. Bizzigotti,R. P. Rhoads, S. J. Lee,J. J. BeckerandB. M. Smith(Eds. ),Ch. 9,pp. 205-244,ILMPublications,Hertfordshire,UK(2012).

[79] L. Oudejans,B. Wyrzykowska-Ceradini,C. Williams,D. Tabor and J. Martinez,"Impact of Environmental Conditionsonthe Enzymatic Decontamination of a Material Surface Contaminated with Chemical Warfare Agent Simulants",Ind. Eng. Chem. Res. 52,10072(2013).

[80] T. WarscheidandJ. Braams,"Biodeteriorationof Stone:AReview",Intl. Biodet. Biodeg. 46, 343(2000).

[81] P. Fernandes,"Applied Microbiology and Biotechnology in the Conservation of Stone Cultural Heritage Materials",Appl. Microbiol. Biotechnol. 73,291(2006).

[82] P. Di Martino(Ed. ),*Biodeterioration of Stone Monuments*,Proceedings European Conference on Biodeterioration of Stone Monuments(ECBSM),Cergy-Pontoise,France(2014),www. benthamopen. com/TOPROCJ/ .

[83] N. K. Dhami, M. S. Reddy and A. Mukherjee, "Application of Calcifying Bacteria for Remediation of Stones and Cultural Heritages",Frontiers Microbiol. 5,304(2014).

[84] B. von Gilsa, "Gemäldereinigung mit Enzymen, Harzseifen und Emulsionen", Zeit. Kunst technologie Konservierung 5,48(1991).

[85] K. L. Gauri,L. Parks,J. Jaynes and R. Atlas,"Removal of Sulphated-Crust from Marble Using Sulphate-Reducing Bacteria",in: *Proceedings International Conference on Stone Cleaning and the Nature,Soiling and Decay Mechanisms of Stone*, R. G. M. Webster(Ed. ), pp. 160-165,Donhead,London,UK (1992).

[86] G. Ranalli,M. Chiavarini,V. Guidetti,F. Marsala,M. Matteini,E. Zanardini and C. Sorlini,"The Use of Microorganisms for the Removalof Sulphates on Artistic Stoneworks", Intl. Bio det. Biodeg. 40, 255 (1997).

[87] C. Rodriguez-Navarro,M. Rodriguez-Gallego,K. Ben Chekroun and M. T. Gonzalez-Munoz,"Conservation of Ornamental Stone by *Myxococcus xanthus* Induced Carbonate Biomineralization", Appl. Environ. Microbiol. 69,2182(2003).

[88] G. Ranalli,G. Alfano,C. Belli,G. Lustrato,M. P. Colombini,I. Bonaduce,E. Zanardini,P. Abbruscato,F. Cappitelli and C. Sorlini,"Biotechnology Applied to Cultural Heritage: Biorestoration of Frescoes Using Viable Bacterial Cells and Enzymes",J. Appl. Microbiol. 98,73(2005).

[89] C. Todaro,"Gil enzimi: limiti e potenzialità nel campo della pulitura delle pitture murali",in: *Proceedings XXI International Congress Scienza e Beni Culturali: Sulle Pitture Murali. Riflessione, Conoscenze, Interventi*,G. Biscontin and G. Driussi(Eds. ),pp. 487-496,Arcadia Ricerche,Venice,Italy (2005). http://www. arcadiaricerche. it/editoria/2005. htm .

[90] P. Antonioli,G. Zapparoli,P. Abbruscato,C. Sorlini,G. Ranalli and P. G. Righetti,"Art-Loving Bugs: The Resurrection of Spinello Aretino from Pisa's Cemetery",Proteomics 5, 2453(2005).

[91] F. Rigas,M. Daskalakis and I. Catsikis,"Bioremediation of Pollution Deteriorated Stone Monuments via Bacterially Induced Carbonate Mineralization", Proceedings 3rd European Bioremediation Conference, Paper 91(2005).

[92] F. Cappitelli,E. Zanardini,G. Ranalli,E. Mello,D. Daffonchio and C. Sorlini,"Improved Methodology for Bioremoval of Black Crusts on Historical Stone Artworks by Use of Sulfate-Reducing Bacteria",Appl. Environ. Microbiol. 72,3733(2006).

[93] F. Cappitelli,L. Toniolo,A. Sansonetti,D. Gulotta,G. Ranalli,E. Zanardini and C. Sorlini,"Advantages of Using Microbial Technology over Traditional Chemical Technology in Removal of Black Crusts from Stone Surfaces of Historical Monuments",Appl. Environ. Microbiol. 73,5671(2007).

[94] A. Polo, F. Cappitelli, L. Brusetti, P. Principi, F. Villa, L. Giacomucci, G. Ranalli and C. Sorlini, "Feasibility of Removing Surface Deposits on Stone Using Biological and Chemical Remediation Methods", Environ. Microbiol. 60, 1(2010).

[95] Bacteria that Clean Art: Restorers and Microbiologists use Bacteria to make Works of Art Shine like New, Asociación RUVID, ScienceDaily (June 7, 2011). www. sciencedaily. com/releases/2011/06/110607063411. htm .

[96] G. Alfano, G. Lustrato, C. Belli, E. Zanardini, F. Cappitelli, E. Mello, C. Sorlini and G. Ranalli, "The Bioremoval of Nitrate and Sulfate Alterations on Artistic Stonework: The Case-Study of Matera Cathedral after Six Years from the Treatment", Intl. Biodet. Biodeg. 65, 1004(2011).

[97] E. Gioventù, P. F. Lorenzi, F. Villa, C. Sorlini, M. Rizzi, A. Cagnini, A. Griffo and F. Cappitelli, "Comparing the Bioremoval of Black Crusts on Colored Artistic Lithotypes of the Cathedral of Florence with Chemical and Laser Treatment", Intl. Biodet. Biodeg. 65, 832(2011).

[98] F. Valentini, A. Diamanti, M. Carbone, E. M. Bauer and G. Palleschi, "New Cleaning Strategies Based on Carbon Nanomaterials Applied to the Deteriorated Marble Surfaces: A Comparative Study with Enzyme Based Treatments", Appl. Surf. Sci. 258, 5965(2012).

[99] G. Lustrato, G. Alfano, A. Andreotti, M. P. Colombini and G. Ranalli, "Fast Biocleaning of Medieval Frescoes Using Viable Bacterial Cells", Intl. Biodet. Biodeg. 69, 51(2012).

[100] L. Giacomucci, F. Toja, P. Sanmartín, L. Toniolo, B. Prieto, F. Villa and F. Cappitelli, "Degradation of Nitrocellulose-Based Paint by *Desulfovibrio desulfuricans* ATCC 13541", Biodegradation 23, 705(2012).

[101] F. Troiano, D. Gulotta, A. Balloi, A. Polo, L. Toniolo, E. Lombardi, D. Daffonchio, C. Sorlini and F. Cappitelli, "Successful Combination of Chemical and Biological Treatments for the Cleaning of Stone Artworks", Intl. Biodet. Biodeg. 85, 294(2013).

[102] P. Bosch-Roig, J. L. Regidor-Ros and R. M. Montes-Estellés, "Biocleaningof Nitrate Alterations on Wall Paintings by *Pseudomonas stutzeri*", Intl. Biodet. Biodeg. 84, 266(2013).

[103] P. Bosch-Roig, J. L. Regidor-Ros and R. M. Montes-Estellés, "Biocleaning of Animal Glue on Wall Paintings by *Pseudomonas stutzeri*", Chimica Oggi Chem. Today. 31, 50(2013).

[104] P. Bosch-Roig and G. Ranalli, "The Safety of Biocleaning Technologies for Cultural Heritage", Frontiers Microbiol. 5, 155(2014).

[105] F. Troiano, S. Vicini, E. Gioventù, P. F. Lorenzi, C. M. Improta and F. Cappitelli, "A Methodology to Select Bacteria able to Remove Synthetic Polymers", Polymer Degradation Sta bility 107, 321(2014).

[106] M. Mazzoni, C. Alisi, F. Tasso, A. Cecchini, P. Marconi and A. R. Sprocati, "Laponite Micropacks for the Selective Cleaning of Multiple Coherent Deposits on Wall Paintings: The Case Studyof Casina Farnese on the Palatine Hill(Rome, Italy)", Intl. Biodet. Biodeg. 94, 1(2014).

[107] F. Troiano, A. Polo, F. Villa and F. Cappitelli, "Assessing the Microbiological Risk to Stored 16th Century Parchment Manuscripts: AHolistic Approach based on Molecular and Environmental Studies", Biofouling 30, 299(2014).

[108] M. Martino, S. Schiavone, F. Palla, L. Pellegrino, E. De Castro and A. Balloi, "Bioremoval of Sulphate Layer from a 15th Century Polychrome Marble Artifact", Conserv. Sci. Cultural Heritage. 15, 235 (2015).

[109] G. Barresi, E. Di Carlo, M. R. Trapani, M. G. Parisi, C. Chille, M. F. Mule, M. Cammarata and F. Palla, "Marine Organisms as Source of Bioactive Molecules Applied in Restoration Projects", Heritage Sci. 3, 17(2015).

[110] P. Sanmartín, A. DeAraujo, A. Vasanthakumar and R. Mitchell, "Feasibility Study Involving the Search for Natural Strains of Microorganisms Capable of Degrading Graffiti from Heritage Materials, Intl", Biodet. Biodeg. 103, 186(2015).

[111] P. Bosch-Roig, F. Decorosi, L. Giovannetti, G. Ranalli and C. Viti, "Connecting Phenome to Genome in *Pseudomonas stutzeri* 5190: An Artwork Biocleaning Bacterium", Res. Microbiol. 167, 757(2016).

[112] N. Barbabietola, F. Tasso, C. Alisi, P. Marconi, B. Perito, G. Pasquariello and A. R. Sprocati, "ASafe Microbe-Based Procedurefora Gentle Removal of Aged Animal Gluesfrom Ancient Paper", Intl. Biodet. Biodeg. 109, 53(2016).

[113] Y. Ito, Y. Nomura and S. Katayama, "Quaternary Ammonium and Benzothiazole Microbiocidal Preservative Composition", U. S. Patent 4, 839, 373(1989).

[114] L. Ogunbiyi, T. M. Riedhammer and F. X. Smith, "Method for Enzymatic Cleaning and Disinfecting

Contact Lenses",U. S. Patent 4,614,549(1986).
[115] A. Nakagawa and Y. Oi,"Method for Cleaning,Preserving and Disinfecting Contact Lenses",U. S. Patent 5,409,546(1998).
[116] N. Chobin, "Providing Safe Surgical Instruments: Factors to Consider", Technical paper, Infection Control Today(April 2008). www. infectioncontroltoday. com .
[117] M. Kaláb, "Replication and Scanning Electron Microscopy of Metal Surfaces Used in Food Processing",White Paper(2005). http://www. magma. ca/~scimat/Replication. htm.
[118] R. Kohli,"Methods for Monitoring and Measuring Cleanliness of Surfaces",in: *Developments in Surface Contamination and Cleaning*: *Detection*,*Characterization*,*and Analysis of Contaminants*, Volume 4,R. Kohli and K. L. Mittal(Eds. ),pp. 107-178,Elsevier,Oxford,UK(2012).
[119] S. Chen,E. Kim,M. L. ShulerandD. B. Wilson,"$Hg^{2+}$ Removalby Genetically Engineered *Escherichia coli* in a Hollow Fiber Bioreactor",Biotechnol. Prog. 14,667(1998).
[120] M. Valls and V. de Lorenzo,"Exploiting the Genetic and Biochemical Capacities of Bacteria for the Remediation of Heavy Metal Pollution",FEMS Micro Reviews 26,327(2002).
[121] J. D. Park,Y. Liu and C. D. Klaassen,"Protective Effect of Metallothionein against the Toxicity of Cadmium and Other Metals",Toxicology 163,93(2001).
[122] O. N. Ruiz,D. Alvarez,G. Gonzalez-Ruiz and C. Torres, "Characterization of Mercury Bioremediation by Transgenic Bacteria Expressing Metallothionein and Polyphosphate Kinase", BMC Biotechnol. 11,82(2011).
[123] A. Freeman,E. Hirszowicz and M. Be'eri-Lipperman,"Apparatus and Methods for Enzymatic Debridement of Skin Lesions",U. S. Patent 8,128,589(2012).
[124] R. Kohli, "Alternate Semi-Aqueous Precision Cleaning Techniques: Steam Cleaning and Supersonic Gas/Liquid Cleaning Systems", in: *Developments in Surface Contamination and Cleaning*: *Methods for Removal of Particle Contaminants*, Volume 3, R. Kohli and K. L. Mittal(Eds.), pp. 201-237, Elsevier,Oxford,UK(2012).
[125] American Heritage Medical Dictionary,Houghton Mifflin Company,New York,NY(2007).
[126] R. Cord-Ruwisch,W. Kleinitz and F. Widdel,"Sulfatreduzierende Bakterien in einem Erdö lfeld -Arten und Wachstumsbedingungen",Erdöl Erdgas Kohle 102,281(1986).
[127] R. Cord-Ruwisch, W. Kleinitz and F. Widdel, "Sulfate-Reducing Bacteria and Their Activities in Oil Production",J. Petroleum Technol. 39,97(1987).
[128] N. Youssef,M. S. Elshahed and M. J. McInerney,"Microbial Processes in Oil Fields: Culprits,Problems,and Opportunities",Adv. Appl. Microbiol. 66,141(2009).
[129] D. Kumar,Savitri,N. Thakur,R. Verma and T. C. Bhalla,"Microbial Proteases and Applications as Laundry Detergent Additives",Res. J. Microbiol. 3,661(2008).
[130] H. Lund,S. G. Kaasgaard,P. Skagerlind,L. Jorgensen,C. I. Jorgensen and M. van de Weert,"Correlation Between Enzyme Activity and Stability of a Protease,an Alpha-Amylase and a Lipase in a Simplified Liquid Laundry Detergent System,Determined by Differential Scanning Calorimetry",J. Surfact. Deterg. 15,9(2012).
[131] T. A. Hamza,"Isolation and Screening of Protease Producing Bacteria from Local Environment for Detergent Additive",Am. J. Life Sci. 5,116(2017).
[132] DuPont, "Biobased Solutions for Laundry Detergents", DuPont Industrial Biosciences, Wilmington, DE. http://fhc. biosciences. dupont. com/products/laundry/ . (accessed January 10,2018).
[133] Maps, "Enzymes for Detergents", Maps Enzymes Limited, Ahmedabad, India. www. mapsenzymes. com/enzymes_detergent. asp . (accessed January 10,2018).
[134] Unilever, "Enzymes in Biological Detergents-The Facts About Laundry Detergents and How They Work", Unilever, Surrey, UK. https://www. persil. com/uk/laundry/laundry-tips/ washing-tips/enzymes-in-biological-detergents-the-facts-about-laundry-detergents-and-how-they-work . (accessed January 10,2018).
[135] Bio-Circle Parts Cleaning -A Cost-Effective Solution,J. Walter Co. Ltd,Pointe-Claire,Quebec,Canada. www. biocircle. com/en-ca/low-cost . (accessed January 10,2018).
[136] Navy PPEP Pollution Prevention Equipment Program Book,U. S. Department of Defense,Washington,D. C. (2001). http://infohouse. p2ric. org/ref/20/19926/PPEP/PPEPBook. html .
[137] D. Makaruk and A. Caplan, "Parts Washing Using Bioremediation Technology", Proceedings Commercial Technologies for Maintenance Activities(CTMA) Symposium 2007,San Antonio,TX(March 28,2007).

# 第 16 章

# 离子液体在清除表面污染物中的应用

Rajiv Kohli

美国国家航空航天局约翰逊航天中心航空航天公司 得克萨斯州休斯敦

# 16.1 引言

出于对臭氧层破坏、全球变暖和空气污染等问题的关注，人们正在寻找表面去污用传统溶剂的替代品。离子液体（IL）❶ 是一类具有独特性质的新材料，就包括去污应用在内的诸多工业应用而言，这些独特性质使它们成为具有吸引力的工艺和作业化学品[1-53]。这些应用包括电沉积、电合成、电催化、电化学电容器、润滑剂、防腐液、生物催化、增塑剂、溶剂、锂离子电池、燃料电池、制造纳米材料的溶剂、萃取剂、气体吸收剂和高能推进剂以及其他应用。最近，离子液体去污应用已被提出和论证。图 16.1 总结了离子液体的重要特性及其当前和潜在的应用。本章的目的是更新之前发布的信息，并讨论离子液体在清除表面污染方面的一些新应用。

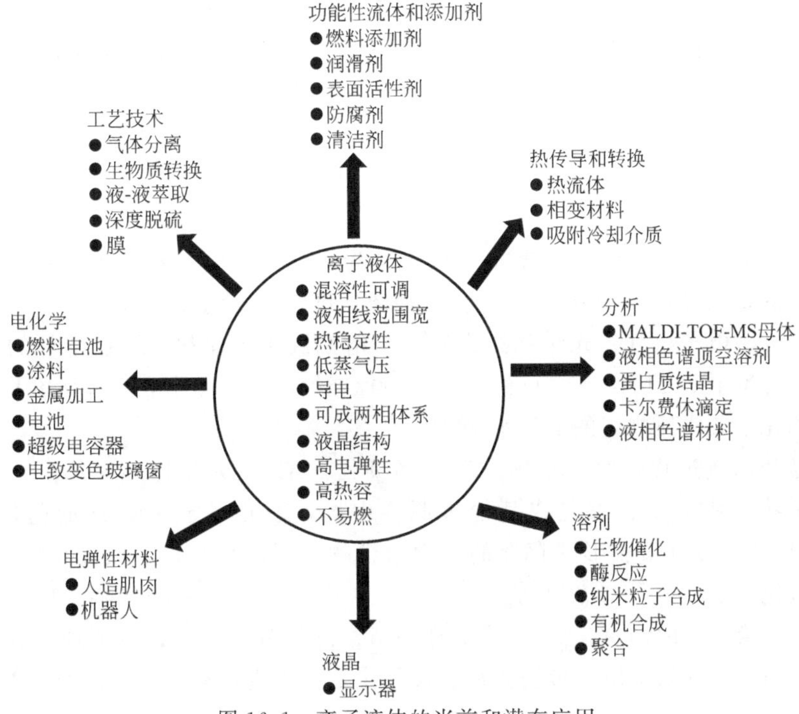


图 16.1　离子液体的当前和潜在应用

（MALDI-TOF-MS 为基质辅助激光解析电离飞行时间质谱）

# 16.2 表面污染和清洁度等级

表面污染能有多种形式和以多种状态存在于物体表面[54]。最常见的表面污染物类别

❶ 在本章中，离子液体（IL）和室温离子液体（RTIL）将互换使用。大多数表面去污应用程序采用 RTIL。

包括：

- 灰尘、金属、陶瓷、玻璃和塑料等颗粒物。
- 有机或无机的薄膜污染或分子污染。
- 离子污染，如阳离子（$Na^+$和$K^+$）和阴离子（$Cl^-$、$F^-$、$SO_3^{2-}$、$BO_3^{3-}$和$PO_4^{3-}$）。
- 以离散颗粒形式存在于表面或以痕量杂质存在于基质中的金属污染物。
- 微生物污染，如细菌、真菌、藻类和生物膜。

其他污染物类别包括金属、有毒和危险化学品、放射性物质以及用于特定行业表面的生物物质，如半导体、金属加工、化工生产、核工业、医药生产、食品加工、处理和运输等。常见的污染源包括切削油和润滑油、液压油和清洁剂、黏合剂、蜡、人为污染和颗粒物。此外，各种来源的大量其他化学污染物也可能污染表面。

通常，表面清洁度等级基于表面去污后残留的特定或特征污染物的量。在精密技术应用中，产品清洁度等级规定方法为：在颗粒物污染产品表面的场合，产品的清洁度等级以颗粒大小（微米尺寸范围内）和颗粒物数量表示；单位面积上在非挥发性残留物（NVR）代表碳氢化合物污染表面的场合，产品的清洁度等级以表面单位面积上的NVR的质量表示；在碳氢化合物污染液体的场合，产品的清洁度等级则以液体单位体积中的NVR的质量表示[55-57]。这些清洁度等级都基于修订的行业标准IEST-STD-CC1246E规定的污染规范：对于颗粒物从1级至1000级，对NVR从R1E-5（10ng/0.1$m^2$）至R25级（25mg/0.1$m^2$）[57]。在本丛书第7卷深入讨论了该标准先前版本的变化[54]。

在许多商业应用中，精密清洁度水平被定义为污染表面的有机污染物低于10$\mu g/cm^2$，尽管很多应用的要求设置为1$\mu g/cm^2$[57]。这种清洁度水平等级要么非常理想，要么是金属设备、加工零件、电子组件、光学和激光组件、精密机械部件和计算机部件的功能所要求的。一项新的标准ISO 14644—13已经发布，该标准给出了洁净室表面去污的指导方针，以达到颗粒物和化学分类所规定的清洁水平[58]。

许多产品和制造过程也对空气中的分子污染物（AMCs）很敏感，甚至可能被它们破坏，这些污染物是由外部、工艺或其他来源产生的，因此对于AMCs的监控至关重要。AMC是一种以蒸气或气溶胶形式存在的化学污染物，可以是有机的或无机的，包括从酸、碱到金属有机化合物，以及掺杂剂等所有物质[59,60]。新标准ISO 14644—10《洁净室和相关受控环境——第10部分：按化学浓度对表面清洁度的分类》[61]是一项现行国际标准，该标准规定了洁净室表面清洁度的分类体系，涉及化学物质或元素（包括分子、离子、原子和颗粒物）。

# 16.3 应用

离子液体是指在异常低温下呈液态的纯离子型、盐样的化合物。广义地讲，离子液体是指低于373K的液态化合物。更常见的是，离子液体的熔点低于室温，有些甚至低于273K。一般来说，大体积的有机阳离子与低对称结构的弱配位有机或无机阴离子结合形成离子液体。这些因素往往降低盐结晶形式的晶格能，并阻止有效的离子晶格堆积，导致弱库仑相互作用，从而降低熔点，得到室温液体，而不是高熔点固体。混合后，这些成分在大约 313K 或更低的温度下变成液体，混合物的行为类似于离子液体。

其中一些盐可能具有含氮芳香族部分作为阳离子组分。其他盐可具有含磷阳离子组分。这些盐的典型阴离子成分包括但不限于甲基硫酸盐、$PF_6^-$、$BF_4^-$ 或卤离子。阳离子、阴离子和烷基链部分可以调整和混合，以便可以针对预期应用定制所需的溶解性、黏度、熔点和其他性质。这些定制的离子液体通常被称为“设计溶剂”。

广泛的阳离子和阴离子的结合导致产生大量可能的单组分离子液体能被合成，$10^{12}$ 个二元混合体系和 $10^{18}$ 个三元混合体系是可能有的。事实上，如果我们考虑四元或更高的组合，这个数字是无限的。在实际应用中，已经发现了数千种离子液体，其中有几百种可从世界各地的供应商处购得[62-75]。

## 16.3.1　缩略语和术语

构成离子液体的常见阳离子、阴离子和烷基表示如下[30]：

阳离子：

■ 咪唑类：IM 或者 im。

甲基咪唑类：MIM 或 min。

乙基咪唑类：EIM 或 eim。

■ 吡啶类：Py 或 py。

■ 吡咯烷类：Pyrr 或 pyrr。

■ 胍类：Gu 或 gu。

■ 基啶类：pip。

■ 膦盐类：P。

■ 锍盐类：S。

■ 氨盐类：N。

■ 三唑类：Tz。

■ 噻唑类：Thia。

阴离子：

■ 卤离子：溴离子 $Br^-$、氯离子 $Cl^-$。

■ 硝酸根：$[NO_3]^-$。

■ 六氟磷酸根：$[PF_6]^-$。

■ 四氟硼酸根：$[BF_4]^-$。

■ 烷基硫酸根：$[RSO_4]^-$。

■ 烷基羧酸根：$[RCO_2]^-$，醋酸盐 $[CH_3CO_2]^-$，也写为 $[OAc]^-$。

■ 三氟甲磺酸根：$[CF_3SO_3]^-$，也写作 $[OTf]^-$

■ 甲苯磺酸根：$[CH_3C_6H_4SO_3]^-$，也写作 $[OTs]$。

■ 三氟甲基磺酰亚胺根：$[N(SO_2CF_3)_2]^-$，也写作 $[NTf_2]$。

烷基（$R_n$，$n=1$，2，3，4，……）：

■ 乙基：$Et^-$。

■ 甲基：Me。

■丁基：Bu。

■ 己基：Hx。

甲基咪唑类是一种很常见的阳离子，通常可以写成［$C_n$mim］或［$C_n$MIM］，其中 $n$ 是线性或支链、取代或未被取代的烷基、芳基、烷氧基烷基、亚烷基羟烷基或卤代烷基中的碳原子数，例如，1-丁基-3-甲基咪唑阳离子表示为［$C_4$mim］$^+$ 或［BMIM］$^+$，同样［$C_6$py］$^+$ 表示 1-己基吡啶。

季铵化合物是铵化合物的衍生物，其中与氮结合的所有 4 个氢全部被烃基取代，这里，表示碳原子的符号 C 被 N 取代。例如，［$N_{1,8,8,8}$］$^+$ 表示甲基三辛铵阳离子。类似地，对于四烷基膦阳离子，C 被 P 取代，例如在［$P_{2,2,2,1}$］$^+$ 中表示三乙基甲基膦阳离子。五元咪唑啉环中 2 个氮原子之一和五元吡咯烷或六元吡啶环中唯一的氮原子的自由电子对被赋予一价烷基，从而产生 $N^+$ 阳离子。

三氟甲烷磺酸根，又称三氟酸根，是一个官能团，三氟磺酸基通常用［OTf］表示，例如，1-三唑三氟磺酸盐缩写为［Tz1］［OTf］。

锍盐类化合物具有 $R_3S^+$ 阳离子和相关阴离子的结构。例如，三甲基溴化磺铵写成［$(CH_3)_3S$］Br。一般来说三个 R 基团都是烃基，但是也有例外。

多原子阴离子用方括号表示，但单原子阴离子周围没有方括号，例如，溴离子写成 $Br^-$，双氰胺写成［$N(CN)_2$］$^-$ 或缩写为［DCA］或［dca］。

为了表示离子液体，当阳离子与阴离子配对时，电荷符号可以删除。因此，［$C_4$mim］［$PF_6$］代表 1-丁基-3-甲基咪唑六氟磷酸盐。

## 16.3.2 一般特征

使离子液体成为传统溶剂的替代品的一些关键特性如下：

• 离子液体的液态温度范围较宽，可低至 173K，可高达 473K，这一特性使得在许多应用中可以确保有效的工艺控制。

• 除少数特例外，离子液体没有可测量的蒸气压，因此易于处理，并且当挥发性成为一个安全问题时，使用离子液体可以显著降低安全隐患，这一特性还使其可以在真空状态下使用。

• 由于极性高，离子液体是很多有机、无机和有机金属材料的有效溶剂，这意味着用于去污和其他工艺应用时，用量很低。

• 离子液体可以根据所需的具体应用和化学特性进行调整，例如，可以选择性地使其具有从亲水性到疏水性的性质。

• 离子液体是有效的布朗斯特/路易斯/富兰克林酸。

• 离子液体在分解温度以下不可燃。

• 离子液体具有很高的热稳定性，一般分解温度超过 573K。

• 离子液体高导电性，可防止静电。

• 离子液体具有很高的稳定性，防止氧化和还原。

离子液体的典型性质与有机溶剂的性质对比列于表 16.1[19]。

表 16.1 代表性有机溶剂与离子液体的典型特性比较

| 特性 | 有机溶剂 | 离子液体 |
| --- | --- | --- |
| 溶剂种数 | ＞1000 种 | 理论上可达到 $10^{18}$<br>目前已公布的文献中被描述的超过 2000 种<br>市上可购的有数百种 |
| 适用范围 | 单一功能 | 多功能 |
| 催化能力 | 稀有 | 通用且可调 |
| 手性 | 稀有 | 通用且可调 |
| 蒸气压 | 遵循克劳修斯-克拉珀龙方程 | 在正常条件下蒸气压可忽略不计 |
| 可燃性 | 通常易燃 | 通常不易燃 |
| 极性 | 适用常规极性概念 | 极性概念存在争议 |
| 可调性 | 可用溶剂的范围有限 | 基本上无限范围，意味着可任意“定制溶剂” |
| 黏度/cP | 0.2～100 | 22～40000 |
| 密度/$(g/cm^3)$ | 0.6～1.7 | 0.8～3.3 |
| 折射率 | 1.3～1.6 | 1.5～2.2 |
| 成本 | 普遍便宜 | 昂贵；一般是有机溶剂的 2～100 倍 |
| 环境影响 | 大多数普通溶剂是有害的<br>（对臭氧层破坏程度高，使全球变暖） | 常见的离子液体是有毒的。由于具有可调性，<br>能够设计出低毒或无毒的离子液体 |
| 可回收性 | 绿色强制性 | 经济强制性 |

并非所有的离子液体在室温下都是液体[76]，图 16.2 中左边为熔点 313K 左右的固体离子液体甲基三丁基琥珀酸二辛酯磺酸铵［$MeBu_3N$］［DOSS］，右边为 1-丁基-3-甲基咪唑（二甘醇单甲基醚）硫酸盐［bmim］［DEGMME $SO_4$］，是一种 RTIL。一些离子液体是无色的，而另一些离子液体是浅黄色到橙色到深琥珀色，某些金属基离子液体则呈现出彩虹色（图 16.3）[77-90]。

图 16.2 离子液体的物理外观

左边是甲基三丁基琥珀酸二辛酯磺酸铵，熔点约为 313K；

右边是 1-丁基-3-甲基咪唑（二甘醇单甲基醚）硫酸盐，室温下为液态[76]

关于离子液体的合成、表征、性质和应用，已有大量文献报道，见参考文献［1-53］及其引用文献。最近研究者发表了关于离子液体及其与表面去污相关的特性的综述[47]。下文将简要介绍离子液体与去污应用有关的主要特性。

图 16.3　金属离子液体具有各种各样的颜色

从左至右依次为铜基化合物、钴基化合物、锰基化合物、铁基化合物、镍基化合物、钒基化合物[89]（见文后彩插）

（由美国新墨西哥州阿尔伯克基市桑迪亚国家实验室提供）

## 16.3.3　热力学性质

与典型的无机盐，如氯化钠（熔点为 1074K）相比，典型的离子液体如［EMIM］［Et-$SO_4$］（熔点为 253K）具有明显较低的对称性，使其更难形成晶体[2]。此外，阳离子和阴离子的电荷通过共振分布在分子的更大体积上。因此，离子液体要在更低的温度下才会凝固。一个二元离子液体体系可能包含几种不同的离子种类，其熔点和性质取决于每个组分的摩尔分数。例如，如图 16.4 所示，二元离子液体［emim］Cl-$AlCl_3$ 的熔点对组成有依赖关系[91,92]。在其他离子液体体系中，可以观察到更加复杂的相行为，如［emim］［$Tf_2$］-$AlCl_3$、烷基 IM 和氯金属酸烷基吡啶体系[77,79,93-97]。

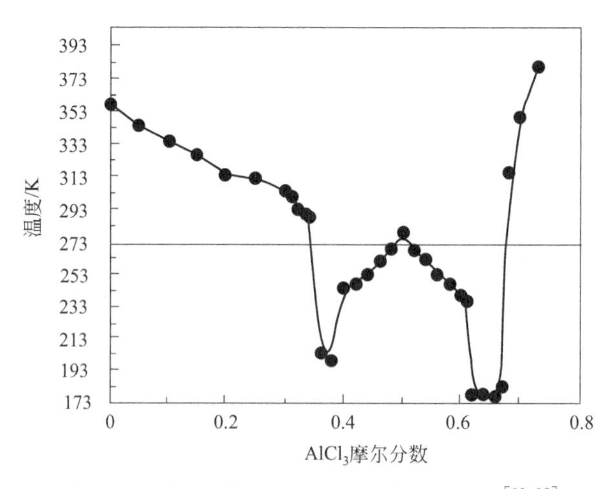


图 16.4　［emim］Cl 和 $AlCl_3$ 混合物的相图[91,92]

通过增加烷基链长，化合物的晶格能进一步降低，熔点降低。然而，在其他形式的键合开始占主导地位和观察到玻璃化转变而不是熔点之前有一个最大链长（图 16.5）。事实上，273K 以下的温度都是玻璃化转变温度，而不是真正的熔点。阴离子对熔点的影响是显著的，例如，将［$C_4$mim]Cl 改变为［$C_4$mim］［$PF_6$］或［$C_4$mim］［$BF_4$］可以分别将熔点从 353K 降为 278K 或 202K（图 16.5），从而使这些低熔点的液体更具有流动性，更易于操作。

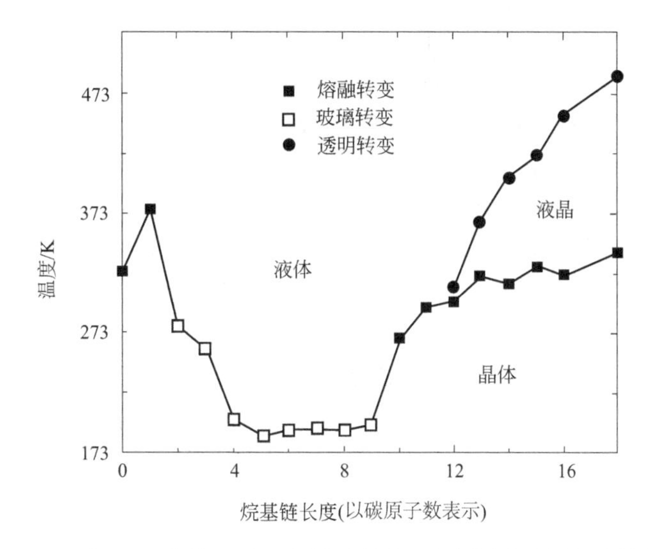


图 16.5　［$C_n$mim］［$PF_6$］离子液体的熔点相图随烷基链长度的变化

从结晶相（■）、玻璃质材料（□）和透明转变（●）可以看出熔融转变。LC 是液晶态[2]，液晶态（中间相）存在于一定的温度范围内，$T_m<T<T_c$，其中 $T_m$ 为固态融化为中间相的温度，$T_c$ 为液晶转变为各向同性液体时的清除温度。在清除温度 $T_c$ 下，中间相融化为没有位置和取向顺序的各向同性液体

缺乏沸点意味着许多离子液体可以在熔点至分解温度范围内保持为液体，这一温度范围很宽，约为 300～400K。在高达 623K 的温度下，基于四芳基磷的离子液体阳离子是稳定的，甚至可以在空气中加热 96h，直至在 723K 下加热 24h，基于咪唑、季铵或四烷基的阳离子才会表现出显著质量损失（>90%）[98]。

## 16.3.4　挥发性

在应用离子液体清除污染物方面，挥发性是一个关键特性。但大多数非质子离子液体具有不可忽略的蒸气压，可以在减压和中等温度下蒸馏而不分解[99-106]，尽管在大气环境条件下其蒸气压不可测量[107]。对于大多数在室温下进行的操作，离子液体的非挥发性是非常有利的。大部分离子液体在室温下的内聚能密度很大，这是其在环境条件下挥发性低的原因[108-117]。对于高温操作，无须考虑挥发性这一因素，但是需要知道离子液体的蒸气压。目前已有多个文献报道了几种测量离子液体蒸气压和蒸发焓的方法[49,101,117-131]，使用了各种模型和方法关联数据并预测蒸发焓[107-109,111-141]。

## 16.3.5　溶解度

许多有机、无机和有机金属材料在离子液体中表现出高溶解度，这是离子液体去除表面

污染物的基本原理。溶解度参数是选择最优溶剂的一种有效筛选工具，它根据“相似相溶”的原则工作[142]。因此，溶质与溶剂的溶解度参数差异越小，则溶质在溶剂中的溶解度越高。

溶解度参数 $\delta$ 定义为内聚能密度 $E_D$ 的平方根，其与蒸发焓 $\Delta H_{vap}$ 有关，见式（16.1）。

$$\delta=(E_D)^{1/2}=[(\Delta H_{vap}-RT)/v]^{1/2} \tag{16.1}$$

这里 $R$ 是气体常数，$T$ 是绝对温度。

挥发性溶剂的 $\delta$ 值可以直接从 $\Delta H_{vap}$ 或蒸气压-温度数据得到。然而，由于离子液体的蒸气压极低，一般很难通过实验测定其 $\Delta H_{vap}$ 值。因此，根据实验数据估算溶解度参数的方法有间接法和直接法，包括量热法、离子液体熔融温度、反相气相色谱法、特性黏度测量、黏度的活化能以及表面张力测量[49,101,109,110,112,113,143-154]。

也可以用各种理论方法来估算离子液体的 $\delta$ 值，包括 Kamlet-Taft 方程、非随机氢键模型、统计缔合流体理论（SAFT）、规则溶液理论、晶格能量密度、分子动力学模拟和基团贡献方法[108,135-138,147-157]。即使使用不同的方法来确定溶解度参数，但最终得到的数据具有很好的一致性[153,155,156]。然而，现有的实验数据库仍然局限于验证新的或改进的离子液体的 $\delta$ 值估算。只能通过反复试验获得溶解度参数的最佳和最准确预测[155,158]。

## 16.3.6　黏度

一般来说，离子液体比常规有机溶剂黏度大得多，并且大多数离子液体的黏度值甚至比重质有机溶剂都大 2～3 个数量级。例如，在室温下，苯的黏度仅为 0.6076mPa·s[159]，甲苯的黏度为 0.575mPa·s[160]，甲乙酮的黏度为 0.42mPa·s[159]，环己烷的黏度为 0.894mPa·s[161]，但 1-己基-3-甲基咪唑双(三氟甲基磺酰)酰亚胺的黏度达到了 70mPa·s[162-164]，而乙二胺磷酸二丁酯和醋酸二乙醇胺甚至分别高达 2945mPa·s 和 5647mPa·s[165]。对于大多数在去污方面的应用，从工艺角度来看，希望离子液体有较低的黏度，包括降低能耗，易于处理和处置（溶解、倾析、过滤、分离），具有较高的传热和传质速率等。

对于给定的阳离子，RTIL 的黏度是由阴离子的性质决定的，其中含有大量的 $[NTf_2]^-$ 阴离子的 RTIL 黏度最低，而含有非平面高对称结构或近球形阴离子的 RTIL 黏度最高。黏度最大的 IL 是含有 $[PF_6]^-$ 阴离子的盐类。此外，增加烷基链的长度会使大阳离子间的范德华作用更强，从而提高黏度。随着温度的升高，离子液体的黏度通常会显著下降，通常表现为 Arrhenius 关系。最近的一些文献对离子液体黏度的实验和理论信息进行了综述[18,49,135-138,166-183]。

离子液体的黏度对微量水和其他杂质高度敏感，即使杂质浓度很小，也会对黏度产生很大影响[176,184-193]。例如，含水量为 $1.9\times10^{-5}$ 的 $[C_4mim]$ $[NTf_2]$ 的黏度为 51mPa·s[190]，而含水量为 $3.28\times10^{-3}$ 时黏度为 27mPa·s[185]，降低了近 50%。然而，在一些离子液体中，质量分数为 5%～40%的水会增加黏度，导致阳离子 $[C_nmim]^+$（$n=8$ 或 10）与阴离子 $[BF_4]^-$、卤离子、硝酸根或其他阴离子形成的离子液体形成凝胶[194,195]。这就是为什么生产用于去污或其他方面的离子液体时必须使用高纯度原料的原因之一。此外，还需要开发离子液体的分离和提纯方法，以便回收和再利用。

有些应用，如电解抛光，需要高离子电导率。因为电导率与黏度成反比，RTIL 的高黏度对其电导率有重大影响。增加烷基链的长度通常会导致黏度升高而电导率降低。等效摩尔电导率（$\Lambda$）随流动性（黏度的倒数，$\eta^{-1}$）的对数变化的 Walden 图可用于定性标识离子液体的离子性[196-204]。图 16.6 比较了一系列非质子离子液体和锂离子液体 Walden 图[200]，直线代表理想的 Walden 定律，$\Lambda$、$\eta$ 为常数，并且用 0.01mol/L 的 KCl 水溶液进行校准，已知该溶液中的离子完全解离并具有相同的迁移率。然而，“理想”的 KCl 线的平均斜率可能不统一，但更接近 0.87[201]，根据 Walden 图中的实际线对理想线的偏差，可用于将特定离子液体分为良好或不良离子液体，或非离子（分子）液体[11]。具有良好离子性的离子液体，还具有其他相关的优良性能，如高离子电导率。黏度和电导率往往反映在玻璃化转变温度上，玻璃化转变温度低的离子液体通常具有更好的其他性能[22]。这可以通过改变离子液体的阳离子或阴离子成分来实现，如减小阳离子的大小或增加其对称性。

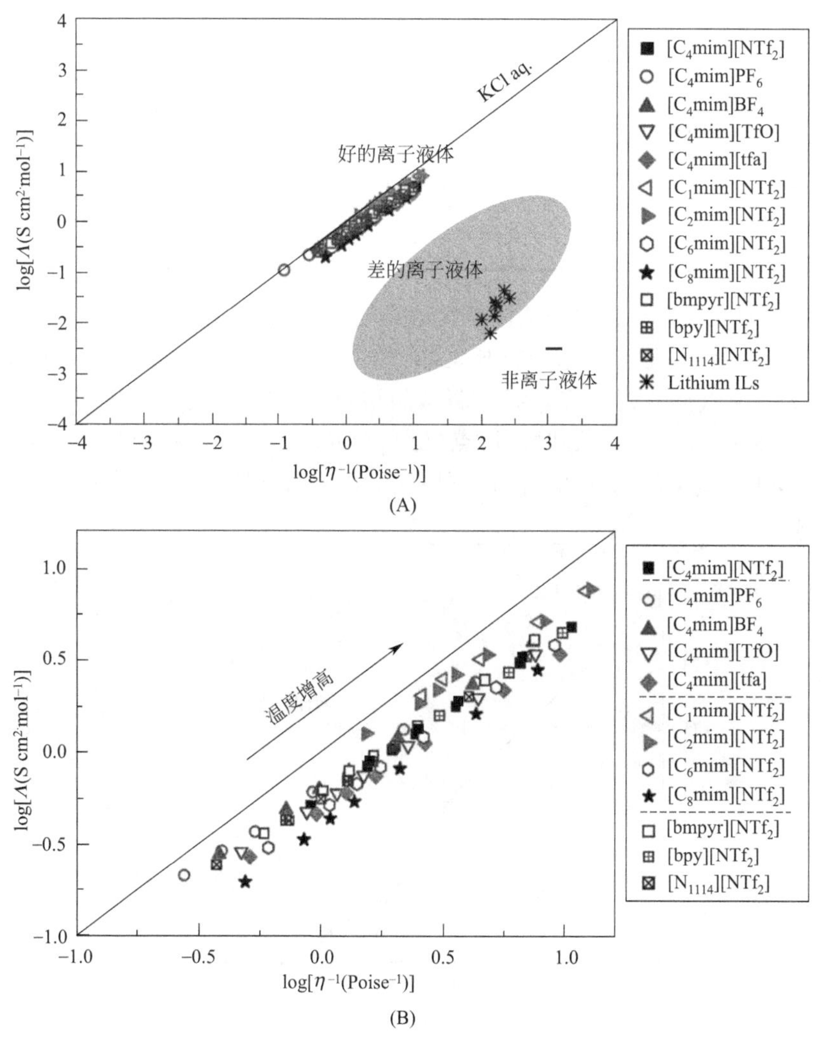


图 16.6 离子液体的摩尔电导率的数值的倒数的常用对数与黏度的数值的倒数的常用对数关系图（Walden 图）
（A）包含了对离子液体的分类，即分为好的、差的和非离子液体三大类；（B）典型非质子离子液体所占区域的特写图。实线表示完全解离的强电解质水溶液（KCl 水溶液）的理想线[200]

## 16.3.7 低共熔溶剂

低共熔溶剂（Deep Eutectic Solvents，DES）是新一代溶剂，它可以弥补普通离子液体的主要缺点，即高毒性、不可生物降解性、合成复杂需要纯化以及原料成本高[205-220]。DES是通过简单地混合两种能够形成共晶混合物的安全成分（廉价、可再生和可生物降解的）来获得的。术语 DES 的产生主要是为有别于真正的离子液体，也反映了低共熔混合物的凝固点可以比单一组分的凝固点有数百度的大幅降低（表 16.2）。

**表 16.2 几种氯化胆碱基低共熔溶剂在共熔点时的摩尔比和温度[217]**

| 低共熔溶剂 | 摩尔比 | 共熔温度/K |
|---|---|---|
| 氯化胆碱与尿素(利科) | 1∶2 | 285 |
| 氯化胆碱与乙二醇(乙胺) | 1∶2 | 373 |
| 氯化胆碱与甘油(甘氨酸) | 1∶2 | 327 |
| 氯化胆碱与苯乙酸 | 1∶2 | 298 |
| 氯化胆碱与柠檬酸 | 1∶1 | 342 |
| 氯化胆碱与琥珀酸 | 1∶1 | 344 |
| 氯化胆碱与丙二酸(Maline) | 1∶1 | 283 |
| 氯化胆碱与草酸(草酸) | 1∶1 | 307 |
| 氯化胆碱和间甲酚 | 1∶2 | 238 |
| 氯化胆碱和对甲酚 | 1∶2 | 263 |
| 氯化胆碱和苯酚 | 1∶2 | 243 |

DES 的凝固点也受有机盐（铵或磷盐）的影响。例如，尿素与铵盐以 2∶1 的摩尔比混合后形成的 DES，其凝固点在 235～86K 之间[217]。通过尿素-氯化胆碱体系相图（图 16.7）可以看出 DES 的凝固点急剧下降，氯化胆碱的熔点为 575K，尿素的熔点为 406K。然而，当它们以 2∶1 摩尔比混合在一起时，熔点仅为 285K。通常，尿胆碱盐衍生 DES 的凝固点按照 $F^- > [NO_3]^- > Cl^- > [BF_4]^-$ 的顺序降低，表明与氢键强度相关[217]。

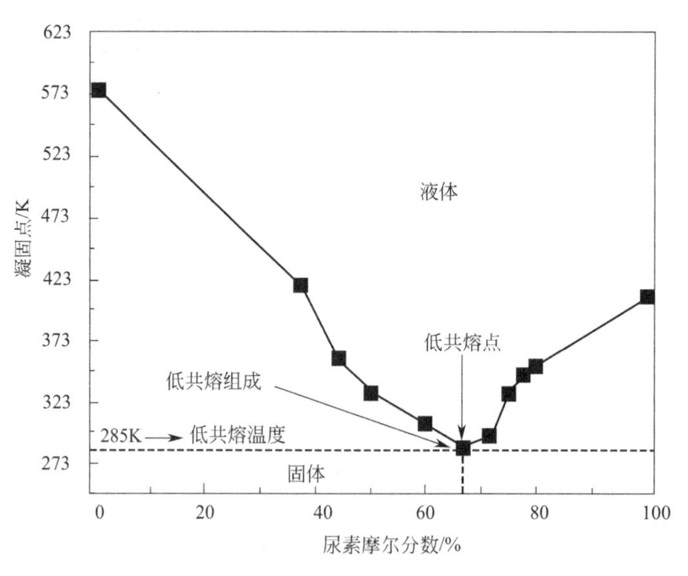


图 16.7 氯化胆碱-尿素体系相图

除阴离子和阳离子外，DES 的形成还需要一个氢键供体，如尿素、甘油、可再生羧酸

（丙二酸、草酸、柠檬酸、琥珀酸或氨基酸）或可再生多元醇（甘油、碳水化合物）。氢键供体使 DES 的阴离子/阳离子相互作用减弱，从而使 DES 的熔点较低。氯化胆碱是最常见的阳离子之一，是一种廉价的、可生物降解的、无毒的季铵盐。虽然 DES 是由阳离子和阴离子组成的，但它们也可以从非离子物质中得到，因此认为它们不是真正的离子液体。表 16.3 比较了 DES 和传统离子液体的一般特征。

**表 16.3　离子液体与低共熔溶剂特性比较**

| 离子液体 | 低共熔溶剂 |
|---|---|
| 低熔点离子化合物 | 低熔点的共熔混合物 |
| 不总是环保的，可能有毒 | 可生物降解和无毒的原材料 |
| 溶液电导率由中等到高 | 高导电性 |
| 价格昂贵，回收是至关重要的 | 比离子液体便宜 |
| 高黏度 | 混合适当的离子溶剂可以降低黏度 |
| 需要复杂的合成和纯化 | 合成简单，只需要将便宜的原料混合即可，并且不需要纯化 |
| 对水分敏感的离子液体必须在干燥或惰性气体下操作和处理 | 一般对水分不敏感，储存方便 |

DES 的物理化学性质（密度、黏度、折射率、电导率、表面张力、化学惰性等），尤其是氯化胆碱基溶剂，与传统 IM 基离子液体类似，在许多应用领域中可以成为有吸引力的替代溶剂。正如第 15.3.8 节所述，近来 DES 已被成功用于半导体的后端（BEOL）去污[221-226]以及其他工业去污相关应用[227-236]。

## 16.3.8　应用案例

离子液体和 DES 只是最近才被用于去污领域。在去污应用中，离子液体的关键属性是热稳定性、化学稳定性、熔点、黏度、溶解性、生物降解性和毒性，所有这些都比其他挥发性溶液和有机溶剂具有优势。它们在其他溶剂中的溶解度和黏度可以通过合适的阳离子/阴离子组合加以调整。离子液体的溶解度控制对去污过程很重要，允许选择特定的溶剂来清除表面上的污染物和离子液体。控制它们的黏度也很重要。例如，在敏感表面（如中世纪建筑中的彩色玻璃）去污时，黏度较大的离子液体对风化产物的渗透性和破坏性较小。

另一个更常见的离子液体的问题是，它们的分子间力的平衡与工业去污中的目标污染物不匹配，使得离子液体作为去污溶剂的用处不大[237]。然而，这一限制可以通过适当的阳离子和阴离子组合来克服，从而产生针对特定污染物设计的离子液体。不幸的是，由于可用性有限、合成成本高，以及缺乏新配方的毒理学和生物降解信息，该设计特征本身可能是一个限制。

人们已经研究和开发了几种离子液体和 DES 产品配方[47,215,238-249]，下文讨论离子液体和 DES 去污及相关应用的一些案例。

### 16.3.8.1　零部件去污

目前研究者已经进行了几项研究，以评估离子液体取代传统溶剂（被视为消耗臭氧层化学品或引起全球变暖的有害空气污染物）对零部件去污的有效性。美国国家航空航天局（NASA）的一项研究评估了乳酸异辛酯对不同污染物（如液压液）的去污效率，这些污染物代表了在处理氧气系统部件时遇到的污染物。对于被单一或混合污染物污染的不锈钢基底，平均去污效率达 85%或更高[250,251]。这种去污性能优于去离子水（DI），与用于蒸汽脱脂操作的 HFE-7100 相当。

一些质子型离子液体溶液可被用于清除很多被污染的固体表面，如金属、陶瓷、玻璃、半导体和塑料材料等[252]。将咪唑二胺单独与酸（如乙酸或丙酸）混合，或与至少含有一种羧基功能的酸（如马来酸、乳酸、琥珀酸或草酸）混合，即可获得相应的离子液体。这些去污溶液是未经稀释可以直接使用的，当然也可以用水稀释到30％（按质量计）后使用。去污时，在303～343K的温度范围内，以30～80kHz的超声频率将待去污物件浸没于装有离子液体的去污槽中进行去污。对于硅片、铝、铜、不锈钢和钼零件上的树脂、沥青油墨、切削油等各种污染物，使用各种离子液体-酸组合去污液配方，可达到100％的去污效率。

在为美国空军进行的一项研究中，使用[EMIM][Ac]和[EMIM][$EtSO_4$]两种离子液体对涂有二硫化钼润滑脂的中碳低合金钢（4130级航空等级钢）和2024-T3铝合金面板进行去污效果测试[253,254]。选择这两种离子液体是依据文献检索和对供应商的调查，总体而言，[EMIM][Ac]对两种材料的去污效率都很高，而[EMIM][$EtSO_4$]对铝合金面板的去污效率与[EMIM][Ac]相当，但对钢面板的去污效率较低，在试样表面观察到一些化学腐蚀，化学性能评价和材料相容性测试均显示出令人满意的效果。这些离子液体已经展现出广泛的应用潜力，尽管需要更广泛的测试来优化去污性能，以确保它们满足空军的要求。

金属最终成型的热加工过程（如带材和线材）会在表面形成氧化膜。这些氧化物必须从金属材料产品表面清除，以确保这些金属产品表面是明亮且干净的，无氧化物残留。传统的去污方法（化学、机械或热处理等）有严重的缺点，如使用腐蚀性酸和危险化学品、产生粉尘和细颗粒、金属损失和需要高温等。新开发的一种基于离子液体的方法成功地证明能够一步去除由不同钢材制成的零件（板材、线圈、带材、线材和棒材）上的氧化膜[244]，该方法使用一种离子液体组合物，可以对金属部件上的氧化膜进行调节和酸洗，然后清除氧化膜。离子液体由2种成分构成：(a) 至少1种有机盐，作为无机Lewis碱阴离子（如有机阳离子的卤化物或类卤化物）来源；(b) 1种或多种Lewis酸无机金属盐，其中至少1种金属盐包含这样的金属阳离子：其氧化态比金属阳离子对应的金属元素本身的最低正价氧化态更正（如$FeCl_3$）。组分a∶b的摩尔比低于1∶1。通过将金属部件与离子液体在373K的开口处理槽中或者温度更低的真空处理槽中短时间接触（通常为30min），可以去除氧化膜。

实验过程中观察到一些有趣的现象，对去除表面污染物可能具有应用价值，那就是当离子液体小滴沿着倾斜的固体表面滚落时，会带走沿途所有表面杂质，不留显微镜下可见的痕迹[255,256]。由于离子液体是强溶剂，预计这种去污作用也能用于清除表面上的润滑油斑点。

### 16.3.8.2 电解抛光

很多金属基质，如不锈钢、钼和钛合金、银、铝和镍钴合金，都可以在离子液体和DESs中进行电解抛光，获得干净、光亮和光滑的表面（图16.8）[240,257-265]。对于镍基高温合金，在昂贵且耗时的热处理之前，从铸态部件上去除氧化物有助于进行关键质量检查和评估，以识别有缺陷的部件。氧化物在离子液体和DESs中的高溶解度增强了该过程的效果[207,266]，操作参数与现有酸基电解液中的参数相当，但可以显著提高电流效率。典型的操作参数包括工艺温度303～323K，阳极电压在5V以下持续10min。事实上，金属钛在低至1.6V的阳极电压下就会溶解[260]。通过添加草酸等添加剂，抛光过程可以得到显著改善，使该过程可以扩展到其他系统。该工艺的主要优点包括使用无腐蚀性电解液，使表面更光洁，减少和简化废物管理，电解液可被回收和再利用，以及更安全的操作条件。

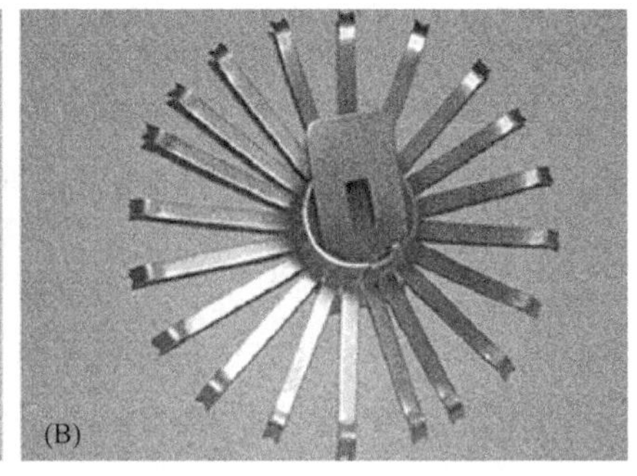


图16.8　钛合金零件在氯化胆碱基离子液体中电抛光后的光洁表面（B）与原始表面（A）[257,259]

#### 16.3.8.3　半导体

半导体器件制造涉及对光刻胶进行蚀刻，以在基质上获得所需的图案。传统的去污方法使用强反应活性化学品质去除蚀刻后的残留物，然后再采用多个工艺步骤进行去污和干燥。这不是一个环境友好的过程，需要大量有毒和腐蚀性化学品，使用后必须进行处置。目前提出的一种新的半导体基质的去污方法能够克服这些缺点[267]。它使用基于离子液体的去污溶液组合物来剥离光阻剂，同时清除基质上的有机和无机化合物，包括蚀刻和冲洗后的残留物。离子液体对这些残余物的高溶解度有利于强化去污过程，因为仅用少量的液体就能达到特定的清洁度水平。去污方法需要将半导体基质（晶片或集成电路）受污染的表面与离子液体（通过浸没或喷涂）相接触，离子液体包含咪唑、吡啶、吡咯烷、铵盐或膦阳离子和各种卤化物（$[Cl]^-$）、有机（[OTf]、[OTs]）和无机（$[BF_4]$、$[PF_6]$）阴离子，在293～343K温度下，接触时间为30s～30min，具体取决于去污液的成分。离子液体可以不稀释使用，也可以用其他极性溶剂稀释。该工艺可将4nm以下的痕量残留污染物清除至检测限$5\times10^{-8}$以下。由于化学品浓度降低和使用时间显著减少，可以使用活性更高的化学成分来进行精确控制，从而减少化学试剂消耗。在新型半导体材料中应用更多新的化学试剂，显著减少或消除某些最终去污和干燥步骤。这一去污过程及相应的化学试剂也可应用于纳米技术设备制造和生物技术领域。

近年来，在BEOL去污中，DES已经用于清除铜上$CF_4/O_2$蚀刻后形成的残留物[221-226]。通过在313～343K的温度范围内进行浸没清洗，由尿素-氯化胆碱和氯化胆碱-丙二酸构成的低共熔混合物能够分别以大约$1.1\times10^{-9}$～$1.7\times10^{-9}$m/min和$3\times10^{-9}$m/min的速度有效去除残余薄膜。氯化胆碱-丙二酸体系速度更高，这是由于铜氧化物在该体系中的溶解度更高[207]，丙二酸对其他金属氧化物也有很高的溶解性，可用于镍合金和不锈钢的净化[227,228]。

#### 16.3.8.4　高真空分析应用

离子液体可以用作导电材料，这一特性以及极低的挥发性可应用于真空条件下的分析。在精密去污应用中，表面分析技术通常用于表征污染物和表面清洁度[268]。

**电子显微镜**

电子束技术，如扫描电子显微镜（SEM）、透射电子显微镜（TEM）以及能量色散X射线光谱（EDX）分析仪，都需要高真空条件，而样品通常是绝缘的，或者可能含液体的环境样品。一滴离子液体[BMIM]$[PF_6]$首次使用SEM直接观察照片见图16.9[269]。暗对比图像表明，离子液体表现为一种导电材料。此外，在高真空条件和电子束照射下，离子液体没有蒸发的迹象，仍保持其液滴形状。这些特性对于通过在试样上涂覆离子液体使绝缘材料导电[269,270]，或者使用离子液体重新水化样品制备生物污染样品[271-275]非常有用。图16.10为浸在[emim][TFSI]中的星沙壳（一种有孔虫）的SEM图像（左图），与未处理的星沙壳（右图）的对比图[269]。多孔外壳吸收并保留黏性的离子液体，两幅图像之间的差异是明显的：经过离子液体处理的样品图像清晰，并显示出表面的细节，而未经处理的样品由于电子电荷的积累而呈现出高带电的白色图像。在TEM仪器中对不同离子液体处理过的其他样品进行了类似的实验[28,276-280]。

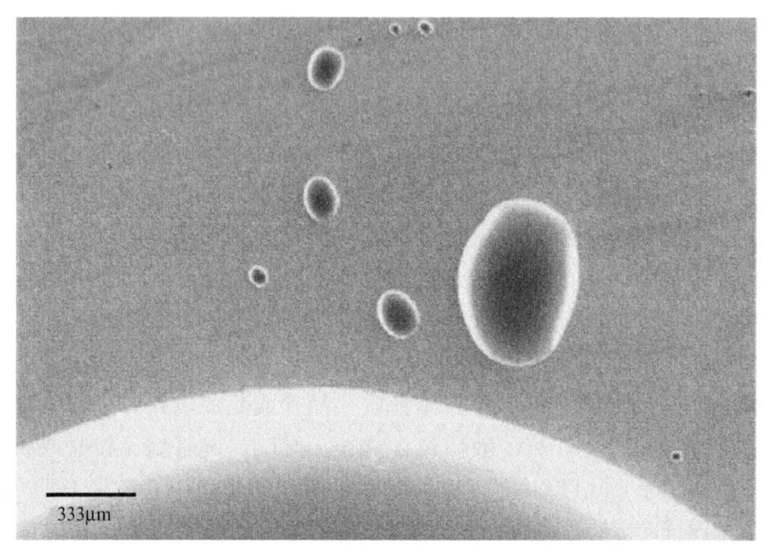


图16.9　离子液体[BMIM][$PF_6$]液滴的SEM图[269]

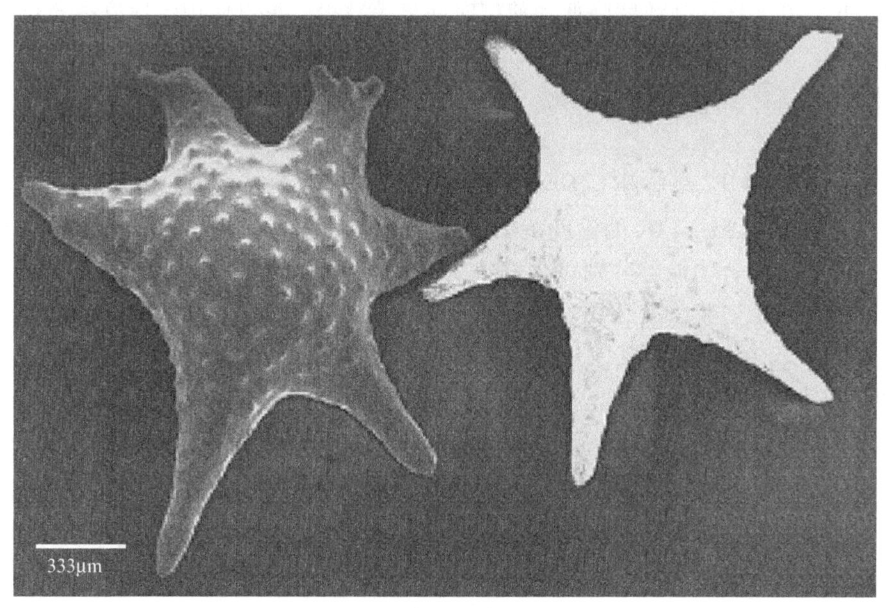


图16.10　两颗星沙壳的SEM图

在扫描之前，左边的星沙壳在[EMIM][TFSI]中浸泡处理，右边的星沙壳未做处理[269]

**表面分析**

表面分析技术，如俄歇电子能谱（AES）、飞行时间二次离子质谱（TOF-SIMS）和 X 射线光电子能谱（XPS）等，可以提供有关表面污染物化学结构的详细信息[268]，但分析是在高真空下进行的，因而不适用于潮湿或液体样品。离子液体的蒸气压可以忽略不计，使其适合用于以各种超高真空技术进行研究。一些人开展的以单独的和组合的表面分析技术研究离子液体的工作已被报道[28,47,281-292]。这些技术的一个大的优势，特别是 XPS，就是可以进行元素分析，并可以用来检测表面活性污染物的存在，如硅胶以及可能被离子液体溶解的污染物。因为可在真空下对离子液体进行蒸馏（15.3.5 节），所以利用超高真空质谱技术可以测定出离子液体的蒸发焓[102,126]。最近，TOF-SIMS 实验显示，在冷冻的离子液体样品表面可以形成电荷图案，而该图案会随着样品的熔化而消失[285]。这一观察结果可能适用于可擦写数据存储系统。

扫描探针技术也越来越多地用于研究离子液体的各种表面和界面现象。原子力显微镜（AFM）和扫描隧道显微镜（STM）等技术已成功应用于研究离子液体/固体表面的结构和获取分辨率达到原子级的相关图像[293-302]。AFM 的这种使用最近已被发现在监测和表征一种新酶和离子液体（[BMIM][$BF_4$]和[EMIM][$EtSO_4$]）配方用于从绘画和彩绘艺术品表面去除蛋白基材料的有效性方面具有重要意义[300]。这表明 AFM 监测方案可以应用于日常保护实践中。

### 16.3.8.5　刷洗去污

刷洗是可安全、温和地从高价值和敏感性表面去除污染物（颗粒、纤维和其他物质）成熟的去污方法（图 16.11）。不幸的是，静电作用会显著影响这种去污过程的效率。只有当毛刷被溶剂浸湿并且该溶剂还可以中和电荷时，刷洗过程才有效。通常采用稀释的 NaCl 溶液作为润湿剂和抗静电剂，以克服静电的问题。在实际操作中，刷毛通过文丘里管喷嘴喷出的去污液细雾来湿润，然而，NaCl 在喷嘴处的结晶会导致喷嘴结垢或堵塞，需要在短时间内进行频繁维护。为了解决这个问题，人们使用季铵盐型离子液体取代 NaCl，作为抗静电添加剂[303-306]。微湿润的刷毛能有效地束缚污染物并将它们转移到抽吸系统。使用替代品对喷嘴的改善效果是很明显的，并且不会影响去污效果（图 16.12）。

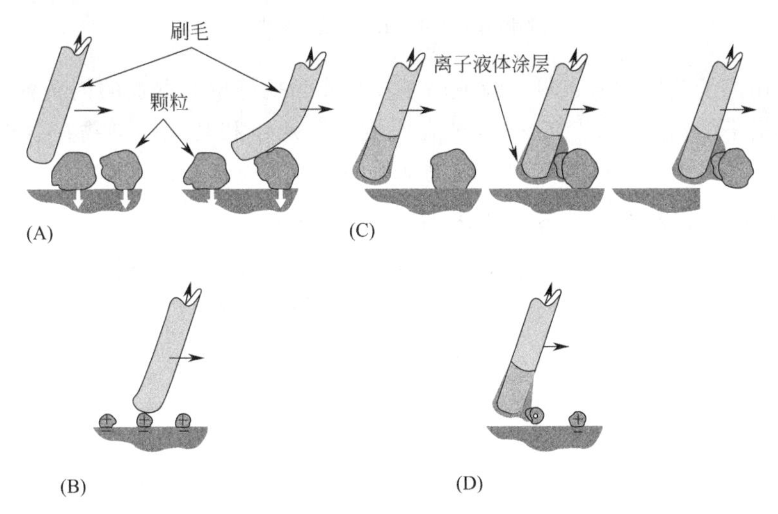


图 16.11

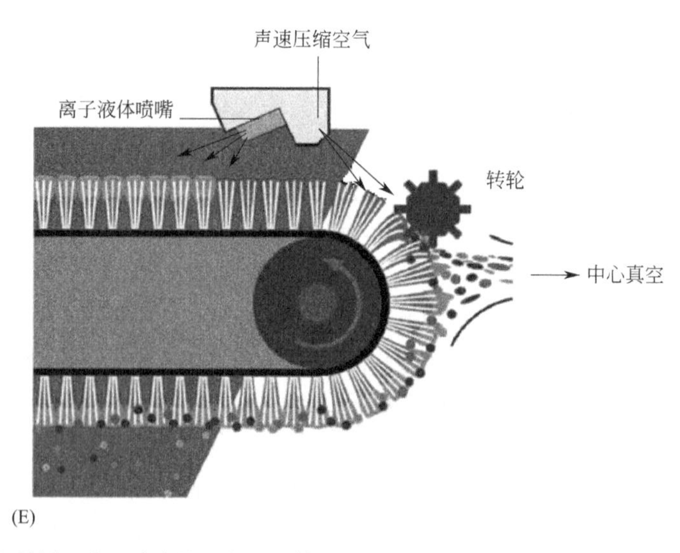


图 16.11 如果刷毛表面涂有导电离子液体膜，通过细喷嘴［（C)、(D）和（E）］喷射，则刷洗去污［（A）和（B）］去除污染颗粒效率更高

在工艺结束时，通过转轮去除黏附颗粒[312,334]（德国海尔布罗恩 IoLiTec 公司和德国斯特根 Wandres 微去污公司提供）

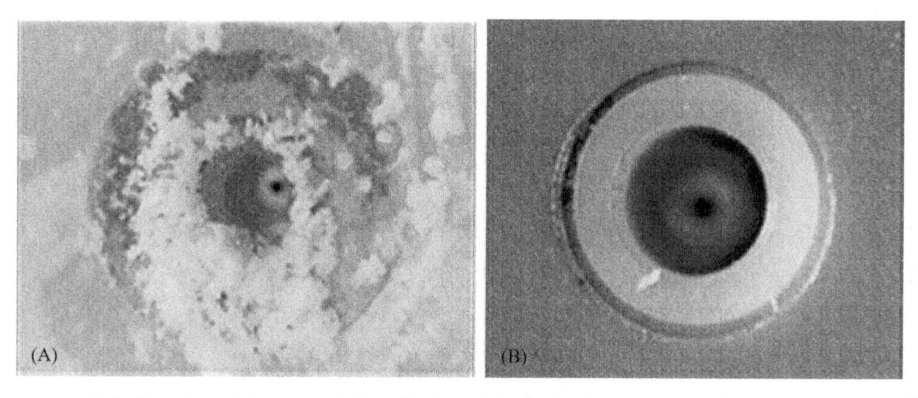


图 16.12 氯化钠水溶液喷嘴（A）和亲水性离子液体喷嘴（B）每个喷嘴使用 10h 后的照片[304]

（德国海尔布隆 IoLiTec 公司提供）

另一个使用离子液体（铵、氧、巯或膦基盐）作为抗静电润湿剂的创新示例是生产具有抗静电性能的扁平结构产品[307,308]。这种表面能防止灰尘和其他污染物在表面的吸引和附着。在固化之前，将离子液体引入到聚合物基质中。

### 16.3.8.6 用离子液体和超临界气体去污

许多离子液体不溶于水，也不溶于烷烃和重芳烃化合物。在这种情况下，用离子液体形成两相或三相溶液（图 16.13)。例如，烷基碳原子数小于 6 的[$C_n$mim][$BF_4$]在室温下可与水混溶，但在 6 个碳原子或以上时，与水混合后就会产生相分离[1,309]。这种性质在进行溶剂萃取或产品分离时具有重要的用途。

这种多相行为在绿色合成和超临界流体［如超临界 $CO_2$(SC-$CO_2$）］去污具有重要意义[310]。离子相和萃取相的相对溶解度可以调整，使分离尽可能容易。此外，由于离子液体实际上没有蒸气压，因此不会损失，可通过蒸馏从离子液体中分离挥发性产物。SC-$CO_2$ 在

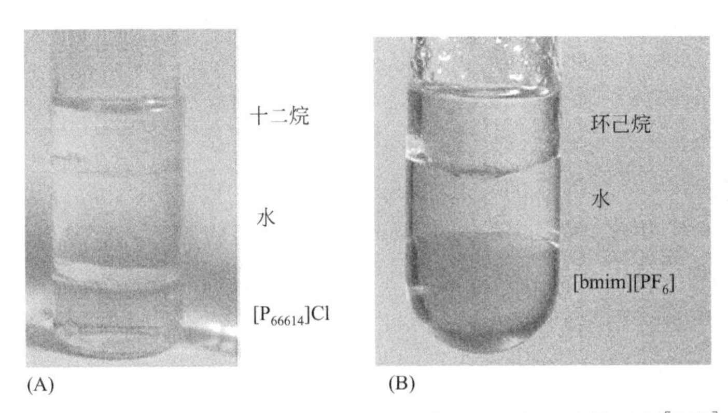


图 16.13 离子液体、水和一种有机化合物的三相混合物示例[1,309]

大多数离子液体中有很大的溶解性，但离子液体在 SC-$CO_2$ 中的溶解度可以忽略不计[311-313]。

考虑到可以形成大量的离子液体，工程过程应用中需要精确描述离子液体热力学特性的模型，特别是用于去污应用的 $CO_2$ 等气体的溶解度，这一点很重要，因为 $CO_2$ 在离子液体中的溶解度可以从非常低的摩尔分数到 80%以上[314,315]。几种不同的理论和经验方法、相关状态方程（EoS）已用于重现实验数据和预测新的离子液体体系的热力学性质[135-139,143-153,156,157,316-326]。这些模型是代表离子液体体系中气体溶解度的不同建模方法中最普遍的[312,313,327-335]。成功应用的实例包括 $CO_2$、CO、$O_2$、$CHF_3$、$H_2S$、$SO_2$、$NH_3$ 在咪唑基离子液体中的溶解度，$H_2$ 和 Xe 在［$Tf_2N$］-咪唑基离子液体中的溶解度，［$BF_4$］$^-$、［$PF_6$］$^-$、［$Tf_2N$］和 3-咪唑基离子液体的密度和摩尔体积，$CO_2$ 溶解度和二元气-液、液-液和固-液平衡其他同源系列的离子液体[157,315,321-323]。

离子液体和超临界 $CO_2$ 的优点结合在一起是一种新的清除污染物的应用。最近的一个示例是，使用[bmim][$PF_4$]和 SC-$CO_2$ 连续清除受萘污染的土壤[336,337]。离子液体用于在环境条件下溶解土壤污染物，SC-$CO_2$ 用于从离子液体提取物中回收污染物，用［bmim］［$PF_6$］离子液体从土壤中提取萘证明了该工艺的有效性。土壤中萘的残留量为 21～44μg，低于污染限值（50μg），然后利用 SC-$CO_2$ 来回收溶解在离子液体中的萘，在 313K 和 14MPa 条件下，经过 4h 萃取，萘的回收率接近 84%。目前已开发了一个工艺流程，用于从被污染的土壤中提取离子液体，再通过 SC-$CO_2$ 连续从离子液体中回收污染物，使离子液体得以回收和再利用。

最近，有人提议用离子液体作为洗涤剂来提高 SC-$CO_2$ 干洗工艺的效率[333]。加入离子液体有助于比传统的洗涤剂更有效地去除亲水性或极性污垢，传统的洗涤剂去除这类污垢的效率低。

### 16.3.8.7 油污砂和颗粒物的去污

一种基于离子液体的，用于从焦油、沙滩砂和颗粒物中分离碳氢化合物的方法已被开发[339,340]。这种方法使用基于 IM 离子液体或其他易溶于水而不溶于非极性有机溶剂的离子液体，从砂中分离重黏性油，以及从钻屑中分离油。只需在室温下将这些成分混合在一起，就可以实现矿物、离子液体和烃类层的三相分离，而不会产生废水。标准的固-液和液-液萃取技术可用于分离各成分。沥青很容易从沥青砂中分离出来，但要从钻屑中分离出残余油则需要向混合物中添加挥发性溶剂，随后可通过真空蒸馏将溶剂从油中分离出来。这种方法使用很少的能源和水，并且所有的溶剂可回收和再利用。该方法也已在墨西哥湾“深水地平线”石油泄漏污染的沙滩上得到了演示验证，用含［EMIM］Cl的分离液可实现焦油与砂的完全分离。

近年来，具有各种氢键供体的氯化胆碱（DESs）已成功用于铅污染填埋场土壤的清洗[234]。添加天然可生物降解的水果表面活性剂皂苷，可将铅（$Pb^{2+}$）的去除量从31％提高到72％。DESs和皂苷混合使用时表现良好，表明它们都有助于从土壤中去除$Pb^{2+}$的协同行为。天然DESs和天然皂苷的生物来源使这种土壤淋洗去污过程具有广阔的应用前景和可持续性。

### 16.3.8.8 有害物质消除

以废弃物形式存在的有害物质是公共和私营部门工业活动产生的有毒副产品。氯代烃废物的传统销毁方法包括热焚烧、超临界水氧化、直接化学氧化、光化学氧化和溶剂萃取等多种不同的处理技术[341]。每一种技术都有缺点和局限性，包括高投资成本、安装、能源和运营成本、公众可接受性、过程废物的处理和处置，以及对环境的不利影响等。目前已经提出一种使用DES中的超氧化物离子来销毁卤代烃的新工艺[213]，过氧化物（如$H_2O_2$）可通过电化学的方法还原DES中的氧或者将碱金属或碱土金属的过氧化物溶解于DES中来产生。许多卤代烃和化学战剂均可在常温常压下通过与DES反应而降解，不会产生有毒副产品。

另一种清除化学战剂污染的方法是借助于表面活性微乳液，该乳液含有各种具有定制特性的离子液体[342-344]。另一个应用实例开发出一种含有基于IM的RTIL的可涂覆软固体涂层，用作化学战剂蒸气的便携式屏障，可阻挡70％～90％的芥子气蒸气，并可净化表面[345]。一种基于RTIL的可剥离阻隔涂层已成功用于阻隔96％～99％的二氯苯蒸气，并吸收99％的二氯苯液体[346]。

基于离子液体的溶剂萃取是核材料去污和处理的一种很有前途的战略对策。离子液体和DES的物理化学性质可被适当改变，以便选择性地溶解多种锕系和镧系离子和氧化物，这些离子和氧化物可以通过溶剂萃取进行有效分离。这些方面已被详细评述[347-349]。

### 16.3.8.9 微生物污染

微生物污染是卫生和食品部门日益关注的一个问题。疾病传播的风险、慢性植物、动物和人类感染、医用植入物和同种异体组织移植失效、微生物腐蚀和生物污染是微生物污染造成的一些灾难性后果。许多离子液体对具有临床意义的革兰氏阳性和革兰氏阴性细菌、藻类和真菌表现出很强的活性[350-358]，它们还能有效分解导致医院和其他医疗设施感染的微生物生物膜[359-367]。通过改变阳离子和阴离子对以及烷基链的长度，可以调节离子液体的毒性和其他性质，从而促进其作为表面杀菌剂用于消毒被污染的表面。例如，甲基和羟乙基取代的咪唑盐显示出显著的抗菌作用[350,359,366]。离子液体被提议用作医疗设备和器械的杀菌剂、消毒剂或防腐剂。离子液体可以应用于已经被污染的表面，或者预先涂敷在物体表面以阻止生物膜的形成，例如在抗感染的医疗设备中，离子液体还可以作为防污剂应用于各种工业和海洋领域，防止形成生物膜堵塞管道，导致表面腐蚀，以及影响系统正常运行性能[368,369]。

### 16.3.8.10 制药中的就地去污

产品或副产品对设备的污染是制药生产中的一个重大问题。对那些用常规溶剂难以去除的药物和中间体，离子液体具备高溶解能力，这对制药行业非常有利。例如，季铵盐型离子液体可以溶解 300～500g/L 的阿莫西林[370]，这是制药生产中的一种污染物，阿莫西林在传统有机溶剂中的溶解度很低，使得去污过程效率较低，并且需要处理和处置大量使用过的溶剂。使用离子液体去污的优点是：选择性地溶解特定化合物和残留物；对目标污染物的溶解能力强；接触设备的溶剂没有腐蚀性；降低废物处理成本以及使用安全、方便等。通过原位喷洒去污液或将被污染的设备浸泡在去污液中，可就地进行去污。

#### 16.3.8.11　艺术品去污

中世纪彩色玻璃中，碱金属和碱土金属（钾、钠、钙）离子含量相对较高，二氧化硅含量较低。这种组成是其在相对湿度波动、污染物和微生物的作用下，发生性质退化的原因之一。在含有 $CO_2$ 和 $SO_2$ 等气体的空气中，这种玻璃表面会形成主要由钙盐（碳酸钙及硫酸钙）组成的腐蚀性外壳，这些钙盐是在高湿度（>85%）下由微生物产生的草酸和玻璃之间发生相互作用而产生的[371]。文物保护者使用传统的机械的和化学的去污方法可能对玻璃造成侵蚀，或者在去除腐蚀结壳方面效率低下。这些方法也可能损坏那些被认为是这种玻璃的历史记录的一部分的风化产物。

在最近的一些研究中[372,373]，试验了用离子液体去污技术替代传统的机械方法和化学去污，人们针对葡萄牙巴塔利亚・达・维托丽亚修道院的 15 世纪彩色玻璃板 S07c（Figura Aureolada）的去污问题，评估了用离子液体技术替代传统的机械方法和化学方法的可能性。采用的离子液体由季咪唑、膦、季铵阳离子与氯化物、双氰胺和硫酸乙酯阴离子结合而成。[EMIM][$EtSO_4$]和[OMIM][DCA]显示出最好的结果，并用于清除 S07c 面板上的两块彩色玻璃碎片。离子液体的主要作用是软化腐蚀层。就这两个碎片的清除而言，结果是成功的，证明以可控方式清除这种腐蚀层是可能的。实验表明，与现有的彩色玻璃去污方法相比，离子液体是一个很好的替代方法，但仍需进行后续的实验，以证明离子液体在彩色玻璃去污方面是安全的。

在另一个最近的例子中，酶（蛋白酶）和离子液体[BMIM][$BF_4$]和[EMIM][$EtSO_4$]组成的新配方已成功用于去除彩绘和彩绘艺术品中的蛋白清漆层（蛋白、动物胶、明胶和酪蛋白）[374,375]。这种由离子液体和酶结合而成的新配方意味着，离子液体可以作为单一酶（蛋白酶、淀粉酶、脂肪酶、纤维素酶）的替代溶剂[376,377]。在酶清洗绘画的过程中，一个关键因素是室外温度，它可能显著减缓清洗过程。酶的成本也是缺乏广泛应用的一个原因。可以通过对离子液体的设计（阳-阴离子结合）以满足不同的需求，如提高酶的去污速度和效率、表面相容性和安全性。

#### 16.3.8.12　油气生产

在油气生产过程中，含油气地层处井口或井口附近的结垢是油气减产的一个常见原因。这些污垢由矿物质组成，如 $BaSO_4$、$CaCO_3$ 和 $CaSO_4$，这些矿物的积聚最终会堵塞井筒。常用的除垢方法是机械或化学技术，这些方法通常是无效或对井筒的钢衬造成损害。一种新的井筒除垢方法利用了离子液体的下述的一种或多种属性[378]：

- 所选定的离子液体对很多有机、无机材料均具有很强的溶解能力。图 16.14 比较了 $BaSO_4$ 在七氯化二铝三甲胺（TMAHIL-67）和传统的乙二胺四乙酸（EDTA）溶剂中的溶解速率。
- 当把离子液体的前体分别泵入井下，使其在井口或靠近井口的区域反应形成离子液体

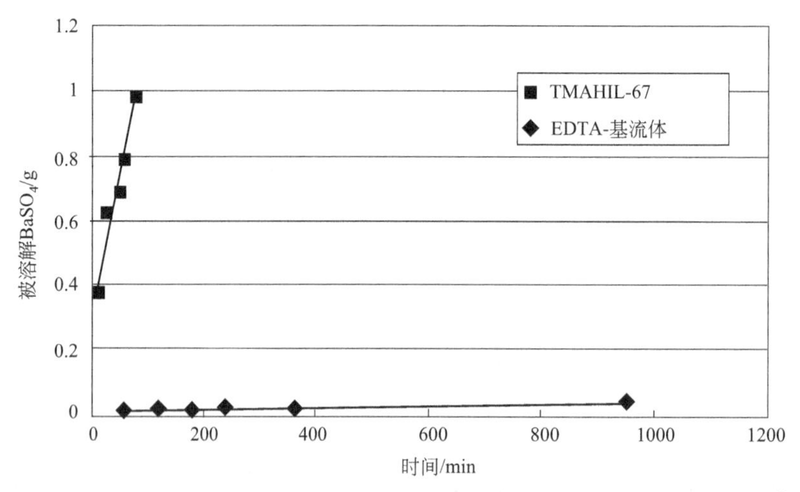


图 16.14　$BaSO_4$ 在离子液体 TMAHIL-67 和 EDTA 基溶剂中的溶解速率对比[378]

时，会放出大量的热。这些热量能使覆盖在井壁上的污染物（石蜡、蜡、污泥）熔化。形成的离子液体直接与污垢接触并将其溶解，也可以将前体封装在渗透膜中，达到延时释放或者控制释放的目的。

- 离子液体可以作为载体溶剂，将各种试剂或材料（包括强酸或超强酸等除垢剂）输送至结垢沉积物。
- 将所选的离子液体与水溶液反应生成能与污垢反应的酸或超级酸。通过控制加水速率来控制产酸速率，使用含 [$AlCl_4^-$] 阴离子的离子液体时，产酸效率比有机酸高得多，从而使过程得到强化。

实验室测试结果表明，离子液体适合溶解油田环境中常见的多种类型的污垢，特别是 $BaSO_4$、$CaSO_4$ 和 $CaCO_3$[378]。

油气开采和地热开采中钻井管路用的钻井液具有多种功能，包括冷却旋转钻头，悬浮和移除钻孔岩屑，阻止流体进入周围地层，以及抵消周围地层的压力等。通常在流体中添加 $CaCO_3$、$Fe_2O_3$ 或 $BaSO_4$ 以增强这些功能。不幸的是，这些添加剂可能会从流体中分离沉淀物，加剧结垢，导致钻井作业中断或停止。可用各种离子液体成分来替代传统的油基钻井液，以克服这些缺点[379]。基于离子液体的钻井液由单一离子液体或者混合离子液体组成，并可以设计成能够满足钻井操作中对特定流体性质的要求。此外，离子液体可以回收、清洗和重复使用。

压裂是一种提高油气采收率的新技术。在这个过程中，裂缝通过在地下岩层中钻孔形成。为了提高钻井或压裂液的性能，人们经常将纤维素材料添加到钻井液或压裂液中使其变浓，但在有水的情况下，这些材料会水解还原为纤维素。不过，纤维素在水和大多数有机溶剂中的溶解度很低，因此需要经常清洗井筒及其裂缝，以去除沉积的，能够阻碍或阻止烃类通过裂缝流动的纤维素材料。另一方面，室温离子液体如 [$C_4$mim]Cl 可溶解高达 25%的纤维素，这比有机溶剂要高得多[380-383]。不过，如前所述，离子液体昂贵，并且许多盐有毒，需要特殊处理。相比之下，DES 是由廉价、无毒的前体生产的，可以安全地处理（见 15.4.1 节）。一种使用 DES 溶解/去除地下钻井作业中使用的纤维素或化学改性纤维素材料的新方法已被开发[248]。用作纤维素溶剂的 DES 包括季铵化合物，如氯化胆碱和氯化氯胆碱，与从酰胺、胺、羧酸、醇和金属卤化物中选择的化合物反应。该方法包括在压裂作业后向井下泵入 DES，以清除裂缝中、地层表面、井筒沿线或其他地下区域内遗留的纤维素物质。DES 可被单独使用，也可以在顺序处理中使用，即在 DES 处理之后用水、苛性碱或酸溶液或酸酐物质进行冲洗。测试的 DES 可溶解高达 50%（质量分数）的纤维素材料，如黄原胶、纤维素纤维、改性瓜尔胶和羧甲基纤维素钠。相比之下，$[C_4mim]Cl$ 离子液体最多可溶解 25%（质量分数）的纤维素物质。

### 16.3.8.13　碳氢化合物燃料脱硫

另一个与去污有关的应用是使用不同等级的离子液体对燃料脱硫。该工艺的一些变化最近已被报道和回顾[384-389]。这涉及在一个步骤中直接液-液萃取含硫化合物，或氧化脱硫，即含硫化合物被萃取出来后氧化成亚砜和砜，然后液-液萃取分离，以达到高的硫化物去除效率。离子液体脱硫技术有几个，在其商业化成为可能前必须被克服的限制因素。大多数报道的研究中，使用的是实验室条件下的模拟燃料，与实际条件存在差别。虽然报道的萃取效率很高，但高效催化剂的制备仍是复杂的过程，而且目前并未实现商业化。其他限制条件还包括组分的分配、需要多次循环萃取、碳氢化合物的损失以及离子液体遇水分解等。

### 16.3.8.14　高硫煤的清洗

煤的高含硫量已被认为是空气污染问题（酸雨）的根源，特别是来自发电和工业锅炉的污染，也是其他环境问题的原因，如由于煤中黄铁矿硫的氧化产生的酸性矿井排水。由于硫对金属产品力学性能的影响，高硫煤不适合用来炼冶金用焦。煤燃烧时烟气的硫酸露点也取决于煤的含硫量，硫含量会导致工厂设备的腐蚀故障[390]。在最近的一项可行性研究中，离子液体已成功用于从总硫含量为 2%～4%的煤中去除所有形式的硫。离子液体能够将黄铁矿、硫酸盐和有机硫分别最高减少 62.50%、83.33%和 31.63%[391]。离子液体可被回收和再利用，这使其成为一种比传统的化学脱硫工艺更清洁的工艺。

### 16.3.8.15　金属加工业

离子液体和 DES 在金属加工业中的各种应用已得到证实。这些应用包括溶解和回收矿石、废料和氧化物等来源中的金属[232,233,265,391-397]；金属和合金的电沉积和电加工[218,219,230,231,233,235,258,265,398-404]；处理电弧炉粉尘以回收铅和锌[229]；以及铝生产[392]。

### 16.3.8.16　汞脱除

一切形式的汞都有神经毒性。它作为一种污染物从自然来源（如火山和森林火灾）以及被人类活动（包括煤炭和天然气燃烧和废物焚烧）释放到环境中。从环境暴露的角度来看，汞的控制和处理是高度优先考虑的问题，对于防止对工艺设备造成破坏性损坏也很重要。各种离子液体已被用于从废水中提取汞和从气流中捕获汞[405-423]。在最近报道的一项应用中，浸渍在高比表面积多孔固体载体上的氯铜（Ⅱ）酸盐离子液体已被用于有效地氧化和捕获天然气流中的汞蒸气[421]。该工艺已经在马来西亚的一家天然气工厂进行了工业规模的应用[420]。

### 16.3.8.17　消费品应用

许多离子液体是可生物降解和无毒的液体，能被用于消费品应用中。它们还表现出溶解各种物质和污染物的能力，后者包括：盐（水垢、漂白剂、金属变色剂）；脂肪；蛋白质和氨基酸；可用于油的增溶的阴离子、阳离子和非离子表面活性剂；糖和多糖；金属氧化物和各种溶质。对于许多这样的离子液体来说，由于原材料便宜，生产成本低，这些特性使其适合作为家庭和工业环境用清洁剂（液体或气溶胶喷雾剂、喷灌液体、液体添加剂），也适用于其他消费应用[239,242,245-247,338,424-430]。所述含离子液体的组合物可以配制为液体、凝胶、膏体、泡沫或固体形式。消费品应用的一些实例包括：用于洗衣、餐具和硬表面清洁的洗涤剂配方；生物膜去除；干洗剂；用液体或超临界 $CO_2$ 清洗纺织品、纱线和皮革；织物护理产品；汽车内外护理产品；个人护理产品，如香水、染发剂和护发素，以及婴儿洗发水配方以及珠宝清洗。

# 16.4 其他

应用离子液体和 DESs 进行表面去污应用的经验很少，在将这些材料用于商业用途之前，还需要考虑其他一些问题。

## 16.4.1 毒性问题

毒性是离子液体工业化应用中需要考虑的主要因素。如果要在工业应用中广泛应用离子液体，取代挥发性有机溶剂去除表面污染物，则离子液体应具有更广泛的“绿色”特性，包括低毒性和生物降解性。离子液体去污应用中最吸引人的特点之一是其在空气环境中无毒，然而，这主要是由于它们在环境条件下的低蒸气压（见 15.3.4 节），可以减少通过蒸发或升华而污染空气的风险。另一方面，大部分离子液体在水中的溶解度有限[431-439]，通过意外泄漏、废水等机制，以及微生物降解、吸附和解吸，以及陆地环境中类似的机制被释放到水环境中[350-358,440,441]。离子液体的许多前体是有毒且对环境有害，而且许多较常见的离子液体的毒性在生物体和营养水平上差异很大[34,350-358]。毒性的大小取决于特定的阳离子和阴离子以及烷基链的长度，例如 [EMIM]Cl 是无毒的，但一个结构与其相似的衍生物 [BMIM]Cl 则是有毒的。这促进了可降解和可生物再生离子液体的发展，以及离子液体回收利用、废水处理以及其他相关工艺的发展[351,353]。

如上所述，人们已经进行了许多研究来评估离子液体的毒性和生物降解性。然而，考虑到可能存在的离子液体系统的数量几乎是无限的，以及各种不同的生态系统，对所有未经测试的离子液体进行充分的毒性评估是不可行的[353]。目前的评估方法是定量结构-活性关系（QSAR），该方法劳动强度大，且非常耗时。为了克服这一局限性，人们不断努力开发基于 QSAR 的模型来预测未知离子液体的毒性[353,434,442-444]。最近，设计一种新的方法用于筛选未知离子液体对费氏弧菌的毒性。费氏弧菌是离子液体毒性的一种标准细菌测定方法[445]，该方法以 30 种已知阴离子和 64 种已知阳离子的毒性数据和甲苯或氯仿的毒性作为阈值，采用偏最小二乘判别分析（PLS-DA）对其组合后可形成的 1920 种离子液体进行生态毒性筛选，通过 147 个样本的测试集验证了该模型的准确性，正确率达到 93%。结果成功地表明，该模型可作为筛选工具，以协助设计水生环境友好型离子液体，也可用于开发其他生物和环境的预测方法。

目前已经提出了一种简化的方法来使得对离子液体进行各种毒理学试验数据可视

化[446]。在这种方法中，给予每个测试的数据一个分数，从 1（无毒）到 3（剧毒）不等。然后将不同毒性测试的分数组合起来，得出离子液体结构的总体评分。综合得分用于通过树状图直观地表示离子液体，其中 1 分（无毒）为绿色，2 分（中等毒性）为黄色或琥珀色，3 分（有毒）为红色。每个离子液体按其毒性评分进行颜色编码，按烷基链长度增加的阳离子类别和阴离子类型排列。图 16.15 为选定的咪唑和铵基离子液体的毒性树状图[356,446]。树状图可以方便地可视化数据，以识别毒性趋势，并选择（无毒生物相容性）或排除（毒性太大）离子液体做进一步评估。

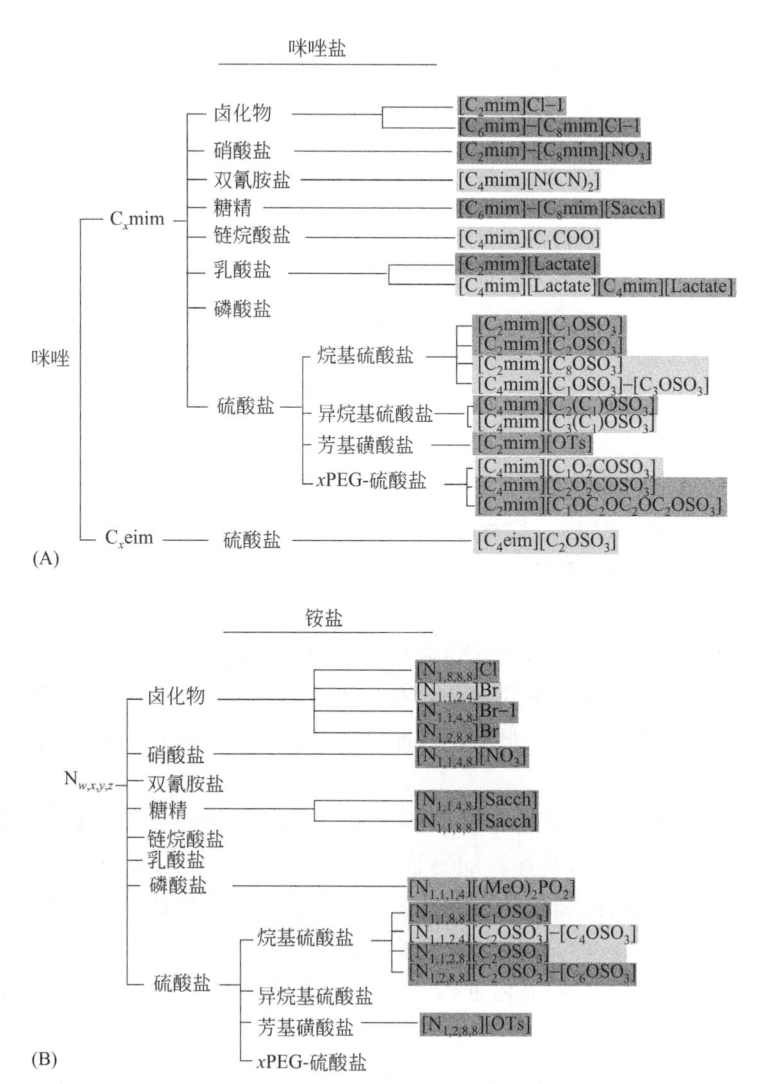


图 16.15　有人提出的用于表示所选（A）咪唑和（B）铵基离子液体毒性的树状图[356,444]（见文后彩插）

这意味着离子液体必须用于可回收和重复利用的场合。用过的溶剂如果有商业价值，很少被处置。对于高价的离子液体，回收和再利用将对于工艺的经济可行性至关重要。

## 16.4.2　成本

成本是离子液体商业化使用之前必须要考虑的核心问题[29,70,424,447]，离子液体去污的主要成本是离子液体本身的成本。目前可以买到的纯离子液体只以千克级的量生产，而且价格不菲。这种高成本的原因是：a）原材料的成本高；b）合成过程中所需的纯化。制造二烷基咪唑阳离子和含氟阴离子的材料都很昂贵。如果需要额外的制造步骤，价格还会受到特定离子液体配方规格参数的具体要求的影响。实际上，与其他常见有机溶剂相比，离子液体可能永远不会便宜。然而，在去污过程进行成本分析时，采购价格只是其中一个组成部分，随着挥发性有机溶剂监管的不断加强，挥发性可忽略不计的离子液体具有一定的成本优势。例如，大多数常见的溶剂，如乙腈或苯，可以以 1 美元/kg 的散装价格购买，虽然离子液体不太可能接近 1 美元/kg，但基于规模经济，可以合理预期，10～20 美元/kg 的价格目标是可以实现的。这一预期是基于生产商巴斯夫公司在吨级规模上进行的初始生产运行情况。

一般来说，不同离子液体之间的价格差别不大。基于对大量离子液体前体的内部调查和反向工艺集成，BASF 能够进行高精度的成本计算，表明咪唑盐与吡啶盐、吡咯烷盐、铵盐和膦盐之间只有很小的差异[69]。离子液体的技术性能将决定哪种化合物最适合应用。

离子液体去污应用的设备成本预计会很低，因为离子液体通常用作现有去污液的替代品或是去污液的添加剂，现有工艺不需要新的或额外的设备。离子液体对大多数材料的化学惰性意味着即使对于新的专用离子液体工艺应用，设备成本也将与传统工艺相当。更传统的溶剂工艺应用的成本也反映了人员保护和排放控制硬件和监测设备的费用和基本投资，离子液体应用可能不需要这些。即使需要，如果现有设备可以使用，也不会增加成本。

离子液体的优良性质表明，操作成本一般较低，大多数去污应用可以在环境温度和压力下进行，因此能源消耗成本也很低，主要的成本源于离子液体净化再使用的纯化成本。

由于废渣是 100%的污染物，用离子液体去污的废物处置成本可能比其他溶剂去污技术低。离子液体可以回收和重复利用，如果污染物也能回收，再利用或再生，那么在废弃物处理方面就不存在成本。

在许多去污应用中，离子液体通常要稀释后使用。因此，如果离子液体所能进行的去污效率高于竞争性产品，那么其本身的增量成本可能并不显著。另一方面，用未稀释的离子液体作为去污剂，由于材料成本显然很高，从而使离子液体去污应用与其他溶剂去污工艺相比没有竞争力。

如果 DES 可作为特定去污应用的有效替代品，则离子液体的高成本可以降低，从而与其他溶剂竞争。如第 15.3.7 节所述，DES 原材料便宜，并且可以按吨级生产。而且 DES 不需要纯化，只需要把原材料温和加热搅拌混合即可，原料的纯度决定了最终产品的纯度。

离子液体和 DESs 所展示的去污应用数量非常有限，因此目前很难进行有意义的生命周期成本评估，并与其他溶剂去污工艺进行比较。这里对水基去污系统每月处理 14700kg 衣物的直接成本进行比较[424]。

- 水基系统：每月 0.074 美元/kg，包括水费 10%、能耗费用 44%和清洁化学品 46%的成本。
- 基于离子液体的系统：每月 0.061 美元/kg，包括离子液体溶剂 32%、能耗费用 13%和清洁化学品 55%的成本。

离子液体溶剂的初始成本得到了改善，因为溶剂可以回收再利用，因为不需要干燥，能耗费用也降低了。假定清洁化学品的成本和水基系统相同，但因为溶剂可回收，清洁化学品的加入量可以减少，实际过程中化学品的成本会更低。这一对比表明，基于离子液体的去污工艺比传统的溶剂去污工艺更有竞争优势。

### 16.4.3　离子液体的优点和缺点

离子液体有望应用于去污及相关领域，下面列出离子液体在这些应用中的优点和缺点。

#### 16.4.3.1　优点

（1）离子液体提供可调的物理化学性质，以适应特定的去污应用。

（2）离子液体对各种目标污染物具有很高的溶解度，包括有机、无机和微生物物质以及生物材料。

（3）离子液体的可调性能和高溶解度允许使用低液体体积来实现给定的清洁度水平，从而实现过程强化和改进清洁制度。

（4）对工厂基础设施表现出的化学惰性，使离子液体容易替代现有工艺中的传统溶剂。

（5）离子液体在很大程度上是不易燃的，这在去污方面是一个显著的安全优势。

（6）污染物是唯一的废物。因此，废物处置的成本很低。事实上，如果污染物能够回收或再利用，废物处置的成本就可以消除。

（7）离子液体可以回收再利用，从而抵消其高昂的成本。

（8）这是一种无腐蚀、环境友好的工艺，不产生有害废物和排放物，离子液体和 DESs 可以调为与几乎所有的材料兼容。

（9）离子液体的溶解速度快，去污过程时间短，降低了工艺运行成本。

（10）由于去污过程中没有热量输入，预计能耗较低。

（11）使用离子液体和 DESs 去污可以在环境温度和压力下进行，这对于温度敏感的部件是一个显著的优势。

#### 16.4.3.2　缺点

（1）离子液体价格昂贵，但随着需求量的增加，价格会降低。高昂的成本使得回收成为经济性的当务之急，如果可以替代具有同等去污效果的廉价 DES，则可以抵消材料成本。

（2）离子液体黏度很高。

（3）工艺过程复杂，特别是如果离子液体配方必须针对未知污染物量身定做，这也需要高水平的技术技能。

（4）必须对新配方进行测试，以获得有关离子液体的化学和物理性质、生物降解性和毒性的信息。

（5）许多离子液体有毒，在操作和处置时需要特殊处理，回收和再利用也是环境方面的当务之急。

（6）使用离子液体去污应用的经验非常少，因此目前很难评估整个流程的操作和生命周期成本。

（7）回收和再利用时，必须考虑对用过的离子液体的纯化成本。

## 16.5　小结

离子液体和低共熔溶剂是一类新型的低熔点溶剂，在去污应用方面具有良好的特性，这些特性包括：对各种污染物的高溶解度、热稳定性和化学稳定性、低熔点（甚至低于273K）、低挥发性和高导电性。离子液体溶剂确实存在一些缺点，包括成本高、合成复杂、需要净化以再使用、高毒性和一些配方的不可生物降解性。几个已经开发的DES可用来克服其中一些缺陷。去污应用已经获得成功演示，尽管其中许多仍处于实验室阶段。应用范围从航空应用零件的精密去污、半导体晶片和集成电路去污、微小颗粒污染物的清除、金属的电解抛光、微生物净化和艺术品清洁，到油气中井筒的清洗、燃料脱硫、有害物质处理、气流中除汞、土壤净化和消费品应用。

# 致谢

感谢约翰逊航天中心科技信息（STI）图书馆的工作人员在查找晦涩参考文献方面提供的帮助。

# 免责声明

本章中提及的商业产品仅供参考，并不意味着航空航天公司的推荐或认可。所有商标、服务商标和商品名称均为其各自所有者拥有。

## 参考文献

[1] M. J. Earle and K. R. Seddon,"Ionic Liquids. Green Solvents for the Future",Pure Appl. Chem. 72,1391(2000).

[2] D. W. Rooney and K. R. Seddon,"Ionic Liquids",in:*Handbook of Solvents*,G. Wypych(Ed.),Ch. 21. 2,pp. 1459-1484,ChemTec Publishing,Toronto,Canada(2001).

[3] R. J. Lempert,P. Norling,C. Pernin,S. Resetar and S. Mahnovski,"Next Generation Environmental Technologies. Benefits and Barriers,Appendix A17. Room Temperature Ionic Liquids",Rand Monograph Report MR-1682-OSTP,Rand Corporation,Santa Monica,CA(2003). www. rand. org .

[4] Z. Mu,W. Liu,S. Zhang and F. Zhou,"Functional Room-temperature Ionic Liquids as Lubricants for an Aluminum-on-Steel System",Chem. Lett. 33,524(2004).

[5] P. Majewski,A. Pernak,M. Grzymisławski,K. Iwanik and J. Pernak,"Ionic liquids in Embalming and Tissue Preservation:Can Traditional Formalin-Fixation be Replaced Safely?" Acta Histochem. 105,135(2005).

[6] A. Pernak,K. Iwanik,P. Majewski,M. Grzymisławski and J. Pernak,"Ionic Liquids as an Alternative to Formalin in Histopathological Diagnosis",Acta Histochem. 107,149(2005).

[7] J. Pernak,F. StefaniakandJ. Węglewski,"Phosphonium Acesulfamate Based Ionic Liquids",Eur. J. Org. Chem. 4,650(2005).

[8] C. L. Liotta,P. Pollet,M. A. Blecher,J. B. Aronson,S. Samanata and K. N. Griffith,"Ionic Liquid Ener-

getic Materials",U. S. Patent Application 2005/0269001(2005).

[9] Sigma-Aldrich,"Enabling Technologies-Ionic Liquids",Company publication,Sigma-Aldrich,St. Louis, MO,ChemFiles,Volume 5,No. 6,pp. 1-23(2005). http://www. sigmaaldrich. com/content/dam/sigma-aldrich/docs/Aldrich/Brochure/al_chemfile_v5_n6. pdf .

[10] Sigma-Aldrich,"Ionic Liquids",Company Publication,Sigma-Aldrich,St. Louis,MO,ChemFiles,Volume 6,No. 9,pp. 1-18(2006). http://www. sigmaaldrich. com/content/ dam/sigma-aldrich/docs/Aldrich/Brochure/al_chemfile_v6_n9. pdf .

[11] C. A. Angell,N. Byrne and J. -P. Belieres,"Parallel Developments in Aprotic and Protic Ionic Liquids: Physical Chemistry and Applications",Acc. Chem. Res. 40,1228(2007).

[12] J. F. Brennecke,R. D. Rogers and K. R. Seddon,*Ionic Liquids IV. Not Just Solvents Anymore*,ACS Symposium Series 975,American Chemical Society,Washington,D. C. (2007).

[13] P. Wasserscheid and T. Welton,*Ionic Liquids in Synthesis*,2nd Edition,Wiley-VCH,Weinheim,Germany(2007).

[14] A. P. Abbott,D. L. Davies,G. Capper,R. K. Rasheed and V. Tambyrajah,"Ionic Liquids and Their Use",U. S. Patent 7,196,221(2007).

[15] J. M. Shreeve,"Ionic Liquids as Energetic Materials",Report AFRL-SR-AR-TR-07-0094,Air Force Research Laboratory,Air Force Office of Scientific Research,Arlington,VA(2007).

[16] M. Stasiewicz,E. Mulkiewicz,R. Tomczak-Wandzel,J. Kumirska,E. M. Siedlecka,M. Gołebiowski,J. Gajdus,M. Czerwicka and P. Stepnowski,"Assessing Toxicity and Biodegradation of Novel,Environmentally Benign Ionic Liquids(1-Alkoxymethyl-3Hydroxypyridinium Chloride,Saccharinate and Acesulfamates) on Cellular and Molecular Level",Ecotoxicol. Environ. Safety. 71,157(2008).

[17] M. Koel(Ed.),*Ionic Liquids in Chemical Analysis*,CRC Press,Taylor&Francis Group,Boca Raton,FL(2008).

[18] T. L. Greaves and C. J. Drummond,"Protic Ionic Liquids:Properties and Applications",Chem. Rev. 108,206(2008).

[19] N. V. Plechkova and K. R. Seddon,"Applications of Ionic Liquids in the Chemical Industry",Chem. Soc. Rev. 37,123(2008).

[20] J. F. Wishart,"Energy Applications of Ionic Liquids",Energy Environ. Sci. 2,956(2009).

[21] I. Minami,"Ionic Liquids in Tribology",Molecules 14,2286(2009).

[22] M. D. Bermúdez,A. E. Jiménez,J. SanesandF. J. Carrión,"Ionic Liquidsas Advanced Lubricant Fluids",Molecules 14,2888(2009).

[23] N. V. Plechkova,R. D. Rogers and K. R. Seddon(Eds.),*Ionic Liquids:From Knowledge to Application,ACS Symposium Series 1030*,American Chemical Society,Washington,D. C. (2009).

[24] F. M. Kerton,"Room Temperature Ionic Liquids and Eutectic Mixtures",in:*Alternative Solvents for Green Chemistry*,F. M. Kerton and R. Marriott(Eds.),Ch. 6,pp. 118-142,RSC Publishing,Oxford,UK(2009).

[25] R. Giernoth,"Task-Specific Ionic Liquids",Angew. Chem. Int. Ed. 49,2834(2010).

[26] E. W. Castner Jr. and J. F. Wishart,"Spotlight on ionic liquids",J. Chem. Phys. 132,120901(2010).

[27] C. Chiappe and M. Malvaldi,"Highly Concentrated "Solutions" of Metal Cations in Ionic Liquids:Current Status and Future Challenges",Phys. Chem. Chem. Phys. 12,11191(2010).

[28] T. Torimoto,T. Tsuda,K. -I. Okazaki and S. Kuwabata,"New Frontiers in Materials Science Opened by Ionic Liquids",Adv. Mater. 22,1196(2010).

[29] J. Gorke,F. Srienc and R. Kazlauskas,"Toward Advanced Ionic Liquids. Polar,Enzyme-Friendly Solvents for Biocatalysis",Biotechnol. Bioprocess Eng. 15,40(2010).

[30] M. Freemantle,*An Introduction to Ionic Liquids*,Royal Society of Chemistry,Cambridge,UK(2010).

[31] B. Kirchner(Ed.),*Ionic Liquids*,Topics in Current Chemistry,Series Volume 290,Springer-Verlag,Berlin and Heidelberg,Germany(2010).

[32] Y. Zhang,H. Gao,Y. -H. Joo and J. M. Shreeve,"Ionic Liquids as Hypergolic Fuels",Angew. Chem.

Int. Ed. 50,9554(2011).

[33] T. Hawkins,"R&D of Energetic Ionic Liquids",Presentation at Partners in Environmental Technology, Washington,D. C. (December 2011). http://www. dtic. mil/cgi-bin/GetTRDoc? AD=ADA554403.

[34] H. Gao and J. M. Shreeve,"Azole-Based Energetic Salts",Chem. Rev. 111,7377(2011).

[35] A. Kokorin(Ed.),*Ionic Liquids:Applications and Perspectives*,InTech,Rijeka,Croatia(2011). https://www. intechopen. com/books/ionic-liquids-applications-and-perspectives .

[36] A. Kokorin(Ed.),*Ionic Liquids:Theory,Properties,New Approaches*,InTech,Rijeka,Croatia(2011). www. intechopen. com/books/ionic-liquids-theory-properties-new-approaches.

[37] S. T. Handy(Ed.),*Ionic Liquids-Classes and Properties*,InTech Publishing,Rijeka,Croatia(2011). http://www. intechopen. com/books/ionic-liquids-classes-and-properties .

[38] A. A. J. Torriero and M. J. A. Shiddiky(Eds.),*Electrochemical Properties and Applications of Ionic Liquids*,Nova Science Publishers,Hauppauge,NY(2011).

[39] Ch. Reichardt and T. Welton,"Solvents and Green Chemistry",in:Solvents and Solvent Effects in Organic Chemistry,4th Edition,Ch. 8,pp. 509-548,Wiley-VCH Verlag,Weinheim,Germany(2011).

[40] A. Mohammad and Inamuddin(Eds.),*Green Solvents II:Properties and Applications of Ionic Liquids*,Springer-Verlag,Berlin and Heidelberg,Germany(2012).

[41] J. Mun and H. Sim,*Handbook of Ionic Liquids:Properties,Applications and Hazards*,Nova Science Publishers,Hauppauge,NY(2012).

[42] Ionic Liquids,Themed Issue,Faraday Discussions,Volume 154,pp. 1-484(2012).

[43] C. H. Arnaud,"Ionic Liquids Improve Separations",Chem. Eng. News. pp. 36-37(April 2,2012).

[44] G. W. Meindersma,M. Maase and A. B. De Haan,"Ionic Liquids",Ullmann's Encyclopedia of Industrial Chemistry,7th Edition,Volume 19,pp. 548-575,Wiley-VCH,Weinheim,Germany(2012).

[45] N. V. Plechkova and K. R. Seddon(Eds.),*Ionic Liquids UnCOILed:Critical Expert Over-views*,John Wiley & Sons,New York,NY(2013).

[46] P. Wasserscheid and A. Stark(Eds.),*Green Solvents:Ionic Liquids*,Volume6 of Handbook of Green Chemistry,Wiley-VCH,Weinheim,Germany(2013).

[47] R. Kohli,"Removal of Surface Contaminants Using Ionic Liquids",in:*Developments in Surface Contamination and Cleaning:Methods of Cleaning and Cleanliness Verification*,Volume 6,R. Kohli and K. L. Mittal(Eds.),pp. 1-63,Elsevier,Oxford,UK(2013).

[48] A. S. Amarasekara,"Acidic Ionic Liquids",Chem. Rev. 116,6133(2016).

[49] S. Zhang,Q. Zhou,X. Lu,Y. Song and X. Wang,*Physicochemical Properties of Ionic LiquidMixtures*, Springer International Publishing AG,Cham,Switzerland(2016).

[50] B. Kirchner and E. Perlt(Eds.),*Ionic Liquids II*,Topics in Current Chemistry,Series Volume 375, Springer International Publishing AG,Cham,Switzerland(2017).

[51] Ionic Liquids,Chem. Rev. Special Issue Volume 117,pp. 6633-7240,(2017).

[52] S. T. Handy(Ed.),*Progress and Developments in Ionic Liquids*,InTech Publishing,Rijeka,Croatia (2017). www. intechopen. com/books/progress-and-developments-in-ionic-liquids .

[53] Ionic Liquid,Wikipedia Article. http://en. wikipedia. org/wiki/Ionic_liquid . (accessed February 15, 2018).

[54] R. Kohli,"Sources and Generation of Surface Contaminants and Their Impact",in:*Developments in Surface Contamination and Cleaning:Cleanliness Validation and Verification*,Volume 7,R. Kohli and K. L. Mittal(Eds.),pp. 1-49,Elsevier,Oxford,UK(2015).

[55] ECSS-Q-70-01B,"Space Product Assurance-Cleanliness and Contamination Control",European Space Agency,Noordwijk,The Netherlands(2008).

[56] NASA Document JPR 5322. 1,"Contamination Control Requirements Manual",National Aeronautics and Space Administration(NASA),Johnson Space Center,Houston,TX(2016).

[57] IEST-STD-CC1246E,"Product Cleanliness Levels-Applications,Requirements,and Determination",Institute for Environmental Science and Technology(IEST),Schaumburg,IL(2013).

[58] ISO 14644-13,“Cleanrooms and Associated Controlled Environments -Part 13:Cleaning of Surfaces to Achieve Defined Levels of Cleanliness in Terms of Particle and Chemical Classifications”,International Standards Organization,Geneva,Switzerland(2017).

[59] SEMI F21-1102,“Classification of Airborne Molecular Contaminant Levelsin Clean Environments”, Semiconductor Equipment and Materials International SEMI,San Jose,CA(2002).

[60] ISO 14644-8,“Cleanrooms and Associated Controlled Environments -Part 8:Classification of Airborne Molecular Contamination”,International Standards Organization,Geneva,Switzerland()(2006).

[61] ISO 14644-10,“Cleanrooms and Associated Controlled Environments-Part 10:Classification of Surface Cleanliness by Chemical Concentration”, International Standards Organization, Geneva, Switzerland (2013).

[62] Sigma-AldrichCorporation,St. Louis,MO. www. sigma-aldrich. com . (accessed February 15,2018).

[63] PhosphoniumIonic Liquids,Cytec Industries,Woodland Park,NJ. www. cytec. com . (accessed February 15,2018).

[64] Ionic Liquids,Covalent Associates,Corvallis,OR. www. covalentassociates. com . (accessed February 15,2018).

[65] DuPont FluoroIntermediates. www. dupont. com/fluoroIntermediates . (accessed February 15,2018).

[66] Proionic GmbH,Grambach,Austria. http://www. proionic. com/en/ . (accessed February 15,2018).

[67] Ionic Liquids Handbook,ACROS Organics,Geel,Belgium. www. acros. com . (accessed February 15, 2018).

[68] Ionic Liquids,Solvionic,Toulouse,France. www. solvionic. com . (accessed February 15,2018).

[69] Ionic Liquids,IoLiTec Ionic Liquids Technologies GmbH,Heilbronn,Germany(2012). www. iolitec. com .

[70] Ionic Liquids-Solutions for Your Success,BASF,Ludwigshafen,Germany(2012). http:// www. intermediates. basf. com/chemicals/ionic-liquids/index .

[71] Ionic Liquids,Solchemar,Lisbon,Portugal. www. solchemar. com . (accessed February 15,2018).

[72] Ionic Liquids,Scionix Ltd,London,U. K. www. scionix. co. uk . (accessed February 15,2018).

[73] Kanto Chemical,Tokyo,Japan. www. kanto. co. jp . (accessed February 15,2018).

[74] Imidazole Derivatives,Nippon Gohsei,Osaka,Japan. http://www. nichigo. co. jp/english/ product/index02. html . (accessed February 15,2018).

[75] Ionic Liquids,Chemada Fine Chemicals,HaNegev,Israel. www. chemada. com . (accessed February 15, 2018).

[76] J. H. Davis,Jr. and P. A. Fox,“From Curiosities to Commodities:Ionic Liquids Begin the Transition”, Chem. Commun. pp. 1209-1212(2003).

[77] S. P. Wicelinski,R. J. Gale and J. S. Wilkes,“Differential Scanning Calorimetric Study of Low Melting Organic Chlorogallate Systems”,Thermochim. Acta. 26,255(1988).

[78] E. R. Schreiter,J. E. Stevens,M. F. Ortwerth and R. G. Freeman,“A Room-Temperature Molten Salt Prepared from $AuCl_3$ and 1-Ethyl-3-Methylimidazolium Chloride”,Inorg. Chem. 38,3935(1999).

[79] J. -Z. Yang,P. Tian,W. -G. Xu and S. -Z. Liu,“Studies on an Ionic Liquid Prepared from $InCl_3$ and 1-Methyl-3-Butylimidazolium Chloride”,Thermochim. Acta 412,1(2004).

[80] S. Hayashi and H. Yamaguchi,“Discovery of a Magnetic Ionic Liquid [bmim] $FeCl_4$”,Chem Lett 33, 1590(2004).

[81] Y. Yoshida,J. Fujii,K. Muroi,A. Otsuka,G. Saito,M. Takahashi and T. Yoko,“Highly Conducting Ionic Liquids Based on 1-Ethyl-3-Methylimidazolium Cation”,Synth. Metals. 153,421(2005).

[82] P. G. Rickert,M. R. Antonio,M. A. Firestone,K. -A. Kubatko,T. Szreder,J. F. Wishart and M. L. Dietz, “Tetraalkylphosphonium Polyoxometalate Ionic Liquids:Novel,Organic-Inorganic Hybrid Materials”, J. Phys. Chem. B 111,4685(2007).

[83] S. -F. Tang,A. Babai and A. -V. Mudring,“Low Melting Europium Ionic Liquids as Luminescent Soft Materials”,Angew. Chem. Int. Ed. 47,7631(2008).

[84] B. Mallick, B. Balke, C. Felser and A.-V. Mudring, "Dysprosium Room-Temperature Ionic Liquids with Strong Luminescence and Response to Magnetic Fields", Angew. Chem. Int. Ed. 47, 7635(2008).
[85] Y. Yoshida, H. Tanaka, G. Saito, L. Ouahab, H. Yoshida and N. Sato, "Valence-Tautomeric Ionic Liquid Composed of a Cobalt Bis(dioxolene) Complex Dianion", Inorg. Chem. 48, 9989(2009).
[86] H. D. Pratt III, A. J. Rose, C. L. Staiger, D. Ingersoll and T. M. Anderson, "Synthesis and Characterization of Ionic Liquids Containing Copper, Manganese, or Zinc Coordination Cations", Dalton Trans. 40, 11396(2011).
[87] F. M. Santos, P. Brandão, V. Félix, M. R. M. Domingues, J. S. Amaral, V. S. Amaral, V. S. Amaral, H. I. S. Nogueira and A. M. V. Cavaleiro, "Organic-Inorganic Hybrid Materials Based on Iron(Ⅲ)-Polyoxotungstates and 1-Butyl-3-Methylimidazolium Cations", Dalton Trans. 41, 12145(2012).
[88] B. Mallick, A. Metlen, M. Nieuwenhuyzen, R. D. Rogers and A.-V. Mudring, "Mercuric Ionic Liquids: [$C_n$mim][$HgX_3$], where $n=3,4$ and X=Cl, Br", Inorg. Chem. 51, 193(2012).
[89] S. Hobby, "Sandia National Laboratories Researchers Find Energy Storage "Solutions" in MetILs", Sandia Labs News Releases, Albuquerque, NM(February 17, 2012).
[90] A. Branco, J. Belchior, L. C. Branco and F. Pina, "Intrinsically Electrochromic Ionic Liquids Based on Vanadium Oxides: Illustrating Liquid Electrochromic Cells", RSC Adv. 3, 25627(2013).
[91] A. A. Fannin Jr., D. A. Floreani, L. A. King, J. S. Landers, B. J. Piersma, D. J. Stech, R. L. Vaughn, J. Wilkes and J. L. Williams, "Properties of 1,3-Dialkylimidazolium Chloride-Aluminum Chloride Ionic Liquids. 2. Phase Transitions, Densities, Electrical Conductivities and Viscosities", J. Phys. Chem. 88, 2614(1984).
[92] C. L. Hussey, T. B. Scheffler, J. S. Wilkes and A. A. Fannin Jr., "Chloroaluminate Equilibria in the Aluminum Chloride-1-Methyl-3-Ethylimidazolium Chloride Ionic Liquid", J. Electrochem. Soc. 133, 1389(1986).
[93] C. M. Gordon, J. D. Holbrey, A. R. Kennedy and K. R. Seddon, "Ionic Liquid Crystals: Hexafluorophosphate Salts", J. Mater. Chem. 8, 2627(1998).
[94] J. D. Holbreyand K. R. Seddon, "The Phase Behaviour of 1-Alkyl-3-methylimidazolium tetrafluoroborates; Ionic Liquids and Ionic Crystals", J. Chem. Soc., Dalton Trans. pp. 21332140(1999).
[95] D. C. Apperley, C. Hardacre, P. Licence, R. W. Murphy, N. V. Plechkova, K. R. Seddon, G. Sreenivasan, M. Swadźba-Kwaśny and I. J. Villar-Garcia, "Speciation of Chloroindate(Ⅲ) Ionic Liquids", Dalton Trans. 39, 8679(2010).
[96] J. Estager, P. Nockemann, K. R. Seddon, M. Swadźba-Kwaśny and S. Tyrrell, "Validation of Speciation Techniques: A Study of Chlorozincate(Ⅱ) Ionic Liquids", Inorg. Chem. 50, 5258(2011).
[97] M. Currie, J. Estager, P. Licence, S. Men, P. Nockemann, K. R. Seddon, M. Swadźba-Kwaśny and C. Terrade, "Chlorostannate(Ⅱ) Ionic Liquids: Speciation, Lewis Acidity, and Oxidative Stability", Inorg. Chem. 52, 1710(2013).
[98] C. G. Cassity, A. Mirjafari, N. Mobarrez, K. J. Strickland, R. A. O'Brien and J. H. Davis Jr., "Ionic Liquids of Superior Thermal Stability", Chem. Commun. 49, 7590(2013).
[99] M. J. Earle, J. M. S. S. Esperança, M. A. Gilea, J. N. Canongia Lopes, L. P. N. Rebelo, J. W. Magee, K. R. Seddon and J. A. Widegren, "The Distillation and Volatility of Ionic Liquids", Nature 439, 831(2006).
[100] P. Wasserscheid, "Chemistry: Volatile Times for Ionic Liquids", Nature. 439, 797(2006).
[101] J. A. Widegren, Y.-M. Wang, W. A. Henderson and J. W. Magee, "Relative Volatilities of Ionic Liquids by Vacuum Distillation of Mixtures", J. Phys. Chem. B 111, 8959(2007).
[102] J. P. Armstrong, C. Hurst, R. G. Jones, P. Licence, K. R. J. Lovelock, C. J. Satterley and I. J. Villar-Garcia, "Vapourisation of Ionic Liquids", Phys. Chem. Chem. Phys. 9, 982(2007).
[103] A. W. Taylor, K. R. J. Lovelock, A. Deyko, P. Licence and R. G. Jones, "High Vacuum Distillation of Ionic Liquids and Separation of Ionic Liquid Mixtures", Phys. Chem. Chem. Phys. 12, 1772(2010).
[104] M. Maase, "Distillation of Ionic Liquids", U. S. Patent 7,754,053(2010).
[105] K. Masonne, M. Siemer, W. Mormann and W. Leng, "Distillation of Ionic Liquids", U. S. Patent 8,382,

962(2013).

[106] H. Wu, F. Shen, J. Wang, J. Luo, L. Liu, R. Khan and Y. Wan, "Separation and Concentration of Ionic Liquid Aqueous Solution by Vacuum Membrane Distillation", J. Membrane Sci. 518, 216(2016).

[107] J. M. S. S. Esperança, J. N. C. Lopes, M. Tariq, L. M. N. B. F. Santos, J. W. Magee and L. P. N. Rebelo, "Volatility of Aprotic Ionic Liquids—A Review", J. Chem. Eng. Data. 55, 3(2010).

[108] K. Swiderski, A. McLean, C. M. Gordon and D. H. Vaughan, "Estimates of Internal Energies of Vaporisation of Some Room Temperature Ionic Liquids", Chem. Commun. pp. 3469-3471(2004).

[109] S. H. Lee and S. B. Lee, "The Hildebrand Solubility Parameters, Cohesive Energy Densities and Internal Energies of 1-Alkyl-3-Methylimidazolium-Based Room Temperature Ionic Liquids", Chem. Commun. pp. 3469-3471, (2005).

[110] L. M. N. B. F. Santos, J. N. C. Lopes, J. A. P. Coutinho, J. M. S. S. Esperança, L. R. Gomes, I. M. Marrucho and L. P. N. Rebelo, "Ionic Liquids: First Direct Determination of their Cohesive Energy", J. Am. Chem. Soc. 129, 284(2007).

[111] M. S. Kelkar and E. J. Maginn, "Calculating the Enthalpy of Vaporization for Ionic Liquid Clusters", J. Phys. Chem. B 111, 9424(2007).

[112] A. Marciniak, "The Solubility Parameters of Ionic Liquids", Int. J. Mol. Sci. 11, 1973(2010).

[113] A. Marciniak, "The Hildebrand Solubility Parameters of Ionic Liquids—Part 2", Int. J. Mol. Sci. 12, 3553(2011).

[114] S. P. Verevkin, D. H. Zaitsau, V. N. Emel'yanenko, A. V. Yermalayeu, Ch. Schick, H. Liu, E. J. Maginn, S. Balut, I. Krossing and R. Kalb, "Making Sense of Enthalpy of Vaporization Trends for Ionic Liquids: New Experimental and Simulation Data Show a Simple Linear Relationship and Help Reconcile Previous Data", J. Phys. Chem. B 117, 6473(2013).

[115] B. Schröder and J. A. P. Coutinho, "Predicting Enthalpies of Vaporization of Aprotic Ionic Liquids with COSMO-RS", Fluid Phase Equilibria 370, 24(2014).

[116] G. J. Kabo, Y. U. Paulechka, D. H. Zaitsau and A. S. Firaha, "Prediction of the Enthalpies of Vaporization for Room-Temperature Ionic Liquids: Correlations and a Substitution-Based Additive Scheme", Thermochim Acta 609, 7(2015).

[117] Y. Marcus, "Room Temperature Ionic Liquids: Their Cohesive Energies, Solubility Parameters and Solubilities in Them", J. Solution Chem. 46, 1778(2017).

[118] L. P. N. Rebelo, J. N. Canongia Lopes, J. M. S. S. Esperança and E. Filipe, "On the Critical Temperature, Normal Boiling Point, and Vapor Pressureof Ionic Liquids", J. Phys. Chem. B 109, 6040(2005).

[119] D. H. Zaitsau, G. J. Kabo, A. A. Strechan, Y. U. Paulechka, A. Tschersich, S. P. Verevkin and A. Heintz, "Experimental Vapor Pressures of 1-Alkyl-3-Methylimidazolium Bis(trifluoromethylsulfonyl) imides and a Correlation Scheme for Estimation of Vaporization Enthalpies of Ionic Liquids", J. Phys. Chem. A 110, 7303(2006).

[120] V. N. Emel'yanenko, S. P. Verevkin and A. Heintz, "The Gaseous Enthalpy of Formation of the Ionic Liquid 1-Butyl-3-Methylimidazolium Dicyanamide from Combustion Calorimetry, Vapor Pressure Measurements, and *Ab Initio* Calculations", J. Am. Chem. Soc. 129, 3930(2007).

[121] H. Luo, G. A. Baker and S. Dai, "Isothermogravimetric Determination of the Enthalpies of Vaporization of 1-Alkyl-3-methylimidazolium Ionic Liquids", J. Phys. Chem. B 112, 10077(2008).

[122] O. Aschenbrenner, S. Supasitmongkol, M. Taylor and P. Styring, "Measurement of Vapour Pressures of Ionic Liquids and Other Low Vapour Pressure Solvents", Green Chem. 11, 1217(2009).

[123] S. D. Chambreau, G. L. Vaghjiani, A. To, C. Koh, D. Strasser, O. Kostko and S. R. Leone, "Heats of Vaporization of Room Temperature Ionic Liquids by Tunable Vacuum Ultraviolet Photoionization", J. Phys. Chem. B 114, 1361(2010).

[124] C. Wang, H. Luo, H. Li and S. Dai, "Direct UV-Spectroscopic Measurement of Selected Ionic-Liquid Vapors", Phys. Chem. Chem. Phys. 12, 7246(2010).

[125] A. Deyko, K. R. J. Lovelock, J. -A. Corfield, A. W. Taylor, P. N. Gooden, I. J. Villar-Garcia, P. Licence,

R. G. Jones, V. G. Krasovskiy, E. A. Chernikova and L. M. Kustov, "Measuring and Predicting $\Delta_{vap}H_{298}$ Values of Ionic Liquids", Phys. Chem. Chem. Phys. 11, 8544(2009).

[126] K. R. J. Lovelock, A. Deyko, P. Licence and R. G. Jones, "Vaporisation of an Ionic Liquid near Room Temperature", Phys. Chem. Chem. Phys. 12, 8893(2010).

[127] K. W. Street Jr. , W. Morales, V. R. Koch, D. J. Valco, R. M. Richard and N. Hanks, "Evaluation of Vapor Pressure and Ultra-High Vacuum Tribological Properties of Ionic Liquids", Tribol. Trans. 54, 911 (2011).

[128] M. A. A. Rocha, C. F. R. A. C. Lima, L. R. Gomes, B. Schröder, J. A. P. Coutinho, I. M. Marrucho, J. M. S. S. Esperança, L. P. N. Rebelo, K. Shimizu, J. N. C. Lopes and L. M. N. B. F. Santos, "High-Accuracy Vapor Pressure Data of the Extended [CnC1im] [Ntf2] Ionic Liquid Series: Trend Changes and Structural Shifts", J. Phys. Chem. B 115, 10919(2011).

[129] A. Deyko, S. G. Hessey, P. Licence, E. A. Chernikova, V. G. Krasovskiy, L. M. Kustov and R. G. Jones, "The Enthalpies of Vaporisation of Ionic Liquids: New Measurements and Predictions", Phys. Chem. Chem. Phys. 14, 3181(2012).

[130] Z. Zhang, J. Wei, X. Ma, W. Xu, J. Tong, W. Guan and J. Yang, "The Measurement of Vapor Pressure, Enthalpy of Vaporization and the Prediction of the Polarity for 1-Propyl-3Methylimidazolium Acetate [$C_3$mim][OAc] Ionic Liquid", Sci. Sinica Chim. 44, 1005(2014).

[131] D. H. Zaitsau, K. Fumino, V. N. Emel'yanenko, A. V. Yermalayeu, R. Ludwig and S. P. Verevkin, "Structure-Property Relationships in Ionic Liquids: A Study of the Anion Dependence in Vaporization Enthalpies of Imidazolium-Based Ionic Liquids", Chem. Phys. Chem. 13, 1868(2012).

[132] M. Diedenhofen, A. Klamt, K. N. Marsh and A. Schäfer, "Prediction of the Vapor Pressure and Vaporization Enthalpy of 1-n-Alkyl-3-Methylimidazolium-bis-(Trifluoromethanesulfonyl) Amide Ionic Liquids", Phys. Chem. Chem. Phys. 9, 4653(2007).

[133] S. P. Verevkin, "Predicting the Enthalpyof Vaporizationof Ionic Liquids: A Simple Rule for a Complex Property", Angew. Chem. Int. Ed. 47, 5071(2008).

[134] M. Bier and S. Dietrich, "Vapor Pressure of Ionic Liquids", Mol. Phys. 108, 211(2010).

[135] E. J. Maginn and J. R. Elliott, "Historical Perspective and Current Outlook for Molecular Dynamics as a Chemical Engineering Tool", Ind. Eng. Chem. Res. 49, 3059(2010).

[136] S. Aparicio, M. Atilhan and F. Karadas, "Thermophysical Properties of Pure Ionic Liquids: Review of Present Situation", Ind. Eng. Chem. Res. 49, 9580(2010).

[137] F. Dommert, K. Wendler, R. Berger, L. Delle Site and Ch. Holm, "Force Fields for Studying the Structure and Dynamics of Ionic Liquids: A Critical Review of Recent Developments", Chem. Phys. Chem 13, 1625(2012).

[138] J. A. P. Coutinho, P. J. Carvalho and N. M. C. Oliveira, "Predictive Methods for the Estimation of Thermophysical Properties of Ionic Liquids", RSC Adv. 2, 7322(2012).

[139] J. O. Valderrama and L. A. Forero, "An Analytical Expression for the Vapor Pressure of Ionic Liquids Based on an Equation of State", Fluid Phase Equilibria 317, 77(2012).

[140] E. I. Izgorodina, "Theoretical Approaches to Ionic Liquids: From Past History to Future Directions", in: *Ionic Liquids UnCOILed: Critical Expert Overviews*, N. V. Plechkova and K. R. Seddon (Eds.), Ch. 6, pp. 181-230, John Wiley & Sons, New York, NY(2013).

[141] X. X. Ma, J. Wei, Q. B. Zhang, F. Tian, Y. Y. Feng and W. Guan, "Prediction of Thermophysical Properties of Acetate-Based Ionic Liquids Using Semiempirical Methods", Ind. Eng. Chem. Res. 52, 9490 (2013).

[142] C. M. Hansen, *Hansen Solubility Parameters: A User's Handbook*, 2nd Edition, CRC Press, Boca Raton, FL(2007).

[143] D. Camper, P. Scovazzo, C. Koval and R. Noble, "Gas Solubilities in Room-Temperature Ionic Liquids", Ind. Eng. Chem. Res. 43, 3049(2004).

[144] H. Jin, B. O'Hare, J. Dong, S. Arzhantsev, G. A. Baker, J. F. Wishart, A. J. Benesi and M. Maroncelli,

"Physical Properties of Ionic Liquids Consisting of the 1-Butyl-3-Methylimidazolium Cation with Various Anions and the Bis(trifluoromethylsulfonyl)imide Anion with Various Cations", J. Phys. Chem. B 112, 81(2008).

[145] P. K. Kilaru and P. Scovazzo, "Correlationsof Low-Pressure Carbon Dioxide and Hydrocarbon Solubilities in Imidazolium-, Phosphonium-, and Ammonium-Based Room-Temperature Ionic Liquids. Part 2. Using Activation Energy of Viscosity", Ind. Eng. Chem. Res. 47, 910(2008).

[146] S. S. Moganty and R. E. Baltus, "Regular Solution Theory for Low Pressure Carbon Dioxide Solubility in Room Temperature Ionic Liquids: Ionic Liquid Solubility Parameter from Activation Energy of Viscosity", Ind. Eng. Chem. Res. 49, 5846(2010).

[147] M. J. Kamlet, J.-L. M. Abboud, M. H. Abraham and R. W. Taft, "Linear Solvation Energy Relationships. 23. A Comprehensive Collection of the Solvatochromic Parameters, $\pi^*$, $\alpha$, and $\beta$, and Some Methods for Simplifying the Generalized Solvatochromic Equation", J. Org. Chem. 48, 2877(1983).

[148] P. Scovazzo, D. Camper, J. Kieft, J. Poshusta, C. Koval and R. Noble, "Regular Solution Theory and $CO_2$ Gas Solubility in Room-Temperature Ionic Liquids", Ind. Eng. Chem. Res. 43, 6855(2004).

[149] D. Camper, C. Becker, C. Koval and R. D. Noble, "Low Pressure Hydrocarbon Solubility in Room Temperature Ionic Liquids Containing Imidazolium Rings Interpreted Using Regular Solution Theory", Ind. Eng. Chem. Res 44, 1928(2005).

[150] A. Finotello, J. E. Bara, D. CamperandR. D. Noble, "Room-Temperature Ionic Liquids: Temperature Dependence of Gas Solubility Selectivity", Ind. Eng. Chem. Res. 47, 3453(2008).

[151] J. Gupta, C. Nunes, S. Vyas and S. Jonnalagadda, "Prediction of Solubility Parameters and Miscibility of Pharmaceutical Compounds by Molecular Dynamics Simulations", J. Phys. Chem. B 115, 2014(2011).

[152] K. Paduszyński, J. Chiyen, D. Ramjugernath, T. M. Letcher and U. Domańska, "Liquid-Liquid Phase Equilibriumof(Piperidinium-Based Ionic Liquid + an Alcohol) Binary Systems and Modelling with NRHB and PCP-SAFT", Fluid Phase Equilibria 305, 43(2011).

[153] M. L. S. Batista, C. M. S. S. Neves, P. J. Carvalho, R. Gani and J. A. P. Coutinho, "Chameleonic Behavior of Ionic Liquids and Its Impact on the Estimation of Solubility Parameters", J. Phys. Chem. B 115, 12879(2011).

[154] S. P. Verevkin, V. N. Emel'yanenko, Dz. H. Zaitsau and R. V. Ralys, "Ionic Liquids: Differential Scanning Calorimetry as a New Indirect Method for Determination of Vaporization Enthalpies", J. Phys. Chem. B 116, 4276(2012).

[155] T. Ueki and M. Watanabe, "Polymers in Ionic Liquids: Dawn of Neoteric Solvents and Innovative Materials", Bull. Chem. Soc. Jpn. 85, 33(2012).

[156] Y. S. Sistla, L. Jain and A. Khanna, "Validation and Prediction of Solubility Parameters of Ionic Liquids for $CO_2$ Capture", Sepn. Purific. Technol. 97, 51(2012).

[157] K. Paduszyńska and U. Domańska, "Thermodynamic Modeling of Ionic Liquid Systems: Development and Detailed Overview of Novel Methodology Based on the PC-SAFT", J. Phys. Chem. B 116, 5002(2012).

[158] B. Iliev, M. Smiglak, A. Świerczyńska and T. J. S. Schubert, "Miscibility and Phase Separation of Various Ionic Liquids with Common Organic Solvents and Water", Paper Presented at ILSEPT 1st Intl. Conf. on Ionic Liquids in Separation and Purification Technology, Stiges, Spain, (2011). http://www.iolitec.de/en/Download-document/669 - 2011-ILSEPT-Solubility.html.

[159] Pure Component Properties, Queryable Database, CHERIC Chemical Engineering Research Information Center, Seoul, South Korea(2012). http://www.cheric.org/research/kdb/hcprop/cmpsrch.php.

[160] F. J. V. Santos, C. A. N. de Castro, J. H. Dymond, N. K. Dalaouti, M. J. Assael and A. Nagashima, "Standard Reference Data for the Viscosity of Toluene", J. Phys. Chem. Ref. Data 35, 1(2006).

[161] Cyclohexane Data Sheet, Sunoco Chemicals, Philadelphia, PA(2012).

[162] J. A. Widegren and J. W. Magee, "Density, Viscosity, Speed of Sound, and Electrolytic Conductivity for

the Ionic Liquid 1-Hexyl-3-Methylimidazolium Bis(trifluoromethylsulfonyl) imide and Its Mixtures with Water", J. Chem. Eng. Data 52, 2331(2007).

[163] K. N. Marsh, J. F. Brennecke, R. D. Chirico, M. Frenkel, A. Heintz, J. W. Magee, C. J. Peters, L. P. N. Rebelo and K. R. Seddon, "Thermodynamic and Thermophysical Properties of the Reference Ionic Liquid: 1-Hexyl-3-Methylimidazolium Bis[(trifluoromethyl)sulfonyl]amide(including mixtures). Part 1. Experimental Methods and Results(IUPAC Technical Report)", Pure Appl. Chem. 81, 781(2009).

[164] R. D. Chirico, V. Diky, J. W. Magee, M. Frenkel and K. N. Marsh, "Thermodynamic and Thermophysical Properties of the Reference Ionic Liquid: 1-Hexyl-3-Methylimidazolium Bis[(trifluoromethyl)sulfonyl]amide(including mixtures). Part 2. Critical Evaluation and Recommended Property Values(IUPAC Technical Report)", PureAppl. Chem. 81, 791(2009).

[165] G. L. Burrell, I. M. Burgar, F. Separovic and N. F. Dunlop, "Preparation of Protic Ionic Liquids with Minimal Water Content and 16N NMR Study of Proton Transfer", Phys. Chem. Chem. Phys. 12, 1571 (2010).

[166] P. Hapiot and C. Lagrost, "Electrochemical Reactivity in Room-Temperature Ionic Liquids", Chem. Rev. 108, 2238(2008).

[167] H. Li, M. Ibrahim, I. Agberemi and M. N. Kobrak, "The Relationship between Ionic Structure and Viscosity in Room-Temperature Ionic Liquids", J. Chem. Phys. 129, 124507(2008).

[168] A. S. Pensado, M. J. P. Comuñas and J. Fernańdez, "The Pressure-Viscosity Coefficient of Several Ionic Liquids", Tribol. Lett. 31, 107(2008).

[169] O. Borodin, G. D. Smith and H. Kim, "Viscosity of a Room Temperature Ionic Liquid: Predictions from Nonequilibrium and Equilibrium Molecular Dynamics Simulations", J. Phys. Chem. B 113, 4771(2009).

[170] F. Castiglione, G. Raos, G. B. Appetecchi, M. Montanino, S. Passerini, M. Moreno, A. Famulari and A. Mele, "Blending Ionic Liquids: How Physico-Chemical Properties Change", Phys. Chem. Chem. Phys. 12, 1784(2010).

[171] C. A. N. de Castro, "Thermophysical Properties of Ionic Liquids: Do We Know How to Measure them Accurately?" J. Mol. Liquids 156, 10(2010).

[172] J. N. C. Lopes, M. F. Costa Gomes, P. Husson, A. A. H. Pádua, L. P. N. Rebelo, S. Sarraute and M. Tariq, "Polarity, Viscosity, and Ionic Conductivity of Liquid Mixtures Containing [C4C1im][$Ntf_2$] and a Molecular Component", J. Phys. Chem. B 115, 6088(2011).

[173] G. Yu, D. Zhao, L. Wen, S. Yang and X. Chen, "Viscosity of Ionic Liquids: Database, Observation, andQuantitative Structure-Property RelationshipAnalysis", AIChE J. 58, 2885(2012).

[174] S. N. Butler and F. Müller-Plathe, "A Molecular Dynamics Study of Viscosity in Ionic Liquids Directed by Quantitative Structure-Property Relationships", Chem. Phys. Chem. 13, 1791(2012).

[175] J. C. F. Diogo, F. J. P. Caetano, J. M. N. A. Fareleira, W. A. Wakeham, C. A. M. Afonso and C. S. Marques, "Viscosity Measurements of the Ionic Liquid Trihexyl(tetradecyl)phosphonium Dicyanamide [$P_{6,6,6,14}$][dca] Using the Vibrating Wire Technique", J. Chem. Eng. Data 57, 1015(2012).

[176] J. C. F. Diogo, F. J. P. Caetano, J. M. N. A. Fareleira and W. A. Wakeham, "Viscosity Measurements on Ionic Liquids: A Cautionary Tale", Intl. J. Thermophys. 35, 1615(2014).

[177] K. Paduszyński and U. Domańska, "Viscosity of Ionic Liquids: An Extensive Database and a New Group Contribution Model Based on a Feed-Forward Artificial Neural Network", J. Chem. Inform. Model. 54, 1311(2014).

[178] R. Alcalde, G. García, M. Atilhan and S. Aparicio, "Systematic Study on the Viscosity of Ionic Liquids: Measurement and Prediction", Ind. Eng. Chem. Res. 54, 10918(2015).

[179] P. Barthen, W. Frank and N. Ignatiev, "Development of Low Viscous Ionic Liquids: The Dependence of the Viscosity on the Mass of the Ions", Ionics 21, 149(2015).

[180] M. Barycki, A. Sosnowska, A. Gajewicz, M. Bobrowski, D. Wileńska, P. Skurski, A. Giełdon, C. Czaplewski, S. Uhl, E. Laux, T. Journot, L. Jeandupeux, H. Keppner and T. Puzyn, "Temperature-Dependent Structure-Property Modeling of Viscosity for Ionic Liquids", Fluid Phase Equilibria 427, 9(2016).

[181] X. Kang, Z. Zhao, J. Qian and R. M. Afzal, "Predicting the Viscosity of Ionic Liquids by the ELM Intelligence Algorithm", Ind. Eng. Chem. Res. 56, 11344(2017).
[182] J. J. Fillion and J. F. Brennecke, "Viscosity of Ionic Liquid-Ionic Liquid Mixtures", J. Chem. Eng. Data 62, 1884(2017).
[183] Q. Berrod, F. Ferdeghini, J.-M. Zanotti, P. Judeinstein, D. Lairez, V. G. Sakai, O. Czakkel, P. Fouquet and D. Constantin, "Ionic Liquids: Evidence of the Viscosity Scale-Dependence", Sci. Reports 7, 2241 (2017).
[184] K. R. Seddon, A. Stark and M. J. Torres, "Influence of Chloride, Water, and Organic Solvents on the Physical Properties of Ionic Liquids", Pure Appl. Chem. 72, 2275(2000).
[185] J. G. Huddleston, A. E. Visser, W. M. Reichert, H. D. Willauer, G. A. Broker and R. D. Rogers, "Characterization and Comparison of Hydrophilic and Hydrophobic Room Temperature Ionic Liquids Incorporating the Imidazolium Cation", Green Chem. 3, 156(2001).
[186] C. Villagrán, M. Deetlefs, W. R. Pitner and C. Hardacre, "Quantification of Halide in Ionic Liquids Using Ion Chromatography", Anal. Chem. 76, 2118(2004).
[187] J. A. Widegren, A. Laesecke and J. W. Magee, "The Effect of Dissolved Water on the Viscosities of Hydrophobic Room-Temperature Ionic Liquids", Chem. Commun. pp. 1610-1612(2005).
[188] D. S. SilvesterandR. G. Compton, "Electrochemistryin Room Temperature Ionic Liquids: A Review and Some Possible Applications", Z. Phys. Chem. 220, 1247(2006).
[189] A. K. Burrell, R. E. Del Sesto, S. N. Baker, T. M. McCleskey and G. A. Baker, "The Large Scale Synthesis of Pure Imidazolium and Pyrrolidinium Ionic Liquids", Green Chem. 9, 449(2007).
[190] K. R. Harris, M. Kanakubo and L. A. Woolf, "Temperature and Pressure Dependence of the Viscosity of the Ionic Liquids 1-Hexyl-3-Methylimidazolium Hexafluorophosphate and 1-Butyl-3-Methylimidazolium Bis(trifluoromethylsulfonyl)imide", J. Chem. Eng. Data 52, 1080(2007).
[191] S. Randström, M. Montanino, G. B. Appetecchi, C. Lagergren, A. Moreno and S. Passerini, "Effect of Water and Oxygen Traces on the Cathodic Stability of N-Alkyl-N-Methylpyrrolidinium Bis(Trifluoromethanesulfonyl)Imide", Electrochim. Acta 53, 6397(2008).
[192] P. J. Carvalho, T. Regueira, L. M. N. B. F. Santos, J. Fernandez and J. A. P. Coutinho, "Effect of Water on the Viscosities and Densities of 1-Butyl-3-Methylimidazolium Dicyanamide and 1-Butyl-3-Methylimidazolium Tricyanomethane at Atmospheric Pressure", J. Chem. Eng. Data 55, 645(2010).
[193] H. V. Spohr and G. N. Patey, "The Influence of Water on the Structural and Transport Properties of Model Ionic Liquids", J. Chem. Phys. 132, 234510(2010).
[194] M. A. Firestone, J. A. Dzielawa, P. Zapol, L. A. Curtiss, S. Seifert and M. L. Dietz, "Lyotropic Liquid-Crystalline Gel Formation in a Room-Temperature Ionic Liquid", Langmuir 18, 7258(2002).
[195] O. Green, S. Grubjesic, S. Lee and M. A. Firestone, "The Design of Polymeric Ionic Liquids for the Preparation of Functional Materials", Polym. Rev. 49, 339(2009).
[196] M. Yoshizawa, W. Xu and C. A. Angell, "Ionic Liquids by Proton Transfer: Vapor Pressure, Conductivity, and the Relevance of $\Delta pKa$ from Aqueous Solutions", J. Am. Chem. Soc. 125, 15411(2003).
[197] W. Xu, E. I. Cooper and C. A. Angell, "Ionic Liquids: Ion Mobilities, Glass Temperatures, and Fragilities", J. Phys. Chem. B 107, 6170(2003).
[198] H. Tokuda, S. Tsuzuki, M. A. H. Susan, K. Hayamizu and M. Watanabe, "How Ionic are Room-Temperature Ionic Liquids? An Indicator of the Physicochemical Properties", J. Phys. Chem B 110, 19593 (2006).
[199] R. Hayes, G. G. Warr and R. Atkin, "At the Interface: Solvation and Designing Ionic Liquids", Phys. Chem. Chem. Phys. 12, 1709(2010).
[200] K. Ueno, H. Tokuda and M. Watanabe, "Ionicity in Ionic Liquids: Correlation with Ionic Structure and Physicochemical Properties", Phys. Chem. Chem. Phys. 12, 1649(2010).
[201] C. Schreiner, S. Zugmann, R. Hartl and H. J. Gores, "Fractional Walden Rule for Ionic Liquids: Examples from Recent Measurements and a Critique of the So-Called Ideal KCl Line for the Walden Plot",

J. Chem. Eng. Data 55,1784(2010).

[202] D. R. MacFarlane, M. Forsyth, E. I. Izgorodina, A. P. Abbott, G. Annata and K. Fraser, "On the Concept of Ionicity in Ionic Liquids", Phys. Chem. Chem. Phys. 11,4962(2009).

[203] H. Liu and E. Maginn, "An MD Study of the Applicability of the Walden Rule and the Nernst-Einstein Model for Ionic Liquids", Chem. Phys. Chem. 13,1701(2012).

[204] H. Ning, M. Hou, Q. Mei, Y. Liu, D. Yang and B. Han, "The Physicochemical Properties of Some Imidazolium-Based Ionic Liquids and their Binary Mixtures", Sci. China Chem. 55,1509(2012).

[205] A. P. Abbott, G. Capper, D. L. Davies, R. K. Rasheed and V. Tambyrajah, "Novel Solvent Properties of Choline Chloride/Urea Mixtures", Chem. Commun. pp. 70-71(2003).

[206] A. P. Abbott, D. Boothby, G. Capper, D. L. Davies and R. K. Rasheed, "Deep Eutectic Solvents Formed Between Choline Chloride and Carboxylic Acids: Versatile Alternatives to Ionic Liquids", J. Am. Chem. Soc. 126,9142(2004).

[207] A. P. Abbott, G. Capper, D. L. Davies, K. J. McKenzie and S. U. Obi, "Solubility of Metal Oxides in Deep Eutectic Solvents Based on Choline Chloride", J. Chem. Eng. Data 51,1280(2006).

[208] A. P. Abbott, J. C. Barron, K. S. Ryder and D. Wilson, "Eutectic-Based Ionic Liquids with Metal-Containing Anions and Cations", Chem. Eur. J. 13,6495(2007).

[209] H. G. Morrison, C. C. Sun and S. Neervannan, "Characterization of Thermal Behavior of Deep Eutectic Solvents and their Potential as Drug Solubilization Vehicles", Int. J. Pharma. 378,136(2009).

[210] K. Haerens, E. Matthijs, A. Chmielarz and B. Van der Bruggen, "The Use of Ionic Liquids Based on Choline Chloride for Metal Deposition: AGreen Alternative?", J. Environ. Mgmt. 90,3245(2009).

[211] M. A. Kareem, F. S. Mjalli, M. Ali Hashim and I. M. Al-Nashef, "Phosphonium-Based Ionic Liquids Analogues and Their Physical Properties", J. Chem. Eng. Data 55,4632(2010).

[212] I. M. Al Nashef and S. M. Al Zahrani, "Process for the Destruction of Halogenated Hydrocarbons and Their Homologous/Analogous in Deep Eutectic Solvents at Ambient Conditions", U. S. Patent No. 7,812,211(2010).

[213] I. M. Al Nashef and S. M. Al Zahrani, "Method for the Preparation of Reactive Hydrogen Peroxide in Deep Eutectic Solvents", U. S. Patent No. 7,763,768(2010).

[214] O. Ciocirlan, O. Iulian and O. Croitoru, "Effect of Temperature on the Physico-Chemical Properties of Three Ionic Liquids Containing Choline Chloride", Rev. Chim(Bucharest). 61,721(2010).

[215] R. F. Miller, "Deep Eutectic Solvents and Their Applications", U. S. Patent No. 8,022,014(2011).

[216] M. Hall, P. Bansal, J. H. Lee, M. J. Realff and A. S. Bommarius, "Biological Pretreatment of Cellulose: Enhancing Enzymatic Hydrolysis Rate Using Cellulose-Binding Domains from Cellulases", Bioresource Technol. 102,2910(2011).

[217] Q. Zhang, K. De Oliveira Vigier, S. Royer and F. Jérǒme, "Deep Eutectic Solvents: Syntheses, Properties and Applications", Chem. Soc. Rev. 41,7108(2012).

[218] E. L. Smith, A. P. Abbott and K. S. Ryder, "Deep Eutectic Solvents(DESs) and Their Applications", Chem. Rev. 114,11060(2014).

[219] V. Fischer, "Properties and Applications of Deep Eutectic Solvents and Low-Melting Mixtures", Ph. D. Dissertation, University of Regensburg, Regensburg, Germany(2015).

[220] Deep Eutectic Solvent, Wikipedia Article. http://en. wikipedia. org/w/index. php? oldid=493816010. (accessed February 15,2018).

[221] D. P. R. Thanu, S. Raghavan and M. Keswani, "Use of Urea-Choline Chloride Eutectic Solvent for Back End of Line Cleaning Applications", Electrochem. Solid-State Lett. 14, H358(2011).

[222] D. P. R. Thanu, "Use of Dilute Hydrofluoric Acid and Deep Eutectic Solvent Systems for Back End of Line Cleaning in IntegratedCircuit Fabrication", Ph. D. Dissertation, University of Arizona, Tucson, AZ (2011).

[223] D. P. R. Thanu, S. Raghavan and M. Keswani, "Effect of Water Addition to Choline Chloride-Urea Deep Eutectic Solvent(DES) on the Removal of Post-Etch Residues Formed on Copper", IEEE Trans.

Semicond. Mfg. 25,516(2012).

[224] J. Taubert,"Use of Formulations Based on Choline Chloride-Malonic Acid Deep Eutectic Solvent for Back End of Line Cleaning in Integrated Circuit Fabrication",Ph. D. Dissertation,University of Arizona,Tucson,AZ(2013).

[225] J. Taubert,M. Keswani and S. Raghavan,"Post-EtchResidue Removal Using Choline Chloride-Malonic Acid Deep Eutectic Solvent(DES)",Microelectronic Eng. 102,81(2013).

[226] J. Taubert and S. Raghavan,"Effect of Composition of Post Etch Residues(PER) on their Removal in Choline Chloride-Malonic Acid Deep Eutectic Solvent(DES) System",Microelectronic Eng. 114,141(2014).

[227] E. B. Borghi,S. P. Ali,P. J. Morando and M. A. Blesa,"Cleaning of Stainless Steel Surfaces and Oxide Dissolution by Malonic and Oxalic Acids",J. Nucl. Mater. 229,115(1996).

[228] D. García,V. I. E. Bruyère,R. Bordoni,A. M. OlmedoandP. J. Morando,"Malonic Acid:A Potential Reagent in Decontamination Processes for Ni-Rich Alloy Surfaces",J. Nucl. Mater. 412,72(2011).

[229] A. P. Abbott,J. Collins,I. Dalrymple,R. C. Harris,R. Mistry,F. Qiu,J. Scheirer and W. R. Wise,"Processing of Electric Arc Furnace Dust Using Deep Eutectic Solvents",Aust. J. Chem. 62,341(2009).

[230] E. L. Smith,C. Fullarton,R. C. Harris,S. Saleem,A. P. Abbott and K. S. Ryder,"Metal Finishing with Ionic Liquids:Scale-Up and Pilot Plants from IONMET Consortium",Trans. Inst. Metal Finishing 88,285(2010).

[231] E. L. Smith,"Deep Eutectic Solvents(DESs) and the Metal Finishing Industry: Where Are They Now?",Trans. Inst. Metal Finishing 91,241(2013).

[232] A. P. Abbott,R. C. Harris,F. Holyoak,G. Frisch,J. Hartley and G. R. T. Jenkin,"Electrocatalytic Recovery of Elements from Complex Mixtures using Deep Eutectic Solvents",Green Chem. 17,2172(2015).

[233] G. R. T. Jenkin,A. Z. M. Al-Bassam,R. C. Harris,A. P. Abbott,D. J. Smith,D. A. Holwell,R. J. Chapman and C. J. Stanley,"The Application of Deep Eutectic Solvent Ionic Liquids for Environmentally-Friendly Dissolution and Recovery of Precious Metals",Minerals Eng. 87,18(2016).

[234] S. Mukhopadhyay,S. Mukherjee,N. F. Adnan,A. Hayyan,M. Hayyan,M. A. Hashim and B. Sen Gupta,"Ammonium-Based Deep Eutectic Solvents as Novel Soil Washing Agent for Lead Removal",Chem. Eng. J. 294,316(2016).

[235] R. Bernansconi,G. Panzeri,A. Accogli,F. Liberale,L. Nobili and L. Magagnin,"Electrodeposition from Deep Eutectic Solvents",in:*Progress and Developments in Ionic Liquids*,S. T. Handy(Ed.),Chapter 11,pp. 235-261,InTech Publishing,Rijeka,Croatia(2017).

[236] K. M. Jeong,J. Ko,J. Zhao,Y. Jin,D. E. Yoo,S. Y. Han and J. Lee,"Multi-Functioning Deep Eutectic Solvents as Extraction and Storage Media for Bioactive Natural Products that are Readily Applicable to Cosmetic Products",J. Cleaner Production 151,87(2017).

[237] J. B. Durkee,"Will Ionic Liquids be Useful Cleaning Chemicals?",Controlled Environments Magazine 11,29(January 2008).

[238] V. R. Koch,C. Nanjundiah and R. T. Carlin,"Hydrophobic Ionic Liquids",U. S. Patent 5,827,602(1998).

[239] B. Mertens,M. Mondin,N. Andries and J. Massaux,"All Purpose Liquid Cleaning Composition Comprising Anionic,Amine Oxide and EO-BO Nonionic Surfactant",U. S. Patent 6,020,296(2000).

[240] A. P. Abbott,D. L. Davies,G. Capper,R. K. Rasheed and V. Tambyrajah,"Ionic Liquids and Their Use as Solvents",WIPO Patent WO 2002/026701(2002).

[241] A. B. McEwen,"Cyclic Delocalized Cations Connected by Spacer Groups",U. S. Patent 6,513,241(2003).

[242] K. N. Price,R. T. Hartshorn,R. H. Rohrbaugh,W. M. Scheper,M. S. Showell,K. H. Baker M. R. Sivik,J. J. Scheibel,R. R. Gardner,P. K. Reddy,J. D. Aiken and M. C. Addison,"Ionic Liquid Based Products and Method of Using the Same",U. S. Patent Application 20060240728(2006).

[243] K. Binnemans,A. C. Görller-Walrand,P. Nockemann and B. Thijs,"Novel Ionic Liquids",WIPO Patent WO 2007/147222(2007).

[244] R. Bacardit,P. Giordani,M. Rigamonti,D. Bankmann and M. Del Mar Combarros Gracia,"Ionic Liquid Composition for the Removalof Oxide Scale",WIPO Patent Application WO 2010/052123(2010).

[245] S. E. Hecht,S. L. Cron,J. J. Scheibel,G. S. Miracle,K. R. Seddon,M. EarleandH. Q. N. Gunaratme,"Ionic Liquids Derived from Surfactants",U. S. Patent Application 2010/0099314(2010).

[246] S. E. Hecht,G. S. Miracle,S. L. Cron and M. S. Showell,"Ionic Liquids Derived from Peracid Anions",U. S. Patent 7,786,065(2010).

[247] S. E. Hecht,K. N. Price,P. S. Berger,P. R. Foley,H. D. Hutton,III,M. S. Showell,R. R. Gardner,R. L. Niehoff,K. R. Seddon,H. Q. N. Gunaratme and M. J. Earle,"Multiphase Cleaning Compositions Having Ionic Liquid Phase",U. S. Patent 7,928,053(2011).

[248] Y. Chauvin,L. Magna,G. P. Niccolai and J. -M. Basset,"Imidazolium Salts and the Use of These Ionic Liquids as a Solvent",U. S. Patent 7,915,426(2011).

[249] S. Dai and H. Luo,"Synthesis of Ionic Liquids",U. S. Patent 8,049,026(2011).

[250] ITB Inc. ,"Precision Cleaning of Oxygen Systems and Components",Final Report NASA/ CR-2009-214757(2008).

[251] ITB Inc. ,"Precision Cleaning of Oxygen Systems and Components. Phase II-Oxygen Cleaning Products Preliminary Testing",Final Report NASA DO27 FR O2Clean RM 09 25 09 F(2009).

[252] F. Malbosc,M. Bevon,S. Fantini and H. Olivier-Bourbigou,"Procédé de nettoyage de surfaces mettant en oeuvre un liquide ionique de type protique",WIPO Patent WO 2010/040917(2009).

[253] J. Yerty,M. Klingenberg,E. Berman and N. Voevodin,"Are Ionic Liquids Right for Your Parts Cleaning Job?" Products Finishing Magazine 76,38(April 2012).

[254] J. Yerty,M. Klingenberg,E. Berman and N. Voevodin,"Ionic Liquids for Cleaning Operations at Air Force Logistics Centers:Part II",Products Finishing Magazine 76,38(October 2012). http://www.pfonline. com/articles/ionic-liquids-for-cleaning-operations-at-air-forceair-logistics-centers-part-ii .

[255] I. Ivanov,B. Soklev and S. Karakashev,"Cleaning Properties of Ionic Liquids",Proceedings SIZEMAT2-Second Workshop on Size-Dependent Effects in Materials for Environmental Protection and Energy Application,Nessebar,Bulgaria 2010,http://sizemat2. igic. bas. bg/ abstracts/SizeMat2_Abstract_Ivan_Ivanov_Topic_B. pdf .

[256] J. W. Krumpfer,P. Bian,P. Zheng,L. Gao and T. J. McCarthy,"Contact Angle Hysteresis on Superhydrophobic Surfaces: An Ionic Liquid Probe Fluid Offers Mechanistic Insight",Langmuir,27,2166(2011).

[257] K. Shukri,"New Ionic Liquid Solvent Technology to Transform Metal Finishing. Products and Processes(IONMET)",IONMET Report,Deutsche Gesellschaft für Galvano-und Oberflächentechnik e. V. ,Hilden,Germany(2007). www. ionmet. org .

[258] A. P. Abbott,K. S. Ryder and U. König,"Electrofinishing of Metals Using Eutectic Based Ionic Liquids",Trans. Inst. Metal Finishing 86,196(2008).

[259] J. Collins,"Electropolishing Using Ionic Liquids",C-Tech Innovation Ltd,Chester,UK(2008),http://www. prosurf-online. eu/fileadmin/documents/training/20080221_Birmingham/8_ CTECH_JC_Ionmet_polishing. pdf ,2008.

[260] T. Uda,K. Tsuchimoto,H. Nakagawa,K. Murase,Y. Nose and Y. Awakura,"Electrochemical Polishing of Metallic Titanium in Ionic Liquid",Mater. Trans. 52,2061(2011).

[261] S. Saleem,"Electropolishing in Deep Eutectic Solvents",Ph. D. Dissertation,University of Leicester,Leicester,UK(2012).

[262] A. P. Abbott,N. Dsouza,P. Withey and K. S. Ryder,"Electrolytic Processing of Superalloy Aerospace Castings Using Choline Chloride-Based Ionic Liquids",Trans. Inst. Metal Finishing 90,9(2012).

[263] J. D. LoftisandT. M. Abdel-Fattah,"Nanoscale Electropolishing of High-Purity Silver witha Deep Eutectic Solvent",Colloids Surfaces A 511,113(2016).

[264] K. Alrbaey, D. I. Wimpenny, A. A. Al-Barzinjy and A. Moroz, "Electropolishing of Re-Melted SLM Stainless Steel 316L Parts Using Deep Eutectic Solvents: 3×3 Full Factorial Design", J. Mater. Eng. Performance 25, 2836(2016).

[265] S. Wellens, "Ionic Liquid Technology in Metal Refining: Dissolution of Metal Oxides and Separation by Solvent Extraction", D. Sc. Dissertation, KU Leuven, Keverlee, Belgium(2014).

[266] V. Cherginets, "Oxide Solubilities in Ionic Melts", in: *Handbook of Solvents*, Chapter 21. 3, G. Wypych (Ed.), pp. 1484-1496, ChemTec Publishing, Toronto, Canada(2001).

[267] R. J. Small, "Semiconductor Cleaning Using Superacids", U. S. Patent 7,923,424(2011).

[268] R. Kohli, "Methods for Monitoring and Measuring Cleanliness of Surfaces", in: *Developments in Surface Contamination and Cleaning: Detection, Characterization, and Analysis of Contaminants*, Volume 4, R. Kohli and K. L. Mittal(Eds.), pp. 107-178, Elsevier, Oxford, UK(2012).

[269] S. Kuwabata, A. Kongkanand, D. Oyamatsu and T. Torimoto, "Observation of Ionic Liquid by Scanning Electron Microscope", Chem. Lett. 35, 600(2006).

[270] S. Arimoto, M. Sugimura, H. Kageyama, T. Torimoto and S. Kuwabata, "Development of New Techniques for Scanning Electron Microscope Observation Using Ionic Liquid", Electrochim. Acta 53, 6228 (2008).

[271] S. Kuwabata, T. Tsuda and T. Torimoto, "Room-Temperature Ionic Liquid as New Medium for Material Production and Analyses under Vacuum Conditions", J. Phys. Chem. Lett. 1, 3177(2010).

[272] Y. Ishigaki, Y. Nakamura, T. Takehara, N. Nemoto, T. Kurihara, H. Koga, H. Nakagawa, T. Takegami, N. Tomosugi, S. Miyazawa and S. Kuwabata, "Ionic Liquid Enables Simple and Rapid Sample Preparation of Human Culturing Cells for Scanning Electron Microscope Analysis", Microsc. Res. Tech. 74, 415(2011).

[273] Y. Ishigaki, Y. Nakamura, T. Takehara, T. Kurihara, H. Koga, T. Takegami, H. Nakagawa, N. Nemoto, N. Tomosugi, S. Kuwabata and S. Miyazawa, "Comparative Study of Hydrophilic and Hydrophobic Ionic Liquids for Observing Cultured Human Cells by Scanning Electron Microscopy", Microsc. Res. Tech. 74, 1104(2011).

[274] T. Tsuda, N. Nemoto, K. Kawakami, E. Mochizuki, S. Kishida, T. Tajiri, T. Kushibiki and S. Kuwabata, "SEM Observation of Wet Biological Specimens Pretreated with Room-Temperature Ionic Liquid", Chem. Bio. Chem. 12, 2547(2011).

[275] A. Dwiranti, L. Lin, E. Mochizuki, S. Kuwabata, A. Takaoka, S. Uchiyama and K. Fukui, "Chromosome Observation by Scanning Electron Microscopy Using Ionic Liquid", Microsc. Res. Tech. 75, 1113 (2012).

[276] T. Torimoto, K. Okazaki, T. Kiyama, K. Hirahara, N. Tanaka and S. Kuwabata, "Sputter Deposition onto Ionic Liquids: Simple and Clean Synthesis of Highly Dispersed Ultrafine Metal Nanoparticles", Appl. Phys. Lett. 89, 243117(2006).

[277] K. Okazaki, T. Kiyama, K. Hirahara, N. Tanaka, S. Kuwabata and T. Torimoto, "Single-Step Synthesis of Gold-Silver Alloy Nanoparticles in Ionic Liquids by a Sputter Deposition Technique", Chem. Commun. (2008).

[278] K. Ueno, K. Hata, T. Katakabe, M. Kondoh and M. Watanabe, "Nanocomposite Ion Gels Based on Silica Nanoparticles and an Ionic Liquid: Ionic Transport, Viscoelastic Properties, and Microstructure", J. Phys. Chem. B 112, 9013(2008).

[279] K. Ueno, A. Inaba, M. Kondoh and M. Watanabe, "Colloidal Stability of Bare and Polymer-Grafted Silica Nanoparticles in Ionic Liquids", Langmuir 24, 5253(2008).

[280] K. Ueno, A. Inaba, Y. Sano, M. Kondoh and M. Watanabe, "A Soft Glassy Colloidal Array in Ionic Liquid, which Exhibits Homogeneous, Non-Brilliant and Angle-Independent Structural Colours", Chem. Commun. 3603-3605, (2009).

[281] E. F. Smith, F. J. M. Rutten, I. J. Villar-Garcia, D. Briggs and P. Licence, "Ionic Liquids in Vacuo: Analysis of Liquid Surfaces Using Ultra-High-Vacuum Techniques", Langmuir 22, 9386(2006).

［282］ O. Höfft,S. Bahr,M. Himmerlich,S. Krischok,J. A. Schaefer and V. Kempter,"Electronic Structure of the Surface of the Ionic Liquid [EMIM][Tf2N] Studied by Metastable Impact Electron Spectroscopy (MIES),UPS,and XPS",Langmuir. 22,7120(2006).

［283］ C. Aliaga,C. S. Santos and S. Baldelli,"Surface Chemistry of Room-Temperature Ionic Liquids",Phys. Chem. Chem. Phys. 9,3683(2007).

［284］ K. R. J. Lovelock,C. Kolbeck,T. Cremer,N. Paape,P. S. Schulz,P. Wasserscheid,F. Maier and H.-P. Steinrück,"Influence of Different Substituents on the Surface Composition of Ionic Liquids Studied Using ARXPS",J. Phys. Chem. B 113,2854(2009).

［285］ F. J. M. Rutten,H. Tadesse and P. Licence,"Rewritable Imaging on the Surface of Frozen Ionic Liquids",Angew. Chem. Int. Ed. 46,4163(2007).

［286］ M. Holzweber,E. Pittenauer and H. Hutter,"Investigation of Ionic Liquids under Bi-Ion and Bi-Cluster Ions Bombardment by ToF-SIMS",J. Mass. Spectrom. 45,1104(2010).

［287］ Y. Fujiwara,N. Saito,H. Nonaka,A. Suzuki,T. Nakanaga,T. Fujimoto,A. Kurokawa and S. Ichimura, "Time-of-Flight Secondary Ion Mass Spectrometry(TOF-SIMS) Using the Metal-Cluster-Complex Primary Ion of $Ir_4(CO)_7^+$",Surf. Interface Anal. 43,245(2011).

［288］ I. Niedermaier, C. Kolbeck, N. Taccardi, P. S. Schulz, J. Li, T. Drewello, P. Wasserscheid, H. P. Steinrück and F. Maier,"Organic Reactions in Ionic Liquids Studied by In Situ XPS",Chem. Phys. Chem 13,1725(2012).

［289］ T. Kurisaki,D. Tanaka,Y. Inoue,H. Wakita,B. Minofar,S. Fukuda S.-I. Ishiguro and Y. Umebayashi, "Surface Analysis of Ionic Liquids with and without Lithium Salt Using X-ray Photoelectron Spectroscopy",J. Phys. Chem. B 116,10870(2012).

［290］ S. Kuwabata,T. Torimoto,A. Imanishi and T. Tsuda,"Use of Ionic Liquid under Vacuum Conditions",in:*Ionic Liquids-New Aspects for the Future*,J.-I. Kadokawa(Ed.),Ch. 23,pp. 597-615,InTech Publishing,Rijeka,Croatia(2013). https://www. intechopen. com/books/ ionic-liquids-new-aspects-for-the-future/use-of-ionic-liquid-under-vacuum-conditions .

［291］ S. Kawada,S. Watanabe,Y. Kondo,R. Tsuboi and S. Sasaki,"Tribochemical Reactions of Ionic Liquids under Vacuum Conditions",Tribol. Lett. 54,309(2014).

［292］ Kratos,"XPS Analysis of an Ionic Liquid",Application Note MO 422(1),Kratos Analytical Ltd., Manchester,UK(2016).

［293］ S. Bovio,A. Podestà and P. Milani,"Investigation of Interfacial Properties of Supported [C4mim] [$NTf_2$] Thin Films by Atomic Force Microscopy",in:*Ionic Liquids:From Knowledge to Application*,N. V. Plechkova,R. D. Rogers and K. R. Seddon(Eds.),pp. 273-290,ACS Symposium Series 1030,American Chemical Society,Washington,D. C(2009).

［294］ R. Atkin and G. G. Warr,"Bulk and Interfacial Nanostructure in Protic Room Temperature Ionic Liquids",in:*Ionic Liquids:From Knowledge to Application*,N. V. Plechkova,R. D. Rogers and K. R. Seddon(Eds.),pp. 317-333,ACS Symposium Series 1030,American Chemical Society,Washington,D. C. (2009).

［295］ R. Atkin,S. Z. El Abedin,R. Hayes,L. H. S. Gasparotto,N. Borisenko and F. Endres,"AFM and STM Studies on the Surface Interaction of [BMP] TFSAand [EMIM] TFSA Ionic Liquids with Au(III)",J. Phys. Chem. C. 113,13266(2009).

［296］ Y. Yokota,T. Harada and K. Fukui,"Direct Observation of Layered Structures at Ionic Liquid/Solid Interfaces by Using Frequency-Modulation Atomic Force Microscopy",Chem. Commun. 46,8627 (2010).

［297］ A. Labuda and P. Grütter,"Atomic Force Microscopy in Viscous Ionic Liquids",Langmuir 28,5319 (2012).

［298］ T. Ichii,M. Fujimura,M. Negami,K. Murase and H. Sugimura,"Frequency Modulation Atomic Force Microscopy in Ionic Liquid Using Quartz Tuning Fork Sensors",Jpn. J. Appl. Phys. 51,08KB08 (2012).

[299] N. Borisenko, S. Z. El Abedin and F. Endres, "An In-Situ STM and DTS Study of the Extremely Pure [EMIM] FAP/Au(111) Interface", Chem. Phys. Chem. 13, 1736(2012).

[300] C. Pereira, I. Ferreira, L. C. Branco, I. C. A. Sandu and T. Busani, "Atomic Force Microscopy as a Valuable Tool in an Innovative Multi-Scale and Multi-Technique Non-Invasive Approach to Surface Cleaning Monitoring", YOCOCU 2012 Youth in the Conservation of Cultural Heritage, Antwerp, Belgium (June 2012). www. yococu. com/6_Paintings/A-08. doc .

[301] Y. Yokota, H. Hara, Y. Morino, K. -I. Bando, A. Imanishi, T. Uemura, J. Takeya and K. -I. Fukui, "Clean Surface Processing of Rubrene Single Crystal Immersed in Ionic Liquid by Using Frequency Modulation Atomic Force Microscopy", Appl. Phys. Lett. 104, 263102(2014).

[302] Y. Yokota, H. Hara, Y. Morino, K. -I. Bando, A. Imanishi, T. Uemura, J. TakeyaandK. I. Fukui, "Molecularly Clean Ionic Liquid/Rubrene Single Crystal Interfaces Revealed by Frequency Modulation Atomic Force Microscopy", Phys. Chem. Chem. Phys. 17, 6794(2015).

[303] T. Beyersdorff and T. Schubert, "Ionic Liquids as Antistatic Additives in Surface Cleaning Processes", Proceedings 44th International Detergency Conference, Düsseldorf, Germany, (2009).

[304] A. Bösmann and T. Schubert, "Identification of Industrial Applications for Ionic Liquids: High-Performance-Additives for the Use in Hi-Tech-Cleaning-Solutions", IoLiTec Ionic Liquids Technologies GmbH, Heilbronn, Germany(2012). www. iolitec. de/en/Poster/ Page-4. html .

[305] T. Beyersdorff and T. Schubert, "Ionic Liquids as Antistatic Additives in Cleaning Solutions-The Wandres Process", IoLiTec Ionic Liquids Technologies GmbH, Heilbronn, Germany(2012). www. aails. com/is_ia_wp. asp .

[306] Ingomat-CleanerCF 05-Micro-cleaning of Flat Surfaces, Product Information, Wandres Micro-Cleaning GmbH, Buchenbach, Germany(2012). www. wandres. com .

[307] P. Schwab, S. Kempka, M. Seiler and B. Gloeckler "Performance Additives for Improving the Wetting Properties of Ionic Liquids on Solid Surfaces", U. S. Patent Application 2010/ 0029519(2010).

[308] H. Herzog, P. Schwab and M. Naumann, "Process for Producing Antistatically Treated Artificial Stone for Flat Structures", U. S. Patent Application 2010/0192814(2010).

[309] S. Lago, H. Rodríguez, M. K. Khoshkbarchi, A. Soto and A. Arce, "Enhanced Oil Recovery Using the Ionic Liquid Trihexyl(Tetradecyl)Phosphonium Chloride: Phase Behaviour and Properties", RSC Adv. 2, 9392(2012).

[310] R. Kohli, "Surface Contamination Removal Using Dense-Phase Fluids: Liquid and Supercritical Carbon Dioxide", in: *Developments in Surface Contamination and Cleaning: Contaminant Removal and Monitoring*, Volume 5, R. Kohli and K. L. Mittal(Eds.), pp. 1-54, Elsevier, Oxford, UK(2013).

[311] S. Keskin, D. Kayrak-Talay, U. Akman and O. Hortaçsu, "A Review of Ionic Liquids towards Supercritical Fluid Applications", J. Supercritical Fluids 43, 150(2007).

[312] P. J. Carvalho, V. H. Álvarez, I. M. Marrucho, M. Aznar andJ. A. P. Coutinho, "High Carbon Dioxide Solubilities in Trihexyltetradecylphosphonium-Based Ionic Liquids", J. Supercritical Fluids 52, 258 (2010).

[313] Z. Sedláková and Z. Wagner, "High Pressure Phase Equilibria in Systems Containing $CO_2$ and Ionic Liquid of the [Cnmim][Tf2N] Type", Chem. Biochem. Eng. Quart. 26, 55(2012).

[314] M. D. Bermejo and A. Martín, "Solubility of Gases in Ionic Liquids", Global J. Phys. Chem. 2, 324 (2011).

[315] X. Ji, C. Held and G. Sadowski, "Modeling Imidazolium-Based Ionic Liquids with ePC-SAFT", Fluid Phase Equilibria 335, 64(2012).

[316] M. Roth, "Partitioning Behaviour of Organic Compounds between Ionic Liquids and Supercritical Fluids", J. Chromatography A 1216, 1861(2009).

[317] L. F. Vega, O. Vilaseca, F. Llovell and J. S. Andreu, "Modeling Ionic Liquids and the Solubility of Gases in Them: Recent Advances and Perspectives", Fluid Phase Equilibria 294, 15(2010).

[318] A. R. Ferreira, M. G. Freire, J. C. Ribeiro, F. M. Lopes, J. G. Crespo and J. A. P. Coutinho, "An Over-

view of the Liquid Liquid Equilibria of(Ionic Liquid+Hydrocarbon) Binary Systems and Their Modeling by the Conductor-like Screening Model for Real Solvents",Ind. Eng. Chem. Res. 50,5279(2011).

[319] G. Annat,M. Forsyth and D. R. MacFarlane,"Ionic Liquid Mixtures-Variations in Physical Properties and Their Origins in Molecular Structure",J. Phys. Chem. B 116,8251(2012).

[320] V. S. Bernales,A. V. Marenich,R. Contreras,C. J. Cramer and D. G. Truhlar,"Quantum Mechanical Continuum Solvation Models for Ionic Liquids",J. Phys. Chem. B 116,9122(2012).

[321] F. Llovell,E. Valente,O. Vilaseca and L. F. Vega,"Modeling Complex Associating Mixtures with [$C_n$-mim][$Tf_2N$] Ionic Liquids:Predictions from the Soft-SAFT Equation",J. Phys. Chem. B 115,4387 (2011).

[322] M. B. Oliveira,F. Llovell,J. A. P. Coutinho and L. F. Vega,"Modeling the [$NTf_2$] Pyridinium Ionic Liquids Family and Their Mixtures with the Soft Statistical Associating Fluid Theory Equation of State",J. Phys. Chem. B 116,9089(2012).

[323] F. Llovell,M. Belo,O. Vilaseca,J. A. P. Coutinho and L. F. Vega,"Thermodynamic Modeling of the Solubility of Supercritical $CO_2$ and Other Gases on Ionic Liquids with the Soft-SAFT Equation of State",Proceedings ISSF 2012,10th Int. Symp. on Supercritical Fluids,Special Issue of the J. Supercritical Fluids,Volume 79(2013). http://issf2012. com/handouts/ documents/333_004. pdf .

[324] C. Robelin,"Models for the Thermodynamic Properties of Molten Salt Systems:Perspectives for Ionic Liquids",Fluid Phase Equilibria 409,482(2016).

[325] L. Glasser and H. D. B. Jenkins,"Predictive Thermodynamics for Ionic Solids and Liquids",Phys. Chem. Chem. Phys. 18,21226(2016).

[326] L. Glasser,"Preliminary Property Design for Ionic Solids and Liquids",Chem. Intl. (Nov-Dec 2016).

[327] L. A. Blanchard,Z. Gu and J. F. Brennecke,"High-Pressure Phase Behavior of Ionic Liquid/$CO_2$ Systems",J. Phys. Chem. B. 105,2437(2001).

[328] A. M. Scurto,S. N. V. K. Aki and J. F. Brennecke,"$CO_2$ as a Separation Switch for Ionic Liquid/Organic Mixtures",J. Am. Chem. Soc. 124,10276(2002).

[329] A. Shariati and C. J. Peters,"High Pressure Phase Equilibria of Systems with Ionic Liquids",J. Supercritical Fluids 34,171(2005).

[330] A. Adamou,J.-J. Letourneau,E. Rodier,R. David and P. Guiraud,"Characterization of the Ionic Liquid bmim$PF_6$ in Supercritical Conditions",Proceedings 10th European Meeting on Supercritical Fluids:Reactions,Materials and Natural Products,pp. Pi5. 1-Pi5. 6,Colmar,France(2005).

[331] K. I. Gutkowski,A. Shariati,B. Breure,S. B. Bottini,E. A. Brignole and C. J. Peters,"Experiments and Modelling of Systems with Ionic Liquids",Proceedings 10th European Meeting on Supercritical Fluids: Reactions,Materials and Natural Products,Colmar,France,pp. Pi1. 1-Pi1. 6(2005).

[332] K. I. Gutkowski,A. Shariati and C. J. Peters,"High-Pressure Phase Behavior of the Binary Ionic Liquid System 1-Octyl-3-Methylimidazolium Tetrafluoroborate + Carbon Dioxide",J. Supercritical Fluids 39, 187(2006).

[333] A. Shariati,S. Raeissi and C. J. Peters,"$CO_2$ Solubility in Alkylimidazolium-Based Ionic Liquids",in: *Developments and Applications in Solubility*,T. M. Letcher(Ed.),pp. 131-152,RSCPublishing,Cambridge,UK. (2007).

[334] S. Mattedi,P. J. Carvalho,J. A. P. Coutinho,V. H. Alvarez and M. Iglesias,"High Pressure $CO_2$ Solubility in N-Methyl-2-Hydroxyethylammonium Protic Ionic Liquids",J. Supercritical Fluids 56,224 (2011).

[335] C. H. J. T. Dietz,D. J. G. P. van Osch,M. C. Kroon,G. Sadowski,M. van Sint Annaland,F. Gallucci,L. F. Zubeir and C. Held,"PC-SAFT Modeling of $CO_2$ Solubilities in Hydrophobic Deep Eutectic Solvents",Fluid Phase Equilibria 448,94(2017).

[336] S. Keskin,U. Akman and O. Hortaçsu,"Continuous Cleaning of Contaminated Soils Using Ionic Liquids and Supercritical $CO_2$",Proceedings 10th European Meeting on Supercritical Fluids:Reactions, Materials and Natural Products,Colmar,France,pp. Pi3. 1-Pi3. 6(2005).

[337] S. Keskin, U. Akman and O. Hortaçsu, "Soil Remediation via an Ionic Liquid and Supercritical $CO_2$", Chem. Eng. Proc. 47, 1693(2008).

[338] P. Schwab, "Use of Ionic Liquids as an Additive for Cleaning Processes and/or Supercritical Gas", U. S. Patent Application 2010/0016205(2010).

[339] P. Painter, P. Williams, E. Mannebach and A. Lupinsky, "Systems, Methods and Compositions for the Separation and Recoveryof Hydrocarbons from Particulate Matter", U. S. Patent Application 2011/0042318(2011).

[340] P. Painter, P. Williams, E. Mannebach and A. Lupinsky, "Analogue Ionic Liquids for the Separation and Recovery of Hydrocarbons from Particulate Matter", U. S. Patent Application 2012/0048783(2012).

[341] Wastes -Hazardous Waste-Treatment, Storage & Disposal(TSD), U. S. Environmental Protection Agency, Washington, D. C. (2012). www. epa. gov/osw/hazard/tsd/index. htm .

[342] W. M. Nelson, "Ionic Liquid as Solvent, Catalyst Support: Chemical Agent Decontamination and Detoxification", Report 45571. 1-CH, U. S. Army Research Office, Research Triangle Park, NC(2004).

[343] J. S. Wilkes, P. J. Castle, J. A. Levisky, C. A. Corley, A. Hermosillo, M. F. Ditson, P. J. Côté, D. M. Bird, R. R. Hutchinson, K. A. Sanders and R. L. Vaughn, "Decontamination Reactions of Chemical Warfare Agent Simulants with Alcohols in the Basic Ionic Liquid Tetramethy lammonium Hydroxide/1, 2-Dimethyl-3-propylimidazolium Bis(trifluoromethylsulfonyl) amide", Ind. Eng. Chem. Res. 47, 3820 (2008).

[344] O. Zech, A. Harrar and W. Kunz, "Nonaqueous Microemulsions Containing Ionic Liquids -Properties and Applications", in: *Ionic Liquids*: Theory, Properties, New Approaches, A. Kokorin(Ed. ), Ch. 11, pp. 245-270, InTech Publishing, Rijeka, Croatia(2011). www. intechopen. com/books/ionic-liquids-theory-properties-new-approaches .

[345] B. A. Voss, R. D. Noble and D. L. Gin, "Ionic Liquid Gel-Based Containment and Decontamination Coating for Blister Agent-Contacted Substrates", Chem. Mater. 24, 1174(2012).

[346] R. M. Martin, D. I. Mori, R. D. Noble and D. L. Gin, "Curable Imidazolium Poly(ionic liquid)/Ionic Liquid Coating for Containment and Decontamination of Toxic Industrial Chemical Contacted Substrates", Ind. Eng. Chem. Res. 55, 6547(2016).

[347] C. M. Wai, "Emerging Separation Techniques: Supercritical Fluid and Ionic Liquid Extraction Techniques for Nuclear Fuel Reprocessing and Radioactive Waste Treatment", in: *Advanced Separation Techniques for Nuclear Fuel Reprocessing and Radioactive Waste Treatment*, K. L. Nash and G. J. Lumetta(Eds. ), pp. 414-435, Woodhead Publishing Limited, Cambridge, UK(2011).

[348] X. Sun, H. Luo and S. Dai, "Ionic Liquids-Based Extraction: A Promising Strategy for the Advanced Nuclear Fuel Cycle", Chem. Rev. 112, 2100(2011).

[349] K. A. Venkatesan, Ch. Jagadeeswara Rao, K. Nagarajan and P. R. Vasudeva Rao, "Electrochemical Behaviour of Actinides and Fission Products in Room-Temperature Ionic Liquids", Intl. J. Electrochem, Article 841456(2012).

[350] K. M. Docherty and C. F. Kulpa Jr. , "Toxicity and Antimicrobial Activity of Imidazolium and Pyridinium Ionic Liquids", Green Chem. 7, 185(2005).

[351] D. Zhao, Y. Liao and Z. Zhang, "Toxicity of Ionic Liquids", CLEAN -Soil, Air, Water 35, 42(2007).

[352] J. Ranke, S. Stolte, R. Störmann, J. Arning and B. Jastorff, "Design of Sustainable Chemical Products -The Example of Ionic Liquids", Chem. Rev. 107, 2183(2007).

[353] T. P. T. Pham, C. W. Cho and Y. S. Yun, "Environmental Fate and Toxicity of Ionic Liquids: A Review", Water Res. 44, 352(2010).

[354] R. F. M. Frade and C. A. M. Afonso, "Impact of Ionic Liquids in Environment and Humans: An Overview", Human Expt. Toxicol. 29, 1038(2010).

[355] D. Coleman and N. Gathergood, "Biodegradation Studies of Ionic Liquids", Chem. Soc. Rev. 39, 600 (2010).

[356] N. Wood, "Toxicity of Ionic Liquids and Organic Solvents towards *Escherichia coli* and *Pseudomonas*

*putida*",Ph. D. Dissertation,The University of Manchester,Manchester,UK(2011).

[357] E. Liwarska-Bizukojc and D. Gendaszewska,"Removal of Imidazolium Ionic Liquids by Microbial Associations:Study of the Biodegradability and Kinetics",J. Biosci. Bioeng. 115,71(2013).

[358] B. Kudłak,K. Owczarek and J. Namieśnik,"Selected Issues Related to the Toxicity of Ionic Liquids and Deep Eutectic Solvents—A Review",Environ. Sci. Pollution Res. 22,11975(2015).

[359] L. Carson,P. K. W. Chau,M. J. Earle,M. A. Gilea,B. F. Gilmore,S. P. Gorman,M. T. McCann and K. R. Seddon,"Antibiofilm Activities of 1-Alkyl-3-Methylimidazolium Chloride Ionic Liquids",Green Chem. 11,492(2009).

[360] W. L. Hough-Troutman,M. Smiglak,S. Griffin,W. M. Reichert,I. Mirska,J. Jodynis-Liebert,T. Adamska,J. Nawrot,M. Stasiewicz,R. D. Rogers and J. PernakIonic,"Ionic Liquids with Dual Biological Function:Sweet and Anti-Microbial,Hydrophobic Quaternary Ammonium-Based Salts",New J. Chem. 33,26(2009).

[361] A. Busetti,D. E. Crawford,M. J. Earle,M. A. Gilea,B. F. Gilmore,S. P. Gorman,G. Laverty,A. F. Lowry,M. McLaughlin and K. R. Seddon,"Antimicrobial and Antibiofilm Activities of 1-Alkylquinolinium Bromide Ionic Liquids",Green Chem. 12,420(2010).

[362] M. H. Ismail,M. El-Harbawi,Y. A. Noaman,M. A. Bustam,N. B. Alitheen,N. A. Affandi,G. Hefter and C. Y. Yin,"Synthesis and Anti-Microbial Activity of Hydroxylammonium Ionic Liquids",Chemosphere 84,101(2011).

[363] B. F. Gilmore and M. J. Earle,"Development of Ionic Liquid Biocides against Microbial Biofilms. Designer Microbicides for Infection Control",Chemistry Today 29,50(April 2011).

[364] B. F. Gilmore,"Antimicrobial Ionic Liquids",in:*Ionic Liquids:Applications and Perspectives*,A. Kokorin(Ed.),Ch. 26,pp. 587-603,InTech Publishing,Rijeka,Croatia(2011).

[365] B. S. Sekhon,"Ionic Liquids:Pharmaceutical and Biotechnological Applications",Asian J. Pharm. Biol. Res. 1,395(2011).

[366] J. N. PendletonandB. F. Gilmore,"The Antimicrobial PotentialofIonic Liquids:ASourceof Chemical Diversity for Infection and Biofilm Control",Intl. J. Antimicrobial Agents. 46,131(2015).

[367] A. Sharma,P. Prakash,K. Rawat,P. R. Solanki and H. B. Bohidar,"Antibacterial and Antifungal Activity of Biopolymers Modified with Ionic Liquid and Laponite",Appl. Biochem. Biotechnol. 177,267(2015).

[368] M. El-Shamy,Kh. Zakaria,M. A. Abbas and S. Z. El Abedin,"Anti-Bacterial and Anti-Corrosion Effects of the Ionic Liquid 1-Butyl-1-Methylpyrrolidinium Trifluoromethylsulfonate",J. Mol. Liquids 211,363(2015).

[369] H. Kanematsu,T. Saito,N. Hirai,T. Kogo,A. Ogawa and K. Tsunashima,"Effects of Ionic Liquids on Biofilm Formation in a Loop-Type Laboratory Biofilm Reactor",Proceedings 232nd ECS Meeting,October 1-5,2017,Electrochemical Society,Flemington,NJ(2017).

[370] A. Walker,"Ionic Liquids for Natural Product Extraction",White Paper,Bioniqs Ltd,Heslington,York,UK(2008). http://www. slideserve. com/swaantje/ionic-liquids-for-naturalproduct-extraction-adam-walker-bioniqs-ltd .

[371] N. Carmona,M. A. Villegas and J. M. Fernández Navarro,"Characterisation of an Intermediate Decay Phenomenon of Historical Glasses",J. Mater. Sci. 41,2339(2006).

[372] A. Machado,P. Redol,L. Branco and M. Vilarigues,"Medieval Stained Glass Cleaning with Ionic Liquids",Proceedings IIC 2010 Congress -Conservation and the Eastern Mediterranean,Istanbul,Turkey(2010). http://www. iiconservation. org/node/2769/c2010machado. pdf.

[373] A. Machado,P. Redol,L. Branco and M. Vilarigues,"Ionic Liquids for Medieval Stained Glass Cleaning:A New Frontier",Proceedings ICOM-CC Lisbon 2011:16th Triennial Conference,International Council of Museums -Committee for Conservation,Preprints CD.

[374] C. L. C. Pereira,"Application of Ionic Liquids and Enzymes for the Removal of Proteinaceous Layers from Polychrome of Works of Art and Evaluation of the Cleaning Effectiveness",Ph. D. Dissertation,

Universidade Nova de Lisboa, Lisbon, Portugal(2012).

[375] C. Pereira, I. C. A. Sandu, L. Branco, T. Busani and I. Ferreira, "Innovative Multi-Scale and Multi-Technique Approach to the Study of Enzyme-Based Cleaning of Varnish Layers", 2nd International Workshop on Physical and Chemical Analytical Techniques in Cultural Heritage, Lisbon, Portugal, (2012). http://cheri. cii. fc. ul. pt/BOOK_Abstracts_2nd_ WORKSHOP_P&CATCH. pdf .

[376] B. von Gilsa, "Gemäldereinigung mit Enzymen, Harzseifen und Emulsionen", Zeit. Kunsttechnologie Konservierung 5, 48(1991).

[377] C. Todaro, "Gil enzimi: limiti e potenzialitànel campo della pulitura delle pitture murali", *Proceedings XXI International Congress Scienzae Beni Culturali: SullePittureMurali. Riflessione, Conoscenze, Interventi*, G. Biscontin and G. Driussi(Eds.), pp. 487-496, Arcadia Ricerche, Venice, Italy(2005). http://www. arcadiaricerche. it/editoria/2005. htm .

[378] B. J. Palmer, D. Fu, R. Card and M. J. Miller, "Scale Removal", U. S. Patent 6,924,253(2005).

[379] R. Kalb and H. Hofstätter, "Method of Treating a Borehole and Drilling Fluid", U. S. Patent Application 2012/0103614(2012).

[380] R. P. Swatloski, S. K. Spear, J. D. Holbrey and R. D. Rogers, "Dissolution of Cellulose with Ionic Liquids", J. Am Chem. Soc. 124, 4974(2002).

[381] H. Wang, G. Gurau and R. D. Rogers, "Ionic Liquid Processing of Cellulose", Chem. Soc. Rev. 41, 1519 (2012).

[382] J. Grävsik, D. G. Raut and J. -P. Mikkola, "Challenges and Perspectives of Ionic Liquids vs. Traditional Solvents for Cellulose Processing", in: *Handbook of Ionic Liquids: Properties, Applications and Hazards*, J. Mun and H. Sim(Eds.), Ch. 1, pp. 1-34, Nova Science Publishers, Hauppauge, NY(2012).

[383] Processing Cellulose with Ionic Liquids, White Paper, BASF SE, Ludwigshafen, Germany(2012). http://www. intermediates. basf. com/chemicals/web/en/content/products-and-industries/ionic-liquids/applications/cellulose_processing .

[384] P. S. Kulkarni and C. A. M. Afonso, "Deep Desulfurization of Diesel Fuel Using Ionic Liquids: Current Status and Future Challenges", Green Chem. 12, 1139(2010).

[385] R. Martínez-Palou and P. F. Sánchez, "Perspectives of Ionic Liquids Applications for Clean Oilfield Technologies", in: *Ionic Liquids: Theory, Properties, New Approaches*, A. Kokorin(Ed.), Ch. 24, pp. 567-630, InTech Publishing, Rijeka, Croatia(2011).

[386] R. Martínez-PalouandR. Luque, "Applications of Ionic Liquids in the Removal of Contaminants from Refinery Feedstocks: An Industrial Perspective", EnergyEnviron. Sci. 7, 2414(2014).

[387] S. Safarkhani, A. A. M. Beigi, A. Vahid, A. Mirhoseini and H. Ghadirian, "Application of Imidazolium Based Ionic Liquid Nano-Emulsions for the Removal of $H_2S$ from Crude Oil", J. Nanoanalysis 2, 68 (2016).

[388] E. M. Broderick, A. Bhattacharyya, S. Yang, B. J. Mezza, "Contaminant Removal from Hydrocarbon Streams with Carbenium Pseudo Ionic Liquids", U. S. Patent 9,475,997(2016).

[389] E. M. Broderick, A. Bhattacharyya, S. Yang, B. J. Mezza, "Contaminant Removal from Hydrocarbon Streams with Lewis Acidic Ionic Liquids", U. S. Patent 9,574,139(2017).

[390] W. M. M. Huijbregts and R. Leferink, "Latest Advances in the Understanding of Acid Dewpoint Corrosion: Corrosion and Stress Corrosion Cracking in Combustion Gas Condensates", Anti-Corrosion Methods Mater. 51, 173(2004).

[391] B. K. Saikia, K. Khound, O. P. Sahu and B. P. Baruah, "Feasibility Studies on Cleaning of High Sulfur Coals by Using Ionic Liquids", Intl. J. Coal Sci. Technol. 2, 202(2015).

[392] M. Markiewicz, J. Hupka, M. Joskowska and Ch. Jungnickel, "Potential Application of Ionic Liquids in Aluminium Production-Economical and Ecological Assessment", Physicochem. Problems Mineral Processing. 43, 73(2009).

[393] A. P. Abbott, G. Frisch, J. Hartley and K. S. Ryder, "Processing of Metals and Metal Oxides Using Ionic Liquids", Green Chem. 13, 471(2011).

[394] A. P. Abbott, G. Frisch, J. Hartley, W. O. Karim and K. S. Ryder, "Anodic Dissolution of Metals in Ionic Liquids", Prog. Nat. Sci. Mater. Intl. 25, 595(2015).

[395] D. Godfrey, J. H. Bannock, O. Kuzmina, T. Welton and T. Albrecht, "A Robotic Platform for High-Throughput Electrochemical Analysis of Chalcopyrite Leaching", Green Chem. 18, 1930(2016).

[396] A. P. Abbott, F. Bevan, M. Baeuerle, R. C. Harris andG. R. T. Jenkin, "PaintCasting: A Facile Method of Studying Mineral Electrochemistry", Electrochem. Commun. 76, 20(2017).

[397] A. P. Abbott, A. Z. M. Al-Bassam, A. Goddard, R. C. Harris, G. R. T. Jenkin, F. J. Nisbet and M. Wieland, "Dissolution of Pyrite and Other Fe-S-As Minerals Using Deep Eutectic Solvents", Green Chem. 19, 2225(2017).

[398] F. Endres, D. R. MacFarlane and A. P. Abbott(Eds.), *Electrodeposition from Ionic Liquids*, Wiley-VCH, Weinheim, Germany(2008).

[399] G. Tian, "Application of Ionic Liquids in Extraction and Separation of Metals", in: *Green Solvents II: Properties and Applications of Ionic Liquids*, A. Mohammad and Inamuddin (Eds.), pp. 1119-153, Springer-Verlag, Berlin and Heidelberg, Germany(2012).

[400] X. Yu, L. Chen, R. Jaworowski, W. Zhang and J. Sangiovanni, "Surface Cleaning and Activation for Electrodeposition in Ionic Liquids", U. S. Patent Application 2013/0299355(2013).

[401] E. Bourbos, I. Giannopoulou, A. Karantonis, D. Panias and I. Paspaliaris, "Electrodeposition of Rare Earth Metals in Ionic Liquids", Proceedings ERES2014, 1st European Rare Earth Resources Conference, pp. 156-162(2014).

[402] M. Matsumiya, "Electrodeposition of Rare Earth Metal in Ionic Liquids", in: *Application of Ionic Liquids on Rare Earth Green Separation and Utilization*, J. Chen(Ed.), pp. 117-156, Springer-Verlag, Berlin and Heidelberg, Germany(2016).

[403] F. Liu, Y. Deng, X. Han, W. Hu and C. Zhong, "Electrodeposition of Metals and Alloys from Ionic Liquids", J. Alloys Compounds. 654, 163(2016).

[404] D. W. Redman, "Electrodeposition of Metals, Chalcogenides, and Metal Chalcogenides from Ionic Liquids", Ph. D. Dissertation, University of Texas at Austin, Austin, TX(2016).

[405] A. E. Visser, R. P. Swatloski, S. T. Griffin, D. H. Hartman and R. D. Rogers, "Liquid/Liquid Extraction of Metal Ions in Room Temperature Ionic Liquids", Sepn. Sci. Technol. 36, 785(2001).

[406] A. E. Visser, R. P. Swatloski, W. M. Reichert, R. Mayton, S. Sheff, A. Wierzbicki, J. H. Davis Jr. and R. D. Rogers, "Task-Specific Ionic Liquids Incorporating Novel Cations for the Coordination and Extraction of $Hg^{2}+$ and $Cd^{2}+$: Synthesis, Characterization, and Extraction Studies", Environ. Sci. Technol. 36, 2523(2002).

[407] G.-T. Wei, Z. Yang and C.-J. Chen, "Room Temperature Ionic Liquid as a Novel Medium for Liquid/Liquid Extraction of Metal Ions", Anal. Chim. Acta. 488, 183(2003).

[408] R. Germani, M. V. Mancini, G. Savelli and N. Spreti, "Mercury Extraction by Ionic Liquids: Temperature and Alkyl Chain Length Effect", Tetrahedron Lett. 48, 1767(2007).

[409] N. Papaiconomou, J.-M. Lee, J. Salminen, M. von Stosch and J. M. Prausnitz, "Selective Extraction of Copper, Mercury, Silver, and Palladium Ions from Water Using Hydrophobic Ionic Liquids", Ind. Eng. Chem. Res. 47, 5080(2008).

[410] L. Ji, S. W. Thiel and N. G. Pinto, "Room Temperature Ionic Liquids for Mercury Capture from Flue Gas", Ind. Eng. Chem. Res. 47, 8396(2008).

[411] L. Ji, M. Abu-Daabes and N. G. Pinto, "Thermally Robust Chelating Adsorbents for the Capture of Gaseous Mercury: Fixed-Bed Behavior", Chem. Eng. Sci. 64, 486(2009).

[412] F. Pena-Pereira, I. Lavilla, C. Bendicho, L. Vidal and A. Canals, "Speciation of Mercury by Ionic Liquid-Based Single-Drop Microextraction Combined with High-Performance Liquid Chromatography-Photodiode Array Detection", Talanta 78, 537(2009).

[413] M. Abai, M. P. Atkins, K. Y. Cheun, J. Holbrey, P. Nockemann, K. R. Seddon, G. Srinivasan and Y. Zou, "Process for Removing Metals from Hydrocarbons", International Patent WO 2012046057

(2012).
[414] Y. Sasson, M. Chidambaram and Z. Barnea, "Scrubber for Removing Heavy Metals from Gases", U. S. Patent 8,101,144(2012).
[415] Z. Barnea, T. Sachs, M. Chidambaram and Y. Sasson, "A Novel Oxidative Method for the Absorption-ofHg° from Flue Gas of Coal Fired Power Plants using Task Specific Ionic Liquid Scrubber", J. Haz. Mater. 244-245,495(2013).
[416] M. V. Mancini, N. Spreti, P. Di Profio and R. Germani, "Understanding Mercury Extraction Mechanism in Ionic Liquids", Sepn. Purif. Technol. 116,294(2013).
[417] C. Iuga, C. Solís, J. R. Alvarez-Idaboy, M. A. Martínez, M. A. Mondragón and A. Vivier-Bunge, "A Theoretical and Experimental Evaluation of Imidazolium-Based Ionic Liquids for Atmospheric Mercury Capture", J. Mol. Model. 20,2186(2014).
[418] G. Cheng, Q. Zhang and B. Bai, "Removal of $Hg^0$ from Flue Gas Using Fe-Based Ionic Liquid", Chem. Eng. J. 252,159(2014).
[419] J. Estager, J. D. Holbrey and M. Swadźba-Kwaśny, "Halometallate Ionic Liquids-Revisited", Chem. Rev. 43,847(2014).
[420] M. Abai, M. P. Atkins, A. Hassan, J. D. Holbrey, Y. Kuah, P. Nockemann, A. A. Oliferenko, N. V. Plechkova, S. Rafeen, A. A. Rahman, R. Ramli, S. M. Shariff, K. R. Seddon, G. Srinivasan and Y. Zoub, "An Ionic Liquid Process for Mercury Removal from Natural Gas", Dalton Trans. 44,8617(2015).
[421] R. Boada, G. Cibin, F. Coleman, S. Diaz-Moreno, D. Gianolio, C. Hardacre, S. Hayama, J. D. Holbrey, R. Ramli, K. R. Seddon, G. Srinivasan and M. Swadźba-Kwaśny, "Mercury Capture on a Supported Chlorocuprate(II) Ionic Liquid Adsorbent Studied Using Operando Synchrotron X-Ray Absorption Spectroscopy", Dalton Trans. 45,18946(2016).
[422] T. Abbas, G. Gonfa, K. C. Lethesh, M. I. A. Mutalib, M. Abai, K. Y. Cheun and E. Khan, "Mercury Capture from Natural Gas by Carbon Supported Ionic Liquids: Synthesis, Evaluation and Molecular Mechanism", Fuel 177,296(2016).
[423] X. Li, L. Zhang, D. Zhou, W. Liu, X. Zhu, Y. Xu Y. Zheng and C. Zheng, "Elemental Mercury Capture from Flue Gas by a SupportedIonic Liquid Phase Adsorbent", Energy Fuels 31,714(2017).
[424] S. S. Seelig and A. O'Lenick, "Green Solvents and Ionic Liquids: Formulating for the Sustainable Future", Proceedings 101 st American Oil Chemists' Society Annual Meeting and Exposition, Phoenix, AZ(2010). http://www. aocs. org/files/ampresentation/35844_fulltext. pdf .
[425] P. Davey, "Application Study: Ionic Liquids in Consumer Products", Perfumer and Flavorist Magazine (April 2008). http://www. perfumerflavorist. com/fragrance/application/industrial/16761536. html .
[426] A. J. O'Lenick Jr. , "Comparatively Speaking: Simple Salt vs. Ionic Liquid", Cosmetics & Toiletries Magazine (November 2010). http://www. cosmeticsandtoiletries. com/research/techtransfer/108669424. html .
[427] K. Bica, P. Gaertner and R. D. Rogers, "Ionic Liquids and Fragrances-Direct Isolation of Orange Essential Oil", Green Chem. 13,1997(2011).
[428] L. A. M. Holland, O. Todini, D. M. Eike, J. M. V. Mendoza, S. A. Tozer, P. M. McNamee, J. R. Stonehouse, W. E. Staite, H. C. R. Fovargue, J. A. Gregory, K. R. Seddon, H. Q. N. Gunaratne, A. V. Puga, J. Estager, F. -L. Wu, S. D. Devine, M. Blesic and F. M. F. Vallana, "Fragrance Compositions Comprising Ionic Liquids", International Patent Application WO2016/049390(2016).
[429] P. Berto, K. Bica and R. D. Rogers, "Ionic Liquids for Consumer Products: Dissolution, Characterization, and Controlled Release of Fragrance Compositions", Fluid Phase Equilibria 450,51(2017).
[430] F. M. F. Vallana, L. A. M. Holland, K. R. Seddon and O. Todini, "Delayed Release of a Fragrance from Novel Ionic Liquids", New J. Chem. 41,1037(2017).
[431] J. L. Anthony, E. J. Maginn and J. F. Brennecke, "Solution Thermodynamics of Imidazolium-Based Ionic Liquids and Water", J. Phys. Chem. B 105,10942(2001).

[432] D. S. H. Wong, J. P. Chen, J. M. Chang and C. H. Chou, "Phase Equilibria of Water and Ionic Liquids [emim][PF6] and [bmim][PF6]", Fluid Phase Equilibria 194-197, 1089(2002).

[433] J. McFarlane, W. B. Ridenour, H. Luo, R. D. Hunt, D. W. DePaoli and R. X. Ren, "Room Temperature Ionic Liquids for SeparatingOrganics from Produced Water", Sepn. Sci. Technol. 40, 1245(2005).

[434] D. J. Couling, R. J. Bernot, K. M. Docherty, J. K. Dixon and E. J. Maginn, "Assessing the Factors Responsible for Ionic Liquid Toxicity to Aquatic Organisms via Quantitative Structure-Property Relationship Modeling", Green Chem. 8, 82(2006).

[435] M. G. Freire, L. M. N. B. F. Santos, A. M. Fernandes, J. A. P. Coutinho and I. M. Marrucho, "An Overview of the Mutual Solubilities of Water-Imidazolium-Based Ionic Liquids Systems", Fluid Phase Equilibria 261, 449(2007).

[436] T. Kakiuchi, "Mutual Solubility of Hydrophobic Ionic Liquids and Water in Liquid-Liquid Two-Phase Systems for Analytical Chemistry", Anal. Sci. 24, 1221(2008).

[437] J. Ranke, A. Othman, P. Fan and A. Mü ller, "Explaining Ionic Liquid Water Solubility in Terms of Cation and Anion Hydrophobicity", Int. J. Mol. Sci. 10, 1271(2009).

[438] K. Řehák, P. Morávek and M. Strejc, "Determination of Mutual Solubilities of Ionic Liquids and Water", Fluid Phase Equilibria 316, 17(2012).

[439] T. Zhou, L. Chen, Y. Ye, L. Chen, Z. Qi, H. Freund and K. Sundmacher, "An Overview of Mutual Solubility of Ionic Liquids and Water Predicted by COSMO-RS", Ind. Eng. Chem. Res. 51, 6256(2012).

[440] Integrated Laboratory Systems, Inc. , "Ionic Liquids 1-Butyl-3-Methylimidazolium Chloride(CAS No. 79917-90-1), 1-Butyl-1-Methylpyrrolidinium Chloride(CAS No. 479500-35-1) n-Butylpyridinium Chloride(CAS No. 1124-64-7). Review of Toxicological Literature", Report for National Toxicology Program(NTP)/National Institute of Environmental Health Sciences(NIEHS), Research Triangle Park, NC(2004). http://ntp. niehs. nih. gov/ntp/htdocs/ Chem_Background/ExSumPdf/Ionic_liquids. pdf .

[441] P. J. Scammells, J. L. Scott and R. D. Singer, "Ionic Liquids: The NeglectedIssues", Aust. J. Chem. 58, 155(2005).

[442] J. Arning, S. Stolte, A. Böschen, F. Stock, W. -R. Pitner, U. Welz-Biermann, B. Jastorff and J. Ranke, "Qualitative and Quantitative Structure Activity Relationships for the Inhibitory Effects of Cationic Head Groups, Functionalised Side Chains and Anions of Ionic Liquids on Acetylcholinesterase", Green Chem. 10, 47(2008).

[443] A. García-Lorenzo, E. Tojo, J. Tojo, M. Teijeira, F. J. Rodríguez-Berrocal, M. P. González and V. S. Martínez-Zorzano, "Cytotoxicity of Selected Imidazolium-Derived Ionic Liquids in the Human Caco-2 Cell Line. Sub-Structural Toxicological Interpretation through a QSAR Study", Green Chem. 10, 508 (2008).

[444] J. S. Torrecilla, J. García, E. Rojo and F. Rodríguez, "Estimation of Toxicity of Ionic Liquids in Leukemia Rat Cell Line and Acetylcholinesterase Enzyme by Principal Component Analysis, Neural Networks and Multiple Lineal Regressions", J. Haz. Mater. 164, 182(2009).

[445] M. Alvarez-Guerra and A. Irabien, "Design of Ionic Liquids: An Ecotoxicity(*Vibrio fischeri*) Discrimination Approach", Green Chem. 13, 1507(2011).

[446] N. Wood and G. Stephens, "Accelerating the Discovery of Biocompatible Ionic Liquids", Phys. Chem. Chem. Phys. 12, 1670(2010).

[447] P. E. Rakita, "Challenges to the Commercial Production of Ionic Liquids", in: *Ionic Liquidsas Green Solvents*, R. D. Rogers and K. R. Seddon(Eds. ), Ch. 3, pp. 32-40, ACS Symposium Series 856, American Chemical Society, Washington, D. C. (2003).

# 第 17 章

# 干蒸汽去污技术在清除表面污染物中的应用

Rajiv Kohli

美国国家航空航天局约翰逊航天中心航空航天公司 得克萨斯州休斯敦

# 17.1 引言

几十年来，工业应用中的精密去污一有涉及各种溶剂的使用，其中许多溶剂对环境有害，因此被计划逐步淘汰[1,2]。近年来，对臭氧消耗、全球变暖和空气污染的关注导致了新的法规和授权，以减少并最终淘汰含氯溶剂、氟氯烃（HCFCs）、三氯乙烷和其他臭氧消耗溶剂。为了寻找替代这些溶剂的替代去污方法，人们对各种替代去污系统进行了评估和实施[3-5]。其中一种技术就是干蒸汽去污，它已广泛应用于各种场合。精密蒸汽去污最近已被述评[6]。本章的目的是修订和更新之前述评中的信息，重点介绍蒸汽去污技术在清除表面污染物方面的应用。

# 17.2 表面污染和清洁度等级

表面污染能有多种形式和状态存在于物体表面[7]。最常见的表面污染物类别包括：

- 颗粒物。
- 有机污染物，碳氢化合物薄膜或有机残留物，如油滴、油脂、树脂添加剂、蜡等。
- 有机的或无机的分子污染。
- 以离散颗粒形式存在的金属污染物。
- 离子污染物，包括阳离子和阴离子。
- 微生物污染物，如细菌、真菌、生物膜等。

常见的污染源包括机加工用油和润滑脂、液压油和清洗液、黏合剂、蜡、人为污染和微粒物质，以及生产过程的污染。此外，大量来源于其他途径的化学污染物也可能污染表面。

去污规范通常基于去污后表面残留的特定或特征污染物的量。在精密技术应用中，当污染物为颗粒时，产品清洁度等级以颗粒大小（微米尺寸范围）和颗粒物数量表示；当污染物为非挥发性残留物（NVR）代表的碳氢化合物被污染者为表面时，产品清洁度等级用表面单位面积上的 NVR 的质量表示；当液体被碳氢化合物污染时，产品清洁度等级则以液体单位体积中的 NVR 的质量表示[8-10]。这些表面清洁度等级都基于行业标准 IEST-STD-CC1246E 中规定的污染规范：对于颗粒物从 5 级至 1000 级，对 NVR 从 R1E-5 级（10ng/0.1$m^2$）至 R25 级（25mg/0.1$m^2$）[10]。一项新的国际标准定义了洁净室的表面清洁度，与存在颗粒物相关[11]，该标准适用于洁净室和相关受控环境中的所有实体表面，如墙壁、天花板、地板、工作环境、工具、设备和设施。表面颗粒物的清洁度分级仅限于 0.05～500$\mu$m 之间的颗粒。新标准 ISO 14644—13 已公布，该标准给出了洁净室表面去污的指导方针，以达到颗粒物和化学分类所规定的清洁水平[12]。

许多产品和制造过程也对空气中的分子污染物（AMCs）敏感，甚至可能被它们破坏，这些污染物是由外部、工艺或其他来源产生的，因此 AMCs 的监控至关重要[13]。AMCs 是一种以蒸气或气溶胶形式存在的化学污染物，可以是有机的或无机的，包括从酸和碱到金属有机化合物，以及掺杂剂等所有物质[14,15]。新标准 ISO 14644—10《洁净室和相关受控环境——第 10 部分：按化学浓度对表面清洁度的分类》[16] 是一项现行国际标准，该标准规定了洁净室表面清洁度的分类体系，涉及化学物质或元素（包括分子、离子、原子和颗粒物）。

在许多商业应用中，精密清洁度水平被定义为污染表面的有机污染物低于 $10\mu g/cm^2$，尽管很多应用的要求设置为 $1\mu g/cm^2$[10]。这种清洁度等级要么非常理想，要么是金属设备、电子组件、光学和激光组件、精密机械部件和计算机部件的功能所要求的。

# 17.3　精密蒸汽去污技术背景

干蒸汽是一种高温、低湿的蒸汽（相对湿度为 4%～6%）。干蒸汽去污已经用于各种应用中，从家庭、工业、军事到医疗。这是一种实用的、环保的、通用的、无毒的不使用溶剂的表面去污方法。把水烧开就能产生蒸汽，然而需要加上温度和压力才能使蒸汽去污有效。蒸汽去污器是一种非常有用的设备，适用于需要在一台机器中进行消毒、去污、干燥的所有家用、商用和工业应用[17]。大多数人对清除车辆发动机中的油脂、污垢这类加压蒸汽喷雾机很熟悉。干蒸汽的高温能够乳化油脂、油和污垢，其他类型的蒸汽系统用于地毯去污及其他家用，其中干蒸汽可穿透纤维并带走污垢[18-21]，尽管在许多情况下，这些去污系统使用热水而不是蒸汽来进行去污。低含水量意味着地毯背衬中没有水分会导致霉菌生长。然而，由于喷嘴处蒸汽温度高，必须小心处理热敏表面，如丝绸、丝绒和薄塑料。

真正的蒸汽去污系统越来越受欢迎，因为干蒸汽也是一种无毒的杀虫剂。蒸汽的热穿透性强，可用于杀死细菌、微生物、霉菌，在某些情况下可不使用化学消毒剂进行消毒，也可用于食品灭菌[22-27]。蒸汽也能有效杀灭地毯、床上用品和室内装饰中的尘螨[19-21,28,29]。小型蒸汽发生器可以清除家庭污垢、灰尘、细菌和其他污染物[30]。这些家用系统通常在低压（0.3～0.6MPa）下运行，大型商用蒸汽系统在较高（最高可达 2.0MPa）的压力下运行，可作为脱脂器用于工业（通常使用锅炉和压力容器），也可用于工具和大面积表面去污[30,31]。

医疗应用中要求使用蒸汽对工具、医院房间和卫生间等表面进行蒸汽消毒[25]。干蒸汽去污机经常用于低过敏性环境，因为它们不需要额外使用化学药剂，从而改善室内空气质量，无需处理或储存去污剂，已证明蒸汽可以有效地清除霉菌、细菌、病毒和其他形式的生物污染[28,29]。

蒸汽也可以用于必须在显微镜下去除污染的精密去污。由于蒸汽的流体特性（低黏度），它能够渗透到其他流体去污方法无法进入的区域，这在清除印刷电路板以穿透盲孔和触点，以清除可能导致电阻和腐蚀增加的残余焊剂时尤为重要。

## 17.3.1　蒸汽去污原理

清水不是溶解碳氢化合物（如污斑和油脂）的有效介质，但它有溶解许多无机化合物的能力。利用化学反应速率随温度升高的原理，加热产生过热蒸汽的水成为一种非常有效的碳氢化合物清除剂。过热蒸汽的水分、热量和压力的组合为清除表面污染物提供了途径。碳氢化合物在较高的温度下黏度降低（其中一些化合物甚至会熔化），这样就更容易通过擦拭或抽真空将其从表面清除。对于固体污染物，去污主要涉及打破污染物和表面之间的结合，高压蒸汽喷雾是固体污染物的有效清除剂。此外，蒸汽还表现出气体的流体特性，这使它能够非常有效地穿透表面，进入狭小空间。压力为 0.2～2MPa、温度为 573K 时，蒸汽的黏度为 20.279～20.076μPa·s；而对于 0.2～2MPa、温度 373K 时，黏度为 281.74～282.22μPa·s[32]。

### 17.3.2　蒸汽去污系统和设备

目前可以从不同的供应商那里买到各种各样的蒸汽去污系统[33-58]。一般来说，使用合适的水源将一定数量的去离子水、过滤水或纯净水泵入蒸汽发生器，蒸汽发生器将水加热到高温（388～428K），从而产生低压（几个大气压）、低水分（4%～6%的水）的蒸汽。在蒸汽发生器中可以安装一个分散喷嘴或雾化器，将进入的水分散成小水滴，并将其导向蒸汽发生器的加热内表面，小水滴立即转化为高压过热蒸汽，从而加速蒸汽的产生。

产生的蒸汽通过发生器上半部分的导管离开蒸汽发生器，过热的蒸汽输送到合适的外部喷嘴或棒组件，并喷射到要去污的部件上。操作员激活的开关循环地将水吸入水泵，启动蒸汽产生。对于较小的单罐模型，每个循环后需要一段恢复时间以产生蒸汽。蒸汽以 0.34～0.41MPa 的低压从喷嘴喷出，表面可在数秒内迅速干燥。相对于其他高湿、高压的装置来讲，这是一个显著特征，也使其几乎可适用于所有的表面，甚至是布料。

蒸汽的含水率可以从 5%（干蒸汽）到 99%（湿蒸汽，蒸汽和热水的结合）不等。干蒸汽系统使用很少量的水，因为蒸汽是在非常高的温度下产生的，水分含量很低，在 5%～6%之间。这些系统使用高压但较少的水来完成精密和精细的去污任务。四分之一杯的水产生大约 1135L 的蒸汽，每 8h 的班组工作，平均用水量从 3.78L 到 19L。干蒸汽去污器固有的低水分特性使其适合在建筑和住宅内部使用。

系统获得去污热量所需的蒸汽压力是由不锈钢制成的锅炉产生，不锈钢提供更高的安全系数，更能耐结垢、点蚀和腐蚀，否则会污染正在去污的基质。

在去污过程中，将零件表面加热一定的温度，以便迅速干燥。然而，干燥阶段可能需要防止氧化或敏感部位的腐蚀。某些材料可能存在闪锈问题，可能需要采取预防措施，比如使用防锈剂。

现在有两种去污装置可供选择。仅一个锅炉直接注水的单箱机，当机器缺水时，需要冷却后打开安全压力帽，再续水，锅炉容量越大，运行时间越长，冷却的时间也越久。现代机组由一个独立的非增压、非加热的水箱和锅炉组成，并且提供一个连续注水系统，这使得机器可以随时续水而无需等机器冷却。锅炉里的水位由传感器一直监测着，这也就意味着不需要停机，锅炉中始终保持充足的水量。快速加热设计通常有 6～8min 的启动时间，不过有一款的启动时间只有 1min[36]。

一种创新的新型加热系统已被整合到商业微型精密蒸汽去污器中[55,59]。这种新的加热系统在锅炉腔内采用了一种光滑的加热表面，这种表面由具有许多相互连接的细孔的材料制成，这些细孔非常有效地克服了莱顿弗罗斯特效应[60]。莱顿弗罗斯特效应是这样一种现象：液滴撞击到比液体沸点高得多的表面时，会立即形成绝缘蒸汽层（在 433K 时厚度大约 0.06mm[61,62]），这样降低了从表面到液体的热传热，防止液体快速沸腾。加热表面的这些细孔作为绝缘蒸汽层的逸出通道，减小了蒸汽层的厚度，增加了液滴与被加热表面的接触。与其他系统相比，这大大提高了撞击水滴转化为蒸汽的能力[63-68]。

为精密去污应用制造的一些蒸汽去污器能被提供不用锅炉和压力容器的连续蒸汽喷射能力。这是一项重要的安全考量标准，因为加压蒸汽储存需要使用必须满足严格的安全要求的压力容器。大多数型号蒸汽去污器能过度加热蒸汽供按需使用最多 20min，这对于大多数去污应用来说是足够的。很多型号的产品配置有安全功能，如可听到或可见的水位指示器、防止压力积聚的自动止回阀和自动关闭功能。

大多数型号配备有触发棒组件和可互换喷嘴，包括用于直流的单喷嘴、用于大面积去污的扁平扇形喷嘴以及用于孔和管道去污的周边喷嘴。蒸汽输送系统可以是手持式（手枪式），便于操作人员直接控制蒸汽，允许使用者在对小物件去污时自由移动。相反，固定式输送系统有内置的蒸汽喷嘴，操作者可以用双手抓住部件以更好地控制。精密蒸汽去污器重量轻(6～25kg)，运输便捷。

废物处理系统通常包括机柜、排气扇、聚光灯和推车，透明的乙烯基窗帘能够确保操作人员看到正在去污的产品，避免蒸汽飞溅。废物处理系统有一个可拆卸的滴盘，用来收集污染物残渣，蒸汽去污器用很少量的水完成去污，这意味需要处理的废物也很少。

商用精密去污器的典型规格范围列于表 17.1。

**表 17.1　商用精密蒸汽去污器的典型规格**

| | |
|---|---|
| 蒸汽循环时间范围 | 1～20min |
| 电压 | 交流 100～240V |
| 频率 | 50～60Hz |
| 功率需求 | 1700～3000W |
| 蒸汽压力 | 0.2～2MPa |
| 蒸汽温度 | 373～573K |
| 喷嘴 | 固定单喷或多喷，可根据实际定制 |
| 罐容积 | 3～5L |
| 外部尺寸 | (21～38)cm×(33～44)cm×(20～33)cm |
| 质量 | 8～25kg |
| 内部构造材质 | 不锈钢、黄铜、特氟龙软管。由于有轻微的黄铜腐蚀风险，湿黄铜表面适用于对污染不敏感的应用，如珠宝清洗 |
| 系统操作 | 单罐间歇运行；双罐连续操作；脚踏板或手踏板；刀柄或直喷嘴 |
| 启动时间 | 1～30min |

对于医疗器械去污应用，由于医疗器械的设计、形状和结构，通常需要人工预清洁，以清除难以接近位置的污染物。通常情况下，医疗器械在重复使用之前，在自动去污器中被去污时，这些污染物是不被清除的。最近在德国几家医院进行的调查显示，5%～15%的外科器械需要预先清洁，以有效去除清洁/消毒后的所有残留污染物，以便器械重复使用[69]。各种附件和适配器（图 17.1）可购得用于精密蒸汽去污难以奏效的医疗器械，如内窥镜、导管、矫形和牙科模具[69,70]。鲁尔锁接头[71,72]允许带有相应耦合装置的仪器直接连接到机头，以便蒸汽喷雾能被引导到仪器的去污通道中，在需要的地方进行精确去污，而不会产生任何压力损失（图 17.2）。

最近的一项创新涉及利用自然产生的低 Zeta 电位矿物在水源水中形成纳米晶体[38,73]。当这些晶体通过锅炉时，它们从热量中获得能量。然后，当水转变成过热的低水分蒸汽（干蒸汽）时，这些增能的晶体随蒸汽一起被加速。这个过程产生一种增强型的蒸汽，这种蒸汽能使细胞膜破裂，并已被证明能在 3～5s 的暴露时间后杀死多种微生物。

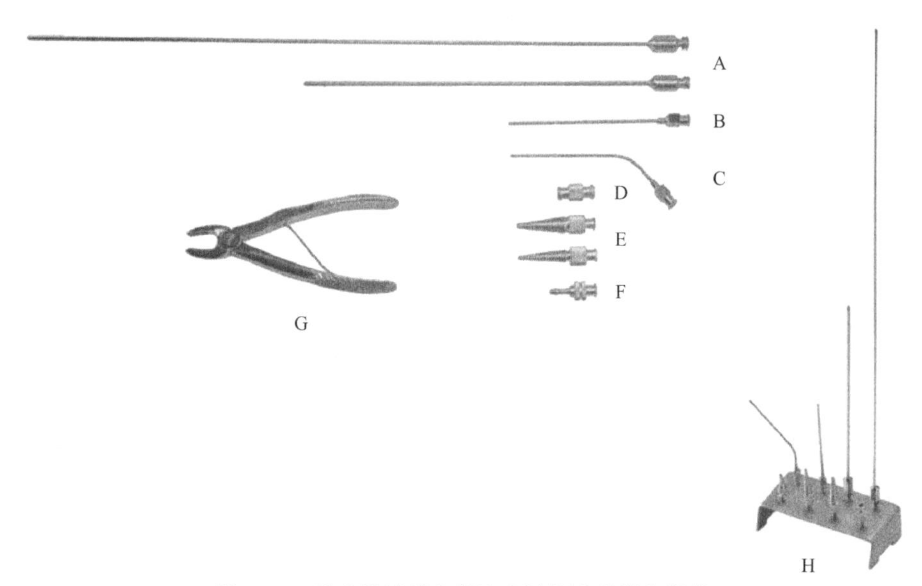


图 17.1　手术器械精密蒸汽去污的适配器和附件

A—长、短中空针头，侧面有蒸汽出口；B—中空直针附件，针尖有蒸汽出口；C—中空弯曲针附件，针尖有蒸汽出口；D—鲁尔锁适配器；E—导管附件；F—软管连接；G—安装钳；H—机架[69]

（德国辛根 Elma 公司提供）

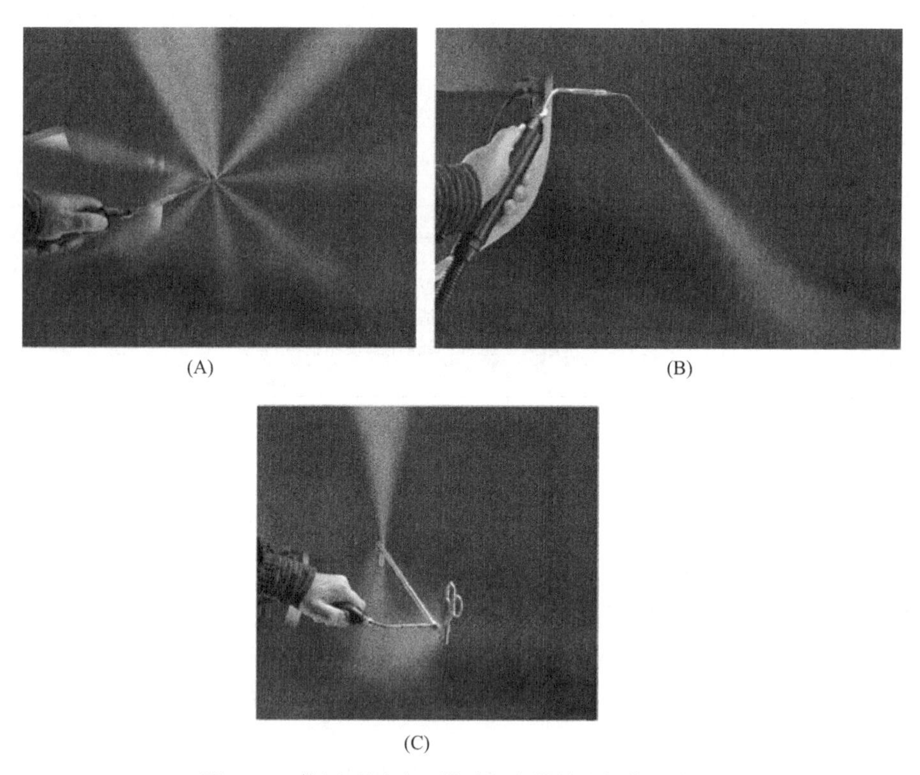


图 17.2　使用不同适配器对医疗器械进行蒸汽去污

（A）直孔针；（B）空心弯孔针；（C）直接连接鲁尔锁接口[69]

（德国辛根 Elma 公司提供）

### 17.3.3　操作注意事项

在精密去污应用中使用蒸汽时，首先要考虑的是所使用的水的品质。自来水含有许多污染物，包括矿物质、硅酸盐和有机物，因此不适合用于精密去污。使用高纯度过滤水、去离子水或蒸馏水对于此类应用是绝对必要的。

另一个要考虑的是被去污的部件是否能承受蒸汽喷射的温度和压力。精密蒸汽去污器可以提供各种出口压力和温度。蒸汽饱和品质、湿蒸汽或干蒸汽的供应以及蒸汽压力可以根据去除污染物的具体应用进行调整。去污装置的蒸汽压力范围从 0.14MPa 到 2MPa 以上，温度范围为 373～573K。在蒸汽羽流中，温度下降很快。对电路板等电子元件来说，产生的热量是最小的。通过控制与蒸汽出口喷嘴的距离，温度敏感部件可被去污，而无需暴露在高温下。最近对 7075 个铝合金块（0.5mm 厚×24.5cm 宽×48.3mm 长）进行的测试表明，蒸汽对表面去污后移走 10s，表面的温度为 311～318K[40]。蒸汽出口距离表面 25mm 时，表面最高温度为 253K，距离表面 0.64mm 时最高温度为 372K[74]。

冷凝水会渗透或损坏接头、密封件和黏合区域，并限制蒸汽去污的有效性。或许需要采取一些预防措施如用鼓风机清除残留的水分。当零部件作为一个整体的部分已从硬件上拆卸下来时，蒸汽去污是最佳的选择。然而，拆卸可能费时费力。

洗涤剂、酒精或皂化剂等添加剂一般不会添加到水中，因为大多数添加剂在产生蒸汽所需的高温下会分解。这些添加剂通常会在蒸汽去污前先喷在零件上。

操作蒸汽去污器时一定要小心，因为在操作过程中，表面、喷嘴和基质可能非常热。蒸汽压力也是一个安全考虑因素。应使用个人防护装备（安全眼镜、手套、适当的工作服）。操作人员必须接受适当的培训，以有效和安全地使用蒸汽去污设备。通常，蒸汽去污器采用封闭式机柜，以收集污染物，并最大限度减少工人接触被清洗部件的碎屑。

## 17.4　应用案例

干蒸汽精密去污能被应用于各种场合，如：

- 从电路板和其他焊接应用中清除水基助焊剂。
- 光纤及其他光学器件去污。
- 焊接前混合电路去污。
- 医疗器械去污。
- 种植牙去污。
- 航空航天工具和零部件的去污与脱脂。
- 军事装备（如武器、汽车零件、电子设备、地面支持设备及其他装备）去污。
- 汽车部件油脂和污垢的清除。
- 珠宝和宝石去污。

### 17.4.1　不锈钢基质去污

微精密蒸汽去污的有效性已在受污染的 304 不锈钢基质上得到证明[75]。取 10 块 0.1m$^2$

的板材，用称重法分别对其表面用灰尘和钻井润滑剂污染，污染量约为 8～16mg/m$^2$。样品用干蒸汽去污大约 2～3min，然后重新称重，剩余污染量为 1～2mg/m$^2$，去污效率为 75%～93%，平均去污效率 86%。对清洁表面的目视检查显示，表面去污均匀，无可见污染迹象。

### 17.4.2　飞机弹射座椅去污

美国海军普遍采用的飞机弹射座椅去污方法是使用异丙醇等有机溶剂。这种方法极其费力，并且会产生大量危险废弃物需要处置。采用湿蒸汽去污系统成为一种替代方法[76]。当作为正常任务的一部分，将弹射椅拆卸为零部件来去污时，蒸汽去污是最佳选择，因为它可以确保水不被截留，但拆解工作费时费力。曾有人担心这样操作 O 形密封圈会老化或损坏，但目前未观察到损伤现象；然而，蒸汽去污过程确实清除了密封圈上的润滑油，因此必须更换。

### 17.4.3　镀金艺术品去污

最近有人研究了三种镀金物品即防火镀金铜管、镀金尖顶和由化学镀金银丝包裹的纤维制成的节日帽的蒸汽去污方法[77]。尽管会产生一些表面损伤，但微精密蒸汽去污成功地清除了表面污染。当表面涂层很薄时，这并不意外，如这三种物品的镀金层只有 10μm 厚。

### 17.4.4　机械零件去污

一个配备了微精密蒸汽去污器等现代精密去污设备的新的设施已被设计和建造[78]。精密蒸汽去污器，用于机械零件和装配件的精密去污。这些部件的尺寸范围从单螺纹紧固件到大型复合结构。被加工的材料包括光学玻璃、陶瓷、复合材料、金属和各种高性能涂层。在这个新的设施中，98%的一次合格率已达到，每年可节省 100 万美元，这些成绩可部分地归功于微精密蒸汽去污法的使用。

### 17.4.5　网纹辊去污

有人设计了一种用于柔性版印刷工艺中使用的网纹墨辊蒸汽去污系统[79]，该系统可在温度高达 450K 的情况下，使用一个或多个高压蒸汽射流（0.34～4.13MPa)，安全而轻松地去除网纹辊表面的干燥油墨和其他异物。蒸汽迅速浸湿干燥的油墨，同时融化或软化嵌在网纹辊槽内的其他非水溶性残留物质，使其更容易被去除。高压蒸汽产生高速气体射流，将蒸汽喷射到辊槽内，从而将墨水和其他残留物质带出。该系统还包括喷射液态水以冲洗滚筒表面的装置。对于非水基油墨，使用蒸汽去污前，可向表面喷洒表面活性剂或脱脂剂。

### 17.4.6　光纤去污

最近，一种新型的四级自动化工艺已被开发，用于高效去污和干燥高密度多芯连接器的光纤端面[80]。该系统以微精密蒸汽去污为第一步骤，然后以二氧化碳雪去污作为最终精密去污。这些部件在流动的热电离空气中干燥。所有的工艺步骤由一个多级可编程去污系统来完成。用该系统能以高于 90%的去污效率去除包括纤维、灰尘、油和其他残留物在内的污染物。

### 17.4.7　电子元件去污

一种同时使用水和蒸汽去除半导体晶片在化学机械抛光过程中残留的颗粒污染物的方法已被提出[81]。这种方法可用于需要超清洁表面的其他应用，如液晶显示器产品和硬盘驱动器磁盘的制造。

### 17.4.8　微生物污染表面去污

手术器械和医疗设备的蒸汽去污在世界各地的医院中应用越来越多，这主要是由于蒸汽去污能够到达其他去污系统无法到达的地方，并且蒸汽去污能够有效杀灭微生物。

2005 年，西雅图的华盛顿大学奥德加德本科生图书馆洗手间进行了一项蒸汽系统测试。每天有多达 15000 名学生使用该图书馆。据报道，与传统去污方法（如使用清洁剂机械去污）相比，蒸汽去污改善卫生效果更好，人力成本也有所节约[82]。使用蒸汽系统后，去污时间从 46min 减少到 42.5min，长期累积下来能省大量时间。保管人将节省的时间归因于减少蹲坐和弯腰清洁厕所、水槽和小便池下面等难以触及的地方。由于地板上没有残留水，干燥时间也缩短了。蒸汽去污使固定装置和表面更加清洁，例如，蒸汽去污的水龙头把手和纸巾分配器把手比用传统方法去污的要干净 10 倍以上。蒸汽去污也避免了工人与化学品的接触。

精密蒸汽去污对微生物污染表面去污的有效性最近已被研究[25]。不同微生物（大肠杆菌、弗氏志贺菌、粪肠球菌、肠沙门氏菌、金黄色葡萄球菌、铜绿假单胞菌、白色念珠菌、黑曲霉、噬菌体 MS2 和艰难梭菌）的干膜曾沉积在较能代表医疗和食品服务行业的表面的多孔黏土砖上。每个试验表面微生物的初始浓度范围为 $1.08\times10^{4}\sim4.83\times10^{6}$CFU（CFU 是菌落计数单位），用便携式蒸汽去污器对试验表面消毒 0.5s、1.0s、2.0s 或 5s，对单个菌落进行计数，并记录每个试验表面的菌落数。结果表明，在高浓度条件下试验的不同种类的微生物被快速地完全杀灭，例如，沙门氏菌和大肠杆菌的初始浓度分别为 $9.75\times10^{4}$CFU 和 $1.14\times10^{6}$CFU，蒸汽消毒 2s 后降至 $3.16\times10^{3}$CFU 和 $5.98\times10^{3}$CFU，5s 后降为 0CFU。

在意大利完成的一些类似研究表明，在蒸汽中暴露 5s 后，精密蒸汽去污可以有效杀灭沉积在瓷片、聚四氟乙烯和不锈钢表面的 6 种细菌菌株（大肠杆菌、金黄色葡萄球菌、粪球菌、蜡样芽孢杆菌、酿酒酵母和铜绿假单胞菌）[83,84]。

其他几项研究表明，蒸汽去污能显著减少医院和兽医设施中的微生物负荷并消除生物膜[85-90]。

### 17.4.9　除草

用蒸汽控制杂草是另一项新的应用，它有一个有趣的附加好处，即对土壤灭菌[30,39,56,91]。蒸汽能有效地加热植物环境，并使植物组织温度突然升高，阻止植物蒸腾作用。因此，植物被完全摧毁。实际上，能量输入几乎是气体火焰除草技术的一半。湿蒸汽是一种高效、生态和经济的除草方法，在世界范围内广泛使用。

### 17.4.10 放射性去污

凯利蒸汽真空去污系统已经成功地应用于商用核设施中，用于房间、燃料池壁、大型部件和其他大型或光滑表面去污[92-94]。过热的水流（523～573K）通过一个能够结合不同的喷嘴的手持棒输送。当过热的水接触到被去污表面时，会闪蒸成为蒸汽。去污速率为 30～45$m^2$/h。该系统的主要优点是将喷头封闭在集成的真空回收子系统内，该真空回收子系统可同时捕获和收集排出的污染物、蒸汽和水滴，从而显著减少空气污染和人员接触受污染的废物。

### 17.4.11 食品去污

在高于和低于大气压的情况下，蒸汽冷凝作为红肉和白肉、肉制品、蔬菜、草药和水果的一种食品去污方法的潜力已被评估[95-97]。加压蒸汽去污是非常有效的，因为通过冷凝压力下的蒸汽，样品表面的温升率非常高，处理后立即真空冷却可避免表面损伤。然而，任何加压蒸汽/真空冷却系统都可能非常昂贵，并且难以实现大容量处理的自动化。另一方面，大气蒸汽去污系统的设计和操作模式要简单得多，将蒸汽连续送入底部开口的容器顶部，当蒸汽充满容器时，它排出任何空气，并且因为它比空气轻，所以它会留在容器中，从敞开的底部轻微溢出。待去污的食物通过开口的底部插入，在达到设定的处理时间后，关闭蒸汽，取出食物并立即冷却。对于热敏性食品，可能必须在低于 373K 的温度下进行去污。

在最近的一项研究中，一种商用高性能便携式干蒸汽去污器被评估，以确定其去除不锈钢表面残留食品物质和食物病原体［金黄色葡萄球菌金黄色亚种（ATCC® 6538)、单核细胞增生李斯特菌（ATCC 19111)、大肠弯曲杆菌（ATCC 33559）和肠链球菌亚种］的功效[98]。研究结果表明，经过 8s 的去污，干蒸汽去污器能显著杀灭不锈钢表面的病原体，经处理后，残留的食物颗粒已不可见。

有人开发了一种真空-蒸汽-真空联合工艺，以消除新鲜加工食品（如肉鸡）中的微生物污染物[99-101]。该工艺将固体食品暴露于真空，然后暴露于蒸汽，然后再回到真空。饱和蒸汽用于利用相对于过热蒸汽冷却温差传递的显热（降低蒸汽温度所需的能量，与相变无关）而言非常大的冷凝潜热。利用该处理装置进行现场试验，采用 3 个循环和 411K 的饱和蒸汽，总处理时间 1.1s，对新鲜加工鸡肉的大肠杆菌杀灭率为 1.1～1.5 个对数值，对弯曲杆菌达到 1.2 个对数值。通过对食物表面到内部孔隙传热的数值分析，验证了上述结果。

一种新的肉类和家禽去污技术已经在商业规模上成功试验[102,103]。这项技术被称为 Sono-Steam®，是基于蒸汽和超声波同时处理肉表面的技术[104-108]。超声波通过有效去除肉表面的保护性层流空气边界层，提高了蒸汽的杀灭效果。对自然污染肉鸡的测试表明，表面弯曲杆菌平均减少 2.51 个对数值（CFU/mL)，鸡肉本身外观没有变化，这与目前使用的去污方法一样好或更好。丹麦兽医和食品管理局的一个授权感官小组得出结论，用 Sono-Steam® 处理的鸡肉是可以购买的。这些结论是以处理过的鸡肉与未处理过的鸡肉在感官上的差异（气味、皮/肉的稠度、质地和颜色）为依据的。

### 17.4.12 其他应用

精密蒸汽去污用于去除光学和电子部件、汽车部件、国防工业的各种部件、珠宝和宝石、医疗器械和牙科植入物、家用电器、堵塞的下水道和建筑结构中的黏合剂、助焊剂、油、油脂、指纹和其他污染物。蒸汽可用于汽车或船只的内部和外部，为后续处理留下无条纹的表面。清除砖、石料、混凝土、砂浆和水泥浆中的霉菌、孢子和污垢是快而有序。无需使用危险的除草剂化学品。它甚至可以清除车道和车库中的油脂和机油。它还能留下无条纹、防指纹的窗玻璃[33-58]。最近，蒸汽处理可以用于提高 Pt-$CeO_2$ 的催化活性以改善汽车排放[109]。

世界范围内从事精密去污的工业和政府机构越来越多地采用精密蒸汽去污进行预处理或在许多不同的应用中进行最终去污操作。美国国防部（DoD）建议所有军种采用蒸汽去污，作为电子产品、武器、印刷电路板和其他物品等零部件溶剂去污的可行替代方法。通过采用精密蒸汽去污，美国国防部的不同装置上实现了显著的成本节约[35,36]。蒸汽去污的其他应用和案例研究报告由各种去污系统的商业供应商提供[38-57]。

# 17.5 其他考虑因素

关于干蒸汽去污，还需要考虑其他一些事项。

## 17.5.1 成本效益

与溶剂去污相比，蒸汽去污能显著节省成本。例如，使用便携式蒸汽去污器，美国国防部设施每天对 120 门火炮去污的年度总成本约为 21.7 万美元，相比之下，使用溶剂去污约需 66 万美元，估计节省 44.3 万美元[35,36]。与溶剂去污相比，通过对飞机弹射座椅框架和部件进行蒸汽去污，同样每年可节省约 30.8 万美元[76]。

## 17.5.2 蒸汽去污的优点和缺点

### 17.5.2.1 优点

- 蒸汽去污不需要使用溶剂。
- 与溶剂脱脂相比，蒸汽去污可减少产生的有害废物和有害空气的排放量。
- 废水流通常与常规工业废水处理厂兼容。
- 该技术设备简单，实施成本低。
- 蒸汽去污可节省溶剂成本。
- 蒸汽去污是去除油脂、油、助焊剂、黏合剂、指纹和其他污染物的理想选择。
- 去污系统耗水量小。
- 安全、清洁的去污系统设计，可根据需要产生过热蒸汽。
- 不需要高压蒸汽储存。
- 去污装置轻巧、便携、使用方便。
- 具有自动关闭功能，保护加热器。
- 蒸汽可以到达其他方法无法到达的区域和空间。
- 蒸汽去污能够消除和控制耐典型消毒剂的生物膜。

- 是一种有效的医疗器械人工预去污技术。
- 蒸汽去污能被非常有选择性和精确地应用。
- 蒸汽去污非常方便和快速。

#### 17.5.2.2 缺点

- 不建议对温度或湿度敏感的部件进行蒸汽去污。生锈或表面氧化可能发生。
- 对电子元件去污时有静电放电（ESD）风险。
- 残留的水分可能损害接头、密封和黏结件。

## 17.6 小结

干蒸汽去污使用过热蒸汽清除表面污染物，是一种低成本、有效的方法，可用于微生物污染表面的精密去污。该方法使用少量的水，是多种应用中溶剂去污的可行替代方法，如金属表面、电子元件、镀金艺术品和网纹辊、微生物污染表面的去污、消毒和杀菌、除草、放射性去污以及消除食品中的病原体。

## 致谢

作者要感谢约翰逊航天中心科技信息（STI）图书馆的工作人员帮助查找参考文献。

## 免责声明

本章中提及的商业产品仅供参考，并不意味着航空航天公司的推荐或认可。所有商标、服务商标和商品名称均为其各自所有者拥有。

## 参考文献

[1] The U. S. Solvent Cleaning Industry and the Transition to Non Ozone Depleting Substances, EPA Report, U. S. Environmental Protection Agency, Washington, D. C. (2004). www. epa. gov/ozone/snap/solvents/EPASolventMarketReport. pdf.

[2] J. B. Durkee, "Cleaning with Solvents", in: *Developments in Surface Contamination and Cleaning: Fundamentals and Applied Aspects*, Volume 1, 2nd Edition, R. Kohli and K. L. Mittal (Eds.), pp. 479-577, Elsevier, Oxford, UK (2016).

[3] R. Kohli, "Adhesion of Small Particles and Innovative Methods for Their Removal", in: *Particles on Sur-*

*faces 7: Detection, Adhesion and Removal*, K. L. Mittal(Ed.), pp. 113-149, CRC Press, Boca Raton, FL (2002).

[4] DoD Joint Service Pollution Prevention Opportunity Handbook, Section 8, Department of Defense, Naval Facilities Engineering Service Center(NFESC), Port Hueneme, CA(2010).

[5] R. Kohli and K. L. Mittal(Eds.), In: *Developments in Surface Contamination and Cleaning*, Volumes 1-11, Elsevier, Oxford, UK(2008-2019).

[6] R. Kohli, "Alternate Semi-Aqueous Precision Cleaning Techniques: Steam Cleaning and Supersonic Gas/Liquid Cleaning Systems", in: *Developments in Surface Contamination and Cleaning: Methods for Removal of Particle Contaminants*, Volume 3, R. Kohli and K. L. Mittal(Eds.), pp. 201-237, Elsevier, Oxford, UK(2011).

[7] R. Kohli, "Sources and Generation of Surface Contaminants and Their Impact", in: *Developments in Surface Contamination and Cleaning: Cleanliness Validation and Verification*, Volume 7, R. Kohli and K. L. Mittal(Eds.), pp. 1-49, Elsevier, Oxford, UK(2015).

[8] ECSS-Q-70-01B, "Space Product Assurance - Cleanliness and Contamination Control", European Space Agency(ESA), Noordwijk, The Netherlands(2008).

[9] NASA Document JPR 5322. 1, "Contamination Control Requirements Manual", National Aeronautics and Space Administration(NASA), Johnson Space Center, Houston, TX(2016).

[10] IEST-STD-CC1246E, "Product Cleanliness Levels—Applications, Requirements, and Determination", Institute of Environmental Sciences and Technology, Schaumburg, IL(2013).

[11] ISO 14644-9, "Cleanrooms and Associated Controlled Environments—Part 9: Classificationof Surface Cleanliness by Particle Concentration", International Standards Organization, Geneva, Switzerland (2012).

[12] ISO 14644-13, "Cleanrooms and Associated Controlled Environments—Part 13: Cleaning of Surfaces to Achieve Defined Levels of Cleanliness in Terms of Particle and Chemical Classifications", International Standards Organization, Geneva, Switzerland(2017).

[13] T. Fujimoto, K. Takeda and T. Nonaka, "Airborne Molecular Contamination: Contamination on Substrates and the Environment in Semiconductors and Other Industries", in: *Developments in Surface Contamination and Cleaning: Fundamentals and Applied Aspects*, Volume 1, 2nd Edition, R. Kohli and K. L. Mittal(Eds.), pp. 197-329, Elsevier, Oxford, UK(2016).

[14] SEMI-F21-1102, "Classification of Airborne Molecular Contaminant Levels in Clean Environments", SEMI Semiconductor Equipment and Materials International, San Jose, CA(2002).

[15] ISO 14644-8, "Cleanrooms and Associated Controlled Environments — Part 8: Classification of Air Cleanliness by Chemical Concentration", International Standards Organization, Geneva, Switzerland (2013).

[16] ISO 14644-10, "Cleanrooms and Associated Controlled Environments — Part 10: Classification of Surface Cleanliness by Chemical Concentration", International Standards Organization, Geneva, Switzerland (2013).

[17] J. Delgado, M. P. Aznar and J. Corella, "Biomass Gasification with Steam in Fluidized Bed: Effectiveness of CaO, MgO, and CaO—MgO for Hot Raw Gas Cleaning", Ind. Eng. Chem. Res. 36, 1535(1997).

[18] The Ultimate Technology for Clean Room Cleaning- Steam Vapor Cleaning. www. todayshealthyhome. com/steamvapor/cleaning_uses. html, (2010).

[19] M. J. Colloff, C. Taylor and T. G. Merrett, "The Use of Domestic Steam Cleaning for the Control of House Dust Mites", Clin. Exptl. Allergy. 25, 1061(1995).

[20] P. J. Vojta, S. P. Randels, J. Stout, M. Muilenberg, H. A. Burge, H. Lynn, H. Mitchell, G. T. O'Connor and D. C. Zeldin, "Effects of Physical Interventions on House Dust Mite Allergen Levels in Carpet, Bed, and Upholstery Dust in Low-Income, Urban Homes", Environ. Health Perspect. 109, 815(2001).

[21] Steam Vapor the Clear Winner in Fighting Mold in Carpet, International Facility Management Association, Houston, TX(April 2007). www. ifma. org/daily_articles/2007/apr/04_09. cfm.

[22] R. Slaybaugh, "Gas Plasma, Steam, and Washer-Decontamination, Infection Control Today", (June 2000). http://www. infectioncontroltoday. com/articles/2000/06/sterilization-gas-plasmasteam-and-

washer-deconta. aspx.

[23] ISO 17665-1:2006,"Moist Heat/Steam Sterilization method",International Standards Organization,Geneva,Switzerland(2006).

[24] CDC,"Steam Sterilization",in: Guideline for Disinfection and Sterilization in Healthcare Facilities,Centers for Disease Control and Prevention(CDC),U. S. Department of Health and Human Services,Atlanta,GA(2008).

[25] B. J. Tanner,"Reduction in Infection Risk through Treatment of Microbially Contaminated Surfaces with a Novel, Portable, Saturated Steam Vapor Disinfection System", Am. J. Infect. Control. 37, 20 (2009).

[26] NSF Protocol P448,"Sanitization Performance of Commercial Steam Generators",NSF International, Ann Arbor,MI(2014).

[27] R. W. Powitz,"Chemical-Free Cleaning: Revisited",Food Safety Magazine(October/November 2014). https://www. foodsafetymagazine. com/magazine-archivel/octobernovember-2014/chemical-free-cleaning-revisited/.

[28] J. C. May,"Use 'Dry' Steam Vapor Treatment for Healthier Carpet,Upholstery",Housekeeping Channel. com. www. housekeepingchannel. com. (accessed February 15,2018).

[29] Letting Off Steam to Clean, Housekeeping Channel. com. www. housekeepingchannel. com. (accessed February 15,2018).

[30] Steam Bullet: The Ultimate Cleaning Machine(2010). www. asseenontv. com/prod-pages/steam-bullet. html.

[31] M. Dietrich,"Don't Run Out of Steam. Parts 3 and 4",Sanitation Canada,pp. 45-47(September-October 2009).

[32] E. W. Lemmon,M. O. McLinden and D. G. Friend,"Thermophysical Properties of Fluid Systems",in: *NIST Chemistry WebBook*,*NIST Standard Reference Database Number 69*,P. J. Linstrom and W. G. Mallard(Eds.),National Institute of Standards and Technology,Gaithersburg,MD. http://webbook. nist. gov. (accessed February 15,2018).

[33] W. Koehler and H. Padilla,"Steam Cleaning as a Solvent Alternative",DoD Joint Service Pollution Prevention Opportunity Handbook,Section 8-1-6,Naval Facilities Engineering Service Center(NFESC), Port Hueneme,CA(2000).

[34] M. Friedheim, "Super-Heated, High-Pressure Steam Vapor Cleaning", in: *Handbook for Critical Cleaning*,B. Kanegsberg and E. Kanegsberg(Eds.),pp. 343-348,CRC Press,BocaRaton,FL(2001).

[35] R. Vozilla and C. Tittle,"Portable Steam Cleaning System(Mini-Max)",DoD Joint ServicePollution Prevention Opportunity Handbook,Section 8-1-11,Naval Facilities Engineering Service Center(NFESC), Port Hueneme,CA(2003).

[36] Synopsis of Steam Cleaners,Report Project 06-02,U. S. Air Force Dental Evaluation and Consultation Service,Great Lakes Naval Training Center, Great Lakes, IL(2006). http://airforcemedicine. afms. mil/idc/groups/public/documents/afms/ctb_109150. pdf.

[37] U. S. EPA,"Technology Reference Guide for Radiologically Contaminated Surfaces",Report EPA-402-R-06-003,U. S. Environmental Protection Agency,Washington,D. C. (2006).

[38] TANCS® Steam Vapor Technology, Advanced Vapor Technologies, Everett, WA. www. advap. com/our-patented-tancs-technology/. (accessed February 15,2018).

[39] Professional Steam Cleaners, Alpina, Wevelgem, Belgium. www. alpina-belgium. com. (accessed February 15,2018).

[40] Vapor Blitz Commercial Steam Cleaner, AmeriVap Systems, Atlanta, GA. www. amerivap. com. (accessed February 15,2018).

[41] Steam Cleaning Systems, Cimel S. r. l. , Jerago, Italy. http://www. cimel. com/steam_cleaning_systems. cfm. (accessed February 15,2018).

[42] Combi Steam and Vacuum Cleaner,Capitani S. r. l. ,Como, Italy. www. capitani. it. (accessed February 15,2018).

[43] Steamshine Steam Cleaning Systems, C. D. Nelson Consulting, Lakemoor, IL. www. steamshine. com.

(accessed February 15,2018).
[44] Kelly II Multi-Function Decon and Vacuum System, Container Products Corporation, Wilmington, NC. http://c-p-c. net/kelly. asp. (accessed February 15,2018).
[45] Steam Cleaners, Dupray, Newark, DE. https://dupray. com/steam-cleaners. (accessed February 15, 2018).
[46] High Performance Steam Jet Cleaning, Elma GmbH &Co KG, Singen, Germany. www. elmaultrasonic. com. (accessed February 15,2018).
[47] Menikini Industrial Steam Cleaners, General Vapeur S. r. l. , Milan, Italy. https://menikini. com/en/. (accessed February 15,2018).
[48] Industrial Vapor Steam Cleaners, Goodway Technologies Corporation, Stamford, CT. www. goodway. com. (accessed February 15,2018).
[49] Steam Cleaners, Kärcher International, Denver, CO. www. kaercher. com/us. (accessed February 15, 2018).
[50] Mighty Steam®, Micropyretics Heaters International, Cincinnati, OH. http://mhi-inc. com/store/steam-generators/steam-generators-devices/MightySteam. (accessed February 15,2018).
[51] The Mini-Max Cleaner, PDQ Precision Inc. , San Diego, CA. www. pdqprecision. com. (accessed February 15,2018).
[52] Dental and Jewelry Steam Cleaners, Reliable Corporation, Toronto, Ontario, Canada. www. reliablecorporation. com. (accessed February 15,2018).
[53] Optima Steamer™ DMF, Steamericas, Inglewood, CA. www. steamericas. com. (accessed February 15, 2018).
[54] Steam Tech, Tecnovap, Pescantina, Italy. www. tecnovap. it. (accessed February 15,2018).
[55] The Micro Precision Steam Cleaner Solves Tough Cleaning Challenges, VaTran Systems, Chula Vista, CA. www. vatran. com(accessed February 15,2018).
[56] Organic Weed Killing Machines, Weedtechnics Steam Weed Control, Frenchs Forest, New South Wales, Australia. www. weedtechnics. com. (accessed February 15,2018).
[57] Steam Cleaning, Im. Ex Serve srl, Colturano(Milan), Italy. www. imexserve. it/guide-steametcleaning. html. (accessed February 15,2018).
[58] W. Swichtenberg, "Vapor Steam Cleaning", http://articles. directorym. com/Vapor_Steam_Cleaning-a940806. html, (2010).
[59] J. E. Sloan and E. L. Bellegarde, "Steam Cleaning System", U. S. Patent 6,299,076(2001).
[60] J. G. Leidenfrost, *De Aquae Communis Nonnullis Qualitatibus Tractatus*, University of Duisburg, Germany(1756). English Translation of Chapter 15: "On the Fixation of Water in Diverse Fire", Intl. J. Heat Mass Transfer. 9,1153(1966).
[61] C. Gianino, "Leidenfrost Point and Estimate of the Vapour Layer Thickness", Phys. Educ. 43, 627 (2008).
[62] A. K. Mozumder, M. R. Ullah, A. Hossain and M. A. Islam, "Sessile Drop Evaporation andLeidenfrost Phenomenon", Am. J. Appl. Sci. 7,846(2010).
[63] M. Friedheim, "Steam Jet Cleaning and Sterilizing System", U. S. Patent 4,414,037(1983).
[64] C. D. Nelson, "Method and Apparatus for Generating Pressurized Fluid", U. S. Patent 4, 878, 458 (1989).
[65] E. Carretto, "Electrically Heated Steam Generator with a Proportionally Controlled Steam and Power Take-Off for Supplying Steam and Electrical Power to an External User", U. S. Patent 5, 307, 440 (1994).
[66] M. Friedheim, "Superheated Vapor Generator and Control System and Method", U. S. Patent 5,471,556 (1995).
[67] M. Friedheim, "Superheated Vapor Generator System", U. S. Patent 6,006,009(1999).
[68] M. Friedheim, "Superheated Vapor Generator and Method of Fabrication Thereof", U. S. Patent 6,181, 873(2001).
[69] Elmasteam Steam Cleaning for Medical Engineering, Elma GmbH & Co KG, Singen, Germany. www.

elma-ultrasonic. com. (accessed February 15,2018).
[70] Cleaning Surgical Instruments,SPS Medical,Rush,NY(2001). www. spsmedical. com/education/educationarticles. html.
[71] G. Guala,"Male Luer Lock Connector for Medical Fluid Lines",U. S. Patent 6,893,056(2005).
[72] J. Weber and B. Beck,"Luer-Lock Connector for Medical Devices",U. S. Patent 7,472,932(2009).
[73] W. J. Bauer,"Systems and Methods for Disinfecting and Sterilizing by Applying SteamVapor Containing Low Zeta Potential Mineral Crystals",U. S. Patent 7,547,413(2009).
[74] J. Ham,"Steam Exposure Temperature Measurement",Test Report 02-339-A,GTI Industries,San Diego,CA(September 2002). www. pdqprecision. com.
[75] Personal communication with Jeff Sloan,VaTran Systems,Chula Vista,CA(2009).
[76] R. M. Kwan,A. J. Yost,J. V. Santiago,A. C. Herring andM. M. Conlin,"Steam Vapor Cleaning Ejection Seat Frames and Components Technical Evaluation",Technical Report NAWCADPAX/TR-2002/244, Naval Air Warfare Center Aircraft Division,Patuxent River,MD(2003).
[77] M. Panzner,G. Weidemann,M. Meier,W. Conrad,A. Kempe and T. Hutsch,"Laser Cleaning of Gildings",in: *Lasers in the Conservation of Artworks LACONA VI Proceedings*,J. Nimmrichter,W. Kautek and M. Schreiner(Eds.),pp. 21-28,Springer-Verlag,Berlinand Heidelberg,Germany(2007).
[78] S. E. Mackler,"Case by Case: Upgrading the Precision Cleaning Process",Process CleaningMagazine (September/October 2009).
[79] M. J. Weitz,"Method and Apparatus for Steam Cleaning Anilox Inking Rollers",U. S. Patent Application 2003/0167948(2003).
[80] J. W. Duffy,D. Hashimoto,J. E. Sloan and E. L. Bellegarde,"Development of an Automated Cleaning System for Multi-Ferrule Fiber-Optic Connectors",Optical Fiber Communication Conference and Exposition and The National Fiber Optic Engineers Conference, OSA TechnicalDigest (CD), Paper JThA109,Optical Society of America,Washington,D. C. www. opticsinfobase. org/abstract. cfm? URI =OFC-2008-JThA109(2008).
[81] H. Kunze-Concewitz,"Method of Cleaning Surfaces with Water and Steam",U. S. Patent 5,964,952 (1999).
[82] R. Hoverson,"Steaming Clean",American School & University Magazine(October 2006). http://asumag. com/Maintenance/university_steaming_clean/.
[83] Microbiological Tests with Capitani Steam Cleaning Systems,Gialloblu Studio e Controllo Prodotti e Produzioni,Milan,Italy(2006). www. capitani. it/test_eng. shtml.
[84] Anti-Bacterial Effect Case Study,Adriatic Union Laboratories,Vicenza,Italy(2010). www. imexserve. it/guide-case-study. html.
[85] L. F. White,S. J. Dancer and C. Robertson,"A Microbiological Evaluation of Hospital Cleaning Methods",Intl. J. Environ. Health Res. 17,285(2007).
[86] C. J. Griffith and S. J. Dancer,"Hospital Cleaning: Problems with Steam Cleaning and Microfibre",J. Hospital Infect. 72,360(2009).
[87] J. D. Sexton,B. D. Tanner,S. L. Maxwell and C. P. Gerba,"Reduction in the Microbial Load on High-Touch Surfaces in Hospital Rooms by Treatment with a Portable Saturated Steam Vapor Disinfection System",Am. J. Infect. Control. 39,655(2011).
[88] L. Song,J. Wu and C. Xi,"Biofilms on Environmental Surfaces: Evaluation of the Disinfection Efficacy of a Novel Steam Vapor System",Am. J. Infect. Control. 40,926(2012).
[89] C. L. Wood,B. D. Tanner,L. A. Higgins,J. S. Dennis and L. G. Luempert III,"Effectiveness of a Steam Cleaning Unit for Disinfection in a Veterinary Hospital",Am. J. Veterinary Res. 75,1083(2014).
[90] S. J. Dancer,"Controlling Hospital-Acquired Infection: Focus on the Role of the Environment and New Technologies for Decontamination",Clin. Microbiol. Rev. 27,665(2014).
[91] P. Kerpauskas,A. P. Sirvydas,P. Lazausskas,R. Vasinauskiene and A. Tamosiunas,"Possibilities of Weed Control by Water Steam",Agronomy Res. 4,221(2006).
[92] K. R. Hoyt and M. D. Pawelek II,"Use of the Kelly Decontamination System for the Cleanup of the Auxiliary and Fuel-Handling Buildings at TMI-2",Trans. Am. Nucl. Soc. 54,319(1987).

[93] U. S. DOE,"Steam Vacuum Cleaning",Innovative Technology Summary Report DOE/EM-0416,U. S. Department of Energy,Washington,D. C. (1999).

[94] J. Heiser and T. Sullivan,"Decontamination Technologies Task 3. Urban Remediation and Response Project",Report BNL-82389-2009,Brookhaven National laboratory,Upton,NY(2009).

[95] Steam Condensation as a Food Decontamination Method,FoodOnline(December 1999). https://www.foodonline.com/doc/steam-condensation-as-a-food-decontamination-0001.

[96] G. Purnell and C. James,"Advances in Food Surface Pasteurisation by Thermal *Methods*",*in*: *Microbial Decontamination in the Food Industry*: *Novel Methods and Applications*,A. Demirici and M. O. Ngadi(Eds. ),pp. 241-273,Woodhead Publishing,Cambridge,UK(2012).

[97] Food Refrigeration & Process Engineering Research Centre(FRPERC),Grimsby Institute,Grimsby,Lincolnshire,UK. www.frperc.com. (accessed February 15,2018).

[98] S. Lebrun, R. Chan and S. Carey, "Food Processing Surface Sanitation Using Chemical-Free Dry Steam", Food Safety Magazine(August 2015). https://www.foodsafetymagazine.com/signature-series/food-processing-surface-sanitation-using-chemical-free-dry-steam1/.

[99] M. Kozempel,N. Goldberg and J. C. Craig Jr. ,"The Vacuum/Steam/Vacuum Process",Food Technol. 57,30(2003).

[100] M. Kozempel,N. Goldberg,J. A. Dickens,K. D. Ingram and J. C. Craig Jr. ,"Scale-Up and Field Test of the Vacuum/Steam/Vacuum Surface Intervention Process for Poultry",J. Food Process Eng. 26,447 (2003).

[101] L. Huang,"Numerical Analysis of Heat Transfer during Surface Pasteurization of Hot Dogs with Vacuum-Steam-Vacuum Technology",J. Food Sci. 69,E455(2004).

[102] W. Garbutt,"Cargill to Introduce Sonosteam Technology as Part of Farm-To-Fork Commitmentto Reduce Campylobacter Levels",Cargill News(September 16,2015). https://www.cargill.com/news/releases/2015/NA31891684.jsp.

[103] A. Bateas,"Faccenda Foods to Implement SonoSteam Technology",Faccenda News Release(May 21, 2015). http://www.faccendafoods.co.uk/faccenda-foods-to-implement-sonosteam technology/.

[104] N. Krebs,"A Method and Apparatus for Disinfection of a Subject by a Surface Treatment Thereof", U. S. Patent 7,695,672(2010).

[105] A. Schmidt,A. A. Jensen and U. Nonboe,"Decontamination of Meat With Sono-Steam-Life Cycle Environmental Aspects",Proceedings MACRO 2006,41st Intl. Symposium on Macromolecules,Sao Paulo, Brazil,(2006).

[106] D. Hansen and B. S. Larsen, "Reduction of Campylobacter on Chicken Carcasses by Sono Steam® Treatment", Proceedings European Congress of Chemical Engineering(ECCE-6), Copenhagen, Denmark,(2007).

[107] L. Boysen and H. Rosenquist,"Reduction of Thermotolerant Campylobacter Species on Broiler Carcasses following Physical Decontamination at Slaughter",J. Food Protect. 72,497(2009).

[108] H. S. Musavian,N. H. Krebs,U. Nonboe,J. E. Corry and G. Purnell,"Combined Steam and Ultrasound Treatment of Broilers at Slaughter: A Promising Intervention to Significantly Reduce Numbers of Naturally Occurring Campylobacters on Carcasses",Intl. J. Food Microbiol. 176,23(2014).

[109] L. Nie,D. Mei,H. Xiong,B. Peng,Z. Ren,X. I. P. Hernandez,A. DeLaRiva,M. Wang and M. H. Engelhard,"Activation of Surface Lattice Oxygen in Single-Atom Pt/$CeO_2$ for Low-Temperature CO Oxidation",Science 358,1419(2017).

# 第18章

# 超声气液去污系统在清除表面污染物中的应用

Rajiv Kohli

美国国家航空航天局约翰逊航天中心航空航天公司 得克萨斯州休斯敦

## 18.1 引言

近年来，在工业应用中使用溶剂进行精密去污，引起了许多研究人员新的关注。对臭氧层消耗、全球变暖和空气污染的担忧产生了新的法规和授权，以减少含氯溶剂、氟氯烃(HCFCs)、三氯乙烷和其他消耗臭氧层的溶剂并最终将其淘汰[1-3]。为了寻找替代去污方法来代替这些溶剂，人们考虑了各种替代去污系统[4-6]。本章重点介绍超声气液清洗在去除表面污染物中的应用，并对近期发展的去污方法进行综述[7]，目的是更新之前综述的信息。

## 18.2 表面污染和清洁度等级

表面污染可以以多种形式和状态存在于物体表面[8]。最常见的表面污染物类别有：

- 颗粒物。
- 以碳氢化合物薄膜或有机残留物形式存在的有机污染物，如油滴、油脂、树脂添加剂、蜡等。
- 有机或无机的分子污染。
- 以离散颗粒形式存在的金属污染物。
- 离子污染物，包括阳离子和阴离子。
- 微生物污染物，如细菌、真菌、生物膜等。

常见的污染源包括机加工用油和润滑脂、液压油和清洗液、黏合剂、蜡、人为污染和微粒物，以及生产过程的污染。此外，各种来源的大量其他化学污染物也可能污染表面。

去污规范通常基于去污后表面残留的特定或特征污染物的量。在精密技术应用中，当污染物为颗粒时，产品清洁度等级以颗粒大小（微米尺寸范围）和颗粒数量表示；当污染物为非挥发性残留物（NVR）代表的碳氢化合物被污染者为表面时，产品清洁度等级用表面单位面积上非挥发性残留物（NVR）的质量表示；当液体被碳氢化合物污染时，产品清洁度等级则以液体单位体积中的 NVR 的质量表示[9-11]。这些表面清洁度等级都基于行业标准 IEST-STD-CC1246E 中规定的污染规范：对于颗粒物从 5 级至 1000 级，对 NVR 从 R1E-5 级（$10ng/0.1m^2$）至 R25 级（$25mg/0.1m^2$）[11]。一项新的国际标准定义了洁净室的表面清洁度，与存在颗粒物相关[12]，该标准适用于洁净室和相关受控环境中的所有实体表面，如墙壁、天花板、地板、工作环境、工具、设备和装置。表面颗粒物的清洁度分类仅限于 0.05～500μm 之间的颗粒物。新标准 ISO 14644—13 已发布，该标准给出了洁净室表面去污的指导方针，以达到颗粒物和化学分类所规定的清洁水平[13]。

许多产品和制造过程对空气中的分子污染物（AMCs）敏感，甚至可能被它们破坏，这些污染物是由外部、工艺或其他来源产生的，因此 AMCs 的监控至关重要[14]。AMC 是一种以蒸气或气溶胶形式存在的化学污染物，可以是有机的或无机的，包括从酸和碱到金属有机化合物，以及掺杂剂等所有物质[15,16]。新标准 ISO 14644—10《洁净室和相关受控环境——第 10 部分：按化学浓度对表面清洁度的分类》[17]是一项现行国际标准，该标准规定了洁净室表面清洁度的分类体系，涉及化学物质或元素（包括分子、离子、原子和颗粒物）。

在许多商业应用中，精密清洁度水平被定义为污染表面的有机污染物低于 $10\mu g/cm^2$，尽管许多应用的要求设置为 $1\mu g/cm^2$[11]。这种清洁度等级要么非常理想，要么是金属设备、电子组件、光学和激光组件、精密机械部件和计算机部件的功能所要求的。

## 18.3 超声气液去污技术背景

商用喷雾去污系统已比较完善，可以对各种类型的零件和表面进行去污。这些系统去污时需要采用高压，并使用大量流体，因此，不适用于精密去污。如果去污时还使用了溶剂，则即使不限制溶剂的使用，也会带来不容忽视的废物处置问题。例如，位于佛罗里达州梅里特岛的美国国家航空航天局（NASA）的肯尼迪航天中心（KSC）每年需要对大约 25 万个小型和大型组件（如阀门、管道、调节器、软管和压缩气瓶）进行去污处理，每年消耗多达 27000kg 的氯氟烃（CFC）溶剂（CFC 113）用于去污和验证目的[18-20]。以前在肯尼迪航天中心，清除表面污染（颗粒和非挥发性残留物）的精密去污是在高温下用含有去污剂的大量水冲洗，或使大量的 CFC 溶剂冲洗零部件，这很容易造成重大的环境问题。严格的清洁度要求源自液态氧（LOX）系统的兼容性，因为，在液态氧存在下，颗粒和碳氢化合物油脂非常易燃。随后，根据 NASA 的技术规范对清洁度水平进行了验证[10]，该规范要求对设计用于 LOX 服务的空间部件和要求高清洁度的其他流体系统颗粒污染（单位面积的颗粒数）和 NVR（单位面积的质量）进行定量测量，这是通过使用 CFC 溶剂冲洗规定的表面积（$0.1m^2$）来实现的。对于颗粒污染，需要将溶剂倒入过滤器中，并使用光学显微镜对颗粒计数，NVR 通过蒸发收集的溶剂并称量剩余的固体残留物进行重量分析。

KSC 需要一种有效的方法来替代这个使用大量溶剂的去污和验证系统。其他去污方法，如高压水射流、超声和使用经批准的溶剂冲洗，都有一些缺点。虽然超声去污在清除污染物方面非常有效，但必须将零部件浸入清洗液中。在 KSC 清洗过的大多数制造零件尺寸过大，使得这种方法不切实际。水射流去污的缺点是需要消耗大量的水，有效去除污染物需要相对较高的压力。尽管具有极好的溶解能力，但即使使用经批准的溶剂进行去污和冲洗，也无法解决必须处理的大量使用溶剂的消耗问题，以及溶剂冲洗留下不溶性污染物的趋势。

为了克服这些缺点，提出了超声气液去污（supersonic gas-liquid cleaning，SS-GLC）的概念，通过使用缩放喷嘴和中压（约为 2MPa）的压缩惰性气体或空气将液滴加速至超声速度（>3 马赫）[21-24]。SS-GLC 是一种先进的去污方法：与水射流去污相比，其优势为更低的工作压力，更少的耗水量和更大的表面撞击能力。与溶剂冲洗相比，其优势为减少了溶剂消耗，通过撞击清除不溶性颗粒。使用喷嘴意味着无法浸入超声波浴的大面积表面也可进行去污。与其他加压去污方法相比，SS-GLC 还具有一些优势，这种系统不会磨损零部件的表面，并且在使用很少水的情况下，所需的压力要低得多。这些功能使其能够清除从印刷电路板到涂漆表面的各种物品，也可清除黏合剂、助焊剂甚至指纹[24]。

在医疗应用中，外科手术过程中必须清除体内暴露组织中的固体污染物，并对其进行清洁[25]。另外，在治疗由牙菌斑沉积的长期影响引起的牙龈炎等牙科疾病中，这种清洁是必要的。此外，有机物往往比非有机物更牢固地结合到组织上，并且通常比纤维、灰尘和沙粒等非有机物更难以去除。用液体（如水）清洗通常无法去除小于组织表面形成的停滞层流边界层（表面流速为零）厚度的颗粒[26]。位于边界层中的颗粒具有足够高的阻力，即使具有很高的速度，液体流也无法克服该阻力。

## 18.3.1 超声气液去污原理

SS-GLC 能有效去除颗粒和非颗粒（碳氢化合物薄膜）污染物。该系统将来自不同加压源的气体和液体混合：液体以细小液滴的形式悬浮在气流中，喷嘴具有缩放的几何形状。假设气体和液体之间具有热平衡（快速传热）的均匀绝热匀速，气体的可压缩性可将雾化的液体颗粒加速至超音速[22,23]。最近的研究工作表明，气相和液相之间快速传热的假设是不正确的，相反，相之间没有热传递的假设在描述喷嘴流动时可能更适合，因为在喷嘴出口的射流中可以观察到液滴[27,28]。同时，由于用于去污的液体量少，所以表面不能形成停滞液体边界层，气液混合物以超音速从手持式棒组件末端的一个或多个喷嘴喷出。在这些速度下，悬浮在气体中的液滴具有强行清除表面固体污染物，将它们分散到最小的废物流中的动能。即使是由于其尺寸小而被截留在液体边界层的小颗粒也能被去除。

去除烃类残留物的主要机理是，通过液滴撞击目标表面时发生的乳化作用[22,29]。超声速喷嘴趋向于乳化碳氢化合物污染物，因此，其浓度将超过污染物在这种液体中的溶解度极限。乳化过程取决于混合物中液滴的大小和浓度，以及喷嘴的设计和注入方式[29-33]。

## 18.3.2 方法和设备说明

SS-GLC 去污主要用于精密去污和医疗应用。

### 18.3.2.1 精密去污系统

为改善对各种表面和系统的去污，人们已经开发了几种气液射流去污装置，这些装置都可从市上购得[34-55]。这些系统使用液体和气体喷嘴组件提供具有减小的边界层厚度的液体流，至少部分冻结颗粒的高速气溶胶，以及脉冲液体喷射到金属表面以清除小颗粒。

对于精密去污应用，SS-GLC 通过节流阀将高压空气或氮气送到喷嘴进行操作，水通过喷嘴的缩放段上游的进口孔注入气流。喷嘴的设计是基于面积比（出口面积与喉道面积之比）5.44 得出的马赫数为 3.14，对应于大约 1067m/s 的速度（图 18.1）[22]。此时，马赫数随面积比的变化率开始显著减小。最近的研究表明，气液混合物的测量速度 630m/s 和计算速度 670m/s 非常一致，但大约是原始设计计算的预期速度的 2/3[56]。两种不同的喷嘴设计已被开发，并通常用于去污应用。在传统的缩放喷嘴中，从传统喷嘴排出的两相射流发散，从而在清洁表面具有较小的液滴浓度的更宽射流。相比之下，环形喷嘴中的射流在出口处会聚，并在喷嘴出口下游短距离内达到最大浓度（图 18.2）[31-33,58]。在相同的压力和流量下，射流直径和强度较窄，目标表面的液滴浓度高于常规喷嘴。常规喷嘴可比环形喷嘴覆盖更大的表面积。超音速出口速度可能在喷嘴中没有过大的出口锥角的情况下被达到。

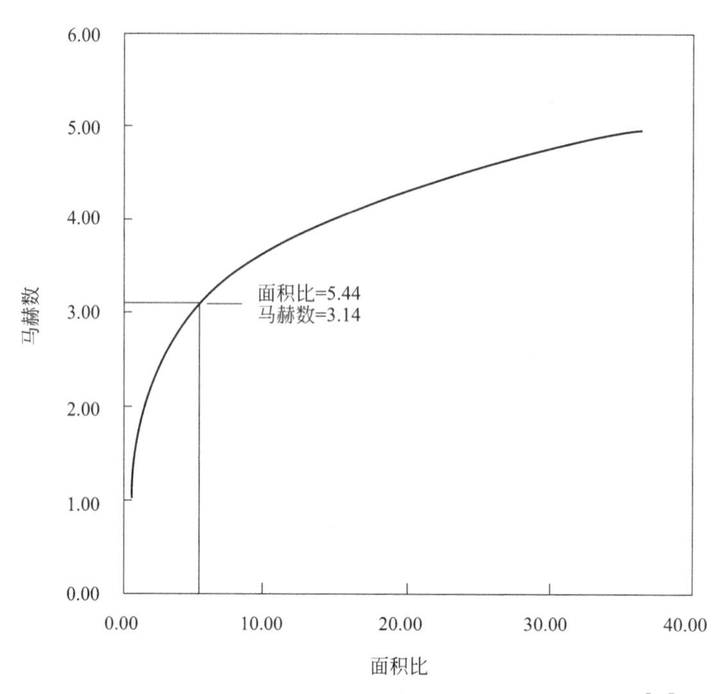


图 18.1 KSC 的 SS-GLC 缩放喷嘴的马赫数-面积比关系图[22]

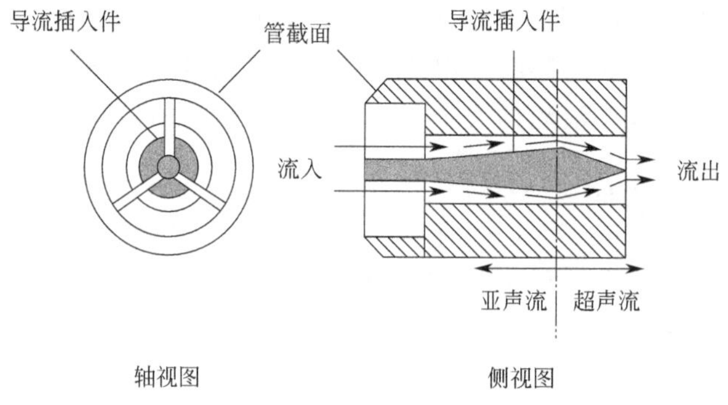


图 18.2 带有导流环形插入件的缩放喷嘴[31-33,57]

然后，混合的气液流进入缩放喷嘴，被加速到超声速，超声速气液流被引导到需要去污或清洁度验证的组件表面（图 18.3）。

气流传递给水的速度使其在撞击时具有足够的动量，以去除待去污或验证的组件表面上的污染物，同时将能被捕获以进行清洁度验证的污染物溶解在水中。气液喷嘴的流参数能被设置，于是几乎任何气体和液体都能被用来实现一个期望的流量和混合比。另外，喷嘴的尺寸和数量是可调的。这种可调节性使得创建从小型手持式去污喷嘴到非常大得多喷嘴配置的尺寸成为可能。为了进行清洁度验证，用清水代替去污流体，在对被去污部件的表面进行喷洒后，可以将其收集起来进行分析（图 18.4）。去污流体的量少，可减少溶剂的使用，从而降低危险废物的处置成本。

一个基于此设计的商用 SS-GLC 系统已被开发❶。该系统适用于使用蒸馏水或去离子水

❶ 该系统不再作为供应商的标准库存项目提供，尽管可以根据客户要求构建定制装置[59]。

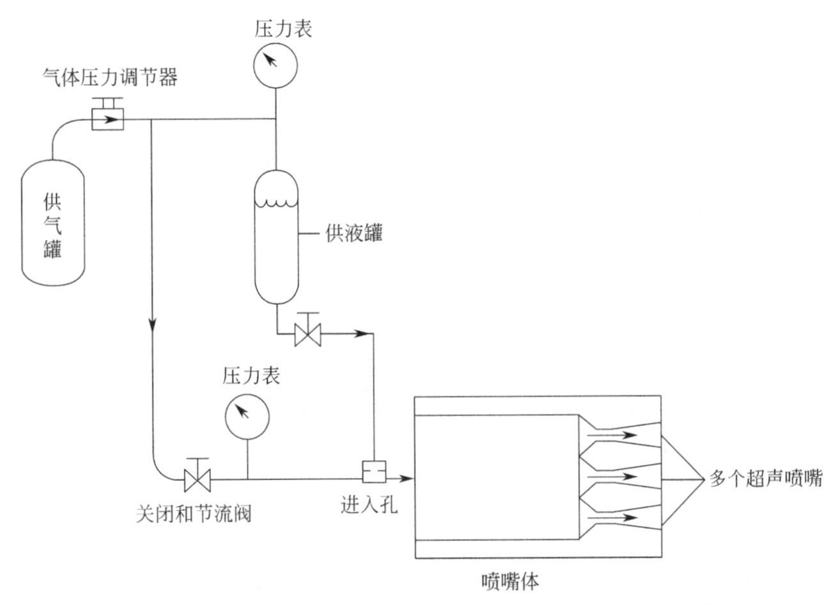


图 18.3 用于精密去污应用的基本超声气液去污系统示意图[22,23]

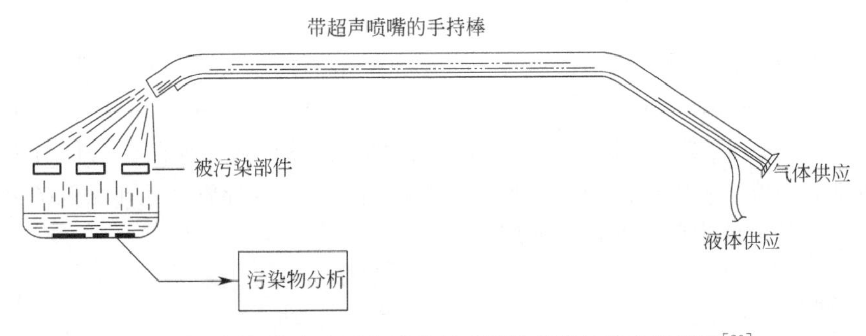


图 18.4 用于精密去污和清洁度验证的超声气液去污系统[23]

以及使用压缩呼吸空气或氮气。所有润湿部件均由不锈钢或 Teflon™ 制成，去污和干燥功能由一个触发器控制。由于环保系统每分钟需要的水少于 100mL，因此去污后只有少量残留的液体需要作为污染废物进行处置。由于雾化水的质量能量较低，与其他喷雾去污方法相比，该系统为非研磨性系统，每 1μm 水滴的质量能量约为 $0.13\times10^{-6}$kg·m/s(见表 18.1)。该系统配有一个可向任何方向定向的喷嘴，是可调节的，可在不重新定向的情况下为部件的所有侧面去污。该系统专为操作员的安全性和舒适性而设计，只需很少的操作培训，而且容易靠装上的脚轮被移动，尽管它不是轻物件（约 200kg）。当操作 SS-GLC 时，由于超声速，操作过程中需要足够的听力保护。仅需几个活动部件，维护成本极低。

### 18.3.2.2 医疗去污系统

许多皮肤磨蚀和去污系统使用相对较高的液体流速，这会由于待去污表面上形成的几乎停滞的边界层而降低去污和擦洗效果，高流速还会损坏表面。其他设备具有用于混合流体的低流速、低压喷嘴，但它们采用文丘里管喷射来雾化液体，无法在混合物中实现超声速。通常，与非脉冲式喷雾去污系统相比，这些设备仅做了很小的改进。

表 18.1　不同颗粒去除技术的典型参数[60]

| 去污方法 | 撞击颗粒尺寸/mm | 撞击颗粒密度/($kg/m^3$) | 撞击颗粒质量/kg | 撞击颗粒速度/(m/s) | 每个撞击颗粒传递的动量 kg·m/s($\times10^{-6}$) |
|---|---|---|---|---|---|
| 干冰抛丸 | 3.18（直径）×6.35（长） | 1562 | $7.84\times10^{-5}$ | ～335 | 27652 |
| $CO_2$ 颗粒物 | <1 | 1562 | $8.16\times10^{-7}$ | 46 | 37.33 |
|  | 0.5 | 1562 | $8.16\times10^{-7}$ | 305 | 248.87 |
| $CO_2$ 雪 | 1.48 | 780 | $1.31\times10^{-6}$ | ～0.3 | 0.41 |
| 水冰（小颗粒） | $70\times10^{-3}$ | 930 | $1.32\times10^{-9}$ | 335 | 0.45 |
| 水冰（大颗粒） | 1.02（直径）×6.35（长） | 930 | $1.9\times10^{-5}$ | 162 | 3071 |
| SS-GLC | $1\times10^{-3}$ | 1000 | $1.18\times10^{-10}$ | 1067 | 0.13 |
|  | $8\times10^{-3}$ | 1000 | $6.01\times10^{-8}$ | 1067 | 64.84 |

SS-GLC 的原理已应用于开发多种组织去污和皮肤擦伤应用装置[57,61,62]，克服了其他方法的局限性。SS-GLC 设备使用极少量的去污液来形成悬浮在高速气体中的液滴雾。少量以雾状悬浮的液体会阻止形成可能捕获小颗粒的液体边界层。气-液混合物被加速到超声速，并被输送到组织表面、肿块或空腔中，从而很有效地擦洗表面和为其去污。

为医疗应用开发的 SS-GLC 系统采用缩放气体喷嘴和同心布置在气体喷嘴内的液体喷嘴。操作气体喷嘴配置时，入口气体压力至少是出口气体压力的 2 倍。该压降会在气体中引起冲击波，并根据气体压力的不同，将其加速到亚声速至超声速。同时，排气喷嘴下游的液体流被雾化，形成雾状液滴（5～100μm），悬浮在排出的高速气体流中（图 18.5）[57,61,62]。加压气体源以 0.28～1MPa 的压力提供气体（空气、氧气、二氧化碳和氮气），加压液体源以 0～0.034MPa 的压力提供液体。喷雾射流输送喷嘴装置包括至少两个气体排放喷嘴或至少两个液体排放喷嘴。喷雾射流输送喷嘴装置中包括一个吸入导管，用于去除废液和磨损的组织颗粒。该设备设计为单手握住时使用。

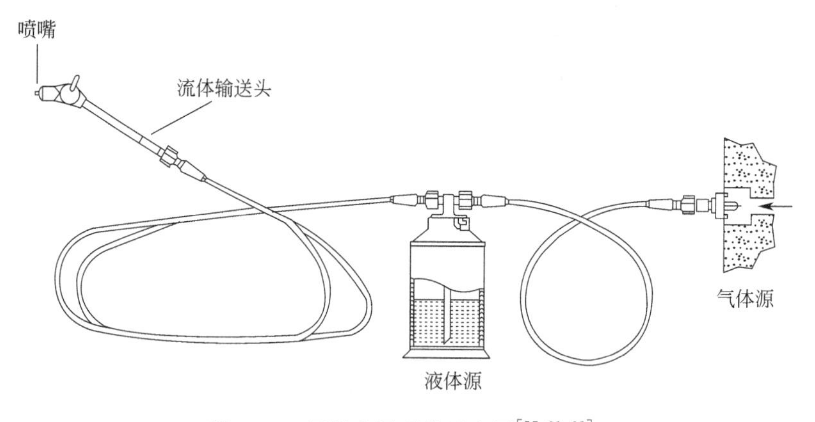


图 18.5　医用去污系统示意图[57,61,62]

基于该技术的系统可在商业上用于不同的应用。JetOx™ 系统（图 18.6）用于伤口去污和清创（清创是指通过外科手术切除死亡、失活或受污染的组织，并清除伤口中的异物[65]）[63,64,66-70]。对于此应用，该系统使用医用级氧气和无菌去污液，最常用的是盐溶液（0.9%氯化钠），尽管其他溶液也已成功使用[71-76]。喷雾经过精确校准，仅用于处理受影响的区域。输送喷嘴上安装了一个独特的防护罩以防止污染。

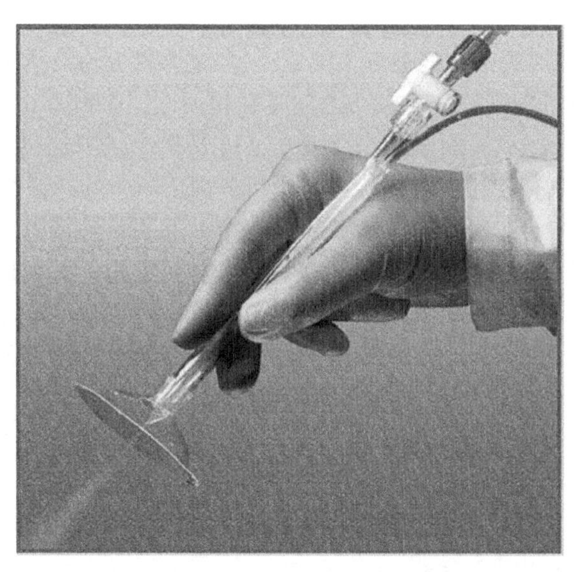

图 18.6　JetOx™ 伤口去污和清创系统[63,64]

(以色列耶胡德的 TavTech 有限公司提供)

JetPeel™ 系统用于皮肤应用，包括经皮给药[77-79]。它包含一个控制单元和一个独特的，包括有若干个输送喷嘴的一次性机头。精致的单喷嘴机头[图 18.7(A)]适用于无创介观疗法、除皱和痤疮治疗，而三喷嘴机头[图 18.7(B)]用于大多数其他皮肤治疗。该系统质量小，符合人体工程学，并且只要求操作员有极小的灵活性。通过控制气压和通过次数来精确控制皮肤剥离深度，从而可以同时单独治疗不同部位的皮肤，而不会造成附带损害。JetPeel 能够去除皮肤的表皮层，从而增加组织的氧合作用，有助于加快伤口的愈合[80]。

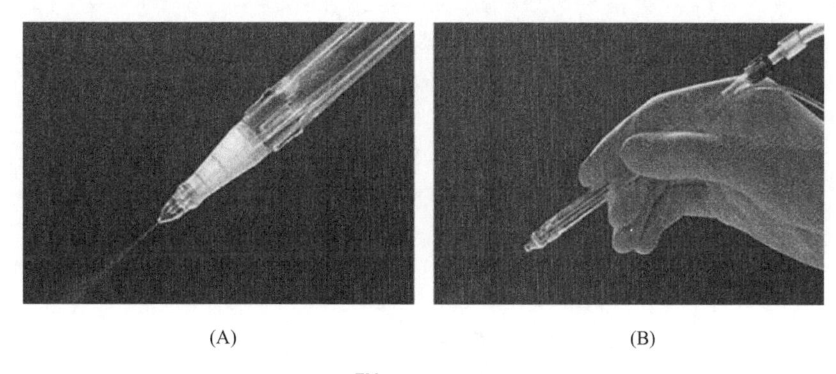

(A)　　(B)

图 18.7　与 JetPeel™ 系统一起使用的美观应用机头

(A) 单喷嘴头；(B) 三喷嘴机头[79]

(以色列耶胡德的 TavTech 有限公司提供)

## 18.3.3　应用案例

下文将讨论精密去污和医疗护理中的应用案例。

### 18.3.3.1　精密去污性能验证

对 KSC 开发的系统的去污性能进行了验证[53]，这要求去污后表面上残留的 NVR 与去污后收集的水样的总有机碳（TOC）读数之间存在相关性。面积约 0.09$m^2$ 的不锈钢见证板被已知量（11.1～111mg/$m^2$）的氟化油脂（如 Krytox®-杜邦或航天润滑油公司的 Tribolube®）和 KSC 使用的其他常用润滑油污染，然后分别用 SS-GLC 系统冲击 2～8min。研究发现 TOC 测量值与已知的初始污染物水平（图 18.8）和去污后残留 NVR（图 18.9）呈线性相关。结果还表明，喷嘴可以很好地乳化碳氢化合物污染物，无需再次去污。在广泛的测试中，在 0.05～0.75$m^2$ 范围内，观察到与沉积在阀体和见证板上的其他污染物和污染物混合物相似的线性相关性[18-21,81]。就 KSC 航天硬件清洁度验证而言，SS-GLC 被证明是一种稳定的技术。收集的数据还表明，该系统比以前使用 CFC 溶剂（CFC 113）的方法去污更彻底。

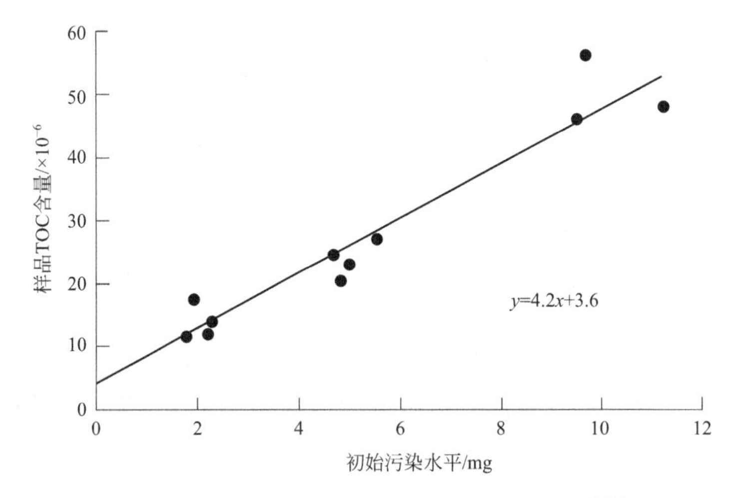


图 18.8　TOC 含量与不锈钢板的初始污染水平[22]

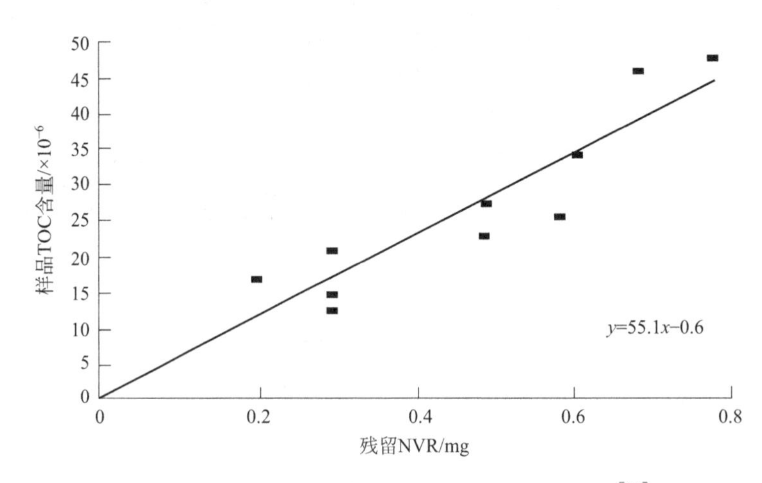


图 18.9　去污后 TOC 与残留 NVR 的线性相关性[22]

类似的研究曾被开展，以测试 KSC 的 SS-GLC 系统表面去污的有效性[59]。样品由约 0.1$m^2$ 的 304 不锈钢板组成，受已知量（7～18mg）的粉尘和钻井润滑剂、油、碳氢化合物以及氟化油脂污染，通过使用 SS-GLC 系统对每块板上的污染区域冲击 2min 进行去污。SS-GLC 倾向于乳化碳氢化合物污染物，从而超过了污染物在水中的溶解度极限，并从表面流出。这种清洁度验证方法曾被用来测定去污过程中采集的水样中的 TOC。20 块板中有 11 个被完全去污，TOC 样品中未检测出残留物，其他 9 块板的 TOC 样品测得的残留量为 0.1mg 或更少。结果表明，使用 SS-GLC 系统去除污染物的效率可达 96%以上。

研究者已对 SS-GLC 系统中使用 1.25cm 长的缩放喷嘴进行参数研究[27]。喷嘴上游的压力为 2.2MPa 或 2.89MPa，水流量分别为 0.052L/min 和 0.056L/min。在 50mm 的轴向距离内，流体平均速度几乎保持恒定。增大储气罐压力将喷嘴出口处流体的平均流速从约 620m/s 增高至 630m/s。最佳罐压力约为 2MPa。最佳工作距离为 30～80mm。

SS-GLC 技术已被改造，以便适用于对小型压缩气瓶（K 瓶）、储罐和长管道（长度超过 15cm）等中空物品内表面去污和验证其清洁度[82]。对于 K 瓶去污，该系统采用带有 3 个喷嘴的旋转喷头，只有一个分流部分，用于以超声速向零件表面喷射气液去污剂混合物。扩口喷嘴比完整的缩放喷嘴小得多，可以穿过瓶子的狭窄开口（约 1.8cm），尽管与缩放喷嘴相比，流体动量损失 20%。一个喷嘴直接对准瓶子，而其他喷嘴与瓶子轴线的夹角为 30°和 210°。3 个喷嘴的方向覆盖瓶子的所有表面。喷头可沿其纵轴旋转和平移。无活动部件暴露在要去污的物品内表面，从而降低污染风险。该系统还可用于清洁度验证，只需简单地用清水代替去污液，喷洒到物品上去污后对废水进行收集和分析。对于大型管道，可以使用缩放喷嘴，因此去污效率更高。此时，用一个管道爬行器使旋转喷嘴头穿过管道并拉动气液供应软管。

人们已从污染物去除率的角度，对 KSC 开发的 SS-GLC 冲击系统的性能进行了研究[31-33]。抛光不锈钢基板被油脂（8～11.5mg/$m^2$）污染，并使用传统的缩放喷嘴和环形喷嘴进行去污。污染物的去除速度与基质和污染物间的界面张力成反比，而界面张力又与温度成反比。因此，正如所观察到的那样，应该通过升高温度来提高乳化去除污染物的速率。用 15°射流接近角能最大限度地去除残留物，这与理论上的考虑一致，即剪切力最有效地破坏了相邻污染物分子之间的内聚键。随着液滴浓度的降低和黏性阻力的增加，污染物的清除率随着与去污表面距离的增加而急剧下降。不出所料，在相同的操作条件下，环形喷嘴的清洁性能明显优于传统的缩放喷嘴。对于常规的缩放喷嘴，在距表面 5cm 处达到最高的去除率，这表明超声速射流可以在该距离处会聚。基于这些结果，可通过使用与去污表面的接近角为 15°的环形喷嘴，在距离混合温度尽可能高的表面 2cm 处，在不蒸发水尽可能高的混合温度下，实现系统的最佳性能。添加具有最低动态表面张力的洗涤剂也可以提高系统的去污效果。此类洗涤剂已被证明能提高喷雾清除污染物的效果[83]。

#### 18.3.3.2　颗粒物的清除

研究者开发了一种新系统，用于使用新型双流体喷嘴为晶片去污，该喷嘴能够去除亚微米级颗粒[84]。这种新型的缩放喷嘴能够在相对较低的供气压力下通过气体将液滴加速到较高的速度。图 18.10 所示为双流体喷嘴加速的液滴在约 0.3MPa 的供气压力下达到声速（线 A），而传统的低压喷嘴要求供气压力为 1MPa 或更高，以将液滴加速至声速（线 B）。

在半导体制造中，使用的最高气压约为 0.7MPa，足以实现从双流体喷嘴喷出超声速射

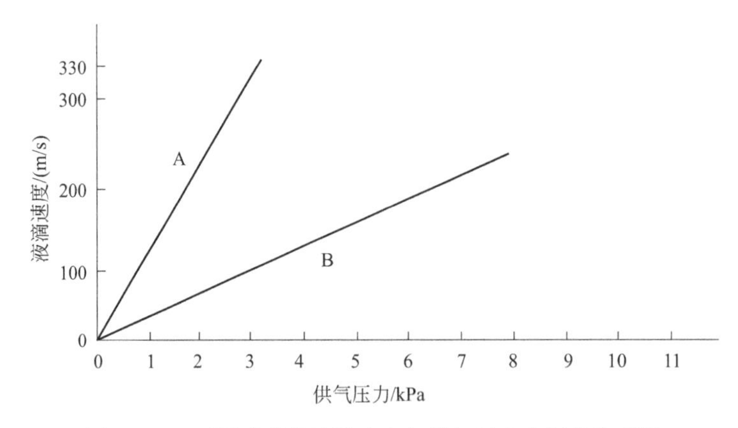


图 18.10　不同喷嘴的液滴速度与供气压力之间的关系图

A—双流体喷嘴；B—常规低压喷嘴[84]

流。使用常规喷嘴，射流出口速度仅达到亚声速。这种新型喷嘴设计在晶片上的去污效果（以污染物去除率表示）与在类似操作条件下的传统低压和高压喷射喷嘴进行了比较（见图18.11)。污染物去除率定义为被清除的颗粒数与表面污染颗粒数之比。显然，与其他喷嘴相比，使用新喷嘴能清除尺寸小于 0.1μm（曲线 A）的颗粒，尽管低压喷嘴（曲线 B）比高压喷嘴（曲线 C）更有效，但它不能除去尺寸为 0.1μm 的颗粒。

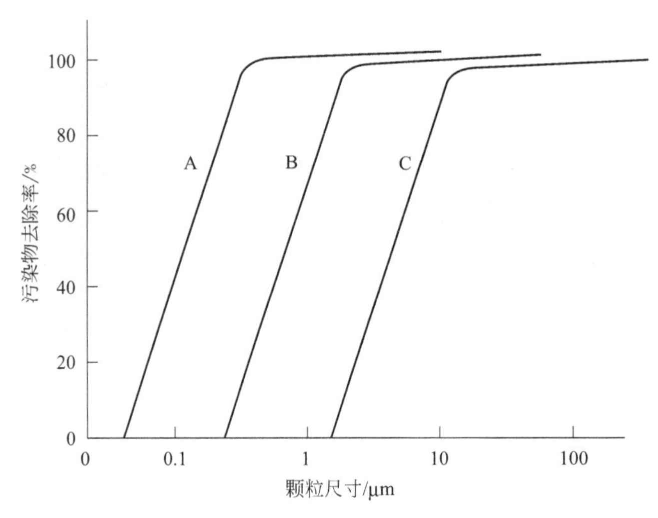


图 18.11　使用不同射流去污喷嘴的污染物去除率与颗粒尺寸之间的关系图

A—新型双流体喷嘴；B—常规低压喷嘴；C—常规高压喷嘴[84]

### 18.3.3.3　工业去污

一种新的喷嘴设计已被开发，该喷嘴使用液体来防止在工业去污应用的射流喷射去污系统中的粉末颗粒堵塞[56]。这里所说的粉末被添加到气液混合物中，以增强对汽车、建筑物表面、盘子、瓶子和食品饮料制造中的器具以及其他此类应用的去污。这种粉末易于积聚在流速低的喷嘴通道中，从而降低了喷嘴的去污效率，水溶性粉末也容易吸收水分并黏附在管壁上，堵塞喷嘴的突起部分。新设计采用水作为防堵塞液体，注入加压气体流位于粉末注入断面和去污喷嘴之间的一个断面中。防堵塞液体的量小于供应给喷嘴的液体量，并且在粉末注入停止后在给定的时间内继续注入。通过在高速气液混合物（0.39MPa 压力下流量为 1000L/min 的空气，和 13MPa 压力下的是，流量为 10L/min 的水）使用碳酸氢钠颗粒作为粉末材料，进行混凝土墙上涂鸦清除实验。使用水作为防止堵塞的液体，在去污喷嘴的通道中未观察到粉末的堆积或堵塞。粉末作为固体颗粒可从喷嘴排出，并对混凝土表面进行有效去污。

### 18.3.3.4　热交换器管

SS-GLC 技术已被用于替代目前各个行业使用的机械的和化学的去污与除垢方法[85,86]。有人开发出一种去污系统，由一个喷头组成，该喷头包含使用液化气源的超声速缩放喷嘴，以及一种新颖的专有泵送系统，该系统可以将液氮、液态空气或超临界二氧化碳泵至 138～417MPa 的压力范围。喷嘴的大小和数量可以变化，因此该系统可以构建为从小型手持喷头到大型多喷嘴去污器。该系统还可用于验证零件是否已被充分去污。对热交换器管道组件进行的中间规模试验显示出一些好处：

- 在更短的时间内实现优异的去污效果。
- 去污和和除垢操作的能耗和人工要求较低。
- 通过不使用水、酸性或碱性溶液、有机溶剂或不挥发性固体研磨剂作为有效成分，可显著减少废物量。
- 去污后热交换器操作能源效率被改善。

这种去污系统具有灵活性和适应性，可用于使用各种设计和操作配置的热交换器的现有工厂。除热交换器应用外，该系统已被改造以适用于其他应用，包括清除有涂层或被污染的表面；航空和海上基础设施应用；采矿、天然气和石油勘探；以及其他潜在用途。

### 18.3.3.5　其他用途

SS-GLC 系统可用于航空航天、汽车、电路板、电子、机械、金属、塑料和光学行业的精密去污。其他应用包括核工业、农业、食品、制药和化学工业中的污染物去除。商业应用范围包括：印刷电路板的助焊剂清除；建筑物外墙的去污；清除船体上的藻类和其他有机物；末端组件去污；去除霉菌和污渍；脱漆；涂漆前去除盐并进行表面处理；清除油渍和油脂斑点以及局部冷却[87]。

### 18.3.3.6　在医疗中的应用

在早期的皮肤应用中，使用 JetPeel 系统对 50 名患有晒伤皮肤、面部皱纹、皮肤色素沉着和痤疮疤痕的成年志愿者进行治疗[88]，治疗的总持续时间为 5～70min，结果患者和医务人员认为美观良好，患者满意度很高。由于该技术能够实现皮肤不同的渗透深度，因此该技术在治疗口周区域方面特别有效。该应用比皮肤磨蚀或化学剥离要耗费更多的时间，但是发现治疗后的愈合更平滑和快捷，这可以归因于使用 JetPeel 系统进行组织氧合。需要注意的是避免接触眼睑。

在另一项研究中，54 名患者采用 JetPeel 方法治疗疤痕（外科手术、创伤、痤疮）以及色素沉着和妊娠纹造成的皮肤损伤[89]。共进行了 6 次治疗，每次 5～15min。皮肤的磨损深度是暴露时间和喷嘴与表面距离的函数。结果非常令人满意，快速愈合导致患者对该手术的接受度很高。向盐水射流中添加其他治疗物质，如维生素和顺势疗法药物，可以提高吸收率和治疗效率。

在日本的一项研究中，JetOx$^{TM}$-ND 系统用于有效治疗感染的擦伤、缝合前切割或压碎的伤口以及移植供体部位的伤口[90]。用盐水和氧气进行去污和清创。未使用局部麻醉。所需的少量（100mL）去污液足以治疗 5cm 宽、1cm 深的伤口，并且可以用纱布和拭子轻松收集引流液和异物。防护罩可防止去污液溅出。操作者报告说，在没有局部麻醉的情况下，治疗引起的疼痛是可以忍受的，没有发现缝合后感染的病例。该系统被认为可有效改善外科手术和紧急情况下的伤口护理，以清除创面和深层伤口。

JetOx 系统已成功用于作为 3 年期成年患者负压伤口治疗的一部分的去污和清创，这些患者的伤口有不同的病因和演变过程，是一些急性的、慢性的和复杂的伤口[91]。慢性深部创伤对医疗系统来说是一个非常高的成本。更快的愈合速度提高了患者在康复过程中的舒适度并降低成本。

尽管使用了适当的镇痛药，但慢性伤口的机械清创可能很复杂且非常痛苦。在使用 JetOx-HDC 系统促进纤维蛋白去除且不损伤肉芽组织，治疗一年后，研究评估疗效和安全性[92]。10 名慢性腿溃疡患者平均接受 3 次 JetOx-HDC 系统治疗，然后局部使用 EMLA（局部麻醉剂的共混物），结果显示伤口状况显著改善。研究发现，该疗法疼痛较小，患者不需要局部或全身麻醉。JetOx-HDC 系统被认为是一个全面治疗策略的一部分。

如前所述，JetOx-ND 系统可与其他非盐溶液一起使用。在一项研究中，使用林格乳酸溶液（一种在蒸馏水中含有氯化钠、氯化钾、氯化钙和乳酸钠的溶液）[65] 成功用于 55 名成年患者的下肢静脉溃疡（3～50$cm^2$）的清创[93]。其他已开发并成功用于去污和清创的溶液包括一些超氧化水溶液，含有活性氯和氧物种的氧化水（99.98%）和一种含 $Cl_2O$ 的抗菌溶液[71-76]。

有人进行了一项初步研究，评估 40 名用中性 pH 超氧化水溶液局部治疗的成年患者慢性未感染糖尿病足溃疡的上皮化率[73,74]。使用 JetOx 系统（$O_2$ 压力 1～1.3kPa，1.5mL/min），用 25mL 超氧化溶液进行处理。结果表明，每天的上皮化率为 0.5mm 至 0.7mm，在 27～43 天内可观察到伤口完全闭合。在用盐溶液治疗的对照组中，伤口闭合需要 45～75 天。

一项针对年轻患者的研究涉及治疗 64 名儿童的各种局部和全层烧伤[94]。进入时在全身麻醉下用 JetOx 系统进行清创，然后用超氧化水溶液润湿伤口。总的来说，患者可以忍受日常清洁和清创，没有太多疼痛，住院时间较短，节省了大量费用。

最近进行的一项研究旨在证明 JetOx 系统对二度烧伤治疗的有效性[95]。22 名年龄在 14 个月至 61 岁的烧伤患者使用 JetOx 系统的盐溶液进行治疗。水清创治疗在清除伤口碎片和异物方面非常有效，所有患者报告疼痛最小甚至没有。肉芽组织的快速形成表明该清创能够激发伤口愈合。

JetPeel 系统已用于通过喷射雾化法进行经皮给药[79]。在最近的应用中[96]，与利用 JetPeel 传递利多卡因，然后用标准的 BTX-A 注射治疗相比，JetPeel 可以安全地将麻醉剂利多卡因和肉毒杆菌毒素 A（BTX-A）一起用于治疗原发性手掌、足底和腋窝多汗症，从而减轻与手术相关的疼痛，改善出汗，提高患者满意度。通过同时给予利多卡因和 BTX-A，可以减小 BTX-A 的量，进一步支持通过喷射雾化进行经皮给药而不是标准注射疗法治疗原发性多汗症。

# 18.4 超声气液去污的优点和缺点

SS-GLC 在精密去污和医疗应用中的优势见下文。

## 18.4.1 精密去污

### 18.4.1.1 优点

- 去污液使用量很小（小于 100mL/min）。
- 减少危险废物的处置量和相关处置成本。
- 可用于去污和清洁度验证。
- 不损伤表面。
- 适应性设计，可用于具有复杂几何形状的大型表面和零件的去污。
- 便携式。
- 活动部件少。
- 操作友好型系统。
- 最低限度的操作培训。

### 18.4.1.2 缺点

用作清洁度验证工具时，需要针对特定污染物和应用进行定制。

## 18.4.2 医疗应用

### 18.4.2.1 优点

- 去污液使用量很小（小于 2mL/min）。
- 多功能系统，可以使用多种不同的去污液。
- 有效去除表面边界层中可能截留的非常小的固体污染物。
- 能够无创地经皮输送液体（营养补充剂、维生素和抗衰老溶液）。
- 产生最少的废物，降低相关处置成本。
- 简单的快速设置即可使用。
- 操作方式友好，可单手操作，并可保证安全。
- 学习曲线短。
- 最低限度的操作培训。
- 精确涂抹在需要去污的部位，不会造成额外的损害。
- 疼痛最小，治疗后迅速恢复。
- 便携式。

### 18.4.2.2 缺点

- 比传统的清创和皮肤擦伤治疗更耗时。

## 18.5 小结

超声气液去污（SS-GLC）是基于通过缩放喷嘴将悬浮在气流中的去污液加速至超声速而进行的。气液混合物具有能非常有效地清除表面污染物的动能。SS-GLC 使用非常少量的水性液体。这种半水去污方法已开发用于各种精密去污和医疗应用，在许多应用中是溶剂去污的一种可行的替代方法。它也可以用于清洁度验证。SS-GLC 已成功用于颗粒清除、清洁性能验证、皮肤应用和伤口清创。

## 致谢

作者要感谢约翰逊航天中心科技信息（STI）图书馆的工作人员帮助查找参考文献。

## 免责声明

本章中提及的商业产品仅供参考，并不表示航空航天公司的推荐或认可。所有商标、服务标记和商品名称均为其各自所有者拥有。

## 参考文献

[1] U. S. EPA, "The U. S. Solvent Cleaning Industry and the Transition to Non Ozone Depleting Substances", EPA Report, U. S. Environmental Protection Agency, Washington, D. C. (2004). www. epa. gov/ozone/snap/solvents/EPASolventMarketReport. pdf.

[2] J. B. Durkee, "Cleaning with Solvents", in: *Developments in Surface Contamination and Cleaning: Fundamentals and Applied Aspects*, Volume 1, 2nd Edition, R. Kohli and K. L. Mittal(Eds.), pp. 479-577, Elsevier, Oxford, UK(2016).

[3] U. S. EPA, "HCFC Phaseout Schedule", U. S. Environmental Protection Agency, Washington, D. C. (2012). www. epa. gov/ozone/title6/phaseout/hcfc. html.

[4] R. Kohli, "Adhesion of Small Particles and Innovative Methods for Their Removal", in: *Particles on Surfaces 7: Detection, Adhesion and Removal*, K. L. Mittal(Ed.), pp. 113-149, CRC Press, Boca Raton, FL (2002).

[5] DoD Joint Service Pollution Prevention Opportunity Handbook, Section 8, Department of Defense, Naval Facilities Engineering Service Center(NFESC), Port Hueneme, CA(2010).

[6] R. Kohli and K. L. Mittal(Eds.), *Developments in Surface Contamination and Cleaning*, Volumes 1-11, Elsevier, Oxford, UK(2008-2019).

[7] R. Kohli,"Alternate Semi-Aqueous Precision Cleaning Techniques:Steam Cleaning and Supersonic Gas/Liquid Cleaning Systems",in:*Developments in Surface Contamination and Cleaning:Methods for Removal of Particle Contaminants*,Volume 3,R. Kohli and K. L. Mittal(Eds.),pp. 201-237,Elsevier,Oxford,UK(2011).

[8] R. Kohli,"Sources and Generation of Surface Contaminants and Their Impact",in:*Developments in Surface Contamination and Cleaning:Cleanliness Validation and Verification*,Volume 7,R. Kohli and K. L. Mittal(Eds.),pp. 1-49,Elsevier,Oxford,UK(2015).

[9] ECSS-Q-70-01B,"Space Product Assurance - Cleanliness and Contamination Control",European Space Agency(ESA),Noordwijk,The Netherlands(2008).

[10] NASA Document JPR 5322. 1,"Contamination Control Requirements Manual",NationalAer onautics and Space Administration(NASA),Johnson Space Center,Houston,TX(2016).

[11] IEST-STD-CC1246E,"Product Cleanliness Levels - Applications,Requirements,and Determination",Institute of Environmental Sciences and Technology,Schaumburg,IL(2013).

[12] ISO 14644-9,"Cleanrooms and Associated Controlled Environments—Part 9:Classification of Surface Cleanliness by Particle Concentration",International Standards Organization,Geneva,Switzerland (2012).

[13] ISO14644-13,"Cleanrooms and Associated Controlled Environments—Part 13:Cleaning of Surfaces to Achieve Defined Levels of Cleanliness in Terms of Particle and Chemical Classifications",International Standards Organization,Geneva,Switzerland(2017).

[14] T. Fujimoto,K. Takeda and T. Nonaka,"Airborne Molecular Contamination:Contamination on Substrates and the Environment in Semiconductors and Other Industries",in:*Developments in Surface Contamination and Cleaning:Fundamentals and Applied Aspects*,Volume 1,2nd Edition,R. Kohli and K. L. Mittal(Eds.),pp. 197-329,Elsevier,Oxford,UK(2016).

[15] SEMI-F21-1102,"Classification of Airborne Molecular Contaminant Levels in Clean Environments",SEMI Semiconductor Equipment and Materials International,San Jose,CA(2002).

[16] ISO 14644-8,"Cleanrooms and Associated Controlled Environments—Part 8:Classification of Air Cleanliness by Chemical Concentration",International Standards Organization,Geneva,Switzerland (2013).

[17] ISO 14644-10,"Cleanrooms and Associated Controlled Environments—Part 10:Classification of Surface Cleanliness by Chemical Concentration",International Standards Organization,Geneva,Switzerland (2013).

[18] R. E. B. Caimi,M. D. Littlefield,G. S. Melton and E. A. Thaxton,"Cleaning Verification by Air/Water Impingement",Proceedings Precision Cleaning,'94 Conference,pp. 3-41,Witter Publishing,Flemington,NJ(1994).

[19] L. L. Jones,M. D. Littlefield,G. S. Melton,R. E. B. Caimi and E. A. Thaxton,"Cleaning Verification by Air/Water Impingement",NASA Technical Memorandum NASA-TM-111898,NASA Kennedy Space Center,FL(1994).

[20] R. G. Barile,C. Gogarty,C. Cantwell and G. S. Melton,"Precision Cleaning Verification of Fluid Components by Air/Water Impingement and Total Carbon Analysis",NASA Technical Memorandum NASA-TM-110742,NASA Kennedy Space Center,FL(1994).

[21] W. L. Dearing,L. D. Bales,C. W. Basset,R. E. B. Caimi,G. M. Lafferty,G. S. Melton,D. L. Sorrell and E. A. Thaxton,"Methods for Using Water Impingement in Lieu of Chlorofluorocarbon 113 for Determining the Non-Volatile Residue Level on Precision Cleaned Hardware",in:*Alternatives to Chlorofluorocarbon Fluids in the Cleaning of Oxygen and Aerospace Systems and Components*,C. J. Bryan and K. Gebert-Thompson(Eds.),ASTM STP-1181,pp. 66-77,ASTM International,West Conshohocken,PA(1993).

[22] R. E. B. Caimi and E. A. Thaxton,"Supersonic Gas-Liquid Cleaning System",Proceedings 4th National Technology Transfer Conference,NASA Conference Publication CP-3249,Volume 1,pp. 232-240 (1993).

[23] R. E. B. Caimi,F. N. Lin and E. A. Thaxton,"Gas-Liquid Supersonic Cleaning and Cleaning Verification Spray System",U. S. Patent 5,730,806(1998).

[24] NASA,"Super Clean,Super Safe",NASA Spinoff,p. 98,National Aeronautics and Space Administration,Washington,D. C. (2002).

[25] M. S. Granick and L. Teot(Eds.), *Surgical Wound Healing and Management*, 2nd Edition, CRC Press,Boca Raton,FL(2012).

[26] H. Schlichting and K. Gersten, *Boundary Layer Theory*, 9th Edition, Springer-Verlag, Berlin and Heidelberg,Germany(2017).

[27] F. Kinney,"Supersonic Gas-Liquid Cleaning System",NASA Contractor Report CR-97-206196,NASA Kennedy Space Center,FL(1996).

[28] W. E. Lear and S. A. Sherif,"Aerothermal Considerations for the Design of Two-Phase High Speed Impact Cleansers",J. Fluids Eng. 122,20(1999).

[29] S. A. Sherif, W. E. Lear and N. S. Winowich,"Effect of Slip Velocity and Heat Transfer on the Condensed Phase Momentum Flux of Supersonic Nozzle Flows",J. Fluids Eng. 122,14(2000).

[30] W. E. Lear,S. A. Sherif and E. A. Mokhbat,"A Design Methodology for Two-Phase High Speed Impact Cleansers in Aerospace Applications",Proceedings 39th AIAA Aerospace Sciences Meeting and Exhibit,American Institute of Aeronautics and Astronautics,Reston,VA(2001).

[31] J. F. Klausner,R. Mei,S. Near and R. Stith,"Performance Enhancement of a High Speed Jet Impingement System for Nonvolatile Residue Removal",NASA Contractor Report CR-97-205941,NASA Kennedy Space Center,FL(1996).

[32] J. F. Klausner,R. Mei,S. Near and R. Stith,"High Speed Jet Impingement Facility for Nonvolatile Residue Removal",in: *Proceedings 42nd Intl. SAMPE Symposium and Exhibition*, T. Haulik, V. Bailey and R. Burton(Eds.),pp. 235-246,Society of Advanced Materials and Processes,Anaheim,CA(1997).

[33] J. F. Klausner,R. Mei,S. Near and R. Stith,"Two-Phase Jet Impingement for Non-Volatile Residue Removal",Proc. Inst. Mech. Engrs. Part E. J. Process Mech. Eng. 212,271(1998).

[34] D. R. Spotz,"Water Jet Cleaning Appliance",U. S. Patent 3,982,965(1976).

[35] R. A. Hudson,"Pulsating Spray Nozzle",U. S. Patent 4,350,158(1982).

[36] V. E. Johnson,Jr. ,"Enhancing Liquid Jet Erosion",U. S. Patent 4,681,264(1987).

[37] D. H. Klosterman,S. M. Laskowski,S. V. Knee and S. -K. Shi,"Low Flow Rate-Low Pressure Atomizer Device",U. S. Patent 4,787,404(1988).

[38] C. R. Sperry and A. M. Raff,"Method for the Cleansing of Wounds Using an Aerosol Container Having Liquid Wound Cleansing Solution",U. S. Patent 5,059,187(1991).

[39] R. C. Lewis Jr. ,"Ultrasonic Wound Cleaning Method and Apparatus",U. S. Patent 4,982,730(1991).

[40] L. Molinari,"Adjustable Apparatus for Removing Surface Portions of Human Tissue",U. S. Patent 5,037,432(1991).

[41] D. H. Grulke,D. L. Tyler,Sr. and W. M. Booth,III,"Compact Pulsing Pump for Irrigation Handpiece", U. S. Patent 5,046,486(1991).

[42] D. C. Bailey,"Method and Apparatus for Cleaning with High Pressure Liquid at Low Flow Rates",U. S. Patent 5,551,909(1996).

[43] S. Palffy,"Method and Device for Producing Periodical Impulse Changes in a Fluid Flow",U. S. Patent 5,819,801(1998).

[44] S. Gold and J. V. Mizzi,"Liquid Spray Dispenser and Method",U. S. Patent 6,125,843(2000).

[45] P. H. Rose,P. Sferlazzo and R. G. van der Heide,"Aerosol Surface Processing",U. S. Patent 6,203,406 (2001).

[46] M. E. Labib,C. -Y. Lai,P. A. Materna and G. L. Mahon,"Method of Cleaning Passageways Using a Mixed Phase Flow of Gas and a Liquid",U. S. Patent 6,454,871(2002).

[47] D. E. Holt,C. E. Lundberg,D. Austin and M. Foster,"Fluid and Air Nozzle and Method for Cleaning Vehicle Lenses",U. S. Patent 6,554,210(2003).

[48] C. Litherland and K. Behzadian,"Devices and Methods for Nebulizing Fluids Using Flow Directors",U. S. Patent 6,550,472(2003).

[49] P. J. Weber,L. B. da Silva and A. M. Rubenchik,"Tissue Resurfacing Using Biocompatible Materials", U. S. Patent 6,726,693(2004).

[50] G. Andersson,"Surface Treatment Nozzle",U. S. Patent 6,824,453(2004).

[51] M. A. Hashish,S. J. Craigen,F. M. Sciulli and Y. Baba,"Apparatus for Fluid Jet Formation",U. S. Patent 6,945,859(2005).

[52] D. P. Jackson,"Carbon Dioxide Snow Apparatus",U. S. Patent 7,293,570(2007).

[53] Y. Tabani and M. E. Labib,"Method for Cleaning Hollow Tubing and Fibers",U. S. Patent7,367,346 (2008).

[54] W. T. McDermott and J. W. Butterbaugh,"Cleaning Using Argon/Nitrogen Cryogenic Aerosols",in: *Developments in Surface Contamination and Cleaning :Fundamentals and AppliedAspects*,Volume 1, 2nd Edition,R. Kohli and K. L. Mittal(Eds. ),pp. 717-749,Elsevier,Oxford,UK(2016).

[55] R. Sherman,"Carbon Dioxide Snow Cleaning",in:*Developments in Surface Contaminationand Cleaning :Fundamentals and Applied Aspects*,Volume 1,2nd Edition,R. Kohli and K. L. Mittal(Eds. ),pp. 695-716,Elsevier,Oxford,UK(2016).

[56] S. Hara,"Cleaning Nozzle and Cleaning Apparatus",U. S. Patent 6,935,576(2005).

[57] M. Tavger,"Apparatus and Method for Tissue Cleansing",U. S. Patent 6,283,936(2001).

[58] "Flow-Concentrating Supersonic Gas/Liquid Nozzles",Technical Support Package KSC-11883,NASA Tech Briefs, New York,NY(January 2001).

[59] Personal communication with Jim Sloan,VaTran Systems,Chula Vista,CA(2018).

[60] J. E. Sloan,"Low Mass Flow,Momentum Cleaning Methods",Proceedings Precision Cleaning'97 Conference,pp. 182-185,Witter Publishing,Flemington,NJ(1997).

[61] M. Tavger,"Dermal Abrasion",U. S. Patent 6,673,081(2004).

[62] M. Tavger,"A High Velocity Liquid-Gas Mist Tissue Abrasion Device",International Patent Application WO/2005/065032(2005).

[63] Jetox™—ND and Jetox™—HDC Wound Cleansing and Debridement Systems,TavTech Ltd. ,Yehud, Israel. www. tav-tech. com. (accessed January 12,2018).

[64] Jetox™—ND Jet Lavage Wound Cleansing and Debridement System,DeRoyal,Powell,TN. www. deroyal. com. (accessed January 12,2018).

[65] American Heritage Medical Dictionary,Houghton Mifflin Company,New York,NY(2007).

[66] B. Noël,"Prise en Charge de L'Ulcère de Jambe D'Origine Veineuse",Revue Médicale Suisse,Review No. 16(April 2005).

[67] S. Meaume and L. Téot,*Step by Step Wound Healing*,Ch. 2,Jaypee Brothers Medical Publishers,New Delhi,India(2005).

[68] H. Jenzer,"Ökonomie der Wundheilung",in:*Manual der Wundheilung. Chirurgischdermatologischer Leitfaden der modernen Wundbehandlung*,T. Wild and J. Auböck(Eds. ),pp. 297-305,Springer Verlag,Vienna,Austria(2007).

[69] L. Téot,"Surgical Debridement",in:*Surgical Wound Healing and Management*,M. S. Granick and R. L. Gamelli(Eds. ),pp. 91-101,Informa Healthcare,New York,NY(2007).

[70] C. Sussman and B. Bates-Jensen,*Wound Care :A Collaborative Practice Manual for Health Professionals*,4th Edition,Lippincott Williams & Wilkins,Philadelphia,PA(2012).

[71] H. Alimi and A. Guiterrez,"Method of Treating Skin Ulcers Using Oxidative Reductive Potential Water Solution",U. S. Patent Application 2006/0235350(2006).

[72] T. A. Wolvos,"AdvancedWound Carewith Stable,Super-OxidizedWater",Wounds,pp. 11-13,(January 2006 Supplement).

[73] F. F. Uribe and F. S. Sanchez,"Comparative Study of the Use of Jetox and Chloride of Sodium0. 9% versus Jetox and Solutions Superoxidants Electrolyzed",Proceedings 19th Symposium on Advanced Wound Care and Wound Healing Society,San Antonio,Texas(2006). www. oculusis. com/us/technology/published. php.

[74] F. F. Uribe,"Effect of a Neutral pH Super-Oxidized Solution in the Healing of Diabetic Foot Ulcers", Poster PW 102 at 2008 WUWHS Congress,World Union of Wound Healing Societies,Toronto,Canada (2008). www. wuwhs. com/congress2008.

[75] R. Northey,"Antimicrobial Solutions Containing Dichlorine Monoxide and Methods of Making and Using the Same",U. S. Patent Application 2010/0112092(2008).

[76] Sonoma Pharmaceuticals, "Microcyn® Technology", Sonoma Pharmaceuticals, Petaluma, CA. http://www. sonomapharma. com/microcyn-technology. (accessed January 12, 2018).
[77] R. Kronmeyer, "JetPeel Vies to Replace Microdermabrasion", Aesthetic Buyers Guide, pp. 218-219(September/October 2006).
[78] B. Palmieri, V. Rottigni and A. Aspiro, "The JetPeel-3 in Cosmetic Medicine and Surgery: A New Drug Delivery Strategy for Definite Molecules Class", Proceedings 11th Anti-Aging Medicine World Congress, Monte Carlo, Monaco(2013). www. tav-tech. com/images/Poster-Jetpeel. jpg.
[79] JetPeel-3 Multifunction Skin Rejuvenation System, TavTech Ltd, Yehud, Israel(2010). www. tav-tech. com. (accessed January 12, 2018).
[80] E. S. Lindenbaum and M. Tavger, "JetPeel - New Aspect for Skin Rejuvenation", unpublished report (2005). www. tav-tech. com.
[81] G. S. Melton, R. E. B. Caimi and E. A. Thaxton, "Determination of Non-Volatile Residue on Precision Cleaned Oxygen and Aerospace Systems and Components by Means of Water and Total Organic Analysis", Proceedings 1993 Intl. CFC and Halon Alternatives Conference, pp. 642-650(1993).
[82] R. E. B. Caimi and E. A. Thaxton, "Balanced Rotating Spray Tank and Pipe Cleaning and Cleanliness Verification System", U. S. Patent 5. 706, 842(1998).
[83] N. E. Prieto, W. Lilienthal and P. L. Tortorici, "Correlation Between Spray Cleaning Detergency and Dynamic Surface Tension of Nonionic Surfactants", J. Am. Oil Chemists Soc. 73, 9(1996).
[84] I. Kanno, M. Tada and M. Ogawa, "Two-Fluid Cleaning Jet Nozzle and Cleaning Apparatus, and Method Utilizing the Same", U. S. Patent 5, 918, 817(1999).
[85] NASA, "Gas-Liquid Supersonic Cleaning Spray System Technology", NASA Innovative Partnership Program, NASA Kennedy Space Center, FL(2010).
[86] Personal Communication with Ken Smith, Applied Cryogenic Solutions, Galveston, TX(2010).
[87] J. B. Gayle and T. S. Jerowski, "Developing NASA's Supersonic Gas-Liquid Cleaning System. Boon to Critical Cleaning", Precision Cleaning Magazine, pp. 52-55(May 1996).
[88] J. Golan and N. Hai, "JetPeel: A New Technology for Facial Rejuvenation", Annals Plastic Surgery 54, 369(2005).
[89] M. G. Onesti, G. Curinga, M. Toscani and N. Scuderi, "Jet-Peel: New Technique for the Treatment of Skin Imperfections", Dermatologia Clinica 26, 19(2006).
[90] H. Ishikawa, "Clinical Use of a New Wound Cleansing and Debridement System", Proceedings 67th Ann. Mtg. Japan Surgical Association, Tokyo, Japan, pp. 315-317(2005).
[91] E. R. Olivares, A. V. Martínez, C. C. Smith and M. A. Z. Aguirre, "Terapia de Presión Negativaen el Manejo de Heridas", Cirugia Plastica 18, 56(2008).
[92] M. Mutombo, M. Poiteau, T. Morel, K. Benabdallah and P. Guillain, "JETOX® System in Management of Leg Ulcer: A Review of One Year's Experience", Journal des Plaies et Cicatrisations63, 25(2008).
[93] E. Brizzio, F. Amsler, B. Lun and W. Blättler, "Comparison of Low-Strength Compression Stockings with Bandages for the Treatment of Recalcitrant Venous Ulcers", J. Vascular Surgery 51, 410(2010).
[94] A. M. Altamirano, "Reducing Bacterial Infectious Complications from Burn Wounds", Wounds, pp. 17-19(January 2006 Supplement).
[95] C. Towers and C. Cotton, "Efficacy of a Disposable Hydrodebridement System for Debridement of Burn Wounds: A Retrospective Case Series", Conference Abstracts, J. Wound Ostomy Continence Nursing 44, CS09(2017).
[96] T. Iannitti, B. Palmieri, A. Aspiro and A. Di Cerbo, "A Preliminary Study of Painless and Effective Transdermal Botulinum Toxin A Delivery by Jet Nebulization for Treatment of Primary Hyperhidrosis", Drug Design Dev, Therapy 8, 931(2014).

# 第 19 章

# 水冰喷射在清除表面污染物中的应用

Rajiv Kohli

美国国家航空航天局约翰逊航天中心航空航天公司 得克萨斯州休斯敦

# 19.1 引言

传统的去污溶剂，如含氯化合物、氢氯氟烃（HCFC）、三氯乙烷和其他消耗臭氧的溶剂，在工业和精密去污过程中经常使用，但这些溶剂对环境有害，并且有一个逐步淘汰的具体时间表[1-3]。越来越多的人在寻找替代的非溶剂去污方法来代替这些溶剂去污法。出于对臭氧层消耗、全球变暖和空气污染的关注，已出台了减少使用这些溶剂的新法规和命令。

在这些替代技术中，有多种喷射工艺，涉及固体抛丸（或去污介质）撞击目标表面进行精确去污[4]。但是，传统的喷射介质（如砂、塑料碎片、玻璃珠、陶瓷粉末和类似材料）会在撞击时产生灰尘，必须在高精度去污中将其清除。这通常需要以高昂的成本进行复杂的去污过程，使去污过程在技术、经济和环境上都不可行。例如，使用常规喷射介质对放射性铅砖进行去污处理会产生有害的含铅化合物、放射性同位素和含喷射介质细粉的混合废物，这些废物难以处置。近年来，使用水冰作为喷射介质用于去污和表面处理备受关注。在某些应用中，与化学表面处理、用砂或其他研磨性材料进行喷射、水力喷射以及用蒸汽或干冰（固体 $CO_2$）喷射相比，喷冰具有明显的优势。喷冰是一种简单、无磨蚀的去污过程，可利用普通自来水、压缩空气和电力来创造一种环保、经济高效的去除表面污染物的方法，而无须使用化学试剂、研磨材料、高温或蒸汽。冰是一种容易获得的、相对容易制造的喷射介质，它在将动能传递到表面之后，其物理状态变为液态，使用后不会留下固体残留物。该技术可用于表面去污、脱漆或从表面去除污染物。它还能被用于去除加工后生产金属部件上的松散材料、飞边和毛刺，甚至可以加工更软的材料，如有机聚合物材料，包括塑料和橡胶部件。对于需要将工商业去污过程中产生的废物降至最低时，水冰的使用是一种智能的表面去污解决方案。与其他喷射去污工艺相比，喷冰不会在废物中积聚冰粒，因此最多可将二次废物减少 95％。

最近文献[5]对水冰喷射表面去污的应用进行了综述。本章的目的是修订和更新先前出版的关于水冰喷射去除表面污染物应用的内容。

# 19.2 表面污染和表面清洁度等级

表面污染有多种形式，并且以多种状态存在[6]。以下是最常见的污染物类别：

- 亚微米至宏观尺寸范围内的灰尘、金属、陶瓷、玻璃和塑料等颗粒物。
- 以碳氢化合物薄膜或有机残留物形式存在的有机污染物，例如油滴、润滑油、树脂添加剂、蜡等。
- 有机（碳氢化合物）或无机（酸性气体、碱）分子污染物。
- 阳离子污染物（如 $Na^+$ 和 $K^+$）和阴离子污染物（如 $Cl^-$、$F^-$、$SO_3^{2-}$、$BO_3^{3-}$ 和 $PO_4^{3-}$）。
- 以离散颗粒形式存在于表面或以痕量杂质存在于基质中的金属污染物。

- 微生物污染物，如细菌、真菌、藻类和生物膜。

其他污染物类别包括有毒有害的化学物质和放射性物质，这些物质存在于特定行业的产品表面，如金属加工、化工生产、核工业、制药、食品加工、装卸和运输。常见的污染源包括机油和润滑油、液压油和清洗液、黏合剂、蜡、人为污染和颗粒物。此外，不同来源的其他大量化学污染物也可能弄脏表面。

典型的去污规范是基于去污后表面残留的特定或特征污染物的量。表面精密清洁度等级的定义为：对于颗粒物以颗粒大小（微米尺寸范围内）和颗粒物数量表示，对于表面薄膜污染则以非挥发性残留物（NVR）的量来表示[7,8]。这些清洁度等级都基于行业标准IEST-STD-CC1246E中规定的污染规范[9]。在该标准的修订版E版本中，每种粒径范围内的最大允许颗粒数已四舍五入，而NVR的清洁等级已被替换为字母R后跟NVR的最大允许质量[10]。例如，该标准D版中原NVR的J等级的新名称为R25，A/2等级（D版）现在改为R5E-1，AA5等级（D版）现在改为R1E-5。表19.1列出了IEST-STD-CC1246E中颗粒污染的表面清洁度等级。表19.2列出了标准D版和E版中每种污染等级的最大NVR水平。IEST-STD-CC1246E提供两个额外类别的表面清洁度等级规范。

**表19.1 IEST-STD-CC1246E中规定的商业和非商业产品表面颗粒清洁度等级[9]**

| 粒径 | | 就每个清洁度等级而言，每0.1m² 最大颗粒数 | | | | | | | |
|---|---|---|---|---|---|---|---|---|---|
| 最小/μm | 最大/μm | 25 | 0 | 100 | 200 | 300 | 400 | 500 | 750 |
| 5 | 15 | 9 | 41 | 1519 | | | | | |
| 15 | 25 | 2 | 17 | 186 | 2949 | | | | |
| 25 | 50 | 1 | 6 | 67 | 1069 | 6433 | | | |
| 50 | 100 | 0 | 1 | 9 | 154 | 926 | 3583 | 20726 | |
| 100 | 250 | 0 | 0 | 1 | 15[a] | 92 | 359 | 1073 | 9704 |
| 250 | 500 | 0 | 0 | 0 | 0 | 2[a] | 8[a] | 25 | 205 |
| 500 | 750 | 0 | 0 | 0 | 0 | 0 | 0 | 1 | 7 |
| 750 | 1000 | 0 | 0 | 0 | 0 | 0 | 0 | 0 | 1 |
| 1000 | 1250 | 0 | 0 | 0 | 0 | 0 | 0 | 0 | 0 |

a 在任何情况下，每0.1m² 表面积不允许有1种以上的颗粒大于指定的等级。

**表19.2 IEST-STD-CC1246的D版和E版中商业和非商业应用的表面NVR清洁度等级名称对比[9,10]**

| D版 | E版 | 最大允许NVR限值，质量/0.1m² 或质量/0.1L（气体或液体） |
|---|---|---|
| AA5 | R1E-5 | 10ng |
| AA4.7 | R2E-5 | 20ng |
| AA4.3 | R5E-5 | 50ng |
| AA4 | R1E-4 | 100ng |
| AA3.7 | R2E-4 | 200ng |
| AA3.3 | R5E-4 | 500ng |
| AA3 | R1E-3 | 1μg |
| AA2.7 | R2E-3 | 2μg |
| AA2.3 | R5E-3 | 5μg |
| A/100 | R1E-2 | 10μg |
| A/50 | R2E-2 | 20μg |
| A/20 | R5E-2 | 50μg |
| A/10 | R1E-1 | 100μg |

续表

| D 版 | E 版 | 最大允许 NVR 限值,质量/0.1m$^2$ 或质量/0.1L(气体或液体) |
|---|---|---|
| A/5 | R2E-1 | 200μg |
| A/2 | R5E-1 | 500μg |
| A | R1 | 1mg |
| B | R2 | 2mg |
| C | R3 | 3mg |
| D | R4 | 4mg |
| E | R5 | 5mg |
| F | R7 | 7mg |
| G | R10 | 10mg |
| H | R15 | 15mg |
| J | R25 | 25mg |

对于长期暴露在洁净室环境中的敏感硬件，颗粒沉降规范在许多空间计划中都很重要。表 19.3 列出了不同清洁度等级的颗粒沉降数。规范方法使用“F”来指定沉降物要求。举个例子来说，规范“IEST-STD-CC1246 的 100＋F100 等级”表示初始表面清洁度 100 级（根据表 19.1）以及由于沉降物而允许的额外颗粒污染为 100 级（根据表 19.4）。在这种情况下，硬件的最终清洁度必须达到表 19.4 第 3 列中要求的颗粒污染水平。

**表 19.3　IEST-STD-CC1246E 中定义的商业和非商业应用的颗粒沉降清洁度等级[9]**

| 粒径 | | 就每个沉降物清洁度等级而言,每 0.1m$^2$ 的最大颗粒数 | | | | | | | | |
|---|---|---|---|---|---|---|---|---|---|---|
| 最小/μm | 最大/μm | 25 | 50 | 100 | 200 | 300 | 400 | 500 | 750 | 1000 |
| 5 | 15 | 2 | 5 | 14 | 47 | | | | | |
| 15 | 25 | 1 | 2 | 5 | 15 | 33 | 58 | | | |
| 25 | 50 | 1 | 1 | 4 | 12 | 27 | 49 | 78 | | |
| 50 | 100 | | 1 | 2 | 6 | 13 | 23 | 37 | 91 | |
| 100 | 250 | | | 1 | 3 | 6 | 10 | 16 | 41 | 80 |
| 250 | 500 | | | | | 1 | 2 | 3 | 8 | 15 |
| 500 | 750 | | | | | | | 1 | 1 | 3 |
| 750 | 1000 | | | | | | | | 1 | 1 |
| 1000 | 1250 | | | | | | | | | 1 |

**表 19.4　IEST-STD-CC1246E 中定义的商业和非商业应用的总颗粒沉降清洁度等级[9]**

| 粒径 | | 就沉降物清洁度等级而言,每 0.1m$^2$ 的最大颗粒数 | | |
|---|---|---|---|---|
| 最小/μm | 最大/μm | 100 | F100 | 100＋F100 |
| 5 | 15 | 1519 | 14 | 1533 |
| 15 | 25 | 186 | 5 | 191 |
| 25 | 50 | 67 | 4 | 71 |
| 50 | 100 | 9 | 2 | 11 |
| 100 | 250 | 1 | 1 | 2 |

通常将可见清洁度（VC）规定为航天硬件的表面清洁度，无任何可见污染物，包括颗粒物和 NVR。这是个定性的规范，根据入射光照度和距表面的观察距离，可以定义几种不同的 VC 清洁度等级。表 19.5 定义 IEST-STD-CC1246E 中的 VC 等级，与美国国家航空航天局（NASA）约翰逊航天中心（JSC）为载人航天计划制定的标准[8,11] 等效。

表 19.5 IEST-STD-CC1246E 中不同 VC 清洁度等级标准与 NASA JSC 标准的等效性

| IEST-STD-CC1246E | | | NASA JSC 标准 | | |
|---|---|---|---|---|---|
| 清洁度 | 观察距离[a] | 光强度[a] | 清洁度 | 观察距离[a] | 光强度[a] |
| VC-0.5～1000 | 0.25～0.5m（约 9.84～19.68ft） | 1000lx（约 93 英尺烛光） | 明显洁净高灵敏度（VC-HS） | 6～18ft（约 0.15～0.46m） | 100 英尺烛光（约 1076lx） |
| VC-1～500 | 0.5～1.0m（约 1.64～3.28ft） | 500lx（约 46 英尺烛光） | 明显洁净灵敏（VC-S）[a] | 2～4ft（约 0.61～1.22m） | 50 英尺烛光（约 538lx） |
| VC-2～500 | 1.0～2.0m（约 3.28～6.56ft） | 500lx（约 46 英尺烛光） | 不对等 | — | — |
| VC-3～500 | 1.5～3.0m（约 4.92～9.84ft） | 500lx（约 46 英尺烛光） | 明显洁净标准（VC）[a] | 5～10ft（约 1.52～3.04m） | 50 英尺烛光（约 538lx） |

a. NASA JSC 标准中的观察距离和光强度（白光）以美国惯用单位（英尺和英寸；英尺烛光）给出，在 IEST-STD-CC1246E 中以公制给出。每个标准的原始单位下面的括号中列出了转换后的值。

表面清洁度等级的完整描述规定为 IEST-STD-CC1246E 的 XYZ 等级。这里 X 是表 19.1 中的颗粒清洁度数值，Y 是表 19.2 中的 NVR 清洁度等级，Z 是替代或附加的清洁度等级，如表 19.4 中的颗粒沉降物或表 19.5 中的 VC 清洁度等级。举例如下：

| X | Y | Z | 完整说明 |
|---|---|---|---|
| 300 | | | IEST-STD-CC1246E 等级 300<br>说明：仅颗粒物 |
| 100+F100 | | | IEST-STD-CC1246E 等级 100+F100<br>说明：颗粒物和累积的沉降物 |
| 200 | R2 | | IEST-STD-CC1246E 等级 200R2<br>说明：颗粒物和 NVR |
| | | VC-0.5～1000UV | IEST-STD-CC1246E 等级 VC-0.5～1000UV<br>说明：使用紫外线明显洁净 |
| | | VC-3～500 | IEST-STD-CC1246E 等级 300<br>说明：仅可视洁净 |
| | R5E-1 | | IEST-STD-CC1246E 等级 300<br>说明：仅 NVR |

在许多行业中，精密清洁度等级定义为有机污染物水平小于 $10\mu g/cm^2$，尽管许多应用要求将其设定为小于 $1\mu g/cm^2$[9]。这些清洁度等级是非常理想的，或者是诸如机械零件、电子元器件、光学和激光零件、精密机械零件以及计算机零件等部件的功能所要求的。

空气传播的分子污染是以蒸气或气溶胶形式存在的化学污染，可以是有机的或无机的，包括从酸和碱到有机金属化合物和掺杂剂的所有物质。许多产品和制造过程对空气中的分子污染物（AMCs）很敏感，甚至可能被其破坏，这些污染物是由外部、工艺或其他来源产生的，因此，对 AMCs 进行监测和控制至关重要。ISO 14644—10 新标准“洁净室和相关受控环境——第 10 部分：按化学浓度对表面清洁度进行分类”[12] 现已作为国际标准使用，该标准定义有关 AMCs 存在的洁净室中表面清洁度的分类体系。实际上，该标准至少确定了 8 种 AMCs：酸（ac）、碱（ba）、生物毒性类（bt）、可压缩类（cd）、腐蚀类（cr）、掺杂剂（dp）、总有机化合物（toc）和氧化剂（ox）以及单个物质或一组物质。该标准适用于洁净室和相关受控环境（如墙壁、天花板、地板、工作环境、工具、设备和装置）中的所有固体表面。

# 19.3　水冰去污的重要因素

下文讨论水冰技术与去污有关的关键因素。

## 19.3.1　冰的相行为

冰是一种相变材料，从固态（低于 273K）变为液态水，然后 373K 以上蒸发为气体。根据压力的不同，冰可以以多种晶体形式存在。水的相图如图 19.1 所示，已知的冰可分为低压区域（六角形冰、立方体冰和冰Ⅺ）、高压区域（冰Ⅶ、冰Ⅷ和冰Ⅹ）和中压区域（200～2000MPa，冰$I_h$、Ⅱ、Ⅲ、Ⅴ和Ⅵ）[13-19]。在这些固相中，有九个相态是热力学稳定的，六个相态是亚稳态的。实际上，自然界中所有的冰都是六角形的冰，即冰$I_h$。在高层大气中发现了亚稳态的立方体冰，即冰$I_C$，但在大约 183K 时转变为冰$I_h$。相图还具有多个三相点和一个或多个临界点。冰、水和水蒸气可以共存的水的三相点温度为 273.16K，压力为 611.3Pa。水和冰的多个热力学模型以及相变的多个热力学函数已被描述[20-28]。

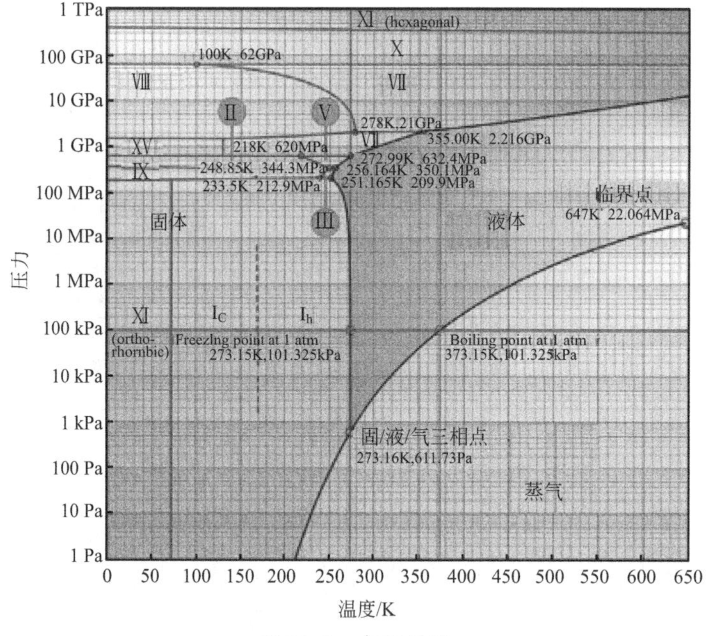


图 19.1　水的相图

为了制备能够用于喷射的冰，相图提供了必要的压力和温度条件。这些条件能被诸多商用喷射系统满足，稳定的冰晶会在这些系统中连续生成。

## 19.3.2　力学性能

污染物的去除是冰粒撞击表面的结果。理想的喷射介质应具有至少 6Mohs 的硬度，并且在室温下应完全转化为蒸汽[29]。冰粒的撞击行为取决于其弹性，在 270～233K 的温度范围内，冰为几乎完美的弹性体。表 19.6 比较了 268K 时冰与传统研磨材料（如玻璃和各种铝合金）的动态弹性特征[30-48]。显然，这些研磨材料的性能优于冰，并且更有效。但主要考虑表面污染物且要避免表面磨损时，水冰更可取。

**表 19.6　与传统研磨材料相比，冰的动态弹性特征[30-48]**

| 材料 | 杨氏模量/GPa | 剪切模量/GPa | 体积模量/GPa | 泊松比 |
|---|---|---|---|---|
| 冰 | 8.9～9.9 | 3.4～3.8 | 7.8～11.8 | 0.31～0.36 |
| 玻璃 | 50～90 | 19～26 | 28～66 | 0.2～0.27 |
| 各种铝合金 | 69～70 | 24～28 | 64～78 | 0.32～0.35 |

冰的硬度对其去污性能的影响是决定性的。如图 19.2 和图 19.3 所示，冰的硬度与其温度成反比，263K 时莫氏硬度为 2，类似于干冰（固体 $CO_2$）、硫黄或石膏，在 193K 时莫氏硬度增加到 6～7，与石英玻璃或硬化钢的硬度相当[49-64]。在喷射过程中通常不会考虑或利用冰的这种特性，但是它为喷射的创新应用提供了机会，例如对要求高硬度的金属材料进行去毛刺。尽管冰不能完全满足理想喷射介质的所有三个要求（边缘形式、硬度和固体至蒸气的转化），因为它会融化成液体而不会转化为蒸汽，但仍非常接近完美喷射介质的定义。冰的硬度对温度的依赖性（图 19.2 和图 19.3）使其成为唯一能适应工艺条件和要求的喷射介质，从硬到很软，可用于易碎和高敏感度的基材。

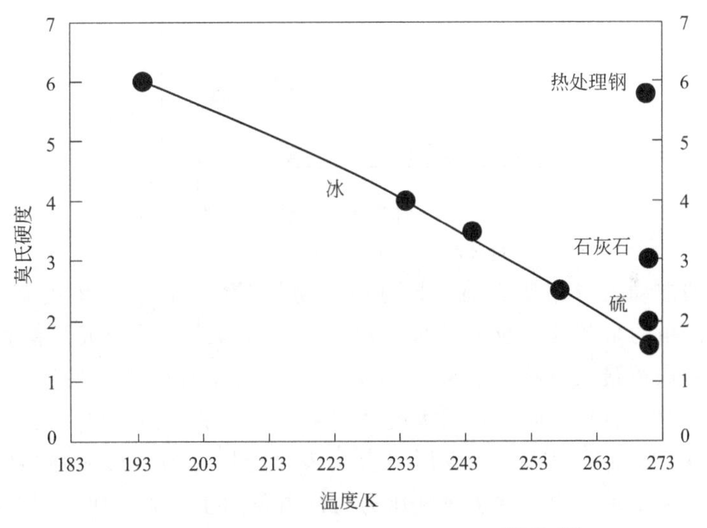


图 19.2　冰的莫氏硬度与温度的关系[49-51,64]

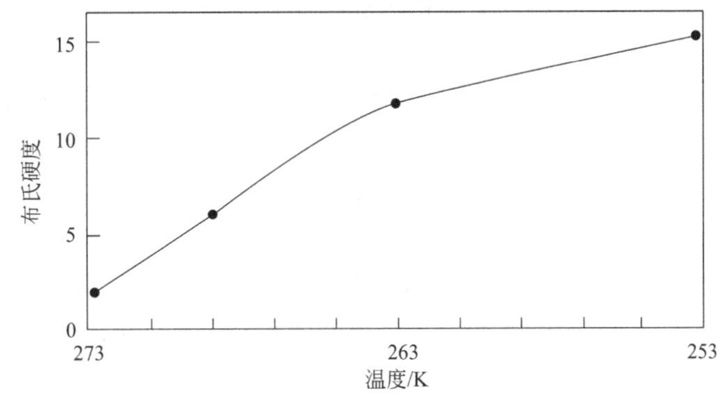


图 19.3　冰的布氏硬度与温度的关系[53,55,57-62]

## 19.3.3 喷冰机理

水冰去除污染物的主要机理是基于冰粒对物件表面的撞击作用。固体冰粒通过冰粒撞击和横向变形传递能量来置换表面污染物，撞击后冰融化，冲走残渣。这种“擦洗和冲洗”过程使喷射可有效清除表面污染物。清除机理如图 19.4 所示。

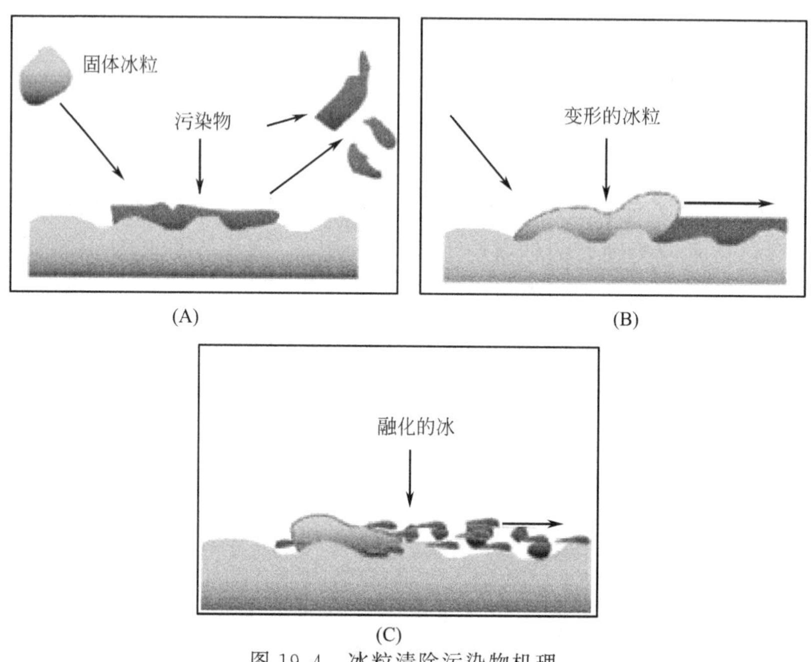


图 19.4 冰粒清除污染物机理

(A) 相变前；(B) 相变过程中；(C) 相变后

当固体冰粒的推动力（相变之前）超过污染物的惯性力时，污染物就会从表面发生位移。位移力与冲击角的余弦及冰粒半径的平方成正比。因此，对于沉积在表面上的污染物，在冲击角为 0°时可获得最大位移力[65]。但是，表面具有不规则性，最佳位移是在某个非零角度下实现的[图 19.4(A)]。同样，较大的冰粒可以获得最大的位移力。

在相变期间[图 19.4(B)]冰粒在变形时会向表面施加压力，形成强烈的冰-表面摩擦相互作用，从而擦去少量污染物。摩擦擦洗压力与冲击角的正弦成正比，因此在与位移所需的最大角为 90°时，可获得最大力[46]。实际上，可以在 30°～60°的冲击角之间实现最佳去污。擦洗力与冰粒的粒径或质量无关，但是相当大。在喷射压力为 1MPa 时，摩擦擦洗力约为 30MPa[66]。

相变后，冰粒融化成水，冲洗掉污染物[图 19.4(C)]。事实上产生水对于去污至关重要，水是去除所有可溶性盐的溶剂。喷雾包裹着喷射残渣，用来控制空气传播扩散。这在去除石棉纤维和放射性污染物时，对于工作人员安全尤其重要。为了获得高清洁度等级，应使用无油压缩空气和高纯去离子水。

在去毛刺的情况下，冰粒的动能通过减速转化为切割能[67-70]。在给定的冲击角下，由冰粒传递动能产生的压力波动会导致毛刺处的塑性变形。同时，由于来自冰粒融化的液态水而产生额外的压力，当内部压力增加到超过材料强度的程度时，就会开始出现裂纹，这些裂纹的扩散和聚集促使表面污染的去除[71]。在钢、有色金属和塑料的多种材料中，低温脆化还会降低材料强度。利用深度冷冻冰作为喷射介质，将温度降至 153K 的极低温会影响这些材料的脆性断裂特性，毛刺也更容易清除。另外，对材料的热冲击还受工艺参数（如进料速度、喷嘴偏移和压缩机压力）的影响。

### 19.3.4　工艺说明

喷冰工艺已应用于各种去污和去毛刺作业中。结晶冰粒以 90kg/h 的流量连续产生。在双软管系统中，冰粒通过低压软管输送到喷冰嘴，在喷冰嘴处，第二根高压软管提供高达 1.2MPa 的压力，通过不同的载带流体将冰粒加速喷向目标表面。图 19.5 为以水为载带流体的典型工艺流程[72]。高压冰水射流撞击物件以清除毛刺。冰融化为水，经过滤、净化后再循环至制冰机和高压泵，形成用于处理新物件的冰水射流。配备多轴控制的喷嘴可以精准处理狭窄空间的复杂形状和物件。

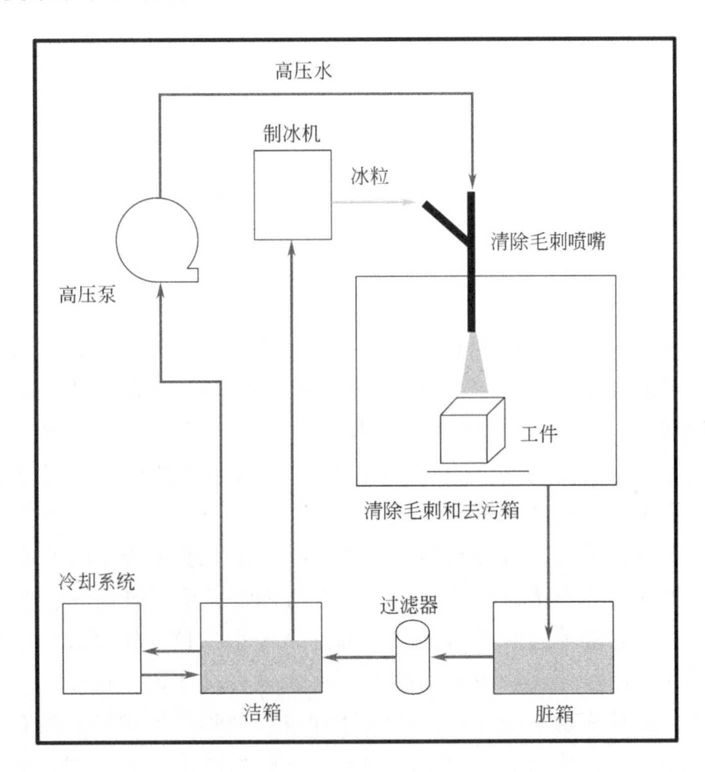


图 19.5　冰水喷射对金属表面清除毛刺和去污的典型工艺流程[72]

图 19.6 为使用空气作载带流体的商用喷冰系统。

撞击后，冰粒发生相变，大约一半的固体变成蒸汽，另一半变成液体。收集的液体残余物的量随着周围大气中的相对湿度和蒸发速率而变化。

喷冰不会产生大多数其他研磨材料喷射作业中常见的粉尘。这对于从事含铅涂料或石棉减排工作的操作人员来说尤其重要。在这些工作中，空气中的微粒含量必须保持较低水平。喷冰处理是非研磨性的，大多数基材上不会留下残留物。

典型的水冰喷射操作会产生 300～2000L 液体，通常需要对其进行收集。喷射流量为 76～90L/h 时，喷冰可大幅降低储存和处置成本，尤其是涉及有害物质。

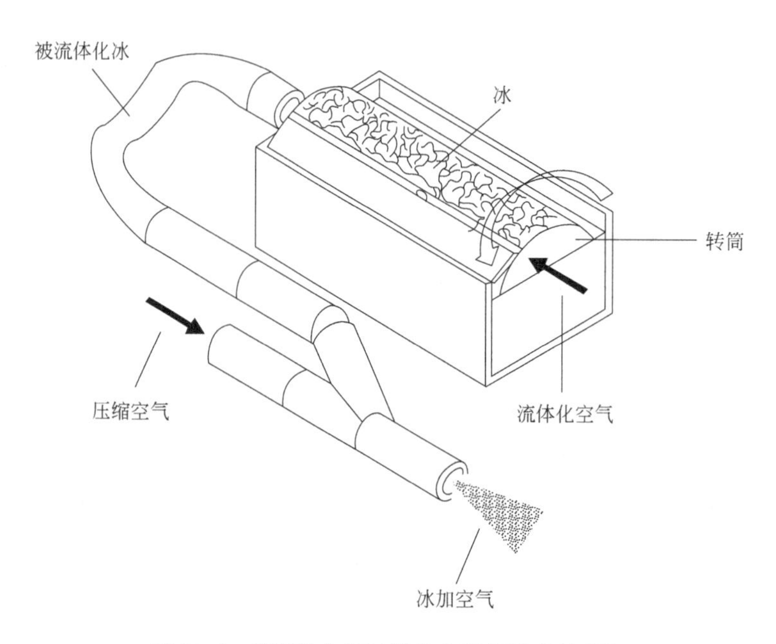


图 19.6　使用冰空气射流的典型商用喷射系统

## 19.3.5　去污系统

自第一个有关冰粒生产的美国专利公布，以及软质离散冰粒用于汽车去污和抛光处理以来，喷冰引起了广泛的商业兴趣[73,74]。这使得采用冰粒的高压喷射对特定表面进行处理的一系列技术得到发展[9,66,72,75-107]。喷冰系统由制冷、制冰机和喷嘴组成。这些都是经过验证的商用组件。喷冰通常使用约 90～100L/h 的普通自来水连续产生结晶冰粒。对于高精密去污，必须使用纯净水并保持系统的高度洁净。

一种可靠的制冰方法是浸入式冷转筒（图 19.7），其中水在转筒的弯曲表面上连续冻结成薄的弯曲冰片，冰片碎裂形成冰粒[103]。在适当的转筒直径、温度和转速条件下，冰片可以形成足够的内应力，它的前边缘撞击刮刀，冰片裂成小冰粒。使碎裂的冰粒连续地离开曲面的是一个叫真空抽吸冰粒的文丘里式的喷嘴。冰粒被直接注入其速度足以使冰粒流体化的空气流中，流体化的冰粒流动不受干扰。受压冰片自然破碎产生颗粒，没有任何机械手段来确定它们的粒径大小，流体化的冰粒以受控的速度从喷嘴喷出。其他载带流体包括氮气、高压水、气态 $CO_2$，甚至是超临界 $CO_2$。有一项专利提出将空气推动的水冰和干冰（固体 $CO_2$）的混合物用作喷射介质[108]，优点是可以克服单独使用水冰或干冰作为喷射介质的缺点。

冰粒虽然稳定，但只能在低于零度的温度下存在。在整个输送系统中维持这样的温度十分困难，特别是由于温度从 258K 升高到 273K 时，颗粒之间的平均黏附力将从约 $10^{-4}$N 呈指数增加到 $7\times10^{-3}$N[32,44,109-112]。冰粒也不是自由流动，并且在这种热条件下，冰在静止时容易堆积和聚结，从而堵塞管路。因此，供应管线必须保持在低于 200K 的低温下，使系统有效运行并获得用于喷射冰粒的最佳物理特性。为使系统可靠地工作，必须在动态状态下连续生产和消耗冰粒。

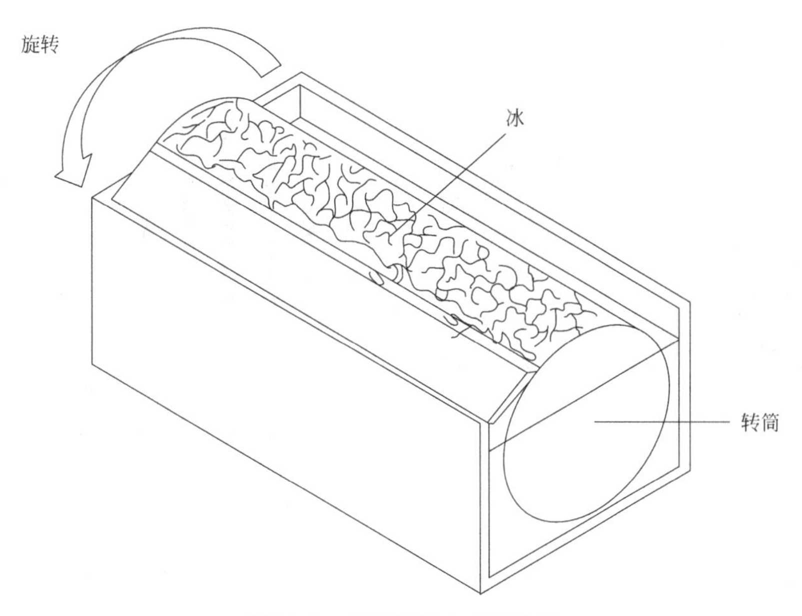


图 19.7　制冰用浸入式冷转桶

另一种采用“雾化”工艺生产冰粒的方法已得到论证[68,69]。如图 19.8 所示，冰粒是由 173K 左右的低温雾形成的，这个温度使冰有更大的硬度和磨蚀性。雾化工艺与商用设备中使用的工艺之间的主要区别[66,72,113,114] 在于雾化工艺采用受控颗粒参数（例如规定尺寸、形状和硬度）的制冰方法，其次是工艺过程以及商用制冰设备中的颗粒温度。图 19.9 所示为雾化工艺制得的高质量均匀冰晶。商用工艺使用机械刮碎的冰粒进行操作，并且不在低温温度范围内。与常规商用设备中产生的冰相比，冰颗粒的形状和大小不确定，更软且磨损更小。

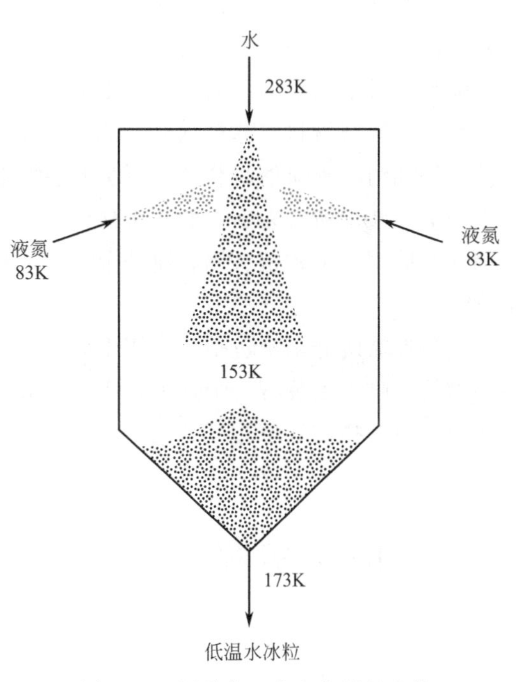


图 19.8　用雾化工艺生产低温冰晶

喷冰机的运行只需要水、空气和电等标准公用设施。机器启动 70～90s 后冰可制出用于处理。一台典型的制冰机需要用 100L/h 水、15kW 电和大约 $8m^3/min$ 的压缩空气。冰粒在撞击时分解，形成喷射雾，有助于抑制操作中产生的灰尘并为工人工作环境降温，这在夏天特别有用。蒸发通常会将净废液流量减小到约 10～40L/h。

喷冰机的运行需要水源、空气和电力。一般情况下所有工厂和设施中都有标准的供水来源。只需将水管与机器相连接，即可制出喷冰介质。水是一天 24 小时都能供应，并比购买任何类型的喷射介质便宜很多。在 0.8～1.0MPa 的压力下，正常供气流量为 175L/s，最高达到 1.2MPa 的喷射压力可被使用以便更快地清除附着牢固的污染物和涂层。根据运行环境的不同，需要使用后冷却器将供应的压缩

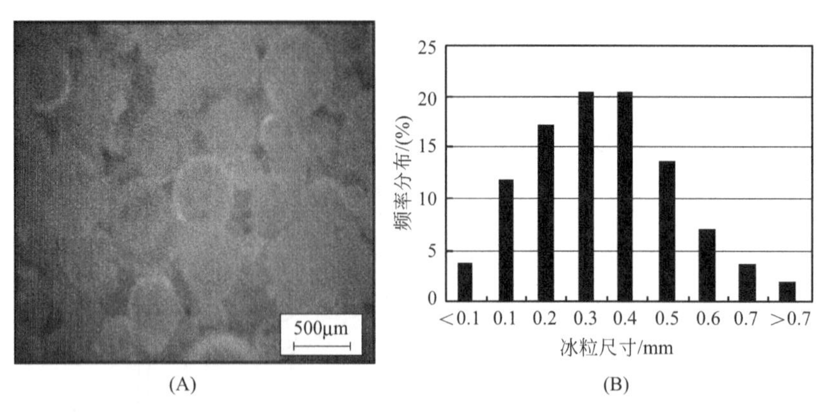


图 19 9 用雾化工艺制备的水冰粒（A），直径范围为 0.1～0.7mm 的冰粒的频率分布（B）[69]

空气温度保持在 308K 以下。在过于潮湿的环境中建议使用水分离器，并配备空气过滤器以减少压缩机的过度漏气。一些喷冰系统需要三相电源，通常为 400V、50Hz。

为获得最佳效果，建议软管最大长度为 70m。这样机器的工作半径为 140m。此外，还建议最大垂直高度 20m。对于便携式型号，应将机器移近工作区域，以保持在 70m 的建议范围内。

如同所有喷射作业一样，应注意操作人员的安全。当较高速度的空气遇到较慢速度的冰粒时，手动去污系统能在喷嘴处产生高达 115dB 的噪声。喷射过程中必须保护眼睛和耳朵，并建议进行呼吸防护。防护服的可选范围为从防护一般残渣的 Tyvek® 简易防护服到清除有害物质的全套化学防护服。通常，大多数喷射作业使用轻型防护服即可。与所有喷射操作一样，喷嘴绝对不能对准任何人，否则会造成严重伤害。

将少量研磨材料与冰粒混合，能提高喷冰的有效性。在一个商用系统中，每小时只需向冰粒中添加约 7kg 研磨材料[66]。使用这种混合物使该系统几乎具有与喷砂一样的去污性能，可用于去除几乎所有表面上的几乎任何涂层和污染物，包括油漆、铁锈、润滑油、机油、烟尘和来自碳钢、不锈钢、铝、镀锌金属、混凝土、瓷砖、玻璃、塑料、橡胶和其他基材的污染物。

这种按需研磨系统包括一个用于研磨介质的小容器、一个压力阀和一个向喷嘴输送介质的小软管。喷嘴上装有一个开关，用于打开或关闭压力阀。这样就可以立即进行使用或不使用研磨介质的喷砂处理。

# 19.4 应用实例

喷冰有许多应用，从半导体晶圆和精致物品（如书籍和文物）的精密去污到各种基材上的涂层和污染物的清除。喷冰能有效地去除各种基材上的油漆涂层而不损坏基材，包括芳纶纤维和石墨环氧复合材料等娇贵的表面；但是剥离速度有很大不同[66,115-117]。影响剥离速度的条件包括使用的喷射压力、涂层厚度、基材形貌、黏合强度和涂层老化程度。在飞机中的应用包括清除受污染的飞机涂层，清除飞机上贴字，以及为燃气涡轮叶片等飞机部件去污。喷冰已成功地用于清除包括窗户、仪表盘和控件在内的各种玻璃表面上的油漆、润滑油、油污、污垢和其他污染物。但是，向这些表面喷射必须小心，以免破碎。一般需要降低喷射压力，增大喷射距离。下文讨论不同水冰喷射应用的一些示例。

## 19.4.1　汽车零件

事实证明，自动喷冰系统可用于汽车行业的各种去污应用，包括精密齿轮、变速器的铝制阀体、发动机缸体和铝铸件的去污[71,118,119]。在齿轮去污应用中，以 0.45～0.52MPa 压力喷射冰粒时，去污系统每秒可处理 20 个齿轮。该系统每小时仅使用约 76L 水，其中约 50%的水蒸发，剩下约 38L 需要处理。在 3 个月的测试期内，99%以上的零件首次成功通过去污处理，具有明显的成本优势。

## 19.4.2　零件去毛刺

喷冰的一个创新应用是在制造过程中对零件进行去毛刺和去污[67-69,113,120]。该工艺对铝和黄铜等软金属最为有效，但根据毛刺的大小和毛刺附着在零件上的强度，也可对钢和铁进行去毛刺处理。喷冰还成功应用于非金属材料，例如聚乙烯和聚丙烯，尽管针对该应用还需要优化工艺参数[69]。复杂的零件很容易去毛刺，大小毛刺都可以去除（图 19.10）。小毛刺通常很难去除，因为它们的正面面积小且铰接部分长。喷冰去污和去毛刺后，零件表面可以保持清洁光滑。就大多数金属部件而言，零件必须在去毛刺步骤后立即干燥，以防止腐蚀、氧化和生锈。

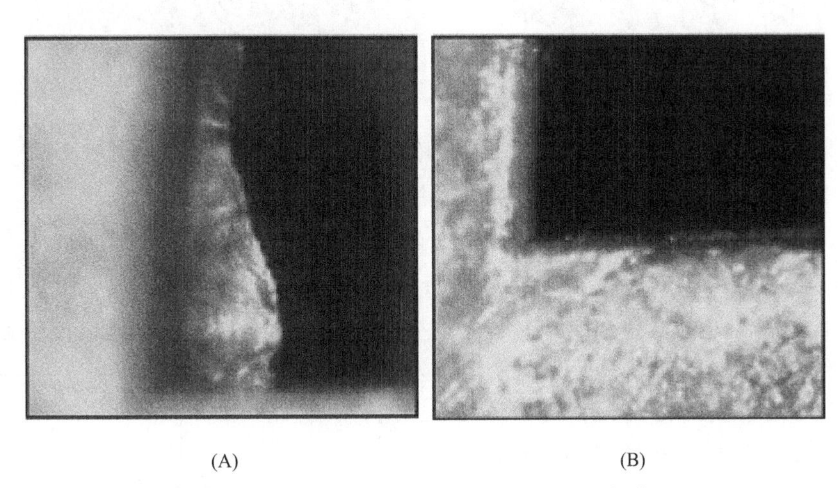

(A)　　　　(B)

图 19.10　喷冰去除锌压铸阀壳体部件上的一个大毛刺[120]（见文后彩插）

## 19.4.3　半导体晶圆去污

一种用于半导体晶圆去污的方法已被开发，该方法采用直径 0.1～300μm 的精细超净冰粒[121]。通过调整冰粒硬度、喷射压力和喷射角度来控制对晶圆表面的撞击。冰粒起洗涤器的作用，能从晶圆表面精确去除亚微米级颗粒（直径＜0.3μm）和有机污染物，如指纹、油脂和油性油墨。这种去污方法已通过增加一个加速冰射流的机制加以改进[122]。这是通过并入多个环状电极来实现的，这些电极由高频交流电源接通，并且每个电极在冰粒运动方向上的长度可根据冰粒的速度进行调整。去污方法的另一项改进是使用含过氧化氢的冰粒，通过融化的冰粒-$H_2O_2$ 混合物获得的 $H_2O_2$ 溶液对表面进行物理上的和化学上的去污[123]。

不少研究采用喷冰去污方法对晶圆进行去污，并评估去除工艺的主要变量对去污效率的影响[121,124-128]。冰粒的去污效率大于 95%。去污效率受颗粒的质量浓度、腔室压力和喷嘴与基材的间距影响。

## 19.4.4　电子和光子学应用

喷冰已成功用于去除一个计算机硬盘上的污染物[129-132]。这个硬盘的表面曾被涂漆，然后以 35g/min 的冰流量和 0.5～3mm 直径的冰粒对硬盘表面进行喷射处理 2min。去污后硬盘正常运行，未发现硬盘上音频文件的声音发生变化。其他示例包括对液晶显示器、电路板、太阳能电池板组件、光学组件放大镜头的去污，以及从胶卷表面去除乳剂[129-132]。去污后对表面的视觉或显微镜检查中未观察到对基材的损坏。

在另一项研究中，塑料和橡胶盘（直径 10cm）之间的连接处的高黏性 Wellbond® 胶的残留层能被完全清除，如图 19.11 所示[133]，去污时间为 2min。

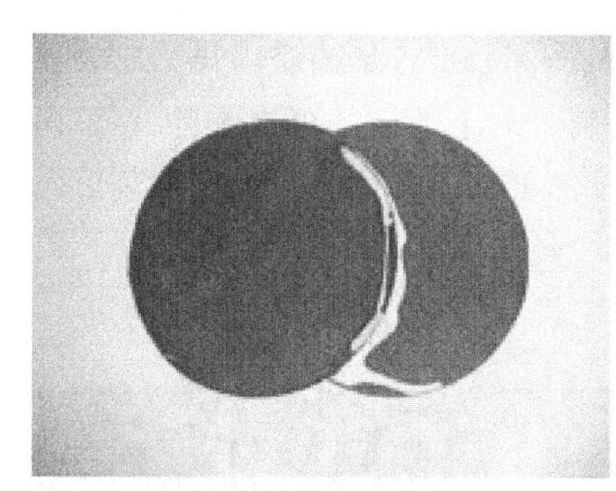

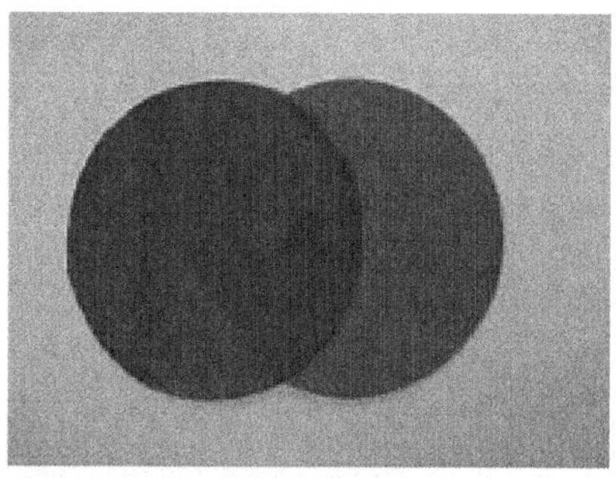

(A)　(B)

图 19.11　喷冰清除塑料盘表面的胶

喷冰之前（A）和之后（B）[133]

## 19.4.5　核工业

在用于核燃料工业的锆合金双金属管制造中，需要清除金属表面油污以便于黏合，喷冰已代替了传统的去污工艺[65,134]。光激发电子发射（OSEE）可用于表面污染评估。由图 19.12 可知，机加工后“原样”样品的 OSEE 值为 65，非常低，表明其表面存在机油和其他污染物。对调整过的样品用甲醇进行冲洗和彻底去污，建立的 OSEE 值 999 作为标定值[135]。清洁度较低的样品的 OSEE 值较低。随后在 HF-$HNO_3$ 中用标准的酸蚀刻工艺对一个调整过的样品进行去污，然后对另一个样品进行喷冰处理。酸蚀刻样品的 OSEE 值为 375，表明酸蚀刻过程是污染而不是去污。喷冰样品具有与调整过的样品相同的 OSEE 值，证实了喷冰具有与甲醇洗

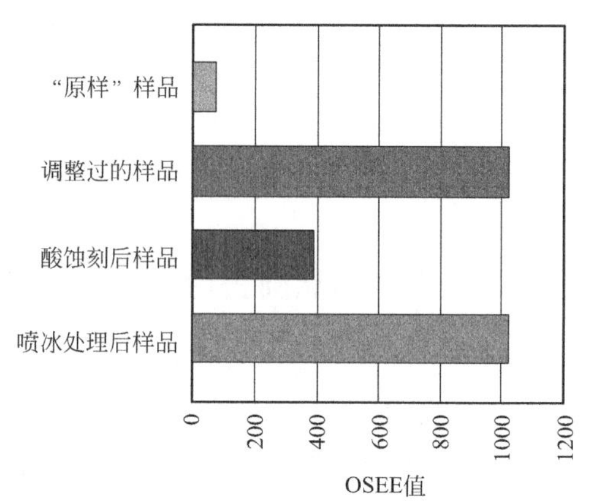


图 19.12　锆合金双金属管材用不同去污工艺处理后的 OSEE 值比较[65,134]

涤相同的去污能力。

在核去污方面，位于爱达荷州的爱达荷国家工程与环境实验室（INEEL）评估了水冰喷射和干冰（固体$CO_2$）喷射在去除不锈钢试样上替代污染物Cs和Zr的有效性[136]。表19.7列出了相对去污效果。在最佳条件下，SIMCON（模拟污染）样片几乎完全清除。虽然效果不如更具破坏性的喷砂技术（通常不会造成污染），但使用冰（融化成水）代替砂砾具有明显的优势。

**表19.7　喷冰和干冰喷射对模拟污染试样去污率的比较[136]**

| | 铯/% | 锆/% |
|---|---|---|
| 干冰喷射 | 63 | 78 |
| 喷冰 | >98 | >95 |

曾就放射性污染的铅砖以及工具和设备，对喷冰进行去污测试[137,138]。结果表明，对铅砖上的固定污染清除非常有效，去污因子（DFs）❶为大于1.1至大于400，达到自由开放水平，不会产生混合废物流。同样，对于工具和设备的可转移污染，β-γ辐射的去污因子（DFs）为1.7至大于200，α辐射去污因子（DFs）为1.3至大于100。对于具有化学键合污染物或复杂几何形状零件裂缝中的污染物的受污染工具和设备，该工艺效果较差，因为喷冰不会磨损基材，也不会深入缝隙。

喷冰的其他应用实例还有：田纳西州橡树岭（Oak Ridge）X-10工厂对热点元件的去污、对Oconee反应堆3号机组的安全壳建筑物的去污、对Wolf Creek反应堆的工具和设备的去污[139]以及法国马库尔的原型玻璃化设施最终去污[140,141]。该工艺对沸水反应堆的泵壳、阀门和一回路管道的去污非常有效，能彻底去除内表面上的软垢，去污因子可达到2[142]。除对核电厂的维护、去污和退役活动有益外，喷冰还能大大减少工人的辐射剂量。例如，在加拿大新不伦瑞克省Point Lepreau发电站（PLGS）的维护大修期间，维护活动之前通过喷冰对蒸汽发生器进行预去污，从而减少近1150人·mSv的γ辐射剂量[143]。一般情况下喷冰的去污因子可以达到5～6。在处理特殊核材料（SNM）时必须解决核临界问题[144]。

## 19.4.6　设施退役

一个抛丸和热处理工厂在关闭之前，用水泥地面浸透了抛丸、油和尘垢，需要用喷冰进行去污处理[66]。浸透了抛丸、油和污垢的水泥地面首先使用冰喷射清除油渍，去污速度约为$25m^2/h$。将可生物降解的清洗剂喷在水泥地面上提取油污，然后再次对地面进行喷冰处理，速度约为$40m^2/h$，达到自由开放要求。两次喷冰平均产生的总废液量为$6.4L/100m^2$[66]。

废物最小化和优越的去污能力，使冰喷射成为设施结构修复或退役的可行工艺。它的有效性使承包商对俄勒冈州波特兰市一幢高层建筑第43层的石棉清除以及纽约交通部对两座桥梁上含铅涂料的清除能够达到要求。

在设施退役或翻新再利用之前，美国海军已使用喷冰方法清除建筑物表面松散的铅漆，没有产生废液，空气中的铅尘含量明显低于技术规范的规定值。如表19.8所示，与华盛顿

❶ DF用于衡量去污工艺的有效性，其数值为初始放射性活度与去污后残留活度的比值。

特区华盛顿海军造船厂的一栋建筑物的人工去污相比，该工艺的有效性节省了巨额资金[145]。

表 19.8 喷冰工艺与人工清除工艺对华盛顿海军造船厂一栋建筑物中铅漆清除情况对比[145]

| 参数 | 人工去污 | 喷冰 |
|---|---|---|
| 处理时间 | 900h | 375h |
| 人员 | 8～10 人 | 5 人 |
| 设备 | 4 个高架电梯 | 2 个高架电梯 |
| 成本 | 432000 美元 | 180000 美元 |

## 19.4.7 历史建筑修复

加拿大渥太华的阿伯丁馆是一座完全用金属建造的历史建筑[146]。采用喷冰法对建筑物不同部位表面进行去污，这些部位覆盖有松散且黏结的铁锈、油漆、嵌入盐和铅基涂层。涂层材料被去除而任何底层原始基材未受影响。平整屋顶部分的去污速率约为 $9m^2/h$，而波纹状部分的去污速率约为 $5～7m^2/h$。

## 19.4.8 回收再利用

喷冰在一些回收和再利用方面的应用已得到证明。例如，可用于从残缺部件上去除错位的绝缘泡沫，以便使用新的泡沫，挽救价值较高的部件。喷冰回收操作的成本约为 0.35 美元/件[66]。美国的一家制造商在仪表板和汽车内饰生产时产生了约 $9\times10^6$kg 乙烯基废料，用喷冰清除乙烯废料中的胶水和泡沫，使其污染程度降至 2%以下，成本为 1.60～2.30 美元/kg。尽管垃圾填埋场处置的总成本约为 1.10 美元/kg，但处置实质上会损失可回收的无污染乙烯基材料，其商业价值约为 3 美元/kg[66]。

## 19.4.9 管道去污

尽管严格来说不是喷射技术，但冰浆清管是一种创新方法，它利用冰水浆清除管道中的污染物[147-153]。其基本原理是，当冰浆（冰含量通常为 50%～90%）以中等速度推入管道，与单独用水以相同速度在管道中流动相比，壁剪切力要高出 2～4 个数量级。因此，即使速度相对较低，“冰浆清管”也能够高效清除松散的物料，而不会损坏管壁。冰含量高使得冰浆清管在连续剪切下保持在一起。该技术的优势在于，冰浆可以改变其形状以适应所容纳的结构，因此它能够流过弯曲、收缩/膨胀几何结构和部分打开的阀门，同时对容器壁去污并输运颗粒物。最后，保证冰浆永远不会被卡住，因为如果放置时间长，冰浆会融化掉。该技术已广泛应用于水工业、食品和饮料加工、制药、化学生产、表面涂层工业，碳氢化合物回收和核工业。

## 19.4.10 油田设备去污

喷冰已用于油田环境中的去污作业[66,154]。曾被去污的设备包括储油罐、抽油机、平地机和井口。其初始涂层是浅米色的储油罐，曾被涂上一层薄薄的未精制的 30°API 含硫原油。抽油机上覆盖着同样的含硫原油。平地机上覆盖着废液压油和污垢的混合物。井口涂有原油、石蜡和污垢的混合物，这些混合物经过多年的蒸汽驱油作业产生的热量而硬化。储油罐的两个面板的去污大约用了 20min，每个面板的尺寸约为 1.2m×1.5m。尽管这个被去污的表面已经被漏油永久污染，但喷冰清除了所有表面油污，使表面适合重新喷漆。原油覆盖的抽油机去污效果更显著。去污从基座开始，然后延伸到支撑腿，最后到头顶结束，没有明显的积水或收集的水，油污曾在 30min 内迅速清除。去污过程结束时，设备几乎一尘不染，没有油污残留物，在设备基座周围收集了少量废物。去污过程对设备漆层没有损坏。随后使用喷冰法对平地机和井口进行的去污产生了类似的积极效果，产生的废水极少，降低了去污和处置成本。

喷冰在清除炉膛燃烧器中的原油、清除管道的隔热层、给套管和钻杆除油、清除溢出的抗氧化剂和铝成型品中的沥青方面非常有效[66]。

# 19.5 其他考虑

在应用水冰喷射技术进行表面去污时还需要考虑其他因素。

## 19.5.1 成本

全自动喷冰系统的成本在 45 万美元至 50 万美元之间，每 20s 可以处理一个零部件。手动系统的起价为 5 万美元，但处理零部件的速度较慢。由于用水量少，废物管理成本低，并且不需要购买冰介质，因此使用成本可以低至约 4～5 美元/h，具体取决于当地电价、当地生产压缩空气的成本，以及其他因素[65,66,118,119,139,155,156]。

在清除表面污染物时经常将喷冰与干冰喷射对比，因为这两种工艺在许多方面相似，例如使用非化学相变喷射介质。表 19.9 比较了两种方法在清除固定污染的操作成本[65,66,118,119,139,155-157]。显然，就操作成本而言，水冰喷射的费用约为干冰喷射费用的 1/3。尽管存在地区差异以及季节性和特殊折扣，但表 19.9 中显示的成本误差在 10%以内。

表 19.9　水冰喷射与干冰喷射操作成本对比

| 项目编号 | 费用类型 | 水冰喷射/美元 | 干冰喷射/美元 |
|---|---|---|---|
| 1 | 生产干冰颗粒(造粒机) | 不适用 | 292500 |
| 2 | 干冰粒的储存和处理，150 周×195 美元 | 不适用 | 29250 |
| 3 | 设备融资成本(3 年,8%) | 20280 | 10140 |
| 4 | 设备折旧 | 50700 | 25350 |
| 5 | 公用设施费 | | |
| | 电费/[0.078 美元/(kW·h)] | 7020 | 1755 |
| | $CO_2$ 通风用电 | 不适用 | 7800 |
| | 压缩空气成本 | 46800 | 46800 |
| | 水 | 1170 | 不适用 |
| | 废水回收 | 910 | 不适用 |
| 3 年内 6000h 使用的操作成本 | | 126880 | 413595 |
| 每小时操作成本 | | 21.15 | 68.93 |

## 19.5.2　优点和缺点

喷冰工艺的优点和缺点如下：

### 19.5.2.1　优点

（1）喷冰没有磨蚀性。

（2）冰不会在表面留下残留物或损坏表面。

（3）冰的硬度对温度依赖性使其成为唯一能适应工艺条件和要求的喷射介质，从硬到很软，可用于易碎和高度敏感的基材。

（4）冰的温度没有负面的热影响。

（5）低温水冰的硬度几乎与不锈钢或玻璃相同，它的工作原理类似于硬质研磨介质，可去除毛刺和硬涂层。

（6）与其他去毛刺工艺相比，去毛刺后无需费力地清洗操作。

（7）在低温下材料的低温脆化会降低去毛刺操作期间所需的切削力。

（8）去除毛刺的深度没有限制。

（9）可安全干净地使用，有卓越的清洁度。

（10）该工艺环境友好，没有二氧化碳排放。

（11）该工艺在可净化的材料和可去除的污染物方面具有很高的灵活性。

（12）冰可以与少量研磨材料混合以增强去污效果（按需研磨系统）。

（13）该工艺可实现在线去污的高度自动化，也可以将其配置为移动技术，用于设备的就地去污。

（14）在受限区域或通风不足的地方使用喷冰法是安全的，不会产生或排放灰尘、细粉或烟雾。

（15）该工艺运行稳定可靠，制冰是一个成熟的工业过程。

（16）喷冰技术经济，运行成本低，耗水量低，使用普通自来水。

（17）该工艺产生的废物最少，主要是水和去除的污染物，不会产生额外废物。

### 19.5.2.2　缺点

（1）喷冰是一种视线范围内的过程，限制了对复杂几何形状零件的有效去污。

（2）水的使用会在未干燥的情况下对不耐腐蚀金属产生腐蚀或闪锈，这使后续的油漆或涂层施工更加困难和危险。

（3）该工艺也许在非耐腐蚀的钢表面上产生一个表面轮廓。光滑的表面轮廓是优良涂料性能的关键参数。

（4）对生产设备（包括自动焊接线、压力机、电动机和机床）喷冰，能导致严重的电气问题，甚至烧毁电机。

（5）是专业的去毛刺技术，是手动去毛刺或水射流去毛刺的补充工艺。

（6）不能产生被定义的边缘半径，这使得很难保持高精度的轮廓和形状。

（7）需要使用工作人员安全设备。

# 19.6 小结

喷冰是一种简单的非研磨性去污工艺，它使用冰晶作为喷射介质来清除表面污染物，无需使用化学品、磨料、高温或蒸汽。该技术使用普通的自来水、压缩空气和电力来创建一种环保、经济的表面去污方法。作为相变喷射介质的冰具有将其物理状态改变为液态水的能力，液态水从表面冲洗掉污染物，喷射后没有固体残留物。该技术可用于清洁表面、去除涂层或从表面去除污染物，也可用于在机加工后去除金属部件上的松散材料、飞边和毛刺，甚至可以加工较软的材料，例如有机聚合材料，包括塑料和橡胶部件。与其他喷射去污工艺相比，喷冰不会在废物中积聚冰粒，可以大大减少二次废物。喷冰的应用范围从半导体晶圆和精密物品（如书籍和文物）的精确去污到各种基材上的污染物去除。喷冰可有效去除各种基材上的油漆涂层，而不会损坏基材，包括 Kevlar 和石墨-环氧复合材料等精密表面，以及各种玻璃表面（包括窗户、仪表盘和控制装置）上的油漆、油脂、油污、污垢和其他污染物。

# 致谢

作者要感谢约翰逊航天中心科技信息（STI）图书馆工作人员帮助查找晦涩的参考文章。

# 免责声明



## 参考文献

[1] U. S. EPA, "The U. S. Solvent Cleaning Industry and the Transition to Non Ozone Depleting Substances", EPA Report, U. S. Environmental Protection Agency (EPA), Washington, D. C. (2004). www.epa.gov/ozone/snap/solvents/EPASolventMarketReport.pdf.

[2] J. B. Durkee, "Cleaning with Solvents", in: *Developments in Surface Contamination and Cleaning: Fundamentals and Applied Aspects*, Volume 1, 2nd Edition, R. Kohli and K. L. Mittal (Eds.), pp. 479-577, Elsevier, Oxford, UK (2016).

[3] U. S. EPA, "HCFC Phaseout Schedule", U. S. Environmental Protection Agency, Washington, D. C.

(2012). http://www.epa.gov/ozone/title6/phaseout/hcfc.html.

[4] R. Kohli, "Microabrasive Precision Cleaning and Processing Technology", in: *Developments in Surface Contamination and Cleaning: Fundamentals and Applied Aspects*, Volume 1, 2nd Edition, R. Kohli and K. L. Mittal(Eds.), pp. 627-666, Elsevier, Oxford, UK(2016).

[5] R. Kohli, "Use of Water Ice for Removal of Surface Contaminants", in: *Developments in Surface Contamination and Cleaning: Cleaning Techniques*, Volume 8, R. Kohli and K. L. Mittal(Eds.), pp. 105-143, Elsevier, Oxford, UK(2015).

[6] R. Kohli, "Sources and Generation of Surface Contaminants and Their Impact", in: *Developments in Surface Contamination and Cleaning: Cleanliness Validation and Verification*, Volume 7, R. Kohli and K. L. Mittal(Eds.), pp. 1-49, Elsevier, Oxford, UK(2015).

[7] ESA Standard ECSS-Q-70-01B, "Space Product Assurance - Cleanliness and Contamination Control", European Space Agency, Noordwijk, The Netherlands(2008).

[8] NASA Document JPR 5322.1, "Contamination Control Requirements Manual", National Aeronautics and Space Administration, Johnson Space Center, Houston, TX(2016).

[9] IEST-STD-CC1246E, "Product Cleanliness Levels - Applications, Requirements, and Determination", Institute for Environmental Science and Technology(IEST), Schaumburg, IL(2013).

[10] IEST-STD-CC1246D, "Product Cleanliness Levels and Contamination Control Program", Institute for Environmental Science and Technology(IEST), Rolling Meadows, IL(2002).

[11] NASA Document SN-C-0005, "Space Shuttle Contamination Control Requirements", National Aeronautics and Space Administration, Johnson Space Center, Houston, TX(2005).

[12] ISO 14644-10, "Cleanrooms and Associated Controlled Environments—Part 10: Classificationof Surface Cleanliness by Chemical Concentration", International Standards Organization, Geneva, Switzerland (2013).

[13] B. J. Murray and E. J. Jensen, "Homogeneous Nucleation of Amorphous Solid Water Particlesin the Upper Mesosphere", J. Atmos. Solar-Terr. Phys. 72, 51(2010).

[14] B. J. Murray, T. L. Malkin and C. G. Salzmann, "The Crystal Structure of Ice under Mesospheric Conditions", J. Atmos. Solar-Terr. Phys. 127, 78(2015).

[15] E. B. Moore and V. Molinero, "Is it Cubic? Ice Crystallization from Deeply Supercooled Water", Phys. Chem. Chem. Phys. 13, 20008(2011).

[16] T. L. Malkin, B. J. Murray, C. G. Salzmann, V. Molinero, S. J. Pickering and T. F. Whale, "Stacking Disorder in Ice I", Phys. Chem. Chem. Phys. 17, 60(2015).

[17] A. Zaragoza, M. M. Conde, J. R. Espinosa, C. Valeriani, C. Vega and E. Sanz, "Competition Between Ices Ih and Ic in Homogeneous Water Freezing", J. Chem. Phys. 143, 134504(2015).

[18] L. Lupi, A. Hudait, B. Peters, M. Grünwald, R. G. Mullen, A. H. Nguyen and V. Molinero, "Role of Stacking Disorder in Ice Nucleation", Nature 551, 218(2017).

[19] M. Chaplin, "Phase Diagram of Water", http://www.lsbu.ac.uk/water/water_phase_diagram.html. (accessed January 7, 2018).

[20] R. Feistel and W. Wagner, "A New Equation of State for $H_2O$ Ice Ih", J. Phys. Chem. Ref. Data 35, 1021 (2006).

[21] IAPWS, "Revised Release on the Equation of State 2006 for $H_2O$ Ice Ih", Report IAPWS R10-06 (2009), The International Association for the Properties of Water and Steam(IAPWS), Charlotte, NC (2009).

[22] E. G. Noya, C. Menduiña, J. L. Aragones and C. Vega, "Equation of State, Thermal Expansion Coefficient, and Isothermal Compressibility for Ices Ih, II, III, V, and VI, as Obtained from Computer Simulation", J. Phys. Chem. C 111, 15877(2007).

[23] M. Choukrouna and O. Grasset, "Thermodynamic Model for Water and High-Pressure Ices up to 2.2 GPa and down to the Metastable Domain", J. Chem. Phys. 127, 124506(2007).

[24] V. Tchijov, G. Cruz-León, S. Rodríguez-Romoa and R. Feistel, "Thermodynamics of Ice at High Pressures and Low Temperatures", J. Phys. Chem. Solids 69, 1704(2008).

[25] A. N. Dunaeva, D. V. Antsyshkin, and O. L. Kuskov, "Phase Diagram of $H_2O$: Thermodynamic Func-

tions of the Phase Transitions of High-Pressure Ices",Solar Syst. Res. 44,202(2010).
[26] D. V. Antsyshkin, A. N. Dunaeva and O. L. Kuskov,"Thermodynamics of Phase Transitions in the System Ice VI-Ice VII-Water",Geochem. Intl. 48,633(2010).
[27] L. Bezacier, B. Journaux, J. -P. Perrillat, H. Cardon, M. Hanfland and I. Daniel,"Equations of State of Ice VI and Ice VII at High Pressure and High Temperature",J. Chem. Phys. 141,104505(2014).
[28] T. Yagasaki, M. Matsumoto and H. Tanaka,"Anomalous Thermodynamic Properties of Ice XVI and Metastable Hydrates",Phys. Rev. B 93,054118(2016).
[29] J. Haberland,"Reinigen und Entschichten mit Trockeneisstrahlen—Grundlegende Untersuchung des $CO_2$-Strahlwerkzeuges und der Verfahrensweise", Ph. D. Dissertation, Universität Bremen, Bremen, Germany, Fortschritt-Berichte VDI, Reihe 2, Nr. 502(1999).
[30] N. E. Dorsey, *Properties of Ordinary Water-Substance in All Its Phases Water-Vapor, Water, and All the Ices*, Reinhold Publishing Corporation, New York, NY(1940).
[31] N. H. Fletcher, *The Chemical Physics of Ice*, Cambridge University Press, Cambridge, UK(1970).
[32] P. V. Hobbs, *Ice Physics*, Oxford University Press, Oxford, UK(1974).
[33] B. Michael, *Ice Mechanics*, Les Presses de l'Université Laval, Quebec, Canada(1978).
[34] G. H. Shaw,"Elastic Properties and Equation of State of High Pressure Ice",J. Chem. Phys. 84,5862 (1986).
[35] R. E. Gagnon, H. Kiefte, M. J. Clouter and E. Whalley,"Pressure Dependence of the Elastic Constants of Ice Ih to 2. 8 kbar by Brillouin Spectroscopy",J. Chem. Phys. 89,4522(1988).
[36] T. Sanderson, *Ice Mechanics and Risks to Offshore Structures*, Springer-Verlag, Berlin and Heidelberg, Germany(1988).
[37] M. Fish and Y. K. Zaretsky,"Ice Strength as a Function of Hydrostatic Pressure and Temperature", CRREL Report 97-6, Cold Regions Research and Engineering Laboratory, U. S. Army Corps of Engineers, Hanover, NH(October 1997).
[38] C. A. Tulk, R. E. Gagnon, H. Kiefte and M. J. Clouter,"The Pressure Dependence of the Elastic Constants of Ice III and Ice VI",J. Chem. Phys. 107,10684(1997).
[39] E. M. Schulson,"The Structure and Mechanical Behavior of Ice",J. Metals 51,21(1999).
[40] V. F. Petrenko and R. H. Whitworth, *Physics of Ice*, OxfordUniversity Press, Oxford, UK(1999).
[41] R. E. Gagnon and S. J. Jones,"Elastic Properties of Ice",in: *Handbook of Elastic Properties of Solids, Liquids, and Gases. Volume III: Elastic Properties of Solids: Biological and Organic Materials, Earth and Marine Sciences*, D. N. Sinha and M. Levy(Eds. ), pp. 229-257, Academic Press, New York, NY(2001).
[42] J. J. Petrovic,"Review Mechanical Properties of Ice and Snow",J. Mater. Sci. 38,1(2003).
[43] Yu. K. Vasil'chuk,"Physical Properties of Glacial and Ground Ice",in: *Types and Properties of Water. Volume II*, M. G. Khublaryanayt(Ed. ), pp. 229-257, Encyclopedia of Life Support Systems Publishing, Mississauga, Ontario, Canada,(2009).
[44] K. Tusima,"Adhesion Theory for Low Friction on Ice",in: *New Tribological Ways*, T. Ghrib(Ed. ), Chapter 15, pp. 301-32, InTech Open Science, Rijeka, Croatia(2011). http://www. intechopen. com/books/new-tribologicalways/adhesion-theory-for-low-friction-on-ice.
[45] S. A. Snyder, E. M. Schulson and C. E. Renshaw,"The Role of Damage and Recrystallization in the Elastic Properties of Columnar Ice",J. Glaciol. 61,227(2015).
[46] K. G. Libbrecht,"Physical Properties of Ice",http://www. its. caltech. edu/~atomic/snowcrystals/ice/ice. htm. (accessed January 7,2018).
[47] Ice Mineral Data. http://webmineral. com/data/Ice. shtml. (accessed January 7,2018).
[48] http://www. engineeringtoolbox. com/modulus-rigidity-d_946. html. (accessed January 7,2018).
[49] A. Wegener and J. P. Koch,"Wissenschaftliche Ergebnisse der dänischen Expedition nach Dronning Louises-Land und querüber das Inlandeis von Nordgrönland 1912/13 unter Leitung von Hauptmann J. P. Koch",Medd. Gr. 75,676(1930).
[50] C. Teichert,"Corrasion by Wind-Blown Snow in Polar Regions",Am. J. Sci. 237,146(1939).
[51] E. Blackwelder,"The Hardness of Ice",Am. J. Sci. 238,61(1940).

[52] S. W. Muller, *Permafrost or Permanently Frozen Ground and Related Engineering Problems*, J. W. Edwards, Ann Arbor, MI(1947).
[53] F. P. Bowden and D. Tabor, *The Friction and Lubrication of Solids*, Volume 1, Oxford University-Press, Oxford, UK(1950).
[54] B. Frislrup, "Wind Erosion within the Arctic Deserts", Geografisk Tidsskrift - Danish J. Geography 52, 52(1952/1953).
[55] T. R. Butkovich, "Hardness of Single Ice Crystals", Am. Minerol. 43, 48(1958).
[56] C. S. Benson, "Stratigraphic Studies in the Snow and Firn of the Greenland Ice Sheet", Ph. D. Dissertation, California Institute of Technology, Pasadena, CA (1960). http://resolver. caltech. edu/CaltechETD:etd-03232006-104828
[57] F. P. Bowden and D. Tabor, *The Friction and Lubrication of Solids*, Volume 2, Oxford University-Press, Oxford, UK(1964).
[58] P. Barnes and D. Tabor, "Plastic Flow and Pressure Melting in the Deformation of Ice I", Nature 210, 878(1966).
[59] P. Barnes and D. Tabor, "Plastic Flow and Pressure Melting in Ice I", International Associationof Scientific Hydrology(IASH) Publication 79, pp. 305-315(1968).
[60] P. Barnes, D. Tabor and J. C. F. Walker, "The Friction and Creep of Polycrystalline Ice", Proc. Roy. Soc. A 324, 127(1971).
[61] E. L. Offenbacher and I. C. Roselman, "Hardness Anisotropy of Single Crystals of Ice Ih", Nature 234, 112(1971).
[62] S. F. Ackley, "Microhardness Testing on Ice Single Crystals", in: *Physics and Chemistry of Ice*, E. Whalley, S. J. Jones and L. W. Gold(Eds.), pp. 298-303, Royal Society of Canada, Ottawa, Canada (1973).
[63] M. Juhnke and R. Weichert, "Erzeugung von Nanopartikeln durch Feinstzerkleinerung beihohen Reinheitsanforderungen", Chem. Ing. Technik 77, 1008(2005).
[64] J. Rumble(Ed.), *CRC Handbook of Chemistry and Physics*, 98th Edition, CRC Press, Boca Raton, FL (2017).
[65] J. Herb and S. Visaisouk, "Ice Blast Technology for Precision Cleaning", Proceedings Precision Cleaning '96 Conference, pp. 172-179, Witter Publishing Corporation, Flemington, NJ(1996).
[66] Suncombe, "High Quality Cleaning and Critical Processing Systems", CIProcess Division, Suncombe Ltd, Enfield, Middlesex, UK. http://ice-blast. co. uk. (accessed January7, 2018).
[67] B. Karpuschewski, T. Emmer, K. Schmidt and M. Petzel, "Grundlegende Betrachtungen zum Eisentgraten als ein neuartiges Verfahren zum Entgraten komplexer Bauteile", Vysoki technolohiv masynobuduvanni. -Charkiv 2, 176(2008). http://www. ifq. ovgu. de/schmidt. html.
[68] B. Karpuschewski and M. Petzel, "Ice Blasting-An Innovative Concept for the Problem-Oriented Deburring of Workpieces", in: *Burrs - Analysis, Control and Removal*, J. C. Aurich and D. Dornfeld(Eds.), pp. 197-201, Springer-Verlag, Berlin and Heidelberg, Germany(2010).
[69] B. Karpuschewski, T. Emmer, K. Schmidt and M. Petzel, "Cryogenic Wet-Ice Blasting—Process Conditions and Possibilities", CIRP Annals - Manuf. Technol. 62, 319(2013).
[70] Y. Stepanov, M. Burnashov and E. Stepanova, "A Thermo-Physical Model of Destruction of Contaminants by Means of a Water-Ice-Jet Cleaning Technology", Earth Environ. Sci. 50, 012021(2017).
[71] H. Rieger, "Über die Zerstörung von Metallen beim Aufprall schneller Wassertropfen", Z. Metallk. 57 693(1966).
[72] Ice Water Blast, The Epoch-Making Deburring & Cleaning System Using Ice Instead of TraditionalBlast Media, Advanced Engineering Company, Niigata, Japan(2014). http://www. adv-eng. co. jp/eng/iw-blast. htm.
[73] S. A. J. Mansted, "Method of and Means for Producing Broken Ice", U. S. Patent 2, 549, 215(1951).
[74] E. J. Courts, "Means and Methods for Cleaning and Polishing Automobiles", U. S. Patent 2, 699, 403 (1955).
[75] C. H. Franklin and E. E. Rice, "Method for the Removal of Unwanted Portions of an Article", U. S. Pa-

tent 3,676,963(1972).

[76] G. Galecki and G. W. Vickers,"The Development of Ice-Blasting for Surface Cleaning",Proceedings 6th International Symposium on Jet Cutting Technology,pp. 59-79,BHRAFluid Engineering,Cranfield,UK (1982).

[77] K. E. Westergaard,"Method and Apparatus for Particle Blasting Using Particles of a Materialthat Changes its State",U. S. Patent No. 4,703,590(1987).

[78] T. W. Kelsall,"Blast Cleaning",U. S. Patent 4,965,968(1990).

[79] G. Flock(Ed.),*Proceedings of an International Conference on Reducing Risk in Paint Stripping*, Publication 744R91001,U. S. Environmental Protection Agency,Washington D. C. (1991).

[80] M. Tomoji,"Precision Cleaning Method",Japanese Patent 04-078477(1992).

[81] S. M. Stratford,P. Spivak,O. Zadorozhny and A. E. Opel,"Ice Blasting Apparatus",U. S. Patent No. 5, 203,794(1993).

[82] DOE Decommissioning Handbook,DOE/EM-0142P,U. S. Department of Energy,Washington,D. C. (1994).

[83] T. Fukumoto,A. Hisasue and I. Kanno,"Apparatus for Polishing an Article with Frozen Particles",U. S. Patent No. 5,283,989(1994).

[84] W. D. Fraresso and S. Visaisouk,"Apparatus for Real Time Ice Supply to Ice Blasting System",International Patent No. WO 1994016861 A1(1994).

[85] W. D. Fraresso and S. Visaisouk,"Crystalline Ice Particle Mixture for Optimum Ice BlastSurface Treatment",International Patent No. WO 1994023895 A1(1994).

[86] S. Visaisouk and S. Vixaysouk,"Particle Blasting Using Crystalline Ice",U. S. Patent 5,367,838 (1994).

[87] J. Szücs,"Verfahren und Vorrichtung zum Reinigen von Oberflächen,insbesondere von empfindlichen Oberflächen",European Patent EP 0509132 B1(1995).

[88] T. Mesher,"Fluidized Stream Accelerator and Pressurizer Apparatus",U. S. Patent 5,601,478(1997).

[89] T. Mesher,"Fluidized Particle Production System and Process",U. S. Patent 5,623,831(1997).

[90] H. Shinichi,"Surface Cleaning Method and Device",Japanese Patent 09-225830(1997).

[91] G. S. Settles and S. Garg,"A Scientific View of the Productivity of Abrasive Blasting Nozzles",J. Thermal Spray Technol. 5,35(1996).

[92] G. S. Settles and S. T. Geppert,"Redesigning Blasting Nozzles to Improve Productivity",J. Protective Coatings Linings 13,64(1996).

[93] G. S. Settles,"Supersonic Abrasive Ice Blasting Apparatus",U. S. Patent 5,785,581(1998).

[94] L. Liu,L.-H. Liu and L. Wu,"Research on the Preparation of the Ice Jet and its Cleaning Parameters", in:*Proceedings of the 14th International Conference on Jetting Technology*,H. Louis(Ed.),pp. 203-211,BHR Group,Cranfield,Bedfordshire,U. K. (1998).

[95] R. Niechcial,"Ice Blasting Cleaning System",U. S. Patent 5,820,447(1998).

[96] R. Niechcial,"Ice Blasting Cleaning System and Method",U. S. Patent 5,910,042(1999).

[97] M. G. Hajós,"Entschichten durch Kaltstrahlen",Diplomarbeit(Master's Thesis),Universityof Applied Sciences,Frankfurt,Germany(December 2000).

[98] J. Huffman,R. P. Petersen,M. R. Henning,G. G. Stettes and F. D. Newkirk,"Apparatus and Method for Making and Dispensing ice",U. S. Patent 6,301,908(2001).

[99] N. W. Fisher and S. Visaisouk,"Apparatus and Method for Ice Blasting",European Patent No. EP0902870 B1(2004).

[100] S. Fukano,H. Fukumoto,H. Kitagawa,A. Haishima and N. Kojima,"Method and Apparatus for Surface Processing Using Ice Slurry",U. S. Patent 6,328,631(2001).

[101] D. V. Shishkin,"Development of Ice Jet-Based Surface Processing Technology",Ph. D. Dissertation, New Jersey Institute of Technology,Newark,NJ(2002).

[102] S. Visaisouk,"Method and Apparatus for Pressure-Driven Ice Blasting",U. S. Patent6,536,220 (2003).

[103] S. Visaisouk,"Method for Ice Blasting",European Patent No. EP0902870 B1(2004).

[104] D. K. Shanmugam,"Development of Ice Particle Production System for Ice Jet Process",Ph. D. Dissertation,Swinburne University of Technology,Victoria,Australia(2005).
[105] F.-W. Bach,T. Hassel,C. Biskup,N. Hinte,A. Schenk and F. Pude,"In-Process Generation of Water Ice Particles forCutting and Cleaning Purposes",in:*Proceedings 20thWater JettingConference*,M. Fairhurst(Ed.),pp. 272-283,BHR Group,Cranfield,Bedfordshire,UK(2010).
[106] J. von der Ohe,"Verfahren zur Herstellung eines Strahlmittels,Verfahren zum Strahlen,Strahlmittel,Vorrichtung zur Herstellung eines Strahlmittels,Vorrichtung zum Strahlen",German Patent Application DE 102011119826 A1(2012).
[107] IceBlast,Straaltechniek International B. V.,Dordrecht,The Netherlands. http://www.straaltechniek.net/en/products/air-blasting-equipment/iceblast/. (accessed January 7,2018).
[108] T. Ichinoseki, H. Kato, H. Kimuro and S. Miyahara, "Cleaning Method", U. S. Patent4, 655, 847 (1987).
[109] D. V. Shishkin,E. S. Geskin and B. Goldenberg,"Development of a Technology for Generationof Ice Particles",in:*Surface Contamination and Cleaning*,K. L. Mittal(Ed.),Vol. 1,pp. 137-150,CRC Press,Boca Raton,FL(2003).
[110] J. R. Blackford,"Sintering and Microstructure of Ice: A Review",J. Phys. D: Appl. Phys. 40,R355 (2007).
[111] I. A. Ryzhkin and V. F. Petrenko,"Physical Mechanisms Responsible for Ice Adhesion",J. Phys. Chem. B 101,6267(1997).
[112] V. F. Petrenko,"Study of The Physical Mechanisms of Ice Adhesion",Report DAAD 19-99-1-0169,U. S. Army Research Office,Research Triangle Park,NC(2003).
[113] D. Korn,"A Cool Deburring Technique",Modern Machine Shop Magazine(April 16,2004). http://www. mmsonline. com/articles/a-cool-deburring-technique.
[114] Ice Blasting,Cryogenic Blasting,Inc.,New York,NY. www. cryogenicblasting. com. (accessed January 7,2018).
[115] S. Visaisouk,"Crystalline Ice Blasting",in:*Proceedings Intl. Conf. on Reducing Risk in Paint Stripping*,G. Flock(Ed.),Publication 744R91001,pp. 95-99,U. S. Environmental Protection Agency,Washington,D. C. (1991).
[116] T. Foster,"Overview of Paint Removal Methods",AGARDSMP Lecture Serieson Environmentally Safe and Effective Processes for Paint Removal,AGARD-LS-201,pp. 1-1 to 1-7(1995).
[117] T. Foster and S. Visaisouk,"Paint Removal and Surface Cleaning Using Ice Particles",AGARD SMP Lecture Series on Environmentally Safe and Effective Processes for Paint Removal,AGARD-LS-201,pp. 6-1 to 6-9(1995).
[118] "Cleaning Gears with IceChips and Nothing Else",GearTechnology,pp. 9-11(May/June 2002).
[119] L. Greenspan,"Universal Ice Blast",Industry Today Volume 6,(Issue 3)(2003). http://industrytoday. com/article_view. asp? ArticleID=401.
[120] S. Visaisouk and N. W. Fisher,"Deburring and Cleaning by Ice Blast. A Case Study",in:*Proceedings WBTC 5th Intl. Conf. on Deburring and Surface Finishing*,L. K. Gillespie(Ed.),pp. 291-298 (1998).
[121] T. Ohmori,T. Fukumoto,T. Kato,M. Tada and T. Kawakuchi,"Ultra Clean Ice Scrubber Cleaning with Jetting Fine Ice Particles",in:*Cleaning Technology in Semiconductor Device Manufacturing(1st International Symposium)*,J. Ruzyllo and R. E. Novak(Eds.),PV 90-9,The Electrochemical Society,Pennington,NJ(1990).
[122] T. Fukumoto,A. Nagae,T. Ohmori and S. Satou,"Introducing Lattice Defect with Ice Particlesin Semiconductor Wafer",U. S. Patent 4,820,650(1989).
[123] S. Endo,T. Fukumoto,K. Namba and T. Ohmori,"Method of Treating Surface of Substrate with Ice Particles and Hydrogen Peroxide",U. S. Patent 5,081,068(1992).
[124] M. Tada,T. Fukumoto and T. Ohmori,"Ice Particle Forming and Blasting Device",U. S. Patent4,974,375(1990).
[125] M. Tada,T. Hata,T. Fukumoto and T. Ohmori,"Processing Method for Semiconductor Wafers",U.

S. Patent 5,035,750(1991).

[126] D. U. Ju, J. H. Chung and S. -G. Kim, "Surface Cleaning by Ice Particle Jet(I)", Hwahak Konghak (Journal of the Korean Institute of Chemical Engineers) 34,346(1996).

[127] U. C. Sung, C. N. Yoon and S. -G. Kim, "Surface Cleaning by Ice Particle Jet(II) - Preparationof Contaminated Surface and Its Cleaning", Korean J. Chem. Eng. 14,15(1997).

[128] C. N. Yoon, H. Kim, S. -G. Kim and B. -H. Min, "Removal of Surface Contaminants by CryogenicAerosol Jets", Korean J. Chem. Eng. 16,96(1999).

[129] E. S. Geskin, D. V. Shishkin and K. Babets, "Application of Ice Particles for Precision Cleaningof Sensitive Surfaces", Proceedings 10th American Waterjet Conference, Houston, TX, Volume 22, pp. 315-333 (1999).

[130] D. V. Shishkin, E. S. Geskin and B. Goldenberg "Application of Ice Particles for Precision Cleaning of Sensitive Surfaces", J. Electron. Packag. 124,355(2002).

[131] D. V. Shishkin, E. S. Geskin B. Goldenberg and O. Petrenko, "Ice-Air Blast Cleaning: Case Studies", in: *Particles on Surfaces 8: Detection, Adhesion and Removal*, K. L. Mittal (Ed.), pp. 153-166, CRC Press, Boca Raton, FL(2003).

[132] D. V. Shishkin, E. S. Geskin and B. Goldenberg, "Practical Applications of Icejet Technologyin Surface Processing", in: *Surface Contamination and Cleaning*, K. L. Mittal(Ed.), Volume 1, pp. 193-212, CRC Press, Boca Raton, FL(2003).

[133] E. S. Geskin, B. Goldenberg, D. V. Shishkin, K. Babets and O. Petrenko, "Application of Ice Particles for Surface Decontamination", Proceedings IDS 2000, 4th DOE International Decommissioning Symposium, U. S. Department of Energy, Washington, D. C. (2000).

[134] B. J. Herb, "Cleaning Process for Enhancing the Bond Integrity of Multi-Layered Zirconiumand Zirconium Alloy Tubing", U. S. Patent No. 5,483,563(1996).

[135] R. L. Gause, "A Noncontacting Scanning Photoelectron Emission Technique for Bonding Surface Cleanliness Inspection", Report NASA-TM-100361, NASA Marshall Space Flight Center, Huntsville, AL (1989).

[136] R. L. Demmer, S. K. Janikowski and V. J. Johnson, "Evaluation of Two Commercial Decontamination Systems", Report INEEL/EXT-01-01013, Idaho National Engineering and Environmental Laboratory, Idaho Falls, ID(2001).

[137] C. E. Benson, R. G. Grubb, R. C. Heller, B. D. Patton and G. L. Wyatt, "Crystalline Ice Blast Decontamination Technology Demonstration", Spectrum '92 International Topical Meetingon Nuclear and Hazardous Waste Management, Boise, ID(1992).

[138] C. E. Benson, J. E. Parfitt and B. D. Patton, "Decontamination of Surfaces by Blasting with Crystals of $H_2O$ and $CO_2$", Report ORNL/TM-12911, Oak Ridge National Laboratory, Oak Ridge, TN(1995).

[139] F. C. Apple and L. S. Jahn-Keith, "Ice Blasting Flushes as it Scrubs", Nucl. Eng. Intl. 38,44(1993).

[140] E. Skupinski, R. Bisci, K. Pflugrad and R. Wampach(Eds.), "Final Clean-Up of the PIVER Prototype Vitrification Facility: Decontamination of the Hot Cell", Report EUR 14227 EN, The Community's Research and Development Programme on Decommissioning of Nuclear Installations(1989-93). Annual Progress Report 1990, pp. 137-140, Commission of the EuropeanCommunities, Luxembourg(1991).

[141] S. Roudil, G. Scelo, C. Deschaud and A. Jouan, "Decontamination and Dismantling of the Piver Prototype Vitrification Facility at Marcoule, France", in: *Proceedings 1993 International Conferenceon NuclearWasteManagement andEnvironmental Remediation*, P. -E. Ahlstroem, C. C. Chapman, R. Kohout and J. Marek(Eds.), pp. 199-208, ASME, New York, NY(1993).

[142] T. Oguchi, "Using Ice to Blast Off Crud", Nucl. Eng. Intl. 34,49(1989).

[143] S. Martin, "PLGS Steam Generator Decontamination Using Ice Blast", 1997 International ALARA Symposium, Orlando, FL(March 1997).

[144] NRC, "Special Nuclear Material(SNM)", U. S. Nuclear Regulatory Commission(NRC), Washington, D. C. (2014). http://www.nrc.gov/materials/sp-nucmaterials.html.

[145] R. C. Jenks, "Blasting Away Asbestos and Lead at WNY", Comprint Military PublicationsOnline(November 10,2000). http://ww2.dcmilitary.com/dcmilitary_archives/stories/111000/3028-1.shtml.

[146] K. Kapsanis,"Ice Blasting is One Step in Restoring Historic Site",J. Protective Coatings Linings 10,52 (1993).

[147] G. L. Quarini, "Ice-Pigging to Reduce and Remove Fouling and to Achieve Clean-in-Place", Appl. Therm. Eng. 22,747(2002).

[148] G. L. Quarini,"Cleaning and Separation in Conduits",U. S. Patent 6,916,383(2005).

[149] G. S. F. Shire, "Behaviour of Ice Pigging Slurries", Ph. D. Thesis, University of Bristol, Bristol, UK (2006).

[150] G. Quarini,E. Ainslie,M. Herbert,T. Deans,D. Ash,D. Rhys,N. Haskins,G. Norton,S. Andrews and M. Smith,"Investigation and Development of an Innovative Pigging Techniquefor the Water Supply Industry",Proc. Inst. Mech. Eng. E:J. Process Mech. Eng. 224,79(2010).

[151] D. J. McBryde, "Ice Pigging in the Nuclear Decommissioning Industry", Ph. D. Thesis, Universityof Bristol,Bristol,UK(2015).

[152] J. Collett and K. Eason,"Cleaning Large Diameter Water Lines by Ice Pigging",North Carolina American Water Works Association-Water Environment Association (AWWAWEA) Spring Conference, Wilmington, NC (2015). www. ncsafewater. org/resource/collection/F6F34F34-C0BC-479A-9F40-1E8F09B65B43/WTR_Mon_PM_0330_1Collett. pdf.

[153] SUEZ,"Ice Pigging for Oil and Gas Pipelines",SUEZ Advanced Solutions,Bristol,UK. https://www. ice-pigging. com/en/applications/3/oil-gas-pipe-cleaning. (accessed January 7,2018).

[154] J. L. Johnston and L. M. Jackson,"Field Demonstration of the Ice 250™ Cleaning System at the Rocky Mountain Oilfield Testing Center, Casper, Wyoming, August 18-19, 1999", Report DOE/RMOTC-020116,Rocky Mountain Oilfield Testing Center,U. S. Department of Energy,Casper,WY(1999).

[155] "Baking Soda or Dry Ice: Which Method is Right for Me?", iCleaning Specialist Magazine (August 2005). http://www. icsmag. com/articles/baking-soda-or-dry-ice-which-method-is right-for-me.

[156] P. A. D'Arcy,"How Much Does Dry Ice Blasting Cost?",ezine article(December 2013). http://ezinearticles. com/? How-Much-Does-Dry-Ice-Blasting-Cost? &id=7412429.

[157] Cold Jet ROI Estimator,Cold Jet LLC,Loveland,OH. http://www. coldjet. com/en/information/roi-estimator. php. (accessed January 7,2018).

# 第 20 章

# 抛丸在管道内表面非水去污中的应用

Rajiv Kohli

美国国家航空航天局约翰逊航天中心航空航天公司 得克萨斯州休斯敦

# 20.1 引言

各种管道内表面污染是许多行业面临的一个重要问题，因为污染通常会导致腐蚀和功能下降，需要大量维修，付出大量的资金和健康成本[1-3]。高压液态和气态氧气系统使用的管线中的颗粒和碳氢化合物污染还可能引起火灾。火灾曾在太空（如《和平号》空间站）、航天器生命保障系统、医疗应用、航空航天应用、建筑材料和制氧中发生过[4-7]。此外，如果污染本质上是危险的，则系统中的任何故障都可能导致严重的环境问题。流体管线必须达到最低清洁度水平，防止管线受到污染而降低输送系统的可用性和使用寿命。

从另一极端来讲，碳纳米管的污染会降低其性能，并给去污带来一系列不同的挑战，而小口径手术器械的污染则会带来严重的健康风险。钯合金膜用于小直径的氢气净化管，必须完全无污染才能达到所需的气体纯度（约为 $1\times10^{-10}$）[8-10]。

目前已经开发出各种去污方法，并已成功地用于管道内表面的在线和离线去污[1-3,11-42]：

- 蒸汽去污。
- 空气吹扫。
- 高压水射流去污。
- 机械去污。
- 抛丸去污。
- 化学去污（碱或酸溶液、溶剂）。
- 冰清管法。

蒸汽去污最适合去除油和润滑油。一些化学品（如 $Na_3PO_4$）可以添加到蒸汽中以提高去污效果。如果蒸汽的速度足以将松散的残渣从管道中吹出，或者如果压力足以粉碎黏附的残渣，也能清除污垢和铁锈等残渣。但在典型蒸汽去污器应用中，情况并非如此，该方法很费时。同样，速度问题和蒸汽去污的局限性也体现在空气吹扫中。

高压水射流去污使用 415MPa 的高压水射流清洗管道。也可将机械清管器推入管内，以提高去污效果。此方法适用于清除污垢甚至水垢。由于要使用大量水，废水处置成本高昂。尽管使用高压水对某些沉积物可能是有效的，但喷嘴必须沿管道缓慢移动，并且清洗热交换器所需的时间可能过长。

机械去污涉及使用通过研磨作用进行去污的气动高速旋转工具，例如刷子、抛光工具、研磨器、刮刀或刀具。高速旋转的一个缺点是无法控制在表面的停留时间。为了克服该缺点，一些低速旋转去污系统已被开发。根据污染物的类型，旋转工具可以由软或硬塑料、金属或硬陶瓷制成。刷子的刷毛尺寸可小至 3mm，用于医疗应用，例如为导管或内窥镜去污[34,35]。通常，去污器具有端口，通过这些端口可以注入水或其他液体，在一次操作中进行去污和冲洗。这种去污方法快速、经济且对直管安全，并且能够去除几乎所有类型的沉积物，包括硬垢。使用正确设计和制造的刮刀，可将管子的金属基材损失降至最低。一项调查表明，如果每年为 CuNi 冷凝器管道去污 1 次，则需要近 1000 年的时间才会使管壁厚度损失达到临界值（约 30%～50%）[26]。刷洗能有效为内表面增强的管子（螺旋状凹痕、沟槽或翅片），或带有薄金属嵌件或环氧树脂类型涂层的管子去污。但是，在小直径管道中存在急剧弯曲的现象，这种去污方法通常不适用。

抛丸去污传统上是利用压缩空气和水或高压水单独推动去污弹丸通过管道清除沉积物。弹丸的范围从橡胶弹到刷子，再到硬塑料或各种金属或非金属磨料（硬质合金）刮刀。尽管碳化物刮刀一直被用于清除冷凝器管上的硬质碳酸钙沉积物，但大多数弹丸只适用于诸如泥浆和藻类等轻质沉积物。用水的一个优点是含有沉积物的废水可被收集用于实验室分析。

用碱性或酸性溶液进行化学去污，对于清除水垢或硬质氧化膜以及其他碳氢化合物污染物和残渣非常有效。其他液体如溶剂甚至是液压油也一直被使用，但它们在去除强黏附沉积物方面效果较差。但是危险化学品的使用增加了风险，需要加强工作人员安全性和专门知识，并使去污操作增加大量的废物处置成本。这种去污过程也很耗时。近年来，这种方法的使用率一直在下降。

冰清管法是一种用于管道去污的创新方法，去污时冰水浆（通常冰占 50%～90%）被推动以适度的速度通过管道。这么高的冰含量使冰水浆形成一个在连续剪切下保持在一起的“冰清管器”。该技术的优势在于，冰清管器能够改变其形状以适应管子的结构，因此它能够通过弯曲、收缩/膨胀几何结构和部分开放的阀门并为所经容器壁去污和输送颗粒。最后，这种冰清管器被确保不会被卡住，因为如果放置时间长，冰会融化。

最近，几种方法已被开发出并已用于它们使用湿化学技术、激光去污、等离子体、氧自由基或一个化学套管对碳纳米管[43-60] 进行去污。等离子体和蒸汽去污在清除细孔外科手术器械方面非常有效[61,62]。

本章重点讨论用于清除大口径管道内部固体污染物的非水抛丸技术。该技术最近曾被文献［63］总结评述，本章修订并更新了以前的内容。

# 20.2　管道内表面污染

下文讨论管道内表面的污染类型和污染物的影响。

## 20.2.1　污染类型

在工业流体系统中，污染物通常以固体颗粒、碳氢化合物薄膜、微生物材料或溶解离子的形式存在。这些污染物导致管道内表面逐渐结垢，输送系统的效率被降低。结垢的主要方式和类型如下所述[1-3,11,12,64]：

- 生物结垢。天然水域中存在的微生物（例如细菌）在管道表面形成有机膜，由于微生物种群的增长，该膜趋于生长。此外，微生物是可附着在表面的大型生物（如藻类、贻贝、海藻和其他有机纤维生物）的营养的来源。大生物膜的生长会加剧结垢。已知减少硫酸盐的细菌会产生腐蚀性副产物，而氧化铁的细菌实际上会消耗金属基材，导致不锈钢中的锰点蚀。而且，多孔生物膜的过滤作用容易夹带细小颗粒物，进一步加剧污染问题。
- 腐蚀积垢。如果基础的、非常薄的、无孔的保护性氧化膜由于操作条件和水化学性质的变化而被破坏，则一些腐蚀层会在表面形成。如果形成多孔氧化物，也会加速点蚀和腐蚀。

● 沉积或颗粒结垢。悬浮的细颗粒残渣（例如黏土、淤泥和生物）或沉淀的结晶固体以任何取向沉积在管道表面上。在低流量条件下，由于重力沉降，较大的颗粒会在水平面上沉降。沉积会促进其他结垢机制，例如由于沉积物中存在微生物而引起的微生物腐蚀。

● 结垢或结晶结垢。当溶解的盐沉淀并沉积在表面上时，会产生结垢。这种现象能够发生在下述条件下：溶剂蒸发；或由于加热［盐的反溶解度，例如 $CaCO_3$，$Ca_3(PO_4)_2$、$MgSiO_3$ 和 $Li_2CO_3$］或冷却（正常溶解度）盐的溶解度极限被超过；pH 值变化；或不同组成的流体混合。如果将流体冷却到某个组分（例如蜡在原油中）的凝固温度以下，也会发生非结晶性固体结垢。

● 化学反应结垢。在表面或其附近产生固相的化学反应会导致结垢。表面本身虽不参与，但是会导致流体的一个组分发生热降解，或者导致聚合反应并形成塑料或橡胶状表面沉积物。

最常见的是几个结垢过程同时发生。例如，随着细颗粒沉积物被捕获在表面上形成的生物膜中，细颗粒沉积物会增加。就流体输送系统的性能而言，至关重要的是此类管状部件被彻底去污并保持清洁。

## 20.2.2　污染的影响

全球研究发现，至少有 75％的液压和气动系统由于流体污染而退化和出故障[1-3,65-76]。污染会导致流体降解和液压系统的性能下降，最终由于材料降解（例如腐蚀、疲劳、磨损）、内部泄漏增加、淤渣或淤泥积聚或由于失去对流量和压力的控制而产生过多热量而导致故障发生。即使在流体系统的生产和组装过程中非常小心并且用一种去污液彻底冲洗系统，也发现一些液压软管、管道和金属管中有粒径高达 800～1200μm 的颗粒污染物。肉眼观察到较小的污染物颗粒（＞40μm）也总是与较大的颗粒一起存在。对于 100～200m 的软管和金属管组合的流体系统的安装，会在系统组装期间产生大约 6～10g 的污染物。液压系统中存在的污染物包括砂芯、砂粒飞溅物、机器切屑（金属加工作业产生的碎屑或废料）、水垢和铁锈、纤维材料、包装残留物、油漆剥落、软管和密封件中的橡胶颗粒以及油氧化产物。

大多数液压系统污染故障是由与流体发生化学反应的固体颗粒或由于积聚对系统造成污染引起的。虽然最受关注的粒径范围是 5～20μm，但是即使是 0.5μm 的颗粒也会对大多数系统有害，因为它们更容易淤积。随着对更高的系统压力和更快的循环时间需求的增加，制造商已经在移动表面之间施加更严格的公差和间隙，这又需要更清洁的流体。例如，2～5μm 的公差在两个配合表面之间产生 1～2.5μm 的动态间隙。

固体颗粒污染的破坏作用受颗粒的组成、尺寸、形状和磨蚀性影响。金属颗粒会催化油的氧化并导致腐蚀。小于两个配合面之间间隙的高浓度硬质金属或金属氧化物的小颗粒（10μm）会形成淤泥，侵蚀阀的内部配合面，导致控制特性和效率下降。活动部件也可能被卡住，导致组件故障和机器运行不稳定。

大于间隙的污染颗粒会阻塞端口和孔口，如果滞留在提升阀和阀座之间的间隙中，便可能导致阀门腐蚀和泄漏。较大的颗粒又可以裂成一些较小的颗粒。高的流速或工作压力会使问题更严重。

与两个动表面之间的间隙大小大致相同的固体颗粒污染会导致配合面卡住和快速磨损。

由于金属之间的接触，原始颗粒的磨蚀作用产生新的颗粒，并引发磨损和污染的连锁反应。配合面之间增加的动态间隙会导致系统泄漏的增加、系统效率和控制的损失以及局部热量增加（并增加维护成本）。能够导致自生污染物的其他磨损机制包括：黏合剂、磨料、腐蚀、疲劳、分层、电腐蚀、微动腐蚀、气蚀、放电和抛光磨损。这些磨损类别中的每一种都有其自身的机制和标识，但在实践中，它们可以单独发生、组合或按顺序出现。

油中的水、空气或其他气体等污染物会降低液压系统的性能，并导致组件故障。当超过油的饱和点时形成的游离水会与氧化产物和添加的化学品（添加剂）反应形成有机酸化合物和污泥，对流体化学性质产生不利影响。游离水也可以作为悬浮在整个流体中的乳化液滴存在。游离水的其他有害影响包括加速腐蚀和磨损、金属疲劳、轴承寿命缩短、低温下形成的冰晶导致的堵塞、介电强度损失以及细菌问题。油中的空气和其他气体可能导致起泡、系统响应缓慢、温度升高、泵气蚀、系统压力降低或缺乏以及油的加速氧化。

污染可能导致载人和无人太空任务严重失败，导致任务失败或机组人员损失，或两者兼有。例如，一个流量控制阀中的颗粒污染能引起向载人航天器主发动机或人造卫星的推进系统燃料输送堵塞，使系统发生故障或完全失效，或更糟的是，它会点燃燃油，造成灾难性后果。

为流体去污是使液压或气动系统达到最佳性能的唯一途径。

# 20.3 背景

下文将介绍当前管道去污技术中涉及的关键因素。

## 20.3.1 流体清洁度等级

颗粒污染会缩短流体输送系统的使用寿命。正确维护流体能消除液压机 75%～85%的故障并提高其组件的预期寿命。即使使用全新的流体，颗粒污染也始终存在，新的液压油每 100mL 中含有 500000 个大于 5μm 的颗粒[65,69,71,75]，超出为液压系统正常运行建议的水平。用于合成的加工设备的运行是颗粒污染的一个来源。与直接从制造商取得的液压油相比，使用时将液压油从输送箱转移到存储容器会使其污染量增加 10 倍。可接受的清洁度等级取决于流体输送系统的类型[66,67,76]。

### 20.3.1.1 液压油

液压油和润滑油的污染水平以油的清洁度代码表示。由于它们的形状、尺寸公差、污染敏感性、功能和操作方法不同，不同的组件可以承受不同的工作流体污染。工作液体的这些污染水平是根据不同标准用油清洁度代码明确表示的。

**ISO 4406 清洁度标准**

国际标准 ISO 4406 和 ISO 4407 规定了流体动力系统中液压油清洁度代码最常用的分类[77,78]。当用自动颗粒计数器测量时，油的清洁度等级用 1 个代码表示。这个代码由 3 个表 20.1 中所示的标度数字组成。这 3 个标度数字分别与 100mL 样品中大于 4μm 的颗粒、大于 6μm 的颗粒和大于 14μm 的颗粒相对应[79-82]。例如，20/16/12 这个代码描述的事实是：每 100mL 油中，大于 4μm 的颗粒数为多于 500000 达到并包括 1000000；大于 6μm 的颗粒数多于 32000 达到并包括 64000；大于 14μm 的颗粒数多于 2000 达到并包括 4000。

**表 20.1 根据 ISO 4406 规定的液压油清洁度代码的标度数字[77]**

| 标度数字 | 每 100mL 的颗粒数 | |
|---|---|---|
| | > | ≤ |
| 0 | 0 | 1 |
| 1 | 1 | 2 |
| 2 | 2 | 4 |
| 3 | 4 | 8 |
| 4 | 8 | 16 |
| 5 | 16 | 32 |
| 6 | 32 | 64 |
| 7 | 64 | 130 |
| 8 | 130 | 250 |
| 9 | 250 | 500 |
| 10 | 500 | 1000 |
| 11 | 1000 | 2000 |
| 12 | 2000 | 4000 |
| 13 | 4000 | 8000 |
| 14 | 8000 | 16000 |
| 15 | 16000 | 32000 |
| 16 | 32000 | 64000 |
| 17 | 64000 | 130000 |
| 18 | 130000 | 250000 |
| 19 | 250000 | 500000 |
| 20 | 500000 | 1000000 |
| 21 | 1000000 | 2000000 |
| 22 | 2000000 | 4000000 |
| 23 | 4000000 | 8000000 |
| 24 | 8000000 | 16000000 |
| 25 | 16000000 | 32000000 |
| 26 | 32000000 | 64000000 |
| 27 | 64000000 | 130000000 |
| 28 | 130000000 | 250000000 |
| >28 | 250000000 | |

注：低于 8 号标度的重现性受流体样品中计数的实际颗粒数影响。原始计数应超过 20 个颗粒。当任一尺寸范围内的原始数据得出的颗粒数少于 20 个颗粒时，该尺寸范围的标度数字将用符号≥标记。

清洁度等级可以通过自动或微观颗粒计数法来测量。例如，液压系统油样经自动颗粒计数器测量的颗粒计数结果见下表：

| 颗粒尺寸 | 颗粒数 | ISO 代码 |
|---|---|---|
| >4μm | 85376 | 17 |
| >6μm | 15516 | 14 |
| >14μm | 1301 | 11 |

根据表 20.1，该液压油的油清洁度代码为 ISO 17/14/11。图 20.1 给出了不同污染代码的代表性表面清洁度等级代码。

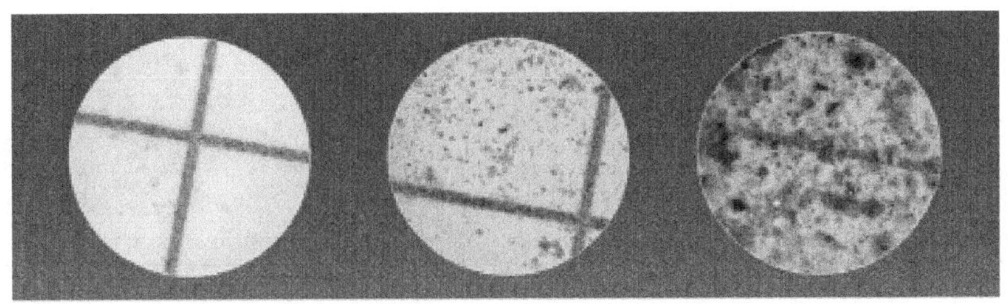


图 20.1　ISO 4406 标准的代表性清洁度等级代码

如果使用光学显微镜对颗粒进行计数，便使用 2 位数代码代表样品的清洁度[80,83]。这种情况下只考虑颗粒尺寸大于 5μm 和 15μm 的情况。例如，通过光学显微镜测量的具有以下颗粒计数分布的油样清洁度为 ISO 17/15。

| 颗粒尺寸 | 颗粒数 | ISO 代码 |
|---|---|---|
| >5μm | 81412 | 17 |
| >15μm | 17979 | 15 |

**清洁度标准 SAE AS4059**

机油清洁度规范的另一个重要标准是 SAE AS4059[84]。与 ISO 4406 相比，该标准还包括直径大于 70μm 的较粗颗粒，代码列于表 20.2。清洁度由单个尺寸或超过字母 A 至 F 表示的尺寸范围内的颗粒数确定。

**表 20.2　每个 SAE AS4059 的油清洁度代码[84]**

| 给定颗粒尺寸下每 100mL 的最大颗粒数 | | | | | | |
|---|---|---|---|---|---|---|
| 光学计数 | >1μm | >5μm | >15μm | >25μm | >50μm | >100μm |
| 自动计数 | >4μm | >6μm | >14μm | >21μm | >38μm | >70μm |
| 颗粒尺寸代码等级 | A | B | C | D | E | F |
| 000 | 195 | 76 | 14 | 3 | 1 | 0 |
| 00 | 390 | 152 | 27 | 5 | 1 | 0 |
| 0 | 780 | 304 | 54 | 10 | 2 | 0 |
| 1 | 1560 | 609 | 109 | 20 | 4 | 1 |
| 2 | 3120 | 1217 | 217 | 39 | 7 | 1 |
| 3 | 6250 | 2432 | 432 | 76 | 13 | 2 |
| 4 | 12500 | 4864 | 864 | 152 | 26 | 4 |
| 5 | 25000 | 9730 | 1730 | 306 | 53 | 8 |
| 6 | 50000 | 19462 | 3462 | 612 | 106 | 16 |
| 7 | 100000 | 38924 | 6924 | 1224 | 212 | 32 |
| 8 | 200000 | 77849 | 13849 | 2449 | 424 | 64 |
| 9 | 400000 | 155698 | 27698 | 4898 | 848 | 128 |
| 10 | 800000 | 311396 | 55396 | 9796 | 1696 | 256 |
| 11 | 1600000 | 622792 | 110792 | 19592 | 3392 | 512 |
| 12 | 3200000 | 1245584 | 221584 | 39184 | 6784 | 1024 |

发生损坏的速率取决于系统内部件的内部间隙、流体中存在的颗粒的尺寸和数量以及系统压力。液压部件的典型内部间隙如表 20.3 所示[66,85]。

ISO 和 SAE 标准规定的不同类型液压系统的最低推荐液压油清洁度等级见表 20.4。

表 20.3　液压部件的典型内部间隙[66,85]

| 部件类型 | 典型内部间隙/μm | 部件类型 | 典型内部间隙/μm |
| --- | --- | --- | --- |
| 齿轮泵 | 0.5～5 | 控制阀 | 0.5～40 |
| 叶片泵 | 0.5～13 | 压力阀 | 13～40 |
| 柱塞泵 | 0.5～40 | 线性执行器 | 50～250 |
| 比例阀 | 2.5～40 | 轴承类 | 0.5～100 |
| 伺服阀 | 1.0～63 | | |

表 20.4　不同类型液压系统的最低流体清洁度等级[66,86]

| 液压系统类型 | 最低建议清洁度 | |
| --- | --- | --- |
| | ISO 4406 | SAE AS4059 |
| 油泥敏感系统 | 15/13/10 | 1 |
| 伺服系统 | 16/14/11 | 2 |
| 高压(25～40MPa)系统 | 17/15/12 | 3 |
| 常压(15～25MPa)系统 | 18/16/13 | 4 |
| 中压(5～15MPa)系统 | 20/18/15 | 6 |
| 低压(<5MPa)系统 | 20/18/15 | — |
| 大间隙系统 | 21/19/16 | — |

在表 20.5 中，基于一些部件制造商的指南以及针对使用石油基流体系统中标准工业操作条件的广泛现场研究，建议使用保守的 ISO 清洁度代码[86,87]。

表 20.5　ISO 4406 对于颗粒尺寸为 4μm/6μm/14μm 的系统使用基于石油的流体系统推荐的 ISO 清洁度代码[86-87]

| 液压系统 | 工作压力/MPa | | |
| --- | --- | --- | --- |
| | <14 | 21.2 | >21.2 |
| **水泵** | | | |
| 固定齿轮 | 20/18/15 | 19/17/15 | — |
| 固定活塞 | 19/17/14 | 18/16/13 | 17/15/12 |
| 固定叶片 | 20/18/15 | 19/17/14 | 18/16/13 |
| 可变活塞 | 18/16/13 | 17/15/13 | 16/14/12 |
| 可变叶片 | 18/16/13 | 17/15/12 | — |
| **阀门** | | | |
| 弹药筒 | 18/16/13 | 17/15/12 | 17/15/12 |
| 止回阀 | 20/18/15 | 20/18/15 | 19/17/14 |
| 定向(电磁) | 20/18/15 | 19/17/14 | 18/16/13 |
| 流量控制 | 19/17/14 | 18/16/13 | 18/16/13 |
| 压力控制(调节) | 19/17/14 | 18/16/13 | 17/15/12 |
| 比例插装阀 | 17/15/12 | 17/15/12 | 16/14/11 |
| 比例定向 | 17/15/12 | 17/15/12 | 16/14/11 |
| 比例流量控制 | 17/15/12 | 17/15/12 | 16/14/11 |
| 比例压力控制 | 17/15/12 | 17/15/12 | 16/14/11 |
| 伺服阀 | 16/14/11 | 16/14/11 | 15/13/10 |
| **轴承类** | | | |
| 滚珠轴承 | 15/13/10 | — | — |
| 变速箱(工业) | 17/16/13 | — | — |
| 轴颈轴承(高速) | 17/15/12 | — | — |
| 轴颈轴承(低速) | 17/15/12 | — | — |
| 滚子轴承 | 16/14/11 | — | — |

续表

| 液压系统 | 工作压力/MPa | | |
|---|---|---|---|
| | <14 | 21.2 | >21.2 |
| 执行器 | | | |
| 气瓶 | 17/15/12 | 16/14/11 | 15/13/10 |
| 叶片马达 | 20/18/15 | 19/17/14 | 18/16/13 |
| 轴向柱塞马达 | 19/17/14 | 18/16/13 | 17/15/12 |
| 齿轮马达 | 20/18/14 | 19/17/13 | 18/16/13 |
| 径向活塞马达 | 20/18/15 | 19/17/14 | 18/16/13 |
| 试验台 | | | |
| 试验台 | 15/13/10 | 15/13/10 | 15/13/10 |
| 静液压传动 | 17/15/13 | 16/14/11 | 16/14/11 |

**军用去污标准 MIL-PRF-5606**

美国国防部（DoD）已颁布液压油去污标准 MIL-PRF-5606H[88]。每 100mL 液压油样品中的固体颗粒数量不能超过表 20.6 中所列数值。

**表 20.6　MIL-H-5606H 允许的固体颗粒最大数[88]**

| 颗粒尺寸范围（最大尺寸）/μm | 每毫升允许的颗粒最大数（自动颗粒计数） | 颗粒尺寸范围（最大尺寸）/μm | 每毫升允许的颗粒最大数（自动颗粒计数） |
|---|---|---|---|
| 5～15 | 10000 | 50～100 | 20 |
| 15～25 | 1000 | >100 | 5 |
| 25～50 | 150 | | |

#### 20.3.1.2　非液压油

就航空航天应用而言，一些严格的清洁度要求已从液态氧（LOX）系统的兼容性导出，因为在 LOX 存在下，颗粒、碳氢化合物、润滑油和油之类污染物很容易着火。这些清洁度要求适用于高压氧气系统中使用的所有气态和非气态流体。美国国家航空航天局（NASA）在 SE-S-0073 规范[89]中给出了使用流体的清洁度限值（化学污染物和颗粒污染物）。一些精密清洁度等级已为下述应用加以详细规定：在这些应用中，为确保一些流体的可靠性和性能和暴露于这些流体的零件和部件的可靠性和性能，污染控制限值是不可或缺的[81]。

### 20.3.2　非水抛丸去污方法

上文第一节提到的许多去污方法仅部分有效，通常耗时且昂贵，需要使用危险化学品和溶剂，或者使用大量水，这些水的处置成本也很高。为了克服这些缺点，开发了一种非水方法，该方法使用抛丸对管状部件的内表面去污[15-18,20-23]。气动发射器推进尺寸略大于管道内径的弹丸使其进入管道。弹丸穿过管子，可清除沉积在管道内表面上的污染物并将其从管道中挤出，去污操作可以在几秒钟内有效地完成。

#### 20.3.2.1　去污方法原理

抛丸去污方法原理示于图 20.2。具有缩醛压缩喷嘴的气动发射器推进可压缩聚氨酯弹丸使其通过待清洗管道。弹丸的外径比管的内径大 20%～30%。一旦通过喷嘴压缩，弹丸就靠着内表面膨胀，达到并保持与管道内表面 360°完全接触。弹丸材料的弹性和表面的摩擦力，加上压缩气体的推动力，使其能够在穿过系统时去除表面上的污染物，并从软管、管道和金属管的开口端将其排出。弹丸以大约 15m/s 的速度移动，因此即使管中有弯头、曲面或弯管接头，也可以非常快速地完成去污。唯一的要求是要有压缩气源以及要去污管子的入口和出口。

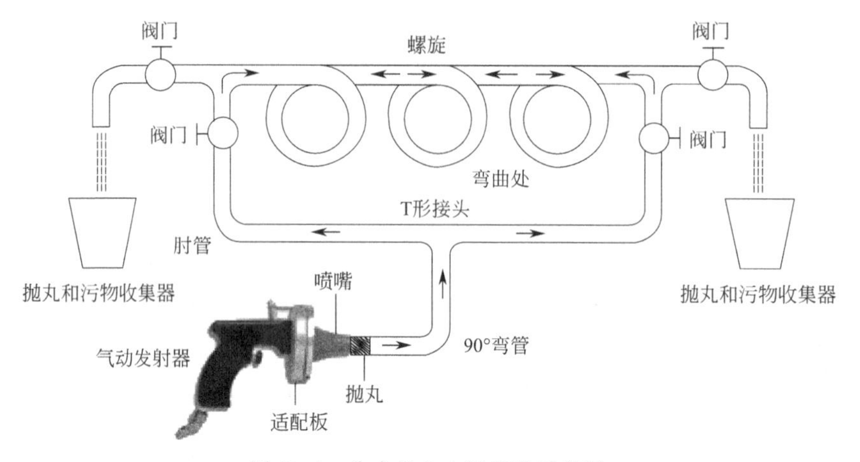


图 20.2　非水抛丸去污系统示意图

### 20.3.2.2　设备

基本的去污系统包括一个气动发射器、一个喷嘴和一个去污抛丸[90-100]。该系统既可以手持式手动使用，也可以集成到生产线中半自动或全自动使用。

**气动发射器**

手持发射器的尺寸和便携性非常适合小型生产车间、移动软管制造和工作现场应用。它通过单次弹丸进料进行手动操作，简单的设计结合了非疲劳人体工程学特征和安全机制，可轻松长期安全操作。通常将台式发射器安装并作为具有自动或手动弹丸进给和分配的固定系统进行操作。图 20.3 所示为用于大批量自动化生产去污的振动螺旋抛丸器。使用振动螺旋输送机可确保弹丸排成一线并以正确的位置供应。台式发射器的循环时间少于 2s，非常适合在自动化生产中使用。

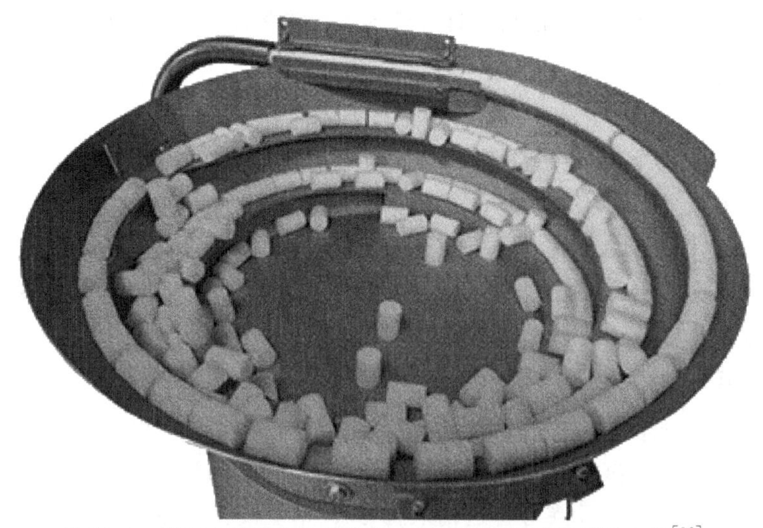

图 20.3　用于大批量自动化生产去污的大型振动螺旋抛丸器[96]

（德国杜伊斯堡的 JetClean GmbH 提供）

**抛丸**

抛丸通过获得并保持对软管、管道和金属管的内表面的压力进行去污。这个压力之所以被获得，是因为抛丸比要去污的管道的内直径大 20%～30%。例如，对于 38mm 的软管，建议使用 50mm 的弹丸。同样，抛丸的长度应大于宽度，以使抛丸不会翻滚。

抛丸有几种类型（如下所列），其密度、孔隙率和表面结构各不相同。抛丸由原始泡沫或再黏合泡沫制成。重新黏合的泡沫在通过管道时会剥落并污染表面。抛丸的密度应足够高以防止压缩气体通过抛丸，但又不能太高使抛丸不能被压缩并使其不能通过管道中的弯头、曲面和其他收缩部分。泡沫的典型密度为 80～200kg/m$^3$。

- 标准抛丸。这种超洁净的抛丸可用于清除污染的细小颗粒，也可用于产品去污。在管道去污应用中，用于弯曲工艺后清除心轴润滑剂、润滑油和机油。
- 耦合或挠性抛丸。这些超净抛丸由均匀的弹性泡沫橡胶制成，可用于弯曲管道。耦合抛丸的结构和机械特性为其提供了足够的压缩灵活性，使其能够通过管道系统中的接头、联轴器、弯管、扭结和其他横截面缩减部分。抛丸能在变形后迅速恢复形状。
- 产品回收抛丸。产品回收抛丸是为穿过一个无需拆卸的系统而设计的。抛丸具有闭孔结构和可实现高达 60%的致密性的力学性能。这可确保最大限度地膨胀和管内接触，从而实现有效的产品回收。这些抛丸用于食品和饮料行业加工后回收残留产品。
- 磨料抛丸。磨料抛丸是用安装在抛丸前部的有磨蚀作用的纱网制造的。有磨蚀作用的纱网作为有效的洗涤器，去除直管或管组件的表面锈蚀或水垢。在使用磨料抛丸之后，应始终使用超净标准或耦合抛丸，以确保从管中清除有磨蚀作用的纱网的碎屑。磨料抛丸的一种变体是在整个抛丸表面上覆盖一层刚玉。
- 研磨抛丸。研磨抛丸涂有磨料，例如氧化铝，用于去除直管段中的重度污染和腐蚀层（水垢或铁锈）。对于直径为 6mm 的管子，建议使用 4～6mm 的研磨抛丸。对于较大直径的管子，抛丸的直径应与管子的直径相同。研磨抛丸处理之后必须用超净标准抛丸处理，确保从管中清除所有研磨碎屑。
- 耐溶剂抛丸。耐溶剂抛丸由特殊泡沫制成，可与各种清洗溶剂（例如丙酮）一起使用。这些抛丸非常适合在不减小管子横截面的情况下给管子除油。

**超净喷嘴**

喷嘴有不同的尺寸和配置（图 20.4)。喷嘴具有光滑的空气动力学内表面，可轻松推动抛丸。

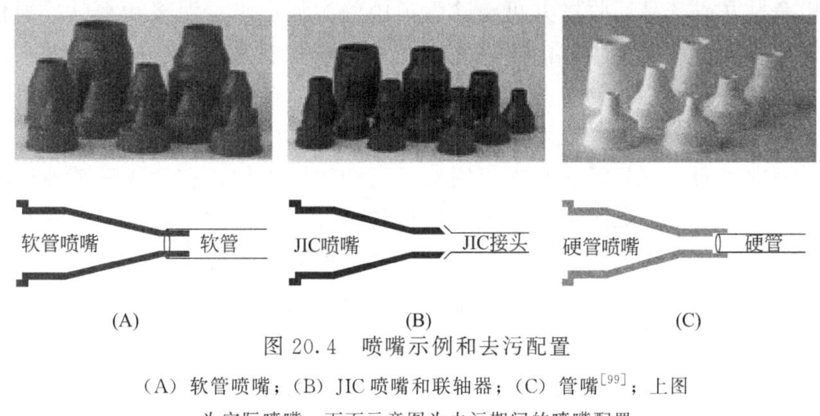


图 20.4　喷嘴示例和去污配置

（A）软管喷嘴；（B）JIC 喷嘴和联轴器；（C）管嘴[99]；上图为实际喷嘴，下面示意图为去污期间的喷嘴配置

（瑞士欣维尔 Tube Clean GmbH 提供）

• 软管喷嘴。将喷嘴插入软管[图 20.4(A)]，喷嘴的外径必须小于软管的内径。

• JIC（行业联合会议）喷嘴。JIC 喷嘴[图 20.4(B)]的顶部有一个外扩口，它与软管和软管组件上的内螺纹 JIC 接头相配合，JIC 喷嘴的外扩口接头与内扩口接头对接，使用时 JIC 喷嘴与管子的扩口端要匹配。

• BSP（英国标准管）接头。BSP 喷嘴的内扩口接头与 BSP 外管接头对接。

• 硬管喷嘴。硬管喷嘴要套住硬管[图 20.4(c)]，所以硬管的外径必须小于喷嘴的内径。喷嘴内部有一个挡块，当管子完全插入喷嘴时，该挡块形成气密密封。

这些喷嘴也可以根据特殊应用定制设计并用替代材料制成。

**自动化去污系统**

一些生产线中所用大容量、高去污率的自动化系统可从市上购得[97,99]。这些系统提供手动或自动抛丸进给和分配，并且可作为移动或固定单元进行操作，系统可集成到自动化生产线中，并且可用来清洗内径为 2～60mm 的管道、软管和金属管，清洗速率高达 3000 件/h。

## 20.3.3　操作注意事项

发射器具有可互换 3000 件/h 的喷嘴和各种直径的抛丸，因此可用来清除 2～110mm 的所有管子，达到 ISO 4406 15/13/10 清洁度等级。抛丸穿过一个弯曲或扁平的管子，其长度约为 40%～60%，但在抛丸进入的管子开始处不会出现收缩。管子越小，耐收缩程度越小。类似的也适用于其他收缩构造，例如绳结、线圈或夹紧接头。抛丸将经过 90°、180°或 360°弯曲。标准耦合和磨料抛丸适用于处理管道系统中曲率不大的弯曲部分，而标准超净抛丸适于处理一些硬弯部分。只要密封一个分支，并且抛丸在正确的位置进入管子，就可以清洗分支管的几何结构和三通。抛丸通过联结阀和球阀以及类似设计，但不会通过止回阀、蝶形阀或类似设计。只要抛丸后面有足够体积的气体，就能继续通过管子。因此，可以清洗数百米长的长管。

正常工作压力为 0.59～0.97MPa。在建议压力范围的高端操作发射器可以增强去除污染物的能力。如果气压太低，抛丸可能会卡在管中。使用较小的抛丸将增加所需抛丸的数量和去污时间，并降低系统的整体效率。如果气压太高，发射器中的阀门和扳机可能无法正常工作。应始终将气源调节至正确的压力并进行过滤，以确保干燥气体无污染。台式和自动化系统在气路中装有合适的过滤器。

标准的超净抛丸或产品回收抛丸可清除管道中的淤泥、土、泥浆和水分。硬化的沉积物通常需要磨料抛丸或研磨抛丸才能清除，在此之后一般需要使用标准超净抛丸，以清除研磨剂去污步骤中的所有残留污染物。标准抛丸和磨料抛丸不会损坏表面；但是，研磨抛丸可能造成刮擦。在某些应用中，抛丸也可以浸泡在防锈化学品中，当抛丸穿过管子时，这些化学品将被涂在整个内表面上，只需一步即可完成去污和防锈工作。在漆线等其他情况下，需要将抛丸浸入油漆稀释剂中以除漆。为在去污后保持组件或硬件的清洁度，经常在开口端上粘贴超净胶带。胶带可在组件的最终组装或硬件安装之前被轻松揭去。

选择正确的抛丸尺寸对于清洗操作很重要。如果抛丸太大，它不会离开喷嘴，如果抛丸太小，则无法有效去污。被射出的抛丸通常是管子状况的指示器。内管壁的损坏或尖锐的表面突起（例如毛刺，焊缝飞溅或金属丝断裂）的存在可能使抛丸碎裂。抛丸收集器通常用于收集抛丸以评估管道的内部状况，并确定是否需要额外去污，以及收集去除的污染物进行识别和实验室分析。

根据实际应用可接受的清洁度等级，抛丸可被清洗并重复使用。通常不建议在医学、食品和饮料或液压应用中重复使用，但对清洁度要求不严格的其他应用可清洗并重复使用抛丸以降低成本。清洗抛丸的额外资源和成本可能抵消重复使用的成本优势。

抛丸控制和验证系统通常用于大容量、高速率的去污应用中，以确保抛丸不会遗留在被去污的软管或管内[32]。

# 20.4　应用实例

抛丸去污系统已被用于广泛的以流体传输传递动力的工商业，应用中（见表 20.7[91-100]）。例如，一个热输出为 1100MW 的蒸汽发生器可能有近 70km 的管道，其中流动着高温高压的水。作为预防性维护计划的一部分，应定期为这些管道去污。

**表 20.7　抛丸去污系统的应用[91-100]**

| 应用 | 功能用途 |
|---|---|
| 液压和气动管路 | 消除橡胶污染、金属颗粒、油污，制造和切割过程中引入的水分污染，这些污染会降低操作效率并导致停车和组件故障 |
| 蒸汽锅炉 | 去除蒸汽管中的大部分水垢，以便在定期维护期间进行维修 |
| 热交换器和冷凝器管 | 去除阻碍传热导致性能降低的污染物 |
| 空调和制冷 | 消除铜管或冷却液管路中影响系统性能的微小颗粒 |
| 氧气和天然气管线 | 消除铜管或不锈钢管中的机油、润滑油和其他污染物 |
| 石油、天然气和化学加工 | 作为维护服务的一部分，可对产品管道进行高效去污 |
| 土方和采矿设备维修 | 清除液压总成、新设备中的污染物，以及对二手或故障设备的维修，减少停机时间。允许将流体能量有效地传输到重型设备上的工作元件。减少冲洗时间和过滤器使用量 |
| 橡胶和塑料 | 从输送管上清除乳胶。清除注塑生产线中的副产品、塑料纤维和其他沉积物 |
| 汽车维修 | 在组件组装和维修之前清洗燃油管路、制动管路、空调和动力转向管路 |
| 波导 | 微波信号传输线去污 |
| 食品和饮料产品的回收和污染物去除 | 在产品转换和管路的一般去污过程中，从管路中取回产品（例如巧克力、冰淇淋、糖浆、其他液体），从而减少或消除溶剂或去污剂。通过有效清洗 Temprite® 卷线圈、超螺旋线圈、啤酒、果汁和其他碳酸饮料生产线的内表面，可消除微生物污染物（细菌、酵母菌堆积和其他微生物污染物） |
| 枪管 | 从枪管上清除铁锈、水垢或火药残留物的速度比刷或擦快得多 |

抛丸清理钢管、去除钢管加工残留物的有效性见图 20.5[90]。清洗橡胶软管后，抛丸的典型外观表明碎屑已从软管上清除（图 20.6）[90]。

例如，对螺旋液压软管（内径 25.4mm，长 610mm）的清洁度进行评估[101]。用砂轮或机械锯切割软管，并使用标准抛丸去污。在去污前后，用干净的过滤后的液压油（ISO 4406 15/13/10）冲洗软管，然后测量颗粒数。结果表明，软管可以达到 ISO 4406 15/13/10 清洁度等级。

最近对 Tube Clean GmbH 提供的去污系统进行了卫生和微生物学评估[102]。评估的目的是确定该系统对于短期使用的饮用水软管（标记为“S”）的清洗、消毒和干燥的适用性。与使用具有高生物膜和无机污染物负荷（标为“U”）的软管进行比较。在环境温度下，饮用水通过软管循环 8 周，然后用标准或产品回收抛丸清洗软管。“S”形软管仅需发射 2 次抛丸即可清洗和干燥软管，第二发抛丸看起来清洁干燥。相比之下，即使是“U”型软

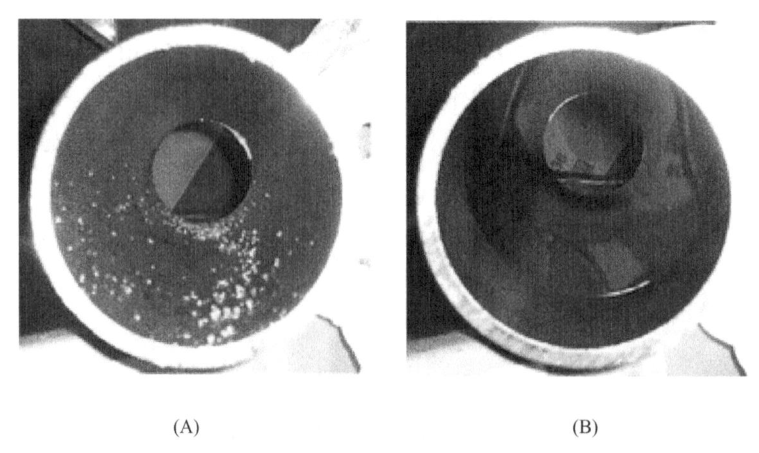

图 20.5 清除加工残留物前（A）、后（B）的钢管[90]

图 20.6 橡胶软管去污之前（A）和之后（B）的抛丸外观[90]

管的第四发抛丸也被黏液和大量碎屑所覆盖，这表明软管中仍有大量残留污染物。收集的废水和射出的抛丸中的“S”形软管的细菌计数为 60CFU/mL（菌落数单位/毫升），而“U”形软管的细菌计数大于 150CFU/mL。最后，通过软管发射浸泡在适当消毒剂中的多个抛丸，对受细菌污染的“S”形软管进行消毒，第二次抛丸去污后，在抛丸或软管的内表面上均未发现细菌污染的迹象，表明对软管进行了彻底有效的消毒。

液压软管和液压元件的几家制造商以及世界各地不同工业部门的其他用户组织已成功地采用抛丸去污系统，实现对软管和管道的经济、高效、高速去污。

## 20.5 优点和缺点

抛丸去污技术有其优点和缺点。

### 20.5.1　优点

- 去污系统简单、安全且易于操作。
- 能够达到很高的清洁度，也可以减少保修要求。
- 能够非常快速地清洗硬件，节省成本并减少停机时间。
- 无需拆卸组装系统即可进行去污。抛丸通过 T 形接头、弯头和 90°弯头。如果一个管组件发生故障，可以简单地从组件上断开进行去污。
- 该系统可以作为组件或组装硬件内部状况的指标。
- 较长的长度不会妨碍去污。
- 减少或避免使用危险去污剂和溶剂，节省了高昂的处理成本，降低了人员吸入、接触和处置的风险。
- 环保，抛丸价格便宜，易于处置。
- 使用高效的去污系统能提高操作人员士气。

### 20.5.2　缺点

与任何去污方法一样，该方法也有一些缺点。

- 硬质沉积物（例如铁锈和水垢）需要使用磨料抛丸和研磨抛丸进行多次循环去污，然后再使用标准抛丸进行去污。这将增加维护此类系统的运营成本。同样，研磨抛丸不能有效地弯曲，只能清除带有硬化沉积物的直线段。
- 必须打开管道、软管或金属管的两端，以清洗和回收抛丸、残留产品或清除的污染物。移除端盖会增加劳动力需求。
- 将发射器从充满气体的堵塞管中取出后，存在抛丸被弹回射向操作人员的安全风险。大多数系统都配置了一项安全功能，以防止此类情况发生。
- 该方法在增强表面（旋涡形，翅片或脊形管配置）上不是很有效。管子在其整个长度上必须具有一致的内径。
- 如果管内有明显的缩径和膨胀，系统将无法去污，必须将其拆开才能进行。

## 20.6　小结

管道、软管和金属管道的内部污染降低了传输流体的工业系统的运行效率。传统的去污方法（例如水射流、溶剂和化学去污以及带有液体冲洗的机械去污）使用危险化学品或溶剂，或者使用大量的水，通常既耗时又昂贵。非水气动抛丸去污方法克服了传统化学或机械去污的许多缺点。气动发射器将尺寸略大于管道内径的抛丸推进管道，当抛丸穿过管子时，会清除沉积在管道内表面上的污染物并将其从管中挤出。内径为 2mm 至 60mm 的管道可以按照 ISO 4406 15/13/10 清洁度标准进行去污。去污可在几秒钟内非常有效地完成，自动化系统的物品去污速率可以达到 3000 件/h，该方法适用于多种行业。

# 致谢

作者要感谢约翰逊航天中心科技信息（STI）图书馆的工作人员帮助查找参考文献。

# 免责声明

本章中提及的商业产品仅供参考，并不表示航空航天公司的推荐或认可。所有商标、服务标记和商品名称均为其各自所有者拥有。

# 参考文献


[1] H. Müller-Steinhagen(Ed.), *Handbook of Heat Exchanger Fouling. Mitigation and CleaningTechnologies*, PP PUBLICO Publications, Essen, Germany(2000).

[2] S. N. Kazi, "Fouling and Fouling Mitigation on Heat Exchanger Surfaces", in: *Heat Exchangers- Basics Design Applications*, J. Mitrovic(Ed.), pp. 507-532. InTech Open, Rijeka, Croatia(2012). http://www. intechopen. com/books/heat-exchangers-basics-designapplications/heat-exchanger-fouling-and-itsmitigation.

[3] K. Thulukkanam, *Heat Exchanger Design Handbook*, 2nd Edition, CRC Press, Boca Raton, FL(2017).

[4] NFPA 53, "Recommended Practice on Materials, Equipment, and Systems Used in Oxygen-Enriched Atmospheres", National Fire Protection Association, Quincy, MA(2004).

[5] AIGA 005/04, "Fire Hazards of Oxygen and Oxygen Enriched Atmospheres", Asia IndustrialGases Association, Singapore(2004).

[6] H. D. Beeson, S. R. Smith and W. F. Stewart(Eds.), *Safe Use of Oxygen and Oxygen Systems: Handbook for Design, Operation, and Maintenance, ASTM Manual 36*, 2nd Edition, ASTM International, West Conshohocken, PA(2007).

[7] J. M. Stolzfuss, "Oxygen Systems", NASA White Sands Test Facility, Las Cruces, NM. http://www. nasa. gov/centers/wstf/laboratories/oxygen/index. html(2010).

[8] Johnson Matthey, "Palladium Membrane Hydrogen Purifiers: Outside-In or Inside-Out Flow -Which Design is Best for Compound Semiconductors?", Technical Bulletin 0303, Johnson Matthey Gas Purification Technology, West Chester, PA(2010). http://pureguard. net/cm/Library/Technical_Bulletins. html.

[9] F. Gornick and P. B. Bossard, "Issues Affecting the Reliability of Palladium Membrane Hydrogen Purifiers", White Paper, Power+Energy, Inc., Ivyland, PA. http://powerandenergy. com. (accessed January 5, 2018).

[10] Power+Energy, "A Durable Gas Purification Technology for High-flow Hydrogen in LED, Power Device and Photovoltaic Fabrication", White Paper, Power+Energy, Inc., Ivyland, PA. http://powerandenergy. com. (accessed January 5, 2018).

[11] A. P. Watkinson, H. Müller-Steinhagen and M. Reza Malayeri(Eds.), Conference ProceedingsHeat Ex-

changer Fouling and Cleaning V-VII, Engineering Conferences International, New York, NY(2003-2007).

[12] H. Müller-Steinhagen, M. Reza Malayeri and A. P. Watkinson(Eds.), Conference ProceedingsHeat Exchanger Fouling and Cleaning VIII-XII, PP PUBLICO Publications, Essen, Germany(2009-2017).

[13] S. Y. Kunin, "Machine for Cleaning Pipes", Metallurgia 6, 395(1970).

[14] B. H. Herre, "Investigation of Chemical Cleaning Procedures for Replacement Boiler Tubes", Report PPE-222-R, Pennsylvania Power and Light Company, Allentown, PA(September1986).

[15] D. W. Casella, "Pneumatic Gun", U. S. Patent 4,974,277(1990).

[16] J. B. Fowler, "Pneumatic Gun and Projectiles Therefor", U. S. Patent 5,329,660(1994).

[17] J. B. Fowler, "Pneumatic Gun and Projectiles Therefor", U. S. Patent 5,555,585(1996).

[18] E. Schef, "Method and Apparatus for Internal Cleaning of Pipes or Tubes", U. S. Patent 6,082,378 (2000).

[19] P. Courville, M. L. Connell, J. C. Tucker, A. L. Branch and R. S. Tyre, "The Development of a Coiled-Tubing Deployed Slow-Rotating Jet Cleaning Tool that Enhances Cleaning and Allows Jet Cutting of Tubulars", Paper 62741-MS, IADC/SPE Asia Pacific Drilling Technology Conference, International Association of Drilling Contractors(IADC), Houston, TX(2000).

[20] D. Menzie, "Automatic Pneumatic Projectile Dispensing System", International PatentWO/2002/081109 (2002).

[21] J. B. Unternaehrer, "Automatic Pneumatic Projectile Launching System", International PatentWO/2003/086672(2003).

[22] B. Riley, "System for Cleaning Gun Barrels", U. S. Patent 6,668,480(2003).

[23] J. Svenson and R. Axelsson, "Applicator for Inside Cleaning of Pipe and Hose", U. S. Patent 6,578,226 (2003).

[24] S. Spielmann, "An Overview: Chiller Tube Cleaning", www. contractingbusiness. com(2003).

[25] D. J. Smith, "Condenser Cleaning Saving $1 Million Annually", Power Engineering(May2004).

[26] G. Saxon and A. Howell, "The Practical Application and Innovation of Cleaning Technology for Condensers", Energy-Tech. com, ASME Power Division Special Section, pp. 19-26(August 2005).

[27] A. Pivovarov, "Cleaning of Submerged Surfaces by Discharge of Pressurized Cavitating Fluids", U. S. Patent 7,494,073(2009).

[28] J. Laughlin and T. Hansen, "Nuclear Plant Efficiently Removes Calcium Carbonate from Condenser Tubes", Power Engineering(July 2007).

[29] L. A. Martini, "Slow Rotating Fluid Jetting Tool for Cleaning a Well Bore", U. S. Patent 7,314,083 (2008).

[30] Y. Tabani and M. E. Labib, "Method for Cleaning Hollow Tubing and Fibers", U. S. Patent 7,367,346 (2008).

[31] D. Feng, C. Huang, K. Zhou, P. Wang, J. Liu and S. Li, "Crucial Technology Research on Pipeline Jet Cleaning", in: *Intelligent Robotics and Applications*, C. Hong, H. Liu, Y. Huang and Y. Xiong(Eds.), pp. 1137-1144, Springer-Verlag, Berlin and Heidelberg, Germany(2008).

[32] B. Riley, "Cleaning Projectile Verification System", U. S. Patent 7,996,946(2011).

[33] J. Litecka, "The Design of Innovative CIP Machine for Heat Exchangers", Procedia Eng. 149, 269 (2016).

[34] Clinical Choice, "Disposable Endoscopic Cleaning Brushes", Clinical Choice, Greensboro, NC. www. clinicalchoice. com. (accessed January 5, 2018).

[35] Schaefer Brush, "Tube Brushes", Schaefer Brush, Waukesha, WI. www. schaeferbrush. com. (accessed January 5, 2018).

[36] G. L. Quarini, "Ice-Pigging to Reduce and Remove Fouling and to Achieve Clean-in-Place", Appl.

Therm. Eng. 22,747(2002).

[37] G. L. Quarini,"Cleaning and Separation in Conduits",U. S. Patent No. 6,916,383(2005).

[38] G. S. F. Shire,"Behaviour of Ice Pigging Slurries",Ph. D. Thesis,University of Bristol,Bristol,UK (2006).

[39] G. Quarini,E. Ainslie,M. Herbert,T. Deans,D. Ash,D. Rhys,N. Haskins,G. Norton,S. Andrews and M. Smith,"Investigation and Development of anInnovative PiggingTechnique for the Water Supply Industry", Proceedings Inst. Mech. Eng. E:J. Process Mech. Eng. 224,79(2010).

[40] D. J. McBryde,"Ice Pigging in the Nuclear Decommissioning Industry",Ph. D. Thesis,Universityof Bristol,Bristol,UK(2015).

[41] J. Collett and K. Eason,"Cleaning Large Diameter Water Lines by Ice Pigging",North Carolina American Water Works Association-Water Environment Association(AWWA-WEA) Spring Conference, Wilmington, NC 2015. https://c. ymcdn. com/sites/www. ncsafewater. org/resource/collection/ F6F34F34-C0BC-479A-9F40-1E8F09B65B43/WTR_Mon_PM_0330_Collett. pdf.

[42] SUEZ,"Ice Pigging for Oil and Gas Pipelines",SUEZAdvanced Solutions,Bristol,UK. https://www. ice-pigging. com/en/applications/3/oil-gas-pipe-cleaning. (accessed January 5,2018).

[43] I. W. Chiang,B. E. Brinson,R. E. Smalley,J. L. Margrave and R. H. Hauge,"Purification and Characterization of Single-Wall Carbon Nanotubes",J. Phys. Chem. B 105,1157(2001).

[44] J. S. Kim,K. S. Ahn,C. O. Kim and J. P. Honga,"Ultraviolet Laser Treatment of Multiwall Carbon Nanotubes Grown at Low Temperature",Appl. Phys. Lett. 82,1607(2003).

[45] M. T. Martínez,M. A. Callejas,A. M. Benito,M. Cochet,T. Seeger,A. Ansón,J. Schreiber,C. Gordon, C. Marhic,O. Chauvet and W. K. Maser,"Modifications of Single-Wall Carbon Nanotubes upon Oxidative Purification Treatments",Nanotechnology 14,691(2003).

[46] B. Bundjemil,E. Borowiak-Palen,A. Graff,T. Pichler,M. Guerioune,J. Fink and M. Knupfer,"Elimination of Metal Catalyst and Carbon-Like Impurities from Single-Wall Carbon Nanotube Raw Material", Appl. Phys. A 78,311(2004).

[47] S. R. C. Vivekchand,A. Govindaraj,Md. M. Seikh and C. N. R. Rao,"New Method of Purification of Carbon Nanotubes Based on Hydrogen Treatment",J. Phys. Chem. B 108,6935(2004).

[48] M. P. Petkov,"Non-Destructive Cleaning of Carbon Nanotube Surfaces:Removal of Organic Contaminants and Chemical Residue with Oxygen Radicals",Microsc. Microanal. 11(Suppl2),1928(2005).

[49] L. D. Delzeit and C. J. Delzeit,"Carbon Nanotube Purification",U. S. Patent 6,972,056(2005).

[50] N. Grobert,"Carbon Nanotubes-Becoming Clean",Mater. Today 10,28(2007).

[51] K. E. Hurst,A. C. Dillon,D. A. Keenan and J. H. Lehman,"Cleaning of Carbon Nanotubes Near the $\pi$-Plasmon Resonance",Chem. Phys. Lett. 433,301(2007).

[52] A. Capobianchi,S. Foglia,P. Imperatori,A. Notargiacomo,M. Giammatteo,T. Del Buono and E. Palange,"Controlled Filling and External Cleaning of Multi-Wall Carbon NanotubesUsing a Wet Chemical Method",Carbon 45,2205(2007).

[53] P.-X. Hou,C. Liu and H.-M. Cheng,"Purification of Carbon Nanotubes",Carbon 46,2003(2008).

[54] A. F. Ismail,P. S. Goh,J. C. Tee,S. M. Sanip and M. Aziz,"A Review of PurificationTechniques for Carbon Nanotubes",Nano:Brief Repts. Revs. 3,127(2008).

[55] S. Y. Ju,W. P. Kopcha and F. Papadimitrakopoulos,"Brightly Fluorescent Single-Walled Carbon Nanotubes via an Oxygen-Excluding Surfactant Organization",Science 323,1319(2009).

[56] P. Mahalingam,B. Parasuram,T. Maiyalagan and S. Sundaram,"Chemical Methods for Purification of Carbon Nanotubes-A Review",J. Environ. Nanotechnol. 1,53(2012).

[57] A. Eatemadi,H. Daraee,H. Karimkhanloo,M. Kouhi,N. Zarghami,A. Akbarzadeh,M. Abasi,Y. Hanifehpour and S. W. Joo,"Carbon Nanotubes:Properties,Synthesis,Purification,and Medical Applications",Nanoscale Res. Lett. 9,393(2014).

[58] H. Li,"Process for Cleaning Carbon Nanotubes and Other Nanostructured Films",U. S. Patent Application 20150202662(2015).

[59] V. Gomez,S. Irusta,O. B. Lawal,W. Adams,R. H. Hauge,C. W. Dunnill and A. R. Barron,"Enhanced Purification of Carbon Nanotubes by Microwave and Chlorine Cleaning Procedures",RSC Adv. 6,11895 (2016).

[60] H. Hocke,"Method for Cleaning Carbon Nanotubes and Carbon Nanotube Substrate and Uses Therefor",U. S. Patent 9,695,046(2017).

[61] J. Pollak,M. Moisan,D. Kéroack,J. Séguin and J. Barbeau,"Plasma Sterilisation within Long and Narrow Bore Dielectric Tubes Contaminated with Stacked Bacterial Spores",Plasma Process. Polym. 5,14 (2008).

[62] R. Kohli,"Alternate Semi-Aqueous Precision Cleaning Techniques:Steam Cleaning and Supersonic Gas/Liquid Cleaning Systems",in:*Developments in Surface Contamination and Cleaning:Methods for Removal of Particulate Contaminants*,Volume 3,R. Kohli and K. L. Mittal(Eds.),pp. 201-237,Elsevier, Oxford,UK(2011).

[63] R. Kohli,"Non-Aqueous Interior Surface Cleaning Using Projectiles",in:*Developments in Surface Contamination and Cleaning:Methods for Removal of Particulate Contaminants*,Volume 3,R. Kohli and K. L. Mittal(Eds.),pp. 123-147,Elsevier,Oxford,UK(2011).

[64] A. G. Howell and G. E. Saxon,"Condenser Tube Fouling and Failures:Cause and Mitigation",Power Plant Chemistry 7,708(2005).

[65] B. Battat and W. Babcock,"Understanding and Reducing the Effects of Contamination on Hydraulic Fluids and Systems",The AMPTIAC Quarterly 7,11(2003).

[66] B. Casey,"How to Define and Achieve Hydraulic Fluid Cleanliness",Machinery Lubrication Magazine (March 2004). http://www. machinerylubrication. com.

[67] W. Babcock and B. Battat,"Reducing the Effects of Contamination on Hydraulic Fluids and Systems", Practicing Oil Analysis Magazine(November 2006).

[68] J. B. Mordas,"How Clean Does Your System Need To Be?",Hydraulics & Pneumatics(June 2006). http://www. hydraulicspneumatics. com/200/Issue/Article/False/21746/Issue.

[69] L. Badal and J. Sutherland,"Hydraulic System Cleanliness and Equipment Warranty Compliancein the Construction Industry",White Paper,Chevron Products Company,San Ramon,CA(2007).

[70] B. Casey,"Defining and Maintaining Fluid Cleanliness for Maximum Hydraulic Component Life",Plant Maintenance Resource Center(October 2007). http://www. plant-maintenance. com/articles/hydraulic_fluid_cleanliness. pdf.

[71] M. Moon,"How Clean are Your Lubricants?",Trends Food Sci. Technol. 18,s74(2007).

[72] "Taking Lubricant Cleanliness to the Next Level",Machinery Lubrication Magazine(January2008). http://www. machinerylubrication. com/Read/1291/lubricant-cleanliness.

[73] M. Moon,"Lubricant Contaminants Limit Gear Life",Gear Solutions,pp. 27-33(June 2009). http://wwwgearsolutions. com/article/detail/5903/lubricant-contaminants-limit-gear-life.

[74] C. Lee,"Industrial Lubricants Reduce,Re-Use & Recycle". http://reliabilityweb. com/articles/entry/industrial_lubricants_reduce_re-use_recycle/(2010).

[75] B. Casey,"Adding Hydraulic Oil-Without the Dirt". http://www. insidersecretstohydraulics. com/hydraulic-oil. html(2010).

[76] B. Casey,Preventing Hydraulic Failure,Electronic Book. http://www. preventinghydraulic failures. com(2010).

[77] ISO 4406-2017,"Hydraulic Fluid Power-Fluids-Method for Coding Level of Contaminationby Solid Particles",International Organization for Standardization,Geneva,Switzerland(2017).

[78] ISO 4407:2002,"Hydraulic Fluid Power-Fluid Contamination-Determination of Particulate Contamination by the Counting Method Using an Optical Microscope",International Organizationfor Standardiza-

tion,Geneva,Switzerland(2002).

[79] ISO 11171:2016,“Hydraulic Fluid Power-Calibration of Automatic Particle Counters for Liquids”,International Organization for Standardization,Geneva,Switzerland(2016).

[80] SAE AS598,“Aerospace Microscopic Sizing and Counting of Particulate Contamination for Fluid Power Systems”,SAE International,Warrendale,PA(2012).

[81] IEST-STD-CC1246E,“Product Cleanliness Levels -Applications,Requirements,and Determination”,Institute of Environmental Science and Technology,Schaumburg,IL(2013).

[82] ASTM D6786-15,“Standard Test Method for Particle Count in Mineral Insulating Oil Using Automatic Optical Particle Counters”,ASTM International,West Conshohocken,PA(2015).

[83] ASTM F312-08,“Standard Test Methods for Microscopical Sizing and Counting Particles from Aerospace Fluids on Membrane Filters”,ASTM International,West Conshohocken,PA(2016).

[84] SAE AS4059,“Aerospace Fluid Power-Contamination Classification for Hydraulic Fluids”,SAE International,Warrendale,PA(2013).

[85] Bosch Rexroth,“Recommended Oil Cleanliness Codes for Components”,Bosch Rexroth Filtration Systems GmbH,Lohr,Germany. www. boschrexroth. nl. (accessed January 5,2018)

[86] Bosch Rexroth,“Oil Cleanliness Codes”,Bosch Rexroth Filtration Systems GmbH,Lohr,Germany. www. boschrexroth. nl. (accessed January 5,2018).

[87] Bosch Rexroth,“Selecting Target ISO Cleanliness Codes”,Precision Filtration Products,Pennsburg,PA. www. precisionfiltration. com. (accessed January 5,2018).

[88] MIL-PRF-5606H,“Performance Specification: Hydraulic Fluid Petroleum Base; Aircraft,Missile,and Ordnance”,U. S. Department of Defense,Wright-Patterson Air Force Base,Dayton,OH(2002).

[89] SE-S-0073,Book 1,“Specification-Fluid Procurement and Use Control Closeout Requirements”,National Aeronautics and Space Administration,Johnson Space Center,Houston,TX(2011).

[90] Alka,“A Bulletproof Solution for Tube,Hose,and Pipe Cleaning”,Alka S. r. l. ,Bergamo,Italy. http://www. alka-srl. com/Home. html. (accessed January 5,2018).

[91] B. Riley,“Product Review of the Contamination Eliminator System”,in: *Proceedings 24thMr. Clean Conference*,J. Dennis(Ed. ),pp. 300-305,Mr. Clean Publications,Blackhawk,CO(1998).

[92] H. Landolt,“COMPRI Tube Clean System. The Economical Way to Clean Heat Exchangers”,in: *Handbook of Heat Exchanger Fouling. Mitigation and Cleaning Technologies*,H. Müller-Steinhagen (Ed. ),pp. 70-74,PP Publico Publications,Essen,Germany(2000).

[93] Compri,“Hose,Tube & Pipe Cleaning Technology”,COMPRI Tube Clean SA,Woodside,South Australia. http://www. tubecleansa. com. au/ and http://www. compri. com. au/. (accessed January 5,2018).

[94] Goodway,“Hose and Pipe Cleaning”,Goodway Technologies,Stamford,CT. www. goodway. com. (accessed January 5,2018).

[95] Jaece,“Foam Cleaning Projectiles”,Jaece Industries,Inc. ,North Tonawanda,NY. http://jaece. com/foam-projectiles. html. (accessed January 5,2018).

[96] Jetclean,“Cleaning Hydraulic Lines and Industrial Tubes”,Jetclean GmbH,Duisburg,Germany. http://www. jetclean-gmbh. de/. (accessed January 5,2018).

[97] JetCleaner Cleaning System for Hose and Tube,Eurocomp AB,Avesta,Sweden. http://www. eurocomp. se. (accessed January 5,2018).

[98] Gates Corporation,“MegaClean$^{TM}$ System”,Gates Corporation,Denver,CO. www. gates. com. (accessed January 5,2018).

[99] Tube Clean GmbH,Hinwil,Switzerland. http://www. compritubeclean. com/de/produkte. html. (accessed January 5,2018).

[100] Ultraclean Technologies,“Hose and Tube Cleaning”,Ultraclean Technologies Corporation,Bridgeton,

NJ. http://www. ultracleantech. com/. (accessed January 5,2018).

[101] V. Srimongkolkul, "Hose Cleanliness Evaluation Report", Oil Pure Technologies, Kansas City, MO (2001). http://www. ultracleantech. com/.

[102] G.-J. Tuschewitzki and C. Schell, "Hygienisch-mikrobiologische Bewertung des Rohr- und Schlauchreinigungssystems COMPRI Tube Clean System", Report W-187408-10-SI, Hygiene-Institut des Ruhrgebiets, Gelsenkirchen, Germany(2010).

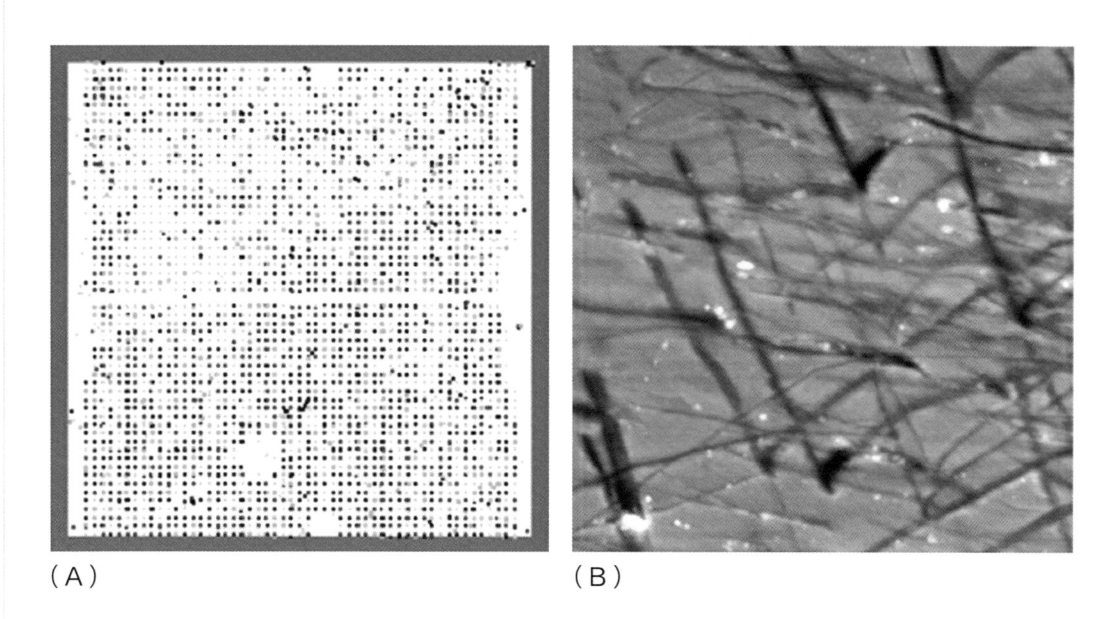


**图 1.11　EUV光罩背面检查得到的图像**（改编自[55]）

（A）使用光学检查工具和（B）使用原子力显微镜进行 3.0μm × 3.0μm 面积的高度扫描。缺陷都是掩模上的划痕，最大深度为 9nm

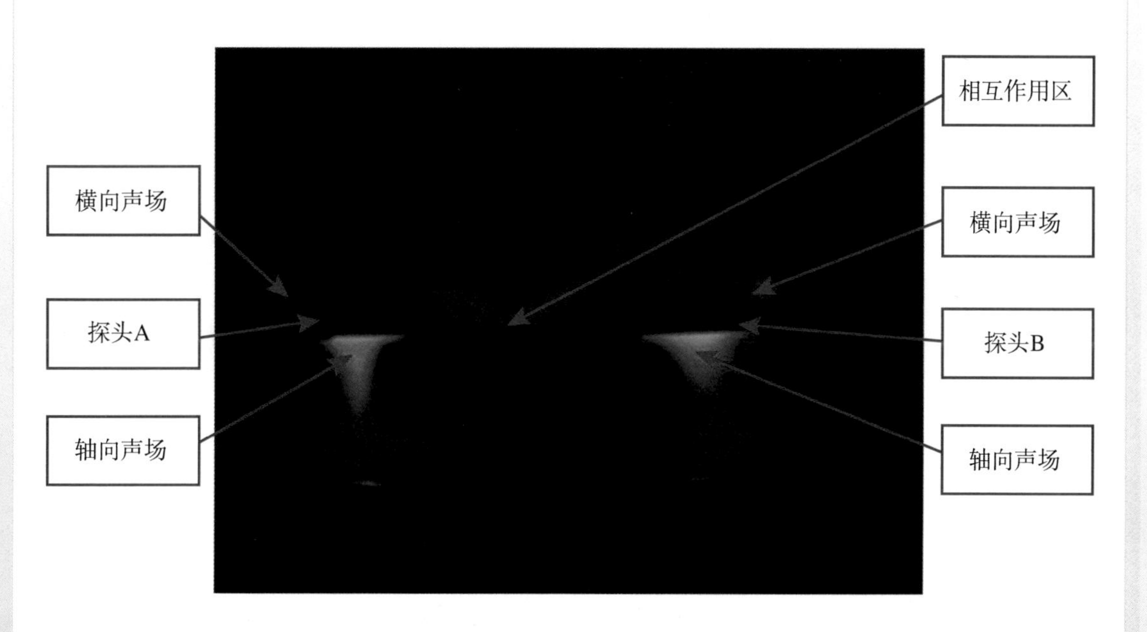


**图 1.17　两个同时工作的清洗装置的声致发光照片**（改编自[73]）

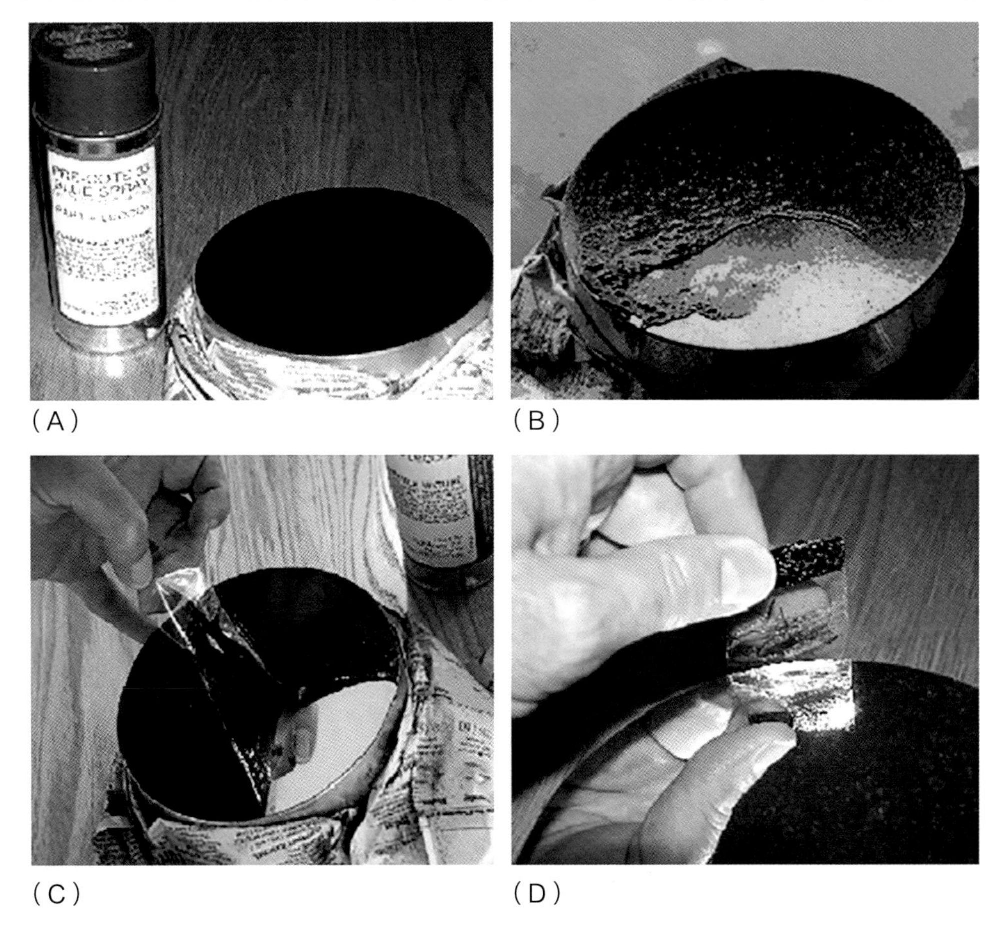

图 2.2 用可剥离蓝色涂层清洗光学镜的步骤顺序[36]

（A）包裹支架，以免被涂。涂层的使用是通过在表面喷施一层厚涂层；（B）涂层开始变干；（C）干燥的涂层通过剥离去除，镜面很干净；（D）用新胶带去除斜面周围的所有剩余涂层

图 4.7 干冰喷射前（A）和后（B）的燃气轮机叶片

（美国佐治亚州拉格兰吉市黑井公司提供）

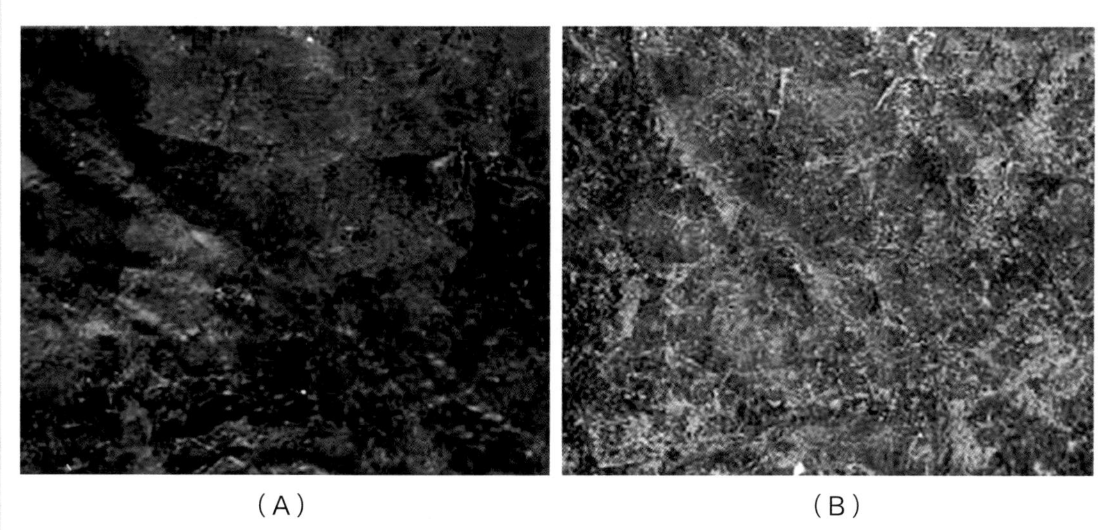
(A) (B)

图 5.6　用 $LCO_2$ 清洗之前（A）和之后（B）从镀金皮革挂毯上清除油脂[225]

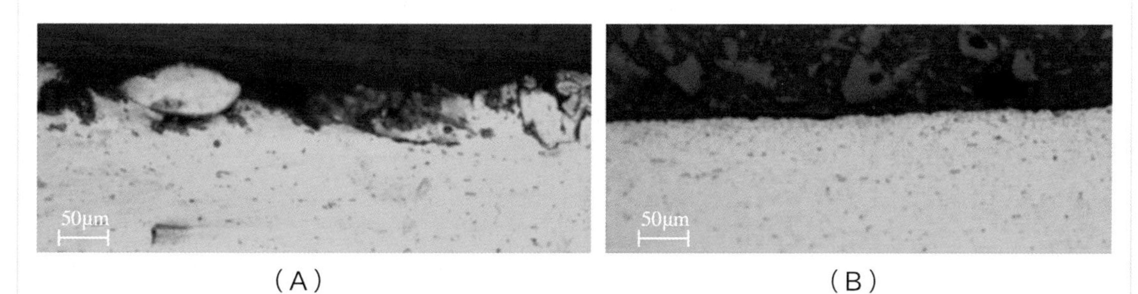

(A) (B)

图 7.10　（A）激光清洗和（B）未经清洗的材料的剖视图[48]

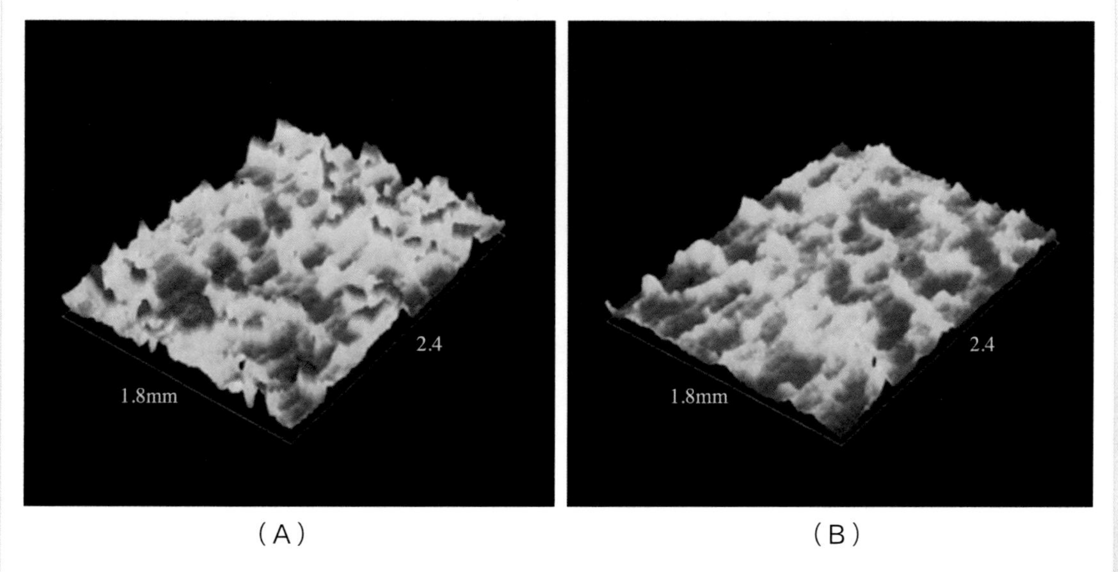

(A) (B)

图 7.11　（A）粗糙度 $Ra$ 为 982nm 的表面形貌
和（B）粗糙度 $Ra$ 为 882nm 的清洗后表面的表面形貌[48]

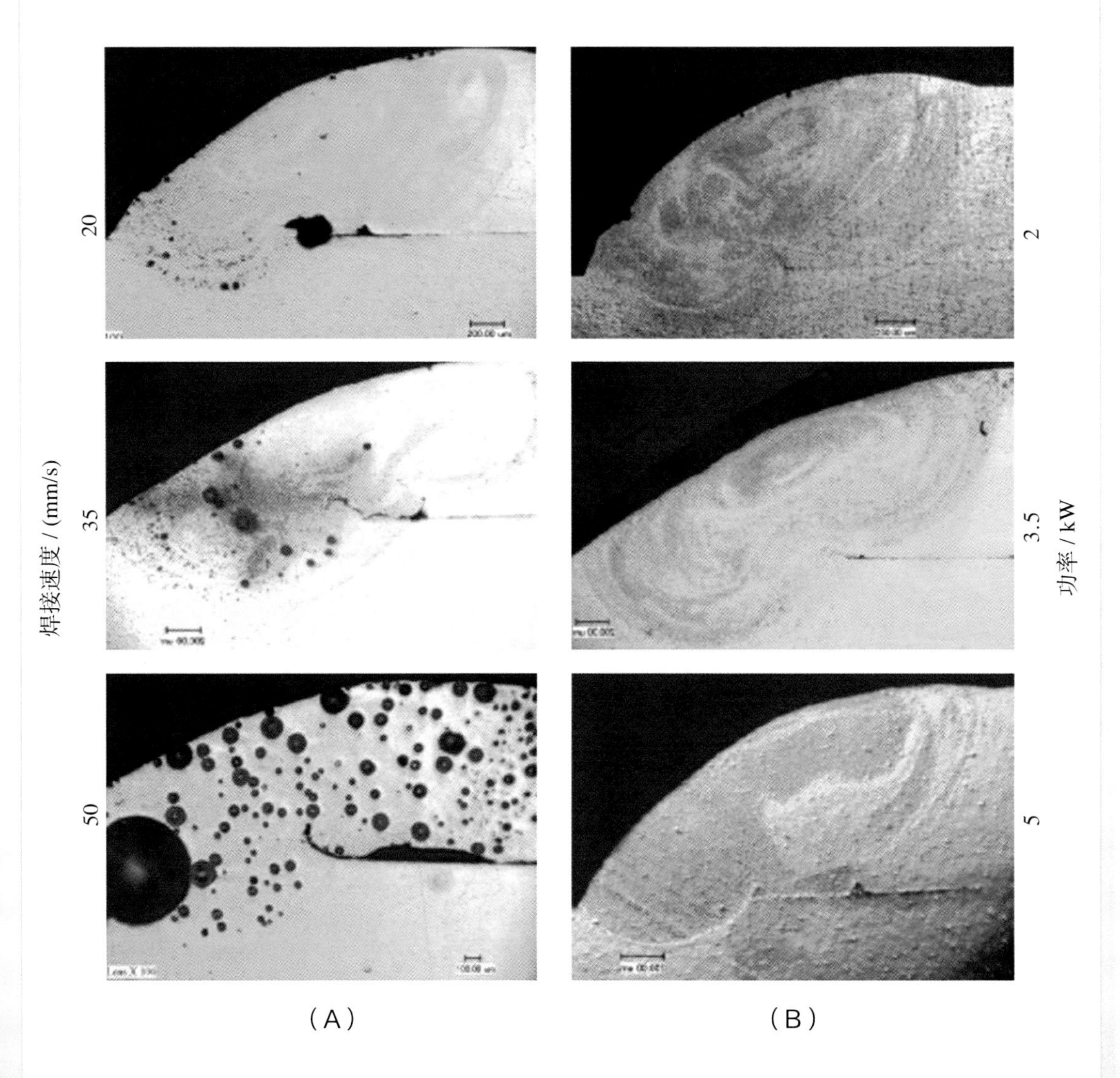


**图 7.14　清洗前（A）和清洗后（B）激光角焊缝焊接的气孔水平比较** [48]

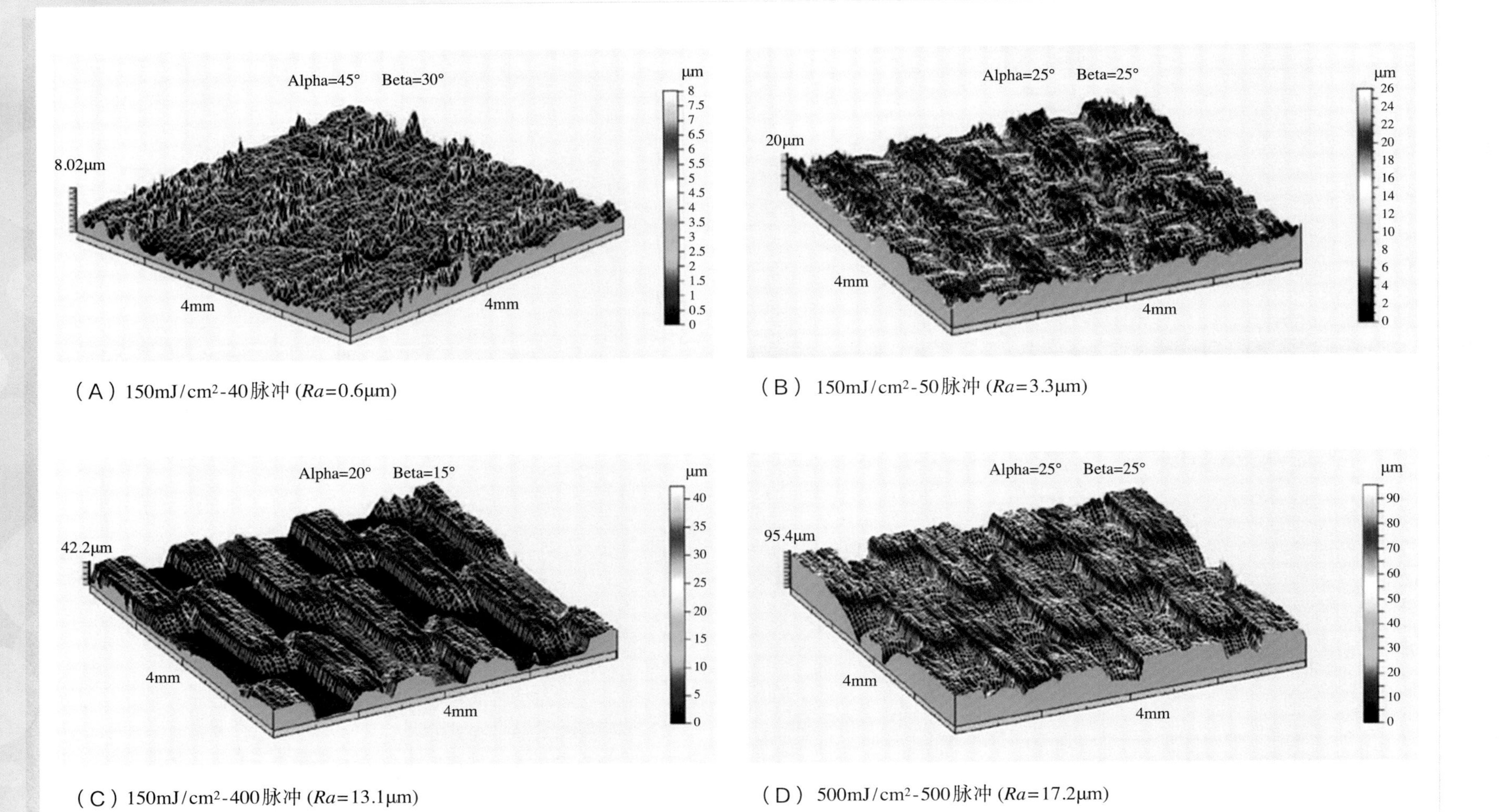


（A）150mJ/cm$^2$-40脉冲 ($Ra$=0.6μm)

（B）150mJ/cm$^2$-50脉冲 ($Ra$=3.3μm)

（C）150mJ/cm$^2$-400脉冲 ($Ra$=13.1μm)

（D）500mJ/cm$^2$-500脉冲 ($Ra$=17.2μm)

图 7.26 用不同准分子激光束条件处理的玻璃/环氧树脂表面的表面轮廓和平均粗糙度 [72]

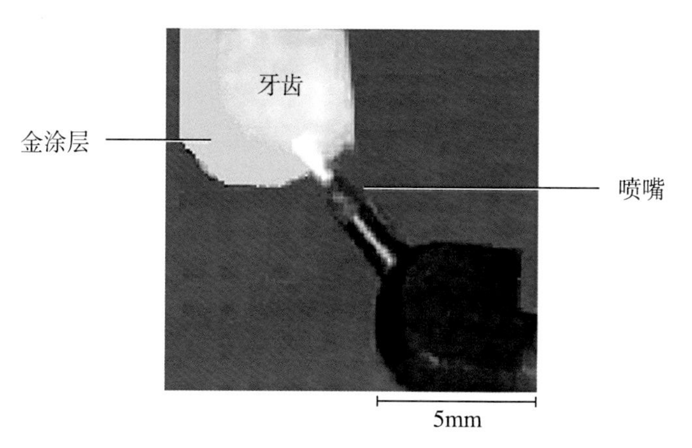


图 13.4　牙齿植入物上金涂层的精确清除

图 15.6　施氏假单胞菌菌株对《神父的故事》壁画生物去污之前（A）和去污之后（B）的效果

**图 16.3　金属离子液体具有各种各样的颜色**

从左至右依次为

铜基化合物、钴基化合物、锰基化合物、铁基化合物、镍基化合物、钒基化合物[89]

（由美国新墨西哥州阿尔伯克基市桑迪亚国家实验室提供）

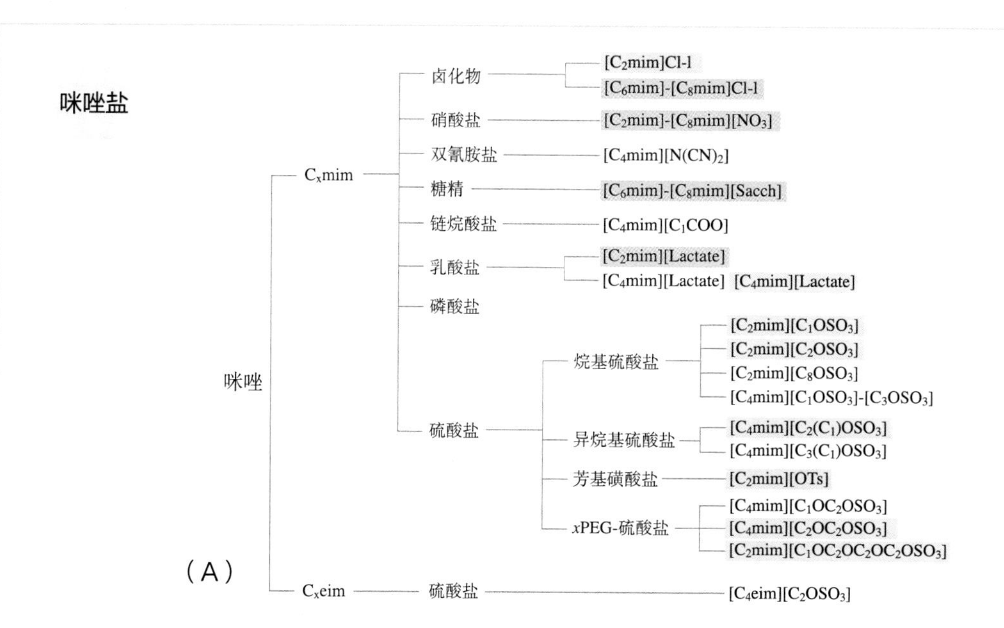


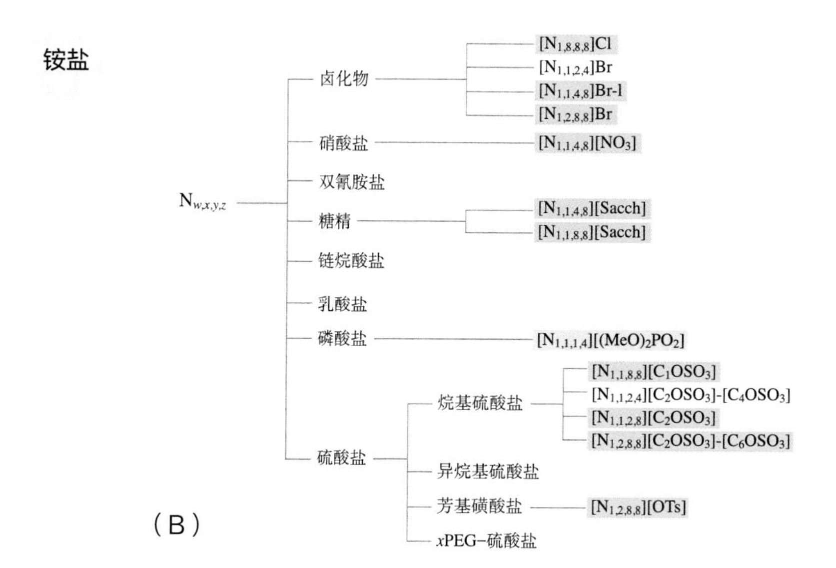


图 16.15　有人提出的用于表示所选(A)咪唑和(B)铵基离子液体毒性的树状图 [356,444]

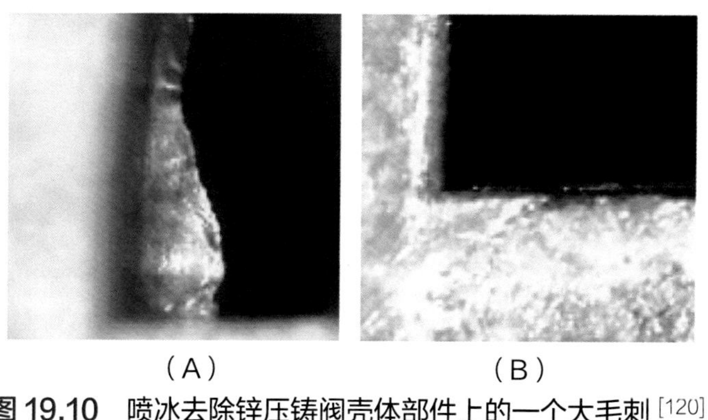


图 19.10　喷冰去除锌压铸阀壳体部件上的一个大毛刺 [120]